中国科学院大学研究生教材系列

现代雷达理论与技术

张云华 等 编著

科学出版社

北京

内 容 简 介

本书从电磁波及其散射的基本理论出发，较为系统地介绍了现代雷达的理论、技术与发展。全书共12章，包括绪论、电磁波及其散射的基本理论、雷达系统技术、雷达信号模型及信号处理、运动目标探测雷达、环境探测雷达、成像雷达、极化雷达、噪声雷达、阵列雷达、超分辨雷达成像技术、压缩感知雷达技术等内容。

本书强调了电磁波的幅度、极化、频率与相位属性在雷达技术中的应用，系统性强，可作为普通高等学校电子信息类相关专业研究生和高年级本科生的教材，也可供从事雷达技术研究的科技人员参考。

图书在版编目(CIP)数据

现代雷达理论与技术 / 张云华等编著. 一北京：科学出版社，2023.12
中国科学院大学研究生教材系列
ISBN 978-7-03-076670-0

Ⅰ. ①现…　Ⅱ. ①张…　Ⅲ. ①雷达一研究生一教材　Ⅳ. ①TN951

中国国家版本馆 CIP 数据核字(2023)第 191204 号

责任编辑：潘斯斯 / 责任校对：王　瑞
责任印制：师艳茹 / 封面设计：迷底书装

科学出版社 出版
北京东黄城根北街 16 号
邮政编码：100717
http://www.sciencep.com
北京中科印刷有限公司 印刷
科学出版社发行　各地新华书店经销
*
2023 年 12 月第　一　版　开本：787×1092　1/16
2023 年 12 月第一次印刷　印张：29 3/4
字数：700 000

定价：168.00 元

前　言

雷达是一门理论性和实践性强、应用面广、牵引带动作用大的综合性技术，自诞生百余年来，不断在军用、民用和科学研究领域得到变革性的应用和发展。雷达以电磁波为信息载体，通过发射电磁波雷达信号并接收和处理来自目标的散射电磁波信号，以实现对目标的探测与识别。因此不同频率、极化的雷达信号携带的目标信息不同，这种不同体现在散射信号的幅度和相位上。

本书注重理论联系实际，将电磁波及其散射的理论与雷达技术的实践紧密结合是本书的一大特点。党的二十大报告指出："坚持把发展经济的着力点放在实体经济上，推进新型工业化，加快建设制造强国、质量强国、航天强国、交通强国、网络强国、数字中国。"现代雷达理论与技术的发展是建设航天强国的重要组成部分，本书的有关章节介绍了我国航天微波遥感技术领域的最新成果。

2010 年以来，中国科学院大学开设了"现代雷达系统"课程，本书在该课程讲义的基础上，不断补充和完善而成。全书共 12 章，主要内容概述如下。

第 1 章简要介绍雷达技术的发展历史与现状、雷达技术的发展和应用前景，同时还介绍了雷达工作频段的划分以及本书的特点。

第 2 章主要介绍电磁波及其散射的理论基础，包括坡印亭定理、电磁场唯一性原理和惠更斯-菲涅耳原理等基本原理，介绍电磁波在不同媒质中的传输特性以及在不同媒质分界面处的反射和折射特性，给出电磁散射的定量描述，介绍双站散射与单站散射的等效关系、面散射和体散射机制、波束有限与脉冲有限的区别，以及极化散射矩阵和简单目标的极化散射矩阵的推导方法。

第 3 章主要介绍雷达系统的基本组成和系统参数，系统组成包括天线、收发前端、发射机、接收机、频率综合器、中央电子系统、信号处理器以及电源等子系统。重点讲授天线的主要形式(种类)、基本原理、主要技术参数(极化、增益、方向图、方向系数、带宽、输入输出阻抗)、分析和设计方法，主要涉及线天线、反射面天线和阵列天线三种天线。最主要的系统参数包括信噪比、作用距离、动态范围、载频泄漏、系统损耗等。

第 4 章主要介绍雷达信号的基本概念及其常用的四种基本数学表达式、正交调制与解调的概念和雷达信号的模糊函数，进而介绍连续波、脉冲调制连续波、相位编码、调频连续波、线性调频脉冲、非线性调频脉冲、频率步进脉冲、调频步进脉冲、非线性调频步进脉冲、噪声等信号模型。在讲解匹配滤波和去斜这两种常用的脉冲压缩方法基础上，重点介绍空时自适应阵列信号处理、时频分析方法、分数阶傅里叶变换方法和 Keystone 变换方法等内容。

第 5 章主要介绍搜索跟踪雷达、天波超视距雷达、预警雷达、无源雷达等的工作原理、特点、技术难点、信号处理方法、主要用途以及技术发展趋势。

第 6 章主要介绍雷达高度计和雷达散射计等海洋遥感雷达、云雨探测雷达等典型环境探测雷达的工作原理、特点、技术难点、信号处理方法以及技术发展趋势。最后举例介绍典型的星载雷达高度计和散射计。

第 7 章主要介绍雷达成像的物理和数学问题，进而介绍合成孔径雷达、逆合成孔径雷达、圆迹合成孔径雷达以及雷达干涉成像和视频成像的工作原理、信号模型、理论分析、成像算法，以及主要应用。解释 SAR 成像中一些基本和重要的概念，包括距离走动和距离弯曲、运动补偿等。阐述合成孔径雷达与逆合成孔径雷达的区别与联系、广义合成孔径处理的思想和方法。从电磁散射理论的角度揭示雷达成像与光学成像的异同。

第 8 章主要介绍极化雷达的基本概念和电磁波极化的描述方法，包括 Jones 矢量、Stokes 矢量的定义与物理意义，完全极化波和部分极化波的描述方法，极化散射矩阵、协方差矩阵和相干散射矩阵、总功率、同极化相干系数和同极化相差的定义、物理意义及应用。重点介绍极化基的转换、极化分解方法，包括相干极化分解和非相干极化分解，以及极化图像的解译与分类应用。

第 9 章主要介绍噪声雷达的基本概念、发展历史、特点和一般系统方案，重点介绍噪声信号的模糊函数、高性能混沌噪声信号设计方法以及噪声信号的处理方法，最后介绍噪声雷达在抗干扰成像中的应用。本章还将给出噪声雷达机载对地成像实验和地基对运动目标的成像实验结果。

第 10 章主要介绍相控阵雷达、多波束阵列雷达和 MIMO 雷达三种阵列雷达。首先介绍相控阵雷达的基本概念、基本原理以及宽带相控阵雷达面临的问题及解决途径，同时介绍相控阵雷达的主要应用及局限性。在介绍相控阵雷达的基础上，进一步介绍多波束阵列雷达及多波束形成方法，包括模拟多波束和数字多波束。最后介绍 MIMO 雷达的基本概念和基本原理，重点介绍其虚拟阵列的构建原理，并将 MIMO 雷达与相控阵雷达进行比较。

第 11 章主要介绍雷达超分辨成像的基本理论——频谱扩展和谱分析理论，重点介绍自回归、Super-SVA、非参数谱估计、MUSIC 和 ESPRIT 等超分辨成像算法。通过仿真实验对不同的超分辨成像算法进行对比分析。

第 12 章主要介绍压缩感知基本理论，包括信号的稀疏性和可压缩性、测量矩阵以及信号的降维投影和重建等方面。重点通过对仿真和实际雷达数据的处理，介绍压缩感知理论和方法在脉冲压缩、稀疏场景成像中的应用，并给出实际雷达回波的稀疏采样和压缩感知雷达成像的实例。

本书第 1～11 章主要由张云华编写，第 12 章主要由董晓编写。董晓还参与了第 4、7、9 章的编写，喻玲娟参与了第 4、7、11 章的编写，赵晓雯参与了第 3 章的编写，张燕参与了第 4 章的编写，石晓进参与了第 7 章的编写，李东参与了第 8 章的编写，杨启伦参与了第 9 章的编写，康雪艳参与了第 10 章的编写，翟文帅参与了第 11 章的编写，杨杰芳参与了第 12 章的编写。全书由张云华统稿。

本书使用了顾翔、康文武、刘加方的博士论文中的部分工作内容，梁莉婷整理了全书的参考文献，在此表示感谢。

本书的出版得到了中国科学院大学教材出版中心的资助，在此表示感谢。

由于时间有限，书中难免存在不妥之处，恳请广大读者批评指正。

编　者

2023 年 12 月

目　录

第1章 绪论

1.1 雷达技术的发展历史与现状

雷达是一种利用电磁波对各类目标进行探测的电子设备，其英文名称——Radar(radio detection and ranging，即“无线电(波)探测和测距”)得来的过程很清楚地反映了这一点：通过无线电波来实现对目标的探测和测距(定位)[1]。

英国物理学家詹姆斯·克拉克·麦克斯韦(James Clerk Maxwell)(1831—1879年)在总结高斯电场定律、安培环路定理、高斯磁场定律和法拉第电磁感应定律的基础上，将四个定律所对应的四个基本方程联立得到了麦克斯韦(Maxwell)方程组，并于1864年提出了电磁场的电动力学理论[2]。在此过程中，麦克斯韦对安培环路定理的公式进行了修改，增加了电位移矢量。此后海因里希·鲁道夫·赫兹(Heinrich Rudolf Hertz)、乔治·弗朗西斯·菲茨杰拉德(George Francis FitzGerald)、奥利弗·约瑟夫·洛奇(Oliver Joseph Lodge)、奥利弗·海维赛德(Oliver Heaviside)等对原始的麦克斯韦方程组进行了扩展和修改[2]，使其成为如今的形式。麦克斯韦的电动力学理论预示了电磁波的存在。

海因里希·鲁道夫·赫兹于1887年所开展的电磁波实验证实了电磁波的存在[2,3]，为雷达技术的出现奠定了理论和技术基础，图1.1.1给出了赫兹证明电磁波存在实验装置的原理图。雷达最早的雏形是由德国人克里斯蒂安·赫尔斯迈耶(Christian Hülsmeyer)设计的，并于1904年5月17日在德国科隆的霍亨索伦大桥附近的莱茵河畔进行的“telemobiloscope(电动镜)”实验装置[4]。

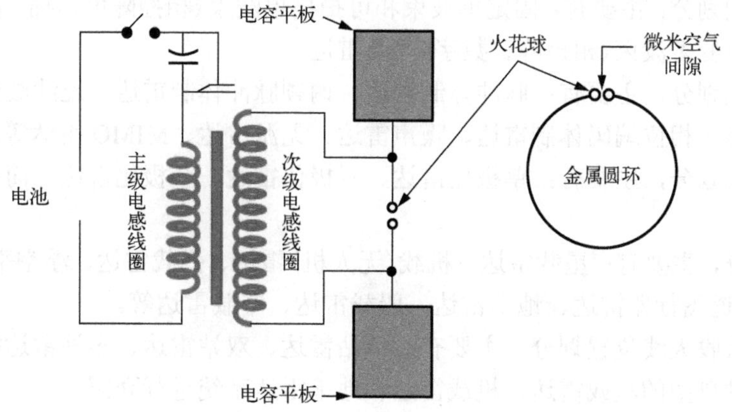

图1.1.1 赫兹证明电磁波存在实验装置的原理图

雷达最早的实际应用是在第二次世界大战期间的 1940 年，当时美国海军的电子工程师用“Radar”作为“radio detection and ranging（无线电探测和测距）”的缩略词。雷达原先被英国人称为“RDF (range and direction finding)”，并一度由于试图隐藏“Range”的含义，将其作为“direction finding”的缩略词。

在第二次世界大战中，由英国科学家罗伯特·沃特森-瓦特（Robert Watson-Watt）研制的雷达所起到的作用，被认为是英国皇家空军未被德国空军打败的最重要的原因，罗伯特·沃特森-瓦特本人也因此被英国称为“雷达之父”。

雷达出现之后，从奥地利科学家克里斯蒂安·多普勒（Christian Doppler）名字中“提取出来”的“多普勒”就始终伴随着它，因为“多普勒效应”是他首先发现的[5]。在雷达技术中，对多普勒频率（移）的处理始终是核心内容之一，占据着重要的位置。

雷达技术在 20 世纪经历了非常迅速的发展，取得了辉煌的成就[6]，可以当之无愧地名列 20 世纪伟大的科技成就之一。进入 21 世纪以来，在相关科学技术发展的推动下，雷达理论与技术的发展正在经历历史上又一个高速发展的时期。现代雷达的功能已经远远超出了“Radar”定义的范畴，包括对静止和运动目标成像、对动目标进行定位和跟踪、对目标微动特征和极化特征进行探测等。雷达的探测（观测）目标包括人工目标和自然目标：人工目标包括各种建筑物、车辆、飞机、舰船、卫星等；自然目标则包括大气（云、雨、雪）、陆地（各种植被）、农田（农作物）、山脉（高山、小山）、海洋、陆地和冰川等。

雷达工作时，其发射机所产生的雷达信号（经过某种调制的电磁波）通过天线向一定的空域发射出去，雷达信号的载体电磁波与天线波束覆盖范围内的目标相互作用后，反射（散射）的电磁波被雷达天线和接收机所接收，雷达的信息处理系统通过对这些接收到的电磁波信号进行分析和处理，从而获得目标的探测信息，如几何形状、位置、运动状态、结构成分等。

随着雷达技术的发展，其体制（种类）越来越多，功能也越来越强。下面简单按功能、信号体制以及平台等对雷达进行简单划分。

按功能划分，主要有：空管雷达、防空雷达、反导雷达、防撞雷达、海洋监视雷达、外空雷达、气象雷达（测风、测雨、测云）、火控雷达、制导雷达、侦查雷达、测绘（成像）雷达、预警雷达、遥感雷达（雷达高度计、雷达散射计）、天文雷达、探地雷达、生命探测雷达、交通测速雷达和汽车雷达等。

按天线体制划分，主要有：固定单波束和可扫描单波束（相控阵电扫描、机械扫描）雷达、固定多波束和可变多波束（相控阵、数字阵列）雷达。

按信号体制划分，主要有：脉冲体制雷达、调频脉冲体制雷达、连续波体制雷达、调频连续波体制雷达、相位编码体制雷达、噪声雷达、无源雷达、MIMO 雷达等。

按极化方式划分，主要有：单极化雷达、双极化雷达、全极化雷达、简缩极化雷达和随机极化雷达等。

按平台划分，主要有：星载雷达、机载（无人机）雷达、弹载雷达、浮空平台（气球、飞艇等）雷达、亚轨道飞行器雷达、地基雷达、船载雷达、车载雷达等。

按发射和接收天线位置划分，主要有：单站雷达、双站雷达、多站雷达等。

下面对几种典型的星载雷达、机载雷达和地基雷达系统进行介绍。

图 1.1.2 给出了 1978 年美国国家航空航天局（National Aeronautics and Space Administration，NASA）发射的海洋卫星（Seasat-A），其搭载了三个主动微波遥感器，即合成孔径雷达（synthetic aperture radar，SAR)、雷达散射计(radar scatterometer)和雷达高度计(radar altimeter)，其中SAR为国际上的第一个星载合成孔径雷达。虽然Seasat-A仅在轨工作了105天，但是其L波段SAR以及Ku波段高度计、散射计和扫描多通道辐射计等微波遥感器所获取的观测数据得到了非常广泛的应用，取得了丰富的科学成果。正是Seasat-A的巨大成功，极大地带动了国际航天微波遥感技术发展的热潮。

图1.1.3给出了我国研制的大型预警机——空警-2000，其相控阵雷达能够对360°范围内的不同方位、不同高度、不同距离的各类多批次目标进行探测和跟踪。空警-2000作为战略空中预警指挥系统，主要承担空中巡逻警戒、监视、识别、跟踪空中和海上目标的任务。

图1.1.2 美国Seasat-A卫星，搭载了国际上第一个星载SAR、高度计和散射计

图1.1.3 我国研制的大型预警机——空警-2000[7]

图1.1.4给出了美国用于探测和跟踪海基发射导弹和洲际弹道导弹的大型地基相控阵雷达——P波段(中心频率435MHz)“铺路爪”雷达系统(precision acquisition vehicle entry phased array warning system，PAVEPAWS)，PAVEPAWS同时还可用于探测和跟踪地球轨道的卫星。该雷达系统由两个向上倾斜了20°的大型天线阵面组成，每个阵面共有2677个天线单元，其中1792个单元具备全固态主动发射并接收功能，而其余单元只用于接收。

图1.1.4 美国的“铺路爪”地基弹道导弹P波段预警相控阵雷达

图1.1.5给出了德国FGAN的大型地基雷达——TIRA(tracking and imaging radar)，其为L和Ku双频雷达。其中，L波段用于目标探测和跟踪，Ku波段用于成像，该雷达具有直径为49m的天线罩。不同于相控阵雷达，该雷达需依靠机械转动来实现雷达波束在一定空域范围内的扫描。

图 1.1.5 德国 FGAN 的大型地基雷达——TIRA

图 1.1.6 给出了美国海军安装在军舰上的“朱迪眼镜蛇”舰基相控阵雷达。舰基相控阵雷达可极大地增加雷达使用的灵活性和用途。

图 1.1.6 美国海军的“朱迪眼镜蛇”舰基相控阵雷达

雷达技术的发展离不开雷达信号处理技术的进步。不同体制的雷达，对信号处理的要求也不尽相同。例如，对于搜索和跟踪雷达，脉冲相参积累方法的研究对提高雷达对微弱目标的探测能力以及发挥雷达作用距离的威力至关重要；而成像雷达不断对高分辨率、高精度、高效的成像处理算法提出了更高的要求。计算机技术和数字技术的持续、快速发展，极大地推动了雷达信号处理技术的发展，尤其是雷达信号的实时处理和并行处理技术，进而又促进了雷达技术的发展和性能的提升。

雷达信号处理技术发展的过程也是一个与雷达体制的发展相适应的过程，而雷达体制的发展，往往又促进着雷达信号模型的发展，因此三者是一个相互适应、协调发展的过程。例如，MIMO(multiple-input multiple-output，多输入多输出)技术的出现，极大地促进了正交信号模型的研究和发展，而分布式雷达的出现，对雷达信号处理方法，如时间同步、时钟同步、相位同步以及信号级的融合与信息级的融合等提出了全新的要求。又如，数字阵列雷达的出现极大地促进了多通道信号处理技术，包括误差校正方法与算法、波束形成方法与算法、多目标跟踪与信息融合方法与算法等的发展。

1.2 雷达技术的发展和应用前景

雷达技术作为一门综合性很强、应用面很广的技术，其发展离不开其他技术的发展以及应用需求的推动，反过来其发展又推动了相关技术和应用的发展。

以新材料、新工艺、新器件等为代表的半导体技术，以及信息技术、人工智能技术的发展，为现代雷达技术的发展提供了新的动力。雷达技术除了在传统领域仍将持续发展外，在新兴技术领域的交叉及应用已见曙光。

例如，微小型化芯片雷达集成了完整的天线、收发子系统、控制子系统、数据采集与处理子系统，以及数据通信子系统，可以满足特殊场景的目标状态监视，例如，可用于未来医院病房的患者状态感知与监视。量子技术与光子技术应用于雷达，已经产生了量子雷达和光子雷达；人工智能技术应用于雷达，可推动认知雷达技术的发展迈上新的台阶，这些新兴雷达技术有望对雷达探测技术能力的提升产生革命性的影响。又如，雷达技术有望在对昆虫和鸟群的迁徙进行全天候、全天时的监视中发挥独特的作用。

对于未来雷达技术的发展，软件与硬件的界限不再分明。软件硬件化和硬件软件化，以及雷达功能的软件可重构化，无论是在降低雷达系统的成本方面，还是在提高雷达系统功能密度方面，都将大有可为。

人类探索宇宙的步伐不断加快，一方面，对雷达技术的应用需求越来越迫切；另一方面，对雷达技术的要求，如低功耗、长寿命、轻量化和信息处理的智能化等，也将越来越高。

1.3 雷达工作频段的划分

在雷达技术中，通常用不同的字母或缩略词来代表不同的电磁波频率范围，以方便表示不同用途的雷达，如表 1.3.1 所示。例如，VHF (very high frequency，甚高频)、UHF (ultra high frequency，特高频) 通常用于对空超远程预警雷达或对地观测的叶簇穿透雷达，HF (high frequency，高频) 通常用于超视距雷达或地波雷达。L、S、C、X 和 Ku 波段通常被遥感雷达所用，其中，S 波段因为可以较好地平衡对云雨的探测性能和云雨对雷达信号的衰减影响而经常被地基气象雷达所用。远程预警雷达的工作频率一般不高于 S 波段，以减小大气对雷达信号的衰减作用。频段越低的雷达，雷达信号绝对带宽也越小，对目标探测的精度(如位置和速度)和识别能力也相应较差。对于成像雷达而言，采用的频段越高，则获得的雷达图像越精细，目标的纹理特征也越清晰。

表 1.3.1 雷达工作频段的划分[8]

波段	频率范围	波长	雷达使用频率
HF	3～30MHz	10～100m	—
VHF (P)	30～300MHz	1～10m	138～144MHz，216～225MHz
UHF	0.3～1GHz	0.3～1m	420～450MHz，890～942MHz
L	1～2GHz	15～30cm	1.215～1.400GHz
S	2～4GHz	7.5～15cm	2.3～2.5GHz，2.7～3.7GHz

续表

波段	频率范围	波长	雷达使用频率
C	4～8GHz	3.75～7.5cm	5.250～5.925GHz
X	8～12GHz	2.5～3.75cm	8.500～10.680GHz
Ku	12～18GHz	1.67～2.5cm	13.4～14.0GHz，15.7～17.7GHz
K	18～27GHz	1.11～1.67cm	24.05～24.25GHz，24.65～24.75GHz
Ka	27～40GHz	0.75～1.11cm	33.4～36.0GHz
V	40～75GHz	4～6mm	59.0～64.0GHz
W	75～110GHz	2.7～4mm	76.0～81.0GHz，92.0～100.0GHz
mm	110～300GHz	1～2.7mm	126.0～142.0GHz，144.0～149.0GHz 231.0～235.0GHz，238.0～248.0GHz

注：Ku 即“under” K band，意为低于 K 波段；Ka 即“above” K band，意为高于 K 波段。

由于常用的雷达频段与通信所用的频段相同，为了避免雷达对通信的干扰，国际无线电科学联盟在每个频段专门划分出一段或几段频率范围为雷达所用，例如，将 VHF 频段中的 138～144MHz 和 216～225MHz，W 频段中的 76.0～81.0GHz 和 92.0～100.0GHz 划归雷达使用。

1.4 本书的特点

电磁波是雷达工作的信息载体，因此对雷达的认识离不开对电磁波的认识。电磁波是如何产生的，电磁波怎样才能辐射传播出去，电磁波在不同的媒质中有怎样的传播规律，电磁波如何与不同的目标有不同的相互作用，不同的频率又有怎样不同的特性(点)等问题，都可以通过对电磁波(场)理论的学习和认识而找到答案。这些答案的获得，对于认识雷达的工作原理和机理、了解雷达信号处理的关键问题、掌握雷达信号处理的基本技能大有帮助。

本书的一个显著特点是将电磁场和电磁波理论与雷达技术作为一个紧密联系的整体来进行介绍，从电磁波的频率、幅度、极化和相位四个基本参量的角度来阐述雷达的基本理论、探测原理和基本信号处理方法。

习　题

1. 解释赫兹证明电磁波存在实验装置的工作原理。
2. 简述雷达技术的发展趋势。

参 考 文 献

[1] SKOLNIK M I. Radar handbook [M]. 2nd ed. New York: McGraw-Hill, 1990.

[2] SENGUPTA D L, SARKAR T K. Maxwell, Hertz, the Maxwellians, and the early history of electromagnetic waves[J]. IEEE antennas and propagation magazine, 2003, 45(2): 13-19.

[3] D'AGOSTINO S. Hertz's experiments on electromagnetic waves[M]//Dordrecht: Springer, 2000.

[4] GRIFFITHS H, KNOTT P, KOCH W. Christian hülsmeyer: invention and demonstration of radar, 1904[J]. IEEE aerospace and electronic systems magazine, 2019, 34(9): 56-60.

[5] BRITANNICA E. Christian doppler[EB/OL]. [2023-3-1]. https://www.britannica.com/biography/Christian-Doppler.

[6] GALATI G. 100 years of radar [M]. Berlin: Springer, 2016.

[7] 思客讲堂. 空警-2000 总设计师来了，讲讲预警机的“精气神”[EB/OL]. [2023-3-1]. http://www.xinhuanet.com/sikepro/20210706/02000952e5a545a3abf2e6c2d979a633/c.html.

[8] IEEE. IEEE standard letter designations for radar-frequency bands: IEEE Std 521-2019[S/OL]. [2023-3-1]. https://ieeexplore.ieee.org/servlet/opac?punumber=8999827.

第 2 章 电磁波及其散射的基本理论

2.1 电磁场理论中的重要定理

2.1.1 麦克斯韦方程组

高斯电场定律、原始的安培环路定理、高斯磁场定律和法拉第电磁感应定律以及电流连续性方程分别可用下面五个方程描述：

$$\nabla \cdot \boldsymbol{E} = \rho/\varepsilon_0 \tag{2.1.1}$$

$$\nabla \cdot \boldsymbol{B} = 0 \tag{2.1.2}$$

$$\nabla \times \boldsymbol{E} = -\partial \boldsymbol{B}/\partial t \tag{2.1.3}$$

$$\nabla \times \boldsymbol{B} = \mu_0 \boldsymbol{J} \tag{2.1.4}$$

$$\nabla \cdot \boldsymbol{J} + \frac{\mathrm{d}\rho}{\mathrm{d}t} = 0 \tag{2.1.5}$$

式中，$\boldsymbol{E}$ 和 $\boldsymbol{B}$ 分别为电场矢量和磁感应(磁通量密度)矢量；ρ 为电荷密度；$\boldsymbol{J}$ 为电流密度矢量。

然而麦克斯韦发现了式(2.1.4)是不完善的，如果对该方程两边取散度得到$\nabla\cdot(\nabla\times\boldsymbol{B}) = \mu_0\nabla\cdot\boldsymbol{J}$，这是一个矛盾的结果，因为根据矢量恒等式$\nabla\cdot(\nabla\times\boldsymbol{A}) = 0$，所以该等式的左边为零，但是右边根据电流连续性方程得出其不为零。麦克斯韦为此对式(2.1.4)进行了修改：在等号右边增加了一个电流项，并将该电流项命名为位移电流(displacement current)，即

$$\nabla \times \boldsymbol{B} = \mu_0(\boldsymbol{J} + \boldsymbol{J}_\mathrm{d}) = \mu_0(\boldsymbol{J} + \varepsilon_0\, \partial \boldsymbol{E}/\partial t) \tag{2.1.6}$$

至此，式(2.1.1)～式(2.1.3)、式(2.1.6)构成了完整的麦克斯韦方程组。麦克斯韦方程组真正将电场和磁场联系起来：它预示着随时间变化的电场可以产生空间分布的磁场，随时间变化的磁场可以产生空间分布的电场，即随时间变化的电场可以产生随时间变化的磁场，反之亦然。

通常用电位移场 $\boldsymbol{D}$ 和磁场 $\boldsymbol{H}$ 来代替 $\boldsymbol{E}$ 和 $\boldsymbol{B}$，并且

$$\boldsymbol{D} = \varepsilon_0\boldsymbol{E} + \boldsymbol{P} = \varepsilon_0(1+\chi)\boldsymbol{E} \tag{2.1.7}$$

$$\boldsymbol{B} = \mu_0\boldsymbol{H} + \boldsymbol{M} = \mu_0(1+\chi_\mathrm{B})\boldsymbol{H} \tag{2.1.8}$$

式(2.1.7)和式(2.1.8)称为电磁场的本构方程。式(2.1.7)中的$\varepsilon_0\boldsymbol{E}$ 对应自由电荷，$\boldsymbol{P}$ 对应

束缚电荷$\rho_c = -\nabla\cdot\boldsymbol{P}$，与介质材料的极化特性有关(不能施以控制)，也称为感应电偶极矩，χ为电极化率。式(2.1.8)中的$\mu_0\boldsymbol{H}$对应自由电流，$\boldsymbol{M}$对应磁化电流，与介质材料的磁极化特性有关(同样不能施以控制)，也称为感应磁偶极矩，χ_B为磁化率。

对于线性、各向同性的均匀介质，$\boldsymbol{D} = \varepsilon_0\boldsymbol{E}$，$\boldsymbol{B} = \mu_0\boldsymbol{H}$。于是麦克斯韦方程组通常表示成如下形式：

$$\nabla\cdot\boldsymbol{D} = \rho \tag{2.1.9}$$

$$\nabla\cdot\boldsymbol{B} = 0 \tag{2.1.10}$$

$$\nabla\times\boldsymbol{E} = -\partial\boldsymbol{B}/\partial t \tag{2.1.11}$$

$$\nabla\times\boldsymbol{H} = \boldsymbol{J}_f + \partial\boldsymbol{D}/\partial t \tag{2.1.12}$$

从推导麦克斯韦方程组各方程的过程可以看出，方程组也可以等价地表示成积分形式：

$$\oint_S \boldsymbol{D}\cdot \mathrm{d}\boldsymbol{a} = \int_V \rho \mathrm{d}v \tag{2.1.13}$$

$$\oint_C \boldsymbol{E}\cdot \mathrm{d}\boldsymbol{s} = -\int_S (\partial\boldsymbol{B}/\partial t)\cdot \mathrm{d}\boldsymbol{a} \tag{2.1.14}$$

$$\oint_S \boldsymbol{B}\cdot \mathrm{d}\boldsymbol{a} = 0 \tag{2.1.15}$$

$$\oint_l \boldsymbol{H}\cdot \mathrm{d}sl = \int_S \boldsymbol{J}\cdot \mathrm{d}\boldsymbol{a} + \int_S (\partial\boldsymbol{D}/\partial t)\cdot \mathrm{d}\boldsymbol{a} \tag{2.1.16}$$

2.1.2 电磁场的边界条件

电磁场的边界条件是指在不连续表面，电场和磁场必须满足的条件。不连续表面是指在该表面的两侧有不同的介质，或者是介电常数ε不同，或者是磁导率μ不同，或者是两者均不同。从麦克斯韦方程组中可以看到，电磁场的边界条件可以归为两大类，即矢量的散度($\nabla\cdot()$)场边界条件和矢量的旋度($\nabla\times()$)场边界条件。

定义不连续表面的法向矢量$\hat{\boldsymbol{n}}$(例如，由介质 1 指向介质 2)，如图 2.1.1 所示。下面来推导矢量场$\boldsymbol{F}$在$\nabla\cdot\boldsymbol{F} = b(\boldsymbol{r})$和$\nabla\times\boldsymbol{F} = c(\boldsymbol{r})$条件下必须满足的边界条件。推导思路是假定分界面不是突变的，而是存在一个过渡区(厚度为h)，先推导在过渡区的场，然后再求过渡区$h\to 0$的场。

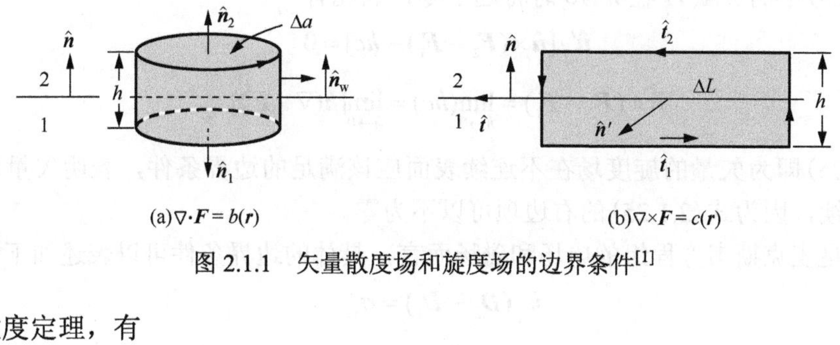

图 2.1.1 矢量散度场和旋度场的边界条件[1]

根据散度定理，有

$$\oint_S \boldsymbol{F}\cdot \mathrm{d}\boldsymbol{a} = \int_V \nabla\cdot\boldsymbol{F}\mathrm{d}v = \int_V b(\boldsymbol{r})\mathrm{d}v \tag{2.1.17}$$

设计一个体积为式(2.1.17)中 V 的小圆柱，如图 2.1.1(a)所示。其中，$\hat{\boldsymbol{n}}_2$ 和 $\hat{\boldsymbol{n}}_1$ 分别为圆柱上下两个表面指向外的表面法向矢量，即 $\hat{\boldsymbol{n}}_1=-\hat{\boldsymbol{n}}_2$，$\hat{\boldsymbol{n}}_{\mathrm{w}}$ 为圆柱侧壁表面指向外的法向矢量；Δa 为圆柱的上下表面的面积。式(2.1.17)的表面积分可以表示成

$$\oint_S \boldsymbol{F}\cdot\mathrm{d}\boldsymbol{a}=\boldsymbol{F}_2\cdot\Delta\boldsymbol{a}_2+\boldsymbol{F}_1\cdot\Delta\boldsymbol{a}_1+W \tag{2.1.18}$$

式中，$\boldsymbol{F}_1$ 和 $\boldsymbol{F}_2$ 分别为矢量场 $\boldsymbol{F}$ 在圆柱上下表面的取值；W 为圆柱侧面积分的贡献，在 $h\to0$ 的情况下，$W\to0$，$\boldsymbol{F}_1$ 和 $\boldsymbol{F}_2$ 可以取上下表面的中心位置的值 b 作为 $b(\boldsymbol{r})$ 的平均值。显然 $\Delta\boldsymbol{a}_1=\Delta a\cdot\hat{\boldsymbol{n}}_1$，$\Delta\boldsymbol{a}_2=\Delta a\cdot\hat{\boldsymbol{n}}_2$，式(2.1.17)的右边项可近似为 $(hb)\Delta a$，Δa 为圆柱的上下表面的面积，因此有

$$\oint_S \boldsymbol{F}\cdot\mathrm{d}\boldsymbol{a}=\boldsymbol{F}_2\cdot\Delta\boldsymbol{a}_2+\boldsymbol{F}_1\cdot\Delta\boldsymbol{a}_1+W=\int_V b\mathrm{d}v=(hb)\Delta a \tag{2.1.19}$$

在 $h\to0$ 时，式(2.1.19)可近似为

$$\hat{\boldsymbol{n}}_1\cdot(\boldsymbol{F}_1-\boldsymbol{F}_2)=\lim_{h\to0}(hb)=\lim_{h\to0}(h\nabla\cdot\boldsymbol{F}) \tag{2.1.20}$$

式(2.1.20)即为矢量的散度场在不连续表面应该满足的边界条件，表明矢量的法向分量有可能不连续，因为式(2.1.20)的右边项可以不为零。

根据旋度定理(也称为斯托克斯定理，Stokes′ theorem)，有

$$\oint_C \boldsymbol{F}\cdot\mathrm{d}\boldsymbol{a}=\int_S \nabla\times\boldsymbol{F}\cdot\mathrm{d}\boldsymbol{a}=\int_S c(\boldsymbol{r})\cdot\mathrm{d}\boldsymbol{a} \tag{2.1.21}$$

将式(2.1.21)中的封闭曲线 C 设计为一矩形，如图 2.1.1(b)所示。其中，ΔL 为矩形在分界面的边长；$\hat{\boldsymbol{t}}$ 为不连续分界表面的切向矢量；$\hat{\boldsymbol{t}}_1$ 和 $\hat{\boldsymbol{t}}_2$ 分别为矩形的上下两边(分别在分界面的两侧)积分路径的方向矢量(显然 $\hat{\boldsymbol{t}}_2=\hat{\boldsymbol{t}}$，$\hat{\boldsymbol{t}}_1=-\hat{\boldsymbol{t}}$)；$\hat{\boldsymbol{n}}'$ 为封闭曲线 C 所构成表面的法向矢量(平行于分界面，并与分界面的法向 $\hat{\boldsymbol{n}}$ 垂直)。式(2.1.21)的线积分可以表示成

$$\oint_C \boldsymbol{F}\cdot\mathrm{d}\boldsymbol{s}=\hat{\boldsymbol{t}}\cdot(\boldsymbol{F}_2-\boldsymbol{F}_1)\Delta L+\Pi=c\cdot\hat{\boldsymbol{n}}'h\Delta L \tag{2.1.22}$$

式中，Π 为矩形的两端边长线积分的贡献。由于ΔL 和 $h\Delta L$ 都很小，$\boldsymbol{F}_1$ 和 $\boldsymbol{F}_2$ 可以取上下两边的中心位置的值作为平均值，同样可以取 C 所构成表面的中心位置的值 c 作为 $c(\boldsymbol{r})$ 的平均值，进而根据 $\hat{\boldsymbol{t}}=\hat{\boldsymbol{n}}'\times\hat{\boldsymbol{n}}$ 和矢量恒等式 $\boldsymbol{A}\cdot(\boldsymbol{B}\times\boldsymbol{C})=(\boldsymbol{A}\times\boldsymbol{B})\cdot\boldsymbol{C}$，由式(2.1.22)可以得到

$$\hat{\boldsymbol{n}}'\cdot[\hat{\boldsymbol{n}}\times(\boldsymbol{F}_2-\boldsymbol{F}_1)]\Delta L+\Pi=c\cdot\hat{\boldsymbol{n}}'h\Delta L \tag{2.1.23}$$

式(2.1.23)中的贡献 Π 在 $h\to0$ 时将趋于零，因此有

$$\hat{\boldsymbol{n}}'\cdot[\hat{\boldsymbol{n}}\times(\boldsymbol{F}_2-\boldsymbol{F}_1)-hc]=0 \tag{2.1.24}$$

$$\hat{\boldsymbol{n}}\times(\boldsymbol{F}_2-\boldsymbol{F}_1)=\lim_{h\to0}(hc)=\lim_{h\to0}[h(\nabla\times\boldsymbol{F})] \tag{2.1.25}$$

式(2.1.25)即为矢量的旋度场在不连续表面应该满足的边界条件，表明矢量的切向分量有可能不连续，因为式(2.1.25)的右边项可以不为零。

对于满足麦克斯韦方程组的电场和磁场而言，具体的边界条件可以表述如下：

$$\hat{\boldsymbol{n}}\cdot(\boldsymbol{D}_2-\boldsymbol{D}_1)=\sigma_{\mathrm{f}} \tag{2.1.26}$$

$$\hat{\boldsymbol{n}}\times(\boldsymbol{E}_2-\boldsymbol{E}_1)=0 \quad 或 \quad E_{2t}=E_{1t} \tag{2.1.27}$$

（$\nabla\times\boldsymbol{E}=-\partial\boldsymbol{B}/\partial t$，在满足边界条件的时候，认为 $\boldsymbol{B}$ 不随时间变化，因此 $\nabla\times\boldsymbol{E}=0$）

$$\hat{\boldsymbol{n}}\cdot(\boldsymbol{B}_2-\boldsymbol{B}_1)=0 \tag{2.1.28}$$

$$\hat{\boldsymbol{n}}\times(\boldsymbol{H}_2-\boldsymbol{H}_1)=\boldsymbol{J}_{\mathrm{f}} \quad \text{或} \quad H_{2t}-H_{1t}=\boldsymbol{J}_{\mathrm{f}} \tag{2.1.29}$$

（$\nabla\times\boldsymbol{H}=\boldsymbol{J}_{\mathrm{f}}+\partial\boldsymbol{D}/\partial t$，在满足边界条件的时候，认为 $\boldsymbol{D}$ 不随时间变化，因此 $\nabla\times\boldsymbol{H}=\boldsymbol{J}_{\mathrm{f}}$）

对于理想导体的金属表面边界，电场的切向电场一定为零。如果不为零，则沿着表面的电场方向进行积分，结果也将不为零，即意味着金属表面有电势差(电压差)。显然这不符合实际情况：任何金属体均为等势体，即金属表面不可能产生电压差。电场在金属表面的这一边界条件，在金属体的电磁散射计算中经常用到。

2.1.3 坡印亭定理

约翰·亨利·坡印亭(John Henry Poynting)(1852—1914 年)是英国物理学家。坡印亭定理[2](Poynting theorem)实际上就是电磁场中的能量守恒定理：单位时间内流出封闭面 S 的功等于单位时间内封闭面 S 所包含的体积 V 中电场能量和磁场能量的减少与热传导损耗之和。为推导坡印亭定理，先来计算在封闭面 S 所包含的体积 V 中矢量 $\boldsymbol{E}\times\boldsymbol{H}$ 的散度 $\nabla\cdot(\boldsymbol{E}\times\boldsymbol{H})$，$V$ 中为均匀、线性和各向同性介质。如果存在某种形式的电流源，那么电流源提供的电磁能量应该等于 V 内电磁能量的减少与热传导损耗以及流出封闭面的电磁能量之和。如果假定 V 中包含了电流源 $\boldsymbol{J}$，那么根据麦克斯韦方程组和矢量恒等式：

$$\nabla\cdot(\boldsymbol{A}\times\boldsymbol{B})=\boldsymbol{B}\cdot(\nabla\times\boldsymbol{A})-\boldsymbol{A}\cdot(\nabla\times\boldsymbol{B}) \tag{2.1.30}$$

可得到

$$\nabla\cdot(\boldsymbol{E}\times\boldsymbol{H})=\boldsymbol{H}\cdot(\nabla\times\boldsymbol{E})-\boldsymbol{E}\cdot(\nabla\times\boldsymbol{H})=-\boldsymbol{H}\cdot\partial\boldsymbol{B}/\partial t-\boldsymbol{E}\cdot(\boldsymbol{J}+\partial\boldsymbol{D}/\partial t) \tag{2.1.31}$$

进一步运用散度定理，可得

$$\begin{aligned}\oint_S\boldsymbol{E}\times\boldsymbol{H}\cdot\mathrm{d}\boldsymbol{a}&=\int_V\nabla\cdot(\boldsymbol{E}\times\boldsymbol{H})\mathrm{d}v=\int_V[-\boldsymbol{H}\cdot\partial\boldsymbol{B}/\partial t-\boldsymbol{E}\cdot(\boldsymbol{J}+\partial\boldsymbol{D}/\partial t)]\mathrm{d}v\\&=-\int_V(\boldsymbol{H}\cdot\partial\boldsymbol{B}/\partial t+\boldsymbol{E}\cdot\partial\boldsymbol{D}/\partial t+\boldsymbol{E}\cdot\boldsymbol{J})\mathrm{d}v=-\int_V(\partial W_{\mathrm{m}}/\partial t+\partial W_{\mathrm{e}}/\partial t+\boldsymbol{E}\cdot\boldsymbol{J})\mathrm{d}v\end{aligned} \tag{2.1.32}$$

式中，W_{m} 和 W_{e} 表示所存储的磁场能量和电场能量；$\boldsymbol{J}=\boldsymbol{J}_{\mathrm{s}}+\boldsymbol{J}_{\mathrm{c}}$，$\boldsymbol{J}_{\mathrm{s}}$ 代表电流源电流，$\boldsymbol{J}_{\mathrm{c}}$ 代表传导电流，且 $\boldsymbol{J}_{\mathrm{c}}=\sigma\boldsymbol{E}$；$\sigma$ 为介质的电导率。式(2.1.32)可变化为如下形式：

$$\int_V(\boldsymbol{E}\cdot\boldsymbol{J}_{\mathrm{s}})\mathrm{d}v=-\int_V\partial(W_{\mathrm{m}}+W_{\mathrm{e}})/\partial t\cdot\mathrm{d}v-\int_V\sigma E^2\mathrm{d}v-\oint_S\boldsymbol{E}\times\boldsymbol{H}\cdot\mathrm{d}\boldsymbol{a} \tag{2.1.33}$$

式中，右边第一项表示体积 V 内电场能量和磁场能量的变化率；第二项表示电磁能损耗；第三项表示单位时间内从体积 V 内流出封闭面 S 的电磁场能量，即功率。式(2.1.33)或者式(2.1.32)即为坡印亭定理的数学表达式。

如果式(2.1.33)中的电流源为零，此时坡印亭定理描述了能量平衡关系，即流出封闭面的能量等于 V 内电磁能量的减少和热传导损耗之和。坡印亭矢量定义为

$$\boldsymbol{S}=\boldsymbol{E}\times\boldsymbol{H} \tag{2.1.34}$$

同麦克斯韦方程组一样，坡印亭定理也可以用差分形式的数学表达式来表示：

$$\partial W/\partial t=\nabla\cdot\boldsymbol{S}+\boldsymbol{J}\cdot\boldsymbol{E} \tag{2.1.35}$$

式中，W 为包括电场能量和磁场能量的能量密度：

$$W=(\boldsymbol{E}\cdot\boldsymbol{D}+\boldsymbol{B}\cdot\boldsymbol{H})/2 \tag{2.1.36}$$

对式(2.1.35)在体积 V 内进行积分，便可得到式(2.1.32)或式(2.1.33)。

2.1.4 电磁场唯一性原理

无论是何种方程的求解，我们希望所得到的解是唯一的，也希望知道需要满足何种条件才能保证解是唯一的。对于麦克斯韦方程组的电磁场问题，需要知道能够获得同时满足方程组以及边界条件的唯一解的条件。电磁场的唯一性原理是指当已知某一封闭面上的电场或者磁场或者封闭面上的部分区域电场、部分区域磁场时，封闭面内部的电磁场就可唯一确定。下面对电磁场的唯一性原理进行证明[1]。

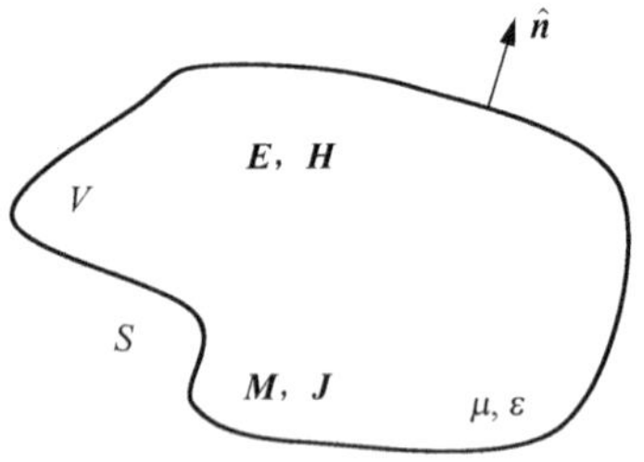

图 2.1.2 封闭面 S 包含的体积 V 内存在电流源 $\boldsymbol{J}$ 和磁流源 $\boldsymbol{M}$

图 2.1.2 给出了封闭面 S 所包含的体积 V 内包含电流源 $\boldsymbol{J}$ 和磁流源 $\boldsymbol{M}$ 的示意图。假如已知条件：①表面 S 上的切向电场 $\hat{\boldsymbol{n}}\times\boldsymbol{E}$，②$S$ 上的切向磁场 $\hat{\boldsymbol{n}}\times\boldsymbol{M}$，③部分表面上的电场和部分表面上的磁场，那么可证明 V 内的电场和磁场唯一确定。假如体积 V 内存在两个不同的场 $\boldsymbol{E}_a$，$\boldsymbol{H}_a$ 和 $\boldsymbol{E}_b$，$\boldsymbol{H}_b$ 均满足麦克斯韦方程组和边界条件：

$$\nabla\times\boldsymbol{E}_a=-\mu\partial\boldsymbol{H}_a/\partial t-\boldsymbol{M} \tag{2.1.37}$$

$$\nabla\times\boldsymbol{H}_a=\boldsymbol{J}+\varepsilon\partial\boldsymbol{E}_a/\partial t \tag{2.1.38}$$

$$\nabla\times\boldsymbol{E}_b=-\mu\partial\boldsymbol{H}_b/\partial t-\boldsymbol{M} \tag{2.1.39}$$

$$\nabla\times\boldsymbol{H}_b=\boldsymbol{J}+\varepsilon\partial\boldsymbol{E}_b/\partial t \tag{2.1.40}$$

将式(2.1.37)和式(2.1.38)分别减式(2.1.39)和式(2.1.40)后得

$$\nabla\times\boldsymbol{E}_d=-\mu\partial\boldsymbol{H}_d/\partial t \tag{2.1.41}$$

$$\nabla\times\boldsymbol{H}_d=\varepsilon\partial\boldsymbol{E}_d/\partial t \tag{2.1.42}$$

式中，$\boldsymbol{E}_d=\boldsymbol{E}_a-\boldsymbol{E}_b$；$\boldsymbol{H}_d=\boldsymbol{H}_a-\boldsymbol{H}_b$。假定为时谐电磁场，即$\partial()/\partial t=-\mathrm{j}\omega$，根据矢量运算的恒等式，可进行如下推导：

$$\begin{aligned}\nabla\cdot(\boldsymbol{E}_d\times\boldsymbol{H}_d^*)&=\boldsymbol{H}_d^*\cdot(\nabla\times\boldsymbol{E}_d)-\boldsymbol{E}_d\cdot(\nabla\times\boldsymbol{H}_d^*)=\boldsymbol{H}_d^*\cdot(\mathrm{j}\omega\mu\boldsymbol{H}_d)-\boldsymbol{E}_d\cdot(\mathrm{j}\omega\varepsilon^*\boldsymbol{E}_d^*)\\&=\mathrm{j}\omega\mu|\boldsymbol{H}_d|^2-\mathrm{j}\omega\varepsilon^*|\boldsymbol{E}_d|^2\end{aligned} \tag{2.1.43}$$

$$\begin{aligned}\nabla\cdot(\boldsymbol{E}_d^*\times\boldsymbol{H}_d)&=\boldsymbol{H}_d\cdot(\nabla\times\boldsymbol{E}_d^*)-\boldsymbol{E}_d^*\cdot(\nabla\times\boldsymbol{H}_d)=\boldsymbol{H}_d\cdot(-\mathrm{j}\omega\mu^*\boldsymbol{H}_d^*)-\boldsymbol{E}_d^*\cdot(-\mathrm{j}\omega\varepsilon\boldsymbol{E}_d)\\&=-\mathrm{j}\omega\mu^*|\boldsymbol{H}_d|^2+\mathrm{j}\omega\varepsilon|\boldsymbol{E}_d|^2\end{aligned} \tag{2.1.44}$$

式中，符号“*”表示复共轭操作。分别将式(2.1.43)和式(2.1.44)在 V 内进行积分，并且利用散度定理后可得

$$\oint_S\boldsymbol{E}_d\times\boldsymbol{H}_d^*\cdot\mathrm{d}\boldsymbol{s}=\int_V\nabla\cdot(\boldsymbol{E}_d\times\boldsymbol{H}_d^*)\mathrm{d}v=\int_V\mathrm{j}\omega\mu|\boldsymbol{H}_d|^2\mathrm{d}v-\int_V\mathrm{j}\omega\varepsilon^*|\boldsymbol{E}_d|^2\mathrm{d}v \tag{2.1.45}$$

$$\oint_S\boldsymbol{E}_d^*\times\boldsymbol{H}_d\cdot\mathrm{d}\boldsymbol{s}=\int_V\nabla\cdot(\boldsymbol{E}_d^*\times\boldsymbol{H}_d)\mathrm{d}v=\int_V-\mathrm{j}\omega\mu^*|\boldsymbol{H}_d|^2\mathrm{d}v+\int_V\mathrm{j}\omega\varepsilon|\boldsymbol{E}_d|^2\mathrm{d}v \tag{2.1.46}$$

为方便起见，我们讨论有耗介质情况，即介电常数和磁导率均为复数：$\varepsilon=\varepsilon_r-j\varepsilon_i$，$\mu=\mu_r-j\mu_i$，将其代入式(2.1.45)和式(2.1.46)后可得

$$\begin{aligned}\oint_S(\boldsymbol{E}_d\times\boldsymbol{H}_d^*+\boldsymbol{E}_d^*\times\boldsymbol{H}_d)\cdot d\boldsymbol{s}&=\int_V\nabla\cdot[(\boldsymbol{E}_d\times\boldsymbol{H}_d^*)+(\boldsymbol{E}_d^*\times\boldsymbol{H}_d)]dv\\&=\int_V 2\omega(\mu_i|\boldsymbol{H}_d|^2+\varepsilon_i|\boldsymbol{E}_d|^2)dv\end{aligned}\tag{2.1.47}$$

进一步利用矢量运算的恒等式：$(\boldsymbol{A}\times\boldsymbol{B})\cdot\boldsymbol{C}=(\boldsymbol{C}\times\boldsymbol{A})\cdot\boldsymbol{B}=(\boldsymbol{B}\times\boldsymbol{C})\cdot\boldsymbol{A}$，有

$$\begin{aligned}(\boldsymbol{E}_d\times\boldsymbol{H}_d^*)\cdot\hat{\boldsymbol{n}}&=(\hat{\boldsymbol{n}}\times\boldsymbol{E}_d)\cdot\boldsymbol{H}_d^*=(\boldsymbol{H}_d^*\times\hat{\boldsymbol{n}})\cdot\boldsymbol{E}_d\\(\boldsymbol{E}_d^*\times\boldsymbol{H}_d)\cdot\hat{\boldsymbol{n}}&=(\hat{\boldsymbol{n}}\times\boldsymbol{E}_d^*)\cdot\boldsymbol{H}_d=(\boldsymbol{H}_d\times\hat{\boldsymbol{n}})\cdot\boldsymbol{E}_d^*\end{aligned}\tag{2.1.48}$$

如果已知条件①或者条件②或者条件③，那么显然在表面 S 上，或者 $\hat{\boldsymbol{n}}\times\boldsymbol{E}_d=0$，或者 $\boldsymbol{H}_d\times\hat{\boldsymbol{n}}=0$，或者部分区域 $\hat{\boldsymbol{n}}\times\boldsymbol{E}_d=0$，部分区域 $\boldsymbol{H}_d\times\hat{\boldsymbol{n}}=0$，因此式(2.1.47)等号左边将等于零。由于式(2.1.47)等号右边的积分均为实数运算，因此只有 $\boldsymbol{E}_d=\boldsymbol{H}_d=\boldsymbol{0}$ 方能使等式成立。

虽然在上述推导中假定了有耗介质，但是无耗介质可视为有耗介质的极限情况，即 ε_i 和 μ_i 无限小。也就是说，上述唯一性原理在无耗情况下仍然成立。至此，电磁场的唯一性原理得证。电磁场的唯一性原理为求解电磁场问题提供了便利，并可以由此直接得出电磁场的等效原理。

电磁场的唯一性原理是雷达探测的一个重要理论基础，它保证了雷达目标的可探测性。

2.1.5 惠更斯-菲涅耳原理

惠更斯-菲涅耳原理是以荷兰物理学家 Christiaan Huygens 和法国物理学家 Augustin-Jean Fresnel 的名字命名，通常简称为惠更斯原理[3]，主要应用于分析波的远场传播和近场绕射的问题。

惠更斯于 1678 年提出了惠更斯原理，指出每一个被波照射到的点都将成为球面波的一个波源，并且所有这些新的波源产生的二次波相互叠加形成了新的波。惠更斯设想二次波只能向前传播，但是并没有对这个假设进行解释。

惠更斯原理能够定性解释线性波和球面波的传播，并且据此能够推导出波的反射和折射定律，但是不能解释波偏离直线传播的绕射现象，例如，当光照射到各种边、口径或者平板时。图 2.1.3 给出了波的折射和波的绕射示意图。

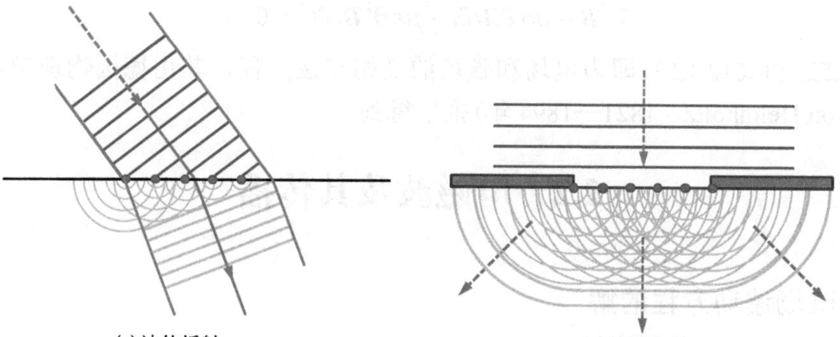

(a) 波的折射　　(b) 波的绕射

图 2.1.3　波的折射和波的绕射

1818 年，菲涅耳表明惠更斯原理以及他自己提出的波的干涉原理，能够解释光的直线传播以及绕射现象。

惠更斯-菲涅耳原理为理解和预测光作为波的传播提供了很好的基础。然而该原理也存在局限性，以至于有不同的观点，例如，它是否能够精确地描述现实，或者是否惠更斯原理的确给出了正确的答案，但是给出了错误的原因。

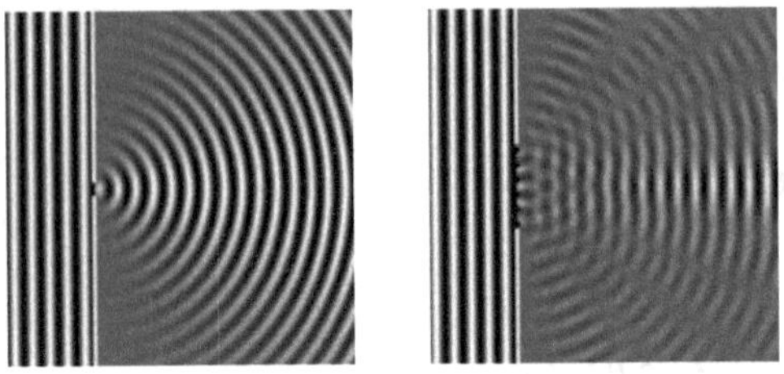

图 2.1.4 平面波在宽度为一个波长和几个波长的缝隙处产生的衍射现象

图 2.1.4 给出了平面波在宽度为一个和几个波长的缝隙处产生的衍射现象。惠更斯原理可以看作各向同性空间的结果，即波沿所有方向的传播都是相同的。任何一个波在传播中碰到任何障碍点都将在足够小的区域产生向所有径向方向传播的子波，这些子波如果碰到新的障碍点都将同样产生新的向各个径向方向传播的子波，这些子波的叠加，将形成波传播的图景。空间的各向同性是量子电动力学的基础。

2.1.6 电磁场的波动方程

对于线性、各向同性的均匀介质，麦克斯韦方程组中的第四个方程——式(2.1.6)中的电流 $\boldsymbol{J}$ 包括传导电流 $\boldsymbol{J}_c=\sigma\boldsymbol{E}$ 和电流源电流 $\boldsymbol{J}_s$，即 $\boldsymbol{J}=\boldsymbol{J}_c+\boldsymbol{J}_s$，因此可得

$$\nabla\times\boldsymbol{B}=\mu\sigma\boldsymbol{E}+\mu\boldsymbol{J}_s+\mu\varepsilon\,\partial\boldsymbol{E}/\partial t \tag{2.1.49}$$

利用下列矢量运算的恒等式：

$$\nabla\times(\nabla\times\boldsymbol{A})=\nabla(\nabla\cdot\boldsymbol{A})-\nabla^2\boldsymbol{A} \tag{2.1.50}$$

对式(2.1.11)的两边取旋度运算：

$$\begin{aligned}\nabla\times(\nabla\times\boldsymbol{E})&=\nabla(\nabla\cdot\boldsymbol{E})-\nabla^2\boldsymbol{E}=-\nabla\times(\partial\boldsymbol{B}/\partial t)\\&=-\partial(\nabla\times\boldsymbol{B})/\partial t=-\mu\sigma\,\partial\boldsymbol{E}/\partial t-\mu\,\partial\boldsymbol{J}_s/\partial t-\mu\varepsilon\,\partial^2\boldsymbol{E}/\partial t^2\end{aligned} \tag{2.1.51}$$

对于无源情况，$\nabla\cdot\boldsymbol{E}=0$，$\boldsymbol{J}_s=0$，式(2.1.51)变为

$$\nabla^2\boldsymbol{E}-\mu\sigma\,\partial\boldsymbol{E}/\partial t-\mu\varepsilon\,\partial^2\boldsymbol{E}/\partial t^2=0 \tag{2.1.52}$$

同理，由 $\nabla\times(\nabla\times\boldsymbol{B})$，可以得到下列磁场的二阶磁场偏微分方程：

$$\nabla^2\boldsymbol{B}-\mu\sigma\,\partial\boldsymbol{B}/\partial t-\mu\varepsilon\,\partial^2\boldsymbol{B}/\partial t^2=0 \tag{2.1.53}$$

式(2.1.52)和式(2.1.53)即为电场和磁场的亥姆霍兹方程，其由德国物理学家亥姆霍兹(Hermann von Helmholtz，1821—1894 年)推导得到。

2.2 电磁波及其传播

2.2.1 电磁场波动方程的解

下面先考虑在无损耗、线性、均匀介质的情况下，关于电场和磁场的亥姆霍兹方程的解。事实上，式(2.1.52)和式(2.1.53)均退化为标准的波动方程：

$$\nabla^2\varphi - \mu\varepsilon\,\partial^2\varphi/\partial t^2 = 0 \tag{2.2.1}$$

式中，φ 可以是 $\boldsymbol{E}$ 和 $\boldsymbol{B}$ 的任意一个坐标分量或者电标位。如果考虑一维情况，例如，电磁波只沿 z 方向传播的情况，则有

$$\nabla^2\varphi_z - \mu\varepsilon\,\partial^2\varphi_z/\partial t^2 = 0 \tag{2.2.2}$$

上述波动方程的一般解可以如下表示：

$$\varphi_z = f(z - vt) + g(z + vt) \tag{2.2.3}$$

式中，f 和 g 分别表示沿$+z$ 和$-z$ 方向传播的波；$v = 1/\sqrt{\mu\varepsilon}$ 为电磁波的传播速度。

可以采用分离变量法来求解 f 或 g 的具体表达式。令 $\varphi_z(z,t) = Z(z)\cdot T(t)$，最终可得到如下解：

$$\varphi_z(z,t) = \varphi_{z0}\mathrm{e}^{\mathrm{j}(kz-\omega t)} \tag{2.2.4}$$

式中，φ_{z0} 为波的幅度；$k = \omega\sqrt{\mu\varepsilon} = \omega/v$，为传播常数；$\omega$ 为电磁波的角频率。如果波的传播方向为任意方向，则其解的形式为

$$\varphi(x,y,z,t) = \varphi_0\mathrm{e}^{\mathrm{j}(k_x x + k_y y + k_z z - \omega t)} \tag{2.2.5}$$

式中，k_x、k_y 和 k_z 为传播常数矢量在 x、y、z 三个坐标方向的分量。

下面考虑在线性、均匀和有耗介质中，无源电磁波波动方程的解：

$$\nabla^2\phi - \mu\sigma\,\partial\phi/\partial t - \mu\varepsilon\,\partial^2\phi/\partial t^2 = 0 \tag{2.2.6}$$

同样采用分离变量法进行求解。此时电磁波的传播常数不再是实数，而是复数：

$$k = \omega\sqrt{\mu\varepsilon + \mathrm{j}\mu\sigma/\omega} \tag{2.2.7}$$

如果令 $k = \beta + \mathrm{j}\alpha$，则可以根据式(2.2.7)推导出 α 和 β 的表达式：

$$\alpha = \omega\sqrt{\mu\varepsilon/2}\{\sqrt{1 + [\sigma/(\omega\varepsilon)]^2} - 1\}^{1/2} \tag{2.2.8}$$

$$\beta = \omega\sqrt{\mu\varepsilon/2}\{\sqrt{1 + [\sigma/(\omega\varepsilon)]^2} + 1\}^{1/2} \tag{2.2.9}$$

此时解的数学表达式为

$$\varphi_z(z,t) = \varphi_{z0}\mathrm{e}^{-\alpha z}\mathrm{e}^{\mathrm{j}(\beta z-\omega t)} \tag{2.2.10}$$

同样，沿任意方向传播时，其解为

$$\varphi(x,y,z,t) = \varphi_0\mathrm{e}^{-(\alpha_x x + \alpha_y y + \alpha_z z)}\mathrm{e}^{\mathrm{j}(\beta_x x + \beta_y y + \beta_z z - \omega t)} \tag{2.2.11}$$

根据求解坐标系的不同，可以将波表示成平面波、柱面波和球面波。

2.2.2　电磁波的极化

正如前面所介绍的，电磁波是由电子在与电磁波传播方向垂直的方向上往返运动(振动)形成了电流源而产生的。电子运动的方向(轨迹)所代表的信息即为电磁波的极化信息。如果只有一个直线的电流源(电基本振子，electrical short dipole)，那么电子的运动轨迹始终是一条直线，此时的电磁波称为线极化波。该线极化波可根据具体的坐标关系，或者为 V 轴方向，或为 H 轴方向，或为θ角方向，分别如图 2.2.1(a)、(b)、(c)所示。图 2.2.1(d)表示θ角线极化的电流源可分解为 V 极化的电流源和 H 极化的电流源，此时这两个电流源是同相或是反相

的。如果有两个互相垂直且电流幅度相同的电流源，当这两个电流源的相位差为±90°时，那么这两个电流源的矢端电子运动的合成轨迹将不再是沿直线运动而是沿圆周运动(相对于传播方向，圆周的旋转方向或为逆时针或为顺时针，如图 2.2.2(a)、(b)所示)。

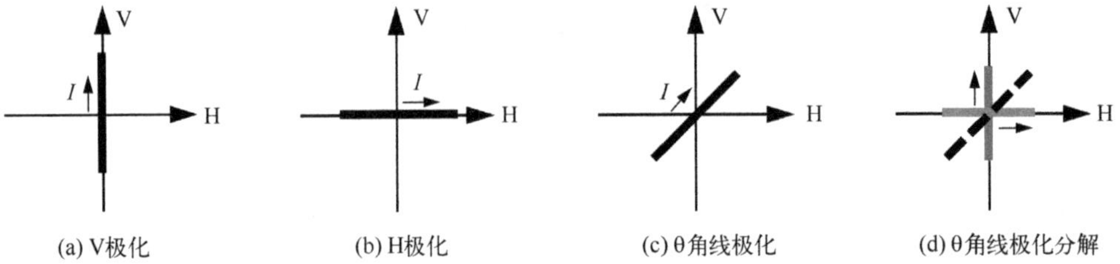

图 2.2.1　电磁波的线极化(电磁波传播方向为垂直纸面向里或向外)

当这两个相互垂直放置的电流源的幅度不同，但相位差仍为±90°时，两个电流源的矢端电子运动的合成轨迹将不再沿圆周运动，而是沿椭圆运动(相对于传播方向，椭圆的旋转方向或为逆时针或为顺时针)。椭圆的长轴和短轴分别与 V(或 H)轴和 H(或 V)轴重合，如图 2.2.2(c)、(d)所示。

当这两个相互垂直放置的电流源的幅度任意，但相位差不为±90°时，两个电流源的矢端电子运动的合成轨迹同样将不再沿圆周运动，而是沿椭圆运动(相对于传播方向，椭圆的旋转方向或为逆时针或为顺时针)。椭圆的长轴和短轴不与 V(或 H)轴和 H(或 V)轴重合，而是旋转了一个角度，如图 2.2.2(e)、(f)所示。

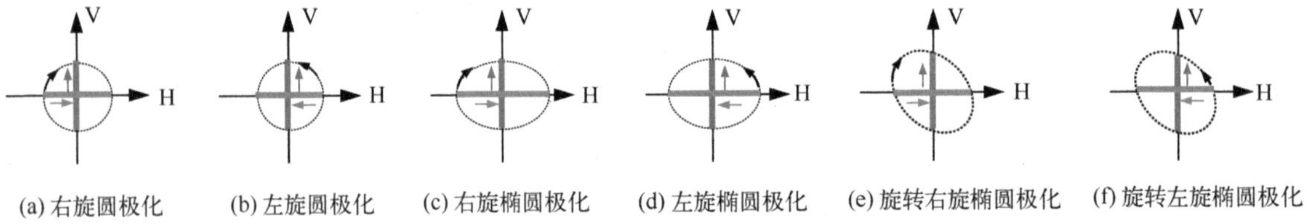

图 2.2.2　电磁波的圆极化和椭圆极化(假设电磁波传播方向为垂直纸面向里)

下面给出有关电磁波极化的公式描述。假设电磁波的电场矢量如式(2.2.12)所描述：

$$\begin{cases} \boldsymbol{E} = \boldsymbol{E}_0 \mathrm{e}^{\mathrm{j}(kz-\omega t)} \\ \boldsymbol{E}_0 = E_{0x}\boldsymbol{x} + E_{0y}\boldsymbol{y} \\ E_{0x} = E_1 \mathrm{e}^{\mathrm{j}\theta_1} \\ E_{0y} = E_2 \mathrm{e}^{\mathrm{j}\theta_2} \\ E_x = E_1\cos(kz-\omega t+\theta_1) \\ E_y = E_2\cos(kz-\omega t+\theta_2) \end{cases} \tag{2.2.12}$$

$$E_x/E_1 = \cos(kz-\omega t+\theta_1) = \cos(kz-\omega t)\cos\theta_1 - \sin(kz-\omega t)\sin\theta_1 \tag{2.2.13}$$

$$E_y/E_2 = \cos(kz-\omega t+\theta_2) = \cos(kz-\omega t)\cos\theta_2 - \sin(kz-\omega t)\sin\theta_2 \tag{2.2.14}$$

$$(E_x/E_1)\sin\theta_2 - (E_y/E_2)\sin\theta_1 = -\cos(kz-\omega t)\sin(\theta_1-\theta_2) \tag{2.2.15}$$

$$(E_x/E_1)\cos\theta_2 - (E_y/E_2)\cos\theta_1 = -\sin(kz-\omega t)\sin(\theta_1-\theta_2) \tag{2.2.16}$$

$$(E_x/E_1)^2 - 2(E_x/E_1)(E_y/E_2)\cos(\theta_1 - \theta_2) + (E_y/E_2)^2 = \sin^2(\theta_1 - \theta_2) \tag{2.2.17}$$

显然，当$\theta_1-\theta_2=0$或$\theta_1-\theta_2=\pi$时，式(2.1.17)变为

$$E_x/E_1 = E_y/E_2 \quad \text{或} \quad E_x/E_1 = -E_y/E_2 \tag{2.2.18}$$

式(2.2.18)表示线极化。

当$E_1 \neq E_2$，$\theta_1-\theta_2 \neq 0$且$\theta_1-\theta_2 \neq \pi$时，式(2.2.17)表示椭圆方程，而当$\theta_1-\theta_2=\pm\pi/2$时，式(2.2.17)变为

$$(E_x/E_1)^2 + (E_y/E_2)^2 = 1 \tag{2.2.19}$$

式(2.2.19)同样表示椭圆极化，且长轴与短轴分别与V轴和H轴重合。

如果$E_1=E_2$，且$\theta_1-\theta_2=\pm\pi/2$，则式(2.2.17)表示圆极化。

根据线极化波和圆极化波的两个垂直坐标分量之间的幅度和相位关系，很容易推导得到任意线极化波可以分解为两个旋向相反的圆极化波、任意椭圆极化波可以分解为两个旋向相反的圆极化波的结论。

2.2.3 电磁波在自由空间传播

假设φ为式(2.1.52)中电场$\boldsymbol{E}$的某个分量，在无耗的情况下$\sigma=0$，有

$$\nabla^2\varphi - \mu_0\varepsilon_0\,\partial^2\varphi/\partial t^2 = 0 \tag{2.2.20}$$

在只考虑一维传播的情况下(例如，沿z方向传播)，有

$$\nabla^2\varphi_z - \mu_0\varepsilon_0\,\partial^2\varphi_z/\partial t^2 = 0 \tag{2.2.21}$$

此时方程的解可表示为

$$\varphi_z = f(z-vt) + g(z+vt), \quad v = 1/\sqrt{\mu_0\varepsilon_0} \tag{2.2.22}$$

采用分离变量法，令$\varphi(z,t)=Z(z)\cdot T(t)$，最终可得

$$\varphi_z(z,t) = \varphi_{z0}\mathrm{e}^{\mathrm{j}(kz-\omega t)} \tag{2.2.23}$$

式中，$k=\omega\sqrt{\mu_0\varepsilon_0}$为传播常数；$\omega=2\pi f_0$为角频率，$f_0$为电磁波的频率。

电磁波在自由空间中的传播速度为$c=1/\sqrt{\mu_0\varepsilon_0}$，其中，介电常数$\varepsilon_0=8.854188\times10^{-12}\text{F/m}$，磁导率$\mu_0=4\pi\times10^{-7}\text{H/m}$，因此$c=299792458\text{m/s}$。在自由空间(通常认为是真空)中电磁波的传播速度与频率无关，即所有电磁波的传播速度相同。光波也是电磁波，因此电磁波的传播速度也就是光速。

电磁波的相位传播速度(相速度)v_p和能量传播速度(群速度)v_g分别定义为

$$v_\mathrm{p} = \omega/k \tag{2.2.24}$$

$$v_\mathrm{g} = \mathrm{d}\omega/\mathrm{d}k \tag{2.2.25}$$

显然，在自由空间中，电磁波相位传播的速度与电磁波能量传播的速度是相同的，均为电磁波传播的速度c。然而对于色散介质，在2.2.4节中将会看到两者不再相等。

电磁波在自由空间传播过程中，其能量会随着传播距离的增大而减少，即会产生自由空

间的传播损耗，损耗的因子为 $1/r^2$ (r 为电磁波传播的距离)。产生自由空间传播损耗的原因是：电磁波是以球面波向外传播的(在实际情况中通常将球面波的传播近似为平面波的传播)，球面波的波前所形成的球面积为 $4\pi r^2$ (r 为电磁波传播相对于源的距离)，即单位球面积上的电磁波能量为 $E_0/(4\pi r^2)$。由于自由空间可认为是线性空间，电磁波不会发生畸变(电磁波的幅度变化不属于畸变)，即电磁波的形状，如电磁波的脉冲宽度，不会发生改变。

假设有一线性调频脉冲信号在自由空间里传播一段距离后，其脉冲宽度不会发生变化，但是其幅度会减小。

2.2.4 电磁波在色散介质、有耗介质和分层介质中的传播

1. 电磁波在色散介质中的传播

色散介质是指不同频率的电磁波在其中传播的速度(相速度和群速度)不同。色散介质表现为介电常数 ε 是频率的函数，即传播常数 k 也是频率的函数：

$$k(\omega)=\omega\sqrt{\mu_0\varepsilon(\omega)} \tag{2.2.26}$$

因此电磁波在色散介质中传播的相速度也是频率的函数，即

$$v_{\mathrm{p}}(\omega)=\omega/k(\omega) \tag{2.2.27}$$

进而群速度同样也是频率的函数，即

$$v_{\mathrm{g}}(\omega)=\mathrm{d}\omega/\mathrm{d}k(\omega) \tag{2.2.28}$$

下面将要介绍的有耗介质和等离子体介质均属于色散介质。

2. 电磁波在有耗介质中的传播

再次假设 φ 为式(2.1.52)中电场 $\boldsymbol{E}$ 的 z 分量，在有耗的情况下 $\sigma\neq 0$，有

$$\nabla^2\varphi-\mu_0\sigma\,\partial\varphi/\partial t-\mu_0\varepsilon_0\,\partial^2\varphi/\partial t^2=0 \tag{2.2.29}$$

此时 $k^2=\omega^2\mu_0\varepsilon_0+\mathrm{j}\omega\mu_0\sigma$，令 $k=\beta+\mathrm{j}\alpha$，可得

$$\alpha=\omega\sqrt{\mu_0\varepsilon_0/2}\left\{\sqrt{1+[\sigma/(\omega\varepsilon_0)]^2}-1\right\}^{1/2},\ \beta=\omega\sqrt{\mu_0\varepsilon_0/2}\left\{\sqrt{1+[\sigma/(\omega\varepsilon_0)]^2}+1\right\}^{1/2} \tag{2.2.30}$$

式中，α 为衰减常数；β 为传播常数；电磁波在有耗介质中传播方程的解为

$$\varphi_z(z,t)=\varphi_{z0}\mathrm{e}^{-\alpha z}\mathrm{e}^{\mathrm{j}(\beta z-\omega t)} \tag{2.2.31}$$

式(2.2.31)表明，电磁波在有耗介质中传播时，除了自由空间损耗外，还会产生传输介质损耗，并且此时电磁波的传播常数和衰减常数均为频率的函数。

一般情况下，$\sigma\ll\omega\varepsilon_0$，式(2.2.30)可以通过泰勒级数展开进行如下近似：

$$\alpha\approx\omega\sqrt{\mu_0\varepsilon_0/2}\{[\sigma/(\omega\varepsilon_0)]^2/2-[\sigma/(\omega\varepsilon_0)]^4/4\}^{1/2}\approx\sigma\sqrt{\mu_0/\varepsilon_0}/2\cdot\{1-[\sigma/(2\omega\varepsilon_0)]^2\} \tag{2.2.32}$$

$$\beta\approx\omega\sqrt{\mu_0\varepsilon_0}\cdot\{1+[\sigma/(2\omega\varepsilon_0)]^2\}^{1/2} \tag{2.2.33}$$

式(2.2.32)表明，衰减常数 α 与频率有关，且频率 ω 越高，α 越大，而式(2.2.33)表明，传播常数 β 与频率为非线性关系，因此传播速度与频率有关：

$$v_p = \frac{\omega}{\beta} \approx \frac{1}{\sqrt{\mu_0 \varepsilon_0}\{1+[\sigma/(2\omega\varepsilon_0)]^2\}^{1/2}} \tag{2.2.34}$$

$$v_g = \frac{d\omega}{d\beta} \approx \frac{1}{\sqrt{\mu_0 \varepsilon_0}}\{1+[\sigma/(2\omega\varepsilon_0)]^2\}^{1/2} \tag{2.2.35}$$

根据式(2.2.34)和式(2.2.35)可得 $v_p \cdot v_g \approx c^2$。

显然，调频率为正和为负的线性调频脉冲(Chirp)信号在经过有耗介质传播一段距离后，波形幅度有相似的变化，即高频部分的幅度衰减大于低频部分的幅度衰减，但时间宽度的变化则相反，正斜率的 Chirp 信号时间宽度扩大，而负斜率的 Chirp 信号时间宽度缩小。

3. 电磁波在分层介质中的传播

这里主要介绍平面电磁波在平面分层(介质问题)的分界面上所发生的反射与透射(折射)现象，推导相关的理论公式。

下面首先介绍平面波的概念。平面波是指电磁波传播的等相位面在一个无限大的平面内，如果在该等相位平面内电磁波的幅度均相同，则称为均匀平面波。需要说明的是，在实际中并不存在真正的均匀平面波，因为若存在，则意味着电磁波具有无限大的能量，显然这是不可能的。

通常平面波分为 TE 波和 TM 波。TE 波是指电场矢量垂直于入射平面(入射面定义为入射波方向矢量与地平面法向矢量所构成的平面)，而磁场则处于入射平面内的平面波，如图 2.2.3(a)所示。TM 波是指磁场矢量垂直于入射平面，而电场则处于入射平面内的平面波，如图 2.2.3(b)所示。

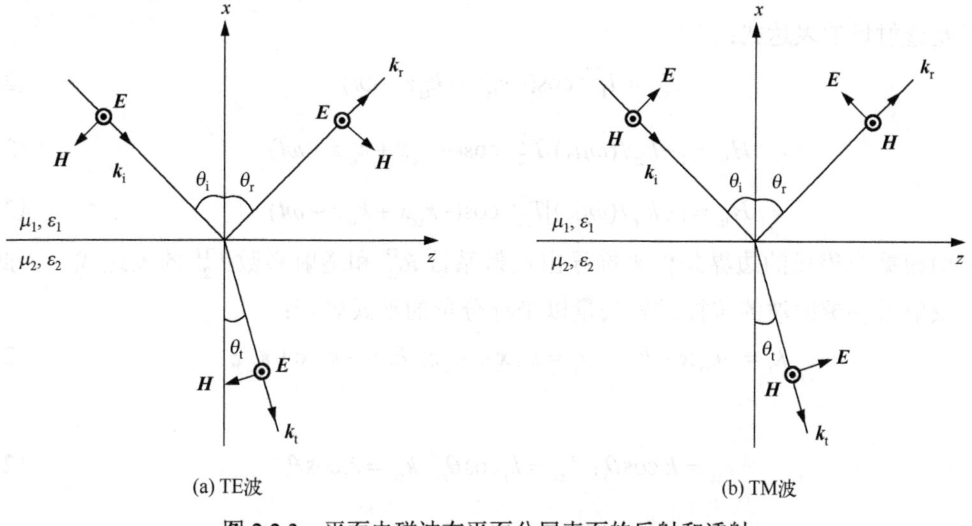

图 2.2.3　平面电磁波在平面分层表面的反射和透射

下面将分别介绍 TE 波和 TM 波的反射和透射规律。

1) TE 波

假设有一 TE 波，其电场只有 E_y 分量，从磁导率与介电常数分别为 μ_1、ε_1 的介质以 θ_i 角度入射到磁导率与介电常数分别为 μ_2、ε_2 的介质，如图 2.2.3(a)所示。

$$\boldsymbol{E} = E_y \boldsymbol{y} \tag{2.2.36}$$

根据麦克斯韦方程中的式(2.1.11)：$\nabla \times \boldsymbol{E} = -\partial \boldsymbol{B}/\partial t = -\mu \partial \boldsymbol{H}/\partial t = \mathrm{j}\mu\omega \boldsymbol{H}$（假设电磁场为简谐场），即 $\boldsymbol{H} = -\mathrm{j}[1/(\mu\omega)]\nabla \times \boldsymbol{E} = -\mathrm{j}\sqrt{\mu/\varepsilon}\nabla \times \boldsymbol{E}$，可推导出 $\boldsymbol{H}$ 场有两个分量 H_x 和 H_z。入射波的传播常数矢量为 $\boldsymbol{k} = -k_x \boldsymbol{x} + k_z \boldsymbol{z}$。假设 TE 波的幅度已经归一化，式(2.2.36)可表示为

$$\boldsymbol{E} = \mathrm{e}^{\mathrm{j}(-k_x x + k_z z - \omega t)} \boldsymbol{y} \tag{2.2.37}$$

即

$$E_y = \mathrm{e}^{\mathrm{j}(-k_x x + k_z z - \omega t)} \tag{2.2.38}$$

取式(2.2.38)的实部后可以得到电磁波电场分量的实数表达形式(注意：下标“i”表示入射场；下标“r”表示反射场；下标“t”表示透射场)：

$$E_{\mathrm{iy}} = \cos(-k_{\mathrm{ix}} x + k_{\mathrm{iz}} z - \omega t) \tag{2.2.39}$$

利用磁场与电场的矢量关系，可以得到

$$H_{\mathrm{ix}} = [-k_{\mathrm{iz}}/(\omega\mu_1)]\cos(-k_{\mathrm{ix}} x + k_{\mathrm{iz}} z - \omega t) \tag{2.2.40}$$

$$H_{\mathrm{iz}} = [-k_{\mathrm{ix}}/(\omega\mu_1)]\cos(-k_{\mathrm{ix}} x + k_{\mathrm{iz}} z - \omega t) \tag{2.2.41}$$

显然可以得到反射场的表达式：

$$E_{\mathrm{ry}} = R_{12}^{\mathrm{TE}} \cos(k_{\mathrm{rx}} x + k_{\mathrm{rz}} z - \omega t) \tag{2.2.42}$$

$$H_{\mathrm{rx}} = [-k_{\mathrm{rz}}/(\omega\mu_1)]R_{12}^{\mathrm{TE}}\cos(k_{\mathrm{rx}} x + k_{\mathrm{rz}} z - \omega t) \tag{2.2.43}$$

$$H_{\mathrm{rz}} = [k_{\mathrm{rx}}/(\omega\mu_1)]R_{12}^{\mathrm{TE}}\cos(k_{\mathrm{rx}} x + k_{\mathrm{rz}} z - \omega t) \tag{2.2.44}$$

以及透射场的表达式：

$$E_{\mathrm{ty}} = T_{12}^{\mathrm{TE}} \cos(-k_{\mathrm{tx}} x + k_{\mathrm{tz}} z - \omega t) \tag{2.2.45}$$

$$H_{\mathrm{tx}} = [-k_{\mathrm{tz}}/(\omega\mu_2)]T_{12}^{\mathrm{TE}}\cos(-k_{\mathrm{tx}} x + k_{\mathrm{tz}} z - \omega t) \tag{2.2.46}$$

$$H_{\mathrm{tz}} = [-k_{\mathrm{tx}}/(\omega\mu_2)]T_{12}^{\mathrm{TE}}\cos(-k_{\mathrm{tx}} x + k_{\mathrm{tz}} z - \omega t) \tag{2.2.47}$$

下面根据电磁场的边界条件来推导出反射系数 R_{12}^{TE} 和透射系数 T_{12}^{TE} 的表达式，为此将入射波、反射波和透射波的传播常数矢量以坐标分量的形式表示：

$$\boldsymbol{k}_{\mathrm{i}} = -k_{\mathrm{ix}}\boldsymbol{x} + k_{\mathrm{iz}}\boldsymbol{z},\ \boldsymbol{k}_{\mathrm{r}} = k_{\mathrm{rx}}\boldsymbol{x} + k_{\mathrm{rz}}\boldsymbol{z},\ \boldsymbol{k}_{\mathrm{t}} = -k_{\mathrm{tx}}\boldsymbol{x} + k_{\mathrm{tz}}\boldsymbol{z} \tag{2.2.48}$$

其中

$$k_{\mathrm{ix}} = k_{\mathrm{i}}\cos\theta_{\mathrm{i}},\ k_{\mathrm{rx}} = k_{\mathrm{r}}\cos\theta_{\mathrm{r}},\ k_{\mathrm{tx}} = k_{\mathrm{t}}\cos\theta_{\mathrm{t}} \tag{2.2.49}$$

$$k_{\mathrm{iz}} = k_{\mathrm{i}}\sin\theta_{\mathrm{i}},\ k_{\mathrm{rz}} = k_{\mathrm{r}}\sin\theta_{\mathrm{r}},\ k_{\mathrm{tz}} = k_{\mathrm{t}}\sin\theta_{\mathrm{t}} \tag{2.2.50}$$

电磁波在介质(μ_1, ε_1)中的传播常数(传播常数矢量的模值)是不变的，即

$$k_{\mathrm{i}} = k_{\mathrm{r}} = k_1 \tag{2.2.51}$$

同时入射波传播常数的 z 分量($k_{\mathrm{iz}} = k_1\sin\theta_{\mathrm{i}}$)与反射波传播常数的 z 分量($k_{\mathrm{rz}} = k_1\sin\theta_{\mathrm{r}}$)以及

透射波的 z 分量($k_{tz}=k_2\sin\theta_t$)应该相等(传播常数的 z 分量必须连续)，即 $k_{iz}=k_{rz}=k_{tz}$，下面给出其证明过程。

电磁场的边界条件：在 $x=0$ 分界面上的切向电场连续(介质 1(μ_1, ε_1)中的电场与介质 2(μ_2, ε_2)中的电场的切向分量在分界面上相等)，即

$$E_{iy}\big|_{x=0}+E_{ry}\big|_{x=0}=E_{ty}\big|_{x=0} \tag{2.2.52}$$

根据式(2.2.39)、式(2.2.42)、式(2.2.45)，有

$$\cos(k_{iz}z-\omega t)+R_{12}^{\mathrm{TE}}\cos(k_{rz}z-\omega t)=T_{12}^{\mathrm{TE}}\cos(k_{tz}z-\omega t) \tag{2.2.53}$$

式(2.2.53)对任意的分界面位置 z 和任意时刻 t 均须成立，因此 k_{iz}、k_{rz} 和 k_{tz} 必须满足

$$k_{iz}=k_{rz}=k_{tz} \tag{2.2.54}$$

于是有

$$k_i\sin\theta_i=k_r\sin\theta_r \tag{2.2.55}$$

即

$$\sin\theta_i=\sin\theta_r\rightarrow\theta_i=\theta_r \tag{2.2.56}$$

式(2.2.56)便是反射定律的数学表达式。

同时有

$$k_1\sin\theta_i=k_2\sin\theta_t \tag{2.2.57}$$

根据 $k_1=\omega\sqrt{\mu_1\varepsilon_1}$，$k_2=\omega\sqrt{\mu_2\varepsilon_2}$，式(2.2.57)可以写为

$$\sqrt{\mu_1\varepsilon_1}\sin\theta_i=\sqrt{\mu_2\varepsilon_2}\sin\theta_t \tag{2.2.58}$$

或者

$$n_1\sin\theta_i=n_2\sin\theta_t \tag{2.2.59}$$

式中，$n_1=\sqrt{\mu_1\varepsilon_1}$ 和 $n_2=\sqrt{\mu_2\varepsilon_2}$ 分别为介质 1 和介质 2 的折射率，式(2.2.59)即为折射定律的数学表达式。

根据电磁场在分界面($x=0$)上的边界条件：电场的切向分量连续，即 $E_{iy}\big|_{x=0}+E_{ry}\big|_{x=0}=E_{ty}\big|_{x=0}$，磁场的切向分量连续，即 $H_{iz}\big|_{x=0}+H_{rz}\big|_{x=0}=H_{tz}\big|_{x=0}$，可以得到如下的方程：

$$1+R_{12}^{\mathrm{TE}}=T_{12}^{\mathrm{TE}} \tag{2.2.60}$$

$$-k_{1x}/(\omega\mu_1)+k_{1x}/(\omega\mu_1)\cdot R_{12}^{\mathrm{TE}}=-k_{2x}/(\omega\mu_2)\cdot T_{12}^{\mathrm{TE}} \tag{2.2.61}$$

根据式(2.2.60)和式(2.2.61)即可求出反射系数和透射系数分别为

$$R_{12}^{\mathrm{TE}}=[1-\mu_1k_{tx}/(\mu_2k_{ix})]/[1+\mu_1k_{tx}/(\mu_2k_{ix})]=[1-\mu_1k_{2x}/(\mu_2k_{1x})]/[1+\mu_1k_{2x}/(\mu_2k_{1x})] \tag{2.2.62}$$

$$T_{12}^{\mathrm{TE}}=2/[1+\mu_1k_{tx}/(\mu_2k_{ix})]=2/[1+\mu_1k_{2x}/(\mu_2k_{1x})] \tag{2.2.63}$$

将 $k_{1x}=k_1\cos\theta_i$，$k_{2x}=k_2\cos\theta_t$ 代入式(2.2.62)和式(2.2.63)，同时定义 $\eta_1=\sqrt{\mu_1/\varepsilon_1}$ 和 $\eta_2=\sqrt{\mu_2/\varepsilon_2}$ 分别为介质 1 和介质 2 中的波阻抗，则反射系数和透射系数可以表示为

$$R_{12}^{\mathrm{TE}}=(\eta_2\cos\theta_i-\eta_1\cos\theta_t)/(\eta_2\cos\theta_i+\eta_1\cos\theta_t) \tag{2.2.64}$$

$$T_{12}^{\mathrm{TE}} = 2\eta_2 \cos\theta_{\mathrm{i}} / (\eta_2 \cos\theta_{\mathrm{i}} + \eta_1 \cos\theta_{\mathrm{t}}) \tag{2.2.65}$$

自然界中的介质一般为非磁性，即$\mu_1 = \mu_2 = \mu_0$，因此式(2.2.64)和式(2.2.65)又可简化为

$$R_{12}^{\mathrm{TE}} = \left(\sqrt{\varepsilon_1}\cos\theta_{\mathrm{i}} - \sqrt{\varepsilon_2}\cos\theta_{\mathrm{t}}\right) \Big/ \left(\sqrt{\varepsilon_1}\cos\theta_{\mathrm{i}} + \sqrt{\varepsilon_2}\cos\theta_{\mathrm{t}}\right) \tag{2.2.66}$$

$$T_{12}^{\mathrm{TE}} = 2\sqrt{\varepsilon_1}\cos\theta_{\mathrm{i}} \Big/ \left(\sqrt{\varepsilon_1}\cos\theta_{\mathrm{i}} + \sqrt{\varepsilon_2}\cos\theta_{\mathrm{t}}\right) \tag{2.2.67}$$

2) TM 波

假设有一 TM 波，其磁场只有 H_y 分量，从磁导率和介电常数分别为μ_1、ε_1 的介质以θ_{i}角度入射到磁导率和介电常数分别为μ_2、ε_2的介质，如图 2.2.3(b)所示。

$$\boldsymbol{H} = H_y \boldsymbol{y} \tag{2.2.68}$$

根据麦克斯韦方程中的式(2.1.12)有$\nabla \times \boldsymbol{H} = \partial \boldsymbol{D}/\partial t = -\mathrm{j}\omega \boldsymbol{D} = -\mathrm{j}\omega\varepsilon \boldsymbol{E}$（此时$\boldsymbol{J}_{\mathrm{f}} = 0$），同样假设电磁场为简谐场，即$\boldsymbol{E} = \mathrm{j}[1/(\omega\varepsilon)]\nabla \times \boldsymbol{H}$，可推导出 $\boldsymbol{E}$ 场有两个分量 E_x 和 E_z。入射波的传播常数矢量为：$\boldsymbol{k} = -k_x \boldsymbol{x} + k_z \boldsymbol{z}$。假设 TM 波的幅度已经归一化，式(2.2.68)可表示成

$$\boldsymbol{H} = \mathrm{e}^{\mathrm{j}(-k_x x + k_z z - \omega t)} \boldsymbol{y} \tag{2.2.69}$$

即

$$H_y = \mathrm{e}^{\mathrm{j}(-k_x x + k_z z - \omega t)} \tag{2.2.70}$$

式(2.2.70)取实部后可以得到如下的入射波电磁场的表达式：

$$H_{\mathrm{i}y} = \cos(-k_{\mathrm{i}x} x + k_{\mathrm{i}z} z - \omega t) \tag{2.2.71}$$

$$E_{\mathrm{i}x} = [k_{\mathrm{i}z}/(\omega\varepsilon_1)]\cos(-k_{\mathrm{i}x} x + k_{\mathrm{i}z} z - \omega t) \tag{2.2.72}$$

$$E_{\mathrm{i}z} = [k_{\mathrm{i}x}/(\omega\varepsilon_1)]\cos(-k_{\mathrm{i}x} x + k_{\mathrm{i}z} z - \omega t) \tag{2.2.73}$$

反射波电磁场的表达式：

$$H_{\mathrm{r}y} = R_{12}^{\mathrm{TM}} \cos(k_{\mathrm{r}x} x + k_{\mathrm{r}z} z - \omega t) \tag{2.2.74}$$

$$E_{\mathrm{r}x} = [k_{\mathrm{r}z}/(\omega\varepsilon_1)] R_{12}^{\mathrm{TM}} \cos(k_{\mathrm{r}x} x + k_{\mathrm{r}z} z - \omega t) \tag{2.2.75}$$

$$E_{\mathrm{r}z} = [-k_{\mathrm{r}x}/(\omega\varepsilon_1)] R_{12}^{\mathrm{TM}} \cos(k_{\mathrm{r}x} x + k_{\mathrm{r}z} z - \omega t) \tag{2.2.76}$$

以及透射波电磁场的表达式：

$$H_{\mathrm{t}y} = T_{12}^{\mathrm{TM}} \cos(-k_{\mathrm{t}x} x + k_{\mathrm{t}z} z - \omega t) \tag{2.2.77}$$

$$E_{\mathrm{t}x} = [k_{\mathrm{t}z}/(\omega\varepsilon_2)] T_{12}^{\mathrm{TM}} \cos(-k_{\mathrm{t}x} x + k_{\mathrm{t}z} z - \omega t) \tag{2.2.78}$$

$$E_{\mathrm{t}z} = [k_{\mathrm{t}x}/(\omega\varepsilon_2)] T_{12}^{\mathrm{TM}} \cos(-k_{\mathrm{t}x} x + k_{\mathrm{t}z} z - \omega t) \tag{2.2.79}$$

同样根据电磁场在分界面($x = 0$)上的边界条件：电场的切向分量连续，即 $E_{\mathrm{i}z}\big|_{x=0} + E_{\mathrm{r}z}\big|_{x=0} = E_{\mathrm{t}z}\big|_{x=0}$，磁场的切向分量连续，即 $H_{\mathrm{i}y}\big|_{x=0} + H_{\mathrm{r}y}\big|_{x=0} = H_{\mathrm{t}y}\big|_{x=0}$，可以得到如下的方程：

$$k_{1x}/(\omega\varepsilon_1) - k_{1x}/(\omega\varepsilon_1) \cdot R_{12}^{\mathrm{TM}} = k_{2x}/(\omega\varepsilon_2) \cdot T_{12}^{\mathrm{TM}} \tag{2.2.80}$$

$$1 + R_{12}^{\mathrm{TM}} = T_{12}^{\mathrm{TM}} \tag{2.2.81}$$

根据式(2.2.80)和式(2.2.81)即可求出反射系数和透射系数分别为

$$R_{12}^{\mathrm{TM}}=[1-\varepsilon_1 k_{\mathrm{tx}}/(\varepsilon_2 k_{\mathrm{ix}})]/[1+\varepsilon_1 k_{\mathrm{tx}}/(\varepsilon_2 k_{\mathrm{ix}})]=[1-\varepsilon_1 k_{2x}/(\varepsilon_2 k_{1x})]/[1+\varepsilon_1 k_{2x}/(\varepsilon_2 k_{1x})] \tag{2.2.82}$$

$$T_{12}^{\mathrm{TM}}=2/[1+\varepsilon_1 k_{\mathrm{tx}}/(\varepsilon_2 k_{\mathrm{ix}})]=2/[1+\varepsilon_1 k_{2x}/(\varepsilon_2 k_{1x})] \tag{2.2.83}$$

式(2.2.82)、式(2.2.83)可以表示为与式(2.2.66)、式(2.2.67)类似的形式：

$$R_{12}^{\mathrm{TM}}=\left(\sqrt{\varepsilon_2}\cos\theta_{\mathrm{i}}-\sqrt{\varepsilon_1}\cos\theta_{\mathrm{t}}\right)\Big/\left(\sqrt{\varepsilon_2}\cos\theta_{\mathrm{i}}+\sqrt{\varepsilon_1}\cos\theta_{\mathrm{t}}\right) \tag{2.2.84}$$

$$T_{12}^{\mathrm{TM}}=2\sqrt{\varepsilon_2}\cos\theta_{\mathrm{i}}\Big/\left(\sqrt{\varepsilon_2}\cos\theta_{\mathrm{i}}+\sqrt{\varepsilon_1}\cos\theta_{\mathrm{t}}\right) \tag{2.2.85}$$

3) 功率反射系数和功率透射系数

前面推导的 TE 波和 TM 波的透射系数，仅为满足边界条件而得，并无物理意义。但如果是功率透射系数，则有物理意义：根据能量守恒定律，从介质 1 垂直透射进入介质 2 的功率应该等于垂直入射功率减去从分界面垂直反射回来的功率，即功率反射系数与功率透射系数之和应该等于 1，下面给出推导过程。

TM 入射波、反射波和透射波的坡印亭矢量分别为

$$\boldsymbol{S}_{\mathrm{i}}^{\mathrm{TM}}=\left(\sqrt{\mu_0/\varepsilon_1}\,|H_{\mathrm{i}}|^2/2\right)\boldsymbol{k}_{\mathrm{i}},\ \boldsymbol{S}_{\mathrm{r}}^{\mathrm{TM}}=\left(\sqrt{\mu_0/\varepsilon_1}\,|H_{\mathrm{r}}|^2/2\right)\boldsymbol{k}_{\mathrm{r}},\ \boldsymbol{S}_{\mathrm{t}}^{\mathrm{TM}}=\left(\sqrt{\mu_0/\varepsilon_2}\,|H_{\mathrm{t}}|^2/2\right)\boldsymbol{k}_{\mathrm{t}} \tag{2.2.86}$$

TM 波的功率反射系数 $\mathrm{PR}_{12}^{\mathrm{TM}}$ 和功率透射系数 $\mathrm{PT}_{12}^{\mathrm{TM}}$ 分别为

$$\mathrm{PR}_{12}^{\mathrm{TM}}=\left|\frac{\boldsymbol{S}_{\mathrm{r}}^{\mathrm{TM}}\cdot\boldsymbol{x}}{\boldsymbol{S}_{\mathrm{i}}^{\mathrm{TM}}\cdot\boldsymbol{x}}\right|=\frac{\sqrt{\varepsilon_1}\cos\theta_{\mathrm{i}}}{\sqrt{\varepsilon_1}\cos\theta_{\mathrm{i}}}\left|\frac{E_{\mathrm{r}}}{E_{\mathrm{i}}}\right|^2=\left|\frac{\sqrt{\varepsilon_2}\cos\theta_{\mathrm{i}}-\sqrt{\varepsilon_1}\cos\theta_{\mathrm{t}}}{\sqrt{\varepsilon_2}\cos\theta_{\mathrm{i}}+\sqrt{\varepsilon_1}\cos\theta_{\mathrm{t}}}\right|^2 \tag{2.2.87}$$

$$\begin{aligned}\mathrm{PT}_{12}^{\mathrm{TM}}&=\left|\frac{\boldsymbol{S}_{\mathrm{t}}^{\mathrm{TM}}\cdot\boldsymbol{x}}{\boldsymbol{S}_{\mathrm{i}}^{\mathrm{TM}}\cdot\boldsymbol{x}}\right|=\frac{\sqrt{\varepsilon_1}\cos\theta_{\mathrm{t}}}{\sqrt{\varepsilon_2}\cos\theta_{\mathrm{i}}}\left|\frac{E_{\mathrm{t}}}{E_{\mathrm{i}}}\right|^2\\&=\frac{\sqrt{\varepsilon_1}\cos\theta_{\mathrm{t}}}{\sqrt{\varepsilon_2}\cos\theta_{\mathrm{i}}}\left|\frac{2\sqrt{\varepsilon_2}\cos\theta_{\mathrm{i}}}{\sqrt{\varepsilon_2}\cos\theta_{\mathrm{i}}+\sqrt{\varepsilon_1}\cos_{\mathrm{t}}}\right|^2=\left|\frac{4\sqrt{\varepsilon_2}\sqrt{\varepsilon_1}\cos\theta_{\mathrm{i}}\cos\theta_{\mathrm{t}}}{\sqrt{\varepsilon_2}\cos\theta_{\mathrm{i}}+\sqrt{\varepsilon_1}\cos_{\mathrm{t}}}\right|^2\end{aligned} \tag{2.2.88}$$

显然，$\mathrm{PR}_{12}^{\mathrm{TM}}+\mathrm{PT}_{12}^{\mathrm{TM}}=1$。

TE 波的坡印亭矢量：

$$\boldsymbol{S}_{\mathrm{i}}^{\mathrm{TE}}=\left(\sqrt{\varepsilon_1/\mu_0}\,|E_{\mathrm{i}}|^2/2\right)\boldsymbol{k}_{\mathrm{i}},\ \boldsymbol{S}_{\mathrm{r}}^{\mathrm{TE}}=\left(\sqrt{\varepsilon_1/\mu_0}\,|E_{\mathrm{r}}|^2/2\right)\boldsymbol{k}_{\mathrm{r}},\ \boldsymbol{S}_{\mathrm{t}}^{\mathrm{TE}}=\left(\sqrt{\varepsilon_2/\mu_0}\,|E_{\mathrm{t}}|^2/2\right)\boldsymbol{k}_{\mathrm{t}} \tag{2.2.89}$$

TE 波的功率反射系数 $\mathrm{PR}_{12}^{\mathrm{TE}}$ 和功率透射系数 $\mathrm{PT}_{12}^{\mathrm{TE}}$ 分别为

$$\mathrm{PR}_{12}^{\mathrm{TM}}=\left|\frac{\boldsymbol{S}_{\mathrm{r}}^{\mathrm{TE}}\cdot\boldsymbol{x}}{\boldsymbol{S}_{\mathrm{i}}^{\mathrm{TE}}\cdot\boldsymbol{x}}\right|=\frac{\sqrt{\varepsilon_1}\cos\theta_{\mathrm{i}}}{\sqrt{\varepsilon_1}\cos\theta_{\mathrm{i}}}\left|\frac{E_{\mathrm{r}}}{E_{\mathrm{i}}}\right|^2=\left|\frac{\sqrt{\varepsilon_1}\cos\theta_{\mathrm{i}}-\sqrt{\varepsilon_2}\cos\theta_{\mathrm{t}}}{\sqrt{\varepsilon_1}\cos\theta_{\mathrm{i}}+\sqrt{\varepsilon_2}\cos\theta_{\mathrm{t}}}\right|^2 \tag{2.2.90}$$

$$\begin{aligned}\mathrm{PT}_{12}^{\mathrm{TE}}&=\left|\frac{\boldsymbol{S}_{\mathrm{t}}^{\mathrm{TE}}\cdot\boldsymbol{x}}{\boldsymbol{S}_{\mathrm{i}}^{\mathrm{TE}}\cdot\boldsymbol{x}}\right|=\frac{\sqrt{\varepsilon_2}\cos\theta_{\mathrm{t}}}{\sqrt{\varepsilon_1}\cos\theta_{\mathrm{i}}}\left|\frac{E_{\mathrm{t}}}{E_{\mathrm{i}}}\right|^2\\&=\frac{\sqrt{\varepsilon_2}\cos\theta_{\mathrm{t}}}{\sqrt{\varepsilon_1}\cos\theta_{\mathrm{i}}}\left|\frac{2\sqrt{\varepsilon_1}\cos\theta_{\mathrm{i}}}{\sqrt{\varepsilon_1}\cos\theta_{\mathrm{i}}+\sqrt{\varepsilon_2}\cos\theta_{\mathrm{t}}}\right|^2=\left|\frac{4\sqrt{\varepsilon_2}\sqrt{\varepsilon_1}\cos\theta_i\cos\theta_{\mathrm{t}}}{\sqrt{\varepsilon_1}\cos\theta_{\mathrm{i}}+\sqrt{\varepsilon_2}\cos\theta}\right|^2\end{aligned} \tag{2.2.91}$$

显然，$\mathrm{PR}_{12}^{\mathrm{TM}}+\mathrm{PT}_{12}^{\mathrm{TE}}=1$。

4）全反射

在分层介质问题中，通常将折射率大的介质称为光密介质，而将折射率小的介质称为光疏介质。根据折射定律式(2.2.59)可知，当电磁波从光疏介质入射到光密介质中时，入射角始终大于折射角；或者说当电磁波从光密介质入射到光疏介质中时，入射角始终小于折射角。也就是说，若折射率 $n_1 < n_2$，则$\theta_i > \theta_t$；若 $n_1 > n_2$，则$\theta_i < \theta_t$。

$$n_1 \sin\theta_i = n_2 \sin\theta_t \to k_1 \sin\theta_i = k_2 \sin\theta_t \tag{2.2.92}$$

当电磁波由光密介质 n_1 入射到光疏介质 $n_2(n_1 > n_2)$，并且当入射角为θ_c时，折射角为 90°。可得到

$$k_1 \sin\theta_c = k_2 \sin 90° \to k_1^2 / k_2^2 = 1/\sin^2\theta_c \tag{2.2.93}$$

在考虑二维半空间传播问题时，传播常数矢量 $\boldsymbol{k}$ 只有两个分量，根据图 2.2.3，有

$$k_1^2 = k_{1x}^2 + k_{1z}^2,\ k_2^2 = k_{2x}^2 + k_{2z}^2 \tag{2.2.94}$$

可得

$$\begin{aligned} k_{2x}^2 &= k_2^2 - k_{2z}^2 = k_2^2 - k_2^2 \sin^2\theta_t \\ &= k_2^2 - k_1^2 \sin^2\theta_i = k_2^2(1 - k_1^2/k_2^2 \cdot \sin^2\theta_i) \\ &= -k_2^2(k_1^2 \sin^2\theta_i / k_2^2 - 1) = -k_2^2(\sin^2\theta_i/\sin^2\theta_c - 1) = -K^2 \end{aligned} \tag{2.2.95}$$

式(2.2.95)表明当$\theta_i > \theta_c$时，k_{2x}将为虚数，即电磁波在介质 2 中的沿 x 方向的传播常数为虚数，这意味着电磁波在 x 方向呈现衰减，也意味着电磁波不能进入介质 2 中，而是全部反射回到介质 1 中，即发生了全发射。介质 2 中的透射电场的公式如下，该式清楚地表明上述情况：

$$\boldsymbol{E}_t = \boldsymbol{E}_{0t} e^{j(\hat{k}_t \cdot \boldsymbol{r} - \omega t)} = \boldsymbol{E}_{0t} e^{j(k_{tx}x - k_{tz}z - \omega t)} = \boldsymbol{E}_{0t} e^{-Kx} e^{-j(k_{tz}z + \omega t)} \tag{2.2.96}$$

θ_c称为发生全反射的临界角(critical angle)。若电磁波是从光疏介质入射到光密介质，则不可能发生全反射。

5）TM 波全透射

为讨论方便，再次写出式(2.2.66)和式(2.2.84)如下：

$$R_{12}^{TE} = \left(\sqrt{\varepsilon_1}\cos\theta_i - \sqrt{\varepsilon_2}\cos\theta_t\right) / \left(\sqrt{\varepsilon_1}\cos\theta_i + \sqrt{\varepsilon_2}\cos\theta_t\right) \tag{2.2.97}$$

$$R_{12}^{TM} = \left(\sqrt{\varepsilon_2}\cos\theta_i - \sqrt{\varepsilon_1}\cos\theta_t\right) / \left(\sqrt{\varepsilon_2}\cos\theta_i + \sqrt{\varepsilon_1}\cos\theta_t\right) \tag{2.2.98}$$

假设$\varepsilon_1 < \varepsilon_2$，则$\theta_i > \theta_t$，即 $\cos\theta_i < \cos\theta_t(\theta_i < \theta_t < \pi/2)$。从式(2.2.97)和式(2.2.98)可以看出，R_{12}^{TE}不可能等于零，而R_{12}^{TM}则有可能为零。事实上若令$R_{12}^{TM} = 0$，则有

$$\sqrt{\varepsilon_2}\cos\theta_i = \sqrt{\varepsilon_1}\cos\theta_t \tag{2.2.99}$$

再根据折射定律：

$$\sqrt{\varepsilon_1}\sin\theta_i = \sqrt{\varepsilon_2}\sin\theta_t \tag{2.2.100}$$

将式(2.2.99)和式(2.2.100)的左边和右边分别相乘，可得

$$\sin(2\theta_i) = \sin(2\theta_t) \tag{2.2.101}$$

式(2.2.101)还可以表示成

$$\sin(2\theta_i)=\sin(2\theta_t)\to\sin(2\theta_i)-\sin(2\theta_t)=0\to 2\sin(\theta_i-\theta_t)\cos(\theta_i+\theta_t)=0 \tag{2.2.102}$$

由此可得

$$\theta_i-\theta_t=0\to\theta_i=\theta_t \tag{2.2.103}$$

或者

$$\theta_i+\theta_t=\pi/2 \tag{2.2.104}$$

显然式(2.2.103)与式(2.2.100)有矛盾，因此将其舍弃。而根据式(2.2.104)，有 $\sin\theta_i=\cos\theta_t$，将其代入式(2.2.100)，可得 $\tan\theta_i=\sqrt{\varepsilon_2/\varepsilon_1}$，即 $\theta_i=\arctan\sqrt{\varepsilon_2/\varepsilon_1}$。将入射角 $\theta_b=\arctan\left(\sqrt{\varepsilon_2/\varepsilon_1}\right)$ 称为布儒斯特角，此时将没有反射波，即发生了全透射。当入射角大于布儒斯特角时，反射波的相位与入射角小于布儒斯特角时相比变化了 180°。图 2.2.4 给出了 R_{12}^{TE} 和 R_{12}^{TM} 随入射角度变化而变化的示意曲线，从中可以看到 TM 波存在全透射的情况，而 TE 波不会发生全透射。

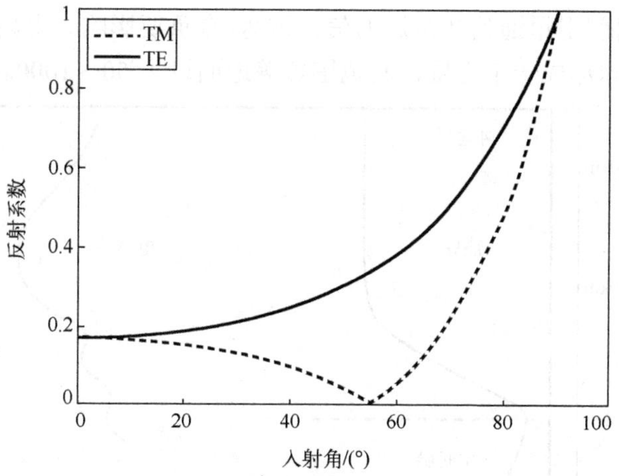

图 2.2.4　R_{12}^{TE} 和 R_{12}^{TM} 随入射角度变化而变化的曲线

正是因为只有 TM 波能够发生全透射，而 TE 波不能发生全透射，意味着当包含 TE 波和 TM 波的电磁波以布儒斯特角入射到介质分界面时，只有 TE 极化的波被反射回来，也就是说反射波变成了单极化波，所以布儒斯特角也称为极化角。

图 2.2.4 的结果表明 TE 波的反射系数始终大于 TM 波的反射系数，并且其差异随着入射角度由 0° 逐渐增大而减小，最后入射角接近 90° 时两者趋同。在雷达遥感中，TE 波对应着水平极化，而 TM 波对应着垂直极化。图 2.2.4 的结果可以用于解释对于一般的自然表面，垂直极化的雷达后向散射系数大于水平极化的雷达后向散射系数的情况，这是因为反射系数大意味着反射的能量较大，因而后向散射的能量就较小了。

图 2.2.5 清楚地表明了利用 TM 波的全透射原理结合极化滤光镜(偏振镜)的作用所达到的拍照效果。这两幅照片是将偏振镜旋转到不同位置时所拍摄的，显然图 2.2.5(a)来自水面的反射光与来自水中水草的反射光同时进入了镜头，而图 2.2.5(b)只有水中水草的反射光进入了镜头，因此水草非常清晰。

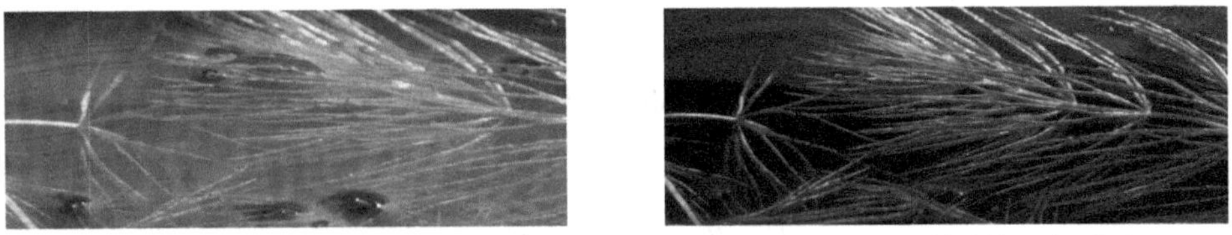

(a) 来自水面和水中水草的反射光同时进入镜头　　(b) 只有水中水草的反射光进入镜头

图 2.2.5　偏振滤光镜不同旋转位置所拍摄的照片对比

2.2.5　电磁波在电离层中的传播

1. 电离层的结构

地球电离层是各向异性磁导率介质的一种。电离层是地球上层大气的一部分，如图 2.2.6 所示，包括中间层(mesosphere)、热层(thermosphere)和外逸层(exosphere)，由于被太阳辐射离子化而显现出其独特性(凡部分或全部电离了的气态物质，其中带负电的电子、离子和带正电的离子具有相同的电量，就称为等离子体。等离子体在宏观上呈现电中性)。电离层对地球上的远距离无线电传播(卫星通信和短波通信、雷达)有重要影响。电离层由电子和带电原子与分子组成，围绕地球形成一个壳层，其范围覆盖地面以上 50～1000km。

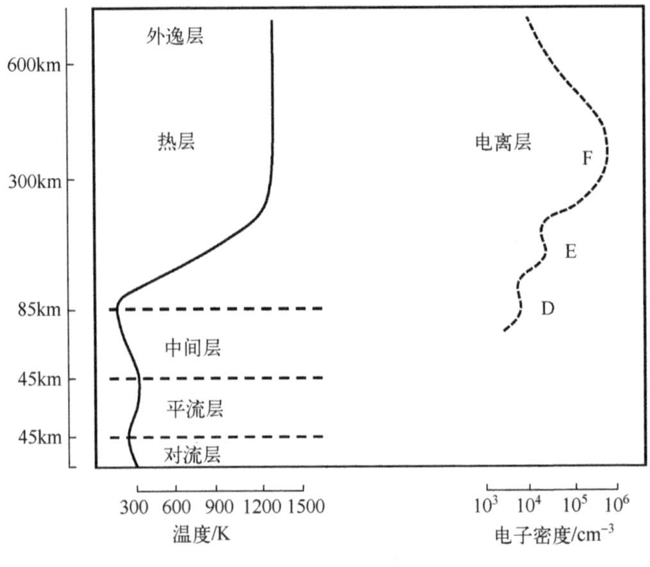

图 2.2.6　地球电离层分布曲线

地球-电离层波导（也称大气波导）是指地球表面与电离层边界之间的空间，低频电磁波可在此空间边反射边传播，如图 2.2.7 所示。由于电离层包含了带电粒子，因此其可表现为导体，而地球表面可起到地平面的作用，于是他们之间的空间可构成谐振器，表现为一个大的波导。极低频(extremely low frequency，ELF)和甚低频(very low frequency，VLF)(300Hz～30kHz)的信号可在大气波导中很好地传播。例如，闪电可激发一个称为大气无线电的信号，因为该信号束缚在大气波导内，可以传播数千千米之远。

该环球大气波导可像谐振器一样产生谐振，谐振频率大约为 7Hz。从图 2.2.6 可看出，随着离地面高度的不同，电离层中的电子浓度呈现不同的分布特征。在电离层内存在几个电子浓度不同的区域：60～90km 的区域称为 D 区，100～110km 的区域称为 E 区，E 区之上是 F 区。在夏季，F 区在白天又可分为 F_1 区（高度约为 180km）和 F_2 区（高度为 300～400km）。D 区只在白天存在，而 E 区和 F 区经常存在。电离层的结构随受太阳照射的变化而变化，因此白天和夜晚显著不同。在地球引力的作用下，电离层呈现出球壳分层结构，图 2.2.8 给出了白天和夜晚电离层结构变化的示意图。

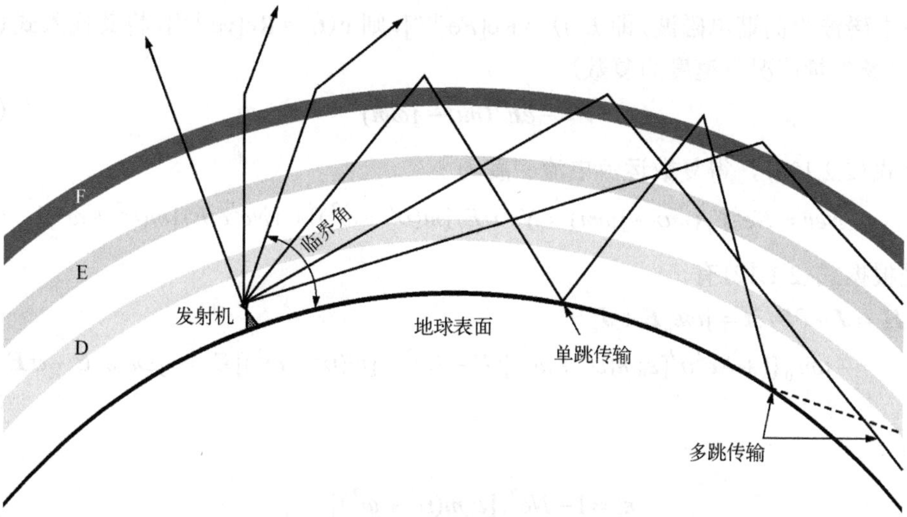

图 2.2.7 地球大气层所形成的大气波导

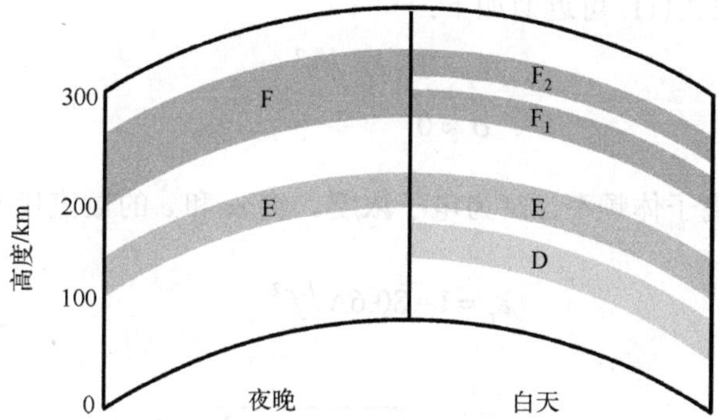

图 2.2.8 电离层的分层结构白天和夜晚的变化

下面推导电离层的等效介电常数的理论公式，分析电磁波在电离层中的传播特性，解释天波传播的基本原理。

假设电离层内某区域的电子浓度为 N，在入射波电场 $\boldsymbol{E}$ 作用下，电子沿电场方向运动并产生电流，则电流密度为

$$\boldsymbol{J}_{\mathrm{e}} = -Ne\boldsymbol{v} \tag{2.2.105}$$

式中，$\boldsymbol{v}$ 为电子沿电场方向运动的瞬时速度；N 为电子的个数；e 为 1 个电子所携带的电荷量（$e = 1.602\times10^{-19}$ 库仑）。若不计电子与大气中气体分子的碰撞作用，则电子的运动方程为

$$-e\boldsymbol{E} = m\boldsymbol{a} = m\,\mathrm{d}\boldsymbol{v}/\mathrm{d}t \tag{2.2.106}$$

这时电场力的作用是使电子产生加速运动。当考虑电子与气体分子之间存在相互碰撞时，

将有部分能量转换为热能而损耗。可以这样认为：电子受到了某种“摩擦力”或“黏滞阻尼”的作用，这种作用力与电子运动的速度成正比，我们将其描述为 $mv\upsilon$。其中，m 为电子质量（$m = 9.106\times10^{-31}$kg），υ 为碰撞频率（一个电子在 1s 内与中性分子的碰撞次数，mv 为电子碰撞一次所失去的能量）。因此运动方程可修改为

$$-e\boldsymbol{E} = m\boldsymbol{a} = m\,\mathrm{d}\boldsymbol{v}/\mathrm{d}t + m\boldsymbol{v}\upsilon \tag{2.2.107}$$

假设电磁波为简谐电磁波，即 $E(t) = \mathrm{Re}[E\mathrm{e}^{-\mathrm{j}\omega t}]$，则 $v(t) = \mathrm{Re}[v\mathrm{e}^{-\mathrm{j}\omega t}]$，将其代入式(2.2.107)得(考虑电场矢量情况且速度为复数)

$$\boldsymbol{v} = -e\boldsymbol{E}/(m\upsilon - \mathrm{j}\omega m) \tag{2.2.108}$$

根据式(2.2.105)，得复数运流电流密度为

$$\boldsymbol{J}_{\mathrm{e}} = -Ne\boldsymbol{v} = Ne^2\boldsymbol{E}/(m\upsilon - \mathrm{j}\omega m) = Ne^2\upsilon\boldsymbol{E}/[m(\upsilon^2+\omega^2)] + \mathrm{j}Ne^2\omega\boldsymbol{E}/[m(\upsilon^2+\omega^2)] \tag{2.2.109}$$

于是根据式(2.1.12)有

$$\begin{aligned}\nabla\times\boldsymbol{H} &= \boldsymbol{J} + \partial\boldsymbol{D}/\partial t = \mathrm{j}\omega\varepsilon_0\boldsymbol{E} + \boldsymbol{J}_{\mathrm{e}}\\ &= -\mathrm{j}\omega\varepsilon_0\{1 + Ne^2\upsilon/[\varepsilon_0 m(\upsilon^2+\omega^2)]\}\boldsymbol{E} + Ne^2\upsilon/[m(\upsilon^2+\omega^2)]\boldsymbol{E} = -\mathrm{j}\omega\varepsilon_{\mathrm{r}}\varepsilon_0\boldsymbol{E} + \sigma\boldsymbol{E}\end{aligned} \tag{2.2.110}$$

这里

$$\begin{aligned}\varepsilon_{\mathrm{r}} &= 1 - Ne^2/[\varepsilon_0 m(\upsilon^2+\omega^2)]\\ \sigma &= Ne^2\upsilon/[\varepsilon_0 m(\upsilon^2+\omega^2)] \approx 0\end{aligned} \tag{2.2.111}$$

当 $\omega \gg \upsilon$ 时，式(2.2.111)可近似如下：

$$\begin{aligned}\varepsilon_{\mathrm{r}} &\approx 1 - \omega_{\mathrm{p}}^2/\omega^2\\ \sigma &\approx 0\end{aligned} \tag{2.2.112}$$

式中，$\omega_{\mathrm{p}} = \dfrac{Ne^2}{\varepsilon_0 m}$ 为等离子体频率，N 为电子浓度。将 m 和 e 的数值代入式(2.2.112)可得

$$\varepsilon_{\mathrm{r}} = 1 - 80.6N/f^2 \tag{2.2.113}$$

电离层的折射率：

$$n = \sqrt{\varepsilon_{\mathrm{r}}} = \sqrt{1 - 80.6N/f^2} \tag{2.2.114}$$

式(2.2.114)表明电离层的折射率随电子浓度的变化而变化，由于电离层的电子浓度随高度而变，因此电离层的折射率是随高度变化的：随着高度的增加而减小。本书在第 5 章将介绍的天波超视距雷达正是利用了电离层折射率的分层结构特性来实现超远距离探测。

2．电离层对电磁波传播的影响

在本节的电离层折射率的公式推导中，没有考虑地球磁场的影响，事实上由于地磁场的存在，应该用 Appleton-Hartree 公式[4]：

$$n^2 = 1 - \frac{X_{\mathrm{p}}}{1 - \mathrm{j}\upsilon/\omega - \dfrac{Y_{\mathrm{p}}^2\sin^2\Theta}{2(1-\mathrm{j}\upsilon/\omega - X_{\mathrm{p}})} \pm \sqrt{\dfrac{Y_{\mathrm{p}}^4\sin^4\Theta}{4(1-\mathrm{j}\upsilon/\omega - X_{\mathrm{p}})^2} + Y_{\mathrm{p}}^2\cos^2\Theta}} \tag{2.2.115}$$

式中，$X_p=\dfrac{\omega_p^2}{\omega^2}$；$Y_p=\dfrac{eB}{m\omega}$，$B$ 为磁感应强度；Θ 为地磁场矢量与电磁波传播方向的夹角。

当电磁波的频率较高时，例如，高于 VHF 频段时，除非传播方向与地磁场矢量垂直，在其他方向的传播可以认为是准纵向传播，此时式(2.2.115)可简化为

$$n\approx 1-X_p(1\mp Y_p\cos\Theta) \tag{2.2.116}$$

式中，“−”和“+”号对应两个不同的折射率，即

$$n^+\approx 1-X_p(1+Y_p\cos\Theta) \tag{2.2.117}$$

$$n^-\approx 1-X_p(1-Y_p\cos\Theta) \tag{2.2.118}$$

分别对应于左旋和右旋圆极化的传播折射率。

1) 对传播速度的影响

电磁波的传播速度包括相位(波前)传播的速度 v_p 和能量(波包)传播的速度 v_g。无论是式(2.2.114)还是式(2.2.116)都表明电磁波在电离层中的传播是色散的，即不同频率的电磁波(尤其是较低频率的电磁波，如 L 波段以下)在电离层中传播的相速度是不同的，因而群速度也是不同的。下面给出 v_p 和 v_g 的公式推导。

为便于推导，简化电离层折射率表达式 $n=\sqrt{\varepsilon_r}=\sqrt{1-\omega_p^2/\omega^2}$，则有

$$v_p=c/n=c\Big/\sqrt{1-\omega_p^2/\omega^2} \tag{2.2.119}$$

相速度的定义：

$$v_p=\omega/\beta \tag{2.2.120}$$

式中，β 为相位传播常数。根据式(2.2.119)和式(2.2.120)有

$$\beta=(\omega/c)\sqrt{1-\omega_p^2/\omega^2} \tag{2.2.121}$$

又根据群速度的定义：$v_g=\mathrm{d}\omega/\mathrm{d}\beta$，对式(2.2.121)求导有

$$\begin{aligned}\mathrm{d}\beta&=\mathrm{d}\omega\left[(1/c)\sqrt{1-\omega_p^2/\omega^2}+(1/2)(\omega/c)\Big/\sqrt{1-\omega_p^2/\omega^2}\cdot(-2)\cdot(-\omega_p^2/\omega^3)\right]\\&=\mathrm{d}\omega\left[(1/c)\cdot 1\Big/\sqrt{1-\omega_p^2/\omega^2}\right]\end{aligned} \tag{2.2.122}$$

即

$$v_g=\mathrm{d}\omega/\mathrm{d}\beta=c\sqrt{1-\omega_p^2/\omega^2} \tag{2.2.123}$$

式(2.2.119)和式(2.2.123)表明：①较低频率电磁波的相速度大于相对较高频率电磁波的相速度，但群速度正好相反；②相速度与群速度的乘积等于光速的平方，即 $v_p\cdot v_g=c^2$。

2) 对线极化的影响

在卫星通信或卫星对地遥感探测中，当线极化电磁波穿过地球电离层时，若电磁波的传播方向与地磁场的夹角不等于 90°，则传输一段距离后，线极化电磁波的极化角将发生变化，即发生法拉第旋转。我们知道任意线极化均可分解为两个旋向相反的圆极化，如左旋圆极化和右旋圆极化。式(2.2.117)和式(2.2.118)表明，当满足准纵向传播条件时，左旋圆极化波和右旋圆极化波由于所对应的折射率不同，因而传播的相速度不同，这样传播一段距离后，它

们必然产生相位差，而相位差的大小决定了法拉第旋转角度的大小。实际上，还可以从磁场对电离层中的带电粒子运动的影响(由于电子有最低的质量，因此受影响也最大)来理解左旋和右旋圆极化波不同的相位传播速度。当电磁波的传播方向与地磁场的方向一致时，左旋圆极化波的电场将对电离层中的电子施加电场作用使之产生圆周运动，其周期等同于电磁波频率的倒数。圆周运动的电子将形成环电流产生新的磁场，该磁场与地磁场的方向一致，二者叠加后增强了磁场，增强的磁场推动了左旋圆极化波束的前进，从而使相速度增大。右旋圆极化波的传播情形正好相反，所驱动的电子运动环流产生的磁场与地磁场方向相反，减弱了总磁场，阻碍了右旋圆极化波束的前进，从而使相速度降低。

上述情况在圆极化波沿与地磁场方向相反的方向传播时，将得到相反的结论，即左旋圆极化波的相速度将低于右旋圆极化波的相速度，导致法拉第旋转方向相反。

地球电离层的等离子中的自由电子浓度，随着电磁波频率的升高而显著降低，因此电离层对电磁波传播的影响无论是法拉第旋转效应还是色散效应，乃至衰减效应都随电磁波频率的升高而降低。例如，对于卫星通信常用的微波频率，电离层所导致的极化旋转是很小的。

这就是说，在满足准纵向传播的条件下，任何线极化波均是以两个旋向相反的圆极化波传播，这正是产生法拉第旋转的根本原因。

2.3 电磁波的散射

电磁波散射是入射电磁波与目标相互作用的结果。目标对电磁波的散射，从机理上分析可认为有两个过程：①目标在入射电磁波(雷达信号)的照射下，目标(金属目标或导电率较大的目标，如水体)表面或目标内部将产生矢量感应电流(电流矢量具有方向性)，其可通过求解满足相应边界条件的麦克斯韦方程组得到。②由稳态的矢量感应电流产生的二次辐射(场)即为目标对入射电磁波的散射(场)。矢量感应电流的分布由入射电磁波的极化及目标的形状决定。例如，对于一片白桦树林，由于其树干为主体，而分支树杈较少，因此其在电场矢量方向与树干方向(垂直于地面)一致的线极化电磁波的照射下，将产生较大的感应电流，从而对该线极化的电磁波的散射较强。

需要说明一点，在雷达遥感中习惯用水平极化和垂直极化来描述线极化，其分别对应于2.2.4节中的TE波和TM波。水平(H)极化的雷达信号，其电场矢量与入射面(由入射矢量方向与目标所处表面的法线方向所构成的平面)垂直，而垂直(V)极化的雷达信号，其电场矢量处于入射面内，如图2.3.1所示。也就是说，可以形象地认为水平极化的电场矢量方向平行于目标所处的平面。如果没有地平面(如空中目标)，则将电场矢量与入射方向水平夹角为 0°定义为水平极化，90°为垂直极化。对于雷达探测而言，VV极化表示V极化发射和V极化接收，HH极化表示H极化发射和H极化接收，HV极化表示H极化发射和V极化接收，VH极化表示V极化发射和H极化接收。

不同的地表对极化电磁波的散射也有所差别。例如，对于海面，VV极化的后向散射总是强于HH极化的后向散射。这一点从图2.2.4中便可看出，因为H极化(TE波)的反射系数总是大于V极化(TM波)的反射系数。对于一般的地表，交叉极化的散射弱于同极化的散射。第8章将介绍极化雷达如何利用不同地表的极化散射特性更好地对地表进行分类和识别。

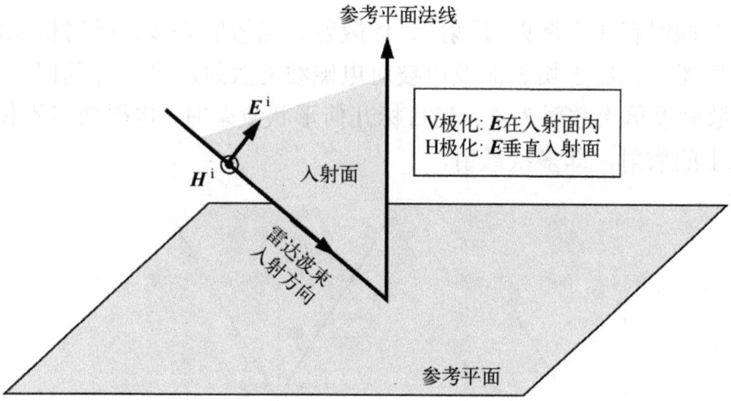

图 2.3.1　水平极化和垂直极化的定义

一般对于各类人工目标，如飞机、坦克、舰船、卫星等，目标的尺寸远小于天线波束的照射范围，电磁波各个方向散射的能量分布与电磁波入射的角度以及入射电磁波的极化密切相关，这类目标通常称为点目标，我们用雷达截面(radar cross section)来描述点目标的电磁散射特性。

一般对于扩展目标，如海面、陆地表面(包括各种植被)等，目标的尺寸或区域远大于天线波束的照射范围，且目标表面光滑(粗糙度远小于电磁波的波长)，此时发生的电磁散射以镜面反射(假定电磁波没有穿透目标表面进入目标内部)为主导。镜面反射是指反射角等于入射角的方向的反射。当目标的表面粗糙度较大(与电磁波波长可比拟或远大于电磁波波长)时，镜面反射不再占据主导地位，而是当目标表面的各个方向散射的能量不相上下时，电磁散射呈现漫散射。对于这类目标，通常用散射系数大小来描述电磁散射特性。图 2.3.2 给出了光滑表面、粗糙表面和非常粗糙表面电磁散射特性的示意图。

目标的电磁波散射特性与目标表面的粗糙度密切相关。对于光学频段的电磁波，除了极度光滑的表面，例如，各类特别加工的金属表面等能够发射较强的镜面反射，而对于一般的表面均可发生漫散射。而对于微波频段的电磁波，其波长一般为光波波长的数千到 1 万倍的量级，一般地表(不包括人工目标)的散射都是镜面反射占优。关于光滑表面的判别标准，一般情况下，如图 2.3.3 所示，若表面的最大高度起伏 h 与波长 λ 和入射角 θ 的关系满足式(2.3.1)，则认为是光滑表面。

$$h < (\lambda/32)\cos\theta \tag{2.3.1}$$

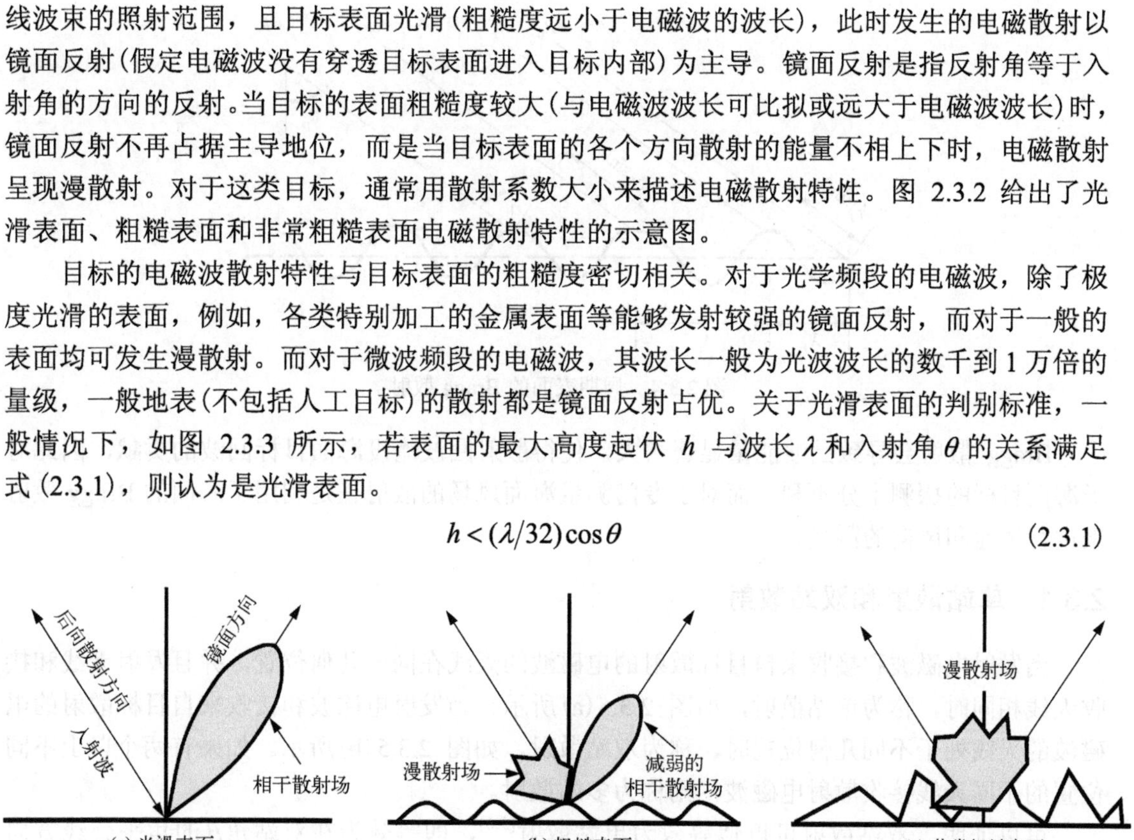

图 2.3.2　电磁波在不同粗糙度表面的反射与散射

当电磁波能够穿透目标表面进入目标内部，并且目标的内部存在若干孤立的强点目标时，将发生体散射。当同时存在面散射(反射)、体散射、点散射等多种散射机制时，称为复合散射，如海洋中的舰船、粗糙土壤表面及植被对电磁波的散射。当目标几何形状简单或者为光滑表面时，电磁散射以单次散射为主；当目标几何形状复杂时，电磁散射不仅存在单次散射，还存在两次及以上的散射，即多次散射。

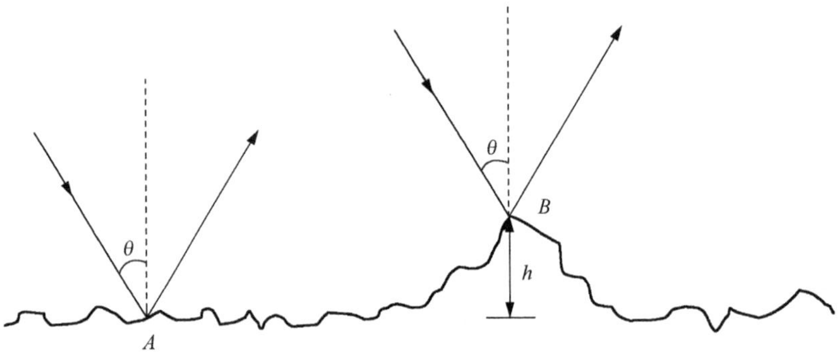

图 2.3.3 判定粗糙或者光滑表面的计算示意图

如果目标表面具有某种周期结构，如海洋表面，则当入射角度满足一定的条件：$\Lambda_B \sin\theta_L = n\pi$ 时会产生 Bragg 散射，如图 2.3.4 所示。

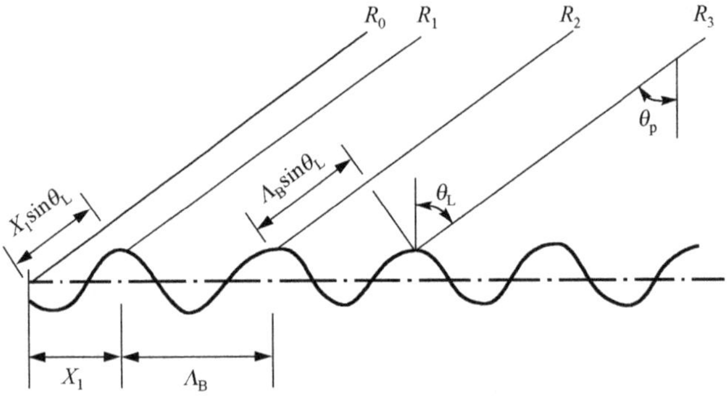

图 2.3.4 周期表面的 Bragg 散射

Bragg 散射会导致回波能量显著增大，使得散射回波淹没海面目标回波的贡献，因此对于海面目标的探测十分不利。而对于专门测量海面风场的散射正是利用了海面的 Bragg 散射来进行风速和风向的测量。

2.3.1 单站散射和双站散射

当发射电磁波和接收来自目标散射的电磁波的天线在同一几何位置，并且发射天线和接收天线相同时，称为单站散射，如图 2.3.5(a)所示。当发射电磁波和接收来自目标散射的电磁波的天线处于不同几何位置时，称为双站散射，如图 2.3.5(b)所示。如果有两个以上不同位置的不同天线接收散射电磁波，则称为多站散射。

可以证明，双站散射可近似等效为单站散射[5,6]，即等效为在双站角β的角平分线方向($\beta/2$)的单站散射并且其信号频率与双站信号频率之间存在一个$\cos(\beta/2)$的系数。等效单站散射的信号带宽也需相应乘以该因子，这就是说在双站散射情况下，若等效为单站散射，则信号带宽将减小，并且双站角β越大，带宽损失越大。在实际中，将双站散射等效为单站散射可为分析和解决问题带来方便。但是随着双站角度β的增大，能否等效为单站还取决于目标的电磁散射特性。总体来说，等效性随β的增大而降低。

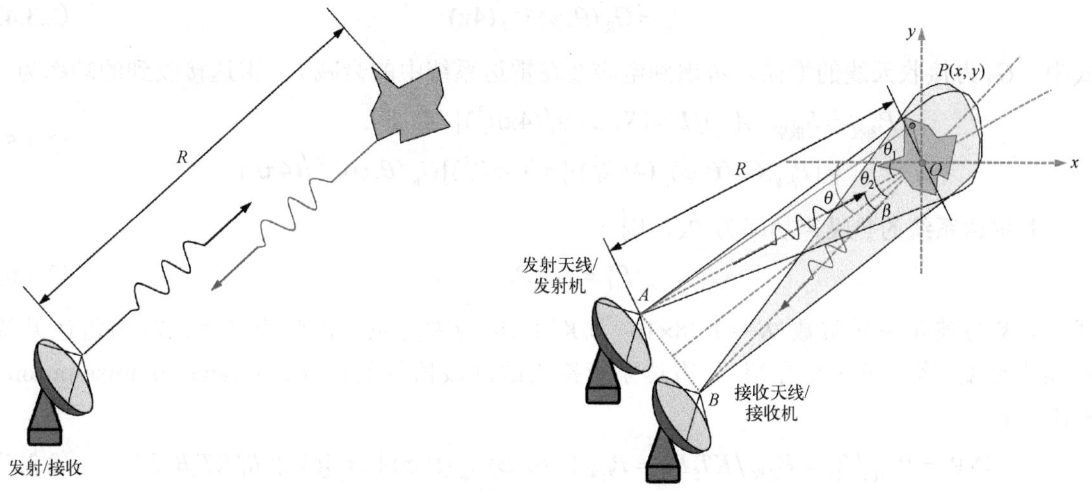

图 2.3.5　单站散射和双站散射示意图

2.3.2　雷达方程

描述雷达发射功率、天线增益、目标雷达截面、雷达作用距离、系统损耗、接收机灵敏度等参数与信噪比之间的关系的数学公式称为雷达方程。下面来推导雷达方程的数学表达式。

如图 2.3.6 所示，当雷达发射电磁波对目标进行探测时，假设雷达的发射功率为 $P_{发射}$，如果雷达发射天线的增益为 G_T，那么在特定的方向上入射到距离 R_1 处的雷达目标功率密度为

$$S_{入射} = P_{发射} G_T(\theta,\varphi) \big/ (4\pi R_1^2) \tag{2.3.2}$$

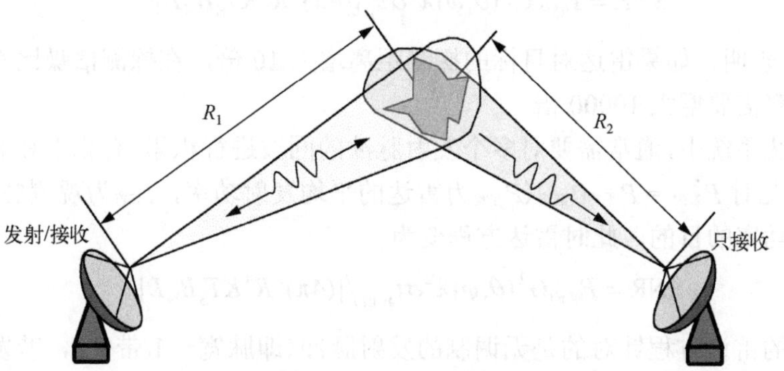

图 2.3.6　雷达探测示意图

目标受到电磁波照射后，产生散射并且其中的部分散射波(称为雷达回波)又被雷达所接收，回波到达雷达接收天线时的功率密度为

$$S_{散射} = P_{发射} G_T(\theta,\varphi) \big/ (4\pi R_1^2) \cdot \sigma \big/ (4\pi R_1^2) \tag{2.3.3}$$

式中，σ为雷达截面(后面将详细介绍)。用天线的等效接收面积A_e来描述雷达天线对回波信号的接收能力，显然A_e与天线的增益和信号频率有关：

$$A_e = G_R(\theta,\varphi)\lambda^2/(4\pi) \tag{2.3.4}$$

式中，G_R为接收天线的增益。考虑到电磁波在雷达系统中的衰减L，雷达接收到的功率为

$$\begin{aligned} P_{接收} &= S_{散射} \cdot A_e \cdot 1/L = [S_{入射} \cdot \sigma/(4\pi R_1^2)] \cdot A_e \cdot 1/L \\ &= [P_{发射}G_T(\theta,\varphi)/(4\pi R_1^2)][\sigma/(4\pi R_1^2)]G_R(\theta,\varphi)\lambda^2/(4\pi L) \end{aligned} \tag{2.3.5}$$

若雷达系统的热噪声功率为P_N，则

$$P_N = KT_SB_N \tag{2.3.6}$$

式中，K为玻尔兹曼常数($K = 1.38\times10^{-23}$J/K)；B_N为雷达系统的噪声带宽；T_S为雷达系统的噪声温度(将在第3章介绍)。雷达系统接收的回波信号的信噪比(signal to noise ration, SNR)为

$$\text{SNR} = P_{接收}/P_N = P_{接收}/KT_SB_N = P_{发射}G_T(\theta,\varphi)G_R(\theta,\varphi)\lambda^2\sigma/[(4\pi)^3R_1^4KT_SB_NL] \tag{2.3.7}$$

对于双站情况，接收天线距离雷达目标的距离为R_2，如图2.3.6所示，则式(2.3.3)变为

$$S_{散射} = [P_{发射}G_T(\theta,\varphi)/(4\pi R_1^2)][\sigma/(4\pi R_2^2)] \tag{2.3.8}$$

式(2.3.7)则变为

$$\text{SNR} = P_{发射}G_T(\theta,\varphi)G_R(\theta,\varphi)\lambda^2\sigma/[(4\pi)^3R_1^2R_2^2KT_SB_NL] \tag{2.3.9}$$

对于收发天线共用的单站雷达$G_T = G_R = G$，$R_1 = R_2 = R$，则式(2.3.7)可简化为

$$\text{SNR} = P_{发射}G^2(\theta,\varphi)\lambda^2\sigma/[(4\pi)^3R^4KT_SB_NL] \tag{2.3.10}$$

若雷达以脉冲方式工作，则$P_{发射} = P_{峰值}\cdot\tau$($P_{峰值}$为雷达的峰值发射功率，$\tau = T_p$*PRF为发射脉冲信号的占空比，T_p为发射脉冲的宽度，PRF为发射脉冲的重复频率)，因此单个脉冲探测的SNR为

$$\text{SNR} = P_{峰值}G^2(\theta,\varphi)\lambda^2\sigma\tau/[(4\pi)^3R^4KT_SB_NL] \tag{2.3.11}$$

式(2.3.11)表明，如果雷达对目标的探测距离增大10倍，在探测信噪比不变的情况下，雷达的发射功率需要增大10000倍。

在实际雷达系统中，通常需要对多个发射脉冲的回波进行积累(有相干和非相干两种方式)来提高SNR，此时$P_{发射} = P_{平均}\cdot t_{驻留}$($P_{平均}$为雷达的平均发射功率，$t_{驻留}$为观测驻留时间)，从而达到降低发射功率的目的。此时雷达方程变为

$$\text{SNR} = P_{平均}G^2(\theta,\varphi)\lambda^2\sigma t_{驻留}/[(4\pi)^3R^4KT_SB_NL] \tag{2.3.12}$$

前面介绍的雷达方程针对的是无调制的发射脉冲(即脉宽= 1/带宽)，若发射脉冲经过了调制(如将在第4章介绍的Chirp信号)，则通过脉冲压缩后可获得处理增益$G_p = T_p{*}B_s$，即可使SNR提高G_p倍，此时雷达方程——式(2.3.10)变为

$$\text{SNR} = P_{发射}G^2(\theta,\varphi)\lambda^2\sigma G_p/[(4\pi)^3R^4KT_SB_NL] \tag{2.3.13}$$

不同体制雷达的雷达方程会有一些变化，例如，后面要介绍的搜索雷达和合成孔径雷达就有不同的形式。

2.3.3　雷达截面

雷达截面(radar cross section，RCS)是描述目标电磁散射特性的一个重要物理量，其单位为 m^2。

当以功率密度为 $S_{入射}$的电磁波照射到目标时，每立体角散射的功率：$\Phi_{散射} = S_{入射}\cdot\sigma/(4\pi)$，当以功率密度为 $S_{入射}$的电磁波照射到目标时，经目标散射后再到达雷达天线口面处的功率密度为

$$S_{散射} = S_{入射}\cdot\sigma/(4\pi R^2) \tag{2.3.14}$$

式(2.3.14)中，雷达接收到的来自目标后向散射的回波功率的大小不仅与雷达发射信号的功率 $S_{入射}$和雷达探测距离 R 有关，还与目标的散射特性有关，用σ表示雷达对入射的雷达信号散射的能力，即雷达截面。根据式(2.3.14)可得雷达截面的计算公式：

$$\sigma = \lim_{R\to\infty}\left[4\pi R^2\cdot S_{散射}/S_{入射}\right] = \lim_{R\to\infty}\left[4\pi R^2\cdot\left|E_{散射}\right|^2/\left|E_{入射}\right|^2\right] \tag{2.3.15}$$

式中，$E_{散射}$是所接收回波信号的电场强度(其模的平方表示能量关系)；$E_{入射}$是发射信号的电场强度。式(2.3.15)取 $R\to\infty$来定义 RCS 的目的是保证能够获得稳定准确的 RCS 测量。通常情况下，RCS 是指在连续波照射下的测量值，并且与入射波功率的大小无关。

RCS 是早期雷达对目标进行识别的重要依据，对不同目标的 RCS 进行准确测量是雷达技术研究的一项重要的工作。可以将式(2.3.10)改写为如下形式：

$$\sigma = \mathrm{SNR}\cdot(4\pi)^3 R^4 K T_{\mathrm{S}} B_{\mathrm{N}} L/[P_{发射} G^2(\theta,\varphi)\lambda^2] \tag{2.3.16}$$

式(2.2.16)表明，要准确测量某个目标对于某个频率的 RCS，假设为σ_t，需要对 SNR、$P_{发射}$、G、R、T_S、B_N和 L 进行准确测量，这无疑需要很大代价。在实际中，往往可以通过测量某个已知 RCS(假定为σ_c)的目标的σ_{cm}，并将其与待测目标的 RCS 测量值σ_{tm}进行对比，通过式(2.3.17)即可很方便得到目标的σ_t。

$$\sigma_t = \sigma_c\cdot\sigma_{tm}/\sigma_{cm} \tag{2.3.17}$$

不同的目标，对雷达信号的散射能力(在整个 4π 空间)会有所不同。雷达隐身是指极大地降低各类目标、设施、装备(如飞机、坦克、导弹发射装置等)对雷达信号的散射能量(被探测雷达所接收)，从而使探测雷达在超过一定距离后所接收到的回波能量不足以发现目标(所接收来自目标散射回波的信噪比达不到探测的要求)。

2.3.4　雷达散射系数

前面介绍的雷达方程中的雷达截面通常是指点目标或人工目标，其空间尺度远小于雷达波束在雷达目标位置的投影面积。在某些情况下，对于目标面积大于波束在其表面的投影面积的扩展目标，我们感兴趣的是观察包含很多目标的地面区域，此时不再用雷达截面而是用相对散射的量来描述它们对电磁波的散射能力，称为微分散射系数(differential scattering coefficient)或者归一化雷达截面(normalized radar cross-section)。在实际中，更多的是面对

后向散射问题(单站散射)，通常用σ^0来表示后向散射系数(backscattering coefficient)，其计算公式为

$$\sigma^0 = \langle \mathrm{RCS}_i / A_i \rangle \tag{2.3.18}$$

式中，RCS_i为目标的雷达截面；A_i为与目标有关的波束在地面的照射面积。后向散射系数也称为单位面积的雷达截面。当然，若是双站散射情况，则用双站散射系数描述面目标的散射能力。

在实际中，一般通过测量的方法来获得观测面目标的后向散射系数。对于扩展的面目标，根据发射功率、作用距离、收发天线的增益，可得到雷达接收到的来自扩展目标的雷达回波功率：

$$P_{\mathrm{r}} = \iint_{A_0} \frac{P_{\mathrm{t}} G_{\mathrm{t}} G_{\mathrm{r}} \lambda^2 \sigma^0}{(4\pi)^3 R^4} \mathrm{d}s \approx \frac{P_{\mathrm{t}} \lambda^2}{(4\pi)^3 R^4} \iint_{A_0} G_{\mathrm{t}} G_{\mathrm{r}} \sigma^0 \mathrm{d}s \approx \frac{P_{\mathrm{t}} \lambda^2 \sigma^0}{(4\pi)^3 R^4} \iint_{A_0} G_{\mathrm{t}} G_{\mathrm{r}} \mathrm{d}s \tag{2.3.19}$$

可以得到扩展面目标的后向散射系数测量：

$$\sigma^0 = P_{\mathrm{r}} (4\pi)^3 R^4 \Big/ \left(P_{\mathrm{t}} \lambda^2 \int_{A_0} G_{\mathrm{t}} G_{\mathrm{r}} \mathrm{d}s \right) \tag{2.3.20}$$

对于轻度粗糙的表面($h < \lambda/(8\cos\theta)$，$\theta$为入射角)，其后向散射系数可按如下公式进行近似计算[7]：

$$\sigma_{\mathrm{pq}}^0 = 8k^4 h^2 \cos^4\theta \left| \alpha_{\mathrm{pq}} \right|^2 W(2k\sin\theta) \tag{2.3.21}$$

$$\begin{aligned} \alpha_{\mathrm{hh}} &= \left(\cos\theta - \sqrt{\varepsilon - \sin^2\theta}\right) \Big/ \left(\cos\theta + \sqrt{\varepsilon - \sin^2\theta}\right) = (1-\varepsilon) \Big/ \left(\cos\theta + \sqrt{\varepsilon - \sin^2\theta}\right)^2 \\ &= R^{\mathrm{h}}\text{(水平极化发射，水平极化接收)} \end{aligned} \tag{2.3.22}$$

$$\begin{aligned} \alpha_{\mathrm{vv}} &= (\varepsilon_{\mathrm{r}} - 1)[\varepsilon_{\mathrm{r}}(1 - \sin^2\theta_{\mathrm{i}}) - \sin^2\theta_{\mathrm{i}}] \Big/ \left(\varepsilon_{\mathrm{r}} \cos\theta_{\mathrm{i}} + \sqrt{\varepsilon_{\mathrm{r}} - \sin^2\theta_i}\right)^2 \\ &= R^{\mathrm{v}}\text{(垂直极化发射，垂直极化接收)} \end{aligned} \tag{2.3.23}$$

$$\begin{aligned} \alpha_{\mathrm{vh(hv)}} &= (\pi k^4 \sigma_1^4 \cos^2\theta) \left| (\varepsilon_{\mathrm{r}} - 1)(R^{\mathrm{h}} - R^{\mathrm{v}}) \right|^2 \Big/ 2 \\ &\times \iint_{-\infty\sim+\infty} \frac{u^2 v^2}{|D_0|^2} W(u - k\sin\theta, v) W(u + k\sin\theta, v) \mathrm{d}u\mathrm{d}v \end{aligned} \tag{2.3.24}$$

$$W(k_x, k_y) = \frac{1}{2\pi} \iint_{-\infty\sim+\infty} \rho(u,v) \exp(-\mathrm{j}k_x u - \mathrm{j}k_y v) \mathrm{d}u\mathrm{d}v \quad (k_x = k\sin\theta, k_y = k\cos\theta) \tag{2.3.25}$$

$$D_0 = k_z' + \varepsilon_{\mathrm{r}} k_z, \quad k_z = (k^2 - u^2 - v^2)^{1/2}, \quad k_z' = (k'^2 - u^2 - v^2)^{1/2} \tag{2.3.26}$$

式中，$k = 2\pi/\lambda$；h为粗糙表面的高度起伏；$\rho(u,v)$为粗糙表面的表面相关函数；W为表面相关函数的傅里叶变换。

α_{hh}和α_{vv}在$\theta = 0°$时模值相等，相差一个负号(相位相差180°)，图2.3.7给出了两者在

不同相对介电常数的粗糙表面，其模值随入射角的变化情况，由此可见，无论是在相对介电常数较小或较大的情况下，在(0°, 80°]的角度范围内，α_{vv}始终大于α_{hh}。这就是说，对于一般的粗糙表面，其垂直极化的后向散射系数始终大于水平极化的后向散射系数。

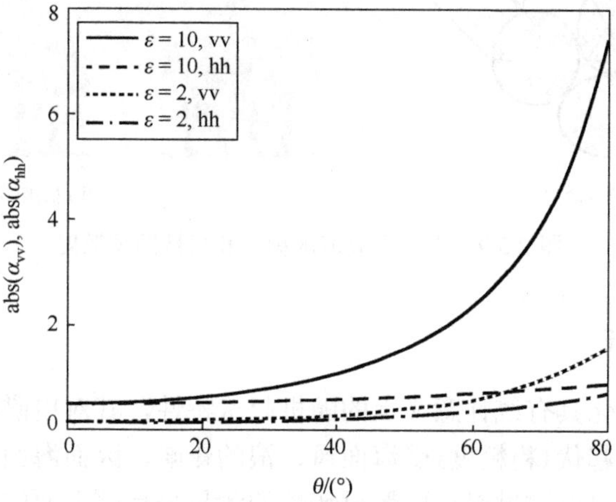

图 2.3.7　α_{hh}和α_{vv}在不同ε和θ时的比较

2.3.5　面散射、体散射

面散射是指电磁散射仅发生在目标的表面，而体散射是指电磁波穿透到目标的内部，并与目标的内部结构发生相互作用的电磁散射，如图 2.3.8 所示。

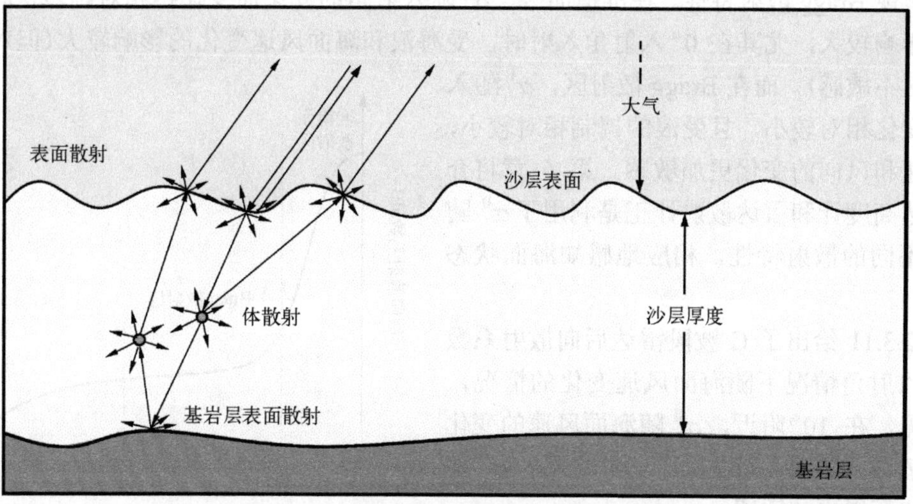

图 2.3.8　电磁波的面散射和体散射示意图

一般金属物体、水体表面(江河、湖泊和海洋等)等只产生面散射。电磁波穿透云雨层时，在分界面处产生面散射，同时进入云雨层后与其中的液态水颗粒产生体散射，如图 2.3.9(a)所示。森林植被的电磁散射同样既包括面散射，也包括体散射，如图 2.3.9(b)所示。图 2.3.9为描绘了大气中液态水颗粒和植被的体散射示意图。

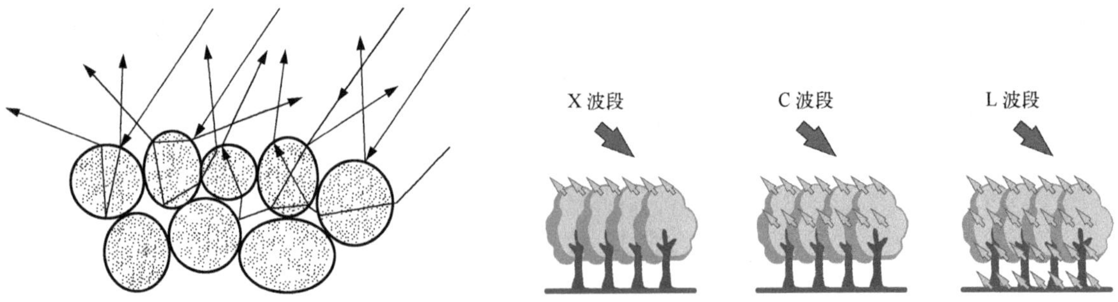

(a) 大气中液态水颗粒体散射　　　　(b) 植被的体散射

图 2.3.9　大气中液态水颗粒和植被的体散射

2.3.6　海面散射特性

海面的表面状态变化具有统计意义上的随机起伏特性，其对电磁波的散射也相应地呈现平稳随机特性。海面的起伏(粗糙度)受海面风、浪的影响，因而海面的电磁散射也会被风、浪所调制。正因如此，可以通过对海面散射特性的测量来反演海面的风、浪状态。

迄今已有多种描绘海面电磁散射的模型，其中，双尺度模型被广泛接受。双尺度散射指的是在对来自于空间尺度相对较大表面(各种浪对应的空间尺度)散射叠加了空间尺度相对较小的表面(毛细波粗糙海面)散射。

海面的电磁散射特性与电磁波的频率、极化、入射角以及海况密切相关。图 2.3.10 给出了σ^0随入射角变化的大致规律。在较小的入射角范围呈现准镜面散射特性，而在较大的入射角范围呈现 Bragg 散射特性。在准镜面区，σ^0随入射角的变化而变化得相对剧烈，同时受浪的调制影响较大，尤其在 0° 入射角入射时，受海浪和海面风速变化的影响较大(但对风向的变化相对不敏感)。而在 Bragg 散射区，σ^0随入射角的变化相对较小，且受浪的调制相对较小，但对风速和风向的变化更加敏感。第 6 章将介绍的雷达高度计和雷达散射计正是利用了σ^0随入射角不同的散射特性，相应地感知海面状态的变化。

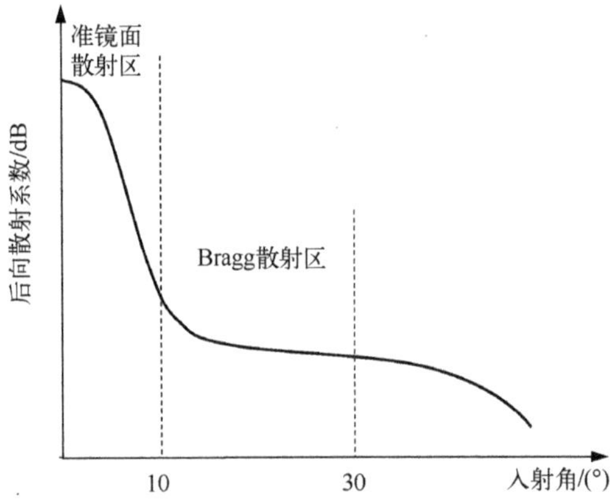

图 2.3.10　海面后向散射系数随入射角的变化示意图

图 2.3.11 给出了 C 波段雷达后向散射系数在不同入射角情况下随海面风速变化的情况，从中可见，在 10° 附近，σ^0随海面风速的变化几乎不敏感；随着入射角大于 30° 之后，σ^0随风速变化变得更加敏感。

图 2.3.12 给出了在 40° 入射角、5m/s 和 25m/s 风速时，Ku 波段的 VV 极化和 HH 极化σ^0随相对风向变化的情况(0° 对应逆风，180° 对应顺风，90° 对应侧风)。由此看到，VV 极化的后向散射系数始终大于 HH 极化，在较低风速(5m/s)时，HH 极化逆风和顺风情况下σ^0的差异要大于 VV 极化的差异；而在较高风速(25m/s)时，HH 极化和 VV 极化在顺风和逆风情况下的σ^0差异都变小且比较相近。

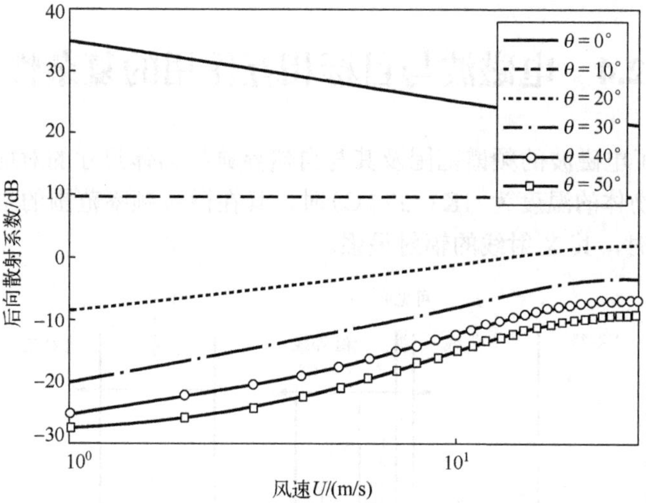

图 2.3.11　C 波段雷达后向散射系数在不同入射角情况下随海面风速变化的情况[8]

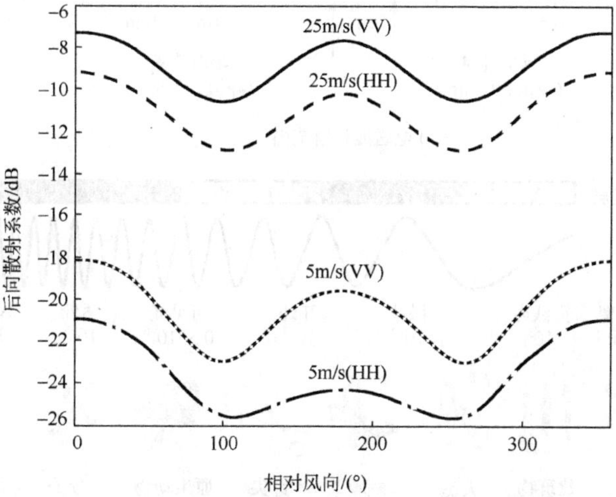

图 2.3.12　在 40° 入射角时 Ku 波段 VV 极化和 HH 极化雷达后向散射系数随风速相对风向的变化情况

2.3.7　脉冲有限和波束有限散射体制

当计算雷达接收来自面目标(扩展目标)的回波功率时，在假设散射系数分布较为均匀的情况下，其大小取决于所照射的面积。在实际中，一般有两种方式来计算照射面积：①根据雷达发射脉冲的宽度(可以是脉冲压缩之后的脉冲宽度)所决定的面积，此时称为脉冲有限散射体制(图 2.3.13(a))，显然脉冲宽度越窄，面积越小；②根据雷达发射和接收天线的波束覆盖范围(一般考虑 3dB 波束宽度)所决定的面积，此时称为波束有限散射体制(图 2.3.13(b))。

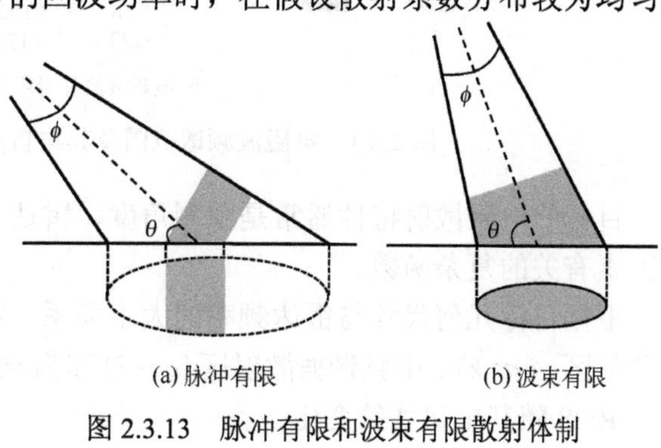

图 2.3.13　脉冲有限和波束有限散射体制

2.4 电磁波与目标相互作用的复杂性

图 2.4.1 给出了电磁波的频谱范围及其与自然界典型物体尺寸的对应关系，图 2.4.1(b)中的温度计给出当物体的温度为 1K(−272℃)时，其在微波频率范围的辐射强，而当物体的温度为 10000000K 时，其 X 射线的辐射最强。

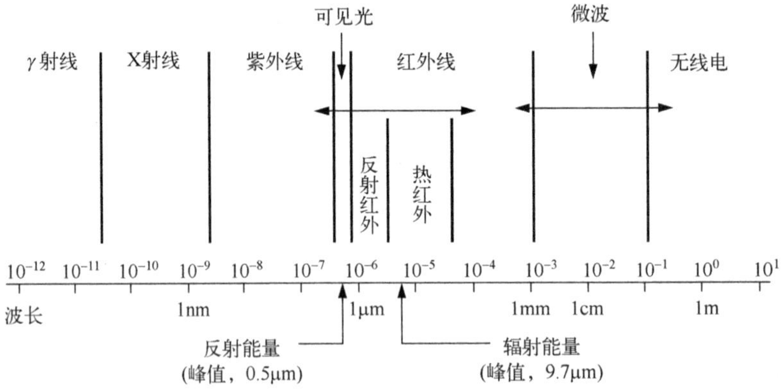

(a) 电磁波频谱范围

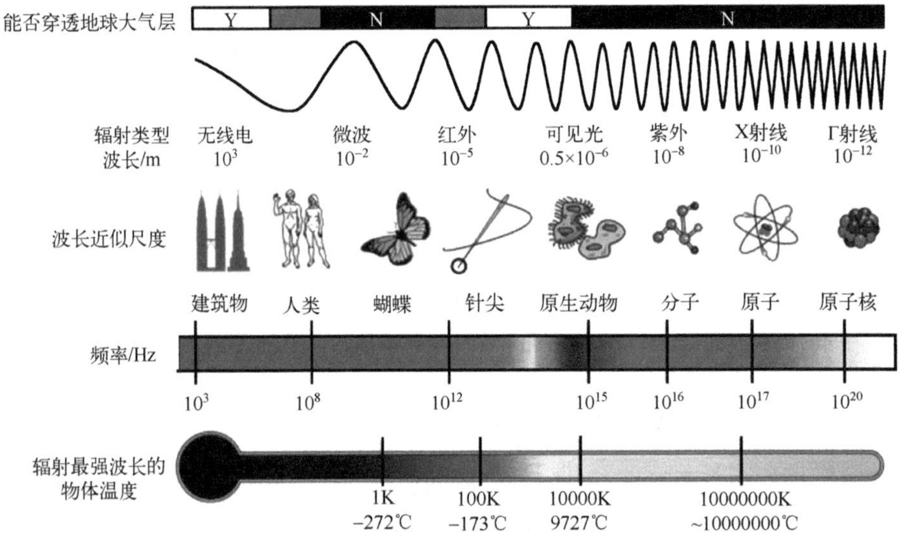

(b) 电磁波波长对应于自然界的物体尺寸

图 2.4.1 电磁波频谱范围及其与自然界典型物体尺寸的对应关系

目标的电磁散射特性通常是观测角度、雷达频率、极化、构成目标的材料以及几何形状等因素有关的复杂函数。

根据目标几何尺寸与雷达频率的大小关系，将电磁散射分为三个典型的区域，即低频瑞利散射区($a \ll \lambda$)、中频谐振散射区($a \sim \lambda$)和高频光学散射区($a \gg \lambda$)。图 2.4.2 给出了金属球体的 RCS 随其电尺寸的变化。

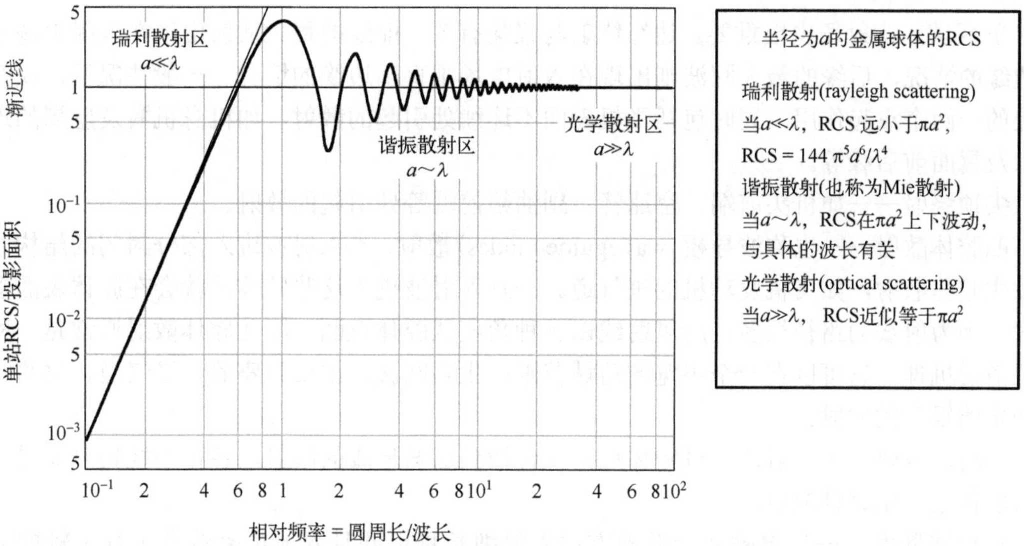

图 2.4.2　金属球体的 RCS 随其电尺寸的变化

2.4.1　谐振区电磁散射的复杂性

在电磁波波长与目标尺寸可比拟的谐振散射区，电磁散射特性异常复杂。以图 2.4.3 所示的飞机目标电磁散射为例进行说明。

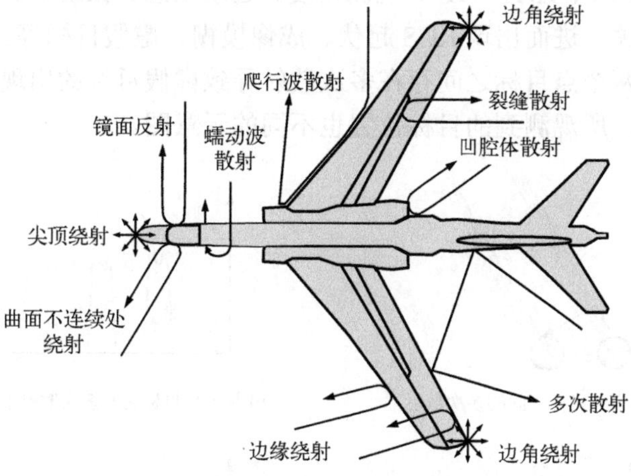

图 2.4.3　飞机目标的电磁散射[9]

镜面反射——一种强散射机理，它的 RCS 强度取决于镜面反射点(入射角等于反射角，即满足反射定律)处的表面曲率半径和反射系数。当一光滑的表面(既可以是曲面，也可以是平面)被电磁波照射时，对于单站情况，若入射方向与该表面的法线方向一致，则会产生镜面反射，此时后向散射就可以认为是这个散射中心产生的镜面反射；对于双站情况，若入射方向与散射方向(接收方向)的夹角的角平分线与表面的法线一致，则同样会产生镜面反射。通常机身侧面、外挂架、垂直尾翼等部位容易产生镜面反射。

边缘绕射——尖劈的边缘、锥柱的底部边缘的散射可归为这一类的散射，也是一种较强的散射机理。虽然绕射场的强度比反射场的强度低，但它们在宽角的范围中都存在着。在低

RCS 的区域，绕射场也很重要。边缘绕射与极化有关，前缘的最大散射出现在入射电场平行于边缘的情况，后缘的最大回波则出现在入射电场垂直于边缘的情况。一般情况下，仅有边缘上的一两个点起作用。同时包括飞机表面不连续处引起的散射，如机身机翼及尾翼的连接处以及翼面前后缘等。

尖顶绕射——如机头前端、空速管、副油箱前端等处引起的散射。

凹腔体散射——也称波导模(waveguide modes)散射，当入射波进入部分封闭的结构时就会发生腔体散射，如飞机发动机的进气道。一旦入射波进入这些腔体，就会在腔体表面多次反射，因为射线的路径很多，所以射线以各种角度从腔体返回。因此腔体散射通常是一种很强的散射机理，它可以在一个很宽的角域范围产生强回波。主要为座舱、进气道、尾喷管等处产生的很强的散射。

蠕动波散射——入射波经过物体后部又传播到前面形成的散射，各种外挂物可能对一定波长的雷达产生这种散射。

爬行波散射——当电磁波一近轴方向入射细长目标并且入射电磁波有平行于轴的分量时，电磁波会沿细长目标的轴向传播并由此产生的电磁散射。

多次散射——在多个镜面点之间形成的散射。

裂缝、凹槽——目标表面出现的裂缝和凹槽(一般为长条形)，往往会呈现出对入射波极化敏感的电磁散射。

运动目标——相对于雷达视角的变化导致电磁散射起伏变化。

频率、极化组合(VV、HH、VH)、观测角度、运动状态、振动状态都会导致散射中心不稳定、回波信号去相关，进而出现 RCS 起伏、成像模糊、虚假目标等。

图 2.4.4 给出了两个点目标之间存在多次散射导致虚假目标的出现以及同一个目标由于雷达观测角度的不同，所观测到的目标位置也不同的示意图。

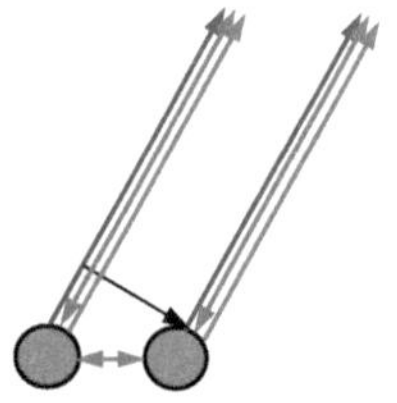

(a) 两个点目标之间的多次散射

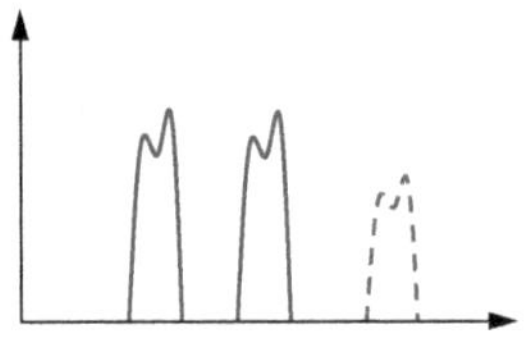

(b) 两个点目标之间多次散射形成假目标

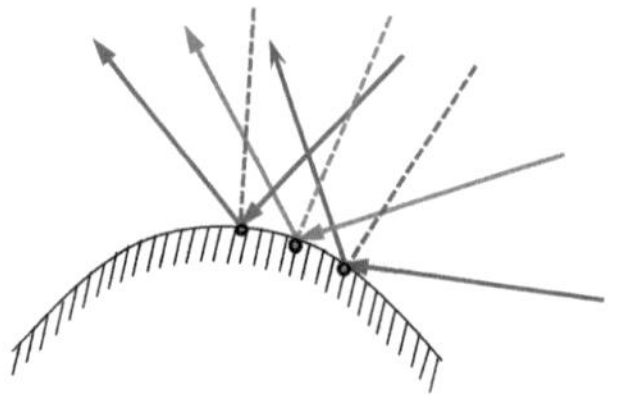

(c) 不同入射角度所产生镜面反射点不同

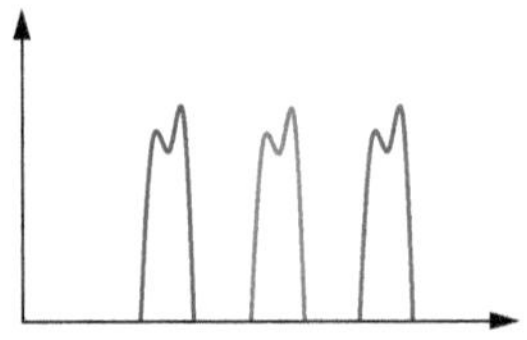

(d) 观测角度不同雷达探测距离不同

图 2.4.4 多次散射虚假目标和观测角度不同引起探测位置不同

2.4.2 电磁散射的极化特性(征)

森林植被等自然目标和大多数的人工目标(建筑物、飞机、坦克、舰船等)在不同的电磁波入射角情况下，对不同极化电磁波的散射是不相同的。对于大部分的目标，散射场的极化相比于入射场的极化会发生变化，称为退极化或交叉极化。目标的极化特性是指目标对各种极化电磁波的同极化和退极化作用。

通常用极化散射矩阵(polarimetric scattering matrix)来描述目标的极化散射特性。极化散射矩阵描述了散射电磁波与入射电磁波的极化关系。散射矩阵与极化基有关，同一目标在不同的极化基下，极化散射矩阵不同。极化基由两个正交的极化矢量组成一列向量而构成。常用的极化基有水平垂直极化基$[\boldsymbol{E}_{\mathrm{h}}\ \boldsymbol{E}_{\mathrm{v}}]^{\mathrm{T}}$、旋转线极化基$[\boldsymbol{E}_{\mathrm{a}}\ \boldsymbol{E}_{\mathrm{b}}]^{\mathrm{T}}$和右旋左旋圆极化基$[\boldsymbol{E}_{\mathrm{r}}\ \boldsymbol{E}_{\mathrm{l}}]^{\mathrm{T}}$等三种。旋转线极化基$[\boldsymbol{E}_{\mathrm{a}}\ \boldsymbol{E}_{\mathrm{b}}]^{\mathrm{T}}$一般采用 45° 旋转角，即

$$\boldsymbol{E}_{\mathrm{a}}=(\boldsymbol{E}_{\mathrm{h}}+\boldsymbol{E}_{\mathrm{v}})/\sqrt{2},\ \boldsymbol{E}_{\mathrm{b}}=(-\boldsymbol{E}_{\mathrm{h}}+\boldsymbol{E}_{\mathrm{v}})/\sqrt{2} \tag{2.4.1}$$

圆极化基可以用水平垂直极化基表示，即

$$\boldsymbol{E}_{\mathrm{r}}=(\boldsymbol{E}_{\mathrm{h}}+\mathrm{j}\boldsymbol{E}_{\mathrm{v}})/\sqrt{2},\ \boldsymbol{E}_{\mathrm{l}}=(\mathrm{j}\boldsymbol{E}_{\mathrm{h}}+\boldsymbol{E}_{\mathrm{v}})/\sqrt{2} \tag{2.4.2}$$

式(2.4.3)～式(2.4.5)给出了不同极化基下的极化散射场表达式：

$$\begin{bmatrix} E_{\mathrm{h}}^{\mathrm{S}} \\ E_{\mathrm{v}}^{\mathrm{S}} \end{bmatrix}=\begin{bmatrix} S_{\mathrm{hh}} & S_{\mathrm{hv}} \\ S_{\mathrm{vh}} & S_{\mathrm{vv}} \end{bmatrix}\begin{bmatrix} E_{\mathrm{h}}^{\mathrm{i}} \\ E_{\mathrm{v}}^{\mathrm{i}} \end{bmatrix}=\boldsymbol{S}_{\mathrm{hv}}\boldsymbol{E}_{\mathrm{hv}}^{\mathrm{i}}\quad \text{(线极化基)} \tag{2.4.3}$$

$$\begin{bmatrix} E_{\mathrm{a}}^{\mathrm{S}} \\ E_{\mathrm{b}}^{\mathrm{S}} \end{bmatrix}=\begin{bmatrix} S_{\mathrm{aa}} & S_{\mathrm{ab}} \\ S_{\mathrm{ba}} & S_{\mathrm{bb}} \end{bmatrix}\begin{bmatrix} E_{\mathrm{a}}^{\mathrm{i}} \\ E_{\mathrm{b}}^{\mathrm{i}} \end{bmatrix}=\boldsymbol{S}_{\mathrm{ab}}\boldsymbol{E}_{\mathrm{ab}}^{\mathrm{i}}\quad \text{(旋转极化基)} \tag{2.4.4}$$

$$\begin{bmatrix} E_{\mathrm{r}}^{\mathrm{S}} \\ E_{\mathrm{l}}^{\mathrm{S}} \end{bmatrix}=\begin{bmatrix} S_{\mathrm{rr}} & S_{\mathrm{rl}} \\ S_{\mathrm{lr}} & S_{\mathrm{ll}} \end{bmatrix}\begin{bmatrix} E_{\mathrm{r}}^{\mathrm{i}} \\ E_{\mathrm{l}}^{\mathrm{i}} \end{bmatrix}=\boldsymbol{S}_{\mathrm{rl}}\boldsymbol{E}_{\mathrm{rl}}^{\mathrm{i}}\quad \text{(圆极化基)} \tag{2.4.5}$$

式中，$\boldsymbol{S}_{\mathrm{hv}}$为水平极化基下的散射矩阵；$\boldsymbol{S}_{\mathrm{ab}}$为 45° 线极化基下的散射矩阵；$\boldsymbol{S}_{\mathrm{rl}}$为圆极化基下的散射矩阵，具有幺正性，即其行列式的绝对值为 1；$\boldsymbol{S}_{\mathrm{pq}}$(p, q = h, v 或 a, b 或 r, l)表示 q 极化入射波和 p 极化散射波的极化散射系数。给定极化散射矩阵后，通过坐标变换，任意入射极化波的散射极化波都可以确定。

对于理想导体的金属表面来说，电磁波不能穿透金属表面进入金属内部(仅限于趋肤深度内)，同时电场的切向分量一定为零。根据这一边界条件，我们知道入射波电场的切向分量与反射波电场的切向分量之和为零。

下面以线极化基为例来推导如图 2.4.5 所示的金属薄板的散射矩阵。可以将式(2.4.3)写成如下形式：

$$E_{\mathrm{h}}^{\mathrm{S}}=S_{\mathrm{hh}}E_{\mathrm{h}}^{\mathrm{i}}+S_{\mathrm{hv}}E_{\mathrm{v}}^{\mathrm{i}},\quad E_{\mathrm{v}}^{\mathrm{S}}=S_{\mathrm{vh}}E_{\mathrm{h}}^{\mathrm{i}}+S_{\mathrm{vv}}E_{\mathrm{v}}^{\mathrm{i}} \tag{2.4.6}$$

根据金属表面的边界条件：$E_{\mathrm{h}}^{\mathrm{S}}+E_{\mathrm{h}}^{\mathrm{i}}=0$和$E_{\mathrm{v}}^{\mathrm{S}}+E_{\mathrm{v}}^{\mathrm{i}}=0$，有

$$E_{\mathrm{h}}^{\mathrm{S}}=S_{\mathrm{hh}}E_{\mathrm{h}}^{\mathrm{i}}+S_{\mathrm{hv}}E_{\mathrm{v}}^{\mathrm{i}}=-E_{\mathrm{h}}^{\mathrm{i}},\quad E_{\mathrm{v}}^{\mathrm{S}}=S_{\mathrm{vh}}E_{\mathrm{h}}^{\mathrm{i}}+S_{\mathrm{vv}}E_{\mathrm{v}}^{\mathrm{i}}=-E_{\mathrm{v}}^{\mathrm{i}} \tag{2.4.7}$$

显然，$S_{\mathrm{hh}}=-1$，$S_{\mathrm{vh}}=0$，$S_{\mathrm{vv}}=-1$，$S_{\mathrm{hv}}=0$，即金属薄板的散射矩阵为

$$\boldsymbol{S}_{\mathrm{hv}}^{\text{金属平板}}=\begin{bmatrix} S_{\mathrm{hh}} & S_{\mathrm{hv}} \\ S_{\mathrm{vh}} & S_{\mathrm{vv}} \end{bmatrix}=\begin{bmatrix} -1 & 0 \\ 0 & -1 \end{bmatrix} \tag{2.4.8}$$

下面来推导如图 2.4.6 所示的金属二面角(由两块互相垂直的金属板构成，其相交线称为

二面角的轴线，假设构成二面角的两个平面的法线分别与 x 轴和 y 轴一致，轴线与 z 轴一致）的散射矩阵。当 V 极化的电磁波（入射电场 E^{i} 平行于 z 轴，电场只有 E 分量，磁场有 H_x 分量和 H_y 分量）以 θ_{i} 入射到二面角时，如图 2.4.6(a)所示。因为电磁波不能穿透金属，所以在金属表面将发生全反射，并且入射电场在金属表面的切向分量与反射电场在金属表面的切向分量之和为零，即 $\boldsymbol{E}^{\mathrm{r}}+\boldsymbol{E}^{\mathrm{i}}=\mathbf{0}$，由于没有损耗，因此发生第一次反射后 $\boldsymbol{E}^{\mathrm{r}}=-\boldsymbol{E}^{\mathrm{i}}$。同理，当发生第二次反射后，$\boldsymbol{E}^{\mathrm{r}'}=-\boldsymbol{E}^{\mathrm{i}'}$，而 $\boldsymbol{E}^{\mathrm{i}'}=-\boldsymbol{E}^{\mathrm{r}}$，即 $\boldsymbol{E}^{\mathrm{r}'}=\boldsymbol{E}^{\mathrm{i}}$。

$$E_{\mathrm{v}}^{\mathrm{S}}=S_{\mathrm{hv}}E_{\mathrm{h}}^{\mathrm{i}}+S_{\mathrm{vv}}E_{\mathrm{v}}^{\mathrm{i}}=E_{\mathrm{v}}^{\mathrm{i}} \tag{2.4.9}$$

即 $S_{\mathrm{vv}}=1$，$S_{\mathrm{hv}}=0$。

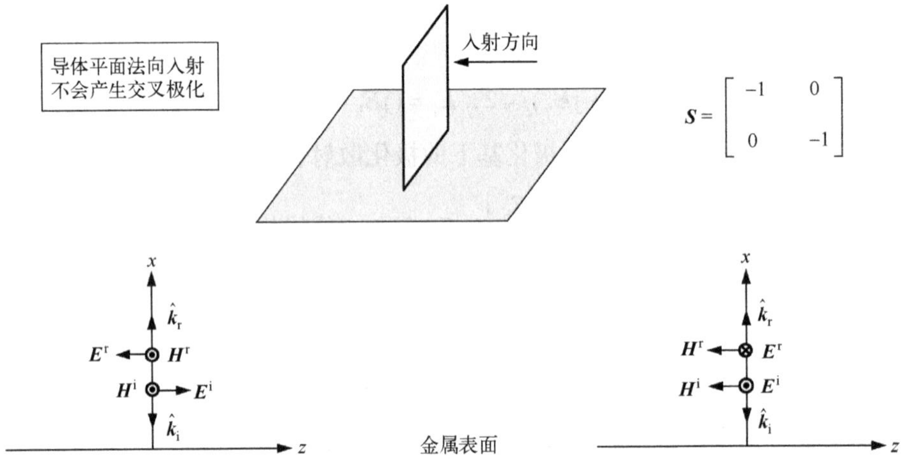

图 2.4.5　金属薄板的散射矩阵

接着来推导如图 2.4.6(b)所示的金属二面角在 H 极化的电磁波（入射电场 $\boldsymbol{E}^{\mathrm{i}}$ 平行于地平面，磁场只有 H_z 分量，电场有 $-E_x$ 分量和 E_y 分量，即 $\boldsymbol{H}^{\mathrm{i}}=H_z^{\mathrm{i}}\boldsymbol{z}$，$\boldsymbol{E}^{\mathrm{i}}=E_x^{\mathrm{i}}\boldsymbol{x}+E_y^{\mathrm{i}}\boldsymbol{y}$）以 θ_{i} 入射时的散射场。同样因为电磁波不能穿透金属，所以在金属表面也发生了全反射。当发生第一次反射后，入射电场在金属表面的切向分量 E_x^{i} 与反射电场在金属表面的切向分量 E_x^{r} 之和为零，即 $\boldsymbol{E}^{\mathrm{r}}=E_x^{\mathrm{r}}\boldsymbol{x}+E_y^{\mathrm{r}}\boldsymbol{y}=-E_x^{\mathrm{i}}\boldsymbol{x}+E_y^{\mathrm{r}}\boldsymbol{y}$；当发生第二次反射后，入射电场在金属表面的切向分量 E_y^{r} 与反射电场在金属表面的切向分量 $E_y^{\mathrm{r}'}$ 之和为零，即 $\boldsymbol{E}^{\mathrm{r}'}=E_x^{\mathrm{r}'}\boldsymbol{x}+E_y^{\mathrm{r}'}\boldsymbol{y}=E_x^{\mathrm{r}}\boldsymbol{x}-E_y^{\mathrm{r}}\boldsymbol{y}=-E_x^{\mathrm{i}}\boldsymbol{x}-E_y^{\mathrm{i}}\boldsymbol{y}=-\boldsymbol{E}^{\mathrm{i}}$。由此可以得到

$$E_{\mathrm{h}}^{\mathrm{S}}=S_{\mathrm{hh}}E_{\mathrm{h}}^{\mathrm{i}}+S_{\mathrm{hv}}E_{\mathrm{v}}^{\mathrm{i}}=-E_{\mathrm{h}}^{\mathrm{i}} \tag{2.4.10}$$

即 $S_{\mathrm{hh}}=-1$，$S_{\mathrm{vh}}=0$，于是得到二面角轴线与 z 轴平行时的散射矩阵：

$$\boldsymbol{S}_{\mathrm{hv}}^{\text{二面角}}=\begin{bmatrix}S_{\mathrm{hh}} & S_{\mathrm{hv}}\\ S_{\mathrm{vh}} & S_{\mathrm{vv}}\end{bmatrix}=\begin{bmatrix}-1 & 0\\ 0 & 1\end{bmatrix} \tag{2.4.11}$$

上述推导过程与具体的本地入射角 θ_{i} 并没有关联，因此散射矩阵不会因为本地入射角的变化而变化。

如果二面角的轴线相对于 z 轴旋转一个角度 $\varPsi$ 后，如图 2.4.7 所示，散射矩阵会发生怎样的变化？可以利用坐标旋转的思路进行推导，即先将 H 极化入射场和 V 极化入射场经过坐标旋转分解到新的坐标系（图 2.4.7 中的实线坐标系旋转到虚线坐标系），在新的坐标系下得

到散射场，再将其进行坐标逆旋转回到原来的坐标系，这样可以很方便地求出二面角的轴线相对于 z 轴旋转任意角度后的二面角的散射矩阵。

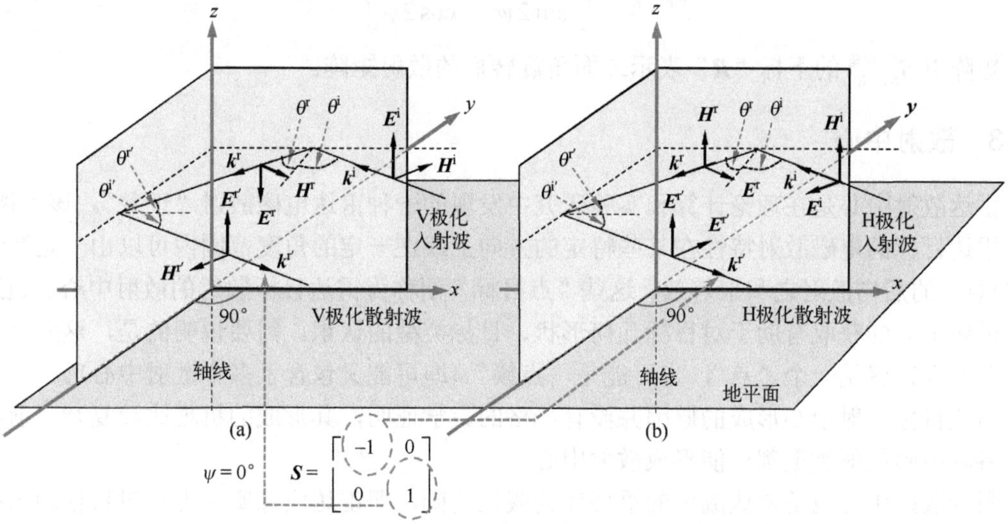

图 2.4.6　水平和垂直极化入射时二面角的散射波极化

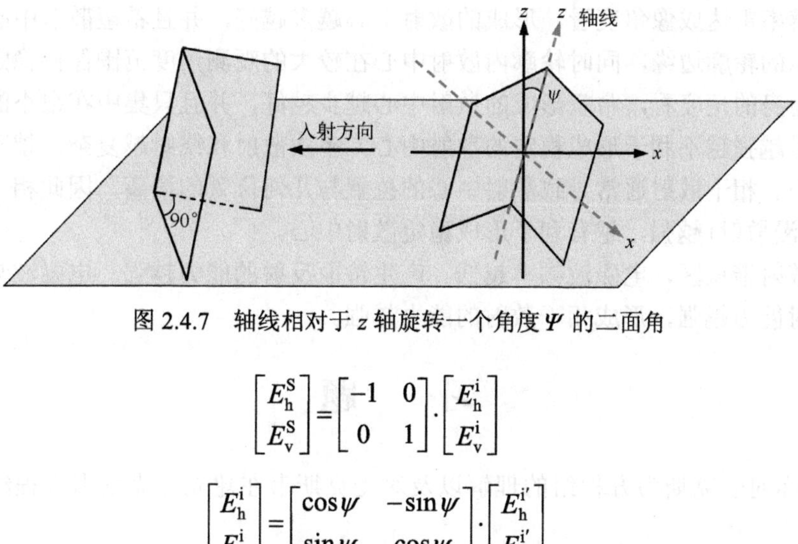

图 2.4.7　轴线相对于 z 轴旋转一个角度 Ψ 的二面角

$$\begin{bmatrix} E_h^S \\ E_v^S \end{bmatrix} = \begin{bmatrix} -1 & 0 \\ 0 & 1 \end{bmatrix} \cdot \begin{bmatrix} E_h^i \\ E_v^i \end{bmatrix} \tag{2.4.12}$$

$$\begin{bmatrix} E_h^i \\ E_v^i \end{bmatrix} = \begin{bmatrix} \cos\psi & -\sin\psi \\ \sin\psi & \cos\psi \end{bmatrix} \cdot \begin{bmatrix} E_h^{i'} \\ E_v^{i'} \end{bmatrix} \tag{2.4.13}$$

$$\begin{bmatrix} E_h^S \\ E_v^S \end{bmatrix} = \begin{bmatrix} \cos\psi & -\sin\psi \\ \sin\psi & \cos\psi \end{bmatrix} \cdot \begin{bmatrix} E_h^{S'} \\ E_v^{S'} \end{bmatrix} \tag{2.4.14}$$

$$\begin{bmatrix} E_h^{S'} \\ E_v^{S'} \end{bmatrix} = \begin{bmatrix} \cos\psi & -\sin\psi \\ \sin\psi & \cos\psi \end{bmatrix}^{-1} \cdot \begin{bmatrix} -1 & 0 \\ 0 & 1 \end{bmatrix} \cdot \begin{bmatrix} \cos\psi & -\sin\psi \\ \sin\psi & \cos\psi \end{bmatrix} \cdot \begin{bmatrix} E_h^{i'} \\ E_v^{i'} \end{bmatrix} \tag{2.4.15}$$

$$\begin{bmatrix} E_h^{S'} \\ E_v^{S'} \end{bmatrix} = \begin{bmatrix} \cos\psi & \sin\psi \\ -\sin\psi & \cos\psi \end{bmatrix} \cdot \begin{bmatrix} -1 & 0 \\ 0 & 1 \end{bmatrix} \cdot \begin{bmatrix} \cos\psi & -\sin\psi \\ \sin\psi & \cos\psi \end{bmatrix} \cdot \begin{bmatrix} E_h^{i'} \\ E_v^{i'} \end{bmatrix} \tag{2.4.16}$$

故

$$S_{\mathrm{hv\_}R}^{\text{二面角}}=\begin{bmatrix}-\cos 2\psi & \sin 2\psi \\ \sin 2\psi & \cos 2\psi\end{bmatrix} \tag{2.4.17}$$

散射矩阵中 $S_{\mathrm{hv\_}R}^{\text{二面角}}$ 的下标“$\boldsymbol{R}$”表示二面角旋转后的散射矩阵。

2.4.3 散射中心

雷达散射中心是在理论计算和实验研究中发现的一种雷达电磁散射“现象”。该“现象”表明雷达目标的电磁散射特性在某些特定的方向上或在一定的角度范围内可以由一定数量的“点目标”的后向散射之和来等效，这些“点目标”便称为雷达目标散射的散射中心。通过对这些散射中心的获取有助于对目标几何形状、目标类型的认识。需要说明的是，这些“点目标”并不真正就是一个“点”，也可能是“点簇”(即可能又包含了多个散射中心)。

雷达目标散射中心形成的原因并没有严格的数学证明，其形成的机理比较复杂，前面介绍的各种电磁散射类型都可能形成散射中心。

目标散射中心也是雷达成像的重要理论假设基础，即雷达成像实际上是对目标的这些局部位置的散射中心的成像。雷达目标的散射中心通常是雷达目标识别的重要依据。雷达目标的散射中心通常与雷达的分辨率和极化联系在一起。

从高分辨率雷达成像角度看，形成的散射中心越多越好，并且希望散射中心的位置更多地分布在目标的轮廓边缘，同时轮廓内散射中心在较大的观测角度范围保持稳定。

从雷达隐身的角度看，希望形成的散射中心越少越好，并且只集中在很小的范围内。

镜面反射越强越不利于形成稳定的散射中心。多次散射和绕射越复杂，越不利于形成稳定的散射中心。相干散射通常导致散射中心的位置与几何位置的偏离，因此相干散射越弱、非相干散射(漫散射)越强，越有利于形成稳定散射中心。

在电磁散射谐振区，电磁波频率越低，产生镜面反射的能力越强。电磁波频率越低，多次散射和绕射能力越强，形成相干散射的能力越强。

习　题

1．谈谈你对麦克斯韦方程组的理解以及对麦克斯韦在建立麦克斯韦方程组中的贡献的理解。

2．画出一倾斜于电壁和磁壁的电流源的镜像电流源，如果是磁流源呢？

3．如何理解电磁场的唯一性原理是雷达探测的重要理论基础之一?

4．(1) TE 波和 TM 波哪个更有利于探测出冰层的厚度？请解释原因。

(2) 能否推导出计算测量冰层厚度 d_{ice} 的公式？提示：利用 TE 波和 TM 波在平面分层介质分界面反射和透射的不同特性。

5．请解释在卫星导航系统(工作频率为 L 波段)的发射天线采用圆极化而不是线极化的原因。

6．请描述下面两个不同脉冲宽度的连续波信号经过一有耗介质之后波形会有怎样的变化。

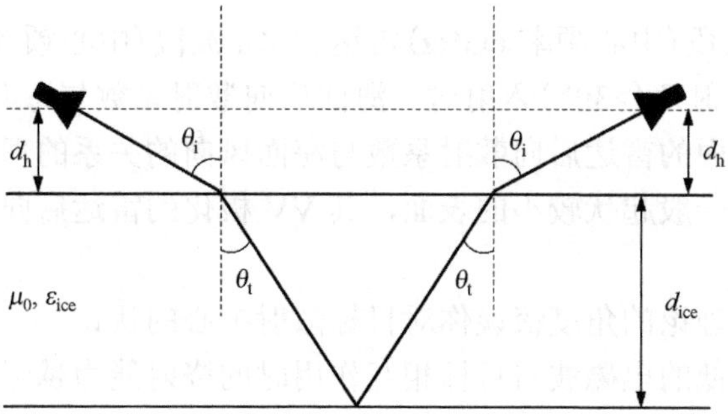

题 4 示意图

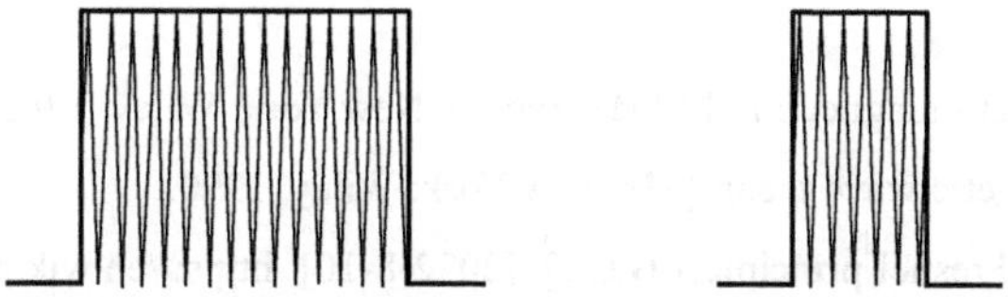

题 6 示意图

7．如题 7 示意图所示，现有发射机与接收机距地面高度分别为 100m 和 10m。假设发射机所发电磁波同时包含 TE 波与 TM 波，当发射机与接收机相距多远时反射波没有 TM 波？假设地面无耗，相对介电常数为 16。

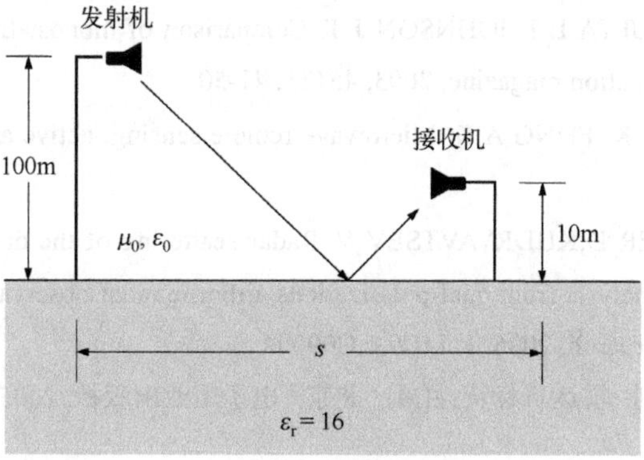

题 7 示意图

8．从电磁散射的角度分析，为什么 RCS 要在 $R\to\infty$ 的情况下测量结果才是准确的？

9．假定某个雷达截面为 σ_t(待测)的目标，其 RCS 实际测量结果为 σ_{tm}，另外某个已知雷达截面为 σ_c 的目标，其 RCS 的实际测量结果为 σ_{cm}，请根据雷达方程推导 $\sigma_t = \sigma_c(\sigma_{tm}/\sigma_{cm})$。

10．解释可用亚马孙热带雨林作为星载雷达的辐射定标场(进行雷达后向散射系数定标)的原因。对于 L 波段，雷达的效果好还是对 Ku 波段雷达的效果好？为什么？

11．推导证明 $\left(\dfrac{E_x}{E_1}\right)^2 - 2\left(\dfrac{E_x}{E_1}\right)\left(\dfrac{E_y}{E_2}\right)\cos(\theta_1-\theta_2) + \left(\dfrac{E_y}{E_2}\right)^2 = \sin^2(\theta_1-\theta_2)$ 为椭圆方程。

12．试将左旋椭圆极化波 $\boldsymbol{E}(z,t) = [E_{0x}\boldsymbol{x} + \mathrm{j}E_{0y}\boldsymbol{y}]\mathrm{e}^{\mathrm{j}(\omega t - kz + \varphi_0)}$ $(E_{0x} \neq E_{0y})$ 分解为左旋圆极化波和右旋圆极化波。

13．请解释在垂直入射时，海面的雷达后向散射系数随海面风速的增大而降低的原因。

14．对比描述 C 波段(中心频率 6GHz)雷达和 Ku 波段(中心频率 15GHz)雷达以较小的入射角(<10°)和较大入射角(>30°)入射时，海面后向散射系数与海面风速的关系。

15．请谈谈你对海面的雷达后向散射系数与海面风向的关系的理解。

16．如何理解对于一般起伏较小的表面，其 VV 极化的雷达后向散射系数通常比 HH 极化的大。

17．请从电磁散射理论的角度谈谈你对目标散射中心的认识。

18．为什么频率越低的电磁波与目标相互作用时的绕射能力越强？

参 考 文 献

[1] WANGSNESS R K. Electromagnetic fields[M]. 2nd ed. New York: Wiley, 1986.

[2] KONG J A. Electromagnetic wave theory[M]. New York: Wiley, 1990.

[3] WIKIPEDIA. Huygens-Fresnel principle[EB/OL]. [2022-8-10]. https://en.wikipedia.org/wiki/Huygens%E2%80%93Fresnel_principle.

[4] RATCHIFFE J A. The magneto-ionic theory and its applications to the ionosphere[M]. Cambridge: Cambridge University Press, 1959.

[5] KELL R E. On the derivation of bistatic RCS from monostatic measurements[J]. Proceedings of the IEEE, 1965, 53(8): 983-988.

[6] BURKHOLDER R J, GUPTA L J, JOHNSON J T. Comparison of monostatic and bistatic radar images[J]. IEEE antennas and propagation magazine, 2003, 45(3): 41-50.

[7] ULABY F T, MOORE R K, FUNG A K. Microwave remote sensing: active and passive[M]. Massachusetts: Addison-Wesley, 1981.

[8] MOUCHE A A, HAUSER D,KUDRYAVTSEV V. Radar scattering of the ocean surface and sea-roughness properties: a combined analysis from dual-polarizations airborne radar observations and models in C band[J]. Journal of geophysical research, 2006, 111(C9): C09004.

[9] 黄培康, 殷红成, 许小剑. 雷达目标特性[M]. 北京: 电子工业出版社, 2005.

第 3 章　雷达系统技术

典型的雷达系统通常由天线、收发前端、发射机、接收机、频率综合器、中央电子系统、信号处理器以及电源等子系统组成，如图 3.0.1 所示。天线的作用是将雷达信号发射出去同时接收来自目标的雷达回波；收发前端是连接天线与发射机和接收机之间的开关/定标网络（收发开关就是最简单的前端），其作用是将发射通道和接收通道进行隔离，避免发射信号损坏接收机和发射信号泄漏对接收机信号的干扰，同时根据需要产生对雷达接收机进行定标的信号；发射机的作用是产生雷达信号并将其放大至所需要的功率电平；接收机的作用是对所接收的雷达回波进行放大处理以及将其下变频至基带；频率综合器的作用是产生各种频率，如发射信号产生所需要的本振频率、接收机所需要的本振频率、中央电子系统所需要的各种时钟频率等；中央电子系统的作用是对整个雷达系统的工作进行控制，同时对接收机的输出信号进行采样、存储与传输，以及预处理；信号处理器根据不同体制的雷达可以与中央电子系统集成为一体，也可以作为独立设备进行信号的后处理；电源为整个雷达系统提供所需要的各种不同规格的电源。随着现代半导体、微电子技术的发展，利用半导体工艺可以直接将功率放大器、混频器、环行器、低噪声放大器、滤波器等组件集成在一块半导体基片上，从而实现接收和发射一体化，极大地减小了体积，降低了功耗，满足相控阵雷达的应用要求。

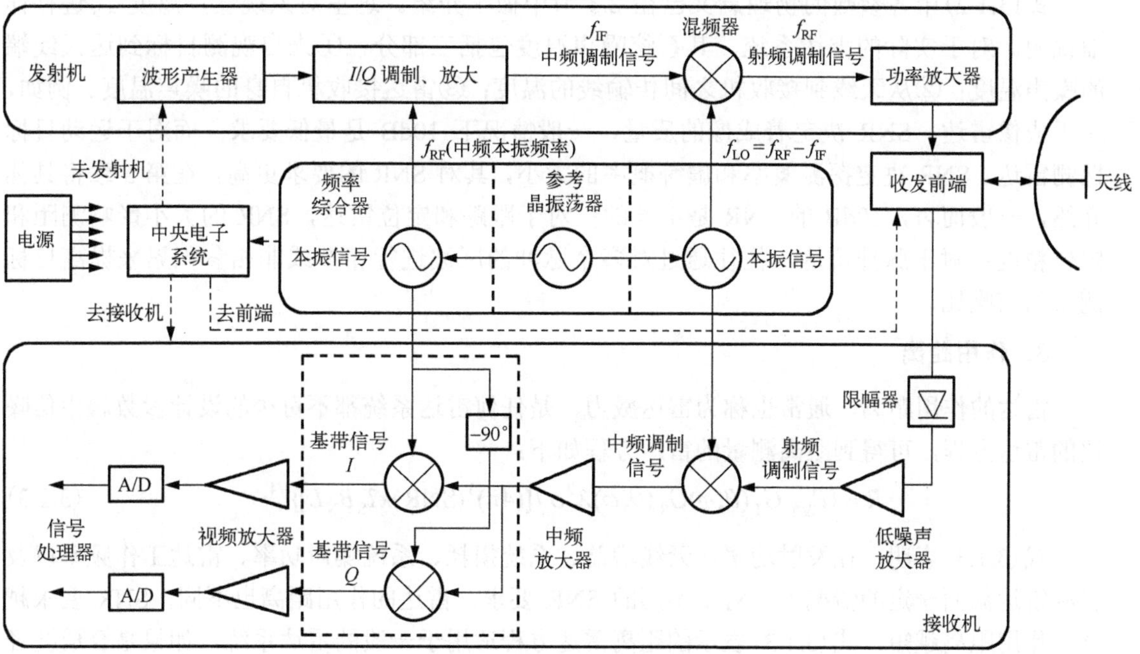

图 3.0.1　典型雷达系统框图

不同功能、体制的雷达系统，天线形式、发射机以及接收机的差别很大。随着现代雷达技术的发展，相控阵雷达的功能越来越多样化，例如，可以同时具备搜索、跟踪、定位、成像等功能。

本章将主要介绍发射机、接收机和频率综合器，重点介绍天线，包括天线基本原理、天线的基本分析方法、天线的分类、相控阵天线等。

3.1 雷达系统的主要系统参数

雷达系统的性能主要取决于各个子系统硬件的性能以及信号处理方法和算法的性能，本节主要讨论各子系统的硬件性能及其对雷达系统整体性能的影响，包括信噪比、作用距离、动态范围、载频泄漏、系统损耗、灵敏度、镜频抑制等。其中，灵敏度、镜频抑制主要与接收机相关，将在第 3.4 节中进行介绍。

1. 系统噪声温度

雷达系统的系统噪声温度主要由天线的噪声温度 T_a、天线与接收机之间传输线的噪声温度 T_r 和接收机的噪声温度 T_e 三部分的贡献组成。假设天线与接收机之间的传输线的损耗为 L_s，则系统噪声温度可表示为[1,2]

$$T_S = T_a + T_r + L_s T_e \tag{3.1.1}$$

2. 信噪比

为方便介绍，将第 2 章已经给出的雷达方程再次给出，如下：

$$\text{SNR} = P_{发射} G_T(\theta,\varphi) G_R(\theta,\varphi) \lambda^2 \sigma \big/ [(4\pi)^3 R^4 k T_S B_N L] \tag{3.1.2}$$

式(3.1.2)中各参数的物理意义已在 2.3 节中做了介绍。这里对系统噪声温度 T_S 进行详细说明。对于实际的雷达系统，其系统噪声温度包括三部分：①来自观测目标到达天线端的噪声温度；②从天线到接收机之间传输线的温度；③雷达接收机自身的噪声温度。例如，对于成像雷达，SNR 决定着成像的质量，一般情况下 10dB 是最低要求；而对于运动目标探测雷达，SNR 决定探测概率和虚警概率的大小，其对 SNR 的要求更高，在第 5 章将具体介绍，一般而言，10dB 的 SNR 是不够的；对于跟踪和定位雷达，SNR 的大小影响测距和定位精度；对于脉冲雷达，往往通过对多个脉冲的回波进行相参或非相参积累来提高目标测量的信噪比。

3. 作用距离

雷达的作用距离，通常也称为雷达威力，是任何雷达系统都不可少的设计参数。由信噪比的雷达方程，可得到距离测量的雷达方程如下：

$$R = \{P_{发射} G_T(\theta,\varphi) G_R(\theta,\varphi) \lambda^2 \sigma \big/ [(4\pi)^3 (\text{SNR}) k T_S B_N L]\}^{1/4} \tag{3.1.3}$$

式(3.1.3)表明，在发射功率、天线增益、系统损耗、系统噪声功率、雷达工作频率以及目标雷达截面一定的情况下，对于不同的 SNR 要求，雷达的作用距离也不同，SNR 要求越高，作用距离越短。式(3.1.3)表示的距离雷达方程适用于一般的雷达系统，如果是合成孔径雷达，那么距离方程有所不同，将在第 7 章进行介绍。

4. 动态范围

对于一般的雷达系统，动态范围通常指两个方面，即作用距离范围和雷达接收机的动态范围，如果是成像雷达，其动态范围一般是指雷达图像的动态范围(将在第 7 章介绍)。这里主要讨论作用距离的动态范围，而接收机的动态范围将在 3.4 节进行介绍。

对于跟踪雷达，需保证在设计的工作距离范围内，能够对目标进行正常跟踪(接收机无饱和)。可见，在除雷达截面σ 外所有参数都确定的情况下，雷达正常工作的距离范围取决于目标σ的变化范围$[\sigma_{\min}, \sigma_{\max}]$。一般而言，在发射功率、天线参数、系统损耗、接收机性能参数确定的情况下，雷达的距离动态范围主要取决于接收机不饱和时的动态范围。在实际应用中，往往通过对发射功率进行管控(主要是减小)来实现更大的距离动态范围。

5. 载频泄漏

在雷达系统中，当雷达发射信号时，部分信号能量泄漏到接收机从而产生载频泄漏。载频泄漏影响着雷达系统的动态范围，泄漏越严重则导致动态范围的降低也越严重，甚至直接导致接收机饱和(阻塞)，工作失效。不仅如此，载频泄漏更严重时，还可能危及接收机的安全，导致接收机烧毁。

载频泄漏对于发射和接收需同时工作的雷达系统(如连续波雷达系统)，影响尤为严重。而对于发射和接收分时工作的雷达系统(如脉冲雷达系统)，只需要关注安全性问题，保证泄漏的脉冲功率不损坏接收机即可。

6. 系统损耗

雷达系统的损耗包括发射通道的损耗和接收通道的损耗，前者主要指发射机功率放大器的输出端至天线输入端之间的损耗，包括传输线的损耗和收发开关(环形器)的损耗；后者主要指天线输出端至接收机前端(一般为接收机低噪声的输入端)之间的传输线和收发开关损耗之和。

系统损耗对雷达系统的威力有直接的影响，在进行雷达系统设计时，必须尽量降低。

3.2 天　　线

天线是雷达系统中的关键子系统，其对雷达系统的性能有重要的影响，对于某些雷达系统，甚至有决定性的影响。

天线将来自发射机的发射信号向特定的区域发射出去，同时接收来自特定区域目标的雷达回波信号。天线具有互易性，即当雷达天线用于发射和用于接收的性能(增益、方向图、阻抗)是一致的。雷达天线主要有以下几类。

线天线：适于频率在 L 波段以下使用。

喇叭天线：结构简单，常用作天线测试时的标准增益天线，以及用于反射面天线的馈源。

微带天线：可赋(共)形、质量轻、易于安装、损耗较大，容易实现轻小型化，易于与 MIC 电路集成。一般带宽较窄，增益较低。

波导裂缝天线：分为行波裂缝天线和驻波裂缝天线，天线厚度较小，地面大型雷达和星载 SAR 经常采用该形式天线。

反射面天线：增益较高，大型地面雷达以及部分星载雷达经常使用，星载通信天线也常采用该种形式。带宽主要取决于馈源。

透镜天线：一般由介质构成，适于毫米波频段，也可完全由金属构成。

阵列天线：将多个相同的天线单元排列成一维、二维甚至三维便构成了阵列天线。构成阵列天线的阵元可以是任意形式的天线。若天线单元之间的相位关系可变，则构成了相控阵天线。

3.2.1 天线的主要参数

天线的主要参数有：带宽、波束宽度、副瓣、辐射方向图、方向系数、辐射阻抗、输入阻抗、驻波、辐射效率、口径效率、增益、极化和极化隔离度以及相位中心等。

(1) 带宽。

带宽是指天线正常工作的频率范围。正常工作是指天线的增益、波束宽度、输入阻抗等参数变化在允许的范围内。

(2) 波束宽度。

天线的波束宽度指主瓣左右两个零点之间的波束宽度，在实际中通常用 3dB 波束宽度来描述，即天线辐射功率为最大辐射的一半时所对应的波束宽度。在雷达应用中，天线波束宽度通常分为距离向波束宽度和方位向波束宽度。通常天线的电尺寸(口径)越大，波束越窄。天线波束宽度θ与口径 D 的关系可表示为

$$\theta = \alpha\lambda/D \tag{3.2.1}$$

式(3.2.1)的单位为 rad，其中，λ 为工作波长；α 为与天线口径形式以及口径加权方式有关的常数。在均匀口径加权情况下，如果是圆口径($D=2a$，a 为半径)，$\alpha=1.22$；若为矩形口径，$\alpha=1$。若是 3dB 波束宽度，则圆口径时$\alpha=0.3$，矩形口径时$\alpha=0.886$[2]。

(3) 副瓣。

天线主波束(主瓣)区域之外，天线方向图由大量的辐射能量较小的波瓣组成。其中，靠近主瓣的称为副瓣；偏离主瓣 180° 左右的波瓣称为背瓣。

(4) 辐射方向图。

辐射方向图是指天线辐射的能量在不同方向(通常用方位向角和俯仰角来表征方向)的分布，又分为场强方向图和功率方向图。场强方向图通常用电场来表示，而功率方向图通常用电场强度模值的平方来表示。可以将天线辐射电场在不同方向的分布表示为

$$|E(\theta,\phi)| = A_0 f(\theta,\phi) \tag{3.2.2}$$

$$f(\theta,\phi) = |E(\theta,\phi)|/A_0 \tag{3.2.3}$$

$$F(\theta,\phi) = |E(\theta,\phi)|/|E_{\max}| \tag{3.2.4}$$

式(3.2.4)表示归一化的场强方向图。归一化功率方向图为

$$p(\theta,\phi) = F^2(\theta,\phi) \tag{3.2.5}$$

在实际中，通常用 E 面方向图和 H 面方向图来描述天线的辐射方向图。E 面方向图是指电场矢量与最大辐射方向所构成的平面内的方向图，H 面方向图是指磁场矢量与最大辐射方向所构成的平面内的方向图。

(5) 方向系数。

方向系数定义为某个方向的辐射强度（每立体角弧度内的功率瓦数）与平均辐射强度之比，即

$$D(\theta,\phi)=4\pi F^2(\theta,\phi)\Big/\int_0^{2\pi}\int_0^{\pi}F^2(\theta,\phi)\sin\theta\mathrm{d}\theta\mathrm{d}\phi \tag{3.2.6}$$

(6) 辐射阻抗。

天线的辐射阻抗一般针对线天线而定义。天线用于发射时，由于天线内部存在损耗（如欧姆损耗），所能够辐射出去的功率小于所获得的输入功率。假设天线的全部辐射功率被一个等效的阻抗所吸收，则将辐射功率与流过该阻抗的电流之比定义为辐射阻抗，其通常为复数，实部称为辐射电阻，虚部称为辐射电抗。

(7) 输入阻抗。

天线的输入阻抗一般针对线天线而定义。当把天线当作一终端负载时，将终端处的电压与流入终端的电流之比定义为天线的输入阻抗，其通常为复数，实部称为输入电阻，虚部称为输入电

(8) 驻波。

驻波是指当把天线当作单端口负载时的电压驻波比或电流驻波比，即

$$\rho=(|\Gamma|+1)/(|\Gamma|-1) \tag{3.2.7}$$

式中，Γ 为电压反射系数或电流反射系数。

(9) 辐射效率。

辐射效率是指天线所辐射的总功率 P_Σ 与天线从馈线得到的净功率 P_A 之比，$\eta_\mathrm{A}=P_\Sigma/P_\mathrm{A}$。辐射效率与天线驻波和天线损耗有关，驻波越大，损耗越大，辐射效率越低。

(10) 口径效率。

口径效率描述的是天线口径的利用率，若天线口径为均匀幅度加权，则孔径效率为 1；若为非均匀加权，则孔径效率小于 1。

(11) 增益。

天线的方向系数表征天线辐射电磁能量的集束程度。天线辐射效率表征天线能量转换效能。将二者结合起来表示天线辐射能量集束程度和能量转换效率的总效率，称为天线增益：

$$G(\theta,\phi)=|D(\theta,\phi)|\cdot\eta_\mathrm{r} \tag{3.2.8}$$

式中，η_r 为天线辐射效率。通常情况下，如果未指明，那么天线的增益指最大辐射方向的增益。

对于口径场天线，天线的增益正比于天线的面积 A，并与波长的平方成反比：

$$G(\theta,\phi)=4\pi A\eta_\mathrm{A}\big/\lambda^2 \tag{3.2.9}$$

式中，$\eta_\mathrm{A}<1$ 为天线口径利用效率，由口径加权方式以及投影角度（口径的法线方向与天线波束指向的夹角）决定。式(3.2.9)有时也写成如下形式：

$$G(\theta,\phi)=4\pi A_\mathrm{e}\big/\lambda^2 \tag{3.2.10}$$

式中，A_e 为有效面积。

在实际中，天线增益可根据天线 3dB 波束宽度按下式进行近似计算：

$$G(\theta,\phi)\approx 32400/(\theta_{3\mathrm{dB}(方位)}\times\theta_{3\mathrm{dB}(距离)}) \tag{3.2.11}$$

(12) 极化和极化隔离度。

天线的极化与电弧波的极化定义是一致的，即同样以电场矢端的运动方式来定义。极化隔离度是指天线以主极化(如水平线极化)发射时，一部分功率泄漏到交叉极化(垂直线极化，即与主极化正交的极化)中并一同发射出去，主极化功率与交叉极化功率之比即为天线的极化隔离度，以 dB 表示，为正值。当然也可按交叉极化功率与主极化功率之比表示，为负 dB 值。天线的极化隔离度对于目标的极化散射测量非常重要，一般要求大于 25dB，要求高的应用要大于 30dB。

(13) 相位中心[3]。

天线的相位中心是指天线辐射电磁波的源点，若天线辐射的是理想的球面波，则球心即为天线的相位中心。在实际中，天线的相位中心难以精确确定，只能确定其处于的一个区域范围，这是由于通常将辐射远场的等相位面与通过天线轴线的某平面相交曲线的曲率中心确定为天线的相位中心，而等相位面或等相位曲线是通过拟合得到的。天线的相位中心对于精确的距离测量系统和高精度干涉测量系统至关重要，其确定精度直接影响了距离测量精度以及通过干涉相位反演相关物理量的精度。例如，在 GNSS(global navigation satellite system，全球导航卫星系统)中对卫星天线和终端天线的相位中心确定精度提出非常高的要求。

由于天线往往具有对称的结构，其相位中心一般都处于其几何中心的附近，有的天线的几何中心就是其相位中心。

3.2.2 电流元的辐射场

通常通过如式(3.2.12)所示的磁矢位辅助函数 $\boldsymbol{A}$ 来推导电流源的辐射场表达式：

$$\boldsymbol{A}(\boldsymbol{r},t)=\mu\mathrm{e}^{-\mathrm{j}\omega t}\Big/\left[4\pi\int_{V'}\mathrm{e}^{\mathrm{j}kR}\boldsymbol{J}_0(\boldsymbol{r}')/R\,\mathrm{d}\tau'\right]\tag{3.2.12}$$

式中，$k=2\pi/\lambda$ 为工作频率对应的自由空间波数；$\boldsymbol{J}_0(\boldsymbol{r}')$ 为电流源的电流分布。下面来对式(3.2.12)进行近似处理。

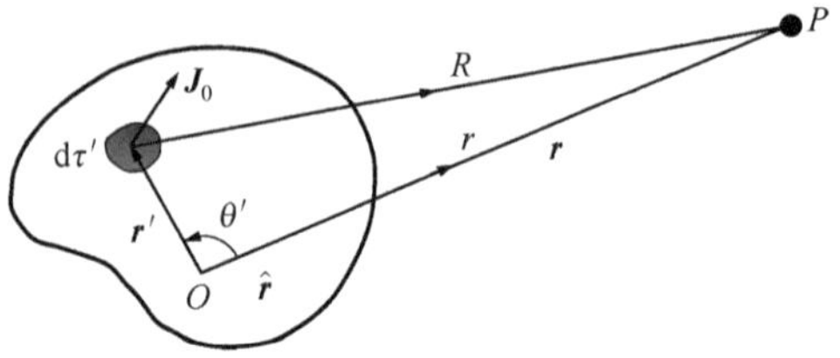

图 3.2.1 辐射源点与场点的几何关系示意图

根据图 3.2.1，有

$$R=|\boldsymbol{r}-\boldsymbol{r}'|=(r^2+r'^2-2rr'\cos\theta')^{1/2}=r(1+\eta)^{1/2}\tag{3.2.13}$$

$$\eta=-2(r'/r)\cos\theta'+(r'/r)^2=-2(\hat{\boldsymbol{r}}\cdot\boldsymbol{r}')/r+(r'/r)^2\tag{3.2.14}$$

对于天线问题，有 $|r'|\ll r$，因此式(3.2.14)中的第二项可以忽略，即

$$\eta\approx-2(\hat{\boldsymbol{r}}\cdot\boldsymbol{r}')/r\tag{3.2.15}$$

显然 η 是一个非常小的量，又根据式(3.2.13)有如下近似：

$$1/R\approx(1/r)(1-\eta/2)\tag{3.2.16}$$

下面对式(3.2.12)中积分号内的进行近似处理，得

$$\mathrm{e}^{-\mathrm{j}kR}=\mathrm{e}^{-\mathrm{j}kr}\cdot\mathrm{e}^{-\mathrm{j}k(R-r)}\approx\mathrm{e}^{-\mathrm{j}kr}\cdot\mathrm{e}^{-\mathrm{j}kr\eta/2}\tag{3.2.17}$$

在 $\mathrm{e}^u=1+u(u\ll1)$ 情况下，式(3.2.17)可以近似为

$$\mathrm{e}^{-\mathrm{j}kR}\approx\mathrm{e}^{-\mathrm{j}kr}(1-\mathrm{j}kr\eta/2)\tag{3.2.18}$$

于是有

$$e^{-jkR}/R \approx (e^{-jkr}/r)(1-\eta/2-jkr\eta/2+jkr\eta^2/4) \tag{3.2.19}$$

式(3.2.19)中的最后一项可忽略，可得

$$e^{-jkR}/R \approx (e^{-jkr}/r)[1-1/2(1+jkr/2)\eta] \tag{3.2.20}$$

根据式(3.2.20)可以将 $\boldsymbol{A}$ 分为两部分：

$$\boldsymbol{A}=\boldsymbol{A}_{\mathrm{I}}+\boldsymbol{A}_{\mathrm{II}} \tag{3.2.21}$$

$$\boldsymbol{A}_{\mathrm{I}}=\mu e^{j(\omega t-kr)}/(4\pi r)\int_{V'}\boldsymbol{J}_0(\boldsymbol{r}')d\tau' \tag{3.2.22}$$

$$\boldsymbol{A}_{\mathrm{II}}=\mu(1+jkr/2)e^{j(\omega t-kr)}/(4\pi r^2)\int_{V'}(\hat{\boldsymbol{r}}\cdot\boldsymbol{r}')\boldsymbol{J}_0(\boldsymbol{r}')d\tau' \tag{3.2.23}$$

式(3.2.22)所表示的磁矢位部分对应的辐射称为电偶极子辐射。对于一般任意分布的电流源，式(3.2.23)所表示的磁矢位部分可进一步分解为两项，分别对应于磁偶极子和电偶极子的辐射。但对于线天线来说，可以证明 $\boldsymbol{A}_{\mathrm{II}}$近似为零，可忽略。

下面来推导电偶极子的辐射场。电偶极子(也称为电基本振子)是一段短导线，其上有高频电流流过并且导线的两端带有电荷量相同的正电荷和负电荷。如图 3.2.2 所示，假设有一长度为 l 的电流源，其电流幅度为 I。由于 l 可认为无限短，因此 $\boldsymbol{J}_0(r)\,dv \approx I(z)\,dz\delta(z)z = Il\delta(z)$，这里 $\delta(z)|_{z=0}=1$。于是式(3.2.22)成为

$$\boldsymbol{A}(r,t)=\mu Il e^{j(\omega t-kr)}/[(4\pi r)\hat{z}] \tag{3.2.24}$$

用球坐标来表示的场分量：

$$\begin{cases}A_r(r,t)=A_z(r,t)\cos\theta=\mu Il e^{j(\omega t-kr)}/(4\pi r)\cdot\cos\theta\\ A_\theta(r,t)=A_z(r,t)\sin\theta=\mu Il e^{j(\omega t-kr)}/(4\pi r)\cdot\sin\theta\\ A_\phi(r,t)=0\end{cases} \tag{3.2.25}$$

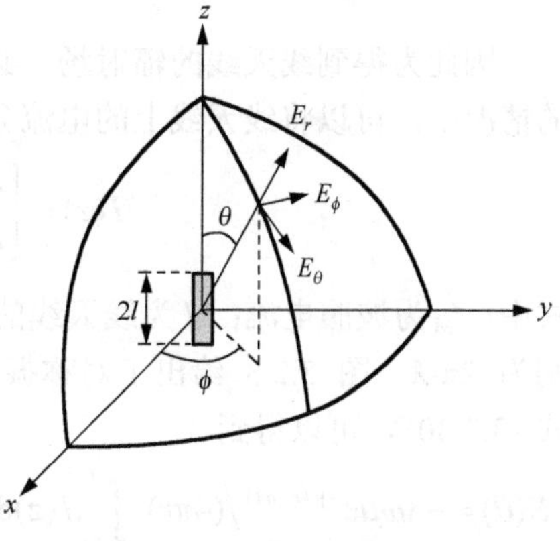

图 3.2.2　电偶极子的辐射

根据 $\boldsymbol{H}=(1/\mu)\nabla\times\boldsymbol{A}$，$\boldsymbol{E}=(1/j\omega\varepsilon)\nabla\times\boldsymbol{H}$(假设了时谐场，$\partial/\partial t=j\omega$，并且在场点 P 处 $\boldsymbol{J}_0(P)=0$)可以得到电偶极子的辐射磁场和辐射电场的表达式：

$$\begin{cases}H_r(r,t)=0\\ H_\theta(r,t)=0\\ H_\phi=jk^2Il e^{j(\omega t-kr)}/(4\pi)\cdot\sin\theta\cdot[1/kr-j/(kr)^2]\end{cases} \tag{3.2.26}$$

$$\begin{cases}E_r=-k^2\sqrt{\mu/\varepsilon}Il e^{j(\omega t-kr)}/(4\pi)\cdot\cos\theta\cdot 2j/(kr)^3\\ E_\theta=-k^2\sqrt{\mu/\varepsilon}Il e^{j(\omega t-kr)}/(4\pi)\cdot\sin\theta\cdot j/(kr)^3\\ E_\phi=0\end{cases} \tag{3.2.27}$$

上述结果说明电偶极子的辐射磁场只有ϕ分量，而辐射电场只有 r 和θ 分量。在辐射近场区($kr \ll 1$)，电偶极子的辐射电磁场分量为

$$\begin{cases} H_\phi = k^2 Il e^{j(\omega t-kr)}/(4\pi)\cdot\sin\theta\cdot 1/(kr)^2 \\ E_r = -k^2\sqrt{\mu/\varepsilon} Il e^{j(\omega t-kr)}/(4\pi)\cdot\cos\theta\cdot 2j/(kr)^3 \\ E_\theta = -k^2\sqrt{\mu/\varepsilon} Il e^{j(\omega t-kr)}/(4\pi)\cdot\sin\theta\cdot j/(kr)^3 \end{cases} \tag{3.2.28}$$

在辐射远场区($kr \gg 1$)，电偶极子的辐射电磁场分量为

$$\begin{cases} H_\phi = [jkIl e^{j(\omega t-kr)}/(4\pi r)]\cdot\sin\theta \\ E_\theta = [jk\sqrt{\mu/\varepsilon} Il e^{j(\omega t-kr)}/(4\pi r)]\cdot\sin\theta \end{cases} \tag{3.2.29}$$

3.2.3 对称振子天线的辐射场

对于任意长度的线天线，可以认为是由无数的电偶极子首尾相连而构成的，可以将式(3.2.29)的磁场、电场作为 dH_ϕ、dE_θ，沿线天线的长度方向进行积分，即可得到线天线的辐射磁场、电场：

$$\begin{cases} H_\phi = \int_{-l}^{+l} kI(z)e^{-j(kr-\omega t)}/(4\pi r)\cdot\sin\theta dz = k/(4\pi)\cdot\sin\theta\int_{-l}^{+l} I(z)e^{-j(\omega t-kr)}/r\,dz \\ E_\theta = -\int_{-l}^{+l} j\omega\mu I(z)e^{-j(kr-\omega t)}/(4\pi r)\cdot\sin\theta dz = -j\omega\mu/(4\pi)\cdot\sin\theta\int_{-l}^{+l} I(z)e^{-j(\omega t-kr)}/r dz \end{cases} \tag{3.2.30}$$

因此为得到线天线的辐射场，必须知道线天线上的电流分布 $I(z)$。在线天线的直径很小的情况下，可以将线天线上的电流分布近似为

$$I(z) = \begin{cases} I_M \sin\alpha_a(l-z), & 0<z<l \\ I_M \sin\alpha_a(l+z), & -l<z<0 \end{cases} \tag{3.2.31}$$

式中，I_M 为波腹电流；$2l$ 为线天线的长度；α_a 为对称振子电流传输的相移常数，若忽略损耗，则为 $2\pi/\lambda$。图 3.2.3 给出了对称振子天线不同长度时的电流分布示意图。将式(3.2.31)代入式(3.2.30)，可以得到

$$E(\theta) = -j\omega\mu e^{-j(kr-\omega t)}/(4\pi r)\cdot\int_{-l}^{l} I(z)dz = -jk60I_M[\cos(kl\cos\theta)-\cos(kl)]/(r\sin\theta)\cdot e^{-j(kr-\omega t)}/r \tag{3.2.32}$$

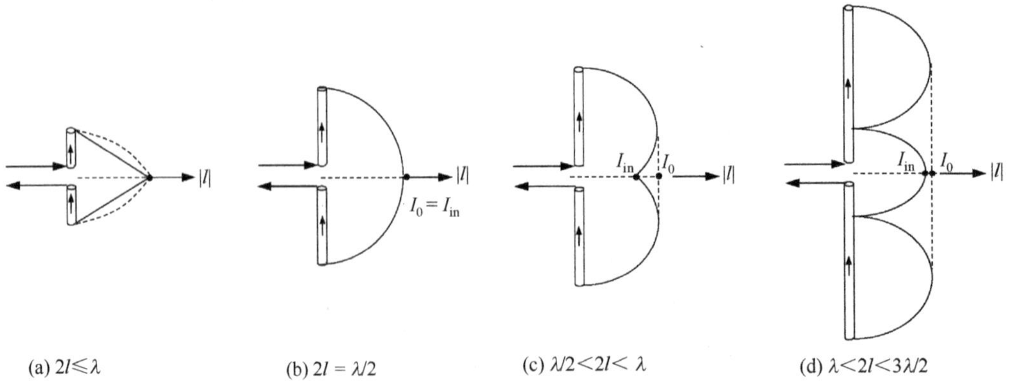

图 3.2.3 对称振子天线电流分布示意图

在推导式(3.2.32)时，根据 $2l \ll r$ 的假设，已将 $e^{-j(kr-\omega t)}/r$ 移至积分号外。$\omega\mu = 2\pi f\mu =$

$2\pi(c/\lambda)\mu=(2\pi/\lambda)\cdot 1/\sqrt{\mu/\varepsilon}\cdot\mu=(2\pi/\lambda)\cdot\sqrt{\mu/\varepsilon}=k\cdot\sqrt{\mu/\varepsilon}$。在自由空间条件下，$\sqrt{\mu/\varepsilon}=120\pi$ 为自由空间的波阻抗。

显然，对称振子的辐射电场具有轴对称性，于是可以得到对称振子的归一化场强方向图计算公式：

$$F(\theta,\phi)=[\cos(kl\cos\theta)-\cos(kl)]/f_{\rm M}\sin\theta=[\cos(2\pi l/\lambda\cos\theta)-\cos(2\pi l/\lambda)]/f_{\rm M}\sin\theta$$

式中，$f_{\rm M}$ 为 $[\cos(2\pi l/\lambda\cos\theta)-\cos(2\pi l/\lambda)]/\sin\theta$ 的最大值。图 3.2.4 给出了 $2l/\lambda=0$（电偶极子），$2l/\lambda=0.5$（半波振子），$2l/\lambda=1.0$（全波振子），$2l/\lambda=1.25$，$2l/\lambda=2.0$ 时的 E 面辐射方向图。图 3.2.5 给出了电偶极子和 $2l/\lambda=1.25$ 对称振子的电场辐射立体方向图，从中可清楚地看到 E 面方向图呈现轴对称性。

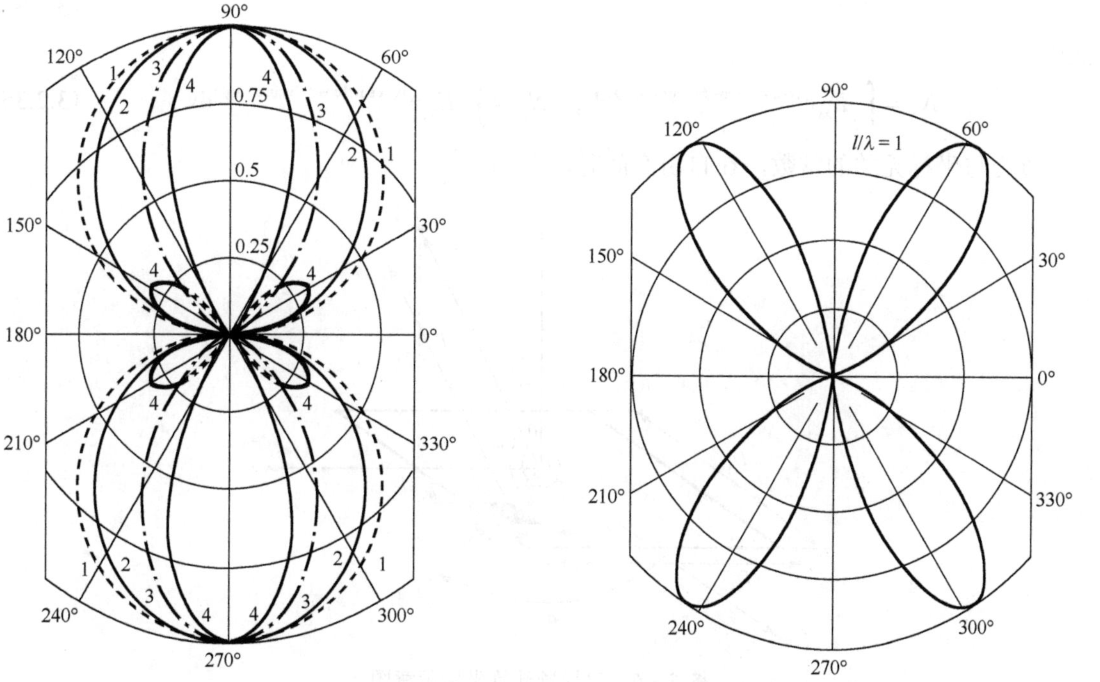

(a) $2l/\lambda=0, 0.5, 1.0, 1.25$　　(b) $2l/\lambda=2.0$

图 3.2.4　不同电长度的对称振子的 E 面辐射方向图

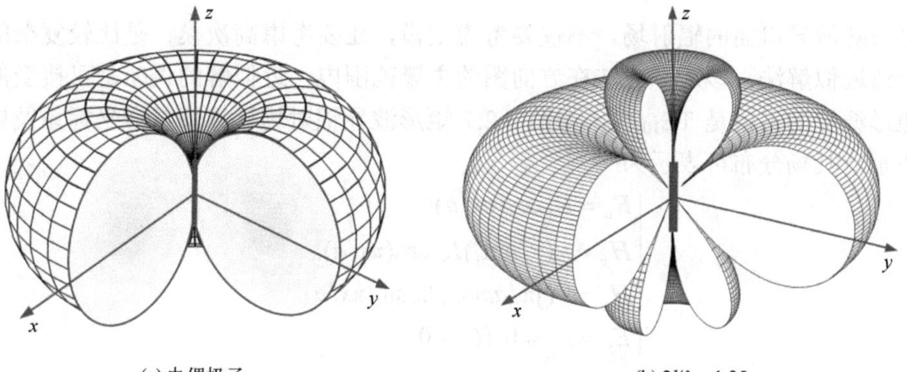

(a) 电偶极子　　(b) $2l/\lambda=1.25$

图 3.2.5　电偶极子和 $2l/\lambda=1.25$ 对称振子的电场辐射立体方向图

3.2.4 口径天线的辐射场

根据电磁场的等效原理，对于口径场天线的辐射场问题，只要找到合适的等效场源，即可直接从等效场源求解，而不必知道实际的场源，从而可以大大简化问题。假设如图 3.2.6 所示的天线口径上的电场有两个分量，即

$$\boldsymbol{E}_{\mathrm{s}}=\hat{\boldsymbol{x}}E_{x\mathrm{s}}+\hat{\boldsymbol{y}}E_{y\mathrm{s}} \tag{3.2.33}$$

对于图 3.2.6 中 P 点处的电场可得到如下计算公式[4]：

$$E_P=\frac{\mathrm{e}^{-\mathrm{j}kr}}{4\lambda r}\cdot\left[\hat{\theta}\left(\frac{1}{\beta}+\cos\theta\right)(N_x\cos\phi+N_y\sin\phi)+\hat{\phi}\left(\frac{1}{\beta}+\cos\theta\right)(-N_x\sin\phi+N_y\cos\phi)\right] \tag{3.2.34}$$

式中

$$N_x=\int_S E_{xs}\mathrm{e}^{\mathrm{j}k(x\sin\theta\cos\phi+y\sin\theta\sin\phi)}\mathrm{d}s,\quad N_y=\int_S E_{ys}\mathrm{e}^{\mathrm{j}k(x\sin\theta\cos\phi+y\sin\theta\sin\phi)}\mathrm{d}s \tag{3.2.35}$$

β 为与坐标无关的常数，在自由空间时，$\beta=1$。

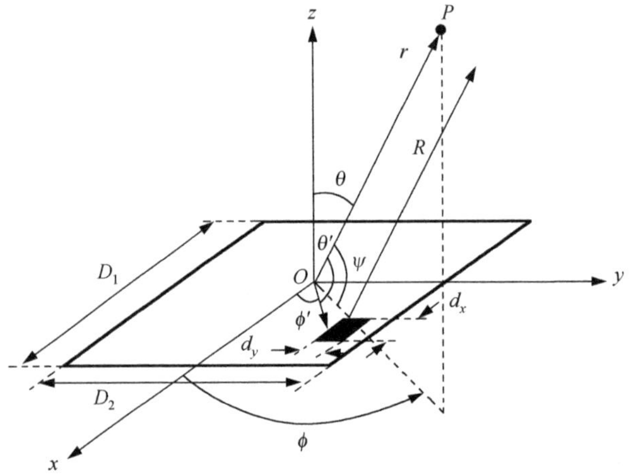

图 3.2.6 口径场计算坐标示意图

3.2.5 矩形波导口面的辐射场

严格求解波导口面的辐射场，不仅要考虑主模，还要考虑高次模，是比较复杂的。在此我们只介绍近似解法，该近似方法在方向图的主瓣范围内，近似解的误差是可接受的。我们知道，矩形波导的主模是 TE_{10} 模，如图 3.2.7 矩形波导辐射场计算的参考坐标系及电场分布示意图所示，其场分布可表示为

$$\begin{cases}E_y=E_0\cos(\pi x/a)\\ H_x=-(\gamma/\omega\mu_0)E_0\cos(\pi x/a)\\ H_z=-(\mathrm{j}\pi/a\omega\mu_0)E_0\sin(\pi x/a)\\ E_x=E_z=0,H_y=0\end{cases} \tag{3.2.36}$$

式中，$\gamma=\sqrt{k^2-(\pi/a)^2}=k\sqrt{1-(\lambda/\lambda_{\mathrm{c}})^2}$ 是 H_{10} 模的相移常数，$\lambda_{\mathrm{c}}=2a$ 是它的截止波长。

式(3.2.36)给出了矩形波导口径场的场分布，由 $H_x = -[\gamma/(\omega\mu_0)]E_y$，可得 $1/\beta = \gamma/k$。根据该式，可得到辐射电场的 θ 分量和 ϕ 分量[4]：

$$\begin{cases} E_\theta = \left[\mathrm{j}\mathrm{e}^{-\mathrm{j}kr}/(2\lambda r)\right][1+\gamma/(k\cos\theta)]N_y\sin\phi \\ E_\phi = \left[\mathrm{j}\mathrm{e}^{-\mathrm{j}kr}/(2\lambda r)\right](\cos\theta+\gamma/k)N_y\cos\phi \end{cases} \tag{3.2.37}$$

式中

$$\begin{aligned} N_y &= E_0\int_{-a/2}^{a/2}\cos(\pi x/a)\mathrm{e}^{\mathrm{j}k\sin\theta\cos\phi x}\mathrm{d}x\int_{-b/2}^{b/2}\mathrm{e}^{\mathrm{j}k\sin\theta\cos\phi y}\mathrm{d}x \\ &= (2E_0A/\pi)\cos[ka/(2\sin\theta\cos\phi)]/\{1-[2a/(\lambda\sin\theta\cos\phi)^2]\} \\ &\quad\cdot\sin[kb/(2\sin\theta\cos\phi)]/(kb/2\cdot\sin\theta\cos\phi) \end{aligned} \tag{3.2.38}$$

式中，$A = ab$ 是矩形波导的横截面积。

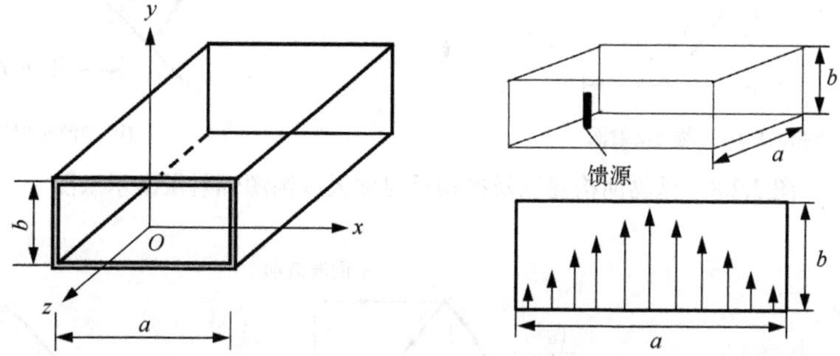

图 3.2.7　矩形波导辐射场计算的参考坐标系及电场分布示意图

H 平面($\phi = 0$)方向图为

$$E_\mathrm{H} = E_\phi = \left[\mathrm{j}\mathrm{e}^{-\mathrm{j}kr}/(2\lambda r)\right]E_0A(\gamma/k+\cos\theta)\cos(ka\sin\theta/2)/[1-(2a\sin\theta/\lambda)^2]\cdot(2/\pi) \tag{3.2.39}$$

E 平面($\phi = \pi/2$)方向图为

$$E_\mathrm{E} = E_\theta = \left[\mathrm{j}\mathrm{e}^{-\mathrm{j}kr}/(2\lambda r)\right]E_0A(1+\gamma\cos\theta/k)\sin(kb\sin\theta/2)/(2b\sin\theta/\lambda)\cdot(2/\pi) \tag{3.2.40}$$

3.2.6　反射面天线

反射面天线是一种高增益天线，由反射面和馈源组成，反射面通常采用旋转抛物面，馈源通常置于抛物面的焦点位置，既可以采用正馈(馈源位于天线的轴线上)，也可以采用偏馈(馈源不在天线的轴线上)。反射面还可采用抛物柱面。反射面天线可分为单反射面天线和双反射面天线。

常用的馈源形式有角锥喇叭、圆锥喇叭、角锥波纹喇叭、组合多模喇叭、角锥双脊喇叭、孔径分区喇叭、阵列馈源。

图 3.2.8(a)给出了构成抛物反射面天线的反射面示意图，图中 F 为焦点位置，D_0 为天线口径，f 为焦距长度。图 3.2.8(b)表明馈源照射到反射面后的反射波将与天线的轴线平行，该图还表明，抛物反射面不可避免地存在馈电空间泄漏损失。

式(3.2.41)给出了构成抛物反射面的抛物线方程，f 为焦距：

$$z = (x^2+y^2)/(4f) \tag{3.2.41}$$

图 3.2.9～图 3.2.11 给出了除单反射面天线之外的几种典型的，也是常用的双反射面天线的形式。从中我们看到，卡塞格伦(Cassegrain)天线与格里高利(Gregorian)天线的差别就在于次级反射面天线，前者采用凸面而后者采用凹面。采用正馈的好处是馈源溢出损失较小，但

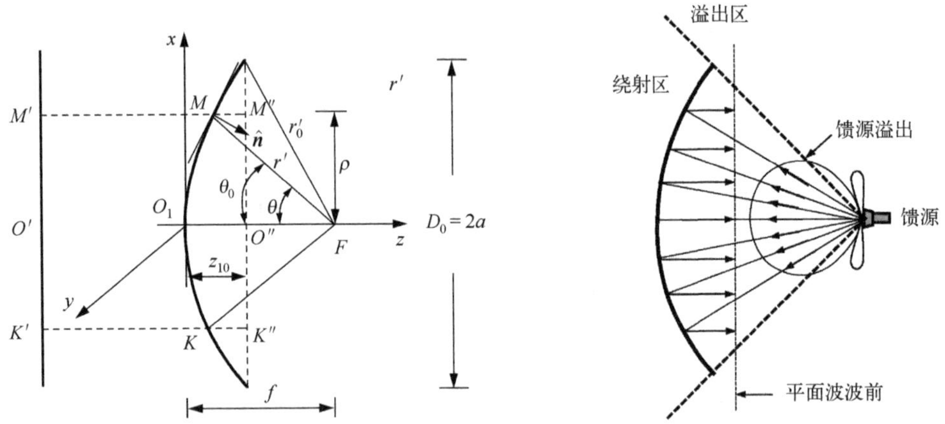

(a) 抛物面构建及抛物反射面　　(b) 馈源辐射溢出

图 3.2.8　抛物面构建以及抛物反射面天线馈源辐射溢出示意图

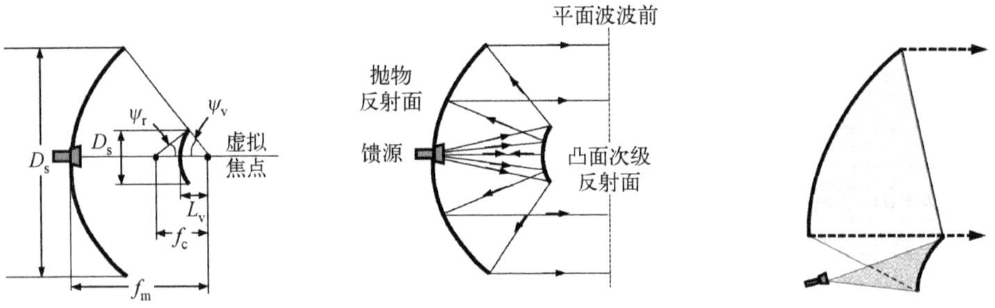

Cassegrain天线　　Cassegrain天线　　偏馈Cassegrain反射面天线

(a) 正馈　　(b) 偏馈

图 3.2.9　Cassegrain 天线(次级反射面为凸面)

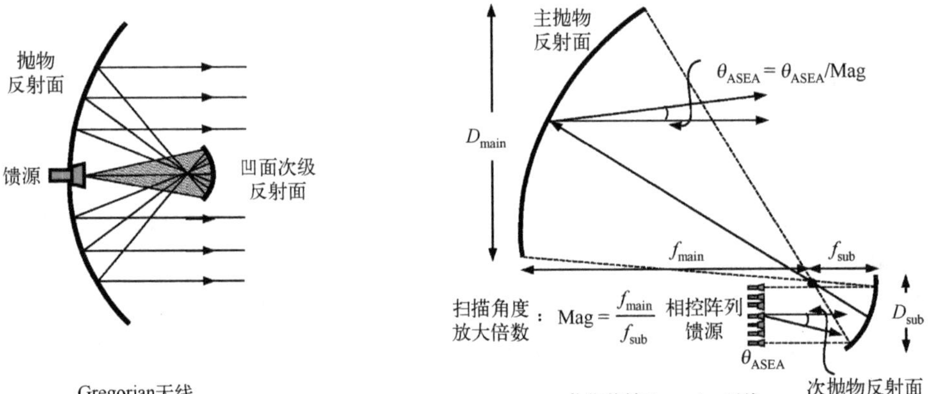

Gregorian天线　　共焦偏馈Gregorian天线

(a) 正馈　　(b) 共焦偏馈

图 3.2.10　Gregorian 天线(次级反射面为凹面)

同时会带来支架(用于固定馈源或次级反射面)遮挡，而采用偏馈的好处是除了便于安装外同时还可避免遮挡，但缺点是馈源溢出损失相对较大。当采用阵列天线作为馈源时，可以通过控制馈源照射波束的方向从而使反射面天线的波束实现一定范围的扫描。抛物柱面反射面天线通常用于产生扇形波束。

从图 3.2.10(b)可以看出，采用共焦偏馈双反射面天线，可以实现最终波束扫描范围相对于阵列馈源波束扫描范围 Mag 倍的放大，Mag 等于主反射面焦距与次反射面焦距之比。

对于反射面天线的分析和设计，通常采用高频近似方法，如几何光学、物理光学、几何绕射理论、物理绕射理论等。

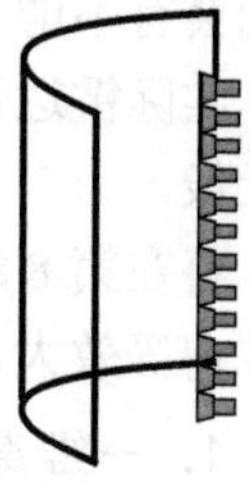

图 3.2.11 抛物柱面反射面天线

3.2.7 透镜天线

反射面天线由于馈源需要安装在反射面口面的法线方向或偏离法线的前方，因此不可避免地产生遮挡，同时不便于与雷达设备的主体形成共面安装，容易产生较大的雷达截面，不便于雷达的隐身设计。

透镜天线可以较好地解决这一问题。其基本原理是通过特殊的设计将照射到其表面的信号经阵面内部传输后从另一个表面辐射出去，如图 3.2.12 所示。这样就可以有效避免馈源对辐射信号的遮挡。

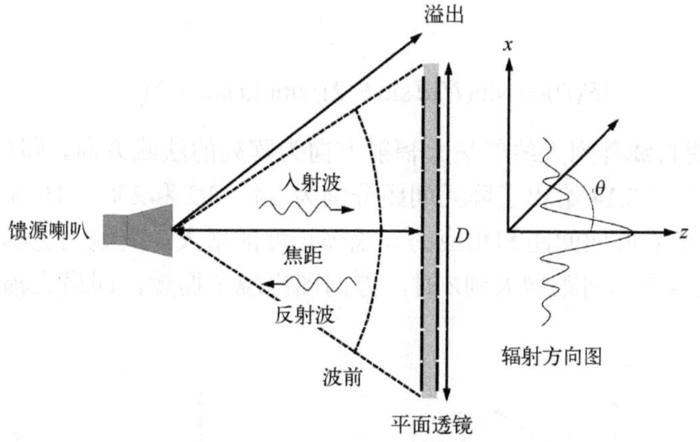

图 3.2.12 平面透镜天线示意

3.2.8 阵列天线

阵列天线是雷达系统中最常用天线形式之一。阵列天线可以布局为一维(直线或者曲线)、二维(平面或者曲面)或者三维(长方体或者曲面体)形式。对于均匀直线、平面和立体的阵列天线，其方向图由阵元(天线单元)的方向图和阵列因子的方向图的乘积决定。因此随着天线阵元数量的增多，若阵元之间的距离保持不变，则天线口径也越大，波束也越窄，增益也越高。

一般的阵列天线，阵元之间相位关系固定，但对于相控阵天线来说，阵元之间的相位关系可以改变，并且通过改变相位从而实现波束扫描。

相控阵又分有源相控阵(每个天线单元均有独立的移相器、发射和接收链路)和无源相控阵(每个天线单元只有独立的移相器)。

需要说明的是，下面将给出的一维、二维和三维阵列天线的辐射方向图计算公式没有考虑天线阵元之间在实际中存在的互耦影响，若互耦严重，则将导致实际方向图与理论方向图之间会有不能忽略的变化。同时，在这些公式中省略了 $e^{-jkr}/(4\pi r)$。

实际雷达系统中经常采用的微带天线、波导裂缝天线一般为阵元之间相位关系固定的阵列天线。

将在第 8 章中介绍的合成孔径雷达，正是利用小口径天线构成等效的大阵列天线，获得方位向等效大口径天线，从而获得方位向高分辨率。

1. 一维直线阵列天线

图 3.2.13(a)为一维直线阵列天线的示意图，天线阵元为理想点源。若阵列天线的阵元数为 N，则称为 N 元直线阵。式(3.2.42)给出了阵因子的计算公式，其表明阵列天线的合成波束指向为与阵列法向(y 轴)夹角为θ 的方向(图 3.2.13(a))，式中的 $k = 2\pi/\lambda$ 为传播常数。若天线阵元为对称振子，则天线阵的方向图为对称振子的方向图乘以天线阵因子。对于直线阵列天线来说，阵因子的方向图呈以直线为轴线的轴对称，即与方位角ϕ无关。若对称振子的轴线与阵列直线方向一致，则整个阵列天线的方向图也将呈现轴对称特性。若对称振子的轴线与阵列直线方向垂直，则阵列天线的方向图不再具有轴对称特性。

$$E(\theta)=\sum_{n=1}^{N}\mathrm{e}^{-\mathrm{j}(i-1)(kd\sin\theta)}=1+\mathrm{e}^{-\mathrm{j}kd\sin\theta}+\cdots+\mathrm{e}^{-\mathrm{j}(N-1)(kd\sin\theta)}=(1-\mathrm{e}^{-\mathrm{j}Nkd\sin\theta})/(1-\mathrm{e}^{-\mathrm{j}kd\sin\theta}) \tag{3.2.42}$$

$$|E(\theta)|=|\sin(Nkd\sin\theta/2)/\sin(kd\sin\theta/2)| \tag{3.2.43}$$

式(3.2.43)表明直线阵列天线的最大辐射方向为阵列的法线方向，即$\theta=0°$，并且最大辐射电场强度为 N。图 3.2.14 给出了阵元间距分别为$\lambda/4$、$\lambda/2$ 和λ 时，10 元直线阵的阵因子方向图，从中可看出随着阵元间距和相应的天线阵长度的增大，天线的主瓣越来越窄，天线增益越来越高，但是当阵元间距增大到λ 时，方向图出现了栅瓣，即最大辐射场与主瓣接近或相同的波瓣。

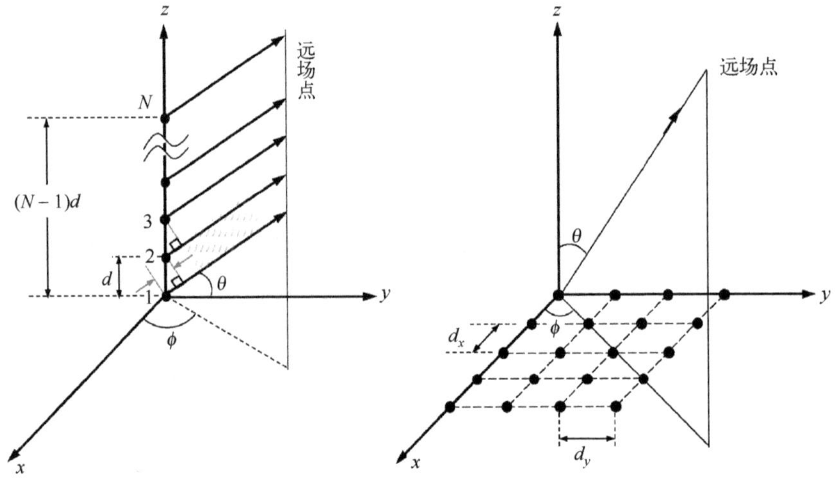

(a) 一维直线阵　　(b) 二维平面阵

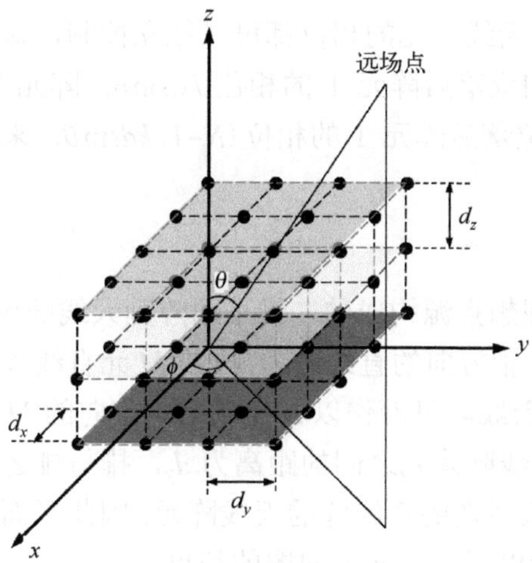

(c) 三维平面阵

图 3.2.13　由理想点源构成的一维直线阵和二维、三维平面阵天线示意图

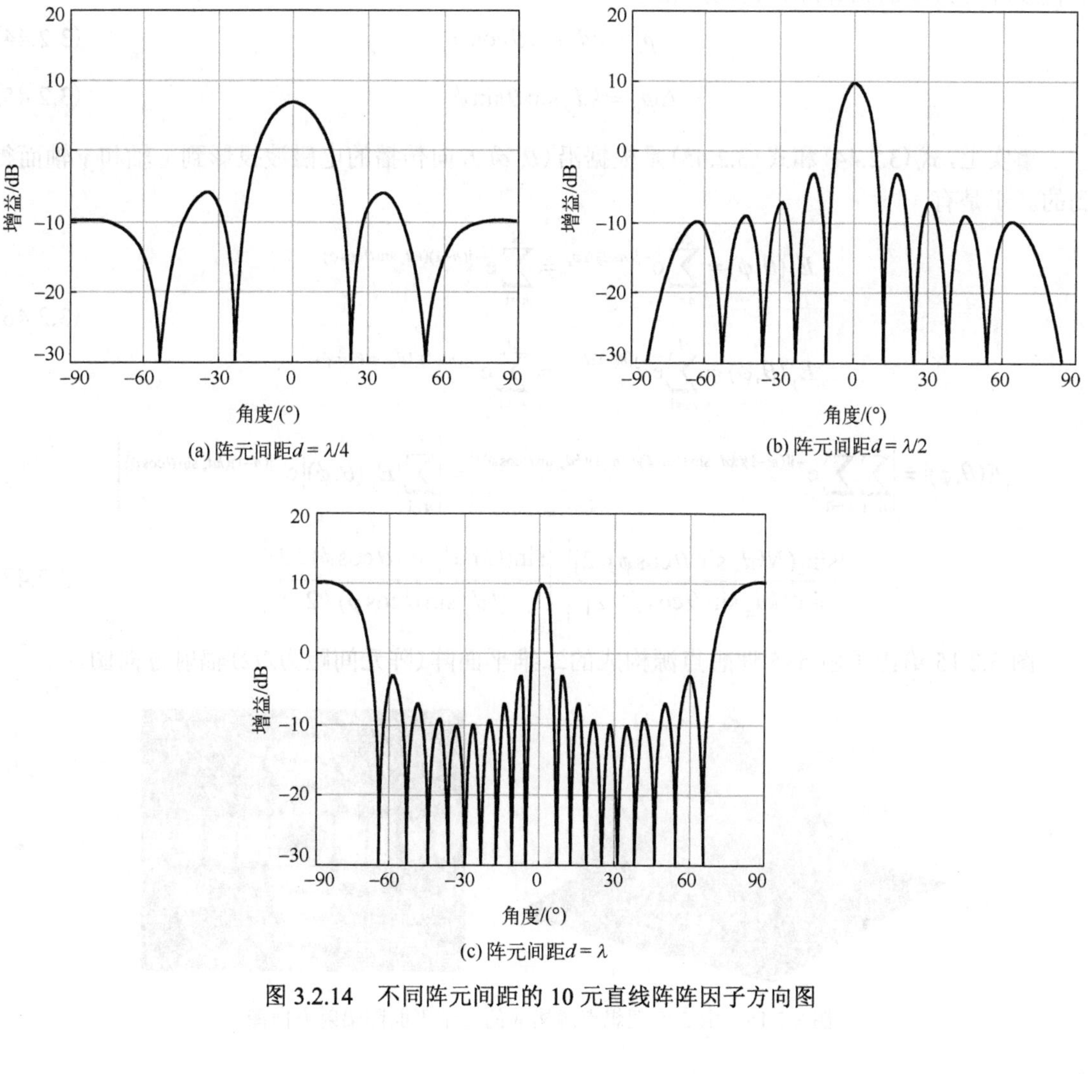

(a) 阵元间距$d = \lambda/4$

(b) 阵元间距$d = \lambda/2$

(c) 阵元间距$d = \lambda$

图 3.2.14　不同阵元间距的 10 元直线阵阵因子方向图

显然，如果我们对每个天线阵元的相位都可以独立控制，这样便可以通过改变天线阵元的相位，例如，阵元 2 的相位落后阵元 1 的相位 $kd\sin\theta$，阵元 3 的相位落后阵元 1 的相位 $2kd\sin\theta$，…，阵元 N 的相位落后阵元 1 的相位 $(N-1)kd\sin\theta$，来达到改变天线波束指向的目的，这就是相控阵天线。

2. 二维平面阵列天线

图 3.2.13(b)给出了由理想点源构成的二维平面阵列天线的示意图。二维平面阵列天线可以看作由 N 排(例如，以沿 y 轴方向的直线阵为排)的 M 元直线阵沿与该直线阵列方向成某个夹角的方向排列起来的。该天线阵可看作以 N 个沿 y 轴方向的 M 元直线阵为新的天线阵元再沿 x 轴方向排列而成的。直线阵阵元之间的距离为 d_y，排与排之间的间距为 d_x。由于我们可以将每个 M 元直线阵看作构成新的直线阵的天线阵元，因此平面阵列天线的方向图将是沿两个方向的阵因子相乘后再乘以天线阵元方向图的结果。

下面给出所示的二维平面阵列天线的方向图计算公式的推导过程。如图 3.2.13(b)所示，假设平面阵天线的波束指向为(θ, ϕ)方向，首先根据该波束指向分别计算出沿 x 轴和 y 轴方向的直线阵列天线的相邻阵元之间的相位关系：

$$\Delta\varphi_x = kd_x \sin\theta\cos\phi \tag{3.2.44}$$

$$\Delta\varphi_y = kd_y \sin\theta\sin\phi \tag{3.2.45}$$

事实上，式(3.2.44)和式(3.2.45)是根据沿(θ, ϕ)方向传播的电磁波投影到 x 轴和 y 轴而得到的。于是有

$$\begin{aligned} E_x(\theta,\phi) &= \sum_{n=1}^{N} \mathrm{e}^{-\mathrm{j}(n-1)\Delta\varphi_x} = \sum_{n=1}^{N} \mathrm{e}^{-\mathrm{j}(n-1)(kd_x \sin\theta\cos\phi)} \\ E_y(\theta,\phi) &= \sum_{m=1}^{M} \mathrm{e}^{-\mathrm{j}(m-1)\Delta\varphi_y} = \sum_{m=1}^{M} \mathrm{e}^{-\mathrm{j}(m-1)(kd_y \sin\theta\sin\phi)} \end{aligned} \tag{3.2.46}$$

$$\begin{aligned} |E(\theta,\phi)| &= \left|\sum_{n=1}^{N}\sum_{m=1}^{M} \mathrm{e}^{-\mathrm{j}[(m-1)(kd_y\sin\theta\sin\phi)+(n-1)(kd_x\sin\theta\cos\phi)]}\right| = \left|\sum_{n=1}^{N} \left|E_y(\theta,\phi)\right| \mathrm{e}^{-\mathrm{j}(n-1)(kd_x\sin\theta\cos\phi)}\right| \\ &= \left|\frac{\sin[(Nkd_x\sin\theta\cos\phi)/2]}{\sin[(kd_x\sin\theta\cos\phi)/2]}\right| \cdot \left|\frac{\sin[(Mkd_y\sin\theta\cos\phi)/2]}{(kd_y\sin\theta\cos\phi)/2}\right| \end{aligned} \tag{3.2.47}$$

图 3.2.15 给出了由 5×5 理想点源构成的二维平面阵(阵元间距为$\lambda/2$)辐射方向图。

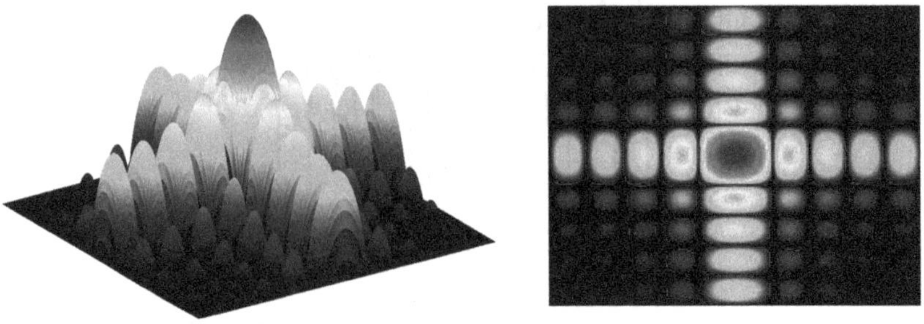

图 3.2.15 由 5×5 理想点源构成的二维平面阵辐射方向图

3. 三维立体阵列天线

图 3.2.13(c)给出了三维立体阵列天线的示意图。与前面的平面阵类似，我们可以将三维立体阵看作以二维平面阵为新的阵元沿 z 轴方向构成直线阵之后得到的。

在推导三维立体阵的阵因子时，除了需要将电磁波的传播方向投影到 x 轴和 y 轴方向上以便得到φ_x和φ_y，还需要将其投影到 z 轴方向上以得到φ_z：

$$\Delta\varphi_z = kd_z\cos\theta \tag{3.2.48}$$

式(3.2.49)～式(3.2.50)给出了阵因子推导的中间结果。其中，式(3.2.50)表示以 x-y 平面的二维阵列天线为天线单元沿 z 轴方向分布的一维阵列天线方向图计算公式；式(3.2.51)给出了三维立体阵列天线方向图公式的最终结果：

$$E_x(\theta,\phi)=\sum_{n=1}^{N}\mathrm{e}^{-\mathrm{j}(n-1)(kd_x\sin\theta\cos\phi)},\quad E_y(\theta,\phi)=\sum_{m=1}^{M}\mathrm{e}^{-\mathrm{j}(m-1)(kd_y\sin\theta\sin\phi)},\quad E_z(\theta,\phi)=\sum_{m=1}^{P}\mathrm{e}^{-\mathrm{j}(p-1)(kd_z\cos\theta)} \tag{3.2.49}$$

$$\left|E_{xy}(\theta,\phi)\right|=\left|E_x(\theta,\phi)\right|\cdot\left|E_y(\theta,\phi)\right|,\quad E(\theta,\phi)=\sum_{p=1}^{P}\left|E_{xy}(\theta,\phi)\right|\mathrm{e}^{-\mathrm{j}(p-1)(kd_y\cos\theta)} \tag{3.2.50}$$

$$\left|E(\theta,\phi)\right|=\left|\frac{\sin[(Nkd_x\sin\theta\cos\phi)/2]}{\sin[(kd_x\sin\theta\cos\phi)/2]}\right|\cdot\left|\frac{\sin[(Mkd_y\sin\theta\cos\phi)/2]}{\sin[(kd_y\sin\theta\cos\phi)/2]}\right|\cdot\left|\frac{\sin[(Pkd_z\sin\theta\cos\phi)/2]}{\sin[(kd_z\sin\theta\cos\phi)/2]}\right| \tag{3.2.51}$$

需要强调的是，无论是一维、二维还是三维天线阵的方向图，在给出阵因子与阵元方向图的乘积的时候，都要保证阵元方向图公式所处于的坐标关系与阵列天线所采用的坐标关系一致。

前面所介绍的阵列天线均为均匀阵列天线，即天线阵元之间位置为均匀分布，并且相邻阵元之间的距离一般≤$\lambda/2$。在实际中经常采用非均匀分布的稀疏阵列天线，相邻阵元之间的距离可以不受“≤$\lambda/2$”的约束，此时一般不存在可确定的阵因子，采用阵因子推导方法不再适用。

式(3.2.42)、式(3.2.47)和式(3.2.51)所表示的天线阵因子，其实可以归结为 sinc 函数或者 sinc 函数的乘积，因此如果是均匀激励的阵列天线(即每个天线单元的辐射功率一致)，则所得到的阵列方向图的副瓣电平由 sinc 函数的第一副瓣决定，可高达−13.3dB。在实际中，若对天线的旁瓣电平有不能大于某个阈值的要求，则需要采取非均匀幅度激励来达到降低副瓣的目的，但是这样会带来天线主瓣宽度的展宽。常用的幅度加权方式有 Taylor 加权、Hamming 加权、Chebyshev 加权等。我们将在后面看到，在对 Chirp 信号压缩处理时，面临着同样的问题，需要进行加窗处理以降低旁瓣。

4. 共形阵

前面介绍的均匀直线、平面或立体阵列天线是实际中应用最为广泛的阵列天线形式，但是也存在几方面的缺点：①天线性能随波束扫描角度的增大而急剧下降，除了波束展宽、增益下降外，旁瓣电平也会升高；②单个平面阵波束扫描的空域覆盖范围有限，要实现全空域覆盖，需要多个平面阵，增加了成本和技术难度；③不能满足特殊环境的应用，例如，要求阵列天线与载体共形以满足空气动力学性能或隐蔽性能的需求。

图 3.2.16 给出了 4×24 均匀柱面阵布局和辐射电场的立体方向图。

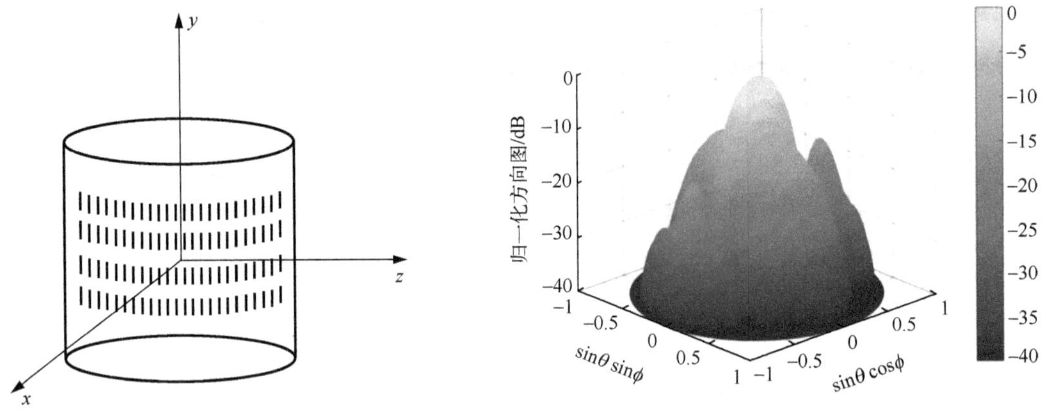

(a) 阵列布局　　(b) 方向图

图 3.2.16　4×24 均匀柱面阵(柱面半径 15λ)布局和辐射电场的立体方向图

共形阵的提出正是为了克服平面阵的上述缺点。但是共形阵的分析和综合远比平面阵或直线阵复杂，同时在实现上会增加馈电网络的设计难度。常用的共形阵主要有圆环阵和曲面阵，常见的曲面阵有圆锥阵、圆柱阵和球面阵等。

5. 同心圆环阵

同心圆环阵由一系列共圆心但半径不同的圆环阵列天线构成，如图 3.2.17(a)所示。同心圆环阵列天线具有天线波束沿方位向完全对称的特性，空域覆盖范围大，在信号侦测、波达方向侦测以及天文观测中有重要应用。近年来，有较多论文研究同心圆环阵天线的稀疏优化问题。图 3.2.17(b)给出了由 151 个天线单元构成的 6 层同心圆环阵天线的辐射方向图，最外层圆环阵的直径为 4.98λ，方向图具有方位圆对称性。

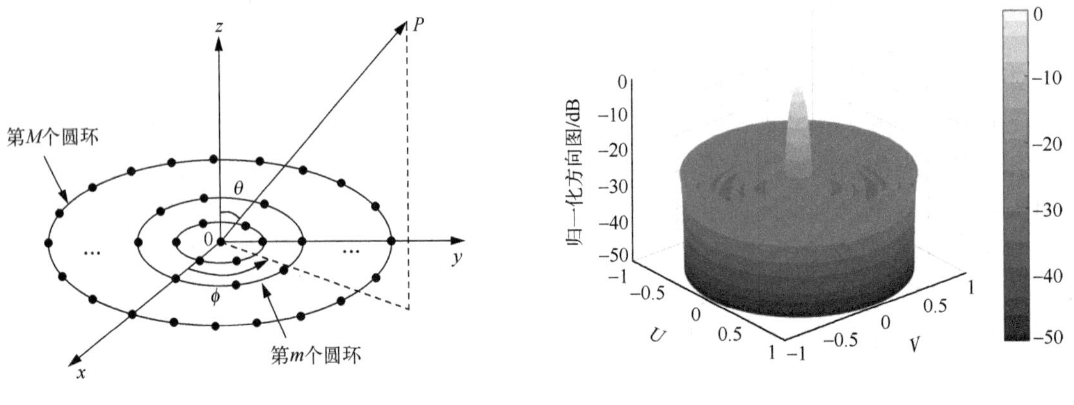

(a) 同心圆环阵示意图　　(b) 6层同心圆环阵共151单元的辐射方向图

图 3.2.17　同心圆环阵列天线示意图及辐射方向图

同心圆环阵的阵因子可以表示如下：

$$F_a(\theta,\phi)=1+\sum_{m=1}^{M}\sum_{n=1}^{N_m}\exp[-\mathrm{j}\beta r_m\sin\theta\cos(\phi-\phi_{mn})] \tag{3.2.52}$$

式中，N_m 为第 m 个半径为 r_m 的圆环上的天线单元数目；$\beta=2\pi/\lambda$，λ 为波长；θ 和 ϕ 分别为辐射的俯仰角度和方位角度；$\phi_{mn}=2\pi n/N_m$ 表示第 m 个圆环上第 n 个天线单元的角度位置，天线单元之间间隔 $d_e=2\pi r_m/N_m$。可以用 Bessel 函数进行级数展开，得

$$F_a(\theta,\phi)=1+\sum_{m=1}^{M}N_m\sum_{q=-\infty}^{\infty}J_{qN_m}[\beta r_m\sin\theta]\mathrm{e}^{-\mathrm{j}qN_m(\pi/2-\phi)} \tag{3.2.53}$$

6. 相控阵天线

相控阵天线是指能够通过控制天线单元的馈电相位来改变阵列天线波束指向的阵列天线。由于相控阵天线的波束指向改变是通过电信号控制的，因此也称为电扫描天线。相比于机械扫描天线，相控阵天线具有波束改变速度快和灵活的突出优势。在第 10 章中将结合相控阵雷达来对相控阵天线进行详细介绍。

对于相控阵天线，其阵列天线单元的馈电相位可在 360° 的范围内以一定的精度进行改变，从而使阵列天线的主瓣波束能够在一定的空域范围内进行扫描而无须机械转动。

一维相控阵天线的阵因子可如下表示：

$$F_a(\theta)=1/N\cdot\sum_{n=1}^{N}\mathrm{e}^{-\mathrm{j}[2\pi nd(\sin\theta-\sin\theta_s)/\lambda]} \tag{3.2.54}$$

式中，θ_s 为波束扫描指向的角度；d 为阵元间距；λ 为工作波长。

图 3.2.18 给出了一维相控阵天线示意图。以 8 个阵元相控阵为例，若要使阵列天线的波束由法向向左偏离 θ_0，则以最右边的天线阵元的相位为基准，从右到左将其余 7 个阵元的相位分别设置为 $+\Delta\phi$，$+2\Delta\phi$，$+3\Delta\phi$，$+4\Delta\phi$，$+5\Delta\phi$，$+6\Delta\phi$，$+7\Delta\phi$，$\Delta\phi=(2\pi d/\lambda)\sin\theta_0$。用“+”表示相位延迟，用“−”表示相位超前。

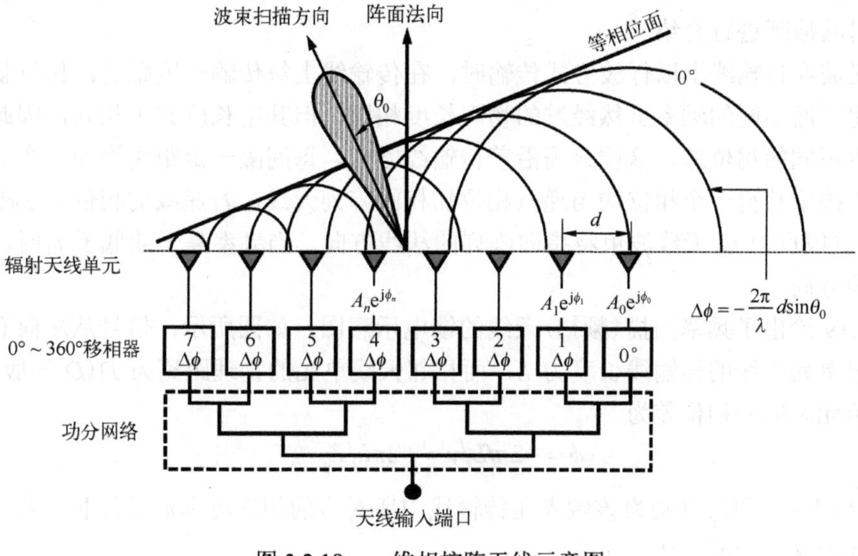

图 3.2.18　一维相控阵天线示意图

相控阵天线的每个阵元所带的移相器一般要求具有 0°～360° 的移相范围。在早期雷达中

一般采用模拟移相器来控制天线波束的改变，而在现代雷达中一般为采用数字控制的方法来改变相位(称为数字移相器)。若是6位数字移相器，则意味着最小可改变的相位(即移相精度)为 $360°/2^6 = 5.625°$。正是由于数字移相器的非连续可变，导致相控阵天线的波束的改变呈现“跳跃”而非连续改变。

从图3.2.18可看出，相控阵天线在控制阵元相位进行波束扫描时，实际上是阵列天线的等相位面发生偏转，偏转后阵列天线的等效物理孔径必然会缩小到原来的 $\cos\theta$ 倍，因此相比于阵列法线方向，随着扫描角度的增大，相控阵天线的波束必然展宽，增益也必然下降，雷达的探测威力也会逐渐降低。

从图3.2.18还可看出，随着天线阵元之间的距离 d 增大，在相同的扫描角度情况下，$\Delta\phi$ 也逐渐增大，这样有可能出现扫描角度 θ_0 超过某个值 θ_M 时，$\Delta\phi$ 超过 360° 的情况。也就是说，当扫描角度大于 θ_M 时，阵列天线的波束会出现栅瓣。为使相控阵天线具备阵列法线方向左右各90°扫描范围内不出现栅瓣的扫描能力，天线阵元之间的距离 d 需小于 $\lambda/2$ (λ 为中心频率对应的波长)，即

$$d < \lambda/(1+|\sin\theta_0|) \tag{3.2.55}$$

式中，θ_0 为扫描角度。

相控阵天线用于通信系统和雷达系统，其相位控制的变化量是不同的，后者需考虑雷达信号的双程传输特性，因此前者是后者的两倍。此外连续波应用和脉冲应用对相控阵天线的要求也是不同的。此问题将在第10章的相控阵雷达中进行讨论。

7. 频率扫描天线

前面介绍的相控阵天线，可以通过改变天线单元的馈电相位来改变阵列天线合成波束的指向，使之能够在一定角度范围内进行扫描。由于每个天线单元都要接一个移相器，无论是早期的模拟移相器，还是如今广泛采用的数字移相器，无疑都将增加天线的成本。本小节介绍的频率扫描天线(简称频扫天线)则无须移相器，仅需通过改变频率便能改变天线波束的指向。下面对其原理进行介绍。

当电磁波在传输线上以行波方式传输时，在传输线上每传输一段距离，相位就会有一个固定的变化，而不同的频率虽然经过的物理长度相同，但其电长度并不相同，因此不同的频率就会产生不同的相位差。这样只需沿着传输线方向，每间隔一定距离增加一个天线辐射单元，便可等同于获得一个相位均匀递减相位加权的阵列天线，若递减的相位为 2π 的整数倍，则在该频率(假设为 f_0)天线波束将指向阵列的法线方向。当频率高于或低于 f_0 时，天线波束将偏离法线方向。

图3.2.19给出了频率扫描(频扫)天线的馈电示意图，如图所示，信号从左向右馈入，连接相邻辐射单元天线的传输线长度为 L，而相邻天线单元的物理距离为 D(D 一般为入瓣)，于是天线单元之间的相位差为

$$\phi = -2\pi fL/v = -2\pi L/\lambda_g \tag{3.2.56}$$

式中，f 为频率；v 和 λ_g 分别为该频率在传输线中所对应的相速度和波导波长。若相对于中心频率的频率变化量为 Δf，则

$$f = v/\lambda_g \to \Delta f = \partial f = \partial(v/\lambda_g)\Delta\lambda_g = -v\Delta\lambda_g/\lambda_{g_0}^2 \tag{3.2.57}$$

Δf 对应的相位变化量为

$$\Delta\phi = -2\pi\Delta f L/v = -2\pi L/v(-v\Delta\lambda_g/\lambda_{g_0}^2) = 2\pi L\Delta\lambda_g/\lambda_{g_0}^2 \tag{3.2.58}$$

假设中心频率为 f_0 时，天线波束指向法线方向，即 $\theta_0 = 0°$（假定开阻带效应已克服），那么当天线波束扫描至 $\pm\theta_0$（如图 3.2.19 所示，将波束偏向法向的右侧定义为“+”）时，相邻天线单元从左至右所需要的相位改变量为

$$\Delta\phi = \mp kD\sin\theta_0 = \mp 2\pi D\sin\theta_0/\lambda_{g_0} \tag{3.2.59}$$

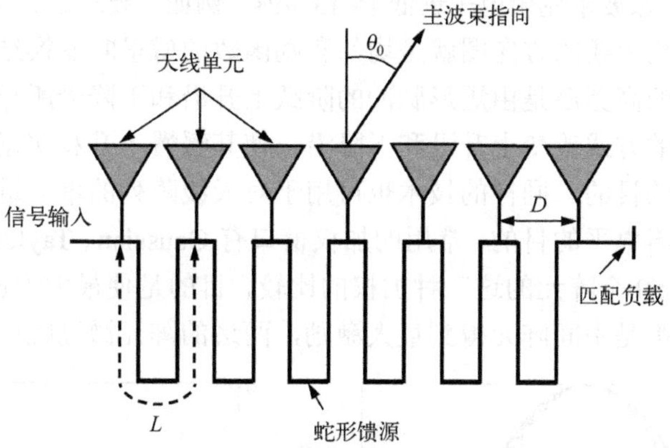

图 3.2.19　频率扫描天线工作示意图

将式(3.2.59)代入式(3.2.58)可得波长改变量为

$$|\Delta\lambda_g| = \lambda_{g_0} D\sin\theta_0/L \tag{3.2.60}$$

扫描角度与频率变化的关系式为

$$\theta_0 = \begin{cases} +\arcsin\left[|\Delta\lambda_g|L/(\lambda_{g_0}D)\right], & \Delta\lambda_g < 0(\text{频率升高}) \\ -\arcsin\left[|\Delta\lambda_g|L/(\lambda_{g_0}D)\right], & \Delta\lambda_g > 0(\text{频率降低}) \end{cases} \tag{3.2.61}$$

式(3.2.61)表明：①当 $f > f_0$ 时，天线波束扫描角度为正，反之为负；②当 L/D 很大，即 L 很大时，仅需很小的波长改变量便可实现较大的偏离法线的扫描角度。

需要说明的是，式(3.2.59)～式(3.2.61)对应的是频扫天线，如果在雷达中应用时，需要考虑雷达信号的双程传输，因此应该分别为

$$\Delta\phi = \mp kD\sin\theta_0/2 = \mp \pi D\sin\theta_0/\lambda_{g_0} \tag{3.2.62}$$

$$|\Delta\lambda_g| = 2\lambda_{g_0} D\sin\theta_0/L \tag{3.2.63}$$

$$\theta_0 = \begin{cases} +\arcsin\left[|\Delta\lambda_g|L/(2\lambda_{g_0}D)\right], & \Delta\lambda_g < 0(\text{频率升高}) \\ -\arcsin\left[|\Delta\lambda_g|L/(2\lambda_{g_0}D)\right], & \Delta\lambda_g > 0(\text{频率降低}) \end{cases} \tag{3.2.64}$$

还需要说明的是，若馈电信号是从右向左传输，则式(3.2.64)变为

$$\theta_0 = \begin{cases} +\arcsin\left[|\Delta\lambda_g|L/(2\lambda_{g_0}D)\right], & \Delta\lambda_g > 0(\text{频率降低}) \\ -\arcsin\left[|\Delta\lambda_g|L/(2\lambda_{g_0}D)\right], & \Delta\lambda_g < 0(\text{频率升高}) \end{cases} \tag{3.2.65}$$

频扫天线是一种代价最低的电扫描天线，其本质是利用了电磁波在行波传输线上传输时产生的相位色散原理。如果雷达采用频扫天线，便可以以较小的代价获得波束在较大角度范

围内扫描的能力，从而具备在较大角度范围内对目标进行探测的能力。

8．阵列天线的加权

前面已经推导了一维、二维和三维均匀阵列天线在相同激励情况下的阵因子方向图的计算公式，分别为一维 sinc 函数、二维 sinc 函数乘积和三维 sinc 函数乘积，如式(3.2.42)、式(3.2.47)和式(3.2.51)所示。前面已经指出，均匀阵列天线在均匀幅度激励的情况下，得到的天线阵方向图的第一副瓣电平将取决于 sinc 函数，可以高达−13.3dB。在很多实际中，如此高的副瓣电平不能满足应用的要求，故要求副瓣电平远低于−13.3dB，例如，要求达到−40dB 以下。

事实上，均匀阵列天线的方向图就是均匀激励函数的傅里叶变换结果，等同于时域矩形脉冲的频谱，其频谱的高旁瓣是由矩形脉冲的阶跃上升沿和下降沿所导致的。可以通过对矩形脉冲进行时域加窗的方式改变上升沿和下降沿，使其缓慢上升和缓慢下降，从而达到降低矩形脉冲频谱的旁瓣的目的。同样的技术也可用于对天线阵列的单元进行幅度加权，以达到降低均匀阵列天线副瓣电平的目的。常用的加权窗口有 Gaussian、Taylor、Chebyshev 加权等，图 3.2.20 给出了针对 50 个阵元的这三种加权的比较，目的是使最大副瓣不超过−30dB。从图中可看出，三种加权都是中间阵元得到最大激励，两边的阵元激励幅度由中间逐步降低。

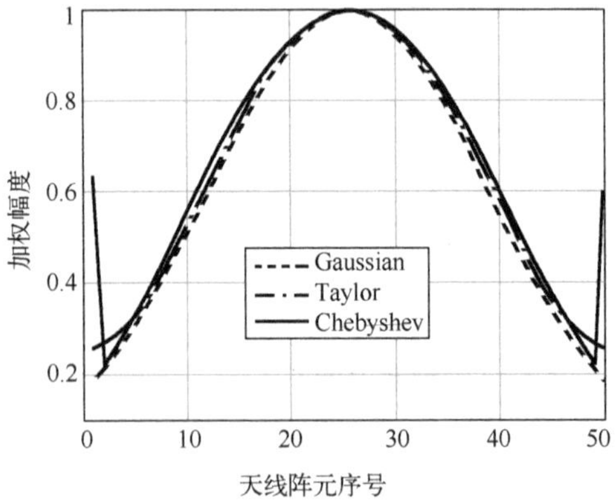

(a) Gaussian、Taylor和Chebyshev加权函数

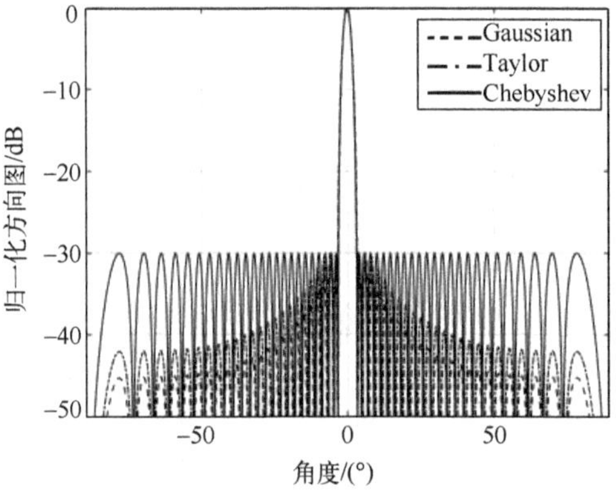

(b) 加权阵列方向图

图 3.2.20 Gaussian、Taylor 和 Chebyshev 加权函数以及加权阵列方向图对比

9．稀疏阵列天线

式(3.2.42)清楚地表明，当 $d \geqslant \lambda/2$ 时，一维线阵的天线方向图将出现栅瓣。例如，当 $d = \lambda/2$ 时，在 $\theta = 0°$，$\pm 90°$ 的三个角度，天线的辐射方向图都取得最大值，这就是说出现了三个主瓣，即栅瓣。在实际中，有时需要用尽量少的天线单元个数，分布在一个尽量大空间里，导致天线单元之间的距离往往大于 $\lambda/2$，在这种情况下，若仍然采用均匀分布，则栅瓣的出现是不可避免的；而若采用非均匀分布，则有可能避免出现栅瓣，这样的阵列天线称为稀疏阵列天线或随机阵列天线。

下面给出仿真实例来加以说明。假设有 11 个天线单元，要求覆盖 10λ 的口径。图 3.2.21(a)给出了均匀分布和非均匀分布的阵元位置对比。对于均匀阵，天线单元位置分别为 $x(n) = (n-1)\lambda(n = 1 \sim 11)$，即相邻天线单元之间的距离均为 λ。对于非均匀分布，11 个天线单元分别置于 $x(1) = 0$，$x(2) = 1.1870\lambda$，$x(3) = 1.937\lambda$，$x(4) = 2.935\lambda$，$x(5) = 3.826\lambda$，$x(6) = 4.674\lambda$，$x(7) = 5.567\lambda$，$x(8) = 6.467\lambda$，$x(9) = 7.376\lambda$，$x(10) = 9.25\lambda$，$x(11) = 10.0\lambda$。图 3.2.21(b)

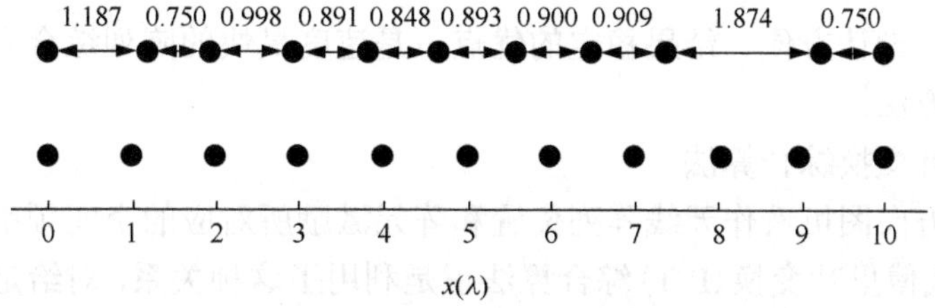

(a) 均匀阵和非均匀阵的阵元位置对比

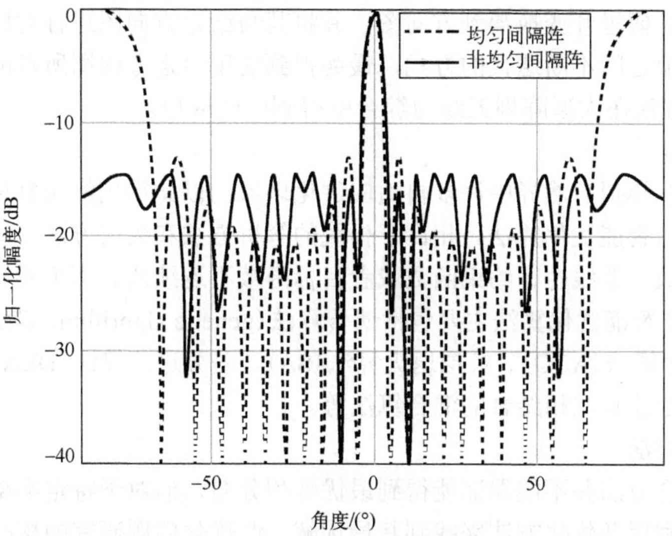

(b) 均匀阵和非均匀阵辐射方向图对比

图 3.2.21 均匀稀疏阵和非均匀稀疏阵的阵元位置对比与辐射方向图对比

给出了均匀阵和非均匀阵的辐射方向图对比，显然均匀阵的方向图在$\theta = \pm 90°$的位置出现了栅瓣，非均匀阵则没有栅瓣。还可看出，均匀阵和非均匀阵方向图的主瓣是相同的，都取决于 10λ 的阵列长度。

压缩感知理论出现后，很快便被应用于稀疏阵列的设计，这是因为两者具有天然的相似性。运用压缩感知理论进行稀疏阵设计，可以以最少的天线单元数来逼近目标方向图。

10. 阵列天线的分析与综合方法[5]

在阵列天线的研究中，阵列分析与阵列综合互为逆问题，阵列分析是指给定天线阵列构型(阵元数量、分布以及阵元的激励幅度和相位)后分析其辐射特性(主瓣宽度、峰值旁瓣电平、副瓣电平、方向系数、零陷电平辐射方向图等)，而阵列综合是指给定天线辐射方向图要求(约束)，设计出阵列构型。阵列分析问题难度相对较小而阵列综合问题难度相对较大。阵列综合问题的研究长期以来始终是阵列天线技术研究的重要内容，其理论和方法都在不断地发展。阵列天线综合问题通常划分为两类：①根据主瓣宽度和副瓣电平要求，综合出满足约束条件的阵列天线；②根据参考方向图，综合出在一定误差范围内逼近参考方向图的阵列天线。

阵列综合方法主要包括解析综合方法、迭代傅里叶变换(IFT)综合算法、智能优化算法、凸优化综合方法、矩阵束方法、贝叶斯压缩感知方法等几大类。下面对前四种予以简单介绍。

1)解析综合方法

解析综合方法是对一类确定性数值计算方法的统称，通常直接推导出计算公式。解析方法具有计算量小、设计方便、结果稳定的优点，是速度最快的阵列综合方法，也是综合大型阵列最为有效的方法。

2）迭代傅里叶变换综合算法

阵列天线的方向图可看作天线阵列位置和阵元激励所对应的空间频率分布，二者为傅里叶变换关系。迭代傅里叶变换（IFT）综合算法正是利用了这种关系，对给定方向图进行傅里叶逆变换得到阵元激励（假定阵元均匀分布，且满足间距小于 $\lambda/2$ 的条件），通过对阵元激励进行调整，然后再进行傅里叶变换得到方向图，并将其与给定方向图进行对比。以这种傅里叶变换和傅里叶逆变换之间不断迭代的方式，最终得到实现给定方向图所对应的阵元激励，完成阵列综合。IFT 方法在大型阵列天线的综合中得到广泛应用。

3）智能优化算法

人们利用计算机模拟自然界中许多自适应进化现象，以此得到解决复杂优化问题的新方法，这类方法统称为智能优化算法。相比于传统的解析方法和数值方法，智能优化方法对于解决多目标、多参数、非线性、约束函数或者目标函数不连续或者不可微等优化问题具有不可比拟的优势。经典智能优化算法主要包括遗传算法（genetic algorithm，GA）、粒子群优化算法（PSO）、蚁群优化算法（ACO）、模拟退火算法（SA）、差分进化算法（DEA）和入侵杂草优化算法（IWO）以及由上述算法相结合的混合算法等。

4）凸优化综合方法

前面介绍的综合方法并不能保证能得到最优阵列分布，但对于特定类型的优化问题——凸问题，总是可以利用凸优化方法来找到其最优解。凸优化问题研究的核心不再是相关算法的设计，而是对于凸问题的识别以及如何将相关的阵列综合问题转化为凸问题，以便采用凸优化算法对其进行求解。

11．阵列天线应用举例

1）波导缝隙阵天线

在波导结构（一般采用矩形波导）的宽壁或窄壁的特定位置开细长小槽形成缝隙，每个缝隙可等效为一个辐射电磁波的天线单元，这样在一根有一定长度的波导的壁上沿纵向开一系列的小槽后，便可形成一个直线阵列天线，如果将一组开槽的波导并排起来，便可形成平面阵列天线，这样的阵列天线称为波导缝隙阵天线。波导缝隙阵天线由于具有低剖面和设计灵活的优势，是各类雷达（尤其是 SAR）普遍采用的天线形式。

波导缝隙阵天线分为行波波导缝隙阵天线和驻波波导缝隙阵天线两种，前者电磁波在沿波导纵向从一端向另一端（接有吸收负载）传输的过程中，在每个缝隙处辐射电磁波，而后者电磁波在波导的两端之间来回反射形成驻波，并且在来回振荡的过程中，在每个缝隙处辐射电磁波。显然对于行波波导缝隙阵天线，有一部分能量被吸收负载吸收而没有辐射贡献，而对于驻波波导缝隙阵天线则没有这项损耗，因此在相同口面和相同辐射阵单元数的情况下，前者的增益要低于后者的增益。

图 3.2.22 给出了天宫二号宽刈幅成像高度计的波导缝隙阵天线实物照片及在 13.58GHz 频率的增益方向图测试结果，最大增益为 36.8dB，3dB 波束宽度为 $1.22\times4.4^{\circ}$，两个方向的最大副瓣电平均低于−18dB。

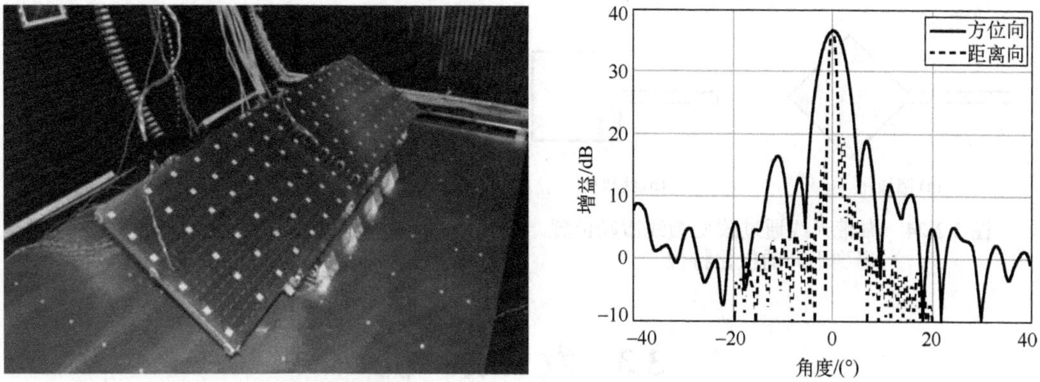

(a) 进行热真空实验时现场照片　　(b) 在中心频率处的距离向和方位向的方向图

图 3.2.22　天宫二号宽刈幅成像高度计的波导缝隙阵天线及其增益方向图

2) 微带天线

微带天线(习惯上也称为贴片天线)自20世纪70年代开始受到高度重视并得以快速发展。微带天线也是现代雷达常采用的天线形式，因为其便于与射频电路进行一体化设计，因此尤其在小型雷达中得到了广泛应用。同时微带天线在实现轻量化、低剖面、与雷达平台共形、易于产生圆极化和多频共口径，以及研制重复性好和低成本等方面具有突出的优势。当然微带天线也存在带宽窄、增益低以及功率容量小等缺点。

微带天线的辐射单元形式多样，如图 3.2.23 所示，可以是正方形、三角形、圆形、椭圆形、半圆形、扇形、圆环、扇形环、方形环、偶极子或其他形状等。同时，微带天线的馈电方式多样，主要有辐射单元共面馈电、同轴馈电、耦合缝馈电、带状线馈电等。

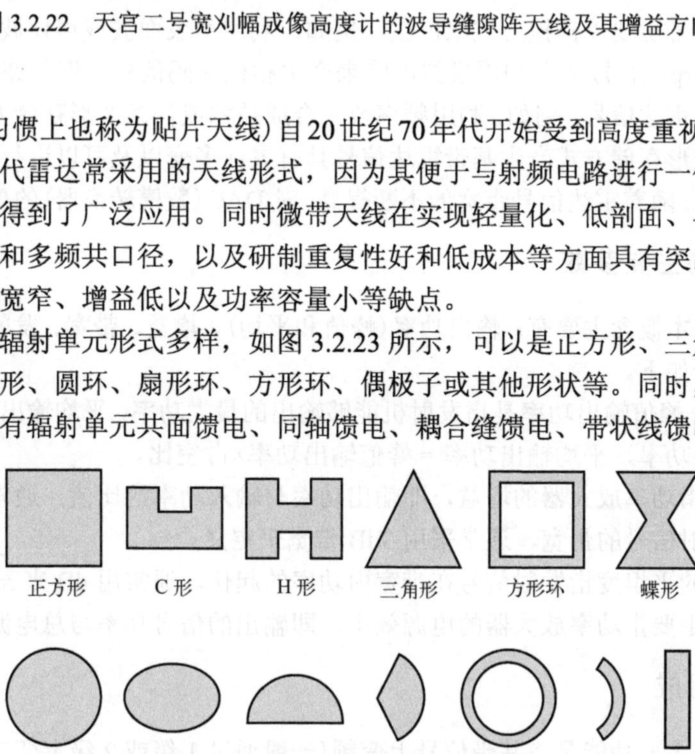

图 3.2.23　微带天线常用的辐射阵元形式

微带天线与一般的微带电路的区别主要是基片的介质厚度更大、介质基片的介电常数更小以及与传输线垂直的横向尺寸更大，以增强辐射能力。微带天线可以方便地通过改变馈线的激励位置来获得不同的极化特性，如图 3.2.24 所示，图 3.2.24(a) 可激励出圆极化，而图 3.2.24(b) 则激励出线极化。

微带天线主要依靠贴片周围与接地板之间的边缘场进行辐射，其分析方法主要有两大类：①基于边缘等效磁流分布的分析方法；②基于贴片导体以及接地板电流分布的分析方法。第一类方法只适用于贴片为规则形状的情况。第二类方法的精度要高于第一类方法，且对贴片的形状没有要求，特别适合全波数值分析方法，如矩量法、有限元法和时域有限差分方法等。图 3.2.25 给出了某 Ku 波段微带天线的实物照片。

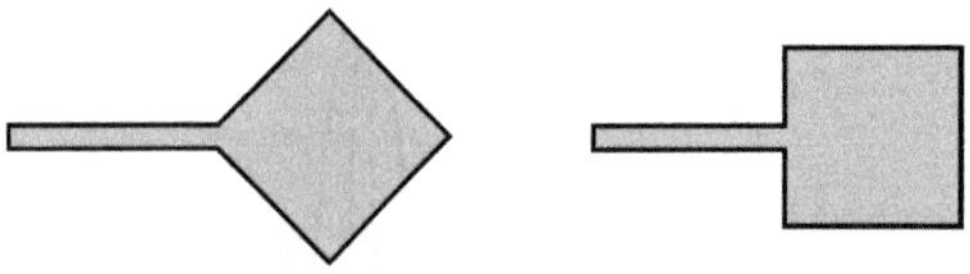

(a) 圆极化　　(b) 线极化

图 3.2.24　微带天线通过改变馈线激励位置得到不同的极化特性

图 3.2.25　某 Ku 波段微带天线

3.3 发　射　机

早期的雷达信号主要以模拟方式来产生，例如，利用声表面波或声体波器件来产生线性调频脉冲信号(Chirp 信号)或者利用模拟电路来产生相位编码信号。现代或当代雷达则主要以数字方式来产生雷达信号，例如，利用频率数字合成技术或任意波形存储方式来产生 Chirp 信号。采用任意波形存储方式产生基带雷达信号具有灵活多变以及可以进行预失真补偿等优点而得到广泛应用。随着雷达信号带宽的不断提高，对 DAC(数模转换器)的要求也不断提高。

3.3.1　发射机的主要参数

发射机中的基本概念主要有：输出功率(峰值和平均)、增益、带宽、发射信号的平坦度、电源效率等，解释如下。

(1) 输出功率。峰值输出功率是指发射机能够输出的最大功率，平均输出功率是指在单位时间内平均输出的功率，平均输出功率 = 峰值输出功率×占空比。

(2) 增益通常指功率放大器的增益，即输出功率与输入功率的比值，通常用 dB 来描述。

(3) 带宽指发射信号的带宽，通常采用 3dB 带宽来定义。

(4) 发射信号的平坦度指发射信号在带宽内功率的起伏，通常用 dB 来表述。

(5) 电源效率主要指功率放大器的电源效率，即输出的信号功率与总电源消耗的比值。

3.3.2　发射机组成

雷达发射机的主要功能是将基带信号上变频(一般通过 1 级或 2 级上变频)至雷达工作频率(称为雷达信号)，并对其进行功率放大至设计所要求的功率，然后送入天线。通常习惯上将雷达发射机只限于功率放大器。雷达发射机通常包括三个基本模块，即中频信号产生模块、发射上变频模块和功率放大模块，如图 3.3.1 所示，图中给出的发射上变频器只采用一级上变频，在实际中根据具体情况，可以采用 2 级甚至 2 级以上的上变频。

发射机的中频信号通常采用 I/Q 基带信号+正交调制的方式产生，而基带信号用数字方式产生。随着 DAC 技术的不断发展，其转换频率越来越高，因此，直接用数字方式产生中频信号成为可能。采用数字方式产生基带信号甚至是中频信号，优点是可以产生任意的发射波形，并可以根据系统发射和接收通道的频率特性来进行预失真补偿。

采用 I/Q 基带信号+正交调制的方式产生中频信号的优点是所需要的 DAC 速率只需满足一半信号带宽的采样要求即可(本书将在后面介绍 I/Q 正交调制信号的数学模型时进行解

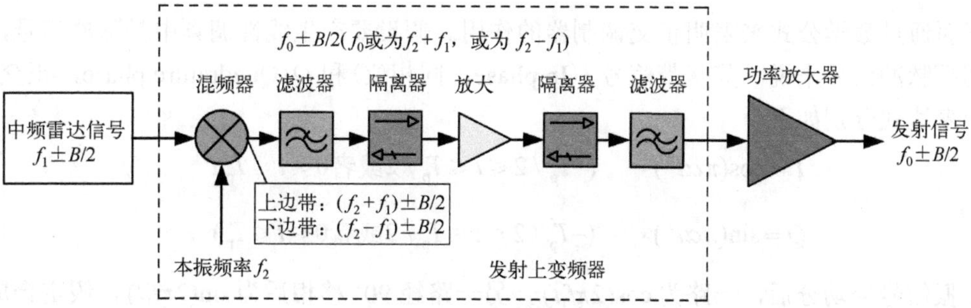

图 3.3.1　雷达发射机框图

释)。例如，我们需要产生的中频信号带宽为 100MHz，则所对应的 I/Q 基带信号的绝对带宽只有 50MHz，因此所需要的 DAC 速率只需要满足 50MHz 信号的采样即可，一般选择 DAC 的速率为最大基带信号带宽的 3～4 倍，也就是说 150～200MHz 即可。图 3.3.2 给出了采用数字方式产生中频信号的设计框图。

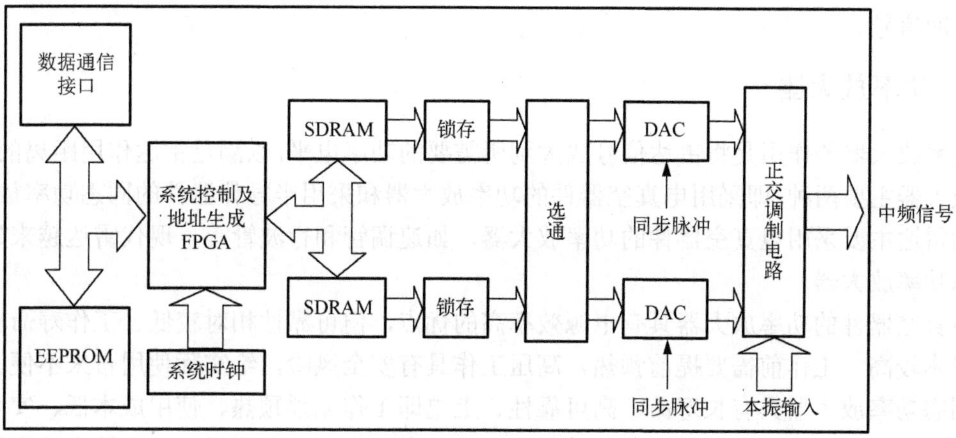

图 3.3.2　数字中频信号产生框图

3.3.3　正交调制器

正交调制器的作用是将 I/Q 两路基带信号调制为中频信号，其基本电路图如图 3.3.3 所示。

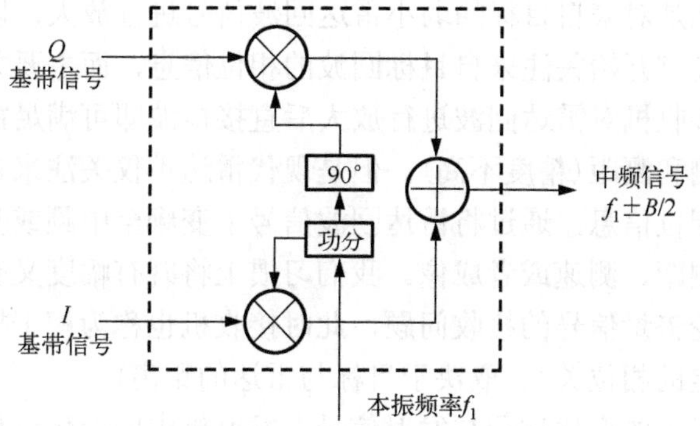

图 3.3.3　I/Q 正交调制器

下面通过数学公式来表明正交调制器的作用。假设要产生线性调频中频脉冲信号，对于线性调频脉冲信号来说，其基带信号 I(In phase，同相位)和 Q(Quadrature phase，正交相位)的数学表达式分别如下：

$$I=\cos(\pi\alpha t^2) \qquad (-T_{\mathrm{p}}/2\leqslant t\leqslant T_{\mathrm{p}}/2\text{或者}0\leqslant t\leqslant T_{\mathrm{p}}) \tag{3.3.1}$$

$$Q=\sin(\pi\alpha t^2) \qquad (-T_{\mathrm{p}}/2\leqslant t\leqslant T_{\mathrm{p}}/2\text{或者}0\leqslant t\leqslant T_{\mathrm{p}}) \tag{3.3.2}$$

本振信号经功分后，一路为 $\cos(2\pi f_1 t)$，另一路经 90° 移相后为 $\sin(2\pi f_1 t)$，假定合成器为同相合成，则中频信号为

$$\mathrm{IF}=I\cos(2\pi f_1 t)+Q\sin(2\pi f_1 t)=\cos[2\pi(f_1 t-\alpha t^2/2)] \tag{3.3.3}$$

如果产生的基带 I、Q 信号式(3.3.1)和式(3.3.2)互换，则中频信号为

$$\mathrm{IF}=I\cos(2\pi f_1 t)+Q\sin(2\pi f_1 t)=\cos[2\pi(f_1 t+\alpha t^2/2)] \tag{3.3.4}$$

式(3.3.3)对应的是斜率为负的线性调频脉冲信号，而式(3.3.4)对应的是斜率为正的线性调频脉冲信号。

3.3.4 功率放大器

功率放大器的作用是将雷达信号放大到所需要的功率电平,以满足雷达作用距离的要求。功率放大器主要两种,即采用电真空器件的功率放大器和采用半导体器件的固态功率放大器。早期的雷达主要采用电真空器件的功率放大器，如速调管和行波管等，现代雷达越来越多采用固态功率放大器。

电真空器件的功率放大器具有电源效率高的优点，但可靠性相对较低、工作寿命较短、维护成本较高，工作前需要提前预热，高压工作具有安全风险，给实际使用带来不便。

固态功率放大器具有长寿命、高可靠性、上电即工作无须预热、使用成本低、安全性好的突出优点，但通常电源较低，尤其随着频率的升高，电源效率降低，放大输出功率通常小于电真空放大器，一般采用功率合成的方法获得大功率输出。另外，固态功率放大器的宽带特性通常优于电真空功率放大器。

3.4 接　收　机

接收机的主要功能是对来自目标的弱小雷达回波信号进行放大，以满足进一步处理的要求。早期的雷达，还没有开始关注来自目标回波的相位信息，而主要关注来自目标的幅度信息和时间信息，因此接收机对雷达回波进行放大后直接检波即可满足雷达系统的后续处理要求，实现对目标的探测和测距(精度不高)。但是现代雷达不仅关注来自目标回波信号中的幅度信息，而且更关注相位信息，通过将雷达回波信号下变频至中频或基带信号来提取相位信息，实现更高精度的测距、测速或者成像。我们习惯上将既有幅度又有相位的信号称为矢量信号，在这里主要讨论矢量信号的接收问题，此时接收机也称为相干接收机，即发射信号与接收回波信号之间确定的相位关系(取决于目标与雷达的距离)。

回波信号在接收机中的变化过程与发射信号在发射机中的变化过程可以看作互逆的。在发射机中，I/Q 基带信号通过正交调制、1 级或多级频率上变频、功率放大成为发射信号，而

在接收机中，信号经过低噪声小信号放大、1 级或多级频率下变频、基带信号正交解调得到 I/Q 信号。图 3.4.1 给出了某个 Ku 波段接收机的设计框图，包括了三个模块，即射频模块、中频模块和基带模块。

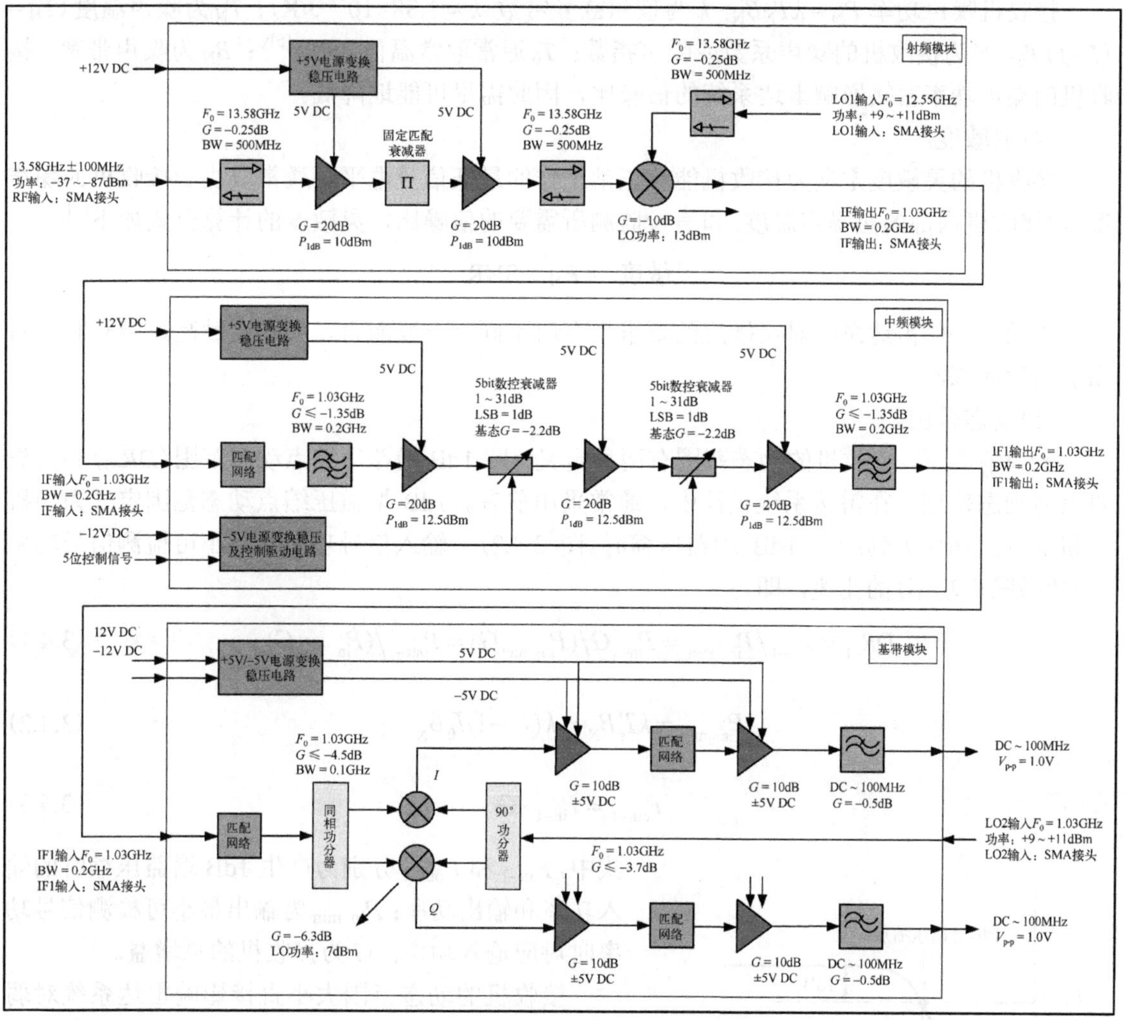

图 3.4.1 某 Ku 波段接收机设计框图

3.4.1 接收机的主要参数

接收机的主要设计参数包括：饱和电平、噪声系数、噪声功率和噪声温度、灵敏度、动态范围、增益、载频隔离度、本振隔离、镜频抑制、幅频和相频特性等。下面分别对这些参数进行解释并分析其对雷达系统性能的影响。

(1) 饱和电平。

饱和电平是指当接收机的输入功率大于该电平时，接收机的输出功率(幅度)不再增大。饱和电平的设计需要根据雷达系统对接收机的动态范围要求来考虑。

(2) 噪声系数。

接收机的噪声系数是一种对接收机输出信号 SNR 恶化的度量，定义为接收机输出信号信

噪比 SNR_{out} 与输入信号信噪比 SNR_{in} 之比，常用 dB 表示。噪声系数的大小直接影响噪声功率的大小。

(3) 噪声功率和噪声温度。

接收机噪声功率 $P_N = kT_N B_N$，k 为玻尔兹曼常数（$k \approx 1.38\times10^{-23}$J/K）；$T_N$ 为噪声温度（$T_N = (F-1)T_0$，F 为接收机的噪声系数或噪声指数；T_0 通常取常温值 290K[5]）；B_N 为噪声带宽。接收机的噪声功率直接影响雷达系统的信噪比，因此需尽可能地降低。

(4) 灵敏度。

接收机的灵敏度定义为接收机能够正常工作的最低信号电平。通常取决于接收机的噪声温度（接收机内部的热噪声温度）和信号监测所需要的信噪比，灵敏度的计算公式如下[6]：

$$\text{灵敏度} = P_N + \text{SNR}$$

不同体制的雷达系统对灵敏度的要求也有所不同，一般而言，灵敏度越高，越有利于对微弱目标的探测。

(5) 动态范围。

一般情况下，接收机的动态范围有两种定义，即 1dB 增益压缩点动态范围（DR_{-1}）和无失真信号动态范围，在雷达系统设计中，通常采用前者。1dB 增益压缩点动态范围定义为当接收机的输出功率大到产生 1dB 增益压缩时（图 3.4.2），输入信号功率与最小可检测信号功率（或等效噪声功率）的比值，即

$$DR_{-1} = P_{in-1}/P_{in\_min} = P_{in-1}G/(P_{in\_min}G) = P_{out-1}/(P_{in\_min}G) \tag{3.4.1}$$

$$P_{in\_min} = kT_s B_N = k(F-1)T_0 B_N \tag{3.4.2}$$

$$P_{out-1} = P_{in-1}\cdot G \tag{3.4.3}$$

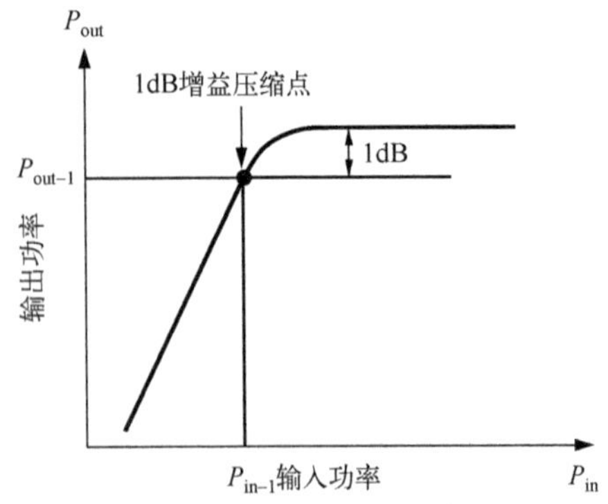

图 3.4.2 接收机增益的 1dB 压缩点示意图

式中，P_{in-1} 和 P_{out-1} 分别为产生 1dB 增益压缩时的输入功率和输出功率；P_{in_min} 为输出最小可检测信号功率时对应输入功率；G 为接收机的总增益。

接收机的动态范围大小直接影响雷达系统对弱目标的探测与分辨能力，动态范围越大，则分辨强弱目标的能力越强。

由于现代雷达系统一般都对接收机的输出信号进行数字采样和数字信号处理，因此接收机的动态范围不仅取决于信道的设计，还取决于数字采样的精度。若数字采样的精度为 8bit，则对于同一个回波信号中的强弱目标分辨的动态范围为 $20\times\lg(2^8)\approx 48$(dB)。

(6) 增益。

接收机的增益定义为输出信号功率与输入信号功率的比值，常用 dB 表示。根据图 3.4.1，接收机所能接收的最小信号为−87dBm，I/Q 输出的峰峰电压 $V_{p\text{-}p}$ 值为 2V，在 50Ω阻抗情况为

的 I/Q 输出功率为 $1/50\times[V_{\text{p-p}}/(2\times2^{0.5})]^2 = 0.01\text{W} = 10\text{Mw} = 10\text{dBm}$，则接收机的系统总增益为 $10-(-87) = 97(\text{dB})$。

(7) 本振隔离。

接收机对所接收到的信号经下变频变为中频或基带信号时，各级本振信号如果泄漏至下一级混频器，最终将导致接收机动态范围降低，因此进行接收机设计时，需考虑对本振有足够的隔离。

(8) 镜频抑制。

当接收机下变频接收时，距离第一本振频率左右相同位置的频率(互为镜像频率)信号经第一混频后若均落在所设计的带宽内，则均可被接收。这就是说，若其中一个频率为信号，则另一个频率对应于干扰。镜频的存在，不仅影响雷达系统的动态范围，还会导致雷达系统的抗干扰性能下降。在对镜像频率抑制要求高的情况下，接收机必须采用特殊的设计来加以抑制(详见 3.4.4 节)。

(9) 幅频和相频特性。

接收机的幅频特性指的是其输出(通常是指基带输出)的幅度在整个接收机带宽内的变化情况，而相频特性指的是 I/Q 输出信号的相位(I 和 Q 组成复信号时对应的相位)在整个接收机带宽内的变化情况。

接收机还有一些其他的参数，如烧毁电平，指的是当输入功率超过该电平时，接收机将被烧毁。在实际中，为了增加接收机的安全性，通常采用限幅器技术，其作用是当输入信号功率大于某个阈值时，将输入信号通道与接收机的地导通。

3.4.2　接收信号的数学模型

假设发射和接收的是线性调频脉冲信号(Chirp 信号)。发射信号的数学表达式为(Chirp 信号的斜率为正)

$$s(t) = \exp[\mathrm{j}(\omega_c - 0.5\alpha T_p)t + \mathrm{j}0.5\alpha t^2],\quad 0 \leqslant t \leqslant T_p, \alpha = B/T_p \tag{3.4.4}$$

式中，ω_c 为发射信号的载频；α 为发射 Chirp 信号的斜率；B 为发射信号的带宽；T_p 为发射信号的脉冲宽度。

对于相干接收而言，雷达系统的发射信号频率必须保持稳定(主要取决于雷达系统的基准频率的稳定度)，具体而言就是频率综合器提供给发射机的各级上变频本振频率与提供给接收机的各级下变频本振频率必须保持一致(频率和相位均保持不变)。

假设某一点目标处于距离雷达 r 的位置，并且其雷达截面已归一化为 1，则该目标产生的雷达回波信号为

$$\begin{aligned} s(t) &= \exp\{\mathrm{j}2\pi[(f_c - 0.5\alpha T_p)(t-\tau) + 0.5\alpha(t-\tau)^2]\} \\ &= \exp\{\mathrm{j}2\pi f_c(t - 2R/c) - \mathrm{j}2\pi[0.5\alpha T_p(t-2R/c) - 0.5\alpha(t-2R/c)^2]\} \end{aligned} \tag{3.4.5}$$

回波信号在接收机中的变化过程就是式(3.4.5)中的“$\omega_c t$”项逐步消除的过程，最后成为

$$s(t) = \exp\{-\mathrm{j}2\pi f_c(2R/c) - \mathrm{j}2\pi[0.5\alpha T_p(t-2R/c) - 0.5\alpha(t-2R/c)^2]\} \tag{3.4.6}$$

式中，$2\pi f_c(2R/c) = 4\pi R/\lambda$，正是该项保留了来自目标的距离信息(相位)信息。

3.4.3 接收机混频分析

混频器是一种利用晶体管的非线性特性，实现频率变换的器件。对于接收机，混频器的作用是将回波信号的频率由射频逐渐搬移到中频乃至基带信号。要完成频率搬移，需要将功率较小回波信号与功率较大的本振信号同时施加于混频二极管上。混频二极管的电压 V 与电流 I 有如下关系[6]：

$$I = f(V) = a_0 + a_1V + a_2V^2 + a_3V^3 + \cdots + a_nV^n \tag{3.4.7}$$

混频二极管上所施加的电压可用下式表示：

$$V(t) = V_{\mathrm{R}}\sin(\omega_{\mathrm{R}}t) + V_{\mathrm{L}}\sin(\omega_{\mathrm{L}}t) \tag{3.4.8}$$

式中，V_{R}和 V_{L}分别为信号和本振的电压幅度；ω_{R}和ω_{L}分别为信号和本振的角频率。将式(3.4.8)代入式(3.4.7)，并进行 Taylor 级数展开可得

$$\begin{aligned} I = {} & a_0 + a_1[V_{\mathrm{R}}\sin(\omega_{\mathrm{R}}t) + V_{\mathrm{L}}\sin(\omega_{\mathrm{L}}t)] + a_2[V_{\mathrm{R}}\sin(\omega_{\mathrm{R}}t) + V_{\mathrm{L}}\sin(\omega_{\mathrm{L}}t)]^2 \\ & + \cdots + a_n[V_{\mathrm{R}}\sin(\omega_{\mathrm{R}}t) + V_{\mathrm{L}}\sin(\omega_{\mathrm{L}}t)]^n \end{aligned} \tag{3.4.9}$$

其中

$$a_2V^2 = a_2[V_{\mathrm{R}}^2\sin^2(\omega_{\mathrm{R}}t) + V_{\mathrm{L}}^2\sin^2(\omega_{\mathrm{L}}t) - V_{\mathrm{R}}V_{\mathrm{L}}\cos(\omega_{\mathrm{R}} + \omega_{\mathrm{L}})t + V_{\mathrm{R}}V_{\mathrm{L}}\cos(\omega_{\mathrm{R}} - \omega_{\mathrm{L}})t] \tag{3.4.10}$$

式中，$\omega_{\mathrm{R}}-\omega_{\mathrm{L}}$ 或$\omega_{\mathrm{L}}-\omega_{\mathrm{R}}$ 是所需要的中频信号的频率；ω_{R} 与ω_{L} 的其他组合称为谐波频率或寄生频率。

3.4.4 接收机主要混频器种类

混频器是一种起到频率搬移作用的有源器件。对于接收机，电路中的混频器通常也称为下变频器。

1. 单端混频器

单端混频器是一种最简单的混频器。但是混频输出的中频信号对本振频率、信号和其他寄生信号的隔离性能较差。图 3.4.3 给出了单端混频器的电路模型。

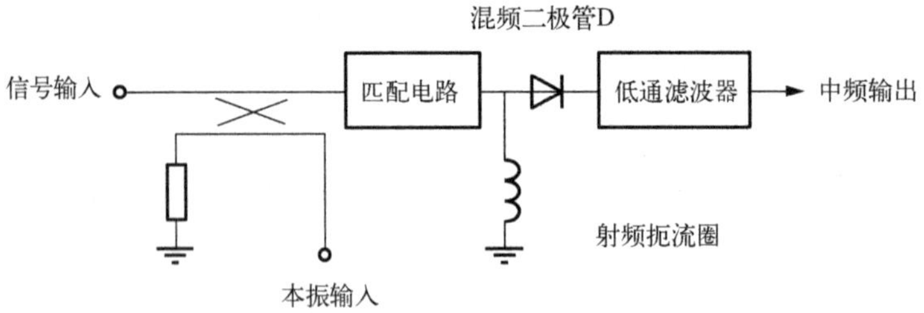

图 3.4.3 单端混频器的电路模型

2. 平衡混频器

平衡混频器是一种常用的混频器，其优点是本振和信号之间的隔离性能好，还可有效抑制本振引入的调幅噪声，改善混频器的噪声系数，同时只需要较小的本振功率便可正常工作。图 3.4.4 给出了平衡混频器的电路模型。

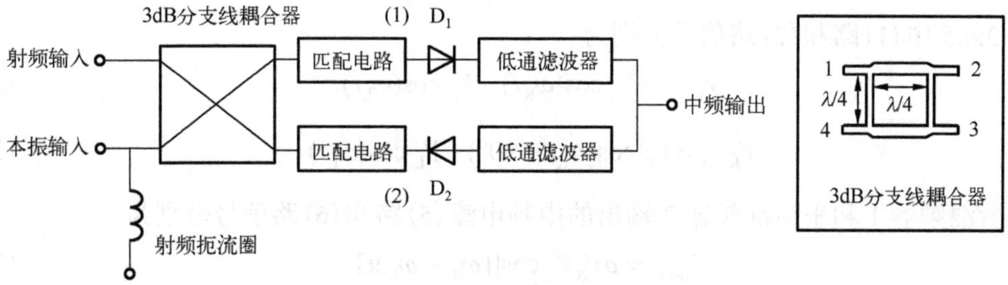

图 3.4.4　平衡混频器的电路模型

射频信号 V_R 经 3dB 混合器后输出大小相等、相位相差 90° 的(1)路和(2)路信号：$V_{R(1)}$ 和 $V_{R(2)}$，同样，本振 V_L 也经 3dB 混合器后输出大小相等、相位相差 90° 的(1)路和(2)路本振：$V_{L(1)}$和 $V_{L(2)}$。施加在 D_1 的电压为

$$V_{(1)} = V_{R(1)} + V_{L(1)} = V_R \cos(\omega_R t) + V_L \cos(\omega_L t - 90°) \tag{3.4.11}$$

而施加在 D_2 的电压为

$$V_{(2)} = V_{R(2)} + V_{L(2)} = V_R \cos(\omega_R t - 90°) + V_L \cos(\omega_L t) \tag{3.4.12}$$

D_1 和 D_2 的输出电流信号经低通滤波后分别为

$$\begin{aligned} I_{IF(1)} &= aV_R V_L \cos[(\omega_R - \omega_L)t + 90°] \\ &= -aV_R V_L \sin[(\omega_R - \omega_L)t] \end{aligned} \tag{3.4.13}$$

$$\begin{aligned} I_{IF(2)} &= aV_R V_L \cos[(\omega_R - \omega_L)t - 90°] \\ &= aV_R V_L \sin[(\omega_R - \omega_L)t] \end{aligned} \tag{3.4.14}$$

$I_{IF(1)}$或 $I_{IF(2)}$经过反相后与 $I_{IF(2)}$或 $I_{IF(1)}$相加，所得结果正好为同相相加。

3. 镜频抑制混频器

镜频抑制混频器是一种专门抑制接收机接收信号中的镜像频率的混频器，从而提高雷达系统的信噪比以及抗干扰能力。图 3.4.5 给出了镜频抑制混频器的电路模型框图，如该图所示，射频信号 V_R 经 3dB 射频正交耦合器输出大小相等、相位相差 90° 的(1)和(2)路信号，这两路信号分别在混频器 1 和混频器 2 与本振输入信号的同相功分信号(3)和(4)混频，从而在混频器的输出端产生(5)路和(6)路大小相近、相互正交的中频信号。(5)路和(6)路信号再经过 3dB 中频正交耦合器，最终输出中频信号。

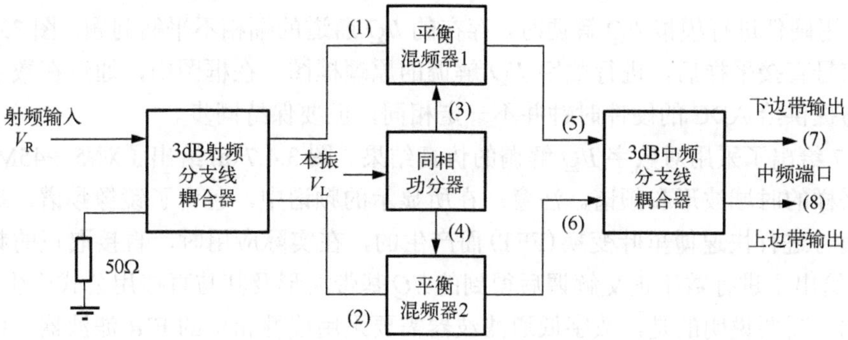

图 3.4.5　镜频抑制混频器的电路模型

图 3.4.5 中(1)路和(2)路信号分别为

$$V_{R(1)} = V_R \cos(\omega_R t) + V_L \cos(\omega_L t) \tag{3.4.15}$$

$$V_{R(2)} = V_R \cos(\omega_R t - 90°) + V_L \cos(\omega_L t) \tag{3.4.16}$$

平衡混频器 1 和平衡混频器 2 输出的中频电流(5)路和(6)路信号分别为

$$I_{IF(5)} = aV_R V_L \cos[(\omega_R - \omega_L)t] \tag{3.4.17}$$

$$I_{IF(6)} = aV_R V_L \cos[(\omega_R - \omega_L)t - 90°] \tag{3.4.18}$$

3dB 中频正交耦合器的中频输出电流信号(7)和(8)分别为(5)路信号和(6)路信号经 3dB 功分后同相和正交相叠加，即

$$I_{IF(7)} = \{aV_R V_L \cos[(\omega_R - \omega_L)t] + aV_R V_L \cos[(\omega_R - \omega_L)t - 90° - 90°]\}/\sqrt{2} = 0 \tag{3.4.19}$$

$$\begin{aligned} I_{IF(8)} &= \{aV_R V_L \cos[(\omega_R - \omega_L)t - 90°] + aV_R V_L \cos[(\omega_R - \omega_L)t - 90°]\}/\sqrt{2} \\ &= \sqrt{2} aV_R V_L \cos[(\omega_R - \omega_L)t - 90°] \end{aligned} \tag{3.4.20}$$

式(3.4.19)和式(3.4.20)适用于$\omega_R - \omega_L > 0$ 的情况。

若$\omega_R - \omega_L < 0$，则

$$I_{IF(5)} = aV_R V_L \cos[(\omega_L - \omega_R)t] \tag{3.4.21}$$

$$I_{IF(6)} = aV_R V_L \cos[(\omega_L - \omega_R)t + 90°] \tag{3.4.22}$$

于是(8)端口的输出信号为零，而(7)端口的输出信号为

$$I_{IF(7)} = \sqrt{2} aV_R V_L \cos[(\omega_L - \omega_R)t] \tag{3.4.23}$$

3.4.5 接收机基带信号的正交解调

图 3.4.6(a)中的 I/Q 基带解调属于模拟正交解调，在实际中，当相对带宽较大时，很难保证 I 路信号和 Q 路信号的幅相特性一致，将会对后续处理带来影响。随着数字电路技术的不断进步和发展，模数转换器(ADC)的频率越来越高，速度越来越快，可以直接进行数字采样的频率范围也不断增大，因此在雷达应用中，直接对中频雷达信号进行采样成为可能。对回波信号进行中频采样，然后进行数字 I/Q 解调运算，可以得到幅相绝对一致的 I/Q 基带信号，避免了用硬件进行模拟 I/Q 解调时，存在的 I/Q 通道的幅相不平衡问题。图 3.4.6(b)给出了对中频信号直接采样后，进行数字 I/Q 解调的原理框图。在框图中，通过在数字域产生的数值时钟与提供给 ADC 的硬件时钟并不一定相同，但要保持同步。

图 3.4.7 给出了采用对数字 I/Q 解调的仿真结果。图 3.4.7(a)给出了对 5～45MHz 的中频信号直接采样的时域波形和频谱。注意：在所显示的频谱中，包含了镜像频谱，这是由于直接对实数信号进行快速傅里叶变换(FFT)而产生的，在实际应用时，直接取正的频谱即可。图 3.4.7(b)给出了进行数字正交解调后得到的 I/Q 基带波形及其与直接用公式产生的 I/Q 基带波形的对比。需要说明的是，数字低通滤波器需要采用线性相位的 FIR 滤波器，而不能采用非线性相位的 IIR 滤波器。图 3.4.7(e)给出了图 3.4.7(d)的脉压结果主瓣区放大图。

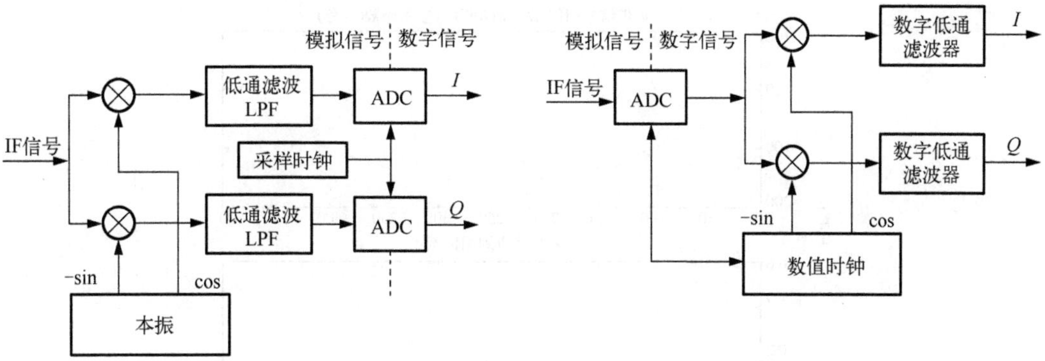

(a) 模拟I/Q中频接收　　　　(b) 数字I/Q中频接收

图 3.4.6　模拟 I/Q 和数字 I/Q 解调框图

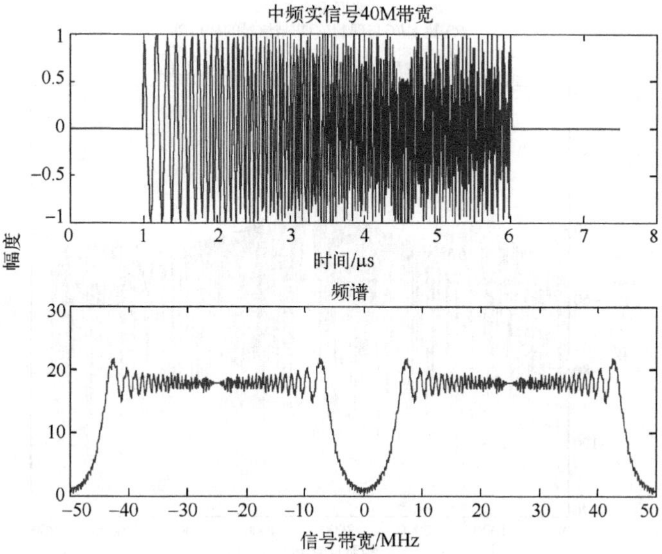

(a) 中频直接数字采样的时域波形及其频谱

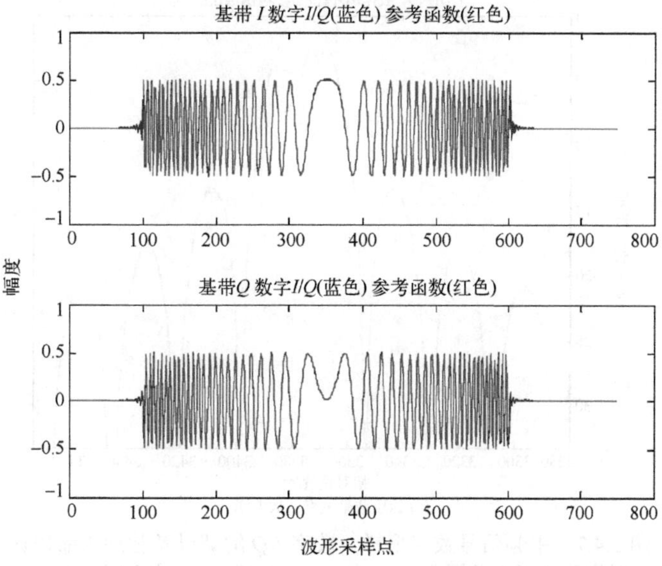

(b) 数字I/Q和理想I/Q基带波形对比

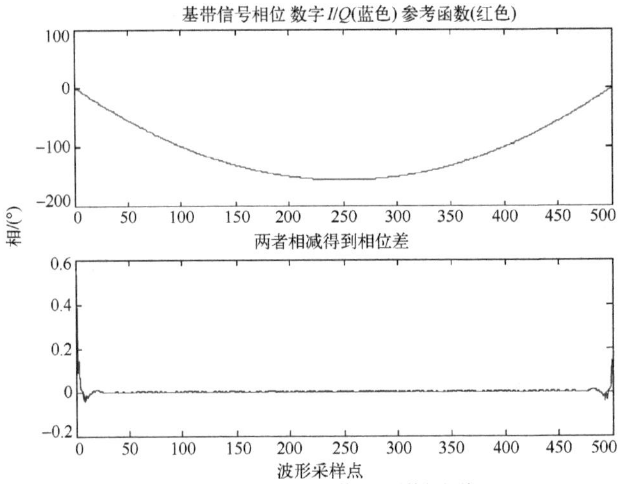

(c) 数字I/Q与理想I/Q基带信号的相位差

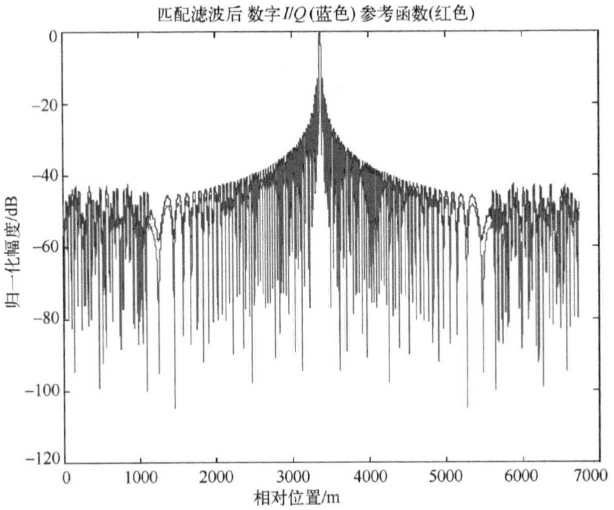

(d) 数字I/Q与理想I/Q基带信号脉压对比

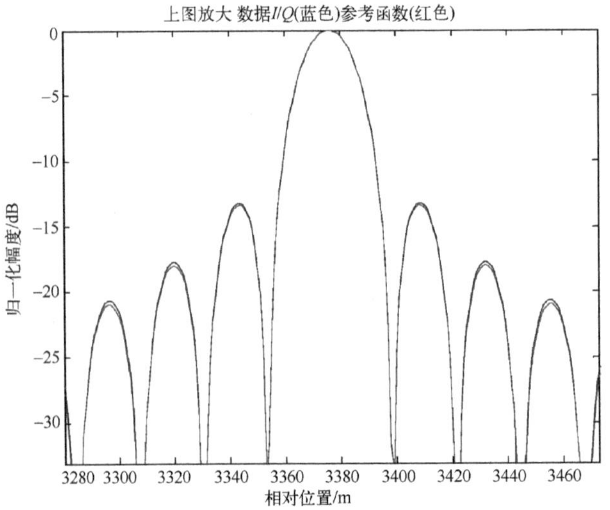

(e) 脉压结果主瓣区放大图

彩图-图 3.4.7

图 3.4.7 中频信号数字采样、数字 I/Q 解调以及脉冲压缩仿真
(中频信号的频率范围为 5～45MHz，中频 AD/C 的速率 250MHz)

3.4.6 接收机的幅相校正

1．幅相不平衡的影响分析[7]

可以将接收机 I、Q 输出分别表示为

$$I(t)=\cos(2\pi f_{\mathrm{B}}t),\ Q(t)=(1+\gamma)\sin(2\pi f_{\mathrm{B}}t+\varepsilon) \tag{3.4.24}$$

在信号处理时，将接收机的 I/Q 信号组成复信号：

$$\begin{aligned} s(t)&=I(t)+Q(t)=\cos(2\pi f_{\mathrm{B}}t)+\mathrm{j}(1+\gamma)\sin(2\pi f_{\mathrm{B}}t+\varepsilon)\\ &=(\mathrm{e}^{\mathrm{j}2\pi f_{\mathrm{B}}t}+\mathrm{e}^{-\mathrm{j}2\pi f_{\mathrm{B}}t})/2+(1+\gamma)[\mathrm{e}^{\mathrm{j}(2\pi f_{\mathrm{B}}t+\varepsilon)}-\mathrm{e}^{-\mathrm{j}(2\pi f_{\mathrm{B}}t+\varepsilon)}]/2\\ &=\{\mathrm{e}^{\mathrm{j}2\pi f_{\mathrm{B}}t}[1+(1+\gamma)\mathrm{e}^{\mathrm{j}\varepsilon}]\}/2+\{\mathrm{e}^{-\mathrm{j}2\pi f_{\mathrm{B}}t}[1-(1+\gamma)\mathrm{e}^{\mathrm{j}\varepsilon}]\}/2 \end{aligned} \tag{3.4.25}$$

由式(3.4.25)可见，由于幅度和相位的不平衡，输出信号中出现了镜像频率，两者的幅度分别为 $1+(1+\gamma)\mathrm{e}^{\mathrm{j}\varepsilon}$ 和 $1-(1+\gamma)\mathrm{e}^{\mathrm{j}\varepsilon}$，取模后可得信号和镜像的幅度分别为

$$A_{\mathrm{s}}=[1+(1+\gamma)^2+2(1+\gamma)\cos\varepsilon]/2,\ A_{\mathrm{i}}=[1+(1+\gamma)^2-2(1+\gamma)\cos\varepsilon]/2 \tag{3.4.26}$$

显然，接收机 I/Q 幅相不平衡，将导致接收机的动态范围降低。对于具有一定带宽的接收机来说，接收机的 I/Q 输出为具有一定带宽的信号而不是点频，因此通道的幅度和相位不平衡情况随频率的不同而不同，最终还将影响脉冲压缩的性能。后面第 4 章通过实例来说明具体的影响。

2．幅相不平衡的校正[7]

可以将经过校正的 I/Q 信号表示为矩阵形式：

$$\begin{bmatrix} I_{\mathrm{c}}(t)\\ Q_{\mathrm{c}}(t)\end{bmatrix}=\begin{bmatrix} E & 0\\ P & 1\end{bmatrix}\begin{bmatrix} I(t)\\ Q(t)\end{bmatrix} \tag{3.4.27}$$

将式(3.4.24)代入式(3.4.27)后，得

$$I_{\mathrm{c}}(t)=E\cos(2\pi f_{\mathrm{B}}t),\ Q_{\mathrm{c}}(t)=P\cos(2\pi f_{\mathrm{B}}t)+(1+\gamma)\sin(2\pi f_{\mathrm{B}}t+\varepsilon) \tag{3.4.28}$$

要保证 $I_{\mathrm{c}}(t)$、$Q_{\mathrm{c}}(t)$ 正交，$Q_{\mathrm{c}}(t)$ 的 $\cos(2\pi f_{\mathrm{B}}t)$ 分量的幅度必须为零，$\sin(2\pi f_{\mathrm{B}}t)$ 分量的幅度必须等于 $I_{\mathrm{c}}(t)$ 的幅度，可得

$$E=(1+\gamma)\sin\varepsilon,\ P=-(1+\gamma)\cos\varepsilon \tag{3.4.29}$$

对于接收线性调频信号的接收机，式(3.4.29)应为

$$E(f)=[1+\gamma(f)]\sin[\varepsilon(f)],\ P(f)=-[1+\gamma(f)]\cos[\varepsilon(f)] \tag{3.4.30}$$

通过对接收机的幅相特性进行测试，可得到 $E(f)$ 和 $P(f)$，然后对实际回波信号的 I/Q 输出信号分别按式(3.4.30)进行校正，便可以达到幅相校正和改善脉冲压缩性能的目的。

本书将在第 4 章 4.4.1 节中，给出对实际存在幅相误差的接收机信号进行幅相校正前后的脉压结果对比。

3.5 数字采样

现代雷达的信号处理一般都是在数字域进行的，为此首先要对所接收的雷达回波进行数

字采样，而数字采样是通过 ADC 来实现的。随着现代雷达信号带宽的不断增大和性能要求越来越高，对 ADC 的速度和精度要求也越来越高。

3.5.1 ADC 的基本概念和主要性能参数

ADC 的主要性能参数有最高采样频率、量化精度(也称为分辨率，用量化位数来描述，量化位数越高，相应地产生的数据量也越大)、量化范围(通常用最大电压来描述)、量化噪声、量化信噪比、信号噪声失真比(signal to noise and distortion ratio，SNDR)、线性度、时延和抖动(jitter)等。通常采样频率和量化位数互相制约，即位数越高，则所需的时间越长，最高采样频率越低。也就是说，采样频率越高，实现高精度量化的难度也越大。量化噪声(功率)是指在有限位数的情况下量化误差所产生的噪声功率。量化信噪比是指最大量化功率(对应于最大量化电压)与量化噪声之比。ADC 的线性度描述了其对模拟信号的采样结果与真实模拟信号接近的程度，线性度越好则偏离真实信号的程度越低，保真度越好。图 3.5.1(a)给出了 4 位 ADC 对模拟信号量化的示意图，图 3.5.1(b)给出了量化误差示意图。

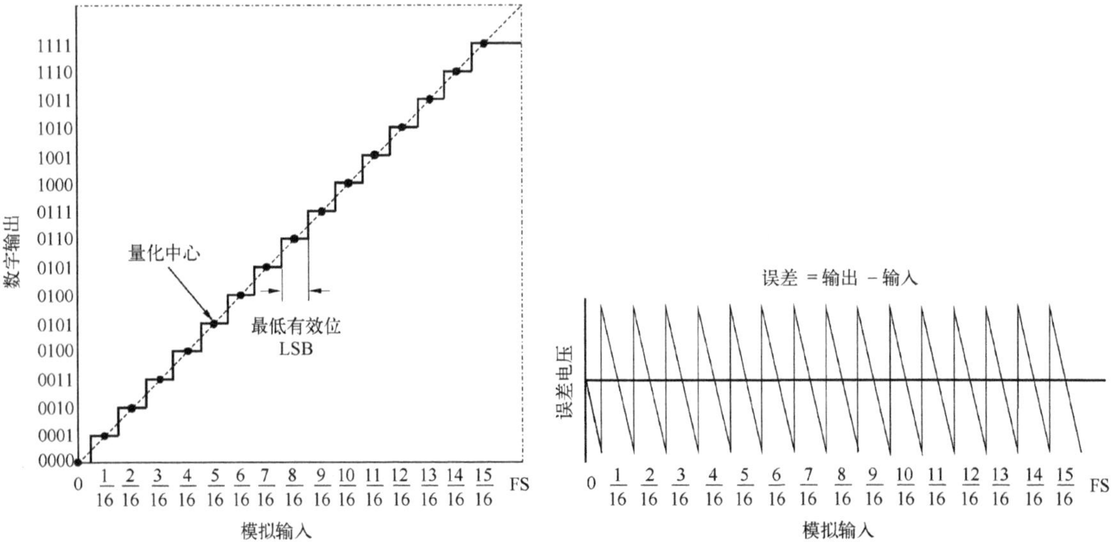

(a) ADC量化 (b) 量化误差

图 3.5.1 ADC 量化及量化误差示意图

3.5.2 ADC 的动态范围

ADC 的性能不仅影响最终能够获得的信噪比，还影响雷达系统的动态范围。定义 ADC 的动态范围为最大的采样功率与最小可表征的功率(取决于最低有效位)之比。为了保证雷达系统(接收机)的动态范围性能指标达到要求，要求 ADC 的动态范围要大于接收机的动态范围。由于功率 $P \sim V^2$，假设 ADC 的量化位数为 N，则能够表征的幅度范围为 2^N，由此可得 ADC 的动态范围(用 dB 表示)为[2]

$$\text{ADC 动态范围(dB)} = 10\lg(2^N - 1)^2 \approx 20N\lg 2 \approx 6N \tag{3.5.1}$$

3.5.3 ADC 的量化信噪比

由于 ADC 的量化位数有限，其对信号进行数字量化后将带来量化误差(量化噪声)，量化误差的大小由 ADC 的最低有效位(least significant bit，LSB)所对应的码宽决定(图 3.5.1(a))。量化误差的电压范围为

$$V_{Qe} = V_{FS}/2^N \tag{3.5.2}$$

式中，V_{FS} 为满量程电压。

假定量化误差在 0.5LSB 之间均匀分布，则量化电压误差的期望值(假定量化噪声不相关且宽带)可如下计算：

$$E[\varepsilon] = 1/V_{Qe}\int_{-\frac{1}{2}V_{Qe}}^{\frac{1}{2}V_{Qe}} \varepsilon^2 d\varepsilon = 1/V_{Qe}(\varepsilon^3/3)\Big|_{-\frac{1}{2}V_{Qe}}^{+\frac{1}{2}V_{Qe}} = V_{eQ}^2/12 \tag{3.5.3}$$

ADC 在满量程时的均方根电压幅度 V_{rms}($V_{FS}/2$ 的有效值)为

$$V_{rms} = V_{FS}/2\sqrt{2} = 2^N V_{Qe}/2\sqrt{2} \tag{3.5.4}$$

因此可得 ADC 的量化信噪比为

$$\text{SNR} = 20\lg(V_{rms}/\sqrt{E[\varepsilon]}) = 20\lg(2^N\sqrt{1.5}) = 6.02N + 1.76(\text{dB}) \tag{3.5.5}$$

需要说明的是，式(3.5.5)的信噪比计算公式是在仅考虑量化噪声的情况下得到的。

3.5.4 ADC 的有效位数

在实际应用中，更需要关注 ADC 的实际有效位数(effective number of bits，ENOB)而不是理论上的有效位数，原因是 ADC 在工作过程中不可避免地引入噪声，使得实际的有效位数达不到理论的量化位数。ENOB 可由式(3.5.5)得到，只不过需将 SNR 用 SNDR 代替。

$$\text{ENOB} = (\text{SNDR} - 1.76)/6.02(\text{dB/bit}) \tag{3.5.6}$$

SNDR 定义为信号的幅度与所有其他频谱分量的均方根值之比。假设对某正弦波信号进行 ADC 采样后得到 L 个样本点，并对数字信号进行 FFT 运算。若信号频率对应的频点为 m，则

$$\text{SNDR} = 10\lg\left[A_m^2\Bigg/\left(\sum_{k=1}^{m-1} A_k^2 + \sum_{k=m+1}^{L/2} A_k^2\right)\right] \tag{3.5.7}$$

式中，$A_m(m = 1, L)$ 为频谱中所有频率分量的幅度。

3.6 频率综合器

一部雷达的频率综合器，一般都需要同时提供多种频率输出，以满足雷达发射机、接收机以及中央电子系统(包括控制、数据采集和数据传输功能)对各种频率信号的需求。对于相干雷达来说，频率综合器中所有输出频率都参考到一个基准时钟源(通常采用 10MHz、20MHz、50MHz、100MHz 的输出频率)，即所有输出频点均由该时钟源的基本频率的加减乘

除组合而得(加、减关系对应混频器，乘对应倍频器，除对应分频器)或者通过锁相方式将另一个振荡器的输出频率进行相位锁定而得。图 3.6.1 给出了某频率综合器的原理设计框图，该频率综合器采用 100MHz 的晶体振荡器作为时钟源。图 3.6.1 中包含了实现输出频率相位同步的两种方式，即直接频率合成方式和锁相的方式，前者通过倍频器和分频器的组合产生所需要的频率，如 50MHz 和 75MHz 的频率，而后者则是将某个频率的振荡器与时钟源进行锁相，如 7000MHz 的频率。该频率综合器首先将 100MHz 的时钟源通过功分器分配成 4 路：第 1 路经 2 分频后产生 50MHz 的频率；第 2 路先经 3 倍频，然后 4 分频产生 75MHz 的频率；第 3 路直接放大输出(可作为与其他频率综合器的参考时钟)；第 4 路作为振荡频率为 7000MHz 的固体锁相源的参考时钟。

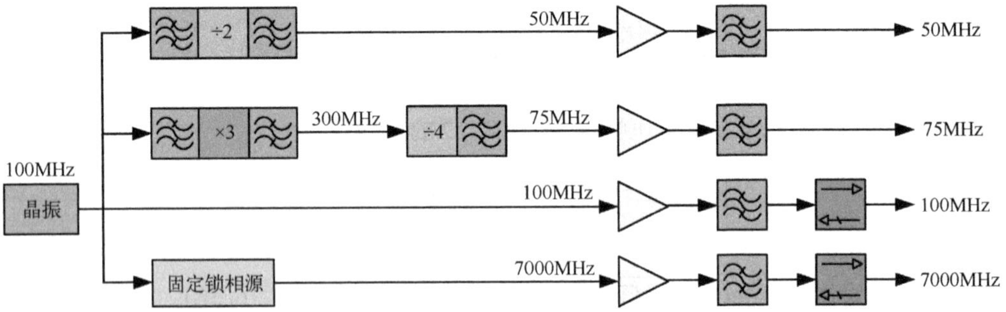

图 3.6.1 某频率综合器设计框图

相干雷达是指发射信号和接收信号之间有确定的相位关系的雷达，这个相位关系和雷达与目标之间的距离或者距离随时间的变化有关。若是脉冲雷达，则每个发射脉冲的初始相位都是一致的。高分辨率成像雷达、高精度的脉冲多普勒雷达对时钟源的频率稳定度的要求非常高，一般采用高稳定度的晶体振荡器，为保证在一定的温度范围内振荡器的输出频率保持稳定，通常采用温度补偿措施，这样的晶振也称为恒温晶振。

描述频率综合器输出频率的性能指标主要有两个，即输出频率的稳定度和杂散。频率稳定度又分长期频率稳定度和短期频率稳定度。相位噪声通常在输出频率的 100Hz 或者 1kHz 处进行测量。

频率源(时钟源)的主要参数为频率稳定度和频率精度，而频率稳定度又分长期稳定度和短期稳定度，短期稳定度反映了信号的抖动情况，而长期稳定度反映了时钟源频率随时间的漂移情况。对于以速度测量为主的相干雷达系统而言，频率源的短期(一般在μs～ms 量级)稳定度对雷达性能更为重要。如果是合成孔径雷达，由于相干积分时间可达 s(秒)级，因此相应地对 s 级时间内的频率稳定度有较高要求。对于长期进行距离测量的雷达，如星载雷达高度计，对频率源的长期稳定性有更高要求。

3.6.1 长期频率稳定度

一般有两种方法来表示长期频率稳定度，即最大偏差和均方偏差，对于实际应用，后一种方法更合理。最大偏差表示公式如下：

$$\Delta f / f_0 = (\Delta f)_{\max} / f_0 \tag{3.6.1}$$

式中，$(\Delta f)_{\max}$ 为 N 个偏差中的最大值。

均方根偏差用下面的公式表示：

$$\Delta f/f_0=\lim_{n\to\infty}\sqrt{\sum_{i=1}^{N}[(\Delta f/f_0)_i-(\overline{\Delta f}/f_0)]^2\Big/N} \tag{3.6.2}$$

式中，$\overline{\Delta f}/f_0=\lim\limits_{n\to\infty}\sum\limits_{i=1}^{N}(\Delta f/f_0)_i\Big/N$。

3.6.2 短期频率稳定度

短期频率稳定度有两种表示方法，即时域表示方法和频域表示方法，时域表示方法主要用阿伦方差，而频域表示方法主要用相位噪声。

1. 频率稳定度的时域表示方法——阿伦方差[6]

在实际中，任何频率源输出的正弦波都不可避免地存在幅度、频率或相位的不稳定性，可用下式表示：

$$s(t)=[V_0+\varepsilon(t)]\sin[2\pi f_0t+\phi(t)] \tag{3.6.3}$$

式中，f_0 为标称频率；$\varepsilon(t)$ 描述幅度起伏；$\phi(t)$ 描述相位起伏。通常情况下幅度满足 $\varepsilon(t)\ll V_0$，故式(3.6.3)又可简化为

$$s(t)=V_0\sin[2\pi f_0t+\phi(t)] \tag{3.6.4}$$

瞬时频率可表示为

$$f(t)=f_0+1/2\pi\cdot \mathrm{d}[\phi(t)]/\mathrm{d}t \tag{3.6.5}$$

假设 $x(t)$ 为输出频率的瞬时相对频率变化，即

$$x(t)=\Delta f/f_0=(f-f_0)/f_0=1/(2\pi f_0)\cdot \mathrm{d}[\phi(t)]/\mathrm{d}t=\mathrm{d}[y(t)]/\mathrm{d}t \tag{3.6.6}$$

式中，$y(t)=\phi(t)/(2\pi f_0)$。

分别在 t_1 时刻和 t_2 时刻对 $x(t)$ 进行测量，得到 $x(t_1)$ 和 $x(t_2)$，二者之差表示了在 t_2-t_1 时间内的频率稳定度：

$$\begin{aligned}x(t_2)-x(t_1)&=1/(2\pi f_0)\\ \mathrm{d}[\phi(t_2)]/\mathrm{d}t-\mathrm{d}[\phi(t_1)]/\mathrm{d}t&=\Delta\omega/\omega_0\end{aligned} \tag{3.6.7}$$

在实际中一般采用如图 3.6.2 所示的时间采样方法来对频率稳定度进行测量，即以间隔 T 对频率瞬时变化进行连续 τ 时长的测量并取平均值，那么在 t_2-t_1 时间内的频率稳定度为

$$\bar{x}(t_2)-\bar{x}(t_1)=\overline{\Delta\omega}/\omega_0 \tag{3.6.8}$$

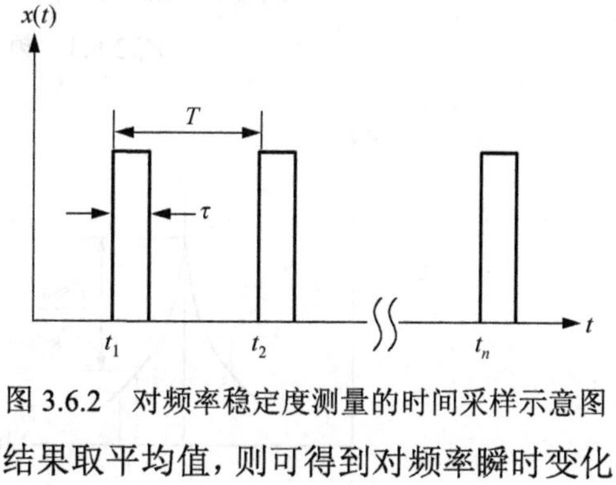

图 3.6.2 对频率稳定度测量的时间采样示意图

若采用以上方法进行 M 次频率稳定度测量并对结果取平均值，则可得到对频率瞬时变化 $x(t)$ 的采样方差：

$$\sigma_x^2(M,T,\tau)=\left\langle\sum_{i=1}^{M}\left(\bar{x}_i-\sum_{i=1}^{M}\bar{x}_i\Big/M\right)^2\Big/(M-1)\right\rangle$$

$$=\left\{\sum_{i=1}^{N-1}\{[\overline{y}(iT+t)-\overline{y}(iT)]/\tau\}^2-\{[\overline{y}(iT+t)-\overline{y}(iT)]/\tau\}^2/(N-1)\right\}\Big/(N-2) \tag{3.6.9}$$

式中，$\langle\cdot\rangle$ 表示取统计平均值；$(\cdot)$ 表示相位测量；$N=M+1$。如果取 $M=2$ 且 $T=\tau$，即

$$\sigma_x^2(\tau)=\sigma_x^2(2,\tau,\tau)=\left\langle(\overline{x}_{i+1}-\overline{x}_i)^2\right\rangle\Big/2=\left\langle[\overline{y}(i\tau+2\tau)-2\overline{y}(i\tau+\tau)+\overline{y}(i\tau)]^2\right\rangle\Big/(2\tau^2) \tag{3.6.10}$$

式(3.6.10)即为阿伦方差。在实际中一般采用 P 次 $\sigma_x^2(\tau)$ 的测量值平均：

$$\sigma_x^2(P,\tau)=\sum_{i=1}^{P-1}(\overline{x}_{i+1}-\overline{x}_i)^2\Big/[2(P-1)] \tag{3.6.11}$$

2．频率稳定度的频域表示方法——相位噪声

理想的频率源输出的正弦波没有包含任何噪声，假设其频率为 f_0，则其频谱为一条纯净的谱线，如图 3.6.3(a)所示。然而，实际输出的正弦波信号一定存在噪声，并且噪声将对正弦波的频率和幅度产生调制作用，导致实际正弦波的频谱不再是理想的一条谱线，而是具有一定的宽度，如图 3.6.3(b)所示。单边带相位噪声 $L(f_m)$ 定义为：偏离载波频率 f_m 处，在 1Hz 带宽内相位调制单边带的功率 P_{SSB} 与载波功率 P_S 之比[6]，如图 3.6.4 所示，即

$$L(f_m)=(P_{SSB}/P_S)\big|_{1Hz} \tag{3.6.12}$$

$$L(f_m)=(P_{SSB}/P_S)\big|_{1Hz}=\Delta\phi_{rms}^2/2 \tag{3.6.13}$$

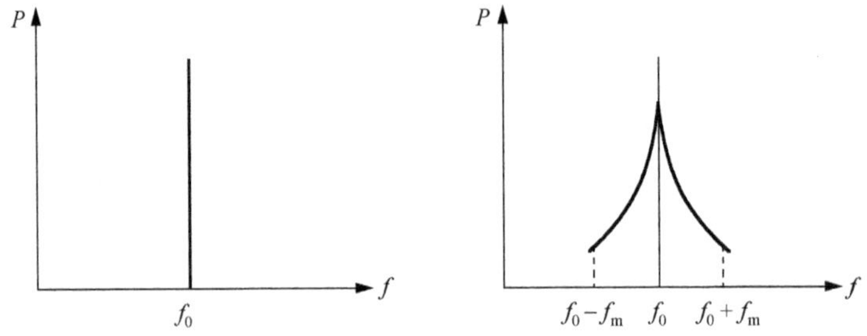

(a) 理想点频信号的频谱　　(b) 实际点频信号的频谱

图 3.6.3　频率源输出频率信号的频谱

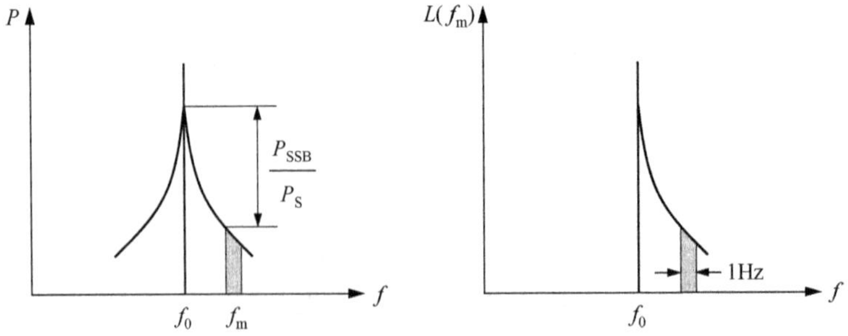

图 3.6.4　相位噪声示意图

式中，$\Delta\phi$ 为相位变化的均方根值，$\Delta\phi_{rms}^2$ 则表示相位噪声功率谱密度。如果用 $S_{\Delta\phi}(f_m)$ 和 $S_{\Delta f}(f_m)$ 分别表示相位噪声和频率起伏谱密度，两者之间的关系为

$$S_{\Delta f}(f_m) = f_m^2 S_{\Delta\phi}(f_m) = 2f_m^2 L(f_m) \tag{3.6.14}$$

3.6.3　晶体振荡器

晶体振荡器利用具有压电性质的晶体的振动所产生的机械谐振来产生精确频率的电信号。石英晶体是最常用的压电谐振器，因此包含石英晶体的振荡器电路习惯被称为晶体振荡器。晶体振荡器的输出频率的性能主要取决于晶体材料。

晶体振荡器通常根据不同的应用采用不同的谐振模式，主要有纵向模式、厚度切变模式、弯曲模式、面切变模式和隧道叉模式等。图 3.6.5 给出了不同谐振模式的示意图。

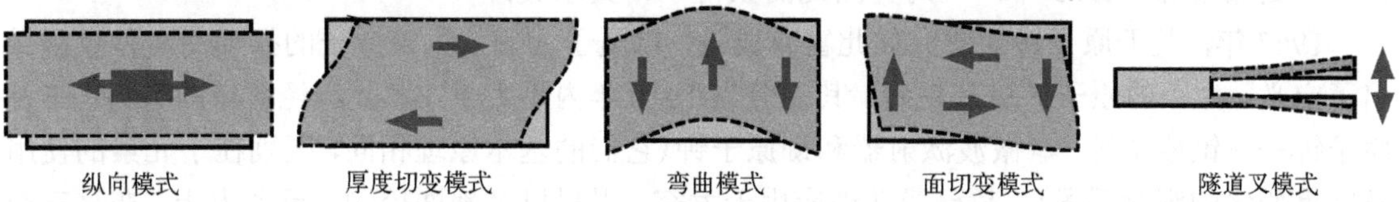

图 3.6.5　晶体谐振模式示意图

不同的谐振模式，适于产生的谐振频率有所不同。晶体振荡器的振荡频率受温度的影响较大，实际中采用恒温晶振来克服温度变化引起的频率变化。

3.6.4　介质振荡器

介质谐振器(dielectric resonator)，通常采用陶瓷制成，适于产生微波和毫米波频段的频率。在介质谐振器中，微波被限制在由介电常数突变的边界表面所包含的介质材料中，即谐振腔中。介质谐振器主要用于毫米波频段的介质振荡器(dielectric resonator oscillator，DRO)。介质谐振器与由金属腔体谐振器的区别在于在边界上的场分布不同。

介质谐振器还可集成在波导中，形成谐振滤波器。如图 3.6.6 所示的介质谐振器滤波器由三级介质谐振器组成。

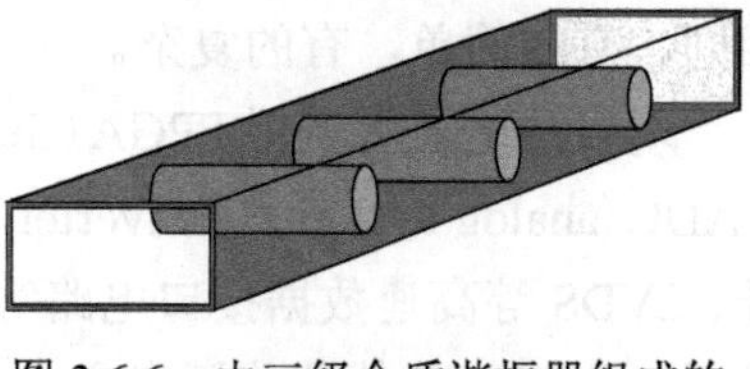

图 3.6.6　由三级介质谐振器组成的波导谐振滤波器

3.6.5　压控振荡器

输出频率受电压控制的振荡器称为压控振荡器(voltage controlled oscillator，VCO)。一般利用变容二极管的电容随电压的变化而改变这样一种特性来实现。VCO 的输入电压决定了瞬时振荡频率，因此可以产生频率调制信号或者相位调制信号。通常 VCO 是锁相环的一部分。调谐范围、调谐增益和相位噪声是 VCO 的重要特性参数。

3.6.6　原子钟

根据原子物理学的基本原理，原子是按照不同电子排列顺序的能量差(也就是围绕在原子核周围不同电子层的能量差)来吸收或释放电磁能量的，这里的电磁能量是不连续的。当原子从一个“能量态”跃迁至低的“能量态”时，它便会释放电磁波。这种电磁波特征频率是不连续的，也就是人们所说的共振频率。同一种原子的共振频率是一定的，例如，铯-133 的共振频率为 9192631770Hz，因此铯原子可用作一种节拍器来保持高度精确的时间。

20 世纪 30 年代，美国哥伦比亚大学实验室的拉比和他的学生在研究原子及其原子核的基本性质时所获得的成果，使基于上述原子计时器的时钟研制取得了实质性进展。在拉比设想的时钟里，处于某一特定的超精细态的一束原子穿过一个振动电磁场，场的振动频率与原子超精细跃迁频率越接近，原子从电磁场吸收的能量就会越多，并因此而经历从原先的超精细态到另一态的跃迁。反馈回路可调节振动场的频率，直到所有原子均能跃迁。原子钟就是利用振动场的频率作为节拍器来产生时间脉冲的，目前，振动场频率与原子共振频率已达到完全同步的水平。1949 年，拉比的学生拉姆齐提出，使原子两次穿过振动电磁场，其结果可使时钟更加精确。1989 年，拉姆齐因此而获得了诺贝尔奖。

1967 年，关于原子钟的研究如此富有成效，以至于人们依据铯原子的振动而对秒重新做出了定义。如今的原子钟极其精确，其误差为 10 万年内不大于 1 秒。历经数年的努力，三种原子钟——铯原子钟、氢微波激射器和铷原子钟(它们的基本原理相同，区别在于元素的使用及能量变化的观测手段)，都已成功地应用于太空、卫星以及地面控制。至今为止，在这三类中最精确的原子钟是铯原子钟，GPS 卫星系统最终采用的就是铯原子钟。

3.7 中央电子系统和电源子系统

3.7.1 中央电子系统

中央电子系统能产生对雷达所有子系统进行各种控制的信号，并对接收机的输出信号进行采集、存储或传输以及实时预处理。不同体制的雷达系统，实时预处理的内容和方式不尽相同，有的简单，有的复杂。

现代雷达通常采用 FPGA (field programmable gate array) + DSP (digital signal processing) + ADC (analog to digital converter) + DAC (digital to analog converter) + 数据存储与传输(如光纤、LVDS 等高速数据接口电路等)的技术构架来构建中央电子系统。随着 FPGA 技术的快速发展，很多 DSP 的功能逐步交由 FPGA 来实现。中央电子系统为了满足一定的实时信号处理要求，需要具备一定的数据存储能力，通常采用具有高速数据接吞吐性能的存储器，如 DDR SDRAM (double data rate synchronous dynamic random access memory)。

下面给出中央电子系统的实例，如图 3.7.1 所示，该中央电子系统主要包括 1 片大规模 FPGA、两颗 DSP、四路高速 AD、两路高速 DA、多片 DDR SDRAM、两路 LVDS 和 8 路光纤接口电路等主要模块，可满足高性能雷达波形产生、较大规模的 I/O 控制、回波信号的高速采集、存储以及对外传输的需求。图 3.7.1 (a) 给出了已完成元器件焊接电路板的实物照片；图 3.7.1 (b) 给出了已完成装配和接插件焊接安装的机箱实物照片，图中的三块扣压在 FPGA 和 DSP 上的金属导体起到散热作用。

3.7.2 电源子系统

电源子系统是雷达系统中不可或缺的组成部分，为所有需要电源供电的子系统(单机)提供能源，如发射机、接收机、频率综合器、中央电子系统、机械转动机构、各类包括微波开关的前端等。电源是雷达系统的生命线，一旦失效则意味着整个雷达系统失效。雷达系统的电源一方面需要根据不同单机对电源的不同需求(电压种类、功率和电源噪声抑制等)为所有单机供电；另一方面，还要接受中央电子系统的控制以及平台(如卫星平台)的开关机控制。

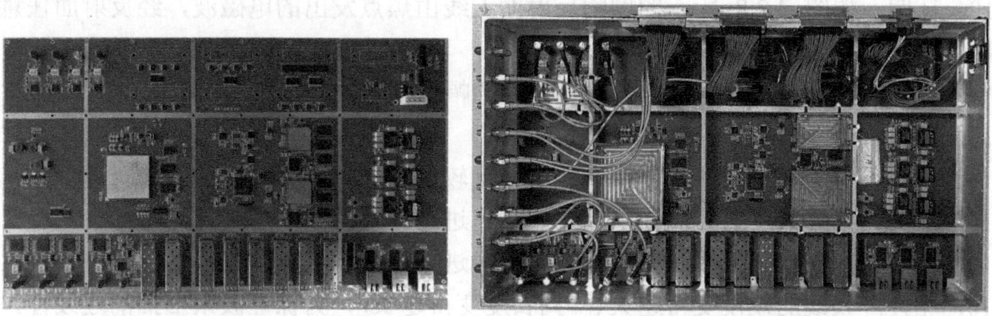

(a)完成元器件焊接的电路板　　(b)完成所有安装的实物照片

图 3.7.1　某中央电子系统

电源子系统通常都包含一定的逻辑电路，根据雷达系统对各个单机的上电顺序要求进行逻辑设计。对于星载雷达，为了确保可靠性和工作寿命，往往需要进行主备份设计，一旦主备份故障或失效则转为备份工作。星载雷达系统的其他单机也一样，尤其是关键的单机也往往需要进行主备份的设计。

具体的电源通常有两种，一种是线性电源，另一种是开关电源。通常线性电源的性能较好(输出纹波较小、噪声较低)，但自身功耗较大、电源效率较低。开关电源则相反，输出纹波和噪声相对较大，但自身功耗较低、电源效率较高。随着技术的发展，开关电源都采用集成电路技术进行模块化设计，极大地降低了电源体积和重量，非常适于航天应用。

DC-DC 模块是一种电源变换器，采用开关电源的设计思想将一种电压的直流源变换到另一种电压的直流源。DC-DC 模块可以获得比线性电源更高的电源效率。

如今的 DC-DC 模块都采用集成电路设计，其缺点是内部电路复杂、电源噪声较大、成本也较高。

习　题

1. 谈谈你对雷达系统动态范围的认识。

2. 比较电真空功率放大器与固态功率放大器的优缺点。

3. 给出一个既有高频率稳定度又具有低相位噪声的频率源的设计思路。

4. 请画出接收机的接收信号和镜像频率干扰的示意图，描述雷达接收机中镜像频率抑制混频器的工作原理。

5. 请说明雷达发射机采用 I/Q 调制技术获得线性调频信号以及雷达接收机采用 I/Q 解调的好处。进一步解释用 I/Q 解调获得雷达回波相位的原理。

6. 请描述雷达要获得高稳定相位的回波，需对雷达系统的哪些方面提出要求。

7. 一天线工作频率为 f，口径为 D，请推导满足天线远场的距离。

8. 证明：由理想点源天线构成的一维线性均匀阵列天线，当扫描角度为 θ 时，为保证天线方向图不出现栅瓣，阵元之间的距离 d 必须小于 $\lambda/(1+|\sin\theta|)$。

9．假设由理想点源天线构成的一维线性均匀阵列天线(参考图 3.2.13(a))，阵元间距 $d=\lambda$，当波束扫描至θ角方向时，请推导求取栅瓣出现方向($\theta_{栅}$)的计算公式。

10．证明：如图 3.2.8 所示的抛物反射面天线由焦点发出的电磁波，经反射面任意点反射后，传播方向与抛物面天线的口面垂直。

11．波导缝隙阵天线一般是如何实现天线的幅度加权的？

12．请对稀疏阵天线的优缺点进行说明。

13．请对反射阵列天线和反射面天线进行比较。

14．请对相控阵天线的并联馈电和串联馈电进行比较。

15．请对有源相控阵天线和无源相控阵天线进行比较。

16．相控阵天线的规模变得越大(阵列长度变得越长)，为保证波束扫描的连续性，对数字移项器的精度(位数)有何要求？

17．宽带相控阵天线的波束为什么会产生色散？

18．为什么相控阵天线的波束扫描一般都是非连续的？

19．对相控阵天线与频率扫描天线的波束扫描性能进行比较。

20．请对机械扫描天线和电扫描(相控阵天线)的性能进行比较。

21．请对相控阵天线的数字移相器的虚位技术进行解释，其有何优缺点？

参 考 文 献

[1] SKOLNIK M I. Radar handbook[M]. 2nd ed. New York: McGraw-Hill, 1990.

[2] SULLIVAN R J. Microwave radar: imaging and advanced concepts[M]. Boston: Artech House, 2000.

[3] BALANIS C A. Antenna theory analysis and design[M]. 3rd ed. New York: John Wiley & Sons, 2005.

[4] Orfanidis S J. Electromagnetic waves and antennas[M]. Piscataway: Rutgers University, 2004.

[5] 弋稳. 雷达接收机技术[M]. 北京: 电子工业出版社, 2005.

[6] 赵晓雯. 稀布阵列天线的压缩感知和入侵杂草优化算法研究[D]. 北京: 中国科学院大学, 2016.

[7] 张云华, 姜景山, 张鸿远, 等. *I/Q* 幅度和相位不平衡对脉冲压缩的影响及其矫正方法[J]. 遥感技术与应用, 2000, 15(2): 79-82.

第4章 雷达信号模型及信号处理

现代雷达系统，基本都是相干雷达。相干雷达是指发射的雷达信号之间有稳定的相位关系，接收到的雷达信号之间也有稳定的相位关系，收发信号之间的相位变化和目标与雷达之间的位置变化相对应。如果发射信号的相位不确定或随机变化，那么所接收到的回波信号的相位因为是由目标距离变化引入的相位与发射信号随机相位之和，所以也将有不确定性或随机变化，此雷达系统为非相干雷达系统。

雷达系统针对目标最基本的测量内容就是时间(对应目标位置)和多普勒频率(Doppler 频率，对应目标运动速度)以及雷达截面(RCS)的测量。所有测量都是通过对雷达回波信号的处理来完成的。由于时间和频率是一个互为倒数的关系，即时间的倒数是频率，频率的倒数是时间，二者的测量存在测不准原理(不确定性原理)。在实际的雷达系统中，不可避免地存在噪声，其会影响时间、频率和 RCS 的测量精度。雷达测速和测距性能与选取的雷达信号模型密切相关。高分辨率成像雷达对雷达信号的带宽有更高的要求。大时带积的雷达信号有利于降低雷达系统的峰值发射功率。雷达为了能够对观测目标进行定位(确定其三维坐标)，还需要具备对目标的角度测量能力，这里主要讨论单部雷达的测角问题。

4.1 雷达测量的基本内容

4.1.1 测量精度和精密度

物理测量系统都面临对所测量物理量的测量精度和测量精密度的问题，雷达也不例外。测量精度反映了测量值与真值的偏差情况，而测量精密度反映了测量值的稳定性情况。以图 4.1.1 所示的打靶结果为例[1]：(a)图反映了打靶的测量精度较高，(b)图反映了测量精密度较高，而(c)图反映了测量精度和测量精密度均较高。对于现实的雷达系统，有可能较容易获得对测量参数较高精密度的测量，其与真值存在一个稳定的偏差(通常可认为是系统偏差)，这样可以通过定标的方法获得系统偏差，然后在测量值中消除该系统偏差，以实现高精度测量。

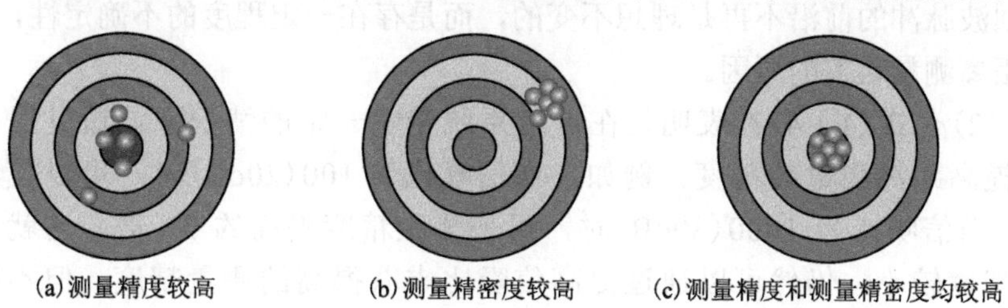

图 4.1.1 测量精度和测量精密度概念的示意图

4.1.2 距离测量

雷达通过将接收到目标回波的时间与发射信号的时间之差(图 4.1.2)，乘以电磁波传播的速度(在自由空间为光速 $c = 299792458\text{m/s}$)来测量目标的距离，因此对目标距离的测量精度取决于时间的测量精度。雷达为了能够区分发射信号和目标到达的时间，通常采用脉冲信号，脉冲宽度决定了时间分辨率(无调制脉冲信号的时间宽度和有调制脉冲信号经脉冲压缩后的宽度)，也决定了对目标距离测量的分辨率。若雷达发射信号的带宽为 B，则能够获得的距离分辨率为

$$\Delta r_{分辨率} = c/(2B) \tag{4.1.1}$$

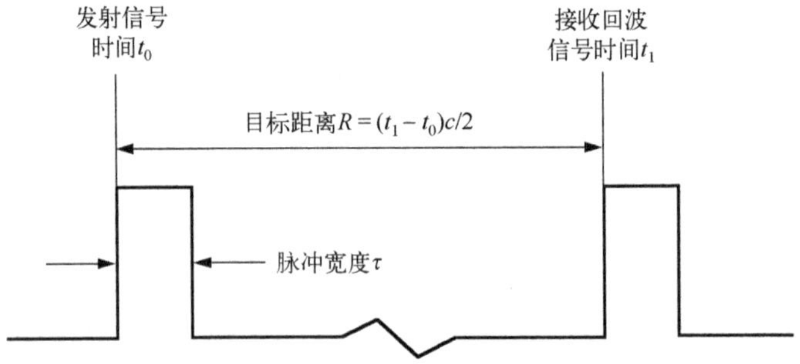

图 4.1.2 雷达距离测量示意图

由于实际的雷达系统自身必然存在热噪声，因此雷达最终能够实现的目标距离测量精度，不仅取决于雷达发射信号的带宽，还取决于测量的信噪比(SNR)[1]：

$$\Delta r_{精度} = c/(2B\sqrt{\text{SNR}}) \tag{4.1.2}$$

式中，c 为光速；B 为雷达发射信号的带宽，对应于峰值位置距离测量方法。若采用精度更高的分离门测量方法[1]，则可以有不同的下界。例如，对于无调制脉冲和线性调频(linear frequency modulation，LFM)信号，可达的下界分别如下[1]：

$$\Delta r_{精度\_um} = c\sqrt{\tau}/(2\sqrt{2\text{SNR}\cdot B_{\text{IF}}}) \tag{4.1.3}$$

$$\Delta r_{精度\_LFM} = \sqrt{3}c/(2\pi B\sqrt{2\text{SNR}}) \tag{4.1.4}$$

式中，B_{IF} 为中频滤波器的带宽；B 为 LFM 信号的带宽；τ 为脉冲宽度。

图 4.1.3 给出了存在测量噪声时，距离测量误差示意图。由此图可见，当存在测量噪声时，雷达回波脉冲的前沿不再是理想不变的，而是存在一定程度的不确定性，这个不确定性正是产生距离测量误差的原因。

式(4.1.2)～式(4.1.4)都表明，在雷达系统带宽一定的情况下，通过提高测量的信噪比，可以提高距离测量的精度。例如，当信噪比为 100(20dB)时，可以使测距精度提高约 10 倍；当信噪比为 1000(30dB)时，可使测距精度提高约 32 倍。这就是说，即便雷达系统的带宽较小，仍然可以通过提高信噪比来获得高的测量精度，但不能提高距离测量的分辨率。

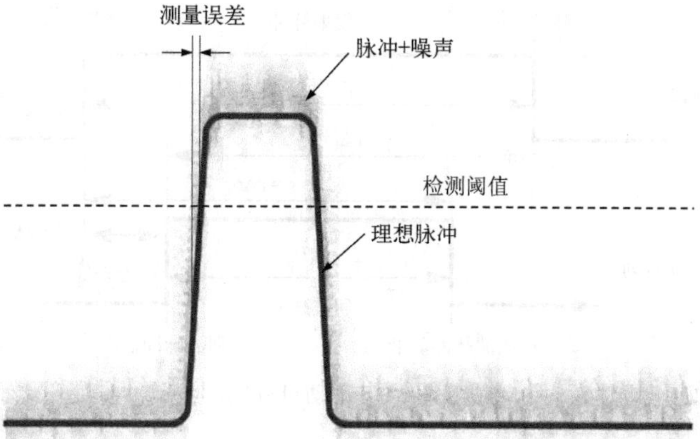

图 4.1.3　雷达脉冲测距误差示意图

4.1.3　速度测量

单位时间内(如两个相邻脉冲之间)目标距离的变化量，即为目标的速度。速度测量有两个基本的途径：①通过测量单位时间内目标距离变化的范围来获得，即 $v=\Delta R/\Delta t$，速度测量精度取决于单位时间内的距离测量精度；②通过测量目标回波的多普勒频率来获得，即 $v=f_d\lambda/2$，速度测量精度取决于多普勒频率 f_d 的测量精度。两种途径测到的速度为目标与雷达之间的径向速度，不一定能够反映目标的真实运动速度，只有当目标沿雷达视线方向运动时，所测到的目标距离变化率或者多普勒频率反映的才是目标的真实速度。下面分别给出发射脉冲信号和连续波信号情况下，目标速度 v 和多普勒频率 f_d 关系的推导过程。

1．脉冲信号

如图 4.1.4 所示[2]，τ 为雷达发射脉冲的宽度，目标以速度 v 向雷达飞行。在 t_0 时刻发射脉冲的前沿到达目标并即刻产生回波，在此瞬间发射脉冲的后沿要到达目标，需穿过 $L=c\tau$ 的距离。在 $t=t_0+\Delta t$ 时刻，发射脉冲的后沿到达目标。由于目标向雷达运动，发射脉冲的后沿到达目标实际穿过的距离并不是 L，而是 $s=c\Delta t=L-d=L-v\Delta t$，这个距离也正是发射脉冲的前沿走过的距离。雷达所接收到回波的脉冲宽度，由于目标的运动而发生了变化，不再是τ，而是 $\tau'=(s-d)/c$，即 $c\tau'=s-d=c\Delta t-v\Delta t$。由于 $c\tau=L=s+d=c\Delta t+v\Delta t$，可得 $\tau'/\tau=(c\Delta t-v\Delta t)/(c\Delta t+v\Delta t)=(c-v)/(c+v)=(1-v/c)/(1+v/c)\approx 1-2v/c\,(v\ll c)$。我们知道，发射脉冲时间宽度内的周期数 $N=f/\tau$（f 为发射脉冲信号的频率），应该等于接收脉冲时间宽度所包含的周期数，即 $N=f/\tau=f'/\tau'$，于是 $f'/f=\tau'/\tau\approx 1-2v/c$，最终 $f_d=f-f'\approx -2v/(c/f)=-2v/\lambda$，即

$$f_d=-2v/\lambda \tag{4.1.5}$$

$$v=-f_d\lambda/2 \tag{4.1.6}$$

需要强调：①多普勒频率的计算由相对于发射信号频率的改变量得到，若目标靠近雷达，则速度(距离随时间的变化率)为负，多普勒频率为正；若目标远离雷达，则速度为正，多普勒频率为负。②无论是根据多普勒频率计算速度，还是根据速度计算多普勒频率，均为近似计算。

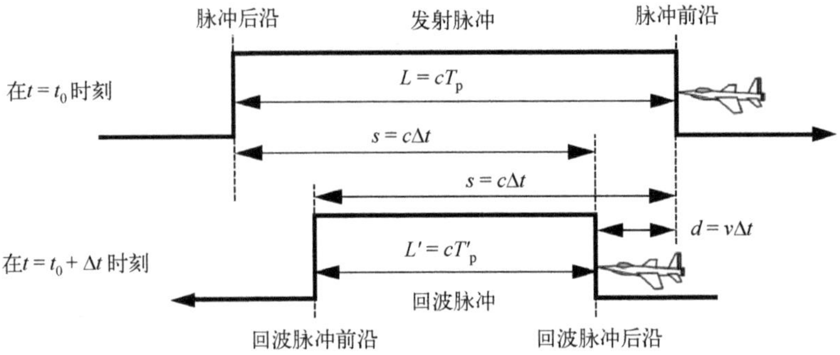

图 4.1.4　雷达发射脉冲宽度和来自运动目标的回波脉冲宽度变化示意图

2. 连续波信号

连续波信号对目标的测量时间可以远大于脉冲信号，因此可获得更高的频谱分辨率，对运动目标的回波所产生的多普勒频移更加敏感，非常有利于对目标速度的测量。前面已经提到，对于相干雷达而言，来自目标的回波相位信息的变化反映了雷达与目标相对距离 r 的变化，即

$$\Delta\varphi = 2\pi\Delta r/\lambda \tag{4.1.7}$$

假设相位和距离的变化发生在Δt 时间内，即式(4.1.7)可变为

$$\Delta\varphi/\Delta t = (2\pi/\lambda)\Delta r/\Delta t \tag{4.1.8}$$

单位时间内的相位变化即为频率(相位的时间导数即为频率)，单位时间内的距离变化即为速度，于是得到

$$f_d = 2\pi v/\lambda \tag{4.1.9}$$

4.1.4　RCS 测量

RCS 是表征目标特征的一个重要的物理量，通常用 m^2 作为其量纲。RCS 的测量可通过测量发射信号的功率和接收来自目标的回波功率，进而根据雷达方程来得到(见第 2 章)。由雷达方程可看出，RCS 的测量精度不仅与雷达系统的信噪比有关，还与天线增益、距离、系统损耗等因素密切相关。在实际中，运动目标的 RCS 通常呈现闪烁特性。早期的雷达，通常利用目标的 RCS 对其进行识别。

雷达测量所得到的 RCS 与发射天线和接收天线的极化特性有关。一般情况下，点目标(面目标)的同极化散射(如 VV 极化或 HH 极化)的 RCS 大于交叉极化的 RCS。

4.1.5　角度测量

对于单部雷达，如要对目标三维位置进行定位，只进行目标的距离和速度测量尚不足够，还必须具备对目标的角度测量能力，角度测量一般分为方位向和俯仰向两个方向。

对于目标的角度测量，可通过下列几种方式实现：①雷达天线在一定立体角空间的机械扫描；②相控阵雷达天线波束的电扫描；③单脉冲雷达技术。第一种方式，角度测量精度取决于机械系统的转动角测量精度以及雷达天线的波束宽度；第二种方式，角度测量精度取决于相控阵雷达的相位控制精度以及合成波束的宽度；第三种方式，角度测量精度取决于双波束天线回波的幅度比较精度或相位比较精度(将在 5.1 节介绍)。

上述三种角度测量方式，有各自的优缺点，例如，第一种方式扫描范围大且波束形状稳定，但扫描速度慢；第二种方式扫描速度快，但扫描范围受限且扫描角度存在跳跃；第三种方式代价最小、测量精度高，但扫描范围更小。在实际中，往往将三种方式结合起来，实现更高性价比的角度测量。

4.2　雷达信号的基本概念

4.2.1　时间频率测不准原理

频域冲激响应的傅里叶变换对是无限时长的正弦波；时域冲激响应的傅里叶变换对具有无限的带宽。也就是说，根本不能在时间-频率点上确定一个信号。

以对一个物体的位置和速度进行测量——一辆轿车通过雷达测速带为例，我们会想当然地假设(在某一特定时刻)轿车有确定的位置和速度，并且对其测量的精度取决于测量设备的水平——如果提升测量设备的精度，那么将得到更接近真值的测量结果。我们尤其会假设，对轿车速度的测量精度不会影响对位置的测量，反之亦然。

1927 年，德国物理学家 Werner Heisenberg 证明上述假设是不正确的。量子力学表明某些物理特性测量对，如位置和速度，不能以任意的精度同时进行测量。这就是说，若某个量的测量精度越高，则另一个量的测量精度越低。这一论断就是众所周知的 Heisenberg 不确定性原理(又称测不准原理)[3]。测不准原理所表明的并不是关于测量设备的精度，而是关于系统本身的本质问题——我们想当然地认为轿车有确定的位置和速度，其实是不正确的。从轿车和人的尺度上看，这些不确定性太小了以至于不能被感知到，但是对于原子和电子问题却是关键的。

不确定性原理用数学来表示就是粒子的位置和动量(动量=速度×质量)的乘积不可能小于某个值，这个值与普朗克常数有关。

4.2.2　雷达信号相干性和非相干性

雷达信号相干性是指来自不同位置目标的雷达回波信号之间的相位关系只取决于目标与雷达天线相位中心的距离，而与雷达发射脉冲的时刻无关。为保证雷达信号的相干性，雷达系统必须具有高稳定度的时钟源，并且雷达系统内部的所有频率(如发射上变频器所需要的本振频率、接收机下变频所需要的本振频率)、中央电子系统的时钟频率等都必须以这个时钟源为参考，以此保证发射信号的相位稳定。图 4.2.1 为表达雷达发射和接收信号相干性的示意图，图中$\Delta\varphi$为取决于雷达与目标之间距离的相位变化[4]。

雷达信号相干性是一切成像雷达信号处理(包括干涉信号处理)的前提，同时也是利用多普勒频率进行速度测量的前提。

如果雷达发射信号的相位随时间随机变化，接收回波信号的相位也将随机变化，收发信号之间的相位差和雷达与目标(或与目标的运动状态)不再保持对应关系，此时雷达信号即为非相干雷达信号，早期的雷达主要以发射非相干信号的方式工作。

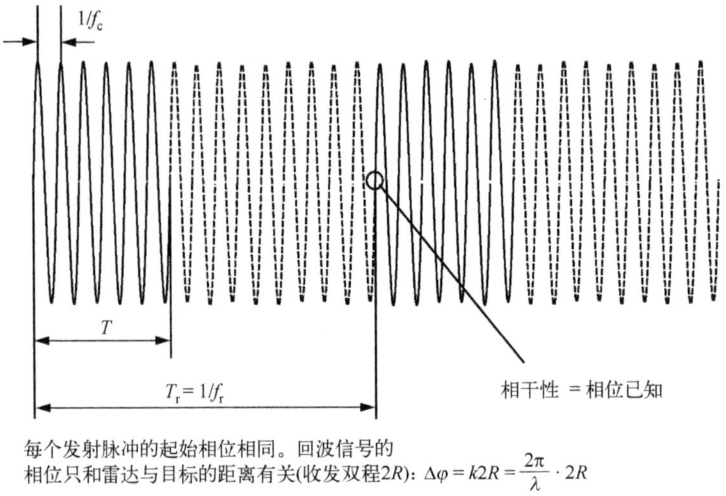

图 4.2.1　雷达信号相干性示意图

4.2.3　雷达信号的四种基本数学表达式

雷达信号通常有四种基本数学表达式，分别如式(4.2.1)～式(4.2.4)所示[5]：

$$s(t)=g(t)\cos[2\pi f_c t+\varphi(t)] \tag{4.2.1}$$

$$\begin{cases} s(t)=g_I(t)\cos(2\pi f_c t)-g_Q(t)\sin(2\pi f_c t) \\ g_I(t)=g(t)\cos\varphi(t) \\ g_Q(t)=g(t)\sin\varphi(t) \end{cases} \tag{4.2.2}$$

$$\begin{cases} u(t)=g_I(t)+\mathrm{j}g_Q(t)] \\ s(t)=\mathrm{Re}[u(t)\mathrm{e}^{\mathrm{j}2\pi f_c t}] \end{cases} \tag{4.2.3}$$

$$s(t)=[u(t)\mathrm{e}^{\mathrm{j}2\pi f_c t}+u^*(t)\mathrm{e}^{-\mathrm{j}2\pi f_c t}]/2 \tag{4.2.4}$$

在第一种表达式中，信号被描述为一个随时间变化的包络 $g(t)$ 与一个简谐信号的乘积，简谐信号的频率为 f_c，相位为$\varphi(t)$；在第二种表达式中，信号被描述为基带信号的 I 分量与简谐信号的乘积和基带信号的 Q 分量与 90° 移相后的简谐信号的乘积之差，而 I 分量表示为随时间变化的包络 $g(t)$ 与相位$\varphi(t)$的余弦的乘积，Q 分量表示为包络 $g(t)$ 与相位$\varphi(t)$的正弦的乘积；在第三种表达式中，信号描述为一个基带复包络信号 $u(t)$ 与载频为 f_c 的复信号的乘积的实部，基带复包络信号由基带信号 I 和 Q 组成；在第四种表达式中，信号被描述为基带复包络信号与载频为 f_c 的复信号的乘积以及该乘积的复共轭的平均值。

上述四种信号数字表达式是等效的，均包含了相位信息，可以相互转换。

4.2.4　正交调制和正交解调

正交调制就是将前面信号模型中的 I 分量(g_I)和 Q 分量(g_Q)基带信号调制到中频或者直接调制到射频，由式(4.2.2)可看到 I、Q 基带信号携带了相位信息$\varphi(t)$。正交解调就是将中频或射频信号解调为两个正交的 I、Q 基带信号。正交调制和正交解调为两个互逆的过程。

图 4.2.2 和图 4.2.3 给出了 I/Q 正交调制和 I/Q 正交解调的示意图，图中的“LPF”代表低通滤波器(low pass filter)；“BPF”代表带通滤波(band pass filter)。

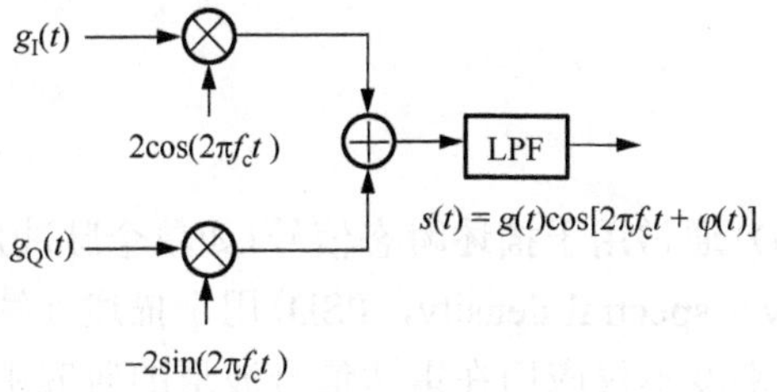

图 4.2.2　I/Q 正交调制示意图

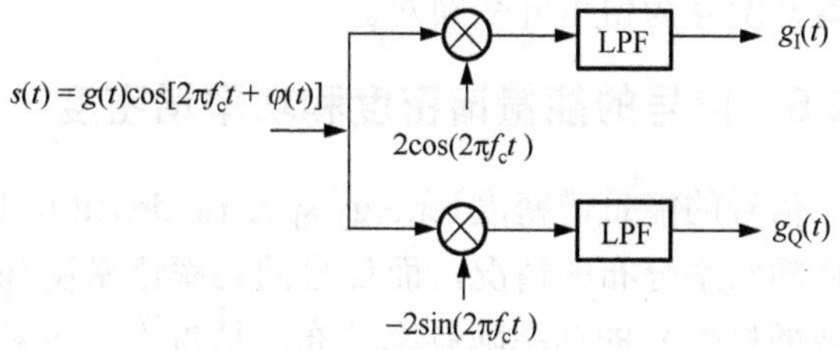

图 4.2.3　I/Q 正交解调示意图

由此可见，正交调制的过程如下：分别将 I 路信号($g_I(t)$)与本振频率为 f_c 的本振信号进行混频，同时将 Q 路信号($g_Q(t)$)与经过 90°移相的 f_c 信号进行混频，然后将两个混频信号的输出送入合路器的两个输入端，合路器的输出端再经一个低通滤波器滤波后便完成了正交调制，得到中频或射频信号。解调的过程与调制正好相反，其过程为：中频或射频信号经过功分器后分为两路信号，分别与 f_c 和 90°移相后的 f_c 进行混频，混频后的信号经低通滤波器滤波后便分别得到 I 信号和 Q 信号。

在此需要说明的是，在实际中，I/Q 正交解调既可以通过模拟方式实现，也可以通过数字方式实现。如果采用数字 I/Q 正交解调，需要对中频信号进行 A/D 数字采样，这意味着需要更高速的 A/D 转换器，而优点是可以避免模拟正交解调不可避免的 I/Q 幅度和 I/Q 相位的不平衡问题，获得近乎理想的解调效果。

4.2.5　信号的相关

信号的相关描述了信号的相似性，通常也称为信号相关函数。若是两个不同信号的相关，则称为互相关，而若是同一信号自身的相关，则称为自相关，信号的自相关事实上也描述了信号与其时延之后的信号的相干性。信号相关函数可以分别依据能量(有限)信号(非周期信号)和功率(有限)信号(周期信号)来定义。对于两个不同的能量信号和功率信号的互相关函数以及某一能量信号和功率信号的自相关函数，其数学表达式分别如下[6]：

$$互相关：R_{xy}(\tau)=\int_{-\infty}^{\infty}s_x(t)s_y^*(t-\tau)\mathrm{d}t \tag{4.2.5}$$

$$自相关：R_{xx}(\tau)=\int_{-\infty}^{\infty}s_x(t)s_x^*(t-\tau)\mathrm{d}t \tag{4.2.6}$$

对于周期信号，则有

$$互相关：R_{xy}(\tau)=\lim_{T\to\infty}\frac{1}{T}\int_{-T}^{T}s_x(t)s_y^*(t-\tau)\mathrm{d}t \tag{4.2.7}$$

$$自相关：R_{xx}(\tau)=\lim_{T\to\infty}\frac{1}{T}\int_{-T/2}^{T/2}s_x(t)s_x^*(t-\tau)\mathrm{d}t \tag{4.2.8}$$

能量信号的自相关函数均有如下性质：① $R_{xx}(\tau)=R_{xx}^*(-\tau)$；② $R_{xx}(\tau)\leqslant R_{xx}(0)$；③ $R_{xx}(\tau)\big|_{\tau=0}=E=\int_{-\infty}^{\infty}|s_x(t)|^2\,\mathrm{d}t$；④与能量谱密度互为傅里叶变换对。

功率信号的自相关函数具有类似于能量信号自相关函数的性质：① $R_{xx}(\tau)=R_{xx}^*(-\tau)$；② $R_{xx}(\tau)\leqslant R_{xx}(0)$；③ $R_{xx}(\tau)\big|_{\tau=0}=P$（平均功率）；④ $R_{xx}(\tau)=R_{xx}(\tau\pm nT)$，$n=1,2,3,\cdots$；⑤与功率谱密度互为傅里叶变换对。

4.2.6 信号的能量谱密度和功率谱密度

信号的能量谱密度(energy spectral density，ESD)通常用于描述瞬态信号(如单个脉冲)的能量随频率分布的情况，而信号的功率谱密度(power spectral density，PSD)用于描述连续信号或随机信号的功率随频率分布的情况[7]。功率谱密度不仅应用在雷达信号波形的研究中，而且在几乎所有表征物理量的测量精度(方差)的研究中都有广泛应用。

假设某瞬态信号 $s_{\mathrm{T}}(t)$，其傅里叶变换为

$$S_{\mathrm{T}}(f)=\int_{-\infty}^{\infty}s_{\mathrm{T}}(t)\mathrm{e}^{-\mathrm{j}2\pi ft}\mathrm{d}t \tag{4.2.9}$$

根据帕塞瓦尔定理[6]，信号在时域的能量应该等于其在频域的能量，即

$$\int_{-\infty}^{\infty}\left|s_{\mathrm{T}}(t)\right|^2\mathrm{d}t=\int_{-\infty}^{\infty}\left|S_{\mathrm{T}}(f)\right|^2\mathrm{d}f \tag{4.2.10}$$

式中，$|S_{\mathrm{T}}(f)|^2$ 即为信号 $s_{\mathrm{T}}(t)$ 的能量谱密度，也就是说信号 $s_{\mathrm{T}}(t)$ 的频谱模值的平方即为其能量谱。假设离散信号 $x_n=x(n\Delta t)$，则其能量谱密度可表示为

$$S_x(f)=(\Delta t)^2\left|\sum_{n=-\infty}^{\infty}x_n\mathrm{e}^{-\mathrm{j}2\pi fn}\right|^2=(\Delta t)^2X(f)X^*(f) \tag{4.2.11}$$

式中，$X(f)$ 为 x_n 的离散傅里叶变换；Δt 为采样时间间隔。

假设某连续信号 $s(t)$，其平均功率为

$$P=\lim_{T\to\infty}\frac{1}{T}\int_{-T/2}^{T/2}[s(t)]^2\mathrm{d}t \tag{4.2.12}$$

可以证明非周期信号的能量谱密度和周期信号的功率谱密度均与其自相关函数构成傅里叶变换对的关系，即

$$S_x(f)=\int_{-\infty}^{\infty}R_{xx}(f)\mathrm{e}^{-\mathrm{j}2\pi ft}\mathrm{d}f \tag{4.2.13}$$

正由于信号的功率谱与其自相关函数存在上述关系，因此其在雷达信号的设计中有重要应用，例如，可通过功率谱的设计实现低副瓣雷达信号的设计。

在实际中，由于确定性信号的能量通常有限，故适合用能量谱密度来描述，而随机信号的能量并非有限，适合用功率谱密度来进行描述。

4.2.7 信号的匹配滤波

在雷达应用中，一般用已知的发射信号去检测某个目标是否存在。对目标的检测概率取决于所接收信号的信噪比而不是接收到的信号准确波形，因此我们往往更有兴趣去获得最大信噪比而不是去获取并保持信号的波形。匹配滤波器就是这样一种滤波器，它可以通过某种方式使滤波器的参数根据所输入信号的不同而自适应地改变，以便获得最大的输出信噪比。下面给出匹配滤波数学表达式的推导过程[4,5]。

假设滤波器的输入信号为一个包含噪声的信号：

$$s_{\text{in}}(t) = s(t) + n_0(t) \tag{4.2.14}$$

假设滤波器的频域响应为 $H(f)$，滤波器的输出信号为 $s_0(t_0)$ 和噪声功率分别为

$$s_0(t_0) = \int_{-\infty}^{\infty} H(f)S(f)\mathrm{e}^{\mathrm{j}2\pi f t_0}\,\mathrm{d}f \tag{4.2.15}$$

$$\overline{n_0^2(t)} = N_0\int_{-\infty}^{\infty} |H(f)|^2\,\mathrm{d}f \tag{4.2.16}$$

式中，$S(f)$ 为信号 $s(t)$ 的傅里叶变换；N_0 为双边带加性高斯白噪声的功率谱密度。我们希望寻求 $H(f)$，能够使信号经过滤波器后的信噪比最大：

$$(S/N)_{\text{out}} = \left|\int_{-\infty}^{\infty} H(f)S(f)\mathrm{e}^{\mathrm{j}2\pi f t_0}\mathrm{d}f\right|^2 \Big/ \left(N_0\int_{-\infty}^{\infty}|H(f)|^2\,\mathrm{d}f\right) \tag{4.2.17}$$

为推导匹配滤波器的数学表达式，先介绍 Schwarz 不等式如下[4,5]：

$$\left|\int_{-\infty}^{\infty} A(f)B(f)\mathrm{d}f\right|^2 \leqslant \int_{-\infty}^{\infty}|A(f)|^2\,\mathrm{d}f \cdot \int_{-\infty}^{\infty}|B(f)|^2\,\mathrm{d}f \tag{4.2.18}$$

$A(f)$ 和 $B(f)$ 为两个任意的复信号，当 $A(f) = C_0B^*(f)$ 时，上述不等式取等号，这里 C_0 为任意常数。如果令 $A(f)$ 为滤波器的频域表达式，$B(f)$ 为信号频谱与时延相移 $\mathrm{e}^{\mathrm{j}\omega t_0}$ 的乘积，即

$$A(f) = H(f) \tag{4.2.19}$$

$$B(f) = S(f)\mathrm{e}^{\mathrm{j}2\pi f t_0} \tag{4.2.20}$$

根据式(4.2.17)和式(4.2.18)，有

$$(S/N)_{\text{out}} \leqslant (1/N_0)\int_{-\infty}^{\infty}|S(f)|^2\mathrm{d}f = E/N_0 \tag{4.2.21}$$

E 表示有限时域响应信号的能量，我们知道信号的时域能量与频域能量应当相等，即

$$E = \int_{-\infty}^{\infty}|s(t)|^2\,\mathrm{d}t = \int_{-\infty}^{\infty}|S(f)|^2\,\mathrm{d}f \tag{4.2.22}$$

式(4.2.21)表明，最大输出信噪比与信号的波形无关而仅与信号的能量有关，也就是说，任何波形的信号均可进行匹配滤波处理。

至此，可以得到当滤波器的频域响应 $H(f)$ 为输入信号的频谱与时延相移乘积的复共轭时，即

$$H(f) = C_0S^*(f)\mathrm{e}^{-\mathrm{j}2\pi f t_0} \tag{4.2.23}$$

滤波器的输出信噪比将为最大。这样的滤波器称为匹配滤波器，意为其与输入信号“匹配”。

对式(4.2.23)取傅里叶逆变换，得到匹配滤波器的时域冲激响应：

$$h(t) = C_0 s^*(t_0 - t) \tag{4.2.24}$$

下面推导一个窄带信号经过匹配滤波器后的响应，我们将会看到输入信号的相位信息在输出信号中得以保留。

匹配滤波的过程实际上是输入信号与匹配滤波器时域冲激响应的卷积：

$$s_0(t)=s(t)\otimes h(t)=\int_{-\infty}^{\infty}s(\tau)h(t-\tau)\mathrm{d}\tau=\int_{-\infty}^{\infty}s(\tau)C_0s^*[t_0-(t-\tau)]\mathrm{d}\tau \tag{4.2.25}$$

当 $C_0=1$，$t_0=0$ 时，匹配滤波器的输出实际上等于信号的自相关函数：

$$s_0(t)=\int_{-\infty}^{\infty}s(\tau)s^*(\tau-t)\mathrm{d}\tau \tag{4.2.26}$$

采用式(4.2.4)表示信号，式(4.2.25)变为

$$\begin{aligned}s_0(t)&=(C_0/4)\int_{-\infty}^{\infty}[u(\tau)\mathrm{e}^{\mathrm{j}2\pi f_c\tau}+u^*(\tau)\mathrm{e}^{-\mathrm{j}2\pi f_c\tau}]\\&\quad\cdot[u^*(\tau-t+t_0)\mathrm{e}^{-\mathrm{j}2\pi f_c(\tau-t+t_0)}+u(\tau-t+t_0)\mathrm{e}^{\mathrm{j}2\pi f_c(\tau-t+t_0)}]\mathrm{d}\tau\end{aligned} \tag{4.2.27}$$

将式(4.2.27)展开后得到

$$\begin{aligned}s_0(t)=(C_0/4)\Big[&\mathrm{e}^{\mathrm{j}2\pi f_c(t-t_0)}\int_{-\infty}^{\infty}u(\tau)u^*(\tau-t+t_0)\mathrm{d}\tau\\&+\mathrm{e}^{-\mathrm{j}2\pi f_c(t-t_0)}\int_{-\infty}^{\infty}u^*(\tau)u(\tau-t+t_0)\mathrm{d}\tau+\mathrm{e}^{\mathrm{j}2\pi f_c(t-t_0)}\int_{-\infty}^{\infty}u^*(\tau)u^*(\tau-t+t_0)\mathrm{e}^{-\mathrm{j}2\pi(2f_c)\tau}\mathrm{d}\tau\\&+\mathrm{e}^{-\mathrm{j}2\pi f_c(t-t_0)}\int_{-\infty}^{\infty}u(\tau)u(\tau-t+t_0)\mathrm{e}^{\mathrm{j}2\pi(2f_c)\tau}\Big]\mathrm{d}\tau\end{aligned} \tag{4.2.28}$$

显然，式(4.2.28)等号右端的第一项和第二项分别为第三项和第四项的复共轭。任意复信号与其复共轭之和等于该复信号的实部的两倍，于是可以得到

$$\begin{aligned}s_0(t)=&\frac{1}{2}C_0\,\mathrm{Re}\left[\mathrm{e}^{\mathrm{j}2\pi f_c(t-t_0)}\int_{-\infty}^{\infty}u(\tau)u^*(\tau-t+t_0)\mathrm{d}\tau\right]\\&+\frac{1}{2}C_0\,\mathrm{Re}\left[\mathrm{e}^{\mathrm{j}2\pi f_c(t-t_0)}\int_{-\infty}^{\infty}u^*(\tau)u^*(\tau-t+t_0)\mathrm{e}^{-\mathrm{j}2\pi(2f_c)\tau}\mathrm{d}\tau\right]\end{aligned} \tag{4.2.29}$$

式(4.2.29)等号右端的第二项可看作 $u^*(\tau)u^*(\tau-t+t_0)$ 在 $2f_c$ 频点处的傅里叶变换。因为 $s(t)$ 为以 f_c 为中心的窄带信号，所以其复包络的频谱必然只在相对于 f_c 窄的频率范围内存在，这就是说相对于第一项，第二项可忽略。于是式(4.2.29)可近似为

$$\begin{aligned}s_0(t)&\approx\frac{1}{2}C_0\,\mathrm{Re}\left[\mathrm{e}^{\mathrm{j}2\pi f_c(t-t_0)}\int_{-\infty}^{\infty}u(\tau)u^*(\tau-t+t_0)\mathrm{d}\tau\right]\\&=\mathrm{Re}\left\{\left[\frac{1}{2}C_0\mathrm{e}^{\mathrm{j}2\pi f_c t_0}\int_{-\infty}^{\infty}u(\tau)u^*(\tau-t+t_0)\mathrm{d}\tau\right]\mathrm{e}^{\mathrm{j}2\pi f_c t}\right\}\end{aligned} \tag{4.2.30}$$

令 $u_0(t)=\frac{1}{2}C_u\int_{-\infty}^{\infty}u(\tau)u^*(\tau-t+t_0)\mathrm{d}\tau$，$C_u=\frac{1}{2}C_0\mathrm{e}^{-\mathrm{j}2\pi f_c t_0}$，于是输出信号为

$$s_0(t)\approx\mathrm{Re}[u_0(t)\mathrm{e}^{\mathrm{j}2\pi f_c t}] \tag{4.2.31}$$

式(4.2.31)表明，窄带信号 $s(t)$ 经过匹配滤波器后，其输出 $s_0(t)$ 变为以 $u_0(t)$ 为复包络(该复包络包含了取决于目标时延的相位 $\mathrm{e}^{-\mathrm{j}2\pi f_c t_0}$)，以及以 f_c 为载频的信号。这就是说，匹配滤波器是一种可以保持相位的滤波器。

对信号进行匹配滤波实际上就是对信号进行零延时的自相关运算。

4.2.8 雷达信号的模糊函数

雷达信号的自相关函数描述了信号定义如下[4]：

$$\left|\chi(\tau)\right|^2=\left|\int_{-\infty}^{\infty}s(t)s^*(t-\tau)\mathrm{d}t\right|^2 \tag{4.2.32}$$

雷达信号的模糊函数表示匹配滤波器的输出，它描述了当与一个具有相同 RCS 的零距离且静止的参考目标相比较的时候，由于目标的距离变化和(或)多普勒频移引起的干扰。

雷达信号的模糊函数在进行雷达系统设计时经常用到，它有助于针对不同的雷达应用采用不同的雷达波形的研究，同时也用来表征一个特定波形的距离和多普勒分辨率。其数学表达式如下：

$$\left|\chi(\tau,f_\mathrm{d})\right|^2=\left|\int_{-\infty}^{\infty}s(t)s^*(t-\tau)\mathrm{e}^{\mathrm{j}2\pi f_\mathrm{d}t}\mathrm{d}t\right|^2 \tag{4.2.33}$$

如果 $S(f)$ 是时间信号 $s(t)$ 的傅里叶变换，那么根据任何信号时域能量与频域能量相等的帕塞瓦尔理论可以得到

$$\left|\chi(\tau,f_\mathrm{d})\right|^2=\left|\int_{-\infty}^{\infty}S^*(f)S(f-f_\mathrm{d})\mathrm{e}^{-\mathrm{j}2\pi f\tau}\mathrm{d}f\right|^2 \tag{4.2.34}$$

模糊函数具有下列四个特性：

(1) 在 (0, 0) 处取最大值，即

$$\left|\chi(\tau,f_\mathrm{d})\right|\leqslant\left|\chi(0,0)\right|=1 \tag{4.2.35}$$

(2) 沿归一化模糊表面的积分(即体积)为常数，即

$$\int_{-\infty}^{\infty}\int_{-\infty}^{\infty}\left|\chi(\tau,f_\mathrm{d})\right|^2\mathrm{d}\tau\mathrm{d}f_\mathrm{d}=1 \tag{4.2.36}$$

(3) 关于 (0, 0) 点的对称性，即

$$\left|\chi(-\tau,-f_\mathrm{d})\right|=\left|\chi(\tau,f_\mathrm{d})\right| \tag{4.2.37}$$

(4) 线性调频效应，即若 $u(t)\Leftrightarrow|\chi(\tau,f_\mathrm{d})|$，则

$$u(t)\mathrm{e}^{\mathrm{j}\pi\alpha t^2}\Leftrightarrow\left|\chi(\tau,f_\mathrm{d}-\alpha\tau)\right| \tag{4.2.38}$$

性质(1)和性质(2)表明，若采取某种手段改变模糊函数的形状，例如，将其主瓣展宽，则其可降低旁瓣，因为模糊函数总的积分是恒定的。这为我们在信号的脉冲压缩处理中，通过对信号进行时域或频域加窗的方式来降低旁瓣提供了理论依据。模糊函数反映了信号的距离向和多普勒频率的分辨率特性。

图 4.2.4 给出了线性调频信号、13 位巴克(Barker)码、无调制脉冲串和单个无调制脉冲的模糊函数的三维描述和投影描述。

比较图 4.2.4 中的四个常用雷达信号的模糊函数不难看出，LFM 信号具有较高的距离分辨率，但多普勒分辨率较低；Barker 码距离分辨率和多普勒分辨率均较高，但是脉冲压缩响应的旁瓣较高；单个无调制脉冲的距离分辨率和多普勒分辨率均取决于脉冲宽度(脉宽越窄，距离分辨率越高，但多普勒分辨率越低)；而无调制脉冲串的距离分辨率取决于脉冲宽度，但多普勒分辨率取决于脉冲的个数。无调制脉冲串可以同时获得较高的距离分辨率和多普勒分辨率，但是存在严重的模糊(即存在多个可能的多普勒频率和距离测量值)。

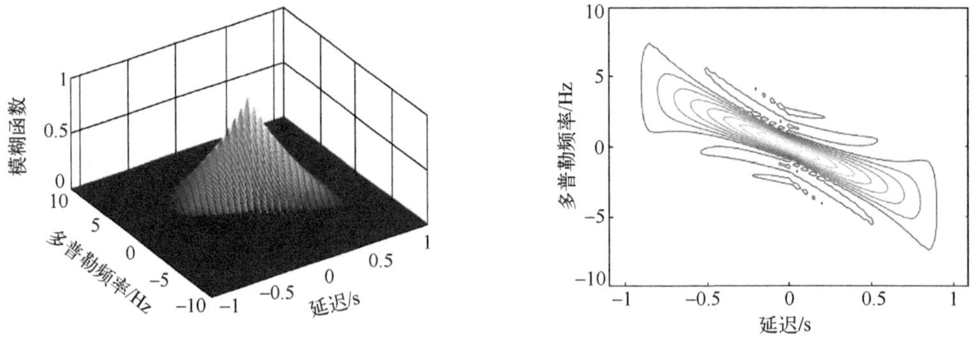

(a) LFM信号的模糊函数(三维和投影)

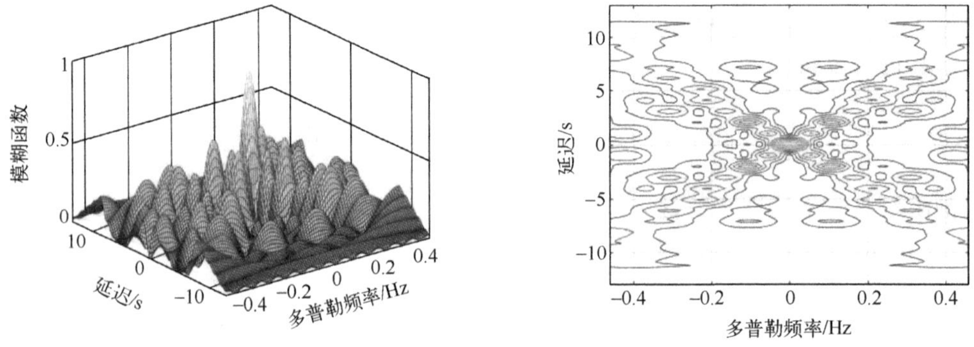

(b) 13位Barker码的模糊函数(三维和投影)

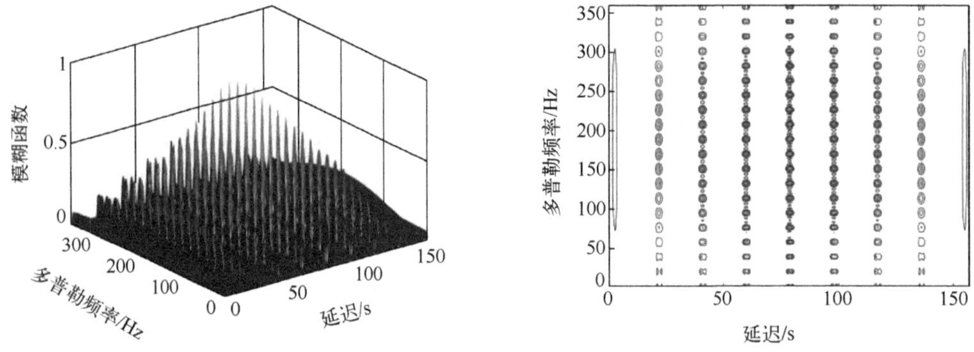

(c) 无调制脉冲串的模糊函数(三维和投影)

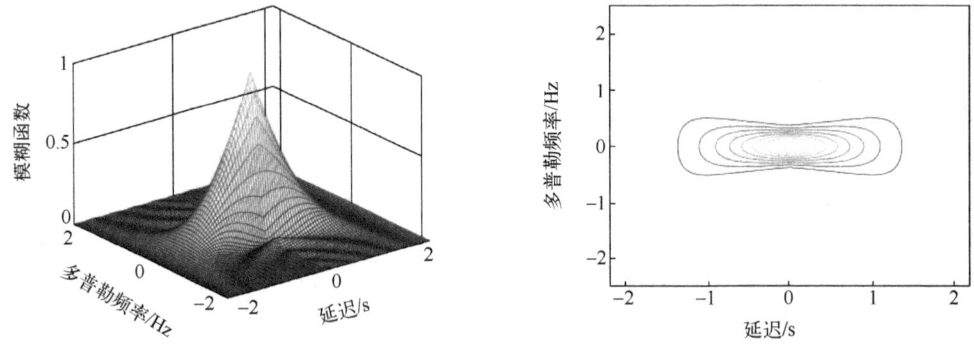

(d) 单个无调制脉冲的模糊函数(三维和投影)

图 4.2.4　LFM 信号、13 位 Barker 码、无调制脉冲串和单个无调制脉冲的模糊函数的三维描述和投影描述

4.3 常用的雷达信号模型

本节介绍常用的信号模型，包括连续波信号、脉冲调制连续波信号、相位编码信号、调频连续波信号、线性调频脉冲信号、非线性调频脉冲信号、频率步进脉冲信号、调频步进脉冲信号、非线性调频步进脉冲信号、噪声信号(如混沌噪声)等。

4.3.1 连续波信号

连续波信号是指载频固定而时间长度无限的信号，也就是单频信号。图 4.3.1 给出了连续波信号的示意图，其数学表达式为

$$s(t) = A\cos(\omega_c t + \varphi_0) \tag{4.3.1}$$

式中，φ_0 为初始相位。当目标与雷达之间有相对运动时，回波信号中将包含多普勒信息，此时接收信号为

$$s_r(t) = A\cos[(\omega_c \pm \omega_d)t + \varphi_0] \tag{4.3.2}$$

式中，A 为目标的雷达截面，根据测量得到的多普勒频率，可以测量目标的径向速度。

连续波信号因为本身是单频信号，所以对由多普勒频移引起的频率变化非常敏感，同时由于是较长时间连续波观测，因此其对信号频率的测量精度非常高，即对多普勒频率的测量精度非常高，也就是对目标的径向速度的测量精度非常高。由于信号积分时间较长，因此接收信号的能量积累较大，雷达的作用距离通常可以更远。

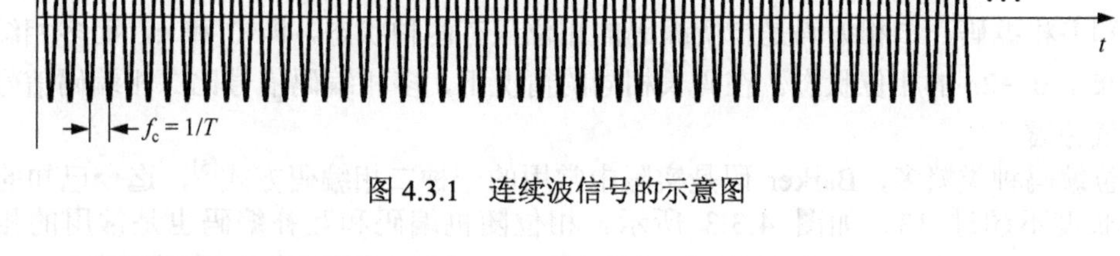

图 4.3.1 连续波信号的示意图

4.3.2 脉冲调制连续波信号

前面介绍的连续波信号没有时间测量信息，也就没有分辨目标距离的能力，因而也不具备对目标的距离测量能力。如果用脉冲去调制连续波，可以得到如图 4.3.2 所示的信号波形，称为脉冲调制连续波信号。脉冲调制后，信号的输出由连续波变成了脉冲，但每个脉冲的载频是相同的。可以根据发射脉冲和接收脉冲的时间差来获得目标的距离，因此采用脉冲信号的雷达具备了距离测量能力。脉冲宽度(时间)的倒数即为脉冲信号的带宽，因此脉冲调制的连续波不再是单频信号，这对多普勒频率的测量精度必然造成影响，并且若发射的脉冲越窄，则脉冲的频谱展宽越大，多普勒频率的测量精度越低，但是可以获得更高的距离测量精度。这就是说，获得高的速度测量精度和获得高的距离测量精度是互相矛盾的。通过对多个连续发射的脉冲的回波信号进行相干处理，从中提取出多普勒频率信息，进而得到目标的径向速度测量，这个处

理过程通常称为脉冲-多普勒(pulse-Doppler)处理(将在 4.4.2 节介绍)。

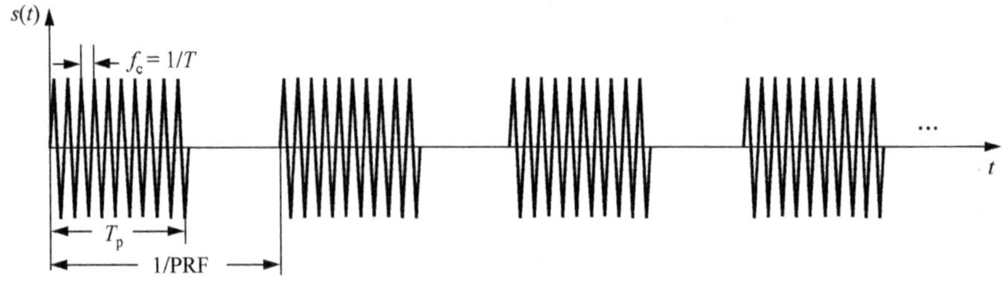

图 4.3.2　脉冲调制连续波示意图

无载波的窄脉冲信号经常在探地雷达中采用。

4.3.3　相位编码信号

相位编码信号(phase-coded signal)是早期雷达用于实现脉冲压缩的一种信号模型，通过将一个脉冲分成若干子脉冲部分(即一个大脉冲的时间宽度等于所有子脉冲的脉冲宽度之和)，每个子脉冲的载波相位按照特殊的设计而确定，其数学模型表示如下：

$$u(t) = \sum_{n=1}^{N} u_n \mathrm{rect}\{[t-(n-1)\tau_p]/\tau_p\} \Big/ \sqrt{T} \tag{4.3.3}$$

式中，$u_n = \mathrm{e}^{\mathrm{j}\varphi n}$，$\varphi_1$、$\varphi_2$、…、$\varphi_N$ 可根据 N 的不同而有不同的设计；τ_p 为码元时间宽度。通常选择编码的依据是分辨率特性、频谱以及是否容易实现等。发射和接收参考脉冲采用不同的相位编码虽然可以提高分辨率，但是增加了实现的复杂度，同时会牺牲最优信噪比。相位编码信号的带宽 B_p 由码元时宽的倒数决定，即 $B_p = 1/\tau_p$。

相位编码信号属于低截获信号，在设计特殊要求的脉压主瓣和副瓣性能方面有很大灵活性，但一般存在多普勒容限低的缺点(即目标的运动对探测性能影响大)。相位编码又分为二相编码和多相编码，二相编码是指所编码的相位只有两种状态，即 0 和 π，而多相编码具有多个分布于 0～2π 的相位状态。在码长相同的情况下，多相编码信号比二相编码信号更容易实现更低旁瓣。

相位编码种类繁多，Barker 码是实际中常用的一种二相编码方式[5]，迄今已知的 Barker 码编码长度不超过 13，如图 4.3.3 所示。相位随机编码和互补编码也是常用的相位编码

已知的Barker码		
长度	码值	
2	+1−1	+1+1
3	+1+1−1	
4	+1+1−1+1	+1+1+1−1
5	+1+1+1−1+1	
7	+1+1+1−1−1+1−1	
11	+1+1+1−1−1−1+1−1−1+1−1	
13	+1+1+1+1+1−1−1+1+1−1+1−1+1	

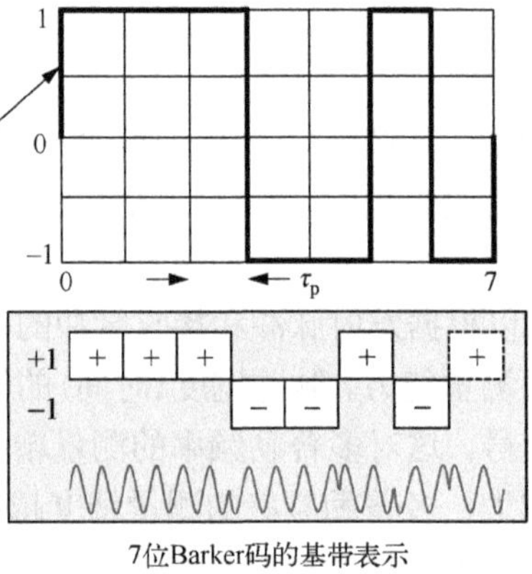

7位Barker码的基带表示

图 4.3.3　长度为 2～13 位的 Barker 码以及 7 位 Barker 码的基带表示

波形，在实现低旁瓣方面具有优势，相位随机编码信号是噪声信号中的一种；互补编码通过对两组子相位编码信号的距离向副瓣进行设计，使之反相相削以达到降低整个编码的副瓣电平的目的，“互补”也由此得名。图 4.3.4 给出了由两组码长为 4 的子码组成互补码波形，左边 4 位子码的副瓣与最右边 4 位子码的副瓣相位相反，二者间隔一定时长以使左右两组子码信号的回波在时间上能够分开。目标的尺寸越大，子码的间隔时间相应越长。在互补码设计中，可用超过两组的子码，只要保证它们的副瓣叠加之后达到最小即可。

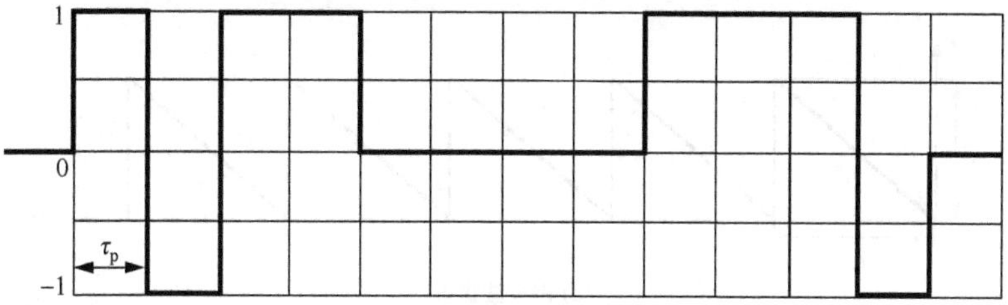

图 4.3.4　码长为 4 位的互补码波形

4.3.4　调频连续波信号

前面介绍的连续波不具备距离测量能力，而脉冲调制连续波信号虽然同时具备速度测量和距离测量的能力，但是一方面两者互为矛盾，另一方面窄脉冲还会导致系统的灵敏度降低(在同等峰值发射功率的情况下，信噪比降低)。如果用一个频率随时间线性变化的长周期信号对连续波进行调制，那么其不仅可以具备速度测量和距离测量的能力，而且还能够获得很高的距离测量精度而不牺牲信噪比。一方面，因为通过线性频率调制(linear frequency modulation，LFM)可以获得很大的带宽；另一方面，由于属于连续波(即发射信号在时间上连续)，因此相比于脉冲信号，可以获得更长时间的功率积分，从而可以极大降低对雷达峰值发射功率的需求，这样的信号称为调频连续波(frequency modulated continuous wave，FMCW)信号，其时域波形如图 4.3.5 所示。FMCW 非常适于短距离的目标探测，近年来尤其成为轻小型化 SAR 以及汽车雷达主要采用的信号形式。FMCW 信号用于成像雷达时存在严重的距离-多普勒耦合问题，且不适合远距离探测雷达的应用，这是由于线性调频的时间宽度 T_p 较大，通常为 ms 量级。

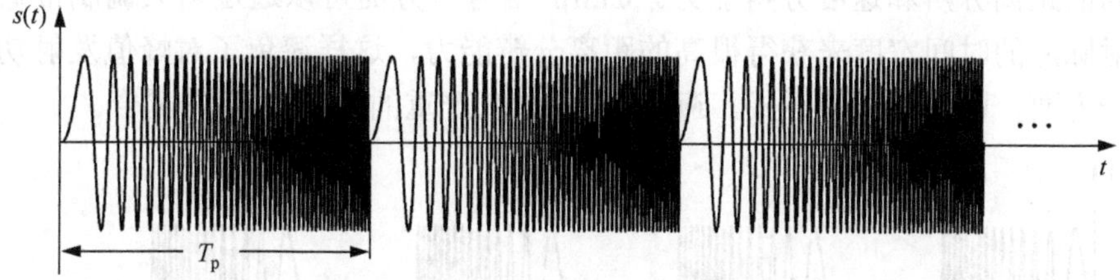

图 4.3.5　FMCW 信号时域波形

锯齿波调制的 FMCW 信号的数学表达式为

$$s(t) = A\cos[2\pi(f_c t + 0.5\alpha t^2) + \varphi_0],\quad 0 \leqslant t \leqslant T_p \tag{4.3.4}$$

三角波调制的 FMCW 信号的数学表达式为

$$\begin{cases} s(t) = A_{\mathrm{T}} \exp\{\mathrm{j} \cdot [2\pi(f_0 t + 0.5\alpha t^2) + \varphi]\}, & t \in (0, T_{\mathrm{p}}/2) \\ s(t) = A_{\mathrm{T}} \exp\{\mathrm{j} \cdot [2\pi((f_0 + 2B)t - 0.5\alpha t^2) + \varphi]\}, & t \in (T_{\mathrm{p}}/2, T_{\mathrm{p}}) \end{cases} \tag{4.3.5}$$

式中，B 为调制带宽；T_{p} 为调制时宽同时也是重复周期；α 为调频斜率，对于锯齿波调制，其为 B/T_{p}；对于三角波调制，其为 $2B/T_{\mathrm{p}}$。

FMCW 的调制方式主要有锯齿波调制和三角波调制，分别如图 4.3.6(a)和图 4.3.6(b)所示，实际上，图 4.3.5 所对应的正是锯齿波调制。

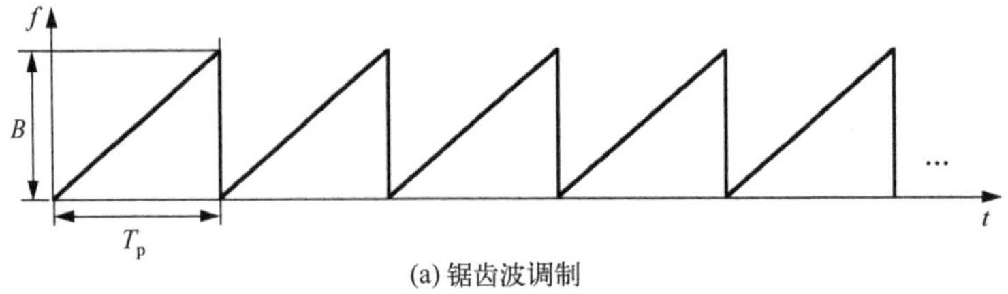

(a) 锯齿波调制

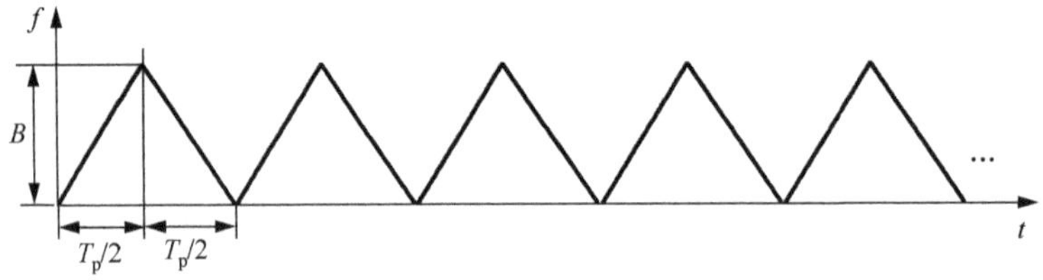

(b) 三角波调制

图 4.3.6 锯齿波调制和三角波调制的 FMCW 信号模型

相对而言，锯齿波调制适合于调制周期较短、带宽较小的情况；三角波调制更适合于调制周期较长、带宽较大的情况，因为此时存在更为严重的距离-多普勒频率(速度)耦合，而通过正负调频配合的三角波调制能有效解决二者的耦合问题。

4.3.5 线性调频脉冲信号

线性调频脉冲信号(linear frequency modulation pulsed signal，通常称为 Chirp 信号)也是一种 LFM 信号，与 FMCW 的区别是线性调频的时间较短，通常为 10μs 量级并且发射脉冲之间具有间歇期，如图 4.3.7 所示。Chirp 信号是现代雷达中广泛采用的雷达信号形式，它同时具有较高的距离分辨和速度分辨能力。Chirp 信号一方面可以通过增大调制带宽而不是通过压缩发射脉冲的时间宽度来获得很高的距离分辨能力，这样避免了对峰值发射功率过高的要求；另一方面，因为是脉冲方式，避免了 FMCW 严重的距离-多普勒耦合。

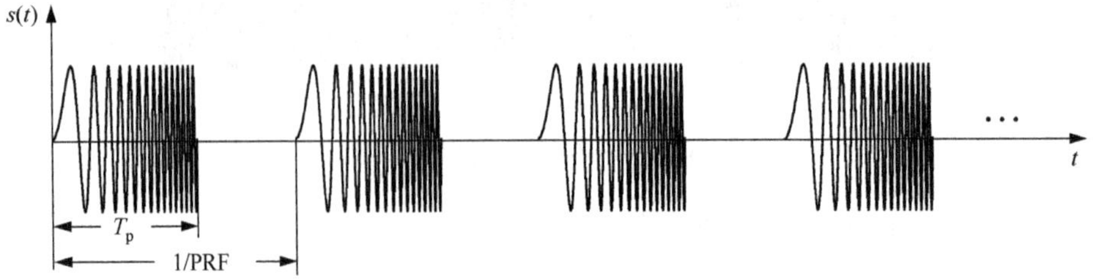

图 4.3.7 Chirp 信号

Chirp 信号的数学模型表示如下：

$$s(t)=A\cos\{2\pi[(f_c-0.5\alpha T_p)t+0.5\alpha t^2]+\varphi_0\},\quad 0\leqslant t\leqslant T_p \tag{4.3.6}$$

式中，A 为 Chirp 信号的幅度；f_c 为载频；α 为线性调频率(其量纲为单位时间里的频率带宽，可正可负)；T_p 为脉冲宽度；φ_0 为脉冲的初始相位。显然信号带宽为 $B=\alpha T_p$，且 $T_p \cdot B \gg 1$。

早期的 Chirp 信号是通过声表面波(SAW)器件来产生的。首先将射频信号变换到声波范围，并且利用不同频率的声波信号在 SAW 器件中传播速度不同的特性，例如，频率高的声波信号传播速度慢，而频率低的声波信号传播速度快，这样便可以用包含一定带宽范围的窄脉冲去激励这个 SAW 器件，在 SAW 的输出端便可以得到 Chirp 信号。这样的 SAW 器件，在早期的雷达中还用来对回波脉冲进行压缩。

现代雷达一般采用数字方式来产生 Chirp 信号。产生过程：首先将计算的 I/Q 基带信号经过数模转换(digital to analog conversion，DAC)，然后将 I/Q 信号经 I/Q 调制后获得中频的 Chirp 信号，再经过上变频将载频提升到所需的工作频率。用这样的方式产生 Chirp 信号的好处是，Chirp 信号的带宽将是 I 和 Q 信号的物理带宽的两倍，可以缓解对数模转换的压力。

Chirp 信号的自相关函数为

$$R_{\text{Chirp}}(\tau)=\left|(1-|\tau|/t_p)\operatorname{sinc}[k\tau(t_p-|\tau|)]\right|,\quad |\tau|\leqslant t_p \tag{4.3.7}$$

4.3.6　非线性调频脉冲信号

本书将在后面的匹配滤波脉冲压缩中提到，Chirp 信号的压缩响应的旁瓣较高，这是因为经匹配滤波脉压后的脉冲响应即为信号的自相关函数，而信号的自相关函数又等于信号功率谱密度(PSD)的傅里叶变换。对于 Chirp 信号，由于其信号能量均匀分布于信号的频谱带宽内，因而其 PSD 呈矩形形状，脉压响应表现为 sinc 函数形状，第一旁瓣仅为 −13.3dB 左右。为实现低旁瓣脉压，除了可以通过对 Chirp 信号加窗来实现外，还可以通过采用非线性调频(nonlinear frequency modulation，NLFM)的方式，以克服加窗带来的主瓣展宽牺牲分辨率和由于波形失配不可避免地带来的信噪比损失问题。非线性 Chirp 信号的数学模型可表示为

$$s(t)=A\cos[2\pi(\omega_c t+0.5\alpha t^2+\beta t^q)+\varphi_0)],\quad 0\leqslant t\leqslant T_p, q>2 \tag{4.3.8}$$

式中，β 为非线性调频系数；q 为大于 2 的任意常数。

非线性 Chirp 信号不同于 Chirp 信号，其能量不再均匀分布于信号的频谱带宽内，而是集中于信号频谱的中央，从而实现与频谱加窗处理等效的降低旁瓣效果。事实上，可以通过非线性调频设计实现性能更优的 PSD 形状，在实现低旁瓣的同时提高信号处理的信噪比。图 4.3.8 给出了非线性 Chirp 信号的时频关系示意图。

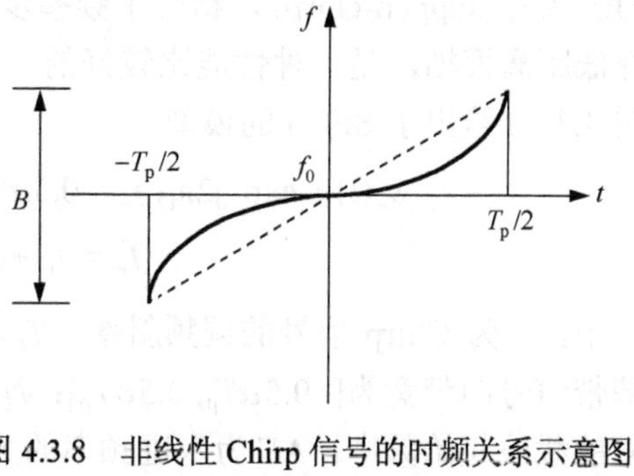

图 4.3.8　非线性 Chirp 信号的时频关系示意图

4.3.7　频率步进脉冲信号

前面介绍的 Chirp 信号，随着带宽的不断增大，对 ADC 的要求也不断提高。可以采取另外一种方式来获得宽带信号，这就是频率步进方式。频率步进脉冲信号(stepped-frequency chirp waveform，SFCW)就是这样一组脉冲信号(也称为脉冲簇)，脉冲簇中每个子脉冲的载频都线性地增加或降低，如图 4.3.9 所示。

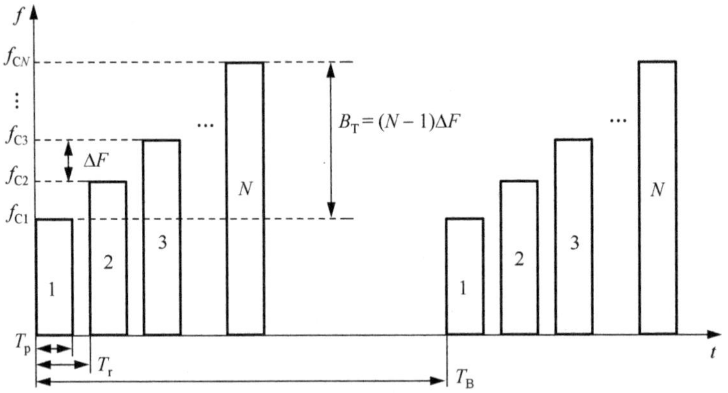

图 4.3.9 频率步进信号模型

SFCW 的产生和处理方式都非常简单，产生时无须高速 DAC，接收时无须高速 ADC。但是由于 SFCW 需要一组脉冲才能实现宽带，持续时间较长，容易受到目标运动，特别是复杂运动的影响，脉冲簇内的每个子脉冲回波所对应的目标状态都会发生较大变化，因此运动补偿的难度也相对较大。SFCW 的另一个缺点是：很容易产生距离模糊问题，我们将在后面的仿真中看到。

频率步进脉冲信号的自相关函数为

$$R_{\mathrm{SFCW}}(\tau)=\left|\sin(N\pi\tau\Delta F)/[N\sin(\pi\tau\Delta F)]\right|,\quad 0\leqslant\tau\leqslant 1/\Delta F \tag{4.3.9}$$

频率步进脉冲信号的自相关函数表明，若频率步进值 ΔF 越大，则不出现栅瓣的 τ 的范围就越小，也就意味着观测区域范围 $c\tau$(c 为光速)越小，越容易出现距离模糊。

4.3.8 调频步进脉冲信号

调频步进脉冲信号(stepped-frequency chirp signal，SFCS，也称为 frequency jumped burst，FJB 或者 stepped-chirp)，结合了频率步进脉冲信号和 Chirp 信号的优点，既能实现宽带又能降低距离模糊，是一种性能比较好的，也是很多高分辨率成像雷达经常所采用的信号模型。图 4.3.10 给出了 SFCS 的模型。

$$\begin{gathered}s_n(t)=\exp\{\mathrm{j}2\pi[(f_n-0.5\alpha T_{\mathrm{p}})t+0.5\alpha t^2]+\varphi_0\},\ 0\leqslant[t-nT_{\mathrm{r}}]\leqslant T_{\mathrm{p}}\\ f_n=f_0+(n-1)\Delta F,\ n=1\sim N\end{gathered} \tag{4.3.10}$$

式中，α 为 Chirp 信号的调频斜率；T_{p} 和 T_{r} 分别为 Chirp 信号的脉冲宽度和脉冲重复周期；基带信号的带宽为$[-0.5\alpha T_{\mathrm{p}}, 0.5\alpha T_{\mathrm{p}}]$；$N$ 为频率步进脉冲的个数(即子脉冲个数)；f_0 为发射信号的载波起始频率；ΔF 为步进频率的大小。

调频步进脉冲信号的自相关函数为

$$R(\tau)=\left|R_{\mathrm{Chirp}}(\tau)\right|\cdot\left|R_{\mathrm{SFCW}}(\tau)\right|=\left|(1-|\tau|/T_{\mathrm{p}})\mathrm{sinc}[B_{\mathrm{sub}}\tau(1-|\tau|/T_{\mathrm{p}})]\right|\cdot\left|\frac{\sin(N\pi\tau\Delta F)}{N\sin(\pi\tau\Delta F)}\right|,\ 0\leqslant\tau\leqslant T_{\mathrm{p}} \tag{4.3.11}$$

式中，B_{sub} 为子脉冲带宽。

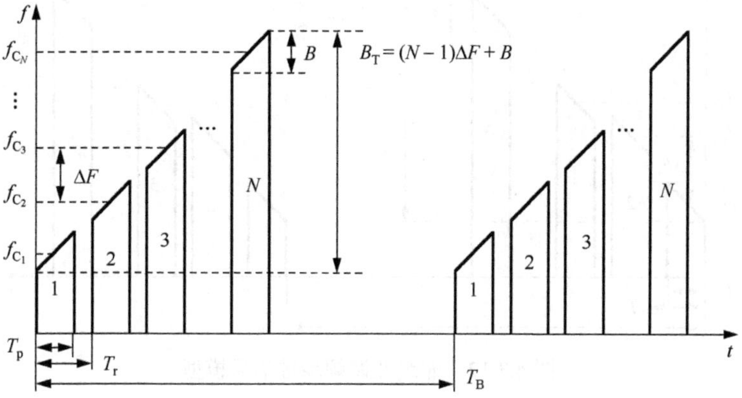

图 4.3.10　调频步进脉冲信号模型

显然调频步进脉冲信号的自相关函数由 Chirp 信号的自相关函数与 SFCW 的自相关函数的乘积构成，可以通过选择合适的自脉冲带宽，来消除 SFCW 的栅瓣。图 4.3.11 给出了调频步进脉冲信号的模糊函数的计算实例，从中可看出，SFCS 的模糊函数避免了栅瓣的出现。

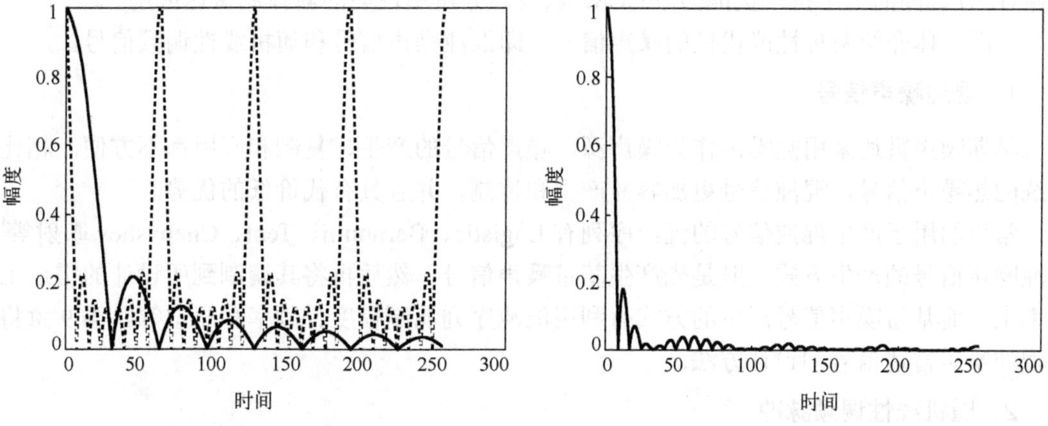

(a) Chirp信号(实线)和SFCW(虚线)　　(b) SFCS

图 4.3.11　Chirp 信号、SFCW 和 SFCS 的模糊函数对比

4.3.9　非线性调频步进脉冲信号

非线性调频步进脉冲信号(nonlinear stepped-frequency chirp signal，NSFCS)，采用类似于非线性 Chirp 信号设计的思路，通过让脉冲簇内的子脉冲的载频不再线性地增加或降低，而是非线性地增加或降低，以使整个脉冲簇的频谱能量集中于中间的子脉冲，从而实现脉冲簇脉压低旁瓣。例如，将脉冲簇的子脉冲载频按正切函数来步进，如下所示：

$$\tan[(N-1)/2+i/\alpha]\Delta F,\ \ i=0,N-1 \tag{4.3.12}$$

式中，N 为步进频率数；α 的取值范围为$(-\pi/(N-1),\ \pi/(N-1))$，可以通过多次搜索的方法来得到，以使得到的合成频谱接近某种窗函数(如汉宁窗)。图 4.3.12 给出了非线性调频步进信号模型示意图。对于非线性调频步进信号的脉压，可以采用 4.4.1 节所介绍的子孔径方法。

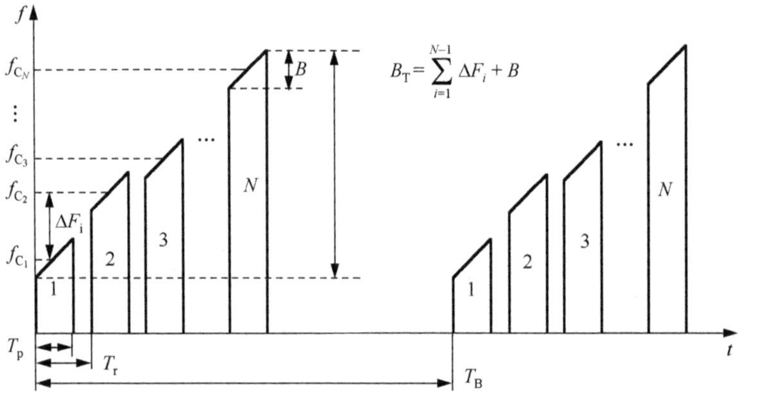

图 4.3.12 非线性调频步进信号模型

4.3.10 噪声信号

噪声信号与发射波形确定的信号不同，其波形不再固定不变，而是随机变化，并且不同的噪声信号通常彼此正交，因此噪声信号特别适合具备低概率检测特性（LPD）、低概率截获特性(LPI)、高的电子抗干扰能力(ECCM)以及高分辨率性能的新体制雷达应用[8]。

下面具体介绍两种性能优良的噪声信号，即混沌噪声信号和随机线性调频信号。

1. 混沌噪声信号

早期噪声雷达采用热噪声作为噪声源，噪声信号的产生、复制和应用都不方便。相比于传统的热噪声信号，混沌信号更加容易产生和控制，并且具有代价低的优势。

常用的用于产生混沌信号的混沌序列有 Logistic、Bernoulli、Tent、Chebyshev 映射等[9]。混沌噪声信号的产生方式一般是先产生基带噪声信号，然后再将其调制到所设计的雷达工作频率上，而基带噪声信号产生的方式有利用混沌序列调制幅度、频率和相位等。第 9 章将介绍混沌噪声雷达信号的设计方法。

2. 随机线性调频脉冲

混沌噪声信号具有优良的可控性能，但同样存在带限性能较差、发射机功率放大器效率低的缺点。与 SFCS 相似，如果将较大带宽的 Chirp 信号分割成若干小带宽的子脉冲(subchirp)信号，这些子脉冲随机组合，或者进一步地使这些子脉冲的调频率在一定范围内随机变化，这样的随机信号称为随机子脉冲芯片信号(random subchirp-chip signal，RSCS)。如此设计的噪声信号具有良好的带限性能，同时避免了信号间相位突变所造成的信号带外噪声过大且对发射机功率放大器的瞬时带宽要求过高的缺点。可以利用前面介绍的混沌序列来对子脉冲的顺序以及调频率进行编码设计，以提高随机信号的可控性。图 4.3.13(a)和(b)分别给出了子脉冲随机跳变和子脉冲随机跳变且调频率也随机变化的噪声信号模型示意图。

噪声信号随着带宽的增大，其瞬时频率的变化也逐渐增大，这对雷达发射机的带宽提出了更高的要求。如果将线性调频与噪声信号相结合，即在线性调频信号上合成噪声信号，如图 4.3.14 所示，便可以依靠线性调频的大频率范围($B_{\rm LFM}$)叠加小带宽的噪声信号($B_{\rm noise}$)，最终实现大带宽的噪声信号($B_{\rm total\_noise}$)，从而降低了对雷达发射机瞬时大带宽的要求。

$$B_{\text{total\_noise}} = B_{\text{LFM}} + B_{\text{noise}} \tag{4.3.13}$$

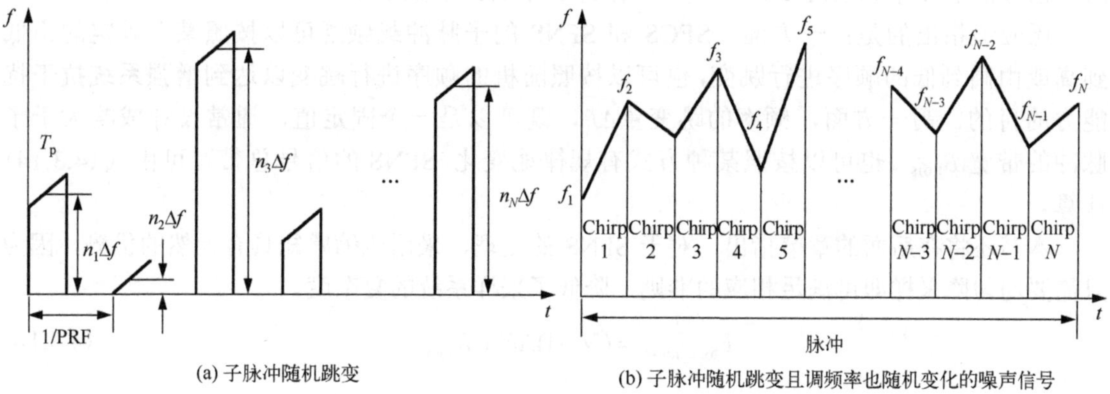

图 4.3.13　子脉冲随机跳变和子脉冲随机跳变且调频率也随机变化的噪声信号

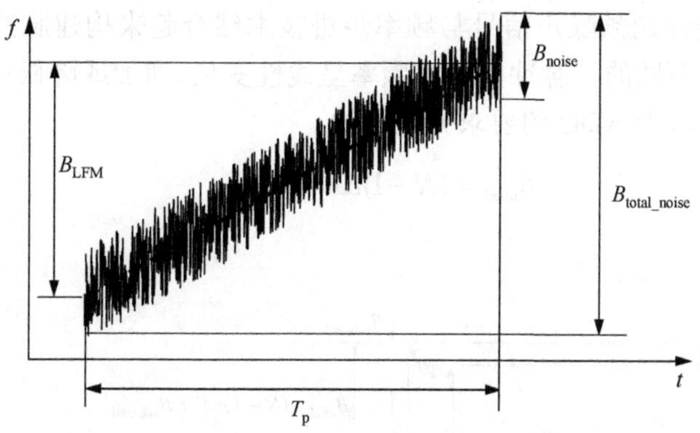

图 4.3.14　线性调频噪声信号模型

3．频率步进噪声信号模型

将频率步进技术与噪声信号技术结合起来获得频率步进噪声信号(SFNS)，从而可以实现宽带的噪声信号，噪声信号既可以采用混沌技术产生，也可以通过其他随机方式产生。图 4.3.15 给出了 SFNS 模型的示意图。

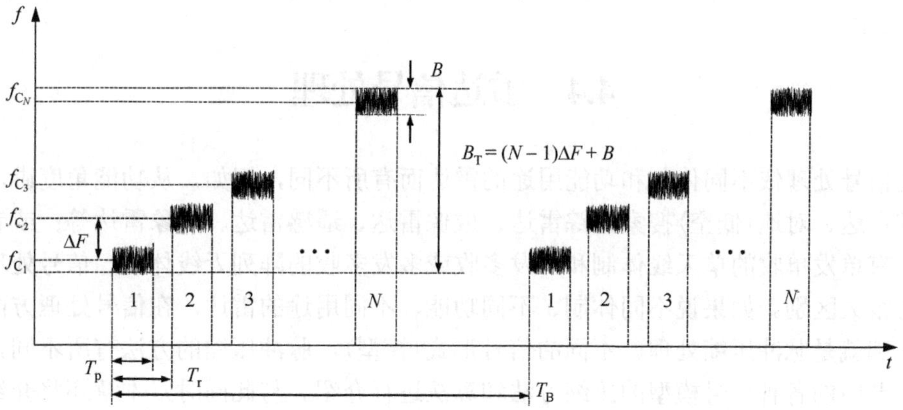

图 4.3.15　SFNS 模型

子脉冲混沌信号既可以根据某些参数所产生的一个长混沌序列中任意截取N段分别来构成，也可根据N个独立的参数独立产生的混沌信号序列来构成。

还应该指出的是：一方面，SFCS 和 SFNS 的子脉冲载频既可以按照某个固定的由低到高或由高到低的顺序进行跳变，也可以按照随机的顺序进行跳变以达到增强系统抗干扰能力的目的。另一方面，频率的跳变量ΔF，既可以是一个固定值，通常设计成略大于子脉冲的带宽B_{noise}，也可以按照某种方式有规律地变化。SFNS 的信号总带宽可由式(4.3.14)计算。

本书还将在后面的章节指出，对于 SFNS 的处理，采用压缩感知具有天然的优势，因为只需要均匀降采样即可满足相应的准则，降低了采样系统的复杂度。

$$B_{\text{total\_noise}} = (N-1)\Delta F + B_{\text{noise}} \tag{4.3.14}$$

4．调频步进噪声信号模型

将前面介绍的线性调频噪声信号与频率步进技术结合起来构建脉冲簇，如式(4.3.15)和图 4.3.16 所示，其中不同的子脉冲的中心频率呈线性变化(增加或降低)，这样可以得到更大带宽的噪声信号，但对于 ADC 的要求并未增加。

$$B_{\text{total}} = (N-1)\Delta F + B_{\text{subtotal}} \tag{4.3.15}$$

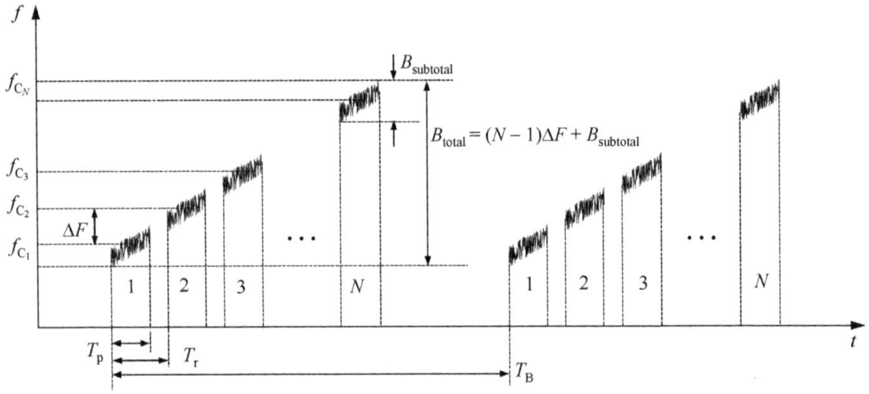

图 4.3.16　线性调频步进噪声信号模型

4.4　雷达信号处理

雷达信号处理依不同体制和功能用途的雷达而有所不同，例如，从功能角度讲，有对空搜索跟踪雷达、对地(低空)搜索跟踪雷达、成像雷达、遥感雷达、气象雷达等；或者从雷达体制讲，有单发单收的单天线体制和一发多收或多发多收的阵列天线体制，信号处理的方法和算法有很大区别。如果说不同体制、不同功能、不同用途的雷达，在信号处理方面有何共同之处，那就是脉冲压缩处理。不同的信号形式(模型)，脉冲压缩的方法有所不同，本节将针对 4.3 节中的各种信号模型的压缩方法和算法进行介绍。与此同时，本章还将介绍一些应用比较广泛且较为通用的信号处理方法，如时频分析和处理方法、分数阶傅里叶变换方法和

Keystone 变换方法等，而针对不同功能和用途的雷达信号处理方法将在相应的章节进行专门介绍。

4.4.1　脉冲压缩

脉冲压缩是雷达信号处理中最基本的内容之一，是实现高距离向分辨率的主要途径。脉冲压缩指的是将一个时域较宽但在脉内进行了某种调制(即信号带宽不取决于脉冲宽度而是取决于信号调制后的带宽)的发射脉冲通过信号处理的方式(既可以通过硬件来实现，也可以通过软件来实现)进行处理，以使脉冲响应的时域宽度变小。在这里主要介绍相位编码信号、Chirp 信号、非线性 Chirp 信号、SFCW、SFCS 以及噪声信号的脉冲压缩方法。

1．相位编码信号的压缩

对于相位编码信号的压缩通常采用卷积运算的方法，下面以 13 位 Barker 码的脉冲压缩为例进行说明。图 4.4.1 给出了 13 位 Barker 码卷积运算实现脉冲压缩的过程，由此可见，Barker 码压缩后的响应具有均匀的旁瓣电平。

													1	1	1	1	1	−1	−1	1	1	−1	1	−1	1
1													1	1	1	1	1	−1	−1	1	1	−1	1	−1	1
1												1	1	1	1	1	−1	−1	1	1	−1	1	−1	1	
1											1	1	1	1	1	−1	−1	1	1	−1	1	−1	1		
1										1	1	1	1	1	−1	−1	1	1	−1	1	−1	1			
1									1	1	1	1	1	−1	−1	1	1	−1	1	−1	1				
−1								−1	−1	−1	−1	−1	1	1	−1	−1	1	−1	1	−1					
−1							−1	−1	−1	−1	−1	1	1	−1	−1	1	−1	1	−1						
1						1	1	1	1	1	−1	−1	1	1	−1	1	−1	1							
1					1	1	1	1	1	−1	−1	1	1	−1	1	−1	1								
−1				−1	−1	−1	−1	−1	1	1	−1	−1	1	−1	1	−1									
1			1	1	1	1	1	−1	−1	1	1	−1	1	−1	1										
−1		−1	−1	−1	−1	−1	1	1	−1	−1	1	−1	1	−1											
1	1	1	1	1	1	−1	−1	1	1	−1	1	−1	1												
	1	0	1	0	1	0	1	0	1	0	1	0	13	0	1	0	1	0	1	0	1	0	1	0	1

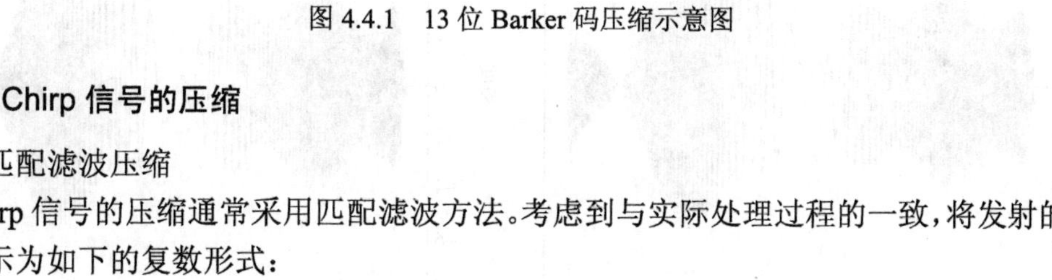

图 4.4.1　13 位 Barker 码压缩示意图

2．Chirp 信号的压缩

1) 匹配滤波压缩

Chirp 信号的压缩通常采用匹配滤波方法。考虑到与实际处理过程的一致，将发射的 Chirp 信号表示为如下的复数形式：

$$s(t)=\exp\{\mathrm{j}2\pi[(f_{\mathrm{c}}-0.5\alpha T_{\mathrm{p}})t+0.5\alpha t^{2}]\},\quad 0\leqslant t\leqslant T_{\mathrm{p}},\alpha=B/T_{\mathrm{p}} \tag{4.4.1}$$

式(4.4.1)中的各参数与式(4.3.6)的描述相同(假定初始相位 $\varphi_0=0$)。

来自 R（时延 $\tau=2R/c$）处的点目标的雷达回波可以表示为

$$s_{\text{echo}}(t)=\exp\{\mathrm{j}2\pi[(f_{\text{c}}-0.5\alpha T_{\text{p}})(t-\tau)+0.5\alpha(t-\tau)^2]\} \tag{4.4.2}$$

经接收机下变频后得到的基带回波：

$$s_{\text{echo\_b}}(t)=\exp\{-\mathrm{j}2\pi[f_{\text{c}}\tau+0.5\alpha T_{\text{p}}(t-\tau)-0.5\alpha(t-\tau)^2]\} \tag{4.4.3}$$

以 R_0（$\tau_0=2R_0/c$）处的雷达回波信号作为匹配滤波的参考函数：

$$s_{\text{ref}}(t)=\exp\{-\mathrm{j}2\pi[f_{\text{c}}\tau_0+0.5\alpha T_{\text{p}}(t-\tau_0)-0.5\alpha(t-\tau_0)^2]\} \tag{4.4.4}$$

采用 FFT（fast Fourier transform）来完成匹配滤波运算：

$$s_{\text{out}}(t)=\text{IFFT}\{\text{FFT}[s(t)]\cdot\text{conj}[\text{FFT}[s_{\text{ref}}(t)]]\} \tag{4.4.5}$$

匹配滤波的过程可以描述为：将雷达回波的 FFT 与参考函数的 FFT 的复共轭相乘，再进行 IFFT 即可完成对雷达回波的脉冲压缩。注意：参考函数的长度需要补零至与回波相同的长度。

下面给出仿真实例。假设四个点目标分别位于 995m、1000m、1001m 和 1005m 处，其反射系数为 1、1.5、2.25、3.375。图 4.4.2 给出了带宽 $B=40$MHz，脉冲宽度 $T_{\text{p}}=6\mu$s 时的一维距离像，图 4.4.3 给出了带宽 $B=400$MHz，脉冲宽度 $T_{\text{p}}=6\mu$s 时的一维距离像。比较两图可看出，在带宽为 40MHz 时，不能将第 2 和第 3 个目标分开，而在带宽为 400MHz 时，可以清楚地将它们分开。

2）脉冲压缩的幅相误差校正

在实际的雷达系统中，收发通道的幅度和相位存在着一定程度的误差，如果不进行校正，会对脉冲压缩产生较大影响，对于成像雷达来说，将降低雷达图像的信噪比和动态范围。图 4.4.4（a）～（c）给出了实际雷达系统接收到的点目标回波的 I 分量以及从中提取出的幅度响应及相位误差曲线，从中可以看到存在比较严重的幅度和相位不平衡。图 4.4.4（d）、（e）给出了幅相误差校正前后的脉压结果，经过幅相校正后，几乎可以达到理想 Chirp 信号的脉压效果。

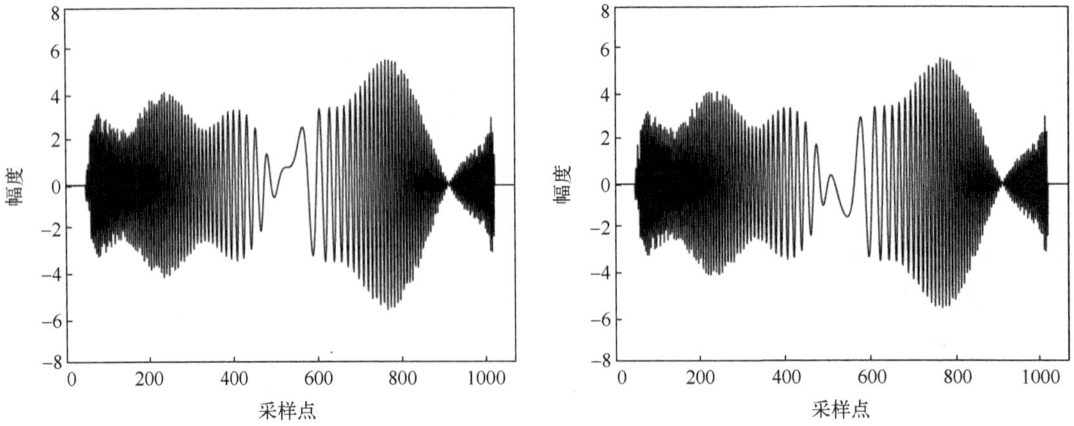

(a) 雷达回波的I、Q分量

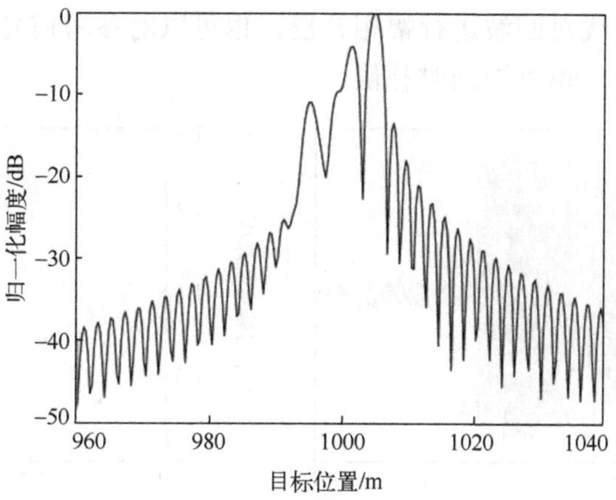

(b) 脉压结果

图 4.4.2　$B = 40\text{MHz}$，$T_p = 6\mu s$ 的仿真结果

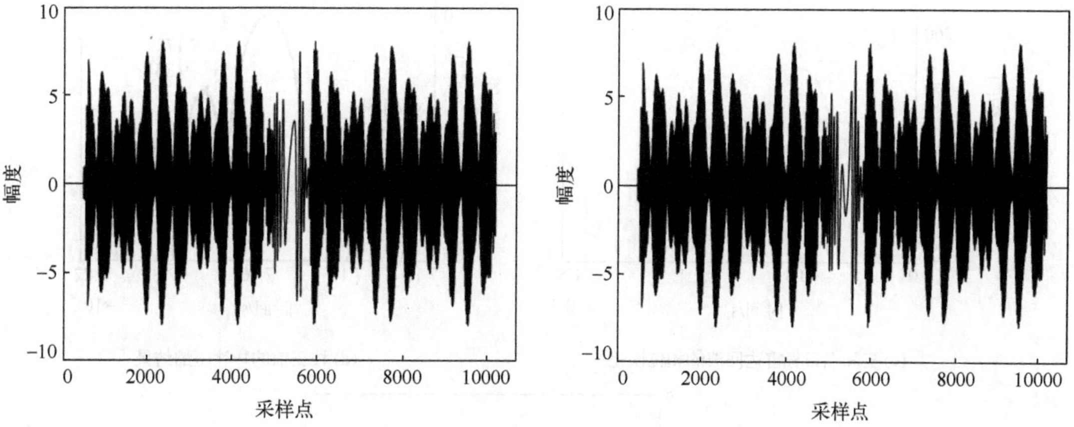

(a) 雷达回波的 I、Q 分量

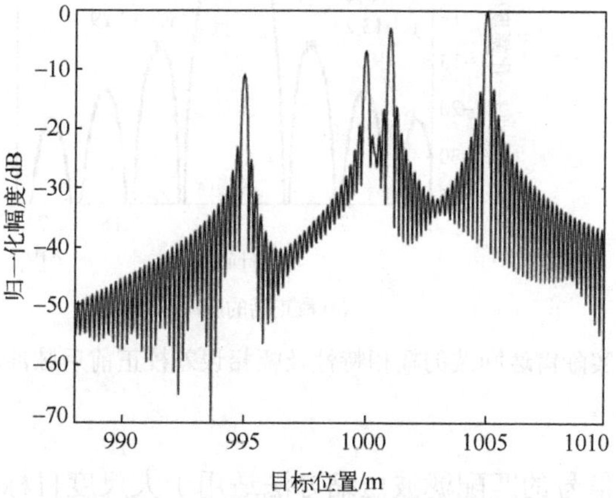

(b) 脉压结果

图 4.4.3　$B = 400\text{MHz}$，$T_p = 6\mu s$ 的仿真结果

在第 3 章中，介绍了进行接收机幅相误差校正的基本方法。需要说明的是，在实际中，

既可以根据幅相误差曲线对回波进行幅相补偿，也可以对参考信号进行幅相补偿，并且既可以幅度和相位分别补偿，也可以同时补偿。

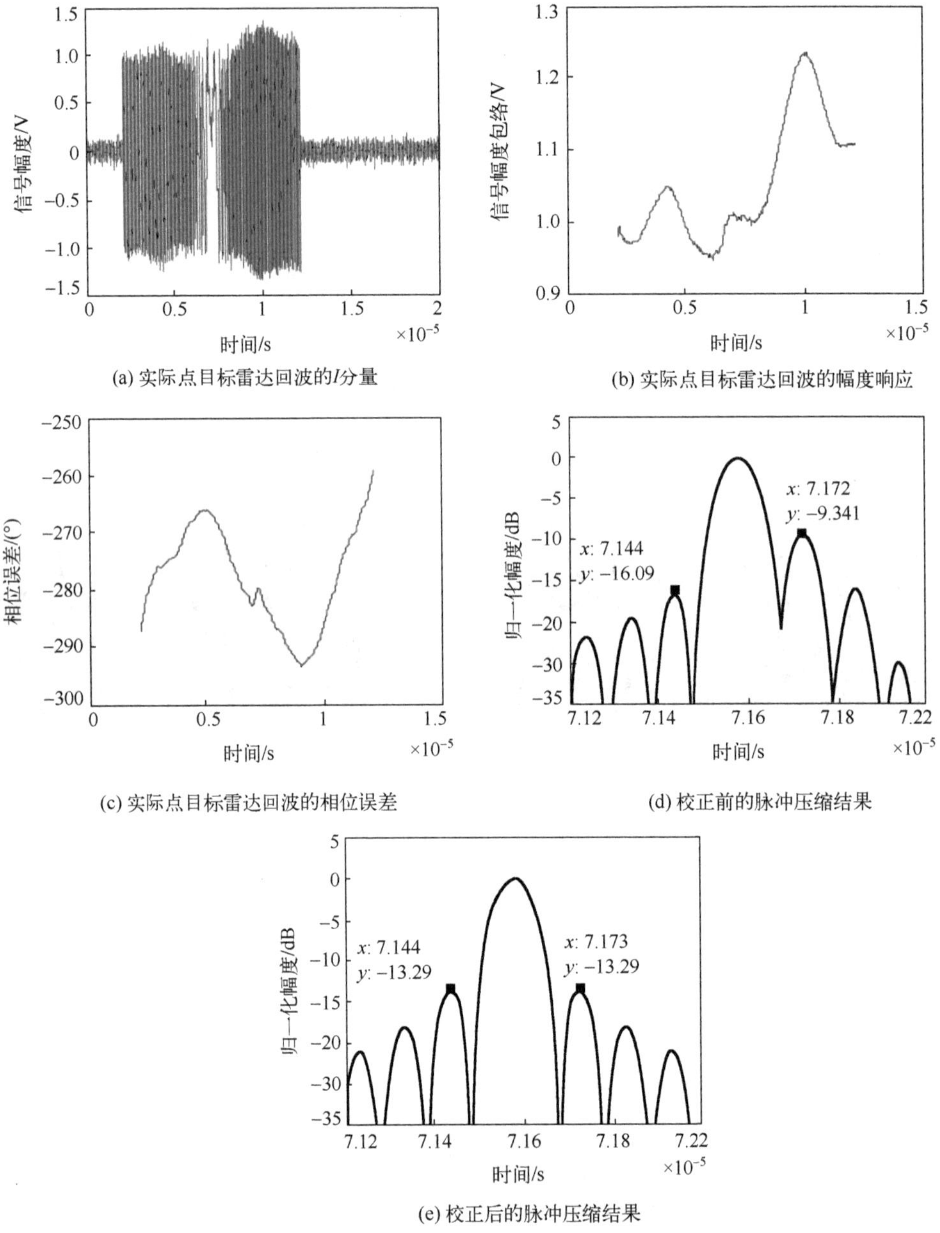

(a) 实际点目标雷达回波的 I 分量

(b) 实际点目标雷达回波的幅度响应

(c) 实际点目标雷达回波的相位误差

(d) 校正前的脉冲压缩结果

(e) 校正后的脉冲压缩结果

图 4.4.4 实际雷达回波的幅相特性及幅相误差校正前后脉冲压缩结果对比

3) 去斜压缩

前面介绍的 Chirp 信号的匹配滤波压缩方法适用于大尺度目标的观测，对于 SAR 来说就是宽刈幅观测。发射信号带宽越大，接收机的基带输出的绝对频率就越高，因此 ADC 的压力也随之增大。事实上，可以根据 Chirp 信号的频率随时间线性变化的特点，利用(触发)一个斜率与发射信号相同但时间“错位”的 Chirp 信号(参考信号)与回波信号混频(等效于两者相乘)，然后进行低通滤波，这样就可以将两个信号频率之差的分量提取出来。这样的操作称为去斜(De-chirp、De-ramp 或 Strech)处理，这样的接收机称为去斜接收机。一般情况，参考信号的时间宽度应大于发射信号的时间宽度，以便能够将一定距离范围的目标回波完整地接收回来。显然，参考信号触发时间与某个点目标回波到达的时间越接近，则所得信号的频率越低，并且是一个固定的频率。这就是说，不同距离的目标经去斜接收后将产生不同的频率分量，较高频率的分量对应于与参考时间所对应的距离较远的目标回波，而较低频率的分量对应于与参考时间所对应的距离较近的目标回波。通过对所接收的回波进行傅里叶逆变换就可以在频率域获得观测目标的一维距离像。Chirp 信号的全去斜处理方法是利用一个与发射信号频率/时间斜率相同但时宽大于发射脉冲时宽的本振信号与回波信号进行混频，然后取下边带滤波并将结果进行傅里叶变换，从而完成时间信息到频率信息的转换。不同距离的目标点对应于不同的频率，此时频谱分辨率便对应距离分辨率。

图 4.4.5 所示的 Chirp 信号的去斜处理示意图描述了去斜接收工作原理。由此可以看到，如果目标的尺寸、范围越小，无论多大带宽的 Chirp 信号，经过去斜接收后回波所对应的频率范围也将越小，因此较低速度的 ADC 即可满足对宽带信号的回波采样要求。这对于 ISAR 的观测目标来说是适用的。

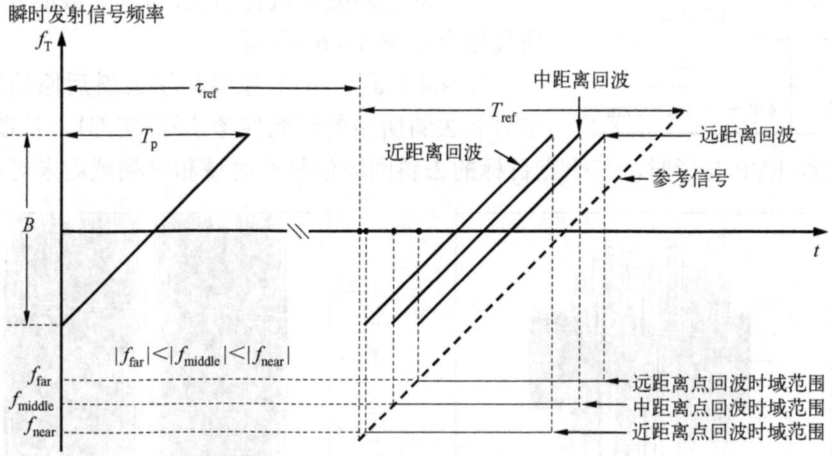

图 4.4.5　Chirp 信号的去斜处理示意图

下面对去斜处理的相关公式进行推导。发射信号模型和点目标的回波仍如式(4.4.1)和式(4.4.2)所示，去斜接收的混频参考信号为

$$s_{ref}(t) = A\cos\{2\pi[(f_c - 0.5\alpha T_p)(t-\tau_0) + 0.5\alpha(t-\tau_0)^2]\} \tag{4.4.6}$$

式中，$\tau_0 = 2R_0/c$，R_0 为参考距离。

经接收机去斜混频后得到的基带回波：

$$\begin{aligned} s_{dc}(t) &= s_{echo}(t) * s_{ref}(t) \\ &= \exp\{j2\pi[(f_c - 0.5\alpha T_P)(\tau-\tau_0) - 0.5\alpha(\tau^2-\tau_0^2) + \alpha(\tau-\tau_0)t]\} \\ &= \exp\{j2\pi[f_c(\tau-\tau_0) - 0.5\alpha(\tau-\tau_0)^2 + \alpha(\tau-\tau_0)(t-\tau_0-0.5T_P)]\},\quad 0 \leqslant t \leqslant T_p \end{aligned} \tag{4.4.7}$$

式中，$2\pi f_c(\tau-\tau_0)$ 体现了不同距离的目标产生相应的回波相位(该相位也是目标速度信息以及合成孔径成像的重要依据)；$\alpha(\tau-\tau_0)$ 决定了不同距离的目标，其回波的频率也不同，仅需对式(4.4.7)进行 FFT 运算便可获得一维距离像；$0.5\alpha(\tau-\tau_0)^2=\alpha(\tau-\tau_0)[0.5(\tau-\tau_0)]$为剩余视频相位(residual video phase，RVP)，在高分辨率成像时需要进行补偿。RVP 的补偿方法非常简单，只需将完成 FFT 后的频域一维距离像对应的频率乘以 $\exp[\mathrm{j}0.5\alpha(\tau-\tau_0)^2]$相位即可，其物理意义可通过式(4.4.8)的变换得以体现：

$$0.5\alpha(\tau-\tau_0)^2=\alpha(\tau-\tau_0)[0.5(\tau-\tau_0)] \tag{4.4.8}$$

式(4.4.8)表明，RVP 补偿的实际效果是将一维距离像中不同频率$\alpha(\tau-\tau_0)$的回波信号进行了$[0.5(\tau-\tau_0)]$的时间搬移。注意：搬移时间只对应于单程而不是双程的距离。

从图 4.4.5 Chirp 信号的去斜处理示意图可看到，三个点目标的回波经去斜后在时域上并未对齐。如果直接对去斜后的回波进行 FFT，虽然对三个点目标的分辨没有任何影响，但若进行方位向的合成孔径处理，则会带来影响。对回波进行 RVP 补偿后，不同距离目标的时域回波将得到对齐。

表 4.4.1　去斜仿真参数

参数	数值
载频	10GHz
带宽	100MHz
脉宽	5μs
采样率	177MHz
去斜参考距离	5km
点目标距离	4.9km、5km、5.2km

下面对去斜处理进行仿真，仿真参数如表 4.4.1 所示，仿真结果如图 4.4.6 所示。

图 4.4.6(a)、(b)分别给出了去斜后原始的时域回波信号和去斜所用的时域参考信号(实部)。从图 4.4.6(c)、(d)可看到未经 RVP 补偿时，三个点目标的去斜回波信号在时域和时频域均未对齐。而经过

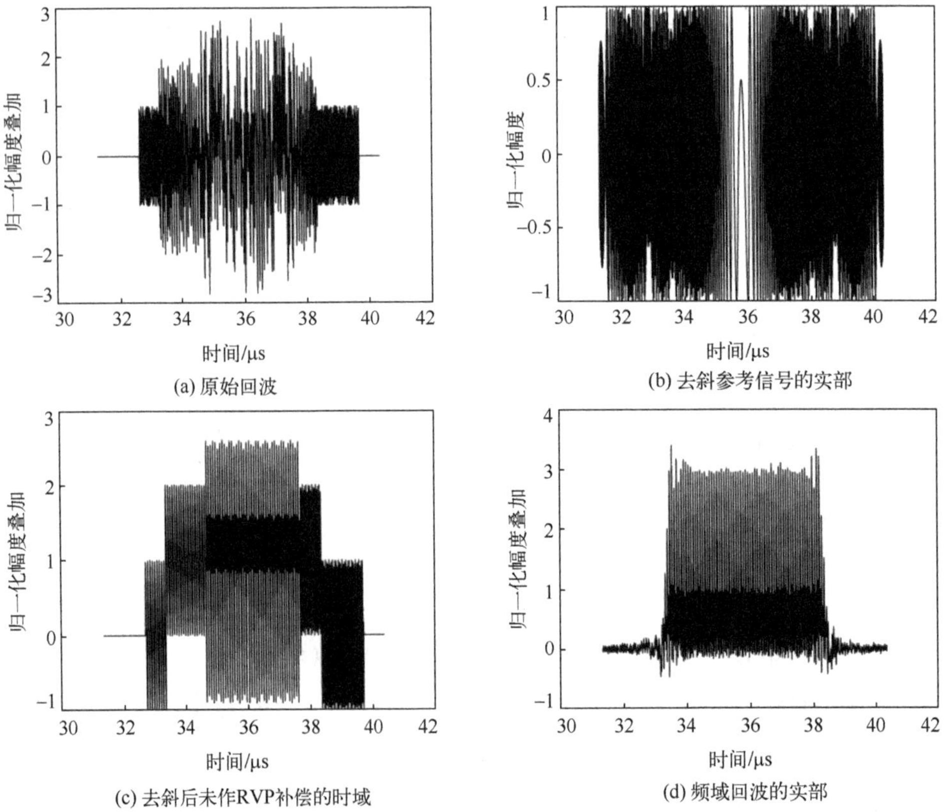

(a) 原始回波　(b) 去斜参考信号的实部

(c) 去斜后未作RVP补偿的时域　(d) 频域回波的实部

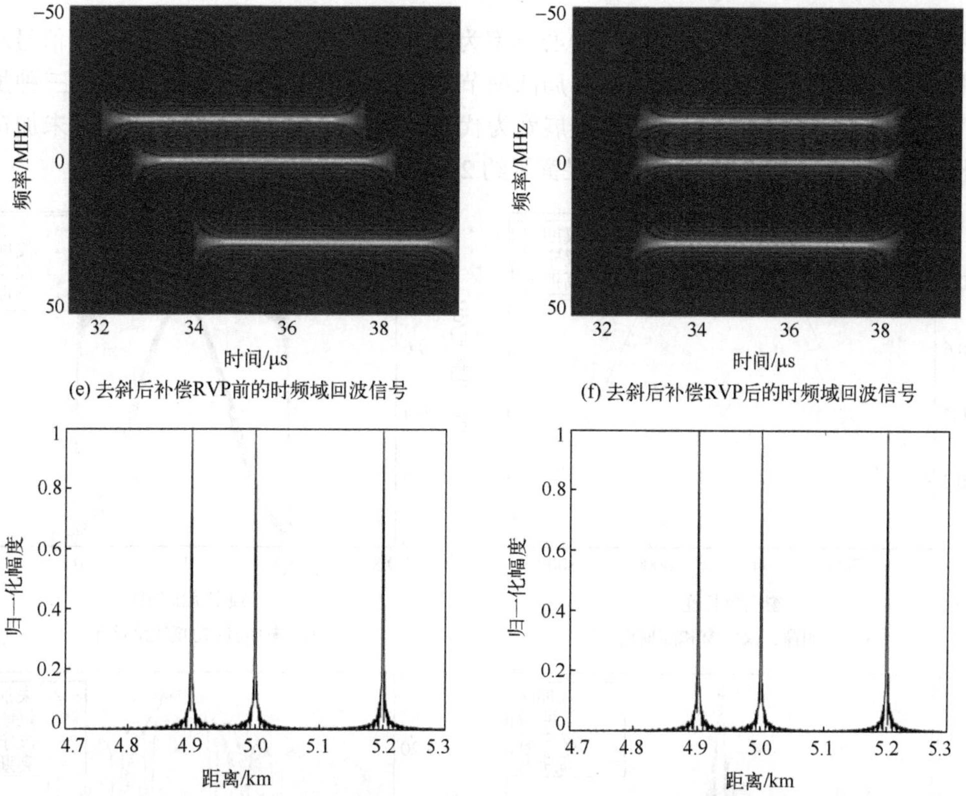

(e) 去斜后补偿RVP前的时频域回波信号　(f) 去斜后补偿RVP后的时频域回波信号

(g) 去斜后进行RVP补偿前的脉压波形模值　(h) 去斜后进行RVP补偿后的脉压波形模值

图 4.4.6　去斜回波未进行和进行 RVP 补偿的脉压结果

RVP 补偿后，三个点目标的去斜回波信号在时域和时频域均得到对齐，如图 4.4.6(e)、(f)所示。虽然图 4.4.6(g)、(h)所示的 RVP 补偿前后三个点目标的脉压幅度响应未发生变化，但是其相位并不相同，例如，三个点目标峰值所对应的相位由补偿前的−0.90、0、−2.18(弧度)，变成了补偿后的 1.86、0、2.57(弧度)。这就是说，若不进行方位向合成孔径处理，则无须进行 RVP 补偿，否则，就需要进行 RVP 补偿。

需要强调的是，Chirp 信号的去斜脉压方式对 Chirp 信号的线性度要求较高，若其线性度较差则直接影响脉压质量，需要对不同距离的点目标的回波分别提取相位误差函数以对不同距离的回波分别进行补偿，过程较为复杂。

4)线性加窗降低脉压旁瓣

如同口径天线或阵列天线通过采用孔径加权的方法来降低辐射方向图的旁瓣一样，可以采用对参考函数或回波信号进行加窗的方法来降低脉冲压缩信号响应的旁瓣，代价是增大主瓣宽度(即降低距离分辨率)。常用的窗函数主要有汉明窗、汉宁窗、高斯窗等。其中，汉明窗和汉宁窗函数采用的是余弦底座窗函数，其数学表达式如下：

$$W(n)=\alpha+(1-\alpha)\cos[2\pi n/(N-1)] \tag{4.4.9}$$

式中，N 为窗函数的长度；$\alpha=0.54$ 时为汉明窗；$\alpha=0.5$ 时为汉宁窗。

图 4.4.7(a)和(b)分别给出了长度为 1024 的汉明窗、汉宁窗和高斯窗函数以及对信号带宽为 200MHz 的 Chirp 信号频谱加窗的结果对比。

图4.4.7(c)和(d)分别给出了利用中心频率为10GHz、带宽为200MHz的Chirp信号对5km处点目标的一维距离剖面探测结果及其局部细节。相比于未加窗的Chirp信号，三种加窗均降低了副瓣，但以峰值响应降低和主瓣展宽为代价。例如，采用汉明窗后相比于未加窗的情况，脉压峰值降低了约5.35dB，主瓣展宽了约2倍，3dB宽度展宽约1.51倍。

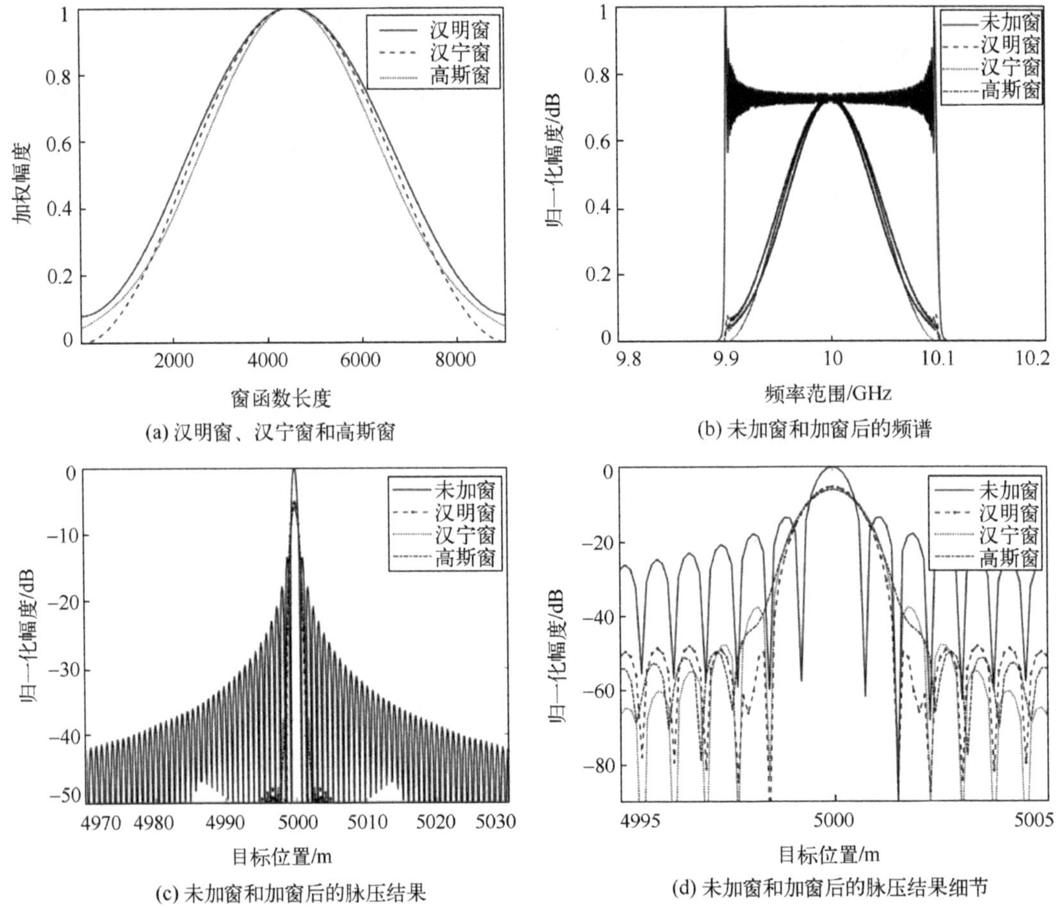

(a) 汉明窗、汉宁窗和高斯窗　(b) 未加窗和加窗后的频谱

(c) 未加窗和加窗后的脉压结果　(d) 未加窗和加窗后的脉压结果细节

图4.4.7　不同窗函数及其加窗后的频谱及脉压结果对比(信号带宽200MHz，目标距离5km)

匹配滤波脉冲压缩的加窗通常是对参考函数进行，既可以在时域完成，也可以在频域完成。而针对去斜脉冲压缩的加窗只能在时域进行，加窗之前需要校正剩余相位以使不同距离目标的回波在时间上对齐。

3. 非线性Chirp信号的压缩

非线性调频脉冲信号的脉冲压缩同样可以采用匹配滤波方式实现。在此我们还将介绍一种采用去斜处理的方法来对非线性调频脉冲信号进行脉压处理。

1) 匹配滤波压缩

非线性调频脉冲(nonlinear chirp，Nchirp)信号的匹配滤波压缩方法与Chirp信号的匹配滤波压缩方法完全一样，不再赘述。图4.4.8给出了Nchirp和Chirp脉压结果的比较，其带宽均为110MHz，脉宽均为11μs。Nchirp信号根据汉明窗来进行设计，无额外加窗处理，而Chirp信号为汉明窗加窗处理的结果。从图中可以看出两者脉压结果的峰值旁瓣比(PSLR)均

为 –42dB，主瓣宽度均为 1.8m，然而经过加窗处理后的 Chirp 信号脉压结果相较于 Nchirp 信号的脉压结果有近 5dB 的能量损失。

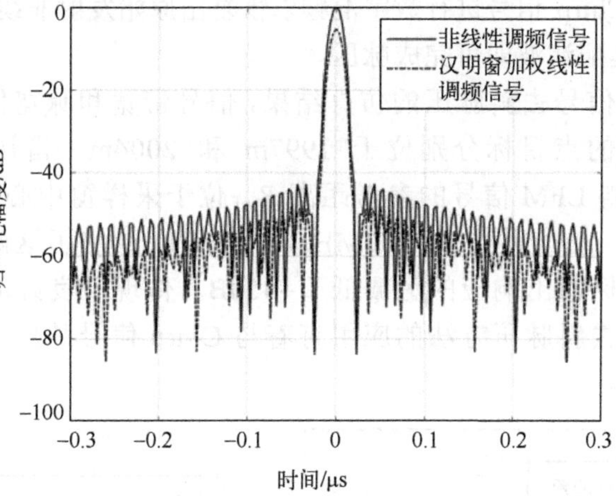

图 4.4.8　非线性调频脉冲和线性调频脉冲脉压结果比较

2) 去斜压缩

非线性调频脉冲信号的去斜压缩方法与线性调频脉冲信号的去斜压缩方法类似，都需要将回波信号与一个时带积更大的线性调频脉冲信号进行混频，如图 4.4.9 所示。由该图可见非线性调频脉冲信号经去斜后，不同距离位置点目标的回波信号不再是一个单一的点频，而是一条变化的曲线，但它们的形状相同。

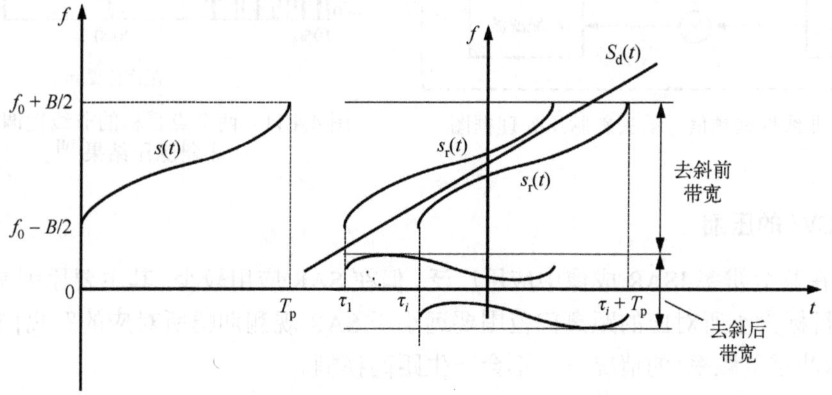

图 4.4.9　非线性调频信号的去斜压缩示意图

如果非线性调频脉冲信号的瞬时频率设计为在某个 Chirp 信号(调频率为 k，时宽为 T_p) 的频率上叠加一个在较小Δf 内非线性变化的频率，那么在去斜接收时以一个调频率同样为 k 但时宽更宽的线性调频脉冲作为去斜本振信号。如果目标范围相对较小(即其对应的时间延迟范围 $\tau_{max}-\tau_{min}$ 较小)，同样能够较大程度地降低接收信号的带宽。从图 4.4.9 可看出，非线性调频信号经去斜后，信号带宽变为

$$B_p=\Delta f+k(\tau_{max}-\tau_{min}) \tag{4.4.10}$$

由于每个点目标的回波信号不再是单频，因此不能采用对回波信号进行 IFFT 的方法实

现脉压。图 4.4.10 给出了针对 Nchirp 信号的去斜脉压处理的框图[10]。首先将回波信号按原始信号基带带宽所对应的 Nyquist 采样率进行升采样，然后将升采样后的回波数据与产生非线性调频脉冲时所用的 Chirp 信号进行数字混频以恢复出原始发射非线性调频脉冲信号的回波信号，最后对其进行匹配滤波即可完成脉压。

下面给出 Nchirp 信号去斜脉压的仿真结果，信号带宽和脉宽仍然分别为 110MHz 和 11μs。假设两个相邻的点目标分别位于 1997m 和 2004m，雷达接收机采样窗范围为 [1950m, 2050m]，去斜 LFM 信号的参考距离 R_{ref} 位于采样窗中心位置即 $R_{\mathrm{ref}} = 2000\mathrm{m}$，参考时延 $\tau_{\mathrm{ref}} = 2R_{\mathrm{ref}}/c$，A/D 采样率为 50MHz。图 4.4.11 给出了这两个点目标的一维距离像，从中可看出点目标输出响应的旁瓣低于−45dB，体现了良好的低旁瓣性能。需要指出的是，Nchirp 信号去斜脉压方法的应用有着与 Chirp 信号脉压方法同样的局限性，即观测区域的范围受限。

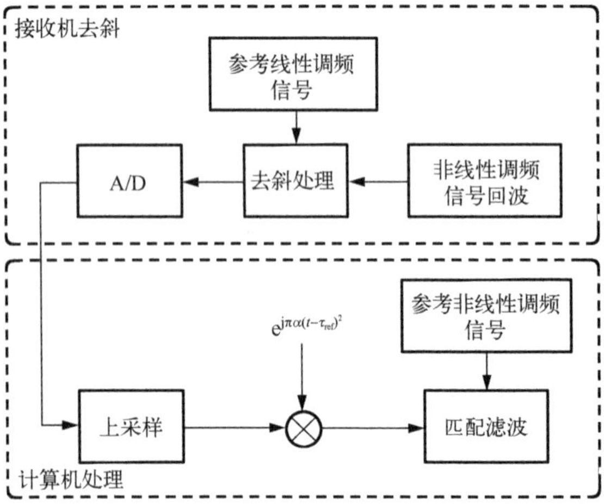

图 4.4.10 非线性调频信号的去斜脉压处理框图

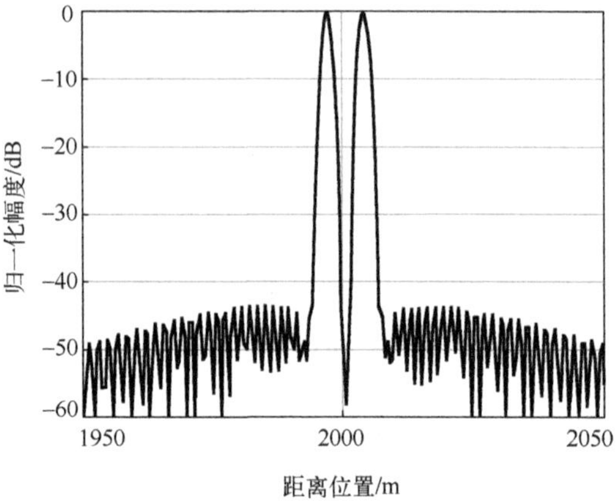

图 4.4.11 两个点目标的非线性调频信号去斜脉压结果[10]

4. SFCW 的压缩

SFCW 在高分辨率 ISAR 成像中应用广泛，但在 SAR 应用较少。其主要原因是对于 ISAR 而言，通常目标大小所对应的距离门范围要远小于 SAR 观测刈幅所对应的距离门，因此在高 PRF（发射脉冲重复频率）的情况下，不会产生距离模糊。

SFCW 的发射波形可以表示为

$$p(t) = \sum_{i=0}^{N_{\mathrm{f}}-1} \mathrm{e}^{\mathrm{j}2\pi(f_0+i\Delta f)t} \cdot \mathrm{rect}[(t - T_{\mathrm{p}}/2 - iT_{\mathrm{p}})/T_{\mathrm{p}}],\ \ 0 \leqslant t \leqslant T_{\mathrm{p}} \tag{4.4.11}$$

式中，N_{f} 为脉冲簇中的子脉冲个数；T_{P} 为子脉冲的时间宽度。

在 R 处的点目标回波为

$$s(t) = \varGamma p(t-\tau) = \sum_{i=0}^{N_{\mathrm{f}}-1} \varGamma \mathrm{e}^{\mathrm{j}2\pi(f_0+i\Delta f)(t-\tau)} \cdot \mathrm{rect}[(t - T_{\mathrm{p}}/2 - iT_{\mathrm{p}} - \tau)/T_{\mathrm{p}}],\ \ 0 \leqslant t \leqslant T_{\mathrm{p}} \tag{4.4.12}$$

式中，$\varGamma$ 为点目标的反射系数。将回波变为基带信号：

$$s_{\rm b}(t)=\sum_{i=0}^{N_{\rm f}-1}\Gamma {\rm e}^{-{\rm j}2\pi(f_0+i\Delta f)\tau}\cdot{\rm rect}[(t-T_{\rm p}/2-iT_{\rm p})/T_{\rm p}] \tag{4.4.13}$$

将时域基带信号变为频域：

$$S(f_k)=\Gamma{\rm e}^{-{\rm j}2\pi f_k\tau},\ \ f_k=f_0+k\Delta f,\ \ k=0,1,2,\cdots,N_{\rm f}-1 \tag{4.4.14}$$

式中，时延$\tau=2R/c$。

因此，脉冲压缩结果为

$$\hat{s}(t)={\rm IDFT}\{S(f_k)\}=\Gamma B_{\rm T}\cdot\sin[\pi(N_f-1)\Delta F(t-\tau)]/\sin[\pi\Delta F(t-\tau)]\cdot{\rm e}^{-{\rm j}2\pi f_c(t-\tau)} \tag{4.4.15}$$

式中，IDFT 表示离散傅里叶逆变换；$B_{\rm T}=(N_{\rm f}-1)\Delta F$，为信号总带宽。

图 4.4.12(a)、(b)分别给出了仿真参数为f_0 = 5.321GHz，N = 41，ΔF = 10MHz，$B_{\rm T}$ = 400MHz 和f_0 = 5.321GHz，N = 21，ΔF = 20MHz，$B_{\rm T}$ = 400MHz 时，与前面图 4.4.2 和图 4.4.3 仿真目标设置相同的四个点目标的一维距离像仿真结果。在图 4.4.12(a)ΔF = 10MHz 的情况下，最大不模糊距离为$c\Delta F/2$ = 15m，而四个点目标的距离跨度为 10m，因此没有发生距离模糊，四个点目标的位置得到正确反映。然而在图 4.4.12(b)ΔF = 20MHz 情况下，最大不模糊距离为$c\Delta F/2$ = 7.5m，小于目标的距离宽度，因此产生了距离模糊，表现为目标 1 和目标 4 的位置发生了错误，不能反映其真实位置。

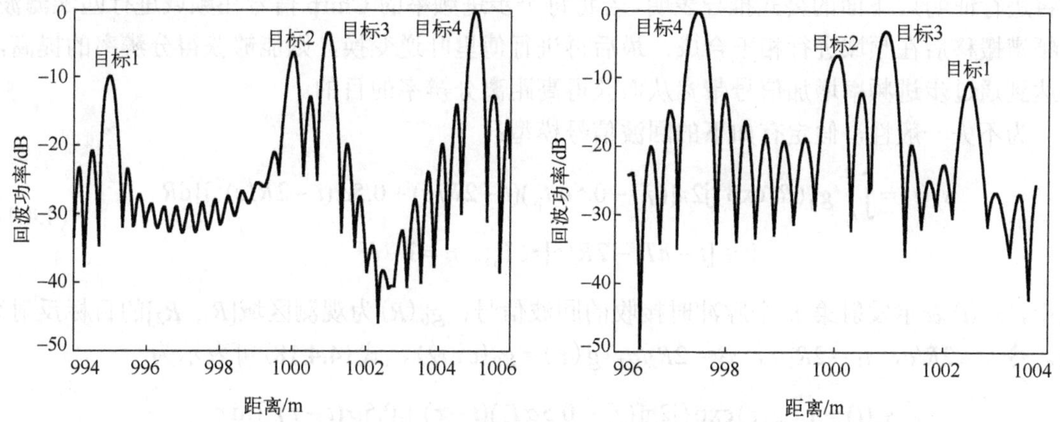

(a) f_0 = 5.321GHz, N = 41, ΔF = 10MHz, $B_{\rm T}$ = 400MHz　　(b) f_0 = 5.321GHz, N = 21, ΔF = 20MHz, $B_{\rm T}$ = 400MHz

图 4.4.12 SFCW 的一维距离像仿真结果

根据式(4.3.9)的 SFCW 的模糊函数，当$\Delta F\cdot T_{\rm p}\geqslant 1$，例如$\Delta F\cdot T_{\rm p}=1$时，$R_{\rm SFCW}(\tau)$将出现两个栅瓣。这意味着，此时 SFCW 对两个相距大于$cT_{\rm p}/2$的点目标将不能获得正确的距离像。

5. SFCS 的压缩

针对 SFCS 的压缩方法研究开展较多，已经提出了多种方法。在这里介绍频域匹配滤波子孔径的处理方法：首先将脉冲串中的每个子脉冲信号进行频域匹配滤波，然后将匹配滤波后的信号在频域进行相干合成，最后进行 IFFT。提出的子孔径处理方法还可以通过频域-时域混合处理实现，即首先将子脉冲在频域进行匹配滤波并变换到时域，经过时域上变频，然后在时域进行相干合成。对单个 Chirp 信号的处理相当于进行子孔径信号处理，该方法对任意步进(线性步进或非线性步进)频率的 Chirp 信号的处理均适用，并且算法非常简单，同时可以方便地应用各种加窗手段来进行旁瓣和栅瓣抑制。

1) SFCS 的回波模型

根据 SFCS 的信号模型，经 $R(\tau=2R/c)$ 处的点目标反射后，到达接收机前端的信号为

$$s_n(t)=\exp\{\mathrm{j}2\pi[(f_n-0.5\alpha T_\mathrm{p})(t-\tau)+0.5\alpha(t-\tau)^2]\},\quad 0\leqslant[t-nT_\mathrm{r}-\tau]\leqslant T_\mathrm{p},n=1\sim N \tag{4.4.16}$$

式中，f_n 为第 n 个子脉冲的载频；α为子脉冲的调频率；T_p 为子脉冲的宽度；T_r 为子脉冲间的时间间隔；N 为子脉冲的个数。经接收机下变频后，信号为

$$s_n(t)=\exp\{-\mathrm{j}2\pi[f_n\tau+0.5\alpha T_\mathrm{p}(t-\tau)-0.5\alpha(t-\tau)^2]\},\quad 0\leqslant[t-nT_\mathrm{r}-\tau]\leqslant T_\mathrm{p},n=1\sim N \tag{4.4.17}$$

式(4.4.17)表明，在实际的雷达系统中，通过步进地改变发射信号的载波频率和相应地在接收时步进地改变接收机的本振频率，从而保证接收机输出基带信号的带宽保持不变，因此极大地降低了雷达系统信号采集的复杂度。

2) 频域匹配滤波子孔径处理方法[11,12]

从 SFCS 的回波模型可以看出，以一个点目标为例，对于每一个步进频率，Chirp 信号的处理过程与通常的 Chirp 信号处理过程完全一样，脉冲压缩后仅仅是相位不同，幅度则完全相同(假定反射回来的信号没有受到目标的幅度和相位调制，即理想点目标)。若将每一个步进频率的 Chirp 信号压缩后，简单在时域进行相干叠加，则不能够获得分辨率的提高(下一小节将进行证明)。下面的公式推导表明，若将每个步进频率的 Chirp 信号在频域进行匹配滤波，经频谱搬移后在频域进行相干合成，最后再进行傅里叶逆变换，则能够获得分辨率的提高，即达到通过步进频率增加信号带宽从而获得高距离分辨率的目的。

为不失一般性，假定有如下的回波信号模型：

$$\begin{gathered}s_n(t)=\int_{R_1}^{R_2}g_0(R)\exp\{\mathrm{j}2\pi[(f_n-0.5\alpha T_\mathrm{p})(t-2R/c)+0.5\alpha(t-2R/c)^2]\}\mathrm{d}R\\ 0\leqslant[t-nT_\mathrm{r}-2R/c]\leqslant T_\mathrm{p},\quad n=1\sim N\end{gathered} \tag{4.4.18}$$

式中，$s_n(t)$ 表示发射第 n 个脉冲时接收的回波信号；$g_0(R)$ 为观测区域$[R_1, R_2]$的目标反射系数。令 $\tau=2R/c$，$\tau_1=2R_1/c$，$\tau_2=2R_2/c$，$g(\tau)=g_0(c\tau/2)$，式(4.4.18)可表示为

$$\begin{gathered}s_n(t)=\int_{\tau_1}^{\tau_2}g(\tau)\exp\{\mathrm{j}2\pi[(f_n-0.5\alpha T_\mathrm{p})(t-\tau)+0.5\alpha(t-\tau)^2]\}\mathrm{d}\tau\\ 0\leqslant[t-nT_\mathrm{r}-\tau]\leqslant T_\mathrm{p},\quad n=1\sim N\end{gathered} \tag{4.4.19}$$

进一步令 $b_n(t)=\exp\{\mathrm{j}2\pi[(f_n-0.5\alpha T_\mathrm{p})t+0.5\alpha t^2]\}$，显然式(4.4.19)可以表示为如下卷积形式：

$$s_n(t)=g_n(t)*b_n(t) \tag{4.4.20}$$

式中，$g_n(t)$ 为 $g(t)$ 的一个子脉冲观察。回波信号——式(4.4.20)经接收机下变频处理，数学表达式为

$$s_n(t)\cdot\mathrm{e}^{-\mathrm{j}\omega_n t}=[g_n(t)*b_n(t)]\cdot\mathrm{e}^{-\mathrm{j}\omega_n t} \tag{4.4.21}$$

对式(4.4.21)进行傅里叶变换得

$$S_n(\omega-\omega_n)=G_n(\omega-\omega_n)\cdot B_n(\omega-\omega_n) \tag{4.4.22}$$

式中，$(\omega-\omega_n)\in 2\pi[-\alpha T_p, \alpha T_p]$为基带信号频率范围；$S_n(\omega-\omega_n)$为发射第 n 个脉冲时接收到的基带信号频谱；$B_n(\omega-\omega_n)$为第 n 个发射脉冲的基带频谱；$G_n(\omega-\omega_n)$为距离目标函数的第 n 个基带观察频谱。若对式(4.4.21)进行第二次变频处理：

$$s_n(t)\cdot e^{-j\omega_n t}\cdot e^{j(n-1)\Delta\omega t}=[g_n(t)*b_n(t)]\cdot e^{-j\omega_n t}\cdot e^{j(n-1)\Delta\omega t} \tag{4.4.23}$$

则进行傅里叶变换得

$$S_n[\omega-\omega_n+(n-1)\Delta\omega]=G_n[\omega-\omega_n+(n-1)\Delta\omega]\cdot B_n[\omega-\omega_n+(n-1)\Delta\omega] \tag{4.4.24}$$

$$\begin{aligned}G_n[\omega-\omega_n+(n-1)\Delta\omega]&=S_n[\omega-\omega_n+(n-1)\Delta\omega]/B_n[\omega-\omega_n+(n-1)\Delta\omega]\\&=S_n[\omega-\omega_n+(n-1)\Delta\omega]\cdot B_n^*[\omega-\omega_n+(n-1)\Delta\omega]\end{aligned} \tag{4.4.25}$$

式中，$B^*(\omega)$是$B(\omega)$的复共轭。$S_n[\omega-\omega_n+(n-1)\Delta\omega]\cdot B_n^*[\omega-\omega_n+(n-1)\Delta\omega]$表示频域匹配滤波。将 $n=1\sim N$ 个脉冲所得到的 G_n 进行相干合成得

$$\begin{aligned}G[\omega_o+(N-1)\Delta\omega]&=\sum_{n=1}^{n=N}G_n[\omega-\omega_n+(n-1)\Delta\omega]\\&=\sum_{n=1}^{n=N}S_n[\omega-\omega_n+(n-1)\Delta\omega]\cdot B_n^*[\omega-\omega_n+(n-1)\Delta\omega]\end{aligned} \tag{4.4.26}$$

最终获得一维距离像：

$$g_0\left(\frac{ct}{2}\right)=g(t)=\mathrm{IFFT}\{G[\omega_o+(N-1)\Delta\omega]\} \tag{4.4.27}$$

上述对 SFCS 的处理过程看似复杂，但算法实现却非常简单。因为第一次变频处理完全由接收机硬件实现，而第二次变频处理也仅需将 $n=1\sim N$ 个发射脉冲的回波信号经匹配滤波后的频谱进行搬移即可实现，最后将这 N 个经过频率搬移后的频谱进行相干相加便得到了距离函数的空间频率域响应，对之进行傅里叶逆变换便可得到一维距离像。图 4.4.13 给出了算法框图，框图中 N_s 为时域采样点数，f_s 为时域采样频率。

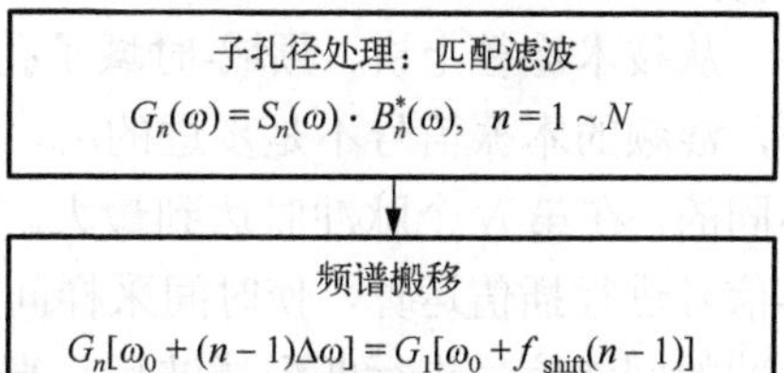

图 4.4.13　SFCS 的频域子孔径压缩算法框图

上述的子孔径处理方法，就是将 $n=1\sim N$ 个发射脉冲的回波信号分别进行匹配滤波处理，相当于 N 个子孔径的处理过程，最后在频域进行相干合成并将合成后的频谱进行傅里叶逆变换，从而完成脉冲压缩的信号处理方法。

3) 频域-时域子孔径处理方法[12]

2) 小节中的子孔径处理方法基本上是在频域进行的。在实际中，还可以选择频域-时域混合处理的方法。频域-时域混合处理是指子脉冲在进行频域匹配滤波后变换到时域，经过时域上变频，然后在时域进行相干叠加以实现脉冲压缩。前面已经提到过，式(4.4.17)表明，对

子脉冲进行匹配滤波后，直接在时域进行相干叠加并不能获得分辨率的提高，下面用数学公式来加以说明。

令 $\text{FILTER}_\text{M}[]$表示匹配滤波运算，利用傅里叶变换的线性性质并对式(4.4.17)进行匹配滤波处理得

$$\begin{aligned}\text{FILTER}_\text{M}[S_n(t)] &= \text{FILTER}_\text{M}\{\exp\{-\text{j}2\pi[f_n\tau + 0.5\alpha T_\text{p}(t-\tau) - 0.5\alpha(t-\tau)^2]\}\} \\ &= \exp(-\text{j}2\pi f_n\tau)\cdot \text{FILTER}_\text{M}\{\exp\{-\text{j}2\pi[0.5\alpha T_\text{p}(t-\tau) - 0.5\alpha(t-\tau)^2]\}\}\end{aligned} \tag{4.4.28}$$

对脉冲串进行匹配滤波后相干叠加得

$$\sum_{n=1}^{N}\text{FILTER}_\text{M}(S_n(t)) = \text{FILTER}_\text{M}\{\exp\{-\text{j}2\pi[0.5\alpha T_\text{p}(t-\tau) - 0.5\alpha(t-\tau)^2]\}\}\cdot\sum_{n=1}^{N}\exp(-\text{j}2\pi f_n\tau) \tag{4.4.29}$$

由式(4.4.29)可见，对 SFCS 进行上述简单相干合成后，其分辨率与单个 Chirp 信号的分辨率完全一样，没有得到提高，只是脉冲压缩的幅度有所变化而已。事实上，式(4.4.23)、式(4.4.26)、式(4.4.27)清楚地表明，如果将第 n 个子脉冲的回波信号进行匹配滤波后得到的时域信号乘以 $\text{e}^{\text{j}(n-1)\Delta\omega t}$(相当于上变频运算)，然后将 N 个如此处理的时域信号在时域进行相干叠加，便可以最终获得整个脉冲串带宽的时域压缩结果。频域-时域子孔径处理方法与频域子孔径处理方法的区别在于，前者不需要进行频谱搬移运算，但要进行时域上变频运算。一般情况下前者的算法精度要高于后者，因为频谱搬移时可能存在搬移量的四舍五入情况，但是计算量通常要比后者大。关于孔径加权方式，频域子孔径方法多了一种选择，那就是对整个合成的频谱进行加权，显然频域-时域子孔径方法没有这种选择。计算表明，在 $f\_\text{shift}(n-1)$ 为自然整数的情况下，两种方法的计算结果完全一样。

从技术途径上讲，频域-时域子孔径处理方法提供了接收机下变频的另外一种选择，那就是，混频的本振信号不是步进的ω_n，而是ω_0，但此时对每个子脉冲回波基带信号的采样率是不同的，在第 N 个脉冲时达到最大。在这种情况下，首先要将第 1 到第 N–1 个脉冲回波的采样信号进行插值运算，使时间采样间隔等于第 N 个脉冲回波的时间采样间隔，这样对所有子脉冲的回波信号进行匹配滤波后，直接在时域相加，便可完成 SFCS 的脉冲压缩。但是这种技术方案，由于极大地增加了原始信号的数据率，在实际中并不可取。

4) 孔径加权

下面通过数值模拟来分析不同孔径加权方法(针对频域子孔径处理方法)对脉冲压缩结果的影响。

在信号处理过程中为了使脉冲压缩的副瓣降低，可以采用多种孔径加权方案。例如，可以在进行子孔径匹配滤波时对每一个发射脉冲都加权，也可以对不同的发射脉冲之间进行加权，还可以对最后获得的合成频谱进行加权。

在进行 SFCS 设计时，除了要使相邻的脉冲之间的频谱相互连接外，还通常要求相邻脉冲的频谱有一定程度的覆盖，即要求 $\Delta F \leqslant B$ 。但是并非覆盖越多越好，因为覆盖越多则意味着实现一定的带宽要求需要的步进脉冲数增多，这会给实际应用带来很多的问题，例如，使运动补偿问题变得复杂。但若频率覆盖变少，则会引起压缩脉冲的旁瓣和栅瓣急剧升高。相邻脉冲间频率覆盖的程度直接影响到孔径加权的效果。下面的计算表明，当频率覆盖较大时，合成的频谱相当于已经自然地进行了某种窗的加权，因此即使不做任何加权处理，得到的压

缩旁瓣也将低于通常的 Chirp 信号不做加权处理时的−13.3dB 的第一旁瓣电平，如果进一步采用加窗处理，得到的压缩旁瓣电平虽然有很大改善但却难以达到通常−40dB 以下的电平。当频率覆盖较少时，合成的频谱自然加权的效果减弱，因此如果不进行加窗处理，副瓣电平将不会自动得到改善，此时如果采用加窗处理，副瓣电平改善的程度随加窗方法的不同而有很大差异，但总的效果要比前面的情况差。

表 4.4.2 给出了我们采用的几种加权方式，所有加窗都采用汉宁窗。选择如下的参数进行计算：载频 $f_0 = 4$ GHz，Chirp 带宽 $B = 80$ MHz，$T_p = 20\mu s$，$\alpha = 4MHz/\mu s$，$N = 11$，$\Delta F = 10$，40MHz，基带信号采样率为 160MHz。图 4.4.14(a)、(b)给出了位于 995m 处的一个点目标的脉冲压缩结果(计算结果取 20lg()，即为功率电平)，有关性能参数比较如表 4.4.3 所示。图 4.4.14(c)、(d)中四个点目标的位置以及反射系数同于图 4.4.2 和图 4.4.3 的目标设置。

表 4.4.2　加权方式定义

加权方式	脉冲内加权	脉冲间加权	合成频谱加权
0	无	无	无
1	有	无	无
2	无	有	无
3	无	无	有

表 4.4.3　不同加权效果比较

加权方式	6dB 主瓣宽度/ns $\Delta F = 10MHz/40MHz$	第一副瓣电平/dB $\Delta F = 10MHz/40MHz$	第一栅瓣电平/dB $\Delta F = 10MHz/40MHz$
0	9.07/2.62	−32.6/−14.5	−31.0/−30.1
1	10.26/3.04	−19.4/−14.1	−69.5/−59.5
2	11.40/3.93	−40.9/−30.0	−29.5/−26.7
3	10.91/3.69	−39.8/−27.0	−33.0/−42.5

图 4.4.14 表明，SFCS 的脉冲压缩出现了有规律的栅瓣，而单个 Chirp 信号的脉冲压缩不会出现这样的栅瓣。栅瓣出现的位置以及形状与ΔF 以及 Chirp 的参数取值有关。图 4.4.14(c)由于信号的合成带宽只有 180MHz，未能分辨相距 1m 的目标 2 和目标 3，但其中 4 个点目标的位置及幅度在一维距离像中得到了完全正确的反映。

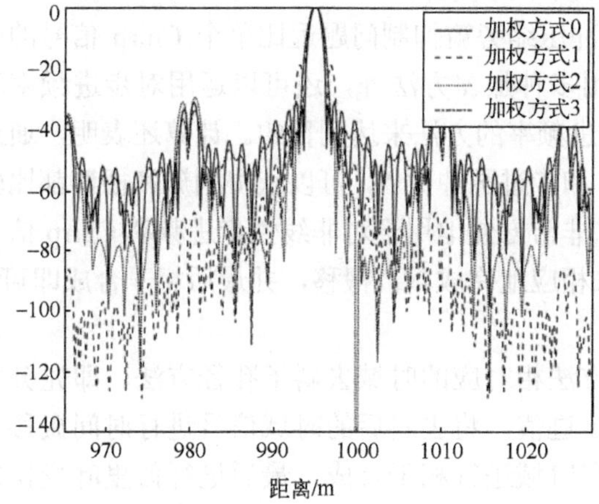

(a) $\Delta F = 10MHz$

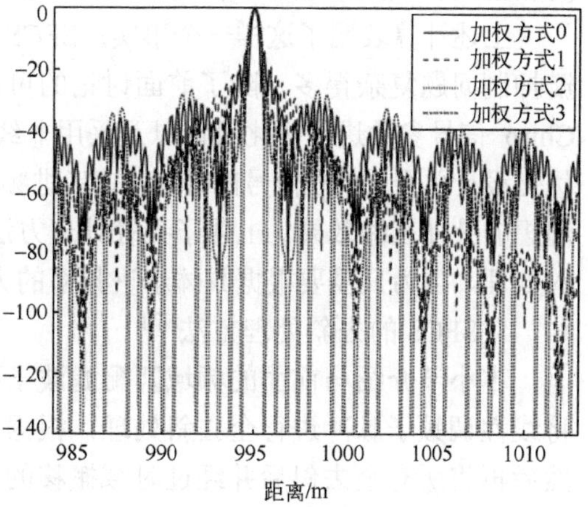

(b) $\Delta F = 40MHz$

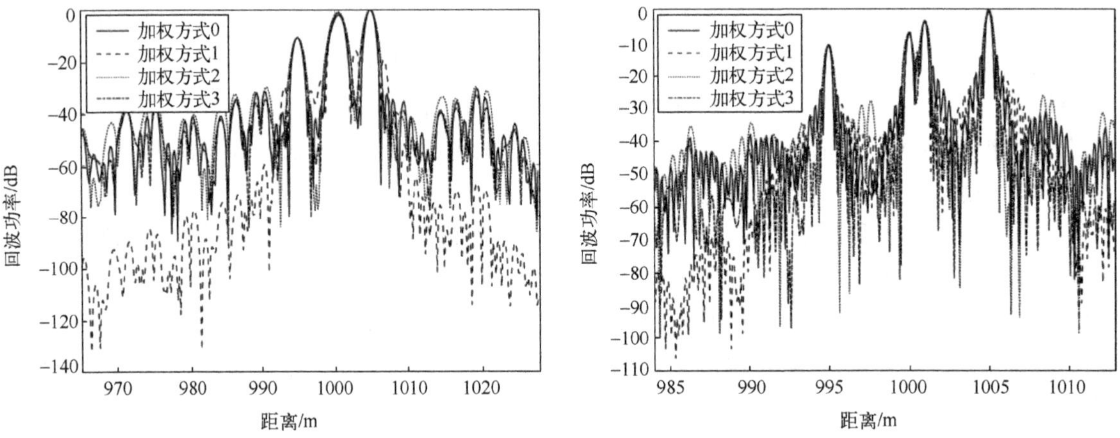

(c) $\Delta F = 10$MHz

(d) $\Delta F = 40$MHz

图 4.4.14 一个点目标(a)、(b)和四个点目标(c)、(d)的 SFCS 一维距离像[12]

从表 4.4.3 中可以看出，当步进频率$\Delta F = 10$ MHz 时，在没有任何加窗的情况下，由于频谱叠加产生了某种自然加窗效果，使第一副瓣低至−32.6dB，同时 6dB 主瓣时间宽度 9.07ns，相比于 180MHz 带宽信号的 6dB 时间分辨率 6.3ns，也有所展宽，但是优于$(N-1)\cdot\Delta F = 100$MHz 带宽信号的 6dB 时间分辨率 11.83ns。如果选用脉冲内加权方法，不仅不能改善反而恶化了第一副瓣，虽然对第一栅瓣有非常大的改善，但由于第一栅瓣出现的位置离主瓣位置已经较远，而主瓣附近出现了较多的副瓣，因此不能接受。采用脉冲间加权和合成频谱加权，则对第一副瓣有较好的改善，但前者对第一栅瓣几乎没有改善，而后者也只有 2dB 的改善。当步进频率$\Delta F = 40$MHz 时，自然加窗的效果已经很弱，采用脉冲内加窗对第一旁瓣同样没有改善，而对第一栅瓣的改善虽然较大，但同样离主瓣位置较远。采用脉冲间加窗对第一旁瓣有 20dB 的改善，但对第一栅瓣却有 3dB 左右的恶化，主瓣有 25.7%的展宽。采用合成频谱加窗虽然对第一旁瓣只有 12.5 dB 的改善，但对第一栅瓣却有高达 12dB 的改善，达到−42.5dB，主瓣有 20.3%的展宽。比较脉冲间加权和合成频谱加权两种方法在$\Delta F = 10$MHz 和 40MHz 两种情况下的总体效果，可以看出，合成频谱加权方法的效果要更好一些。当然，为了进一步改善旁瓣和栅瓣特性，还可以将几种加窗方式组合使用，例如，同时采用脉冲内加窗和脉冲间加窗或合成频谱加窗，但这要以进一步牺牲分辨率为代价。

上述计算表明了这样一个事实：SFCS 的脉冲压缩旁瓣抑制问题远比单个 Chirp 信号的旁瓣抑制问题复杂得多。除了前面讨论的可以运用多种加窗方法外，还可以运用对步进频率和 Chirp 信号参数进行优化设计以及采用非线性步进频率的方法来达到目的。计算还表明，通过优化设计单个 Chirp 信号的带宽 B、步进频率ΔF 和步进脉冲数 N，可以获得副瓣和栅瓣都比较理想的脉冲压缩效果。上述子孔径处理方法可以非常方便地用于对非线性步进频率 Chirp 信号的处理，因为只需要根据具体步进频率的大小来相应地完成频谱搬移，并最后相干合成即可。

5) SFCS 的去斜处理方法[13]

本小节介绍与前面的频域匹配滤波子孔径方法相对应的时域去斜子孔径方法，即先分别将线性调频子脉冲进行全去斜处理，根据频率步进值，将去斜后的时域信号进行时间搬移，然后再将所有全去斜后并经过时域搬移的信号在时域进行相干合成，最后进行傅里叶变换便可实现调频步进信号的压缩处理。

根据式(4.3.10)的 SFCS 模型和式(4.4.16)的回波模型，其中$\tau=2R/c$对应于目标距离的时延，选取对应时延$\tau_0=2R_0/c$，时间宽度为T_{ref}的信号作为去斜参考信号：

$$s_{nR}(t)=\exp\{j2\pi[(f_n-0.5\alpha T_p)(t-\tau_0)+0.5\alpha(t-\tau_0)^2]\},\quad 0\leqslant[t-nT_r-\tau_0]\leqslant T_{ref},\quad n=1\sim N \tag{4.4.30}$$

经去斜处理并低通滤波后信号为

$$\begin{aligned}s_{ndc}(t)&=s_n(t)*s_{nR}(t)=\exp\{j2\pi[f_n(\tau-\tau_0)-0.5\alpha T_p(\tau-\tau_0)+0.5\alpha(t-\tau_0)^2+\alpha(\tau-\tau_0)t]\}\\&=\exp\left\{j2\pi\left[\begin{matrix}f_0(\tau-\tau_0)-0.5\alpha T_p(\tau-\tau_0)+0.5\alpha(t-\tau_0)^2\\+\alpha(\tau-\tau_0)(t+(n-1)\Delta F/\alpha)\end{matrix}\right]\right\},\quad 0\leqslant t\leqslant T_p,\quad n=1\sim N\end{aligned} \tag{4.4.31}$$

从式(4.4.31)可以看出，步进脉冲串中后一个子脉冲的去斜回波比前一个子脉冲的去斜回波多了一个由$\Delta\omega/\alpha$决定的时间偏置。显然如果选取合适的$\Delta\omega$和f_s(采样频率)，满足$T_p=\Delta\omega/\alpha$，即$\Delta\omega=B$，且$f_s\cdot T_p$为整数，这样后一个子脉冲的回波去斜后的相位与前一个子脉冲的回波去斜后的相位完全连续。如果令后一个子脉冲的时域回波延迟$T_{delay}=\Delta\omega/\alpha$，于是，相邻两个子脉冲的回波全去斜后能够在时域完整地连接起来，也就是说每一个点目标的回波得到了更长的时间观察，进行傅里叶变换后提高了频谱分辨率，也就是提高了距离分辨率。照此方法可以将所有子脉冲的回波全去斜以及经时间延迟后再在时域相干合成，从而能够获得所期望的带宽$B+(n-1)\Delta F$。从理论上说，本节方法的脉冲压缩结果不会出现栅瓣，因为它保证了子脉冲间相位是连续的，但是旁瓣却始终存在，只有通过加窗的方法来进行抑制。窗口函数的总长度为：$f_s\cdot[T_p+(N-1)\cdot\Delta\omega/\alpha]$。

在实际中的接收机硬件系统中，可能存在 I/Q 输出的相位和幅度不平衡，对于这一因素的影响可以方便地在式(4.4.31)中加入一个相位误差项$\Delta\varphi(n)$来加以考虑：

$$\begin{aligned}s_{ndc}(t)&=s_n(t)*s_{nR}(t)\\&=\exp\{j2\pi[f_n(\tau-\tau_0)-0.5\alpha T_p(\tau-\tau_0)+0.5\alpha(t-\tau_0)^2+\alpha(\tau-\tau_0)t+\Delta\varphi(n)]\}\\&=\exp\left\{j2\pi\left[\begin{matrix}f_0(\tau-\tau_0)-0.5\alpha T_p(\tau-\tau_0)+0.5\alpha(t-\tau_0)^2\\+\alpha(\tau-\tau_0)(t+(n-1)\Delta F/\alpha)+\Delta\varphi(n)\end{matrix}\right]\right\},\quad 0\leqslant t\leqslant T_p,\quad n=1\sim N\end{aligned} \tag{4.4.32}$$

这个相位误差可以通过获得接收机对点目标响应的 I/Q 输出来加以确定，也可以直接用矢量网络分析仪对接收机的幅相进行测量来获得。相位误差一旦确定，便可通过将$\exp[-j\Delta\varphi(n)]$与式(4.4.32)相乘来消除。

下面讨论选取$\Delta\omega$应注意的问题。如果选择$\Delta\omega>B$，将导致合成的时域信号不连续，显然不会得到好的脉冲压缩结果。如果选择$\Delta\omega<B$且$\Delta\omega$为B的整数倍分之一，虽然能够保证时域信号在连接处的相位是连续的，但是由于重合部分时域信号同相叠加，改变了时域幅度特性，因此也会导致脉冲压缩性能的降低。图 4.4.15 给出了算法框图。

下面给出采用时域去斜子孔径方法对点目标成像的模拟结果，并与频域匹配滤波子孔径方法结果进行对比。信号参数选择如下：$f=10\text{GHz}$，$N=11$，$B=60\text{MHz}$，$\Delta F=60\text{MHz}$，$T_p=25.6\mu\text{s}$，$\alpha=B/T_p=2.34375\times10^{12}\text{Hz}^2$。在图 4.4.16 中，两个点目标分别距离雷达天线相位中心 1536m 和 1538.3m。图 4.4.16(a)和图 4.4.16(c)给出了加汉明窗前后的点目标响应，显然加窗

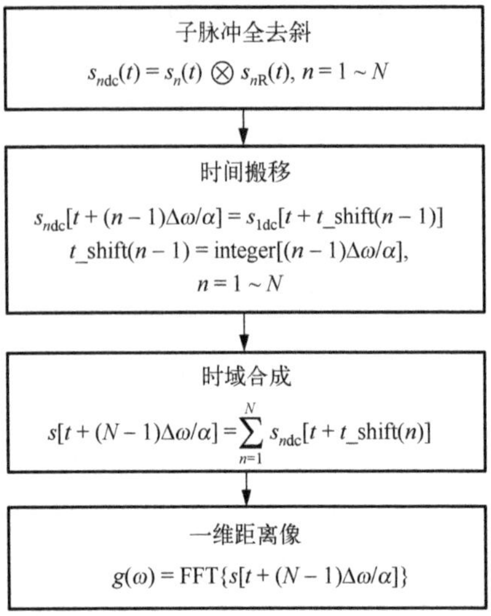

图 4.4.15 SFCS 的时域去斜子孔径压缩算法框图[13]

后极大地降低了旁瓣电平。图 4.4.16(b)和图 4.4.16(d)给出了用频域匹配滤波子孔径方法得到的计算结果，其中加窗方式选择对整个合成的频谱加汉明窗。对比图 4.4.16(a)、(b)，图 4.4.16(c)、(d)可以看出，在相同的基带带宽、步进频率大小以及相同子脉冲数的情况下，无论加窗与否，两种方法的分辨率非常一致。图 4.4.16(a)和(c)中，两个点目标之间的回波响应电平比图 4.4.16(b)和(d)中的更低。进一步对比图 4.4.16(c)和(d)，可以看出，去斜方法没有出现栅瓣，而频域匹配滤波子孔径方法栅瓣比较明显，并且去斜方法的平均噪声要比频域匹配滤波子孔径方法的平均噪声低 10dB 以上。如果对去斜方法与频域匹配滤波子孔径方法的计算量进行比较，不难看出，前者的速度无疑要快得多，这是因为省去了大量的匹配滤波运算。例如，在 CPU 主频为 1.86GHz 的 Pentium 4 计算机上，用 Matlab 编程计算，完成图 4.4.16(c)，约需 0.25s，而完成图 4.4.16(d)约需 1.3125s，后者是前者的约 5.25 倍。

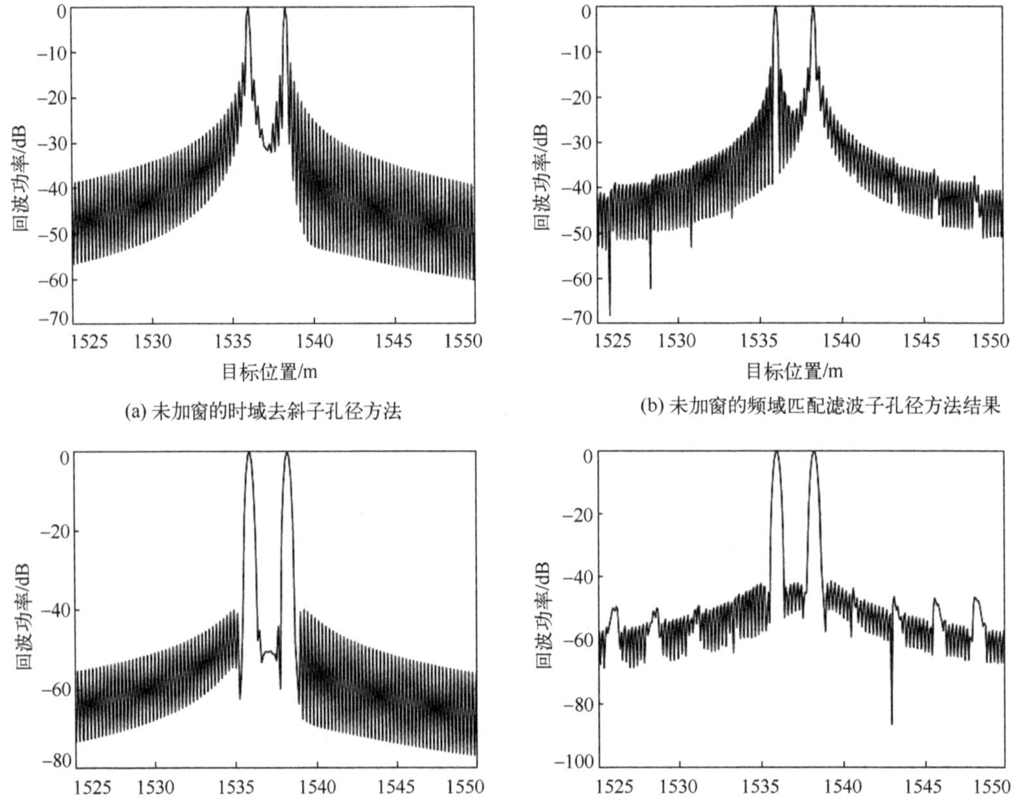

(a) 未加窗的时域去斜子孔径方法

(b) 未加窗的频域匹配滤波子孔径方法结果

(c) 加汉明窗的时域去斜子孔径方法结果

(d) 加汉明窗的频域匹配滤波子孔径方法结果

图 4.4.16 时域去斜子孔径与频域匹配滤波子孔径方法计算点目标响应的比较[13]

6) SFCS 匹配滤波处理和去斜处理的等效模型[14]

前面介绍的对 SFCS 进行脉冲压缩处理的频域匹配滤波子孔径算法和时域去斜子脉冲压缩方法事实上可以等效为两种不同的 Chirp 模型。前者因为是在频域进行相干合成然后傅里叶逆变换到时域，所合成的信号可以等效为一个时间宽度与子脉冲一样、但调频斜率更大的 Chirp 信号；而后者因为是在时域进行相干合成然后进行傅里叶变换到频域，所合成的信号可以等效为一个调频斜率与子脉冲一样、但时间宽度更宽的 Chirp 信号。图 4.4.17(a)和(b)分别给出了两种等效 Chirp 模型的示意图，图中 B_T 为 SFCS 信号的总带宽，ΔF 为频率步进大小，B 为子脉冲的带宽，N 为子脉冲的个数。

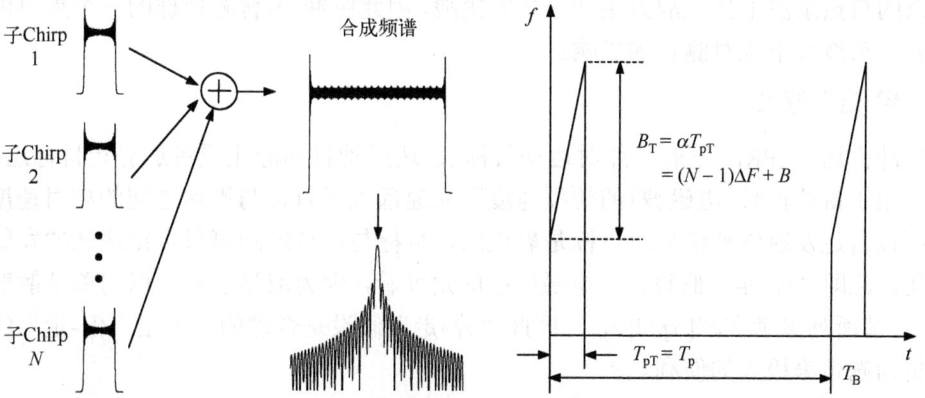

(a) 时域去斜子孔径方法

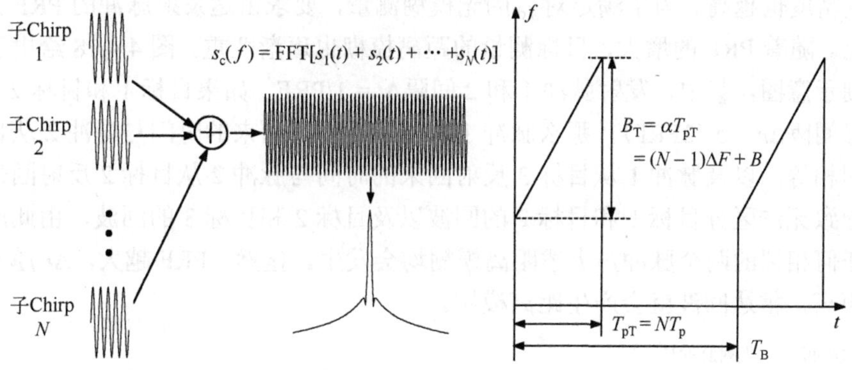

(b) 脉冲压缩的等效模型

图 4.4.17 SFCS 信号的频域匹配滤波子孔径方法[14]

6. 噪声信号的压缩

1) 匹配滤波压缩

所有类型的噪声信号均可以采用如前面所介绍的针对 Chirp 信号的匹配滤波方法[14]或者针对 SFCS 的频域子孔径方法进行脉冲压缩，在此不再赘述。

2) 去斜压缩

前面介绍的线性调频噪声信号以及调频步进噪声信号均可采用去斜方法进行脉冲压

缩[15]。对于线性调频噪声信号，其方法与前面介绍的完全一样，而对于调频步进噪声信号，首先对每个子脉冲的回波进行去斜处理(方法同上)，进而在时域进行相干合成(与 SFCS 的去斜处理相同)。

4.4.2 脉冲-多普勒处理

在 4.3.2 节中介绍脉冲调制连续波发射信号波形可用于同时测量目标距离(位置)和速度，这个处理过程称为脉冲-多普勒处理。现代雷达，如气象雷达、机场交通管制雷达、机载预警雷达、导弹寻的(制导)雷达、火控雷达等，均采用这种信号处理方式。这一类的雷达通常面临着复杂的自然杂波干扰或敌方主动干扰的挑战，因此脉冲-多普勒处理的一个重要内容是如何消除各种杂波和干扰对测量的影响。

1. “停-走”假设

当脉冲雷达以 PRF 发射脉冲对运动目标(雷达运动目标静止或雷达静止目标运动)进行探测时，由于雷达信号(电磁波)的传播速度即光速远大于目标与雷达之间的相对速度 v，可以合理假设雷达发射脉冲信号时目标是静止的，目标与雷达的距离只在雷达脉冲发射的间隙发生变化，此即“停-走”假设。从电磁散射的角度看，因为双站散射可以用单站散射来等效(见 2.3.1 节所列参考文献[5]和[6])，因此“停-走”假设是合理的。采用“停-走”的假设可以为分析问题带来极大的便利。

2. 距离模糊和速度模糊

根据式(4.1.6)，目标的径向速度 v 与其多普勒频率 $|f_d|$ 成正比，因此 f_d 的测量精度越高，则 v 的测量精度也越高。为了满足对 f_d 的无模糊测量，要求雷达发射脉冲的 PRF 必须大于 f_d 的两倍以上。随着 PRF 的增大，目标测量的距离模糊也逐渐严重。图 4.4.18 给出了脉冲雷达的测距模糊示意图，其中，发射脉冲 1 和 2 间隔 $\Delta t = 1/\text{PRF}$，如果目标 1 和目标 2、目标 2 和目标 3 正好间隔 $\Delta r = c/(2\text{PRF})$，那么脉冲 1 从目标 2 反射回来的时间与脉冲 2 从目标 1 反射回来的时间相等，以及脉冲 1 从目标 3 反射回来的时间与脉冲 2 从目标 2 反射回来的时间相等，从而导致无法区分目标 1 和目标 2 的回波以及目标 2 和目标 3 的回波，由此产生距离模糊。对于任何相邻的两个脉冲，上述距离模糊均会发生。显然，PRF 越大，Δr 越小，即每间隔越小的距离，雷达回波就会产生距离模糊。

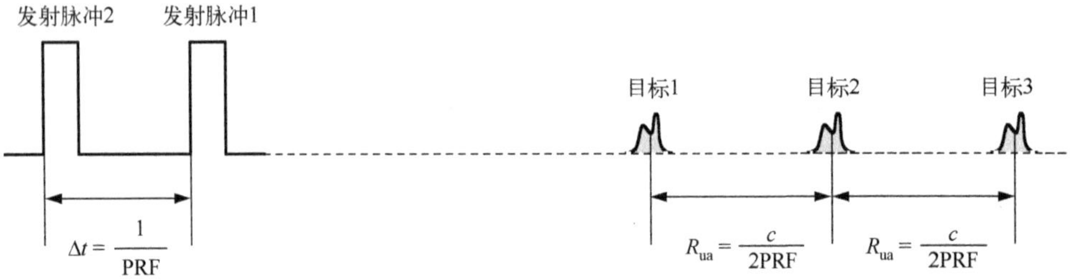

图 4.4.18 脉冲雷达的测距模糊示意图

距离测量不模糊的范围为

$$R_{ua} = c/(2\text{PRF}) \tag{4.4.33}$$

多普勒频率测量不模糊的范围和所对应的不模糊速度分别为

$$f_{\mathrm{d\_ua}} = \mathrm{PRF} \tag{4.4.34}$$

$$v_{\mathrm{ua}} = \pm \lambda \mathrm{PRF}/2 \tag{4.4.35}$$

多普勒频率测量产生模糊的方式与距离模糊类似，若运动目标的速度为 $v_{\mathrm{ua}} \pm n\lambda$ PRF/2，则其产生的多普勒频率将无法区分，从而产生多普勒频率模糊，也就是说，多普勒频率测量的模糊导致了速度测量的模糊。

这就是说，如果为了降低距离模糊，提高目标距离的测量精度和不模糊测量范围，选择 PRF 较低的发射脉冲波形，这就不可避免地降低了速度测量的不模糊范围，降低了速度的测量精度。如果选择中等的 PRF，那么有可能同时面临距离模糊和速度模糊问题。但是在实际中，可以通过参差 PRF(staggered PRF)技术，即不同 PRF 的脉冲簇交替发射，则有可能通过求解方程的方式来同时解决距离模糊和速度模糊问题。

在机载脉冲-多普勒雷达(PD 雷达)中，一般要求具备 PRF 实时调整的能力，以满足对地杂波抑制和运动目标的探测要求。

4.4.3　干涉信号处理

波的干涉现象是指两个来自不同波源但频率相同的波(声波、机械波、电磁波)之间由于传播路径不同在到达同一位置时，合成波的幅度随着位置的不同而发生周期性的变化的现象。人们对电磁波的干涉现象的认识最早是从光的干涉实验开始的。

雷达干涉信号是指两个或两个以上的雷达信号相互叠加而形成的信号，这些雷达信号之间存在着确定的依赖于获取这些信号时雷达所处位置的相位关系。雷达干涉信号可以通过不同雷达(雷达之间工作频率必须一致，并且保持着确定的初始相位关系)在不同时间对同一地面区域进行观测而获得，也可以通过同一雷达依靠两副以上的分布在不同空间位置的天线，对同一地面区域进行观测而获得。

从雷达信号处理角度看，干涉信号处理的目的是通过对干涉信号的干涉相位处理来反演出产生干涉信号的雷达与观测目标之间的几何关系，或者反演出几何关系的变化信息。

雷达干涉信号处理核心是对相位信号的提取和处理，在第 7 章将以交轨干涉 SAR 信号处理为例介绍干涉信号处理的相关方法。

4.4.4　FMCW 的距离和速度测量解耦

在 4.3.4 节介绍 FMCW 的信号模型时已提到，其用于目标探测时存在严重的距离和速度耦合问题，原因是其调频时间较长，目标距离在其照射时间内变化较大，多普勒频率和信号本身随时间的变化混叠在一起。图 4.4.19 给出了 FMCW 发射信号和一定距离之外目标的回波信号以及回波的中频或基带信号的示意图。

对于距离雷达 R，且以速度 v 向雷达运动的目标，其对式(4.3.5)所示发射信号的回波可表示如下：

$$\begin{cases} s_{\mathrm{R}}(t) = A_{\mathrm{R}} \exp\{\mathrm{j}[2\pi((f_0 + f_{\mathrm{d}})(t-\tau) + 0.5\alpha(t-\tau)^2) + \varphi]\}, & (t-\tau) \in (0, T_{\mathrm{p}}/2) \\ s_{\mathrm{R}}(t) = A_{\mathrm{R}} \exp\{\mathrm{j}[2\pi((f_0 + f_{\mathrm{d}} + 2B)(t-\tau) - 0.5\alpha(t-\tau)^2) + \varphi]\}, & (t-\tau) \in (T_{\mathrm{p}}/2, T_{\mathrm{p}}) \end{cases} \tag{4.4.36}$$

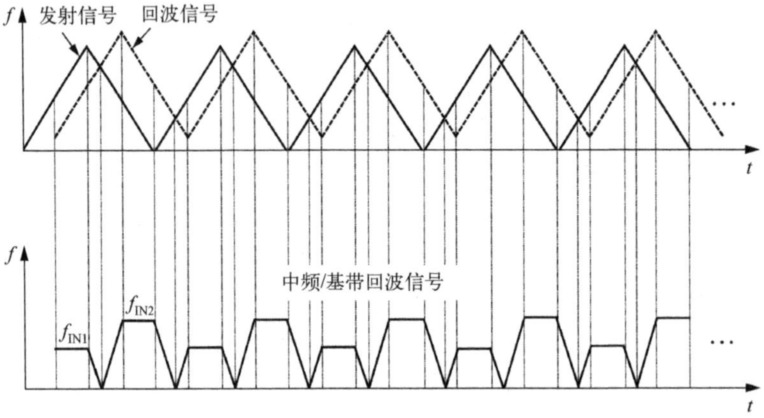

图 4.4.19　三角波调制 FMCW 的回波示意图

式中

$$\tau = 2(R - vt)/c \approx 2R/c\text{，}\quad f_{\mathrm{d}} = 2v/\lambda \tag{4.4.37}$$

回波信号经去斜接收并经低通滤波后得到(幅度进行了归一化)

$$\begin{cases} s_{\mathrm{IF}}(t) = \exp\{\mathrm{j}[2\pi(\alpha\tau - f_{\mathrm{d}})t + \pi\alpha\tau^2 - (f_0 + f_{\mathrm{d}})\tau]\}, & (t-\tau) \in (0, T_{\mathrm{p}}/2) \\ s_{\mathrm{IF}}(t) = \exp\{\mathrm{j}[2\pi(\alpha\tau + f_{\mathrm{d}})t - \pi\alpha\tau^2 - (f_0 + f_{\mathrm{d}} + 2B)\tau]\}, & (t-\tau) \in (T_{\mathrm{p}}/2, T_{\mathrm{p}}) \end{cases} \tag{4.4.38}$$

显然，中频信号包含了两个频率，即

$$\begin{cases} f_{\mathrm{H}} = \alpha\tau + f_{\mathrm{d}} \\ f_{\mathrm{L}} = \alpha\tau - f_{\mathrm{d}} \end{cases} \tag{4.4.39}$$

根据式(4.4.39)，可得到

$$\begin{cases} \tau = (f_{\mathrm{H}} + f_{\mathrm{L}})/2\alpha \\ f_{\mathrm{d}} = (f_{\mathrm{H}} - f_{\mathrm{L}})/2 \end{cases} \tag{4.4.40}$$

再根据式(4.4.37)，可得到目标距离和速度的测量结果：

$$\begin{cases} R = c(f_{\mathrm{H}} + f_{\mathrm{L}})/(4\alpha) \\ v = c(f_{\mathrm{H}} - f_{\mathrm{L}})/(4f_0) = \lambda(f_{\mathrm{H}} - f_{\mathrm{L}})/4 \end{cases} \tag{4.4.41}$$

在实际应用中，如果有多个不同的目标(距离不同但速度相同，或者距离相同速度不同，或者距离和速度均不相同)，由于每个目标的回波信号经去斜接收后均会产生两个频率的信号，因此存在频率配对问题。只有将每两个不同的频率配对到同一个目标上，才能正确求解出每个目标的距离和速度。然而，当两个目标的时延差$\Delta\tau$ 和多普勒频率差Δf_{d}满足$\Delta f_{\mathrm{d}} = \alpha\Delta\tau$时，如果根据同一个目标回波的谱峰位置和频谱面积具有相似性来进行配对将失效。针对这一问题，一个有效的解决方案是采用变周期的三角波调制波形，如图 4.4.20 所示。采用变周期的三角波调制 FMCW 波形后，可以获得每个目标更多的回波频率信息。

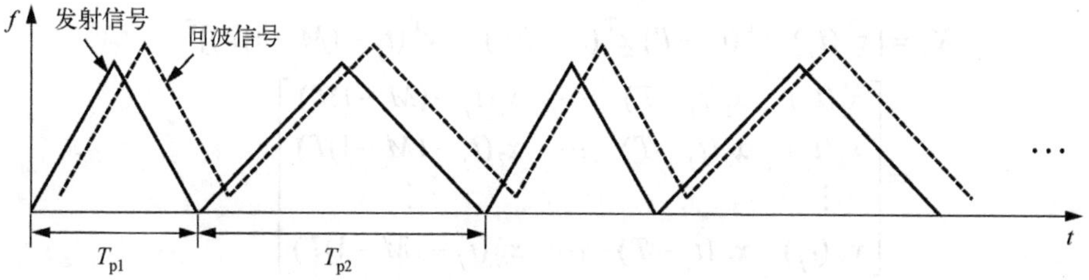

图 4.4.20　变周期三角波调制的 FMCW

4.4.5　空时自适应阵列信号处理

1. STAP 的基本理论

STAP (space-time adaptive processing) 技术是机载和星载雷达在强杂波环境中进行慢速运动目标检测的最有效的途径。该方法能够抑制强大且分布广的地(海)杂波以及各种干扰，从而便于有效地检测淹没在空中与地(海)杂波中的慢速微弱目标。地(海)杂波在角度和多普勒上的展宽，反映在空时二维平面上为空时耦合。杂波本身的二维(耦合)特性决定了传统的一维频域杂波抑制方法往往会失效，一般必须在全空时二维平面内进行滤波处理。空时自适应处理采用了空间和时间二维联合的自适应方式，结合了脉冲多普勒雷达和相控阵天线的优点，综合了多普勒滤波和波束形成技术的特点，既可实现与外界复杂环境的有效匹配，自适应地滤除杂波和干扰，又具有多通道雷达的灵活性，在一定程度上可以补偿系统误差的影响，因而可以大大改善系统的检测性能。

1) 二维波束形成

STAP 技术利用阵列天线和多通道接收同时处理空间和时间二维数据，在噪声和杂波环境中检测并定位目标信号。空间数据来源于阵列的一系列天线单元，时间数据来源于相干处理时间内的一系列脉冲串。N 个天线单元、M 个脉冲串、L 个距离环的数据形成了三维数据立方体，如图 4.4.21 所示。三维数据立方体中包含了所有目标信号、杂波、干扰和噪声信息。从每个距离门接收到的数据被归入一张快照，连续的距离门数据就累积成为一个数据立方体。用数据立方体来查询各个距离门是否存在目标信号，而自适应的二维波束形成保证每个距离门的信噪比最大。式 (4.4.42) 是 t_j 时刻第一个脉冲各天线单元的输出 $\underline{x}(t_j)$，如图 4.4.22 所示，式 (4.4.43) 是第 j 个距离门的空时二维(阵元脉冲二维)数据 X_j，如图 4.4.23 所示，T 为脉冲重复周期。

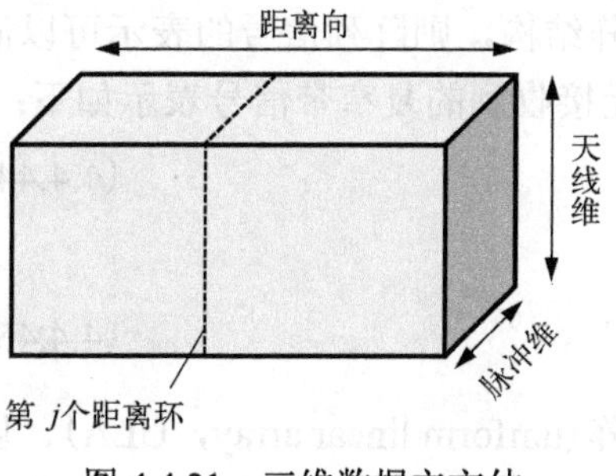

图 4.4.21　三维数据立方体

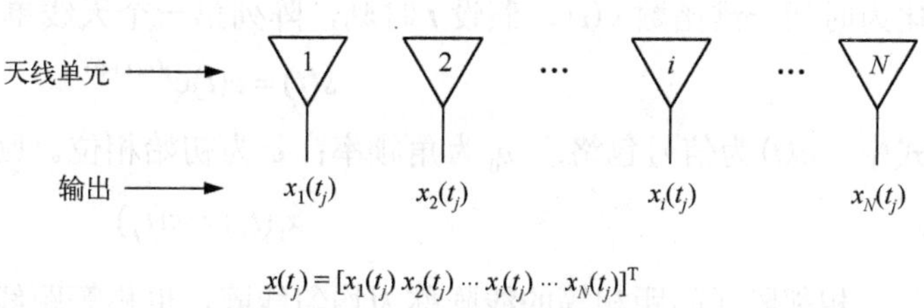

图 4.4.22　阵列雷达信号输出

$$\underline{x}(t_j) = [x_1(t_j)\ \ x_2(t_j) \cdots x_i(t_j) \cdots x_N(t_j)]^{\mathrm{T}} \tag{4.4.42}$$

$$X_j=[\underline{x}^{\mathrm{T}}(t_j)\ \ \underline{x}^{\mathrm{T}}(t_j-T)\ \underline{x}^{\mathrm{T}}(t_j-2T)\cdots\underline{x}^{\mathrm{T}}(t_j-(M-1)T)]^{\mathrm{T}}$$
$$=\begin{bmatrix} x_1(t_j) & x_1(t_j-T) & \cdots & x_1(t_j-(M-1)T) \\ x_2(t_j) & x_2(t_j-T) & \cdots & x_2(t_j-(M-1)T) \\ \vdots & \vdots & & \vdots \\ x_N(t_j) & x_N(t_j-T) & \cdots & x_N(t_j-(M-1)T) \end{bmatrix} \tag{4.4.43}$$

空时二维自适应处理，其实是将一维阵列信号自适应处理的基本思想由阵元信号推广到脉冲和阵元采样的二维数据场中。下面先来介绍一维自适应波束形成。

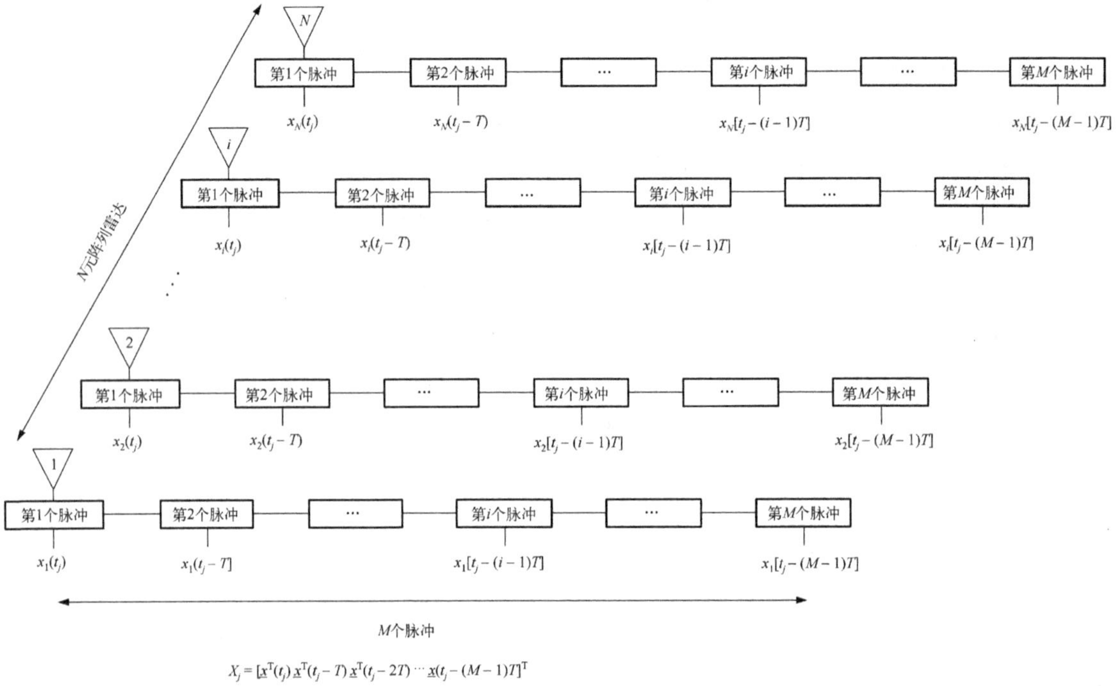

图 4.4.23　阵列雷达发射/接收信号的空间-时间二维数据

(1)空间导向矢量。

空间传播波信号服从亥姆霍兹波动方程，一般是空间和时间的四维函数。首先假设雷达信号满足“窄带”条件，即信号的延迟反映在复包络上的变化可以忽略不计，信号延迟仅仅体现在相位的变化上。并且，假设阵列几何构型是简单线阵结构，则阵列信号的表示可以简化为时间一维函数 $s(t)$，假设 t 时刻，阵列第一个天线单元接收到的复窄带信号表示如下：

$$s(t)=e(t)\mathrm{e}^{\mathrm{j}(\omega_0 t+\varphi)} \tag{4.4.44}$$

式中，$e(t)$ 为信号包络；ω_0 为角频率；φ 为初始相位。则

$$x_1(t_j)=s(t_j) \tag{4.4.45}$$

相邻阵元间距相等的线阵称为均匀线阵，也称等距线阵(uniform linear array，ULA)。以第一个阵元为参考点，相邻阵元间距为 d。相邻天线单元信号 $x_2(t_j)$ 相对于参考天线单元信号 $x_1(t_j)$ 只有一个时间上的延迟，而延时 τ 取决于阵元间距 d 和接收方位角 θ，如图 4.4.24 所示。θ 是指信号波前与天线阵列轴线的夹角。下式表达的是信号传播延时 τ，其中，c 为光速：

$$\tau = d\sin\theta/c \tag{4.4.46}$$

假设窄带信号包络 $e(t)$ 恒定，则与参考天线单元相邻的第二个天线单元信号可简单表达为下式：

$$\begin{aligned} x_2(t_j) &= x_1(t_j-\tau) = s(t_j)\mathrm{e}^{-\mathrm{j}\omega_0\tau} = s(t_j)\mathrm{e}^{-\mathrm{j}2\pi f_0 d\sin\theta/c} \\ &= s(t_j)\mathrm{e}^{-\mathrm{j}2\pi f_0 d\sin\theta/(f_0\lambda)} = s(t_j)\mathrm{e}^{-\mathrm{j}\pi d\sin\theta/(\lambda/2)} \end{aligned} \tag{4.4.47}$$

式中，λ 表示波长。类似地，第 i 个天线单元的输出可以表示为

$$x_i(t_j) = s(t_j)\mathrm{e}^{-\mathrm{j}\pi(i-1)(d\sin\theta)/(\lambda/2)} \tag{4.4.48}$$

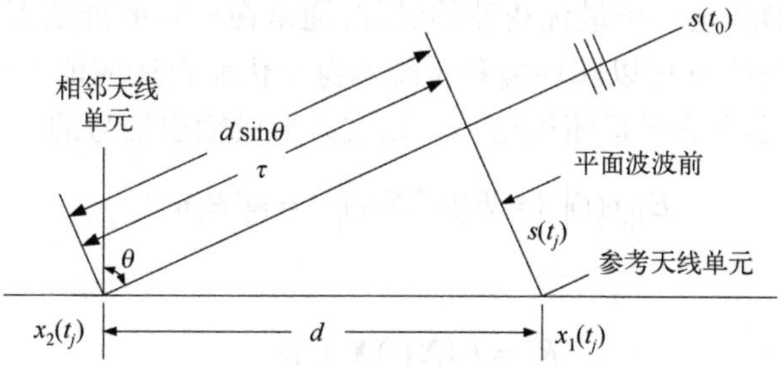

图 4.4.24 相邻天线单元信号关系

假设天线单元之间的间距 d 为$\lambda/2$，则 $d/(\lambda/2)=1$，因此在任意时刻 t_j，所有天线单元输出矢量为

$$\begin{aligned} \boldsymbol{x}(t_j) = \begin{bmatrix} x_1(t_j) \\ x_2(t_j) \\ \vdots \\ x_i(t_j) \\ \vdots \\ x_N(t_j) \end{bmatrix} &= S(t_j)\begin{bmatrix} 1 \\ \mathrm{e}^{-\mathrm{j}\pi\sin\theta} \\ \mathrm{e}^{-\mathrm{j}2\pi\sin\theta} \\ \vdots \\ \mathrm{e}^{-\mathrm{j}(i-1)\pi\sin\theta} \\ \vdots \\ \mathrm{e}^{-\mathrm{j}(N-1)\pi\sin\theta} \end{bmatrix} \\ &= s(t_j)\boldsymbol{a}_N(\theta) \end{aligned} \tag{4.4.49}$$

式中，$\boldsymbol{a}_N(\theta)$ 代表了空间导向矢量。这样任何时刻的所有天线单元输出都可以用空间导向矢量来表示：

$$\boldsymbol{a}_N(\theta) = [1, \mathrm{e}^{-\mathrm{j}\pi\sin\theta}, \cdots, \mathrm{e}^{-\mathrm{j}(i-1)\pi\sin\theta}, \cdots, \mathrm{e}^{-\mathrm{j}(N-1)\pi\sin\theta}]^{\mathrm{T}} \tag{4.4.50}$$

波动方程满足叠加原理，多个波信号可以在自由空间中独立传播，而阵列接收来自 P 个平面波信号 $s_i(t)$，$i=1,2,\cdots,p$，分别从阵列法线方向 $\theta_1,\theta_2,\cdots,\theta_p$ 到达 N 元等距线阵上，则一般的阵列信号模型可以表示为

$$\boldsymbol{X}(t) = \sum_{i=1}^{p} s_i(t)\boldsymbol{a}_N(\theta_i) + \boldsymbol{N}(t) \tag{4.4.51}$$

式中，$\boldsymbol{N}(t)$ 是阵列接收机噪声矢量，$n_i(t), i=1,2,\cdots,N$ 表示各阵元接收机噪声。$\boldsymbol{N}(t)$ 可表示如下：

$$N(t)=[n_1(t),n_2(t),\cdots,n_N(t)]^{\mathrm{T}} \tag{4.4.52}$$

阵列信号一维波束形成就是对阵列各单元信号加权求和[16]，即用一矢量 $\boldsymbol{w}$ 与阵列信号 $\boldsymbol{X}(t)$ 做内积，即

$$\boldsymbol{y}(t)=\boldsymbol{w}^*\boldsymbol{X}(t) \tag{4.4.53}$$

式中，“*”表示共轭转置。波束形成的物理意义是用复数权矢量 $\boldsymbol{w}$ 的相位对阵列信号各分量进行相位补偿，使得在期望信号方向上各个分量同相相加，以形成天线方向图的主瓣；而在其他方向上，非同相相加而形成天线方向图的副瓣，甚至方向图零点。这也可以理解为对方向进行选择性的滤波，也称空域滤波器。

一维自适应波束形成是一个最优滤波的过程，通常在一定的准则下计算其最优的权矢量。自适应波束形成的权矢量 $\boldsymbol{w}$ 可以随环境和系统本身变化而自适应地调整。

假设 $\boldsymbol{X}(t)$ 是 N 维零均值平稳随机过程，则波束形成输出信号的功率为

$$E\{|\boldsymbol{y}(t)|^2\}=E\{|\boldsymbol{w}^*\boldsymbol{X}(t)|^2\}=\boldsymbol{w}^*\boldsymbol{R}_x\boldsymbol{w} \tag{4.4.54}$$

式中

$$\boldsymbol{R}_x=E\{\boldsymbol{X}(t)\boldsymbol{X}^*(t)\} \tag{4.4.55}$$

式(4.4.55)称为阵列信号协方差矩阵。

一维自适应波束形成的基本思想就是在波束最大值指向目标方向的同时，尽可能地抑制干扰和噪声，这也就是说，在保证信号功率为一定值的前提下，使波束形成输出的总功率最小化。这可以描述为一个带约束的二次优化问题，如下：

$$\begin{aligned}&\min_{w}(\boldsymbol{w}^*\boldsymbol{R}_x\boldsymbol{w})\\&\text{s.t. } f(w)=0\end{aligned} \tag{4.4.56}$$

式(4.4.56)中最优准则主要有三个：①最大信噪比准则(MSNR)；②最小均方误差准则(MMSE)；③线性约束最小方差准则(LCMV)。实际上，以上 3 个最优准则是针对不同应用条件提出的，虽然具有不同的表达，但是可以证明，在共同的应用条件下，3 个准则是等价的。

下面将一维窄带自适应信号处理推广到二维空时自适应信号处理。先讨论一维时域信号，即时间导向矢量。

(2) 时间导向矢量。

因为目标和天线阵列平台之间存在相对运动，所以必然存在多普勒效应。假设在波传播方向上的相对速度为 v，式(4.4.57)表示 t 时刻目标和信号源之间的距离，如图 4.4.25 所示。

$$r_0(t)=r_0-vt \tag{4.4.57}$$

图 4.4.26 中，$\tau(t)$ 代表电磁波从源到目标在 t 时刻的往返时延，则 $t-\tau(t)/2$ 表示信号被反射的时刻，反射时目标和信号源之间的距离为

$$r_1=r[t-\tau(t)/2]=c\tau(t)/2 \tag{4.4.58}$$

式中，$\tau(t)/2$ 是信号从目标反射回到信号源所需的时间(距离为 r_1)，将式(4.4.58)代入式(4.4.57)，可求解 $\tau(t)$ 得到

$$\tau(t)=(2r_0/c)/(1-v/c)-(2vt/c)/(1-v/c)=\tau_0/(1-v/c)-(2vt/c)/(1-v/c) \tag{4.4.59}$$

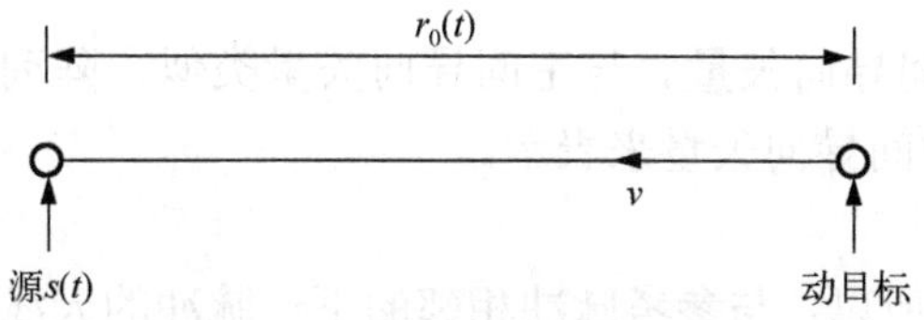

图 4.4.25 目标和信号源距离

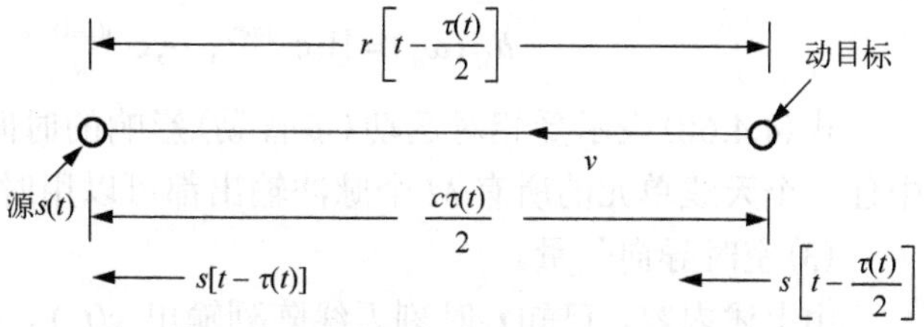

图 4.4.26 多普勒效应

由式(4.4.59)可得，一个 t 时刻接收到的信号在 $t-\tau(t)/2$ 时刻被目标反射，相当于在时刻 $t-\tau(t)$ 由源发射的信号。$\tau(t)$ 的定义如式(4.4.59)，所以参考天线单元在 t 时刻的信号输出为

$$x_1(t)=s[t-\tau(t)] \tag{4.4.60}$$

假设下个脉冲在 $t=T$ 时刻发射，T 表示脉冲重复时间。由上可知，信号 $s(t-T)$ 在参考天线单元输出为

$$x_1(t-T)=s[t-T-\tau(t-T)] \tag{4.4.61}$$

根据式(4.4.59)，延时可表示为

$$\tau(t-T)=\tau(t)+[(2vT)/c]/(1-v/c) \tag{4.4.62}$$

所以，下个脉冲可表示为

$$x_1(t-T)=s\{t-T-\tau(t)-[(2vT)/c]/(1-v/c)\}=s[t-\tau(t)]\mathrm{e}^{-\mathrm{j}\omega_0[1+(2v/c)/(1-v/c)]T} \tag{4.4.63}$$

一般来说，目标速度 $v \ll c$，所以 $1-v/c \approx 1$。可以看到相邻脉冲的相位由两部分组成，由相对运动产生的附加相位可表示如下：

$$[(2v\omega_0 T)/c]/(1-v/c)=\omega_0(2vT/c)=\pi\omega_{\mathrm{d}} \tag{4.4.64}$$

式中，ω_{d} 表示由目标相对运动速度引起的相邻脉冲的归一化多普勒。考虑到夹角 θ，径向速度分量为 $v\sin\theta$，用 $v\sin\theta$ 代替 v，这样得到有效归一化多普勒表达式如下：

$$\omega_{\mathrm{d}}=[2(v\sin\theta)T]/(\lambda/2) \tag{4.4.65}$$

根据式(4.4.63)、式(4.4.64)和式(4.4.65)，可以得到第二个脉冲表达式仅仅需要在参考脉冲基础上乘以相位因子 $\mathrm{e}^{-\mathrm{j}\pi\omega_{\mathrm{d}}}$（在调整了固定的相位因子 $\mathrm{e}^{-\mathrm{j}\omega_0 T}$ 之后）：

$$x_1(t-T)=s[t-\tau(t)]\mathrm{e}^{-\mathrm{j}\pi\omega_{\mathrm{d}}} \tag{4.4.66}$$

综上所述，第 k 个脉冲表达式仅仅需要在参考脉冲基础上乘以 $k-1$ 个相位因子。这样，任何单个天线单元接收的所有 M 个脉冲输出可以写为

$$\begin{bmatrix} x_1(t) \\ x_1(t-T) \\ \vdots \\ x_1(t-(M-1)T) \end{bmatrix}=s[t-\tau(t)]\begin{bmatrix} 1 \\ \mathrm{e}^{-\mathrm{j}\pi\omega_{\mathrm{d}}} \\ \mathrm{e}^{-\mathrm{j}2\pi\omega_{\mathrm{d}}} \\ \vdots \\ \mathrm{e}^{-\mathrm{j}(M-1)T\omega_{\mathrm{d}}} \end{bmatrix}=s[t-\tau(t)]\boldsymbol{b}_M(\omega_{\mathrm{d}}) \tag{4.4.67}$$

$$\boldsymbol{b}_M(\omega_{\mathrm{d}})=[1,\mathrm{e}^{-\mathrm{j}\pi\omega_{\mathrm{d}}},\cdots,\mathrm{e}^{-\mathrm{j}(i-1)\pi\omega_{\mathrm{d}}},\cdots,\mathrm{e}^{-\mathrm{j}(M-1)\pi\omega_{\mathrm{d}}}]^{\mathrm{T}} \tag{4.4.68}$$

式(4.4.68)表示受相对运动(多普勒)影响的时间导向矢量。与空间导向矢量类似，阵列中任一个天线单元的所有 M 个脉冲输出都可以用时间导向矢量来表示。

(3)空时导向矢量。

由上述内容，已知 t_j 时刻天线阵列输出 $\boldsymbol{x}(t_j)$，所以，与参考脉冲相邻的下一脉冲的天线阵列输出可表示为

$$\boldsymbol{x}(t_j-T)=\boldsymbol{x}(t_j)\mathrm{e}^{-\mathrm{j}\pi\omega_{\mathrm{d}}}=s(t_j)\boldsymbol{a}_N(\theta)\mathrm{e}^{-\mathrm{j}\pi\omega_{\mathrm{d}}} \tag{4.4.69}$$

这样，第 j 个距离门的 N 个天线单元 M 个脉冲的回波信号可以表达如下：

$$\boldsymbol{X}_j=\begin{bmatrix}\boldsymbol{x}(t_j)\\ \boldsymbol{x}(t_j-T)\\ \vdots\\ \boldsymbol{x}[t_j-(M-1)T]\end{bmatrix}=s(t_j)\begin{bmatrix}\boldsymbol{a}_N(\theta)\\ \boldsymbol{a}_N(\theta)\mathrm{e}^{-\mathrm{j}\pi\omega_{\mathrm{d}}}\\ \vdots\\ \boldsymbol{a}_N(\theta)\mathrm{e}^{-\mathrm{j}\pi(M-1)\omega_{\mathrm{d}}}\end{bmatrix} \tag{4.4.70}$$

$$=s(t_j)\boldsymbol{a}_N(\theta)\otimes\boldsymbol{b}_M(\omega_{\mathrm{d}})=s(t_j)\boldsymbol{a}(\theta,\omega_{\mathrm{d}})$$

$$\boldsymbol{a}_t=\boldsymbol{a}(\theta,\omega_{\mathrm{d}})=\boldsymbol{b}_M(\omega_{\mathrm{d}})\otimes\boldsymbol{a}_N(\theta) \tag{4.4.71}$$

式(4.4.71)表示了与方位角θ、相对速度 v 有关的空时导向矢量，其具体表达式为时间导向矢量 $\boldsymbol{b}_M(\omega_{\mathrm{d}})$ 和空时导向矢量 $\boldsymbol{a}_N(\theta)$ 的克罗内克积(或直积，用⊗表示)。

图 4.4.27 给出了空时导向矢量在角度-多普勒域的信号形式。在本例中，阵列天线的单元数为 18，脉冲数为 16，归一化角度 $\sin\theta=0.5$，归一化多普勒频率 $f_{\mathrm{d}}=-0.4$，从图中可以清楚地看到主瓣和旁瓣的信息。

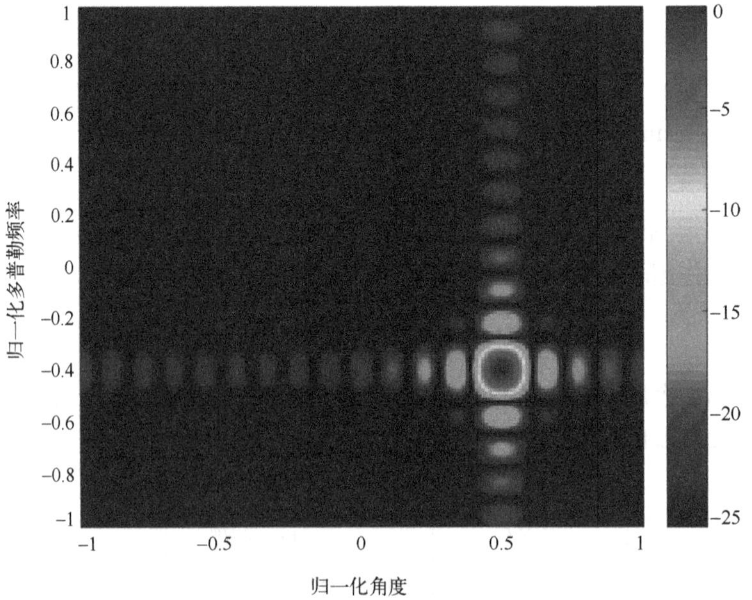

图 4.4.27　空时导向矢量 2D 角度多普勒信息

来自不同方向地杂波的多普勒频率不同，可能覆盖慢速运动目标的多普勒频率。这样从

多普勒域来看，运动目标与杂波混叠。从空域的波达方向上来看，运动目标仍然与杂波混叠。这样，同时对时域和空域采样信号进行处理，以期同时利用多普勒和角度信息来区分动目标和静止杂波的方法，就是空时二维信号处理。至此，我们引入空时导向矢量，将一维空域信号处理推广到空时二维信号处理。类似一维的情况，二维波束形成就是施以权矢量 $\boldsymbol{w}$ 对二维信号加权求和。下面我们具体介绍空时二维自适应滤波的细节，仿真计算所采用的雷达系统参数如表 4.4.4 所示。

表 4.4.4　阵列雷达系统参数

参数名称及符号	数值	单位
中心频率 f_0	400	MHz
峰值发射功率 P_t	150	kW
发射系统损耗 L_t	3	dB
玻尔兹曼常数 k	1.3806488×10^{-23}	J/K
系统发射和接收机瞬时带宽 B_{sr}	5	MHz
接收机参考室温 T_0	290	K
接收机噪声系数 N_F	3	dB
接收机损耗 L_r	2.5	dB
脉冲重复频率(PRF)	500	Hz
发射脉冲宽度 T_p	200	μs
阵列天线单元数目 N	16	个
相干积分的脉冲数 M	16	个
阵列发射天线增益	22	dB
阵列接收天线增益	10	dB
单元天线增益	4	dB
单元天线后瓣电平	–30	dB
电磁波传播速度 c	299792458	m/s
阵列天线单元间距 d	$\lambda/2=(c/f_0)/2$	m
观测方位角范围	–180～179	°
方位角度划分个数	360	个
平台高度	9	km
观测距离	13	km

2) 杂波协方差矩阵

H_1 和 H_0 分别代表目标信号存在和目标信号不存在两种假设，则第 j 个距离门的数据可以写成如下形式：

$$\boldsymbol{X}_j=\begin{cases}\alpha\boldsymbol{a}_t+\boldsymbol{X}_c, & H_1\\ \boldsymbol{X}_c, & H_0\end{cases} \tag{4.4.72}$$

式中，α 表示信号在传输过程中在目标处的复散射系数；$\boldsymbol{X}_c$ 表示所有干扰的总和，包括杂波和噪声分量。如图 4.4.28 所示，在同一个距离环 r 上，根据不同的方位角杂波环分为一系列杂波片。在距离 r 上，来自所有杂波片的杂波可表示为

$$\boldsymbol{X}_{\mathrm{c}}=\sum_{k=1}^{K}c_k\boldsymbol{a}(\theta_k,\omega_{\mathrm{d},k})+\boldsymbol{N} \tag{4.4.73}$$

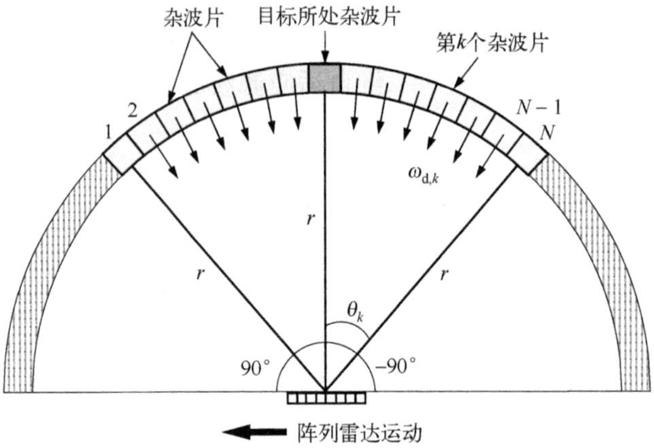

图 4.4.28　正侧视雷达杂波单元

式(4.4.73)等号右侧的前一部分代表 K 个杂波片随机回波的总和，c_k 代表第 k 个杂波片的随机幅度；后一部分 $\boldsymbol{N}$ 代表噪声矢量。由上已知，第 k 个杂波片的有效多普勒频率 $\omega_{\mathrm{d},k}$ 取决于方位向因子：$d\sin\theta_k/(\lambda/2)$，则有

$$\omega_{\mathrm{d},k}=[(2vT)/d][(d\sin\theta_k)/(\lambda/2)]=\beta[(d\sin\theta_k)/(\lambda/2)] \tag{4.4.74}$$

$$\beta=2vT/d=vT/(d/2) \tag{4.4.75}$$

β 表示一个脉冲间隔 T 内平台和目标相对运动的距离相当于半个天线单元间隔的倍数。杂波的多普勒频率和空间角度参数 $\sin\theta_k$ 呈线性关系。β 的实质是杂波在空间和时间的二维域上的比例关系。若 $\beta=1$，则杂波特性在角度-多普勒平面上呈现一次；若 $\beta>1$，则杂波特性在角度-多普勒平面上混叠，出现多普勒模糊。

如果式(4.4.73)中随机幅度 c_k 是均值为 0、方差为 σ_{c}^2 的独立随机变量，那么杂波是广义静止的。下式表达了杂波协方差矩阵：

$$\boldsymbol{R}_{\mathrm{c}}=E\{\boldsymbol{X}_{\mathrm{c}}\boldsymbol{X}_{\mathrm{c}}^{\mathrm{H}}\} \tag{4.4.76}$$

$$\boldsymbol{R}_{\mathrm{c}}=\sum_{k=1}^{N_0}\sigma_k^2\boldsymbol{a}_k\boldsymbol{a}_k^{\mathrm{H}}+\sigma^2\boldsymbol{I} \tag{4.4.77}$$

式中，上标“H”表示共轭转置；σ_k^2 表示噪声方差；$\boldsymbol{I}$ 为单位矢量。一般在波束形成中，天线单元输出经方向矢量 $\boldsymbol{a}(\theta,\omega_{\mathrm{d}})$ 加权，得到输出 $y(t)=\boldsymbol{X}_{\mathrm{c}}^{\mathrm{H}}\boldsymbol{a}(\theta,\omega_{\mathrm{d}})$，相应的杂波平均功率则表示如下：

$$P_{\mathrm{B}}(\theta,\omega_{\mathrm{d}})=E\{|\boldsymbol{y}(t)|^2\}=\boldsymbol{a}^*(\theta,\omega_{\mathrm{d}})\underbrace{E\{\boldsymbol{X}_{\mathrm{c}}\boldsymbol{X}_{\mathrm{c}}^{\mathrm{H}}\}}_{\boldsymbol{R}_{\mathrm{c}}}\boldsymbol{a}(\theta,\omega_{\mathrm{d}}) \tag{4.4.78}$$

图 4.4.29 给出了 $M=16$，$N=16$ 时，理想杂波谱的具体细节。可以看出如上所述，$\beta>1$ 时，杂波在角度-多普勒平面上混叠，出现多普勒模糊。杂波谱是由大量的杂波片集合而来的，所以动目标一般会淹没在杂波中。如图 4.4.30(a)所示，有一运动目标位于 $\theta=10°$，其归一化

多普勒频率 ω_d 为−0.1，目标淹没在了杂波脊中，而$\theta = -45°$，归一化多普勒频率为 0.1 的干扰却凸显出来。

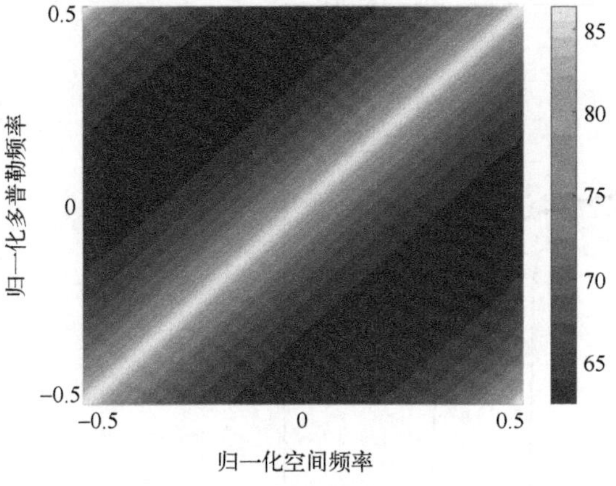

(a) $\beta = 1$

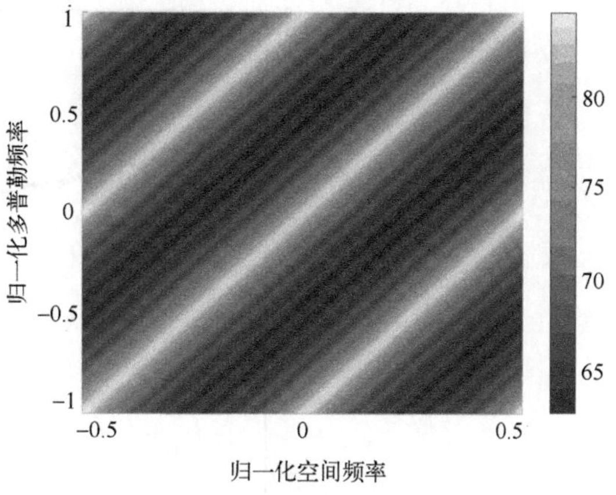

(b) $\beta = 2$

图 4.4.29 理想二维杂波功率谱

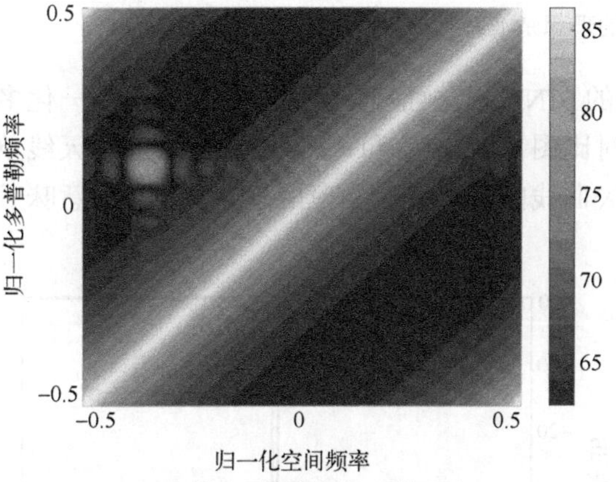

(a) STAP前，目标被淹没，干扰凸显

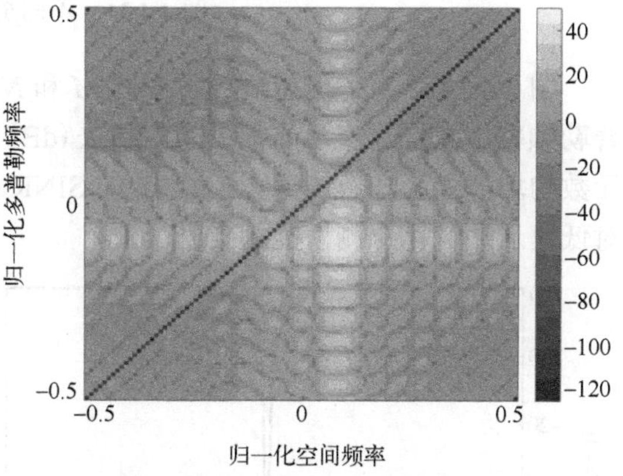

(b) STAP后，目标凸显，杂波及干扰被抑制

图 4.4.30 STAP 前的杂波功率谱和 STAP 后的二维角度-多普勒图

3) Brennan 准则

杂波协方差矩阵 $\boldsymbol{R}_c$ 的秩可以如下表达：

$$\operatorname{rank}(\boldsymbol{R}_c) = \min[(M-1)\beta + N, N_0] = (M-1)\beta + N \tag{4.4.79}$$

式(4.4.79)就是关于杂波协方差矩阵秩的 Brennan 准则[16]。式中，N_0 代表同一个距离环内的杂波片的数目。一般来说，N_0 的值远大于$(M-1)\beta + N$。因此，杂波协方差矩阵的秩为

$$r = (M-1)\beta + N \tag{4.4.80}$$

Brennan 准则不仅给出了杂波自由度的度量，也提出了之后有效地进行杂波抑制所需系统自由度的参考依据。对杂波协方差矩阵进行特征分解，可以得到特征谱(特征值按大小秩序排列)。图 4.4.31 为理想情况下不同β值对应的杂波特征谱。从图中可以看到，根据 Brennan 准则，若$\beta = 1$，则杂波自由度，也就是大特征值的个数为天线单元数加脉冲个数减 1，即

$N+M-1$。这里 $N=M=16$，杂波自由度等于 31。理想情况下，杂波自由度只与天线数和脉冲数有关，与杂噪比(clutter to noise ratio，CNR)大小无关。

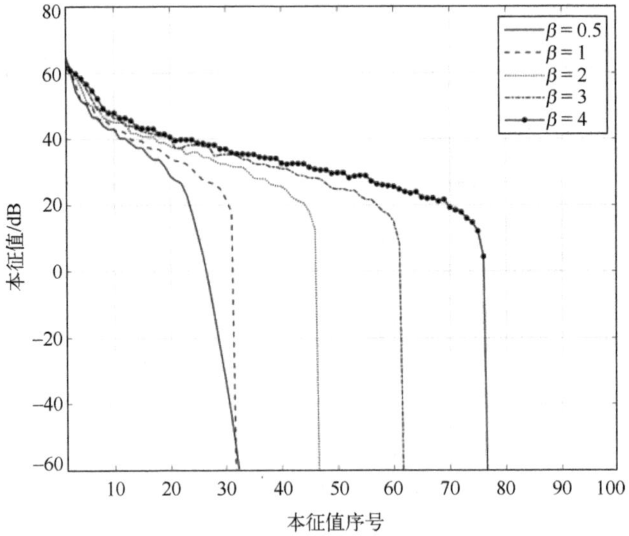

图 4.4.31 不同β时的理想杂波特征谱

图 4.4.32 给出了理想情况下不同 M 和 N 时的 SINR 损失曲线。横坐标表示的是归一化多普勒频率，纵坐标表示的是 SINR 损失(dB)。对比图 4.4.32(a)和(b)可以看出，随着天线单元数的增多和脉冲数的增大，STAP 的 SINR 损失曲线的多普勒频率范围逐渐降低，这意味着对低速运动目标探测性能的提升。

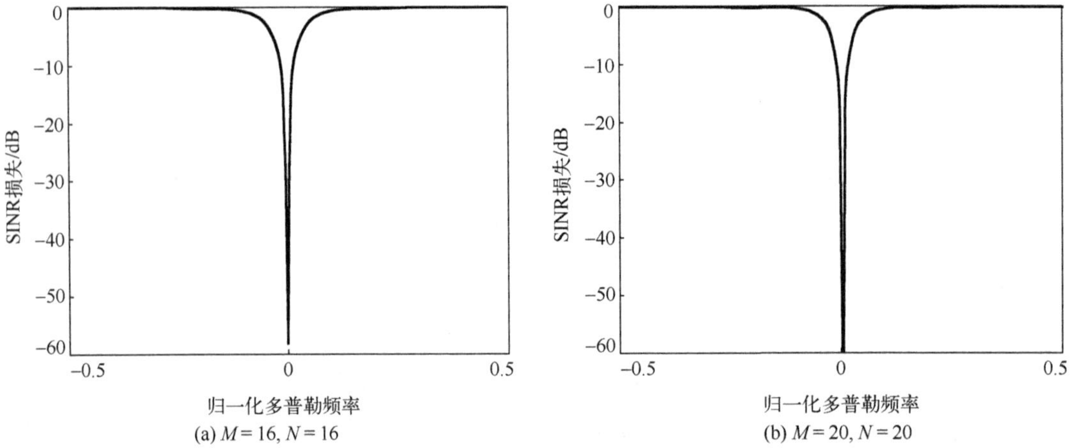

图 4.4.32 理想正侧视情况下的 SINR 损失曲线

4) STAP 算法目标检测过程

为了检测第 j 个距离门 $\boldsymbol{X}_j$ 中目标存在与否，将天线单元/脉冲输出进行线性拟合，并和一个门限进行比较。STAP 算法的实质是找到一个 $MN\times1$ 维的最优权值 $\boldsymbol{w}$。输出可以表示为

$$z=\boldsymbol{w}^{\mathrm{H}}\boldsymbol{X}_j \tag{4.4.81}$$

$\boldsymbol{w}$ 的选择标准是使得输出信杂噪比(signal to interference plus noise ratio，SINR)最大。在

假设 H_1 条件下，有

$$P_{\text{out}} = E\{|z_j|^2\} = P_t|\boldsymbol{w}^H\boldsymbol{a}_t|^2 + \boldsymbol{w}^H\boldsymbol{R}_c\boldsymbol{w} \tag{4.4.82}$$

输出 SINR 可以表示为[4]

$$\begin{aligned}\text{SINR}_{\text{out}} &= \frac{P_t|\boldsymbol{w}^H\boldsymbol{a}_t|^2}{\boldsymbol{w}^H R_c\boldsymbol{w}} = \frac{P_t|\boldsymbol{w}^H R_c^{1/2}R_c^{-1/2}\boldsymbol{a}_t|^2}{\boldsymbol{w}^H R_c\boldsymbol{w}} \leqslant \frac{P_t|\boldsymbol{w}^H R_c^{1/2}|^2\cdot|R_c^{-1/2}\boldsymbol{a}_t|^2}{\boldsymbol{w}^H R_c\boldsymbol{w}} \\ &= \frac{P_t[(\boldsymbol{w}^H R_c^{1/2})(R_c^{1/2}\boldsymbol{w})]\cdot[(\boldsymbol{a}_t^H R_c^{-1/2})(R_c^{-1/2}\boldsymbol{a}_t)]}{\boldsymbol{w}^H R_c\boldsymbol{w}} = \frac{P_t(\boldsymbol{w}^H R_c\boldsymbol{w})\cdot(\boldsymbol{a}_t^H R_c^{-1}\boldsymbol{a}_t)}{\boldsymbol{w}^H R_c\boldsymbol{w}} = P_t\boldsymbol{a}_t^H R_c^{-1}\boldsymbol{a}_t\end{aligned} \tag{4.4.83}$$

式(4.4.83)推导中，利用了 Schwarz 不等式。为保证式(4.4.83)中 SINR 最大，需满足 $(\boldsymbol{w}^H\boldsymbol{R}_c^{1/2})^H = \boldsymbol{R}_c^{-1/2}\boldsymbol{a}_t \to \boldsymbol{R}_c^{1/2}\boldsymbol{w} = \boldsymbol{R}_c^{-1/2}\boldsymbol{a}_t$（容易证明：$\boldsymbol{R}_c^{1/2} = (\boldsymbol{R}_c^{1/2})^H$），于是可以得到 $\boldsymbol{w}$ 的最优值，即

$$\boldsymbol{w}_{\text{opt}} = \mu\boldsymbol{R}_c^{-1}\boldsymbol{a}(\theta_t, \omega_{d_t}) \tag{4.4.84}$$

式中，μ 为常数。输出功率表示为

$$P_a(\theta, \omega_d) = |\boldsymbol{w}_{\text{opt}}^H\boldsymbol{a}(\theta, \omega_d)|^2 \tag{4.4.85}$$

图 4.4.30(b)给出了经空时二维自适应处理后，杂波脊得以消除，图 4.4.30(a)中淹没了的目标的信号被检测了出来，同时干扰也被抑制。

5)样本逆矩阵方法(SMI)和对角加载技术

$\boldsymbol{R}_c$ 在实际工程中通常是未知的，对协方差矩阵 $\boldsymbol{R}_c$ 进行估计得到样本协方差矩阵 $\hat{\boldsymbol{R}}_c$。如图 4.4.33 所示，$\hat{\boldsymbol{R}}_c$ 通常由每个待测距离门附近的杂波环估计而来。式(4.4.86)给出了 $\hat{\boldsymbol{R}}_c$ 的表达式：

$$\hat{\boldsymbol{R}}_c = \sum_{k=1,k\neq j}^{K}\boldsymbol{X}_j\boldsymbol{X}_j^H \Big/ K = \boldsymbol{Y}_K\boldsymbol{Y}_K^H/K \tag{4.4.86}$$

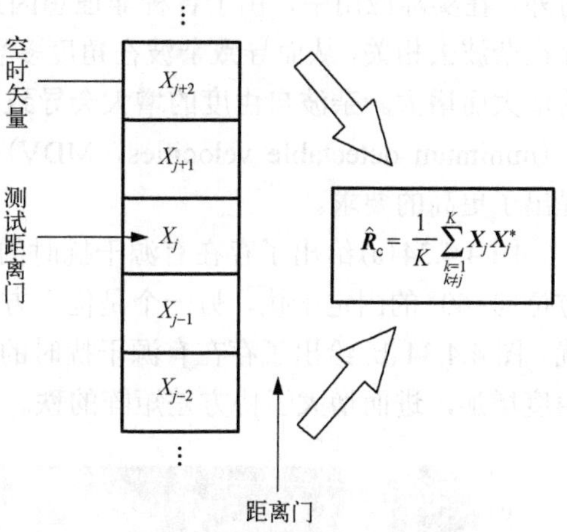

图 4.4.33　样本协方差矩阵

式中，K 表示满足独立同分布(IID)条件的相邻样本数，一般来说，为使协方差估计带来的处理器损失不超过 3dB，要求 $K \geqslant 2MN$。矩阵 $\boldsymbol{Y}_K$ 的表达式如下：

$$\boldsymbol{Y}_K = [\boldsymbol{X}_1, \boldsymbol{X}_2, \cdots, \boldsymbol{X}_k] \tag{4.4.87}$$

用样本协方差矩阵代替协方差矩阵，就可得到样本逆矩阵(simple matrix inversion，SMI)方法。根据式(4.4.85)可得

$$\hat{P}_B(\theta, \omega_d) = \boldsymbol{a}^*(\theta, \omega_d)\hat{\boldsymbol{R}}\boldsymbol{a}(\theta, \omega_d) \quad (\hat{\boldsymbol{R}} = P_t\boldsymbol{a}_t\boldsymbol{a}_t^* + \hat{\boldsymbol{R}}_c) \tag{4.4.88}$$

SMI 方法的最优权值矢量为

$$\boldsymbol{w}_{\text{smi}} = \hat{\boldsymbol{R}}_c^{-1}\boldsymbol{a}_t = (\boldsymbol{Y}_K\boldsymbol{Y}_K^H/K)^{-1}\boldsymbol{a}_t \tag{4.4.89}$$

对第 i 个距离进行空时自适应处理得到的输出功率为

$$P(i,\omega_d)=\left|\boldsymbol{w}_i^{\mathrm{H}}\boldsymbol{X}_i\right|^2,\quad i=1,2,\cdots \tag{4.4.90}$$

对角加载技术指在样本协方差矩阵的对角线元素增加一常数，对角加载后的最优权值表示为

$$\boldsymbol{w}_{\mathrm{smidl}}=\hat{\boldsymbol{R}}_\varepsilon^{-1}\boldsymbol{a}_{\mathrm{t}} \tag{4.4.91}$$

其中加载样本协方差矩阵 $\hat{\boldsymbol{R}}_\varepsilon$ 表达式如下：

$$\hat{\boldsymbol{R}}_\varepsilon \triangleq \hat{\boldsymbol{R}}_{\mathrm{c}}+\varepsilon\boldsymbol{I}=\boldsymbol{Y}_K\boldsymbol{Y}_K^{\mathrm{H}}/K+\varepsilon\boldsymbol{I} \tag{4.4.92}$$

这就是对角加载的样本逆矩阵(sample matrix inversion with diagonal loading，SMIDL)方法。式(4.4.92)中加载因子 ε 是根据需要来选定的，关于加载因子 ε 的选定，本书不做详细的讨论。

2．影响 STAP 性能的主要因素

在实际工程应用中，由于各种实际因素的影响，如有源干扰、通道失配、杂波起伏、色散、平台偏航以及天线阵列的非线性等[15]，STAP 算法的实际检测性能难以达到理论性能。例如，当存在有源干扰时，协方差矩阵的秩增加，杂波自由度增大，而在理想情况下，根据杂波协方差矩阵秩的 Brennan 准则，杂波自由度只跟天线数和脉冲数有关，与 CNR 大小无关。另外，在实际应用中，由于各种非理想因素的影响，有效杂波/干扰自由度比理想情况大，还存在杂波去相关，从而导致杂波在角度多普勒域展宽，并且有效杂波/干扰的秩也会随着 CNR 的增大而增大。杂波自由度的增大会导致杂波去相关，降低了检测性能，也使最小可检测速度(minimum detectable velocities，MDV)受到影响，而要保证检测性能，无疑对检测自由度提出了更高的要求。

图 4.4.34(a)给出了存在有源干扰时的协方差矩阵的图像，图中有两个干扰：一个是位于方位向–60°的固定干扰，另一个是位于方位向 40°的归一化多普勒频率为–0.5 的移动目标干扰。图 4.4.34(b)给出了存在有源干扰时的杂波特征谱，可以看出干扰会使总的杂波和干扰自由度增加，进而增大了协方差矩阵的秩。

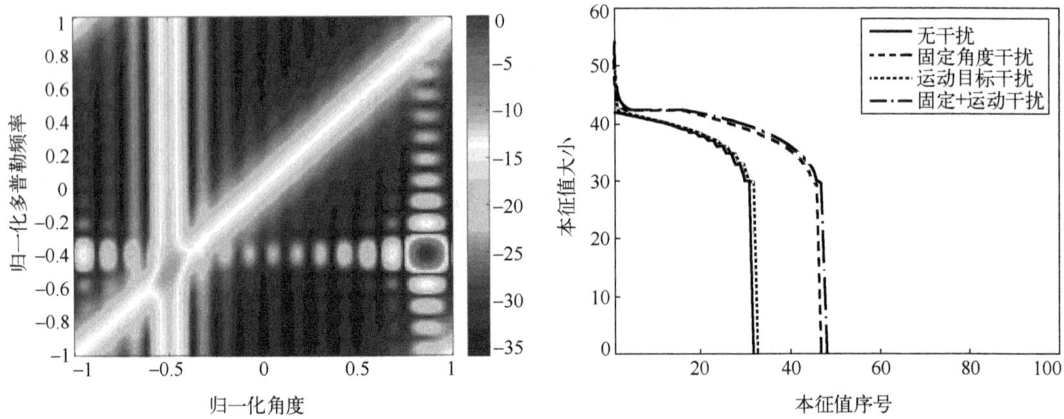

(a) 协方差矩阵　　(b) 杂波特征谱

图 4.4.34　有干扰和噪声情况下的人杂波协方差矩阵和杂波特征谱

3. iceberg 效应[16]

实际中由于建筑物和地形起伏的影响，杂波呈现非均匀分布，因此 CNR 和杂波相关系数等统计量都随位置变化而变化，必须实时估计。

如果假设热噪声是静止的"海平面"，那么色噪声(杂波和干扰)的特征谱就相当于很多"冰山"凸出于"海面"之上。随着 CNR 增加，有效杂波秩也增加，类似于色噪声"冰山"在海面上慢慢升起，这就是 CNR 的 iceberg 效应。前面讨论的所有影响 STAP 检测性能的因素都将产生 iceberg 效应。

4. STAP 面临的技术挑战

空时自适应处理技术理论研究上已经趋近成熟，特别是已经获取大量实测数据，为研究这一技术创造了有利条件。目前这一技术的研究热点已经转向算法的工程实现问题。STAP 技术能够成功应用于实际系统仍需进一步的努力，还有很多现实的问题面临挑战。

1) 最优处理和计算量的问题

STAP 算法要实现工程应用，就要解决实时性问题。这个问题可以从两个方面进行考虑：第一，降维/降秩 STAP。一般来说，STAP 在工程应用中只能取计算量和处理性能的折中。系统自由度过大会使计算量大大增加，而系统降维处理虽然能够降低计算量，却又远离了最优处理。第二，并行技术。近些年，随着计算能力的提高，针对 STAP 的并行技术发展得也很快，比如，罗马实验室采用加固型的 Paragon 高性能计算机，首次实现了 STAP 机载在线验证。以 Kai Hwang 为首的研究小组，在多种高性能计算机上实现了 STAP 算法。Syracuse 大学的研究小组设计实现了一种并行的流水线系统，并验证了多线程对系统性能的改进。但是这些并行算法都是针对某一种算法的并行实现，不具有普适性，因此更加普适的高效 STAP 算法仍然是一个值得研究的问题。

2) 非均匀 STAP 算法

在实际 STAP 工程应用中，杂波环境往往非常恶劣，一般不会有足够的独立同分布的样本，这样会给杂波抑制带来困难，给实际 STAP 处理带来众多不稳定因素。所以，需要有效模拟实际杂波环境，能够有效选取非均匀环境下的有效数据样本，提出有效的非均匀环境下的 STAP 算法。在非均匀环境下，STAP 算法的稳健性至关重要。

3) 星载分布式 STAP 系统

星载雷达能够对全球实施监控，保证对任意战争区域实现连续密切关注，有显著的技术优势和重要的军事价值，所以必将成为 STAP 技术的发展趋势。但是星载分布式雷达在系统设计和信号处理上存在诸多难点，很多问题仍有待解决。

4.4.6　时频分析方法

傅里叶分析方法在雷达技术领域中的应用非常广泛。然而作为调和分析方法的一员，其只适用于稳态信号分析，难以描述信号频率随时间的变化情况。时频联合分析(简称时频分析)通过将一维的时间信号表示为二维的时间-频率密度函数，以获得对信号中包含多少频率分量、每一分量如何随时间变化的认知。

时频分析的思想始于 20 世纪 40 年代，1946 年 D. Gabor 提出了 Gabor 变换，于 1947 年又提出了一种实用的时频分析方法——短时傅里叶变换(short time transform，STFT)，并将其绝对值的平方称为谱图。1948 年，J. Ville 将 E. P. Wigner 在 1932 年提出的 Wigner 分布引入到信号处理领域。自 80 年代以来各种时频分析方法不断深入，并逐渐形成了一套独特的理论体系。许多学者提出了各种形式的时频分布函数，从短时傅里叶变换到 Cohen 类，种类多达几十种。在雷达技术领域，时频分析方法在提取目标运动参数、瞬时(瞬频)成像、目标微动特征分析与提取等方面已得到成功应用。

1. 时频分析方法分类[17]

时频分析方法通常分为线性和非线性两种。典型的线性时频分析主要有小波变换(wavelet transform，WT)、STFT 和 Gabor 变换等；典型的非线性时频分析主要有 Wigner-Ville、Cohen 分布等二次时频分析方法。

1)线性时频分布

线性时频分布表示是指如果一个信号是一些频率成分的线性组合，那么它的时频表示则是每个独立成分的线性组合。线性时频分布表示的实质是将信号分解成在时间域和频率域均集中的基本成分(也称“原子”信号)的加权之和。

(1)短时傅里叶变换。

①STFT 的数学定义。

Gabor 于 1946 年首先创建了 STFT 方法，认为一个信号 $s(t)$，假设它通过一个有限宽度的时窗 $W(\tau)$ 观察时是平稳的，窗的中心位置为 t，通过沿时间轴移动分析窗，即可得到信号两维的时频平面，STFT 定义为

$$\mathrm{STFT}_s(t,\omega)=\int_{-\infty}^{+\infty}s(\tau)W(\tau-t)\mathrm{e}^{-\mathrm{j}\omega\tau}\mathrm{d}\tau \tag{4.4.93}$$

由定义可以看出，信号 $s(t)$ 在时刻 t 的 STFT 就是信号 $s(t)$ 乘以一个以此时刻为中心的分析窗 $W(t-\tau)$ 所做的傅里叶变换，所以短时傅里叶变换就是信号 $s(t)$ 在分析时刻 t 附近的局域谱。窗口函数的选择应随处理对象的不同而不同。

STFT 方法最主要的优点是容易实现，计算简捷有效。此外，由于 STFT 是一种线性时频表示方法，因此信号的频谱是与在数据中提供正弦成分的幅度成线性比例的。

STFT 方法的主要缺点是其时间和频率分辨率在整个时频平面上固定不变，如果既要求更好的局域性又要求更好的整体性，就必须改变窗口的大小，这样计算起来非常繁杂，以致无法实现。另外的限制是对一个特殊的信号，需要一个特殊的窗才能得到最佳的分辨率，若一个信号由两个截然不同的成分组成，不同的成分则需要和自己相适应的窗才能获得最佳结果，显然一个窗将不能满足要求。因此，在实际的应用中，窗的类型和长度才是主要的问题。

②STFT 的性质。

短时傅里叶变换是一种线性时频表示，其基本性质如下。

a. 满足线性叠加性。

b. 满足频移不变性。

$$\overline{s}(t)=s(t)\mathrm{e}^{\mathrm{j}\omega_0 t}\to\mathrm{STFT}_{\overline{s}}(t,\omega)=\mathrm{STFT}_s(t,\omega-\omega_0) \tag{4.4.94}$$

c. 不具有时移不变性。

$$\overline{s}(t)=s(t-t_0)\rightarrow \mathrm{STFT}_{\overline{s}}(t,\omega)=\mathrm{STFT}_s(t-t_0,\omega_0)\mathrm{e}^{-\mathrm{j}\omega t_0} \tag{4.4.95}$$

短时傅里叶变换不具有时移不变性，但由式(4.4.95)可见，通过调整相位因子，可以满足时移不变性。

d．短时傅里叶变换的低通实现。

$$\mathrm{STFT}_s(t,\omega)=\int_{-\infty}^{\infty}S(\omega'+\omega)\Gamma^*(\omega')\mathrm{e}^{\mathrm{j}2\omega' t}\mathrm{d}\omega' \tag{4.4.96}$$

式中，$\Gamma(\omega)$是窗函数 $W(t)$的傅里叶变换。

STFT 可以看作 $\Gamma(\omega')S(\omega+\omega')$的傅里叶逆变换，进一步可以解释为信号 $s(t')$经过频移ω后通过频率响应为$\Gamma^*(\omega)$的滤波器得到的结果，这一滤波器为低通滤波器。

e．短时傅里叶变换的带通实现。

$$\mathrm{STFT}_s(t,\omega)=\mathrm{e}^{-\mathrm{j}\omega' t}\int_{-\infty}^{\infty}S(\omega')\Gamma^*(\omega'-\omega)\mathrm{e}^{\mathrm{j}\omega t}\mathrm{d}\omega' \tag{4.4.97}$$

式(4.4.97)表明，短时傅里叶变换可以理解为加窗谱 $S(\omega')\Gamma(\omega'-\omega)$的傅里叶逆变换，进一步，$S(\omega')\Gamma(\omega'-\omega)$的傅里叶逆变换可以理解为信号 $S(\omega')$通过频率响应为 $\Gamma^*(\omega'-\omega)$的滤波器输出乘以相位因子 $\mathrm{e}^{-\mathrm{j}\omega t}$得到的结果，该滤波器是一个带通滤波器，中心频率为分析频率ω。

f. Heisenberg 不等式。

假定Δt 和Δf 分别表示短时 STFT 的时间分辨率和频率分辨率，则其时宽带宽积必须满足如下条件：

$$\Delta t\cdot\Delta f\geqslant 1/(4\pi) \tag{4.4.98}$$

式(4.4.98)又被称为 Heisenberg 不确定性原理。由不确定性原理可知，时域的高分辨率会带来频域的低分辨率，相反，频域的高分辨率会导致时域的低分辨率。因此只能根据实际情况在二者之间进行取舍，牺牲一方以换取另一方的高分辨率。

③STFT 的实现。

在实际应用中，需要对 $\mathrm{STFT}_s(t,\omega)$进行离散化处理，为此在时频面上的等间隔时频网格点$(m\cdot\Delta t, n\cdot\Delta\omega)$处采样，其中，$\Delta t$ 和$\Delta\omega$ 分别表示时间变量和频率变量的采样间隔，此外 $s(p)$为信号 $s(t)$的离散形式，则短时傅里叶变换的离散形式可以表示如下：

$$\mathrm{STFT}_s(m,n)=\sum_{p=-\infty}^{\infty}s(p)W(p\Delta t-m\Delta t)\mathrm{e}^{-\mathrm{j}n\Delta\omega p} \tag{4.4.99}$$

为了以下比较不同的时频分析方法的结果，我们将所分析的信号统一设计为一包含两个不同线性调频信号的信号(即 double Chirp 信号)。这两个线性调频信号具有相同的调频斜率和不同的初始频率，其频率进行了归一化。信号 1 和信号 2 的归一化起始频率分别为 0.05 和 0.25，归一化的最大频率分别为 0.3 和 0.5，归一化的时间长度均为 256，因此调频斜率均为 0.25/256。

图 4.4.35 给出了针对线性调频信号采用不同时间分析窗口时 STFT 结果的对比(滑窗间隔为 10)，从中可以看出，当时间分析窗口越小时，沿时间轴出现的振荡现象越明显。当时间分析窗口同为 64 时，矩形分析窗的结果在频率轴的分辨率最高，但旁瓣也随之出现。

(2) Gabor 变换。

信号 $s(t)\in L^2(R)$，其连续 Gabor 变换定义为

$$G_s(a,b,\omega)=\int_{-\infty}^{\infty}s(t)g_a^*(t-b)\mathrm{e}^{-\mathrm{j}\omega t}\mathrm{d}t \tag{4.4.100}$$

式中，$g_a()$为 Gauss 窗函数，如式(4.4.101)所示。由于经过频移的 Gauss 函数均具有较短的持续时间，所以 Gabor 变换能较好地刻画信号中的瞬态结构。Gabor 变换的时频分辨率完全由 Gauss 窗决定(取决于 a)：

$$g_a(t)=\mathrm{e}^{-t^2/(4a)}\Big/2\sqrt{\pi a} \tag{4.4.101}$$

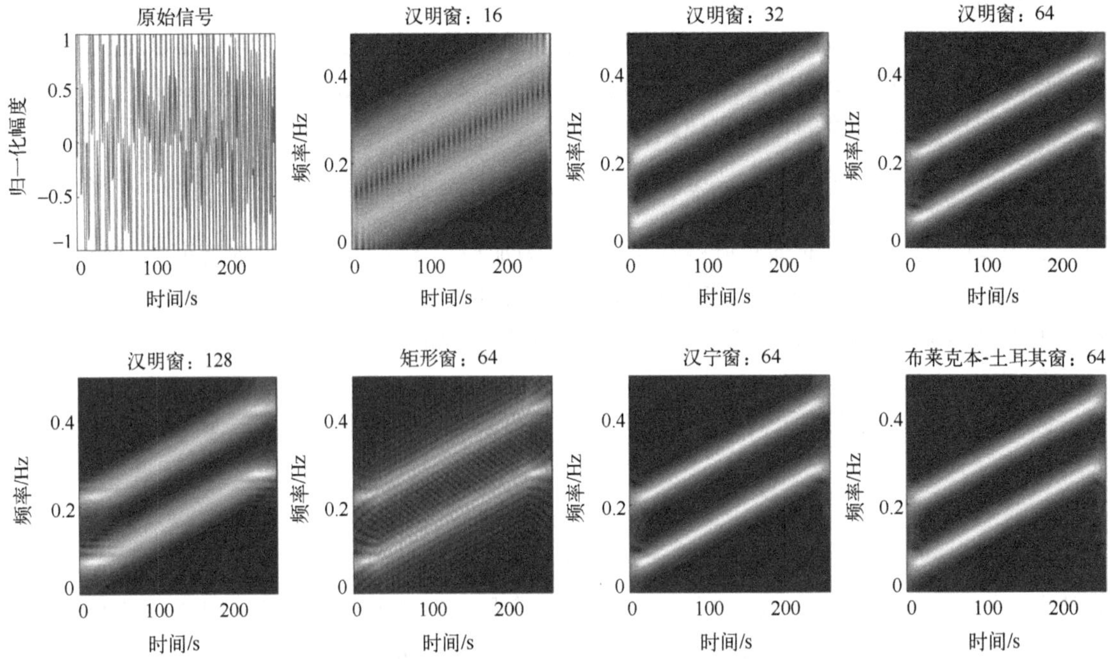

图 4.4.35 采用不同时间分析窗口的 STFT 对 double chirp 信号的分析结果

(3) 谱图(spectrogram)。

根据定义，STFT 是一个复值函数而且必需幅度和相位信息去重构信号。对某些分析目的来讲，相位信息有时是不需要的，因而一种被称为谱图的能量分布经常使用，一个信号 $s(t)$ 的谱图被定义为其线性 STFT 模值的平方：

$$\mathrm{SPEC}_s(t,\omega)=\left|\mathrm{STFT}_s(t,\omega)\right|^2 \tag{4.4.102}$$

谱图方法已广泛地应用在信号处理中，因为它可表示为

$$\int_{-\infty}^{+\infty}\int_{-\infty}^{+\infty}\mathrm{SPEC}_s(t,\omega)\mathrm{d}t\mathrm{d}\omega=E_x=\int_{-\infty}^{+\infty}\left|s(t)\right|^2\mathrm{d}t \tag{4.4.103}$$

由此可见，谱图描述了信号在点(t,ω)的大概能量密度。

谱图的优势是物理概念清楚、容易理解且易计算，它的主要缺点和 STFT 相同，即在时间和频率分辨率之间的相互制约。谱图方法的另一缺点是它的交叉项，在谱图中的交叉项依赖于信号的性质和窗的类型。

(4) 小波变换。

小波变换由法国学者 J. Morlet 于 1982 年提出，它克服了 STFT 分辨率限制，在时频平面

上具有可变的时间和频率分辨率，即在高频区域具有好的时间分辨率，在低频区域具有好的频率分辨率，小波变换这种独特的能力使得它成为一种分析非平稳信号的有力工具。

在介绍小波变换之前，先给出小波的定义，“小”是指其具有衰减性，即 $\int_{-\infty}^{+\infty}|\varphi(t)|\cdot \mathrm{d}t\leqslant\infty$；“波”是指其具有波动性，即 $\int_{-\infty}^{+\infty}\varphi(t)\mathrm{d}t=0$（没有零频分量），小波就是满足上述条件的函数 $\varphi(t)$ 通过平移和伸缩而产生的一个函数簇：

$$\varphi_{a,b}(t)=\varphi[(t-b)/a]\big/\sqrt{a},\quad a>0,b\in\mathbf{R} \tag{4.4.104}$$

式中，a 为尺度参数；b 为平移参数；$\mathbf{R}$ 表示实数集。

小波变换有两种实现方式，即连续小波变换(continous wavelet transform，CWT)和离散小波变换(discrete wavelet transform，DWT)。CWT 和 DWT 的主要区别在于对尺度因子的离散化方式不同，虽然两者都采用指数尺度量化，但前者的指数基通常远小于 2，而后者则为 2。CWT 通过对小波函数进行收缩和拉伸来进行多分辨率分析，而 DWT 则是运用滤波器组来构建多分辨率的时-频平面以进行多分辨率分析。CWT 有利于对信号进行高保真分析，而 DWT 有利于对信号进行精确重建，DWT 比 CWT 计算效率更高，且占用计算资源更少。

在此主要介绍 CWT，其定义为

$$\mathrm{CWT}_s(t,a)=\int_{-\infty}^{+\infty}s(\tau)\varphi^*[(\tau-t)/a]\mathrm{d}\tau\Big/\sqrt{a},\ a>0 \tag{4.4.105}$$

小波分析本质上是一种时间尺度分析，它更适于分析具有自相似结构的信号。小波函数在实现小波变换中起着重要的作用，迄今已提出了多种小波函数，如 Morlet 和 Mexican Hat 等，其数学表达式分别由下面两式给出：

$$\varphi_{\text{Morlet}}(t)=\pi^{-1/4}\exp[\mathrm{j}2\pi ft-t^2/2] \tag{4.4.106}$$

$$\varphi_{\text{Mexican\_hat}}(t)=(1/2)f\sqrt{\pi}[1-2(\pi ft)^2]\exp[-(\pi ft)^2] \tag{4.4.107}$$

图 4.4.36 画出了 Morlet 小波和 Mexican Hat 小波函数的波形，图 4.4.37 给出了采用 Morlet 小波函数对 double Chirp 信号的时频分析结果。基本小波的选择要适合实际的应用。在目前已知的小波函数中，复值调制的 Gauss 函数是使用频率最高的小波之一，因为它简单易于计算，所以具有连续的表达式。

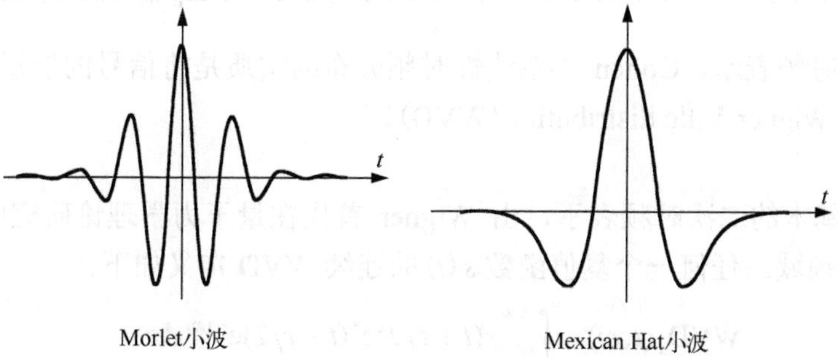

Morlet小波　　Mexican Hat小波

图 4.4.36　Morlet 和 Mexican Hat 小波函数

2)非线性时频分布

大多常见的时频表示都能由 Cohen 提出的广义二次时频表示来描述，其定义为

$$C(t,\omega,\varphi)=\frac{1}{4\pi^2}\iiint_{-\infty}^{+\infty}\mathrm{e}^{\mathrm{j}2\pi v(u-t)}\varphi(v,\tau)s(u+\tau/2)s^*(u-\tau/2)\mathrm{e}^{-\mathrm{j}\omega\tau}\mathrm{d}v\mathrm{d}u\mathrm{d}\tau \tag{4.4.108}$$

式中，$s(u)$为时间信号，$s^*(u)$是它的复值共轭函数；v和τ是频率和时间变量；$\varphi(v,\tau)$是一个具有特殊分布的核函数。不同的核函数产生不同的分布，核函数一旦选定，那么相应的分布也就确定。

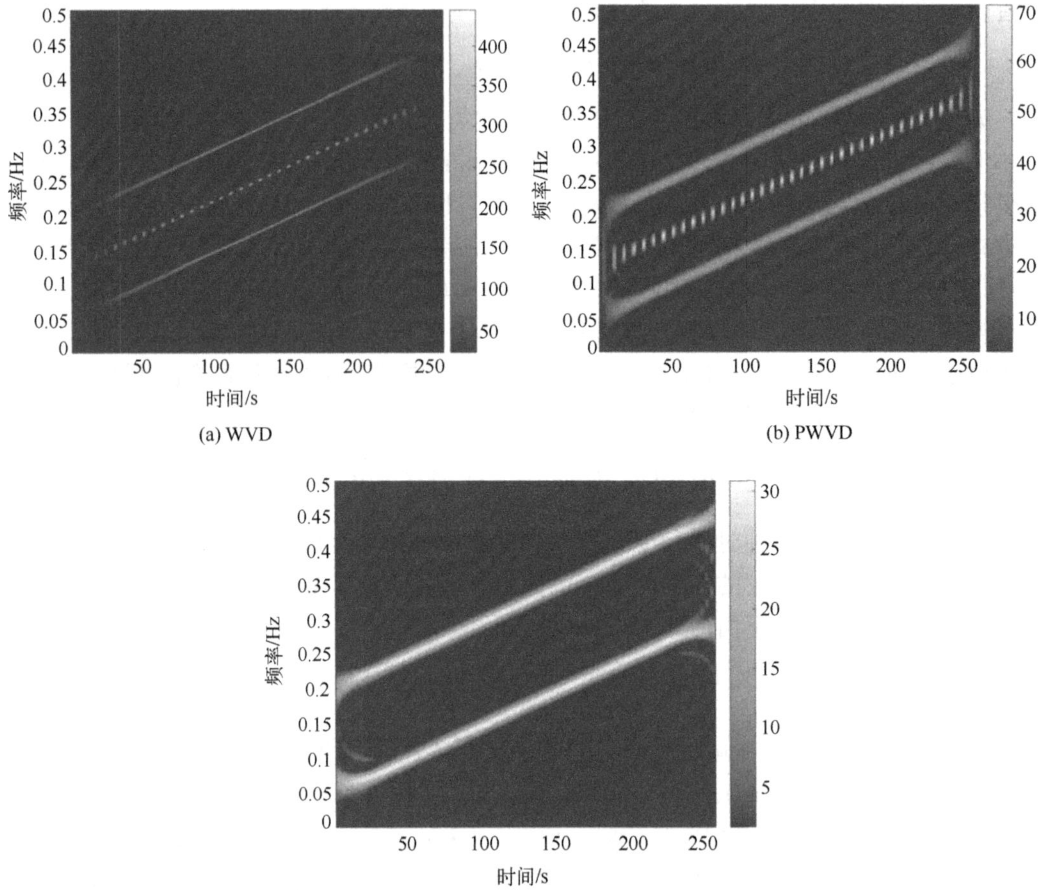

(a) WVD

(b) PWVD

(c) SPWVD

图 4.4.37　采用 WVD、PWVD 和 SPWVD 对 double Chirp 信号的分析结果

有别于线性时频表示，Cohen 类双线性时频分布的实质是将信号的能量分布于时频平面内，其基础则为 Wigner-Ville distribution (WVD)。

(1) WVD。

WVD 是最基本的二次时频表示，由 Wigner 首先在量子力学理论研究中提出并由 Ville 引入到信号分析领域。任何一个复值函数$s(t)$的连续 WVD 定义如下：

$$\mathrm{WVD}_s(t,\omega)=\int_{-\infty}^{+\infty}s(t+\tau/2)s^*(t-\tau/2)\mathrm{e}^{-\mathrm{j}\omega\tau}\mathrm{d}\tau \tag{4.4.109}$$

其分布结果使信号的能量沿瞬时频率集中，有着非常直观的物理意义。在式(4.4.109)中，信号s出现了两次（“双线性”因之得名），并且不含任何窗函数，所以避免了线性时频表示中时间分辨率和频率分辨率的互相牵制。

WVD 在时域和频域均可获得很高的分辨率而且还具有一些很好的特性，包括时移性、频移性、时域或频域压扩特性、瞬时频率及群延时等。

WVD 的主要缺点是它产生的交叉项，其是由 WVD 是双线性变换的特性引起的。当分析单一成分信号时，WVD 表现出优良的性能，当分析多成分信号时，WVD 则产生不需要的交叉项。

假设信号 $S(t)$，若 $s(t)=s_1(t)+s_2(t)$，则有

$$\mathrm{WVD}_s(t,\omega)=\mathrm{WVD}_{s_1}(t,\omega)+\mathrm{WVD}_{s_2}(t,\omega)+2\,\mathrm{Re}[\mathrm{WVD}_{s_1s_2}(t,\omega)] \tag{4.4.110}$$

其中

$$\mathrm{WVD}_{s_1s_2}(t,\omega)=\int_{-\infty}^{+\infty}s_1(t+\tau/2)s_2^*(t-\tau/2)\mathrm{e}^{-\mathrm{j}\omega\tau}\mathrm{d}\tau \tag{4.4.111}$$

式(4.4.110)中等号右侧的前两项是自项(auto terms)，第三项就是交叉项(cross terms)，且为实数，混杂于自项成分之间，其幅度是自项成分的两倍；另外，交叉项是振荡型的，每两个信号分量就会产生一个交叉项，若信号有 N 个分量，则会产生 C_N^2 个交叉项。因此，交叉项的存在严重地干扰着人们对 WVD 的解译；当信号变复杂时，WVD 甚至变得毫无意义。当然，交叉项并非全无益处：毕竟交叉项反映了信号成分之间的相位关系，因此对于某些应用场合，如模式识别，显然是有利的。

为了抑制交叉项，人们对 WVD 进行了各种改进，提出了伪魏格纳-维尔分布(pseudo Wigner-Ville distribution，PWVD)，其定义如下：

$$\mathrm{PWVD}_s(t,\omega)=\int_{-\infty}^{+\infty}h(\tau)s(t+\tau/2)s^*(t-\tau/2)\mathrm{e}^{-\mathrm{j}\omega\tau}\mathrm{d}\tau \tag{4.4.112}$$

式中，$h(\tau)$是分析窗，由于实际上信号的数据长度是有限的，且被处理的数据随时间推移而移动，通常采用的方法是只取每段数据窗口内居中的一条 WVD，再将各条拼起来表示在一个平面上。PWVD 方法对交叉项起了抑制作用，不过要以降低分布的时频分辨率为代价。

将信号 $s(t)$ 的 PWVD 沿着时间轴进行积分便得到了平滑的伪魏格纳-维尔分布(smoothed pseudo Wigner-Ville distribution，SPWVD)，目的是更好地抑制交叉项：

$$\mathrm{SPWVD}_s(t,\omega)=\int_{-\infty}^{+\infty}h(\tau)\int_{-\infty}^{+\infty}w(t-u)s(t+\tau/2)s^*(t-\tau/2)\mathrm{d}u\cdot\mathrm{e}^{-\mathrm{j}\omega\tau}\mathrm{d}\tau \tag{4.4.113}$$

式中，$w(t)$为时间平滑窗口；$h(\tau)$为在时域进行平滑的频率平滑窗口。

图 4.4.37 给出了采用 WVD、PWVD(频率平滑窗口为 64)和 SPWVD(时间平滑窗口为 16，频率平滑窗口为 64)对 double Chirp 信号的时频分析结果，从中可见，PWVD 有效地降低了交叉项，而 SPWVD 很好地抑制了交叉项，但均以牺牲一定的时频分辨率为代价。

(2) Choi-Williams Distribution (CWD)。

CWD 是由 Choi 和 Williams 为减小 WVD 中的交叉项而提出的一种改进型分布，其定义为

$$\mathrm{CWD}_s(t,\omega)=\int_{-\infty}^{+\infty}\int_{-\infty}^{+\infty}\sqrt{\frac{\sigma}{4\pi\tau^2}}\exp\left[-\frac{\sigma(u-t)^2}{4\tau^2}\right]s\left(u+\frac{\tau}{2}\right)s^*\left(u-\frac{\tau}{2}\right)\mathrm{e}^{-\mathrm{j}\omega\tau}\mathrm{d}u\mathrm{d}\tau \tag{4.4.114}$$

这里的σ是一个压缩交叉项调整自项分辨率的尺度因子。为了获得高的自项分辨率，σ的

值应该较大，另一方面，为了压缩交叉项，σ应该较小。因此，对每一种特殊的应用，σ应该进行优化。为此，Choi 和 Williams 优化了σ的选择范围为 0.1～10。

由于交叉项的振荡程度比信号自项更加迅速，因此它可以被压缩。事实上，当$\sigma\to\infty$时，CWD 转变成为 WVD。当σ是有限的数值时，交叉项也有限且随$\sigma^{1/2}$增加。

(3) 减少干扰项分布。

CWD 方法已经应用到很多领域，然而它不能完全满足时域和领域的支持特性。为此 Jeong 和 Williams 定义了一种称为 RID (the reduced interference distribution) 的分布，它能够满足时域和频域的支持特性。

$$\mathrm{RID}_s(t,\omega)=\int_{-\infty}^{\infty}h(\tau)R_s(t,\tau)\mathrm{e}^{-\mathrm{j}\omega\tau}\mathrm{d}\tau \tag{4.4.115}$$

$$R_s(t,\tau)=\int_{-|\tau|/2}^{+|\tau|/2}(1/|\tau|)g(u)[1+\cos(2\pi u/\tau)]s(t+u+\tau/2)s^*(t+u-\tau/2)\mathrm{d}u \tag{4.4.116}$$

式中，$h(\cdot)$为频率平滑窗口；$g(\cdot)$为时间平滑窗口，这两个窗口可根据需要进行调整。从数学上看，RID 是“平滑了的” WVD。

广义而言，“RID”是指任何可以减少(降低)二阶时频分布所产生的交叉项的时频分布。这里只是给出了其中的某一种而已。

2. STFT 应用举例

本小节给出运用 STFT 对以北京城铁 13 号线列车为目标的雷达实验数据进行处理的实例。图 4.4.38 给出了实验雷达目标城铁列车照片和雷达观测几何示意图。雷达到目标的观测距离大约为 170m。实验雷达为 Ku 波段，信号带宽为 100MHz，1 个通道发射，2 个通道同时接收。

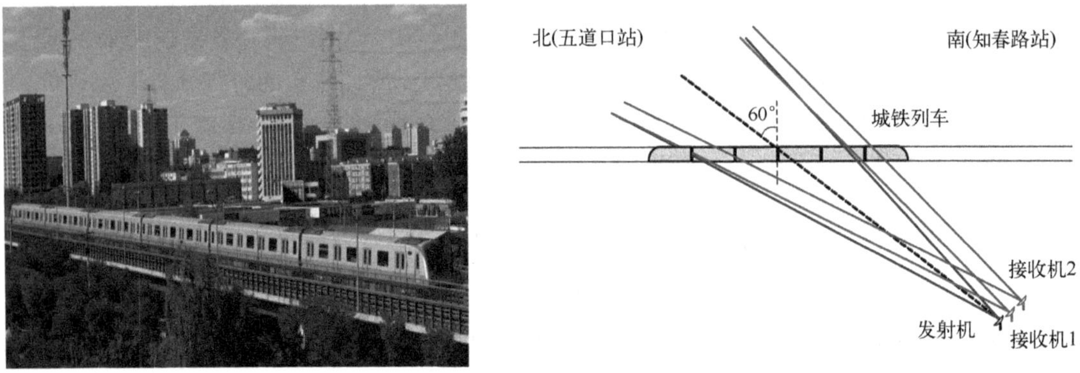

(a) 实验雷达目标城铁列车照片　　(b) 雷达观测示意图

图 4.4.38　实验雷达目标城铁列车照片和雷达观测示意图

图 4.4.39 给出了有无城铁列车经过时某个发射脉冲的雷达回波，从中可以看到列车经过时雷达回波明显增强。图 4.4.40 (a)、(c) 分别给出对由北向南和由南向北运行的列车在一段观测时间内所获得的雷达回波距离剖面。

图 4.4.41 给出了由北向南和由南向北的城铁列车的双通道雷达图像。雷达图像由 24 个较强的散射目标构成，分别反映了城铁列车的 24 个车门的散射。图像中部略显弯曲，这是因为城铁列车所经过的高架桥本身略为拱形。

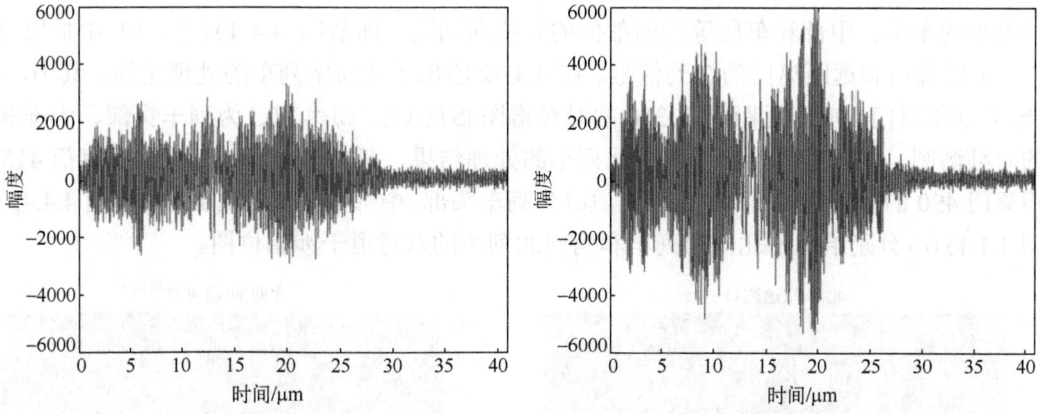

(a) 无城铁经过时　　(b) 城铁经过时

图 4.4.39　有无城铁列车经过时某个发射脉冲的雷达回波

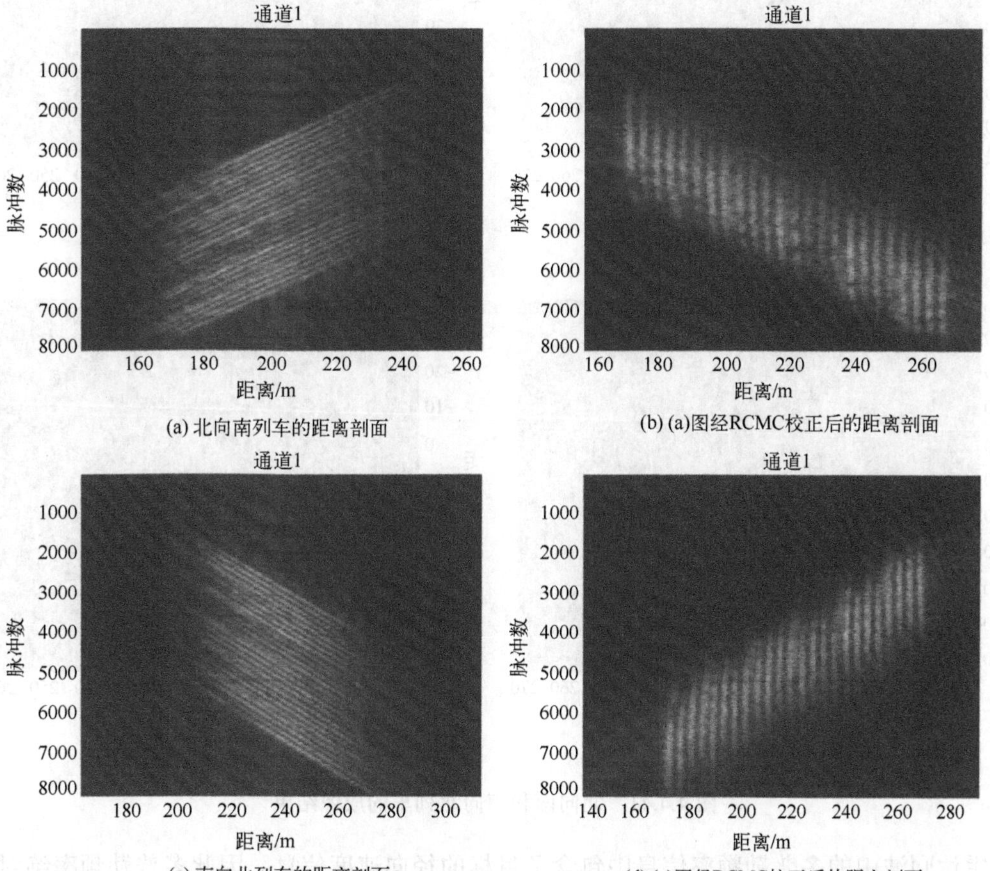

(a) 北向南列车的距离剖面　　(b) (a)图经RCMC校正后的距离剖面

(c) 南向北列车的距离剖面　　(d) (c)图经RCMC校正后的距离剖面

图 4.4.40　城铁运行时的雷达回波

下面介绍运用 STFT 对雷达方位向回波进行处理的结果，从中可清楚地获得列车运行的速度变化信息。采取两种方式来抽取方位向信号，第一种方式：将所有脉冲的回波信号的固定距离门的回波抽取出来构成进行 STFT 处理的方位向回波，即从图 4.4.40(a)、(b)中抽取近距离门和远距离门的 2 列信号；第二种方式：从经过 RCMC(距离徙动校正)的距离剖面中

选择列车的车头、中部和车尾等不同部位的方位向回波，即从图 4.4.40(c)、(d)中抽取近距离门、中距离门和远距离门的 3 列信号。图 4.4.42 给出了北向南列车的处理结果，其中，(a)和(b)为远距离门 390 和近距离门 310 的时频谱图 $|\mathrm{STFT}(t,\ \omega)|^2$，(c)为列车头部、中部和尾部的时频谱图。图 4.4.43 给出了南向北列车的处理结果，其中，(a)和(b)为近距离门 415 和远距离门 490 的时频谱图$|\mathrm{STFT}(t,\ \omega)|^2$，(c)为列车头部、中部和尾部的时频谱图。图 4.4.42(d)和图 4.4.43(d)分别给出了北向南列车和南向北列车的双通道干涉相位图。

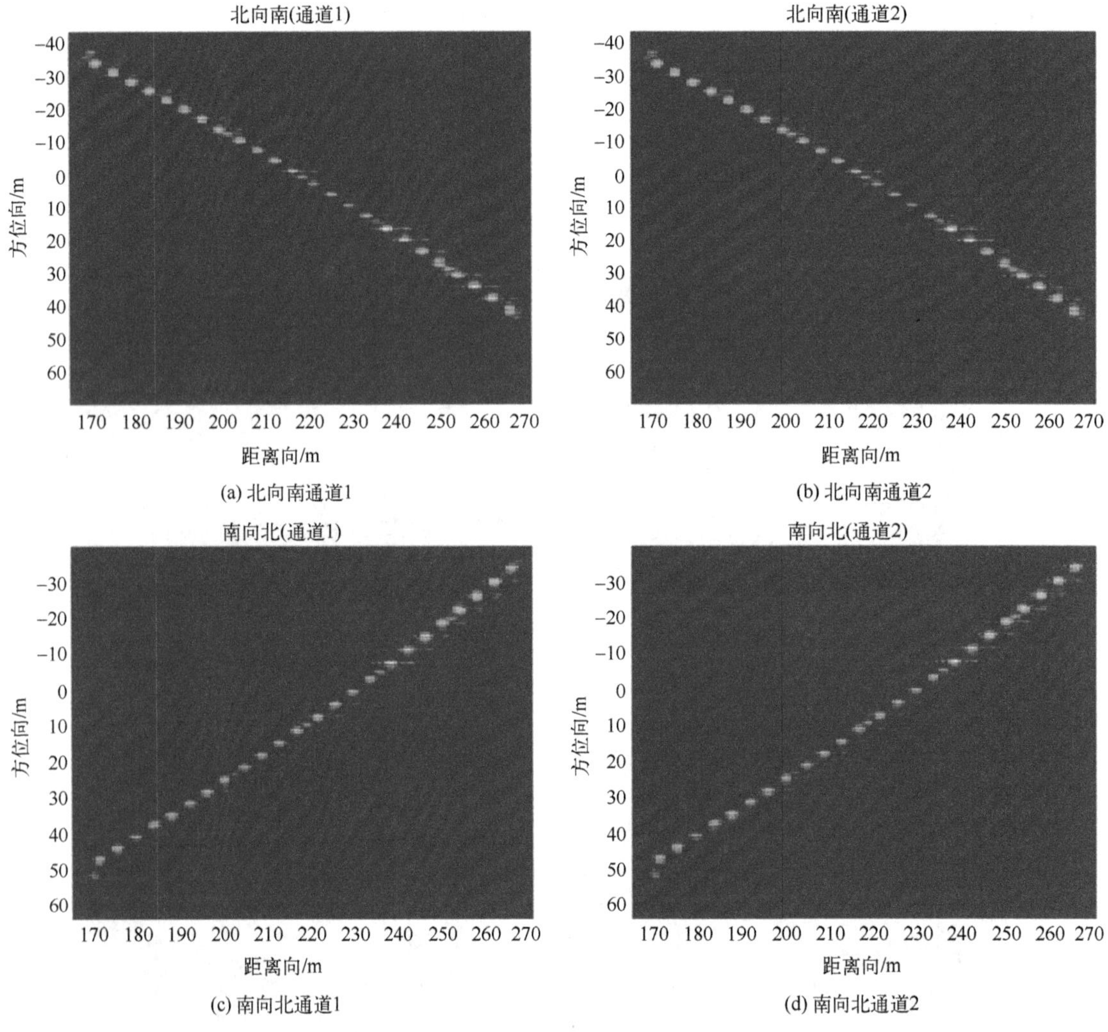

图 4.4.41　北向南和南向北列车的成像结果

雷达回波中的多普勒频率信息中包含了目标的径向速度信息，因此多普勒频率绝对值越大，则表明列车和雷达之间的相对径向速度就越大。图 4.4.42(a)、(b)表明当列车在远距离门处开始进入雷达天线波束时，加速度的绝对值小但为正，并且当列车驶离天线波束时的加速度绝对值大于进入时的加速度绝对值，即处于加速度不断增大的行驶阶段。图 4.4.42(c)也反映了相同的速度变化信息：列车的中部的速度略比车头大，但尾部的速度显著大于列车头部和中部的速度。如果比较图 4.4.42(a)和图 4.4.42(b)，它们看起来似乎彼此“矛盾”：既然列车从进入到离开天线波束始终处于加速阶段，为何在离开时的绝对速度(多普勒频率低于

200Hz) 竟然比进入时 (多普勒频率高于 200Hz) 的绝对速度还要小？这一“矛盾”也在图 4.4.42(c) 中得到反映：既然列车头部、中部和尾部的速度变化趋势都是从大到小，车尾的速度怎么还会大于车头的速度？如果对照图 4.4.38 所示的观测几何则不难解释这一“矛盾”了，该图清楚地表明从列车车头部到车尾，其相对于雷达天线视线方向的夹角由大到小变化，变化范围约为天线的 3dB 波束宽度，即 10°。我们知道，当 $(\theta+10°)<90°$ 时，$\cos(\theta+10°)<\cos\theta$ 成立，也就是说，虽然列车在近距离门处的真实速度大于在远距离门处的真实速度，但在近距离门处的径向速度可以小于在远距离门处的径向速度。

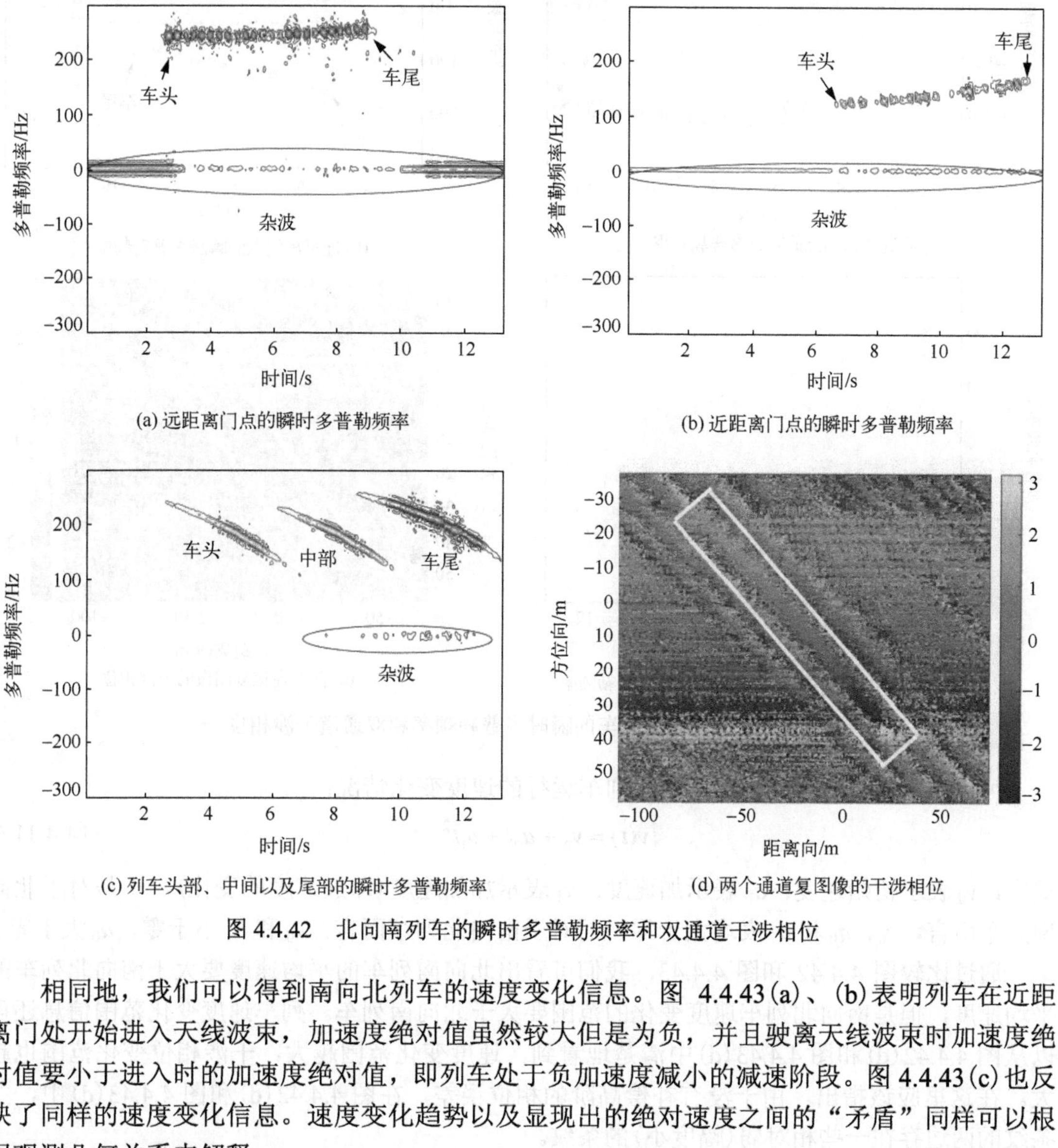

(a) 远距离门点的瞬时多普勒频率　(b) 近距离门点的瞬时多普勒频率

(c) 列车头部、中间以及尾部的瞬时多普勒频率　(d) 两个通道复图像的干涉相位

图 4.4.42　北向南列车的瞬时多普勒频率和双通道干涉相位

相同地，我们可以得到南向北列车的速度变化信息。图 4.4.43(a)、(b) 表明列车在近距离门处开始进入天线波束，加速度绝对值虽然较大但是为负，并且驶离天线波束时加速度绝对值要小于进入时的加速度绝对值，即列车处于负加速度减小的减速阶段。图 4.4.43(c) 也反映了同样的速度变化信息。速度变化趋势以及显现出的绝对速度之间的“矛盾”同样可以根据观测几何关系来解释。

图 4.4.42(c) 和图 4.4.43(c) 反映出的车头、中部和车尾的多普勒频率随时间的变化情况：三者的弯曲程度基本一致，反映了 cos 函数在 60° 附近变化的特性。图 4.4.42(c) 还表明北向南的车头、中部和车尾的多普勒频率随时间变化的斜率在发生变化：斜率逐渐减小，同样反

映了列车运行的加速度在不断增加。图 4.4.43(c)还表明南向北的车头、中部和车尾的多普勒频率随时间变化的斜率在发生变化：斜率逐渐增大，同样反映了列车运行的负加速度在不断减小。

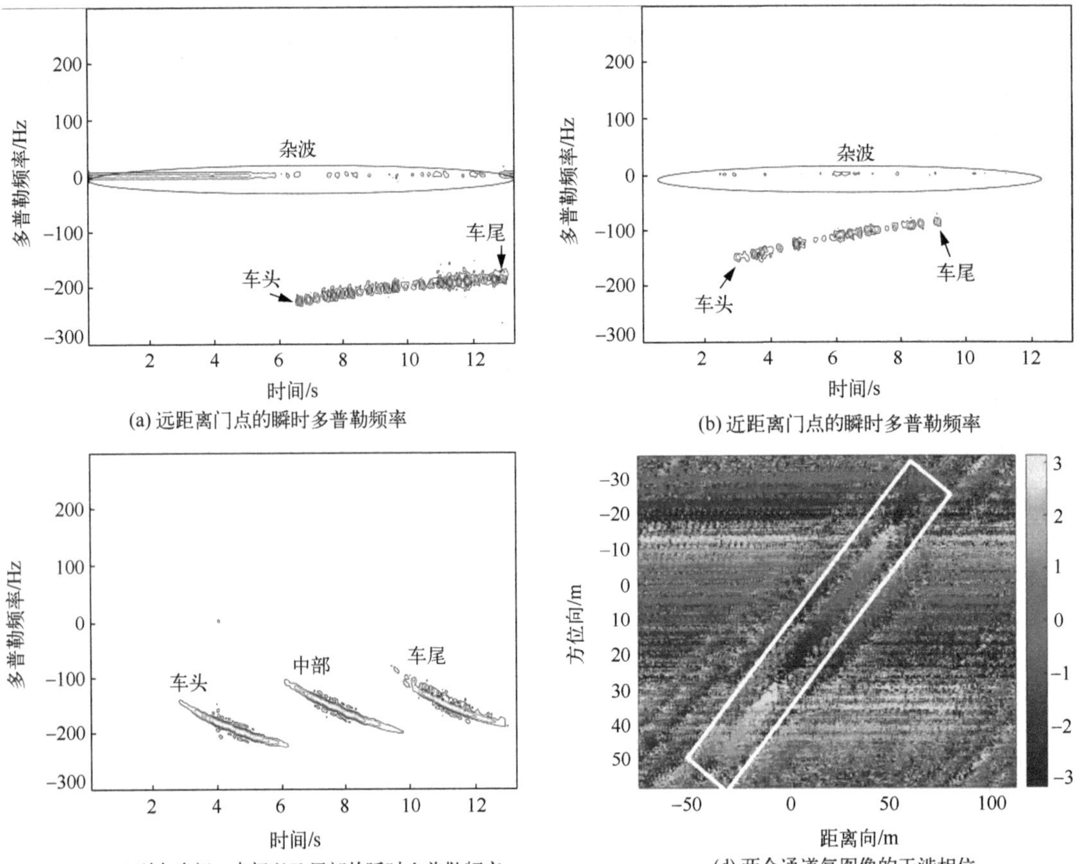

(a) 远距离门点的瞬时多普勒频率
(b) 近距离门点的瞬时多普勒频率
(c) 列车头部、中间以及尾部的瞬时多普勒频率
(d) 两个通道复图像的干涉相位

图 4.4.43 南向北列车的瞬时多普勒频率和双通道干涉相位

可用如下的二阶速度模型来描述列车运行的速度变化情况：

$$v(t) = v_0 + a_0 t + a_1 t^2 \tag{4.4.117}$$

式中，v_0 表示初始速度；a_0 表示加速度；a_1 表示加加速度(即加速度的变化)。于是对于北向南列车而言，v_0、a_0 和 a_1 表均大于零，而对于南向北列车而言，v_0 和 a_1 小于零，a_0 大于零。

通过比较图 4.4.42 和图 4.4.43，我们可看出北向南列车的平均速度要大于南向北列车的平均速度，但是南向北列车速度变化的范围要大于北向南列车。列车速度变化范围信息还可以从图 4.4.42(d)和图 4.4.43(d)中清楚地看到，速度变化范围越大，干涉相位变化范围也越大。在这里应该指出，由于没有补偿高阶的相位误差，在图 4.4.42(d)和图 4.4.43(d)中，主条纹的两边存在一些相对弱(幅度小)的条纹。

4.4.7 分数阶傅里叶变换方法

分数阶傅里叶变换(fractal Fourier transform，FRFT)[18]是常规傅里叶变换的一般化形式，其可以将信号在时频平面内旋转到任意的角度。LFM 信号在时频平面内为一条直线，其与时频坐标轴的夹角正是其调频率，因此可运用 FRFT 对 LFM 的调频率进行估计。在雷达成像或雷达信号处理中，很多问题都与 LFM 的参数有关，例如，在雷达成像处理中，其方位向的信号模型可近似为 LFM 信号。前面介绍的 WVD 方法，经过 Radon 变换后，虽然也能在时频平面上检测出 LFM 信号，但是容易受到交叉项的干扰。FRFT 是一种没有交叉项干扰的线性变换，它所分解的基正是 LFM 信号，具有理想的时频聚集特性，已广泛应用于 SAR、ISAR 等的参数估计、目标成像以及动目标检测中。FRFT 方法在对 LFM 信号的检测与估计表现出了优良的性能，此外针对非平稳的时变信号的分析和处理尤为有效。下面介绍其在 LFM 信号参数估计的基本原理并给出其在雷达成像中的应用实例。

1. FrFT 估计 LFM 参数的基本原理

信号 $s(t)$ 具有角度 $\theta=p\pi/2$ 的 FrFT 定义为

$$S_p(u)=\int_{-\infty}^{\infty}K_p(t,u)s(t)\mathrm{d}t,\quad 0<|p|<2 \tag{4.4.118}$$

式中，$K_p(t,u)$ 为分数阶变换核，有如下表达式：

$$K_p(t,u)=\begin{cases}\dfrac{\exp[-\mathrm{j}\pi\,\mathrm{sgn}(\sin\theta)/4+\mathrm{j}\theta]}{|\sin\theta|^{1/2}}\exp\left[\mathrm{j}2\pi\left(\dfrac{u^2+t^2}{2}\cot\theta-tu\csc\theta\right)\right], & 0<p<2\\ \delta(t-u), & p=0\\ \delta(t+u), & p=1\end{cases}$$

当 $\theta=\pi/2$，即 $p=1$ 时，FrFT 等同于(退化为)Fourier transform(FT)，或者说 FT 是 FrFT 的特例。

假定含有噪声的单分量 LFM 信号可表示为

$$s(t)=A_0\exp\mathrm{j}[2\pi(f_0t+0.5\alpha t^2)+\varphi_0]+w(t),\quad -\Delta t/2\leqslant t\leqslant\Delta t/2 \tag{4.4.119}$$

式中，A_0、φ_0、f_0、α 为未知参数；$w(t)$ 为加性高斯白噪声；$s(t)$ 的 p 阶 FrFT 为 $S_{\theta=p\pi/2}(u)$，则 LFM 信号中心频率和调频率的估计过程可描述为

$$\{\hat{\theta}_0,\hat{u}_0\}=\arg\max_{\theta,u}|S(\theta,u)|^2 \tag{4.4.120}$$

$$\hat{\alpha}=-\cot\hat{\theta}_0,\ \hat{f}_0=\hat{u}_0\csc\hat{\theta}_0 \tag{4.4.121}$$

若从时间-频率平面 (t,f) 旋转的角度理解 FrFT，则 p 阶 FrFT 相当于信号时频分布在时频面上旋转角度 $\theta=p\pi/2$，旋转坐标为 (u,v)，如图 4.4.44 所示。由于 LFM 信号在不同的分数阶域上呈现出不同的能量聚集性，因此，用 FrFT 检测 LFM 信号可以理解为以旋转角 θ 为变量进行扫描，形成信号能量在参数 (θ,u) 平面上的二维分布，在此平面上按阈值进行峰值点的二维搜索即可检测 LFM 信号并估计其参数。对于单分量 LFM 的参数估计，由式(4.4.120)可知，需搜索信号能量最大时对应的参数 (θ_0,u_0)。

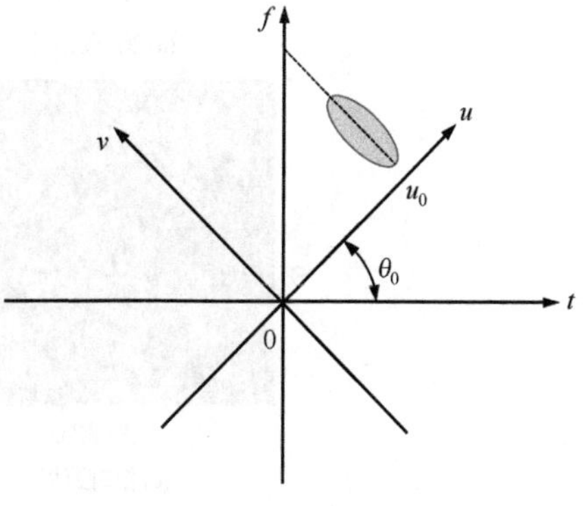

图 4.4.44　基于 FrFT 的多普勒参数估计

2. FrFt 算法实现

根据上一小节的介绍，FrFT 对 LFM 的调频率和中心频率估计过程是通过二维搜索来实现的，其中最关键的是确定最优阶数 $p=2\theta/\pi$。当 θ_0 固定时，可通过 FFT 来寻找 $|S(\theta,u)|^2$ 的最大值，即给定一定范围内变化的 u，分别进行 FFT 并取模值然后排序，选出最大值即可。而 p 的确定则可采用多种方法。在此介绍一种相对简单且效率高、稳定性好的“黄金分割方法”。该方法根据“去坏留好”的原则，采用对比收缩方法逐步缩小搜索范围直至得到最优解。“黄金分割方法”对函数要求低，只需计算函数值而无须求导，即使是多峰或者强扭曲的函数，甚至是不连续的函数，通常也能有效地求解。

算法实现步骤如下。

第 1 步：给定初始区间端点 a_0 和 b_0，令 $a=a_0$ 和 $b=b_0$，$\lambda=0.618$；

第 2 步：计算黄金分割点 $\alpha_2=a+\lambda(b-a)$，$\alpha_1=a+b-\alpha_2$ 及其函数值 $f_2=f(\alpha_2)$，$f_1=f(\alpha_1)$；

第 3 步：若 $f_2\leqslant f_1$，跳转至第 4 步，否则跳转至第 5 步；

第 4 步：极小点在 $[a,\alpha_2]$ 中，若 α_2-a 满足精度要求，则 $\alpha^*=\alpha_1$，$f^*=f_1$；否则，$b=\alpha_2$，$\alpha_2=\alpha_1$，$f_2=f_1$，$\alpha_1=a+b-\alpha_2$，$f_1=f(\alpha_1)$，转向第 3 步；

第 5 步：极小点在 $[\alpha_1,b]$ 中，若 $b-\alpha_1$ 满足精度要求，则 $\alpha^*=\alpha_2$，$f^*=f_2$；否则，$a=\alpha_1$，$\alpha_1=\alpha_2$，$f_1=f_2$，$\alpha_2=a+b-\alpha_1$，$f_2=f(\alpha_2)$，转向第 3 步。

3. FrFt 应用举例

下面对 4.4.6 节中的城铁数据进行处理。虽然城铁列车的每一节车厢都穿越相同的雷达天线的波束范围，但不同车厢穿越时的速度是不同的，因为城铁列车并非匀速运行，无论是时频图还是经过了距离徙动校正的“距离-脉冲”图像都清楚地表明了这一点。因此采用沿距离向分段估计多普勒调频率的方法可以得到更好的聚焦效果。在此给出分三段进行聚焦的结果，如图 4.4.45 所示。对比 4.4.6 节的成像结果，本节的聚焦效果更好。

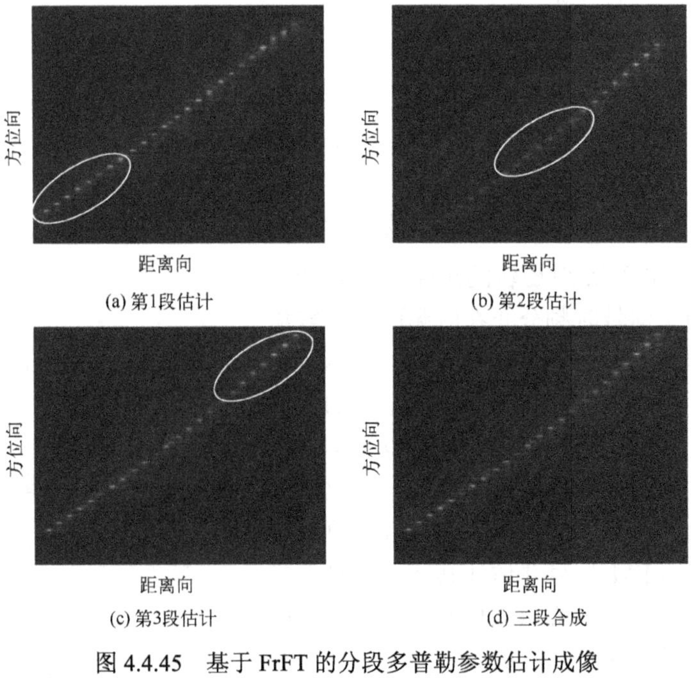

图 4.4.45 基于 FrFT 的分段多普勒参数估计成像

4.4.8　Keystone 变换方法

Keystone 变换（Keystone transform，KT）[19]方法通过变量替换的方法解决雷达目标的方位向多普勒频率与距离的耦合问题，在 SAR/ISAR 成像以及搜索跟踪雷达进行目标回波的相参积累方面有广泛的应用。

1．KT 的基本原理

假设雷达以一定的脉冲重复频率 PRF 向目标（静止或动目标）发射 Chirp 信号，如式(4.3.6)所示，当目标与雷达之间存在相对运动时，总是可以将雷达回波表示成二维形式：

$$s(t,t_a)=A_s\cos\{2\pi[(f_c-0.5\alpha T_p)(t-2Rt_a/c)+0.5\alpha(t-2Rt_a/c)^2]+\varphi_0\},\quad 0\leqslant t\leqslant T_p \tag{4.4.122}$$

式中，$t_a=m/\text{PRF}$ 表示慢时间；t 表示快时间；$R(t_a)$ 表示在 t_a 时刻目标与雷达的瞬时距离。

接收机的信号为

$$s(t,t_a)=A_s\cos\{[-0.5\alpha T_p(t-2Rt_a/c)+0.5\alpha(t-2Rt_a/c)^2]+4\pi Rt_a/\lambda\},\quad 0\leqslant t\leqslant T_p \tag{4.4.123}$$

对回波信号进行匹配滤波脉冲压缩后得到

$$s_c(t,t_a)=A_s\text{sinc}[B(t-2Rt_a/c)]\cdot\exp[-\text{j}4\pi Rt_a/\lambda],\quad 0\leqslant t\leqslant T_p \tag{4.4.124}$$

式中，$\text{sinc}(x)=\sin(x)/x$（辛格函数）。若将式(4.4.124)在距离频率-慢时间域(f_τ, t_a)中表示，则为

$$s_c(f_\tau,t_a)=A_s\text{rect}[f_\tau/(\alpha T_p)]\text{rect}(t_a/T_a)\exp[-\text{j}(1/c)4\pi(f_c+f_\tau)Rt_a] \tag{4.4.125}$$

式中，rect 为矩形窗函数；T_a 为观测时间（或相干积分时间）；f_τ为距离频率。

假设目标与雷达之间的瞬时相对距离可表示为

$$R(t_a)\approx R_0+vt_a+at_a^2+bt_a^3 \tag{4.4.126}$$

式中，R_0 为 $t=0$ 时刻目标的距离；v 为一阶速度（匀速）；a 为二阶速度（加速度）；b 为三阶速度（加速度的变化率）。

将式(4.4.126)代入式(4.4.125)后得到

$$s_c(f_\tau,t_a)=A_s\text{rect}[f_\tau/(\alpha T_p)]\text{rect}(t_a/T_a)\cdot\exp(-\text{j}\varPhi_0)\cdot\exp(-\text{j}\varPhi_1)\cdot\exp(-\text{j}\varPhi_2)\cdot\exp(-\text{j}\varPhi_3) \tag{4.4.127}$$

式中

$$\begin{aligned}&\varPhi_0=(4\pi/c)(f_c+f_\tau)R_0,\quad \varPhi_1=(4\pi/c)(f_c+f_\tau)vt_a\\&\varPhi_2=(4\pi/c)(f_c+f_\tau)at_a^2,\quad \varPhi_3=(4\pi/c)(f_c+f_\tau)bt_a^3\end{aligned} \tag{4.4.128}$$

式(4.4.128)中的第 1 项与方位时间无耦合，对脉压性能无影响；第 2 项将引起目标的距离走动和多普勒频率偏移（距离-多普勒一阶耦合）；第 3 项将引起目标的距离弯曲和多普勒频率调制（距离-多普勒二阶耦合）；第 4 项将引起目标在方位向的聚焦出现不对称（距离-多普勒三阶耦合）。

可以定义新的时间变量如下：

$$t_a'=(f_c+f_\tau)t_a/f_c \tag{4.4.129}$$

$$t_a'' = (f_c + f_\tau)t_a^2 / f_c \tag{4.4.130}$$

$$t_a''' = (f_c + f_\tau)t_a^3 / f_c \tag{4.4.131}$$

式(4.4.129)、式(4.4.130)和式(4.4.131)分别称为一阶 Keystone、二阶 Keystone 和三阶 Keystone 变换。在实际中，一般只需用到二阶 Keystone 变换。

将式(4.4.129)～式(4.4.131)代入式(4.4.127)即可消除距离-多普勒耦合。

2. KT 的算法实现

在方位慢时间 $t_a = m/\mathrm{PRF}$ 为均匀变化的情况下，t_a'、t_a'' 和 t_a''' 不再均匀变化，因此由 t_a 变换到 t_a'、t_a 变换到 t_a''、t_a 变换到 t_a''' 需要插值运算才能形成均匀变化的变量，满足后续傅里叶变换的要求。其中 Keystone 变换可以通过多种方式实现，如 DFT-IFFT 算法、SINC 内插算法等。

3. KT 的应用举例

本节同样对 4.4.6 节中的城铁数据进行处理。图 4.4.46(a)、(b)和图 4.4.46(c)、(d)分别给出了北向南城铁和南向北城铁列车的回波进行常规距离徙动校正和二阶 KT 距离弯曲校正

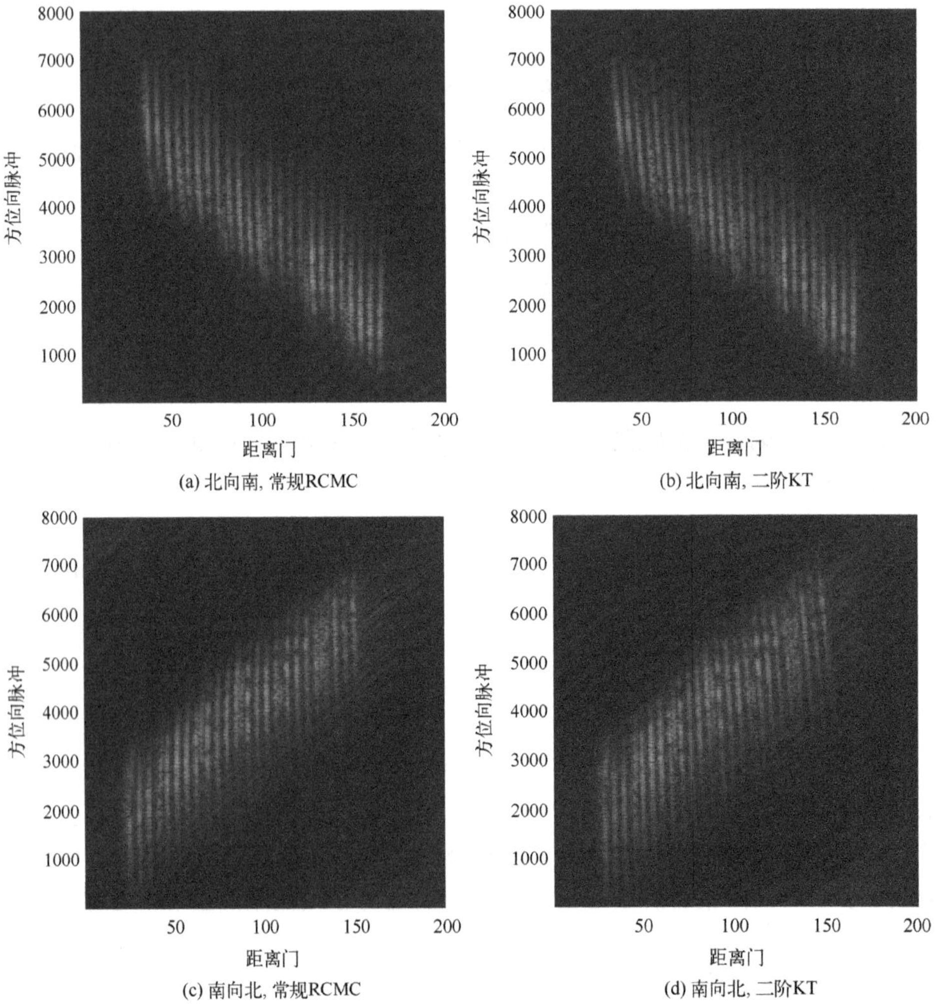

图 4.4.46　常规距离徙动校正和二阶 KT 校正后的方位脉冲-距离门二维数据

后的距离-多普勒图像。在进行二阶 KT 校正时，均以第一个散射中心(列车头部)的轨迹为参考，将其校正为直线。对比图 4.4.46(a)、(b)以及图 4.4.46(c)、(d)可看出常规距离徙动校正后散射中心的距离-多普勒直线仍有弯曲，而进行二阶 KT 校正后距离弯曲得到消除。图 4.4.46(b)、(d)反映出北向南列车尾部的距离-多普勒直线斜率相比于列车头部有了变化，表明列车在穿越天线波束的过程中速度在发生变化。

习　题

1．谈谈你对雷达的位置和速度测不准原理的理解。

2．理解信号模糊函数的物理意义及其用途。

3．频域匹配滤波与时域卷积两种方式进行脉冲压缩有何区别？

4．用图表形式表示并画出长度为 11 的 Barker 码的自相关函数。

5．请分析两个调频斜率不同但带宽相同的 FMCW，用于对运动目标进行探测时，距离-速度(多普勒频率)耦合对探测的影响。

6．请比较频率步进脉冲信号与调频步进脉冲信号的优缺点。

7．谈谈你对调频步进脉冲信号的自相关函数表达式与天线阵的方向图类似的理解。

8．请解释采用去斜体制的雷达观测目标的范围受到限制的原因。

9．解释噪声信号具有理想图钉型的模糊函数的原因。

10．如何设计一个非线性调频脉冲信号使其获得较低脉压旁瓣？

11．为什么利用多个混沌映射嵌套可以获得更为优良的雷达噪声信号？

12．当采用去斜方式对线性调频信号的回波信号进行脉压时，如果 Chirp 信号的线性度不理想，会对脉压结果产生哪些影响？如何消除？

13．请用短时傅里叶变换(STFT)对一线性调频脉冲信号进行分析，并画出时频分布分析结果示意图。

14．编写 Chirp 信号匹配滤波脉冲压缩的 Matlab 程序：①载频 f_0 = 5.321GHz，B = 40MHz，T_p = 6μs(脉冲宽度)；②载频 f_0 = 5.321GHz，B = 400MHz，T_p = 6μs。目标参数：四个分别位于 995m、1000m、1001m 和 1005m 处，其反射系数为 1、1.5、2.25、3.375。

15．编写频率步进信号的脉压 Matlab 程序。频率步进信号参数：①载频 f_0 = 5.321GHz，N = 21(子脉冲的个数)，ΔF = 20MHz(频率步进值)，合成带宽 B = 400MHz；②载频 f_0 = 5.321GHz，N = 41(子脉冲的个数)，ΔF = 10MHz(频率步进值)，合成带宽 B = 400MHz。目标参数：四个分别位于 995m、1000m、1001m 和 1005m 处，其反射系数为 1、1.5、2.25、3.375。

16．多通道阵列雷达通过 STAP 信号处理来对处于背景中的运动目标进行探测，请解释阵列天线单元/收发通道越多、发射的脉冲个数越多，则对慢速运动的探测能力越强的原因。

17．对于中心频率为 10GHz 的 X 波段雷达(假定其脉冲宽度远小于脉冲重复周期)，如果其最大不模糊速度测量范围为 Δv_u = 600m/s，那么其最大不模糊距离测量的范围是多少？如果中心频率为 Ku 波段的 15GHz 呢？

18．如何利用调频步进信号对运动目标的速度进行测量？

19．为什么用频率步进信号对雷达目标进行一维距离向成像时，对目标的尺寸大小(空间范围)有要求？

20．请推导阵列雷达 STAP 的最优加权矢量为 $\boldsymbol{w}_{\text{opt}} = R_{\text{c}}^{-1}\boldsymbol{a}(\theta_{\text{t}}, \omega_{\text{d}})$。

21．为保证 STAP 的性能，对阵列天线的方向图副瓣为何有更高的要求？

22．利用 FrFT 对运动目标的运动参数进行估计时，对信号比的要求相比于 FFT 方法是提高了还是降低了？

参 考 文 献

[1] RICHARDS M A, SCHEER J A, HOLM W A. Principles of modern radar: basic principles[M]. North Carolina: SciTech Publishing, 2010.

[2] MAHAFZA B R, ELSHERBENI A. MATLAB simulations for radar systems design[M]. New York: Chapman and Hall/CRC, 2003.

[3] ENCYCLOPAEDIA BRITANNICA. Uncertainty-Principle[EB/OL]. [2023-3-1]. https://www.britannica.com/science/uncerta- inty-principle

[4] SULLIVAN R J. Microwave radar: imaging and advanced concepts[M]. Boston: Artech House, 2000.

[5] LEVANON N, MOZESON E. Radar signals[M]. New York: John Wiley & Sons, 2004.

[6] Stein J Y. Digital signal processing: a computer science perspective[M]. New York: John Wiley & Sons, 2000.

[7] STOICA P, MOSES R L.Spectral analysis of signals[M]. New Jersey: Prentice Hall, 2005.

[8] Kulpa K. Signal processing in noise waveform radar[M]. Boston: Artech House, 2013.

[9] 吕金虎, 陆君安, 陈士华. 混沌时间序列分析及其应用[M]. 武汉: 武汉大学出版社, 2002

[10] LIU J F, ZHANG Y H, DONG X. dechirping compression method for nonlinear frequency modulation waveforms[J]. IEEE geoscience and remote sensing letters, 2019, 16(3): 377-381.

[11] ZHANG Y H, WU J, LI H B. Two simple and efficient approaches for compressing stepped chirp signals[C]. Proceedings of the 2005 Asia-Pacific microwave conference proceedings, Suzhou, 2005: 690-693.

[12] 张云华, 李海滨, 伍捷. 步进频率线性调频脉冲信号的子孔径处理方法[J]. 系统工程与电子技术, 2006, 28(1): 1-6, 48.

[13] 江碧涛，张云华，姜景山．宽带调频步进信号的全去斜处理方法[J]. 测试技术学报，2008，22(3): 225-230.

[14] ZHANG Y , ZHAI W , ZHANG X , et al. A new look at matched filtering and dechirping compression algorithms for stepped-frequency chirp signal[C]. 2010 IASTED antenna, radar, and propagation, Cambridge, IASTED, 2010: 65-70.

[15] GUERCI J R. Space-time adaptive processing for radar[M]. Boston: Artech House, 2003.

[16] LIU J F, ZHANG Y H, DONG X. Linear-FM random radar waveform compressed by dechirping method[J]. IET radar, sonar & navigation, 2019, 13(7): 1107-1115.

[17] BOASHASH B. Time-frequency signal analysis: methods and applications[J]. Biometrics, 1993, 49(4): 1286-1287.

[18] ALMEIDA L B. The fractional Fourier transform and time-frequency representations[J]. IEEE transaction on signal processing, 1994, 42(11): 3084-3091.

[19] PERRY R P, DIPIETRO R C, FANTE R L. SAR imaging of moving targets[J]. IEEE transactions on aerospace and electronic systems, 1999, 35(1): 188-200.

第 5 章　运动目标探测雷达

雷达对运动目标的探测自其诞生起，始终是其重要的应用方向，在军民用领域均有广泛的应用。在军事方面，各类中远程预警雷达均以探测运动目标为主要任务，而在民用领域，例如，机场航管雷达担负着对进入机场各类飞机的监视调度任务。在军事领域，往往是运动的目标具有更大的威胁，因此对于军用雷达而言，除了要对运动的目标进行探测外，还要求具有对不同运动目标的识别能力。

本章主要介绍针对运动目标探测的雷达，包括搜索跟踪雷达、天波超视距雷达、预警雷达以及无源雷达。

5.1　搜索跟踪雷达

搜索雷达顾名思义就是指用于对一定立体角范围以及距离范围构成的空域用雷达波束进行扫描，以期发现目标用途的雷达。搜索雷达通常采用的信号是脉冲信号，其天线波束通常较宽。由于搜索雷达需要对一定空域(如立体角Ω的空域)范围的目标进行搜索，假设雷达天线的波束宽度(假设为笔形圆波束)为θ，则要完成对该空域的搜索，雷达需要搜索Ω/θ个波位。若总的搜索时间限制为T，则每个波位的驻留时间为$T\theta/\Omega$。搜索雷达的作用距离依据雷达方程而得到。

跟踪雷达就是指用于对感兴趣的目标进行跟踪并定位的雷达。跟踪雷达的天线波束通常很窄，只有1°～2°。跟踪雷达通常需要搜索雷达的配合。

现代雷达往往将搜索与跟踪合为一体(机械扫描与电扫描相结合)。搜索跟踪雷达实现波束扫描的方式分为机械扫描和电扫描。机械扫描具有范围大的优势，但速度慢，通常只能跟踪单目标；电扫描具有扫描速度快的优势，但扫描范围通常受限，能够对多目标同时进行跟踪。机械扫描和电扫描结合后两者的优点可以得到综合体现。

搜索跟踪雷达在军事领域的应用主要有：导弹防御、雷达制导、空间探测、战场环境监视等，在民用领域的应用主要有机场空管等。很多特殊用途的雷达都以搜索和跟踪为基础，如预警雷达(又分战略预警雷达和战术预警雷达)，只不过预警雷达担负着更多的使命，如目标识别、编目乃至目标的弹道估计，以及指挥和控制的功能。5.2 节将介绍的超视距雷达，如果用于军事，通常也属于战略预警雷达。

5.1.1　搜索雷达方程

搜索雷达的雷达方程为[1]

$$\mathrm{SNR} = P_{\mathrm{av}} A_{\mathrm{e}} \sigma \big/ (4\pi k T_{\mathrm{e}} F L R^4) \cdot T_{\mathrm{sc}} \big/ \Omega \tag{5.1.1}$$

式中，P_{av} 为平均发射功率；A_e 为天线的等效接收面积；$P_{av}A_e$ 称为功率孔径积，在实际中广泛地用来描述雷达满足的特定搜索任务的能力；T_{sc} 为完成规定的立体角 Ω 空间扫描所需要的时间；σ 为目标的雷达截面；T_e 和 F 为雷达接收机的噪声温度和噪声系数；L 为雷达系统的收发损耗；k 为玻尔兹曼常数。式(5.1.1)表明，当扫描的空域范围越大，完成扫描的时间越短时，若要保证特定的 SNR，则需要雷达系统的平均发射功率越大。

5.1.2 发现(探测)概率、虚警概率和漏警概率

发现(探测)概率定义为：对处于噪声 $n(t)$ 中的信号 $s(t)$ 进行探测的结果超过某阈值 V_T 的概率，即 $s(t)+n(t)>V_T$ 的概率，其数学表达式为

$$P_D=\int_{V_T}^{\infty} s/\psi^2\cdot I_0(sA/\psi^2)\exp[-(s^2+A^2)/(2\psi^2)]\,ds \tag{5.1.2}$$

式中，A 为发射信号的幅度(假定为正弦信号，则其功率为 $A^2/2$)；ψ^2 为噪声功率；A^2/ψ^2 为信噪比 SNR；$I_0(\cdot)$ 为贝塞尔函数。

虚警概率定义为：在只有噪声的情况下，探测信号超过某阈值 V_T 的概率，即 $n(t)>V_T$ 的概率，其数学表达式为

$$P_{Fa}=\int_{V_T}^{\infty} s/\psi^2\cdot\exp[-s^2/(2\psi^2)]\,ds=\exp[-V_T^2/(2\psi^2)] \tag{5.1.3}$$

显然，在阈值 V_T 一定的情况下，噪声功率越小（在发射功率一定的情况下，信噪比越高），则虚警概率越小。

在实际中，为了便于探测概率的计算，可将式(5.1.2)近似为

$$P_D\cong 0.5\left[1-\mathrm{erf}\left(\sqrt{\ln(1/P_{Fa})}-\sqrt{\mathrm{SNR}+0.5}\right)\right] \tag{5.1.4}$$

式(5.1.4)表明，在虚警概率一定的情况下，信噪比越高，则探测概率越大。漏警概率 P_M 为

$$P_M=1-P_D \tag{5.1.5}$$

显然，P_D 越大，P_M 越小。图 5.1.1 给出了在虚警概率分别为 10^{-2}、10^{-4}、10^{-6}、10^{-8}、10^{-10}、

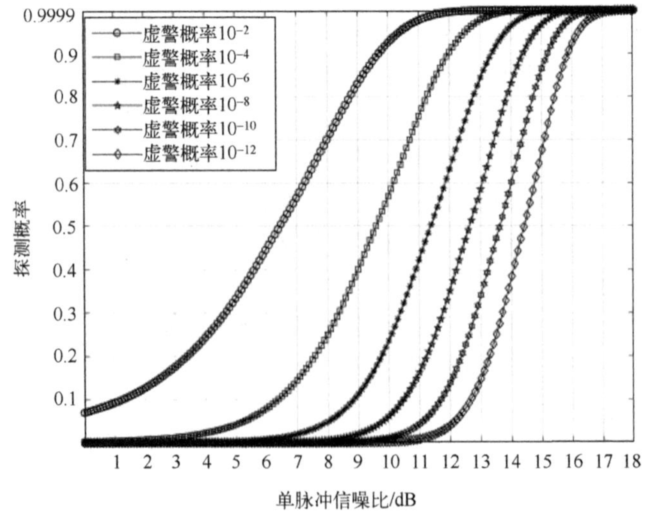

图 5.1.1 不同虚警概率情况下探测概率与单脉冲信噪比的关系

10^{-12} 的情况下，单脉冲信噪比与探测概率的关系曲线。由图看出，当虚警概率越小，而探测概率越大时，则要求的单脉冲信噪比也越高。在实际中，在单个脉冲发射功率受限的情况下，通过多个脉冲的相参或非相参积累来提高信噪比以降低虚警概率，同时提高探测概率。

5.1.3　脉冲积累

脉冲积累分为相参脉冲积累和非相参脉冲积累[2]，相参脉冲积累必须通过对回波相位的处理方能实现，而非相参脉冲积累则无须对回波相位进行处理，通常通过对回波进行包络检波后直接累积即可实现。

若单个脉冲的信噪比为 SNR_1，则 n_p 个脉冲进行相参积累后信噪比可提高 n_p 倍，即改善因子为 n_p：

$$\mathrm{SNR}_{\mathrm{cp}}(n_\mathrm{p}) = n_\mathrm{p} \cdot (\mathrm{SNR}_1) \tag{5.1.6}$$

对于运动目标，尤其是对于高速运动目标，相参积累的时间往往受限，为了获得更高的相参积累效果，必须采用复杂的算法对目标回波进行运动补偿。

而 n_p 个脉冲进行非相参积累后的信噪比为

$$\mathrm{SNR}_{\mathrm{ncp}}(n_\mathrm{p}) = n_\mathrm{p} \cdot (\mathrm{SNR}_1) \cdot \mathrm{SNR}_1 / (1 + \mathrm{SNR}_1) \tag{5.1.7}$$

需要说明的是，非相参积累的信噪比改善因不同的处理方式而有所差别，一般认为其对信噪比的提升区间为

$$\sqrt{n_\mathrm{p}} \cdot (\mathrm{SNR}_1) \leqslant \mathrm{SNR}_{\mathrm{ncp}}(n_\mathrm{p}) \leqslant \mathrm{SNR}_{\mathrm{cp}}(n_\mathrm{p}) \tag{5.1.8}$$

5.1.4　恒虚警率检测

如前所述，雷达对目标的探测概率随信噪比而变，而在实际中，来自目标(尤其是运动目标)的回波的信噪比往往是时变的，因此为了保证探测概率不变，则需要动态调整监测门限的阈值，这一探测方式称为恒虚警率(constant false alarm rate，CFAR)检测[3]。

5.1.5　搜索跟踪雷达的典型波束扫描方式

搜索雷达的搜索空域是通过天线波束按一定的方式进行扫描的(既可以是机械扫描，也可以是电扫描，或者是机械扫描与电扫描相结合)，同时结合距离门扫描(搜索的距离范围)来实现的，图 5.1.2 给出了几种典型的捕获扫描方式。

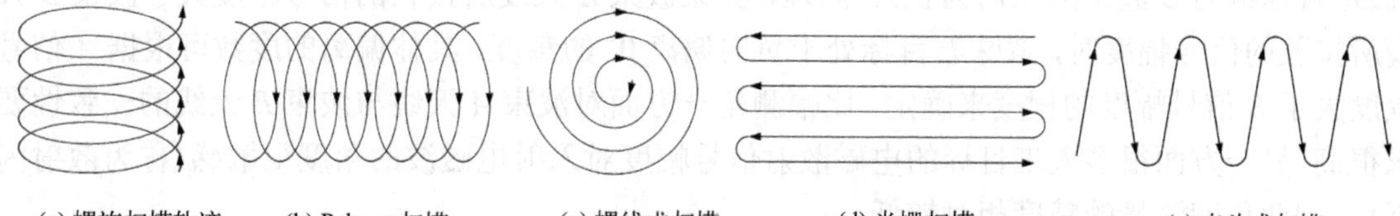

图 5.1.2　搜索雷达的几种典型的捕获扫描方式[1]

1. 距离跟踪

距离跟踪是指根据雷达对目标距离的当前时刻或当前时刻之前的测量值，预测目标下一

个时刻的距离，以保证雷达所设定的采样时刻准确对应目标的回波时延，获取目标的回波信号。距离跟踪是实现角度跟踪和速度跟踪及其他跟踪的基础。

2. 角度跟踪

角度跟踪是指根据雷达对目标的方位角和俯仰角的当前时刻或当前时刻之前的测量值，预测目标下一个时刻的角度值。角度跟踪的目的是将角度测量结果反馈给雷达天线的控制系统，以保证跟踪雷达天线的波束始终照射到目标，为距离和速度测量奠定基础。天线波束的指向可以通过机械扫描或电扫描的方式进行。

通常采用单脉冲技术来进行角度测量，图 5.1.3 给出了最简单的构成方位角和俯仰角测量的四天线(通常用喇叭天线)示意图。当进行方位角测量时，对天线 1 与天线 3 的信号之和减天线 2 与天线 4 的信号之和所得信号进行处理；当进行俯仰角测量时，对天线 1 与天线 2 的信号之和减天线 3 与天线 4 的信号之和所得信号进行处理；当进行距离测量和雷达截面测量时，对天线 1、2、3、4 的信号之和进行处理。

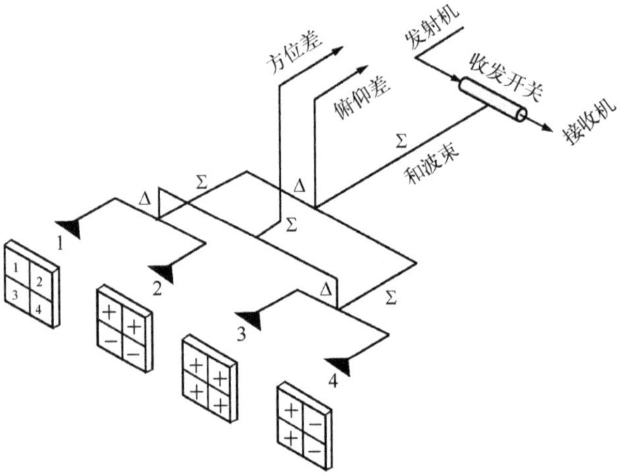

图 5.1.3 四喇叭单脉冲天线(馈源)示意图

单脉冲测量分为比幅和比相两种方式。在如图 5.1.4 所示的单脉冲比幅测量时，若波束 *A* 天线所接收的信号幅度与波束 *B* 天线所接收的信号幅度相等，则意味着目标处于所标定的“0°”位置；当波束 *B* 天线所接收的信号幅度大于波束 *A* 天线所接收的信号幅度时，意味着目标处于偏离 0° 的角度，具体偏离的度数可根据 *B* 信号幅度大于 *A* 信号幅度的程度来确定(假定目标偏向 *B* 波束的指向为正)。同理，如果波束 *A* 天线所接收的信号幅度大于波束 *B* 天线所接收的信号幅度时，意味着目标处于负向偏离 0° 的角度，具体偏离的度数可根据 *A* 信号幅度大于 *B* 信号幅度的程度来确定。比幅测角一方面对波束 *A* 天线与波束 *B* 天线的一致性要求很高，另一方面很多人工目标的电磁散射信号幅度对入射电磁波的角度很敏感(称为散射闪烁)，因此角度测量的精度相对较低。

如图 5.1.5 所示，在进行单脉冲比相测量时，目标偏离天线的轴向(一般情况下天线 1 和天线 2 的口面处于同一个平面，它们的法向定义为轴向，标定为 0°)的角度(偏左为负，偏右为正)与天线所接收到的信号的相位有关，如式(5.1.9)所示：

$$\Delta\phi = 2\pi(R_1 - R_2)/\lambda = 2\pi d\sin(\Delta\varphi)/\lambda \tag{5.1.9}$$

$$\Delta\varphi = \arcsin[\lambda\Delta\phi/(2\pi d)] \tag{5.1.10}$$

显然，根据对天线 1 和天线 2 的回波进行干涉处理(两个信号进行共轭相乘)，便可提取出干涉相位$\Delta\varphi$ 的大小，再根据式(5.1.10)便获得对目标相对于天线轴向的角度位置的测量。式(5.1.9)表明角度测量精度与雷达的工作频率(波长λ)、两天线相位中心的距离 d、干涉相位测量精度$\Delta\varphi$ 有关。一般来说，单脉冲比相的角度测量精度要远高于单脉冲比幅的测角精度。

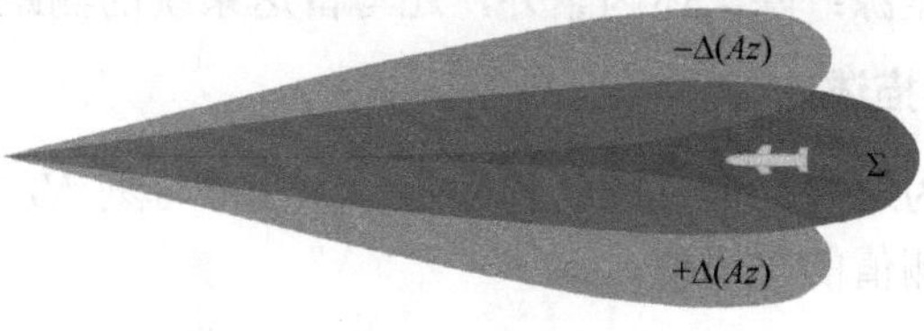

(a) 和差波束示意图

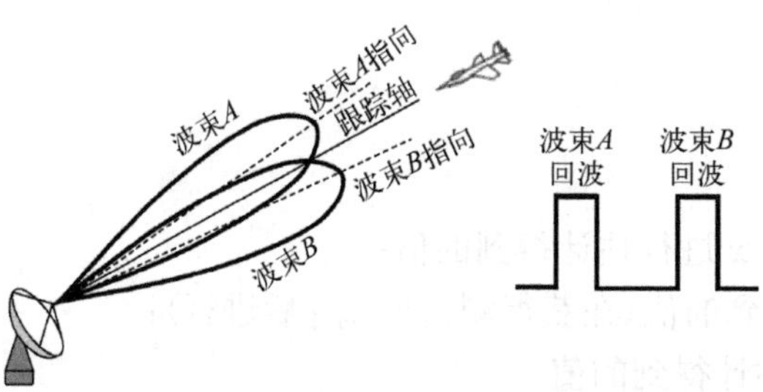

(b) 目标处于跟踪轴方向

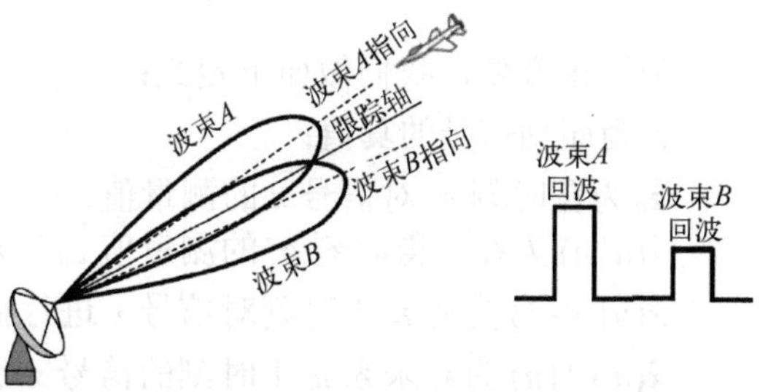

(c) 目标偏离跟踪轴方向

图 5.1.4　单脉冲比幅测角示意图

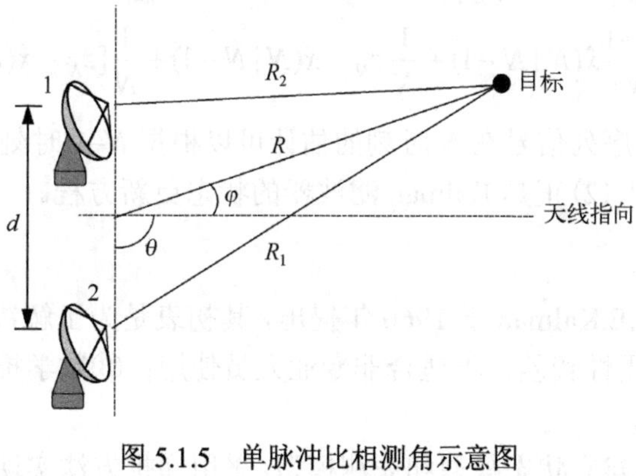

图 5.1.5　单脉冲比相测角示意图

3．速度跟踪

跟踪测量雷达除了对运动目标的距离、方位角和俯仰角进行测量外，在很多应用中还要求能够对运动目标的速度进行精确测量。跟踪测量雷达通常采用脉冲-多普勒技术来进行速度测量和跟踪。

5.1.6　跟踪算法

早期的跟踪雷达实现角度、距离和速度的跟踪主要采用以硬件为主、软件为辅的策略，现代雷达则是采用将算法软件和硬件实现融为一体的策略。

常用的目标跟踪算法主要基于α-β 滤波器、α-β-γ 滤波器、Kalman 滤波器、扩展 Kalman 滤波器等来实现。近年来，粒子滤波(particle filter)技术正在得到重视。

角度跟踪的主要误差源：雷达几何安装位置、雷达系统射频中频接收机、目标的角闪烁、幅度起伏、信号调制以及传播路径等。

距离跟踪的主要误差源：除上述因素外，还与雷达系统的测距精度有关。

1. 跟踪问题的数学描述

跟踪问题可以等效为对序列信号的估计问题。在任意时刻 N，对信号 $x_{N,N}$ 的估计可以近似为对所有已获得的观测值的平均值，即

$$\hat{x}(N|N)=(z_1+z_2+\cdots+z_N)/N=\sum_{n=1}^{N}z_n\Big/N \tag{5.1.11}$$

为讨论方便，我们做如下定义：

x 为序列信号的真值；

z_n 为在时刻 n 对信号 x 的测量值；

$\hat{x}(n|n)$ 为在获得时刻 n 的测量值 z_n 后对信号 x 进行估计得到的值；

$\hat{x}(n|n-1)$ 为在 n–1 时刻对信号 x 进行估计得到的值(在获得测量值 z_{n-1} 后进行)；

$\hat{x}(n+1|n)$ 为对未来 n+1 时刻的信号 x 进行估计得到的值。

式(5.1.11)可以进一步变换为

$$\begin{aligned}\hat{x}(N|N)&=\frac{1}{N}\sum_{n=1}^{N}z_n=\frac{1}{N}\left(\sum_{n=1}^{N-1}z_n+z_N\right)=\frac{N-1}{N}\frac{1}{N-1}\sum_{n=1}^{N-1}z_n+\frac{1}{N}z_N\\&=\frac{N-1}{N}\hat{x}(N|N-1)+\frac{1}{N}z_N=\hat{x}(N|N-1)+\frac{1}{N}[z_N-\hat{x}(N|N-1)]\end{aligned} \tag{5.1.12}$$

式(5.1.12)表明，对序列信号在 N 时刻的估计可以根据 N–1 时刻的估计和 N 时刻的测量值得到。事实上，式(5.1.12)正是 Kalman 滤波器的状态更新方程。

2. Kalman 滤波器

Kalman 滤波器由 R.E.Kalman 于 1960 年提出，其初衷是为了解决 Wiener 滤波的局限性：①计算复杂度高；②通用性较差，不适合非专业人员使用；③数学推导过程不透明，基本假设和结果处于黑箱状态。

Kalman 滤波器通过建立状态模型和观测模型，采用递推方法实现线性无偏最小均方误差估计，突破了 Wiener 滤波器对平稳过程的限制以及无限数据的要求。

状态方程：

$$y_{n+1}=\boldsymbol{\Phi}\boldsymbol{x}_n+w_n \tag{5.1.13}$$

测量方程：

$$z_n=\boldsymbol{H}\boldsymbol{x}_n+v_n \tag{5.1.14}$$

式(5.1.13)和式(5.1.14)中，$\boldsymbol{x}_n$ 为时间 n 时的状态矢量($N\times1$)；$\boldsymbol{\Phi}$ 为由 n 时刻转换为 n+1 时刻的状态转移矩阵(假设其为稳态)；w_n 为方差已知的白噪声；z_n 为真实的 x 在 n 时刻的测

量值 $(M\times 1)$；$\boldsymbol{H}$ 为不存在噪声情况下状态矢量和测量矢量的联系矢量；v_n 为测量噪声(同样假设为已知协方差的白噪声)。w_n 和 v_n 噪声模型的协方差分别为 Q 和 $\mathcal{R}_c$：

$$Q=E[w(n)w^{\mathrm{t}}(n)] \tag{5.1.15}$$

$$\mathcal{R}_{\mathrm{c}}=E[v(n)v^{\mathrm{t}}(n)] \tag{5.1.16}$$

图 5.1.6 给出了 Kalman 滤波的算法框图，其工作过程如下。

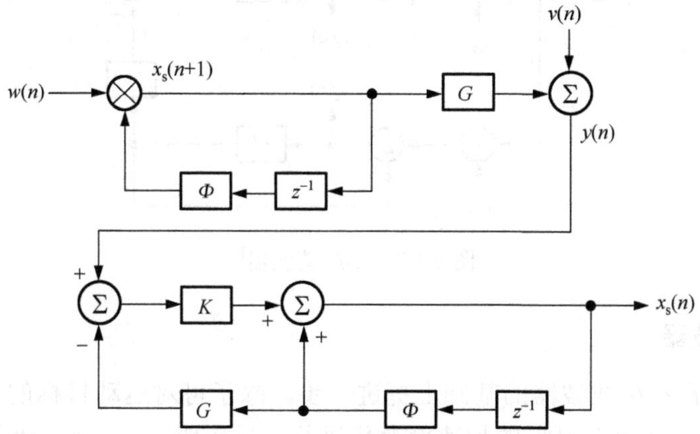

图 5.1.6　Kalman 滤波器算法框图[4]

(1) 计算迭代滤波：

$$x(n\,|\,n)=x_{\mathrm{s}}(n)=x(n\,|\,n-1)+K(n)[y(n)-Gx(n\,|\,n-1)] \tag{5.1.17}$$

(2) 计算测量向量：

$$y(n)=Gx(n)+v(n) \tag{5.1.18}$$

(3) 计算动态增益：

$$K(n)=P(n\,|\,n-1)G^{\mathrm{t}}[GP(n\,|\,n-1)G^{\mathrm{t}}+\mathcal{R}_{\mathrm{c}}]^{-1} \tag{5.1.19}$$

(4) 计算滤波协方差：

$$P(n\,|\,n)=[I-K(n)G]P(n\,|\,n-1) \tag{5.1.20}$$

(5) 计算预测协方差：

$$P(n+1\,|\,n)=E[x_{\mathrm{s}}(n+1)x_{\mathrm{s}}^{\mathrm{t}}(n)]=\varPhi P(n\,|\,n)\varPhi^{\mathrm{t}}+Q \tag{5.1.21}$$

(6) 预测：

$$y_{\mathrm{p}}(n)=y(n+1\,|\,n)=\varPhi y(n\,|\,n) \tag{5.1.22}$$

3. α-β 滤波器

α-β 滤波器是实际工程中广泛应用的一种自适应滤波器，当应用于运动目标的跟踪时，可对目标的距离和速度变化进行自适应跟踪。α-β 滤波器的α 和β 为不随时间变化的常数，因此其也称为固定增益滤波器，图 5.1.7 给出了其算法框图。

$$y_{\mathrm{s}}(n)=y(n\,|\,n)=y_{\mathrm{p}}(n)+\alpha[y_0(n)-y_{\mathrm{p}}(n)] \tag{5.1.23}$$

$$\dot{y}_s(n) = \dot{y}(n|n) = \dot{y}_s(n-1) + \beta[y_0(n) - y_p(n)]/T \tag{5.1.24}$$

式中，$y_0(n)$是位置输入采样，预测位置为

$$y_p(n) = y(n|n-1) = y_s(n-1) + T\dot{y}_s(n-1) \tag{5.1.25}$$

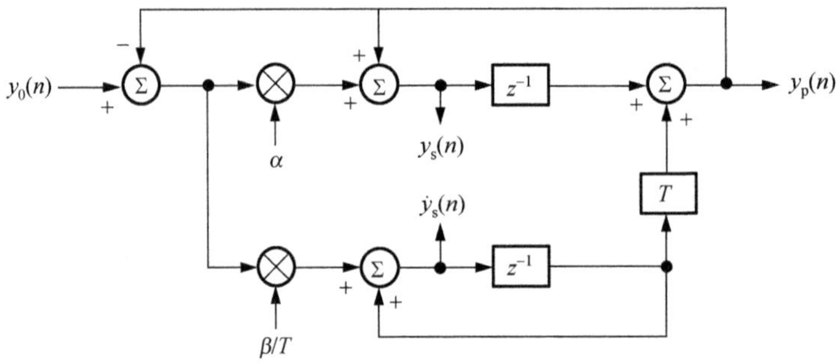

图 5.1.7 α-β 滤波器[4]

4. α-β-γ 滤波器

α-β-γ 滤波器在α-β 滤波器的基础上更进一步，除了可对运动目标的距离、速度的变化进行自适应跟踪外，还可对目标的加速度变化进行自适应跟踪。α-β-γ 滤波器同样属于固定增益滤波器，其算法框图如图 5.1.8 所示。

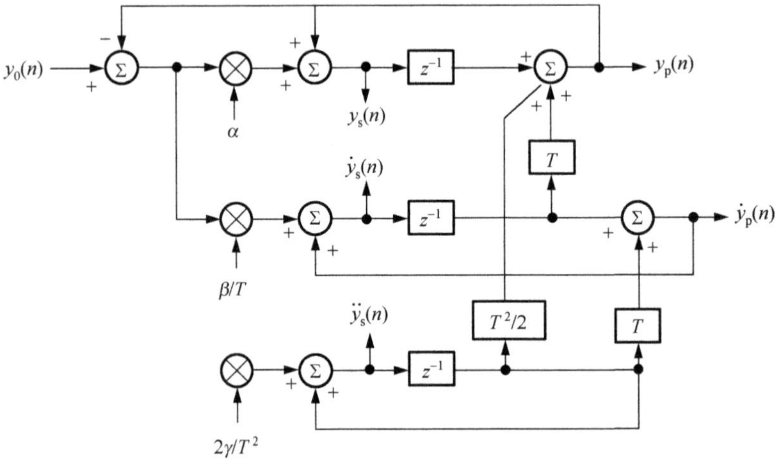

图 5.1.8 α-β-γ 滤波器[4]

$$y_s(n) = y(n|n) = y_p(n) + \alpha[y_0(n) - y_p(n)] \tag{5.1.26}$$

$$\dot{y}_s(n) = \dot{y}(n|n) = \dot{y}_s(n-1) + T\ddot{y}_s(n-1) + \beta[y_0(n) - y_p(n)]/T \tag{5.1.27}$$

$$\ddot{y}_s(n) = \ddot{y}(n|n) = \ddot{y}_s(n-1) + 2\gamma[y_0(n) - y_p(n)]/T^2 \tag{5.1.28}$$

$$y_p(n+1) = y(n|n-1) = y_s(n) + T\dot{y}_s(n) + T^2\ddot{y}_s(n)/2 \tag{5.1.29}$$

α-β-γ 滤波器和α-β 滤波器的α和β 由于取固定值，无须更新，因此其计算量比 Kalman 滤波器小。

5.1.7 边跟踪边扫描

随着跟踪雷达技术的发展，其跟踪目标由单目标发展到多目标，这就要求雷达系统具备边跟踪边扫描的能力。雷达系统对每一个探测的目标建立独立的跟踪文件，跟踪文件包含位置、速度、加速度等信息。边跟踪边扫描雷达在对多目标进行跟踪时，必须判断每个探测到的目标是属于新的目标还是已探测的目标(旧目标)，判断新旧目标的重要方法是位置距离门方法和航迹相关方法。例如，若对某个目标的某次位置探测结果与所估计的距离误差大于某个跟踪文件所设定的门限，则该目标不属于该跟踪文件。若该目标不属于所有的跟踪文件，则该目标为最新目标。

针对不同探测距离和不同用途的搜索雷达，通常用更加明确的命名来加以区分，例如，用警戒雷达描述数百千米探测距离的搜索雷达，而用预警雷达描述数千千米探测距离的搜索雷达，当然二者的探测精度要求也有所不同。

5.2 天波超视距雷达

5.2.1 工作原理

在线性均匀的介质中，电磁波的传播路径是直线，由于地球曲率的影响，电磁波沿直线传播的距离是较短的。如果雷达布设在离地面 10m 内的高度，电磁波能够直线传播的距离只有 13km 左右。要突破地球曲率半径对电磁波沿直线传输可达距离的限制，必须改变电磁波传输的方式。本书在第 2 章已介绍地球电离层中的自由电子浓度具有随高度而变化的分层结构特点：距离地面越高，电子浓度越低，故折射率也越小。在第 2 章还介绍了电磁波在平面分层介质的分界面所发生的反射现象和折射现象：当由介电常数较大的介质入射到介电常数较小的介质时，若入射角大于临界角则将发生全反射。当我们从地面向天空辐射电磁波时，正好符合从光密介质向光疏介质传输的情况，就有可能使电磁波在电离层中不再沿直线传输，而是沿边传输边折射的类似抛物线的传输路径传输，下面进行具体分析。

如图 5.2.1 所示，假设电离层可用许多很薄的球面分层来近似，每一层的电子浓度 N_n 近似为常数，即每层的折射率 n_n 近似为常数，并且满足

$$0 < N_1 < N_2 < N_3 < \cdots < N_{n-1} < N_n \tag{5.2.1}$$

$$n_0 > n_1 > n_2 > n_3 > \cdots > n_{n-1} > n_n \tag{5.2.2}$$

从图 5.2.1 可看出，根据正弦定理有

$$\sin\theta_0' R_0 = \sin\theta_1 R_1 \tag{5.2.3}$$

$$\vdots$$

$$\sin\theta_{n-1}' R_{n-1} = \sin\theta_n R_n \tag{5.2.4}$$

根据折射定律：$n_{n-1}\sin\theta_{n-1} = n_n \sin\theta_{n-1}'$，有

$$\sin\theta_{n-1}' = n_{n-1}\sin\theta_{n-1}/n_n = \sqrt{\varepsilon_{n-1}/\varepsilon_n}\sin\theta_{n-1} \tag{5.2.5}$$

根据式(5.2.4)和式(5.2.5)，可得

$$n_{n-1}R_{n-1}\sin\theta_{n-1}=n_nR_n\sin\theta'_{n-1} \tag{5.2.6}$$

即

$$n_0(R^0+h_0)\sin\theta_0=n_1(R^0+h_1)\sin\theta_1=\cdots=n_n(R^0+h_n)\sin\theta_n \tag{5.2.7}$$

由于假设电离层的分层足够薄，因此

$$R^0+h_0\approx R^0+h_1\approx R^0+h_2\approx\cdots\approx R^0+h_n \tag{5.2.8}$$

当$\theta'_n=90°$，即在第 n 层时的入射波角度为 90° 时，电磁波开始由向上传播转变为向下传播，第 n 层即为电磁波传播所到达的最高点。根据式(5.2.7)的等式递推，并且利用式(5.2.8)的近似关系，可得

$$n_0\sin\theta_0=n_n\sin\theta_n \tag{5.2.9}$$

这里 n_0=1，对应了低空的空气层。根据式(5.2.9)可以得到电磁波在第 n 层的高度发生折返所对应的地面发射初始角度θ_0:

$$\sin\theta_0=n_n=\sqrt{1-80.8N_n/f^2}\rightarrow\theta_0=\arcsin(\sqrt{1-80.8N_n/f^2}) \tag{5.2.10}$$

天波超视距雷达（over-the-horizon radar，OTHR）[1]正是利用电离层的折射率随高度逐渐减小的特点，使雷达信号具有类似抛物线的传输路径，从而实现超越地球曲率半径限制的超远距离目标探测。在此需要强调两点：①电离层的这种介质特性仅对低频电磁波有效，而对于较高频率的电磁波，电离层不具备对其传播的折返特性。我们日常用到的短波通信和低频雷达(如 HF 雷达)便是利用这一电离层的这一特性，实现了距离可达数千千米的通信和雷达探测(故也称为天波雷达)。还需要强调的是，无论是利用电离层反射特性实现的通信还是雷达探测，受电离层变化的影响非常大，而白天电离层的结构相比于夜晚很不稳定，这也是短波通信和 HF 雷达在白天的工作性能急剧下降的原因。②电离层的电子浓度分布在 350km 以下的高度，整体上随高度增高而增大，但同时也呈现波动特性(图 2.2.6)，因此式(5.2.1)～式(5.2.10)只在 350km 以上的高度才成立。这就意味着，实际中我们需要根据 350km 高度以下的电离层分布特性来设计如图 5.2.1 所示的角Δ，以使 OTHR 的波束在电子浓度最大的分层位置的入射角满足式(5.2.10)。

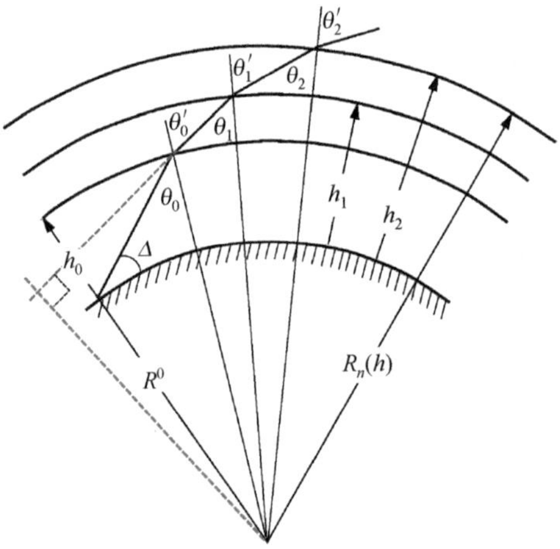

图 5.2.1 低频电磁波在电离层中的传输

超视距雷达是指其作用距离超出了雷达电磁波沿直线传播所能到达的范围，对目标探测和跟踪的作用距离可长达数千千米，可以连续而长期地监测空中和海面目标，是一种执行大空域、全高度战略预警和远程战术警戒的重要手段之一，已经成为对付现代远程空袭的“撒手锏”之一。相比于大型微波相控阵雷达，超视距雷达的造价、使用和维护成本极低。

超视距雷达分为天波 OTHR、地波 OTHR 和大气波导 OTHR。天波 OTHR 利用电离层对高频(high frequency，3～30MHz)电磁波的折射和反射作用，实现超视距的长距离目标探测。地波 OTHR 利用中频电磁波沿地表绕射作用实现超视距探测。大气波导 OTHR 利用电磁波在地球表面与大气层之间构成的大气波导中的反射传输实现超视距探测(电磁波可以在地表与大气层之间多次反射，并不断传播)。在此我们主要介绍天波超视距雷达，图 5.2.2 给出了天波超视距雷达探测示意图。本书在第 2 章中已经介绍了高频电磁波在电离层中传播的基本原理。

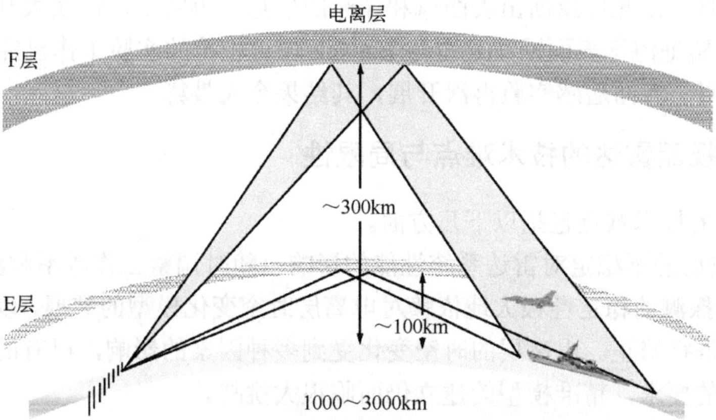

图 5.2.2 天波超视距雷达探测示意图

天波 OTHR 的突出优点是作用距离远，但是受空间天气影响较大(太阳活动直接对电离层剖面造成影响)，因而稳定性较差，同时由于波长非常长，探测精度也较低。为使天波 OTHR 能够有效地工作，需要实时地测量、确定环境参量。通常通过辅助的垂直探测器和斜向探测器来获取传播路径信息，当然也可以利用雷达本身作为探测器。在理论上，我们需要比较精确的、随时间变化的电离层电子浓度模型。在雷达工作频率选择上，要远离干扰频率。

天波 OTHR 的入射角和工作频率要适应电离层结构在白天和夜晚不同的变化进行动态调整，否则可能会出现“穿刺”现象，即雷达信号穿透了电离层而不是形成有效的折射。事实上，在同一时段，天波 OTHR 可通过工作频率的改变来对一定距离范围的地面区域或空中目标进行搜索。

20 世纪 50 年代和 60 年代，OTHR 系统作为预警雷达系统部署，后来一部分被机载预警系统所取代。自冷战结束以来，OTHR 作为预警的使命也在向民用领域延伸，如海洋搜索以及缉毒。对电离层的理论研究和探测技术的进步，极大地促进了 OTHR 技术的发展，其在超远距离战略预警方面的作用得以更好地发挥。

5.2.2 超视距雷达的反隐身能力

隐身技术主要是针对厘米波雷达而采用一些吸波涂料和结构材料。目前吸波涂层的雷达有效频段多为 1～20GHz，而超视距雷达工作在 3～30MHz 的频率范围内，大气层对该频段的电磁波具有最强的反射性能，被照射目标会产生较强的谐振型后向散射。因此，雷达吸波材料、飞机或巡航导弹的外形隐身技术并不影响雷达波反射，吸波涂层对超视距雷达不起作用。另外，在该频段还可以利用与隐身目标的谐振频率共振来增大雷达的反射面积，降低其隐身效果。

除此之外，超视距雷达可从顶部向下对各类隐形飞机进行探测，而这正是各类隐形飞机的薄弱环节。隐形飞机主要针对降低对地面发射的电磁波的反射或散射以及迎头照射的电磁波的反射或散射达到隐身目的。

5.2.3 超视距雷达对海面风和洋流的探测

OTHR 的工作波长与海洋重力波具有相同的量级，因而其雷达回波中可包含丰富的海面浪高与方向谱信息，由此可反演出表面风和洋流的信息。事实上，在澳大利亚 Jindalee 雷达的建设 A 阶段，验证海洋表面回波是否与 Barrick 理论相符的实验工作已经开始。1977 年 7 月和 1978 年 11 月，海面遥感实验再次开展，其结果令人鼓舞。

5.2.4 天波超视距雷达的技术难点与局限性

天波 OTHR 的技术难点包括以下几方面。

(1) 克服电离层的不稳定对雷达系统性能的影响（随时调整工作频率和波束指向角）。

天波 OTHR 探测的稳定性极大地依赖对电离层时空变化模型的掌握，以此为基础对雷达信号的传输路径进行修正。电离层的时空变化受到多种因素的影响，已有的模型尚难以满足雷达探测实时性的要求，精准模型的建立仍面临很大挑战。

(2) 克服地杂波的干扰。

干扰信号和雷达地(海)杂波比大气噪声高 90dB 以上，目前，信号处理技术尚不能对其进行抑制，所以其成为限制雷达探测能力的重要因素。天波 OTHR 抗有源干扰的主要措施有自适应选频、接收天线低副瓣、相参检波后射频干扰抑制以及采用随机相位码或调频连续波信号等。

天波 OTHR 频段大气噪声主要来源于大气中的雷电、暴雨、大雪及沙暴等自然现象产生的静电放电所形成的突发性脉冲噪声，它们的脉冲窄、频谱宽，随地理位置、季节和时间而变。目前，可采用数字自适应波束形成或脉冲噪声消除技术，降低 10～20dB 大气噪声电平，旨在进一步提高天波 OTHR 检测目标的灵敏度。

(3) 探测精度较低。

由于天波 OTHR 工作在 3～30MHz 的 HF 频段，雷达信号的波长较长、能利用的信号带宽非常有限，因此存在对目标的探测精度不高、跟踪精度差以及难以对小尺寸目标进行探测的局限性。

5.3 预警雷达

预警雷达分为机载预警雷达系统与地基预警雷达系统。通常机载预警雷达系统主要针对近千千米内的目标预警(低空飞行目标、敌机)，属于战术运用，而地基预警雷达系统主要针对数千千米外的目标(战略导弹)，以战略运用为主。

机载预警雷达和地基预警雷达所应对的问题有很大不同：机载预警雷达在对低空目标进行监视的时候面临着复杂的地杂波问题，承担着多达数百批目标的跟踪任务，同时还要指挥己方百余架作战飞机，而地基预警雷达系统面对的则是运动速度更快的、可能来自空间的来袭目标。

机载预警机系统就是以机载雷达为核心构建起来的担负着指挥控制、战场管理职责的系统。

地面动目标检测(ground moving target indication，GMTI)技术是预警雷达的核心技术。相比于地基雷达而言，机载/星载预警雷达以高空/空间飞行物为载体，其可视距离比地基雷达远得多，检测地面动目标或者低空飞行物更加有针对性、更加灵活，能够大大增加雷达提供的预警时间。预警雷达的优越性早已经被现代局部战争所证实，成为现代空地一体战的重要装备，因而预警雷达的研制也受到各个国家和各个军事组织的广泛关注和重视。

星载 GMTI 雷达视场大、轨道高、安全性好、灵活性强，不受国别、政治等众多因素限制，更容易满足全球到达和快速反应的军事作战需求。而分布式雷达 GMTI 系统是近年来提出的全新概念的动目标检测系统，性能更优越，功能更强大，体现了 GMTI 技术的最新进展方向。地面动目标检测技术除了在军事和战争中发挥重要作用之外，在民用领域也显示了其不俗的前景，主要是针对恐怖活动和打击犯罪方面，如防范贩运毒品、非法越境、边境走私等。

在军民共用领域，GMTI 技术对移动目标的准确定位使得基于电信网、广电网等服务功能的二次开发成为可能，如电子地图、车辆定位、为交通管理提供必要的控制信息等。另外，结合海事专用卫星，对慢速运动的船只进行定位，对船舶状态进行监控、导航，保证船舶的安全等课题也越来越受到各国的广泛关注。

一般来说，运动目标检测方法大致可分为两大类：第一类是单通道(单天线)方法；第二类是多通道(多天线)方法。

关于单通道检测方法的研究，最早公开发表的文献始于 1971 年，由 R. Keith Raney 提出，他给出了频率检测法和相位检测法等几种检测方法，并且分析了运动目标方位向和距离向速度及加速度对合成孔径雷达(synthetic aperture radar，SAR)的影响[5]。1984～1987 年，A. Freeman 提出并分析了运动目标的频谱和静止地杂波频谱的不同，并提出了用前置滤波法对运动目标进行检测的技术[6]。1990～1996 年，S.Barbarossa 提出了用维纳-维勒分布(Winger-Ville distribution，WVD)方法检测运动目标，并研究了抑制交叉项的方法[7]。1992 年，H.G.Chen 等提出频谱移动法[8]，基本思想是通过频谱移动对动目标进行补偿。该方法的关键是需要较为精确地估计多普勒中心频率；1995 年，J.R.Moreira 等提出利用多普勒调频率检测运动目标并估计其运动参数[9]。1998 年，R.P.Rerry 等提出了使用 Keystone 变换法进行动目标成像[10]。1999 年，Genyuan Wang 等提出了双速度 SAR 检测运动目标；2001 年，J.P.Fienup 提出对 SAR 图像进行分块然后自聚焦处理，检测具有方位向速度及距离向加速度的运动目标[11]。

综上所述，单通道动目标检测大致可分为三类：第一类基于多普勒中心频率，如前置滤波法、频谱移动法等；第二类基于多普勒调频率，如反射特性位移法、截断平均法等；第三类基于时频特性，如维纳-维勒分布法、分数阶傅里叶变换、小波变换等。

对单通道方法而言，一般假定运动目标频谱落在地杂波谱之外，对回波信号进行一定的频域滤波处理，就可以将运动目标频谱从地杂波谱中分离出来。所以，单通道方法一般检测不到频谱落入地杂波带内的运动目标，也就是检测不出相对慢速的目标。只有通过增加雷达系统空间维的信息，将单通道扩展为多通道，同时利用空间和时间二维信息才能有效抑制杂波，检测相对慢速的目标。

目前的多通道杂波抑制技术主要有：相位中心偏置天线(displaced phase center antenna，DPCA)技术[12,13]、顺轨干涉(along track interferometry，ATI)技术[14,15]和空时自适应处理(space time adaptive processing, STAP)技术[16]。

5.3.1 地面在杂波的多普勒带宽

在阵列雷达运动速度和雷达波束宽度一定的情况下，以如图 5.3.1 所示的正侧视情况为例，雷达波束覆盖地面范围的地杂波产生的 Doppler 频率范围与平台速度和波束宽度均成正比，因此如果平台运动速度较大，即便在较小的波束宽度情况下，杂波的多普勒带宽也仍然较大，场景中的运动目标(尤其是慢速运动目标)产生的多普勒回波极容易淹没在杂波中，使雷达对其探测时面临很大挑战。若地面杂波随时间变化(如海面杂波)，则会进一步展开其多普勒带宽，增大对处于其中的运动目标的探测难度。

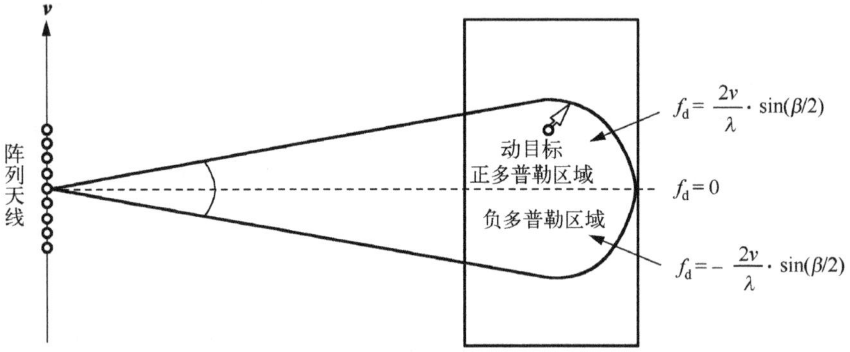

图 5.3.1 运动的阵列雷达地面杂波的多普勒带宽示意图

5.3.2 DPCA 技术

DPCA 是多通道动目标检测的一个典型方法，早在 20 世纪 50 年代被提出。60 年代，DPCA 技术已经用于机载雷达运动补偿与杂波抑制，其目的是补偿平台运动引起的地杂波谱展宽的影响。DPCA 方法的系统结构简单、易于设计、运算量小、性价比高、具有很强的可行性，该方法只需保证雷达在一个脉冲重复周期 T_{pri} 内运动的距离正好为相邻天线单元之间的距离 d 即可应用。80 年代后，人们发展了多次 DPCA 对消的方法，一般采用三天线四次对消，现有的 DPCA 系统都沿用此方法。1991 年的 AN/APG-76、1999 年美国海军的 X 波段甚高分辨率 SAR 采用的都是三天线 DPCA 技术。但是 DPCA 也有其自身的局限性，其要求天线载体运动速度和脉冲重复频率之间存在严格的制约关系，且运动目标回波强度随速度变化呈正弦对消特性，当目标径向速度很小或接近正弦曲线过零点时，动目标回波强度被大部分对消而检测不到。

图 5.3.2 给出了 DPCA 方法的示意图：阵列雷达连续发射并接收三个脉冲的回波时阵列天线的天线单元所处的空间位置。如图 5.3.2 所示，第②号天线收发第 1 个脉冲时的位置与第①号天线发射和接收第 2 个脉冲的位置重合。同理，第③号天线收发第 1 个脉冲时的位置与第②号天线发射和接收第 2 个脉冲的位置重合以及第①号天线发射和接收第 3 个脉冲的位置重合。

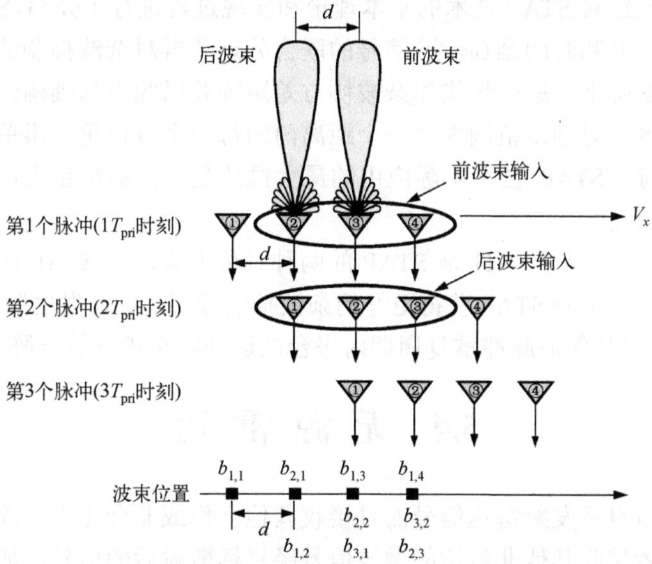

图 5.3.2 DPCA 杂波对消原理示意图($b_{m,n}$：m 为天线序号，n 为脉冲序号)

DPCA 杂波对消过程：将不同天线单元在前后两个相邻时刻于同一位置获取的回波信号相减，如$|b_{2,1}-b_{1,2}|$。若有两个以上天线单元连续 3 个脉冲周期在同一位置获得了回波信号，则可以采用两两相减的方法，并将两次相减的结果取模值后再相加以获得比单次相减更高的信噪比，如$|(b_{3,1}-b_{2,2})|+|(b_{2,2}-b_{1,3})|$。

5.3.3 ATI 技术

ATI(顺轨干涉)技术最早应用于海洋方面的研究，可进行海洋流速测量、波浪成像、海面运动目标显示。1987 年，R.M.Goldstein 和 H.A.Zebker 利用安装在 NASA DC 8 飞机上的 L 波段 SAR 系统，首次采用 ATI 技术对海流进行测量，在 *Nature* 上发表了利用 ATI 技术进行海洋表面流场测定的成功实例。ATI 技术发展至今，不仅能用于海洋观测，进行洋流速度检测、波浪成像和海面运动目标显示等，而且可以获取地面动目标信息，在军事应用上有很重要的价值。ATI 技术也可以应用于分布式星载雷达系统中，该系统将天线放在不同的卫星载体上，载体之间的最大距离是干涉基线长度。ATI 技术自 20 世纪 80 年代至今已在星载、机载平台上均得到了广泛的应用，机载系统如 Joint-STARS 系统、AN/APG-76 系统，星载系统有 SRTM、TerraSAR 以及加拿大的 RadarSat-2 等。ATI 技术虽然不受 DPCA 条件的限制，但是由于该方法并没有直接消除地杂波干扰，因此其受载机偏航时的杂波干扰比较大，这是因为干涉基线存在与飞行方向垂直的交轨分量，若观测区域的地面有起伏则会引入干涉相位，该相位与运动目标产生的干涉相位叠加后直接影响了对运动目标速度的测量。若采用三通道 ATI 技术，则可通过两两干涉然后再差分干涉的方法消除地面起伏的影响。

第 7 章还将对 ATI 技术进行进一步介绍。

5.3.4 STAP 技术

本书在第 4 章已经对 STAP 技术的基本理论和实现过程进行了介绍。STAP 技术的核心是通过空间维(天线阵列)和时间维(脉冲)信号的联合处理获得对杂波抑制的自由度，在对杂波进行自适应估计的基础上，进一步构建杂波协方差矩阵并以此为基础构建对应搜索目标速度的最优空时加权矢量，对测量范围内每一个距离门的每一个方位角分辨单元进行杂波消除，最终检测出运动目标。STAP 技术实际应用的最大挑战是如何解决超大计算量问题以及杂波的高效自适应估计问题。

严格意义上讲，DPCA 和 ATI 是 STAP 的两种具体形式，是 STAP 两种工程化的简化形式。在实际应用中，为保证 STAP 获得更好的杂波抑制效果，需将发射脉冲的 PRF 与平台的运动速度进行关联，尽量保证脉冲重复周期内平台的运动距离正好等于阵列天线单元的距离。

5.4 无 源 雷 达

无源雷达是指自身不发射雷达信号而只接收其他合作或非合作雷达发射的信号与目标作用的散射信号，或者接收其他非雷达的微波信号经目标散射后的信号，如广播、电视、通信和导航信号[17-21]。因此无源雷达不需要发射机，容易做到雷达隐身，生存能力强。通常将接收合作雷达发射信号的回波信号的无源雷达视为双站或多站雷达。因此面临着解决发射与接收的天线波束同步、时间同步、频率同步和相位同步等技术问题。

无源雷达因为低成本、利用第三方、研究开发的潜力大，近年来成为雷达技术研究的热点之一。捷克的 Vera 雷达系统在科索沃战争中，因为发现美国 F117 隐身战斗机并引导导弹将其击落而闻名于世。

雷达、通信和导航卫星的信号常作为无源雷达的信号源。此外，在地面的模拟电视、FM 广播、移动电话基站、数字音频和视频广播、高清电视信号等都被利用为无源雷达的信号源。这些信号源通常被称为机会信号源(illuminator of opportunity)。

5.4.1 无源雷达的优势

无源雷达包括两种基本的类型：①合作无源雷达；②非合作无源雷达。合作无源雷达是指其与发射信号的雷达处于合作关系，即事先掌握发射信号的波形、时序、空间指向等关键信息，其时钟与发射机的时钟有同步关系，例如，在双/多站雷达系统中，只有接收机而没有发射机的雷达，可以看作合作无源雷达。非合作无源雷达是指利用广播、电视、导航、Wi-Fi 等机会源信号或者来自观测目标所辐射的电磁信号的雷达，其不能事先主动掌握发射信号的波形、时序等关键信息，由于难以与机会源的信号进行时钟同步，因此一般更多地利用发射连续波的机会源信号。无源雷达的典型特点就是其所利用的信号具有多样性。

图 5.4.1 给出了利用 88～108MHz 的调频广播信号作为机会源的无源雷达的一般系统框

图[22]，其中必不可少的一部分就是接收来自调频广播的参考通道，通过将参考通道的信号与来自目标的散射信号进行相关处理，完成对目标的位置、状态信息提取以及成像。

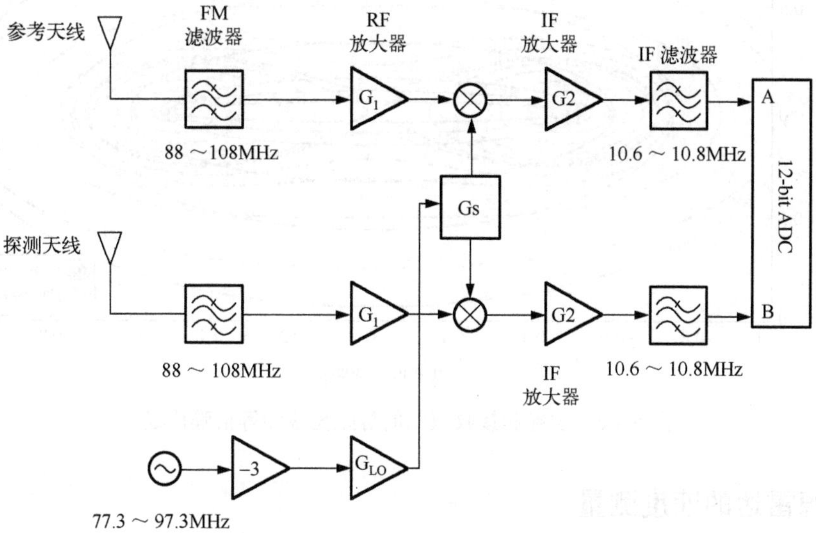

图 5.4.1 利用调频广播作为发射信号源的无源雷达系统

5.4.2 无源雷达的信号处理

无源雷达，尤其是采用机会源的无源雷达，信号处理的关键一步是提取通过参考接收通道接收到的机会源信号的信号波形特征，之后便可以对来自目标的回波进行相关处理，从而提取目标的位置、速度信息乃至对其成像。

5.4.3 无源雷达的空间、时间、频率和相位同步

无源雷达要正常工作，必须保证其天线波束照射区域与机会源照射区域交会并与机会源信号保持频率同步，其时钟频率与机会源的时钟频率具有恒定的相位差，如果机会源是脉冲信号，那么还需保持时间同步。在上述条件得到满足的前提下，无源雷达接收到的来自机会源照射目标的散射信号的相位仅与目标的位置和运动状态有关，满足进行相干处理的前提条件。

5.4.4 无源雷达的等信噪比和等距离曲线

无源雷达本质上属于双多站雷达，其等距离线由式(5.4.1)和式(5.4.2)决定，显然与等信噪比线不再重合，而对于单站雷达而言，二者是重合的。

$$R_{\mathrm{T}} + R_{\mathrm{R}} = R \tag{5.4.1}$$

$$R_{\mathrm{T}} \cdot R_{\mathrm{R}} = R^2 \tag{5.4.2}$$

式中，R_{T} 和 R_{R} 分别为目标与发射天线相位中心和接收天线相位中心的距离。图 5.4.2 给出了无源雷达收发双站的等距离线和等信噪比线，由此可看出，二者不再重合。

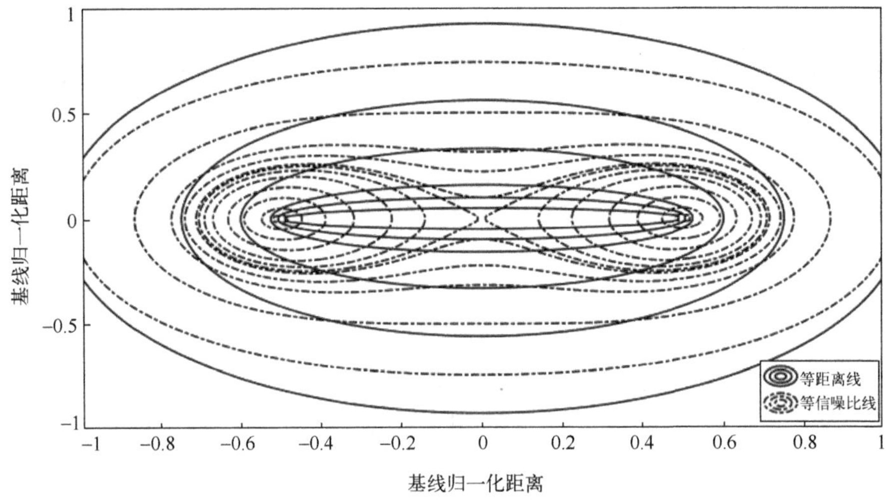

图 5.4.2 发射和接收双站的等距离线和等信噪比线

5.4.5 无源雷达的速度测量

这里考虑发射和接收均可控的无源雷达。无源雷达对运动目标的速度测量可以通过双站等效单站的方式推导出运动目标的多普勒频率，进而得到目标速度在等效单站方向的径向投影速度。本书在第 2 章从电磁散射的角度已经介绍了双站散射与单站散射可近似等效，但是等效后，电磁波的频率为原频率的 $\cos(\beta/2)$ 倍（β 为发射波束与接收波束的夹角）。本节从电磁波的波数投影的角度来进一步解释双站等效单站后，雷达信号的频率和带宽均将缩减为原来的 $\cos(\beta/2)$ 倍的原因。如图 5.4.3 所示，在双站情况下发射信号对应的空间波数矢量为 $\boldsymbol{k}_{\mathrm{t}}$，接收对应的空间波数矢量为 $\boldsymbol{k}_{\mathrm{r}}$，在等效单站的波数矢量为 $\boldsymbol{k}_{\mathrm{m}}$。由于 $\boldsymbol{k}_{\mathrm{m}}$ 在 $\boldsymbol{k}_{\mathrm{t}}$ 和 $\boldsymbol{k}_{\mathrm{r}}$ 矢量夹角的角平分线方向，因此可将等效双站的空间波数矢量视为发射信号和接收信号对应波数矢量在角平分线方向的投影，即整个信号带宽内的电磁波频率对应的空间波数均变为原来的 $\cos(\beta/2)$ 倍。下面从距离向分辨率的角度解释双站等效单站后的信号带宽的降低情况：假设在双站情况下，雷达信号的带宽正好满足能够分辨点目标 A 和 B 或 B 和 C，那么等效为单站后，A 和 B 或 B 和 C 之间的距离变成了 B 和 D 之间的距离，此时不能够将其分辨。我们还可以用另一种分辨率的观点来分析。假设在双站情况下，雷达信号的带宽正好满足能够分辨点目标 A 和 B 或 B 和 C，那么等效为单站后，只能分辨点目标 B 和 E，即等效后的信号带宽和分辨率降低了。

在双站情况，假设运动目标的速度矢量与等效单站的视线的夹角为 δ，则相对于单站而言，径向投影速度为 $v\cos\delta$，又由于等效单站后信号载频变为了 $f\cos(\beta/2)$，即波长变为了 $\lambda/\cos(\beta/2)$，因此所测量的多普勒频率为[23]

$$f_{\mathrm{D}} = 2v\cos\delta\cos(\beta/2)/\lambda \tag{5.4.3}$$

对于发射和接收均可控即合作的无源雷达，发射天线的指向和接收天线的指向均可通过测量得到并且均参考到同一个矢量方向。也就是说，如图 5.4.4 所示的 θ_{T} 和 θ_{R} 可测量得到。另外，还可根据发射信号和接收信号的时间同步测量得到 $\theta_{\mathrm{T}}+\theta_{\mathrm{R}}$，于是可以通过下式计算接收天线与目标的距离：

$$R_R = [(R_T + R_R)^2 - L^2] / [2(R_T + R_R + L\sin\theta_R)] \tag{5.4.4}$$

式中，L 为发射天线与接收天线的距离。

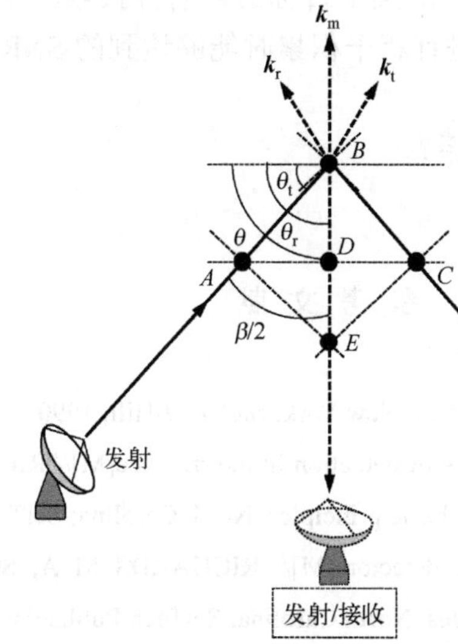

图 5.4.3 双站等效单站频率和带宽变化示意图

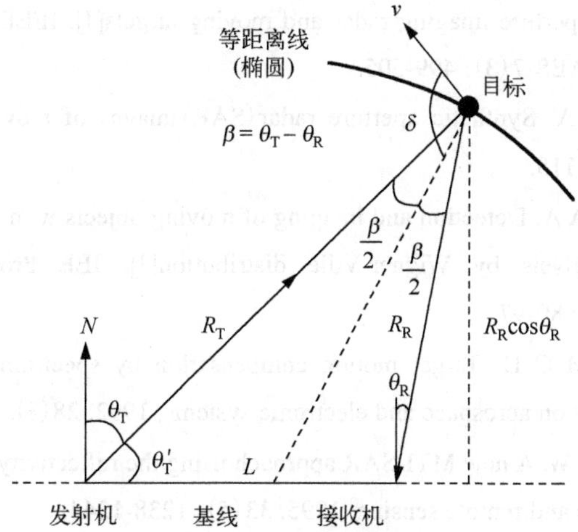

图 5.4.4 双站多普勒测量示意图

习 题

1．请给出并比较搜索和跟踪状态下的雷达方程。

2．请比较完全连续波雷达与脉冲调制连续波雷达在对目标速度测量方面的差异。

3．阐述天波超视距雷达的工作原理，有何特点和优缺点。

4．请解释超视距雷达的线天线一般采用垂直于地面安装的原因。

5．请叙述单脉冲跟踪雷达中，利用比幅度和比相位进行角度测量的基本原理。哪一种体制测量角度的精度更高，为什么？

6．请论述超视距雷达的工作原理。请解释超视距雷达为何在白天工作不稳定？

7．推导描述双站雷达的等距离线和等信噪比(SNR)线的公式。

8．某雷达系统对于某一探测距离的某个目标的发射并接收单个脉冲的信噪比(SNR)为10dB，请问如果将20个脉冲的回波进行相干积累时能够达到的SNR是多少？如果是非相干积累呢？

9．DPCA、ATI和STAP有何联系？

10．根据图5.4.4推导式(5.4.4)。

参考文献

[1] SKOLNIK M I. Radar handbook[M]. 2nd ed. New York: McGraw-Hill, 1990.

[2] SCHEER J A. Radar search and overview of detection in interference[M]// RICHARDS M A, SCHEER J A, HOLM W A. Principles of modern radar: basic principles. North Carolina: SciTech Publishing, 2010.

[3] KEEL B M. Constant false alarm rate detectors[M]// RICHARDS M A, SCHEER J A, HOLM W A. Principles of modern radar: basic principles. North Carolina: SciTech Publishing, 2010.

[4] MAHAFZA B R, ELSHERBENI A Z. MATLAB simulations for radar systems design[M].Boca Raton:CRC Press/ Chapman & Hall, 2004.

[5] RANEY R K. Synthetic aperture imaging radar and moving targets[J]. IEEE transactions on aerospace and electronic systems, 1971, AES-7(3): 499-505.

[6] FREEMAN A, CURRIE A. Synthetic aperture radar(SAR) images of moving targets[J]. GEC journal of research, 1987, 5(2): 106-115.

[7] BARBAROSA S, FARINA A. Detection and imaging of moving objects with synthetic aperture radar. Part 2: joint time-frequency analysis by Wigner-Ville distribution[J]. IEE Proceedings-F(Radar and signal processing), 1992, 139(1): 89-97.

[8] CHEN H C, MCGILLEM C D. Target motion compensation by spectrum shifting in synthetic aperture radar[J]. IEEE transactions on aerospace and electronic systems, 1992, 28(3): 895-901.

[9] MOREIRA J R, KEYDEL W. A new MTI-SAR approach using the reflectivity displacement method[J]. IEEE transactions on geoscience and remote sensing, 1995, 33(5): 1238-1244.

[10] PERRY R P, DIPIETRO R C, FANTE R L. SAR imaging of moving targets[J]. IEEE transactions on aerospace and electronic systems, 1999, 35(1): 188-200.

[11] FIENUP J R. Detecting moving targets in SAR imagery by focusing[J]. IEEE transactions on aerospace and electronic systems, 2001, 37(3): 794-809.

[12] CHIU S, LIVINGSTONE C. A comparison of displaced phase centre antenna and along-track interferometry techniques for RADARSAT-2 ground moving target indication[J]. Canadian journal of remote sensing, 2005, 31(1): 37-51.

[13] CERUTTI-MAORI D, SIKANETA I. A generalization of DPCA processing for multichannel SAR/GMTI radars[J]. IEEE transactions on geoscience and remote sensing, 2013, 51(1): 560-572.

[14] MOCCIA A, RUFINO G. Spaceborne along-track SAR interferometry: performance analysis and mission scenarios[J]. IEEE transactions on aerospace and electronic systems, 2001, 37(1): 199-213.

[15] BUDILLON A, EVANGELISTA A, SCHIRINZI G. GLRT detection of moving targets via multibaseline along-track interferometric SAR systems[J]. IEEE geoscience and remote sensing letters, 2012, 9(3): 348-352.

[16] GUERCI J R. Space-time adaptive processing for radar[M]. Boston: Artech House, 2003.

[17] GRIFFITHS H D, BAKER C J. Passive coherent location radar systems. Part1: performance prediction[J]. IEE proceedings-radar, sonar and navigation, 2005, 152(3): 153-159.

[18] BAKER C J, GRIFFITHS H D, PAPOUTSIS I. Passive coherent location radar systems. Part2: waveform properties[J]. IEEE proceedings-radar, sonar and navigation, 2005, 152(3): 160-168.

[19] BROWN J, WOODBRIDGE K, STOVE A, et al. Air target detection using airborne passive bistatic radar[J]. Electronics letters, 2010,46(20): 1396.

[20] HOWLAND P E, MAKSIMIUK D, REITSMA G. FM radio based bistatic radar[J]. IEE proceedings-F(radar, sonar and navigation), 2005, 152(3): 107-115.

[21] GRIFFITHS H D, BAKER C J, GHALEB H,et al. Measurement and analysis of ambiguity functions off-air signals for passive coherent location[J]. Electronics letters, 2003,39(13): 1005-1007.

[22] BROWN J W A. FM airborne passive radar[D]. London:University College London, 2013.

[23] KELL R E. On the derivation of bistatic RCS from monostatic measurements[J]. Proceedings of the IEEE, 1965, 53(8): 983-988.

第 6 章 环境探测雷达

6.1 雷达高度计

雷达高度计是一种专门用于测量目标相对于某个参考面的高度的雷达：通过精确测量雷达与目标区的距离，然后将其与雷达相对于参考面所处的高度(通常通过其他专门技术得到，如差分 GPS 定位技术等)相减而实现高度测量。一般在军民用飞机或者导弹类飞行器上都配备有雷达高度计(也称为雷达高度表)。星载雷达高度计更多地应用于微波遥感领域，主要用于测量海平面高度，极高的距离测量精度是其最显著的特点[1]。随着技术的发展，星载雷达高度计也逐渐在陆地观测中得到应用。雷达高度计一般采用星下点观测的方式，即天线波束垂直指向地表，同时采用脉冲有限方式以尽量降低地面足印的面积。

6.1.1 雷达高度计的发展

星载雷达高度计[2]首先在美国航空航天局(NASA)的空间实验室 Skylab 上得到技术验证，并取得初步的应用示范，随后在 NASA 于 1978 年发射的海洋卫星 SeaSat-A 上得到业务应用。迄今已经发射升空并成功在轨运行的高度计卫星(或者有高度计载荷的卫星)：GEOSAT(1985.03.10—1990.01.31,美国)、ERS-1(1991.07.17—2000.03.31, 欧洲航天局)、Topex/Poseiden(1992.08.10—2006.01.18, 欧洲航天局)、ERS-2(1995.04.21—2011.07.06, 欧洲航天局)、GFO(1998.02.10—2008.11.26, 美国)、Jason-1(2001.12.07—2013.07.01, 欧洲航天局)、Envisat/RA2(2002.03.01—2012.06.08, 欧洲航天局)、Jason-2(2008.06.20—2019.10.10, 欧洲航天局)、CryoSat-2/SIRAL(2010.04.10 至今, 欧洲航天局)、HY-2A(2011.08.15 至今，中国)、AltiKa/SARAL (2013.02.25 至今，印度、法国)、Jason-3(2016.01.17 至今), Sentinel-3A/B(哨兵 3A, 2016.02.16 至今；哨兵 3B, 2018.04.25 至今)、HY2B(2018.10.25 至今，中国), HY-2C(2020.09.21 至今, 中国)、Jason-CS/Sentinel-6A(哨兵 6 号, 2020.11.21 至今, ESA), HY-2D (2021.05.19 至今, 中国)、SWOT(2022.12.16 至今，美国、法国、英国、加拿大)。其中 Topex/Poseiden 的测量精度已经达到了 2.4cm。但是这些海洋雷达高度计都是星下点观测，有效观测范围只有几千米，只有 Envisat/RA2 兼顾了陆地观测，其余的只能用于海洋观测。1999 年，欧洲航天局(ESA，简称欧空局)启动了地球极冰探测卫星 Cryosat 计划，其主载荷 SIRAL(synthetic interferometric radar altimeter)是在欧空局已经发射升空的 ERS-1/Altimeter、ERS-2/Altimeter 和 Envisat/RA2 等雷达高度计的技术基础上进行重大技术创新的新型雷达高度计。SIRAL 采用了干涉技术和合成孔径技术，因此能够极大地提高其对海冰的观测分辨率(方位向)和测高精度，还可以兼顾一定的陆地观测。干涉技术的应用可以极大地提高由于卫星姿态的变化引起观测角度变化所造成的测高误差的补偿能力。由于 SIRAL 采用天顶点观测，因此无法获得地表的二维图像。图 6.1.1 给出了 Cryosat-2 的卫星效果图。

在 SIRAL 研制的同时，2003 年，NASA 和法国航天局(CNES)共同提出了可用于中尺度海洋环流观测的宽刈幅海洋高度计(wide swath ocean altimeter，WSOA)。它通过两幅分别具有左右双波束的天线进行左视和右视干涉测量从而获得在星下点两侧各 85km 宽的观测刈幅，并且通过特殊的定标技术获得观测刈幅范围内 cm 级的海洋剖面测量精度。法国海军曾计划将 WSOA 列为重要的技术能力保障，这对提高中尺度海洋环流的观测精度，进而提高海洋环境的预报精度并延长数值预报的时间长度极为有利，可为海洋军事行动提供更有效的保障。

图 6.1.1 Cryosat-2 卫星效果图

WSOA 的测高精度技术指标：近距离点为 3.7cm，远距离点为 4.9cm。

虽然由于各种原因，WSOA 计划被取消，但是相关技术研究工作并没有停止，已经开展的许多仿真模拟试验都已经表明，无论是在技术领域还是应用领域，它都是高度计发展的一个划时代的标志。目前，NASA 与 CNES 已经确定的以 WSOA 技术为基础的表面水和海洋三维形态探测的 SWOT(surface water oceanic topography)计划[2]，如图 6.1.2 所示。该计划充分吸收借鉴了 WSOA 技术，进一步拓展了将观测使命由海洋三维形态(拓扑)观测扩展到陆地表面水体的探测，并且将工作频率由 Ku 波段提高到 Ka 波段。SWOT 卫星已于 2022 年 12 月 16 日发射。

印度于 2013 年 2 月 25 日发射升空的第一颗高度计卫星 AltiKa 以 SARAL(Ka 波段)为主载荷，在星载高度计中首次实现了毫米波，同时也采用了合成孔径技术。AltiKa 将以更高的空间和垂直测量精度更好地观测冰、海岸带、大陆水体，以及海面有效波高。随着技术的发展，星载高度计的应用范围也由最初的以海洋为主，逐步拓展到对陆表水体和陆地地貌的观测。

中国的海洋二号系列卫星的技术指标，从 B 星开始便已达到国际先进水平。2016 年 9 月 16 日，国际上首个采用短基线干涉测量技术实现宽刈幅海面高度测量的高度计[3-6]发射升空，同时也可以对陆表水体进行测量，还能获得起伏较小陆地的数字高程图(digital elevation model，DEM)。图 6.1.3(a)给出了天宫二号空间实验室在轨时由其伴随小卫星所拍摄的照片，可看到天宫二号宽刈幅成像高度计的双天线。图 6.1.3(b)给出了天宫二号宽刈幅成像高度计对马来西亚槟榔屿及附近海域的干涉成像结果，可看到三维海面的形态特征。

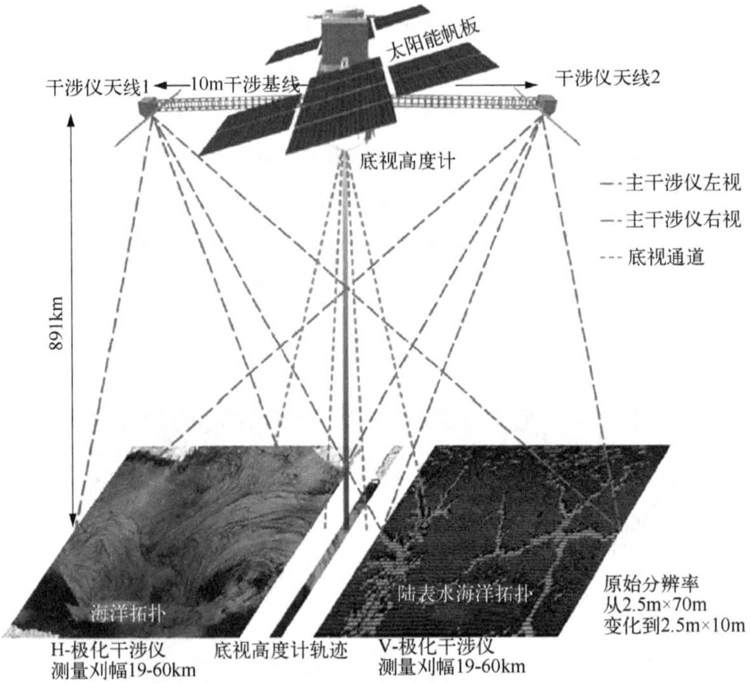

图 6.1.2 地表水和海洋拓扑(SWOT)观测卫星

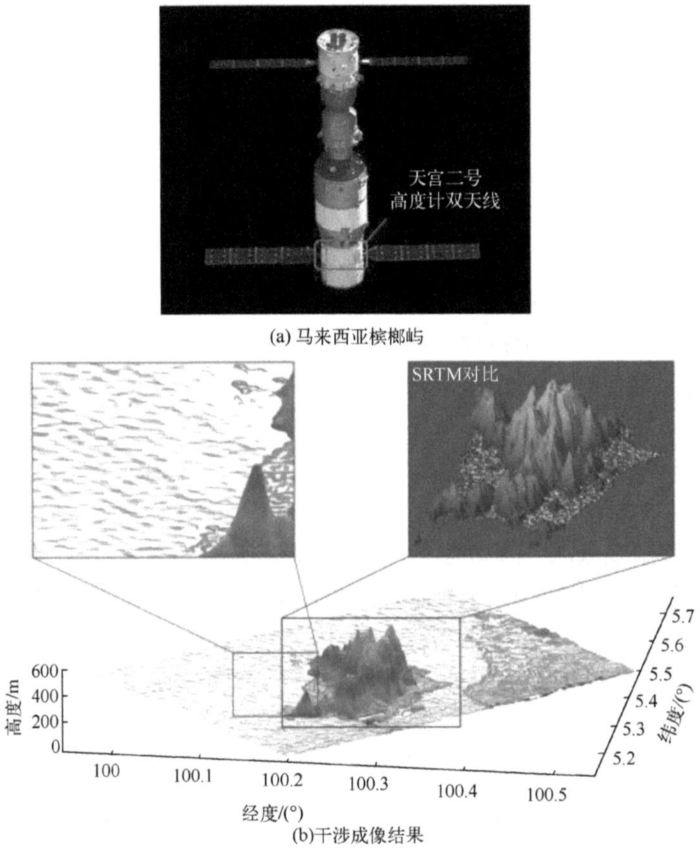

图 6.1.3 天宫二号宽刈幅成像高度计及其观测结果

图 6.1.4 给出了天宫二号宽刈幅成像高度计所获得的三维海面观测结果。其中，图 6.1.4(a)为其与传统高度计的测量对比；图 6.1.4(b)为 2km × 2km 空间尺度的三维海面结果；图 6.1.4(c)为 5km × 5km 空间尺度的三维海面结果。从中可看出随着空间尺度的增大，海面高度的起伏范围变小：在 2km 空间尺度，该海域高度起伏范围为–1.3～2.0m，在 5km 空间尺度，该海域高度起伏范围为–1.0～1.25m。

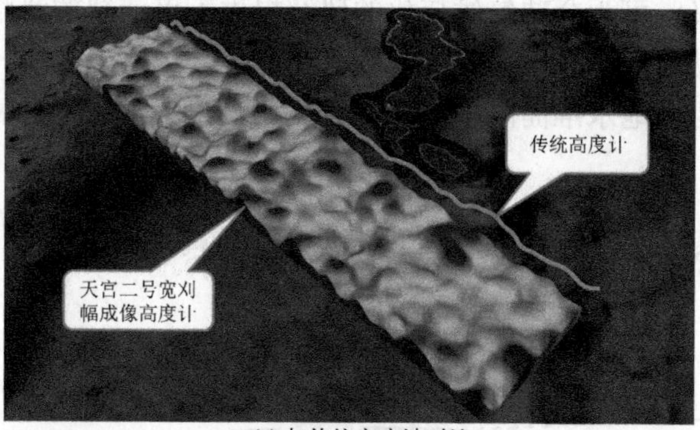

(a) 与传统高度计对比

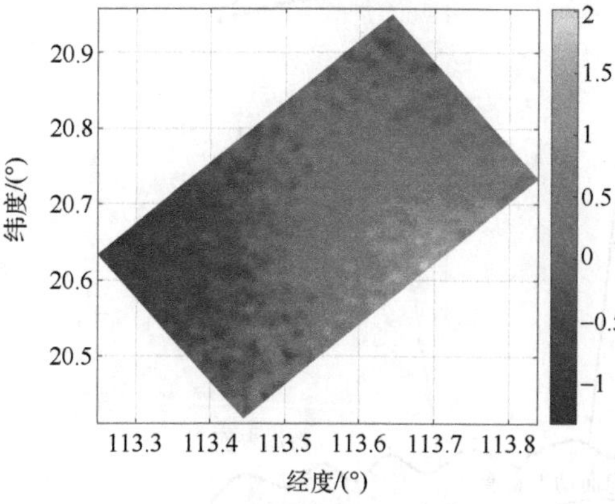

(b) 分辨率2km×2km

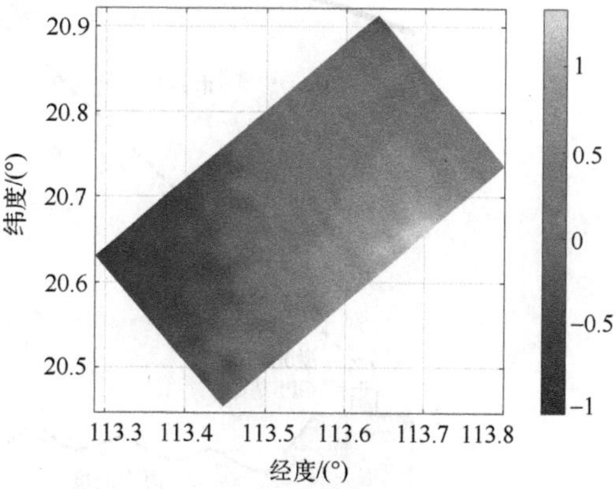

(c) 分辨率5km×5km

图 6.1.4 天宫二号宽刈幅成像高度计所获得的三维海面观测结果

6.1.2 海面高度

地球的形状并非理想的球体，而是近似为椭球体。大地测量学基于定位和导航的实际需求，将地球表面近似描述成一个参考椭球。基于参考椭球建立了经度、纬度和高度坐标系(WGS-84 坐标系)。参考椭球是一种数学上的定义，表面是平滑的。然而，真实的地球表面并不光滑，有高山和海沟，其相对于参考椭球面的高度变化可由大约 8000m(陆地最高峰珠穆朗玛峰)变化至大约–11000m(马里亚纳海沟)。为了更好地描述真实的地球表面，又引入了大地水准面(Geoid)，其定义为地球的等势表面。假定海洋处于平衡、静止的状态，则此时的平均海平面即为大地水准面，该表面可延伸进入大陆。Geoid 相对于参考椭球面的高度变化范围可缩小至 200m 以内(–106～+85m)。图 6.1.5 给出了星载雷达高度计测量的示意图，参考椭球表面、大地水准面、平均海平面的示意图以及海面高度、平均海面(mean sea surface, MSS)高度、海底地形高度、大地水准面高度和海面动力高度的示意图。大气水准面的确定需要依赖多种手段(不仅依靠卫星测高技术获得的海面测高数据,还需依靠如重力测量卫星的观测数据),其精度随着观测数据的积累而逐步提高。

海面高度随时间的变化受到多种因素的影响,如海面风浪、涌浪、温度、盐度、潮汐(由太阳和月球的引力所引起)、气压等海面状态,最大也是最缓慢变化的影响来自地球引力场的变化。平均海面高度可通过对海面高度测量的长时间平均而得到。对平均海面高度的长期监测具有重要的科学意义,可为全球气候变化的研究提供不可或缺的科学数据。海面动力高度能够很好地反映海洋动力环境因素引起的海面高度变化。

海面高度可表示为大地水准面高度 h_g、海面动力高度 h_{DT} 及其测量误差 e 三部分之和:

$$h_s = h_g + h_{DT} + e \tag{6.1.1}$$

平均海面高度 h_{MSS} 可表示为大地水准面高度与平均海面动力高度 h_{MDT} 之和:

$$h_{MSS} = h_g + h_{MDT} \tag{6.1.2}$$

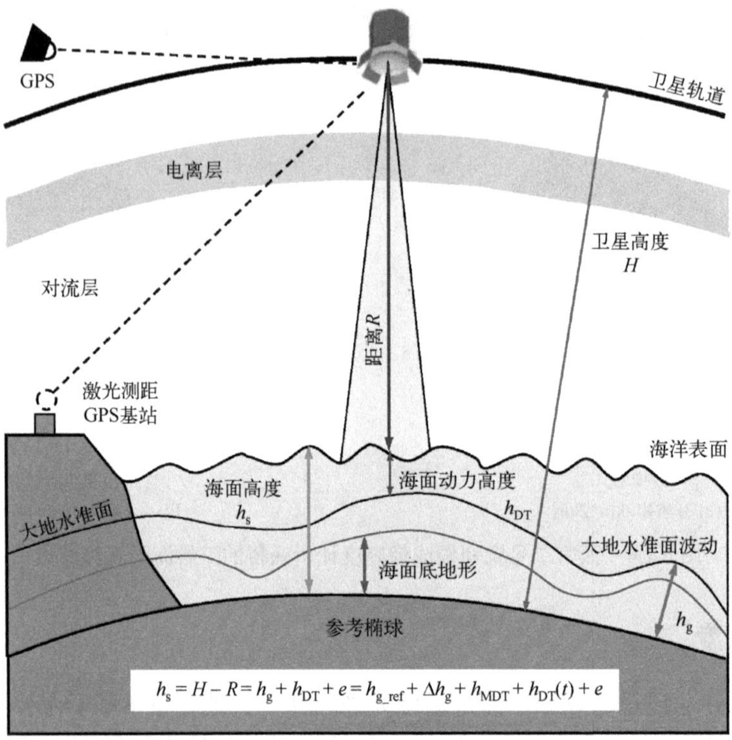

图 6.1.5 星载高度计海面测高示意图及不同参考面的示意图

6.1.3 雷达高度计的工作原理

如图 6.1.5 所示,星载雷达高度计通过测量卫星平台到海面的距离 R,再根据对卫星轨道高度 H 的精确测量,二者之差即为海面高度[1]:

$$h_s = H - R = h_g + h_{DT} + e = h_{g\_ref} + \Delta h_g + h_{MDT} + h_{DT}(t) + e \tag{6.1.3}$$

海面高度 h_s 的测量精度取决于卫星定轨精度 H 和高度计对距离 R 的测量精度(各种误差修正后的精度)。下面对星载高度计测高原理进行介绍。

高度计发射具有较大带宽的线性调频信号(通常为 320MHz)，其海面回波可用精确的模型进行描述。采用α–β自适应滤波器和跟踪算法对回波波形的半功率点进行星上实时跟踪，在地面采用最大似然估计方法进行波形重跟踪以获得从卫星平台到海面的精确距离测量，再根据对卫星的精密定轨数据和雷达信号在穿过干湿大气(对流层)和电离层的时间延迟进行修正，便可以得到海面高度的精确测量。经过进一步的仪器误差修正和地球物理修正(潮汐、电磁偏差和逆气压)，最终测量精度可达到 cm 级。从回波波形中还可以得到海面的浪高信息(通常用有效波高(significant wave height，SWH)来描述)，从后向散射系数测量中可以得到海面风速。

1. 观测几何和工作体制

雷达高度计采用脉冲有限体制，天线波束指向星下点方向。图 6.1.6 给出了采用波束有限和脉冲有限方式获取回波的示意图。顾名思义，波束有限就是雷达对目标的观测面积取决于雷达天线的波束宽度(通常指 3dB 波束宽度)所覆盖的面积(直径为 d_h)，如图 6.1.6(a)所示，而脉冲有限是指雷达对目标的观测面积取决于压缩后的脉冲时间宽度延伸所覆盖的面积(直径为 d_p)，如图 6.1.6(b)所示。脉冲有限方式的观测面积可以小于波束有限方式的观测面积，即 $d_p < d_h$。

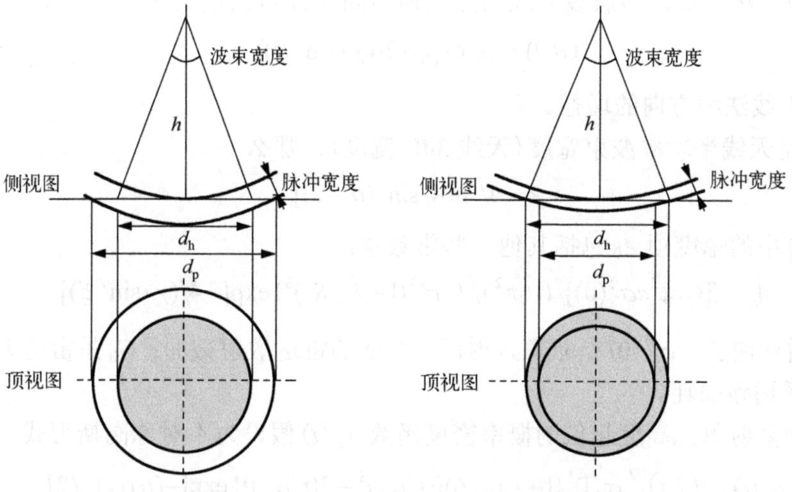

图 6.1.6　波束有限和脉冲有限观测示意图

在脉冲有限体制下，雷达高度计回波所对应的实际照射面积大小即“足印”，不仅与雷达和海面的距离以及脉冲压缩后的时间宽度有关，还与海面的状态有关，海面浪高越大，则照射的面积也越大。以在 785km 轨道高度运行的 ERS-1(2)高度计和在 1336km 轨道高度运行的 Topex/Poseiden(T/P)卫星高度计为例，其发射信号带宽均为 320MHz，对应的脉冲压缩时间宽度为 3.125ns，当海面有效波高从 1m 增大到 10m 时，脉冲有限照射下的圆面直径分别从 1.6km 变化到 7.8km 和从 2.0km 变化到 9.6km。

高度计采用脉冲有限体制和星下点照射方式有两个方面的好处：①可用口径相对较小的天线获得较小的照射面元；②降低了对卫星平台的姿态控制精度(即天线的波束指向精度)要求。

2. 海面回波模型

星载雷达高度计通过发射具有较大带宽(通常为 320MHz 左右)的线性调频脉冲(Chirp)信号，来获取海面回波，其波形可用下列数学表达式描述[7,8]：

$$P_{\text{echo}}(t)=P_{\text{FS}}(t)*q_{\xi}(t)*P_{\text{PT}}(t) \tag{6.1.4}$$

式中，$P_{\text{FS}}(t)$ 是平坦海面平均脉冲响应函数；$q_{\xi}(t)$ 是散射单元有效波高概率密度函数；$P_{\text{PT}}(t)$ 是雷达系统点目标响应函数。式(6.1.5)、式(6.1.11)和式(6.1.12)分别给出了 $P_{\text{FS}}(t)$、$q_{\xi}(t)$ 和 $P_{\text{PT}}(t)$ 的计算公式。

$$P_{\text{FS}}(t)=\lambda^2 L_{\text{P}}\big/(4\pi)^3\int_{\text{照亮区}}\delta\left(t-2H/c\right)G^2(\theta)\sigma^0(\varphi)H^{-4}\mathrm{d}A=A_0\exp(-\delta t)I_0\left(\beta\sqrt{t}\right)U(t) \tag{6.1.5}$$

其中

$$\delta=(4/\gamma)(c/H)(1+H/R_{\text{e}})^{-1}\cos 2\xi \tag{6.1.6}$$

$$\beta=(4/\gamma)(c/H)^{1/2}(1+H/R_{\text{e}})^{-1/2}\sin 2\xi \tag{6.1.7}$$

式中，H 是卫星轨道高度；$U(t)$ 是单位步长函数；$I_0(\beta t^{1/2})$ 是改进的 Bessel 函数；R_{e} 是地球半径；c 是光速；ξ 是绝对偏离天底点指向角(或姿态角)；γ 是天线波束宽度参数。对于偏离天线轴的角度 θ 来说，用假设天线增益近似为高斯分布来定义 γ：

$$G(\theta)=G_0\exp[-2/(\gamma\cdot\sin^2\theta)] \tag{6.1.8}$$

式中，G_0 为天线法线方向的增益。

如果 θ_{ω} 是天线半功率波束宽度(天线 3dB 宽度)，那么

$$\gamma=4\big/[\ln 4\big/\sin^2(\theta_{\omega}/2)] \tag{6.1.9}$$

式(6.1.5)中的幅度项 A_0 包括其他一些常数量：

$$A_0=\{[G_0\lambda^2 c\sigma^0(0)]\big/(16\pi^2)\big/L_{\text{p}}H^3(1+H/R_{\text{e}})^3\}\exp[-4/(\gamma\cdot\sin^2\xi)] \tag{6.1.10}$$

式中，λ 是雷达波长；$\sigma^0(0)$ 是垂直入射时，海面的雷达散射截面；G_0 是雷达天线视轴增益；L_{P} 是双向传播通路损耗。

海洋表面散射单元高度起伏的概率密度函数 $q_{\xi}(t)$ 假设为不对称高斯形式，可表示如下：

$$q_{\xi}(t)=[(2\pi)^{1/2}\sigma_{\xi}]^{-1}\{1+(\lambda\xi/6)[(t/\sigma_{\xi})^3-3(t/\sigma_{\xi})]\}\exp[-(t/\sigma_{\xi})^2/2] \tag{6.1.11}$$

式中，σ_{ξ} 为波形上升的时间参数，与海面有效波高的大小有关。

窄脉冲雷达系统点目标响应可近似为高斯函数：

$$P_{\text{PT}}(t)=P_{\text{T}}\big/[(2\pi)^{1/2}\sigma_{\text{P}}]\exp[-(t-t_0)^2\big/(2\sigma_{\text{P}}^2)] \tag{6.1.12}$$

经过近似推导，可以得到高度计海面回波波形的近似数学表达式：

$$P_{\text{echo}}(t)=A_0\left\{1+\operatorname{erf}\left[(t-t_0)\big/\left(\sqrt{2}\sigma_{\text{c}}\right)\right]\right\}\begin{cases}1, & t<t_0\\ \exp[-(4c/\gamma H)(t-t_0)], & t\geqslant t_0\end{cases} \tag{6.1.13}$$

式中，$\operatorname{erf}(\cdot)$ 为误差函数；$\sigma_{\text{c}}=[\sigma_{\text{P}}^2+(2\sigma_{\xi}/c)^2]^{1/2}$；$\sigma_{\text{P}}=0.425\tau$，$\tau$ 为脉压后的时间宽度。误差函数由式(6.1.14)给出：

$$\operatorname{erf}(x)=2\int_0^x \mathrm{e}^{-u^2}\mathrm{d}u\Big/\sqrt{\pi} \tag{6.1.14}$$

图 6.1.7 给出了高度计海面回波卷积作用过程的示意图。图 6.1.8 给出了高度计海面回波波形及其包含的信息示意图。波形的上升沿越平缓，意味着海面有效波高越大(风浪越大，越粗糙)，反之，海面风浪越小；回波下降沿越平缓，则天线指向角偏离天定点越大，反之，偏离越小。

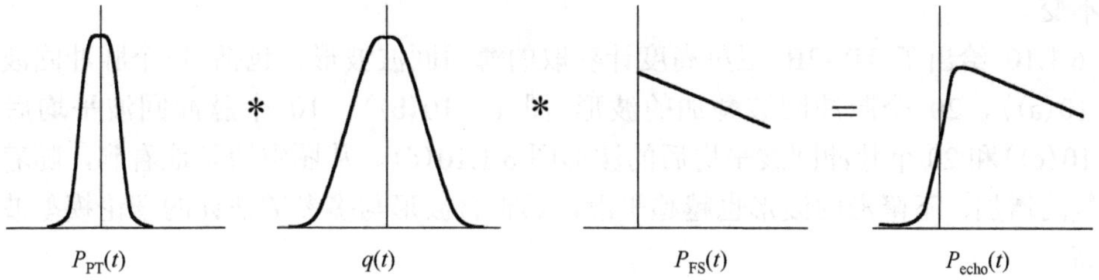

图 6.1.7　高度计海面回波的卷积作用过程

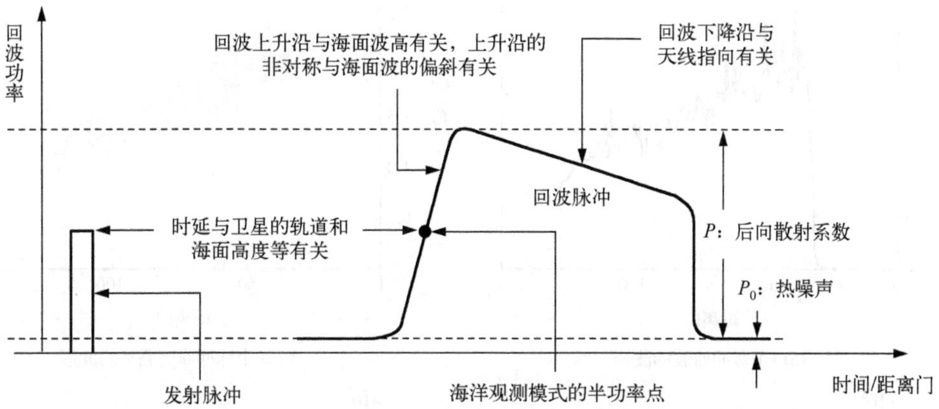

图 6.1.8　高度计海面回波波形及其包含的信息示意图

如图 6.1.9(a)所示，高度计发射的信号到达平静海面和离开海面时，其足印首先由“点”发展到“圆”再到“圆环”，与此同时，高度计接收机接收的回波功率逐步增大，当其足印达到最大圆时，回波功率达到最大值，此后逐渐降低，回波波形持续一段时间后陡降为零。

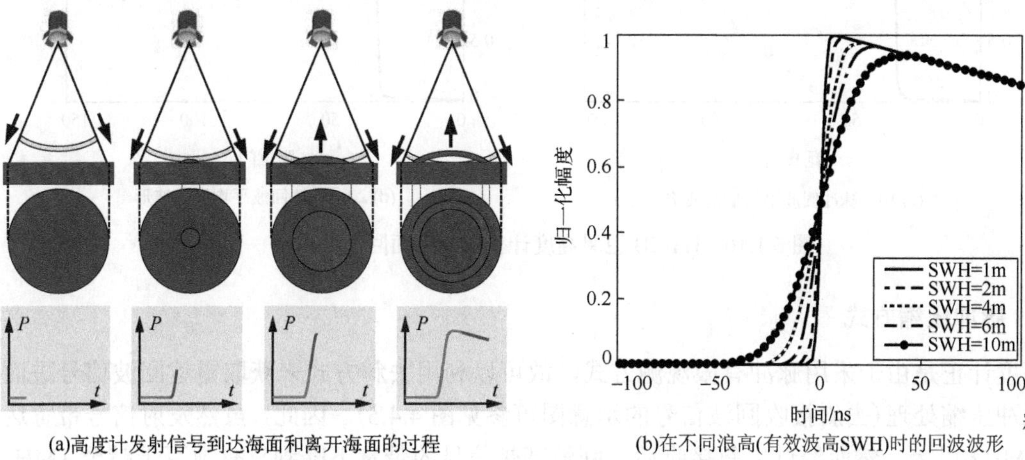

彩图-图 6.1.9

图 6.1.9　高度计发射信号到达海面和离开海面的过程及在不同浪高时的回波波形

当海面处于风浪较大的高海况时，图 6.1.9(a)中的各个环节雷达信号与海面接触的面积将不再是规则的点→小圆→大圆→圆环，同时，回波功率波形的上升沿将变得较为缓慢。图 6.1.9(b)给出了有效波高 SWH = 1m、2m、4m、6m、10m 时，高度计的回波波形计算结果，由图可见，随着 SWH 的增大，波形上升逐渐变缓，最大回波功率逐渐降低，但是半功率点却保持不变。

图 6.1.10 给出了 HY-2B 卫星高度计获取的海面回波波形，包括 1 个脉冲回波的波形(图 6.1.10(a))，20 个脉冲回波叠加的波形(图 6.1.10(b))，10 个脉冲回波平均后的波形(图 6.1.10(c))和 20 个脉冲回波平均后的波形图 6.1.10(d)。从图中清楚地看到，随着平均的脉冲数量的增加，下降沿的波形也越趋平滑，其拟合波形与多参数估计的理论模型波形复合度也越高。

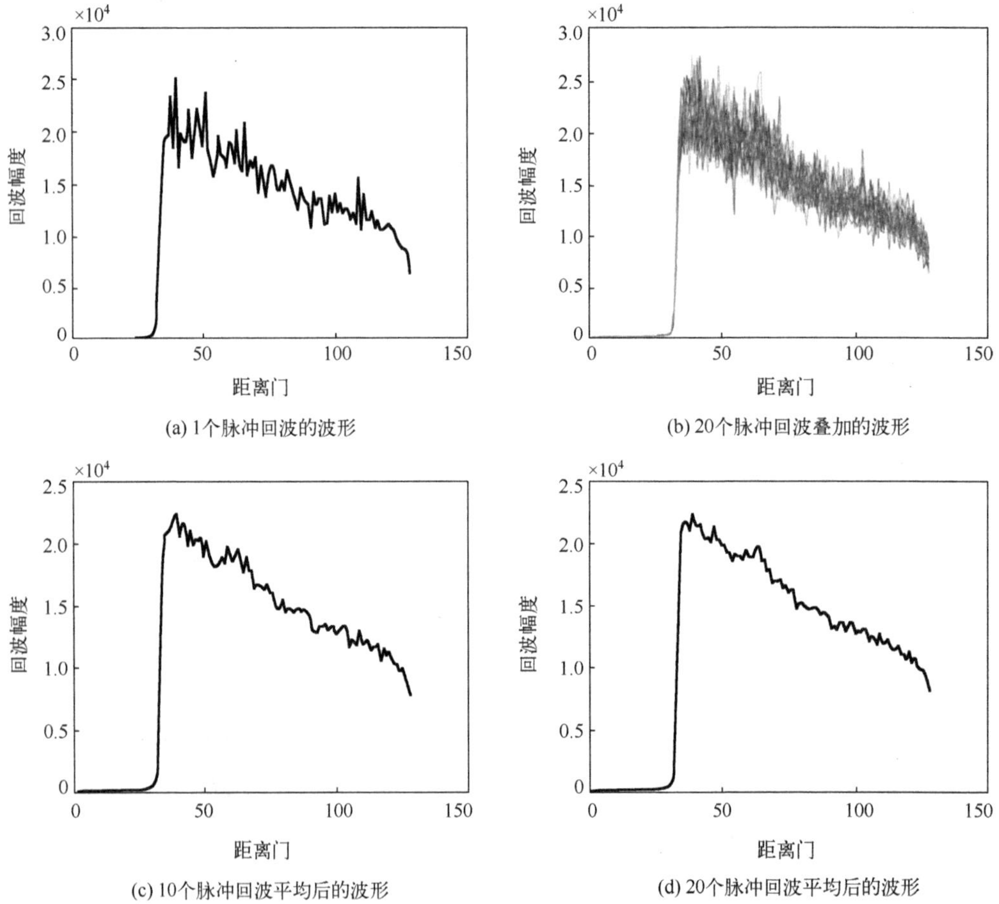

(a) 1个脉冲回波的波形　(b) 20个脉冲回波叠加的波形

(c) 10个脉冲回波平均后的波形　(d) 20个脉冲回波平均后的波形

图 6.1.10　HY-2B 卫星高度计获取的海面回波波形

3. 脉冲压缩方式

高度计正是由于采用脉冲有限观测方式，故可以利用去斜方式来获取雷达回波信号进而进行脉冲压缩处理(去斜接收回波信号的示意图可参见图 4.4.5)。因此，虽然发射信号带宽达到 300MHz 以上，然而经过去斜接收后，回波基带信号的带宽下降到只有数百千赫至 1MHz 的量级，因而采样频率通常只需要几兆赫即可。这样极大地降低了数据率，因而星载雷达高度计都是全时工作的。图 4.4.5 中三个不同距离目标的回波信号经去斜后成为三个不同频率的正弦信号，因此经过去斜接收后的基带雷达回波信号只需要采用傅里叶变换(通常采用 FFT)即可实现脉冲压缩，而不再需要采用匹配滤波方式。

4．高度跟踪

星载雷达高度计进行高度跟踪时，采用α-β 自适应滤波器(通过嵌入式软件来实现)，如图 6.1.11 所示。跟踪算法一般有三种：①最大似然估计跟踪算法(ERS1/2 高度计采用)；②分裂门跟踪算法(Topex/Poseiden 高度计采用)；③偏离重心点跟踪算法(Envisat 高度计 RA2 采用)，图 6.1.12 给出了 OCOG 算法的示意图[9]。

1) α-β 自适应滤波器

这里的α-β 滤波器与第 5 章介绍的略有不同，多了一个线性插值部分，如图 6.1.11 所示。

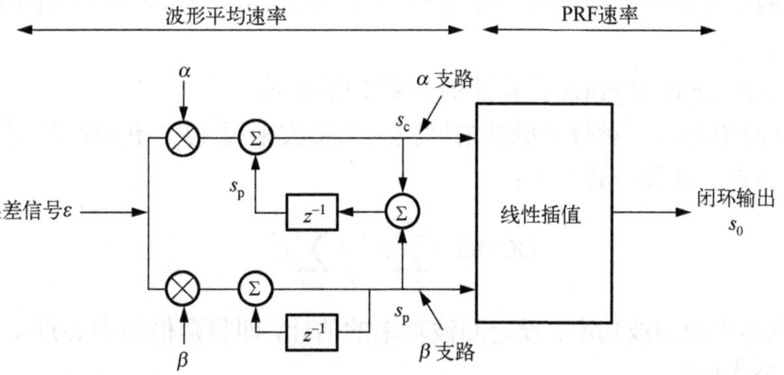

图 6.1.11　α-β 自适应滤波器原理图

根据图 6.1.11 所示的框图，可得到距离(波形位置)和距离变化率的状态更新方程：

$$
\begin{aligned}
s_c(m) &= s_c(t) + \alpha\varepsilon(m) \\
\dot{s}_p(m) &= \dot{s}_p(m-1) + \beta\varepsilon(m) \\
s_p(m+1) &= s_c(m) + \dot{s}_p(m)
\end{aligned}
\tag{6.1.15}
$$

式中，$\varepsilon(m)$为输入的误差信号，如图 6.1.12 所示，并由 OCOG 算法的第 6 步给出，需针对每个经过一定数量的脉冲回波进行平均后的波形进行计算；$s_c(m)$为每一个经过校正的平均波形，$\dot{s}_p(m)$为预测的平均波形；α系数决定了α-β 跟踪器距离窗的常数值或经过校正的波形的常数值，β 系数决定了α-β 跟踪器距离窗的预测输出或距离变化率(速度值)。

为了使计算的波形稳定，需要将一定数量 N_a(通常取 100)的回波波形进行平均，这就是说 $s_c(m)$和 $\dot{s}_p(m)$ 更新的频率为 PRF/ N_a，而为了以 PRF 的速率调整距离窗位置，需要对测量波形进行线性插值。

由于跟踪器的输出是实时进行的，在进行插值运算时需要考虑波形计算所需要的时间，假设需要 n_a 个时钟周期，即 n_a·PRI，这就是说在(n_a-1)·PRI 时间前跟踪器是没有输出的。因此计算在 $n=0, N_a$ 的插值波形时，需要分两段计算：

对于 $n=0, n_a-1$，有

$$
x_0(n) = x_c(m-1) + \dot{x}_c(m-1)t_f(N_a+n)/N_a \tag{6.1.16}
$$

对于 $n=n_a, N_a$ 有

$$x_0(n)=x_c(m)+\dot{x}_c(m)t_f n/N_a \tag{6.1.17}$$

式中，t_f 为时间转换参数，且

$$t_f=\text{CLOCK}\cdot\text{PRF}/20\,(\text{CLOCK 为高度计的时钟周期}) \tag{6.1.18}$$

描述自适应滤波器性能的参数主要有两个，即阻尼系数 ς 和带宽 BW，主要取决于 α 和 β 参数：

$$\varsigma=\alpha/\left(2\sqrt{\beta}\right) \tag{6.1.19}$$

$$\text{BW}=\sqrt{\beta}N_0 \tag{6.1.20}$$

式中，N_0 为 β 参数计算的频次，根据需要确定。

高度计有两个跟踪环，即距离跟踪环和 AGC 跟踪环，分别采用不同的 α 和 β 参数。

2) OCOG 算法

OCOG (offset center of gravity) 算法的主要步骤如下。

(1) 计算回波中心点。对每个脉冲的回波去斜接收采用 FFT 获得回波剖面后，计算出剖面面积中的重心点。计算公式如下：

$$\text{OCOG}=\sum_{i=1}^{N} i r_i^2 \Big/ \sum_{i=1}^{N} r_i^2 \tag{6.1.21}$$

(2) 根据重心点的回波功率，设定回波功率的估计，即将两倍的中心点功率作为矩形窗口的高度。计算公式如下：

$$\text{Amp}=\sqrt{2\sum_{i=1}^{N}0.5 r_i^2 \Big/ \sum_{i=1}^{N} r_i^2} \tag{6.1.22}$$

式中，N 为距离门的个数；r_i 为第 i 个距离门的回波功率值。

(3) 确定矩形窗口的面积。先计算出实际回波剖面的面积，再根据第 2 步确定的矩形的高度，确定出矩形的面积，使之等于回波剖面的面积。

(4) 确定矩形窗口的宽度。根据前面已经计算出的矩形高度和面积得出矩形窗口的宽度。计算公式为

$$W_{\text{width}}=\left(\sum_{i=1}^{N} r_i^2\right)^2 \Big/ \sum_{i=1}^{N} r_i^4 \tag{6.1.23}$$

(5) 确定上升沿位置。根据矩形窗口的宽度和重心确定回波波形上升沿的位置，如图 6.1.12 所示。

(6) 确定高度误差。上升沿与整个窗口的中心点之差即为高度误差。

根据 OCOG 算法，可以设计出 Model Free 跟踪器。首先对雷达回波设定一个阈值，从而将其转化为采样系列，并计算出这个系列相对于跟踪窗的幅度、时间长度以及重心点的时间位置。这些计算出的参数将用于误差信号的产生，以便控制高度和增益跟踪环。重心点的时间位置误差，在很宽的距离范围内保持线性特性，用于自动控制距离分辨率。当误差大到一定程度时，雷达回波将处于跟踪窗外，使得高度测量精度降低，此时需要展宽跟踪窗以便重新捕获雷达回波。

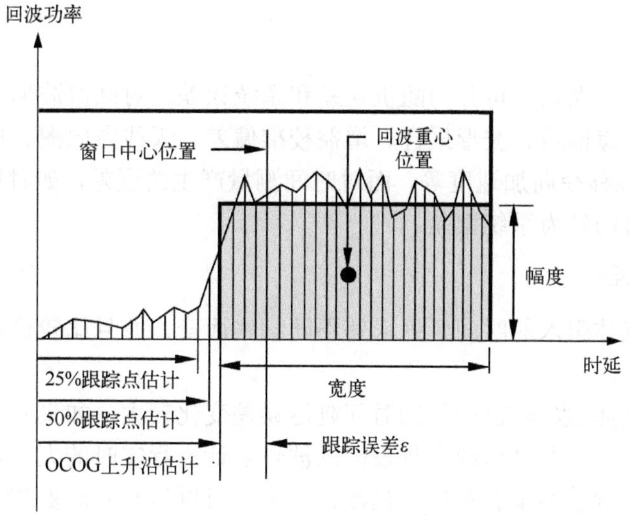

图 6.1.12　OCOG 算法示意图

5. 参数估计

假定高度计天线方向图保持不变且指向的误差很小，则高度计海面回波功率的波形公式(6.1.13)中，只有 t_0、A_0 和 σ_ξ 三个参数需要估计，并且该回波模型属于非线性模型，因此这三个参数的估计属于非线性估计。从所估计的这三个参数中，可以得到从卫星平台到海面精确的距离测量、海面风速和海面有效波高测量。下面对参数估计过程进行简要介绍。

对于非线性参数估计(回归)问题一般采用迭代方法。我们有如下的估计模型：

$$y_i = f(t_i;t_0,\sigma_\xi,A_0) + e_i = A_0\left\{1+\text{erf}\left[(t_i-t_0)/\left(\sqrt{2}\sigma_\xi\right)\right]\right\}\exp[-(4c/\gamma H)(t_i-t_0)] + e_i \tag{6.1.24}$$

将上述非线性模型按估计参数进行一阶泰勒级数展开：

$$\begin{aligned} f(t_i;t_0,\sigma_\xi,A_0)_{j+1} &= f(t_i;t_0,\sigma_\xi,A_0)_j + \partial f(t_i;t_0,\sigma_\xi,A_0)_j/\partial t_0\cdot\Delta t_{0,j} \\ &\quad + \partial f(t_i;t_0,\sigma_\xi,A_0)_j/\partial\sigma_\xi\cdot\Delta\sigma_{\xi,j} + \partial f(t_i;t_0,\sigma_\xi,A_0)_j/\partial A_0\cdot\Delta A_{0,j} \end{aligned} \tag{6.1.25}$$

将式(6.1.25)代入式(6.1.24)可得

$$\begin{aligned} y_i - f(t_i;t_0,\sigma_\xi,A_0)_j &= \partial f(t_i;t_0,\sigma_\xi,A_0)_j/\partial t_0\cdot\Delta t_{0,j} + \partial f(t_i;t_0,\sigma_\xi,A_0)_j/\partial\sigma_\xi\cdot\Delta\sigma_{\xi,j} \\ &\quad + \partial f(t_i;t_0,\sigma_\xi,A_0)_j/\partial A_0\cdot\Delta A_{0,j} + e_{i,j} \end{aligned} \tag{6.1.26}$$

式中，$\Delta t_{0,j} = t_{0,j} - t_{0,j-1}$；$\Delta\sigma_{\xi,j} = \sigma_{\xi,j} - \sigma_{\xi,j-1}$；$\Delta A_{0,j} = A_{0,j} - A_{0,j-1}$；$e_{1,j} = |\Delta t_{0,j}/t_{0,j}|$，$e_{2,j} = |\Delta\sigma_{\xi,j}/\sigma_{\xi,j}|$，$e_{3,j} = |\Delta A_{0,j}/A_{0,j}|$。

在参数的迭代估计中，当 $e_{i,j}$ 小于所设定的阈值时，即可停止迭代。

6.1.4　高度测量误差及修正

从式(6.1.3)可以看出卫星轨道高度 H 的测量精度和雷达系统对距离 R 的测量精度，决定了海面高度 h_s 的测量精度。H 的精度主要取决于精密定轨所能达到的精度，而 R 的测量精度受到多种因素的影响，既有仪器本身的因素，也有传输路径和海面动态变化的因素。如果要测量海面的动力高度 h_{DT}，那么其精度还会受到大地水准面高度 h_g 精度的影响。

星载微波高度计测高误差项具体主要包括以下几种[1]。

1. 仪器相关项

与仪器有关的测量误差，可分为随机误差和系统误差。对回波波形产生影响的因素通常产生随机误差，如跟踪偏差、波形采样、增益校准偏差、天线方向图、指向误差、接收机的AGC衰减、多普勒频移径向加速度等，而对时间测量产生的误差，如时钟漂移、发射和接收脉冲时延等，通常可归结为系统误差。

2. 大气折射误差

大气层中的干气体引入的时间延迟误差不随频率而变，并且比较稳定，依赖大气模型便可以较好地进行校正。

大气层中的湿气体(水蒸气)引入的时间延迟误差变化较大，如果完全依赖模型进行校正通常会残余较大的误差，通过搭载多频段的微波辐射计进行实时的大气辐射亮温测量，进而建立多频段辐射亮温测量结果有关的时延校正模型，可以达到cm级的精度。

大气层中的电离层同样对高度计发射和接收信号的时间产生延迟作用，导致产生测距误差。该误差的修正主要有两种：①依靠全球电离层的模型进行修正。②利用双频高度计的两个不同频率(一个频率相对较高，如Ku波段；另一个频率相对较低，如C波段或S波段)的测量结果，进行对比修正。

电离层对电磁波传播时延的影响随着频率的升高而减小，若高度计的工作频率提高到毫米波，如Ka波段(中心频率为36GHz)，则电离层对其产生的距离测量误差一般不超过1cm。

3. 海况偏差

海况偏差包括电磁散射引入的电磁偏差(electromagnetic bias)和回波波形不对称引入的倾偏斜偏差(skewness bias)。海面的波谷对回波强度的贡献往往大于海面的波峰的贡献，因此整个回波的时间较大程度上取决于波谷，导致整个回波的时延比真实海面高度所产生的时延大，若不进行校正，则会使海面高度的测量结果低于真实的海面高度。如图6.1.13所示，真实平均海面与平均散射海面之差称为电磁偏差，而平均海面与中值散射海面之差为波形不对称偏差。中值散射海面即为高度计波形半功率点所对应的海面。

由于海面的电磁散射特性与频率有关，因此海况偏差大小与高度计的工作频率有关，研究表明C波段引入的海况偏差比Ku波段引入的海况偏差要大。

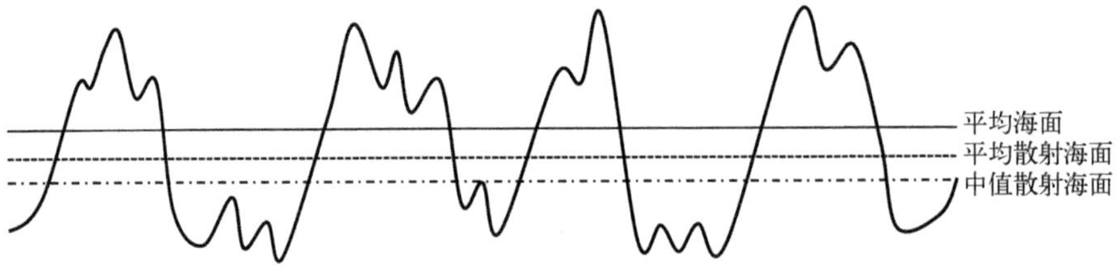

图6.1.13 海况偏差示意图[1]

4. 外部地球物理调节

外部地球物理的调节对高度计测高的影响主要体现在潮汐、海面气压和海洋大地水准面三个方面。

1) 潮汐

地球、太阳和月球三者之间的相对运动规律性的变化反映了三者之间距离的规律性变化。根据万有引力定律，三者之间的相互作用力也呈现规律性变化，因此海面高度也在较大的时空尺度上呈现规律性变化，即为潮汐，其包括海洋潮汐和地球固体潮等。海洋潮汐对高度计测高的影响远大于地球固体潮的影响。

正是数十年来积累的星载高度计的观测数据，提高了人类对海洋潮汐的认识。研究人员利用谐波展开数学方法建立了多种潮汐模型来描述其对海面高度变化的影响。对星载高度计测量影响较大的潮汐主要有时间周期大约为 12 小时的 M_2、S_2、N_2、K_2、$2N_2$ 等半日潮和时间周期约为 24 小时的 K_1、O_1、Q_1 等全日潮。

除了上述潮汐，还有地球受太阳和月球引力作用产生的固体潮和地球自转轴变化产生的极潮，也对海面高度的测量精度产生影响，但是通过已经建立的较为精确的模型可以使其影响降低到 cm 级以下。

2) 海面大气压

在海面大气压的作用下，海面高度会有所降低，并且大气压越大则偏离真实海面高度就越大。全球海面大气压具有区域性的不同时空尺度的变化特征，因此海面高度受其影响也呈现相应的时空特征，这些特征既有统计意义上的较平稳的特征，也有高频动态变化的特征。海面高度变化对气压变化的响应在中高纬度地区更为准确。

研究表明当海面尺度大于 500km 时，海面高度的变化主要受海面气压的影响，其误差校正主要依靠气压模型。

3) 海洋大地水准面

海洋大地水准面 (Geoid) 定义为当地球静止时海洋的等势面相对于参考椭球面的高度。目前所得到的大地水准面是通过专门的重力测量卫星(如 GRACE 和 CHAMPMAN 卫星等)、船测以及数十年的高度计卫星观测数据，经复杂处理而得到的。随着高度计卫星观测数据的持续积累，Geoid 的模型精度能够得以不断提高。Geoid 的模型误差主要影响海面动力高度的测量精度。

5. 卫星定轨误差

卫星轨道的确定误差直接影响高度计的绝对测高精度。目前国际上最先进的精密定轨技术(综合运用激光、GPS 和多普勒测量技术)可达到 1～2cm 的轨道高度确定精度。

6.1.5　实现高精度距离测量的原因

星载雷达高度计的发射信号带宽通常只有 320MHz 左右，在海洋观测时，却能够达到 cm 级的测高精度，其原因可归为以下几方面。

(1) 超稳定的频率源(采用原子钟，时钟频率随时间的变化极小，通常达到 10^{-13} 量级)，具有极高的定时精度。

(2) 精确的 AGC(自动增益控制)和自适应跟踪器。

(3) 大量独立采样的波形样本进行平均。

(4) 精确的海面回波模型，高精度波形跟踪算法和高精度参数估计方法。

(5) 精确的误差修正方法(算法)。

(6) 卫星轨道高度的精密确定技术。

6.1.6 典型的高度计系统

1. Topex/Poseiden(T/P)高度计

T/P 卫星于 1992 年 8 月 10 日发射，主要使命是对海洋拓扑(topography)进行测量，其主载荷为国际上首次采用 Ku/C 双频体制的雷达高度计，具备对电离层时延的自校准能力。T/P 高度计在星载雷达高度计的发展历史中有重要地位，极大地推动了雷达高度计技术的发展。图 6.1.14 给出了 T/P 卫星的效果图，表 6.1.1 列出了 T/P 高度计的主要技术参数，表 6.1.2 给出了 T/P 高度计的测高精度指标。

图 6.1.14 T/P 卫星效果图

T/P 卫星的轨道高度为 1336km，轨道周期为 112.4min，轨道倾角为 66.039°，轨道重返周期约 10 天。T/P 卫星在轨运行了 13 年后于 2005 年 10 月 9 日停止工作。T/P 高度计以前所未有的精度所获取的约 62000 轨的观测数据为人类认知海洋(海面高度变化、洋流、海洋潮汐)，研究全球气候变化以及飓风、洪灾和干旱等极端天气事件预报提供了强有力的支持。T/P 卫星的贡献还体现在第一次证明了可用 GPS 进行卫星的精密定轨。

表 6.1.1 T/P 高度计的主要技术参数

参数	数值
工作频率	Ku, 13.575GHz；C, 5.3GHz
脉冲重复频率(PRF)	Ku, 4200Hz；C, 1220Hz
脉冲宽度	Ku, 102.4μs；C,102.4 或 32μs
信号带宽	Ku, 320MHz；C, 320 或 100MHz
天线直径和波束宽度	1.5m；Ku,1.1°；C, 2.7°
载荷重量和功耗	230kg；237W

表 6.1.2 T/P 高度计的测高精度指标

测量	所需精度	达到的精度
仪器精度	4.0cm	3.2cm
卫星定轨精度	12.8cm	2.8cm
SSH 测量精度	13.4cm	4.3cm

2. CryoSat-2 高度计

CryoSat-2 卫星于 2010 年发射，其主载荷为国际上首次采用星下点干涉体制以及合成孔径体制的雷达高度计，其主要使命是对两极冰川、陆地冰川和海面高度进行精确测量同时验证合成孔径高度计的工作原理，以期揭示极冰的消融与海面高度升高的联系及其对气候变化的影响。CryoSat-2 所搭载的高度计称为 SIRAL(synthetic/interferometer radar altimeter)，有三种工作模式：①LRM(低分辨率模式)；②SAR 模式；③SARIn 模式。LRM 为常规高度计模式，SAR 模式在方位向进行非聚焦合成孔径处理，而 SARIn 在方位向进行合成孔径处理后进一步进行干涉处理。

图 6.1.15(a)、(b)分别给出了 SIRAL 进行海面浮冰测量的示意图和 2011 年 11 月 SIRAL 测量的北极海冰的高度分布。海面回波距离与冰面回波距离之差即为冰面高度。对于冰川则采用干涉信号处理方法得到冰川的坡度信息，可得到 40MHz 信号带宽脉冲有限足印下刈幅内的冰川高度。表 6.1.3 列出了 SIRAL 的主要技术参数。

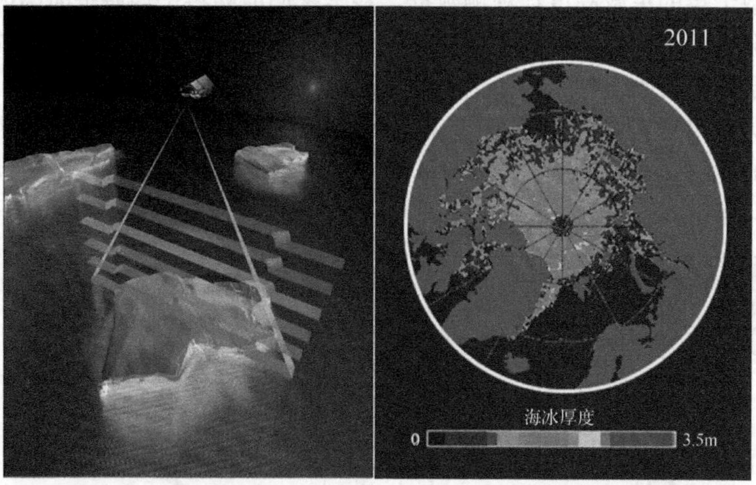

(a) 海面浮冰测量的示意图　　(b) 北极海冰的高度分布

图 6.1.15　CryoSat-2 高度计测量海冰厚度的示意图

表 6.1.3　SIRN 的主要技术参数

参数	数值
工作频率	Ku, 13.575GHz
脉冲重复频率(PRF)	LRM：1.97KHz；SAR/SARIn：17.8KHz
脉冲簇重复频率	SAR：85.7Hz；SARIn：21.4Hz
脉冲簇中子脉冲	SAR：64；SARIn：64
脉冲宽度	50μs
信号带宽	SAR：350MHz；SARIn：40MHz
采样/脉冲	LRM & SAR：128；SARIn：512
方位向分辨率	250m (SAR & SARIn)
天线口径和波束宽度	1.2m × 1.1m(2 副)；1.08° (方位) × 1.2° (距离)
干涉基线长度和倾角	1.2m；0°
载荷重量和功耗	70kg；149W

自 CryoSat-2 卫星发射以来，SIRAL 的观测数据对监视极区冰原、冰川和海冰的变化起到了关键作用，所获得的极冰观测数据成为冰川消融的直接证据，这也是全球海面高度升高的科学依据。

6.1.7　高度计的主要应用

星载高度计自 1978 年 Seasat-A 首次开展业务化应用以来，经过 40 余年的发展，其应用领域已经从最初的海洋应用(包括海冰)和大地测量拓展到了陆地(包括极冰)应用。

1．海洋应用

由于能够精确测量海面高度及其变化，所有与海面高度有关联的因素都可从高度计的观测数据中得到认识，如大尺度的海洋循环(洋流)、海洋潮汐、风、浪、海洋重力场等[2]。

海洋洋流可使海面高度比周围高出 m 级，1978 年以来所有高度计获取的观测数据帮助海洋学家认识了海洋循环的内在规律。更重要的是，通过对这些数据进行处理，海洋学家对潮汐的规律有了更加深刻的认识，进而建立了精确的潮汐模型。

正是基于数十年的星载高度计观测数据，科学家们能够将平均海平面高度的年际变化与全球气候变化联系起来，以此得到了地球持续变暖的趋势。也正是基于长期的星载高度计的观测数据，科学家们得到了精度不断提高的水准面(Geoid)。图 6.1.16 给出了自 1992 年来，根据多颗高度计卫星对全球(主要集中在南北纬 66°范围)海平面连续不断地测量，得出的全球平均海平面高度总体上升的趋势：平均每年升高 3mm。图 6.1.16(a)还清楚地表明了海面高度季节性的变化情况。

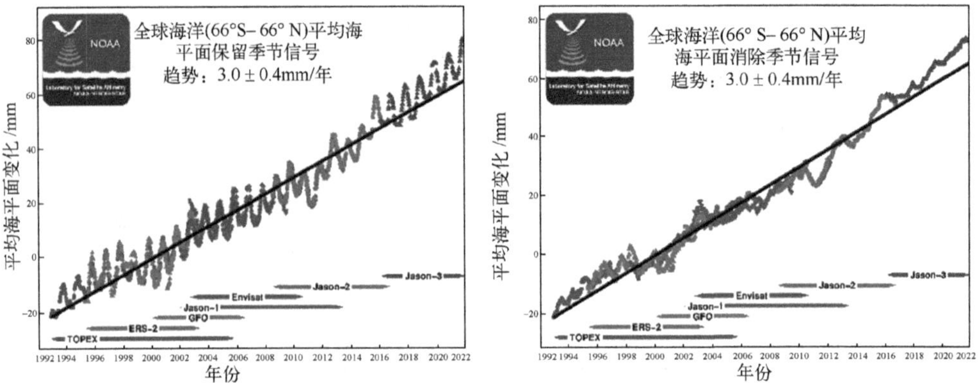

(a) 未去除季节性变化　　(b) 去除了季节性变化

图 6.1.16　基于多颗高度计卫星观测数据得到的 1992～2022 年全球平均海平面高度的变化趋势

根据星载高度计对全球海面高度的连续高精度测量数据，科学家们很容易从中发现海面高度的异常变化，而这些异常变化往往与灾害性天气的发生有紧密联系。例如，厄尔尼诺现象可从海面高度的异常升高观察到。

海啸是一种由于地震或滑坡引起海底地形的垂向位移从而激发出来的沿海洋表面传播的破坏力极大、传播速度极快的波。迄今星载高度计直接探测或预测海啸的发生还比较困难，但是其观测数据对海啸研究大有帮助。

海平面的坡度(可用东向和北向两个方向的表面高度梯度来描述)，在去除了动态海面变化(如风浪、潮汐等)的影响后，主要反映了受海底地形(水深)变化所引起的引力变化的调制作用，如图 6.1.17 所示。利用高度计对海洋表面高度的测量数据，通过一系列的复杂运算后便可得到全球海洋重力异常的计算结果，进而反演出海洋重力场和海底地形。

数十年的星载高度计观测数据积累，使人们已经对全球海洋浪高的分布有了科学的认识，例如，较大的风浪和涌浪更大概率地出现在低纬度海区，而高纬度海区较大概率出现较小的风浪。

2．陆地应用

星载雷达高度计的陆地应用主要包括对面积较大的湖泊和较宽河流的水位的测量，也包

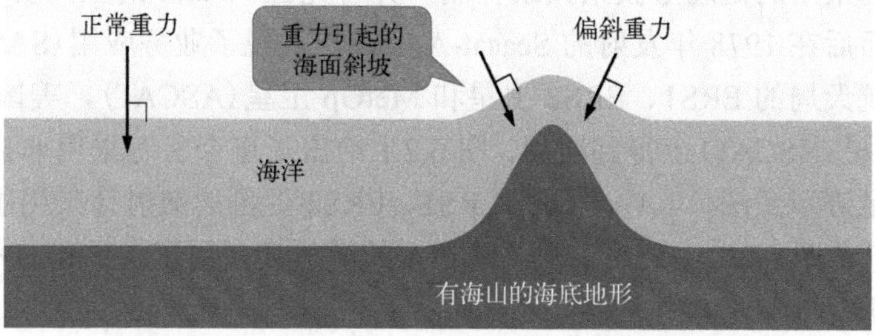

图 6.1.17 海山引力与海平面相互作用的示意图

括对陆地地形的测量[2,10]。利用星载高度计的陆地观测数据，已建立了对世界主要湖泊水位变化进行监测的网络。星载高度计对陆表水体水位的测量精度面临着水陆交界的严重干扰，需要针对性地建立复杂的回波模型才能保证测高精度。一般而言，经过湖泊的中央测量结果由于受陆地的影响较小可以达到很高的精度(也能达到 dm 级，甚至 cm 级)。

星载高度计虽然在陆地应用时，由于陆地地形的复杂多变，其测高精度大大低于海面高度的测量精度，但经过复杂的处理仍然可达到一定精度要求，甚至可作为 SRTM 的 DEM 产品评估参考。

6.2 雷达散射计

雷达散射计[11]是一种能够精确目标的后向散射系数的微波遥感器，其通过对信号+噪声(实际回波)和噪声分别进行测量，最后将噪声从实际回波中减去，以实现高精度辐射测量。高辐射分辨率(high radiometric resolution)测量能力是散射计最显著的特点。对于海洋、植被等自然界中典型的面目标的后向散射系数测量，空间分辨率和辐射分辨率是相互矛盾的，即追求高的空间分辨率会以牺牲辐射分辨率为代价，反之亦然。散射计的设计以高辐射分辨率为目标，尽量做到与空间分辨率的平衡。

辐射分辨率从定义上是指能够分辨目标散射强度变化的能力，其在散射计设计中通常用 K_{p} 来描述。式(6.2.1)给出了扇形波束散射计采用多普勒鉴别面元时的 K_{p} 计算公式：

$$K_{\mathrm{p}} = 1\Big/\sqrt{B_{\text{多普勒}} T_{\mathrm{p}}}\,\{1 + 2/\mathrm{SNR} + 2/\mathrm{SNR}^2 [1 + B_{\text{多普勒}} T_{\mathrm{g}} / (B_{\mathrm{n}} T_{\mathrm{n}})]\}^{1/2} \tag{6.2.1}$$

式中，$B_{\text{多普勒}} T_{\mathrm{p}}$ 和 $B_{\mathrm{n}} T_{\mathrm{n}}$ 分别为进行回波和噪声平均的独立样本数，一般情况下，若它们越大($B_{\text{多普勒}} T_{\mathrm{p}}$ 越大，空间分辨率越低)，则 K_{p} 越小，表明辐射分辨率越高。

雷达散射计的应用首先以海洋观测为主，但在陆地观测方面的应用也逐步增多。

6.2.1 雷达散射计的发展

雷达散射计的业务化应用始于 Seasat-A，迄今已有美国 NASA、欧洲 ESA、日本、中国和印度发射了搭载散射计的卫星。中国已发射搭载散射计的卫星达 5 颗，分别是 HY2-A、B、C、D 四颗卫星以及中法海洋卫星。

6.2.2 雷达散射计的主要体制

雷达散射计主要有扇形波束[12-14]、笔形波束圆锥扫描和扇形波束旋转扫描三种体制。星载雷达散射计最初采用的是扇形波束天线体制，并首先在 NASA 的空间实验室 SkyLab 上得到了原理验证，而后在 1978 年发射的 Seasat-A 上首次实现了业务应用(SASS)。扇形波束散射计此后在欧洲航天局的 ERS1、ERS2 卫星和 MetOp 卫星(ASCAT)，美国 NASA 与日本合作的 ADEOS-I 卫星(NSCAT)上得到应用。图 6.2.1 给出了迄今所有采用非扫描的扇形波束天线散射计的地面足迹示意图，其中，只有 ERS1、ERS2 卫星的散射计采用了单侧观测，其余均采用双侧观测。从图 6.2.1 中还可看到，NASA 的散射计采用了 VV 和 HH 双极化测量，而 ESA 的散射计只采用 VV 单极化测量。

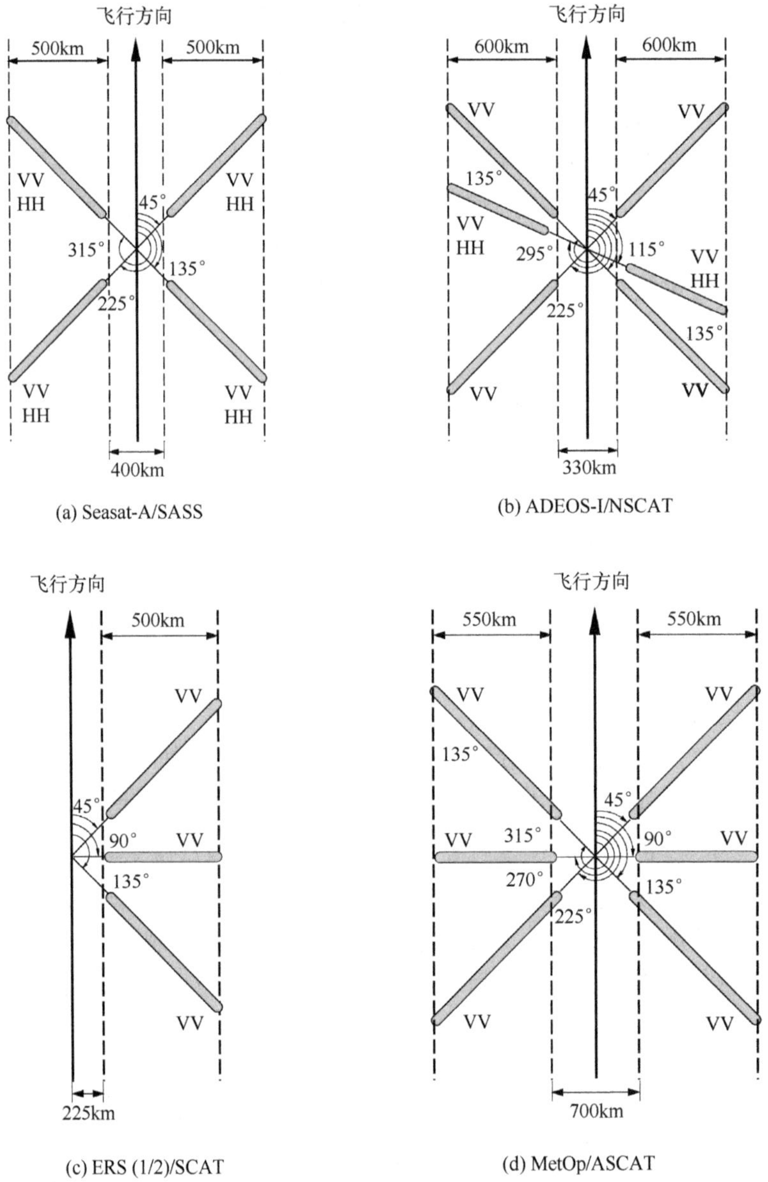

图 6.2.1　不同扇形波束散射计的观测方案

在散射计的工作频率选择方面，ESA 的散射计采用了 C 波段，而 NASA、中国和印度的散射计采用了 Ku 波段。

随后国际上又提出了笔形波束圆锥扫描的散射计体制[15]，并先后在 ADEOS-Ⅱ、QuikSCAT 卫星、中国的神舟四号(多模态微波遥感器)和 HY-2 系列卫星，以及印度的 OceanSat-2 和 SCATSAT-1 卫星中得到应用。2018 年发射的中法海洋卫星(CFOSAT)所搭载的散射计是国际上第一个星载扇形波束旋转散射计。图 6.2.2 给出了 QuikSCAT/SeaWinds 和 CFOSAT/散射计的观测刈幅示意图。图 6.2.3 进一步描述了 QuikSCAT/SeaWinds 的观测几何：采用两个入射角略有差异、不同极化的笔形波束天线随卫星飞行进行圆锥扫描(入射角较大的天线波束采用 V 极化，而入射角较小的天线波束采用 H 极化)。图 6.2.3(a)描述了 SeaWinds 的 VV 极化和 HH 极化天线波束随卫星运动进行圆锥扫描覆盖地面的情况。

笔形波束圆锥扫描散射的扫描速度主要由卫星平台的速度、高度和天线波束宽度决定：一般设计为波束扫描一周，平台运动的距离约等于波束照射到海面时的直径宽度的一半，目的是便于地面足印的划分和配准以及多次测量的相关性。图 6.2.3(c)示意了 VV 极化天线波束分别在 T_1 和 T_4 时刻、HH 极化天线波束分别在 T_2 和 T_3 时刻对同一面元进行了前视方向和后视方向的观测。

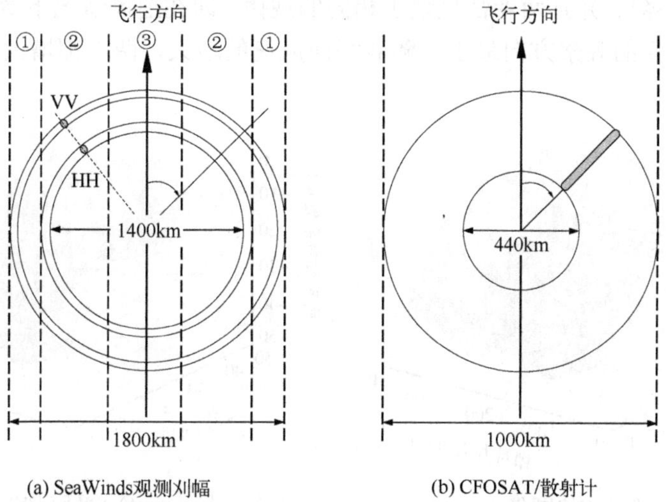

(a) SeaWinds观测刈幅　　(b) CFOSAT/散射计

图 6.2.2　SeaWinds 和 CFOSAT/散射计的观测刈幅示意图

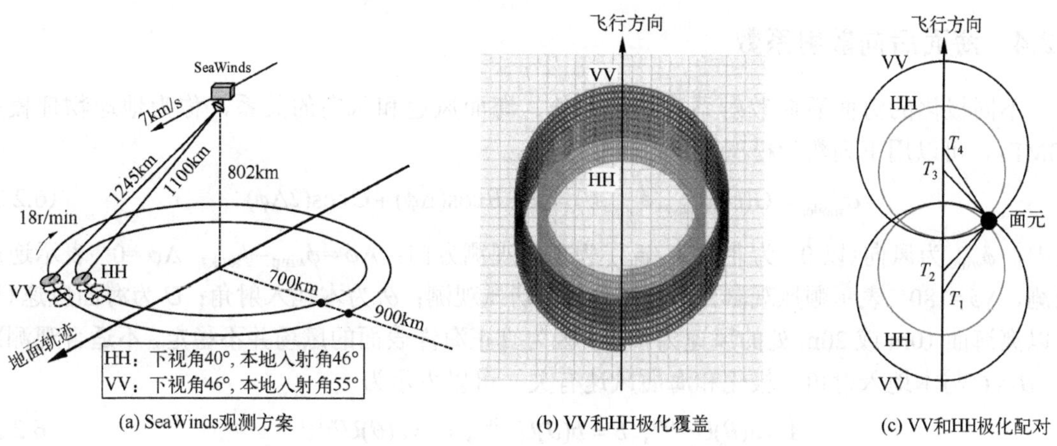

(a) SeaWinds观测方案　　(b) VV和HH极化覆盖　　(c) VV和HH极化配对

图 6.2.3　SeaWinds 的 VV 和 HH 极化天线波束在地面足印覆盖及面元配对示意图

6.2.3 雷达散射计的海面风场测量原理

海洋在风的驱动下，其表面粗糙度将发生变化，风力越小则粗糙度越小，即越平静而光滑，而海洋表面粗度的变化会引起散射系数(在此仅考虑后向散射系数)的变化，这种变化与海面风速和风向的变化之间呈现出较强的规律性，可用数学模型(即地球物理模型函数，geoscience model function，GMF)来描述。雷达散射计正是利用海面后向散射系数与海面风向以及风速大小之间的地球物理模型，通过以固定的入射角度或者在一定的入射角度范围从多个方位角度对同一海面区域进行多次单极化(VV)或双极化(VV/HH)的精确散射测量，利用后向散射系数与海面风速风向之间关系的数学模型(通过理论建模与实验验证得到)，采用搜索迭代的方法，以及利用一定先验知识来消除风向模糊后得到正确的海面风速和风向(即海面风场)的反演结果。

图 6.2.4 给出了不同风速情况下，QMOD4[16]的海面 VV 极化和 HH 极化后向散射系数σ^0随观测方位角变化的情况。从中可以看出 VV 极化的σ^0总是大于 HH 极化的σ^0(在第 2 章已经对此进行了理论解释)，并且两者都呈现了相同的规律，即在逆风情况下最大，在顺风情况下次之，在与风向垂直的观察方向最小，随着海面风速的增大，两者都增大。

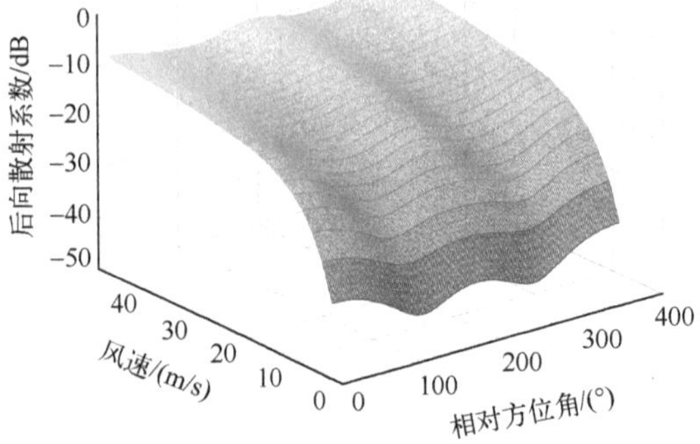

(a) 入射角46°HH极化

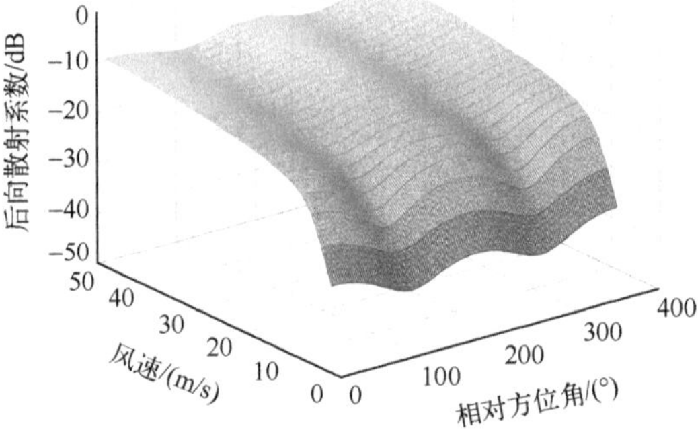

(b) 入射角54°VV极化

图 6.2.4 不同风速情况下，QMOD4 的 VV 极化和 HH 极化海面后向散射系数与观测方位角的关系[16]

6.2.4 海面后向散射系数

不同极化的海面后向散射系数与入射角、海面风速和风向的关系，称为地球物理模型(GMF)，可以用下列数学模型表示：

$$\sigma_{\text{model}}^0 = G(U,\phi_{\text{wind}},\phi_{\text{look}},\theta) = A + B\cos(\Delta\phi) + C\cos(2\Delta\phi) \tag{6.2.2}$$

式中，ϕ_{wind}为风向(以 0° 为北向)；ϕ_{look}为雷达观测方向；$\Delta\phi=\phi_{\text{wind}}-\phi_{\text{look}}$，$\Delta\phi=0°$ 表示逆风观测，$\Delta\phi=180°$ 表示顺风观测，$\Delta\phi=90°$ 表示切风观测；θ 为本地入射角；U 为海面风速(通常以离海面 10m 或 20m 处的风速为代表，因为真正海洋表面的风场并不稳定，不适合观测)。A，B，C 与本地入射角、极化和海面风速有关，可以表示为

$$A = a(\theta)U^{\gamma_a(\theta)},\ B = b(\theta)U^{\gamma_b(\theta)},\ C = c(\theta)U^{\gamma_c(\theta)} \tag{6.2.3}$$

式中，$a(\theta)$、$b(\theta)$、$c(\theta)$、$\gamma_a(\theta)$、$\gamma_b(\theta)$、和$\gamma_c(\theta)$等与入射角有关的系数，可通过对大量的回波数据进行拟合并将得到的$\sigma^0_{\mathrm{model}}$进行绝对值标定后得到。

迄今在国际上，针对 Ku 波段和 C 波段的雷达散射计，已分别建立表格化的后向散射系数与海面风速风向关系的模型，分别称为 QMOD 和 CMOD 模型。尽管具体入射角范围和模型系数有所不同，但都反映了相同的随相对方位角 $\Delta\phi$ 变化的规律。

图 6.2.5 给出了 C 波段 VV 极化、Ku 波段 VV 极化和 HH 极化的雷达后向散射系数在 40°入射角、海面风速分别为 5m/s、10m/s、15m/s、20m/s 和 30m/s 的情况下，随风向的变化情况(0°对应逆风，180°对应顺风，90°对应侧风)。对比图 6.2.5(a)和(b)可看到，Ku 波段后向散射系数随风向变化的范围要大于 C 波段，这表明 Ku 波段散射计对海面风场测量更为有利(较高精度)。同时也需要指出，Ku 波段受降雨的影响要大于 C 波段。

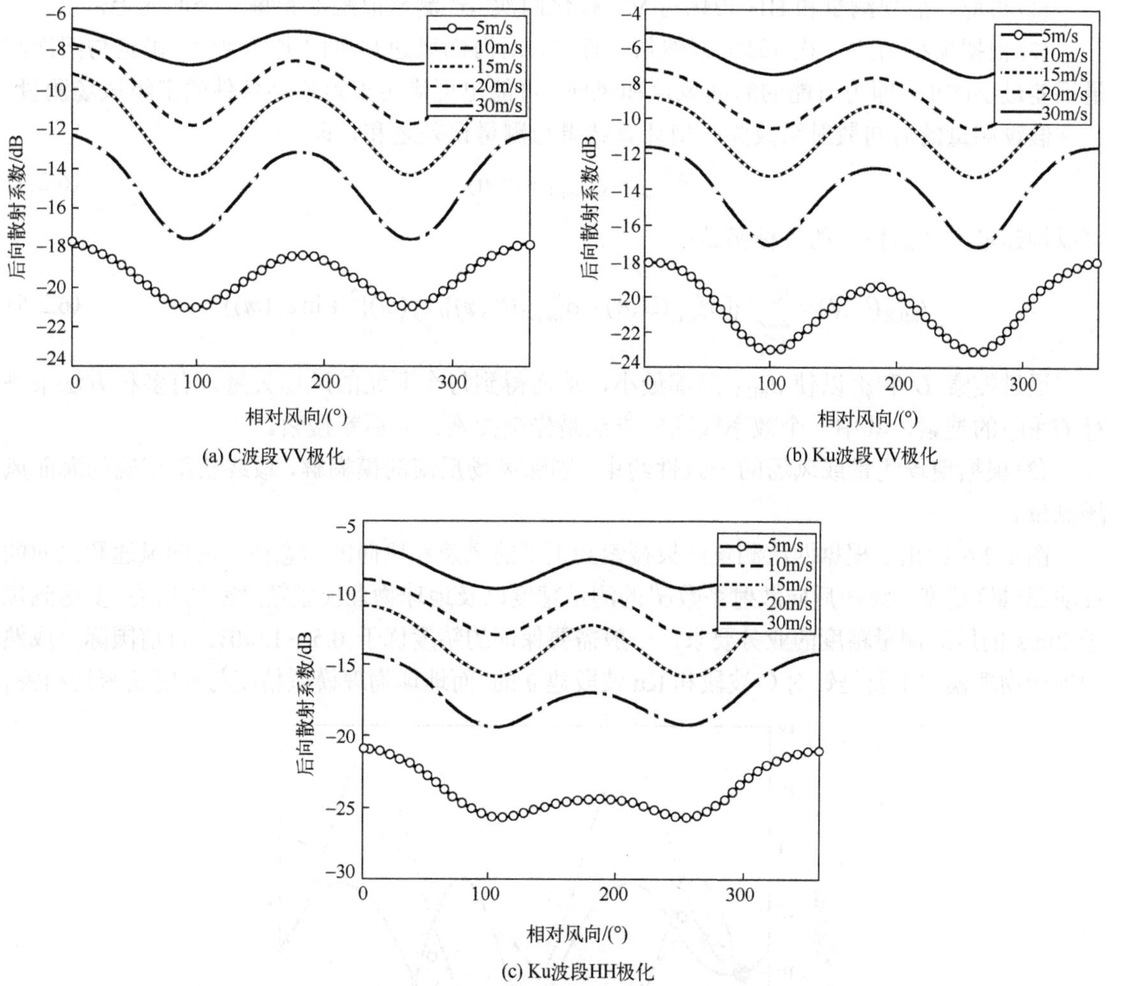

(a) C波段VV极化　(b) Ku波段VV极化

(c) Ku波段HH极化

图 6.2.5　在 40°入射角时，不同风速情况下，C 波段和 Ku 波段不同极化的海面后向散射系数随观测方位角变化的关系[16]

6.2.5　多次测量

不同的散射计体制多次测量方案也不同。图 6.2.1 和图 6.2.3 分别给出了固定扇形波束散射计和笔形波束圆锥扫描散射计测量方案的示意图。

无论是扇形波束体制还是笔形波束体制的散射计，都要获取对同一观测区域(称为面元)单极化(通常是 VV 极化)或双极化(VV 极化和 HH 极化)、不同观测方位角、不同入射角的多次测量值。显然，这些观测并不是在同一时间完成的。在进行风场反演时，首先要将这些对应于同一面元的测量值进行组合。这个组合的过程也就是进行面元配准的过程。图 6.2.3 中 SeaWinds 的 VV 极化和 HH 极化天线波束在地面足印给出了笔形波束散射计内外两个波束(分别对应 HH 极化和 VV 极化)在海洋表面形成的足印。

6.2.6 海面风场反演

下面以笔形波束散射计为例说明星载雷达散射计进行海面风场反演算法的 3 个主要步骤。

(1)将前、后视测量和 HH 极化与 VV 极化四次 σ^0 测量值配准到每一个面元上。

(2)根据模型函数，采用最大似然估计算法，对海面风速和风向进行搜索，确定与四次测量误差最小的值，即为可能的海面风速和风向。可能出现满足误差最小条件的多组风场测量。

假设测量的后向散射系数为模型计算结果与测量误差之和，即

$$\hat{\sigma}^0_{\text{meas}} = \sigma^0_{\text{model}} + \varepsilon(m) \tag{6.2.4}$$

可以构建最大似然估计的目标函数：

$$J_{\text{MLE}}(U,\phi) = \sum_{k=1}^{4} \{\{[\hat{\sigma}^0_{\text{meas}}(U,\phi) - \sigma^0_{\text{model}}(U,\phi)]/\varepsilon_k(m)\}^2 + \ln\varepsilon_k(m)\} \tag{6.2.5}$$

通过搜索 U 和 ϕ 以使 J_{MLE} 局部最小，从而得到每个面元的风场矢量。有多种方法来进行 U 和 ϕ 的搜索，其中一个效率较高的方法是先粗搜索，而后精搜索。

(3)根据现场测量或风场的一致性约束，剔除风场反演的模糊解，最终获得正确的海面风场测量。

图 6.2.6 给出了根据四次测量结果搜索到正确的风速和风向的示意图。海面风速和风向的反演(测量)精度与海面后向散射系数 σ^0 的测量精度以及地球物理模型精度密切相关。要达到优于 2m/s 的风速测量精度的业务要求，一般需要保证的精度优于 0.5～1.0dB。目前国际上成熟的地球物理模型主要是针对 C 波段和 Ku 波段建立的，而地球物理模型精度与入射角密切相关。

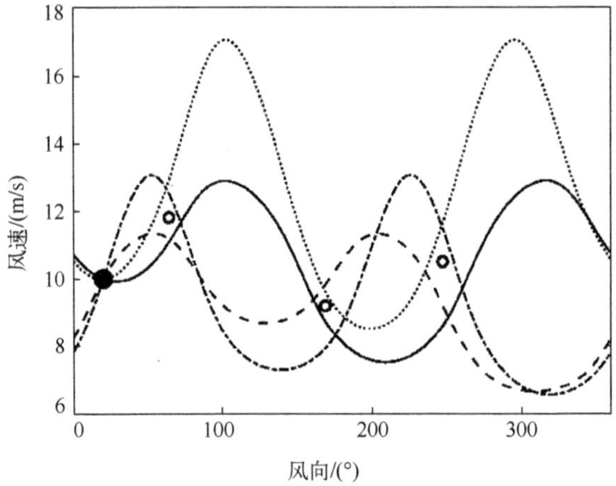

图 6.2.6 风矢量搜索求解示意图

6.2.7 海面风场测量精度

散射计测量海面风速和风向的精度主要由海面后向散射系数的测量精度、描述风速风向与后向散射系数之间关系的 GMF 精度以及反演算法三个方面的因素决定。

从 GMF 的角度看，若所描述的后向散射系数随风向变化的范围越大、随风速变化越敏感，则越有利于获得高精度测量。

从图 6.2.5 可以看出，随着风速的增大，后向散射系数随风向变化的差异以及随风速变化的敏感度都逐渐降低，这意味着对海面风速和风向的测量精度也逐渐降低。

散射计测量风场面临的局限是在高海况情况下(如海面风速大于 30m/s)，VV 或 HH 极化的后向散射系数接近饱和(几乎不随风速的进一步增大而变化)，这就是说已经不能获得准确的测量结果。如果采用 HV(或 VH)交叉极化测量，可以在一定程度上提高海面风速测量的上限。

目前国际上不同的散射计均能达到风速测量精度优于 2m/s (或 10%)，风向测量精度优于 20°的技术水平。

6.2.8 扇形波束散射计和笔形波束散射计对比

下面从硬件系统、测量方式和风速测量精度三个方面对扇形波束散射计和笔形波束圆锥扫描散射计进行对比。

1. 硬件系统比较

下面主要对比两种体制散射计的天线波束宽度、增益和发射功率。

1)天线波束宽度、增益

扇形波束散射计的天线一般采用波导缝隙阵天线，其波束需要单侧覆盖 500km 以上的幅宽(卫星轨道高度一般不超过 800km)，距离向的波束宽度一般大于 20°，而在飞行方向为了保证达到一定的空间分辨率，波束宽度一般不超过几度，因此天线增益较低(一般不超过 30dB)。

笔形波束散射计一般采用抛物反射面天线，其波束接近圆对称，3dB 宽度主要取决于所需要达到的空间分辨率，一般不超过 2°，因此天线增益较高(接近或超过 40dB)。

扇形波束散射计在距离向通过脉冲有限方式，在方位向通过波束有限方式来确定地面原始空间分辨率(面元)。笔形波束散射计的原始面元完全由波束有限方式确定。

2)发射功率

由于扇形波束散射计的天线增益低于笔形波束散射计，因此其所需要的平均发射功率比后者大。由于散射计对发射脉冲时序的控制要求低，因此在实际中一般通过改变发射脉冲宽度来控制平均功率的大小(时间宽度越大，平均功率越大)。这样虽然两者体制的峰值发射功率相当，但时间宽度可以相差很大，例如，ASCAT 和 SeaWinds 的峰值发射功率分别为 110W 和 120W，脉冲时间宽度分别为 10ms 和 1ms。

2. 测量幅宽比较

对比图 6.2.1 和图 6.2.2 不难看出，笔形波束散射计的测量幅宽一般大于扇形波束散射计，例如，SeaWinds 的观测幅宽达到了 1800km，而 NSCAT 的幅宽为 1200km。需要说明的是，扇形波束散射计的在观测幅宽内的测量性能比较一致，而笔形波束散射计却非如此：如图 6.2.2 所示，②区的观测性能较好，①区的性能变差，③区的观测性能则显著变差。

3. 测量方式比较

1) 前后视测量的时间间隔

从图 6.2.1 可看到，扇形波束散射计对于近距离的同一面元和远距离的同一面元，获取前视和后视观测所经历的时间不同：近距面元所需时间短于远距面元。以图 6.2.1(b)的 NSCAT 为例（假定卫星的地速为 7km/s），近距面元和远距面元前视和后视的时间间隔大约分别为 48s 和 220s。

笔形波束散射计，对于内波束（HH 极化）和外波束（VV 极化）而言，在其观测刈幅范围内不同面元的前视和后视的时间间隔是相同的，并且外波束略大于内波束。以图 6.2.2(a)的 SeaWinds 为例（假定卫星的地速为 7km/s），VV 极化的时间间隔大约为 200s，HH 极化的时间间隔约为 257s。

由于海面的风速和风向是随时间变化的（虽然很缓慢），因此从理论上说，对同一面元完成多次观测的时间间隔越短，越有利于获得高精度的测量结果。

2) 测量模糊

测量模糊是指同时得到多个不同的风速和风向，均满足测量方程。根据散射计的测量原理，测量同一面元的方位角度差异对测量模糊有直接影响。

扇形波束散射计的前后视、中间正侧视的角度差是固定的，因此在刈幅范围内得到可能模糊解的程度是相同的。而对于笔形波束散射计情况则不同，不同位置面元的前后视角度差异不同：由最边缘面元的接近 90°逐渐变化到星下点面元的 180°。星下点面元的测量，理论上存在 180°的风向模糊。

4. GMF 精度比较

GMF 属于半经验模型，其描述了单极化或多极化的雷达后向散射系数随入射角、风速和风向变化的情况。GMF 的精度直接影响散射计对风速和风向的测量精度。

扇形波束散射计的 GMF 需适应很大的入射角范围，而笔形波束散射计的 GMF 则只需适应很小的角度范围。以 NSCAT 和 SeaWinds 为例，前者需针对 25°～65°的入射角范围，而后者仅需针对 47°和 55°两个入射角。

扇形波束散射计的 GMF 在全部入射角范围内的精度会有所差异，而笔形波束散射计的 GMF 不存在这样的差异。相对而言，后者的 GMF 精度要高于前者。

6.2.9 典型的星载散射计系统

1. MetOp/ASCAT

MetOp-A、B、C 是欧空局发射的系列气象业务卫星，分别于 2006 年、2012 年和 2018 年发射，其主要使命是为满足 10 天以上的天气/气象预报提供观测数据。MetOp 卫星轨道为近圆太阳同步轨道，高度为 817km，轨道倾角为 98.704°，轨道重复周期为 29 天。ASCAT（advanced scatterometer）是其中的重要载荷，提供全球海洋风场观测数据。ASCAT 采用多对扇形波束天线，实现了卫星轨迹左右各三个扇形波束覆盖，其地面足印如图 6.2.1(d)

所示：左右三个扇形波束与飞行方向分别形成±45°和 90°夹角，其中，±45°的扇形波束沿距离向的观测角度范围为 34°～64°，而 90°的扇形波束沿距离向的观测角度范围为 25°～53°。图 6.2.7 给出了 MetOp 卫星的效果图，图中可见三对背靠背的波导缝隙阵天线。ASCAT 采用单一的 VV 极化，通过对同一面元获得三个角度的测量。

图 6.2.7　MetOp 卫星效果图

ASCAT 采用线性调频脉冲波形，以达到在保证距离向分辨率的同时降低峰值发射功率的目的。表 6.2.1 给出了 MetOp/ASCAT 的主要技术参数。

表 6.2.1　MetOp/ASCAT 的主要技术参数

参数	标准模式	高分辨模式
中心频率	5.255GHz	
信号带宽，前后波束	228.28kHz	
信号带宽，中间波束	456.56kHz	
脉冲宽度，前后波束	10.76ms	
脉冲宽度，中间波束	8.5ms	
脉冲重复频率(PRF)	4.71Hz	
峰值发射功率	120W	
天线尺寸，前后波束	3.003m × 0.254m	
天线尺寸，中间波束	2.251m × 0.337m	
入射角，前后波束	34° ～ 64°	
入射角，中间波束	25° ～ 53°	
极化	VV	
面元定位精度	4km	
交叉极化隔离	> 20dB	
观测刈幅(全部性能)	2 × 500km	
观测刈幅(降低性能)	2 × 550km	
空间分辨率	50km	25km
空间采样间隔	25km	12.5km
辐射分辨率，低风	2.5 %～7.1%	6.0%～17.6%
辐射分辨率，高风	2.0%～2.7%	5.0 %～9.1%
辐射测量精度	0.47～0.55dB	0.48 ～ 0.56dB
σ^0 动态范围(刈幅近端和远端)	近: –8.6～–4.3dB 远: –28.8～–8.8dB	
风向测量范围	4～24m/s	
风向测量精度	2 m/s 或者 10%	
风向测量精度	± 20°	
载荷重量	260kg	
载荷功耗	215W	

2. QuikSCAT/SeaWinds

QuikSCAT(图 6.2.8)是 NASA 于 1999 年发射的用于海面风场测量的卫星，其主要载荷 SeaWinds 是国际上第一个采用笔形波束的业务化星载散射计，于 2018 年 10 月 2 日结束使命。QuikSCAT 卫星采用了 803km 的太阳同步轨道，轨道倾角为 98.616°，轨道周期为 102min。SeaWinds 的测量幅宽达到 1800km，其科学使命是获取全球海面的高空间分辨率风场数据，用于研究不同时空尺度大气和海洋的相互作用机理，帮助理解全球气候变化的机理以及天气的形态变化，此外还可为海冰运动和两极浮冰变化研究提供科学数据。QuikSCAT 是 NASA 历史上第一个在 1 年时间内完成研制的卫星。QuikSCAT/SeaWinds 虽然在工作了 10 年后的几个月里由于转动机构的老化而导致天线停止转动，不得不将观测刈幅减小为 30km，但是其稳定的仪器工作状态，在不同使命间的交叉定标起到了重要作用。

图 6.2.8 QuikSCAT 卫星效果图

SeaWinds 工作于中心频率为 13.402GHz 的 Ku 波段，采用 VV 和 HH 双极化天线，分别以不同的入射角进行圆锥扫描，以获得同一面元两个不同方位角和不同极化的四个测量。

表 6.2.2 列出了 SeaWinds 的主要技术参数，将其与表 6.2.1 对比，可清楚地看到各自的扇形波束体制散射计与笔形波束体制散射计各自的特点。总体来说，笔形波束体制散射计的系统复杂度低于扇形波束体制散射计。图 6.2.9 给出了 QuikSCAT/SeaWinds 于 2005 年 8 月观测到 Katrina 飓风在墨西哥湾海面上形成的风场，风速由风眼向外逐渐减弱。

表 6.2.2 QuikSCAT/SeaWinds 的主要技术参数

技术参数	数值
中心频率	13.4GHz
脉冲宽度	1.5ms
脉冲重复频率(PRF)	189Hz
峰值发射功率	110W
天线形式和直径	抛物反射面；1m
天线转速	18r/min
极化	VV&HH

续表

技术参数	数值
下视角/入射角	VV：46°/55°；HH：40°/46°
观测刈幅	VV：1400km；HH：1800km
面元分辨率	25km(2003 年以后改进了算法达到 12.5km)
面元定位精度	绝对 25km；相对 10km
风速测量范围	3～30m/s
风速测量精度	2m/s@3～20m/s, 10% 20～30m/s
风向测量精度	± 20°@3～30m/s
载荷重量	205kg
载荷功耗	250W

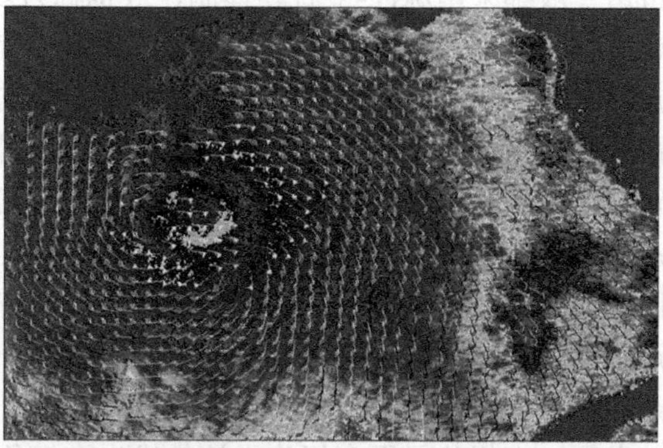

图 6.2.9　QuikSCAT/SeaWinds 于 2005 年 8 月观测到 Katrina 飓风在墨西哥湾海面上形成的风场，风速由风眼向外逐渐减弱

6.2.10　散射计的主要应用

1．海洋应用

散射计在海洋方面的应用主要包括在海洋科学研究中的应用和海洋环境业务化观测(包括灾害监测)中的应用[17]。全球海面风场是大气与海洋相互作用和能量交换的主要表征参量，对全球海面风场的高时空分辨率和稳定测量既可为海洋环境和天气预报(如热带风暴)提供不可或缺的关键数据，同时可为海洋与大气相互作用的动力学过程以及气候学等科学研究提供同样不可或缺的观测数据。

散射计的观测数据对于海洋季风研究、风驱海洋循环研究起到关键作用，配合高度计的观测数据可以更好地描述厄尔尼诺现象。

2．陆地应用

散射计的空间分辨率虽然远不如 SAR，但其后向散射系数的测量精度和观测幅宽却远高于 SAR，因此特别适合对地表状态的长期变化的精准监测。不同工作频率的散射计所测量的后向散射系数对陆地的敏感因子不同。例如，Ku 波段更适合对冰川进行观测，可根据冰川和积雪的后向散射系数的精确测量，建立其与冰川消融程度和积雪覆盖深度的定量关系，从而实现对冰川融化和积雪变化的定量化监测。又如，C 波段具有一定的穿透能力，更适合对陆地土壤含水量(湿度)的变化进行观测[17]。

此外，陆表水体的后向散射系数与陆地有明显的区别，因此可利用散射计对水灾灾情进行快速监测。不同生长期的农作物对后向散射系数的影响很大，因此利用散射计对农作物的长势进行监测，对产量进行预估也是散射计的重要应用领域。

6.3 气象雷达

气象雷达主要是指对云、降雨、降雪、冰雹以及一定高度的大气风场进行测量的雷达，除了可得到云或雨的液态水颗粒结构信息外，还可对降雨的大小进行测量，同时也可通过云或雨层的距离变化得到风速信息(颗粒受到的风的影响)。气象雷达也分为地基、机(空)载和星载三大类。由于气象雷达一般都采用脉冲-多普勒体制，故也称为多普勒气象雷达。

气象雷达与其他雷达显著的区别在于观测目标、信号特点以及信号处理方法。气象雷达的观测目标主要是分布在三维的立体空间里的各种尺度的水滴、冰雹、冰晶、雪花，以及以上的混合体。星载气象雷达和地基气象雷达由于观测角度的差别，回波所占据的距离窗范围差别很大：星载雷达的距离窗范围远小于地基雷达的距离窗范围。气象雷达的回波主要来自大气中的云或雨中的液态水颗粒(通常用球体或椭球体近似)的散射贡献，而液态水颗粒的大小及其分布的变化，对回波的强弱有着极大的影响，因此气象雷达需要具备非常大的动态范围。此外，无论是星载还是地基气象雷达通常面临着严重的地杂波干扰，其信号处理的主要方面就是抑制或消除地杂波。

随着气象雷达技术的发展，双极化乃至全极化雷达技术也在气象雷达中得到应用，极大提升了气象雷达对云雨的探测性能，具体已在如下方面展示了优势：①降雨量的准确估计；②降雨过程的准确描述；③降雨和云的类型。

6.3.1 Rayleigh 散射和 Mie 散射

Rayleigh 散射和 Mie 散射描述了球形目标的尺寸(通常用直径描述)与电磁波波长相比，非常小和相比拟两种情况下的电磁散射形态。由于云、雨中液态水滴颗粒的形状可用球体来近似，因此非常适合用 Rayleigh 散射和 Mie 散射来对其后向散射特性进行描述，前者适用于厘米波频段，而后者适用于较高的毫米波波段。在以下的公式中，如无特别说明，我们定义 λ 为电磁波的波长，D 为颗粒直径。

1. Mie 散射计算公式

Mie 散射计算公式可通过求解满足边界条件的 Maxwell 方程组而得到。式(6.3.1)给出了颗粒目标雷达截面的 Mie 计算公式[18]：

$$\sigma = \frac{1}{(\pi D/\lambda)^2}\sum_{n=1}^{\infty}(2n+1)(|a_n|^2+|b_n|^2) \tag{6.3.1}$$

其中

$$a_n = \frac{2\pi(k_{\mathrm{p}}D/2)^2 j_n(k_{\mathrm{p}}D/2)[kaj_n(kD/2)]' - (kD/2)^2 j_n(ka)[k_{\mathrm{p}}aj_n(k_{\mathrm{p}}D/2)]'}{(k_{\mathrm{p}}D/2)^2 j_n(k_{\mathrm{p}}D/2)[kah_n\, kD/2]' - (kD/2)^2 h_n(kD/2)[k_{\mathrm{p}}aj_n(k_{\mathrm{p}}D/2)]'} \tag{6.3.2}$$

$$b_n = \frac{j_n(k_p a)[kaj_n(ka)]' - j_n(ka)[k_p aj_n(k_p a)]'}{j_n(k_p a)[kah_n(ka)]' - h_n(ka)[k_p aj_n(k_p a)]'} \tag{6.3.3}$$

式中，$k=2\pi/\lambda$；$j_n(\cdot)$为 n 阶球 Bessel 函数；$h_n(\cdot)$为 n 阶球 Hankel 函数。

2. Rayleigh 散射计算公式

Rayleigh 散射计算公式同样可通过求解满足边界条件的 Maxwell 方程组而得到。式(6.3.4)给出了颗粒目标雷达截面的 Rayleigh 计算公式[18]：

$$\sigma = \frac{\pi^5 D^6}{\lambda^4}|K|^2 \tag{6.3.4}$$

其中

$$|K|^2 = \left|\frac{m^2-1}{m^2+2}\right|^2 \tag{6.3.5}$$

式中，m 为复折射指数；$|K|^2$ 在 0～20℃的温度下，雨滴时约为 0.93，冰雹时约为 0.2。

6.3.2　雷达反射因子

以降雨为例，建立降雨率与雷达回波强度之间的关系。假设雨层的体积为 V，则单位体积的雷达截面为

$$\sigma_V = \frac{1}{V}\sum \sigma_{雨} \tag{6.3.6}$$

式中，$\sigma_{雨}$为单粒雨滴的雷达截面，可用式(6.3.4)计算。

雷达气象学家提出了描述降雨与雷达回波强度关系的因子(称为雷达反射因子)，用 Z 表示：

$$Z = \frac{1}{V}\sum D^6 \tag{6.3.7}$$

雷达反射因子也可以用积分表示：

$$Z = \int_{D_{\min}}^{D_{\max}} N(D)D^6 \mathrm{d}D \tag{6.3.8}$$

式中，$N(D)$为雨滴大小的分布模型，通常满足均匀分布。适用于雨滴尺寸远小于雷达波长的情况，否则应该采用下面的等效反射因子计算公式[19]：

$$Z_{\mathrm{e}} = \frac{\lambda^4}{\pi^5|K|^2}\int_{D_{\min}}^{D_{\max}} N(D)\sigma(D,\lambda)\mathrm{d}D \tag{6.3.9}$$

假设雨滴密度为ρ_{n}，雨滴的降落速度为 v，雨层的体积为 V，则降雨率 $R_{雨}$可用下式计算：

$$R_{雨} = (\rho_{\mathrm{n}}V)v \tag{6.3.10}$$

雷达反射因子与降雨率之间有如下关系：

$$Z = aR_{雨}^b \tag{6.3.11}$$

式中，a 和 b 两个参数的取值与降雨类型有关。NOAA 的 WSR-88D 气象雷达针对不同的降

雨采用了不同的 a 和 b。例如，对于暴风雨采用 $Z=486R_{雨}^{1.37}$（即 $R_{雨}=0.0109Z^{0.73}$），而对于热带降雨采用 $Z=250R_{雨}^{1.2}$（即 $R_{雨}=0.010Z^{0.833}$）。

虽然式(6.3.11)的幂定律模型早在 1948 年就已确定并一直得到应用，但研究表明，其更适合于分层的降雨，而对于对流性和热带地区的降雨，a 的取值较小。

在实际中 Z 的动态范围非常大，通常取对数，即用 dBZ=10lgZ 来描述降雨的雷达反射因子。表 6.3.1 给出了按 $Z=200R_{雨}^{1.6}$ 模型计算得到的 dBZ 与降雨量/率之间的对应关系。

需要说明的是，上述建立的雷达反射因子与降雨率的经验公式是以液态水颗粒发生 Rayleigh 散射为前提的，而实际中并非所有情况都符合该假设。例如，降雪过程中，雪片会逐渐融化并在其表面形成液态水，此时产生的雷达回波将显著增强，但却并不代表大的降雨。

表 6.3.1　不同 dBZ 与降雨量和降雨率的对应关系

dBZ	降雨率 $R_{雨}$ /(mm/h)	降雨量
5	0.07	难以探测
10	0.15	很轻的薄雾
15	0.30	薄雾
20	0.60	极小雨
25	1.30	小雨
30	2.70	小到中雨
35	5.60	中雨
40	11.53	中雨
45	23.7	中到大雨
50	48.6	大雨
55	100	强降雨/小冰雹
60	205	极端强降雨/中冰雹
65	421	极端强降雨/大冰雹

6.3.3　雷达方程

假设雷达与雨层的距离为 R，雷达波束宽度为 θ(圆对称)，雷达发射脉冲宽度为 τ，则所照射雨层的体积为

$$V=\frac{c\tau}{2}\cdot\frac{\pi R\theta^2}{4} \tag{6.3.12}$$

此时雷达方程为[19]

$$P_{接收}=\frac{P_{发射}G^2\lambda^2\theta^2 c\tau}{(2\ln 2)512\pi^2 RL}\sigma_V \tag{6.3.13}$$

式(6.3.13)分母中的 2ln2 来源于非均匀高斯波束加权的考虑，L 为系统损耗。由式(6.3.4)、式(6.3.6)、式(6.3.7)和式(6.3.13)可得气象雷达的雷达方程：

$$P_{接收}=\frac{P_{发射}G^2\lambda^2\theta^2 c\tau\pi^3|K|^2 Z}{(2\ln 2)512\lambda^2 RL} \tag{6.3.14}$$

针对式(6.3.14)的雷达方程需要说明以下几点：①雷达方程中并没有考虑雨层对雷达回波的双程衰减作用；②以满足 Rayleigh 散射为前提；③天线波束满足 Gauss 圆对称特性；④没有考虑多次反射的影响；⑤没有考虑极化差异，如 VV 极化和 HH 极化的差异。此外，式(6.3.14)中 R 的测量和确定，不仅影响 Z 的测量精度，而且影响雨区位置的定位精度，需要考虑折射的影响(对于地基气象雷达尤为重要)。由于大气的非均匀特性，空气温度和大气密度随距离地面高度的增大而降低，这将导致以一定角度入射到空中的雷达信号在传输过程中不断折射产生弯曲，从而导致实际传输的距离大于目标与雷达的直线距离。在特殊的情况下，发生强烈折射的雷达信号可以到达地面并由地面再次反射到空中，这样的“地面-空中”和“空中-地面”反射能够多次发生，最终形成特殊的大气波导传输。

6.3.4　地基气象雷达

经过长期的实践，地基气象雷达的工作频率一般选用 S 波段(波长为 10cm)，也有部分气象雷达采用 C 波段。频率选择的主要依据是既要考虑云、雨中的液态水的后向散射强度，同时还要考虑云、雨本身对散射回波的衰减。工作频率越高，虽然云、雨的后向散射越强，但是回波受到的云雨衰减也越大；而工作频率越低，虽然云、雨的后向散射越弱，但是回波受到的云雨衰减也越小。地基气象雷达的观测几何，如图 6.3.1 所示，表明了通常情况下所观测的云雨区的厚度远大于星载气象雷达所能够观测的厚度，这是因为云雨层的水平分布范围远大于垂直厚度。

根据图 6.3.1 所示的观测几何模型，可以得到如下描述云雨高度的方程：

$$H=\sqrt{R^2+(k_e a_e)^2-2Rk_e a_e\cos(\theta_e+90^\circ)}-k_e a_e+h_a \tag{6.3.15}$$

式中，R 为探测距离；$k_e=4/3$ 为反映地球曲率的大气标准折射系数；a_e 为地球半径；θ_e 为相对于水平面的俯仰角；h_a 为雷达天线相位中心距地面的高度。在 6.3.3 节中已经解释了地基雷达信号在传输过程中发射的超折射现象，现实中还会发生欠折射现象，它们导致真实的大气折射系数大于或小于 4/3，从而进一步导致测量的云雨高度比真实的高度低或高。

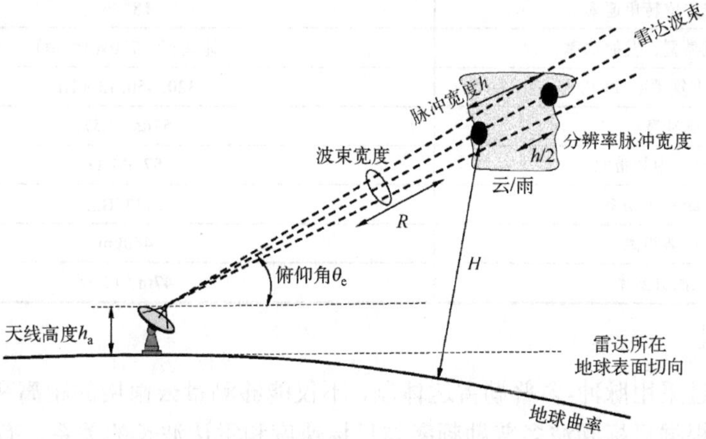

图 6.3.1　地基气象雷达的观测几何

地基气象雷达通常具备在 360°方位角和一定俯仰角范围内进行波束扫描的能力以获得尽可能大的观测范围。随着技术的进步，气象雷达的波速扫描方式由纯机械扫描向机械扫描

+电扫描方式的方向发展。地基气象雷达的一个重要优势是能够方便地将多部地基气象雷达联合起来进行协同观测，从而达到更加精确地对云雨的特性、位置和运动状态进行探测的目的。图 6.3.2 给出了气象雷达通常采用的波束扫描方式——圆锥扫描。低仰角扫描适合探测距离较远但层高较低的目标，而高仰角扫描则适合距离较近但层高较高的目标。

地基气象雷达的信号处理面临的最大挑战是如何消除地面杂波的影响，地杂波可能会来自地形、城区，甚至是低空飞行目标等。

图 6.3.2 地基气象雷达通常采用的波束圆锥扫描示意图

美国 NOAA 的 WSR-88D 多普勒气象雷达是应用最为广泛也最为成功的气象雷达之一。表 6.3.2 列出了 WSR-88D 雷达的主要技术参数。WSR-88D 设计了多种扫描模式对应于不同的俯仰扫描角度范围及扫描速度，同时设计了两个不同脉宽的发射波形(长脉冲和短脉冲)以满足对不同探测对象不同的灵敏度探测需求。

表 6.3.2 WSR-88D 雷达主要技术参数

技术参数	数值
工作频率	2.7～3.0GHz
信号带宽	0.63MHz
极化	45° 线极化
反射面天线直径、增益	8.54m、44.5dB
天线波束宽度	0.96° (2.7GHz)～0.88° (3GHz)
天线俯仰向扫描范围、速率	–1° ～60° 、36° /s
天线方位转角速率	18° /s
发射机类型、发射功率	速调管、750W(峰值)
脉冲重复频率(PRF)	320, 450, 1300Hz
脉冲宽度	1.57μs / 4.57μs
接收机中频带宽	57.6MHz
系统噪声功率	–113dBm
探测距离	460km
距离分辨率	47m / 135m

1. 速度测量

气象雷达通过采用脉冲-多普勒雷达体制，不仅能够测量云雨层的距离和位置，还能够测量其运动速度。根据目标回波多普勒频率与目标速度和雷达波长的关系，有

$$v=\frac{\lambda}{2}\cdot f_{\mathrm{d}} \tag{6.3.16}$$

由于气象雷达的波束所覆盖的立体云雨层中的颗粒相对雷达的视角有不同程度的变化，

所测量的多普勒频率并非单一频率，而是有一定范围的多普勒谱 S_{f_d}，其标准差为 σ_d，因此所测量的速度同样具有一定的范围，即速度谱宽 σ_v（称为风切变），即

$$\sigma_v = \frac{\lambda}{2}\cdot\sigma_d \tag{6.3.17}$$

式(6.3.16)和式(6.3.17)表明多普勒谱 $S_{f_d}(f)$ 乘以 $\lambda/2$ 即可得到速度谱 $S_v(v)$。

目标的平均速度可用如下估计：

$$\bar{v} = \frac{\int vS_v(v)\,\mathrm{d}v}{\int S_v(v)\,\mathrm{d}v} \tag{6.3.18}$$

速度谱宽度是气象雷达的重要探测内容，可由式(6.3.19)得到：

$$\sigma_v = \left[\frac{\int (v-\bar{v})^2 S_v(v)\mathrm{d}v}{\int S_v(v)\mathrm{d}v}\right]^{\frac{1}{2}} \tag{6.3.19}$$

式(6.3.19)取平方，即得可到速度谱的方差 σ_v^2。气象雷达在接收回波信号时采用正交解调，可获得回波信号的实部和虚部。由于回波信号的多普勒谱实际上代表了回波信号的功率谱密度，因此回波信号自相关函数的傅里叶变换等于该信号的功率谱密度。

2．脉冲对测量技术

Rummler 基于复信号的自相关函数的傅里叶变换等于该信号的功率谱密度，提出了一种高效估计 $\bar{v}$ 和 σ_v^2 的方法：

$$\bar{v} = \frac{1}{4\pi T_{\text{prf}}}\arctan\left\{\frac{\mathrm{Im}\left[R_{ZZ}(T_{\text{prf}})\right]}{\mathrm{Re}\left[R_{ZZ}(T_{\text{prf}})\right]}\right\} \tag{6.3.20}$$

式中，$R_{ZZ}(T_{\text{prf}})$ 为回波的自相关函数：

$$R_{ZZ}(T_{\text{prf}}) = \frac{1}{N}\sum_{k=1}^{k=N-1} Z_{k+1}Z_k^* \tag{6.3.21}$$

式中，N 为所考虑的脉冲对个数。

$$\sigma_v^2 = \frac{\lambda^2}{8\pi^2 T_{\text{prf}}^2}\left[1-\frac{R_{ZZ}(T_{\text{prf}})}{R_{ZZ}(0)-P_{\text{Noise}}}\right] \tag{6.3.22}$$

上述方法由于利用了相邻两个脉冲的回波计算自相关函数，因此也称为脉冲对方法[20]。

气象雷达由于采用了脉冲-多普勒体制，因此同样面临着对观测对象的距离和速度测量的矛盾问题：距离测量不模糊的范围越大，则测量速度不模糊的范围越小。为了解决这一矛盾，通常采用脉冲对测量技术。如图 6.3.3 所示，利用两个时间间隔 T_{sp} 较短脉冲对回波信号的相位变化测量目标速度，而利用较低的 PRF 可以保证所需要的不模糊距离测量范围，即 $T_{\text{sp}} \ll T_{\text{PRI}}$。可以将如图 6.3.3 所示的相邻两个脉冲看作脉冲簇里的两个子脉冲，按脉冲簇发射波形对待。脉冲簇里的两个子脉冲可以是同极化，也可以是互为正交的极化，甚至其载频也可以略有不同。

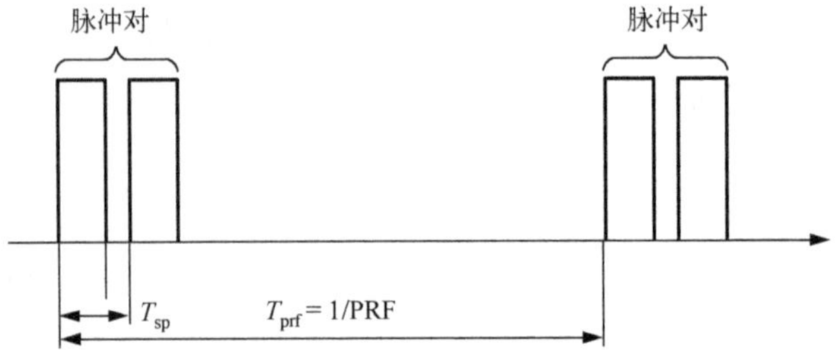

图 6.3.3 脉冲对测量示意图

3. 地杂波抑制

地基气象雷达由于架设高度的限制通常面临严重的地杂波干扰，因此如何消除地杂波的影响是地基气象雷达系统设计和信号处理方法所需要重点解决的问题。地基气象雷达地杂波的抑制可通过雷达系统硬件设计和信号处理算法两方面来进行。

硬件设计主要针对天线进行，尽可能降低天线的副瓣，而信号处理则通常采用极化域和多普勒域滤波的方法来消除杂波。极化域滤波主要利用杂波和云雨粒子不同的极化散射特性来进行，而多普勒域滤波则大多数利用杂波的静止特性和云雨粒子的运动特性来进行。

此外，选择空旷、地势平坦的地理环境，以及尽可能高地架设安装雷达对抑制地杂波很有帮助。

6.3.5 星载气象雷达

随着对全球降雨和云的科学研究与探测需求日益增长，气象雷达的发展也从地面走向了空间。星载气象雷达与地基气象雷达相比，一般采用更高的频率，例如，采用 Ku 和 Ka 波段进行降雨测量，采用 W 波段对云进行测量。其最主要的原因是，对于星载气象雷达而言，雷达入射和后向散射信号垂直探测的云或雨的厚度范围(即前面提到的距离窗范围)远小于地基气象雷达所接近水平探测的厚度范围。

1. 降雨测量雷达

第一代星载降雨雷达是由日本 JAXA 和美国 NASA 合作的 TRMM(tropical rain measurement mission)卫星搭载的国际上第一个以降雨测量为主要使命的降雨雷达(precipitation radar，PR)，该卫星于 1997 年发射。2009 年，JAXA 和 NASA 再度合作发射了 GPM(global precipitation mission)卫星，该卫星搭载的降雨雷达在第一代 PR 的 Ku 波段雷达的基础上，增加了一个 Ka 波段雷达，构成 Ku/Ka 双频雷达，从而提高了对降雨的测量能力。

TRMM/PR 采用一维相控阵天线，天线波束可在交轨方向的±17°范围内扫描，在 350km 的轨道高度，可覆盖 215km 的观测幅宽。TRMM 卫星在轨工作长达 17 年，对监测低纬度热带地区的海洋降雨以及极端天气研究发挥了重要作用。在无降雨时，其观测数据可用于海面风速的测量，并为准镜面散射模型的建立起到了重要作用。图 6.3.4 给出了 TRMM/PR 所探测到的 2012 年“桑迪”飓风三维降雨结构。

表 6.3.3 列出了 GPM/DPR 和 TRMM/PR 的技术参数，从中可看到它们都采用了脉冲对技术，并且脉冲对的频率略有不同，但时宽相同。

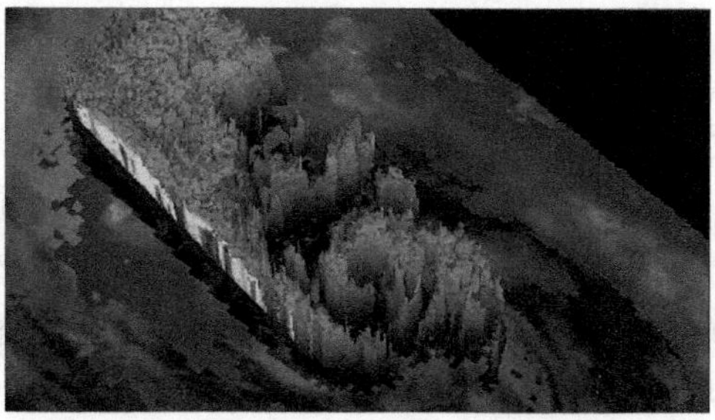

图 6.3.4　TRMM/PR 于 2012 年对“桑迪”飓风三维降雨结构的探测结果

表 6.3.3　GPM 的 DPR 与 TRMM 的 PR 技术参数

技术参数	数值		
轨道高度	DPR/Ka 407km	DPR/Ku 407km	TRMM/PR 350km
工作频率	35.547 & 35.553GHz	13.597 & 13.603GHz	13.796 &13.802GHz
天线形式	128 单元有源相控阵天线	128 单元相控阵天线	128 单元相控阵天线
天线尺寸	1.44m×1.07m× 0.7m	2.4m×2.4m× 0.6m	2.2m×2.2m× 0.6m
天线波束扫描范围(交轨)	～± 8.5°	± 17°	～ ± 17°
测量幅宽	120km	245km	215km
星下点水平分辨率	5km	5km	4.3km
距离分辨率	250m / 500m	250m	250m
测量距离范围	–3～18km	–5～18km	–5～15km
发射功率	> 146W	> 1013W	> 500W
脉冲重复频率(PRF)	4275 ± 100Hz	4206 ± 170Hz	2776Hz
脉冲宽度	1.6 / 3.34μs (×2)	1.6μs (×2)	1.6μs (×2)
最小可探测 Ze 及降雨率	12dBZ@500m, 0.2mm/h	18dBZ, 0.5mm/h	18dBZ, 0.7mm/h
测量精度	-1～1dBZ	-1～1dBZ	-1～1dBZ
重量	< 300kg	< 365kg	< 465kg
功耗	< 297W	< 383W	< 250W

注：–3～0km 表示镜像回波距离，镜像回波是指在云雨层与海面之间的二次反射后到达雷达天线的回波。

图 6.3.5(a)所示的是 GPM 卫星的效果图，图 6.3.5(b)给出了 Ku-PR 的相控阵天线(大阵面)和 Ka-PR 的相控阵天线(小阵面)的实物照片。

(a) GPM 卫星效果图

(b) Ku-PR 的相控阵天线和 Ka-PR 的相控阵天线的实物照片

图 6.3.5　GPM 卫星效果图和 Ku-PR 的相控阵天线与 Ka-PR 的相控阵天线的实物照片

2. 测云雷达

CloudSat 于 2006 年发射，是美国 NASA 和加拿大 CSA 的合作研究项目——通过中心频率为 94GHz（W 波段）的云剖面雷达（cloud profiling radar, CPR）以前所未有的方法探测云的垂直结构，以帮助研究云对气候和天气的影响。CloudSat 的 CPR 是迄今在轨工作频率最高的雷达，其观测数据为解决气候模型两方面的缺陷：①模型得到的降雨过于频繁，②模型得到的降雨比实际观察到的降雨偏小，起到了至关重要的作用。图 6.3.6 给出了 CloudSat 的卫星效果图和天线，表 6.3.4 列出了 CloudSat/CPR 的主要技术参数。

(a) 效果图

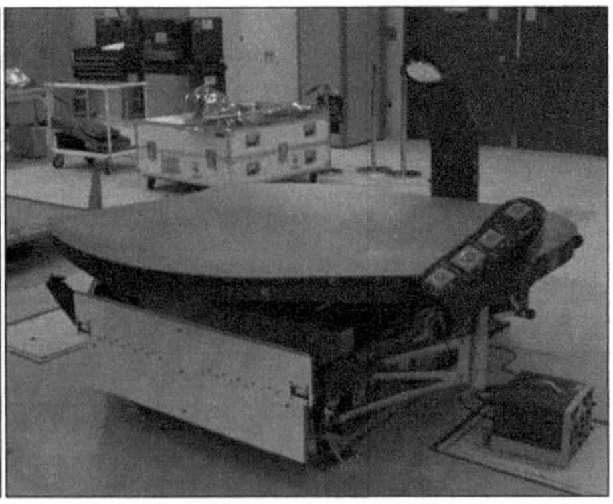

(b) 天线

图 6.3.6 CloudSat 卫星效果图和天线

表 6.3.4 CloudSat/CPR 的主要技术参数

技术参数	数值	技术参数	数值
工作频率	94.05GHz	天线增益	63.1dBi
信号脉宽、带宽	3.3μs, 0.3MHz	天线副瓣	$-50\text{dB}@\ \theta > 7^{\circ}$
脉冲重复频率（PRF）	4300Hz	最小可探测反射率	−30dBZ
采样距离窗	0～30km	回波动态范围	70dB
垂直距离分辨率（6dB）	485m	峰值发射功率	1.7kW
交轨向分辨率	1.4km	积分时间	0.16s
沿轨向分辨率	1.9km	数据率	15kbit/s
沿轨采样	1.1km	重量和功耗	230kg, 270W
天线直径	1.85m	—	—

图 6.3.7 给出了 CloudSat 于 2016 年 10 月 12 日经过 Nicole 飓风的风眼时，CPR 获得的云剖面探测结果以及 Aqua 卫星的中分辨率成像光谱仪（MODIS）在 CloudSat 经过的数分钟前所获取的红外图像，同时还给出了将 CPR 探测结果与 GOES（geostationary operational environment satellite）图像融合的结果。从该图可看到，CPR 准确地获取了飓风的垂直剖面结构信息，在飓风风眼处几乎没有反射信号，也就是说液态水颗粒在风眼处分布稀少，而在风眼边缘附近分布较多较厚，并且随着远离风眼的距离增大，厚度变薄分布数量逐渐减少且集中于云顶。

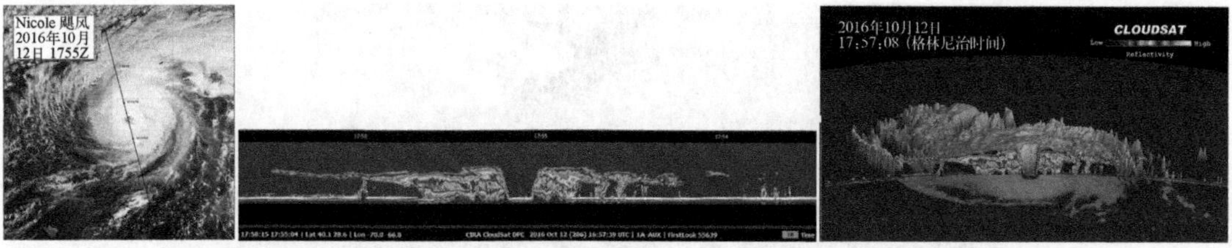

(a) Nicole 飓风图像　　(b) 云剖面图　　(c) NASA/GOES

彩图-图 6.3.7

图 6.3.7　NASA/Aqua 卫星中分辨率成像光谱仪(MODIS)于 2016 年 10 月 16 日观测的 Nicole 飓风图像和 CloudSat 穿过该飓风风眼时 CPR 所测量的云剖面图以及 NASA/GEOS

6.3.6　气象雷达技术的发展

1. 极化气象雷达

早期的气象雷达主要采用单极化，随着极化雷达技术在气象雷达中得以应用，极大地提升了气象雷达的探测精度和探测能力[21,22]。雨滴的形状在降落过程中会发生明显的变化，通常逐步由竖直椭球变为水平椭球。利用 VV 极化和 HH 极化进行双极化探测并比较其变化，能够更加精细地反演降雨过程并对降雨率进行更为精确的计算。

为了方便表征不同极化下雨滴的反射因子，人们定义了反射因子差异(differential reflectivity, Z_{DR})、线性去极化比(linear depolarization ratio, L_{dr})和相关系数(correlation coefficient, CC)等 3 个参数，分别如式(6.3.23)～式(6.3.25)所示。图 6.3.8 给出了三种典型形状的雨滴及其不同的极化反射因子差异 Z_{DR}。

$$Z_{DR} = 10\lg(Z_{HH}/Z_{VV}) \tag{6.3.23}$$

$$L_{dr} = 10\lg(Z_{HV}/Z_{HH}) \tag{6.3.24}$$

$$CC = \left\langle S_{vv}S_{hh}^{*} \right\rangle \Big/ \left(\left\langle S_{hh}^{2} \right\rangle^{1/2} \left\langle S_{vv}^{2} \right\rangle^{1/2} \right) \tag{6.3.25}$$

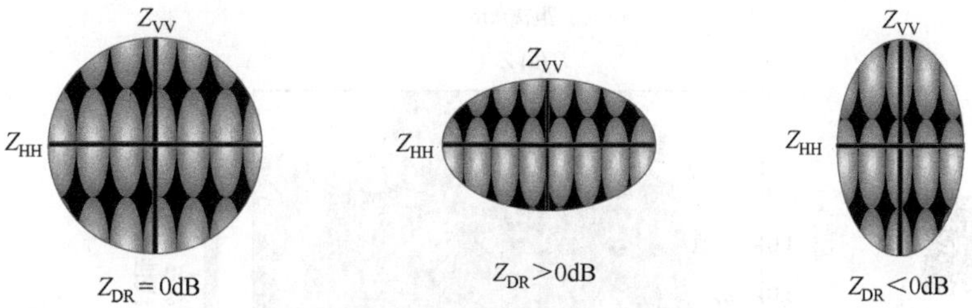

图 6.3.8　三种典型的雨滴形状及其极化反射因子 Z_{DR}

图 6.3.9 给出了利用反射因子 Z 和反射因子差异 Z_{DR} 对降雪过程中的雪的融化层进行探测的结果对比，可看到利用 Z_{DR} 可以探测到圆环状的融化层，而利用 Z 则探测不到。

图 6.3.10 给出了利用反射因子 Z 和线性去极化比 L_{dr} 对等温线进行探测的结果对比，可看到利用 L_{dr} 可以探测到清晰的等温线，而利用 Z 则探测不到。

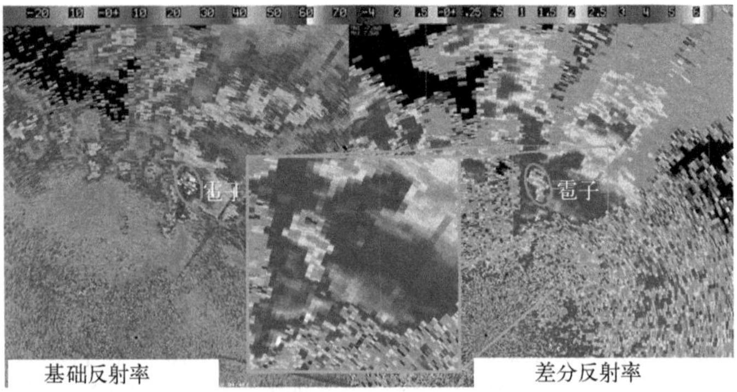

(a) 冰雹的探测(Z_{DR})

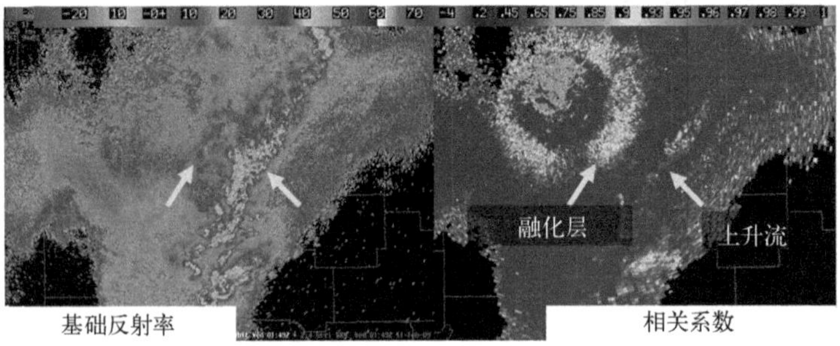

彩图-图 6.3.9

(b) 降雨和降雪分界线的探测(CC)

图 6.3.9 (a) 利用反射因子 Z(左图)和反射因子差异 Z_{DR}(右图)对冰雹的探测对比, (b) 利用反射因子 Z(左图)和相关系数 CC(右图)对降雨和降雪分界线的探测对比(相关系数由高到低的过渡表征了降雨和降雪的分界线)

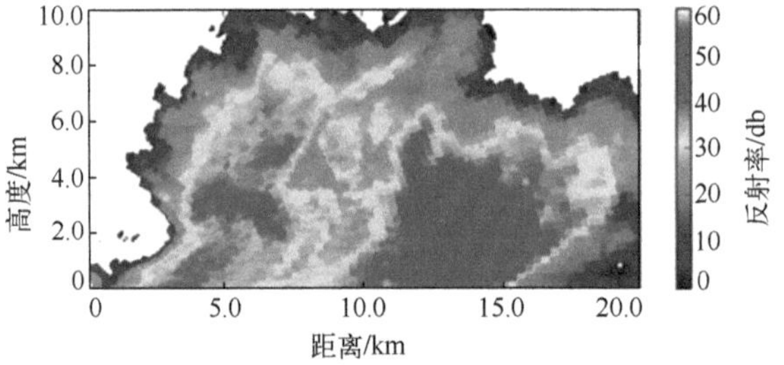

(a) Z

彩图-图 6.3.10

(b) L_{dr}

图 6.3.10 利用反射因子 Z 和线性去极化比 L_{dr} 对等温线的探测对比[22]

在双极化气象雷达技术发展的同时，瞬态极化雷达技术的研究也逐步受到关注。相比于普通的双极化雷达，瞬态极化雷达的双极化天线辐射的两个正交极化的雷达信号在空间形成极化状态随时间改变，甚至是随机改变的发射信号，而雷达回波仍然被双极化天线所对应的两个独立接收通道所接收。

2．相控阵气象雷达

早期的气象雷达主要依靠天线机械扫描方式完成。对如图 6.3.2 所示的立体角空域范围进行云雨探测，存在着扫描速度慢且波束不能跳变的情况，因而存在测量效率低且难以捕捉快速运动和变化的云雨的缺点。随着相控阵雷达技术的发展，其在气象观测领域也逐渐得到应用，一方面源于相控阵雷达向着多功能化方向发展，即既可用于空中目标观测，又可用于云雨观测，另一方面也是源于气象雷达自身的技术发展。

由于平面相控阵天线馈电方式稳定可靠，同时成本代价更小，因此在相控阵雷达中广为采用，但是平面相控阵天线的波束扫描只能覆盖有限的角度范围，相控阵气象雷达需要采用多个平面相控阵天线来满足 360°全方位的覆盖要求，例如，通常采用四个平面相控阵天线。为了降低成本，也可以采用方位向机械扫描、距离向电扫描的技术方案。相控阵气象雷达在对多区域不同的云雨区探测表现出了突出的快速、高效的能力，可极大提高观测的时效性，以及对云雨移动的动态跟踪能力。

进一步将极化雷达技术与相控阵雷达技术相结合，发展成为的极化相控阵气象雷达，代表了气象雷达技术发展的最新方向。日本东芝公司于 2012 年研制了国际上第一台双极化相控阵气象雷达——MP-PAWR（multi-parameter phased array weather radars），如图 6.3.11（a）所示，该雷达还进一步采用数字波束形成（DBF）技术，可同时形成 10 个波束，即可同时对 10 个不同区域（处于平面相控阵天线的波束可视范围）的云雨进行探测。该雷达工作在 X 波段（9.32～9.445GHz），发射功率为 430W，天线波束宽度约为 1°，距离分辨率为 100m，可在 30s 内以 100 个波束对 60km 距离半径内的空域完成扫描。图 6.3.11（b）给出了 MP-PAWR 雷达对某暴风雨的发展过程及中心区域降雨过程的观测结果，所提供的序列信息有助于对强降雨的早期预警。

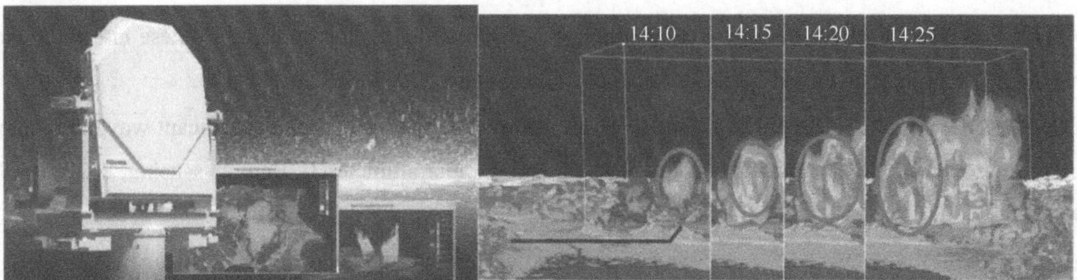

彩图-图 6.3.11

（a）国际上第一台双极化相控阵气象雷达　　（b）MP-PAWR 对某暴风雨的发展过程及中心区域降雨过程的观测结果

图 6.3.11　东芝公司研制的国际上第一台双极化相控阵气象雷达及 MP-PAWR 对暴风雨的发展过程及中心区域降雨过程的观测结果[23,24]

习　题

1．请解释星载海洋雷达高度计在信号带宽只有 300MHz 的情况下，却能实现海平面高度 cm 级测量精度的原因。

2．假设星载雷达高度计天线的 3dB 波束宽度为 1°，请分析当对高度计天线指向的控制精度优于 0.1° 时，其对高度测量的影响可以忽略的原因。

3．请解释雷达高度计在能够对海面高度进行精确测量的同时，还可以对海面的浪高(有效波高)和风速进行测量的原因。

4．请画出星载海洋雷达高度计的海面回波波形在较小浪高和较大浪高时的大致形状，并加以解释。

5．如何将人工智能方法应用于星载散射计风向测量模糊的消除？

6．扇形波束的散射计和笔形波束的散射计各有哪些优缺点？

7．测量海面风场的星载散射计的入射角设计应该考虑哪些因素？

8．根据 C 波段和 Ku 波段的海面后向散射系数模型，分析哪个频率对海面风场的测量精度较高(针对较小风速和较大风速)？

9．根据 Ku 波段的 VV 极化和 HH 极化的海面后向散射系数模型，分析在风速较小时和较大时，哪个极化对海面风场的测量更有利？

10．请分析笔形散射计星下点面元的测量模糊情况。

11．请分析随着海面风速的增大，散射计测量风场的精度也随之降低的原因。

12．极化雷达技术在气象雷达中应用有哪些潜力可挖掘？

参 考 文 献

[1] FU L L, CAZENAVE A. Satellite altimetry and earth sciences: a handbook of techniques and applications[M]. New York: Academic Press, 2001.

[2] STAMMER D, CAZENAVE A. Satellite altimetry over oceans and land surfaces[M]. Boca Raton: CRC press, 2018.

[3] YANG J S, REN L, ZHENG G. The first quantitative ocean remote sensing by using Chinese interferometric imaging radar altimeter onboard TG-2[J]. Acta oceanology sinica, 2017, 36(2): 122-123.

[4] LI G, ZHANG Y H,DONG X. Approaches for joint retrieval of wind speed and significant wave height and further improvement for tiangong-2 interferometric imaging radar altimeter[J]. Remote sensing, 2022, 14(8): 1930.

[5] LI G, ZHANG Y H,DONG X. New wind speed retrieval model and algorithm developed for tiangong-2 interferometric imaging radar altimeter[J]. IEEE journal of selected topics in applied earth observations and remote sensing, 2022, 15: 1.

[6] WU G P, LIU Y B, LIU R. Assessing the performance of the Tiangong-2 wide-swath imaging altimeter observations for water level monitoring over complex and shallow lakes[J]. Journal of hydrology, 2022, 612: 128-164.

[7] BROWN G. The average impulse response of a rough surface and its applications[J]. IEEE transactions on antennas and propagation, 1977, 25(1): 67-74.

[8] HAYNE G. Radar altimeter mean return waveforms from near-normal-incidence ocean surface scattering[J]. IEEE transactions on antennas and propagation, 1980, 28(5): 687-692.

[9] ROCA M, LAXON S, ZELLI C. The envisat RA-2 instrument design and tracking performance[J]. IEEE transactions on geoscience and remote sensing, 2009, 47(10): 3489-3506.

[10] PAPA F, LEGRESY B, REMY F. Use of the topex–poseidon dual-frequency radar altimeter over land surfaces[J]. Remote sensing of environment, 2003, 87(2/3): 136-147.

[11] LIU W T. Progress in scatterometer application[J]. Journal of oceanography, 2002,58(1): 121-136.

[12] WENTZ F J, SMITH D K. A model function for the ocean-normalized radar cross section at 14 GHz derived from NSCAT observations[J]. Journal of geophysical research: oceans, 1999, 104(C5): 11499-11514.

[13] NADERI F M, FREILICH M H, LONG D G. Spaceborne radar measurement of wind velocity over the ocean-an overview of the NSCAT scatterometer system[J]. Proceedings of the IEEE, 1991, 79(6): 850-866.

[14] GELSTHORPE R V, SCHIED E, WILSON J J W. ASCAT-metop's advanced scatterometer[J]. ESA bulletin, 2000, 102: 19-27.

[15] SPENCER M W, WU C, LONG D G. Tradeoffs in the design of a spaceborne scanning pencil beam scatterometer: application to SeaWinds[J]. IEEE transactions on geoscience and remote sensing, 1997, 35(1): 115-126.

[16] REMOTE SENSING CODE LIBRARY. QMOD4[EB/OL].[2023-3-1]. https://tools.grss-ieee.org/rscl1/coderecord.php?id =549.

[17] SINGH S, TIWARI R K, SOOD V, et al. The legacy of scatterometers: review of applications and perspective[J]. IEEE geoscience and remote sensing magazine, 2022, 10(2): 39-65.

[18] SKOLNIK M I. Radar handbook[M]. 2nd ed. New York: McGraw-Hill, 1990.

[19] MELVIN W L, SCHEER J A. Principles of modern radar:radar applications[M]. North Carolina: SciTech Publishing, 2014.

[20] LAGHA M, BENSEBTI M. Performances comparison of pulse-pair and 2-step prediction algorithms for the doppler spectrum estimation[J]. Multidimensional systems signal processing, 2008, 19(2): 257-265.

[21] MEISCHNER P. Weather radar: principles and advanced applications[M]. Berlin: Springer, 2004.

[22] SANDFORD C, ILLINGWORTH A, THOMPSON R. The potential use of the linear depolarization ratio to distinguish between convective and stratiform rainfall to improve radar rain-rate estimates[J]. Journal of applied meteorology and climatology, 2017, 56(11): 2927-2940.

[23] TOSHIBA CLIP TEAM. What's Happening on the Front Lines of Weather Radar Technology[EB/OL]. [2023-3-1]. https://www.toshiba-clip.com/en/detail/p=308.

[24] USHIO T, YOSHIKAWA E, KIKUCHI H, et al. Development and observations of the phased array radar for weather application[C]. 2020 IEEE radar conference (RadarConf20), Florence, 2020: 1-3.

第 7 章 成像雷达

人们对光学照片非常熟悉是因为光学照片所反映出的信息与人眼所观察到的信息非常相似或者说非常一致，其根本原因在于人眼视觉成像系统与光学相机的成像系统非常相似。光学相机成像主要依靠镜头的角分辨率来实现，对场景的成像是同时完成的。

雷达获取图像的途径主要有两个：其一，通过控制雷达天线的波束使之对观测目标区域进行逐点扫描，将天线对应于每个位置的后向散射系数(归一化雷达截面)记录下来并进行拼接而获得雷达图像；其二，通过对目标区域发射具有一定带宽的雷达信号，并对雷达回波信号进行脉冲压缩处理获得具有一定分辨率的距离剖面(range profile)，与此同时，雷达与观测目标区域具有相对运动，从而在方位向利用天线波束对观测区域的扫描从而在每个方位向位置获得具有一定分辨率的方位剖面，将这些方位剖面排列起来便可得到方位向真实孔径的雷达图像。如果采用合成孔径技术对方位向的信号进行处理，可以得到比雷达天线方位向波束宽度更窄的“合成波束”，从而获得方位向具有更高分辨率的雷达图像。合成孔径技术能够应用的前提是雷达与观测目标之间必须存在相对运动。习惯上将雷达运动目标静止的成像雷达称为合成孔径雷达(SAR)，而将雷达静止目标运动的成像雷达称为逆合成孔径雷达(ISAR)。

雷达成像本质上是对散射中心的成像。在第 3 章中已经介绍了电磁散射中心的形成机理，雷达的工作频率越高，成像目标在入射电磁波作用下，产生的多次散射越弱，成像目标的散射中心与其几何形状的符合度越高。成像分辨率是用来描述雷达成像能力的一个重要指标，它是指能够区分两个点目标的最短距离，通常用雷达系统响应的 3dB 宽度来定义。

采用合成孔径技术实现高分辨率成像的雷达必须是相干雷达，即能够进行相位测量的雷达，要求雷达发射信号的初始相位不随时间变化，接收回波的相位只和目标与雷达天线相位中心的距离有关。本章主要介绍合成孔径雷达和干涉合成孔径雷达、逆合成孔径雷达和干涉逆合成孔径雷达、圆迹合成孔径雷达等不同类型的成像雷达。

7.1 雷达成像的物理和数学问题

首先从计算电磁散射问题的磁场积分方程(MFIE)开始，阐述雷达成像的物理问题，为此给出考虑入射波磁场和感应电流随时间变化的磁场积分方程 (MFIE)[1]：

$$\boldsymbol{n}\times\boldsymbol{H}^{\mathrm{i}}(\boldsymbol{r},t)=\frac{1}{2}\boldsymbol{J}_s(\boldsymbol{r},t)-\boldsymbol{n}\times\nabla\times\int_S \mathrm{d}s' G(\boldsymbol{r}-\boldsymbol{r}')\boldsymbol{J}_s(\boldsymbol{r}',t) \tag{7.1.1}$$

式中，$\boldsymbol{n}$ 为表面 $\boldsymbol{r}'$ 处的法向；$\boldsymbol{r}'=x'\boldsymbol{x}+y'\boldsymbol{y}+z'\boldsymbol{z}$，$(x',y',z')$ 为目标的本地坐标，式(7.1.1)可变为

$$\boldsymbol{J}_s(\boldsymbol{r}',t)=2\boldsymbol{n}\times\boldsymbol{H}^{\mathrm{i}}(\boldsymbol{r},t)+2\boldsymbol{n}\times\int_S[\nabla G\times\boldsymbol{J}_s(\boldsymbol{r}',t)+G\nabla\times\boldsymbol{J}_s(\boldsymbol{r}',t)]\,\mathrm{d}s' \tag{7.1.2}$$

已知电流后可以得到辅助磁矢位：

$$\boldsymbol{A}(\boldsymbol{r},t)=\mu\int_S G(\boldsymbol{r}-\boldsymbol{r}')\,\boldsymbol{J}_s(\boldsymbol{r}',t)\mathrm{d}\boldsymbol{r}'=\mu\int_S[\mathrm{e}^{\mathrm{j}kR}/(4\pi R)]\,\boldsymbol{J}_s(\boldsymbol{r}',t)\,\mathrm{d}\boldsymbol{r}' \tag{7.1.3}$$

式中，(x, y, z)表示场点坐标，且

$$R=|\boldsymbol{r}-\boldsymbol{r}'|=\sqrt{(x-x')^2+(y-y')^2+(z-z')^2} \tag{7.1.4}$$

$$\hat{\boldsymbol{R}}=(x-x')\boldsymbol{x}/R+(y-y')\boldsymbol{y}/R+(z-z')\boldsymbol{z}/R \tag{7.1.5}$$

$$\boldsymbol{r}'=x'\boldsymbol{x}+y'\boldsymbol{y}+z'\boldsymbol{z} \tag{7.1.6}$$

于是可以计算磁场的散射远场：

$$\begin{aligned}\boldsymbol{H}^{\mathrm{s}}(r,t)&=(1/\mu)\nabla\times\boldsymbol{A}(\boldsymbol{r},t)=\nabla\times[\int_S[\mathrm{e}^{\mathrm{j}kR}/(4\pi R)]\boldsymbol{J}_s(\boldsymbol{r}',t)\,\mathrm{d}\boldsymbol{r}']\\&=(1/4\pi)\int_S\nabla\times[(\mathrm{e}^{\mathrm{j}kR}/R)\boldsymbol{J}_s(\boldsymbol{r}',t)]\,\mathrm{d}\boldsymbol{r}'=(1/4\pi)\int_S(1/R+\mathrm{j}k)(\mathrm{e}^{\mathrm{j}kR}/R)\boldsymbol{R}\times\boldsymbol{J}_s(\boldsymbol{r}',t)\,\mathrm{d}\boldsymbol{r}'\end{aligned} \tag{7.1.7}$$

在物理光学近似下，仅考虑一次散射而忽略多次散射对散射场的贡献(也就是弱散射近似)，即式(7.1.2)中第二项的积分贡献，即

$$\boldsymbol{J}_s(\boldsymbol{r}',t)\approx 2\boldsymbol{n}\times\boldsymbol{H}^{\mathrm{i}}(\boldsymbol{r},t) \tag{7.1.8}$$

将式(7.1.8)代入式(7.1.7)得

$$\boldsymbol{H}^{\mathrm{s}}(r,t)=(1/2\pi)\int_S(1/R+\mathrm{j}k)(\mathrm{e}^{\mathrm{j}kR}/R)\boldsymbol{R}\times\boldsymbol{n}\times\boldsymbol{H}^{\mathrm{i}}(\boldsymbol{r},t)\mathrm{d}\boldsymbol{r}' \tag{7.1.9}$$

图 7.1.1 给出了单站电磁散射计算的示意图，图中 r 表示雷达与目标几何中心的距离，$\boldsymbol{r}$ 为雷达位置的单位矢量。

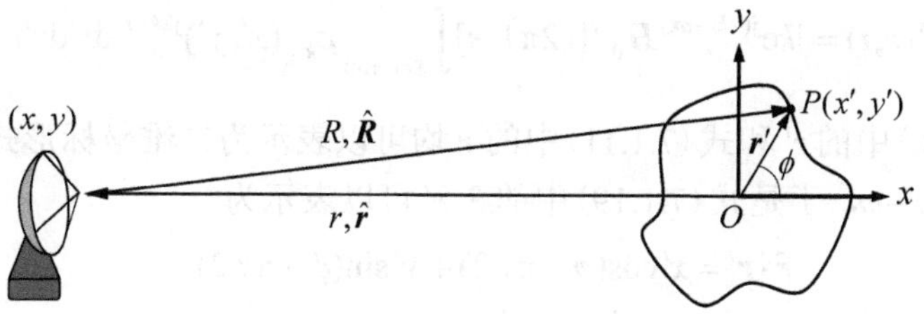

图 7.1.1　单站电磁散射计算示意图

$$r=\sqrt{x^2+y^2+z^2} \tag{7.1.10}$$

$$\boldsymbol{r}=x\boldsymbol{x}/r+y\boldsymbol{y}/r+z\boldsymbol{z}/r \tag{7.1.11}$$

在远场条件下，$R\approx r+\hat{\boldsymbol{r}}\cdot\boldsymbol{r}'$，$1/R^2\ll 1/R$，$\boldsymbol{R}\approx-\boldsymbol{r}$，于是式(7.1.9)可简化为[2]

$$\boldsymbol{H}^{\mathrm{s}}(r,t)=-[\mathrm{j}k\mathrm{e}^{\mathrm{j}kr}/(2\pi r)]\int_S\boldsymbol{r}\times\boldsymbol{n}\times\boldsymbol{H}^{\mathrm{i}}(\boldsymbol{r},t)\mathrm{e}^{\mathrm{j}k\hat{\boldsymbol{r}}\cdot\boldsymbol{r}'}\mathrm{d}\boldsymbol{r}' \tag{7.1.12}$$

根据矢量运算公式：$\boldsymbol{A}\times(\boldsymbol{B}\times\boldsymbol{C})=\boldsymbol{B}(\boldsymbol{A}\cdot\boldsymbol{C})-\boldsymbol{C}(\boldsymbol{A}\cdot\boldsymbol{B})$，式(7.1.12)变为

$$\boldsymbol{H}^{\mathrm{s}}(r,t)=-[\mathrm{j}k\mathrm{e}^{\mathrm{j}kr}/(2\pi r)]\int_S[\boldsymbol{n}(\boldsymbol{r}\cdot\boldsymbol{H}^{\mathrm{i}}(\boldsymbol{r},t))-\boldsymbol{H}^{\mathrm{i}}(\boldsymbol{r},t)(\boldsymbol{r}\cdot\boldsymbol{n})]\mathrm{e}^{\mathrm{j}k\hat{\boldsymbol{r}}\cdot\boldsymbol{r}'}\mathrm{d}\boldsymbol{r}' \tag{7.1.13}$$

$\boldsymbol{r}$ 实际上就是电磁波传播的 $\boldsymbol{k}$ 矢量，根据坡印亭矢量，$\boldsymbol{H}^{\mathrm{i}}(\boldsymbol{r},t)$ 与 $\boldsymbol{r}$ 正交，即 $\boldsymbol{r}\cdot\boldsymbol{H}^{\mathrm{i}}(\boldsymbol{r},t)=0$，于是式(7.1.13)变为

$$\boldsymbol{H}^{\mathrm{s}}(r,t)=[\mathrm{j}k\mathrm{e}^{\mathrm{j}kr}/(2\pi r)]\int_S\boldsymbol{H}^{\mathrm{i}}(\boldsymbol{r},t)(\boldsymbol{r}\cdot\boldsymbol{n})\mathrm{e}^{\mathrm{j}k\hat{\boldsymbol{r}}\cdot\boldsymbol{r}'}\mathrm{d}\boldsymbol{r}' \tag{7.1.14}$$

物理光学的另外一个近似是不考虑目标的阴影区（$\boldsymbol{r}\cdot\boldsymbol{n}\leqslant 0$）对散射的贡献，因此物理光学方法计算磁场的散射远场的计算公式为

$$\boldsymbol{H}^{\mathrm{s}}(r,t)=[\mathrm{j}k\mathrm{e}^{\mathrm{j}kr}/(2\pi r)]\int_{S\in\hat{\boldsymbol{r}}\cdot\hat{\boldsymbol{n}}<0}\boldsymbol{H}^{\mathrm{i}}(\boldsymbol{r},t)(\boldsymbol{r}\cdot\boldsymbol{n})\mathrm{e}^{\mathrm{j}k\hat{\boldsymbol{r}}\cdot\boldsymbol{r}'}\mathrm{d}\boldsymbol{r}' \tag{7.1.15}$$

将入射磁场表示为初始磁场传播了 R 距离后的值，这里主要考虑相位的变化：

$$\boldsymbol{H}^{\mathrm{i}}(r,t)=\boldsymbol{H}_0\mathrm{e}^{\mathrm{j}(kr+\hat{\boldsymbol{r}}\cdot\boldsymbol{r}'-\omega t)} \tag{7.1.16}$$

将式(7.1.16)代入式(7.1.15)最终得

$$\boldsymbol{H}^{\mathrm{s}}(r,t)=\boldsymbol{H}_0[\mathrm{j}k\mathrm{e}^{\mathrm{j}(2kr-\omega t)}/(2\pi r)]\int_{S\in\hat{\boldsymbol{r}}\cdot\hat{\boldsymbol{n}}<0}(\boldsymbol{r}\cdot\boldsymbol{n})^{\mathrm{j}2k\hat{\boldsymbol{r}}\cdot\boldsymbol{r}'}\mathrm{d}\boldsymbol{r}' \tag{7.1.17}$$

式(7.1.17)中的 $\boldsymbol{r}\cdot\boldsymbol{n}$ 表明在目标上每个局部的位置 $\mathrm{d}\boldsymbol{r}'$ 所产生的散射回波贡献取决于该位置处表面法向方向 $\boldsymbol{n}$ 与入射波 $\boldsymbol{r}$ 的投影关系，当在某个位置二者夹角小于 90° 时，表明该位置及附近区域有散射回波，当二者夹角大于 90° 时，表明该位置处于阴影区，不产生回波贡献。

如果用散射中心来表征雷达图像，可以定义散射中心密度函数为 $\rho_{k,\boldsymbol{r}}(x,y,z)$，其与雷达工作的波长及观察方向有关。如果观测方向确定(例如与 z 轴垂直)，则可将三维的散射中心沿 z 轴方向积分得到一个二维散射中心密度函数：

$$\rho_{k,\boldsymbol{r}}(x,y)=\int\rho_{k,\boldsymbol{r}}(x,y,z)\,\mathrm{d}z\,/\,(2\pi) \tag{7.1.18}$$

可以将散射磁场表示为散射密度函数的积分：

$$\boldsymbol{H}^{\mathrm{s}}(r,t)=\mathrm{j}k\mathrm{e}^{\mathrm{j}(2kr-\omega t)}\boldsymbol{H}_0/[(2\pi)^2 r]\int_{S\in\boldsymbol{r}\cdot\boldsymbol{n}>0}\rho_{k,\hat{r}}(x',y')^{\mathrm{j}2k\hat{\boldsymbol{r}}\cdot\boldsymbol{r}'}\mathrm{d}x'\mathrm{d}y' \tag{7.1.19}$$

此时，式(7.1.6)中的 $\boldsymbol{r}'$ 和式(7.1.11)中的 $\boldsymbol{r}$ 均可以表示为二维坐标形式，即其中的 $z=0$，它们之间的夹角为$\pi-\varphi$，于是式(7.1.19)中的 $\hat{\boldsymbol{r}}\cdot\boldsymbol{r}'$ 可以表示为

$$\begin{aligned}\hat{\boldsymbol{r}}\cdot\boldsymbol{r}'&=x'\cos(\phi+\pi/2)+y'\sin(\phi+\pi/2)\\&=-x'\sin\phi+y'\cos\phi\end{aligned} \tag{7.1.20}$$

同时可以将散射表示成观测角度ϕ 和频率($k=2\pi/\lambda$)的函数，于是式(7.1.19)变为

$$\begin{aligned}\boldsymbol{H}^{\mathrm{s}}(k,\phi)&=\mathrm{j}k\mathrm{e}^{\mathrm{j}(2kr-\omega t)}\boldsymbol{H}_0/\left[(2\pi)^2 r\right]\int_{S\in\boldsymbol{r}\cdot\boldsymbol{n}>0}\rho_{k,\boldsymbol{r}}(x',y')\mathrm{e}^{\mathrm{j}2k(-x'\cos\phi+y'\sin\phi)}\mathrm{d}x'\mathrm{d}y'\\&=\mathrm{j}k\mathrm{e}^{\mathrm{j}(2kr-\omega t)}\boldsymbol{H}_0/\left[(2\pi)^2 r\right]\int_{S\in\boldsymbol{r}\cdot\boldsymbol{n}>0}\rho_{k,\boldsymbol{r}}(x',y')\mathrm{e}^{-\mathrm{j}2k_x x'+k_y y'}\mathrm{d}x'\mathrm{d}y'\end{aligned} \tag{7.1.21}$$

其中

$$k_x=2k\cos\phi,\ k_y=2k\sin\phi \tag{7.1.22}$$

代表了雷达信号对应的电磁波的波数在 x 和 y 两个坐标方向的投影。

在小角度情况下(ϕ 很小)，式(7.1.21)可近似为

$$\boldsymbol{H}^{\mathrm{s}}(k,\phi)=\mathrm{j}k\mathrm{e}^{\mathrm{j}(2kr-\omega t)}\boldsymbol{H}_0\big/[(2\pi)^2 r]\int_{S\in\boldsymbol{r}\cdot\boldsymbol{n}>0}\rho_{k,\boldsymbol{r}}(x',y')\mathrm{e}^{-\mathrm{j}2k\phi x'+\mathrm{j}2ky'}\mathrm{d}x'\mathrm{d}y' \tag{7.1.23}$$

如果令 $k_x=2k$，$k_y=2k\varphi$，且将 $\boldsymbol{H}^{\mathrm{s}}(k,\phi)$ 表示成 $\boldsymbol{H}^{\mathrm{s}}(k_x,k_y)$，可得到

$$\boldsymbol{H}^{\mathrm{s}}(k,\phi)=\mathrm{j}k\mathrm{e}^{\mathrm{j}(2kr-\omega t)}\boldsymbol{H}_0\big/[(2\pi)^2 r]\int_{S\in\boldsymbol{r}\cdot\boldsymbol{n}<0}\rho_{k,\boldsymbol{r}}(x',y')^{-\mathrm{j}k_x x'+\mathrm{j}k_y y'}\mathrm{d}x'\mathrm{d}y' \tag{7.1.24}$$

可以做如下变化：

$$\boldsymbol{H}^{\mathrm{s}}(k,\phi)[(2\pi)^2 r\big/(\mathrm{j}k\mathrm{e}^{\mathrm{j}(2kr-\omega t)}\boldsymbol{H}_0)]=\int_{S\in\boldsymbol{r}\cdot\boldsymbol{n}>0}\rho_{k,\boldsymbol{r}}(x',y')^{-\mathrm{j}k_x x'+\mathrm{j}k_y y'}\mathrm{d}x'\mathrm{d}y' \tag{7.1.25}$$

令

$$F(k_x,k_y)=\boldsymbol{H}^{\mathrm{s}}(k,\phi)[(2\pi)^2 r\big/(\mathrm{j}k\mathrm{e}^{\mathrm{j}(2kr-\omega t)}\boldsymbol{H}_0)] \tag{7.1.26}$$

最终可得

$$F(k_x,k_y)=\int_{S\in\boldsymbol{r}\cdot\boldsymbol{n}>0}\rho_{k,\boldsymbol{r}}(x',y')\mathrm{e}^{-\mathrm{j}k_x x'+\mathrm{j}k_y y'}\mathrm{d}x'\mathrm{d}y' \tag{7.1.27}$$

很显然，从式(7.1.26)和式(7.1.27)可看出，散射磁场 $\boldsymbol{H}^{\mathrm{s}}(k_x,k_y)$ 与散射中心密度函数 $\rho_{k,\boldsymbol{r}}(x',y')$ 之间在满足 k_x 和 k_y，x' 和 y' 均为矩形网格离散的前提下互为傅里叶变换关系。这就是说，将所得到散射磁场(或者计算或者测量)在频率域作傅里叶变换，在角度域做逆傅里叶变换后便可得到散射中心密度函数，即雷达图像：

$$\rho(x,y)=\int F(k_x,k_y)\mathrm{e}^{\mathrm{j}k_x x-\mathrm{j}k_y y}\mathrm{d}k_x\mathrm{d}k_y \tag{7.1.28}$$

至此可以将雷达成像的物理问题总结为在一个角度范围内对目标进行散射测量(观测)，并采用弱散射近似和散射中心密度函数的概念来描述目标的电磁散射特性的问题。同时将雷达成像的数学问题总结为求解积分方程问题。在小角度范围观测时，可用傅里叶变换直接求解该方程。需要指出的是，式(7.1.26)等号右边的 $1/\mathrm{e}^{\mathrm{j}(2kr-\omega t)}$ 这一项的物理意义正是代表了运动补偿。

在后面对逆合成孔径雷达的方位向分辨率进行理论公式推导时，我们将看到，雷达成像的方位向分辨率与雷达对目标的观测角度范围有关。

7.2　雷达成像的空间域与空间谱域

7.1 节公式中的 $\rho(x,y)$ 和 $F(k_x,k_y)$ 分别代表了雷达成像的空间域和空间谱域，也就是图像域和图像谱域，二者互为傅里叶变换对的关系，正如时域与频域的傅里叶变换对的关系一样。一维距离像与一维空间谱对应，二维图像与二维空间谱对应，三维图像与三维空间谱对应，并且针对观测目标获取的空间谱越宽，则雷达成像的分辨率越高。式(7.1.22)给出了雷达信号电磁波的波数 k 在直角坐标系 x 和 y 两个坐标方向的投影，如果是在直角坐标系下的三维成像，则需获得波数 k 在 x、y 和 z 三个坐标方向的投影，即

$$k_x=2k\sin\theta\sin\phi,\ k_y=2k\sin\theta\cos\phi,\ k_z=2k\cos\theta \tag{7.2.1}$$

式(7.2.1)表明，增大发射信号的带宽(即增大信号电磁波波长的范围)和增大观测角度θ和ϕ 的范围，均可增大k_x、k_y和k_z的取值范围，即获得更宽的空间谱观测，从而实现雷达成像更高的三维空间分辨率。图 7.2.1 给出了空间分辨率与空间谱对应关系的示意图。

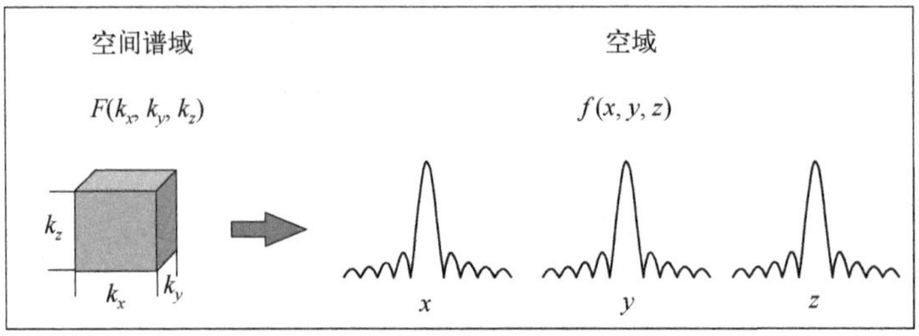

图 7.2.1 雷达成像的空间分辨率与空间谱对应关系

需要强调的是，成像雷达在获取观测区域的雷达散射信号时，须对原始信号进行处理才能将其转换为对目标观测的空间谱信号，最后再经过傅里叶变换得到雷达图像。将原始雷达观测信号(通常为时域信号)转换为空间谱域信号的过程，正是成像雷达信号处理的核心过程，须保证使成像场景中的每一个分辨率单位的空间谱均匀分布在相同的空间谱域矩形网格上。

7.3 合成孔径雷达

7.3.1 SAR 的发展历史

美国 Goodyear Aircraft 公司的 Carl Wiley 在 1951 年提出了对连续运动的雷达所获得的回波进行多普勒频率分析的思想：在速度矢量方向上，两个相邻一定角度的固定目标的反射波可以用方位向频谱的频率分析来分辨，即对方向位向的雷达回波进行傅里叶变换得到多普勒频谱，并对多普勒频谱进行多普勒滤波，方位向不同位置的目标因为其多普勒频移的不同而得以分开。1953 年夏，美国伊利诺伊大学的 C.W.Sherwin 博士与通用电气公司的 WaltHausz 博士及 Philco 公司的 J.Koehler 提出了合成孔径天线的概念。1957 夏，美国密西根大学与美国军方合作获得了第一幅全聚焦的合成孔径雷达(synthetic aperture radar，SAR)图像，标志着 SAR 由理论走向了实践。

1978 年，Seasat-A 发射升空，SAR 得以从机载走向星载。1981 年和 1984 年，美国 NASA 的航天飞机分别搭载了 SIR(shuttle imaging radar)-A 和 SIR-B 系统，录取了大量的星载 SAR 图像，也使 SAR 技术进一步走向成熟。2000 年，NASA 的奋进号航天飞机更是进行了创纪录的飞行试验：双天线干涉 SAR 试验。2007 年和 2009 年德国先后发射了两颗 SAR 卫星(TerraSAR 和 TanDEM-X)，实现了双星编队，可对地球三维陆地表面进行高精度测量。

2016 年，我国高分三号卫星发射，所搭载的 C 波段全极化 SAR 是国际上工作模式最多的星载 SAR。已经发射星载 SAR 卫星的国家(组织)有美国、俄罗斯、欧空局、日本、加拿大、中国、德国、意大利、以色列、印度、韩国、芬兰等。

SAR 技术是当今雷达遥感领域最为活跃的研究方向，其平台包括地基、船载、机载(无人机)、艇(飞艇、气球)载、弹载、星载等。

7.3.2　SAR 的基本原理

合成孔径雷达的工作过程如下：搭载雷达的平台沿直线(后面介绍的 circular SAR 沿圆周运动)运动时，雷达按照一定的时间间隔发射脉冲信号同时接收来自观测目标的回波信号(这个时间间隔称为脉冲重复周期，其倒数为脉冲重复频率)，如图 7.3.1 所示。由于电磁波的传播速度远大于 SAR 平台的运动速度，并且 SAR 发射信号的时宽通常在 10μs 至数十μs 量级，通常可以近似认为雷达发射和接收都在同一位置，即“走-停”假设，其本质是双站散射近似等效于后向散射的单站散射。SAR 的基本原理可描述为：方位向采用合成孔径技术、距离向对具有一定带宽的信号进行脉冲压缩来获得两个方向的分辨率，从而得到高分辨率雷达图像。我们对 SAR 的方位向合成孔径过程有三种观点来理解：①天线阵的观点；②多普勒滤波的观点；③线性调频信号匹配滤波的观点。三种观点下，关于方位向最高分辨率的结论是相同的，即为天线方位向口径的二分之一。下面分别对这三种观点进行阐述。

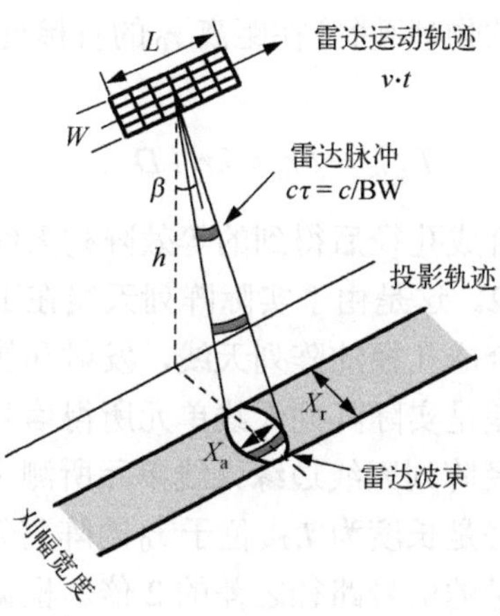

图 7.3.1　SAR 工作过程示意图

1. 天线阵的观点

天线阵的观点就是将雷达在相干合成孔径长度(即天线的波束在目标所处地平面的投影长度)内的不同位置对观测目标所测量到的信号，等效为一个均匀阵列天线对观测目标测量到的信号，所获得的方位向分辨率取决于阵列天线的长度。等效的过程就是将不同位置获得的回波进行相干处理的过程。

图 7.3.2 给出了天线阵的观点解释合成孔径的示意图，图中表明了非聚焦和聚焦两种合成孔径阵列天线的长度。非聚焦合成孔径是指每个阵列天线位置处均不做相位补偿，在进行合成孔径处理的时候直接将 $L_{非聚焦}$长度内的所有位置得到的测量结果按发射和接收脉冲的先后次序排列成数组，然后进行傅里叶变换(可采用 FFT)。$L_{非聚焦}$长度选取的最大值一般根据阵列天线边缘处位置到观测目标的距离与阵列天线中心位置到观测目标的距离之差≤$\lambda/8$ 来确定，即

$$(r_0+\lambda/8)^2=(L_{非聚焦}/2)^2+r_0^2 \rightarrow L_{非聚焦}=\sqrt{r_0\lambda} \tag{7.3.1}$$

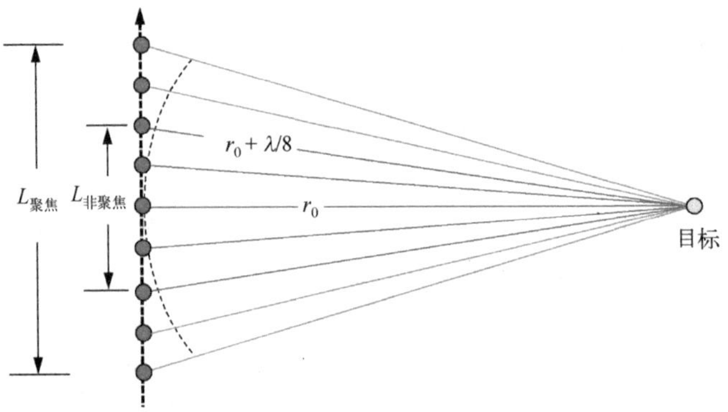

图 7.3.2 天线阵的观点解释合成孔径

聚焦合成孔径是将每个阵列天线位置处的测量结果相对于阵列中心位置的测量结果进行相位补偿，使补偿后的信号路径与中心位置的信号路径之差为零，即等同于雷达沿图 7.3.2 中的虚线圆弧运动。显然聚焦合成孔径所能够得到的合成孔径物理长度可以最大取到天线波束宽度(λ/D，D 为天线方位向的物理孔径)在距离 r_0 的目标处的投影长度(如图 7.3.1 中的 X_a 所示)，即

$$L_{聚焦}^{\max}=\beta r_0\approx\lambda r_0/D \tag{7.3.2}$$

需要特别说明的是，采用合成孔径后得到的等效阵列天线的最终波束宽度是相同长度的实际阵列天线的波束宽度的 1/2。这是由于实际阵列天线在工作时，不同位置的天线单元只在接收时产生相位差，而对于合成孔径的阵列天线，发射和接收均产生相位差，即合成孔径阵列天线单元所得信号的相位差是实际阵列天线单元所得信号相位差的2倍。如图 7.3.3 所示，长度为 $2L_{合成}$位于 $2r_0$ 的合成孔径阵列天线边缘天线单元所测量的信号路径与阵列中心天线单元所测量的信号路径之差，正好是长度为 $L_{实际}$位于 r_0 的阵列天线边缘天线单元所测量的信号路径与阵列中心天线单元所测量的信号路径之差的 2 倍。根据式(7.3.3)和式(7.3.4)，可以得到 $L_{合成}=2L_{实际}$的结论：

$$(r_0+\lambda/8)^2=(L_{实际}/2)^2+r_0^2 \tag{7.3.3}$$

$$(2r_0+2\lambda/8)^2=(L_{合成}/2)^2+(2r_0)^2 \tag{7.3.4}$$

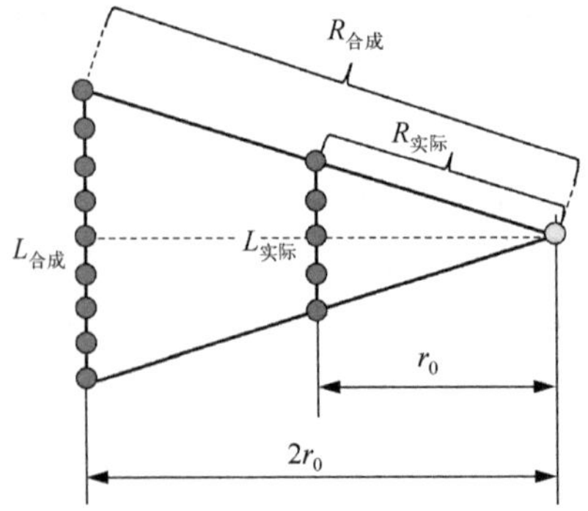

图 7.3.3 合成孔径天线阵列长度与实际天线阵列长度

于是非聚焦和聚焦合成孔径处理所能得到的方位向分辨率分别为

$$\rho_{非聚焦} = \lambda r_0 / (2L_{非聚焦}) = \sqrt{\lambda r_0}/2 \tag{7.3.5}$$

和

$$\rho_{聚焦} = \beta_{聚焦} r_0 \approx \lambda r_0 / (2L_{聚焦}^{\max}) = D/2 \tag{7.3.6}$$

2. 多普勒滤波的观点

多普勒滤波的观点是将雷达在相干合成孔径长度内所能获得的最大多普勒带宽，其倒数对应的时间分辨率乘以平台运动的速度，从而得到方位向分辨率。

图 7.3.4 给出了雷达在对目标进行合成孔径观测时的多普勒频率变化情况，从中可得到如式(7.3.7)表示的多普勒带宽，于是可以得到方位向物理孔径为 D 的合成孔径雷达在方位向所能获得的分辨率为多普勒带宽 f_{DB} 的倒数所对应的相干积分时间乘以平台运动的速度，如式 (7.3.8)所示。

$$f_{DB} = f_{dP_1} - f_{dP_2} \approx (2v/\lambda) \cdot 2 \cdot \sin(\beta/2) \approx (2v/\lambda)\sin\beta \approx (2v/\lambda)\beta \tag{7.3.7}$$

$$\rho_{方位} = v/f_{DB} = v\lambda/(2v\beta) = \lambda/[2(\lambda/D)] = D/2 \tag{7.3.8}$$

式中，下标“DB”表示多普勒带宽；下标“dP_1”表示图 7.3.4 中 P_1 点处的瞬时多普勒频率；下标“dP_2”表示图中 P_2 点处的瞬时多普勒频率；β 为天线方位向的波束宽度(通常取 3dB 波束宽度)。

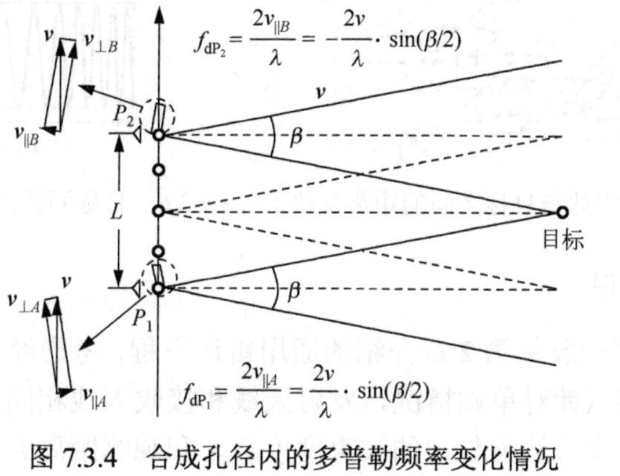

图 7.3.4　合成孔径内的多普勒频率变化情况

3. 线性调频信号的观点

如图 7.3.5 所示，在合成孔径时间内，雷达与目标之间的距离变化情况，假设雷达对每个点目标都进行了完整的观测，即每个目标都经历了相同的波束照射时间 T。在雷达波束照射时间 T 内，天线相位中心与目标之间的距离与时间的关系为

$$R(t) = \sqrt{R_0^2 + v^2 t^2} = \sqrt{h^2 + r_0^2 + v^2 t^2} \tag{7.3.9}$$

式中，h 为平台的高度；R_0 为目标与运动航线之间的垂直距离；v 为平台运动的速度。对于 SAR 的成像几何，通常情况有 $vt \ll R_0$，于是有

$$R(t) \approx R_0 + v^2 t^2 / (2R_0) \tag{7.3.10}$$

雷达与目标之间的径向相对速度为 v 时，目标的多普勒频率为

$$f_{\mathrm{d}} = 2v/\lambda = (\lambda/2)(\mathrm{d}R/\mathrm{d}t) = 2v^2t/(\lambda R_0) \tag{7.3.11}$$

而多普勒频率的变化率为多普勒频率(式(7.3.11))的一阶时间导数：

$$\dot{f}_{\mathrm{d}} = 2v^2/(\lambda R_0) \tag{7.3.12}$$

则

$$f_{\mathrm{DB}} = [2v^2/(\lambda R_0)]\cdot T = [2v^2/(\lambda R_0)]\cdot(L/v) = [2v^2/(\lambda R_0)]\cdot(\lambda R_0/D)\cdot 1/v = 2v/D \tag{7.3.13}$$

式(7.3.11)表明来自目标的多普勒信号为如图 7.3.6 所示的线性调频信号，其调频率为式 (7.3.12)所示的 $2v^2/(\lambda R_0)$。式(7.3.13)给出了目标多普勒信号的带宽。于是可以得到合成孔径处理后方位向的分辨率为

$$\rho_{方位} = v/f_{\mathrm{DB}} = v\cdot[D/(2v)] = D/2 \tag{7.3.14}$$

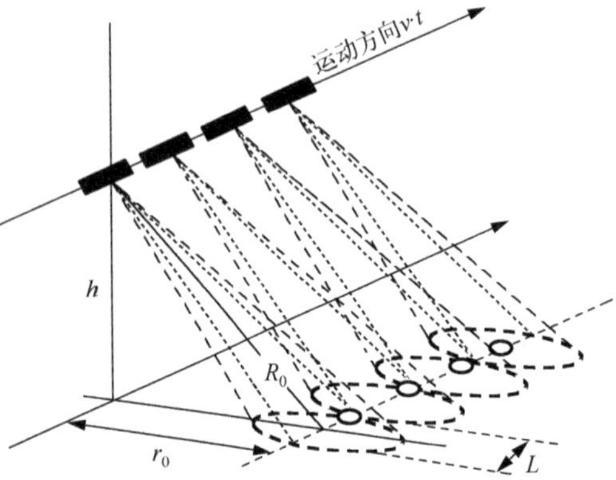

图 7.3.5 合成孔径时间内雷达与目标之间的距离变化

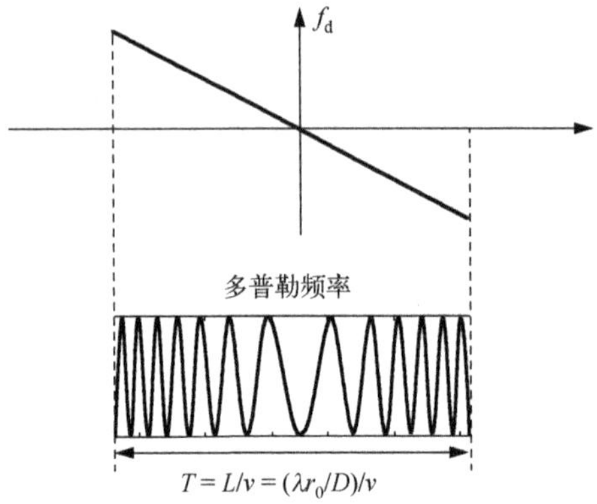

图 7.3.6 目标回波的多普勒信号为线性调频信号

4. SAR 的雷达方程

SAR 的雷达方程可一般从第 2 章介绍的通用雷达方程，考虑经合成孔径处理(相干积分)后得到增益提升而得到（针对单站情况，发射天线和接收天线相同）。SAR 天线照射成像区域方位向的长度范围 L 由天线方位向的波束宽度 $\theta_{3\mathrm{dB}}$ 和观测距离 R 的乘积决定，在平台运动速度 v 一定的情况下，该长度越长，则相干积分时间 $T_{\mathrm{c}} = \theta_{3\mathrm{dB}}R/v$ 越长，处理增益越高。因此 SAR 的雷达方程 SNR 与距离 R 的不再是 4 次方的反比关系，而变成了 3 次方的反比关系，同时还与平台运动速度有关。假设 SAR 发射 Chirp 信号，雷达方程由式(7.3.15)给出：

$$\mathrm{SNR} = P_{平均}G^2\lambda^3(\sigma^0\Delta R_{\mathrm{g}})/[(4\pi)^3R^3(kT_{\mathrm{s}})L]\cdot[1/(2v)] \tag{7.3.15}$$

式中，G 为天线的增益；λ为雷达信号中心频率对应的波长；R 为成像距离；σ^0 为观测区域的后向散射系数；ΔR_{g} 为由信号带宽决定的距离分辨率；v 为平台的运动速度。峰值功率 $P_{峰值}$ 与平均功率 $P_{平均}$的换算关系如下：

$$P_{峰值} = P_{平均}/(\mathrm{PRF}\cdot T_{\mathrm{p}}) \tag{7.3.16}$$

式中，PRF 为发射信号的脉冲重复频率；T_{p} 为 Chirp 信号时宽。

5．SAR 的二维回波数据

根据 SAR 工作过程，其获取的数据可以排列成如图 7.3.7 所示的二维矩阵形式，分别对应快时间和慢时间采样。快时间采样是指对每一个发射脉冲的回波信号进行的采样，通常采样时间范围在数μs 到数十μs 范围，慢时间采样指的是以脉冲重复频率(PRF)对观测区域的采样，通常慢时间采样的时间没有限制，而 PRF 的大小则需要至少两倍于回波信号的多普勒带宽(取决于天线方位向的孔径和平台的运动速度)。习惯上，将快时间采样对应于距离向(或者与飞行方向垂直，或者大于或小于 90°)，而将慢时间采样对应于方位向(即平台运动方向)。

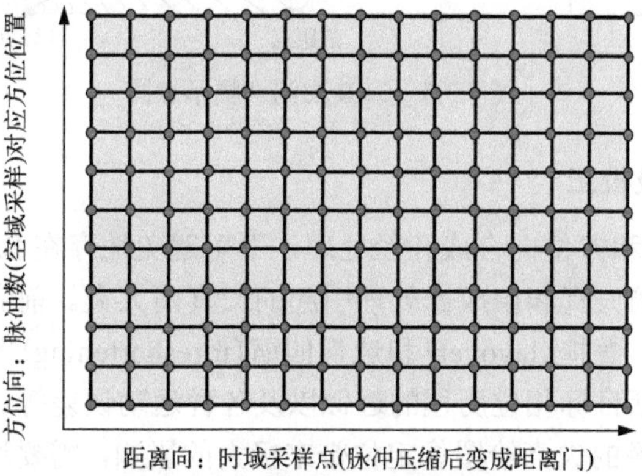

图 7.3.7　SAR 回波数据的二维表示

6．SAR 方位分辨率与观测刈幅的矛盾

SAR 成像获得方位向分辨率的提升依靠的是对回波信号的多普勒信息进行处理，要求多普勒信息不出现模糊，即要求 PRF 至少大于回波信号的多普勒带宽(采用正交解调处理)。式(7.3.8)和式(7.3.14)表明 SAR 方位向分辨率与多普勒带宽正比，即多普勒带宽越宽，方位分辨率越高，而多普勒带宽越宽，所需的 PRF 越高。

如图 7.3.8 所示，SAR 观测幅宽所决定的时间窗口为：T_{sw}= 斜距幅宽/c，如果发射脉冲的时宽为 T_p，则从近距点开始接收回波到远距点回波接收结束所占据总时间窗口为 $T_{total}=T_{sw}+T_p$。为保证后一个脉冲的近距点回波不与前一个脉冲的远距点回波重叠，SAR 发射脉冲的时间间隔 PRI = 1/PRF 必须大于总时间 T_{total}，即

$$\mathrm{PRI}>T_{total} \tag{7.3.17}$$

在发射脉冲宽度一定的情况下，观测幅宽越宽则所需回波采样窗口时间就越长，脉冲重复频率(PRF)就必须越低。而 PRF 越低，则允许的不模糊的回波信号多普勒带宽就越小，即方位分辨率就越低。

如果将 SAR 天线沿方位向划分为多个子阵，并且每个子阵都对应可独立接收回波的接收机通道，每个通道接收不同的较小多普勒频率范围的回波，通过将方位向多通道接收的回波数据进行联合处理，形成方位向完整多普勒带宽的回波信号。如此便可以采用较低 PRF 仅满足对较小多普勒频率范围方位回波信号的采样，通过多通道联合处理得到 N 倍 PRF 的等效高 PRF，从而实现方位向的高分辨率。这种方位多通道 SAR 技术被称为高分宽幅 SAR 成像技术，是当前 SAR 技术研究的前沿领域。

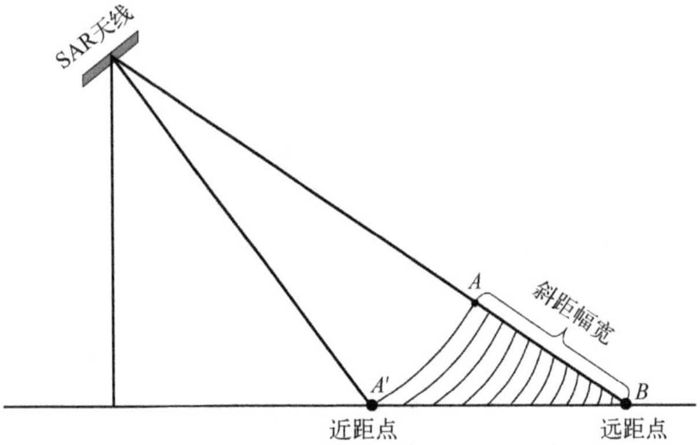

图 7.3.8　SAR 观测刈幅示意图

7. SAR 图像失真及校正

由于 SAR 成像几何和方位向合成孔径处理，不可避免地存在 SAR 成像的几何失真，主要包括由成像几何引起的失真和由成像处理引起的失真两大类。前者主要来源于地距分辨率与斜距分辨率的非线性、叠掩(layover)和透视伸缩(foreshortening)等；后者来源于成像处理过程中的各种近似，包括目标相位历程的近似以及各种运动误差等。在此主要介绍由成像几何引起的失真。SAR 图像的失真给图像定位带来极大的影响，需要通过复杂的几何校正方能得到正射影像，但是对于山区无法得到真正的正射影像，而采用干涉 SAR 能够得到真正的正射影像，同时实现较高的图像定位精度。

1)地距分辨率与斜距分辨率的非线性

从图 7.3.8 中可看出，“*A*-*B*”距离代表了斜距上的刈幅，而“*A'*-*B*”距离代表了地距上的刈幅。在斜距上的像素位置即距离门是均匀的，相邻像素代表的距离为 $\Delta r = c\Delta t/2$(Δt 为快时间采样时间间隔)，但斜距上的像素转到地距上像素时，其间距Δy 变为

$$\Delta y = \Delta r/\sin\theta \tag{7.3.18}$$

式中，θ 为每个地距像素位置对应的本地入射角，由此可见，地距上的像素间距不再是均匀的，而是随入射角的增大而逐步降低并且地距分辨率始终低于斜距分辨率。对于较为平坦的地区，在地距上进行像素插值以得到均匀的像素间距即可完成非线性校正。

2)叠掩

叠掩是指在地距方向上距离远的目标点在斜距方向上反而是距离近的点，如图 7.3.9 中的 *C* (*E*)点相对于 *B* (*D*)点。这是由于 *C* (*E*)点在垂直方向的高度比 *B* (*D*)点高，*C* (*E*)点与雷达天线相位中心的距离反而小于 *B* (*D*)点与天线相位中心的距离，*C* (*E*)点的回波比 *B* (*D*)点更早到达天线并被接收。对于高度较高的目标(如城市中的高楼)进行 SAR 成像，叠掩往往不可避免，发生“顶底倒置”。

3)透视伸缩

透视伸缩是指对于迎坡面(表面法向与雷达信号照射视线的夹角小于 90°)上的两个点目标在成像后(如图 7.3.9 中的 *E* 点和 *F* 点)，它们在图像中的斜距距离小于这两个点目标实际的距离，而对于背坡面(表面法向与雷达信号照射视线的夹角大于 90°)上的两个点目标(如图 7.3.9 中的 *F* 点和 *G* 点，*G* 点和 *H* 点)，它们在图像中的斜距距离大于这两个点目标实际

的距离。对于地形起伏较大的山区进行 SAR 成像，很容易从图像中的山脊部分看到鲜明的透视伸缩现象。对于坡度陡峭的山区，由于雷达信号被强烈遮挡无法照射背坡面的山谷，则会在 SAR 图像中会产生阴影。

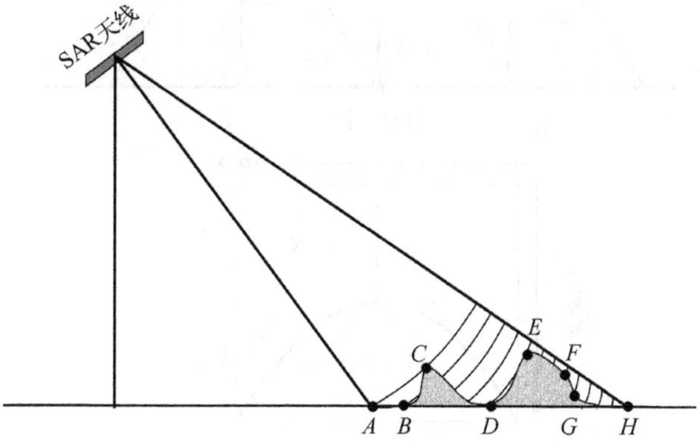

图 7.3.9　SAR 成像叠掩和透视伸缩示意图

图 7.3.10 给出了 TerraSAR 对某山区的成像结果，虽然经过了正射校正，使迎坡面和背坡面的距离得到了正确的“伸”和“缩”处理，但对于信号无法到达的区域，则呈现阴影暗区。

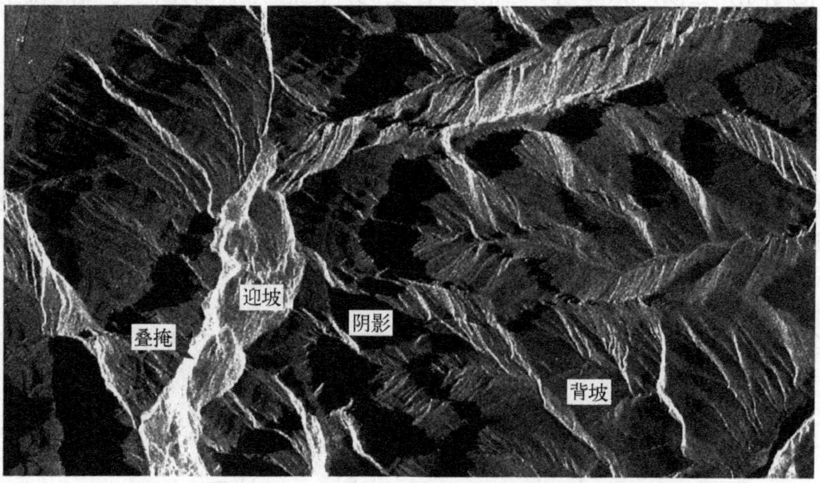

图 7.3.10　TerraSAR 对某山区的成像(正射影像)

7.3.3　SAR 成像算法

1. 距离徙动

距离徙动(range cell migration)是指 SAR 成像中，在一个合成孔径时间内，来自某一个点目标的回波信号在不同的时刻处于不同的距离单元的现象，是距离走动(range walk)和距离弯曲(range curve)现象的统称。图 7.3.11 给出了正侧视情况下距离弯曲的示意图，可以看出，距离弯曲沿方位有对称性，但如果是斜视，距离弯曲不再对称。距离弯曲对于高分辨率 SAR 成像而言，必须进行校正。事实上不同的成像处理算法，校正距离弯曲的方法也不同。

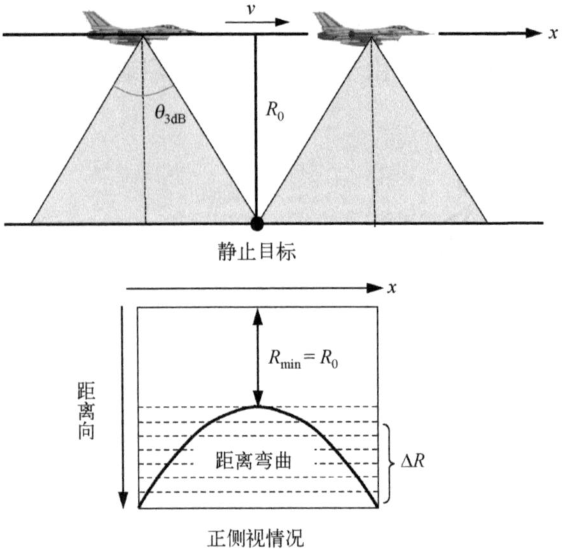

图 7.3.11　SAR 成像的距离弯曲示意图

式(7.3.10)是在一阶近似情况下得到的，清楚地表明了距离弯曲现象。对于超高分辨率成像，需要采用高阶近似，如二阶、三阶或者更高，这意味着对距离弯曲的校正要求更高。式(7.3.19)和式(7.3.20)分别给出了二阶近似和三阶近似的表达式：

$$R(t) \approx R_0 + v^2t^2/(2R_0) - v^4t^4/(4R_0^3) \tag{7.3.19}$$

$$R(t) \approx R_0 + v^2t^2/(2R_0) - v^4t^4/(4R_0^3) + 3v^6t^6/(8R_0^5) \tag{7.3.20}$$

距离弯曲程度与距离向位置有关，如图 7.3.12 所示距离越近，则距离弯曲越严重。下面对这一结论进行证明，假设 T_c 为相干积分时间或合成孔径时间，即

$$T_c = L/v = \theta_{3dB}R_0/v = (\lambda/D)R_0/v \tag{7.3.21}$$

式中，L 为合成孔径长度；θ_{3dB} 为天线的 3dB 波束宽度；D 为 SAR 天线方位向口径。

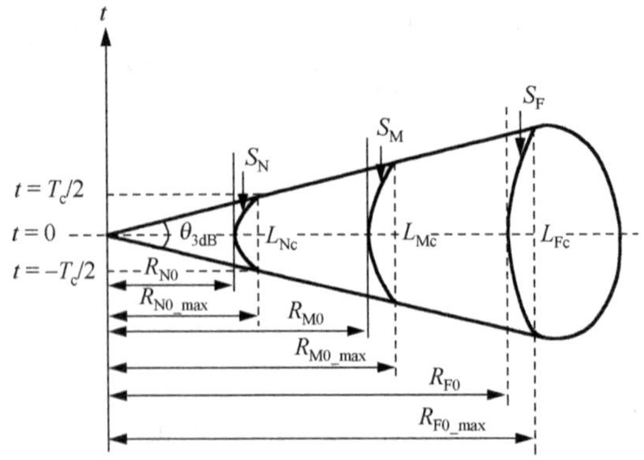

图 7.3.12　SAR 成像的距离弯曲随距离向位置变化的情况

在此用式(7.3.22)来描述距离弯曲的程度：

$$\Delta R/S = [R(t) - R_0]/S \tag{7.3.22}$$

式中，S 为距离变化轨迹的积分：

$$
\begin{aligned}
S &= \int_{-T_c/2}^{+T_c/2} R(t)\mathrm{d}t = \int_{-T_c/2}^{+T_c/2} \sqrt{R_0^2+(vt)^2}\mathrm{d}t \approx \int_{-T_c/2}^{+T_c/2} [R_0+(vt)^2/(2R_0)]\mathrm{d}t \\
&= R_0T_c + \frac{v^2}{2R_0\times 3}\int_{-T_c/2}^{+T_c/2}\mathrm{d}t^3 = R_0T_c+\frac{v^2}{6R_0}t^3\Bigg|_{-T_c/2}^{+T_c/2} = R_0T_c+\frac{v^2}{24R_0}T_c^3 = R_0\left(T_c+\frac{v^2T_c^3}{24R_0^2}\right)
\end{aligned} \tag{7.3.23}
$$

ΔR 可以近似为

$$
\Delta R = R(t)-R_0 \approx (vt)^2/(2R_0) \tag{7.3.24}
$$

$$
\begin{aligned}
\frac{\Delta R}{S} &= \frac{R(t)-R_0}{S} \approx \frac{(vt)^2/(2R_0)}{R_0[T_c+v^2T_c^3/(24R_0^2)]} = \frac{(vt/R_0)^2}{2T_c[1+(vT_c/R_0)^2/24]} \\
&= \frac{\{[vT_c(-1:\Delta t:1)]/R_0\}^2}{8T_c[1+(vT_c/R_0)^2/24]} = \frac{[\lambda(-1:\Delta t:1)/D]^2}{8R_0[\lambda/(Dv)][1+(\lambda/D)^2/24]}
\end{aligned} \tag{7.3.25}
$$

式中，$t = T_c\ (-1{:}\ \Delta t{:}1)/2, \Delta t = 1/\mathrm{PRF}$。式(7.3.25)表明，$R_0$ 越小，T_c越小，$\Delta R/S$越大，即距离越近，距离弯曲越严重。

2. 多普勒弯曲

与距离弯曲类似，在距离多普勒域，SAR 回波的多普勒频率也存在弯曲现象，但其弯曲程度随距离向位置变化的趋势与距离弯曲正好相反。

如图 7.3.13 所示，回波的多普勒带宽只取决于天线方位向的 3dB 波束宽度，不随目标的距离位置而变。当 $t = -T_c/2$ 时，远距点与雷达的距离为 R_{Fmax}，此时多普勒频率为正，最大为$+f_{\mathrm{dmax}}$。注意：对于不同的距离点，其相干积分时间 T_c 有不同的取值。

目标距离 R_0 越大，$\Delta R = R_0\,[1/\cos(\theta_{3\mathrm{dB}}/2)-1]$越大，即跨距离单元数越多，因此在距离-多普勒域，远距点的多普勒弯曲越大。

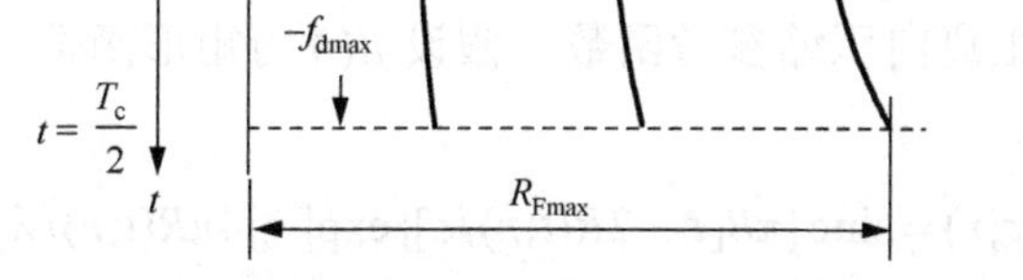

图 7.3.13　SAR 成像的多普勒曲随距离向位置变化的情况

3. Range-Doppler 算法[3]

Range-Doppler(RD)算法因为简单实用成为合成孔径雷达最早、最经典也是应用最广的一种成像算法。RD 算法主要包括距离向压缩、距离徙动校正、相位补偿、方位向压缩等主要步骤。图 7.3.14 给出了 RD 算法的流程框图。下面对 RD 算法的主要过程进行简要阐述。

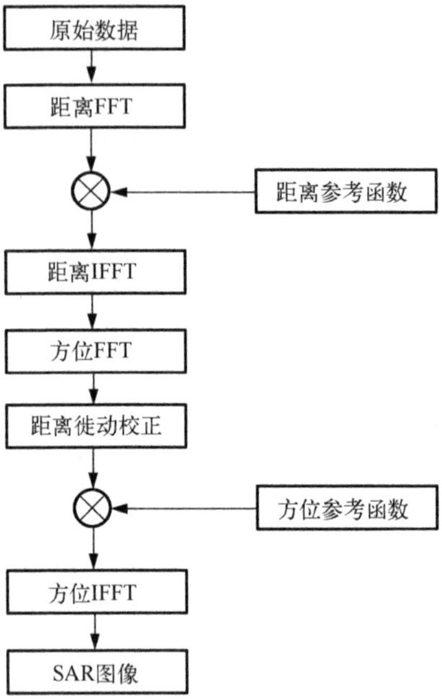

图 7.3.14 Range-Doppler 算法流程图

设发射信号的基带形式为如下的线性调频信号：

$$p(\tau)=\mu(\tau)\exp(-\mathrm{j}\pi K\tau^2) \tag{7.3.26}$$

式中，$\mu(\tau)$为发射信号包络；$K=B/T_{\mathrm{p}}$为线性调频斜率，其中，B为带宽，T_{p}为脉冲宽度。简化起见，令目标后向散射系数等于 1，则对于斜距r处的点目标，回波可表示为

$$s_{\mathrm{r}}(t,\tau;r)=\mu[\tau-2R(t;r)/c]\exp\{-\mathrm{j}\pi K[\tau-2R(t;r)/c]^2\}\exp[-\mathrm{j}4\pi R(t;r)/\lambda] \tag{7.3.27}$$

其中

$$R(t;r)=\sqrt{r^2+{v_{\mathrm{a}}}^2t^2}\approx r+{v_{\mathrm{a}}}^2t^2/(2r) \tag{7.3.28}$$

RD 算法首先将回波信号进行距离向的压缩，即对线性调频信号进行匹配滤波处理。设距离向压缩后的信号为$s_1(t,\tau;r)$，则有

$$s_1(t,\tau;r)=s_{\mathrm{r}}(t,\tau;r)*h_{\mathrm{r}}(\tau) \tag{7.3.29}$$

式中，$h_{\mathrm{r}}(\tau)=p^*(-\tau)$为距离向压缩参考函数。假设$\mu(\cdot)$为矩形函数，则距离向压缩后的信号可表示为

$$s_1(t,\tau;r)=\mathrm{sinc}\{\pi B[\tau-2R(t;r)/c]\}\exp[-\mathrm{j}4\pi R(t;r)/\lambda] \tag{7.3.30}$$

回波信号经过匹配滤波之后，距离向脉冲宽度变为 1/B，即实现了压缩处理。式中最后的相位项就是需处理的方位向多普勒信号。sinc 函数的峰值点随着目标距离的变化而变化，形成了距离弯曲。必须先通过插值的方法进行距离弯曲校正，此步骤的计算量较大，对 RD 算法的计算效率有较大影响。可是在实际回波信号中，相同距离线上分布着许多目标，雷达波束经过它们的时间不同，记录的位置也不同，于是便有各自的弯曲轨迹，在时域中很难逐一校正。但它们的多普勒历程却是相同的，可以先将回波信号变换到频域，这样相同距离线上的目标将具有相同的弯曲轨迹，其时间的不同只是在频谱上叠加了一个固定相位。

将 $s_1(t,\tau;r)$ 沿方位向作傅里叶变换，则进入了 *R-D* 域，有

$$S_1(f,\tau;r)=\operatorname{sinc}\{\pi B[\tau-2r/c-\lambda f^2/(ck_a)]\}\exp(-j\pi f^2/k_a)\exp(-j4\pi r/\lambda) \tag{7.3.31}$$

式中，$k_a=-2v_a^2/(\lambda r)$ 是多普勒调频斜率。且可以证明，距离弯曲轨迹为

$$R(f,r)=r\Big/\sqrt{1-[\lambda f/(2v_a)]^2} \tag{7.3.32}$$

因此在 *R-D* 域，沿距离向需要校正的距离弯曲量为

$$\Delta R(f;r)=r\Big/\sqrt{1-[\lambda f/(2v_a)]^2}-r \tag{7.3.33}$$

校正之后，在 *R-D* 域中，所有位置上的弯曲轨迹都平行于多普勒频率轴，此时有

$$S_2(f,\tau;r)=\mathrm{SINC}[\pi B(\tau-2r/c)]\exp(-j\pi f^2/k_a)\exp(-j4\pi r/\lambda) \tag{7.3.34}$$

接下来进行方位滤波处理，即

$$S_3(f,\tau;r)=S_2(f,\tau;r)\cdot H_a(f;r) \tag{7.3.35}$$

式中，$H_a(f;r)=\exp(j\pi f^2/k_a)$ 为方位向参考函数的频域表达。最后进行方位向 IFFT，得到

$$s_3(t,\tau)=C\cdot\operatorname{sinc}[\pi B(\tau-2r/c)]\cdot\operatorname{sinc}(\pi B_a t) \tag{7.3.36}$$

式中，C 为常数；B_a 为方位多普勒带宽。式(7.3.36)即为图像域中的点目标响应，该二维 sinc 函数在距离向和方位向的 3dB 主瓣宽度表示 SAR 在距离向和方位向的分辨率，分别取决于发射信号的带宽和合成孔径的长度。

图 7.3.15 给出了点目标的回波经处理后得到的二维时域响应，其两个正交的剖面分别对应了距离向和方位向的响应。

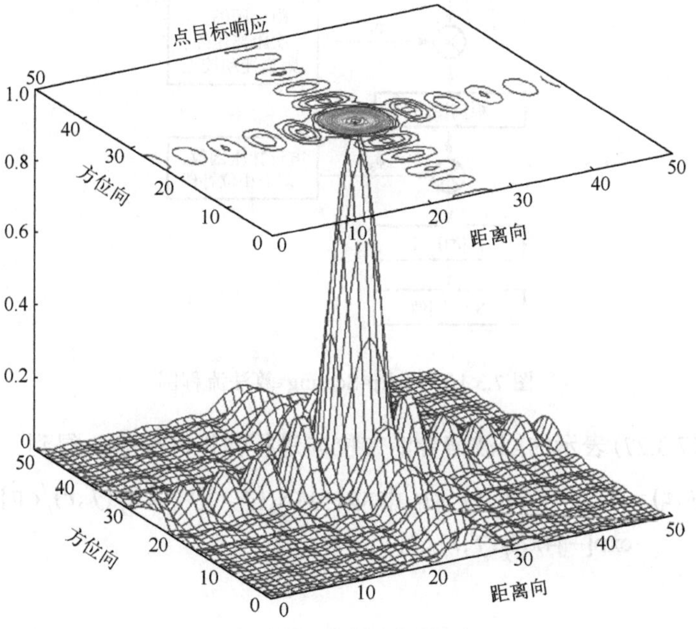

图 7.3.15　SAR 的二维点目标响应

4. Chirp-Scaling 成像算法

在 RD 算法中，距离弯曲校正一般需要插值运算。经过插值后，在 *R-D* 域中将信号沿距离向做了平移。时域的平移可以在相应的频域中，乘上一个线性相位项来代替，这样就避免了插值运算。但是，距离弯曲具有空间移变特性，不同距离上的采样点所需的线性相位是不同的，即这种平移存在沿距离方向的尺度变化。而 Chirp-Scaling(CS) 算法[3]的基本思想就是充分利用发射信号是线性调频信号的性质，消除这一尺度变化，使得不同点的距离弯曲程度只与多普勒频率有关而不随距离变化。

对于一个调频斜率为 k_s、中心为 τ_1 的线性调频信号，将它与另一个调频斜率为 k_sC_s、中心为 τ_2 的线性调频相乘，有

$$\exp[-j\pi k_s(\tau-\tau_1)^2]\cdot\exp[-j\pi k_sC_s(\tau-\tau_2)^2]=\exp[-j\pi k_s(1+C_s)(\tau-\tau_3)^2-j\Theta] \tag{7.3.37}$$

$$\tau_3=(\tau_1+C_s\tau_2)/(1+C_s) \tag{7.3.38}$$

$$\Theta=\pi k_s(1+C_s)C_s(\tau_1-\tau_2)^2 \tag{7.3.39}$$

这样就得到了一个调频斜率为 $k_s(1+C_s)$、中心为 τ_3 的新线性调频信号，所以可以用这种方法实现线性调频信号的小的时移。CS 算法的流程如图 7.3.16 所示。

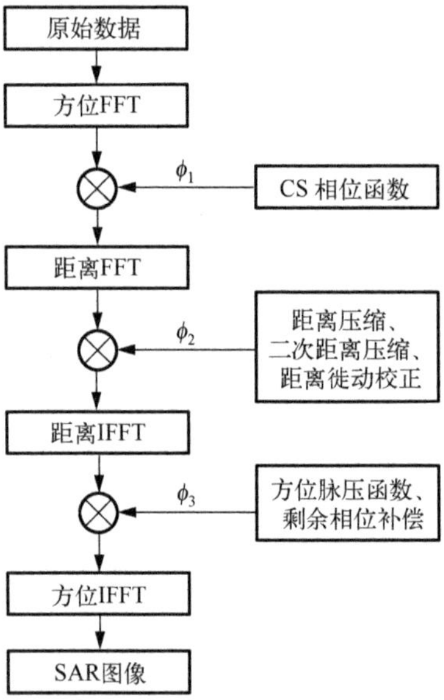

图 7.3.16 Chirp-Scaling 算法流程图

首先，将式(7.3.27)表示的回波信号沿方位向进行傅里叶变换，得到

$$\begin{aligned}S_1(f,\tau)=&C\cdot\mu[\tau-2R_f(f,r)/c]\exp\{-j\pi K_s(f,r)[\tau-2R_f(f,r)/c]^2\}\\&\cdot\exp[-j4\pi R_f(f,r)/\lambda]\end{aligned} \tag{7.3.40}$$

其中

$$R_f(f,r)=r\Big/\sqrt{1-[\lambda f/(2v_a)]^2}=r[1+C_s(f)] \tag{7.3.41}$$

式(7.3.40)中的 C 是常数，$C_s(f)$ 为距离弯曲因子，$K_s(f, r)$ 为等效调频斜率：

$$C_s(f)=1\Big/\sqrt{1-[\lambda f/(2v_a)]^2}-1 \tag{7.3.42}$$

$$K_s(f,r)=K\Big/\{1+Kr2\lambda/c^2\cdot[\lambda f/(2v_a)]^2/[1-[\lambda f/(2v_a)]^2]^{3/2}\} \tag{7.3.43}$$

对应式(7.3.41)，需校正的距离弯曲量为

$$\Delta R(f;r)=r\cdot C_s(f) \tag{7.3.44}$$

与距离有关。如图 7.3.17 虚线所示，不同距离上的距离弯曲程度不同，而接下来进行的 Chirp-Scaling 处理，即消除这一随距离变化的性质，所乘的 CS 相位函数为

$$\phi_1=\exp\{-\mathrm{j}\pi K_s(f,r_{\mathrm{ref}})C_s(f)[\tau-\tau_{\mathrm{ref}}(f)]^2\} \tag{7.3.45}$$

$$\tau_{\mathrm{ref}}(f)=2r_{\mathrm{ref}}[1+C_s(f)]/c \tag{7.3.46}$$

式中，r_{ref} 为参考距离，一般可取测绘带中心。

S_1 与 ϕ_1 相乘的结果为

$$\begin{aligned}S_2(f,\tau;r)=&C\mu(\tau-2R_f/c)\exp\{-\mathrm{j}\pi K_s(1+C_s)[\tau-2(r+r_{\mathrm{ref}}C_s)/c]^2\}\\&\cdot\exp(-\mathrm{j}4\pi R_f/\lambda)\exp(-\mathrm{j}\Theta)\end{aligned} \tag{7.3.47}$$

$$\Theta=\pi K_s(1+C_s)C_s(\tau-\tau_{\mathrm{ref}})^2 \tag{7.3.48}$$

这时，距离弯曲变为

$$\Delta R(f)=r_{\mathrm{ref}}C_s(f) \tag{7.3.49}$$

即不同距离上的点具有与参考点相同的弯曲轨迹，如图 7.3.17 中的实线所示。然后将信号变换到二维频域，就可以通过乘以一个线性相位来完成距离弯曲校正，并在二维频域完成距离压缩。将 S_2 沿距离向作傅里叶变换，得

$$\begin{aligned}S_3(f,f_\tau)=&C\mu\{\tau-f_\tau/[K_s(1+C_s)]\}\exp\{\mathrm{j}\pi f_\tau{}^2/[K_s(1+C_s)]\}\\&\cdot\exp[-\mathrm{j}4\pi f_\tau(r+r_{\mathrm{ref}}C_s)/c]\\&\cdot\exp(-\mathrm{j}4\pi R_f/\lambda)\cdot\exp(-\mathrm{j}\Theta)\end{aligned} \tag{7.3.50}$$

将 S_3 乘以参考函数 ϕ_2 得

$$\phi_2=\exp\{-\mathrm{j}\pi f_\tau{}^2/[K_s(1+C_s)]+\mathrm{j}4\pi f_\tau r_{\mathrm{ref}}C_s/c\} \tag{7.3.51}$$

并做距离向 IFFT，得

$$S_4(f,\tau)=C\mu(\tau-2r/c)\cdot\exp(-\mathrm{j}4\pi R_f/\lambda)\cdot\exp(-\mathrm{j}\Theta) \tag{7.3.52}$$

这时已经完成了距离压缩、二次距离压缩、距离弯曲校正，且信号回到了 *R-D* 域中。最后将 S_4 乘以方位向参考函数以及剩余相位函数 ϕ_3 得

$$\phi_3=\exp\{-\mathrm{j}(2\pi c\tau/\lambda)\{1-[1-(\lambda f/(2v_a))^2\}^{1/2}]+\mathrm{j}\Theta\} \tag{7.3.53}$$

并进行傅里叶逆变换得

$$s_5(t,\tau)=C\cdot\mu(\tau-2r/c)\cdot a_0(t) \tag{7.3.54}$$

式中，$\mu(\cdot)$ 和 $a_0(\cdot)$ 分别是距离向和方位向的目标冲激响应，前者与发射信号包络有关，后者与天线加权函数有关。

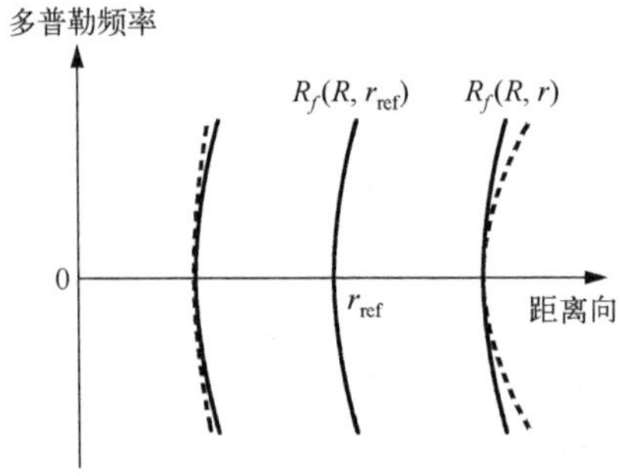

图 7.3.17 Chirp-Scaling 算法校正多普勒距离弯曲示意图

5. 波数域成像算法（ω-k 算法）[3]

ω - k 算法，又称波数域算法或距离徙动算法，核心步骤是在二维频域中的 Stolt 映射/插值，下面简要介绍ω-k 算法的基本步骤。

对 SAR 回波信号做二维傅里叶变换，得到二维频域表达式：

$$S_{\omega k1}(f_a, f_r) = (\mathcal{F}_a \circ \mathcal{F}_r)[s](f_a, f_r) = \iint \gamma(x_a, x_r) P_{\omega k1}(f_a, f_r, x_a, x_r) \mathrm{d}x_a \mathrm{d}x_r \tag{7.3.55}$$

式中，$\mathcal{F}_r$ 表示做距离向 FFT 的算子；$\mathcal{F}_a$ 表示做方位向 FFT 的算子；$\mathcal{F}_a \circ \mathcal{F}_r$ 表示 $\mathcal{F}_r$ 先作用，$\mathcal{F}_a$ 后作用，其中，$P_{\omega k1}(f_a, f_r, x_a, x_r)$ 为

$$\begin{aligned} P_{\omega k1}(f_a, f_r, x_a, x_r) = & W_a(f_a - f_{ac}) W_r(f_r) \\ & \times \exp\left[-\mathrm{j}(4\pi x_r / c)\sqrt{(f_0 + f_r)^2 - c^2 f_a^2 / (4v^2)}\right] \\ & \times \exp(-\mathrm{j}2\pi f_a x_a / v) \exp(-\mathrm{j}\pi f_r^2 / K_r) \end{aligned} \tag{7.3.56}$$

将 $S_{\omega k1}(f_a, f_r)$ 与参考函数 $\exp[\mathrm{j}\Phi_{\text{ref}}(f_a, f_r)]$相乘，作用是对参考目标进行完全聚焦，假如参考目标位于$(x_{a_\text{ref}}, x_{r_\text{ref}})$，参考函数可以表示为

$$\begin{aligned} \exp[\mathrm{j}\Phi_{\text{ref}}(f_a, f_r)] = & \exp\left[\mathrm{j}4\pi x_{r\_\text{ref}} / c\sqrt{(f_0 + f_r)^2 - c^2 f_a^2 / (4v^2)}\right] \\ & \times \exp(\mathrm{j}2\pi f_a x_{a\_\text{ref}} / v) \exp(\mathrm{j}\pi f_r^2 / K_r) \end{aligned} \tag{7.3.57}$$

令算子 $\mathcal{P}_{\text{ref}}$ 表示乘以 $\exp[\mathrm{j}\Phi_{\text{ref}}(f_a, f_r)]$的运算，则

$$S_{\omega k2}(f_a, f_r) = \mathcal{P}_{\text{ref}}[S_1](f_a, f_r) = \iint \gamma(x_a, x_r) P_{\omega k2}(f_a, f_r, x_a, x_r) \mathrm{d}x_a \mathrm{d}x_r \tag{7.3.58}$$

其中

$$\begin{aligned} P_{\omega k2}(f_a, f_r, x_a, x_r) = & W_a(f_a - f_{ac}) W_r(f_r) \\ & \times \exp\left[-\mathrm{j}4\pi(x_r - x_{r\_\text{ref}}) / c\sqrt{(f_0 + f_r)^2 - c^2 f_a^2 / (4v^2)}\right] \\ & \times \exp[-\mathrm{j}2\pi f_a (x_a - x_{a\_\text{ref}}) / v] \end{aligned} \tag{7.3.59}$$

然后对 $S_{\omega k2}(f_a, f_r)$ 进行 Stolt 映射，其实是对式(7.3.59)中第一个相位项里面的根式进行变量代换：

$$\sqrt{(f_0 + f_r)^2 - c^2 f_a^2 / (4v^2)} = f_0 + f_r' \tag{7.3.60}$$

Stolt 映射在实际中采用插值实现。如果用算子 $\mathcal{S}$ 表示 Stolt 映射，则

$$S_{\omega k3}(f_a,f_r)=\mathcal{S}_{\omega k}[S_{\omega k2}](f_a,f_r)=\iint\gamma(x_a,x_r)P_{\omega k3}(f_a,f_r,x_a,x_r)\mathrm{d}x_a\mathrm{d}x_r \tag{7.3.61}$$

其中

$$\begin{aligned}P_{\omega k3}(f_a,f_r,x_a,x_r)=&W_a(f_a-f_{ac})W_r(f_r)\\&\times\exp\{-\mathrm{j}4\pi(f_0+f_r')(x_r-x_{r\_ref})/c\}\times\exp\{-\mathrm{j}2\pi f_a(x_a-x_{a\_ref})/v\}\end{aligned} \tag{7.3.62}$$

最后对 $S_{\omega k3}(f_a,f_r)$ 进行傅里叶逆变换，得到最终图像：

$$g_{\omega k}(t_a,t_r)=(\mathcal{F}_r^{-1}\circ\mathcal{F}_a^{-1})[S_{\omega k3}](t_a,t_r)=\iint\gamma(x_a,x_r)\mathrm{PSF}_{\omega k}(t_a,t_r,x_a,x_r)\mathrm{d}x_a\mathrm{d}x_r \tag{7.3.63}$$

其中

$$\begin{aligned}\mathrm{PSF}_{\omega k}(t_a,t_r,x_a,x_r)=&p_a[t_a-(x_a-x_{a\_ref})/v]p_r[t_r-2(x_r-x_{r\_ref})/c]\\&\times\exp[-\mathrm{j}4\pi f_0(x_r-x_{r\_ref})/c]\exp(-\mathrm{j}2\pi f_{ac}t_a)\end{aligned} \tag{7.3.64}$$

综合式(7.3.55)、式(7.3.58)、式(7.3.61)和式(7.3.63)，可以把ω-k算法的操作表示为成像算子形式：

$$g_{\omega k}(t_a,t_r)=\mathcal{T}_{\omega k}[s](t_a,t_r) \tag{7.3.65}$$

式中，$\mathcal{T}_{\omega k}$ 定义为ω-k算法成像算子：

$$\mathcal{T}_{\omega k}=\mathcal{F}_r^{-1}\circ\mathcal{F}_a^{-1}\circ\mathcal{S}_{\omega k}\circ\mathcal{P}_{ref}\circ\mathcal{F}_a\circ\mathcal{F}_r \tag{7.3.66}$$

ω-k 算法的关键步骤是 Stolt 插值，插值运算计算量大的缺点已经在介绍 RD 算法时做了说明。ω-k 算法的优点在于可以处理所有斜视角和孔径长度的 SAR 数据。

7.3.4　SAR 成像实例

本节给出两个不同区域的 SAR 成像实例，SAR 的主要系统参数如表 7.3.1 所示。在第 1 个城区的成像实例中，给出了从原始回波到最终 SAR 图像中间的各主要步骤的结果，在第 2 个海岸区域的成像实例中直接给出成像结果及其与光学图像的对比。

表 7.3.1　SAR 主要系统参数

参数	数值	参数	数值
载频	34.8GHz	信号带宽	200MHz
峰值功率	300W	脉冲时宽	10μs
飞行高度	3000m	脉冲波形	LFM
天线形式	角锥喇叭	接收体制	去斜
天线增益	30dB	入射角	17°～35°
天线波束宽度	10°×10°	—	—

1. 城区成像

本例 SAR 成像的区域为广东省阳江市的某区域，如图 7.3.18 所示。二面角强散射(已在 2.4.2 节中介绍)使得图像中建筑物的轮廓非常清晰，尤其是迎着入射波照射的建筑墙面散射非常强(图像呈现亮白色)，可以根据图像中建筑物的阴影方向和位置来判断 SAR 成像时雷达信号的照射方向。

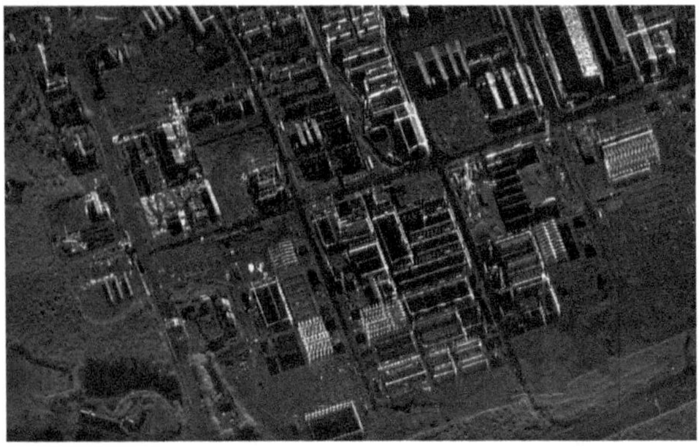

图 7.3.18 SAR 成像举例 1：广东阳江某区域的 SAR 图像

2. 海岸成像

图7.3.19给出了广东省阳江市海陵岛大桥及附近的Ka波段SAR图像和光学图像的对比，由此可看出，由于入射角为 20° 左右，因此水体的后向散射较强。

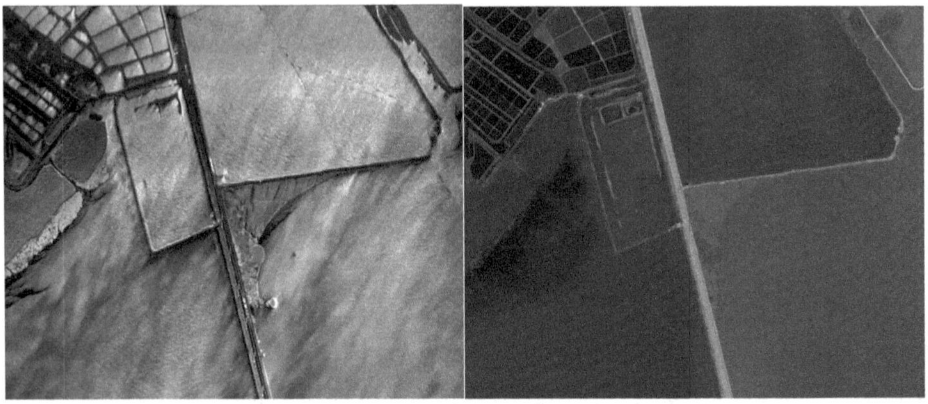

(a) SAR 图像　　(b) 光学图像

图 7.3.19 SAR 成像举例 2：广东阳江海陵岛大桥及附近的 SAR 图像及该区域的光学图像

由于 SAR 所进行的合成孔径处理属于相干信号处理，因此所得到图像同时保留了幅度和相位信息。一般而言，SAR 图像的幅度服从瑞利分布，而相位服从均匀分布(随机分布)。

7.3.5 SAR 主要体制

SAR 体制主要有条带 SAR、扫描 SAR、TOPS SAR、聚束 SAR、滑动聚束 SAR、圆迹 SAR、干涉 SAR、极化 SAR/极化干涉 SAR、前视 SAR 和阵列 SAR 等。本书后面将对 InSAR、圆迹 SAR 和极化 SAR 进行详细介绍。

1. 条带 SAR

条带 SAR(stripmap SAR)是最经典的 SAR 成像模式，7.3.2 节正是基于该模式介绍了 SAR 的基本原理。一般而言，条带 SAR 的天线指向是固定的，包括正侧视、前斜视和后斜视三种方式，如图 7.3.20 所示。

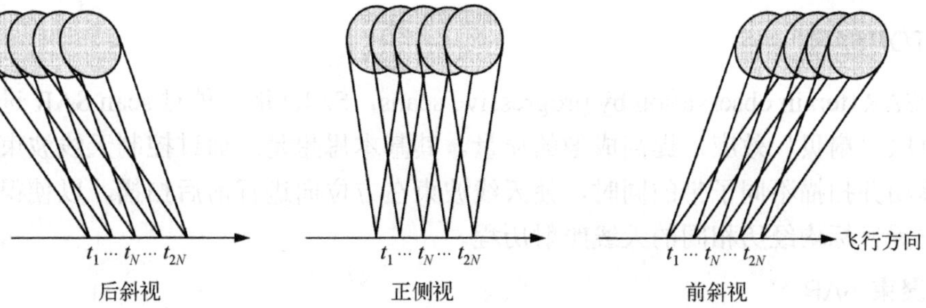

图 7.3.20　正侧视、前斜视和后斜视条带 SAR 示意图

2．扫描 SAR

在 7.3.2 节中已介绍，条带 SAR 方位高分辨率与观测刈幅存在矛盾，方位向分辨率越高，观测刈幅越小。扫描 SAR 是为了满足更大的成像刈幅需求而提出来的。不同于成像过程中天线波束固定的条带 SAR(scan SAR)模式，扫描 SAR 在飞行过程中的波束在交轨方向的入射角周期性地由小变大，以便能够覆盖更宽的刈幅。图 7.3.21 给出了 scan SAR 的波束覆盖示意图，如图所示，SAR 天线波束在每个子带驻留一定时间，即以正常的 PRF 发射若干脉冲并接收其回波，在一个扫描周期内覆盖完 3 个子带，下一个扫描周期又从子带 1 开始依次在 3 个子带驻留一定时间，要求波束覆盖需与上一次扫描的范围有所重叠，如此循环下去。由于天线波束在每个子带驻留时间不连续，也就是说，对方位向的回波采样呈现了脉冲簇的特性，将产生两方面的影响：①每个子带所能进行合成孔径处理的时间不连续，即不同方位位置的目标经历了天线方位向方向图不同位置的加权(即所经历的雷达波束照射历程不同)，从而导致图像容易出现“扇贝”效应(雷达图像沿方位向出现“明”“暗”平直条纹)；②方位向的分辨率降低。这就是说，scan SAR 以牺牲方位向分辨率来获得观测刈幅的增加，一般情况下其方位分辨率是波束不扫描的正常情况下方位向分辨率的 N 分之一，N 为距离向子带个数。

需要说明的是，在图 7.3.21 中，天线波束的方位向宽度和距离向宽度没有严格的比例关系，仅为示意，飞行方向 16 个网格代表一个完整的天线方位向波束宽度。

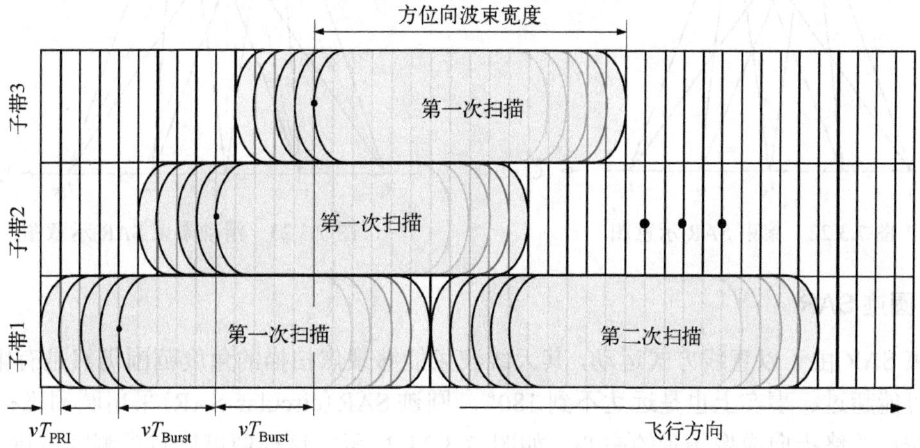

图 7.3.21　扫描 SAR 覆盖示意图

3. TOPSAR

TOPSAR(terain observation by progressive scans，SAR)是一种对 scan SAR 进行改进的模式，以克服“扇贝”效应，提高成像的质量。其基本思想是：通过控制天线波束在随卫星平台向前移动并扫描不同子带的同时，使天线波束在方位向进行前后扫描，以使得每个子带不同方位位置目标均经历相同的天线照射历程。

4. 聚束 SAR

条带 SAR 最高的方位向分辨率取决于天线方位向的波束宽度，波束越宽则合成孔径越大(合成孔径时间越长)，方位向多普勒信号的带宽越大，方位分辨率就越高，但这意味着天线的方位向孔径越小，天线增益就越受限。聚束 SAR(spotlight SAR)的提出正是为了增大合成孔径长度(时间)以提高方位向分辨率，方法是在 SAR 平台的运动过程中(一般采用直线运动)，让天线波束始终指向某个区域，如图 7.3.22 所示。聚束 SAR 的方位分辨率不再取决于天线的方位向波束宽度，而是取决于方位向观测角度的范围。这样更有利于采用较大的天线，以满足更远距离的高分辨率 SAR 成像的需求。

然而聚束 SAR 存在着成像区域受限，并且成像区域沿方位向无法连续的缺点。

5. 滑动聚束 SAR

滑动聚束 SAR(sliding spotlight SAR)对波束聚焦方式进行了改进，如图 7.3.23 所示，将扫描波束聚焦到一个虚拟的中心上，该中心位于比实际观测距离更远处。在滑动聚束模式下，天线波束在完成由前视到后视的聚焦后，波束实际覆盖的区域相比聚束 SAR 有了较大的增加，由此增大了成像的范围。但由于对成像区域的实际观测角度范围变得比聚束 SAR 小了，因此滑动聚束 SAR 是以牺牲方位分辨率来增加方位向成像区域以达到连续成像的目的。

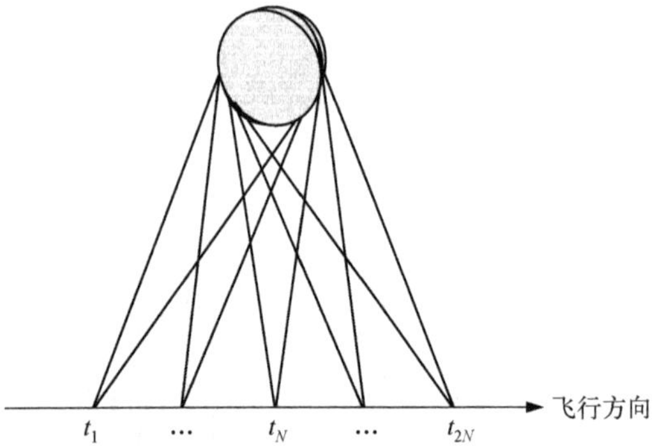

图 7.3.22 聚束 SAR 示意图

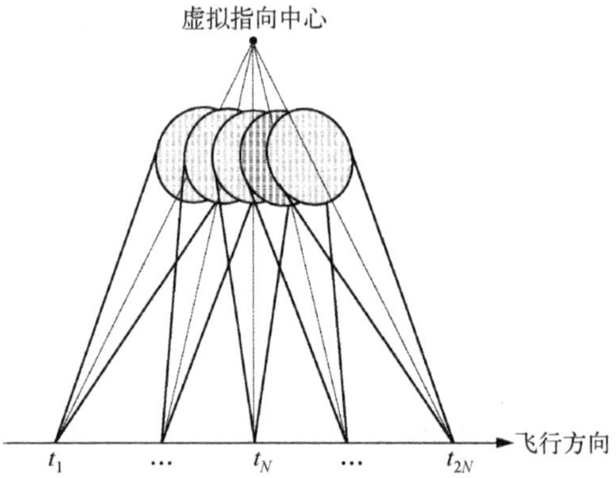

图 7.3.23 滑动聚束 SAR 示意图

6. 圆迹 SAR

聚束 SAR 由于以直线方式运动，其天线波束能够聚焦扫描的角度范围仍然是有限的，理论上不可能超过、事实上也是远达不到 180°。圆迹 SAR(circular SAR)采用圆周飞行方式并使天线波束始终指向成像场景的中心，如图 7.3.24 所示，这样便可以对观测区域进行 360°全方位角观测，不仅能够获得极高的成像分辨率，还能够更好地凸显目标的散射特性。在 7.5 节将对圆迹 SAR 做详细介绍。

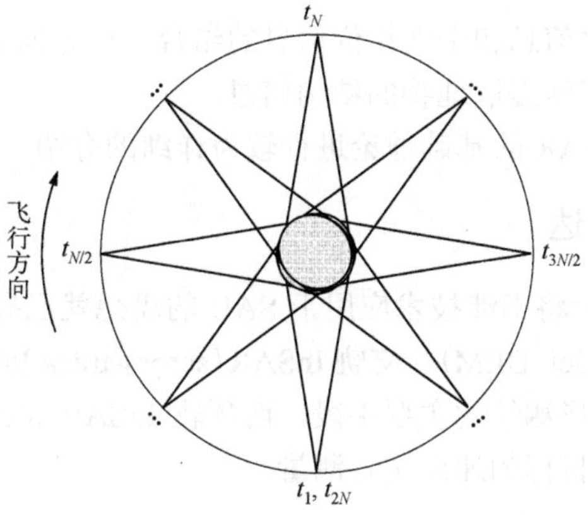

图 7.3.24 圆迹 SAR 示意图(波束在地面的投影)

7. 干涉 SAR 和差分干涉 SAR

前面已经介绍 SAR 图像为复数图像，即每个像素均为复数，并且其相位是在[0,π]范围随机分布的，难以利用。然而如果两幅 SAR 图像是通过具有一定几何关系的两副 SAR 天线获得的，或者是同一个 SAR 在两个不同的时间以一定的几何关系对同一地区进行成像得到的，那么这两幅 SAR 图像经过图像配准并进行共轭相乘后，对应像素的相位差便不再随机分布，而是包含了每个像素所对应地面位置的高度信息或者是场景中运动目标的信息。将两副天线沿交轨方向设置形成干涉基线或两次飞行形成等效干涉基线的 SAR 系统称为交轨(across-track)干涉 SAR (inteferometric SAR, InSAR)，而把两副天线沿飞行方向设置形成干涉基线的 SAR 系统称为顺轨(along-track)干涉 SAR。关于干涉 SAR 将在 7.3.6 节进行介绍。

如果把交轨干涉 SAR 在不同时间所获得的对同一地区的两幅三维地形图测量结果相减，则可以得到地形形变的测量结果，这一技术称为差分(differential)干涉 SAR(D-InSAR)技术。采用 D-InSAR 技术通常可以获得与雷达波长可比拟的地形形变测量精度。

8. 极化 SAR 和极化干涉 SAR

SAR 本质上是利用所发射的电磁波与目标的相互作用，通过获取电磁散射信号并进行处理而实现雷达成像。因此，SAR 图像在具有鲜明的电磁波频率特征的同时，还有鲜明的电磁波极化特征。极化 SAR(polarimetric SAR)正是通过发射多种电磁波极化的雷达信号，进而同时获取不同发射和接收极化组合的雷达图像。

最初的极化 SAR 为双极化，当采用线极化波时，可获取 VV/HH 或 VV/VH 或 HH/HV 双极化 SAR 图像；当采用圆极化波时，可获取 RR/LL 或 RR/RL 或 LL/RL 双极化 SAR 图像，进而发展到利用全部极化组合的全极化 SAR，即同时获取 VV/HH/HV/VH 四种线极化 SAR 图像或者 RR/LL/RL/LR 四种圆极化 SAR 图像。

全极化 SAR 可获得每个像素全部的四个 Stokes 参数，可提取全部极化的电磁散射信息。对于星载 SAR 来说，“星-地”通信链路传输带宽是制约其工作时长的主要因素。简缩极化 SAR 正是在此背景下发展起来的，其极化信息获取能力介于双极化 SAR 和全极化 SAR 信息获取能力之间。简缩极化 SAR 通常发射左旋或右旋圆极化波信号，而同时接收 V 极化和 H 极化回波信号。

进一步将干涉测量技术应用于极化 SAR，诞生了极化干涉 SAR(polarimetric interferometric

SAR，PolinSAR)技术，极化信息和干涉相位信息的结合，一方面更有利于对地物目标的分类和识别，另一方面能够更好地提取地物的结构信息。

本书第 8 章将对极化 SAR 的基础理论进行较为详细的介绍。

7.3.6 干涉合成孔径雷达

早在 20 世纪 70 年代，将干涉技术应用于 SAR 的思想就已提出[4,5]，以获取陆地的数字高程图(digital elevation model, DEM)。交轨 InSAR(across-track InSAR, 干涉基线与飞行方向垂直)已经成为陆地三维地形测绘的主要手段，而顺轨 InSAR(along-track InSAR，干涉基线与飞行方向一致)可对运动目标的速度进行测量。

1. 交轨 InSAR

1)基本原理

交轨 InSAR 是在 SAR 的基础上，进一步采用干涉测量技术，在实现高分辨率平面分辨率的同时，获得目标相对于某个参考面的高度测量，即实现观测区域的三维位置测量(三维成像)，得到数字高程图（DEM)。

交轨 InSAR 实现三维成像有两个基本途径：①采用至少两副天线(具有一定空间距离，构成干涉基线)，对观测区域进行成像观测，可以是其中一副天线发射，两副天线同时接收，或者两副天线分别发射和接收，获得两幅复数图像；②若只有一副天线，则采用重复航线对同一区域进行重复观测，理论上要求两次观测的航线相互平行，并有一定距离（形成干涉基线)。

图 7.3.25 给出了星载和机载交轨 InSAR 干涉测高的示意图。对于星载 InSAR，因为卫星轨道与地面的垂直距离可达数百千米，此时地球表面需按球面或椭球面处理。而对于机载 InSAR，可将地球表面按平面处理。图 7.3.26 给出了交轨 InSAR 信号处理流程框图，主要包括二维成像及多视处理、图像配准、干涉相位图生成及滤波、去平地效应、相位缠绕及平地相位补偿、根据干涉相位得到的路程差和干涉基线几何关系解算三角关系得到每个像素的高程值，最后经过地理编码后得到三维地形图(数字高程图 DEM)。

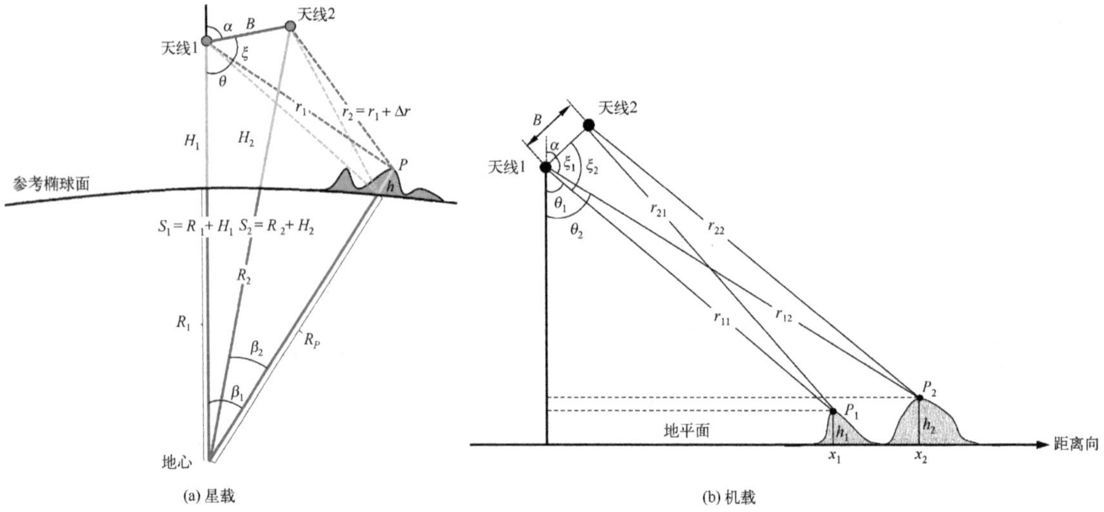

图 7.3.25 星载和机载交轨 InSAR 干涉测高示意图

InSAR 信号处理流程中去平地步骤的目的是降低干涉相位 2π模糊的周期数，有利于保证解相位缠绕的精度。平地效应是指根据 InSAR 的观测几何关系，观测区域即使为没有高度起伏的平地，也会导致干涉相位随距离向不同位置的周期性变化。去地平的方法主要有频谱法和几何法，在此不做介绍。

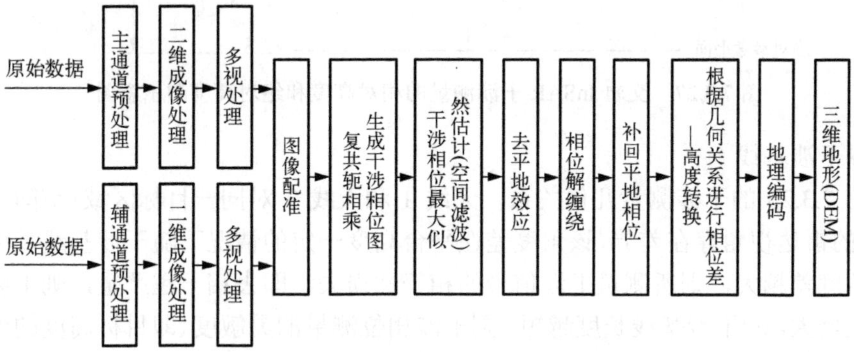

图 7.3.26　交轨 InSAR 信号处理流程框图

交轨 InSAR 所获得的两幅复图像经过图像配准、复共轭相乘后，得到每个像素干涉相位，进而进行空域滤波降噪和二维相位解缠绕后，得到直接对应于两副天线的相位中心与该像素的距离差Δr 的干涉相位$\Delta\varphi$，根据式(7.3.67)可得到Δr。根据雷达回波的时延，可以得到其中天线 1 相位中心与目标点 P 之间的距离 r，进而可得到天线 2 相位中心与目标点 P 之间的距离为 $r+\Delta r$。通过测量得到了干涉基线的长度 B 和倾角α，以及天线 1(或 2)相位中心距离地心的高度(通过对卫星的轨道高度 H_1 进行精确测量，即精密定轨)，便可以计算出“天线 1 相位中心-天线 2 相位中心-P”三角形的内角ξ，即得到目标 P 所对应的入射角$\theta=180°-\alpha-\xi$。于是可计算出“天线 1 相位中心-地心 O-P”三角形的边长“地心 O-P”，该边长减去 P 点的参考椭球距离 R_0，便可得到 P 点的高度 h。

式(7.3.67)～式(7.3.69)给出了描述干涉测量原理的基本公式：

$$\begin{aligned}\Delta r &= \Delta\phi\lambda/(2\pi)=\varphi\lambda/(2\pi)\ (\text{单发双收})\\ \Delta r &= \Delta\phi\lambda/(4\pi)=\varphi\lambda/(4\pi)\ (\text{双发双收})\end{aligned} \tag{7.3.67}$$

式中，令$\Delta\phi=\varphi$，主要是为了公式推导的简洁，并都表示干涉相位的物理意义，并且已经消除了 2π的整数倍模糊。

$$\xi=\arccos\{[r^2+B^2-(r-\Delta r)^2]/(2B\cdot r)\} \tag{7.3.68}$$

$$h=\sqrt{r^2+(H+R_0)^2+2r(H+R_0)\cos(\alpha+\xi)}-R_0 \tag{7.3.69}$$

对于机载 InSAR，由于平台高度远小于地球半径，因此可以平面代替球面，相应的测高公式可以简化为

$$h=H-r\cos\theta=H+r\cos(\alpha+\xi) \tag{7.3.70}$$

在干涉测高中，可以获得目标点的两种高度，即绝对高度和相对高度。绝对高度测量是指在一个统一的全球坐标系下，测量目标相对于某个绝对参考平面(如图 7.3.27 中的实线所示)的高度值。相对高度测量是指在一个统一的全球坐标系下，测量目标相对于一个相对参考平面(如图 7.3.27 中的虚线所示)的高度值。

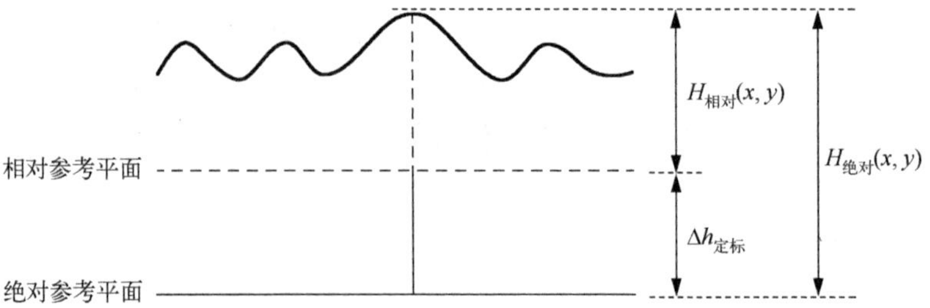

图 7.3.27 交轨 InSAR 干涉测量的相对高度和绝对高度的示意图

2) 临界干涉基线

根据图 7.3.25 的干涉测量几何关系，天线 1 和天线 2 对同一目标区域(空间分辨率所对应的面积)的雷达视角存在差异，该角度差在平台高度一定的情况下随干涉基线长度的增大而增大，而角度差越大，则所测量干涉信号的相干性损失，即去相干越严重，则干涉相位测量的误差随之增大。若干涉基线长度越短，则干涉相位测量的灵敏度(即目标高度的变化引起干涉相位的变化)降低。因此，干涉基线过长和过短均不利于干涉相位的测量。

下面结合图 7.3.28 的示意图从口径天线的角度进一步定量分析干涉基线与回波相干性的问题。可以将斜距分辨率单元所对应的面积(与雷达视线垂直的面积)看作“天线”的口径，其在雷达信号的照射下，所产生的雷达回波是该天线二次辐射的信号，可形成“辐射方向图”，其主瓣宽度取决于“天线口径”的大小。因此，分辨率单元面积越小(分辨率越高)，则二次辐射“波束”就越宽，在距离确定的情况下允许干涉的基线长度可以越长。然而当干涉基线的长度超过了“主瓣”宽度与距离的乘积时，回波信号的相干性完全散失，此基线长度称为临界基线。

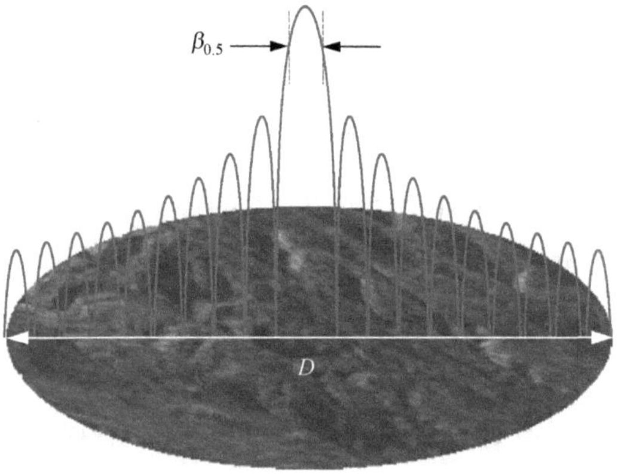

图 7.3.28 临界干涉基线示意图

假设 InSAR 的斜距分辨率为ΔR_s，以此为天线口径所对应的 3dB 波束宽度为$\lambda/\Delta R_s$，距离 r 处所对应的尺寸为最大干涉基线 $B_{\perp c}$，则

$$B_{\perp c} = \beta_{0.5} r = \lambda r/(2\Delta R_s) \tag{7.3.71}$$

式中，$B_{\perp c}$ 为干涉基线 B_c 垂直于雷达视线的分量，将 $B_{\perp c} = B_c \cos\theta$ (雷达视线方向与干涉基线的夹角)和$\Delta R_s = \Delta R_g \cos\theta$ (ΔR_g 为地距分辨率) 代入式(7.3.71)后可得

$$B_c = \lambda r/(2\Delta R_g \cos^2\theta) \tag{7.3.72}$$

式(7.3.72)表明，若 InSAR 的地距分辨率越高，本地入射角越大，观测距离越远以及雷达工作频率越低，则所需要干涉基线越长。需要说明的是，式(7.3.72)的 B_c 并非是严格的，在实际中，一般由 B_c 的 5%～20%设计干涉基线的长度。

3)测高精度

根据式(7.3.67)～式(7.3.69)，可以对 InSAR 的测高精度进行理论分析。测高误差因素可以归结为四个主要方面：①雷达自身因素，包括频率稳定度、距离测量精度和相位测量精度；②平台因素，包括平台高度确定的精度、干涉基线长度和倾角测量精度，以及平台运行速度、姿态因素；③雷达信号的路径因素(主要影响星载系统)，包括干、湿大气和电离层因素；④信号处理的因素，包括从信号到图像处理的各个环节。下面通过对式(7.3.69)求偏导的方法，得到下面描述绝对测高精度的式(7.3.73)：

$$\Delta h=\sqrt{\left(\frac{\partial h}{\partial r}\Delta r\right)^2+\left(\frac{\partial h}{\partial B}\Delta B\right)^2+\left(\frac{\partial h}{\partial H}\Delta H\right)^2+\left(\frac{\partial h}{\partial \alpha}\Delta \alpha\right)^2+\left(\frac{\partial h}{\partial \varphi}\Delta \varphi\right)^2+\left(\frac{\partial h}{\partial \lambda}\Delta \lambda\right)^2} \tag{7.3.73}$$

下面对影响 InSAR 测高的主要误差源进行具体分析。

(1)距离测量。

①平台高度ΔH误差。

式(7.3.74)给出了平台高度所引起的测高误差计算公式：

$$(\partial h/\partial H)\cdot\Delta H=[(H+R_0)+r\cos(\alpha+\xi)]\Big/\sqrt{r^2+(H+R_0)^2+2r(H+R_0)\cos(\alpha+\xi)}\cdot\Delta H \tag{7.3.74}$$

②测距误差Δr。

式(7.3.75)给出了距离测量误差对测高误差的贡献。对于星载 InSAR，测距误差不仅来自于雷达系统自身，还来自于修正干、湿大气和电离层对雷达信号传输延迟后的残余误差。对于机载 InSAR 而言，一般只需要考虑雷达自身的测距误差——系统时延误差。

$$\begin{aligned}(\partial h/\partial r)\cdot\Delta r&=[(\partial h/\partial \xi)\cdot(\partial \xi/\partial r)]\cdot\Delta r\\&=\{[r+(H+R_0)\cos(\alpha+\xi)]\Big/\sqrt{r^2+(H+R_0)^2+2r(H+R_0)\cos(\alpha+\xi)}\\&\quad-(H+R_0)\sin(\alpha+\xi)\Big/\sqrt{r^2+(H+R_0)^2+2r(H+R_0)\cos(\alpha+\xi)}\\&\quad\cdot 1\Big/\sqrt{1-\{[r^2+B^2-(r-\Delta r)^2]/(2Br)\}^2}\cdot[(B^2-\Delta r^2)/(2Br)]\}\cdot\Delta r\end{aligned} \tag{7.3.75}$$

$$\Delta r=\sqrt{\Delta r_{测距}^2+\Delta r_{干}^2+\Delta r_{湿}^2+\Delta r_{电离层}^2} \tag{7.3.76}$$

(2)干涉基线因素。

①干涉基线长度误差。

干涉基线长度的变化对干涉相位的影响虽然相对较小，但对测高精度的影响却非常大，式(7.3.77)给出了其对测高误差的贡献：

$$\begin{aligned}(\partial h/\partial B)\cdot\Delta B&=[(\partial h/\partial \xi)\cdot(\partial \xi/\partial B)]\cdot\Delta B\\&=[(H+R_0)\sin(\alpha+\xi)]\Big/\sqrt{r^2+(H+R_0)^2+2r(H+R_0)\cos(\alpha+\xi)}\\&\quad\cdot 1\Big/\sqrt{1-\{[r^2+B^2-(r-\Delta r)^2]/(2Br)\}^2}\cdot\{1/2-[r^2-(r-\Delta r)^2]/(2B^2)\}\cdot\Delta B\end{aligned} \tag{7.3.77}$$

式中，ΔB 指的是干涉基线交轨分量(垂直于飞行方向)的测量精度。

②干涉基线倾角误差。

干涉基线倾角的误差通常对干涉测高的误差贡献较大。对于高精度的InSAR，无论采用双天线方案或双航过方案，干涉基线倾角的测量通常都是一个难题，式(7.3.78)给出了其对干涉测高误差的贡献。

$$(\partial h/\partial \alpha)\cdot \Delta\alpha = [-r(H+R_0)\sin(\alpha+\xi)]\Big/\sqrt{r^2+(H+R_0)^2+2r(H+R_0)\cos(\alpha+\xi)}\cdot\Delta\alpha \quad (7.3.78)$$

(3) 干涉相位测量因素。

InSAR 干涉相位的测量精度$\Delta\varphi$ 可由干涉复图像的相干系数决定，如式(7.3.79)所示，式中，N_{L}为多视处理的视数。相干系数主要由雷达系统测量信号信噪比、干涉基线长度引入的空间去相关、目标干涉回波信号的去相关以及信号处理等因素决定，可表示为这些因素所对应的相干系数的乘积，如式(7.3.80)所示：

$$\Delta\varphi = \sqrt{1-\gamma^2}\Big/\left(\gamma\sqrt{2N_{\mathrm{L}}}\right) \quad (7.3.79)$$

$$\gamma = \gamma_{\mathrm{SNR}}\cdot\gamma_{基线}\cdot\gamma_{目标}\cdot\gamma_{信号处理} \quad (7.3.80)$$

式(7.3.80)中有

$$\gamma_{\mathrm{SNR}} = \mathrm{SNR}/(1+\mathrm{SNR}) \quad (7.3.81)$$

$$\gamma_{基线} = 1-2B\Delta R_{\mathrm{g}}\cos^2\theta/(\lambda r) \quad (7.3.82)$$

若所测量的地形没有剧烈起伏且地表处于静止状态，$\gamma_{目标}$通常可近似为 1，但如果是海洋，则$\gamma_{目标}$通常小于 1，且随海况的变化而变化。由干涉相位误差所引起的测高误差如式 (7.3.83)所示：

$$\begin{aligned}(\partial h/\partial\varphi)\cdot\Delta\varphi &= [(\partial h/\partial\xi)\cdot(\partial\xi/\partial\Delta r)\cdot(\partial\Delta r/\partial\varphi)]\cdot\Delta\varphi\\ &=][(H+R_0)\sin(\alpha+\xi)\Big/\sqrt{r^2+(H+R_0)^2+2r(H+R_0)\cos(\alpha+\xi)}\\ &\quad\cdot[(r-\Delta r)\lambda/(2\pi B)]\Big/\sqrt{1-\{[r^2+B^2-(r-\Delta r)^2]/(2Br)\}^2}\cdot\Delta\varphi\end{aligned} \quad (7.3.83)$$

式(7.3.83)针对的是单发双收模式，若是双发双收模式，则式中的“$\lambda/2\pi$”需用“$\lambda/4\pi$”替换。

对于现代相干雷达系统，频率稳定度非常高，即载频波长的变化 $\Delta\lambda$ 非常小，因此其引入的测高误差可以忽略。需要说明的是，式(7.3.74)、式(7.3.75)、式(7.3.77)、式(7.3.78)和式(7.3.83)等可用于 InSAR 系统的设计约束，而非用于测高精度的评估。在实际中可根据具体情况进行简化近似。

4) 测高灵敏度和模糊高度

式(7.3.83)中的$\partial h/\partial\varphi$的倒数，即$\partial\varphi/\partial h$，反映了高程的变化所能引起的干涉相位的变化，称为 InSAR 的测高灵敏度，但是其表达式较为复杂不便于对其本质的认识。下面通过合理近似得到更为简洁的、能够直观体现其物理意义的测高灵敏度表达式。首先假设成像的参考面为平面(如机载情况)，如图 7.3.25(b)所示。下面的公式推导针对的是单发双收情况。

根据图 7.3.25(b)，显然有

$$\begin{aligned}\sin\xi &= \sin(\alpha+\theta) = [(r+\Delta r)^2-r^2-B^2]/(2rB)\\ &= \{[r+\lambda\varphi/(2\pi)]^2-r^2-B^2\}/(2rB)\approx(\lambda r\varphi/\pi-B^2)/(2rB),\ [\lambda\varphi/(2\pi)]^2\ll\lambda r\varphi/\pi\end{aligned} \quad (7.3.84)$$

根据式(7.3.70)，有

$$\begin{aligned} h &= H - r\cos(\theta) = H - r\cos[(\alpha+\theta)-\alpha] = H - [r\cos(\alpha+\theta)\cos\alpha - r\sin(\alpha+\theta)\sin\alpha] \\ &= H - r\cos\alpha\sqrt{1-\sin^2(\alpha+\theta)} + r\sin\alpha\sin(\alpha+\theta) \end{aligned} \tag{7.3.85}$$

将式(7.3.84)代入式(7.3.85)，为了公式的简洁，令$\phi=\Delta\varphi$，并对 z 相对于ϕ 求导数，得

$$\begin{aligned} (\partial h/\partial\varphi) &= \lambda r/(2\pi B)[\sin\alpha - \cos\alpha\tan(\alpha+\theta)] \\ &= \lambda r\sin\theta/[2\pi B\cos(\alpha+\theta)] = \lambda r\sin\theta/(2\pi B_{\perp}) \end{aligned} \tag{7.3.86}$$

即

$$\partial\varphi/\partial h = 2\pi B_{\perp}/(\lambda r\sin\theta) \tag{7.3.87}$$

式(7.3.87)所表示的物理意义很清晰，即观测距离 r 一定时，垂直基线 $B_{\perp}$ 越长（但不能超过临界干涉基线长度 B_c），则测高灵敏度越高，或者垂直基线一定时，r 越远，则测高灵敏度越低。

模糊高度是指对应于干涉相位发生 2π变化的高度范围，可直接通过将 2π与式(7.3.86)相乘而得到：

$$\partial h_{\text{模糊}} = \lambda r\sin\theta/B_{\perp} \tag{7.3.88}$$

很显然，测高灵敏度越高则模糊高度越小，意味着干涉相位的条纹越密集，对于复杂的地形，则相位解缠绕的难度越大，会直接影响干涉相位的求解精度。

2. 交轨 InSAR 信号处理主要步骤[6]

在对交轨 InSAR 的信号处理主要步骤进行介绍之前，先了解 SAR 和 InSAR 的图像所包含的相位信息的特点。

SAR 图像的分辨率单元所代表的雷达回波可认为是由许多独立分布的散射中心的回波随机叠加而得的。当散射体满足如下假设：①任何散射体对分辨单元回波信号的贡献都是均等的(一般农田、森林、沙漠及其他自然散射体均满足此假设)。②每一散射体的相位均匀分布于$(-\pi,\pi)$。③各散射体的相位互不相关。④同一散射体的相位和振幅互不相关且散射体数目趋近无穷大。此时根据中心极限定理，SAR 回波信号可以看作服从正态分布的随机变量，即

$$p(A,\phi) = A/(2\pi\sigma^2)\exp[-A^2/(2\sigma^2)] \tag{7.3.89}$$

式中，A 代表回波信号的幅度；ϕ 代表回波信号的相位；$p(A,\phi)$ 是回波信号的幅度与相位的联合概率密度分布，由式(7.3.89)可得：幅度 A 和相位ϕ 各自的概率密度分布为

$$p(A) = \int_{-\pi}^{\pi} p(A,\phi)\,\mathrm{d}\phi = (A/\sigma^2)\exp[-A^2/(2\sigma^2)] \tag{7.3.90}$$

$$p(\phi) = \int_0^{\infty} p(A,\phi)\,\mathrm{d}A = 1/2\pi \tag{7.3.91}$$

可见，$p(A,\phi)=p(A)\,p(\phi)$，即回波信号的相位和振幅相互独立；回波信号的振幅在$(0,\infty)$上服从瑞利分布；相位在$(-\pi,\pi)$上服从均匀分布，期望和方差分别是 0 和$\pi^2/3$。由此可知，SAR 回波信号的相位是与斜距和目标高度完全不相关的随机信号。图 7.3.29(a)和(b)分别是 SIR-C/X-SAR(X 波段)所获得的 Enta 火山口附近 SAR 复数图像的幅度和相位图，可见其相位分布可等同于均匀分布的噪声，不包含目标与雷达的几何关系信息。所以对于传统单天线 SAR，无法利用其成像后的相位信息来获取目标高程信息。

(a) 幅度图　　(b) 相位图

图 7.3.29　Enta 火山口附近 SAR 复数图像的幅度和相位图

InSAR 则可以通过双天线对同一目标区域进行成像以获得两幅复数图像，或者通过对同一目标区域先后进行两次成像获得两幅复数，再通过对两幅复图像进行干涉处理获得相位差。该相位差不再是均匀分布的随机信号，而是通过“差”的方式去除了分辨单元内各散射点对相位的随机影响，反映了目标与雷达之间的几何关系。单天线 SAR 的相位包含了地面分辨单元内各散射点的后向散射在斜距切面上进行相干叠加后所产生的随机相位和由于雷达和目标之间的距离所造成的相位。前面已经介绍 InSAR 能够获取观测区域稳定的干涉相位测量的前提是干涉基线不能超过临界基线的长度，在此前提下两副天线相对于成像场景中的分辨单元的视角差异很小，这样可保证所接收的来自分辨单元的后向散射信号特性一致。假设采用一发双收（SAR1 发射，SAR1 和 SAR2 同时接收），则如图 7.3.25 所示，天线 1 和天线 2 所接收到的来自某一相同分辨率单元的回波信号 s_1 和 s_2 可表示如下：

$$s_1 = A_1 \exp(\mathrm{j}\phi_1)\exp(-\mathrm{j}4\pi r_1/\lambda) \tag{7.3.92}$$

$$s_2 = A_2 \exp(\mathrm{j}\phi_2)\exp(-\mathrm{j}4\pi r_2/\lambda) \tag{7.3.93}$$

式中，$A_1 \approx A_2 = A_0$；$\phi_1 \approx \phi_2 = \phi_0$。将 s_1 和 s_2 进行复共轭相乘，可得到干涉相位 s_{In}，即

$$\begin{aligned} s_{\mathrm{In}} &= s_1 s_2^* = A_0 \exp(\mathrm{j}\phi_0)\exp(-\mathrm{j}2\pi r_1/\lambda)\cdot A_0 \exp(-\mathrm{j}\phi_0)\exp(\mathrm{j}2\pi r_2/\lambda) \\ &= A_0^2 \exp[-\mathrm{j}2\pi(r_1 - r_2)/\lambda] \end{aligned} \tag{7.3.94}$$

$$\phi_{\mathrm{In}} = \mathrm{angle}(s_{\mathrm{In}}) = 2\pi(r_2 - r_1)/\lambda \tag{7.3.95}$$

由此可见，复共轭相乘后，地面分辨单元内各散射点的后向散射相干叠加所形成的随机相位得以消除，干涉相位 ϕ_{In} 只包含天线 1 和 2 与目标之间的路程差信息。通过 InSAR 信号处理，可以由干涉相位差求得路径差，再根据飞行平台与目标之间的几何关系，即可求得目标高程。

1) InSAR 图像配准

图像配准是用来计算干涉相位的两幅 SAR 复图像上的点必须对应地面场景的同一点。由于星载 InSAR 通常都是重复轨道测量，成像结果中像素对应的地面目标点很难重合，经常是一次成像的地面目标点，插在另一次成像的其他目标点之间，而且重复轨道 InSAR 经常会产生由于入射角发生变化而出现的图像对间的旋转形变。因此，必须通过图像配准步骤，使复图像所对应的地面目标点重合，提高图像间的相干性。

通常 InSAR 复数图像配准不能只依赖轨道和雷达参数来计算图像对间的偏移量，而是必

须基于经过 SAR 成像后的复图像数据。其原因在于，依据成像参数配准无法达到配准处理所要求的精度。配准后图像对中的两像素所对应的地面目标必须位于同一成像分辨单元中，否则会严重影响图像对间的相干性，而根据成像参数所计算的图像对间的偏移量，是远不能达到这样的精度要求的。

由于 InSAR 复数图像配准所要求的较高精度，InSAR 图像配准通常需要分两步进行：先是像素级粗配准，即将图像对配准到一个像素的精度；然后是亚像素级精配准，通常要将配准误差降到 1/8 个像素之下。通常粗配准和精配准所使用的算法是相同的，只是根据不同的算法，在精配准步骤可能要对图像进行插值处理。

常用的 InSAR 图像配准算法主要有相干系数法、最大频谱法、最小平均波动函数法等，在此仅对相干系数法进行介绍。

(1) SAR 图像相干系数的定义。

在 InSAR 信号处理中，相干系数是评价两幅相干 SAR 复数图像相似程度的一个重要标准，通常是使用该参数来评价 InSAR 图像配准的效果和干涉条纹图的质量。相干系数最初只适用于实数光学图像，但对于 InSAR 中的复数图像对，可以扩展相干系数的定义与之相匹配。

设 I_1 和 I_2 是沿距离向和方位向的二维随机变量，同时也代表两幅图像：

$$I_1(i,j),\quad i=1,2,\cdots,M,\ j=1,2,\cdots,N \tag{7.3.96}$$

$$I_2(i,j),\quad i=1,2,\cdots,M,\ j=1,2,\cdots,N \tag{7.3.97}$$

通常认为两幅复数图像经过去均值处理，即 I_1 和 I_2 的均值为 0，所以两幅复数图像的相干系数可以定义为

$$\gamma_{I_1,I_2}=E(I_1I_2^*)\Big/\sqrt{E\left[\left|I_1\right|^2\right]E\left[\left|I_2\right|^2\right]} \tag{7.3.98}$$

γ 与图像的信噪比有如下关系：

$$\gamma_{I_1,I_2}\approx \mathrm{SNR}/(1+\mathrm{SNR}) \tag{7.3.99}$$

即信噪比越高，相干系数也就越大。需要说明的是式(7.3.99)实际上是式(7.3.98)的简化，表示由热噪声所决定的相干系数。

假设 I_1 和 I_2 是平稳过程，且具有各态历经性，则 I_1 与 I_2 之间的相干系数可以由 $M\times N$ 区域内所有点的均值来估计，表达式如下式所示：

$$\overline{\gamma}_{I_1,I_2}=\left|\sum_{i=1}^{M}\sum_{j=1}^{N}I_1(i,j)I_2^*(i,j)\right|\Big/\sqrt{\sum_{i=1}^{M}\sum_{j=1}^{N}\left|I_1(i,j)\right|^2\sum_{i=1}^{M}\sum_{j=1}^{N}\left|I_2(i,j)\right|^2} \tag{7.3.100}$$

(2) 相干系数法。

相干系数是衡量主辅图像相干性的一个重要指标，相干系数越大表明相干性越好，干涉条纹也就越清晰。于是可以通过使相干系数最大来获得辅图像相对于主图像在距离向和方位向的偏移量。如图 7.3.30 所示，主图像中的窗口称为搜索窗口，辅图像中的窗口称为匹配窗口。为使配准精度达到亚像素级，通常需对主辅图像进行 10 倍以上的插值，然后将匹配窗口在相应的搜索窗口位置沿 x 和 y 坐标方向进行滑动，每滑动一个位置便计算窗口内主辅图像的相干系数，相干系数最大时，x 和 y 的偏移值即为最佳偏移量。

经典的相干系数法配准步骤主要有五步：

①将主图像和辅图像划分成 $M \times N$ 个窗口；

②在主图像中取一个窗口(搜索窗口)，在辅图像中取一个窗口(匹配窗口)，对这两个窗口均进行 10 倍插值，以获得 0.1 像素的精度；

③将匹配窗口在相应的搜索窗口上滑动并计算相干系数，在相干系数最大处的偏移量即为匹配窗口所需的偏移量；

④重复步骤②～③，直到计算出所有 $M \times N$ 个窗口的偏移量；

⑤根据偏移量对辅图像进行插值(可采用三次样条或 sinc 插值方法)，重新计算辅图像各像素点的值。

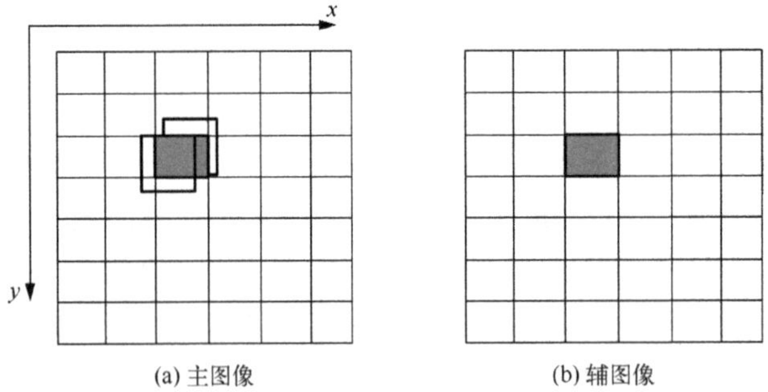

图 7.3.30　相干系数算法示意图

2) 干涉相位滤波

将图像配准之后的主辅图像进行复共轭相乘并将每个像素的相角取出，即可得到干涉相位图。由于三角函数呈 2π周期性，干涉相位图的相位被限定在了$(-\pi,\pi)$或$(0,2\pi)$的范围，即相位缠绕，必须通过解缠绕算法恢复出真实路径差所对应的相位差，从而得到准确的路径差。由于 InSAR 的干涉相位图不可避免地存在噪声，相位解缠的精度受到严重影响，必须通过空间滤波来降低。

干涉相位的滤波既可以采用传统的均值和中值滤波方法，也可以采用利用干涉相位的统计和图像特性的滤波方法，如圆周期均值、最大似然滤波、Goldstein 滤波法等。下面只对一些常用的滤波方法进行介绍。

(1) 均值滤波。

均值滤波是图像域内最常用的滤波方法之一，滤波窗口大小为 $M \times N$ 的均值滤波的数学表达式如下：

$$\overline{I}(i,j)=\sum_{i=1}^{M}\sum_{j=1}^{N}\left\{I_1(i,j)I_2^*(i,j)\right\}\Big/(M\times N) \tag{7.3.101}$$

均值滤波对复共轭相乘后复数图像的实部和虚部分别进行，而非对干涉相位图的干涉相位进行滤波。图 7.3.31(a)给出了 SIR-C/X-SAR 的 X 波段 SAR 重复轨道所获得的 Enta 火山口附近的两幅图像进行图像配准后得到的原始干涉相位图，(b)为直接在相位图上进行 3×3 窗口的均值滤波后的结果，(c)则是分别对实部和虚部进行均值滤波后再提取的干涉相位图，显然(c)的效果好于(b)。

通常认为，均值滤波法对图像中的加性高斯白噪声有很好的抑制效果，但其缺点是容易造成图像中边缘信息的损失。

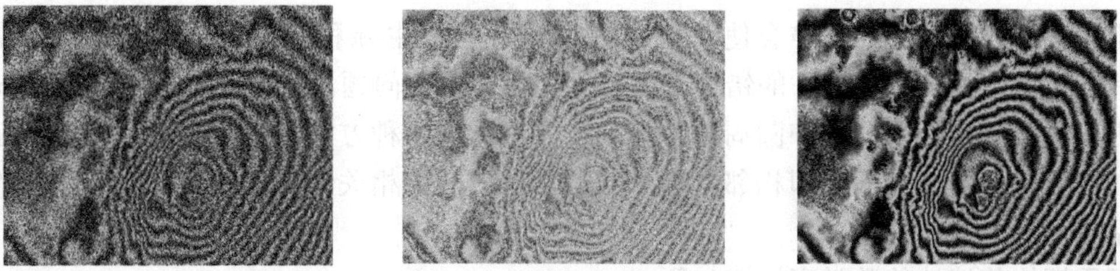

(a) 原始干涉相位图　(b) 对干涉相位进行 3×3 窗口均值滤波　(c) 对干涉图像的实部和虚部分别进行 3×3 窗口均值滤波后的干涉相位

图 7.3.31　均值滤波的结果

(2) 中值滤波。

中值滤波作为非线性滤波的典型代表也是图像处理中常用的滤波方法之一，其数学表达式如下：

$$\overline{I}(i,j)=\text{median}\{I_1(i,j)I_2^*(i,j)\} \tag{7.3.102}$$

式中，median$\{\cdot\}$代表取中值操作。中值滤波同样需要对实部和虚部分别进行。图 7.3.32(a)是对图 7.3.31(a)进行 3×3 窗口中值滤波的结果，图 7.3.32(b)是对干涉图像的实部和虚部分别进行中值滤波再提取的干涉相位的结果。可见，(b)的效果明显比(a)好。比较图 7.3.31(c)和图 7.3.32(b)可看到，中值滤波能更好地保存图像边缘信息，但是在滤波窗口大小相同的情况下，均值滤波对噪声的抑制能力更好。

(a) 对干涉相位图进行 3×3 窗口中值滤波　(b) 对干涉相位图的实部和虚部分别进行 3×3 窗口中值滤波后得到的干涉相位

图 7.3.32　中值滤波的结果

(3) 圆周期均值和中值滤波。

如图 7.3.33 所示，InSAR 得到的干涉相位只能在(−π,π)内，并不能反映真实的干涉相位变化范围，即干涉相位是缠绕的，也称为干涉相位的圆周期性。

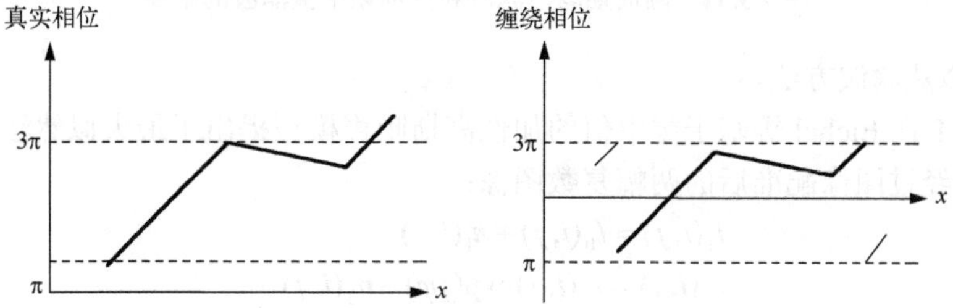

图 7.3.33　干涉相位的圆周期特性

由于干涉相位图中的噪声会使在π附近的真实相位发生−π和π之间的跳变，如果采用之前的均值和中值滤波，将得到 0 的错误滤波结果。为克服此问题，P H. Eichel 等和 R. Lanari 等分别提出了圆周期均值滤波和圆周期中值滤波方法。这两种方法有两个假设：①地形起伏在空间取样后仍然是缓变的，即相邻取样点的相位有较好的相关性；②在相邻采样点上的噪声影响是统计独立的。

圆周期均值滤波的数学表达式如下：

$$
\begin{aligned}
\phi(i,j) &= \text{mean}\{\text{angle}[\exp[\mathrm{j}\varphi(i_n,j_n)]/d(i,j)]\}+\arg[d(i,j)] \\
d(i,j) &= \sum_{i_n=i-L_\mathrm{D}}^{i+L_\mathrm{D}}\sum_{j_n=j-M_\mathrm{D}}^{j+M_\mathrm{D}}\exp[\mathrm{j}\varphi(i_n,j_n)]
\end{aligned}
\tag{7.3.103}
$$

式中，$\phi(i,j)$ 是 (i,j) 像素的干涉相位；滤波窗口大小为 $(2L_\mathrm{D}+1)\times(2M_\mathrm{D}+1)$；$(i_n,j_n)$ 为窗口像素的坐标；angle(·)是对复数取相角运算；mean(·)为取均值运算；$d_{i,j}$ 为滤波窗中的各相位矢量之和，称为 $\phi_{i,j}$ 的主矢量。该算法通过计算随 $\varphi(i_n,j_n)$ 而改变的主矢量 $d(i,j)$，并以此为参考干涉相位，从而解决了干涉相位的圆周特性问题。

圆周期均值滤波的优点在于当干扰仅为加性高斯噪声时，可获得最小均方差意义下最优的滤波结果，但同样存在对图像边缘保持能力相对较弱的缺点。

将式(7.3.103)中的 mean(·)替换为 median{·}即可得到圆周期中值滤波：

$$
\begin{aligned}
\phi(i,j) &= \text{median}\{\text{angle}[\exp[\mathrm{j}\varphi(i_n,j_n)]/d(i,j)]\}+\arg[d(i,j)] \\
d(i,j) &= \sum_{i_n=i-L_\mathrm{D}}^{i+L_\mathrm{D}}\sum_{j_n=j-M_\mathrm{D}}^{j+M_\mathrm{D}}\exp[\mathrm{j}\varphi(i_n,j_n)]
\end{aligned}
\tag{7.3.104}
$$

图 7.3.34 给出了采用圆周期均值滤波和圆周期中值滤波对图 7.3.31(a)进行滤波后得到的结果。整体看两种方法相差不大，圆周期均值滤波的结果更平滑，圆周期中值滤波的条纹边缘更清晰。

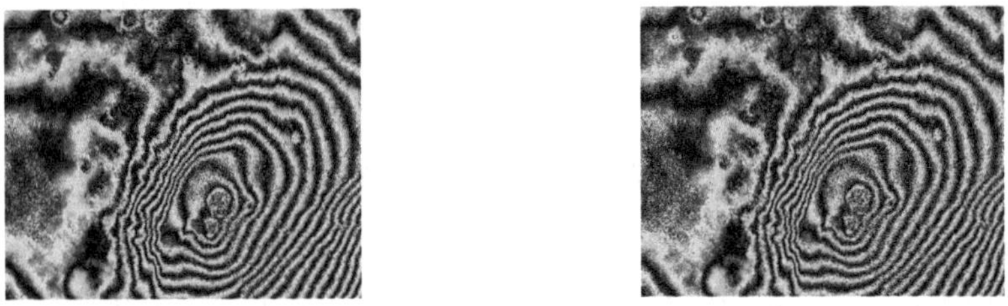

(a)圆周期均值滤波　　(b)圆周期中值滤波

图 7.3.34　圆周期均值滤波和圆周期中值滤波的结果

(4)最大似然滤波方法。

1993 年，P H. Eichel 等基于零中值的加性高斯噪声模型提出了最大似然法估计干涉相位的方法。假设经过图像配准后的两幅复数图像：

$$
\begin{aligned}
I_1(i,j) &= I_0(i,j)+n_1(i,j) \\
I_2(i,j) &= I_0(i,j)\exp(\mathrm{j}\varphi)+n_2(i,j)
\end{aligned}
\tag{7.3.105}
$$

式中，$I_0(i,j)$ 为成像目标的后向散射系数；$n_1(i,j)$, $n_2(i,j)$ 为零中值加性高斯噪声，且与 $I_0(i,j)$ 相互独立。$\varphi(i,j)$ 为干涉相位，最大似然滤波的公式如下：

$$\varphi_{\mathrm{ML}} = \mathrm{angle}\left(\sum_{k=1}^{N} I_1 I_2^*\right) \tag{7.3.106}$$

使用最大似然法对 Enta 火山成像后得到的干涉相位图进行滤波，得到的结果如图 7.3.35 所示，与均值和中值滤波相比，最大似然滤波需要两个 SAR 复数图像数据，而不是只需要干涉后的干涉相位复数数据，该滤波方法应用的信息更加充分，在同样滤波窗口大小的情况下，滤波效果通常更好。

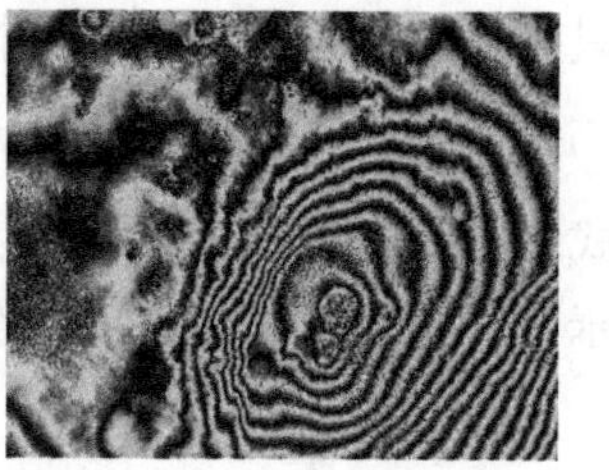

图 7.3.35　最大似然滤波的结果

(5) Goldstein 滤波方法。

1997 年，Goldstein 等提出了在频域上滤除干涉相位噪声的滤波方法。由于该方法并非传统的图像域滤波方法，而被命名为 Goldstein 滤波法，具有计算量小和滤波效果好的优点，滤波公式如下：

$$\bar{I}_{\mathrm{Goldstein}}(i,j) = \mathrm{IFFT}\left\{\left|\mathrm{FFT}[I_1(i,j)I_2^*(i,j)]\right|^{\alpha} \mathrm{FFT}[I_1(i,j)I_2^*(i,j)]\right\} \tag{7.3.107}$$

式中，$I_1(i,j)$ 和 $I_2(i,j)$ 为 InSAR 的主、辅图像；α 是滤波强度系数，当 $\alpha=0$ 时，滤波强度最弱(无滤波)，$\alpha=1$ 时，滤波强度最大。当 α 取值过大时，相当于增大了传统均值滤波的窗口，使图像分辨率降低，不能保持图像边缘细节，而当 α 取值过小时，降噪效果有限。

Goldstein 滤波方法对于较小的图像进行滤波效果较好，通常将较大的图像分割为较小的大小为 $2^n\times 2^n$ 的图像，如 32×32，以便于 FFT 运算，对每个子图像进行滤波后再进行拼接。由于 Goldstein 方法没有滑动窗口滤波所需处理的窗口边界问题，图像拼接更方便。当然为了提高滤波效果，也可以对 $\left|\mathrm{FFT}[I_1(i,j)I_2^*(i,j)]\right|$ 进行一定程度的滤波：

$$\bar{I}_{\mathrm{Goldstein}}(i,j) = \mathrm{IFFT}\left\{S\left\{\left|\mathrm{FFT}[I_1(i,j)I_2^*(i,j)]\right|\right\}^{\alpha} \mathrm{FFT}[I_1(i,j)I_2^*(i,j)]\right\} \tag{7.3.108}$$

2003 年，Baran 等对 Goldstein 滤波方法进行了改进，利用相干系数来控制滤波强调系数 α，改进的 Goldstein 滤波方法的公式如下：

$$\bar{I}_{\mathrm{Goldstein}}(i,j) = \mathrm{IFFT}\left\{S\left\{\left|\mathrm{FFT}[I_1(i,j)I_2^*(i,j)]\right|\right\}^{1-\gamma} \mathrm{FFT}[I_1(i,j)I_2^*(i,j)]\right\} \tag{7.3.109}$$

式中，γ 是相干系数。显然 γ 较大时，图像的相干性较好，需要的滤波强度较低，而当 γ 较小时，图像的相干性较差，需要的滤波强度较高。为便于比较，图 7.3.36(a)、(b)分别给出了采用 Goldstein 滤波方法和改进的 Goldstein 滤波方法对图 7.3.31(a)进行滤波的结果对比，由此可见，改进的 Goldstein 滤波方法改善了一些条纹细密或相干性较差区域的滤波效果。

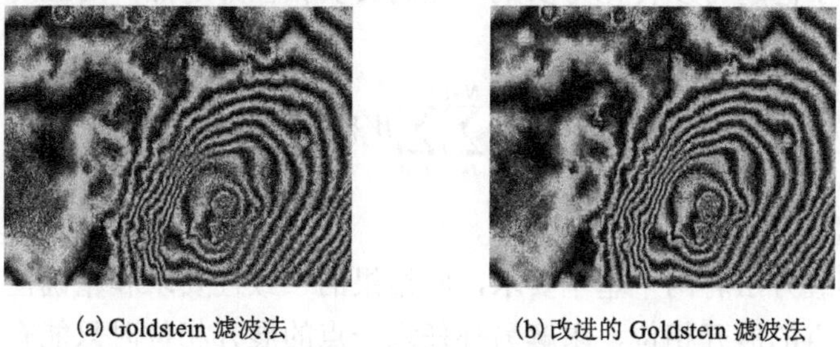

(a) Goldstein 滤波法　　(b) 改进的 Goldstein 滤波法

图 7.3.36　Goldstein 滤波结果(对图像进行了 32×32 分割)

3) 相位解缠

(1) 相位缠绕问题。

前面已经提到，通过主辅图像复共轭相乘得到的干涉相位缠绕在$(-\pi, \pi)$或$(0, 2\pi)$范围，只有通过相位解缠，才能恢复出真实的相位。一维相位解缠问题可用式(7.3.110)表示：

$$W[\varphi(i)]=\varphi(i)+2k(i)\pi,\ \ -\pi\leqslant\varphi(i)<\pi,\ \ i=0,1,\cdots,M-1 \tag{7.3.110}$$

式中，$\varphi(i)$表示真实相位；$W(\cdot)$表示缠绕算子，因此 $W(\phi_i)$表示缠绕的相位。如图 7.3.37 所示，一维相位解缠绕的积分路径是唯一的，即 y 方向，相位解缠相对简单且结果唯一。

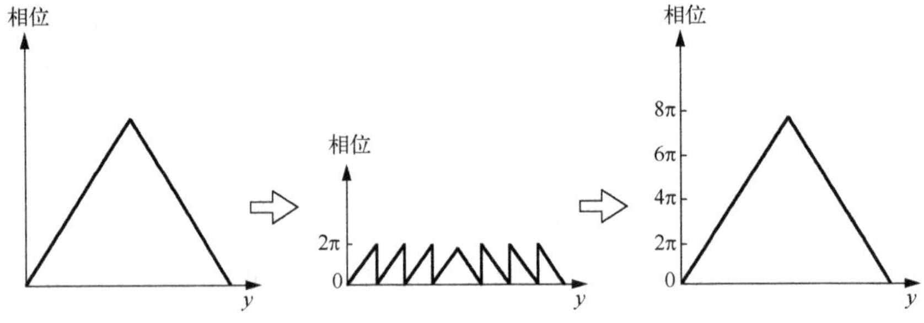

图 7.3.37　一维相位缠绕示意图

二维相位解缠的公式如式(7.3.111)所示，显然对于二维相位解缠问题，积分路径不再唯一，远比一维解缠复杂，尤其是对于相位变化剧烈的区域。图 7.3.38 给出了二维相位缠绕及其解缠结果的示意图。在实际的二维相位解缠中，噪声的存在直接影响干涉相位解缠的精度。

$$W[\varphi(i,j)]=\varphi(i,j)+2k(i,j)\pi,\ \ -\pi\leqslant\varphi(i,j)<\pi,\ \ i=0,1,\cdots,M-1,\ \ j=0,1,\cdots,N-1 \tag{7.3.111}$$

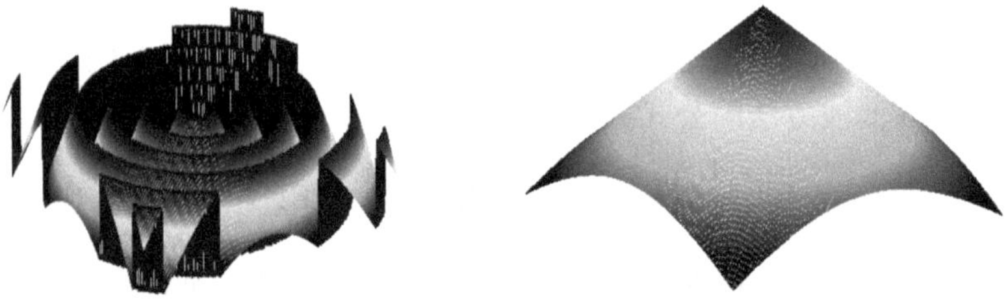

(a) 解缠前的相位图　　(b) 解缠后的相位图

图 7.3.38　二维相位解缠示意图

相位解缠等同于问题可以转化为以某一点的真实相位为起点，对缠绕相位之差的缠绕进行积分的结果，即

$$\varphi(i,j)=\varphi(0,0)+\sum_{i=0}^{N-1}\sum_{j=0}^{M-1}W\{\Delta W[\varphi(i,j)]\} \tag{7.3.112}$$

(2) 相位缠绕算法。

对二维相位解缠方法有两个基本要求，即结果的一致性要求和精确性要求。一致性要求是指如果已知某一点的展开相位，求解另外任意一点的展开相位时只能有一个值。精确性要求是指解缠的相位真实相位的逼近程度。至今已有数十种相位解缠算法，基本上可以分为基

于路径积分的解缠算法和最小范数类解缠算法。前者主要包括 Goldstein 枝切法、质量图法、Flynn 最小不连续法等，具有局部性，即解缠误差不会扩散；而后者主要包括最小二乘法、PCG(preconditioned conjugate gradient)法、多级网格法、最小范数法等，具有全局最优性。此外，在相干性高的情况下，前者的精度高于后者，但在相干性不高的情况下，前者不如后者。从计算效率看，前者远高于后者。

①基于路径积分的方法。

a. Goldstein 枝切法。

Goldstein 和 Zebker 等于 1988 年提出的 branch-cut(枝切法)是基于路径积分方法的经典相位解缠算法，其基本思路是通过计算正负残差点来生成最佳的枝切线，以此确定积分路径实现相位解缠。这里相位残差定义为相邻的干涉相位图中的四个像素的相位之和不为零，若 $\varphi(i,j)+\varphi(i+1,j)+\varphi(i,j+1)+\varphi(i+1,j+1)=2\pi$(对应正“电荷”)或者 -2π(“负电荷”)，则 (i,j)、$(i+1,j)$、$(i,j+1)$、$(i+1,j+1)$ 四个位置中有一个残差点。

如果没有残差点，可沿任意路径积分实现相位解缠；如果有残差点，则在所有正负电荷的残差点之间放置分枝线（branch cut)，其作用是平衡残差以使任何封闭的路径包含相同的正电荷和负电荷，即不再有残差相位。当干涉相位图中所有的残差点通过分枝线的连接达到平衡后，只需选择不穿过分枝线的路径进行积分便可实现相位解缠。

图 7.3.39 是 SIR-C/X-SAR X 波段重复轨道所获得的 Enta 火山口经过去地平处理但未解缠的干涉相位图。图 7.3.39(a)未经滤波，而图 7.3.39(b)则为大部分区域进行了 5×5 窗口滤波(除黑框内的区域Ⅱ外)。图 7.3.40 为采用枝切法对图 7.3.39(a)和(b)进行相位解缠后的干涉相位图，显然(b)图要好于(a)图，这是因为经过 5×5 滑动窗口滤波后残差点的数量大为减少。

(a)未滤波　　(b)区域Ⅰ经过 5×5 滑动窗口滤波，区域Ⅱ未滤波

图 7.3.39 Enta 火山口经过去地平处理但未解缠的干涉相位图

(a)对图 7.3.39(a)解缠　　(b)对图 7.3.39(b)解缠

图 7.3.40 枝切法相位解缠结果

b. 质量图法。

质量图法就是先计算干涉相位图的相干系数、梯度分布等信息，生成相位质量图，然后

根据相位质量图来指导积分路径绕开低质量像元，沿着高质量像元展开，最大限度地阻止误差传播。

质量图法的基本流程如下：首先在图像中找到一个高质量像元，然后检测它邻近的四个像元并进行解缠，把解缠后的像元保存在一个“邻近像元表”中，依据质量图分布再从“邻近像元表”找到质量最高的像元进行解缠并将结果存入“邻近像元表”，如此循环到图像中的所有点都已解缠为止。

质量图法的积分路径选取完全依靠相位质量图，因此在缺乏高质量的相位质量图时，解缠效果将受到很大影响。图 7.3.41(a)是以相位导数方差(phase derivative variance)为指导标准对图 7.3.39 使用质量图法进行解缠的结果。可见，当原始干涉相位图噪声太大时会导致解缠错误。但与图 7.3.40(a)相比，质量图法的解缠效果比枝切法略好，更接近正确的相位解缠结果。图 7.3.41(b)是先对干涉相位图进行了 5×5 窗口滤波，然后以相位导数方差为指导标准使用质量图法解缠后的结果。可见，由于干涉相位图的质量提高，因此得到了正确的解缠结果。

(a)对图 7.3.39(a)解缠　　(b)对图 7.3.39(b)解缠

图 7.3.41　质量图法相位解缠结果

②基于最小范数的方法。

假设我们希望将干涉相位图中每一个像素的缠绕相位$\psi(i,j)$解缠后得到$\varphi(i,j)$，这一问题可以转化为数学上的最小 L^p 范数问题：

$$\min\left\{\sum_{i=0}^{M-2}\sum_{j=0}^{N-1}\left|\varphi(i+1,j)-\varphi(i,j)-\Delta^x(i,j)\right|^p+\sum_{i=0}^{M-1}\sum_{j=0}^{N-2}\left|\varphi(i,j+1)-\varphi(i,j)-\Delta^y(i,j)\right|^p\right\} \tag{7.3.113}$$

$$\Delta^x(i,j)=W[\psi(i+1,j)-\psi(i,j)] \tag{7.3.114}$$

$$\Delta^y(i,j)=W[\psi(i,j+1)-\psi(i,j)] \tag{7.3.115}$$

式中，$\Delta^x(i,j)$和$\Delta^y(i,j)$为缠绕相位之差的缠绕相位。

当p=2 时，即为最小二乘问题，所以最小二乘相位解缠是通过求取解缠前后相位微分差的最小值来达到解缠的目的。我们可以把相位解缠问题归结为一个最优化问题，即在缠绕相位和解缠相位之间构造一个函数，在已知缠绕相位的情况下，估计解缠相位并使该函数的值最小。最小二乘法实际上就是期望展开相位梯度与缠绕相位梯度之间总的差值最小。对式 (7.3.113)的$\psi(i,j)$求微分，并令其为零，可得

$$\begin{aligned}&[\psi(i+1,j)-2\psi(i,j)+\psi(i-1,j)]+[\psi(i,j+1)-2\psi(i,j)+\psi(i,j-1)]\\&=[\Delta^x(i,j)-\Delta^x(i-1,j)]+[\Delta^y(i,j)-\Delta^y(i,j-1)]\end{aligned} \tag{7.3.116}$$

若令 $\rho(i,j)=[\Delta^x(i,j)-\Delta^x(i-1,j)]+[\Delta^y(i,j)-\Delta^y(i,j-1)]$，则有

$$[\psi(i+1,j)-2\psi(i,j)+\psi(i-1,j)]+[\psi(i,j+1)-2\psi(i,j)+\psi(i,j-1)]=\rho(i,j) \tag{7.3.117}$$

显然式(7.3.117)是离散的泊松方程，定义该泊松方程的纽曼边界条件为

$$\begin{aligned}&\Delta^x(-1,j)=0,\ \ \Delta^x(M-1,j)=0, \qquad j=0,1,\cdots,N-1\\ &\Delta^y(i,-1)=0,\ \ \Delta^y(i,N-1)=0, \qquad i=0,1,\cdots,M-1\end{aligned} \tag{7.3.118}$$

可以采用无加权的最小二乘法和加权的最小二乘法对于泊松方程——式(7.3.117)进行求解。

a．无加权最小二乘法

有多种无加权最小二乘法可用于相位解缠，如 Gauss-Seidel 迭代法、离散余弦变换(discrete cosine transform，DCT)的方法、多级网格法以及基于 FFT 的方法等，这里只介绍基于 FFT 的方法。

首先需要将缠绕相位 $\psi(i,j)$ 扩展成为周期函数 $\tilde{\psi}(i,j)$，可采用镜面反射的方法：

$$\tilde{\psi}(i,j)=\begin{cases}\psi(i,j), & 0\leqslant i\leqslant M,0\leqslant j\leqslant N\\ \psi(2M-i,j), & M\leqslant i\leqslant 2M,0\leqslant j\leqslant N\\ \psi(i,2N-j), & 0\leqslant i\leqslant M,N\leqslant j\leqslant 2N\\ \psi(2M-i,2N-j), & M\leqslant i\leqslant 2M,N\leqslant j\leqslant 2N\end{cases} \tag{7.3.119}$$

解缠后的相位为 $\tilde{\varphi}(i,j)$，满足式(7.3.117)：

$$[\tilde{\varphi}(i+1,j)-2\tilde{\varphi}(i,j)+\tilde{\varphi}(i-1,j)]+[\tilde{\varphi}(i,j+1)-2\tilde{\varphi}(i,j)+\tilde{\varphi}(i,j-1)]=\tilde{\rho}(i,j) \tag{7.3.120}$$

其中

$$\tilde{\rho}(i,j)=[\tilde{\Delta}^x(i,j)-\tilde{\Delta}^x(i-1,j)]+[\tilde{\Delta}^y(i,j)-\tilde{\Delta}^y(i,j-1)],\ 0\leqslant i\leqslant 2M-1,0\leqslant j\leqslant 2N-1 \tag{7.3.121}$$

$$\tilde{\Delta}^x(i,j)=W[\tilde{\psi}(i+1,j)-\tilde{\psi}(i,j)] \tag{7.3.122}$$

$$\tilde{\Delta}^y(i,j)=W[\tilde{\psi}(i,j+1)-\tilde{\psi}(i,j)] \tag{7.3.123}$$

对式(7.3.121)等号左右两边同时进行 FFT，可得

$$\varPhi(i,j)=P(i,j)/[2\cos(\pi i/M)+2\cos(\pi j/N)-4] \tag{7.3.124}$$

$\varPhi(i,j)$ 和 $P(i,j)$ 分别是 $\tilde{\psi}(i,j)$ 和 $\tilde{\rho}(i,j)$ 的二维傅里叶变换，此时 $\varPhi(0,0)$ 未定义，可令其为 0。对式(7.3.124)进行傅里叶逆变换得到 $\tilde{\psi}(i,j)$，取其在 $0\leqslant i\leqslant M,0\leqslant j\leqslant N$ 范围内的值即为解缠相位 $\psi(i,j)$。

图 7.3.42(a)、(b)分别给出了采用基于 FFT 的无加权最小二乘法对图 7.3.39(a)、(b)进行相位解缠的结果，显然图 7.3.42(a)是错误的。将图 7.3.42(b)与图 7.3.40(b)和图 7.3.41(b)进行对比可见，当噪声较小时，无加权最小二乘法的解缠效果不如枝切法或质量图法。算法由于采用了 FFT，速度非常快，但为便于 FFT 要求干涉相位图像的大小为 $2^m\times 2^n$，通常需要一些插值运算或进行图像分块。

b．加权最小二乘法。

无加权最小二乘法忽略了不同像素的干涉相位质量差异，虽然速度很快但对于干涉质量不高的区域解缠误差较大。加权最小二乘法可以较好地解决这一问题，其公式如下：

$$\min\left\{\sum_{i=0}^{M-2}\sum_{j=0}^{N-1}U(i,j)\left|\varphi(i+1,j)-\varphi(i,j)-\Delta^x(i,j)\right|^2+\sum_{i=0}^{M-1}\sum_{j=0}^{N-2}V(i,j)\left|\varphi(i,j+1)-\varphi(i,j)-\Delta^y(i,j)\right|^2\right\} \tag{7.3.125}$$

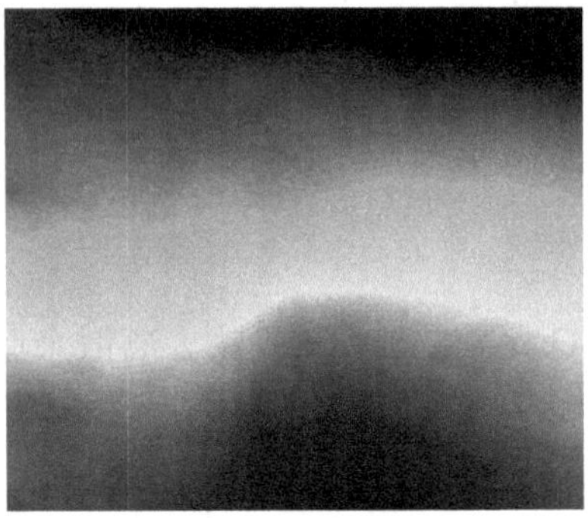

(a) 未经滤波

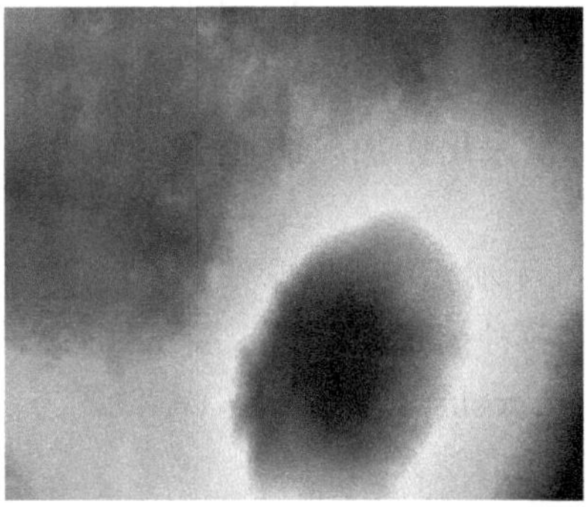

(b) 经过 5×5 窗口滤波

图 7.3.42　基于 FFT 的无加权最小二乘法相位解缠结果

可见，式(7.3.125)比式(7.3.113)多了 $U(i,j)$ 和 $V(i,j)$ 这两个参数，对式(7.3.125)的 $\varphi(i,j)$ 求微分，并令为零，可得

$$\begin{aligned}&U(i,j)[\varphi(i+1,j)-\varphi(i,j)]-U(i-1,j)[\varphi(i,j)-\varphi(i-1,j)]\\&+V(i,j)[\varphi(i,j+1)-\varphi(i,j)]-V(i,j-1)[\varphi(i,j)-\varphi(i,j-1)]=C(i,j)\end{aligned} \tag{7.3.126}$$

其中

$$\begin{aligned}C(i,j)=&\left[U(i,j)\Delta^x(i,j)-U(i-1,j)\Delta^x(i-1,j)\right]\\&+\left[V(i,j)\Delta^y(i,j)-V(i,j)\Delta^y(i,j-1)\right]\end{aligned} \tag{7.3.127}$$

$U(i,j)$ 和 $V(i,j)$ 即加权的值，通常定义在(0,1)，选取的准则可以类似于质量图选取，根据梯度、相干系数分布等参数来决定。

由于加权后的最小二乘法公式不可再转化为泊松方程，因此无法采用FFT进行快速解缠，而只能采用迭代法，常用的有预处理共轭梯度法(PCG 法)、Gauss-Seidel 迭代法和多级网格法等。在此简单介绍 PCG 法：共轭梯度法是一种求解稀疏线性方程常用的迭代方法。在忽略舍入误差时，该方法收敛速度很快，但是当所计算的矩阵较大或者积累舍入误差不能忽略时，该算法的收敛速度有可能大大降低甚至难以收敛。PCG 法采用 FFT 法得到的无加权最小二乘法的解作为迭代初值，进而按照共轭梯度法进行迭代计算。

图 7.3.43(a)、(b)是用相位导数方差作为加权标准，使用 PCG 法对图 7.3.39(a)、(b)进行解缠的结果。显然，当干涉相位噪声较大时，加权和无加权的最小二乘法都不能得到正确的结果，原因在于 PCG 法以无加权的 FFT 法得到的值为初值。对经过 5×5 窗口滤波后的相位图进行相位解缠，PCG 法的结果明显好于无加权的 FFT 法，可见 PCG 法使用相位导数方差作为加权系数更好地抑制了噪声影响。将 PCG 法的结果与路径积分方法的结果进行对比可看出，前者结果虽然在细节上不如后者清楚，但是整体上更加平滑，这符合 PCG 法属于全局最优化算法的特点。另外，与基于 FFT 的无加权最小二乘法的解缠结果相比，PCG 的效果明显更好。

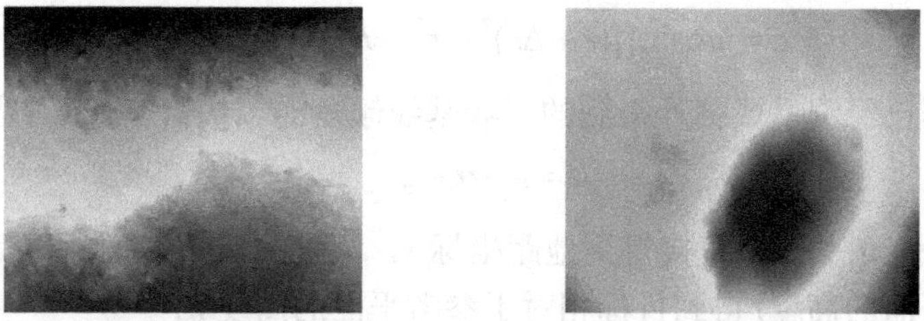

(a) 未经滤波　　(b) 5×5 窗口滤波

图 7.3.43　PCG 法相位解缠结果

c．最小 L^p 范数法

前面介绍的最小二乘法相位解缠方法是最小 L^p 范数法在 $p = 2$ 时的特例。事实上，p 还可以取其他值，通常 $p < 2$ 能够达到更好的效果，这里给出 L^0 范数法的结果。与加权最小二乘法类似，L^0 范数法只能通过迭代方法进行求解。

首先根据初始缠绕干涉相位图计算加权系数 $U(i,j)$、$V(i,j)$，然后使用 PCG 或其他加权最小二乘的求解方法，求得展开相位φ，随后再根据φ计算新的加权系数 $U(i,j)$、$V(i,j)$，如此循环迭代，直到收敛。图 7.3.44(a)、(b) 给出了以相位导数方差作为加权标准，使用最小 L^0 范数法对图 7.3.39(a)、(b) 进行相位解缠的结果，可见在所介绍的解缠算法中，最小 L^0 范数法的结果最好。需要指出的是由于最小 L^0 范数法需采用双重循环，并且内循环采用了加权最小二乘法求解，所以当需解缠的干涉相位图较大时，计算量非常大。

(a) 未经滤波　　(b) 5×5 窗口滤波

图 7.3.44　最小 L^0 范数法相位解缠结果

4) 三维地形重构

星载干涉 SAR 和机载干涉 SAR 的三维地形重构方法有很大区别，星载的处理远比机载的处理复杂，难度也更大。在此仅针对机载干涉 SAR 的三维地形重构进行介绍，且不涉及地理编码(geocoding)。机载 SAR 由于平台的飞行高度远小于地球的半径，因此可将成像平面按平面处理，同时无须考虑地球自转的影响。

三维地形重构就是将斜距图像的每个像素根据已经得到的与两副天线相位中心真实的距离和干涉基线的长度 B 和倾角α (经测量或估计得到)，解算出其三维坐标。实际上只需要解算出距离向和高度向的位置坐标，而方位向的坐标已经在二维成像处理时得到。以图 7.3.25 中的 P 点为例，三维地形重构就是要解算出其 x 和 h 值，下面给出具体过程。假设已经完成了二维相位解缠绕并且得到了双天线相位中心与场景中所有像素的路程差Δr。

第 1 步，根据已经测量或估计得到的干涉基线长度 B 和 P 点在 SAR1 图像中的斜距 r_1 以及恢复出的在 SAR2 图像中的斜距 $r_2 = r_1+\Delta r$，计算得到内角ξ:

$$\xi = \arcsin\{[(r+\Delta r)^2 - r^2 - B^2]/(2rB)\} \tag{7.3.128}$$

第 2 步，根据已经测量或估计得到的干涉基线倾角α，计算出像素对应的入射角θ:

$$\theta = \pi - \alpha - \xi \tag{7.3.129}$$

第 3 步，根据三角关系，直接得到地距坐标x，再根据已知的平台高度H(换算到天线相位中心距离参考平面的高度)得到目标相对于参考平面的高度h:

$$x = r\cos\theta \tag{7.3.130}$$

$$h = H - r\sin\theta \tag{7.3.131}$$

上述操作需对每个方位位置(对应于发射脉冲序号)所获得距离剖面的每一个像素进行，从而获得一组高度值$h(x)$，$x=x_1$，x_2，…，x_N。由于所得到的每个像素的x坐标并非正好处于均匀的网格上，因此需要将$h(x)$插值到均匀的x坐标网格上。需要说明的是，所有脉冲距离剖面的x坐标网格必须统一。

5) 举例

图 7.3.45 给出某机载 Ku 波段 InSAR 实验(场景中心对应的入射角为 25°)所获取的斜距幅度图(a)、原始相位图(b)、原始干涉相位图(c)、空间滤波后的干涉相位图(d)、去地平后的干涉相位图(e)、正射图(f)、三维地形图(g)以及将幅度图像和三维地形的融合图(h)。虽然成像区域的地形起伏并不大，但从斜距图像(a)中仍可看到迎坡面的距离“压缩”和背坡面的距离“拉伸”，而在正射图(f)中的迎坡面和背坡面沿距离向分别得到了“拉伸”和“压缩”。(b)反映了相位的随机分布特性。对比(d)和(c)，可看到空间滤波后干涉相位图的噪声明显降低，干涉条纹也更加清晰；对比(d)和(e)，可看到去地平后的干涉相位图的 2π模糊数目大大减少，并且干涉相位图更能反映地形的变化。(f)实际上就是(h)的顶视图。

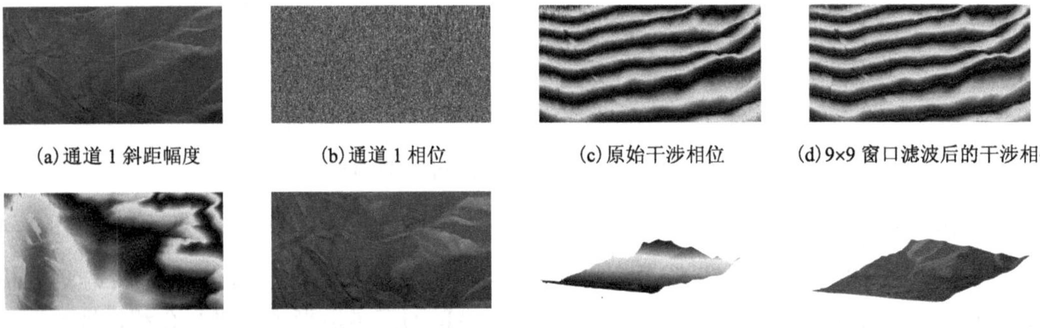

(a) 通道 1 斜距幅度　(b) 通道 1 相位　(c) 原始干涉相位　(d) 9×9 窗口滤波后的干涉相位

(e) 去平地效应后的干涉相位　(f) 通道 1 地距幅度　(g) 三维地形图　(h) 散射系数与三维地形图融合后

彩图-图 7.3.45

图 7.3.45　某机载 Ku 波段 InSAR 实验主要处理过程的图像(相位图中的颜色变化范围代表了相位从 0 变化到 2π)

3. 顺轨 InSAR

顺轨 InSAR(along-track interferometric SAR, ATI-SAR)[7,8]以相同的观测几何关系但间隔一定时间对同一地区获取两幅复图像，并对这两幅复图像进行配准和复共轭相乘后获得干涉相位图，若观测区域有运动目标，则其运动信息将在干涉相位图中得到反映。

ATI-SAR 技术已经在海洋洋流观测以及地面运动目标检测(GMTI)方面得到广泛应用。有机载 ATI-SAR 系统的实验证明，海洋洋流的测量精度能够达到几厘米/秒的精度。

图 7.3.46 给出了顺轨干涉的三种主要模式示意图，即“乒乓”(“Ping-Pong”)交替收发模式、单基线的标准模式和双基线模式。图 7.3.47 给出了顺轨干涉基线的示意图，图中 B_x 为基线的长度，V_p 为雷达(平台)运动的速度。

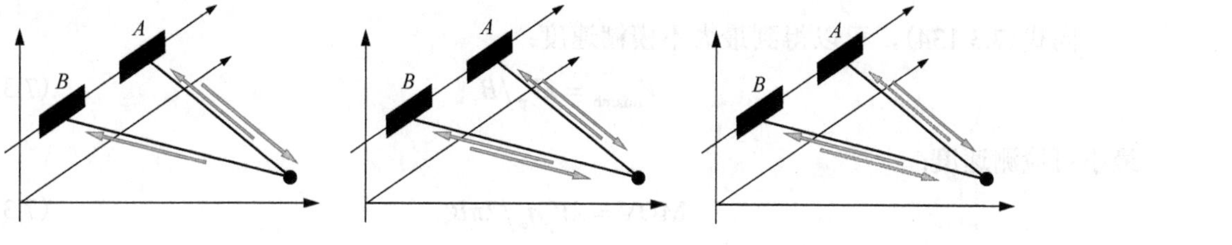

图 7.3.46 顺轨干涉的三种主要模式

1)“乒乓”模式

如图 7.3.47 的“乒乓”模式顺轨干涉基线示意图所示，定义雷达以速度 V_p 穿越 B_x 的时间为

$$\Delta t = B_x / V_p \tag{7.3.132}$$

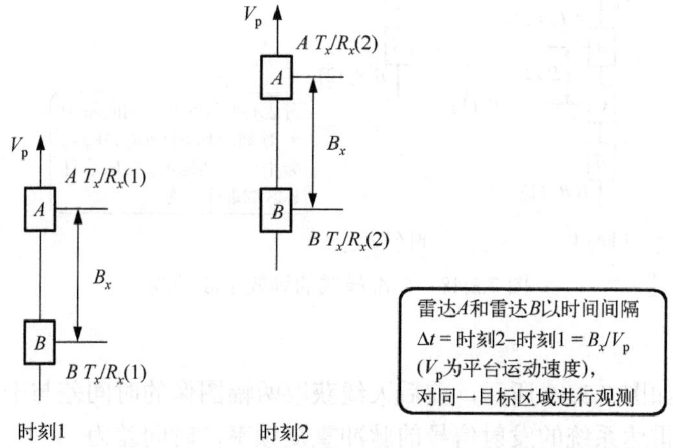

图 7.3.47 “乒乓”模式顺轨干涉基线示意图

假设运动目标所产生的多普勒频率为 $\omega_d = 2\pi \cdot 2V_t/\lambda$，$V_t$ 为目标运动速度，则可得到干涉相位差：

$$\Delta\phi = \omega_d \Delta t = 2\pi f_d \Delta t = 2\pi(2V_t/\lambda)(B_x/V_p) = (4\pi/\lambda) B_x V_t / V_p \tag{7.3.133}$$

当$\Delta\phi$ 超过 2π时，将导致速度测量模糊，为此定义最大不模糊速度为

$$\Delta\phi \leqslant 2\pi \rightarrow V_{unamb} = \lambda V_p / (2B_x) \tag{7.3.134}$$

由式(7.3.134)可看出，干涉基线越长，测速精度越高，但不模糊速度测量范围越小。

如果$|V_t| = V_{unamb}/2$，则 ATI 系统能够测量的最小可检测速度为

$$\mathrm{MDV} = \lambda V_p \eta_\phi / (4\pi B_x) \tag{7.3.135}$$

式中，η_ϕ 为相位检测域值(下同)。

2) 标准模式

此模式下，运动目标所产生的多普勒频率为 $\omega_d = 2\pi \cdot V_t/\lambda$，则干涉相位差为

$$\Delta\phi = \omega_d \Delta t = 2\pi f_d \Delta t = 2\pi(V_t/\lambda)(B_x/V_p) = (2\pi/\lambda)B_x V_t/V_p \tag{7.3.136}$$

同式(7.3.134)，可以得到最大不模糊速度：

$$V_{\text{unamb}} = \lambda V_p / B_x \tag{7.3.137}$$

最小可检测速度：

$$\text{MDV} = \lambda V_p \eta_\phi / 2\pi B_x \tag{7.3.138}$$

对比式(7.3.133)～式(7.3.135)和式(7.3.136)～式(7.3.138)，可以看出，“乒乓”模式的干涉相位是标准模式的2倍，因此其最大不模糊速度和最小可检测速度为标准模式的1/2。既可以从如图 7.3.48 所示的标准模式等效干涉基线来理解，也可以从多普勒速度的测量来理解。

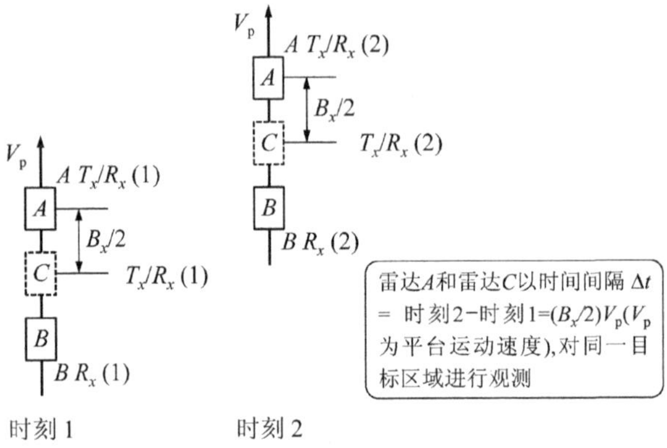

图 7.3.48　标准模式的等效干涉基线

3) 双基线模式

在此模式下，如图 7.3.49 所示，前后天线获取两幅图像的时间差与干涉基线的长度不再相关，而是取决于雷达系统的发射信号的脉冲重复频率，时间差为

$$\Delta t = 1/\text{PRF} = T \tag{7.3.139}$$

因此干涉相位差为

$$\Delta\phi = \omega_d \Delta t = 2\pi f_d \Delta t = 2\pi(2V_t/\lambda)T = 4\pi T V_t/\lambda \tag{7.3.140}$$

同式(7.3.134)，可以得到最大不模糊速度：

$$V_{\text{unamb}} = \lambda/(2T) \tag{7.3.141}$$

以及最小可检测速度：

$$\text{MDV} = \lambda\eta_\phi/(4\pi T) \tag{7.3.142}$$

注意：双基线模式与“乒乓”模式和标准模式不同，其最大不模糊速度以及最小可检测速度测量均与平台的运动速度无关。

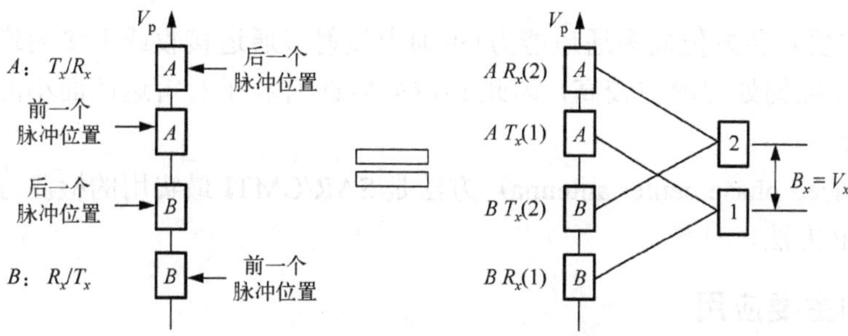

图 7.3.49　双基线模式的等效干涉基线

图 7.3.50(a)给出了 L 波段 SAR 三种模式下干涉相位随目标运动速度变化的对比，仿真参数：V_p=216m/s，λ=0.2424m，B_x=19.7736m，PRF=420Hz。从图中可看出，在目标速度为 25m/s 以下时，"乒-乓"模式和标准模式的干涉相位模糊(实际上就是速度模糊)非常大，而双基线模式则没有模糊。

图 7.3.50(b)给出了 C 波段 SAR 三种模式下，干涉相位随目标运动速度变化的对比，仿真参数：V_p = 214.77m/s，λ = 0.0567m，B_x = 2.0794m，PRF = 564Hz。从图中可看出，在速度为 8m/s 以下时，"乒乓"模式和标准模式的干涉相位模糊有所降低，而双基线模式则没有模糊。一般情况下，雷达频率越高，越容易产生速度模糊。表 7.3.2 列出了三种干涉模式的干涉相位、最大不模糊速度和最小可检测速度的性能对比公式。

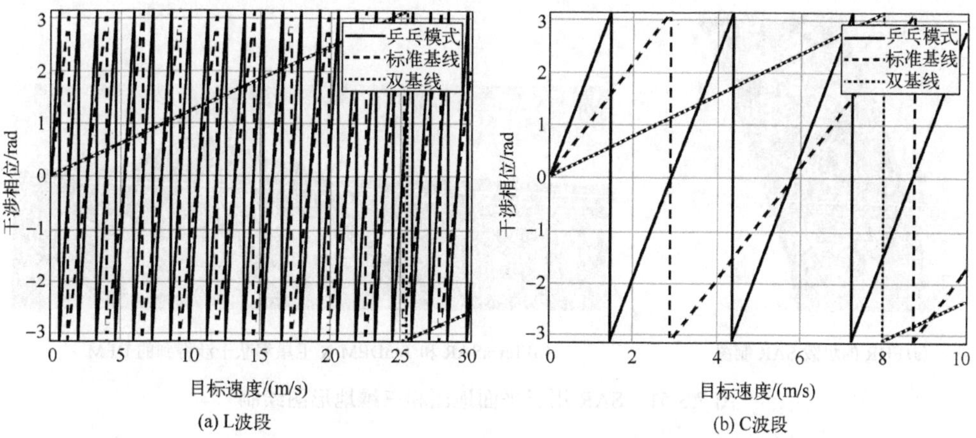

图 7.3.50　L 波段和 C 波段在三种干涉模式下干涉相位随目标速度的变化对比

表 7.3.2　三种干涉模式的性能比较

干涉模式	"乒乓"	标准	双基线
干涉相位 ϕ	$4\pi/\lambda \cdot BV_t/V_p$	$2\pi/\lambda \cdot BV_t/V_p$	$4\pi TV_t/\lambda$
最大不模糊速度 V_{unamb}/(m/s)	$\lambda V_p/(2B_x)$	$\lambda V_p/B_x$	λ_p/T
最小可检测速度 MDV/(m/s)	$\lambda V_p\eta_\phi/(4\pi B_x)$	$\lambda V_p\eta_\phi/(2\pi B_x)$	$\lambda\eta_\phi/(4\pi T)$

7.3.7　SAR/GMTI

SAR/GMTI(ground moving target indication)是一种 SAR 的应用模式[9,10]，在对观测场景进行成像的同时，对场景中的运动目标进行检测。为了能够对较慢速的运动目标进行检测，通常 SAR 系统需要具备方位向多通道能力(单通道发射多通道接收或者多通道发射多通道接收)。由于 SAR 成像的处理增益较高，因此 SAR/GMTI 有利于对雷达截面小的目标和慢速运动的目标进行检测。

DPCA(displaced phase center antenna) 方法是 SAR/GMTI 最实用的检测方法，本质上也是最简单的 STAP 方法。

7.3.8 SAR 的主要应用

SAR 的应用无论是在军事领域还是在民用领域都非常广泛，如侦察，制导，测绘(制图)，植被调查，资源探测、监视和管理，海洋观测，海岸带，冰川(极冰)和浮冰，河流，海洋溢油污染监测，洪涝、地震等自然灾害，农业、林业、渔业、城市建设、土地利用、深空探测、电离层研究等。

举例 1：陆地应用

SAR 的陆地应用主要包括平面地图和三维地形图绘制。图 7.3.51(a)给出了德国高频物理研究所(FHR)在瑞士 Hinwil 地区附近进行的 SAR 制图工作结果(SAR 图像的分辨率为 0.19m)。在常年云雨覆盖地区，光学制图通常面临时效性的困难，而 SAR 制图不受天气条件限制，因此制图效率较高。图 7.3.51(b)给出了 TerraSAR 和 TanDEM-X 卫星通过编队飞行开展干涉 SAR 地形(DEM)测量所得到的结果。

(a) FHR 的机载 SAR 制图　　(b) TerraSAR 和 TanDEM-X 卫星编队干涉得到的 DEM

图 7.3.51　SAR 用于平面地图和三维地形图绘制

相比于 NASA 的航天飞机 SRTM 干涉 SAR 进行的南北纬 70°之间的全球地形测绘工作，卫星编队可以灵活构建干涉基线，既能获得更高精度的 DEM，又可以开展长短干涉基线相配合的干涉测量，有利于获取对地形复杂地区的 DEM。TerraSAR 和 TanDEM-X 干涉所获得的 DEM 的空间分辨率和绝对高程精度分别达到了 12m 和 4m，相较于 SRTM DEM 的 30m 和 16m 有了非常大的提高。由于 TerraSAR 和 TanDEM-X 采用了太阳同步轨道(轨道倾角为 97.44°)，因此几乎可以获得全球陆地的 DEM。

举例 2：海洋观测与监视

SAR 在海洋中应用的一个重要方面是对海洋的溢油进行监测。海洋溢油包括自然溢油和石油钻井作业过程中产生的溢油以及油轮事故产生的溢油等人为溢油。溢油附着在海面上导致所覆盖海面的雷达后向散射系数比未被溢油覆盖海面的雷达后向散射系数低，因此在 SAR 图像表现较暗。利用 SAR 图像可对人为溢油的面积及其危害程度进行评估。由于海洋的溢油在SAR图像中的特征明显，因此可作为示踪物用以研究海洋中的涡旋等海洋现象。图7.3.52(a)给出了 TerraSAR 对墨西哥湾曾经的油田泄漏进行有效监测的结果，图中黑暗的溢油分布反映了海洋表面的流动情况。船只尾迹是指船只在水面上行走时，船只对水体扰动后在水面留下的可持续较长时间的痕迹。即便是很小的船只，当其在海面运动时，往往可以产生较大尺度的尾迹。尾迹由于改变了海面的粗糙度状态，会对雷达后向散射系数产生影响，从而以明暗条纹的形式反映在 SAR 图像中。图 7.3.52(b)给出的是天宫二号雷达对海面上多艘运动中的船只所形成的尾迹的观测结果。

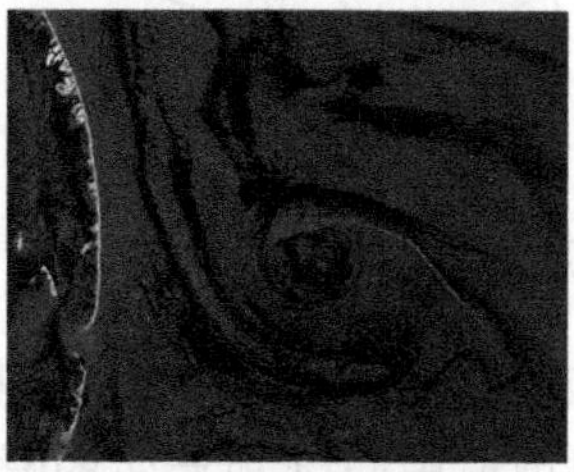

(a) TerraSAR 对墨西哥湾油田泄漏成像

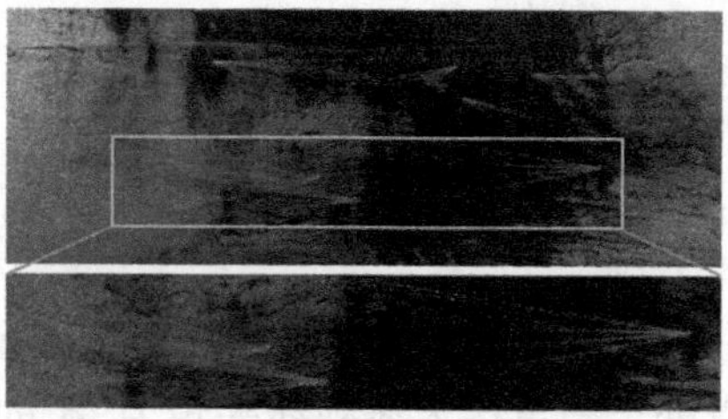

(b) 天宫二号成像雷达船只尾迹的观测

图 7.3.52 SAR 对海面溢油和运动目标的探测与监视

海洋中的雨团作为对流降雨类型中一种非常典型的降雨，通常发生在低纬度的热带和亚热带地区。当海洋中发生雨团降雨时，伴随着巨大的风力作用于海面，使海面的粗糙度发生强烈变化，这些变化导致其后向散射系数显著增强，反映到 SAR 图像中便会形成如图 7.3.53 所示的独特形态。利用 SAR 对雨团的观测，开启了以 10～100m 的水平空间分辨率对全球降雨的分布进行可能性测量。图 7.3.53 中观测到的雨团直径达到 18km，其形态与模型非常吻合。雨团既可以单个发生，也可以多个雨团同时发生，甚至可以连续发生。

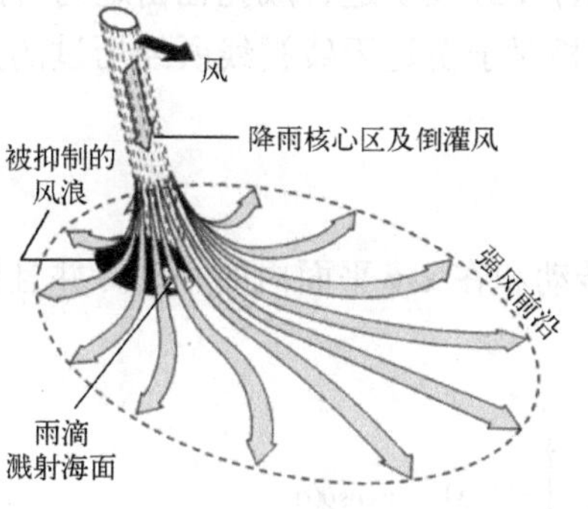

(a) 雨团模型

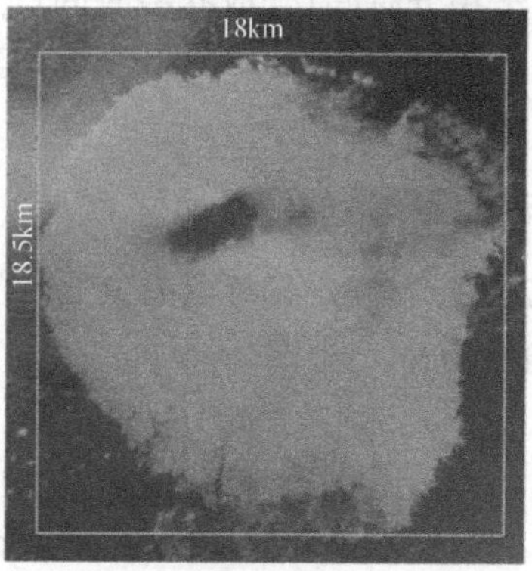

(b) 雷达图像

图 7.3.53 天宫二号雷达对雨团的观测

7.4 逆合成孔径雷达

7.4.1 ISAR 的基本原理

逆合成孔径雷达(inverse synthetic aperture radar，ISAR)一般是指雷达不动而观测目标运动并由此产生相对于雷达天线视线的相对转动，从而使雷达回波具有一定范围的多普勒带宽，进而通过合成孔径处理获得方位向的高分辨率[11,12]。距离向同样是通过采用具有一定带宽的线性调频信号来获得距离向的分辨率。图 7.4.1 给出了逆合成孔径雷达的示意图。

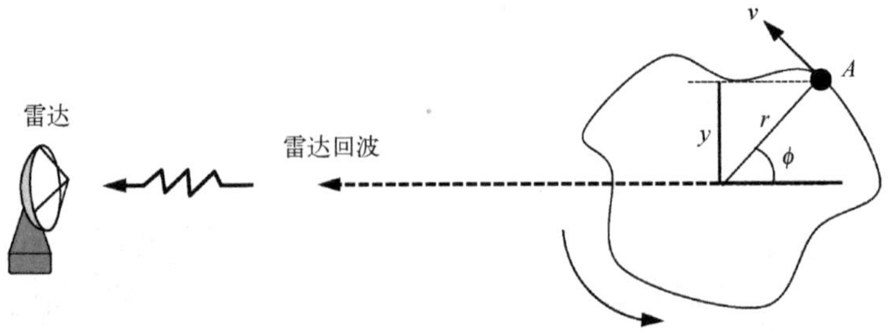

图 7.4.1　逆合成孔径雷达示意图

假设在雷达对目标进行观测过程中，目标以角速度Ω 进行转动。在某个时刻目标中的散射中心 A 点处于与雷达天线视线夹角为 ϕ 的位置。此时散射中心 A 所产生的瞬时多普勒频率为

$$f_{\mathrm{D}} = 2v_{投影}/\lambda = 2\cdot(r\cdot\Omega)\cdot\sin\phi/\lambda = (2\Omega\cdot r\cdot\sin\phi)/\lambda = (2\Omega y)/\lambda \tag{7.4.1}$$

对式(7.4.1)的两边求微分可得

$$\delta f_{\mathrm{D}} = 2\Omega/\lambda\cdot\delta y \tag{7.4.2}$$

式(7.4.2)左边的物理意义是多普勒频率的分辨率，右边的物理意义是 A 散射中心在 y 方向(即方位向)的分辨率，将其进行如下变化后可得

$$\delta y = \lambda/(2\Omega)\cdot\delta f_D = \lambda/(2\Omega)\cdot 1/T = \lambda/(2\Delta\phi) \tag{7.4.3}$$

式中，T 为相干积分时间(合成孔径时间)。式(7.4.3)表明逆合成孔径雷达与合成孔径雷达是等效的，它们在方位向的分辨率都取决于目标相对于雷达天线视线所经历过的角度范围的大小。很容易证明：$\delta y = D/2$。

1．逆合成孔径雷达的信号模型

如图 7.4.2 所示，假定目标具有绕 z 轴的转动和在 x-y 平面内的平动，并且假定初始距离为 R_0，初始角度为θ_0，即

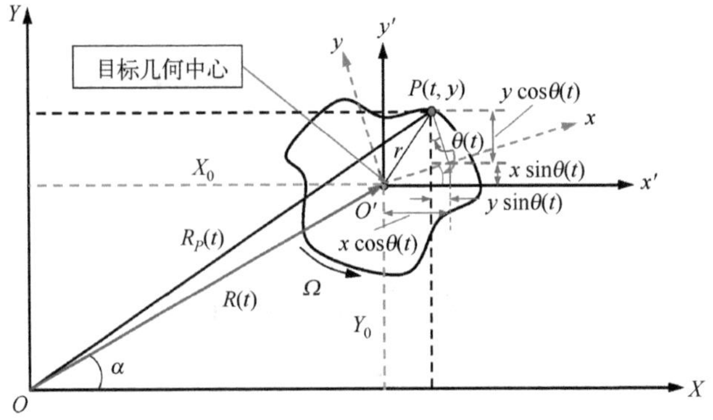

图 7.4.2　ISAR 目标距离关系示意图

$$R(t) = R_0 + v_R t + a_R t^2/2 + \cdots \tag{7.4.4}$$

$$\theta(t) = \theta_0 + \Omega t + \Omega t^2/2 + \cdots \tag{7.4.5}$$

进一步假设目标在 X-Y 坐标系中的初始角度为α（参考目标的几何中心）。单目标上的 P 点(散射中心)，由 x'-y'坐标系旋转到 x-y 坐标系中的(x, y)位置时，距离 R_P 可以近似为

$$\begin{aligned} R_P(t) &= \sqrt{\{X_0 + [x\cos\theta(t) - y\sin\theta(t)]\}^2 + \{Y_0 + [x\sin\theta(t) + y\cos\theta(t)]\}^2} \\ &\approx \sqrt{R^2(t) + 2R(t)x\cos[(t)-\alpha] - 2R(t)y\sin[\theta(t)-\alpha]} \\ &= R(t) + x\cos[\theta(t)-\alpha] - y\sin[\theta(t)-\alpha] \end{aligned} \tag{7.4.6}$$

P 点的回波信号下变频至基带后，其相位为

$$\Phi_{\mathrm{r}}[R_P(t)] = 2\pi f_0 \cdot 2R_P(t)/c \tag{7.4.7}$$

因此，P 点的回波信号可以表示为

$$s_P(t) = \rho(x,y,z)\exp\{\mathrm{j}2\pi f_0[2R_P(t)/c]\} = \rho(x,y,z)\exp\{\mathrm{j}\Phi[R_P(t)]\} \tag{7.4.8}$$

P 点的回波信号的多普勒频率为

$$\begin{aligned} f_{\mathrm{d}} &= 2[\mathrm{d}R_P(t)/\mathrm{d}t]/(c/f) \\ &\approx 2f_0 v_R/c + 2f_0/c \cdot \begin{Bmatrix} -[x\sin(\theta_0-\alpha) + y\cos(\theta_0-\alpha)]\Omega \\ -[x\cos(\theta_0-\alpha) - y\sin(\theta_0-\alpha)]\Omega^2 t \end{Bmatrix} \\ &= f_{\mathrm{d}_{平动}} + f_{\mathrm{d}_{转动}} \end{aligned} \tag{7.4.9}$$

式中，由目标平动引起的多普勒频率为

$$f_{\mathrm{d}_{平动}} = 2f_0/c \cdot v_R \tag{7.4.10}$$

由目标转动引起的多普勒频率为

$$f_{\mathrm{d}_{转动}} = 2f_0/c \cdot \{-[x\sin(\theta_0-\alpha) + y\cos(\theta_0-\alpha)]\Omega - [x\cos(\theta_0-\alpha) - y\sin(\theta_0-\alpha)]\Omega^2 t\} \tag{7.4.11}$$

从式(7.4.11)可以看到，不同的散射中心位置(x, y)的多普勒频率不同，然而对于其中某个散射中心点(x_P, y_P)，即便转动速度为匀速，由转动引起的多普勒频率也是随时间变化的，当转动角速度Ω 较大或者相干积分时间 t 较长时，必须考虑每一个散射中心的多普勒频率变化，要将其补偿到某个常数。

2．逆合成孔径雷达的成像算法

1) RD 成像算法

ISAR 成像的 RD 算法[11]与 SAR 成像的 RD 算法是类似的，都是在距离-多普勒域进行成像处理，其本质是将目标的二维散射中心分布映射到距离-多普勒平面，获得距离-多普勒像。ISAR 成像的 RD 算法的主要过程要比 SAR 的 RD 算法简单，而且只适用于小观测角度情况，当目标的观测角度较大时，不再适用，此时的成像模型等同于 Spotlight SAR 的成像模型，需要用极坐标成像算法。

ISAR 成像的 RD 算法的主要工作，也是最困难的工作，即运动补偿，这是因为目标对于雷达而言是非合作目标，其运动状态对于雷达来说不可知，需要从雷达回波数据中提取目标的运动信息，然后进行运动补偿。而对于 SAR 成像，平台的运动参数通常是已知的，因此进行运动补偿比较容易。

图 7.4.3 给出了 ISAR 的 RD 成像算法的主要步骤，主要包括对每个脉冲(或脉冲串)的回波数据进行处理得到一维距离像，接着对一维距离像进行距离跟踪(通过包络对齐实现，也称为运动粗补偿)，并对方位向进行傅里叶变换(通常采用 FFT)，再接着进行多普勒跟踪(也称为运动精补偿，通常通过跟踪特显点的相位变化来进行补偿)，最后在方位向进行 IFFT 获得雷达图像。

图 7.4.4 给出了点目标成像仿真数据的 RD 算法结果。

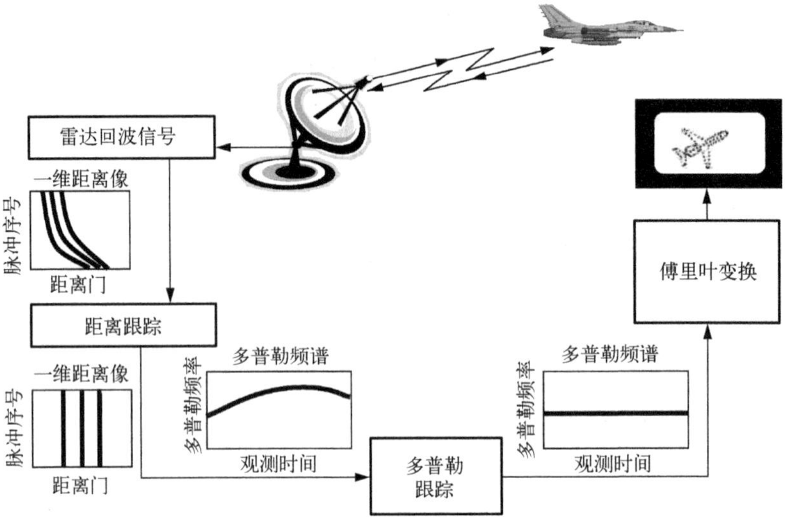

图 7.4.3　ISAR 的 RD 成像算法框图

彩图-图 7.4.4

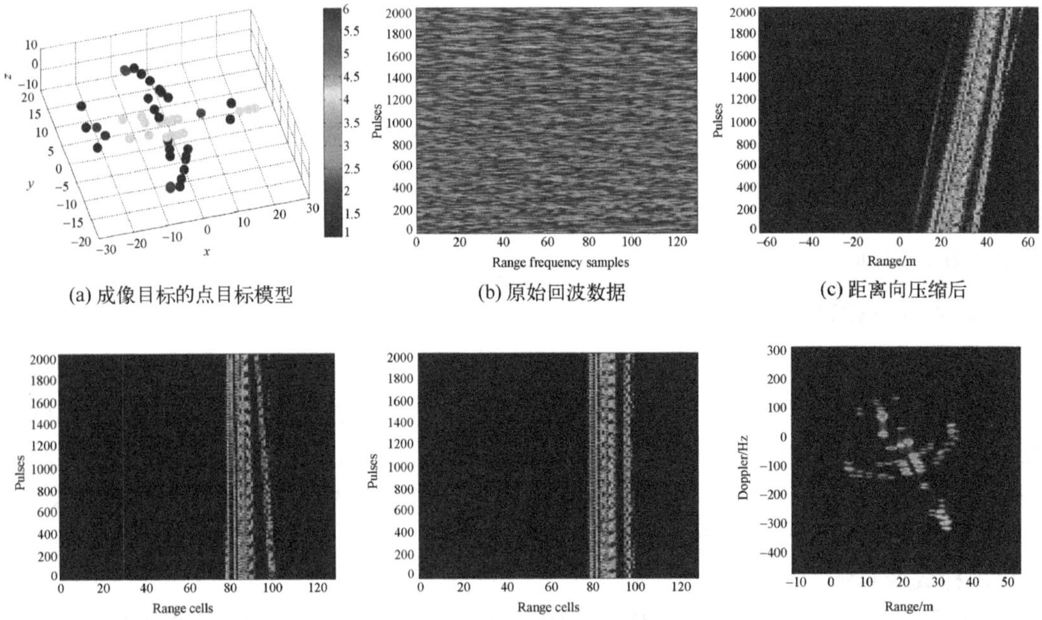

(a) 成像目标的点目标模型　(b) 原始回波数据　(c) 距离向压缩后

(d) 运动粗补偿(距离对齐)后　(e) Keystone变换校正距离走动和运动精补偿后　(f) 最终雷达图像

图 7.4.4　飞机点目标模型的 RD 成像仿真结果

2) 极坐标成像算法

当成像目标的转动角度$\Delta\theta$ 较大(方位向分辨率较高或很高)以及信号带宽较大(距离向分辨率较高或者很高)时，即便进行了理想的运动补偿，此时雷达回波数据的记录坐标系不能再用直角坐标系来近似，而必须用极坐标来表示，如图 7.4.5 所示。显然此时不能直接采用方位向 FFT 的方法来获得 ISAR 图像，而是必须将极坐标下的记录数据通过插值转化到直角坐标系下的记录数据，方可采用方位向 FFT 来获得 ISAR 图像。

极坐标数据到直角坐标数据的常用插值方法主要有二维线性插值和 sinc 函数插值等。图 7.4.6 给出了插值示意图，式(7.4.12)给出了双线性插值的计算公式，式中，p 和 q 分别为 P 点(x, y)横纵坐标与 P_1 点的(x_1, y_1)横纵坐标的距离，即 $p=|x-x_1|$，$q=|y-y_1|$。

$$P(x,y)=(1-p)(1-q)P(x_1,y_1)+p(1-q)P(x_2,y_2)+(1-p)qP(x_3,y_3)+pqP(x_4,y_4) \quad (7.4.12)$$

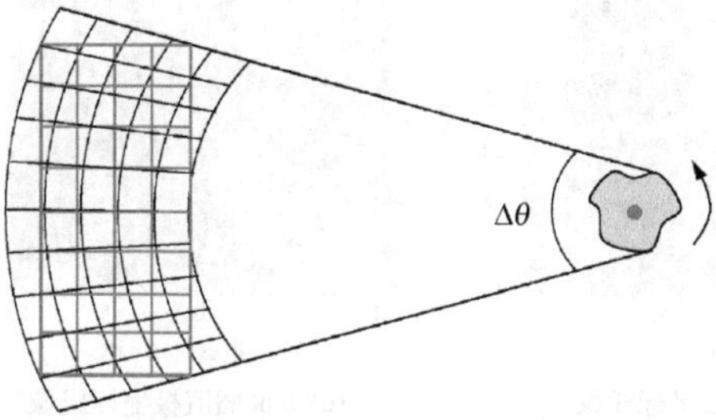

图 7.4.5　极坐标下的二维回波数据记录格式

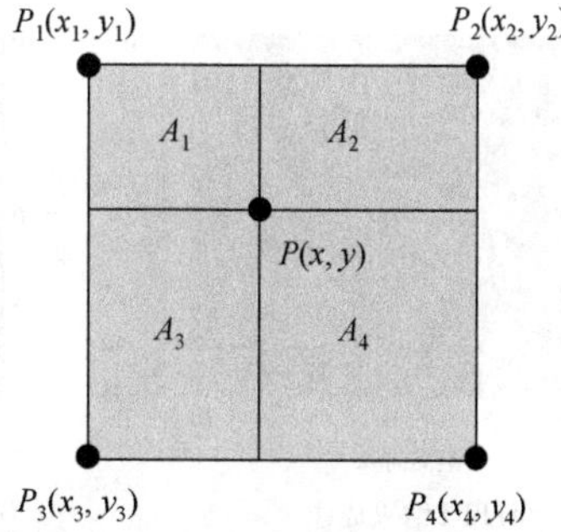

图 7.4.6　二维线性插值计算示意图

sinc 插值方法可以看作采样信号与 sinc 核的卷积作用结果，故 sinc 插值公式可以表示为

$$P(x,y)=\sum_{i,j}P(x_i,y_j)\text{sinc}(x-x_i,y-y_j) \quad (7.4.13)$$

图 7.4.7 和图 7.4.8 分别给出了在中心频率为 5GHz，带宽为 500MHz，信噪比为 15dB 情况下，观测角度为−12°～+12°和−18°～+18°时，采用极坐标成像算法和 FFT 成像算法的比较。显然 sinc 插值的成像结果要好于采用二维线性插值的成像结果。

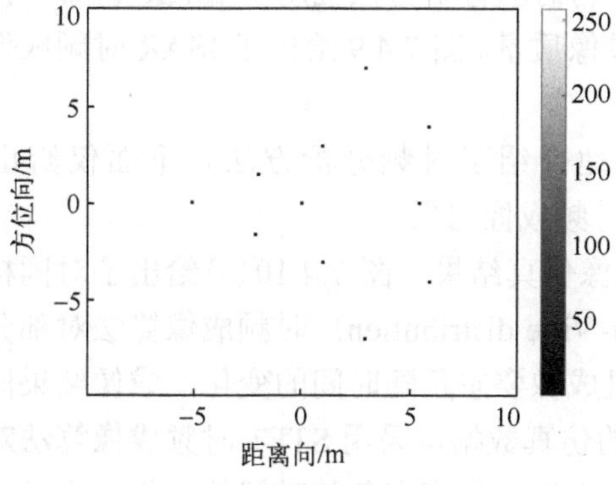

(a) 成像目标

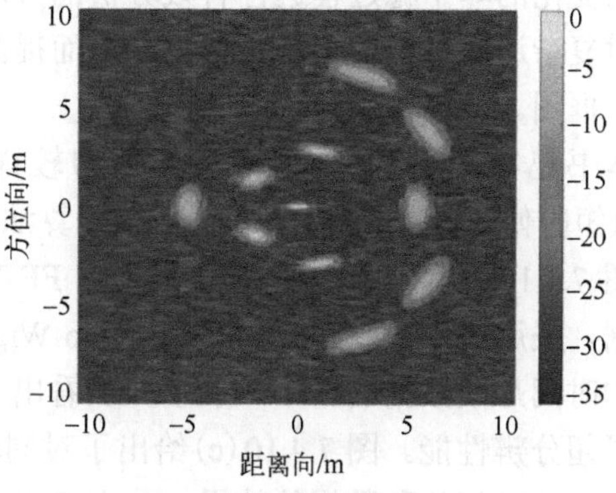

(b) FFT结果成像

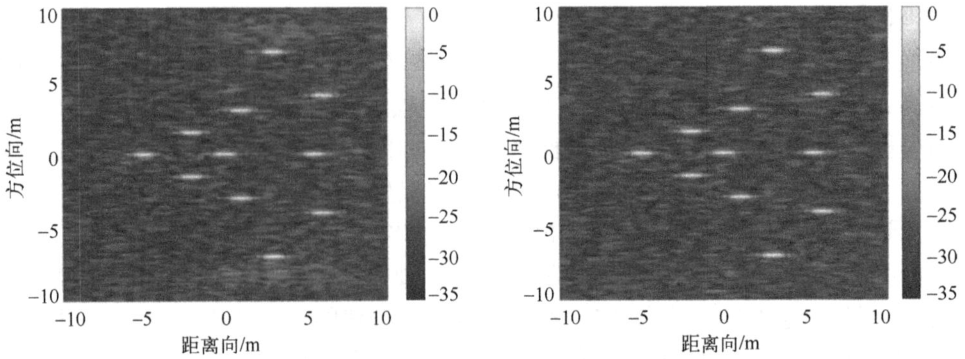

(c) 二维线性插值极坐标成像　　(d) sinc插值极坐标成像

图 7.4.7　ISAR 的极坐标算法成像仿真(观测角度-12°～+12°)

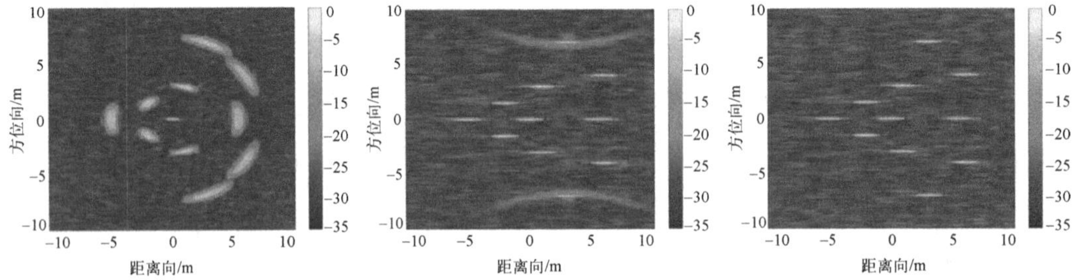

(a) FFT结果成像　　(b) 二维线性插值极坐标成像　　(c) sinc插值极坐标成像

图 7.4.8　ISAR 的极坐标算法成像仿真(观测角度-18°～+18°)

3) 时频成像算法

对于 ISAR 成像，由于是非合作目标，并且成像的非合作目标的机动性都很强，要对其运动状态进行准确估计的困难很大，尤其是目标的等效转动轴不稳定、等效转速非匀速，且变化较大或者目标内部不同部位之间存在相对运动(后面将介绍这种微动现象)等，不可避免地存在剩余相位误差。此时 RD 算法或者极坐标算法均难以获得好的成像效果，尤其对于高分辨率成像而言。

时频分析方法是一种可以有效克服傅里叶分析(变换)、自身不可避免地存在不能对频率随时间变化的非平稳过程进行有效分析的方法。将时频分析方法应用于 ISAR 成像[12]，可以实现对复杂运动目标的运动参数估计进而提高成像质量。图 7.4.9 给出了 ISAR 时频成像算法的一般框图。

本书已在第 4 章雷达信号处理中较详细地介绍了时频分析方法。下面仅给出采用 STFT(短时傅里叶变换)算法和 SPWVD 算法的时频成像结果。

图 7.4.10(a)给出了存在严重模糊的 FFT 成像仿真结果。图 7.4.10(b)给出了对同样的仿真数据，采用 SPWVD (smoothed pseudo Wigner-Ville distribution) 时频成像算法对部分采样连续的时间片段数据的结果，从中可以看出飞机成像姿态角随时间的变化，成像结果同时还显现了超分辨性能。图 7.4.10(c)给出了对同样的仿真数据，采用 STFT 时频成像算法对部分采样连续的时间片段数据的结果，从中可以看出飞机成像姿态角随时间的变化，成像结果没有显现超分辨性能。上述结果清楚地反映了提高时频分辨率能够对雷达成像带来的好处。

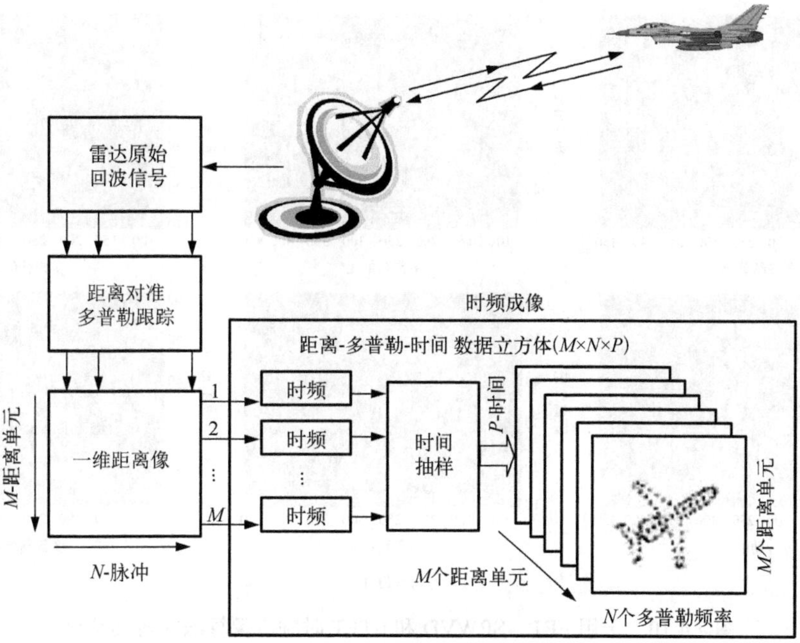

图 7.4.9　ISAR 时频成像算法的仿真结果

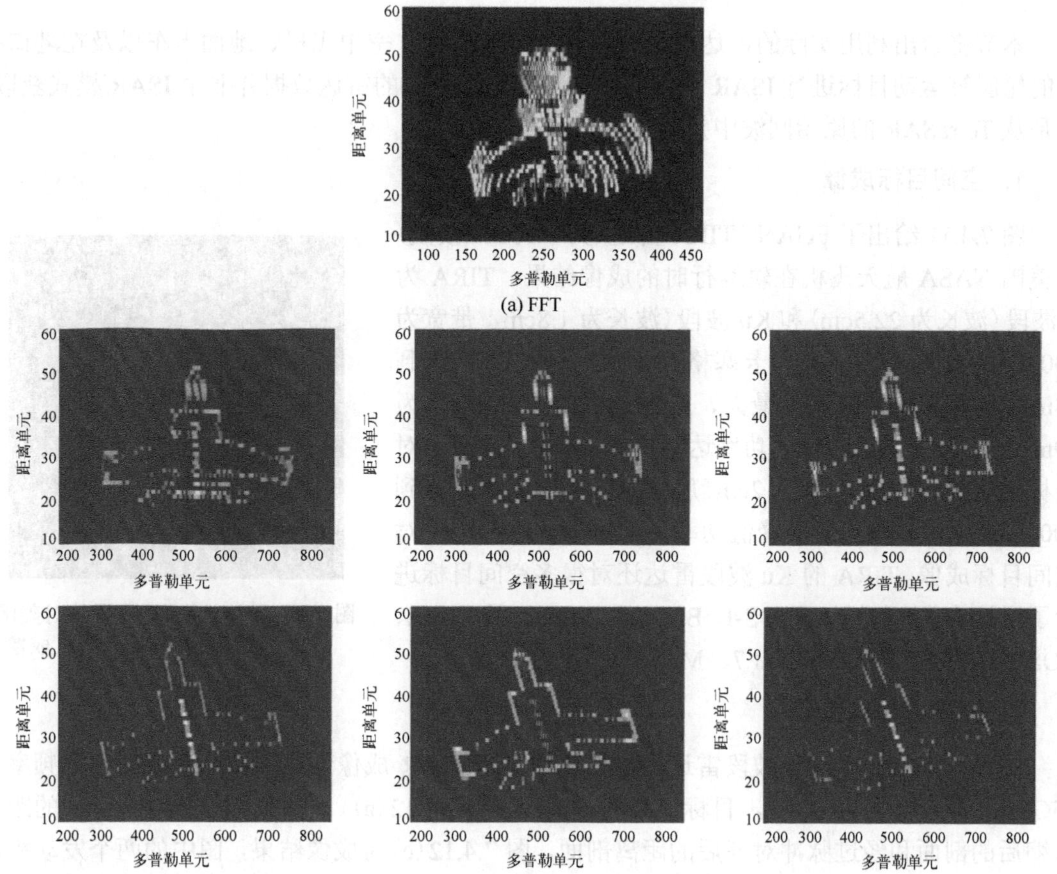

(a) FFT

(b) SPWVD

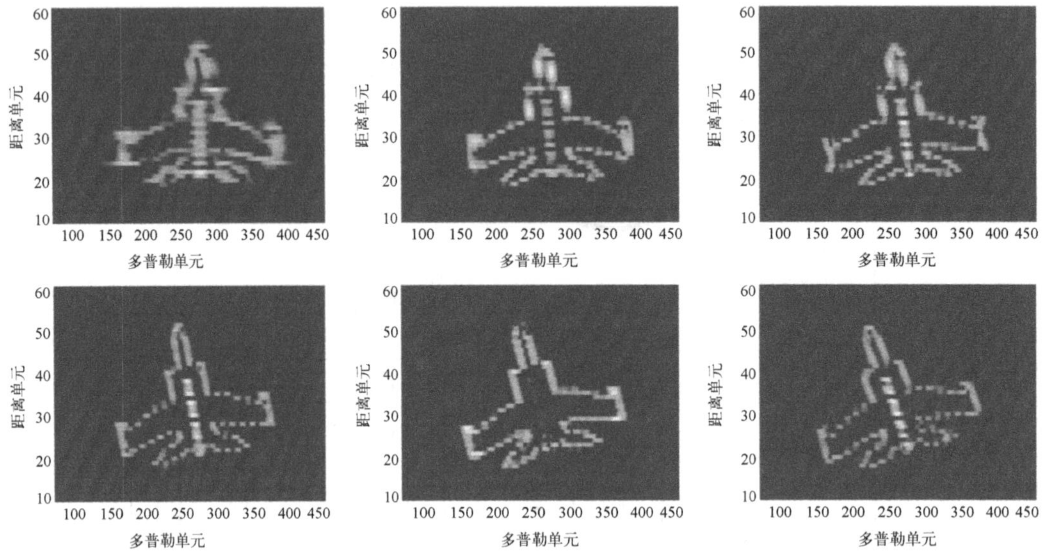

(c) STFT

图 7.4.10　采用 FFT、SPWVD 和 STFT 时频成像算法的仿真结果

7.4.2　ISAR 成像实例

本节将给出利用实际的雷达系统对真实的空间目标、空中飞机、地面卡车以及在港口行走的轮船等运动目标进行 ISAR 成像的结果。其中，轮船的雷达数据并非由 ISAR 模式获取，而是从 TerraSAR 的原始回波中提取而得。

1. 空间目标成像

图 7.4.11 给出了 FGAN / TIRA 雷达(其中的 Ku 波段)对美国 NASA 航天飞机在轨运行时的成像结果。TIRA 为 L 波段(波长为 22.5cm)和 Ku 波段(波长为 1.8cm，带宽为 800MHz)双频雷达，共用卡塞格伦天线，天线口径达到 34m，其天线罩为国际上最大，直径达到 47.5m(原始为 49m)。L 波段雷达的峰值功率达到 1.5MW，主要用于对目标进行探测跟踪，对于 2cm 尺寸的目标探测距离达到 1000km；Ku 波段雷达的峰值功率为 1.3kW，主要用于对空间目标成像。TIRA 的 Ku 波段雷达还对很多空间目标进行了雷达成像，包括 ADEOS-I、EnviSat、Midori-Ⅱ、Alos、ROSAT、苏联空间站 Salyut 7、Mir，以及天宫一号等。

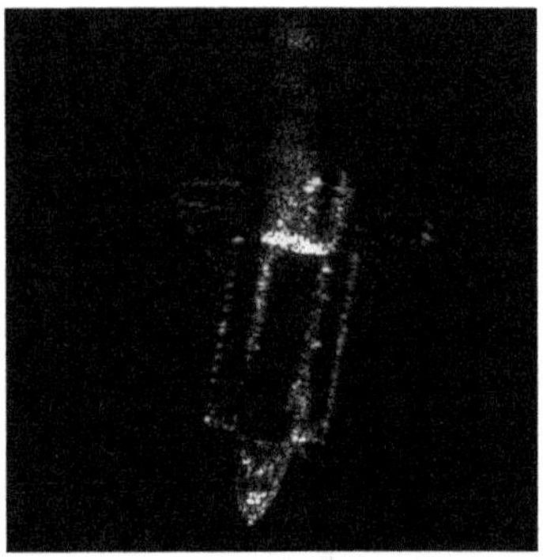

图 7.4.11　FGAN/TIRA 雷达对美国 NASA 的航天飞机成像

2. 空中目标成像

图 7.4.12 给出了 Ka 波段雷达飞机目标的实际 ISAR 成像结果。雷达系统的中心频率为 35GHz，信号带宽为 2GHz，目标距离约 6.6km。图 7.4.12(a)、(b)分别为 400 个脉冲的距离压缩后的剖面和经过脉冲对齐后的距离剖面，图 7.4.12(c)为成像结果，图中的两个发动机和机翼下的油箱清晰可见。

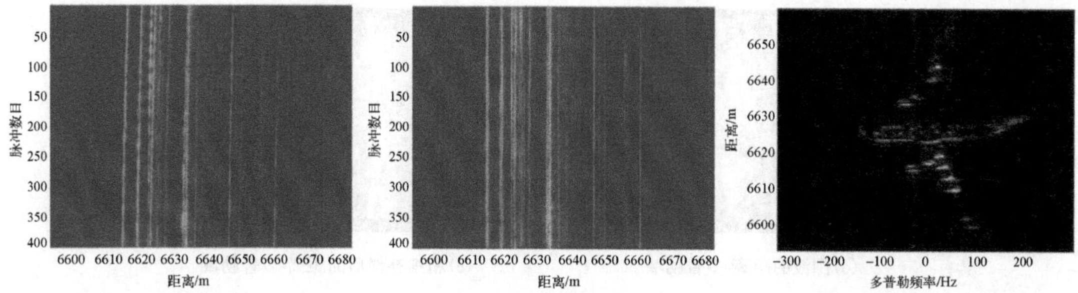

(a) 距离压缩　　(b) 距离对齐　　(c) 相位补偿后方位向FFT

图 7.4.12　飞机的成像结果

3. 地面运动目标成像

图 7.4.13 给出了同一部 Ka 波段雷达对行进中的卡车的 ISAR 成像结果。其中，图 7.4.13(a) 为卡车的光学照片；图 7.4.13(b) 为雷达图像。雷达图像清晰地反映了卡车的车头和车厢的结构信息，车厢中后部的水平条纹，反映了车厢卡车后轮产生的为多普勒信息。

(a) 光学照片　　(b) 雷达图像

图 7.4.13　卡车的 ISAR 成像结果

4. SAR 地面运动目标成像

SAR 成像的方位向聚焦参数只适用于静止目标，对于成像场景中的运动目标则会产生散焦，如图 7.4.14(a) 矩形框中的轮船(图 7.4.14(b))，该图像为 TerraSAR 获取的某港口图像。将散焦的轮船所对应的雷达回波提取出来后，按 ISAR 成像方法进行重新成像，得到清晰的轮船图像，如图 7.4.14(c) 所示。图 7.4.14(d) 和 (e) 分别为所截取回波的距离-多普勒域图像和进行精细补偿后的距离-多普勒域图像。

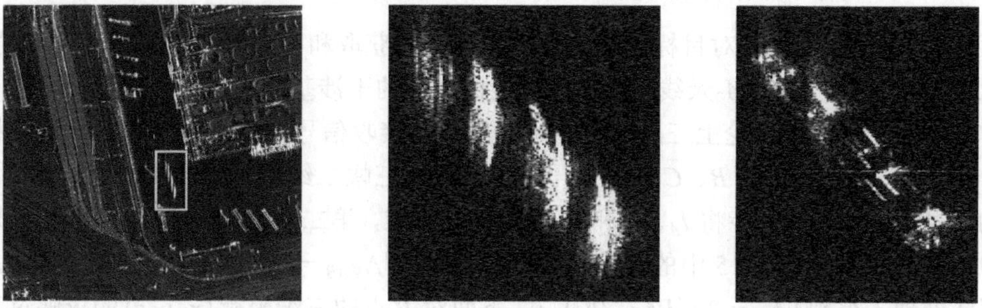

(a) TerraSAR 图像中行进的轮船(矩形框内)　　(b) SAR 图像中散焦的轮船　　(c) 经 ISAR 处理的结果

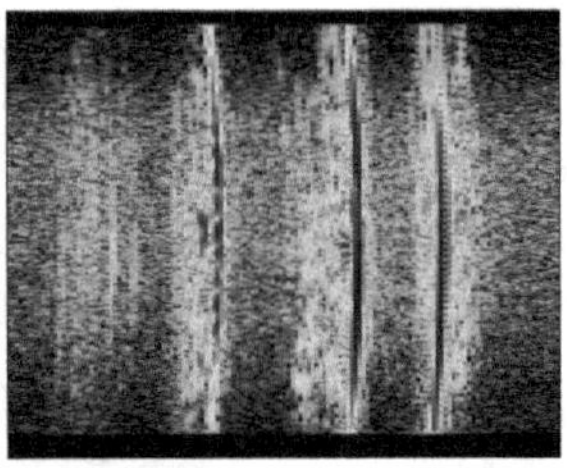
(d)回波的距离-多普勒域

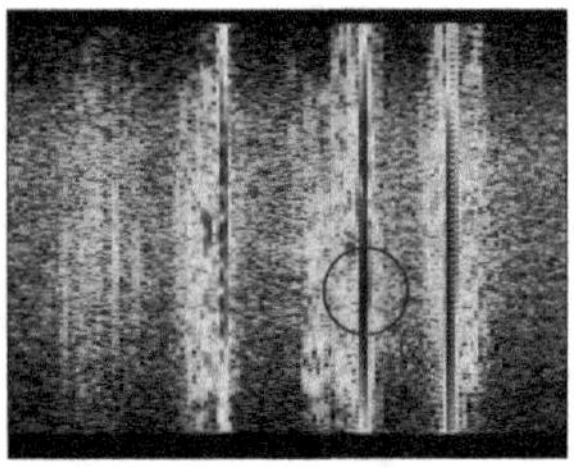
(e)精细补偿后的距离-多普勒域

图 7.4.14　港口中行进船只的 ISAR 成像

7.4.3　干涉逆合成孔径雷达

干涉逆合成孔径雷达（interferometric inverse SAR, InISAR）与 InSAR 类似，通过采用具有一定空间分布的多副天线(形成干涉基线)发射和接收来自目标的回波并对回波进行干涉处理。与 InSAR 实现三维地形测量类似，InISAR 可以实现目标的三维成像，只不过对干涉基线的要求有所不同。InSAR 仅需一个交轨方向的干涉基线即可，但 InISAR 则需要至少一对相互正交的干涉基线。这一差别的主要原因是 InSAR 进行三维地形测量时，可将地平面作为参考平面，而 ISAR 对目标成像时参考平面随目标的运动而变化，难以获得稳定的参考平面。图 7.4.15 给出了 InISAR 对目标进行三维成像的天线配置示意图。

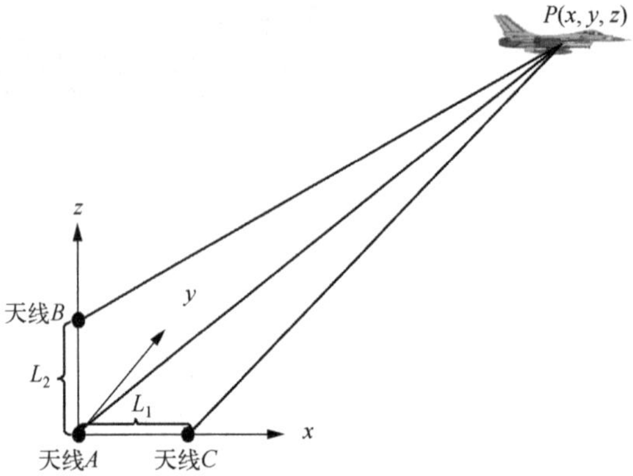

图 7.4.15　InISAR 目标三维成像天线配置示意图

1. InISAR 目标三维成像基本原理

下面简单介绍 InISAR 对目标进行三维成像的信号获取和处理过程以及相关公式的推导。如图 7.4.15 所示，“天线 A-天线 B”组成 x 坐标方向的干涉基线，“天线 A-天线 C”组成 y 坐标方向的干涉基线。理论上三副天线均可以发射和接收信号，但最简单的信号获取模式是天线 A 发射信号，天线 A、B、C 接收信号，可以获得三幅二维复数雷达图像 I_A、I_B 和 I_C。在后面的信号处理中，第一步将 I_A、I_B 和 I_C 进行图像配准，第二步将 I_A 与 I_B 进行干涉处理得到图像中每个像素(如图 7.4.15 中的 P)的干涉相位差，即$\Delta\phi_{AB} = 2\pi(PA - PB)/\lambda$，再将 I_A 与 I_C 进行干涉处理，得到$\Delta\phi_{AC} = 2\pi(PA - PC)/\lambda$。下面对 P 点的三维坐标(x, y, z)的求解过程进行介绍。

以天线 A 为坐标原点、I_A 中的像素 P 与雷达天线相位中心的距离 PA 为基础作为已知测量值，根据干涉相位差可得到 PB 和 PC：

$$PB = PA + \Delta\phi_{AB}\lambda/(2\pi) \tag{7.4.14}$$

$$PC = PA + \Delta\phi_{AC}\lambda/(2\pi) \tag{7.4.15}$$

又因为

$$PA = \sqrt{x^2 + y^2 + z^2} \tag{7.4.16}$$

$$PB = \sqrt{x^2 + y^2 + (z - L_2)^2} \tag{7.4.17}$$

$$PC = \sqrt{(x - L_1)^2 + y^2 + z^2} \tag{7.4.18}$$

于是有

$$x = (PA^2 - PC^2 + L_1^2)/(2L_1) \tag{7.4.19}$$

$$z = (PA^2 - PB^2 + L_2^2)/(2L_2) \tag{7.4.20}$$

将式(7.4.19)和式(7.4.20)的结果代入式(7.4.16)即可得到像素 P 的 y 坐标：

$$y = \sqrt{PA^2 - x^2 - z^2} \tag{7.4.21}$$

至此，目标像素 P 的三维坐标均已得到，以此方法可得到目标图像中的每一个像素的三维坐标，即可实现目标的三维 ISAR 成像。需要做三点说明：①在系统方案中，需要尽量避免 $\Delta\phi_{AC}$ 和$\Delta\phi_{AB}$ 产生 2π 的整数倍模糊，而且 L_1 和 L_2 越大、目标尺寸越大、距离越近则越容易产生模糊；②虽然理论上说，并不要求干涉基线 L_1 和 L_2 严格垂直，但是垂直的干涉基线可以保证比非垂直的干涉基线能够获得更高的目标三维位置确定精度；③采用两对正交的干涉基线是 ISAR 三维成像所需的最低干涉基线配置要求，如果增加正交干涉基线的数量，无论是在原有干涉基线方向增加天线，还是增加新的正交干涉基线(例如，增加 y 方向的天线可形成新的正交干涉基线)，都有利于提高对目标三维成像位置的确定精度。

下面给出利用德州仪器公司生产的 AWR1243 雷达开发板(图 7.4.16(a))对放在转台上的四旋翼无人机(图 7.4.16(b))的三维成像结果，如图 7.4.17 所示。相关实验参数如下：AWR1243 雷达开发板的载频为 77GHz($\lambda = 3.9$mm)，调频率为 39.976MHz /μs，脉冲宽度为 100μs，即信号带宽约为 4GHz。发射的 PRF 为 200Hz，无人机放置于距离雷达约 2m 的转台上，转台转速为 15°/s，无人机与雷达的高度差约为 0.6m，成像时间为 0.9s，距离向采样数为 980。对 AWR1243 雷达开发板所配置正交干涉基线与图 7.4.15 一致，其中，L_1 约为 $3\lambda/4$，L_2 约为$\lambda/4$。

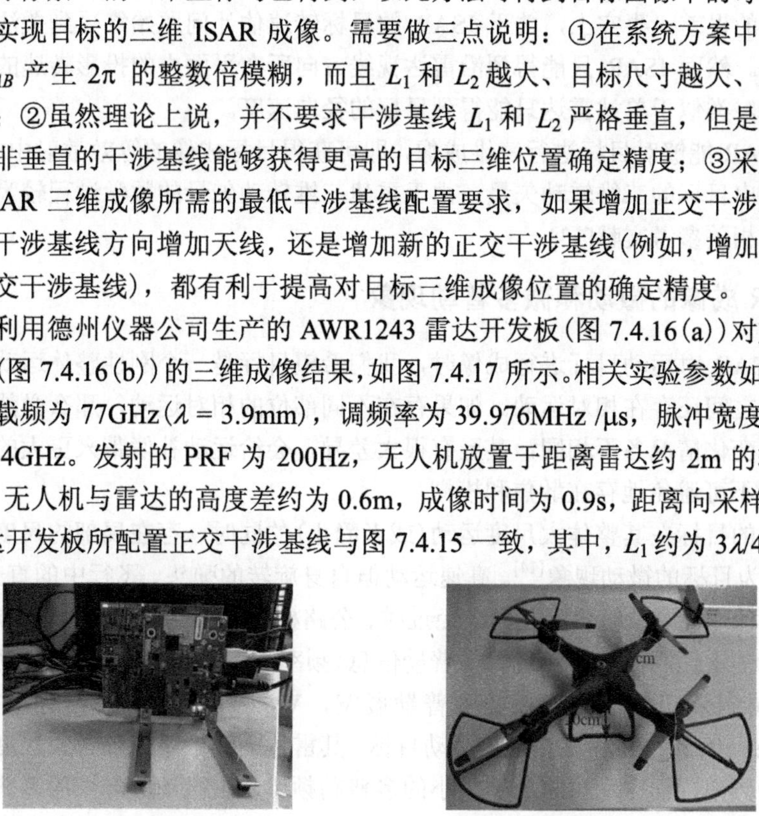

(a) AWR1243 雷达开发板　　(b) 四旋翼无人机

图 7.4.16　四旋翼无人机的三维成像结果[13]

从图 7.4.17 的结果可看出，所重建的无人机的三维图像在 x-y、x-z 和 y-z 三个平面的投影尺寸与真实尺寸较为接近。此外还可看出，无人机的三维图像有一个倾斜的角度，这正是由无人机与雷达之间的高度差所导致的。

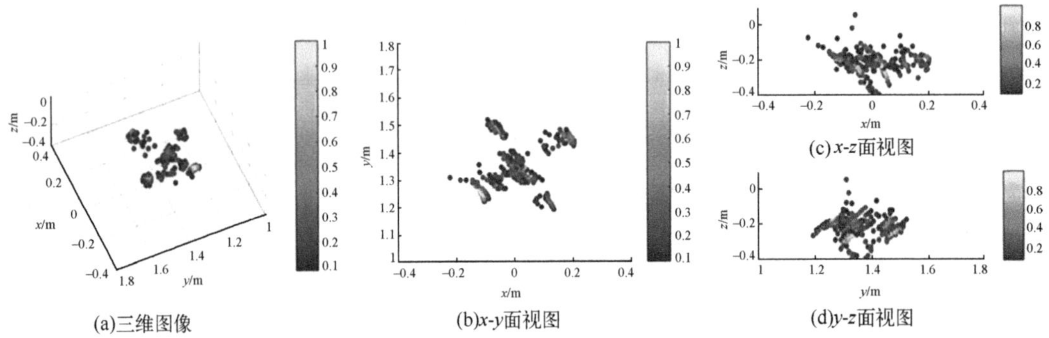

图 7.4.17 四旋翼无人机的三维成像结果[13]

2. 目标转动速度的估计

由于 ISAR 成像为转台成像，对目标的平动进行补偿后，目标的运动模型将转化为围绕某个轴的转动。对于 ISAR 成像而言，所面对的大多是非合作目标，目标的运动速度和进行平动补偿后的等效转速都需要进行估计，而目标转速的估计误差直接导致所成像目标大小与真实目标大小的误差。事实上，关于 ISAR 的目标转速估计问题始终受到关注，已开展了大量的研究工作。然而 ISAR 只能得到沿雷达视线方向所在平面内的投影转速的估计结果，而非真实的转速，类似于单站雷达只能得到目标的径向速度。

由于 InISAR 能够对目标进行三维成像，即可获得目标成像的等效散射中心的三维坐标，据此便可构建出目标的三维转动矢量。由于重建三维转动矢量的数学过程较为复杂，感兴趣的读者可阅读相关参考文献[13]。

7.4.4 ISAR 成像的微动和微多普勒现象

当利用 ISAR 对运动目标进行成像时，我们希望目标是一个刚性整体运动，而不希望目标的不同部位之间还存在相对运动。如果存在不同部位的相对运动，那么必然导致不同部位的多普勒频率变化情况各不相同，甚至有很大差异，会给运动补偿带来更大的困难，最终导致 ISAR 图像不可避免地存在散焦和模糊。

一个运动的目标在其整体大尺度运动(或者静止)的同时，存在局部的尺度较小的相对运动的现象，称为目标的微动现象[14]。高速运动但自身旋转的弹头、飞行中的直升机的螺旋桨、行进中的车辆的车轮、铁路桥梁在列车经过时、公路桥梁在车辆通过时，均会产生微动现象。任何运动目标的雷达回波中必然包含多普勒信息(频率)，若运动目标存在微动，则其将对雷达回波产生调制效应，使得目标的多普勒展宽，Victor C.Chen 将其称为微多普勒效应(micro-Doppler effect)。即存在微动的运动目标，其雷达回波中不仅包含大尺度运动所产生的较大的多普勒频率，而微动也将产生较小的多普勒频率，由微动所产生的多普勒频率，称为微多普勒频率(micro-Doppler frequency)。

微多普勒特征最初源于相干激光雷达系统，表征了目标瞬时微动速度。由于激光雷达波长极短，通常为亚 μm 级，可实现极高的测速精度，因而可对目标运动特征进行精细刻画。假设物体的振幅为 D_v，振动频率是 f_v，发射电磁波的波长为λ，那么由振动所产生的最大多普勒频率为

$$\max\{f_d\} = (2/\lambda)D_v f_v \tag{7.4.22}$$

关于目标微动现象和微多普勒频率的研究，正在受到越来越多的关注。典型目标微动特征和微多普勒的研究，可以为识别目标提供新的手段。

Victor C.Chen 针对刚体振动、转动以及进动的微多普勒效应模型进行了推导[14]。

图 7.4.18(a)和图 7.4.18(b)分别给出了目标振动和转动所产生微动的示意图。

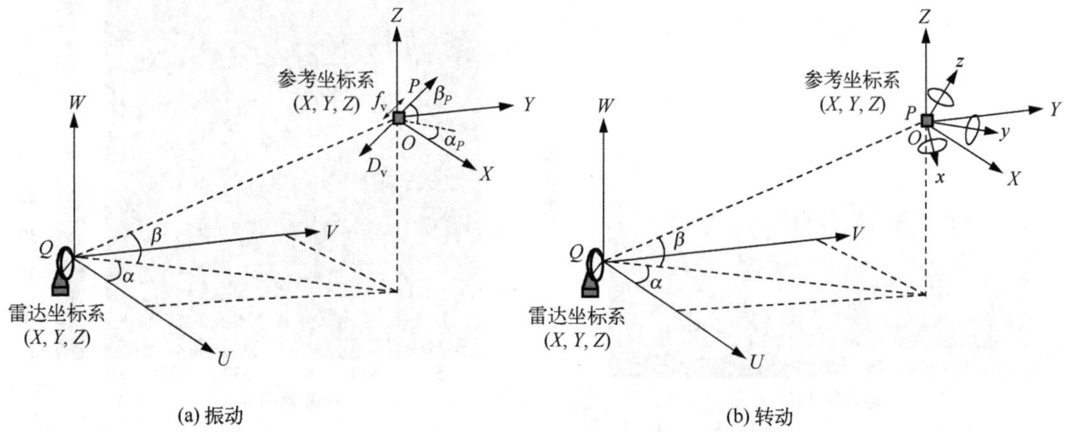

图 7.4.18　雷达目标振动和转动所产生的微动模型

1. 振动情况

如图 7.4.18 所示，Victor C.Chen 推导出的微多普勒频率是

$$f_{md} = (2f_v D_v)/c \cdot \cos\beta \cos\alpha_P \cos(2\pi f_v t) \tag{7.4.23}$$

这里假设α和β_P为 0；f为发射电磁波的频率；f_v为目标振动频率；D_v为目标振动幅度；c为电磁波传输速度。如果令 $A = 2f_v D_v/c \cdot \cos\beta\cos\alpha_P$，$\omega_v = 2\pi f_v$ 并且振动有一个初始相位ϕ_0，那么振动所产生的微多普勒频率表达式为

$$f_{md} = A\cos(\omega_v t + \phi_0) \tag{7.4.24}$$

2. 转动情况

目标的微多普勒频率为

$$f_{md} = 2f\Omega/c \cdot [\hat{\omega}'(\hat{\omega}'\sin\Omega t + I\cos\Omega t)\Re_{\text{Init}} \cdot r_P]_{\text{radial}} \tag{7.4.25}$$

其中

$$\hat{\omega}' = \begin{bmatrix} 0 & -\omega_z' & \omega_y' \\ \omega_z' & 0 & -\omega_x' \\ -\omega_y' & \omega_x' & 0 \end{bmatrix}$$

式中，$\Re_{\text{Init}}$ 是初始旋转矩阵，旋转运动的微多普勒表达式可以进一步写为

$$f_{md} = A_1\cos\omega t + A_2\sin\omega t \tag{7.4.26}$$

将式(7.4.26)转化为

$$f_{\mathrm{md}} = A\cos(\omega_{\mathrm{v}} t + \phi_0) \tag{7.4.27}$$

因此，目标旋转运动的多普勒也具有正弦函数形式。同样，目标的进动所产生的微多普勒具有正弦函数形式，有关推导过程详见有关参考文献。

图 7.4.19 给出了对公路上的卡车的雷达成像实验结果。其中，图 7.4.19(a)为卡车的光学照片；图 7.4.19(b)为卡车的雷达图像，从中可以清楚地看到卡车头部有两个严重的多普勒模糊区，处于卡车车头车轮的位置，分别对应于两个车轮的回波信号；图 7.4.19(c)、(d)为卡车车头的其中两个车轮部分的回波信号进行时频处理后得到的微多普勒信息，从中可以清楚地观察到微多普勒频率随时间呈现周期特性，该周期正好对应了车轮转动的周期，大约为 12.5r/min。

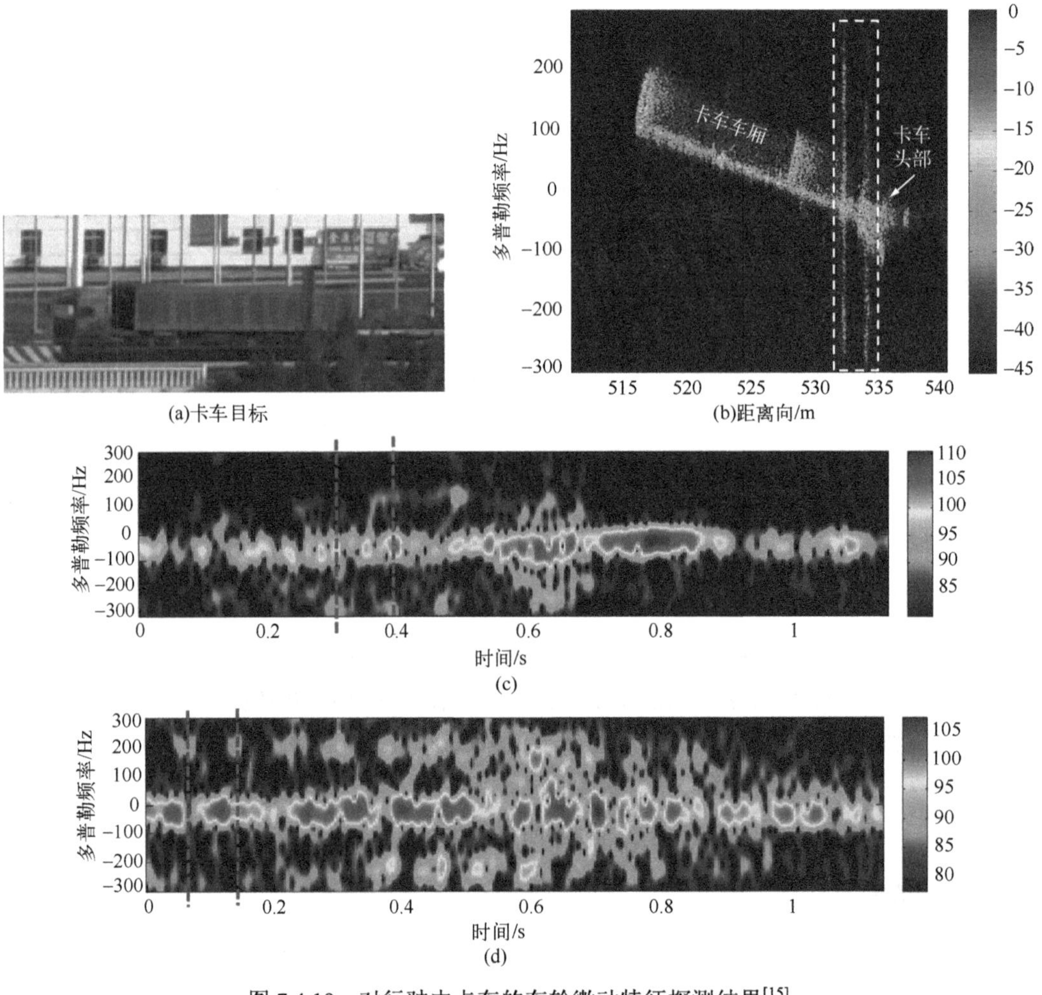

图 7.4.19　对行驶中卡车的车轮微动特征探测结果[15]

图 7.4.20 给出了对沿反方向运动的卡车(车型与图 7.4.19 中相同)采用 STFT 时频成像的结果，图中给出了 6 个不同时刻的雷达图像，可以清楚地观察到车轮的微动特征逐步由车头的车轮向车厢后轮移动的情况。

图 7.4.21 给出了干涉雷达对运动中的列车的干涉成像结果，干涉相位的周期变化反映了列车车厢在随列车整体运行过程中前后微动的干涉相位变化的周期，车厢前后微动的周期约为 0.9s[16]。

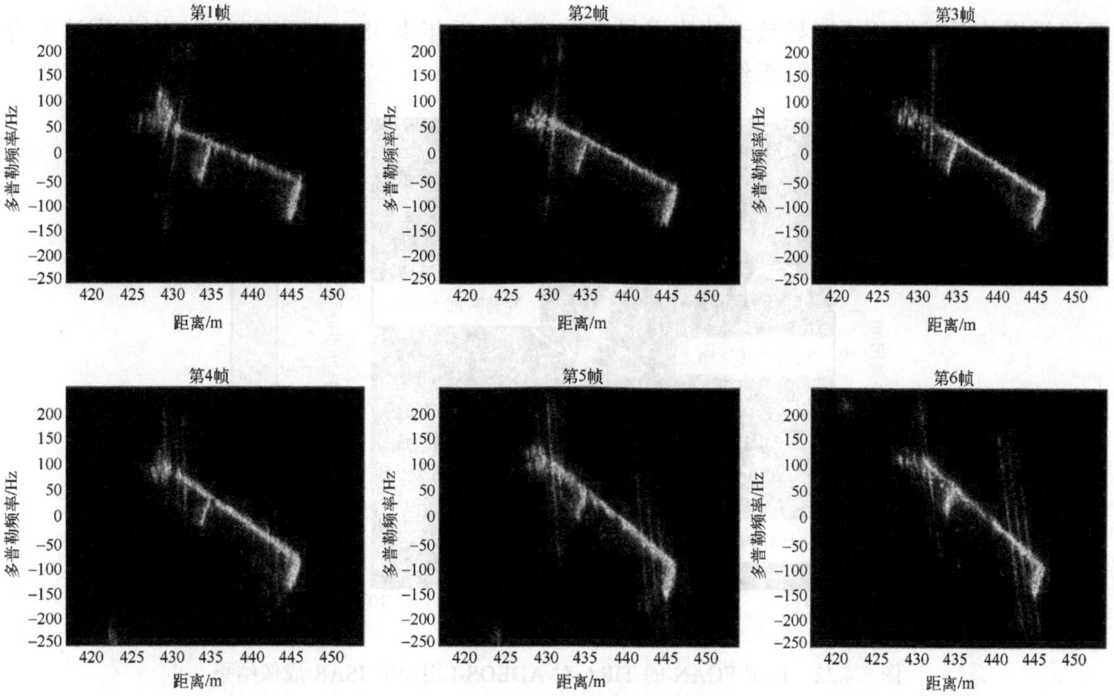

图 7.4.20 采用 STFT 时频成像算法对实验数据成像处理的结果[15]

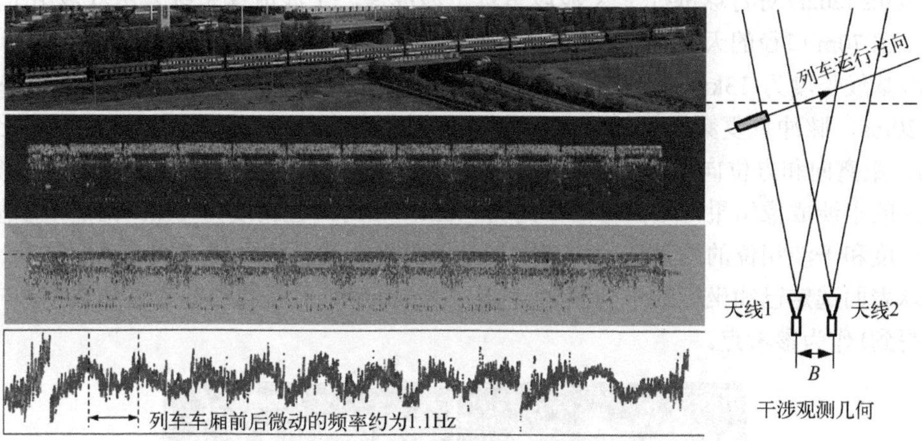

图 7.4.21 干涉雷达对运动中的列车的干涉成像结果[16]

7.4.5 ISAR 的主要应用

ISAR 的应用主要分为军用领域和民用领域两个方面。在军用领域中，主要用于对空中和空间目标的侦察、探测与识别，在武器系统中辅助制导武器对目标进行攻击。在民用领域中，主要包括空间科学研究方面，例如，利用大型地基雷达对各类星体(如月球、小行星等)以及人造卫星进行成像观测。德国 FGAN 的 TIRA 雷达曾对 ADEOS-I 卫星进行雷达成像，结果如图 7.4.22 所示。该卫星于 1996 年 8 月发射入轨，1997 年 7 月意外失效。技术人员通过对 TIRA 获取的 ADEOS-I 卫星系列 ISAR 图像进行研判，最终判断该卫星失效的原因是太阳能帆板从卫星根部折断导致无法为卫星提供能源。近年来 ISAR 逐渐开始在汽车雷达中得到应用，帮助汽车自动驾驶系统准确防范碰撞。

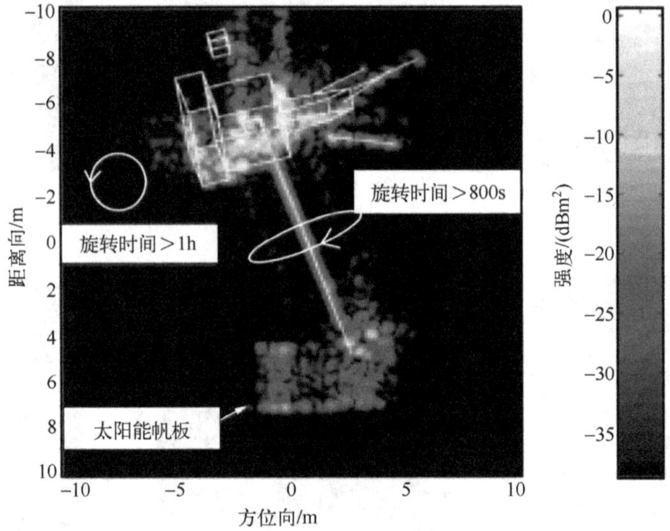

图 7.4.22　德国 FGAN 的 TIRA 对 ADEOS-I 卫星的 ISAR 成像结果

美国 NASA 利用其设在加州 Mojave 沙漠地区金石湖床的大型地基雷达 GSSR(goldstone solar systems radar)对月球进行了 X 波段雷达干涉成像。干涉成像系统采用双多站工作模式，即采用一副 70m 口径的天线作为发射天线，两副 34m 口径且相距 13km 的天线作为接收天线，因此干涉基线长度为 13km。雷达信号的中心频率为 8.56GHz，带宽为 40MHz，脉冲宽度为 12.5ms/20ms，脉冲重复频率为 50Hz/80Hz，成像合成孔径时间为 5400s，合成孔径长度为 2300km，距离向和方位向分辨率分别为 4m 和 5m。图 7.4.23 给出了 GSSR 雷达系统对月球南极地区的干涉成像结果，平面分辨率约为 40m，相对高程精度为 5m。由于干涉基线长度的确定精度和干涉相位的测量精度均有限，不能满足所期望达到的 DEM 精度需求，因此需要在月球表面选定已知坐标的系列控制点(从 Clementine 号搭载的激光雷达数据和立体相机数据中得到)作为参考点。

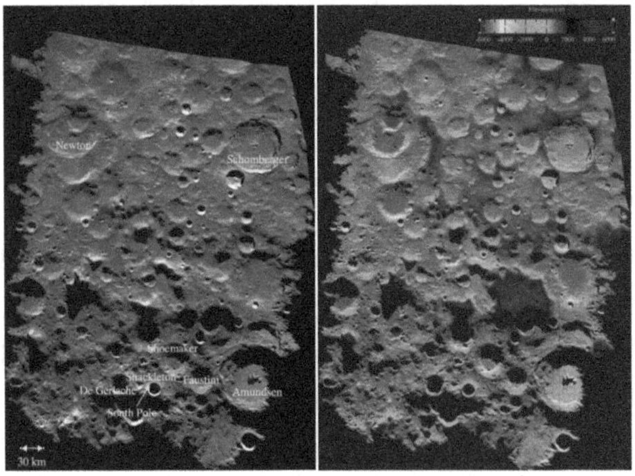

图 7.4.23　NASA 的 GSSR 雷达系统对月球南极地区的干涉成像结果[17]

7.5　圆迹合成孔径雷达

在前面 7.3.2 节已经介绍了合成孔径雷达的基本原理，其方位向的分辨率主要取决于合成孔径的长度(可等效为相干处理的时间)，而合成孔径的长度又取决于天线的波束宽度。在条带 SAR 模式下，方位向的最高分辨率为天线方位向口径的 1/2。但是实际中，基本上不可能依靠减小天线方位向的口径来提高方位向的分辨率。为此，人们提出了聚束 SAR 模式，在聚束模式下，方位向的分辨率不再取决于天线方位向的口径，而是取决于目标区域的观察角度范围。在平台沿直线飞行的情况下，对能够实现目标区域的观测角度范围又受到了限制。圆迹合成孔径雷达(circular synthetic aperture radar, CSAR)[18]的提出正是为了突破这种限制：当雷达平台沿着以观测目标为中心的圆周进行运动时，可实现对目标的观测角度达到最大的 360°。

正是由于 CSAR 对目标进行了 360° 的观测，使得它即便以相对较小的信号带宽也能够获得比较高的二维分辨率，并且还可获得一定的高程分辨率。

CSAR 除了可以获得更高的分辨率以及一定的高程分辨率外，还可以有效地克服其他模式 SAR 所不可避免存在的叠掩问题，这是因为 CSAR 对目标进行了全方位的观测，因此 CSAR 在城市遥感观测中可发挥独特的作用。

有关实验还表明，采用 CSAR 模式的叶簇穿透雷达探测效果比其他模式 SAR 有更好的探测目标的能力。

CSAR 的点目标系统响应与其他模式 SAR 的系统响应有很大区别，具有显著的空变特性，成像算法也有很大区别。在此我们主要介绍 CSAR 的基本原理，包括信号模型、分辨率分析等，以及成像算法，主要介绍时域相关成像算法和后向投影算法。

7.5.1　CSAR 的基本原理

1. CSAR 的观测模型

图 7.5.1 给出了 CSAR 的观测几何示意图。CSAR 飞行半径为 R_g，飞行高度为 Z_h，雷达天线波束的入射角为 θ_i，其在地面上的投影半径为 R_0。地距平面为 x-y 平面。雷达的方位角为 $\phi\in[0,2\pi)$，每个方位角位置所对应的雷达坐标为 $(R_g\cos\phi, R_g\cos\phi, Z_h)$。

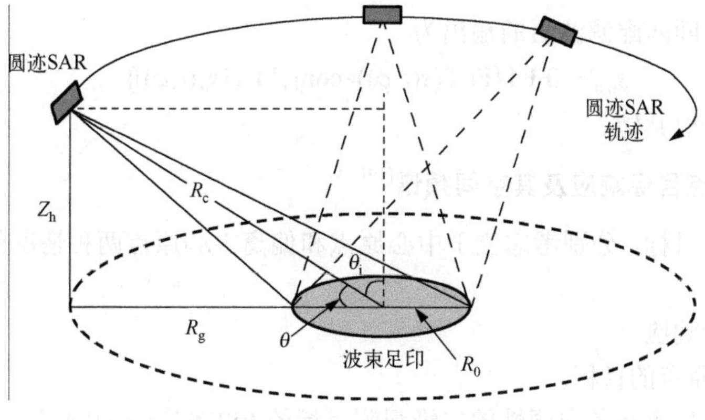

图 7.5.1　CSAR 的观测几何模型

$$R_c = \sqrt{R_g^2 + Z_h^2} \tag{7.5.1}$$

$$\theta_i = \arctan(Z_h / R_g) \tag{7.5.2}$$

2. CSAR 的信号模型

1) 二维观测目标的回波信号

假定二维观测目标，即位于二维地平面上而不具有高度信息的目标，其分布函数为 $f(x,y)$，雷达沿着圆周轨迹飞行并发送脉冲信号 $p(t)$，则雷达接收到的回波信号为

$$s(t,\phi) = \int_y \int_x f(x,y) p\left[t - 2\sqrt{(x - R_g \cos\phi)^2 + (y - R_g \sin\phi)^2 + Z_h^2} \Big/ c\right] \mathrm{d}x\mathrm{d}y \tag{7.5.3}$$

式中，t 为快时间；c 表示光传播的速度。

将式(7.5.3)进行快时间 t 的傅里叶变换得到

$$S(\omega,\phi) = P(\omega)\int_y \int_x f(x,y) \exp\left[-\mathrm{j}2k\sqrt{(x - R_g \cos\phi)^2 + (y - R_g \sin\phi)^2 + Z_h^2}\right] \mathrm{d}x\mathrm{d}y \tag{7.5.4}$$

式中，ω 为发射信号的角频率；波数 $k = \dfrac{\omega}{c}$；$P(\omega)$ 为 $p(t)$ 的快时间傅里叶变换。

2) 三维观测目标的回波信号

实际的观测目标通常具有一定的高度，假定目标高度函数为 $z(x,y)$，相应的三维分布函数为 $f(x,y,z(x,y))$，则雷达接收到的回波信号为

$$s(t,\phi) = \int_y \int_x f[x,y,z(x,y)] p\left[t - 2\sqrt{(x - R_g \cos\phi)^2 + (y - R_g \sin\phi)^2 + (z(x,y) - Z_h)^2} \Big/ c\right] \mathrm{d}x\mathrm{d}y \tag{7.5.5}$$

将式(7.5.5)进行快时间 t 的傅里叶变换得到

$$s(\omega,\phi) = P(\omega)\int_y \int_x f(x,y,z(x,y)) \exp\left[-\mathrm{j}2k\sqrt{(x - R_g \cos\phi)^2 + (y - R_g \sin\phi)^2 + (z(x,y) - Z_h)^2}\right] \mathrm{d}x\mathrm{d}y \tag{7.5.6}$$

在对式(7.5.3)或式(7.5.5)表示的回波信号后续处理中，需要进行快时间(也称为距离向上)匹配滤波，参考信号通常选为单位角反射器位于中心原点处生成的回波信号，即

$$s_0(t,\phi) = p\left[t - 2\sqrt{R_g^2 + Z_h^2} \Big/ c\right] \tag{7.5.7}$$

回波信号快时间匹配滤波后的输出为

$$s_{\text{out}} = \text{IFFT}\{\text{FFT}(s(t,\phi)) \cdot \text{conj}\{\text{FFT}[s_0(t,\phi)]\} \tag{7.5.8}$$

式中，$\text{conj}\{\cdot\}$ 表示取共轭。

3. CSAR 的点目标响应及其空间频谱[19]

对于二维观测目标，分别考虑位于中心原点和偏离中心原点两种情况的点扩散函数(PSF)和二维频谱。

1) 二维点目标响应

(1) 位于中心原点的目标。

对于位于中心原点且各向同性的二维观测目标的 PSF 解析表达式为

$$f(x,y) = \rho_{\max} J_1(r\rho_{\max})/r - \rho_{\min} J_1(r\rho_{\min})/r \tag{7.5.9}$$

式中，$r=\sqrt{x^2+y^2}$；J_1是第一类一阶 Bessel 函数；$\rho_{\min}=2k_{\min}\cos\theta,\rho_{\max}=2k_{\max}\cos\theta$。

为进一步阐述 PSF 的性质，通过点目标仿真方法得到二维观测目标的 PSF。采集的回波信号模型为式(7.5.3)，实验仿真参数如表 7.5.1 所示。采用二维后向投影(BP)算法进行成像，得到的 PSF 及其频谱分别如图 7.5.2(a)、(b)所示。

表 7.5.1 二维观测目标 PSF 仿真参数

参数	标准模式	参数	标准模式
载频	250MHz	雷达飞行高度	200m
带宽	50MHz	目标区域半径	10m
雷达飞行半径	200m	—	—

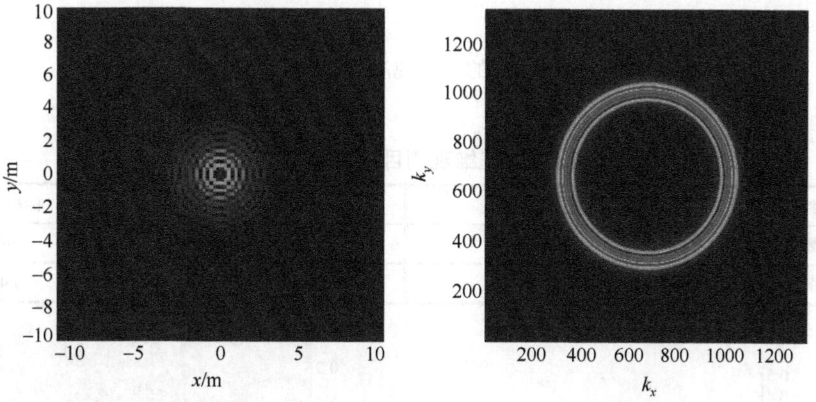

(a) PSF (b) 频谱

图 7.5.2 位于中心原点的二维观测目标 PSF 及其频谱仿真结果

图 7.5.2 的结果表明，对于位于中心原点且各向同性的二维点目标，其 PSF 具有径向对称性，其相应的频谱也具有径向对称性。另外，PSF 的数学表达式中$r=\sqrt{x^2+y^2}$，且有$\sqrt{x^2+y^2}=\sqrt{(-x)^2+y^2}=\sqrt{x^2+(-y)^2}=\sqrt{(-x)^2+(-y)^2}$，因此，式(7.5.9)具有径向对称性，根据傅里叶变换的性质，对其进行傅里叶变换后得到的频谱同样具有径向对称性。因此，PSF 的数学公式分析和点目标仿真结果是一致的。

(2)偏离中心原点的目标。

偏离中心原点的 PSF 表达式较为复杂，只采用点目标仿真方法进行分析。仿真参数和二维成像算法与位于中心原点目标的情况相同，当目标在 x 轴上偏离 50m 时，其 PSF 和相应的二维频谱分别如图 7.5.3(a)、(b)所示。

图 7.5.3 的结果表明，对于偏离中心原点且各向同性的二维点目标，其 PSF 不再具有径向对称性，其相应的频谱也不再具有径向对称性。

由位于中心原点和偏离中心原点的点目标仿真结果可知，CSAR 模式下观测目标的二维 PSF 随着目标位置而变化，即意味着 PSF 具有空变特性。

2)三维点目标响应

下面用点目标仿真方法分析位于中心原点且各向同性观测目标的三维 PSF，回波信号模型为式(7.5.5)，实验仿真参数如表 7.5.2 所示，采用三维后向投影(BP)算法进行成像，得到的 PSF 及其各剖面分别如图 7.5.4(a)、(d)所示。

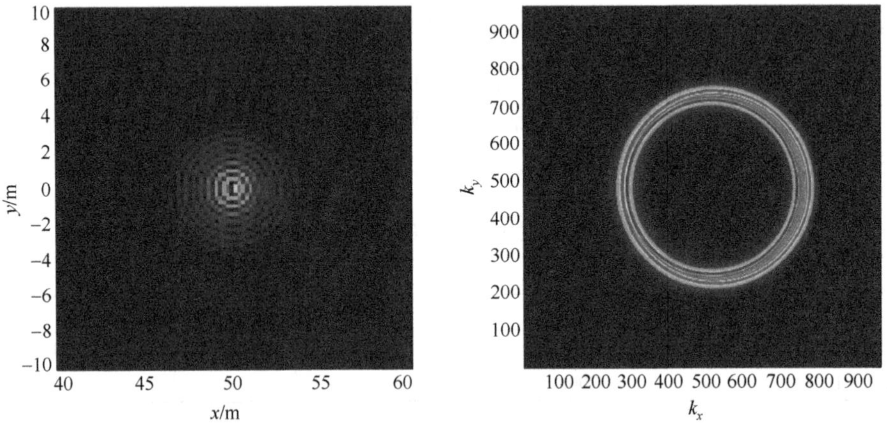

(a) PSF　　(b) 频谱

图 7.5.3　偏离中心原点的二维观测目标 PSF 及其频谱仿真结果

表 7.5.2　三维观测目标 PSF 仿真参数

参数	标准模式	参数	标准模式
载频	10GHz	雷达飞行半径	200m
带宽	2GHz	目标区域半径	0.4m

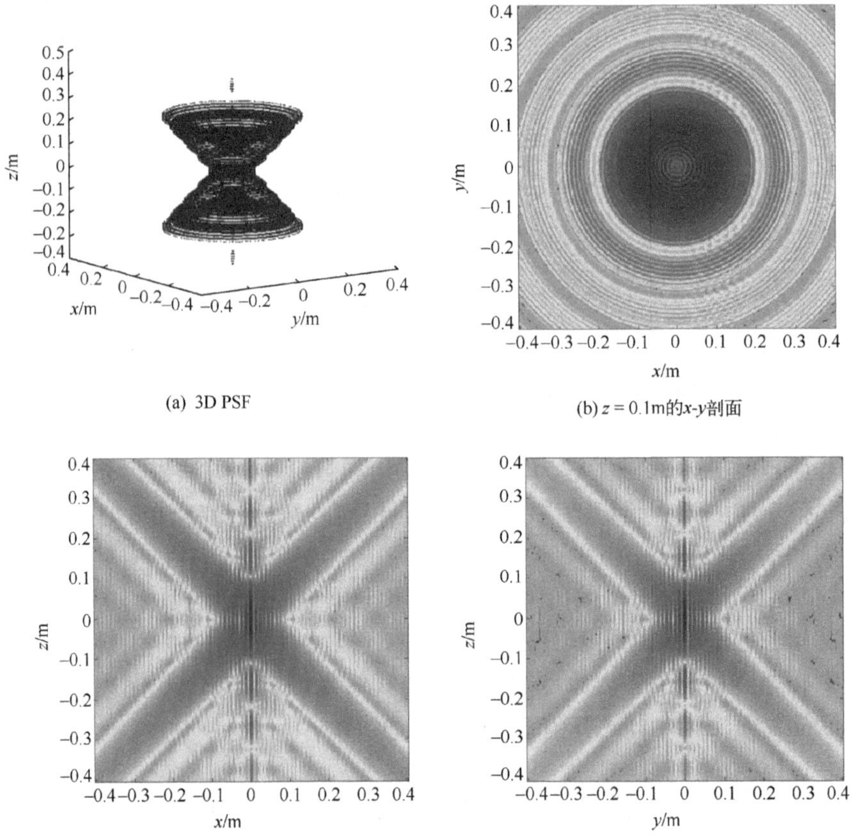

(a) 3D PSF　　(b) $z = 0.1$m的x-y剖面

(c) $y = 0$的x-z剖面　　(d) $x = 0$的y-z剖面

图 7.5.4　Z_h =200m，位于中心原点的三维观测目标 PSF 仿真结果

(1) 雷达平台高度 $Z_h = 200\text{m}$。

图 7.5.4(a)表明，对于位于中心原点且各向同性的点目标，其 PSF 呈对称的圆锥体形状。

图 7.5.4(b)显示了距地平面有一定高度的二维 *x-y* 剖面(聚焦面)的成像结果，其中，能量高的部分是一个散焦的圆环，对应于图 7.5.4(a)的圆锥“脊”。该圆环具有径向对称性，从三维 PSF 的数学表达式可以得到相同的结论。在式(7.5.9)中，PSF 是 $r=\sqrt{x^2+y^2}$ 和 z 的函数，由于 $\sqrt{x^2+y^2}=\sqrt{(-x)^2+y^2}=\sqrt{x^2+(-y)^2}=\sqrt{(-x)^2+(-y)^2}$，因此，对同一个 z，位于 (x,y)、$(-x,y)$、$(x,-y)$、$(-x,-y)$ 处的响应值相同，这也是图 7.5.4(c)和图 7.5.4(d)关于 z 轴对称的原因。此外，若将图 7.5.4 中聚焦面的高度不断减小，则可以看到圆环散焦的半径逐渐变小，直到在 $z=0$ 时，成像结果为聚焦的点；若继续减小聚焦面的高度，则圆环散焦的半径又逐渐增大。这类似于用医学显微镜观测目标，如果适当调整目镜的焦距，也会出现目标散焦的半径先逐渐减小后又逐渐增大的现象。

图 7.5.4(c)关于 x 轴也具有对称性。事实上，仅仅是幅度上的对称，原因在于式(7.5.9)中 PSF 对于 z 和 $-z$ 为复共轭对称。图 7.5.4(c)和图 7.5.4(d)基本相同，因为式(7.5.9)中的 x 和 y 具有旋转对称性。

(2) 雷达平台高度 $Z_h = 400\text{m}$。

图 7.5.5 的成像结果与图 7.5.4 虽然相似，但也略有不同。图 7.5.5(a)显示的圆锥角比图 7.5.4(a)的大，对比图 7.5.5(c)和图 7.5.4(c)或者图 7.5.5(d)和图 7.5.4(d)，也明显地看到圆锥角变大，这是因为圆锥角近似等于两倍的雷达下视角，图 7.5.5 中雷达下视角为 $\arctan(400/200)\approx 63.43°$，而图 7.5.4 中为 $\arctan(200/200)=45°$。对比图 7.5.5(b)和图 7.5.4(b)，圆环散焦半径随着雷达下视角的增大而增大。已有的结论表明，在满足远场条件下，对位于中心原点且各向同性目标的三维成像中的二维 *x-y* 聚焦面，其圆环散焦半径 R、雷达下视角 θ 以及聚焦面到目标高度的距离差 $|\Delta z|$ 之间的关系为 $R\approx|\Delta z|\tan\theta$，在 $|\Delta z|$ 固定的情况下，R 和 $\tan\theta$ 成正比。因此，仿真结果和已有的结论相一致。

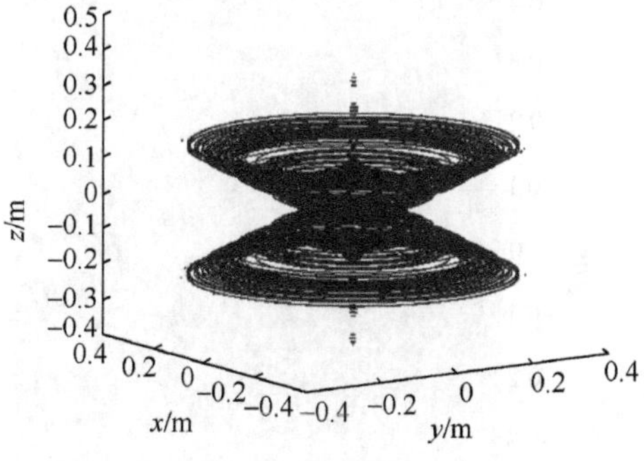

(a) 3D PSF

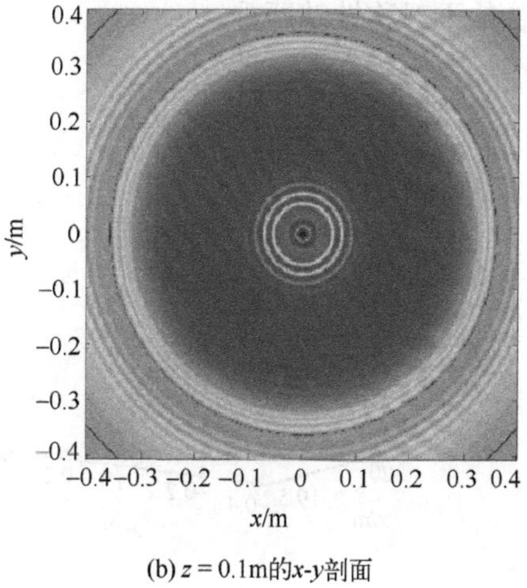

(b) $z=0.1\text{m}$的*x-y*剖面

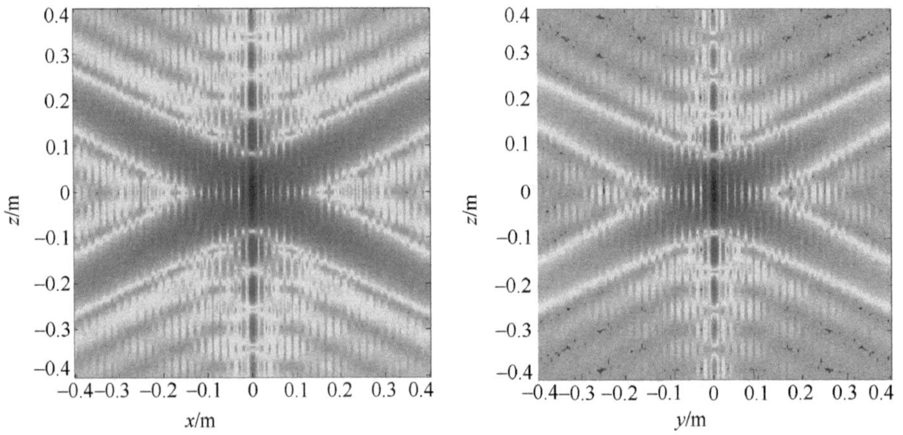

(c) $y=0$的x-z剖面　　(d) $x=0$的y-z剖面

图 7.5.5　Z_h =400m, 位于中心原点的三维观测目标 PSF 仿真结果

下面对偏离中心原点的 PSF 进行仿真和分析，仿真参数同上。

(3) 雷达平台高度 $Z_h = 200$m，且场景中心在 x 方向上偏离 $x_0 = 20$m。

图 7.5.6 给出了偏离中心原点观测目标的三维 PSF 仿真结果，图 7.5.6(a)与图 7.5.4(a)、图 7.5.5(a)相比，不再是对称的圆锥体，图 7.5.6(b)显示的 x-y 二维成像结果也不再是径向对称的圆环，而是类似于椭圆的形状，原因是目标在 x 轴上偏离原点后，雷达在不同的方位角到目标的距离不再相同。但是，由于目标仅在 x 轴上偏离原点，而在 y 和 z 轴上仍位于零点，因此，图 7.5.6(a)中的圆锥体关于 x-z 平面对称，图 7.5.6(b)关于 x 轴对称，图 7.5.6(d)关于 z 轴对称。图 7.5.6(c)与图 7.5.4(c)、图 7.5.5(c)相比，z 和$-z$ 不再是复共轭对称，但是，位于$(0.1-a, y, z)$和$(0.1+a, y, z)$位置处的响应是相同的，其中，a 是任意实数。

(4) 雷达平台高度 $Z_h = 200$m，且场景中心在 x 方向上偏离 $x_0 = 50$m。

图 7.5.7 的成像结果与图 7.5.6 类似。对比图 7.5.7 和图 7.5.6 可知，随着目标偏离 x 轴越远，成像的不对称性越严重。

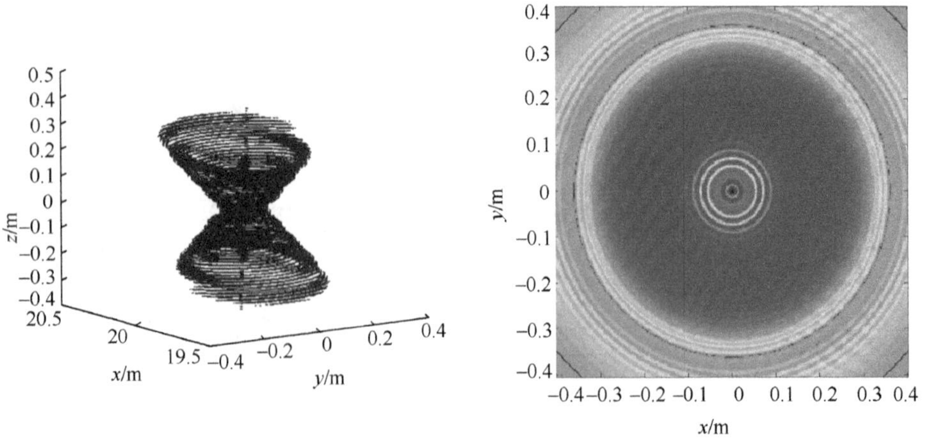

(a) 3D PSF　　(b) $z = 0.1$m的x-y剖面

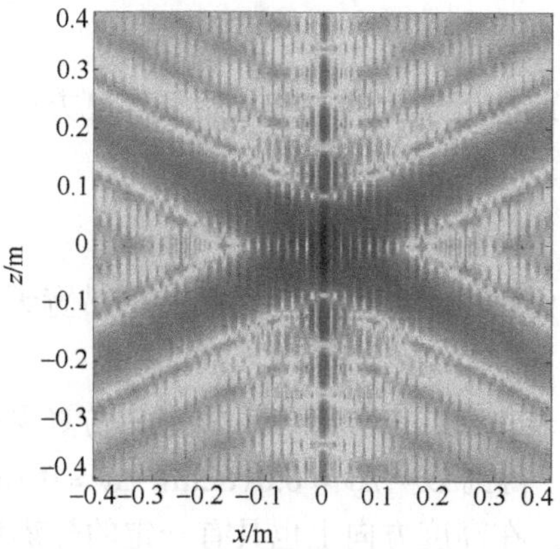

(c) $y = 0$的x-z剖面

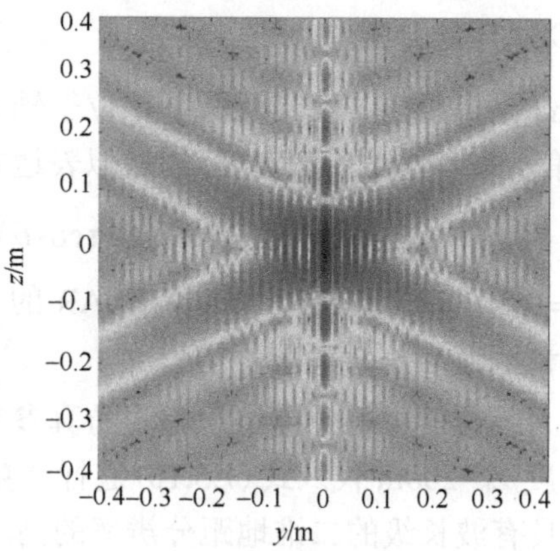

(d) $x_0 = 20\text{m}$的y-z剖面

图 7.5.6　$Z_h = 200\text{m}$，偏离中心原点的三维观测目标 PSF 仿真结果（$x_0 = 20\text{m}$）

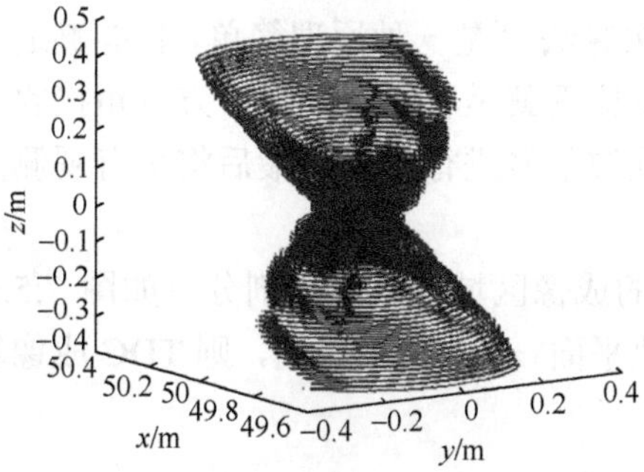

(a) 3D PSF

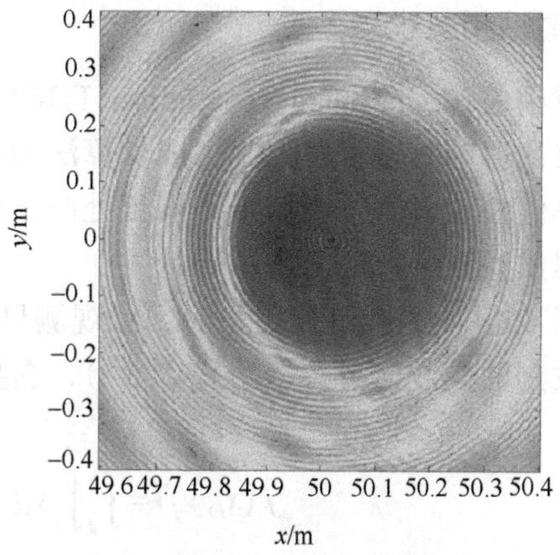

(b) $z = 0.1\text{m}$的x-y剖面

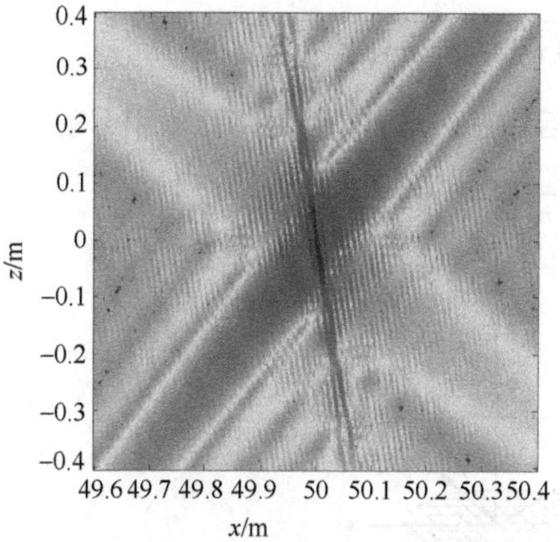

(c) $y = 0$的x-z剖面

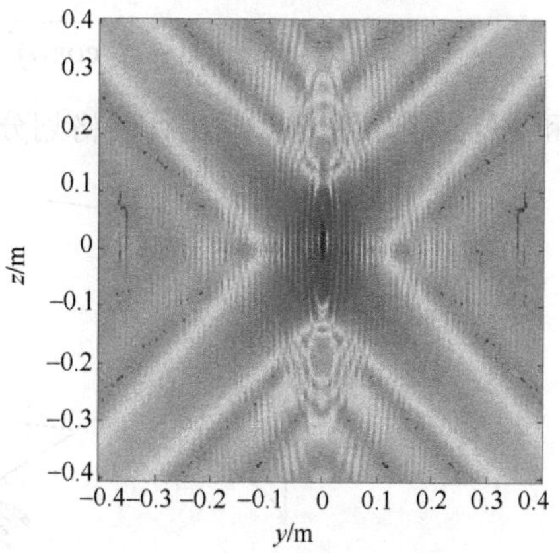

(d) $x_0 = 50\text{m}$的y-z剖面

图 7.5.7　$Z_h = 200\text{m}$，偏离中心原点的三维观测目标 PSF 仿真结果($x_0 = 50\text{m}$)

由位于中心原点和偏离中心原点的仿真结果可知，CSAR 的三维 PSF 也具有空变特性。其中，关于偏离中心原点观测目标的三维 PSF 性质的讨论，只是考虑了目标在 x 轴上有偏离的情况，对于三个坐标方向上都发生偏离的一般情况将更为复杂。

4. CSAR 的分辨率

Ishimaru 等给出了窄带近似下，位于轴上或接近轴上的二维地距及高度方向上的分辨率(以峰值第一零点作为主瓣宽度)的近似表达式为

$$\Delta x = \Delta y \approx 4.8\lambda/(4\pi\cos\theta), \quad \Delta z \approx 2c/\left(B\sqrt{2\pi}\sin\theta\right) \tag{7.5.10}$$

式中，$\lambda = c/f_c$。式(7.5.10)表明，CSAR 的二维地距分辨率与雷达信号的带宽无关，而高度方向的分辨率则与信号带宽有关。

考虑目标位于中心原点情况，将仿真参数表 7.5.2 三维观测目标 PSF 仿真参数，以及雷达平台高度 Z_h=200m 代入式(7.5.10)进行计算，得到$\Delta x = \Delta y \approx 0.0162\text{m}$，$\Delta y \approx 0.169\text{m}$。可见，CSAR 在具有波长级的二维地距分辨率的同时，在高度方向上也具有一定的分辨率。

7.5.2 CSAR 的成像算法

1. 时域相关成像算法

时域相关(time domain correlation, TDC)成像算法[18]是一种原理简单，且能够适用于任意数据获取几何的时域算法。TDC 成像算法的基本原理就是将雷达在某个方位角接收到的回波信号与单位角反射器位于每个像素点处产生的回波信号进行相关，最后将所有观测角度的相关结果累加得到目标的二维图像。

根据 CSAR 的观测模型，对二维观测目标的成像区域进行网格剖分，如图 7.5.8 所示。雷达接收到的回波信号模型为式(7.5.3)，选择地平面 $z=0$ 为聚焦面，则 TDC 成像算法表达式为

$$f(x_i, y_j) = \int_\phi \int_t s(t,\phi) p^*[t - t_{ij}(\phi)]\,\mathrm{d}t\mathrm{d}\phi \tag{7.5.11}$$

且

$$t_{ij}(\phi) = 2\sqrt{(x_i - R_g\cos\phi)^2 + (y_j - R_g\sin\phi)^2 + Z_h^2}\,/\,c \tag{7.5.12}$$

式中，i 和 j 分别表示观测区域进行网格划分后在 x、y 方向上的单元索引号。

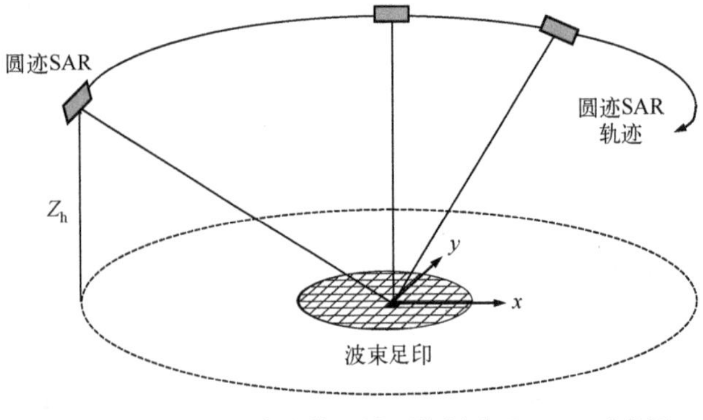

图 7.5.8 CSAR 二维成像区域网格剖分及 TDC 示意图

根据帕塞瓦尔定理，式(7.5.11)可以写为

$$f(x_i, y_j) = \int_\phi \int_\omega S(\omega,\phi) P^*(\omega) \exp[\mathrm{j}\omega t_{ij}(\phi)]\,\mathrm{d}\omega\mathrm{d}\phi \tag{7.5.13}$$

式中，$P(\omega)$为以每个像素位置到每个天线位置的距离作为参考时延的相关函数，即每个像素位置与每个角度位置回波的相关函数需单独计算。

TDC 成像算法的实现步骤如下。

(1)将二维观测目标区域进行网格划分成多个像素单元，标注每个像素单元在 x、y 方向的索引号，如图 7.5.8 所示。

(2)先考虑其中的一个像素单元，以单位角反射器位于该像素单元处的回波信号作为参考信号，与某个方位角度所得的回波数据进行时域相关运算，如式(7.5.11)所示，或者转化为频域相乘实现，如式(7.5.13)所示。

(3)将所有方位角度得到的匹配滤波结果进行累加，最后得到目标的二维成像结果。

(4)对成像区域网格内的所有像素单元重复(2)～(3)操作。

TDC 成像算法是逐像素单元操作，运算时间长，难以实际应用，但若对算法加以改进，则可以得到能使用快速傅里叶变换的 BP 算法[18]。

2．后向投影成像算法

在 TDC 方法中，需要逐像素点地将该像素位置的参考信号与所有观测角度位置的回波信号进行复相关运算，计算效率很低。如果对场景中的每个像素点都采用同一个参考函数(如场景的中心点处的回波)进行匹配滤波作为近似，则可以大大提高计算效率。

若将式(7.5.11)变化为

$$f(x_i,y_j)=\int_{\phi}\int_{t}s(t,\phi)p^*\{t-t_0+[t_0-t_{ij}(\phi)]\}\,\mathrm{d}t\mathrm{d}\phi \tag{7.5.14}$$

且定义

$$P_0(\omega)=\mathrm{FFT}\{p(t-t_0)\} \tag{7.5.15}$$

则式(7.5.13)可变形为

$$f(x_i,y_j)=\int_{\phi}\int_{\omega}S(\omega,\phi)P_0^*(\omega)\exp[\mathrm{j}\omega(t_{ij}(\phi)-t_0)]\,\mathrm{d}\omega\mathrm{d}\phi \tag{7.5.16}$$

式中，$t_0=2R_0/c$，R_0是场景中心到雷达天线相位中心的距离。

1)二维目标

若将信号的角频率写为

$$\omega=\omega_{\mathrm{c}}+\omega' \tag{7.5.17}$$

式中，ω_{c}为中心频率分量；ω'为基带分量。

在式(7.5.16)中，定义

$$S_{\mathrm{M}}=S(\omega,\phi)P_0^*(\omega) \tag{7.5.18}$$

将式(7.5.17)和式(7.5.18)代入式(7.5.16)得到

$$\begin{aligned}f(x_i,y_j)&=\int_{\phi}\int_{\omega'}S_{\mathrm{M}}\exp\{\mathrm{j}(\omega_{\mathrm{c}}+\omega')[t_{ij}(\phi)-t_0)]\}\,\mathrm{d}\omega'\mathrm{d}\phi\\&=\int_{\phi}\int_{\omega'}S_{\mathrm{M}}\exp\{\mathrm{j}\omega_{\mathrm{c}}[t_{ij}(\phi)-t_0]\}\exp\{\omega'[t_{ij}(\phi)-t_0]\}\mathrm{d}\omega'\mathrm{d}\phi\\&=\int_{\phi}\exp[\mathrm{j}\omega_{\mathrm{c}}(t_{ij}(\phi)-t_0)]\mathrm{d}\phi\int_{\omega'}S_{\mathrm{M}}\exp\{\omega'[t_{ij}(\phi)-t_0]\}\mathrm{d}\omega'\end{aligned} \tag{7.5.19}$$

根据傅里叶变换定义有

$$s(t_{ij}(\phi)-t_0)=\mathrm{IFFT}(S_{\mathrm{M}})=\int_{\omega'} S_{\mathrm{M}}\exp\{\omega'[t_{ij}(\phi)-t_0]\}\mathrm{d}\omega' \tag{7.5.20}$$

将式(7.5.20)代入式(7.5.19)得到二维目标的成像结果：

$$f(x_i,y_j)=\int_{\phi} s(t_{ij}(\phi)-t_0)\exp\{\mathrm{j}\omega_{\mathrm{c}}[t_{ij}(\phi)-t_0]\}\mathrm{d}\phi \tag{7.5.21}$$

BP 算法的实现步骤如下。

(1) 将观测目标的二维成像区域进行网格划分成多个像素单元，标注每个像素单元在 x、y 方向上的索引号，如图 7.5.8 所示。

(2) 考虑一个方位角度下的回波数据，以单位角反射器位于中心参考点处的回波信号进行频域匹配滤波后傅里叶逆变换到时域，并进行相位补偿。

(3) 将所有角度得到的相位补偿后数据累加，最后得到目标的二维图像。

该 BP 算法充分利用了快速傅里叶变换，运算速度比 TDC 成像算法得到较大的提高，但相对于直线 SAR 的其他算法而言，运算时间仍比较长。若 BP 算法采用并行技术实现，则可进一步提高运算速度。因此，BP 算法是 CSAR 成像处理中应用较为广泛的一种算法。

2) 三维目标

根据如图 7.5.1 所示的 CSAR 的数据获取几何关系，雷达接收到的回波信号模型为式 (7.5.5)，选择聚焦面 $z_{\mathrm{f}}\neq 0$，对聚焦面进行如图 7.5.8 所示的网格剖分。考虑到三维观测目标在二维成像结果中的像素单元位置与其直接在地平面上的二维投影位置之间的不同，将像素单元的位置表示为 (x_i', y_i')，记聚焦面为 z_{f} 的二维成像结果为 $I(x_i', y_i', z_{\mathrm{f}})$。

采用 BP 算法对三维观测目标进行二维成像，即可将式(7.5.21)修正为

$$I(x_i',y_j',z_{\mathrm{f}})=\int_{\phi} s(t_{ij}(\phi)-t_0)\exp\{\mathrm{j}\omega_{\mathrm{c}}[t_{ij}(\phi)-t_0]\}\mathrm{d}\phi \tag{7.5.22}$$

同时将式(7.5.12)修正为

$$t_{ij}(\phi)=2\sqrt{(x_i'-R_{\mathrm{g}}\cos\phi)^2+(y_j'-R_{\mathrm{g}}\sin\phi)^2+(z_{\mathrm{f}}-Z_{\mathrm{c}})^2}\Big/c \tag{7.5.23}$$

此时的算法实现步骤和流程图，与二维观测目标的情况相同，只需将目标成像区域换成高度为 z_{f} 的聚焦面即可。

接下来，进一步分析三维观测目标的二维图像特点。在前面介绍了位于中心原点的三维观测目标 PSF，其不同高度上的二维剖面并不相同。若将某个高度上的二维剖面看作三维观测目标在聚焦面选为相同高度时的二维成像结果，等间隔改变高度，可得到二维图像序列，将它们按照高度顺序叠放，也同样可以获取目标的三维 PSF。因此，若雷达发射大带宽信号，且雷达到目标之间的距离满足远场条件，即目标成像区域内的点都可近似位于中心原点，则对于成像区域内任意一个点目标 $P(x, y, z)$，它在不同聚焦面上得到的二维成像结果可如图 7.5.9 所示。

从式(7.5.22)和式(7.5.23)可推知，当聚焦面选为目标点 P 的高度 z 时，二维成像结果为一个聚焦的点；当聚焦面为其他高度时，二维成像结果为一个散焦的圆环。前面还介绍了圆环散焦半径 R、雷达下视角 θ 以及聚焦面到目标高度的距离差 $|\Delta z|$ 之间的关系为 $R\approx|\Delta z|\tan\theta$。若雷达位于任意方位角 ϕ 时，选择地平面为聚焦面，则目标的三维位置 (x, y, z) 与其在地平面

上二维成像后的像素坐标位置(x', y')之间的关系为

$$\begin{cases} x' \approx x + |\Delta z| \tan\theta \cos\phi \\ y' \approx y + |\Delta z| \tan\theta \sin\phi \end{cases} \tag{7.5.24}$$

由于同一平台高度下获取的回波数据是固定的，不同聚焦面的二维成像结果所包含的信息量是相同的，它们之间在一定条件下可以相互转换。当 $|\Delta z| << R_0$ 时，聚焦面为 z_f 的二维成像结果为 $I(x', y', z_f)$ 可从聚焦面为地平面的二维成像结果 $I(x', y', 0)$ 中得到

$$I(x', y', z_f) = \text{IFFT}_{x',y'}[\text{FFT}_{x',y'}[I(x', y', 0)]\exp(-\text{j}\sqrt{k_{x'}^2 + k_{y'}^2} z_f \tan\theta)] \tag{7.5.25}$$

式中，$k_{x'} = 2\omega\cos\theta\cos\phi/c$；$k_{y'} = 2\omega\cos\theta\sin\phi/c$。

以三个点目标为例，考虑聚焦面在地平面上的二维成像结果$I(x', y', 0)$和在 z_f 平面上的二维成像结果$I(x', y', z_f)$之间的相互转换，如图 7.5.10 所示。位于 z-f 平面上的 P_1 点在 $I(x', y', 0)$ 中为一个散焦的圆环，经过式(7.5.24)转换后，变为$I(x', y', z_f)$中的一个聚焦点；位于地平面上的 P_3 点，在$I(x', y', 0)$中为一个聚焦的点，转换后变为$I(x', y', z_f)$中的一个散焦圆环；既不位于 z-f 平面也不位于地平面上的 P_2 点，在$I(x', y', 0)$中为一个散焦圆环，转换后变为$I(x', y', z_f)$中的另一个半径不同的散焦圆环。

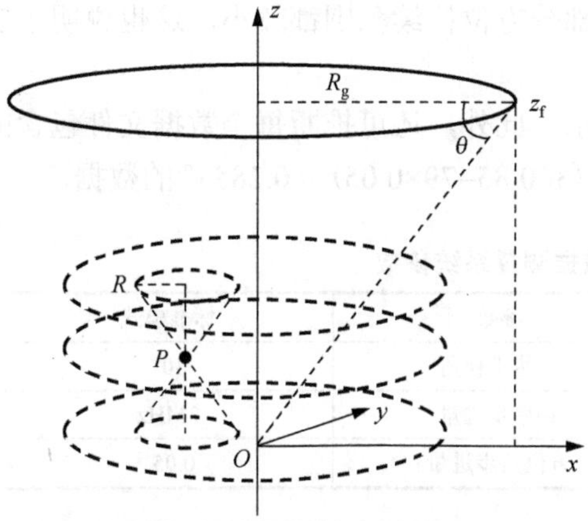

图 7.5.9　单个点目标在不同聚焦面上的二维成像示意图

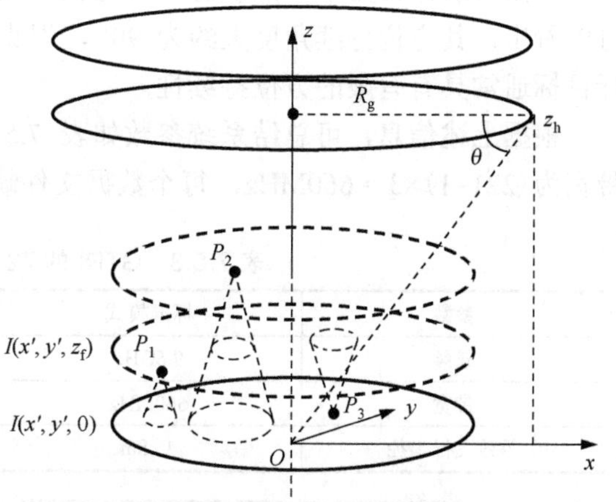

图 7.5.10　不同聚焦面上的二维成像结果之间的转换

由上述分析可知，CSAR 模式下，三维目标的二维成像具有两个特点。第一个特点是当成像聚焦面与目标高度一致时，目标在图像中表现为聚焦状态，否则，目标表现为散焦状态；第二个特点是对于同一个雷达平台高度的 CSAR 数据进行不同聚焦面的成像，不同的成像结果包含的信息相同，且它们在一定条件下可以相互转换。这两个特点也为 CSAR 三维成像算法研究提供了一个方向。

7.5.3　CSAR 成像实例

2006 年，美国佐治亚技术研究所(GTRI)公布了模拟 CSAR 对 T72 坦克的测量实验数据。实验时先将 T72 坦克放在一个嵌入地面并与地面共面的转台上，然后将雷达放在距离转台数十米远处楼房的不同楼层上对转动中的 T72 坦克进行雷达观测。该实验数据的基本情况概括如下。

(1) 数据是 X 波段(中心频率 9.6GHz)雷达相位历史数据。

(2) 数据在频率和方位角上从 0.5ft (1ft=0.3048m) 距离分辨率×0.5ft 横向距离分辨率降低为 1ft 距离分辨率×1ft 横向距离分辨率。

(3) 数据共包含 29 个文件夹，每个文件夹对应于雷达不同的下视角，下视角范围为[27.9909°，31.6604°]；每个文件夹包含四种极化方式(HH、HV、VH 和 VV 极化)数据，每种极化方式有 85 个数据文件，这就意味着全孔径数据分成了 85 个子孔径。

(4) 每个数据文件包含 221 个复数频域样本(距离向)×79 个方位样本(横向距离向)。

(5) 频率步进间隔大约为 3MHz，方位角步进间隔大约为 0.05°，下视角步进间隔大约为 0.138°。

采用雷达下视角为 29.9994°、HH 极化的数据进行成像，选择成像聚焦面为−2m，二维成像结果及其频谱如图 7.5.11 (a)～(b) 所示。当聚焦面分别为−1.25m、−0.75m、−0.25m、0m、0.25m、0.75m、1.25m、2m，结果如图 7.5.12 (a)～(h) 所示。在用 BP 算法成像前，先去除零多普勒杂波。

图 7.5.11 (b) 显示的频谱圆环反映了所采用的数据为 360° 圆周孔径数据。对比图 7.5.11 (a) 和图 7.5.12 (a)～(h) 可知，当聚焦面为−1.25m 时，坦克旁边的两个角反射器处于聚焦状态；当聚焦面为 0.75m 时，坦克的炮管处于聚焦状态；当聚焦面为其他位置时，坦克炮管和旁边的两个角反射器都处于散焦状态，这与相关文献的结论相一致。此外，从角反射器散焦状态可以看出，其方位持续角度大约为 90°，坦克的各部分方位持续范围都较小，这也说明了实际目标通常具有有限的方位持续性。

根据上述信息，可总结系统参数如表 7.5.3 所示。此外，还可推断每个数据文件包含的带宽为 (221−1)×3 = 660MHz，每个数据文件缺失了 (360/85−79×0.05) ≈ 0.2853° 的数据。

表 7.5.3 GTRI 的 72 坦克数据测量系统参数

参数	标准模式	参数	标准模式
载频	9.6GHz	雷达下视角	30°
带宽	660MHz	频率步进量	3MHz
等效飞行半径	45.8m	方位角步进量	0.05°

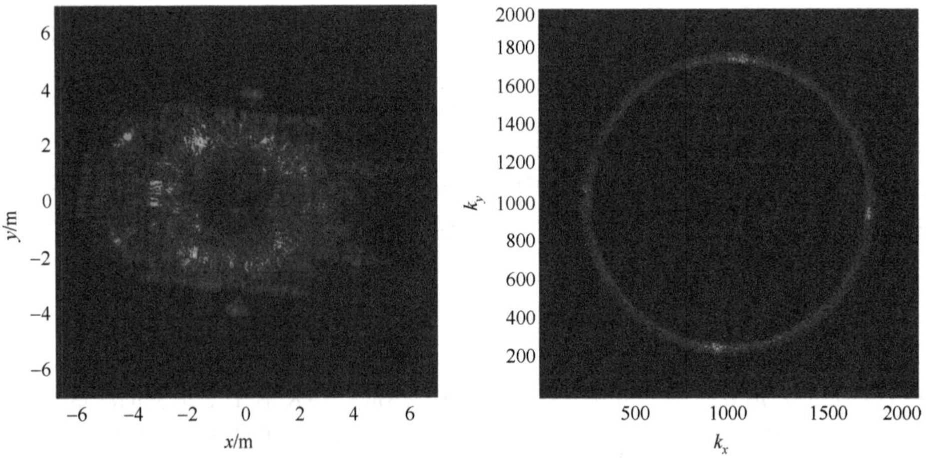

(a) 二维成像　　(b) 二维频谱

图 7.5.11 T72 坦克数据二维成像及其频谱(聚焦面 z_f=−2m)

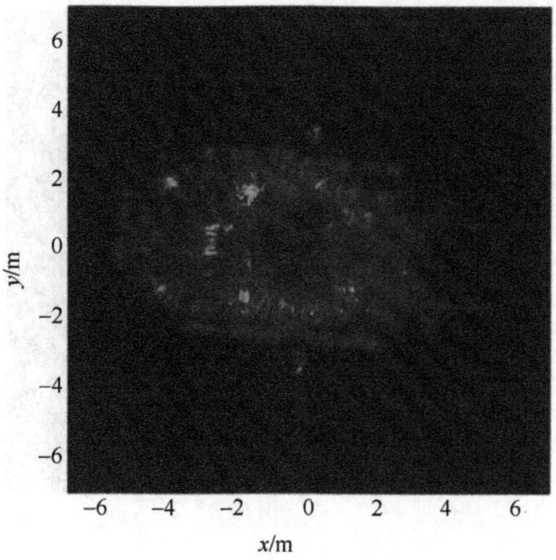

(a) 聚焦面$z_f = -1.25$m

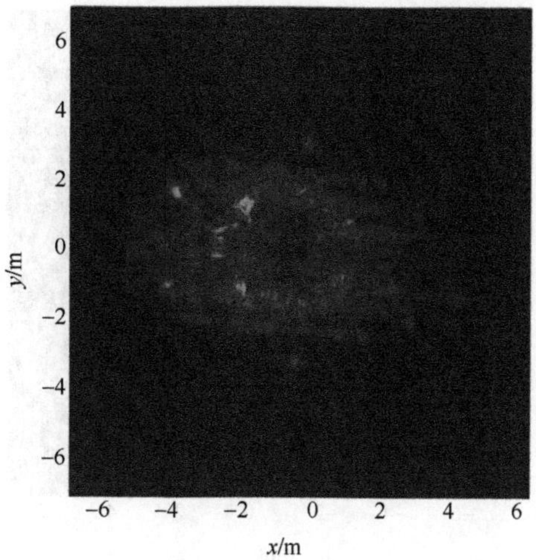

(b) 聚焦面$z_f = -0.75$m

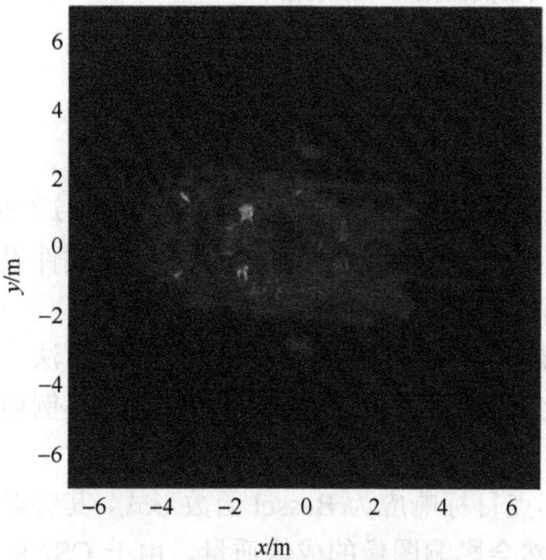

(c) 聚焦面$z_f = -0.25$m

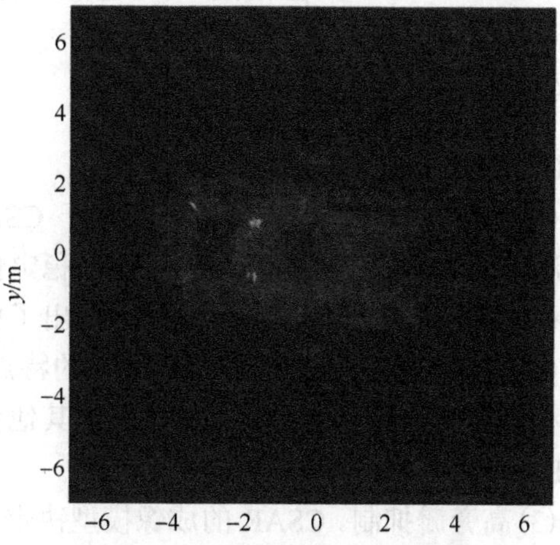

(d) 聚焦面$z_f = 0$m

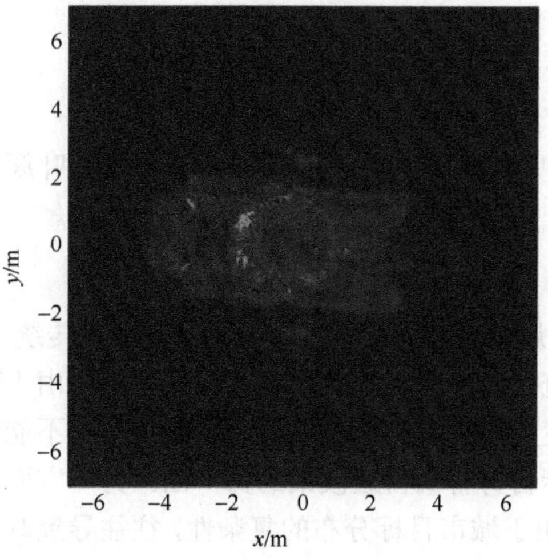

(e) 聚焦面$z_f = 0.25$m

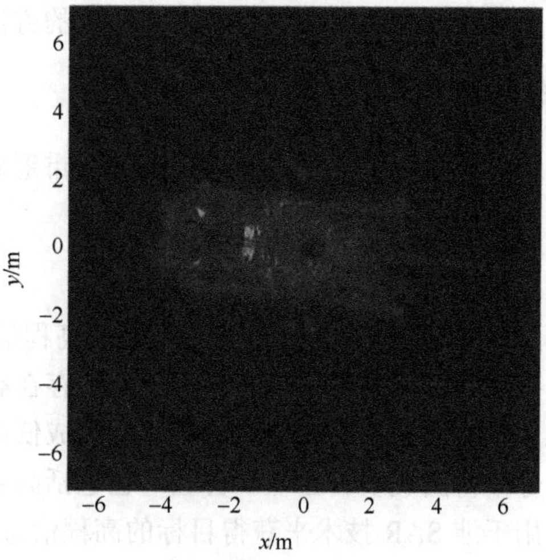

(f) 聚焦面$z_f = 0.75$m

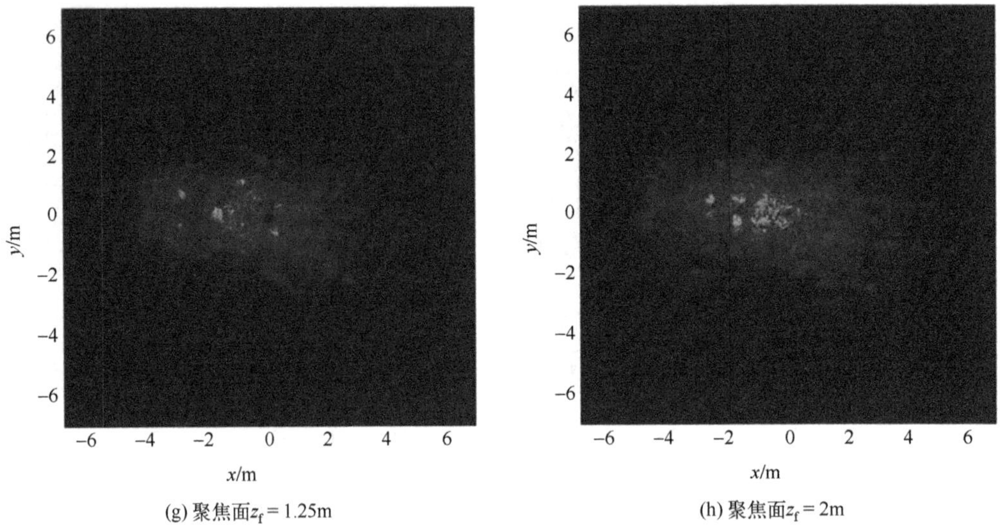

图 7.5.12　T72 坦克数据在不同聚焦面上的二维成像[19]

7.5.4　CSAR 关键技术

CSAR 的关键技术有以下几方面。

(1) 平台飞行控制与测量技术。由于 CSAR 需要对观测目标进行 360°(或者接近 360°)的观测，因此观测时间更长，对平台的稳定性、精准性要求更高。同时对无论是硬件设备的运动补偿，还是信号处理运动补偿都提出了更高的要求。

(2) 高效的成像算法。由于 CSAR 的特点，最适合的成像算法是 TDC 或 BP 算法，但是这两种算法的计算效率较低，如何采用其他手段来提高它们的计算效率非常关键，例如，采用 GPU 或者并行计算等。

(3) 高旁瓣抑制。CSAR 的成像模型决定了其点目标响应为 Bessel 函数形式，其旁瓣比常规的直线 SAR 旁瓣要高若干分贝。高的旁瓣必然会影响图像的成像质量。由于 CSAR 的空间观测频谱的圆环特性，因此采用常规的信号或口径加窗方法来降低旁瓣不再有效。可以说，至今尚未找到很好的抑制 CSAR 高旁瓣的方法。

7.5.5　CSAR 的应用

本书主要介绍 CSAR 在高分辨率城市遥感中的应用、运动目标轨迹重建以及在叶簇穿透探测中的应用。

1. 城市遥感

从 SAR 图像中提取城市建筑物的高程信息是城市遥感的重要内容。一方面，传统 SAR 由于有限的观测角度范围，不可避免地存在叠掩以及“盲区”现象。“盲区”是指由于高度较高的目标遮挡了高度较低的目标，造成低高度的目标不能被雷达波束所照射，也不能在雷达图像中得到反映。当然“盲区”也包括高目标自身背离雷达波束的另一面。另一方面，即便采用干涉 SAR 技术来获得目标的高程信息，由于城市目标分布的复杂性，往往导致难以精确获得目标的高程信息。CSAR 的特点决定了正好可以在上述两个方面发挥独特的作用。

图 7.5.13 给出了德国宇航局(DLR)的 L 波段 E-SAR 在 CSAR 模式下所获得成像结果与条带 SAR 模式所得结果的对比[20]。从中可以清楚地看到 CSAR 对建筑物的成像结果轮廓更清晰、细节更丰富。

(a) CSAR 成像　　(b) 条带 SAR 成像

图 7.5.13　DLR 的 E-SAR 系统 CSAR 和条带 SAR 模式的成像结果对比之一

图 7.5.14 给出了法国 ONERA 的 SETHI SAR 在 CSAR 模式下对法国南部城市 Nimes 竞技场及其附近区域的三维重建结果。由图 7.5.14 可见，竞技场的部分边缘高度明显高于其他边缘区域，这与实际情况完全相符。

(a) Nimes罗马竞技场　　(b) 三维重建结果

图 7.5.14　法国 ONERA 的 SETHI SAR 以 CSAR 模式采用 Radargrammetry 技术对法国 Nimes 罗马竞技场及其附近区域的三维重建结果[21]

2．运动目标检测

条带 SAR 进行 GMTI 探测，由于多普勒频移依赖于方位位置和径向速度，所以不可能估计出运动目标的速度矢量(速度大小和运动方向)。同时由于杂波的干扰，难以实现方位向速度估计。

J.B. Poisson 等采用法国 ONERA 的 RAMSES SAR 和 SETHI SAR 系统在地区的 CSAR 观测数据，研究了利用多角度和长时间观测条件下的运动目标轨迹检测方法，通过实验验证了单通道 CSAR 可以很好地解决运动目标方位位置与径向速度之间的模糊问题，以及获得目标轨迹探测的能力。

图 7.5.15 和图 7.5.16 分别给出了运动目标全轨迹探测的原理图和在 Istres 机场附近的公路运动目标轨迹检测结果[22]。该轨迹已事先通过现场测量获得。

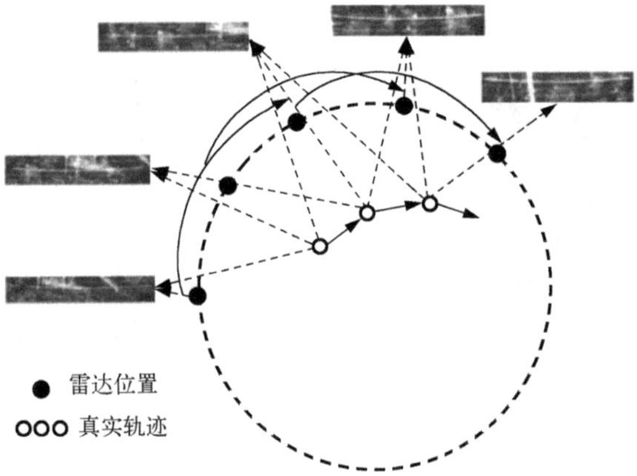

图 7.5.15 CSAR 运动目标全轨迹探测原理图(根据同一个目标在三幅 SAR 图像中的位置来计算目标的位置)

上述工作有如下两个基本假设。

(1) 如果公路网信息不可用，那么就必须选择匀速运动的目标模型以及足够大的观测角度范围。即需要在角度范围、轨迹重建精度与匀速速度假设之间取折中。

(2) 如果可利用公路网络，那么就可以用常加速度模型以及施加方向约束来抑制重建的不稳定性。此时即便在很小的观测角度范围也可以获得很好的重建结果。

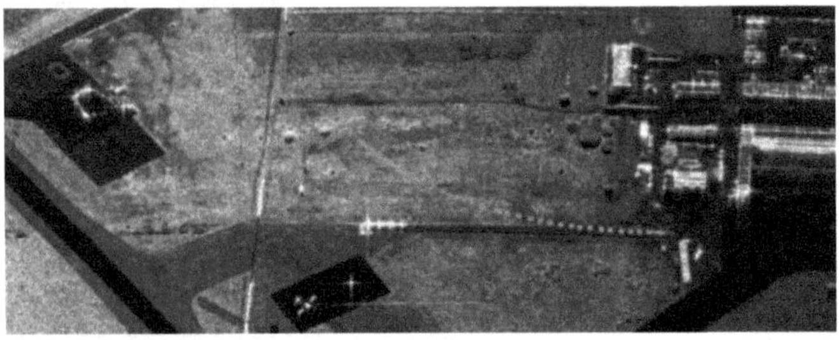

图 7.5.16 对一条已知的运动轨迹的重建结果(实验区域为 Istres 机场附近的一条公路，实际的轨迹在实验中已获得。图中红色的点代表重建的轨迹，绿色的点代表在 SAR 图像中显现的轨迹。运动目标为一辆雷诺 Master 汽车，平均速度为 4m/s)

3. 叶簇穿透目标探测

CSAR 适用于叶簇穿透目标探测的重要原因是可以采用较低的频率，因为目标成像的分辨率主要取决于雷达信号的波长，而不是雷达信号的带宽。这样即便采用较小带宽的低频信号仍然能够获得较高的成像分辨率，而低频雷达信号具有较强的植被穿透能力。2004 年，瑞典国防研究院利用其研制的 CARABAS-Ⅱ SAR 在瑞典南部开展了 LORAM 实验项目，目的是为研究地面目标探测提供大量的数据支持。实验针对各种工作条件，如 SAR 成像模式、目标类型以及杂波等，进行数据评估的要求来进行设计。CARABAS-Ⅱ SAR 的工作频率范围为 20～90MHz(实际处理的频率范围为 22～82MHz)。实验区域大约为 1800m ×1700m，场景中心的天线入射角约为 58°，斜距约为 11km，雷达数据被投影到 1m×1m 的网格点上。实验利用 VHF 频段信号对植被的穿透能力及圆迹 SAR 的多角度观测能力，对植被覆盖下的隐蔽车辆进行探测和识别。实验表明，相比于传统直线轨迹 SAR，圆迹 SAR 能够大大提高隐蔽目标的检测率。

图 7.5.17 给出了实验中所用的 TGB30（卡车，尺寸大约为 2.5m × 7.0m）和 TGB11（吉普车，尺寸大约为 2.0m × 4.5m）车辆照片及其对应的 CSAR 成像结果[23]。从中可以看到 CSAR 可以获得更加清楚的细节。

(a) TGB30　(b) TGB11　(c) TGB30 成像　(d) TGB11 成像

图 7.5.17 CSAR 实验所采用的 TGB30 和 TGB11 车辆及其成像结果

4．目标监视

CSAR 由于对观测区域进行长时间近乎"凝视"的观测，可及时发现观测区域内的目标状态变化，例如，目标由静止向运动变化，运动目标的速度和方向变化等。CSAR 实际上还获得了目标的多角度信息，因此也更有利于对目标的识别。正如前面所介绍的，当 CSAR 采用较低的工作频率，如 VHF 等，具有很强的表面穿透能力，因此能够对森林中的目标进行监视。

7.6 视频 SAR/ISAR

视频 SAR 或视频 ISAR 是指能够以每秒若干帧的速度连续地输出观测区域/目标雷达图像的 SAR 或 ISAR 成像系统。一般而言，对成像区域或目标的连续观测时间越长，并且观测角度也随之连续变化，则越有利于视频成像。7.5 节介绍的 CSAR 非常适合进行视频成像。

前面 7.3 节和 7.4 节已介绍无论是 SAR 还是 ISAR，其方位向分辨率取决于雷达波长 λ 和对目标的观测角度变化范围 $\Delta\theta$，即 $\rho_{az} = \lambda/2\Delta\theta$。因此雷达的工作频率越高，达到一定方位向分辨率所需要的观测角度范围就越小。这样便可以在一段较短的时间内获得一幅 SAR 或 ISAR 图像，从而在单位时间内（如 1s）能够输出尽可能多帧的雷达图像，获得更好的视频成像效果。当然无论是视频 SAR 还是视频 ISAR，都对成像处理时间提出了很高的要求，尤其是对于 ISAR，须能够高效地对非合作目标的运动参数进行准确估计并进行补偿。

视频 SAR/ISAR 成像有利于对运动目标的状态进行更加直观的监视。但是对于视频 SAR 而言，所显示运动目标的运动方向有可能不是真实的运动方向，尤其是当目标运动方向与 SAR 的飞行方向垂直且 SAR 工作于正侧视模式时，每一帧 SAR 中运动目标的位置将偏离真实的位置：若目标靠近 SAR 运动，则会产生正的多普勒频率，其在 SAR 图像中的位置将向与平台运动方向一致的方向偏离真实的位置。相反，若目标远离 SAR 运动，则会产生负的多普勒频率，其在 SAR 图像中的位置将向与平台运动方向相反的方向偏离真实的位置。

7.7 广义合成孔径技术

广义合成孔径技术指的是跨平台的合成孔径技术，即将不同平台(位置)的观测结果进行相干合成以获得对目标更大的空间频谱观测，从而获得更高的分辨率[24-26]。空间频谱(空间频率域)定义为雷达信号的波数($k = 2\pi/\lambda$，λ为波长)在对目标进行观测时在观测角度范围内的投影，其傅里叶逆变换对应于空间尺度。首先观测子孔径的分解与合成，然后介绍调频步进信号的空间分离模型，进一步阐明广义合成孔径技术的思想，最后给出仿真结果。

7.7.1 观测子孔径的分解与合成

前面介绍雷达成像的空间域与空间谱的对应关系，获取对观测目标更宽的空间谱信号，意味着能够实现对观测目标更高分辨率的雷达成像。

对特定区域(目标)宽频谱观测的获得，一方面可以通过增大发射信号的带宽来实现，也可以通过对该区域进行多方位观测来实现。图 7.7.1 说明了在三种 SAR 的工作模式下，所能够获得的对观察区域的空间频率采样范围。显然，在圆迹 SAR 模式下，所获得的空间频谱最宽，等效于获得的合成孔径最大，因此所能获得的成像分辨率也最高。

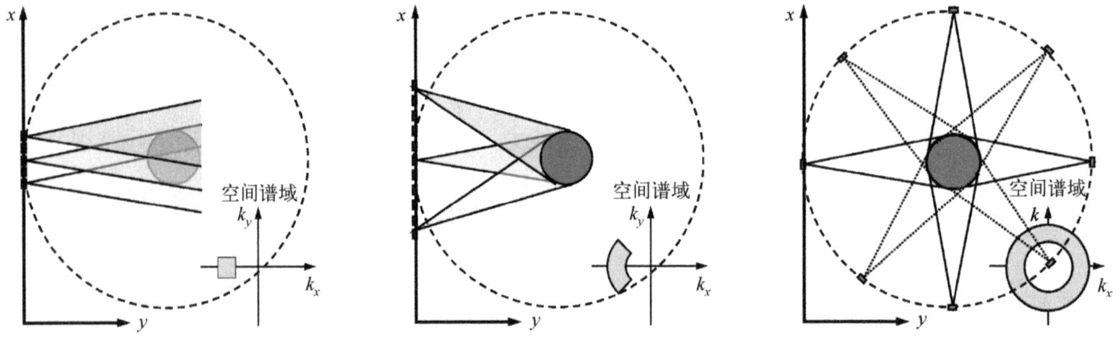

(a) 条带SAR (b) 聚束SAR (c) 圆迹SAR

图 7.7.1 条带、聚束和圆迹 SAR 观测及其空间频谱示意图

在通常的单站 SAR 中，合成孔径是在同一个平台实现的，而对于分布式的虚拟探测系统来说，合成孔径是在单个平台合成孔径的基础上，在多个平台之间通过跨平台的合成孔径来实现的。这种跨平台的综合，既可以实现方位向的分辨率提高，也能实现距离向的分辨率提高。而对于距离向的分辨率提高，也可以通过发射信号波形的综合来实现。

为了说明子孔径合成的原理，给出对两个子孔径的信号进行合成后得到的成像结果。

算法步骤如下：

(1) 照常规 Spotlight 模式成像算法获得子孔径 1 和子孔径 2 的图像，即

$$\text{image1}(x, y) = \text{IFFT}[F(k_{x1}, k_{y1})],\ \ k_{x1} \in K_{X1}, k_{y1} \in K_{Y1} \tag{7.7.1}$$

$$\text{image2}(x, y) = \text{IFFT}[F(k_{x2}, k_{y2})],\ \ k_{x2} \in K_{X2}, k_{y2} \in K_{Y2} \tag{7.7.2}$$

(2) 将 $F(k_{x1}, k_{y1})$ 和 $F(k_{x2}, k_{y2})$ 进行合成，即

$$F(k_x,k_y)=F(k_{x1},k_{y1})+F(k_{x2},k_{y2}) \tag{7.7.3}$$

此时需要进行极坐标到直角坐标的转换和插值运算。完成子孔径 1 和子孔径 2 的合成后得到：

$$\text{image}(x,y)=\text{IFFT}[F(k_x,k_y)],\ \ k_x\in K_{X1}+K_{X2},k_y\in K_{Y1}+K_{Y2} \tag{7.7.4}$$

式中，x，y 为观测区域空间域的坐标；k_x 和 k_y 为空间谱域的坐标；K_X 和 K_Y 为所观测的空间谱域范围。

此时需要进行极坐标到直角坐标的转换和插值运算。完成子孔径 1 和子孔径 2 的合成后得到：

$$\text{image}(x,y)=F^{-1}(k_x,k_y),\ \ k_x\in K_{X_1}+K_{X_2},ky\in K_{Y_1}+K_{Y_2} \tag{7.7.5}$$

式中，x，y 为观测区域空间域的坐标；k_x 和 k_y 为空间谱域的坐标；K_X 和 K_Y 为所观测的空间谱域范围。两个子孔径合成成像模拟如图 7.7.2 所示。

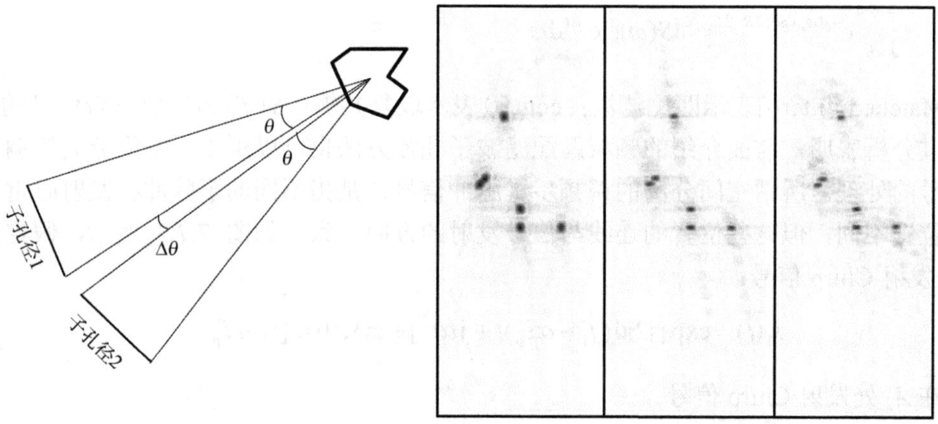

(a) 子孔径观测示意图　(b) 子孔径1成像结果, $\theta=11.42°$　(c) 子孔径1、2合成像结果, $\Delta\theta=0.0°$　(d) 子孔径1、2合成像结果, $\Delta\theta=1.15°$

图 7.7.2　两个子孔径合成成像模拟

图 7.7.2(a)为子孔径合成模拟示意图，图中θ 表示对目标区域进行观测的角度范围，$\Delta\theta$ 表示子孔径 1 和子孔径 2 之间的观测角度间隔。图 7.7.2(b)给出$\theta=11.42°$时的成像结果。图 7.7.2(c)给出$\theta=11.42°$，$\Delta\theta=0°$时的成像结果。图 7.7.2(d)给出$\theta=11.42°$，$\Delta\theta=1.15°$时的成像结果。比较图 7.7.2(b)和图 7.7.2(c)可以看出分辨率的提高效果，比较图 7.7.2(c)和图 7.7.2(d)可以看出$\Delta\theta$ 的不同所产生的影响。但事实上，$\Delta\theta$ 并非越大越好，当$\Delta\theta$ 大到一定程度时，K_{X_1}、K_{Y_1}和K_{X_2}、K_{Y_2}之间不能很好衔接，将使合成后的图像产生严重的畸变。

7.7.2　空间分离的调频步进脉冲信号

为了叙述方便，再次给出调频步进信号的回波公式：

$$s_n(t)=\exp\{\text{j}2\pi[(f_n-0.5\alpha T_\text{p})(t-2R/c)+0.5\alpha(t-2R/c)^2]\},\quad 0\leqslant[t-nT_\text{r}-2R/c]\leqslant T_\text{p},\ \ n=1\sim N \tag{7.7.6}$$

以及经接收机下变频后得到的回波公式：

$$s_n(t)=\exp\{-\mathrm{j}2\pi[f_n\tau+0.5\alpha T_\mathrm{p}(t-2R/c)-0.5\alpha(t-2R/c)^2]\},\quad 0\leqslant[t-nT_\mathrm{r}-2R/c]\leqslant T_\mathrm{p},\ n=1\sim N \tag{7.7.7}$$

式中，$2R/c$ 代表来自目标回波的时延。

在下变频的过程中，回波信号中的初始相位已经被消除。以 R_0 作为匹配滤波参考函数的参考距离，对式(7.7.7)进行匹配滤波：

$$\begin{aligned}&\mathrm{Matched\_filter}[s_n(t)]\\&=\int_{-\infty}^{+\infty}\left\{\int_{-\infty}^{+\infty}s_\mathrm{n}(t)\mathrm{e}^{-\mathrm{j}\omega t}\mathrm{d}t\cdot\mathrm{conj}\left[\int_{-\infty}^{+\infty}s_\mathrm{nref}(t)\mathrm{e}^{-\mathrm{j}\omega t}\mathrm{d}t\right]\right\}\cdot\mathrm{e}^{\mathrm{j}\omega t}\mathrm{d}\omega\\&=\int_{-\infty}^{+\infty}\left\{\begin{aligned}&\mathrm{e}^{-\mathrm{j}(\omega_n+\omega)(2R/c)}\int_{-\infty}^{+\infty}\mathrm{e}^{-\mathrm{j}2\pi\alpha T_\mathrm{p}(t-2R/c)+\mathrm{j}2\pi\alpha(t-2R/c)^2-\mathrm{j}\omega(t-2R/c)}\mathrm{d}t\\&\cdot\mathrm{conj}\left[\mathrm{e}^{-\mathrm{j}(\omega_n+\omega)(2R_0/c)}\int_{-\infty}^{+\infty}\mathrm{e}^{-\mathrm{j}2\pi\alpha T_\mathrm{p}(t-2R_0/c)+\mathrm{j}2\pi\alpha(t-2R_0/c)^2-\mathrm{j}\omega(t-2R_0/c)}\mathrm{d}t\right]\end{aligned}\right\}\cdot\mathrm{e}^{\mathrm{j}\omega t}\mathrm{d}\omega\\&=\int_{-\infty}^{+\infty}\mathrm{e}^{-\mathrm{j}(\omega_n+\omega)(2R-2R_0)/c}\left|S(\omega)\right|^2\mathrm{e}^{\mathrm{j}\omega t}\mathrm{d}\omega\end{aligned} \tag{7.7.8}$$

式中，Matched_filter[·]表示匹配滤波；conj(·)表示取复共轭；$S(f)$为发射基带信号的频谱。下面通过分析表明，前面介绍的频域匹配滤波子孔径方法也可以用于对空间分离的调频步进脉冲信号的处理。所谓空间分离的调频步进脉冲信号，是指不同的子脉冲在发射时雷达所处的空间位置不同，但这些位置的连线与信号发射的方向一致。如图 7.7.3 所示，假定雷达 1 在 A_1 处发射 Chirp 信号：

$$s_1(t)=\exp\{\mathrm{j}2\pi[(f_1-\alpha T_\mathrm{p})t+\mathrm{j}\alpha t^2]+\varphi_1\},\ 0\leqslant[t]\leqslant T_\mathrm{p} \tag{7.7.9}$$

雷达 2 在 A_2 处发射 Chirp 信号：

$$s_2(t)=\exp\{\mathrm{j}2\pi[(f_2-\alpha T_\mathrm{p})t+\mathrm{j}\alpha t^2]+\varphi_2\},\ 0\leqslant[t]\leqslant T_\mathrm{p} \tag{7.7.10}$$

式中，φ_1 和 φ_2 分别为雷达 1 和雷达 2 发射信号的初始相位；ω_1 和 ω_2 分别为雷达 1 和雷达 2 发射信号的中心频率，且

$$\omega_2-\omega_1=\Delta\omega=2\pi\Delta F \tag{7.7.11}$$

假定采用同步技术后使雷达 1 和雷达 2 的时钟同步，从而保证两者发射波形的同步。雷达 1 接收到来自目标 P_1 和 P_2 的信号分别为

$$s_{11}(t)=\exp\{-\mathrm{j}2\pi[f_1(2R_{11}/c)+\mathrm{j}\alpha T_\mathrm{p}(t-2R_{11}/c)-\alpha(t-2R_{11}/c)^2]\},0\leqslant[t-2R_{11}/c]\leqslant T_\mathrm{p} \tag{7.7.12}$$

$$s_{12}(t)=\exp\{-\mathrm{j}2\pi[f_1(2R_{12}/c)+\mathrm{j}\alpha T_\mathrm{p}(t-2R_{12}/c)-\alpha(t-2R_{12}/c)^2]\},0\leqslant[t-2R_{12}/c]\leqslant T_\mathrm{p} \tag{7.7.13}$$

雷达 2 接收到来自目标 P_1 和 P_2 的信号分别为

$$s_{21}(t)=\exp\{-\mathrm{j}2\pi\left[f_2(2R_{21}/c)+\mathrm{j}\alpha T_\mathrm{p}(t-2R_{21}/c)-\alpha(t-2R_{21}/c)^2\right]\},0\leqslant[t-2R_{21}/c]\leqslant T_\mathrm{p} \tag{7.7.14}$$

$$s_{22}(t)=\exp\{-\mathrm{j}2\pi[f_2(2R_{22}/c)+\mathrm{j}\alpha T_\mathrm{p}(t-2R_{22}/c)-\alpha(t-2R_{22}/c)^2]\},0\leqslant[t-2R_{22}/c]\leqslant T_\mathrm{p} \tag{7.7.15}$$

雷达 1 进行距离向匹配滤波时采用 $s_{11}(t)$ 作为参考函数，得

$$
\begin{aligned}
&\text{Matched\_filter}[s_n(t)]\\
&=\int_{-\infty}^{+\infty}\left\{\int_{-\infty}^{+\infty}s_{11}(t)\mathrm{e}^{-\mathrm{j}\omega t}\mathrm{d}t\cdot\mathrm{conj}\left[\int_{-\infty}^{+\infty}s_{11}(t)\mathrm{e}^{-\mathrm{j}\omega t}\mathrm{d}t\right]\right\}\cdot\mathrm{e}^{\mathrm{j}\omega t}\mathrm{d}\omega\\
&=\int_{-\infty}^{+\infty}\left\{\begin{aligned}&\mathrm{e}^{-\mathrm{j}(\omega_n+\omega)(2R_{11}/c)}\int_{-\infty}^{+\infty}\mathrm{e}^{-\mathrm{j}2\pi\alpha T_{\mathrm{P}}(t-2R_{11}/c)+\mathrm{j}2\pi\alpha(t-2R_{11}/c)^2-\mathrm{j}\omega(t-2R_{11}/c)}\mathrm{d}t\\&\cdot\mathrm{conj}\left[\mathrm{e}^{-\mathrm{j}(\omega_n+\omega)(2R_{11}/c)}\int_{-\infty}^{+\infty}\mathrm{e}^{-\mathrm{j}2\pi\alpha T_{\mathrm{P}}(t-2R_{11}/c)+\mathrm{j}2\pi\alpha(t-2R_{11}/c)^2-\mathrm{j}\omega(t-2R_{11}/c)}\mathrm{d}t\right]\end{aligned}\right\}\cdot\mathrm{e}^{\mathrm{j}\omega t}\mathrm{d}\omega\\
&=\int_{-\infty}^{+\infty}|S(\omega)|^2\mathrm{e}^{\mathrm{j}\omega t}\mathrm{d}\omega
\end{aligned}
\tag{7.7.16}
$$

$$
\begin{aligned}
&\text{Matched\_filter}[s_n(t)]\\
&=\int_{-\infty}^{+\infty}\left\{\int_{-\infty}^{+\infty}s_{12}(t)\mathrm{e}^{-\mathrm{j}\omega t}\mathrm{d}t\cdot\mathrm{conj}\left[\int_{-\infty}^{+\infty}s_{11}(t)\mathrm{e}^{-\mathrm{j}\omega t}\mathrm{d}t\right]\right\}\cdot\mathrm{e}^{\mathrm{j}\omega t}\mathrm{d}\omega\\
&=\int_{-\infty}^{+\infty}\left\{\begin{aligned}&\mathrm{e}^{-\mathrm{j}(\omega_n+\omega)(2R_{12}/c)}\int_{-\infty}^{+\infty}\mathrm{e}^{-\mathrm{j}2\pi\alpha T_{\mathrm{P}}(t-2R_{12}/c)+\mathrm{j}2\pi\alpha(t-2R_{12}/c)^2-\mathrm{j}\omega(t-2R_{12}/c)}\mathrm{d}t\\&\cdot\mathrm{conj}\left[\mathrm{e}^{-\mathrm{j}(\omega_n+\omega)(2R_{11}/c)}\int_{-\infty}^{+\infty}\mathrm{e}^{-\mathrm{j}2\pi\alpha T_{\mathrm{P}}(t-2R_{11}/c)+\mathrm{j}2\pi\alpha(t-2R_{11}/c)^2-\mathrm{j}\omega(t-2R_{11}/c)}\mathrm{d}t\right]\end{aligned}\right\}\cdot\mathrm{e}^{\mathrm{j}\omega t}\mathrm{d}\omega\\
&=\int_{-\infty}^{+\infty}\mathrm{e}^{-\mathrm{j}(\omega_1+\omega)(2\Delta R/c)}|S(\omega)|^2\mathrm{e}^{\mathrm{j}\omega t}\mathrm{d}\omega
\end{aligned}
\tag{7.7.17}
$$

雷达2进行距离向匹配滤波时采用 $s_{21}(t)$ 作为参考函数，同样得

$$
\begin{aligned}
&\text{Matched\_filter}[s_n(t)]\\
&=\int_{-\infty}^{+\infty}\left\{\int_{-\infty}^{+\infty}s_{21}(t)\mathrm{e}^{-\mathrm{j}\omega t}\mathrm{d}t\cdot\mathrm{conj}\left[\int_{-\infty}^{+\infty}s_{21}(t)\mathrm{e}^{-\mathrm{j}\omega t}\mathrm{d}t\right]\right\}\cdot\mathrm{e}^{\mathrm{j}\omega t}\mathrm{d}\omega=\int_{-\infty}^{+\infty}|S(\omega)|^2\mathrm{e}^{\mathrm{j}\omega t}\mathrm{d}\omega
\end{aligned}
\tag{7.7.18}
$$

$$
\begin{aligned}
&\text{Matched\_filter}[s_{22}(t)]\\
&=\int_{-\infty}^{+\infty}\left\{\int_{-\infty}^{+\infty}s_{22}(t)\mathrm{e}^{-\mathrm{j}\omega t}\mathrm{d}t\cdot\mathrm{conj}\left[\int_{-\infty}^{+\infty}s_{21}(t)\mathrm{e}^{-\mathrm{j}\omega t}\mathrm{d}t\right]\right\}\cdot\mathrm{e}^{\mathrm{j}\omega t}\mathrm{d}\omega=\int_{-\infty}^{+\infty}\mathrm{e}^{-\mathrm{j}(\omega_2+\omega)(2\Delta R/c)}|S(\omega)|^2\mathrm{e}^{\mathrm{j}\omega t}\mathrm{d}\omega
\end{aligned}
\tag{7.7.19}
$$

对比式(7.7.8)与式(7.7.16)～式(7.7.19)，可以看出，空间分离的调频步进脉冲信号的匹配滤波结果与发射位置固定的调频步进脉冲信号的匹配滤波结果完全一样。于是可采用4.4.1节中介绍的频域匹配滤波子孔径方法来对空间分离的调频步进脉冲信号进行处理。需要说明的是，在实际中目标 P_1 和 P_2 的回波信号是叠加在一起的，由于SAR是一个线性系统，因此在分析的时候可以将其分开处理。

在推导式(7.7.16)～式(7.7.19)的过程中，对回波进行匹配滤波时，分别选取 $s_{11}(t)$ 和 $s_{21}(t)$ 作为匹配滤波参考函数的物理意义在于，要求选取目标区域中的同一个点目标(或目标位置)来计算参考距离。可以通过两个技术途径来达到选取同一个参考目标(目标位置)的目的。其一，依靠SAR硬件的高精度准确定时系统，通常定时精度很容易达到纳秒级，经过插值处理后精度还能提高10倍左右。在此基础上，将雷达1和雷达2所得到的距离剖面进行包络相关处理后，便可以准确确定出两个剖面中的同一个目标点(目标位置)。其二，对InSAR所得到的两幅复图像进行精确的图像匹配(InSAR信号处理中的一个步骤)。图像匹配的结果就相当于在两幅图像中找到了相同的参考点。

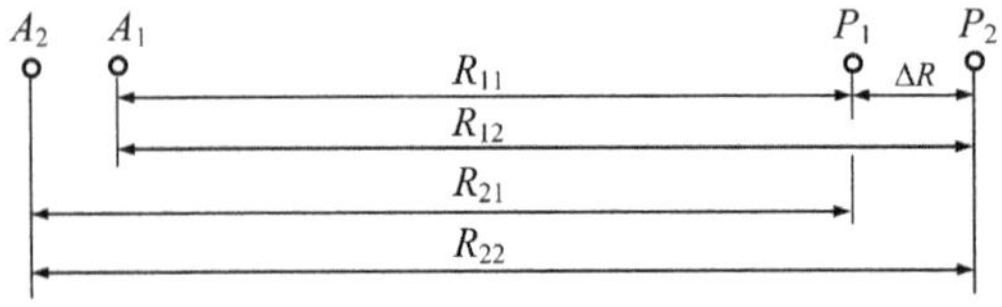

图 7.7.3　不同位置发射载频步进的 Chirp 信号并接收两个点目标的回波示意图

7.7.3　干涉 SAR 地距分辨率的提高

1. 干涉 SAR 地距方向的观测信号带宽

为方便讨论，在此假定干涉 SAR 的观测区域是平坦表面。我们知道，对于条带 SAR 来说，斜距(slant range)方向的分辨率取决于信号带宽：$\Delta r_{地距} = c/2\Delta B_{地距}$，$\Delta B$ 为信号带宽。而地距(ground range)方向的分辨率不仅与信号带宽有关，而且还与 SAR 天线的入射角度有关，即$\Delta B_{地距} = \Delta B\sin\theta$ 为地距方向的信号带宽，θ 为 SAR 天线对该目标的观测角度。因此，即使信号带宽相同，不同的观测角所获得的地距分辨率也是不同的，观测角度越大则地距分辨率越接近斜距分辨率。

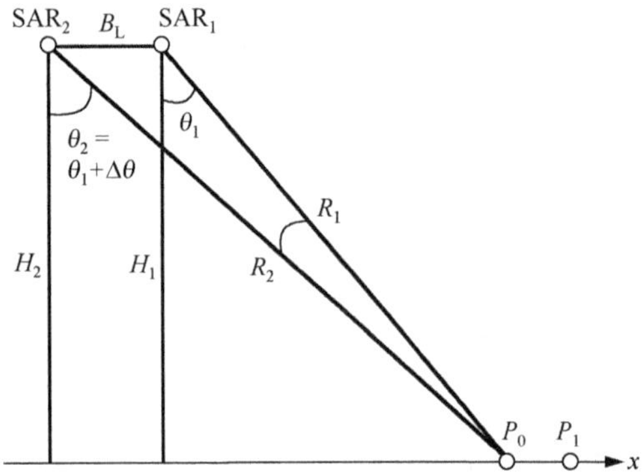

图 7.7.4　干涉 SAR 观测示意图

如果发射信号是带宽为ΔB 的线性调频脉冲信号，f_H 为最高频率，f_L 为最低频率，中心频率 $f_c = (f_H+f_L)/2$，显然，转化到地距信号带宽后，仍然是线性调频信号。如图 7.7.4 所示，SAR_1 所得到的地距方向观测信号带宽为

$$\Delta B\sin\theta_1 = (f_H - f_L)\sin\theta_1 \tag{7.7.20}$$

$$f_{c1} = (f_H + f_L)\sin\theta_1/2 \tag{7.7.21}$$

SAR_2 所得到的地距方向观测信号带宽为

$$\Delta B\sin\theta_2 = (f_H - f_L)\sin\theta_2 \tag{7.7.22}$$

$$f_{c2} = (f_H + f_L)\sin\theta_2/2 \tag{7.7.23}$$

对比式(7.7.20)与式(7.7.22)，当$\Delta\theta$ 很小时，两者近似相等，即

$$\Delta B\sin\theta_1 \approx \Delta B\sin\theta_2 \approx \Delta B\sin\theta \tag{7.7.24}$$

但式(7.7.21)和式(7.7.23)却有相对较大的差别，原因是通常情况下，$f_c >> (f_H-f_L)/2$。例如，f_c =10GHz，(f_H-f_L) =100MHz 时，(f_H-f_L) 为 f_c 的百分之一。于是可以将 SAR_1 和 SAR_2 的地距信号模型看作调频步进脉冲信号的两个子脉冲信号，其频率步进值为

$$\begin{aligned}\Delta f &= f_{c2} - f_{c1} = f_c(\sin\theta_2 - \sin\theta_1) = f_c\left[\sin(\theta_1+\Delta\theta) - \sin\theta_1\right] \\ &= f_c(\sin\theta_1\cos\Delta\theta + \cos\theta_1\sin\Delta\theta - \sin\theta_1) \approx f_c\cos\theta_1\sin\Delta\theta \approx f_c\cos\theta\cdot\Delta\theta\end{aligned} \tag{7.7.25}$$

显然可以将干涉 SAR 在地距方向的信号模型表示成空间分离的调频步进脉冲信号，因此

将 SAR_1 和 SAR_2 的地距方向观测信号进行合成后，得到

$$\Delta B_{合成} = \Delta B \sin\theta + \Delta f = \sin\theta(\Delta B + f_c \cos\theta \cdot \Delta\theta / \sin\theta) \tag{7.7.26}$$

还可以从观测空间频谱(空间频率域)的展宽来理解干涉 SAR 在地距方向空间分辨率的提高。我们知道，时域可以通过 ct (c 为光速)转换为空域，而频域可以通过 $2\pi f/c$ 转换为空间频率域 $k = 2\pi/\lambda$。在电磁理论中，我们将 k 定义为空间波数，并且通常将其看作是有方向的矢量。在图 7.7.4 中，SAR_1 和 SAR_2 虽然具有相同的信号带宽，但是它们的空间波数在 x 方向的投影却是不同的。令 $k_H = 2\pi f_H/c$，$k_L = 2\pi f_L/c$，$k_c = 2\pi f_c/c$，则 SAR_1 在 x 方向的空间波数投影为 $(k_H - k_L)\cos\theta_1$，而 SAR_2 在 x 方向的空间波数投影为 $(k_H - k_L)\cos\theta_2$。显然，将两者结合起来得到 x 方向空间波数投影为

$$k_H \sin\theta_2 - k_L \sin\theta_1 \tag{7.7.27}$$

对式(7.7.27)进行简单变换：

$$\begin{aligned} k_H \sin\theta_2 - k_L \sin\theta_1 &= k_H \sin\theta_2 - k_L \sin\theta_2 + k_L \sin\theta_2 - k_L \sin\theta_1 \\ &= (k_H - k_L)\sin\theta_2 + k_L(\sin\theta_2 - \sin\theta_1) \\ &= \sin\theta_2(k_H - k_L + k_L \cos\theta_1 \cdot \Delta\theta / \sin\theta_2) \\ &\approx \sin\theta(k_H - k_L + k_c \cos\theta \cdot \Delta\theta / \sin\theta) \end{aligned} \tag{7.7.28}$$

显然式(7.7.26)与式(7.7.28)只有一个 $2\pi/c$ 系数的差别，它们所代表的含义完全一样。从式(7.7.26)和式(7.7.28)都可以看出，干涉 SAR 地距方向信号带宽的增加不仅与天线的观测角度有关，还与雷达的工作频率有关。至此，可以采用第 4 章介绍的调频步进信号的子孔径脉压方法来对干涉 SAR 信号进行处理以获得地距方向分辨率的提高。

2. 入射角 θ 和 $\Delta\theta$ 估计

从式(7.7.24)可知，进行干涉 SAR 提高地距方向分辨率的信号处理时，首先要准确估计出两副天线对于同一地面点的观测角度 θ_1、θ_2 以及角度差 $\Delta\theta$。具体方法是先将两幅“斜距-方位”复图像进行图像配准，得到其中一幅图像相对于另一幅图像在斜距方向的偏移量，例如，$\Delta R = R_1 - R_2$(如图 7.7.4 所示，假定在方位向已经经过配准)。由于图像配准的精度可以达到亚像元级，所以通常 R_1 相对于 R_2 的测量精度可以达到 $c/(20B)$。根据定轨数据可以获得卫星 SAR_1 和卫星 SAR_2 的轨道高度 H_1 和 H_2。下面以观测地面为平面时的简化模型(事实上，当观测地面为实际的地球曲面时，下面的结论仍然成立)来说明可以获得的关于 θ_1、θ_2 和 $\Delta\theta$ 的测量精度：

$$\cos\theta = H/R \tag{7.7.29}$$

$$\begin{aligned} \Delta\theta_{accuracy} &= \sqrt{[(\partial\theta/\partial H)\cdot\Delta H_{accuracy}]^2 + [(\partial\theta/\partial R)\cdot\Delta R_{accuracy}]^2} \\ &= \sqrt{[(1/R\sin\theta)\cdot\Delta H_{accuracy}]^2 + \{[H/(R^2\sin\theta)]\cdot\Delta R_{accuracy}\}^2} \\ &= \sqrt{\{[1/(H\,\mathrm{tg}\theta)]\cdot\Delta H_{accuracy}\}^2 + \{[1/(H/\cos\theta\cdot\mathrm{tg}\theta)]\cdot\Delta R_{accuracy}\}^2} \end{aligned} \tag{7.7.30}$$

式中，$\Delta\theta_{accuracy}$、$\Delta H_{accuracy}$、$\Delta R_{accuracy}$ 分别表示 θ、H、R 的测量精度。从式(7.7.30)不难看出，$\Delta\theta_{accuracy}$ 很容易达到很高的精度。例如，当 $H = 800000\text{m}$, $\theta = 30°$ 时，即使 $\Delta H_{accuracy}$ 和 $\Delta R_{accuracy}$

在 m 级，$\Delta\theta_{accuracy}$ 也可以达到 2.8641×10^{-6}rad。假定雷达中心频率 f_c =10GHz，根据式(7.7.25)，频率步进量的计算精度可以达到：$\Delta f_{accuracy}=f_c\cdot\sin\theta\cdot\Delta\theta$ =1.4321e+04Hz(对式(7.7.25)中的θ求导)，相对于本节所用 32MHz 带宽的信号来说，误差为千分之几，对压缩脉冲宽度的影响也在千分之几，是完全可以接受的。从下面的计算模拟可以看出，实际上影响信号带宽合成最终效果的因素是 R_1 和 R_2 的相对测量精度。

3．仿真实例

下面以 $H_1=H_2=800$km(即平行飞行)，B_L =1859m，θ =30°，f_c = 10GHz，B = 32MHz，T_p = 30μs 为例，模拟干涉 SAR 在不同的斜距测量精度时，地距方向分辨率改善的情况。地距方向的信号带宽为 $B_{地距}=32\sin30°$ MHz = 16MHz，$\Delta B_{地距}=f_c\cdot\cos\theta\cdot\Delta\theta$ = 15.108MHz。

图 7.7.5(a)给出 R_1 测量偏差为 1mm，R_2 测量偏差为−1mm 时，干涉 SAR 和单部 SAR 地距方向分辨率的比较，其中加窗方式采用对合成频谱加汉明窗。图中的单 SAR 距离向压缩脉冲的 3dB 宽度为 8.258m，最大副瓣电平为−13.35dB，干涉 SAR 无加窗的压缩脉冲 3dB 宽度为 4.269m，最大副瓣电平为−10.225dB，加窗后的压缩脉冲宽度为 4.967m，最大副瓣电平为−14.73dB。由该图可见，干涉 SAR 地距方向分辨率相比于单 SAR 大约提高了 50%。对合成频谱加窗后最大副瓣电平降低了约 4.5dB，主瓣展宽了约 0.7m。此外，干涉 SAR 脉冲响应的峰值位置相对于单 SAR 脉冲响应的峰值位置移动了约 1.0m。

图 7.7.5(b)给出 R_1 和 R_2 测量偏差分别为 1mm 和−1mm 以及 R_1 和 R_2 测量偏差分别为 2mm 和−2mm 时，干涉 SAR 地距方向分辨率的比较，其中加窗方式采用对合成频谱加汉明窗。由此图可见，随着 R_1 和 R_2 之间相对测量偏差由 2mm 变为 4mm，最高副瓣电平为−8.33dB，升高了 6.40dB，主瓣宽度为 4.87m。两者相比，虽然主瓣宽度变化不大，但峰值位置却出现了约 1m 的移动。也就是说，相对于单 SAR 的峰值位置移动了约 2m。可以推断，R_1 和 R_2 之间相对测量偏差越大，干涉 SAR 压缩脉冲的峰值位置偏离单 SAR 的峰值位置越大。

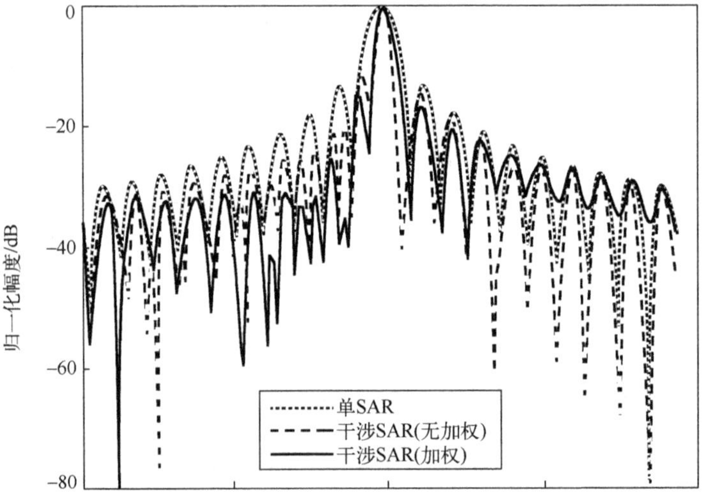

(a) 单SAR和干涉SAR地距分辨率比较

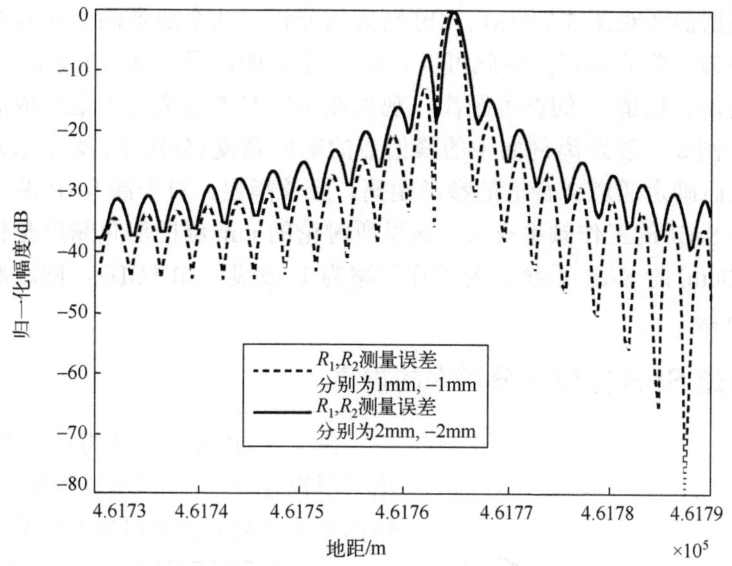

(b) $\Delta R_1 = 1\text{mm}, \Delta R_2 = -1\text{mm}; \Delta R_1 = 2\text{mm}, \Delta R_2 = -2\text{mm}$

图 7.7.5　干涉 SAR 和单 SAR 地距方向分辨率的比较

图 7.7.6(a)给出 R_1 和 R_2 测量偏差分别为 1mm 和−1mm 以及 R_1 和 R_2 测量偏差分别为 3mm 和 1mm 时，干涉 SAR 地距方向分辨率的比较，对合成频谱加汉明窗。图 7.7.6(b)给出 R_1 和 R_2 测量误差分别为 0mm 和 0mm 以及 R_1 和 R_2 测量偏差分别为 5mm 和 5mm 时，干涉 SAR 地距方向分辨率的比较，对合成频谱加汉明窗。

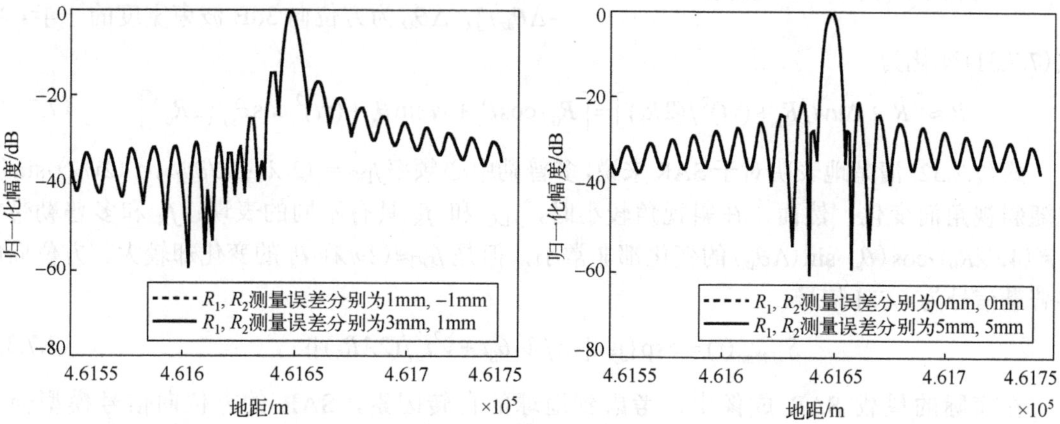

(b) $\Delta R_1 = 1\text{mm}, \Delta R_2 = -1\text{mm}; \Delta R_1 = 1\text{mm}, \Delta R_2 = -1\text{mm}$　　(b) $\Delta R_1 = \Delta R_2 = 0; \Delta R_1 = \Delta R_2 = 5\text{mm}$

图 7.7.6　干涉 SAR 地距方向分辨率比较

由图 7.7.6(a)、(b)可见，尽管 R_1 和 R_2 的绝对测量偏差不同，但是如果其相对测量偏差相同，如都为 2mm 时，则干涉 SAR 地距方向分辨率改善的情况相同。当 R_1 和 R_2 的相对测量偏差为零时，即便其绝对测量偏差为 5mm(事实上可以更大)，干涉 SAR 地距方向分辨率改善的情况也几乎一样。这就是说，干涉 SAR 地距方向所能获得的分辨率改善主要取决于 SAR 之间斜距测量的相对测量误差。

事实上，根据前面对图 7.7.6(a)、(b)结果的分析，两个通道间的相对测量偏差才是影响频谱合成效果最重要的因素，因此可以先以通道 1 的测量结果(距离剖面)为基准，在合适的范围内不断调整通道 2 的参考距离，观察在不同参考距离时频谱合成后得到的距离剖面的变化情况，例如，以距离剖面中的峰值点的响应宽度(分辨率)变化作为判断频谱合成效果的依据，从而确定通道 2 合适的参考距离。应该指出，对干涉 SAR 两个通道的距离测量精度要求，与 SAR 的工作频率有关。这里所讨论的 mm 级的测量精度是针对工作频率为 10GHz(波长为 3cm)的 SAR 系统。若工作频率为 L 波段，如 1GHz，则距离测量精度可以放宽 10 倍到 cm 级。

7.7.4 重复轨道 SAR 方位向分辨率的提高

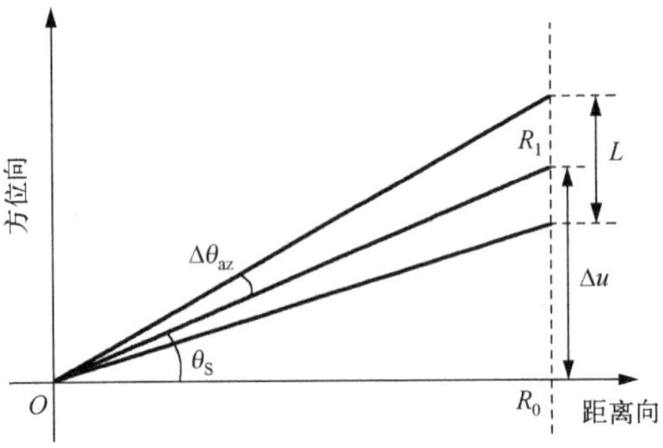

图 7.7.7 斜视 SAR 观测模型

假定 SAR 成像区域为平坦表面。图 7.7.7 给出了斜视 SAR 的几何观测模型。天线相位中心到地面参考点的距离随时间变化公式为

$$\begin{aligned}R&=\sqrt{R_0^2+[\Delta u+(vt)]^2}\\&=\sqrt{R_0^2+\Delta u^2+2\Delta uvt+(vt)^2}\\&=\sqrt{R_1^2+2\Delta uvt+(vt)^2}\end{aligned} \tag{7.7.31}$$

式中，$R_1=R_0/\cos(\theta_s)$，θ_s 为斜视角，$\Delta\theta=R_1\sin(\theta_s)$；$v$ 为平台运动速度；SAR 的合成孔径长度为 L。通常情况下，有 $R_1>>L=R_0[\sin(\theta_s+\Delta\theta_{az})-\sin(\theta_s-\Delta\theta_{az})]$，$\Delta\theta_{az}$ 为方位向 3dB 波束宽度的一半。将式(7.7.31)变化为

$$R\approx\left[R_1+\Delta uvt/R_1+(vt)^2/(2R_1)\right]=\left[R_0/\cos\theta_s+vt\sin\theta_s+(vt)^2\cos\theta_s/(2R_0)\right] \tag{7.7.32}$$

式(7.7.32)清楚地表明对于SAR来说，多普勒中心频率$f_{DC}=(2/\lambda)\cdot\partial R/\partial t|_{t=0}=(2v/\lambda)\cdot\sin(\theta_s)$也随斜视角而变化。然而，在斜视角较小时，$f_{DC}$ 和 f_R 具有不同的表现：f_R 和多普勒带宽 $B_D=(4v/\lambda R_0)\cdot\cos(\theta_s)\cdot\sin(\Delta\theta_{az})$的变化都非常小，但是$f_{DC}\approx(2v/\lambda)\cdot\theta_s$ 的变化却较大。方位向的多普勒信号为 LFM 信号：

$$S_{多普勒}(t)=\exp\{j2\pi[2v/\lambda\cdot\theta_S t+v^2t^2/(2\lambda R_0)]\} \tag{7.7.33}$$

在实际的星载 SAR 成像中，考虑到地球的自转因素，SAR 的方位向信号模型会有一定变化但仍然可用 LFM 信号描述，仅仅是 f_{DC} 呈现某种变化。这就是说，如果重复轨道 SAR 观测同一地区但是以不同的斜视角，那么方位向的信号模型与 SFCS 具有相同的形式：

$$S_{多普勒}(t)=\sum_{n=1}^{N}\exp\{j2\pi[2v/\lambda\cdot\theta_S(n-1)t_n+v^2t_n^2/(2\lambda R_0)]\} \tag{7.7.34}$$

总的方位向多普勒信号带宽为

$$B_D'=(N-1)(2v/\lambda)\Delta\theta_S+B_D \tag{7.7.35}$$

对于 X 波段(以 10GHz 为例)的星载 SAR，多普勒信号带宽通常只有几千赫，但是 $2v/\lambda$ 却非常大，因此很小的斜视角变化都会导致 f_{DC} 很大的变化。例如，假设轨道高度为 800km，斜距为 900km, 斜视角仅仅变化了 0.1° 就将导致 f_{DC} 有 826Hz 的变化。若 SAR 天线方位向长度为 5m，则 3dB 多普勒带宽约为 $2v/L$=2840Hz。即当重复轨道 SAR 的斜视角有 0.1° 的变化时，多普勒带宽将可以增加约 30%，而如果有 0.2° 的斜视角变化，多普勒带宽将可以增加约 60%。

下面通过仿真来说明重复轨道观测如何能够提高方位向的分辨率。假设 SAR 对同一地面进行了 3 次重复轨道观测，斜视角分别为−0.1°、0° 和+0.1°。其他仿真参数如下：$H_1 = H_2 =$ 800km, $\theta = 30°$, f_c=10GHz, B=100MHz，T_p=30μs。

图 7.7.8(a)～(c)给出了三次 SAR 观测所得到方位向信号的归一化多普勒频谱。其中，由于距离徙动的影响，当斜视角为−0.1° 和+0.1°，频谱向左或向右移动了 $\Delta f_{DC} \approx (2v/\lambda)\cdot\theta_s$。为进行相干合成，斜视角为−0.1° 和+0.1° 的频谱需要变换到与 0.0° 的相同。频谱的循环偏移量为 D_shift=Integer[$f_{DC} \approx$ (2M/PRF)·$(2v/\lambda)\cdot\theta_s$]，如果为正，则向左移；如果为负，则向右移。进行频谱调整后，在频谱合成前，需要将频谱进行搬移。如果以−0.1° 的频谱作为基准，那么 0° 和+0.1° 的频谱向右搬移量分别为 D_shift 和 2*D_shif。

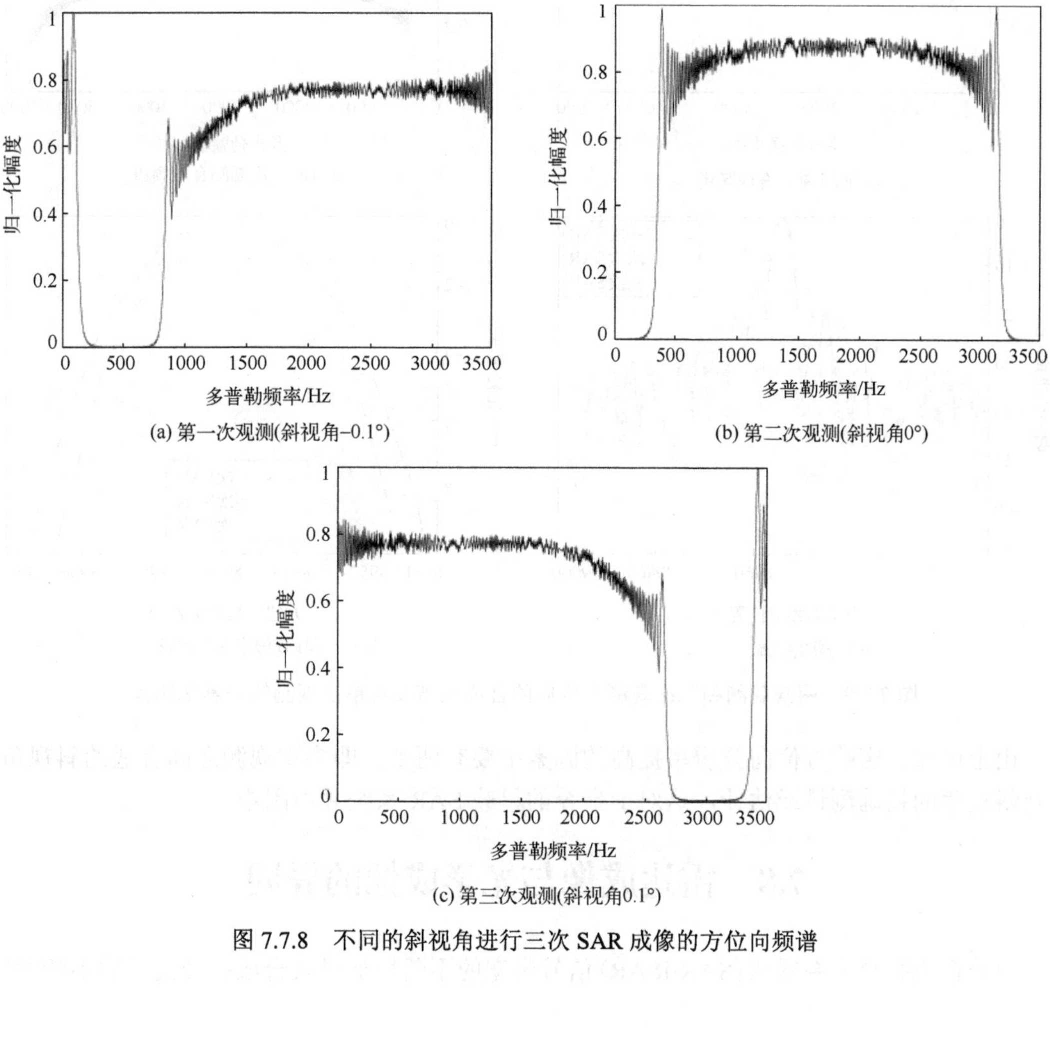

(a) 第一次观测(斜视角−0.1°)

(b) 第二次观测(斜视角0°)

(c) 第三次观测(斜视角0.1°)

图 7.7.8　不同的斜视角进行三次 SAR 成像的方位向频谱

图 7.7.9 给出了两次和三次 SAR 观测的所合成的方位向多普勒频谱以及一次、两次和三次 SAR 观测的方位向分辨率比较。由此可见，两次和三次重复轨道观测所获得的方位向分辨率提高：方位向脉冲压缩响应的 3dB 宽度分别为 3.3235m、2.6813m 和 2.0998m，也就是说，两次观测分辨率提高了(1–2.6813/3.3235)≈19.32%，三次观测分辨率则提高了(1–2.099/3.3235)≈36.84%。这两个数值非常接近理论值(1–1/(1+826/2840))≈22.53%和(1–1/(1+2*826/2840))≈36.78%。通过比较可看到，两次观测分辨率提升的仿真与理论值的接近程度要比三次观测的情况差，原因是三次观测所得到的合成频谱要优于两次观测所得到的合成频谱。从图 7.7.9 还可看到，两次和三次观测除了分辨率提高外，点目标响应的旁瓣电平也有所降低，这是由于所得频谱有自然加窗效果。

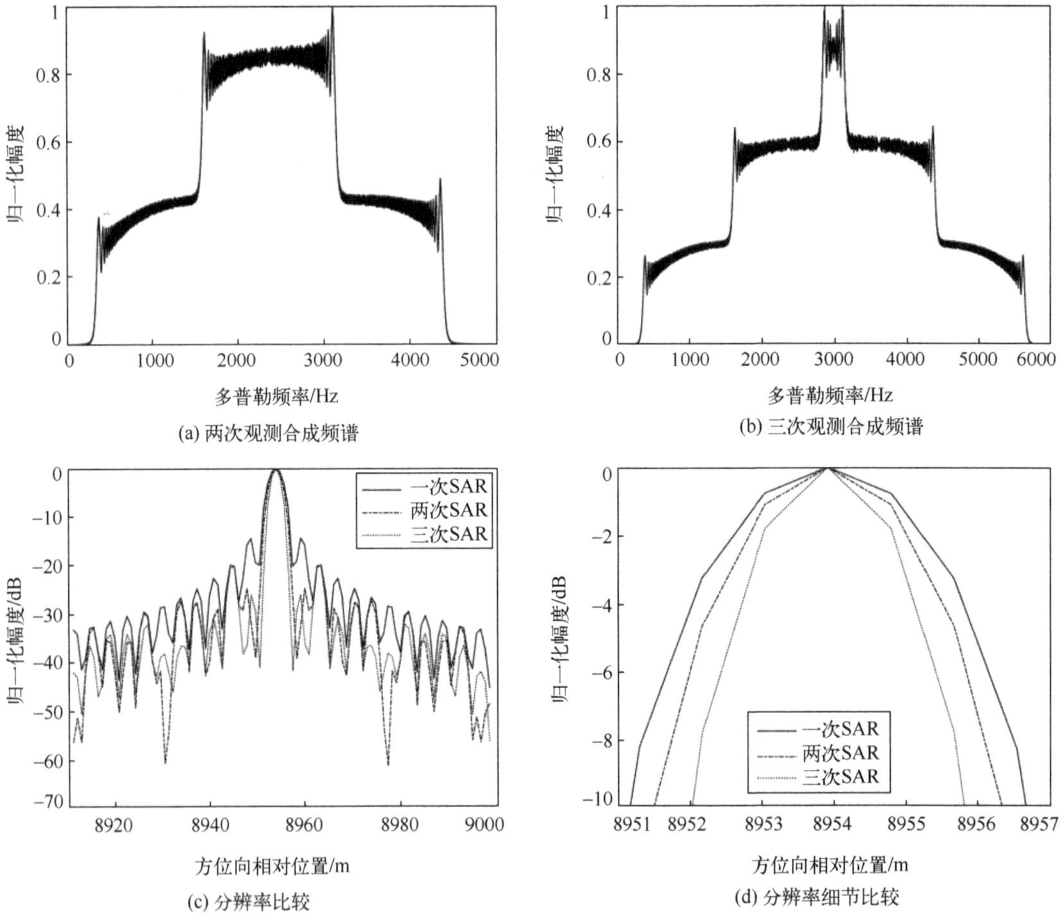

图 7.7.9 两次观测和三次观测方位向的合成频谱及与单次观测的分辨率比较

由上可知，影响方位向分辨率提高的因素主要有两个，即多次观测之间合适的斜视角差以及斜视角的精确测量或估计，这对于当今的星载 SAR 系统并不困难。

7.8 雷达成像与光学成像的异同

随着合成孔径成像雷达(SAR/ISAR)信号带宽的不断增加以及合成孔径技术的不断发展，

微波成像雷达所能达到的空间分辨率越来越高。但是人们发现，微波成像雷达空间分辨率的提高并不等同于对目标的空间分辨能力的提高：即便微波成像雷达的分辨率高于光学相机(本书仅讨论可见光范围)的分辨率，微波雷达图像的“可读性”仍远逊于光学照片。文献[27]从微波与光波的电磁波信号特征、相干散射与非相干电磁波散射理论、微波雷达成像与光学成像机理等角度出发，对微波雷达成像、光学雷达成像与光学相机成像的相同点与不同点进行了研究。

光学相机所获得的光学照片更容易判读的原因就是人的视觉系统其实就相当于一部光学相机，人眼的瞳孔和晶状体结构等同于光学相机的镜头和光圈，而人眼的视网膜等同于 CCD 或感光胶片。

光学相机本质上也是一种雷达，只不过发射机可能是太阳，可能是人工发光装置(如照相机中的闪光灯)，而接收机则为胶片或电荷耦合器件阵列(CCD 阵列)。来自太阳发射的自然光具有极宽的带宽，并且这些带宽范围内的光波彼此完全非相干。对于光学成像而言，虽然分辨率(角分辨率)仍然取决于光学系统的口径(光学透镜和光圈组合，等同于雷达天线的口径)，但是可见光信号的带宽可以达到接近倍频程的带宽，并且一般光学透镜的带宽也可以覆盖整个可见光的频率范围，因此光学成像也可以看作是超宽带成像。但是对于微波成像雷达，其工作带宽最终取决于天线的带宽。自然光信号的超带宽并不直接对光学相机成像的分辨率产生贡献，而是产生了彩色效果。人们有这样的体会：对同一景物的光学灰度图像比光学彩色图像具有更高的分辨能力，原因是不同频率的光信号经目标反射后叠加得到的强度图像具有了更高的信噪比，更高的信噪比使图像具有了更好的分辨能力。但是，雷达信号的带宽直接决定了距离向的分辨率。自然光信号是连续波信号，光学相机成像过程中所获得的积分信噪比要高于成像雷达，通常采用脉冲信号所能获得的积分信噪比。

采用合成孔径技术的微波雷达成像本质上是相干散射成像，而光学相机成像则是非相干散射成像。因此微波成像雷达的图像同时存在热噪声和相干斑点噪声，而相干斑点噪声的产生是相干信号矢量叠加的结果，其存在因目标而异，具有不确定性，理论上几乎不可能无代价地消除。光学相机的图像只有热噪声，其不会因目标的不同而不同，因此可以通过增大积分时间提高信噪比以很好地消除。微波雷达成像中的相干斑点噪声极大地破坏了目标雷达图像的纹理信息。光学雷达(激光雷达、激光合成孔径雷达)由于发射和接收的光波具有相干性，同样存在相干斑点噪声。同时由于发射光波的带宽远小于自然光，因此光学雷达的成像效果也逊于光学相机。

微波频率的电磁波波长通常为可见光电磁波波长的数万倍，因此对于通常的自然目标，微波频段的电磁波的绕射和多次散射能力远强于可见光。一般自然目标对可见光的散射主要体现了极小范围的局部特性，因此散射中心的形成也主要反映了极小范围的局部特征，非常便于获得稳定的光学图像；但对于微波频段的电磁波则会呈现非常大范围的整体特性，因此散射中心的形成非常复杂，随观测角度、电磁波频率以及极化方式的不同而有较大不同，非常不利于获得稳定的雷达图像。

从成像几何关系来看，光学成像(激光合成孔径雷达除外)属于小孔成像模型，而雷达成像属于斜距投影成像，斜距投影成像一方面增加了雷达图像的判读难度，另一方面增大了几何失真，如叠掩(layover)、透视收缩(foreshortening)、阴影(shadowing)，因此雷达图像的几何校正也比光学图像的几何校正复杂。图 7.8.1 给出了侧视雷达成像与光学成像的模型对比，

从中可看出 A、B、C 三个目标点在雷达成像中非线性地映射到A'、B'和C'位置，而在光学成像中，则是线性地映射到A''、B''和C''位置。

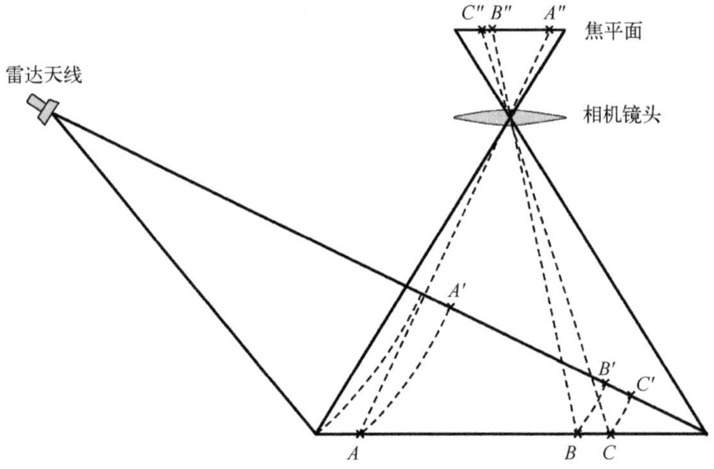

图 7.8.1 雷达成像与光学成像的模型对比

习 题

1．请用三种观点来解释合成孔径雷达的合成孔径原理。

2．通过公式推导来论述合成孔径雷达与逆合成孔径雷达的等价性。

3．请从信号获取、信号模型以及信号处理等方面对合成孔径雷达与逆合成孔径雷达进行比较。

4．请解释圆迹 SAR 能够获得更高空间分辨率的原因。

5．请对 SAR 成像的距离弯曲和多普勒弯曲进行解释。

6．从广义雷达的角度谈谈你对雷达成像与光学相机成像的认识。

7．理解微波雷达成像与光学成像的区别。从主动雷达的角度解释相同分辨率的 SAR 图像与光学相机图像相比，光学图像更清晰也更容易判读的原因。

8．在 ISAR 成像模型的推导过程中，天线相位中心与成像目标中的某一位置点之间的距离公式的推导至关重要：据此可将雷达信号的空间波数(k)分解为两个正交的方向(k_x和 k_y)。请根据图 7.4.2 推导 P 点到雷达天线相位中心的近似距离公式：

$$R_P(t) \approx R(t) + x\cos[\theta(t) - \alpha] - y\sin[\theta(t) - \alpha]$$

9．请给出 InSAR 进行地形测量的信号处理的主要步骤，并加以解释。

10．请以正侧视条带 SAR 为例，分析不同运动方向的运动目标在 SAR 图像中如何偏离真实的位置，画出示意图。

11．请解释雷达的工作频率越高越有利于视频成像的原因。

12．请对合成孔径雷达成像与光学相机成像进行比较。

13．谈谈你对可见光频率的电磁波入射到一般物体表面时所发生的宏观漫散射、微观镜面反射的认识以及这一特性在光学成像中所带来的好处。

14．请解释光学相机与微波频段的 SAR 对同一地物进行成像，即便两者的空间分辨率相同，但光学图像比 SAR 更容易解译和判读的原因。

参考文献

[1] DENG A, ZHANG L M, WANG M H. The use of the constant vector basis functions for the magnetic field integral equation[J]. Engineering analysis with boundary elements, 2015, 59: 105-111.

[2] BORDEN B. Some issues in inverse synthetic aperture radar image reconstruction[J]. Inverse problems, 1997, 13(3): 571-584.

[3] CUMMING I G, WONG F H. Digital signal processing of synthetic aperture radar data: algorithms and implementation[M]. Boston: Artech House, 2004.

[4] Graham L C. Synthetic interferometer radar for topographic mapping[J]. Proceedings of the IEEE, 1974, 62(6): 763-768.

[5] ROSEN P A, HENSLEY S, JOUGHIN I R, et al. Synthetic aperture radar interferometry[J]. Proceedings of the IEEE, 2000, 88(3): 333-382.

[6] 石晓进. 星载干涉合成孔径雷达信号处理若干问题研究[D]. 北京:中国科学院大学(中国科学院国家空间科学中心), 2009.

[7] GOLDSTEIN R M, ZEBKER H A. Interferometric radar measurements of ocean surface currents[J]. Nature, 1987, 328(6132): 707-709.

[8] ZHANG Y H. Along track interferometry synthetic aperture radar(ATI-SAR) techniques for ground moving target detection[R]. New York: Stiefvater Consultants, 2006.

[9] ENTZMINGER J N, FOWLER C A, KENNEALLY W J. JointSTARS and GMTI: past, present and future[J]. IEEE transactions on aerospace and electronic systems, 1999, 35(2): 748-761.

[10] YANG J, LIU C, WANG Y F. Detection and imaging of ground moving targets with real SAR data[J]. IEEE transactions on geoscience and remote sensing, 2015, 53(2): 920-932.

[11] CHEN V C, MARTORELLA M. Inverse synthetic aperture radar imaging: principles, algorithms, and applications[M]. North Carolina: SciTech Publishing, 2014.

[12] CHEN V C, LING H. Time-frequency transforms for radar imaging and signal analysis[M]. Boston: Artech House, 2002.

[13] 李煜. 干涉逆合成孔径雷达三维目标重建方法研究[D]. 北京: 中国科学院大学, 2021.

[14] CHEN V C. The micro-doppler effect in radar[M]. Boston: Artech House, 2011.

[15] 康文武. 逆合成孔径雷达微多普勒效应研究[D]. 北京: 中国科学院大学(中国科学院国家空间科学中心), 2019.

[16] ZHAI W S, ZHANG Y H, YANG Q S, et al. Micro-motion of a moving train observed by a Ka-band interferometric radar[J]. Electronics letters, 2016, 52(12): 1065-1067.

[17] HENSLEY S, GURROLA E, ROSEN P, et al. Radar generates high-resolution topographic map of the Moon[J]. Spie newsroom, 2008 .

[18] SOUMEKH M. Synthetic aperture radar signal processing with MATLAB algorithms[M]. New York: John Wiley & Sons, 1999.

[19] 喻玲娟. 圆迹合成孔径雷达的信号仿真与处理算法研究[D]. 北京: 中国科学院大学, 2012.

[20] PONCE O, PRATS-IRAOLA P, PINHEIRO M, et al. Fully polarimetric high-resolution 3-D imaging with circular SAR at L-band[J]. IEEE transactions on geoscience and remote sensing, 2014, 52(6): 3074-3090.

[21] PALM S, ORIOT H M, CANTALLOUBE H M. Radargrammetric DEM extraction over urban area using circular SAR imagery[J]. IEEE transactions on geoscience and remote sensing, 2012, 50(11): 4720-4725.

[22] POISSON J B, ORIOT H M, TUPIN F. Ground moving target trajectory reconstruction in single-channel circular SAR[J]. IEEE transactions on geoscience and remote sensing, 2015, 53(4): 1976-1984.

[23] FROLIND P O, GUSTAVSSON A, LUNDBERG M, et al. Circular-aperture VHF-band synthetic aperture radar for detection of vehicles in forest concealment[J]. IEEE transactions on geoscience and remote sensing, 2012, 50(4): 1329-1339.

[24] 张云华, 江碧涛, 姜景山. 干涉 SAR 提高地距方向分辨率的简明推导[J]. 电波科学学报, 2007, 22(4): 619-625.

[25] ZHANG Y H, SHI X J, JIANG J S. Resolution improvement in both azimuthal and range directions with repeat-pass spaceborne SAR[C]. Proc SPIE 6746, SAR Image Analysis, Modeling, and Techniques IX.SPIE,2007, 6746: 129-137.

[26] 张云华, 李海滨, 伍捷. 步进频率线性调频脉冲信号的子孔径处理方法[J].系统工程与电子技术, 2006, 28(1): 1-6,48.

[27] ZHANG Y H, JIANG J S. Why optical images are easier to understand than radar images?-From the electromagnetic scattering and signal point of view[C] .Proceedings of the PIERS,Guangzhou, 2014: 1411-1415.

第 8 章 极化雷达

早期的雷达只能进行单极化测量，或为 HH 极化，或为 VV 极化。一方面，电磁波极化理论研究及其应用研究的滞后，以及雷达技术本身发展的限制，使得交叉极化(如 HV 极化或 VH 极化)的测量没有引起人们的重视。另一方面，交叉极化的散射要比同极化散射的幅度小 20dB 以上，这也是导致其被忽视的一个原因。随着电磁波极化理论的发展，人们逐渐认识到电磁波的交叉极化散射信息包含了许多同极化散射所不包括或者少量包括的关于目标本身的结构、材料、方向等信息。同时随着雷达技术的发展，大功率的发射机、多通道高相干接收机以及双极化天线技术的发展和进步，使对于交叉极化散射的测量成为可能。

根据不同的极化组合，极化雷达又分为双极化雷达、全极化雷达和简缩极化雷达。双极化雷达可以是双线极化雷达或双圆极化雷达，如 HH/VV 极化、HH/HV 极化、VV/VH 极化或者 RR/LL 极化、RR/RL 极化、LL/LR 极化。全极化雷达同样可以是 HH/VV/HV/VH 极化或者 RR/LL/RL/LR 极化。简缩极化一般是发射左旋极化或右旋极化、接收双线极化，在某种程度上经过特殊处理，简缩极化可以达到近似于全极化的效果。

本章介绍的内容主要针对全极化雷达。

8.1 极化雷达的理论基础

8.1.1 电磁波的极化描述

根据电磁场波动方程的解，可以得到代表沿+z 方向传播的平面波电场矢量的数学公式如下：

$$\begin{cases}\boldsymbol{E}=\boldsymbol{E}_0\mathrm{e}^{\mathrm{j}(kz-\omega t)}\\ \boldsymbol{E}_0=E_{0x}\mathrm{e}^{\mathrm{j}\theta_1}\boldsymbol{x}+E_{0y}\mathrm{e}^{\mathrm{j}\theta_2}\boldsymbol{y}\end{cases},\quad \begin{cases}E_x=E_{0x}\cos(kz-\omega t+\theta_1)\\ E_y=E_{0y}\cos(kz-\omega t+\theta_2)\end{cases} \tag{8.1.1}$$

从式(8.1.1)可以看出，电场矢量随时间、空间的变化而变化，处于不断地变化之中。我们把电磁波电场矢量的取向称为电磁波的极化。确切地说，极化是指传播方向上任一固定点处的电场矢量取向随时间变化的方式，通常用观测点处电场矢量的端点(矢端)随时间变化在空间的轨迹来描述。图 8.1.1(a)给出了电场和磁场矢量在 xOy 平面电磁波沿 z 轴方向传播的示意图。

电磁波的极化方式有三种：线极化、圆极化和椭圆极化，具体是哪种极化方式由电场分量的振幅和初相决定：

(1) 当 $\theta=\theta_x-\theta_y=0$ 或 π 时，电场矢量终端沿直线变动，为线极化；

(2) 当 $\theta=\theta_x-\theta_y=\pm\pi/2$，且 $E_1=E_2$ 时，电场矢量终端沿圆形轨迹变动，为圆极化；

(3)除上述情况之外，其他情况下的电场矢量终端运动轨迹都可由一个椭圆来表示，称为椭圆极化[1]，如图 8.1.1(b)所示。线极化和圆极化都可以看作椭圆极化的特殊情况。

一般用极化椭圆来描述极化波，如图 8.1.1(b)所示。描述极化椭圆常用的三个参数为

椭圆振幅 A：

$$A=\sqrt{E_1^2+E_2^2}=\sqrt{E_{0x}^2+E_{0y}^2} \tag{8.1.2}$$

椭圆方向角 ψ：

$$\tan 2\psi = 2E_{0x}E_{0y}\big/(E_{0x}^2-E_{0y}^2)\cdot\cos\theta,\quad \psi\in[-\pi/2,\pi/2] \tag{8.1.3}$$

椭圆角(椭圆度、椭圆率) χ：

$$\sin 2\chi = 2E_{0x}E_{0y}\big/(E_{0x}^2+E_{0y}^2)\cdot\sin\theta,\quad \chi\in[-\pi/4,\pi/4] \tag{8.1.4}$$

式中，χ 的符号与极化椭圆的旋转方向有关：χ 为负，对应的是右旋椭圆；反之，为左旋椭圆。

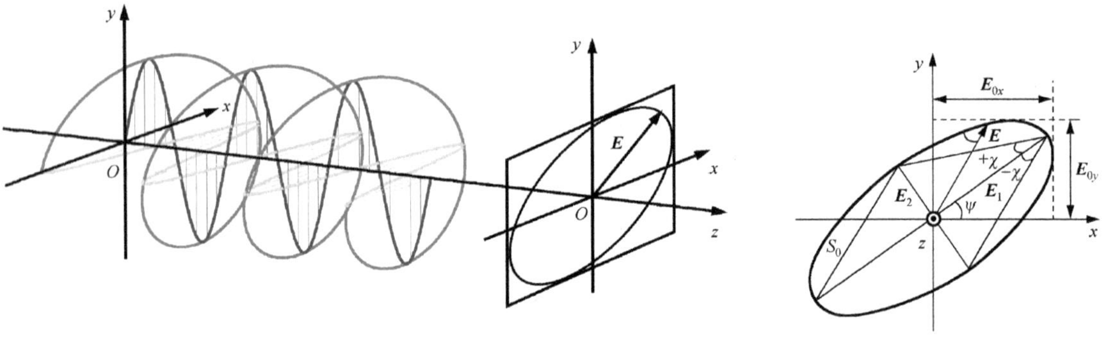

(a) 平面电磁波的传播　　(b) 椭圆极化

图 8.1.1　平面电磁波的传播及椭圆极化示意图

8.1.2 Jones 矢量

对于单频平面极化波，还可以采用 Jones 矢量来进行描述[1]，它可以描述极化椭圆除旋转方向外的所有信息，其定义为

$$\boldsymbol{E}=\begin{bmatrix}E_x\\E_y\end{bmatrix}=\begin{bmatrix}E_{0x}\mathrm{e}^{\mathrm{j}\theta_x}\\E_{0y}\mathrm{e}^{\mathrm{j}\theta_y}\end{bmatrix} \tag{8.1.5}$$

Jones 矢量还可以由描述极化椭圆的参数表示：

$$\boldsymbol{E}=A\mathrm{e}^{\mathrm{j}\alpha}\begin{bmatrix}\cos\psi & -\sin\psi\\ \sin\psi & \cos\psi\end{bmatrix}\begin{bmatrix}\cos\chi\\ \mathrm{j}\sin\chi\end{bmatrix} \tag{8.1.6}$$

式中，α 为绝对相位。

雷达极化测量的一个优势在于只要知道一组极化基下的目标响应，那么其他极化基下的目标响应可以通过一个简单的酉变换而得到，不需要额外的测量[1]。若目标在笛卡儿坐标系 $(\boldsymbol{x},\boldsymbol{y})$ 下的 Jones 矢量为

$$\boldsymbol{E}_{(\boldsymbol{x},\boldsymbol{y})}=E_x\boldsymbol{x}+E_y\boldsymbol{y} \tag{8.1.7}$$

在任意正交基$(\boldsymbol{u},\boldsymbol{u}_\perp)$下的 Jones 矢量为

$$\boldsymbol{E}_{(\boldsymbol{u},\boldsymbol{u}_\perp)} = E_{\boldsymbol{u}}\boldsymbol{u} + E_{\boldsymbol{u}_\perp}\boldsymbol{u}_\perp \tag{8.1.8}$$

则两个正交基下的 Jones 矢量满足如下关系：

$$\begin{bmatrix} E_{\boldsymbol{u}} \\ E_{\boldsymbol{u}_\perp} \end{bmatrix} = U_2(\psi,\chi,\alpha)^{-1}\begin{bmatrix} E_x \\ E_y \end{bmatrix} \tag{8.1.9}$$

式中，$U_2(\psi,\chi,\alpha)$为 2×2 的极化特殊酉矩阵(special unitary matrix)，表示为 SU(2)，其为三个基本的 SU(2)矩阵之积：

$$U_2(\psi,\chi,\alpha) = U_2(\psi)U_2(\chi)U_2(\alpha) = \begin{bmatrix} \cos\psi & -\sin\psi \\ \sin\psi & \cos\psi \end{bmatrix}\begin{bmatrix} \cos\chi & \mathrm{j}\sin\chi \\ \mathrm{j}\sin\chi & \cos\chi \end{bmatrix}\begin{bmatrix} \mathrm{e}^{+\mathrm{j}\alpha} & 0 \\ 0 & \mathrm{e}^{-\mathrm{j}\alpha} \end{bmatrix} \tag{8.1.10}$$

式中，$U_2(\psi)$、$U_2(\chi)$、$U_2(\alpha)$分别表示椭圆方向角的旋转变换、椭圆率变换和绝对相位角变换。

8.1.3　极化散射矩阵

本书在第 2 章中已经给出了电磁波的极化散射矩阵和极化基的定义，同时还给出了金属平板和金属二面角目标的极化散射矩阵及其推导。

本节首先给出散射坐标系的三种定义，然后给出金属线目标在不同极化基下的极化散射矩阵。图 8.1.2(a)～(c)给出了前向散射坐标系(forward scattering alignment，FSA)、后向散

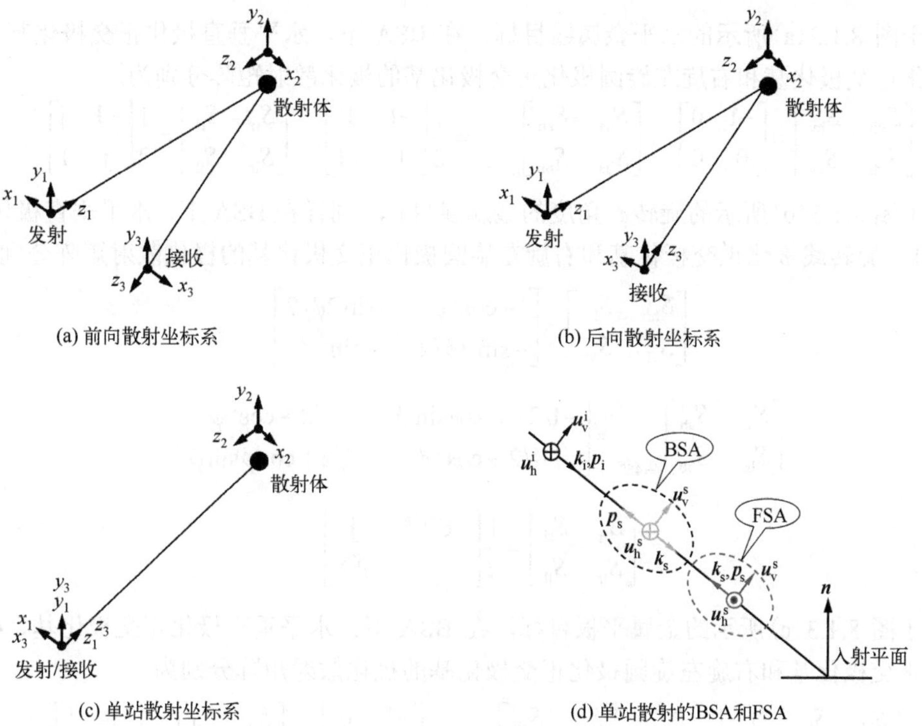

图 8.1.2　散射坐标系的定义[1]

射坐标系(back scattering alignment，BSA)以及单站散射坐标系(monostatic scattering alignment，MSA)定义的示意图，图 8.1.2(d)给出了单站情况下，BSA 和 FSA 下的发射天线和接收天线的视线方向矢量 $\boldsymbol{k}_{\mathrm{i}}$ 和 $\boldsymbol{k}_{\mathrm{s}}$ 与入射波和散射波传播方向 $\boldsymbol{p}_{\mathrm{i}}$ 和 $\boldsymbol{p}_{\mathrm{s}}$ 之间的关系，显然有

$$\text{BSA:}\ \boldsymbol{p}_{\mathrm{s}}=-\boldsymbol{p}_{\mathrm{i}},\ \boldsymbol{k}_{\mathrm{s}}=\boldsymbol{k}_{\mathrm{i}},\ \text{FSA:}\ \boldsymbol{p}_{\mathrm{s}}=-\boldsymbol{p}_{\mathrm{i}},\ \boldsymbol{k}_{\mathrm{s}}=-\boldsymbol{k}_{\mathrm{i}} \tag{8.1.11}$$

在 FSA 中，无论是入射波还是散射波，$+z$ 轴的方向均与电磁波传播的方向一致，故 FSA 也称为以波传播为参考的坐标系。在 BSA 中，无论是入射波还是散射波，$+z$ 轴的方向均指向散射目标，BSA 也称为以天线为参考的坐标系。MSA 与 BSA 相同，这也是在成像雷达中习惯采用 BSA 的原因。显然，同一目标的散射矩阵在 BSA 和 FSA 中是不同的。在 BSA 中的散射矩阵称为辛克莱矩阵(Sinclair matrix)，在 FSA 中的散射矩阵称为琼斯矩阵(Jones matrix)。

从图 8.1.2(d)的示意图不难看出，在单站和采用线极化基的情况下，BSA 下的散射矩阵与 FSA 下的散射矩阵有如下关系：

$$\begin{bmatrix} S_{\mathrm{pp}}^{\mathrm{BSA}} & S_{\mathrm{pq}}^{\mathrm{BSA}} \\ S_{\mathrm{qp}}^{\mathrm{BSA}} & S_{\mathrm{qq}}^{\mathrm{BSA}} \end{bmatrix}=\begin{bmatrix} -1 & 0 \\ 0 & 1 \end{bmatrix}\cdot\begin{bmatrix} S_{\mathrm{pp}}^{\mathrm{FSA}} & S_{\mathrm{pq}}^{\mathrm{FSA}} \\ S_{\mathrm{qp}}^{\mathrm{FSA}} & S_{\mathrm{qq}}^{\mathrm{FSA}} \end{bmatrix},\ \mathrm{p=h,q=v}\ 或\ \mathrm{p=a,q=b} \tag{8.1.12}$$

若采用圆极化基，则 BSA 和 FSA 下的散射矩阵相同，即

$$\begin{bmatrix} S_{\mathrm{rr}}^{\mathrm{BSA}} & S_{\mathrm{rl}}^{\mathrm{BSA}} \\ S_{\mathrm{lr}}^{\mathrm{BSA}} & S_{\mathrm{ll}}^{\mathrm{BSA}} \end{bmatrix}=\begin{bmatrix} 1 & 0 \\ 0 & 1 \end{bmatrix}\cdot\begin{bmatrix} S_{\mathrm{rr}}^{\mathrm{FSA}} & S_{\mathrm{rl}}^{\mathrm{FSA}} \\ S_{\mathrm{lr}}^{\mathrm{FSA}} & S_{\mathrm{ll}}^{\mathrm{FSA}} \end{bmatrix} \tag{8.1.13}$$

对于图 8.1.3(a)所示的水平金属线目标，在 BSA 下，水平垂直极化正交极化基、45°旋转线极化正交极化基和右旋左旋圆极化正交极化基的极化散射矩阵分别为

$$\begin{bmatrix} S_{\mathrm{hh}} & S_{\mathrm{hv}} \\ S_{\mathrm{vh}} & S_{\mathrm{vv}} \end{bmatrix}=\begin{bmatrix} -1 & 0 \\ 0 & 0 \end{bmatrix},\ \begin{bmatrix} S_{\mathrm{aa}} & S_{\mathrm{ab}} \\ S_{\mathrm{ba}} & S_{\mathrm{bb}} \end{bmatrix}_{\phi=45^\circ}=\frac{1}{2}\begin{bmatrix} -1 & 1 \\ 1 & -1 \end{bmatrix},\ \begin{bmatrix} S_{\mathrm{rr}} & S_{\mathrm{rl}} \\ S_{\mathrm{lr}} & S_{\mathrm{ll}} \end{bmatrix}=\frac{1}{2}\begin{bmatrix} -1 & \mathrm{j} \\ \mathrm{j} & 1 \end{bmatrix} \tag{8.1.14}$$

对于图 8.1.3(b)所示的旋转ϕ 角度的金属线目标，同样在 BSA 下，水平垂直极化正交极化基、45°旋转线极化正交极化基和右旋左旋圆极化正交极化基的极化散射矩阵分别为

$$\begin{bmatrix} S_{\mathrm{hh}} & S_{\mathrm{hv}} \\ S_{\mathrm{vh}} & S_{\mathrm{vv}} \end{bmatrix}=\begin{bmatrix} -\cos^2\phi & -\sin 2\phi/2 \\ -\sin 2\phi/2 & -\sin^2\phi \end{bmatrix} \tag{8.1.15}$$

$$\begin{bmatrix} S_{\mathrm{aa}} & S_{\mathrm{ab}} \\ S_{\mathrm{ba}} & S_{\mathrm{bb}} \end{bmatrix}_{\phi=45^\circ}=\begin{bmatrix} -1/2-\cos\phi\sin\phi & -1/2+\cos^2\phi \\ -1/2+\cos^2\phi & -1/2+\cos\phi\sin\phi \end{bmatrix} \tag{8.1.16}$$

$$\begin{bmatrix} S_{\mathrm{rr}} & S_{\mathrm{rl}} \\ S_{\mathrm{lr}} & S_{\mathrm{ll}} \end{bmatrix}=\frac{1}{2}\begin{bmatrix} -\mathrm{e}^{-\mathrm{j}2\phi} & \mathrm{j} \\ \mathrm{j} & \mathrm{e}^{\mathrm{j}2\phi} \end{bmatrix} \tag{8.1.17}$$

对于图 8.1.3(c)所示的金属平板目标，在 BSA 下，水平垂直极化正交极化基、45°旋转线极化正交极化基和右旋左旋圆极化正交极化基的极化散射矩阵分别为

$$\begin{bmatrix} S_{\mathrm{hh}} & S_{\mathrm{hv}} \\ S_{\mathrm{vh}} & S_{\mathrm{vv}} \end{bmatrix}=\begin{bmatrix} -1 & 0 \\ 0 & -1 \end{bmatrix},\ \begin{bmatrix} S_{\mathrm{aa}} & S_{\mathrm{ab}} \\ S_{\mathrm{ba}} & S_{\mathrm{bb}} \end{bmatrix}_{\phi=45^\circ}=\begin{bmatrix} -1 & 0 \\ 0 & -1 \end{bmatrix},\ \begin{bmatrix} S_{\mathrm{rr}} & S_{\mathrm{rl}} \\ S_{\mathrm{lr}} & S_{\mathrm{ll}} \end{bmatrix}=\frac{1}{2}\begin{bmatrix} 0 & \mathrm{j} \\ \mathrm{j} & 0 \end{bmatrix} \tag{8.1.18}$$

事实上，金属球体和三面角反射器的散射矩阵与金属平板相同。

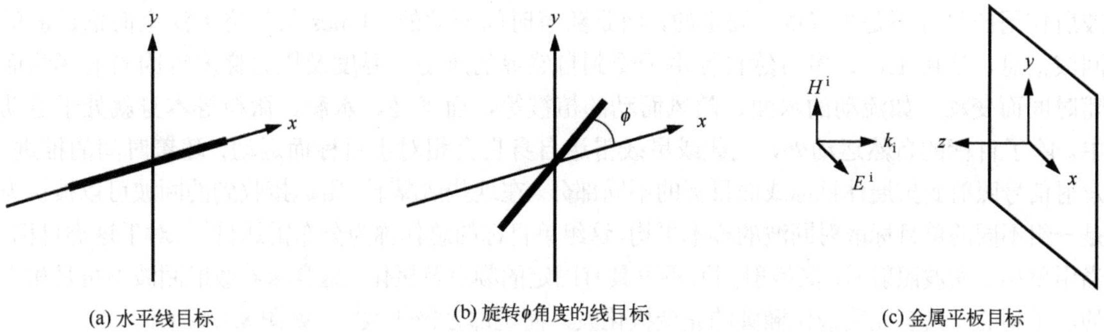

图 8.1.3　金属线目标和金属平板目标

8.1.4　Stokes 矢量

平面波的极化态可用极化方向、极化椭圆度加上一个正比于波的总强度的参数 S_0 三个参数表示。用 E_h 和 E_v 分别表示电场矢量的水平和垂直分量，英国物理学家 Gabriel Stokes 提出用一个四元矢量[S_0, Q, U, V] 来描述电磁波的极化状态，这个矢量称为 Stokes 矢量(Stokes vector)[2]：

$$\begin{bmatrix} S_0 \\ Q \\ U \\ V \end{bmatrix} = \begin{bmatrix} |E_x|^2 + |E_y|^2 \\ |E_x|^2 - |E_y|^2 \\ 2\operatorname{Re}\{E_x E_y^*\} \\ -2\operatorname{Im}\{E_x E_y^*\} \end{bmatrix} = \begin{bmatrix} |E_{0x}|^2 + |E_{0y}|^2 \\ |E_{0x}|^2 - |E_{0y}|^2 \\ 2E_{0x}E_{0y}\cos\phi \\ 2E_{0x}E_{0y}\sin\phi \end{bmatrix} = \begin{bmatrix} S_0 \\ S_0\cos 2\psi\cos 2\chi \\ S_0\sin 2\psi\cos 2\chi \\ S_0\sin 2\chi \end{bmatrix} \tag{8.1.19}$$

Stokes 矢量除了用式(8.1.19)的水平垂直极化基表示外，还可由其他的极化基表示，如任意正交线极化基和右旋左旋圆极化基等，如下所示：

任意正交的线极化：

$$\begin{bmatrix} S_0 \\ Q \\ U \\ V \end{bmatrix} = \begin{bmatrix} |E_a|^2 + |E_b|^2 \\ |E_a|^2 - |E_b|^2 \\ 2\operatorname{Re}\{E_a E_b^*\} \\ 2\operatorname{Im}\{E_a E_b^*\} \end{bmatrix} \rightarrow (\boldsymbol{a},\boldsymbol{b}) \tag{8.1.20}$$

左旋圆极化和右旋圆极化：

$$\begin{bmatrix} S_0 \\ Q \\ U \\ V \end{bmatrix} = \begin{bmatrix} |E_l|^2 + |E_r|^2 \\ |E_l|^2 - |E_r|^2 \\ 2\operatorname{Re}\{E_l E_r^*\} \\ 2\operatorname{Im}\{E_l E_r^*\} \end{bmatrix} \rightarrow (\boldsymbol{l},\boldsymbol{r}) \tag{8.1.21}$$

8.1.5　完全极化波和部分极化波

对于单目标(也称为固定目标、纯目标、相干目标、平稳目标，通常为人工目标)，在测量过程中，场矢量幅度和初相保持不变，所以可以完全由 Jones 矢量进行描述。若雷达发射波所作用的目标不是平稳的、固定的，而是随着时间变动的，Jones 矢量将无法全面描述散射回波信息。实际上，许多自然目标由于受到自然界的风动、温度及压力梯度等因素的影响而随时间而变动，如流动的水面、随风而动的植被等，而飞鸟、水滴、微粒等本身就处于运动中。除了目标的自然运动外，机载或星载雷达自身也会相对于目标而运动，随着时间的推进，发射信号照射到扩展体目标或面目标的不同部分。在这些情况下，雷达接收到的回波可以被认为是一组不同的单目标散射回波的样本平均，这组单目标的总体称为分布雷达目标。对于这类目标，当用单频平面波照射时，其散射回波不再具有固定的频率及极化，这意味着散射回波不再是相干的、单频的、具有完美极化椭圆的完全极化波，而是部分极化波[1]，如图 8.1.4 所示。

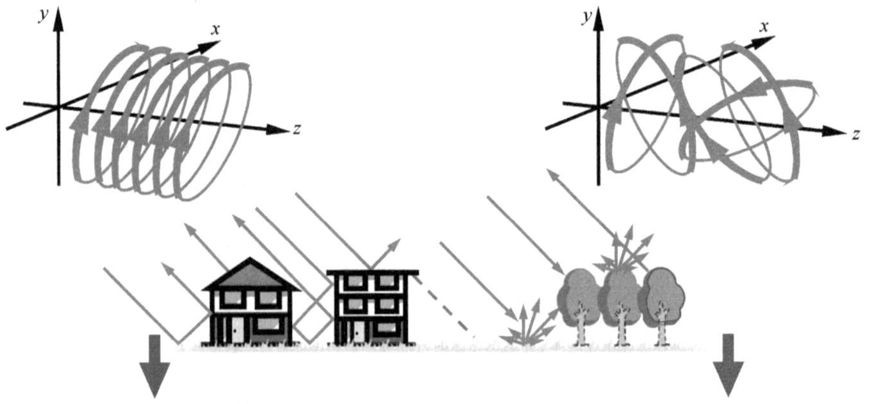

(a) 确定性散射——完全极化波

(b) 随机散射——部分极化波
(极化椭圆随时间、幅度、相位随机变化)

图 8.1.4 完全极化波与部分极化波

受信号处理领域的相关工作启发，人们引入了波相干矩阵，也称为波的协方差矩阵，其物理意义为时变 Jones 矢量各元素的相干平均：

$$\langle [J] \rangle = \langle \boldsymbol{E}\boldsymbol{E}^{\mathrm{T}*} \rangle = \begin{bmatrix} \langle E_x E_x^* \rangle & \langle E_x E_y^* \rangle \\ \langle E_y E_x^* \rangle & \langle E_y E_y^* \rangle \end{bmatrix} \tag{8.1.22}$$

式中，$\langle \cdots \rangle$ 表示平均处理。根据 Stokes 矢量的定义，定义波的协方差矩阵为

$$\langle [J] \rangle = \langle \boldsymbol{E}\boldsymbol{E}^{\mathrm{T}*} \rangle = \begin{bmatrix} \langle E_x E_x^* \rangle & \langle E_x E_y^* \rangle \\ \langle E_y E_x^* \rangle & \langle E_y E_y^* \rangle \end{bmatrix} = \frac{1}{2} \begin{bmatrix} \langle S_0 \rangle + \langle Q \rangle & \langle U \rangle - \mathrm{j}\langle V \rangle \\ \langle U \rangle + \mathrm{j}\langle V \rangle & \langle S_0 \rangle - \langle Q \rangle \end{bmatrix} \tag{8.1.23}$$

由此可见，Stokes 矢量与波的极化椭圆参数有着密切关系，它可用于描述电磁波与目标作用的随机过程。

式(8.1.23)表明，可以用一个球来表示电磁波的极化态，即 Poincaré 球[2]，如图 8.1.5 所示。任何极化波都可以用 Poincaré 球上(内)的点来描述。完全极化波的 Stokes 矢量对应 Poincaré 球面上的点；部分极化波的 Stokes 矢量对应 Poincaré 球内的点。

对于完全极化波，式(8.1.23)中的平均处理将没有意义，此时有

$$S_0^2 = Q^2 + U^2 + V^2 \tag{8.1.24}$$

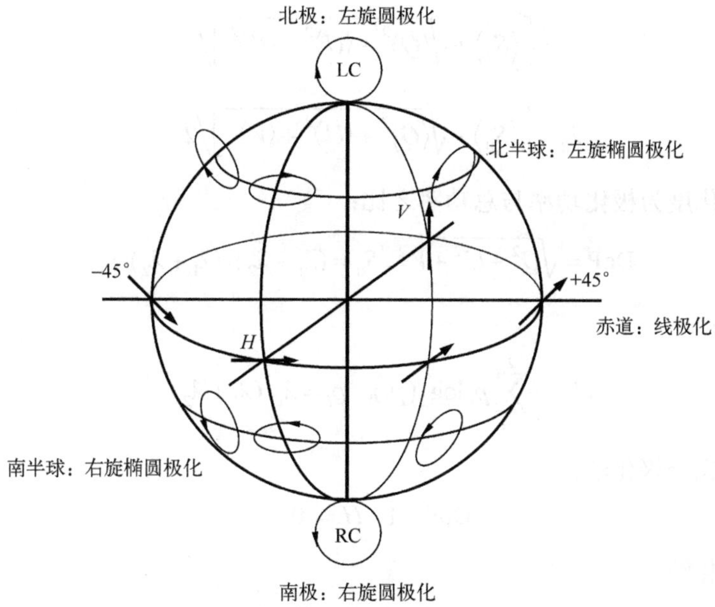

图 8.1.5　Poincaré 球

式(8.1.24)表明，在完全极化波的情况下，Stokes 参数中只有三个是独立的。

对于部分极化波，由波相干矩阵的半正定性(部分极化波的总功率大于极化功率)可知：

$$S_0^2 > Q^2 + U^2 + V^2 \tag{8.1.25}$$

Born 和 Wolf 曾证明，任何一个部分极化波都可以表示为一个完全极化(completely polarized，CP)波与一个完全去极化(completely depolarized，CD)波的非相干之和，而完全去极化波又可表示为两个正交的完全极化波，这就是著名的波的二分性理论，即

$$\begin{bmatrix} S_0 \\ Q \\ U \\ V \end{bmatrix} = \begin{bmatrix} S_0 - S \\ Q \\ U \\ V \end{bmatrix}_{\mathrm{CP}} + \begin{bmatrix} S \\ 0 \\ 0 \\ 0 \end{bmatrix}_{\mathrm{CD}} = \begin{bmatrix} S_0 - S \\ Q \\ U \\ V \end{bmatrix}_{\mathrm{CP}} + \frac{1}{2}\begin{bmatrix} S \\ Q_1 \\ U_1 \\ V_1 \end{bmatrix}_{\mathrm{CP}} + \frac{1}{2}\begin{bmatrix} S \\ -Q_1 \\ -U_1 \\ -V_1 \end{bmatrix}_{\mathrm{CP}} \tag{8.1.26}$$

其中

$$(S_0 - S)^2 = Q^2 + U^2 + V^2, \quad S^2 = Q_1^2 + U_1^2 + V_1^2 \tag{8.1.27}$$

波的二分性理论认为任何极化电磁波都具有可分性，这一理论具有重要的启示意义。由此引出一个严肃的问题：波与目标作用后所携带的散射信息是否具有可分性呢？Huynen 首次提出了散射信息的二分性假设[3]，并将其应用到目标的极化信息分解中，为整个极化分解领域奠定了基础。

对式(8.1.23)进行本征值分解，可得

$$\langle [J] \rangle = \frac{1}{2}\begin{bmatrix} \langle S_0 \rangle + \langle Q \rangle & \langle U \rangle - \mathrm{j}\langle V \rangle \\ \langle U \rangle + \mathrm{j}\langle V \rangle & \langle S_0 \rangle - \langle Q \rangle \end{bmatrix} = [U_2] \cdot \begin{bmatrix} \lambda_1 & 0 \\ 0 & \lambda_2 \end{bmatrix} \cdot [U_2]^{-1} = \lambda_1 \boldsymbol{u}_1 \boldsymbol{u}_1^{\mathrm{T}*} + \lambda_2 \boldsymbol{u}_2 \boldsymbol{u}_2^{\mathrm{T}*} \tag{8.1.28}$$

式中，$[U_2] = [\boldsymbol{u}_1, \boldsymbol{u}_2]$ 为正交的本征矢，本征值为

$$\lambda_1 = \left[\langle S_0\rangle + \sqrt{\langle Q\rangle^2 + \langle U\rangle^2 + \langle V\rangle^2}\right]\Big/2 \tag{8.1.29}$$

$$\lambda_2 = \left[\langle S_0\rangle - \sqrt{\langle Q\rangle^2 + \langle U\rangle^2 + \langle V\rangle^2}\right]\Big/2 \tag{8.1.30}$$

这里定义极化度为极化功率与总功率之比：

$$\mathrm{DoP} = \sqrt{Q^2 + U^2 + V^2}\Big/S_0 = (\lambda_1 - \lambda_2)/(\lambda_1 + \lambda_2) \tag{8.1.31}$$

定义波的熵：

$$H = -\sum_{i=1}^{2} p_i \log_2(p_i),\ \ p_i = \lambda_i/(\lambda_1 + \lambda_2) \tag{8.1.32}$$

显然，对于完全极化波：

$$\mathrm{DoP} = 1,\ \ H = 0 \tag{8.1.33}$$

对于部分极化波：

$$0 < \mathrm{DoP} < 1,\ \ 0 < H < 1 \tag{8.1.34}$$

而对于完全非极化波：

$$\mathrm{DoP} = 0,\ \ H = 1 \tag{8.1.35}$$

8.1.6 协方差矩阵和相干散射矩阵

为了更好地描述散射特性，将散射矩阵按如下方式进行矢量化：

$$\boldsymbol{k} = V([S]) = \mathrm{Tr}([S]\boldsymbol{\psi})/2 \tag{8.1.36}$$

式中，$\mathrm{Tr}(\cdot)$表示取矩阵的对角线元素；$\boldsymbol{\psi}$ 为某种基矩阵，如 Pauli 基矩阵和 Lexicographic 基矩阵，它们在双站后向散射情况下分别为

$$\boldsymbol{\psi} = \left\{\sqrt{2}\begin{bmatrix}1 & 0\\ 0 & 1\end{bmatrix}, \sqrt{2}\begin{bmatrix}1 & 0\\ 0 & -1\end{bmatrix}, \sqrt{2}\begin{bmatrix}0 & 1\\ 1 & 0\end{bmatrix}, \sqrt{2}\begin{bmatrix}0 & -\mathrm{j}\\ \mathrm{j} & 0\end{bmatrix}\right\} \tag{8.1.37}$$

$$\boldsymbol{\psi} = \left\{2\begin{bmatrix}1 & 0\\ 0 & 0\end{bmatrix}, 2\begin{bmatrix}0 & 1\\ 0 & 0\end{bmatrix}, 2\begin{bmatrix}0 & 0\\ 1 & 0\end{bmatrix}, 2\begin{bmatrix}0 & 0\\ 0 & 1\end{bmatrix}\right\} \tag{8.1.38}$$

在单站后向散射情况下分别为

$$\boldsymbol{\psi} = \left\{\sqrt{2}\begin{bmatrix}1 & 0\\ 0 & 1\end{bmatrix}, \sqrt{2}\begin{bmatrix}1 & 0\\ 0 & -1\end{bmatrix}, 2\sqrt{2}\begin{bmatrix}0 & 1\\ 1 & 0\end{bmatrix}\right\} \tag{8.1.39}$$

$$\boldsymbol{\psi} = \left\{\begin{bmatrix}1 & 0\\ 0 & 0\end{bmatrix}, \sqrt{2}\begin{bmatrix}0 & 1\\ 0 & 0\end{bmatrix}, \begin{bmatrix}0 & 0\\ 0 & 1\end{bmatrix}\right\} \tag{8.1.40}$$

散射矢量或者协方差矢量 $\boldsymbol{k}_{\mathrm{C}}$ 是单站后向散射矩阵的矢量化形式。假设存在互易性，即 $S_{\mathrm{pq}} = S_{\mathrm{qp}}$，协方差矢量为

$$
\boldsymbol{k}_{\mathrm{C}}=\begin{bmatrix} S_{\mathrm{pp}} \\ \sqrt{2}S_{\mathrm{pq}} \\ S_{\mathrm{qq}} \end{bmatrix} \tag{8.1.41}
$$

通常用功率来描述散射特性，而功率的构建非常简单，仅需将散射矢量与其自身相乘即可得到。这样就得到了协方差矩阵[1,2]，它可以完整地描述目标的散射特性。

$$
\boldsymbol{C}=\boldsymbol{k}_{\mathrm{C}}\cdot\boldsymbol{k}_{\mathrm{C}}^{+}=\begin{bmatrix} |S_{\mathrm{pp}}|^2 & \sqrt{2}S_{\mathrm{pp}}S_{\mathrm{pq}}^{*} & S_{\mathrm{pp}}S_{\mathrm{qq}}^{*} \\ \sqrt{2}S_{\mathrm{pq}}S_{\mathrm{pp}}^{*} & 2|S_{\mathrm{pq}}|^2 & \sqrt{2}S_{\mathrm{pq}}S_{\mathrm{qq}}^{*} \\ S_{\mathrm{qq}}S_{\mathrm{pp}}^{*} & \sqrt{2}S_{\mathrm{qq}}S_{\mathrm{pq}}^{*} & |S_{\mathrm{qq}}|^2 \end{bmatrix} \tag{8.1.42}
$$

式中，“+”表示共轭转置；“*”表示共轭。协方差矩阵具有共轭对称性，即 $C_{mn}=C_{nm}^{*}\,(m\neq n)$。

相干矩阵[1,2]与协方差矩阵密切相关，在很多情况下方便应用。相干矩阵同样是基于单站后向散射矩阵的矢量化得到的。与前面 $\boldsymbol{k}_{\mathrm{C}}$ 一样，假设了散射矩阵是互易的，不过采用了 Pauli 矩阵组来矢量化散射矩阵：

$$
\boldsymbol{k}_{\mathrm{T}}=\frac{1}{\sqrt{2}}\begin{bmatrix} S_{\mathrm{pp}}+S_{\mathrm{qq}} \\ S_{\mathrm{pp}}-S_{\mathrm{qq}} \\ 2S_{\mathrm{pq}} \end{bmatrix} \tag{8.1.43}
$$

$$
\begin{aligned}
\boldsymbol{T}&=k_{\mathrm{T}}\cdot k_{\mathrm{T}}^{+}\\
&=\frac{1}{2}\begin{bmatrix} |S_{\mathrm{pp}}|^2+2\mathrm{Re}(S_{\mathrm{pp}}S_{\mathrm{qq}}^{*})+|S_{\mathrm{qq}}|^2 & |S_{\mathrm{pp}}|^2-2\mathrm{j}\,\mathrm{Im}(S_{\mathrm{pp}}S_{\mathrm{qq}}^{*})-|S_{\mathrm{qq}}|^2 & 2S_{\mathrm{pp}}S_{\mathrm{pq}}^{*}+2S_{\mathrm{qq}}S_{\mathrm{pq}}^{*} \\ |S_{\mathrm{pp}}|^2+2\mathrm{j}\,\mathrm{Im}(S_{\mathrm{pp}}S_{\mathrm{qq}}^{*})-|S_{\mathrm{qq}}|^2 & |S_{\mathrm{pp}}|^2-2\mathrm{Re}(S_{\mathrm{pp}}S_{\mathrm{qq}}^{*})+|S_{\mathrm{qq}}|^2 & 2S_{\mathrm{pp}}S_{\mathrm{pq}}^{*}-2S_{\mathrm{qq}}S_{\mathrm{pq}}^{*} \\ 2S_{\mathrm{pq}}S_{\mathrm{pp}}^{*}+2S_{\mathrm{pq}}S_{\mathrm{qq}}^{*} & 2S_{\mathrm{pq}}S_{\mathrm{pp}}^{*}-2S_{\mathrm{pq}}S_{\mathrm{qq}}^{*} & 4|S_{\mathrm{pq}}|^2 \end{bmatrix}
\end{aligned} \tag{8.1.44}
$$

式(8.1.41)～式(8.1.44)中，如果是水平垂直线极化基，那么 p = h，q = v；如果是任意线极化基，那么 p = a，q = b；如果是左旋右旋圆极化基，那么 p = r，q = l。

8.1.7 总功率

极化雷达的所有极化通道接收功率之和称为总功率，根据 Sinclair 矩阵，总功率可以描述为

$$
\begin{gathered}
\mathrm{Span}([S])=\mathrm{Trace}\left([S][S]^{\mathrm{T}*}\right)=|S_{\mathrm{pp}}|^2+|S_{\mathrm{pq}}|^2+|S_{\mathrm{qp}}|^2+|S_{\mathrm{qq}}|^2,\\
\mathrm{p=h,q=v}\ 或\ \mathrm{p=a,q=b}\ 或\ \mathrm{p=r,q=l}
\end{gathered} \tag{8.1.45}
$$

极化雷达的总功率可以用协方差矩阵或相干矩阵或 Kennaugh 矩阵[1]来表示，总功率正比于这些矩阵的对角线元素之和。

在极化雷达数据分析和处理中，将相邻样本(如图像像素)进行平均非常有用。这样的操作与单极化雷达中的多视处理有相同的作用：降低图像的噪声，但是牺牲了空间分辨率。平均通常在功率域针对 Stokes、协方差矩阵和相干矩阵来进行，这是因为单个分量的能量在功率表示中得到保留(若在“电压”域进行平均，则能量将不再守恒)。随着斑点噪声的降低以

及散射体的组合，图像更容易解释并且使自动分类算法更可靠。

当用雷达系统对单个像素进行测量时，没有足够的自由度去表示噪声以及目标的散射特性，即使在观察中噪声并没有被忽略。正是此原因，即使可能存在多次散射的机制以及噪声，仍将目标假设为单散射体。但是，当用经过变换的功率表示散射机制以及相邻样本进行平均后，便获得了组合像素，这样的像素可以清楚地反映出噪声以及不同的散射机制。

8.1.8 同极化相干系数

极化雷达中的同极化指的是HH极化和VV极化或者RR极化和LL极化，它们之间的相关系数(称为同极化相关系数，co-pol correlation coefficient)的计算公式为

$$\gamma=\left\langle S_{\mathrm{pp}}S_{\mathrm{qq}}^{*}\right\rangle \Big/ \sqrt{\left|S_{\mathrm{pp}}\right|^{2}+\left|S_{\mathrm{qq}}\right|^{2}},\quad \mathrm{p=h,q=v} \text{ 或 } \mathrm{p=a,q=b} \text{ 或 } \mathrm{p=r,q=l} \tag{8.1.46}$$

式中，<·>表示内积。由于S_{pp}和S_{qq}均为复数，因此同极化相关系数也为复数。

如果同极化相关系数的幅度为1，那么表明pp和qq极化通道接收信号线性相关，即一个通道的测量可以通过另外一个通道来获得。这意味着目标的pp极化与qq极化本身是相关的，同时两个接收通道的幅相一致性非常好。如果同极化相关系数的幅度小于1，那么意味着pp极化与qq极化通道的接收信号不是直接相关的。一方面可能由于目标的散射本身就是部分极化的，另一方面也可能是由于两个接收通道的幅相一致性存在误差，并且存在噪声。一般情况下，雷达系统中存在的接收机噪声所引起的相关系数变化是有可能补偿的。

8.1.9 同极化相差

同极化相关系数 γ 的相角称为同极化相差(co-pol phase difference)。同极化相差反映了电磁波与目标作用过程中的反射次数，对于确定每个像素的电磁散射非常有用。例如，在BSA中，理想的单次散射或奇次散射，同极化相差为180°，而对于二次散射或偶次散射，则为0°。

相应地还有交叉极化相差，其定义与同极化相差类似。但是交叉极化相差通常非常随机，这是因为通常pp和pq通道间的散射中心的相关性较小。如果观察到一个依赖于观测场景的交叉相差图像，那么很可能是由通道间的串扰所引起的，并且在处理中没有得到校正。

8.2 极化雷达的信息处理

8.2.1 极化综合

不同类型的目标对电磁波的散射往往呈现不同的特性，为了便于认识不同目标的散射特性，通常用一些已知的并且可以很方便模拟或测量的物体的散射特性来描述其他未知目标的散射特性，如球体、二面角、螺旋线或者由随机分布的电偶极子组成的组合散射体等。一般用“散射机制”来代表最基本散射单元或模型的散射特性。

对于极化雷达来说，通常采用两种互相正交的线极化(如水平极化和垂直极化)来获得目标的散射矩阵，而一旦获得了目标的散射矩阵，就可以计算任意极化基下的散射矩阵，这个过程称为极化综合。例如，如果全极化SAR同时获得了HH、HV、VH、VV四种极化的雷

达图像，那么便可以综合出发射和接收均为右旋圆极化或者左旋圆极化的 SAR 的图像。

通过极化综合，可以将极化 SAR 的图像进行极化特性变换以提高对某些类型目标的探测能力。这个极化综合的过程也称为极化对比度增强或者极化匹配滤波，如针对海杂波中船的探测。为了找出适用的最优极化，首先通过计算得到一艘典型船的极化散射特征，并据此计算船的极化后向散射强度，然后计算不同发射接收极化组合对应的海面后向散射强度，使船的极化后向散射强度与周围海面的极化后向散射强度的比值最大的发射接收极化组合便是最优极化组合，采用该组合便能够提升对船的探测能力。

8.2.2 极化分解

根据单目标的散射回波和分布目标的散射回波，极化分解分为两大类[1]：相干极化分解和非相干极化分解。相干极化分解主要基于散射矩阵，非相干极化分解主要基于非相干平均的相干矩阵或协方差矩阵。图 8.2.1 给出了典型的相干极化分解和非相干极化分解的典型种类。

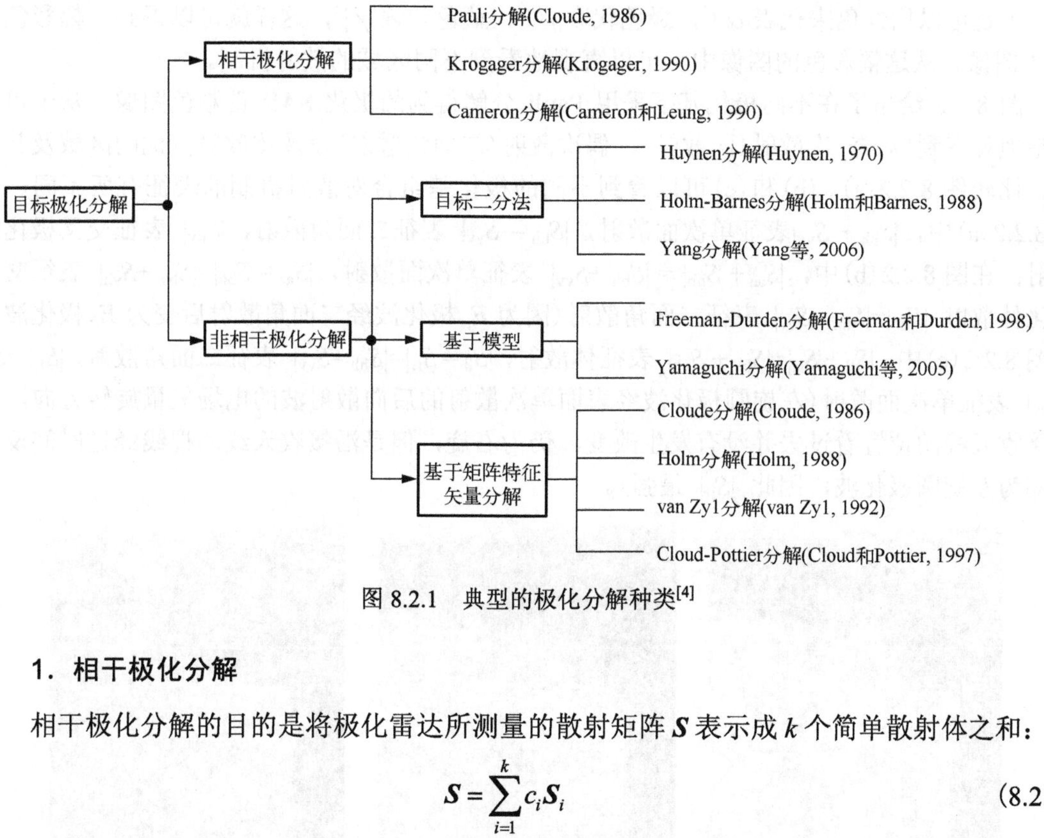

图 8.2.1 典型的极化分解种类[4]

1. 相干极化分解

相干极化分解的目的是将极化雷达所测量的散射矩阵 $\boldsymbol{S}$ 表示成 k 个简单散射体之和：

$$\boldsymbol{S}=\sum_{i=1}^{k} c_i \boldsymbol{S}_i \tag{8.2.1}$$

这里主要介绍两种相干极化分解，即 Pauli 分解和 Krogager 分解。

1) Pauli 分解

Pauli 分解[1]是指采用如式(8.1.39)所示的 Pauli 基，通过矢量化得到如式(8.1.43)所示的极化散射矢量 $\boldsymbol{k}$ 后进而得到如式(8.1.44)所示的相干矩阵 $\boldsymbol{T}$，其对角线项对应 $\boldsymbol{k}$ 的三个分量的平方并且与散射机制的物理和几何特性紧密相关：

$$T_{11}=\left|S_{\mathrm{hh}}+S_{\mathrm{vv}}\right|^2,\quad T_{22}=\left|S_{\mathrm{hh}}-S_{\mathrm{vv}}\right|^2,\quad T_{33}=2\left|S_{\mathrm{hv}}\right|^2 \tag{8.2.2}$$

式(8.2.2)中的 T_{11}、T_{22} 和 T_{33} 分别对应单站散射(且满足散射互易性)情况下的单次散射(或奇次散射，single or odd bounce scattering)、二次散射(或偶次散射，double or even bounce scattering)和体散射(volume scattering)。

在单站情况下，Pauli 分解给出：

$$[S]=\begin{bmatrix} S_{\text{hh}} & S_{\text{hv}} \\ S_{\text{hv}} & S_{\text{vv}} \end{bmatrix}=\alpha[S]_a+\beta[S]_b+\gamma[S]_c$$
$$[S]_a=\frac{1}{\sqrt{2}}\begin{bmatrix} 1 & 0 \\ 0 & 1 \end{bmatrix},\quad [S]_b=\frac{1}{\sqrt{2}}\begin{bmatrix} 1 & 0 \\ 0 & -1 \end{bmatrix},\quad [S]_c=\frac{1}{\sqrt{2}}\begin{bmatrix} 0 & 1 \\ 1 & 0 \end{bmatrix} \tag{8.2.3}$$

这里 S_a 对应于一个球、一个平板或者一个三角面体，S_b 对应于一个 0° 的二面角，S_c 对应于一个 45° 的双平面，α、β、γ 分别为 T_{11}、T_{22} 和 T_{33}。散射矩阵[S]的总功率为

$$\text{SPAN}=|S_{\text{hh}}|^2+|S_{\text{vv}}|^2+2|S_{\text{hv}}|^2=|\alpha|^2+|\beta|^2+|\gamma|^2 \tag{8.2.4}$$

于是可以用红色来代表$|\alpha|^2$，绿色代表$|\beta|^2$，蓝色代表$|\gamma|^2$，这样就可以得到一幅彩色的 SAR 图像。从这幅彩色的图像中，可以直观地看到不同区域的散射机制。

图 8.2.2 给出了在不同极化基下采用 Pauli 分解得到的极化 SAR 伪彩色图像，从中可以清楚地观察到单(奇)次散射(面散射)、偶次散射(二面角散射)以及体散射占优的区域及其分布。比较图 8.2.2(a)、(b)和(c)可以看到不同的极化基组合对散射机制的表征有所不同。在图 8.2.2(a)中，$|S_{\text{hh}}+S_{\text{vv}}|$表征单次面散射，$|S_{\text{hh}}-S_{\text{vv}}|$ 表征二面角散射，$|S_{\text{hv}}|$ 表征交叉极化体散射；在图 8.2.2(b)中，$|S_{\text{aa}}+S_{\text{bb}}|=|S_{\text{hh}}+S_{\text{vv}}|$ 表征单次面散射，$|S_{\text{aa}}-S_{\text{bb}}|=|S_{\text{hv}}+S_{\text{vh}}|$ 表征交叉极化体散射，$|S_{\text{ab}}|=|S_{\text{hh}}-S_{\text{vv}}|$ 表征二面角散射(因为 $\boldsymbol{E}_a$ 极化波经二面角散射后变为 $\boldsymbol{E}_b$ 极化波)；在图 8.2.2(c)中，$|S_{\text{ll}}+S_{\text{rr}}|=|S_{\text{hv}}+S_{\text{vh}}|$ 表征体散射，$|S_{\text{ll}}-S_{\text{rr}}|=|S_{\text{hh}}-S_{\text{vv}}|$ 表征二面角散射，$|S_{\text{lr}}|=|S_{\text{hh}}+S_{\text{vv}}|$ 表征单次面散射(左旋圆极化波经表面单次散射的后向散射波的电场矢量旋转方向，站在接收天线的位置看过去并没有发生改变，仍为右旋，但是沿接收天线的视线经过时间反转后却为左旋圆极化波，因此 $|S_{\text{lr}}|$ 最强)。

(a) $|S_{\text{hh}}+S_{\text{vv}}|,|S_{\text{hh}}-S_{\text{vv}}|,|S_{\text{hv}}|$

(b) $|S_{\text{aa}}+S_{\text{bb}}|,|S_{\text{aa}}-S_{\text{bb}}|,|S_{\text{ab}}|$

(c) $|S_{\text{ll}}+S_{\text{rr}}|,|S_{\text{ll}}-S_{\text{rr}}|,|S_{\text{lr}}|$

图 8.2.2 在不同极化基下采用 Pauli 分解得到的极化 SAR 伪彩色图像

2) Krogager 分解

Krogager 提出了另外一种对散射矩阵进行分解的方法[5]，以包括球、双平面和螺旋线的散射贡献，后两种散射体现了一个取向角θ，也就是说 Krogager 分解的分量考虑了极化方向角θ 的信息：

$$
\begin{aligned}
S &= \mathrm{e}^{\mathrm{j}\phi}\left\{\mathrm{e}^{\mathrm{j}\phi_\mathrm{s}}k_\mathrm{s}[S]_\mathrm{s} + k_\mathrm{d}[S]_\mathrm{d} + \mathrm{e}^{\pm\mathrm{j}2\theta}k_\mathrm{h}[S]_\mathrm{h}\right\} \\
&= \mathrm{e}^{\mathrm{j}\phi}\left\{\mathrm{e}^{\mathrm{j}\phi_\mathrm{s}}k_\mathrm{s}\begin{bmatrix}1 & 0\\ 0 & 1\end{bmatrix} + k_\mathrm{d}\begin{bmatrix}\cos 2\theta & \sin 2\theta\\ \sin 2\theta & -\cos 2\theta\end{bmatrix} + \mathrm{e}^{\pm\mathrm{j}2\theta}k_\mathrm{h}\begin{bmatrix}1 & \pm\mathrm{j}\\ \pm\mathrm{j} & 1\end{bmatrix}\right\}
\end{aligned} \tag{8.2.5}
$$

比较式(8.2.3)和式(8.2.5)，显然 Pauli 分解和 Krogager 分解都包含 6 个独立参数，它们在式(8.2.3)中为复数，而在式(8.2.5)中的三个角度ϕ、ϕ_s、θ 和三个系数 k_s、k_d、k_h 均为实数。ϕ 表示绝对相位，其由目标到雷达之间的距离决定，通常不将其考虑为独立参数，因此 Krogager 分解被认为只有 5 个独立参数：$\{\phi_\mathrm{s},\theta,k_\mathrm{s},k_\mathrm{d},k_\mathrm{h}\}$。

为了更好地计算$\{\phi_\mathrm{s},\theta,k_\mathrm{s},k_\mathrm{d},k_\mathrm{h}\}$以及绝对相位$\phi$，将式(8.2.5)中的散射矩阵用圆极化基来表示：

$$
\begin{aligned}
S &= \begin{bmatrix}S_\mathrm{rr} & S_\mathrm{rl}\\ S_\mathrm{rl} & S_\mathrm{ll}\end{bmatrix} = \begin{bmatrix}|S_\mathrm{rr}|\mathrm{e}^{\mathrm{j}\phi_\mathrm{rr}} & |S_\mathrm{rl}|\mathrm{e}^{\mathrm{j}\phi_\mathrm{rl}}\\ |S_\mathrm{rl}|\mathrm{e}^{\mathrm{j}\phi_\mathrm{rl}} & -|S_\mathrm{ll}|\mathrm{e}^{\mathrm{j}(\phi_\mathrm{ll}+\pi)}\end{bmatrix} \\
&= \mathrm{e}^{\mathrm{j}\phi}\left\{\mathrm{e}^{\mathrm{j}\phi_\mathrm{s}}k_\mathrm{s}\begin{bmatrix}1 & \mathrm{j}\\ \mathrm{j} & 1\end{bmatrix} + k_\mathrm{d}\begin{bmatrix}\mathrm{e}^{\mathrm{j}2\theta} & 0\\ 0 & -\mathrm{e}^{-\mathrm{j}2\theta}\end{bmatrix} + k_\mathrm{h}\begin{bmatrix}\mathrm{e}^{\mathrm{j}2\theta} & 0\\ 0 & 0\end{bmatrix}\right\}
\end{aligned} \tag{8.2.6}
$$

显然，式(8.2.6)中 S_rl 代表了球体散射，即

$$
k_\mathrm{s} = |S_\mathrm{rl}| \tag{8.2.7}
$$

S_rr 和 S_ll 代表了双平面散射的贡献，但是分两种情况来考虑两者的区别：①$|S_\mathrm{rr}|>|S_\mathrm{ll}|$；②$|S_\mathrm{ll}|>|S_\mathrm{rr}|$。

对于情况①，有

$$
k_\mathrm{d}^{+} = |S_\mathrm{ll}|,\quad k_\mathrm{h}^{+} = |S_\mathrm{rr}| - |S_\mathrm{ll}| \tag{8.2.8}
$$

此时螺旋线散射为左旋。

对于情况②，有

$$
k_\mathrm{d}^{-} = |S_\mathrm{rr}|,\quad k_\mathrm{h}^{-} = |S_\mathrm{ll}| - |S_\mathrm{rr}| \tag{8.2.9}
$$

此时螺旋线散射为右旋。

可以得到式(8.2.6)中的相位分量：

$$
\phi_\mathrm{s} = (\phi_\mathrm{rr} + \phi_\mathrm{ll} + \pi)/2,\quad \theta = (\phi_\mathrm{rr} - \phi_\mathrm{ll} - \pi)/4,\quad \phi = \phi_\mathrm{rl} - (\phi_\mathrm{rr} + \phi_\mathrm{ll} + \pi)/2 \tag{8.2.10}
$$

根据左右旋圆极化基与水平垂直极化基极的关系(注意入射和散射的差别)：

$$
\begin{aligned}
&\begin{bmatrix}E_\mathrm{r}\\ E_\mathrm{l}\end{bmatrix}^\mathrm{i} = \frac{1}{\sqrt{2}}\begin{bmatrix}1 & \mathrm{j}\\ \mathrm{j} & 1\end{bmatrix}\cdot\begin{bmatrix}E_\mathrm{h}\\ E_\mathrm{v}\end{bmatrix}^\mathrm{i},\quad \begin{bmatrix}E_\mathrm{r}\\ E_\mathrm{l}\end{bmatrix}^\mathrm{s} = \frac{1}{\sqrt{2}}\begin{bmatrix}1 & -\mathrm{j}\\ -\mathrm{j} & 1\end{bmatrix}\cdot\begin{bmatrix}E_\mathrm{h}\\ E_\mathrm{v}\end{bmatrix}^\mathrm{s} \\
&\qquad\qquad\downarrow \qquad\qquad\qquad\qquad\qquad\qquad \downarrow \\
&\begin{bmatrix}E_\mathrm{h}\\ E_\mathrm{v}\end{bmatrix}^\mathrm{i} = \frac{1}{\sqrt{2}}\begin{bmatrix}1 & -\mathrm{j}\\ -\mathrm{j} & 1\end{bmatrix}\cdot\begin{bmatrix}E_\mathrm{r}\\ E_\mathrm{l}\end{bmatrix}^\mathrm{i},\quad \begin{bmatrix}E_\mathrm{h}\\ E_\mathrm{v}\end{bmatrix}^\mathrm{s} = \frac{1}{\sqrt{2}}\begin{bmatrix}1 & \mathrm{j}\\ \mathrm{j} & 1\end{bmatrix}\cdot\begin{bmatrix}E_\mathrm{r}\\ E_\mathrm{l}\end{bmatrix}^\mathrm{s}
\end{aligned} \tag{8.2.11}
$$

可以得到两者的散射矩阵之间的关系为

$$
\begin{bmatrix}S_\mathrm{rr} & S_\mathrm{rl}\\ S_\mathrm{lr} & S_\mathrm{ll}\end{bmatrix} = \frac{1}{2}\cdot\begin{bmatrix}1 & -\mathrm{j}\\ -\mathrm{j} & 1\end{bmatrix}\cdot\begin{bmatrix}S_\mathrm{hh} & S_\mathrm{hv}\\ S_\mathrm{vh} & S_\mathrm{vv}\end{bmatrix}\cdot\begin{bmatrix}1 & -\mathrm{j}\\ -\mathrm{j} & 1\end{bmatrix} \tag{8.2.12}
$$

即

$$\begin{cases} S_{\rm rr}=\dfrac{1}{2}(S_{\rm hh}-S_{\rm vv})-\dfrac{\rm j}{2}(S_{\rm hv}+S_{\rm vh}) \\ S_{\rm ll}=\dfrac{1}{2}(S_{\rm vv}-S_{\rm hh})-\dfrac{\rm j}{2}(S_{\rm hv}+S_{\rm vh}) \end{cases}, \quad \begin{cases} S_{\rm rl}=\dfrac{1}{2}(S_{\rm hv}-S_{\rm vh})-\dfrac{\rm j}{2}(S_{\rm hh}+S_{\rm vv}) \\ S_{\rm lr}=\dfrac{1}{2}(S_{\rm vh}-S_{\rm hv})-\dfrac{\rm j}{2}(S_{\rm hh}+S_{\rm vv}) \end{cases} \tag{8.2.13}$$

与用 Pauli 基表示的极化 SAR 图像类似，用红色来代表$|k_{\rm s}|^2$，绿色代表$|k_{\rm d}|^2$，蓝色代表$|k_{\rm h}|^2$。

图 8.2.3 给出了采用 Krogager 分解得到的极化 SAR 合成图像，从中可以清楚地观察到球体散射、双平面散射以及螺旋线散射的占优的区域及其分布。

彩图-图 8.2.3

图 8.2.3 采用 Krogager 分解得到的极化 SAR 合成图像

2．非相干极化分解

分布目标的散射由于斑点噪声的原因仅能够用统计来表征。因此可用协方差矩阵$\langle C\rangle$和相干矩阵$\langle T\rangle$，它们在 $7\times7=49$ 个相邻的像素上进行计算。这两个矩阵所代表的极化信息是等效的。

基于协方差矩阵的非相干分解可表示为

$$<S>=\sum_{i=1}^{k}p_iC_i \tag{8.2.14}$$

式中，C_i为式(8.1.42)给出的协方差矩阵，下标 i 表示不同的协方差矩阵。

基于相干矩阵的非相干分解可表示为

$$<T>=\sum_{i=1}^{k}q_iT_i \tag{8.2.15}$$

式中，T_i为式(8.1.44)给出的协方差矩阵，下标 i 表示不同的协方差矩阵。

下面介绍 Cloude-Pottier 非相干分解方法，即 $H/A/\alpha$ 分解方法[6]。

如果入射波为完全极化波，那么 Kennaugh 矩阵的物理可实现性意味着单目标的相干矩阵的秩应为 1，因此单目标相干矩阵 $\boldsymbol{T}_{\rm s}$ 可表示为

$$\boldsymbol{T}_{\rm s}=\lambda\boldsymbol{u}\cdot\boldsymbol{u}^{\rm H}=\boldsymbol{k}_{\rm s}\cdot\boldsymbol{k}_{\rm s}^{\rm H} \tag{8.2.16}$$

式中，λ 和 $\boldsymbol{u}$ 分别为 $\boldsymbol{T}_{\rm s}$ 的非零特征值和特征矢量；$\boldsymbol{k}_{\rm s}$ 为该单目标相干矩阵的 Pauli 矢量。

对于分布目标，其相干矩阵 $\boldsymbol{T}$ 为半正定酉矩阵，因此可对其进行特征矢量分解：

$$\boldsymbol{T}=\begin{bmatrix} T_{11} & T_{12} & T_{13} \\ T_{21} & T_{22} & T_{23} \\ T_{31} & T_{32} & T_{33} \end{bmatrix}=\boldsymbol{U}\begin{bmatrix} \lambda_1 & 0 & 0 \\ 0 & \lambda_2 & 0 \\ 0 & 0 & \lambda_3 \end{bmatrix}\boldsymbol{U}^{\rm H}=\sum_{i=1}^{3}\lambda_i\boldsymbol{u}_i\cdot\boldsymbol{u}_i^{\rm H}, \quad \lambda_1\geqslant\lambda_2\geqslant\lambda_3\geqslant0 \tag{8.2.17}$$

式中，λ_1、λ_2 和 λ_3 分别为矩阵 $\boldsymbol{T}$ 的三个实非负特征值；$\boldsymbol{U}=[\boldsymbol{u}_1, \boldsymbol{u}_2, \boldsymbol{u}_3]$为 $\boldsymbol{T}$ 的三个单位正交特征矢量构成的 3×3 酉矩阵[6]：

$$U=\begin{bmatrix}\cos\alpha_1 e^{j\varphi_1} & \cos\alpha_2 e^{j\varphi_2} & \cos\alpha_3 e^{j\varphi_3}\\ \sin\alpha_1\cos\beta_1 e^{j(\varphi_1+\delta_1)} & \sin\alpha_2\cos\beta_2 e^{j(\varphi_2+\delta_2)} & \sin\alpha_3\cos\beta_3 e^{j(\varphi_3+\delta_3)}\\ \sin\alpha_1\sin\beta_1 e^{j(\varphi_1+\gamma_1)} & \sin\alpha_2\sin\beta_2 e^{j(\varphi_2+\gamma_2)} & \sin\alpha_3\sin\beta_3 e^{j(\varphi_3+\gamma_3)}\end{bmatrix} \tag{8.2.18}$$

可以看到，每一个特征矢量 $\boldsymbol{u}_i$ 可视为一个归一化的 Pauli 矢量，因此其对应着一种单目标散射机制，Cloude 分解就是将 u_1 作为主要散射机制进行提取。可以通过对式(8.2.18)中的 α_i、β_i、δ_i、γ_i 等参数取概率平均，以得到目标的平均主散射机制矢量：

$$\boldsymbol{u}_0=\sqrt{\bar{\lambda}}e^{j\varphi}\begin{bmatrix}\cos\bar{\alpha}\\ \sin\bar{\alpha}\cos\bar{\beta}e^{j\bar{\delta}}\\ \sin\bar{\alpha}\sin\bar{\beta}e^{j\bar{\gamma}}\end{bmatrix} \tag{8.2.19}$$

式中

$$\bar{\alpha}=\sum_{i=1}^{3}p_i\alpha_i,\ \bar{\beta}=\sum_{i=1}^{3}p_i\beta_i,\ \bar{\gamma}=\sum_{i=1}^{3}p_i\gamma_i,\ \bar{\delta}=\sum_{i=1}^{3}p_i\delta_i \tag{8.2.20}$$

$\bar{\lambda}$ 为平均主散射机制的幅度：

$$\bar{\lambda}=\sum_{i=1}^{3}p_i\lambda_i \tag{8.2.21}$$

Cloude 和 Pottier 定义了如下的极化熵[6]：

$$H=-\sum_{i=1}^{3}p_i\log_3 p_i \tag{8.2.22}$$

式中，$p_i(i=1, 2, 3)$为 Cloude 和 Pottier 提出的三分量 Bernoulli 散射模型中的三种散射机制 $\boldsymbol{u}_1$、$\boldsymbol{u}_2$ 和 $\boldsymbol{u}_3$ 出现的概率：

$$p_i=\lambda_i\Big/\sum_{k=1}^{3}\lambda_k\ \ 且\ \ \sum_{i=1}^{3}p_i=1 \tag{8.2.23}$$

p_i 代表了所对应的本征值对于总功率的相对重要性，因为

$$\text{Span}=|S_{pp}|^2+|S_{pq}|^2+|S_{qp}|^2+|S_{qq}|^2=\sum_{i=1}^{3}\lambda_i \tag{8.2.24}$$

对于单目标散射，其熵 H 为 0；对于完全去极化散射，熵 H 为 1；对于一般的分布目标，H 为 0～1。由于熵 H 只与相干矩阵的特征值有关，因此其具有酉不变性。

Cloude 和 Pottier 还进一步定义了如下的各向异性参数 A 和非对称性参数 AS[7]：

$$A=(\lambda_2-\lambda_3)/(\lambda_2+\lambda_3) \tag{8.2.25}$$

$$AS=(\lambda_1-\lambda_2)/(1-3\lambda_2) \tag{8.2.26}$$

图 8.2.4 给出了基于 $H/A/\alpha$ 分解所得到的极化 SAR 伪彩色图像。其中，蓝色：$\sqrt{\bar{\lambda}}\cos\bar{\alpha}$；红色：$\sqrt{\bar{\lambda}}\sin\bar{\alpha}\cos\bar{\beta}$；绿色：$\sqrt{\bar{\lambda}}\sin\bar{\alpha}\sin\bar{\beta}$。

图 8.2.4 基于 $H/A/\alpha$ 分解得到的极化 SAR 伪彩色图像

8.2.3 极化图像的解译与分类

遥感的主要目标之一就是获得代表地球表面状态的主题分布地图，表明每个雷达成像对应位置的材料类型。材料类型可通过采用基于计算机的分类算法对极化数据的处理来进行估计。图像中的像素或分组的像素被赋予了具有明确地理科学解释的地表类型。

极化雷达与单通道(极化)雷达相比，可以测量更多的参数，这应该有助于获得更精确的图像分类。但是，测量噪声、系统定标难度、理解散射机制、在一个或一组像素中存在多种不同的散射机制等是获得精确分类所必须克服的障碍。

1．视觉解译

最简单的分类方法就是通过视觉解译完成。解译器首先学习表面特征是如何在图像中描画的，他/她的头脑中充满了一些丢失了的细节，这些细节通常基于本地知识和经验来获得。

为了帮助视觉解译，多通道的极化数据可用来得到彩色的图像，图像中包含的某些特征可被经过学习的解译器所识别。例如，可令 HH = 红色, HV = 绿色以及 VV = 蓝色，以此获得彩色图像。这样可使图像看起来更真实，水体反射有一个比 HH 更高的 VV 分量，植被的平均 HV 散射分量较大。

2．基于散射模型解译

一个复杂程度更高的解译需理解图像所呈现出的散射机制。van Zyl 引入了非监督分类器，在这个分类器中的图像被赋予一组“奇次反射”、“偶次反射”和“漫散射”机制[8]。散射机制基于这样一个原理，即简单几何结构的散射体同极化的响应比较强，但是多次反射将在 HH 通道和 VV 通道间产生可被检测的相位差，这是因为每增加一次反射，相对相差将变化 180°。

最新的参数选择方法之一便是由 Cloude 和 Pottier 提出的基于相干矩阵的本征值分解的方法。该方法根据相干矩阵的本征值和本征矢来计算极化熵、极化各向异性以及角 α 等参数。

3．分类方法

分类方法通常分为监督和非监督两类方法[7]，尽管也有一些算法融合了这两类方法中的部分特征。在监督分类方法中，专家将对场景中的不同分类进行确定，这种分类意味着区分不同类型的边界在参数空间中可被确定，这个过程称为训练，并且训练的数据既可从观测场景中选取，也可从之前已经获得过的具有相似特征的场景中得到。经过训练后，算法将根据预先设定的分类值或边界自动对每个像素进行分类。

在基本的非监督分类器中，分类算法没有关于场景内容的先验信息或者地表分类信息。分类算法对每一幅场景都进行参数空间检查，并且根据像素的聚类来进行类型和边界的划分。有时，分类类型和边界可从物理模型中得到。无论哪种情况，操作者都必须在赋予分类属性后，来人工确定每种分类。

监督分类有着需要算子输入的缺点，并且分类结果趋向于针对特定的场景才有效。非监督分类有时得到的分类缺乏明确的物理意义。

4．非监督 H/α 目标分类方法

下面介绍 Cloude 和 Pottier 基于极化散射熵 H 和角 α 的 H/α 而提出的非监督目标分类方法[8]。

图 8.2.5 给出了 H/α 分类算法所依据的 H/α 分类平面，该平面被细分为八个基本区域（Z_1～Z_8）。其中，H=0.5 和 H=0.9 用作熵轴上的边界。α 轴上区域间的区分边界如下：α = 55° 为 Z_1 和 Z_2 的边界；α = 50° 为 Z_3 和 Z_4 的边界；α = 40° 为 Z_4 和 Z_5 的边界；α = 47.5° 为 Z_6 和 Z_7 的边界；α = 42.5° 为 Z_7 和 Z_8 的边界。尽管这些边界的设定有一定的任意性，但是其并不依存于特殊的数据集。Cloude 和 Pottier 发现，上述每个区域对应一种不同的散射机制。

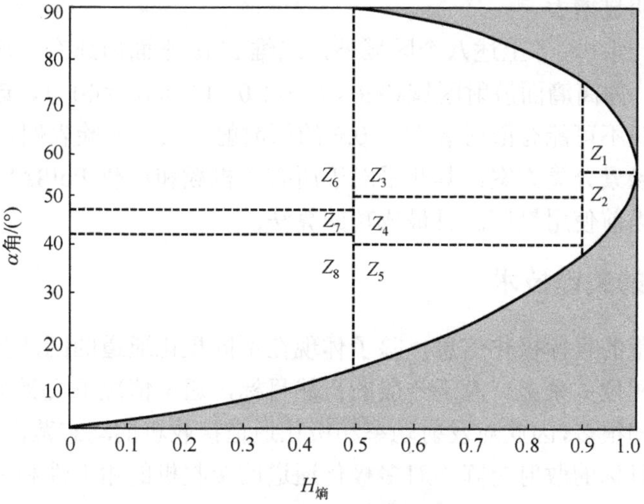

图 8.2.5 H/α分类平面

(1) Z_8：低熵面散射 ($0 < H \leqslant 0.5, 0° < \alpha \leqslant 42.5°$)。

该区域的极化熵很低，表示只包含一种主要散射机制；散射角α 值小于 42.5° 表明该区域的散射机制主要为几何光学面散射、物理光学面散射以及布拉格散射等。

(2) Z_7：低熵偶极子散射 ($0 < H \leqslant 0.5, 42.5° < \alpha \leqslant 47.5°$)。

该区域的散射熵很低，散射机制主要为偶极子散射。这表明这一区域存在强相关的散射机制，其导致散射分量 S_{hh} 和 S_{vv} 幅值间存在不平衡。

(3) Z_6：低熵多次散射 ($0 < H \leqslant 0.5, 47.5° < \alpha \leqslant 90°$)。

散射角α大于 42.5° 表明该区域的主要散射机制为二面角散射。

(4) Z_5：中熵面散射 ($0.5 < H \leqslant 0.9, 0° < \alpha \leqslant 40°$)。

与 Z_8 相比，该区域的散射熵较大，这主要是由地表粗糙度增加以及树冠散射引起的。由面散射理论可知，低频面散射（如布拉格散射）对应的散射熵 H 为零，而高频面散射（如几何光学面散射）对应的散射熵 H 也为零。但是介于这两种极端情况间的面散射为扩展布拉格散射，其粗糙度的增加使得散射去极化程度增大。

(5) Z_4：中熵植被散射 ($0.5 < H \leqslant 0.9, 40° < \alpha \leqslant 50°$)。

该区域对应的散射体主要具有各向异性散射单元以及中等相干散射取向的植被表面。

(6) Z_3：中熵多次散射 ($0.5 < H \leqslant 0.9, 50° < \alpha \leqslant 90°$)。

该区域的散射熵中等大小，且散射机制以二面角散射为主，因此其对应的目标主要为森林和城市区域。

(7) Z_2：高熵植被散射 ($0.9 < H \leqslant 1, 40° < \alpha \leqslant 55°$)。

该区域散射熵极高，而散射角 α 中等大小，其可能对应的是各向异性针状粒子团的一次散射或低损耗对称粒子团的多次散射。其对应的散射体主要是树冠和具有高各向异性散射单元的植被表面。

(8) Z_1：高熵多次散射 $(0.9 < H \leqslant 1, 55^\circ < \alpha \leqslant 90^\circ)$。

散射角α很大说明二面散射占优，散射熵极大说明散射随机程度很强。因此该区域一般对应森林和植被，且这些植被有着非常发达的枝干和树冠结构。当雷达信号通过植被时，这些结构使得散射熵明显增大。

由图 8.2.5 可看到，除了上述八个区域外，二维 H/α 平面内还有一部分并没有任何物理散射机制与之对应，如高熵面散射区域$(0.9 < H \leqslant 1.0,\ 0^\circ < \alpha \leqslant 40^\circ)$，该区域没有对应任何散射机制，因为一般不可能有散射熵大于 0.9 的面散射。大量实验表明，H/α 分类算法能成功提供一种非监督场景分类方案，其几乎对于所有的机载和星载 PolSAR 数据都适用，该算法是雷达极化领域当前使用最广泛且最成功的算法。

8.2.4 极化雷达的关键技术

极化雷达所测量的目标极化信息，除了体现在不同极化通道的回波强度上，还体现在极化通道回波之间的相位关系上。对于一般的自然目标，通常情况下交叉极化的回波强度要比同极化的回波强度弱很多,因此对发射功率和极化通道接收机的动态范围提出了很高的要求。

为了准确测量目标的散射矩阵，对多极化通道的接收机的相干性和幅相一致性同样有很高的要求。

双极化天线极化隔离是极化雷达实现对目标进行极化测量的最根本保证。通常要求双极化天线(如 V 极化和 H 极化)，它们之间的极化隔离度达到 30dB 以上。

显然极化雷达是一种多接收通道的雷达，多通道接收意味着数据量的增加，对于星载极化雷达而言，无疑增加了系统实现的难度。尤其是对于宽带极化雷达，对天线、发射机和接收机以及数据采集存储转发等要求更高。

8.3 极化 SAR 的主要应用

极化 SAR 的应用始于基于目标极化分解的目标分类与识别，包括自然目标和人工目标。如不同的植被种类识别、同一植被不同的生长期识别、陈年海冰与新鲜海冰的分类与识别、不同的建筑物和军事目标等人工目标的分类与识别等。

利用取向角(orientation angle)与地形的相关性，进行地形反演是极化 SAR 的新应用[9]。

本书第 3 章已经介绍，当低频电磁波穿过地球电离层时，由于存在地磁场，线极化电磁波将产生法拉第旋转。法拉第旋转角度与电离层的 TEC 浓度成正比，因此通过对法拉第旋转角的估计，可以对 TEC 的浓度进行估计[10]。

灾害遥感也是极化 SAR 的重要应用[11]。地震发生的前后，往往伴随着电离层的异常扰动，火山喷发也会导致电离层的扰动，这些电离层扰动都可以反映到从极化 SAR 数据提取的法拉第旋转角度中。地震导致城市建筑物损毁，通过从极化 SAR 数据中提取建筑物损毁前后极化散射机制的变化，可以对灾害的严重程度进行评估。自然界发生的山体滑坡和泥石流等地质灾害，同样导致散射机制的变化。通过对散射机制变化的精确测量，可以为地震和地质灾害导致的损失进行定量评估。

习　题

1．写出极化雷达中 Pauli 极化基的数学表达式，并解释其物理意义。

2．请举例说明极化 SAR 图像能够更好地用于对地表进行分类的原因。

3．极化雷达的相干分解和非相干分解的适用范围。

4．推导水平线目标在 45° 旋转线极化基 $(\hat{\boldsymbol{a}},\hat{\boldsymbol{b}})$ 下的极化散射矩阵。

5．雷达发射左旋圆极化波雷达信号照射海面，请问前向散射波和后向散射波被何种圆极化的雷达天线接收到的回波最强？

6．分析比较 C 波段和 P 波段的极化 SAR 图像数据在植被分类中的应用效果。

7．分析比较 L 波段和 P 波段的极化 SAR 图像数据用于电离层 TEC 反演的效果。

8．请画出如题 8 示意图所示的形状的金属目标在圆极化波照射下，后向散射回波信号的极化椭圆的形状示意图。

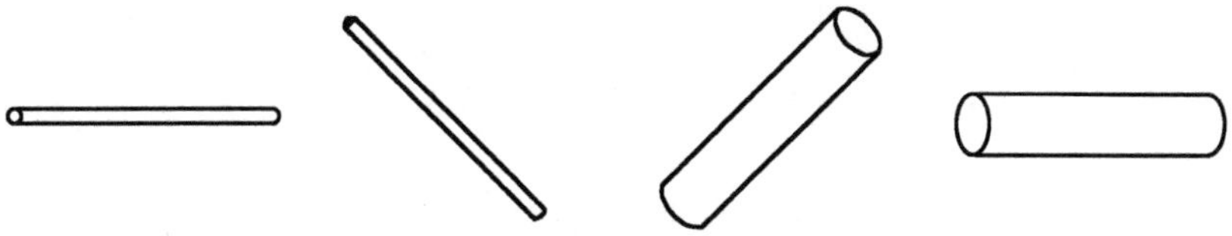

题 8 示意图

参 考 文 献

[1] LEE J S, POTTIER E. Polarimetric radar imaging: from basics to applications[M]. Boca Raton: CRC Press, 2009.

[2] CLOUDE S. Polarisation: applications in remote sensing[M]. Oxford: Oxford University Press, 2009.

[3] HUYNEN J R. Phenomenological theory of radar targets[D]. Netherlands: Delft University of Technology, 1970.

[4] 李东. 合成孔径雷达图像几何立体处理与极化分析[D]. 北京：中国科学院大学, 2013.

[5] KROGAGER E. New decomposition of the radar target scattering matrix[J]. Electronics letters, 1990, 26(18): 1525.

[6] CLOUDE S R, POTTIER E. A review of target decomposition theorems in radar polarimetry[J]. IEEE transactions on geoscience and remote sensing, 1996, 34(2): 498-518.

[7] CLOUDE S R, POTTIER E. An entropy based classification scheme for land applications of polarimetric SAR[J]. IEEE transactions on geoscience and remote sensing, 1997, 35(1): 68-78.

[8] VAN ZYL J, KIM Y J. Synthetic aperture radar polarimetry[M]. Hoboken: Wiley , 2011.

[9] LIANG L T, ZHANG Y H, LI D. Fast huynen-euler decomposition and its application in disaster monitoring[J]. IEEE journal of selected topics in applied earth observations and remote sensing, 2021, 14: 4231-4243.

[10] KIM J S, PAPATHANASSIOU K P. TEC and ionospheric height estimation by means of azimuth subaperture analysis in quad-polarimetric spaceborne SAR data[J]. IEEE journal of selected topics in applied earth observations and remote sensing, 2021, 14: 6279-6290.

[11] LIANG L T, ZHANG Y H, LI D. A novel method for polarization orientation angle estimation over steep terrain and comparison of deorientation algorithms[J]. IEEE transactions on geoscience and remote sensing, 2020, 59(6): 4790-4801.

第 9 章 噪声雷达

9.1 噪声雷达概述

顾名思义，噪声雷达就是采用噪声、随机/伪随机或混沌信号作为雷达发射信号的雷达。随着雷达技术的发展，现代雷达面临越来越恶劣的电磁环境，其面临的四大主要威胁：隐身目标、低空突防、电子干扰和反辐射导弹，使得雷达的有效性和生存能力面临前所未有的挑战。因此，迫切需要发展优良的低概率检测(low probability of detection，LPD)特性、低概率截获(low probability of intercept，LPI)特性、良好的电子抗干扰(ECCM)能力以及高分辨率性能的新体制雷达。同时，很多雷达系统工作在同一频带，雷达之间的交叉干扰以及雷达与其他无线电系统之间的相互干扰也越来越严重，现代雷达也需要发展具有良好电磁兼容性能(EMC)的新型雷达。

噪声雷达相比于发射固定波形的雷达，其发射信号具有随机变化的波形，以及理想图钉形的模糊函数，使得它能够同时无模糊地测距和测速，并且具有良好的距离分辨率和速度分辨率。同时，由于发射波形随机变化的特性，噪声雷达具有良好的低概率检测特性、低概率截获特性以及强的电磁抗干扰能力。因此，噪声雷达能够提高战争环境下的生存能力。

9.1.1 噪声雷达的发展历史

噪声雷达的起源可以追溯到 20 世纪 50 年代末[1,2]，Billy Horton 于 1959 年将噪声调制信号用于雷达测距，通过回波信号与发射信号的相关函数得到雷达目标的距离信息[3]。60 年代末，美国普渡(Purdue)大学电机工程学院最早研制了一部试验性的噪声雷达[4]。70 年代中期美国明尼苏达大学的 Mostafa、Kaveh 在脉冲雷达中引入随机信号，提出了随机交错脉冲信号雷达[5]。英国的 J. R. Forest 和 J. P. Meason 于 1977 年举行的国际雷达会议中发表了固态微波噪声雷达[6]。90 年代以后，噪声雷达在探地、运动目标识别、SAR 成像、ISAR 成像等方面取得了很多成果。美国的 R.M. Narayanan 及其团队研制了一部 UWB 噪声雷达，可用于多普勒估计、SAR/ ISAR 成像、穿墙雷达成像、FOPEN 成像等应用[7]。

此外，乌克兰的 K. A. Lukin 在噪声雷达领域也有很多进展，他所研制的 W 波段噪声雷达用于汽车防撞和 SAR 成像[8]。2002 年，第一届国际噪声雷达技术研讨会在乌克兰举行。

在我国，南京理工大学的刘国岁教授及其课题组从 20 世纪 70 年代开始就研究噪声雷达，实现了噪声调频连续波雷达、随机二相码连续波雷达以及双随机码准连续波雷达[9,10]。

除了南京理工大学外，中国科学院电子学研究所和空间中心也在噪声雷达技术方面开展了研究工作。

9.1.2 噪声雷达的特点

噪声雷达的特点或者优点主要有以下几个方面。

(1) 噪声信号的波形无论是模拟方式还是数字方式，产生的成本都比较低。

早期的噪声雷达，利用热电阻或雪崩二极管直接产生噪声信号源，进而开始用微波噪声源产生的噪声信号去调制连续波信号。数字技术的发展，促使利用数字电路技术来产生伪随机信号。

但是，普通的随机信号雷达采用热噪声作为噪声源，噪声信号的产生、复制和运用都很烦琐。如果用热噪声来作为发射信号，即使两个噪声源完全相同，也几乎不可能产生两个完全的噪声信号。因此，热噪声信号难以控制且性能不可完全预期。

近年来，随着混沌理论的发展和进步，雷达科学界开始将混沌引入雷达信号设计，采用混沌伪随机信号代替传统的高斯热噪声信号。混沌是在确定性系统中出现的非常复杂的伪随机的现象。“确定性系统”指的是描述混沌系统的动力学方程是确定的。“伪随机”是混沌系统自身特有的内随机性，表现为长期不可预测性。混沌现象连接了确定性和随机性，表现了二者之间既统一又对立的关系，即确定性中蕴含着随机性，随机性中隐含着确定性。

(2) 具有优良的 LPI / LPD 特性。

噪声信号由于没有特征，因此极难识别，所以具备了低概率截获特性和低概率检测特性。

(3) 噪声波形优良的抗干扰性能。

噪声信号的不确定性，使得其难以复制，因此可以抵御各类欺骗干扰。

(4) 噪声波形的频谱特性可以根据电磁环境自适应地改变。

噪声信号的频谱可以随着电磁环境的变化而变化，更加有利于提高在各类复杂电磁环境下的目标探测性能。

(5) 可实现同时无模糊测速和测距的性能。

噪声信号的模糊函数具有理想的图钉形(thumbtack)，因此可以清楚地区分细微的距离或者多普勒变化，同时通过将回波信号与发射信号进行相关即可获得目标的距离信息。

(6) 噪声波形的频谱效率非常高，可以相互共享频段而没有彼此干扰。

由于独立产生的噪声波形是非相关的，因此这些波形可以共享同一频谱空间。

相互非干扰的特点，对于 MIMO 类型的极化雷达应用来说，非常有利于避免交叉极化之间的“污染”。

在 MIMO 雷达的网络应用中，如果采用噪声波形，那么可以允许更多的用户加入(相比于采用通常的雷达波形)。

(7) 噪声波形呈现出非常突出的波形分集性能。

波形分集包括频率分集、时间分集和极化分集等。噪声信号波形由于具有非常好的波形正交性，因此非常适于需要采取波形分集的应用。例如，采用噪声波形来实现时间分集时，可以准确地知道回波所对应的到达时间；采用不同的噪声波形来对不同距离范围的目标进行探测，从而可以很好地避免距离模糊。

9.1.3 噪声雷达的一般系统方案

噪声雷达为保持 LPI/LPD 特性和抗干扰性能，发射信号波形随机改变，这给雷达系统的设计带来了影响。为了保证后续的信号处理，我们必须知道每时每刻所发射脉冲的波形，通常采用两种噪声雷达设计方案来实现这一点：一种是如图 9.1.1(a)所示的采用延迟线的技术方案，另一种是如图 9.1.1(b)所示的采用实时记录发射信号的技术方案。对于第一种方案，所采用的延迟线需要根据目标的距离而改变延迟量，无论是采用模拟电路还是采用数字电路来实现延迟，都面临着时延精度以及时延连续可变的技术难题。对于第二种方案，需要增加一个接收通道(但不需要低噪声放大器)来实时接收并记录每时每刻的发射信号，若发射的是噪声脉冲信号，则需要记录每一个发射脉冲的波形。

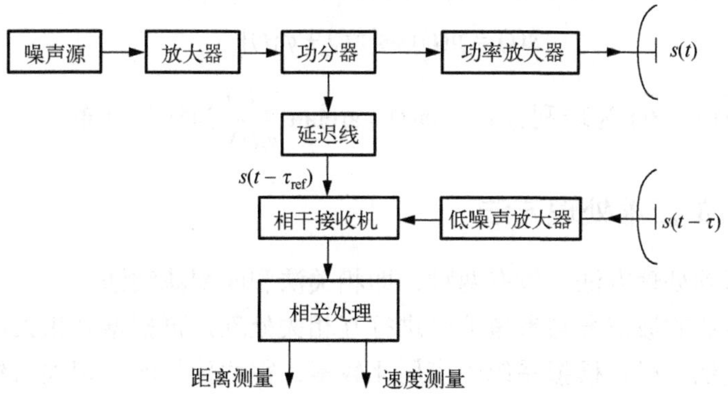

(a) 采用延迟线的噪声雷达系统方案

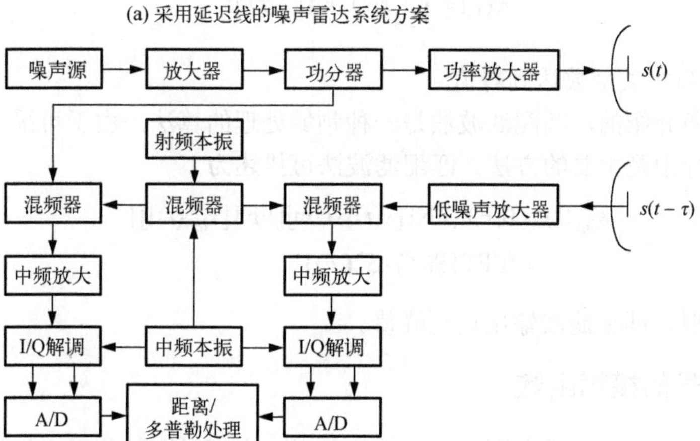

(b) 采用实时记录发射信号的噪声雷达系统方案

图 9.1.1　采用延迟线和实时记录发射信号的噪声雷达系统方案

9.2　噪声信号模型及其压缩处理方法

9.2.1　噪声信号模型

噪声信号模型可以如下表示：

$$x(t) = p(t)\cos\{[\omega_0 + \delta\omega(t)]t\} \tag{9.2.1}$$

式中，$p(t)$为瑞利分布的幅度，描述了信号的幅度起伏特性；$\delta\omega(t)$为在$-\Delta\omega \leqslant \delta\omega \leqslant +\Delta\omega$均匀分布的频率，描述了频率的随机特性。

噪声信号的平均功率：$1/2<p^2(t)>/R_0$，假设$p(t)$和$\delta\omega(t)$不相关，中心频率：$f_0=\omega_0/(2\pi)$，带宽：$B=2\Delta\omega$。

噪声信号模型也可以表示为

$$s(t)=s_{\mathrm{I}}(t)\cos(2\pi f_0 t)-s_{\mathrm{Q}}(t)\sin(2\pi f_0 t) \tag{9.2.2}$$

式中，$s_{\mathrm{I}}(t)$和$s_{\mathrm{Q}}(t)$为零均值高斯随机过程；f_0为发射信号的中心频率。式(9.2.2)也可表示为

$$s(t)=p(t)\cos[\pi f_0 t+\varphi(t)] \tag{9.2.3}$$

式中，$p(t)=\sqrt{s_{\mathrm{I}}^2(t)+s_{\mathrm{Q}}^2(t)}$为瑞利分布；$\varphi(t)=\arctan\dfrac{s_{\mathrm{Q}}(t)}{s_{\mathrm{I}}(t)}$为均匀分布。

9.2.2 噪声信号的压缩处理方法

噪声信号的压缩处理方法一般有两种，即相关法和匹配滤波法。

相关法是将雷达回波信号与参考信号进行互相关处理，再根据互相关函数的峰值来确定目标的位置。相关法一般在模拟系统中应用比较多。雷达信号的自相关函数为

$$R(\tau)=\int_{-\infty}^{\infty}s(t)\cdot s^*(t-\tau)\mathrm{d}t \tag{9.2.4}$$

当$\tau=0$时，雷达自相关函数达到峰值。

正如第4章所介绍的，匹配滤波法是一种频域处理的算法，由于可采用FFT，算法的效率高，因此在实际中是主要的方法。匹配滤波法可描述为

$$\begin{aligned}s_{\mathrm{out}}(t)&=\mathrm{IFFT}\{\mathrm{FFT}[s(t)]\cdot\mathrm{conj}[\mathrm{FFT}[s_{\mathrm{ref}}(t)]]\}\\&=\mathrm{IFFT}\{S(f)\cdot S^*(f)\}\end{aligned} \tag{9.2.5}$$

同样地，当$t=0$时，匹配滤波输出达到峰值。

9.2.3 噪声信号的模糊函数

噪声信号的模糊函数，具有图钉形，也就是说，它可以同时获得比较精确的速度测量和距离测量。我们再次把雷达信号的模糊函数的频域形式表示如下：

$$|\chi(\tau,f_{\mathrm{d}})|^2=\left|\int_{-\infty}^{\infty}S^*(f)S(f-f_{\mathrm{d}})\mathrm{e}^{-\mathrm{j}2\pi f\tau}\mathrm{d}f\right|^2 \tag{9.2.6}$$

由于噪声信号频谱类似于噪声，其频谱的相位也类似于噪声，根据模糊函数式(9.2.6)，在距离$\tau(\tau\neq 0)$处的目标产生的相位调制$\mathrm{e}^{-\mathrm{j}2\pi f\tau}$是频率$f$的函数，因此无论$f_{\mathrm{d}}$是否为零，$S(f-f_{\mathrm{d}})\mathrm{e}^{-\mathrm{j}2\pi f\tau}(f_{\mathrm{d}}=0)$与$S^*(f)$都不再有相关性，模糊函数$|\chi(\tau,f_{\mathrm{d}})|$将很小，接近零。只有当$\tau=0$时，$S(f-f_{\mathrm{d}})\mathrm{e}^{-\mathrm{j}2\pi f\tau}$与$S^*(f)$才具有相关性，并且随着$f_{\mathrm{d}}$的增大，相关性也逐渐降低，即$|\chi(\tau,f_{\mathrm{d}})|$将随着$f_{\mathrm{d}}$的增大而降低，$f_{\mathrm{d}}=0$时，$|\chi(\tau,f_{\mathrm{d}})|$具有最大值。

上述分析中，只有τ小于距离分辨单元(取决于发射信号的带宽)、f_{d}小于f_{d}的分辨单元(取决于观测时间长度)时，模糊函数$|\chi(\tau,f_{\mathrm{d}})|$才会有峰值，否则$S^*(f)$和$S(f-f_{\mathrm{d}})\mathrm{e}^{-\mathrm{j}2\pi f\tau}$将不相关，

即$|\chi(\tau, f_d)|$很小，接近零。也就是说，对于噪声信号而言，运动目标的多普勒信息与距离信息不存在耦合关系，这就是噪声雷达信号的模糊函数具有图钉形的根本原因。

图 9.2.1 给出了噪声信号与 Chirp 信号的模糊函数的对比。该图清楚地表明了噪声信号的图钉形模糊函数，而 Chirp 信号的模糊函数则为山脊形状，当距离和速度呈现某一特定的线性关系：$k\tau = f_d$时(k为 Chirp 信号的调频率)，都会有峰值，即对于 Chirp 信号而言，运动目标的多普勒信息与距离信息存在耦合关系。

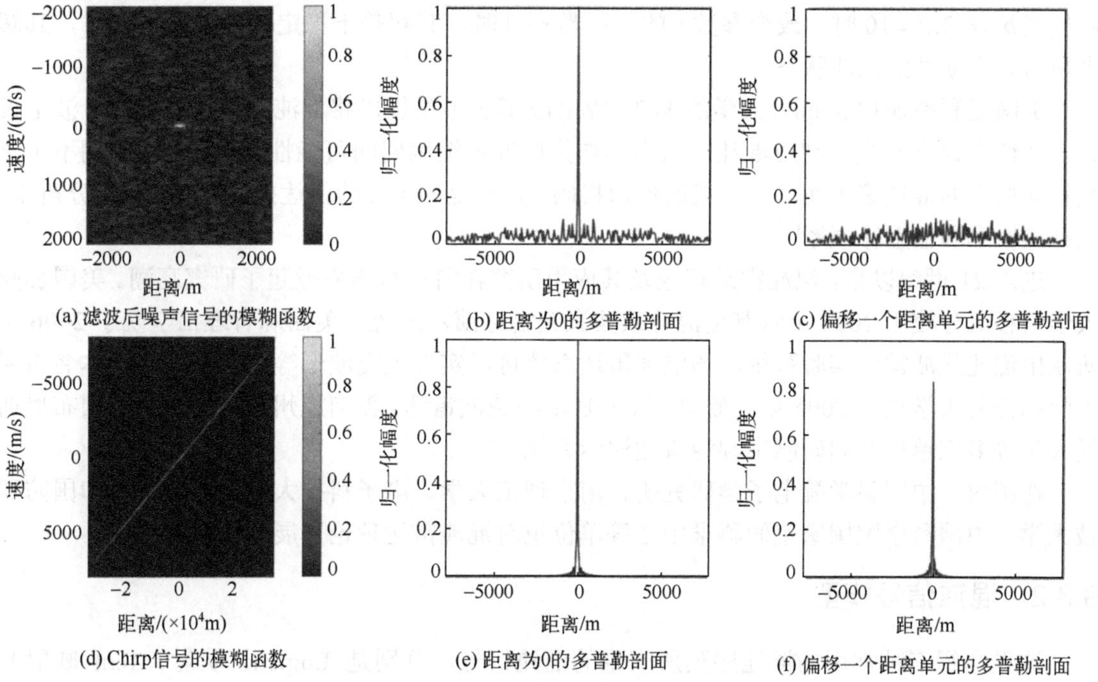

图 9.2.1　噪声信号与 Chirp 信号的模糊函数对比

9.3　混沌噪声雷达

9.3.1　混沌理论与混沌信号

混沌理论是一门研究非线性动力学的基础理论。混沌现象广泛存在于自然世界中，混沌是指确定性系统中出现的非常复杂的、伪随机的现象，混沌同时具有“确定性”和“随机性”两个特点，确定数学模型中隐含着随机的现象，随机的表象中蕴含着确定的数学模型。

研究混沌理论的第一人是法国科学家 Poincare(庞加莱)，他在用数学研究太阳系的稳定问题时，发现对于即使只有三个星体的模型，仍然会产生明显的随机结果。1903 年，他在《科学与方法》中提出了庞加莱猜想[11]，把动力学系统和拓扑学结合起来，并提出三体问题在一定范围内的解是随机的，这种现象实际是一种保守系统的混沌现象。

美国气象学家 Lorenz(洛伦兹)于 1963 年发现了大气对流中的“蝴蝶效应”，他在论文

《确定性的非周期流》中指出：三阶非线性自治系统可能会出现混乱的随机解，揭示了混沌现象的不可预测性[12]。他提出了著名的洛伦兹方程：

$$\begin{cases}\dot{x}=-\delta(x-y)\\ \dot{y}=-xz+rx-y\\ \dot{z}=xy-bz\end{cases} \tag{9.3.1}$$

洛伦兹方程的右端是一个完全确定的三阶常微分方程。不同的参数值对应解的不同状态，假如当$b=8/3,\delta=10$时，改变参数r的值：当$r<1$时，其解趋于稳定状态；当$r>1$时，其解表现为非周期性的混沌状态。

美国亚利桑那(Arizona)大学的 W.T. Walker 博士最早提出将混沌应用于雷达信号波形设计，其博士论文研究了利用混沌二值序列作为脉冲压缩编码的可能性，研究表明长期不可预测和非周期的混沌编码相较于一般的伪随机码，具有更加优异的雷达探测性能，即高分辨率、低截获概率和低虚警概率[13]。

进入 21 世纪以来，混沌雷达理论及其应用研究在雷达科学界掀起了研究高潮。美国加州大学洛杉矶分校于 2004 年研制出混沌载波激光雷达演示系统。美国麻省理工学院于 2006 年研制出混沌载波雷达实验系统，该混沌雷达系统可以实现正交波形等优异性能。日本名古屋大学和德岛大学也于 2005 年开始研究 UWB 混沌载波雷达。美国加州宇航公司与英国布里斯托大学等多家单位共同研制出混沌雷达演示系统。

在国内，中国科学院电子学研究所、南京理工大学、电子科技大学、浙江大学和国防科技大学、中国科学院国家空间科学中心等单位也对混沌雷达理论开展了研究工作。

9.3.2 混沌信号模型

这里介绍三种常用的混沌序列所产生的混沌信号，分别是 Logistic 映射、Tent 映射和 Bernoulli 映射，以及将 Logistic 映射和 Bernoulli 映射进行组合后得到的性能更为优良的映射。

1. Logistic 映射

逻辑方程(有时也称为“Verhulst”模型或者逻辑增长曲线)首先由 Pierre Verhulst (1845—1847 年)提出，通过将描述人口增长的模型转化为二阶递推方程后得到了如下逻辑映射关系：

$$\frac{\mathrm{d}r}{\mathrm{d}t}=rx(1-x)\rightarrow x_{n+1}=rx_n(1-x_n),\quad 0<r<4,\ 0<x<1 \tag{9.3.2}$$

图 9.3.1(a)给出了 Logistic 映射分岔图，该图的横坐标表示r在 2.4～4.0 的取值，纵坐标表示x长期可能的取值。

当$r\in[3.44949, 3.54409]$时，无论初值如何，长期的x都将在 4 个值之间振荡。

当r超过 3.54409 时，无论初值如何，长期的x都将先在 8 个值，然后在 16～32 个值之间振荡。

当r接近 3.56995 时，无论初值如何，将不再出现有限的振荡周期。很小的初值变化，将产生极大的x值变化，这是混沌的主要特征。

当r超过 3.56995 时，将出现混沌现象。

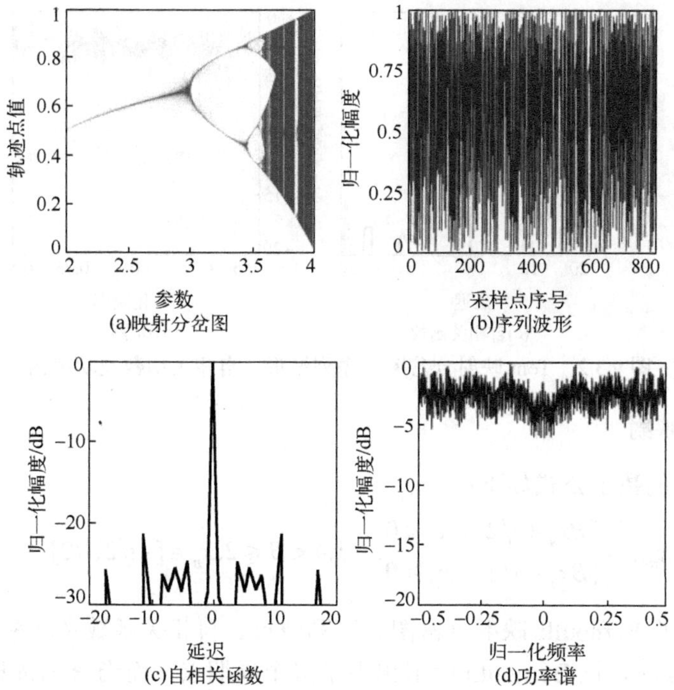

图 9.3.1 Logistic 映射分岔图、序列波形、自相关函数及功率谱

2. Tent 映射

Tent 映射的数学公式如下：

$$x_{n+1}=\begin{cases} ax_n, & x_n\in\left[0,\dfrac{1}{2}\right] \\ a(1-x_n), & x_n\in\left(\dfrac{1}{2},1\right] \end{cases},\quad 1.4<a\leqslant 2, x_n\in[0,1] \tag{9.3.3}$$

图 9.3.2 给出了 Tent 映射分岔图、序列波形、自相关函数及功率谱。如图 9.3.2(a)所示，当 $1\leqslant a\leqslant 1.4$ 时，该系统出现了多个周期点；而当 $a>1.4$ 时，Tent 映射进入混沌状态，所有的轨迹点值连成一片。同时，随着 a 的增加，Tent 映射的值域范围逐渐扩大，直到 $a=2$ 时，其值域为[0,1]。Tent 映射序列也表现出了随机的特性。

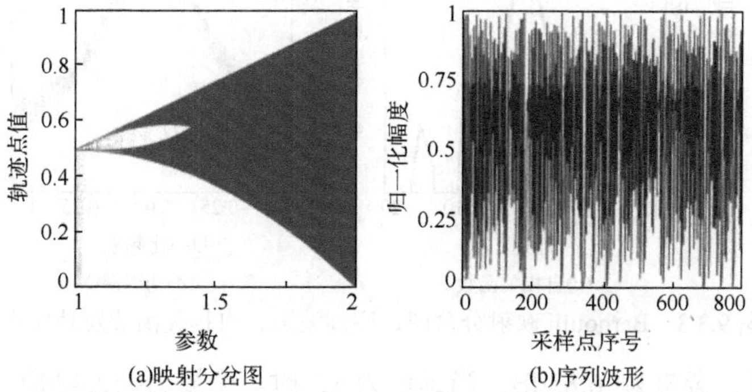

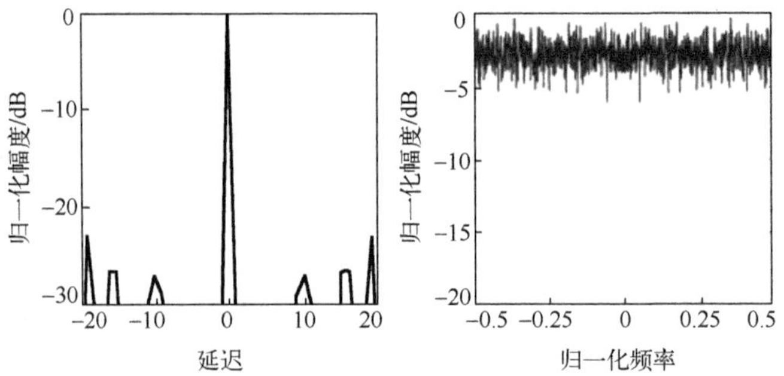

(c)自相关函数 (d)功率谱

图 9.3.2 Tent 映射分岔图、序列波形、自相关函数及功率谱

3. Bernoulli 映射

Bernoulli 映射的数学公式如下：

$$x_{n+1}=\begin{cases}Bx_n+1/2, & x_n<0\\ Bx_n-1/2, & x_n\geqslant 0\end{cases},\quad 1.4<B\leqslant 2, x_n\in[-1/2,1/2] \tag{9.3.4}$$

图 9.3.3 给出了 Bernoulli 映射分岔图、序列波形、自相关函数及功率谱。如图 9.3.3(a)所示，当 $1\leqslant B\leqslant 1.4$ 时，该 Bernoulli 映射出现了多个周期点；而当 $B\geqslant 1.4$ 时，Bernoulli 映射进入混沌状态，所有的轨迹点值连成一片。Bernoulli 混沌映射序列表现出了随机的特性，序列的值域范围是[−0.5,0.5]。

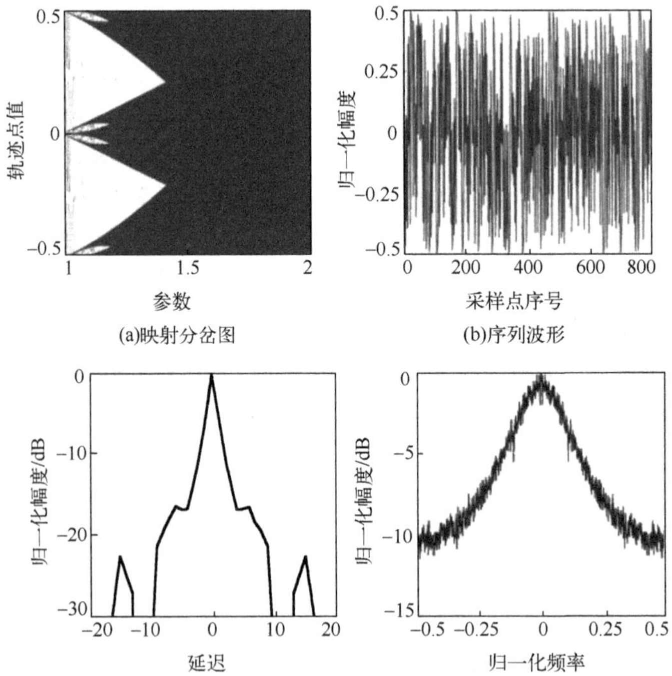

(a)映射分岔图 (b)序列波形 (c)自相关函数 (d)功率谱

图 9.3.3 Bernoulli 映射分岔图、序列波形、自相关函数及功率谱

当延迟为±1 时，旁瓣为−6.85dB；当延迟为 ±2 时，旁瓣为−12.48dB；当延迟大于±8 以后，旁瓣小于−22.67dB。Bernoulli 映射的第一旁瓣太高，说明其自相关性不是很好。Bernoulli

映射的功率谱非常不平坦，低频的部分幅度大，随着频率的升高，频谱幅度逐渐减小。

4．组合映射

对于普通的一维混沌映射，当采用数字方式实现时，较短的量化长度会破坏其混沌特性。例如，当数字器件的量化长度为 M 时，序列的最大周期不超过 2^M。为了提高伪随机序列的混沌特性、增加伪随机序列的周期，本章介绍一种基于 Logistic 映射和 Bernoulli 映射的组合混沌映射：以 Logistic 映射作为父映射，产生各个 Bernoulli 子映射的参数 B，然后将各个参数 B 下的 Bernoulli 子映射序列进行组合从而得到组合映射序列[14]。该组合混沌映射 $\{\phi\}$ 的数学公式由式(9.3.5)给出，其中序列 $\{x_n\}$ 是 Logistic 混沌序列，由于 Logistic 混沌序列的取值范围是 $0<x_n<1$，参数 B 的范围是 $1\leqslant B\leqslant 1.4$，因此，将 Logistic 序列进行变换：$B_m=1.4+0.6x_m$。图 9.3.4 给出了将 Logistic 映射和 Bernoulli 映射嵌套的组合映射产生框图。

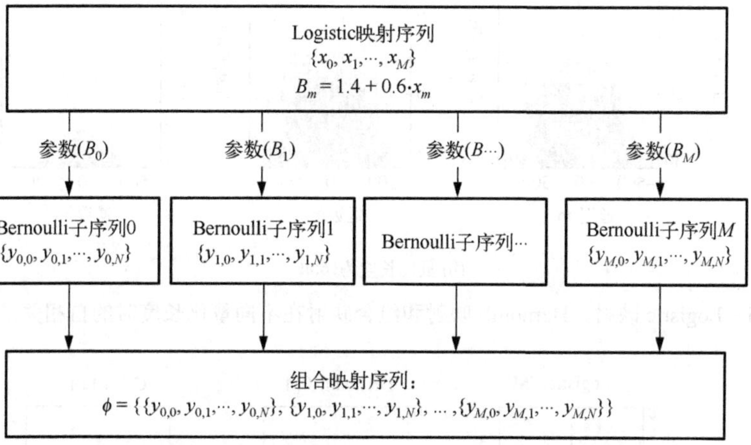

图 9.3.4　Logistic 映射和 Bernoulli 映射嵌套的组合映射产生框图

$$
\begin{cases}
x_{m+1}=u\cdot x_m\cdot(1-x_m), & 0<x_m<1\\
B_m=1.4+0.6x_m, & 0\leqslant m\leqslant M\\
y_{m,n+1}=g(y_{m,n})=\begin{cases}B_m y_{m,n}+0.5, & y_{m,n}<0\\ B_m y_{m,n}-0.5, & y_{m,n}>0\end{cases}, & 0\leqslant n\leqslant N\\
\phi=\left\{\left\{y_{0,0},y_{0,1},\cdots,y_{0,N}\right\},\left\{y_{1,0},y_{1,1}\cdots y_{1,N}\right\},\cdots,\left\{y_{M,0},y_{M,1},\cdots,y_{M,N}\right\}\right\}
\end{cases}
\tag{9.3.5}
$$

图 9.3.5 给出了 800 个序列的 Logistic 映射、Bernoulli 映射和组合映射在不同量化长度时的自相关函数的比较，由此看出组合映射基本不受量化长度的影响，而前两种映射则受量化长度变化的影响较大。图 9.3.6 给出了利用 Logistic 映射、Bernoulli 映射和组合映射生成的序列产生的 20M 带宽、40μs 脉宽的基带信号在不同量化长度时的自相关函数的比较。从图 9.3.5 和图 9.3.6 的结果可以看到，组合映射的结果几乎不受量化长度的影响，而 Logistic 映射、Bernoulli 映射的结果则不然，受量化长度的影响非常大。

5．混沌雷达信号的产生

这里主要介绍用数字电路方法来产生混沌雷达信号。可以将所产生的基带 I/Q 混沌信号波形存入任意波形产生器，然后将其输出经 I/Q 调制到中频混沌信号，最后根据雷达工作频

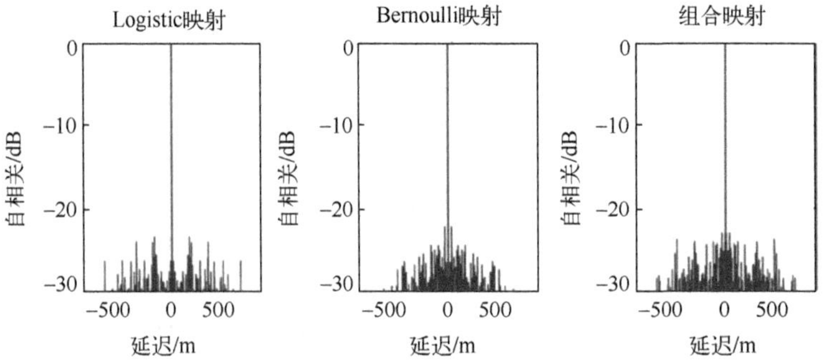

(a) 量化长度为32bit

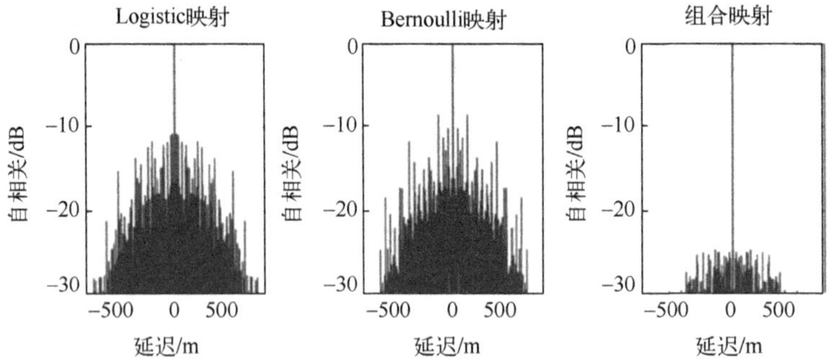

(b) 量化长度为16bit

图 9.3.5　Logistic 映射、Bernoulli 映射和组合映射在不同量化长度时的自相关函数的比较

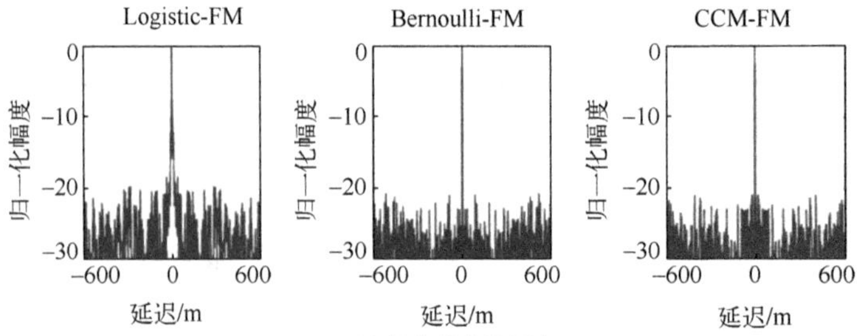

(a) 量化长度为32bit

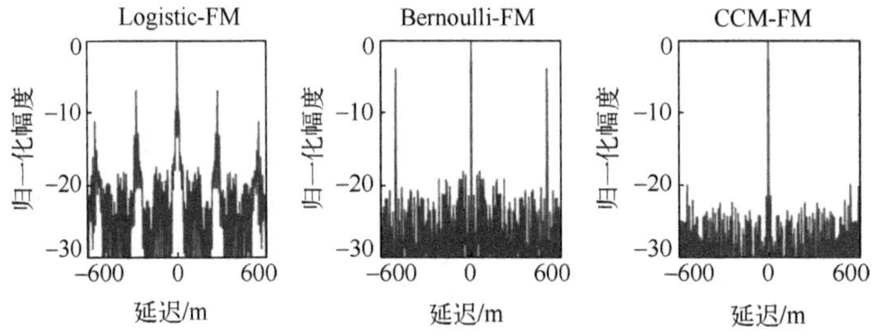

(b) 量化长度为16bit

图 9.3.6　Logistic 映射、Bernoulli 映射和组合映射所调制的 20M 带宽、40μs 脉宽的基带信号在不同量化长度时的自相关函数的比较[14]

率将中频混沌信号上变频所需要的载频上最终得到混沌发射信号。图 9.3.7 给出了通过调幅方式产生基带 I/Q 混沌信号的方案。

图 9.3.7　通过调幅方式产生基带 I/Q 混沌信号的方案

图 9.3.7 的技术方案包括以下几个步骤：①利用随机噪声信号产生算法产生初始随机噪声序列；②对初始随机噪声序列进行截取获得一定长度的子脉冲随机噪声序列；③对每个子脉冲随机噪声序列进行带通滤波处理，即可获得一定带宽的中频随机噪声序列；④利用希尔伯特变换，获得 I/Q 两路中频随机噪声序列；⑤对 I/Q 两路中频随机噪声序列进行上变频，即可获得所需要的射频噪声发射信号。

任意实数信号经希尔伯特变换后可得到其作为实部的复信号的虚部。也就是说可通过希尔伯特变换将一组实数变为一组复数。假设 $x(t)$ 为噪声序列，其希尔伯特变换为

$$\hat{H}x(t)=\frac{1}{\pi}\int_{-\infty}^{\infty}\frac{x(t)}{t-\tau}\mathrm{d}\tau=\frac{1}{\pi t}\otimes x(t) \tag{9.3.6}$$

式中，⊗表示卷积；$x(t)$ 为噪声序列，于是可得到复噪声信号：

$$s(t)=x(t)+\mathrm{j}\frac{1}{\pi}\int_{-\infty}^{\infty}\frac{x(t)}{t-\tau}\mathrm{d}\tau \tag{9.3.7}$$

事实上，希尔伯特变换可方便地通过下式完成：

$$\hat{H}x(t)=F^{-1}\left[-\mathrm{i}\operatorname{sgn}(\omega)X(\omega)\right] \tag{9.3.8}$$

式中，$X(\omega)$ 为 $x(t)$；$\operatorname{sgn}(\cdot)$ 为符号函数。

除了预先计算并进行存储的方案外，还可以采用实时方式，将随机噪声信号产生算法移植至通用的集成电路模块(如 FPGA、DSP)上，并根据一定的系统时序，实时计算和输出随机噪声脉冲波形数据，并通过模数转换芯片进行波形输出。图 9.3.8 给出了数字调幅方式产生的混沌基带 I/Q 信号及其频谱。

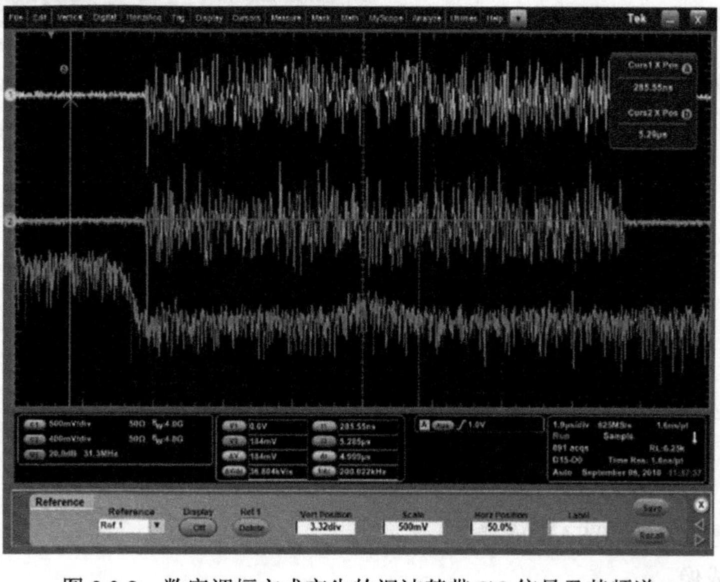

图 9.3.8　数字调幅方式产生的混沌基带 I/Q 信号及其频谱

除了上述调幅方式外，还可以采用调频或者调相的方式来产生基带 I/Q 混沌信号。相比于调幅方式，调频或调相方式产生的基带 I/Q 信号可以获得更高的信噪比。式(9.3.9)～式(9.3.11)分别给出了调幅、调相和调频方式产生噪声信号的数学表达式，其中，$x(t)$ 为噪声序列。

$$s(t)=x(t)\mathrm{e}^{\mathrm{j}2\pi f_{c}t} \tag{9.3.9}$$

$$s(t)=A\cdot\mathrm{e}^{\mathrm{j}2\pi\left[f_{c}t+K\cdot x(t)\right]} \tag{9.3.10}$$

$$s(t)=A\cdot\mathrm{e}^{\mathrm{j}2\pi\left[f_{c}t+K\int_{0}^{t}x(t)\mathrm{d}t\right]} \tag{9.3.11}$$

6. 宽带混沌信号

在第 3 章已经介绍过调频步进信号模型是一种将频率步进技术与 Chirp 信号相结合的能够以相对较小的代价来实现宽带信号的信号模型。同样可以将频率步进技术与噪声信号相结合来实现宽带的噪声信号[15]。

图 9.3.9(a)给出了宽带频率步进噪声信号模型的示意图。图 9.3.9(b)给出了频率步进混沌信号的 20 个子脉冲的基带 I(上)/Q(中)波形及其频谱(下)。为了增强宽带信号的随机性能和抗干扰性能，可以将每个子脉冲的波形都设计为不同且彼此正交的混沌波形。

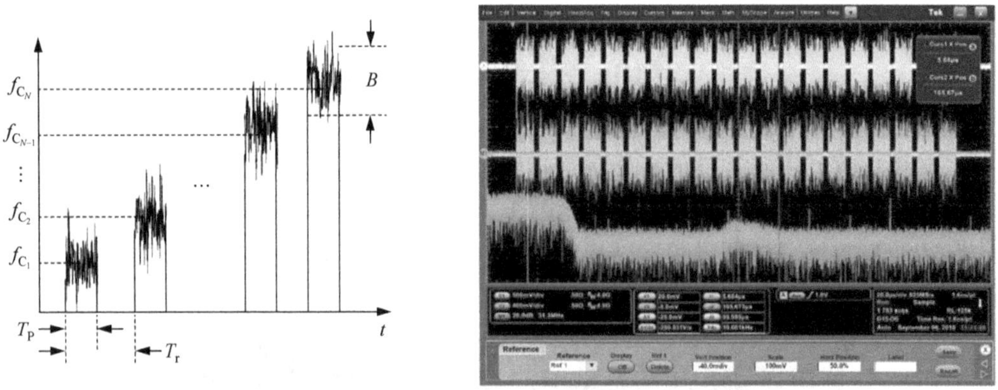

(a) 宽带频率步进噪声信号模型　　(b) 20个子脉冲的基带I/Q波形及其频谱

图 9.3.9　宽带频率步进噪声信号模型和 20 个子脉冲的基带 I/Q 波形及其频谱

9.4 噪声雷达的应用

噪声雷达已经在军事和民用领域得到应用，尤其是在军事领域的应用潜力正处于不断开发中。下面列出了噪声雷达的主要应用。

(1)探地雷达成像。

(2)车载 SAR 成像。

(3)极化 SAR/ISAR 成像。

(4)叶簇穿透(FOPEN)SAR 成像。

(5)抗干扰成像。

(6) 高速/慢速运动目标检测。

(7) 战场应用。

①对于探测、跟踪和成像应用，具有 LPI/LPD 特性。

②可用于隐蔽通信和指令发布。

③基于以网络为中心自我构建结构。

④网络可应用于高速率和低速率环境。

⑤网络具有高频率利用效率。

⑥雷达标签是一种能够通过接收雷达脉冲，修改或者对其进行编码等方式嵌入信息，然后将其发射给雷达的无线电设备。

⑦后向散射调制主要用于传感器网络对远程设备的访问。

(8) 雷达标签技术。

①每部噪声雷达同时使用雷达标签，由于发射的噪声信号非相关本质特征，因此不会彼此形成交叉干扰。

②雷达标签可针对特殊频率进行设计，并且可根据不同节点所处的环境条件的不同而自适应地改变。

③雷达标签也可用于不同雷达节点间进行隐蔽通信。

(9) 战场身份识别 (combat ID)。

①战争中有 3%～5%的死亡是由于友军之间的彼此误伤。

②问题由于敌方环境条件复杂，如雾/雨、粗糙地面的杂波、大量看似正常的目标(汽车等)、拥挤的电磁频谱，同时面临着隐蔽/LPD/抗干扰任务，而变得更严重。

③解决方法需要多学科协同，如感知、通信、网络、图像处理、模糊逻辑、信息管理和决策科学等。

④热辐射特征。

⑤在车辆上配备雷达标签。

⑥通过应用激光技术实现动态光学标签。

⑦彼此合作的毫米波转发设备。

⑧微波长距离射频标签。

⑨数字无线电频率标签 (digital radio frequency tags，DRAFTs)。

9.4.1　噪声雷达成像

虽然噪声雷达信号具有随机特性(幅度和相位均随机变化)，其距离向的脉压响应具有“图钉形”，但是如果用每个发射脉冲信号的复制作为参考信号进行脉压，只要雷达系统的参考时钟稳定保持相干性，那么脉压后的回波信号仍然具有相干性。因此采用噪声信号仍然能够实现合成孔径雷达成像，乃至 InSAR 成像。

图 9.4.1 给出了某噪声雷达所进行的机载噪声 SAR 干涉成像实验结果，表明采用噪声信号仍能获得高质量的干涉成像结果。表 9.4.1 给出了该噪声雷达的主要系统参数。

1. Mask 效应

由于噪声信号的频谱存在较大的起伏，其脉压质量 (SNR) 不如通常的 Chirp 信号，主要

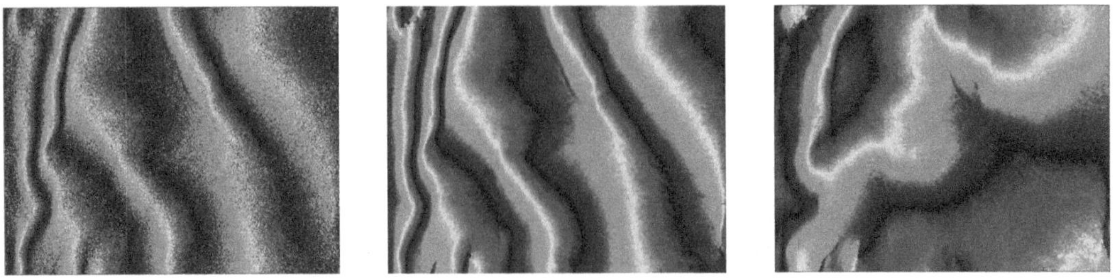

(a) 原始干涉相位图　(b) 5×15窗口滤波结果　(c) 去平地后的干涉相位图

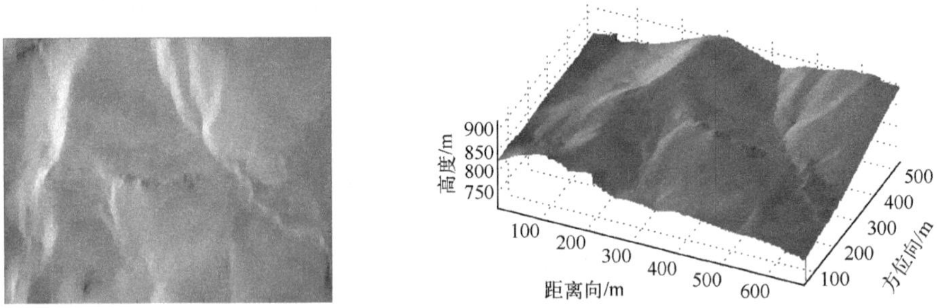

(d) 幅度图像　(e) DEM结果

图 9.4.1　机载噪声 SAR 干涉成像实验结果

表现在整体副瓣电平较高，强目标的旁瓣往往强于弱目标的响应，导致弱目标被淹没在强目标的旁瓣中，此现象称为 Mask 效应。虽然在理论上，任何信号的脉压均存在 Mask 效应，但噪声信号脉压的旁瓣更高，因此 Mask 效应在噪声信号中更为严重。为了保证噪声雷达的成像质量，需要尽可能抑制 Mask 效应，保证雷达图像有足够的动态范围。

表 9.4.1　噪声雷达的主要系统参数

参数	数值	参数	数值
载频	13.78GHz	脉冲时宽	10μs
峰值功率	100W	脉冲波形	随机噪声
天线形式	波导缝隙阵	干涉基线	0.8m
天线口径	0.298m × 0.122m	飞行高度	2500m
信号带宽	200MHz	入射角	25°

2. 降低 Mask 效应的方法

降低 Mask 效应的方法可分为四大类：波形设计法，通过设计低旁瓣的噪声波形可以一定程度上抑制 Mask 效应；CLEAN 算法，通过迭代消除强点目标的旁瓣提取弱目标，但该方法只对点目标有效；非匹配滤波函数法，通过设计脉冲压缩的参考函数，选用非匹配滤波函数抑制旁瓣水平，可用于面目标处理；最优化算法，引入目标的先验信息(如稀疏性)，构建最优化模型进行求解，适用于已知目标特征的情况。

1) 失配滤波方法抑制 Mask 效应

假设发射信号为 $p(t)$，目标为 $\gamma(r)$，经过正交解调得到的基带接收信号为

$$u(t)=\int \gamma(r)\exp(-\mathrm{j}4\pi f_c r/c)p(t-2r/c)\mathrm{d}r \tag{9.4.1}$$

令 $v(t)=\gamma(ct/2)\mathrm{e}^{-\mathrm{j}2\pi f_c t}$，则 $u(t)$ 实际上是发射信号 $p(t)$ 和目标函数 $v(t)$ 的卷积。令 $\mathcal{F}$ 表示傅里叶变换算子，$P(f)$ 和 $U(f)$ 分别表示 $p(t)$ 和 $u(t)$ 的傅里叶变换，传统匹配滤波可以表示为

$$s_{\mathrm{MF}}(t)=\mathcal{F}^{-1}[U(f)P^{*}(f)](t) \tag{9.4.2}$$

采用两种失配滤波方法来提高噪声雷达的质量，第一种是将 $P^{*}(f)$ 用 $\mathrm{e}^{\mathrm{j}\angle P(f)}$ 代替，则滤波过程变为

$$s_{\mathrm{RC}}(t)=\mathcal{F}^{-1}[U(f)\mathrm{e}^{-\mathrm{j}\angle P(f)}](t) \tag{9.4.3}$$

第二种是在第一种滤波方法的基础上，将 $U(f)$ 用 $\Pi_{[-B/2,B/2]}\mathrm{e}^{\mathrm{j}\angle U(f)}$ 代替，即只保留 $U(f)$ 有效带宽内的相位部分，此时滤波过程变为

$$\begin{aligned}s_{\mathrm{RC}}(t)&=\mathcal{F}^{-1}\left[\Pi_{[-B/2,B/2]}\exp^{\mathrm{j}\angle U(f)}\exp^{-\mathrm{j}\angle P(f)}\right](t)\\&=\mathcal{F}^{-1}\left[U(f)\Pi_{[-B/2,B/2]}\left|U(f)\right|^{-1}\exp^{-\mathrm{j}\angle P(f)}\right](t)\end{aligned} \tag{9.4.4}$$

针对一维分布式面目标，开展仿真实验，发射的噪声波形如图 9.4.2 所示，目标和成像结果如图 9.4.3 所示。分别对传统匹配滤波方法和两种失配滤波方法进行对比，发现相比于真实目标，传统匹配滤波方法得到的结果在弱目标处出现明显的失真；失配滤波方法 1 在弱目标的结果有所改进，但仍然出现失真；失配滤波方法 2 在弱目标的失真最小，接近真实的目标散射强度。

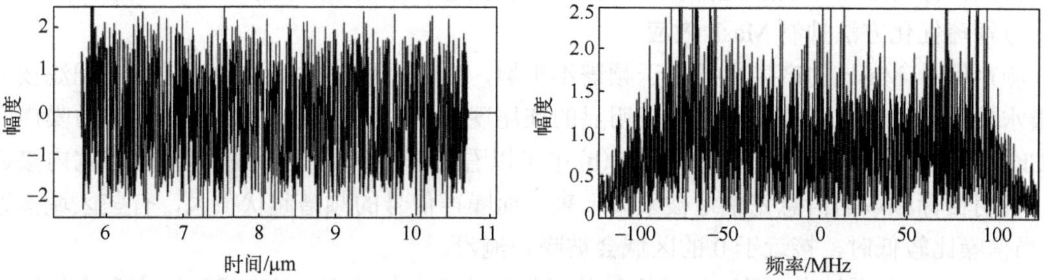

(a) 噪声信号时域波形　　(b) 噪声信号频谱

图 9.4.2　机载实验发射的噪声波形

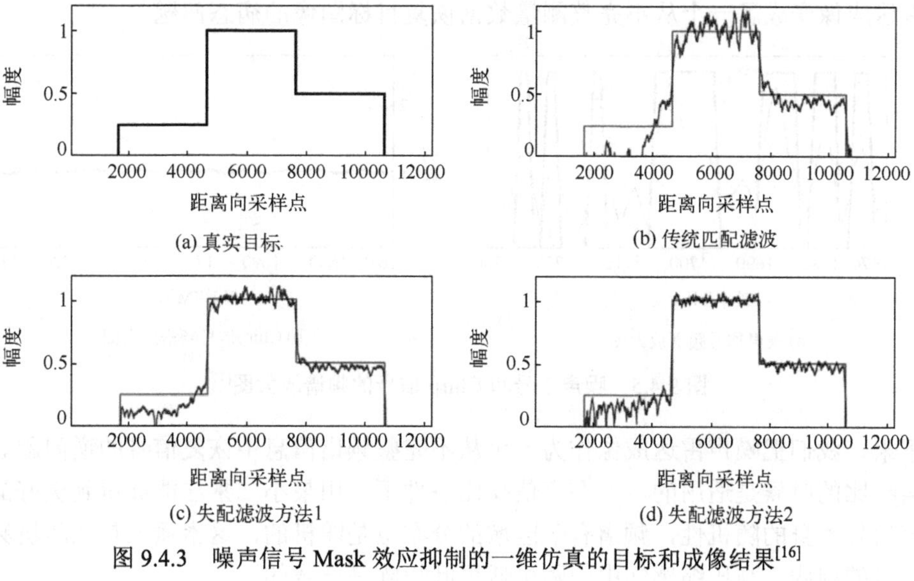

(a) 真实目标　　(b) 传统匹配滤波

(c) 失配滤波方法1　　(d) 失配滤波方法2

图 9.4.3　噪声信号 Mask 效应抑制的一维仿真的目标和成像结果[16]

为进一步验证抑制 Mask 效应的方法，基于机载干涉噪声 SAR 成像实验数据开展研究，该噪声雷达系统发射混沌噪声信号，带宽为 220MHz，工作在 Ku 波段。采用传统的距离-多普勒算法处理，可以发现成像在距离向形成严重的拖尾现象，严重影响图像质量。分别采用两种失配滤波方法进行处理，结果如图 9.4.4 所示。可以发现，两种失配滤波方法均可以有效地抑制 Mask 效应，特别是第二种失配滤波方法在抑制强点旁瓣的质量最优，为便于显示，将噪声 SAR 图像投影在 Google Earth 上，可以看出，经过抑制 Mask 效应后的图像对比度更明显，目标更清晰，同背景光学图像匹配程度高。

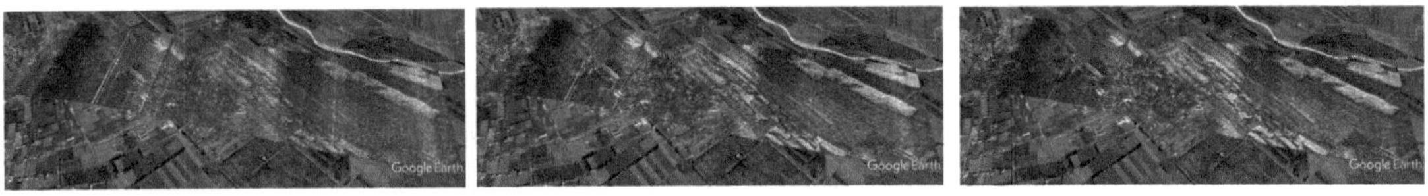

(a) 传统匹配滤波　　(b) 失配滤波方法 1　　(c) 失配滤波方法 2

图 9.4.4　机载噪声 SAR 成像实验[16]

失配滤波的脉冲压缩方法只需要改变滤波参考函数，不增加成像计算量，并且对分布式目标和点目标均适用，缺点是会损失目标的幅度信息，不利于后向散射系数测量的应用。

2) 稀疏优化方法抑制 Mask 效应

噪声信号 Mask 的产生主要由于频谱不平坦，频谱呈现较大的波动，导致匹配滤波后的旁瓣水平很高，强目标的旁瓣会形成明显的拖尾现象，淹没弱小目标。图 9.4.5 为噪声信号和 Chirp 信号的频谱放大图，从图 9.4.5 (b) 中可以看出理想 Chirp 信号的频谱在带宽内接近平坦，说明目标频域的信息完整地被采集下来。而噪声信号的频谱起伏很大，有些区域接近于 0。当信噪比较低时，接近于 0 的区域会被噪声淹没。

在实际 SAR 系统中，回波信号往往处于信噪比很低的情况，只有通过距离和方位压缩处理才能提高信噪比。此时，噪声信号的频谱会出现一些无效区域，如图 9.4.5 (a) 中的粗线所示区域。因此，在实际噪声雷达系统中，接收信号采集到的目标信息其实是不完整的，这使得噪声雷达成像变成了一个从不完整测量数据恢复目标图像的病态问题。

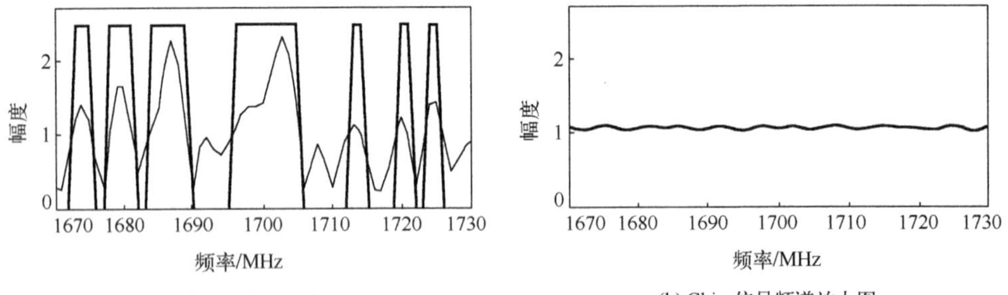

(a) 噪声信号频谱放大图　　(b) Chirp信号频谱放大图

图 9.4.5　噪声信号和 Chirp 信号的频谱放大图[17]

接下来，我们把噪声雷达成像作为一个从不完整频谱信息中恢复信号的逆问题。这种处理在低信噪比的时候是适用的，但在高信噪比条件下，用最小二乘法能够得到更好的结果。由于噪声信号本身的随机性，频谱有效区域的分布也是随机的，这本质上是从随机频谱信息中恢复信号的问题，与压缩感知中的随机傅里叶矩阵是一致的。

首先介绍压缩感知 SAR 成像的一般思路。雷达发射的射频信号经过目标散射后，再被雷达接收形成回波信号 s。如果目标散射系数为 γ，在 Born 近似(单次散射近似)下，从目标散射系数映射到回波信号的过程为线性关系，因此可用矩阵 $\boldsymbol{U}$ 来表示，即 $s = \boldsymbol{U}\gamma$。

为了从回波信号中得到目标散射系数，需要求解 $s = \boldsymbol{U}\gamma$ 这个逆问题，而这正是 SAR 成像的过程。最直接的方法是对 $\boldsymbol{U}$ 求伪逆 $\boldsymbol{U}^{-1}$，以 $\boldsymbol{U}^{-1}s$ 作为γ的估计值。传统 SAR 成像算法如距离多普勒算法、Chirp Scaling 算法、ω-k 算法以及 BP 算法，均可视为 $\boldsymbol{U}^{-1}s$ 的近似实现过程。这些成像算法由于对回波信号在时域/频域的处理方式不同，因而效率和适用范围有所差异，详见第 7 章成像雷达部分。

此外，在已知目标散射系数γ的情况下，通过 $s = \boldsymbol{U}\gamma$ 计算回波信号 s 的过程，可以看成 SAR 回波信号仿真的过程，该过程可以通过将 SAR 成像算法逆转来实现。

根据之前的讨论，在低信噪比情况下，噪声雷达只能观测到带宽内一部分频谱分量。因此，可以只保留噪声信号频谱幅值较高的区域，而丢掉幅值小于噪声的区域。在高信噪比情况下，这会导致数据缺失并降低成像质量，但在低信噪比情况下，噪声频谱幅值较低的区域被噪声淹没，去除这部分区域对成像质量影响不大。用测量矩阵 $\boldsymbol{\Theta}$ 表示保留有效频谱的过程，即测量数据 $\boldsymbol{r} = \boldsymbol{\Theta U \gamma} + \boldsymbol{z}$，其中，$\boldsymbol{z}$ 表示噪声。那么，当目标散射系数 $\boldsymbol{\gamma}$ 稀疏的时候，可以用 l_1 规整化方法求解：

$$\min_{\boldsymbol{\gamma}} \left\|\boldsymbol{\Theta U \gamma} - \boldsymbol{r}\right\|_2^2 + \lambda\left\|\boldsymbol{\gamma}\right\|_1 \tag{9.4.5}$$

对于噪声频谱幅值较低的区域，由于噪声的影响导致目标信息缺失，将进一步恶化 Mask 效应。Mask 效应会增加背景噪声，从而降低图像的稀疏度。从这个角度看，可以用稀疏度作为衡量 Mask 效应强弱的一个标准。通过最小化 l_1 范数，可以恢复噪声频谱缺失的部分，进而抑制 Mask 效应。该方法本质上属于压缩感知成像方法，在第 12 章中将对压缩感知成像进行详细的介绍。

下面用真实 Ku 波段机载噪声雷达数据进行验证，发射混沌噪声信号的带宽是 220MHz。对城市区域的噪声 SAR 数据进行处理，图 9.4.6(a)为传统距离多普勒(RD)算法得到的噪声 SAR 图像，图 9.4.6(b)为稀疏优化方法得到的噪声 SAR 图像，为了图像显示效果，两幅图都做了多视处理。然后对农田区域噪声 SAR 数据进行处理，图 9.4.6(c)为传统距离多普勒算法得到的噪声 SAR 图像，图 9.4.6(d)为稀疏优化方法得到的噪声 SAR 图像，通过对比可以发现，稀疏优化方法可以显著降低强点目标的旁瓣，抑制 Mask 效应。

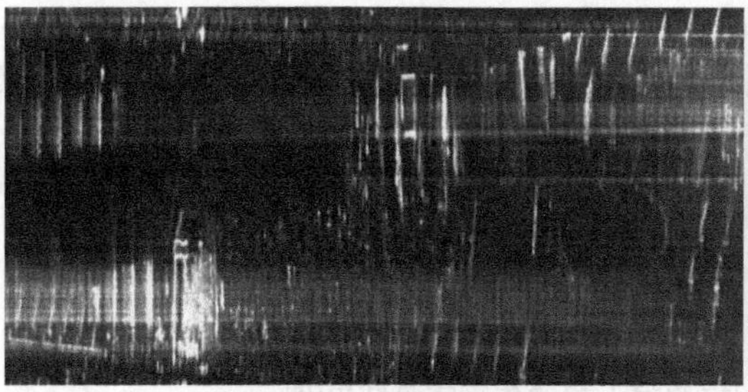

(a) 传统 RD 算法城区成像

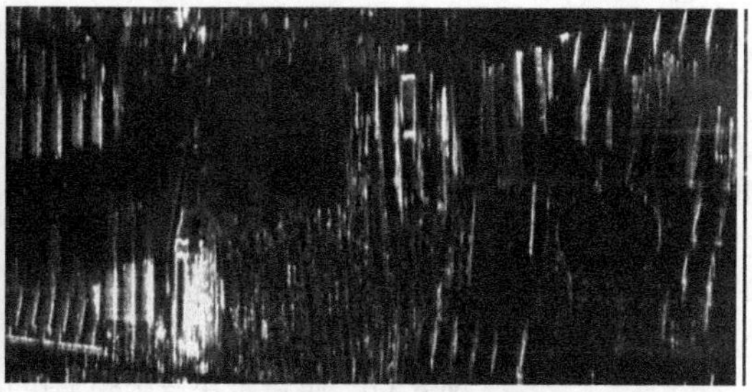

(b) 稀疏优化方法城区成像

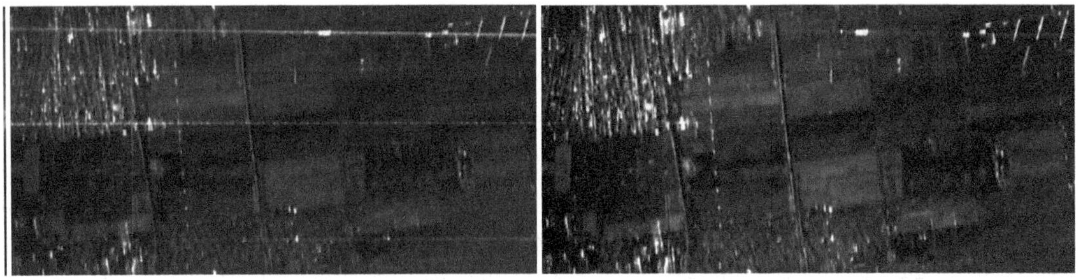

(c) 传统 RD 算法农区成像　　　　(d) 稀疏优化方法农区成像

图 9.4.6　机载噪声 SAR 不同成像方法结果的对比[17]

需要说明的是，基于稀疏优化方法的抑制 Mask 效应方法可以有效地降低噪声雷达的 Mask 效应，但该方法计算复杂度高，不利于实时处理，并且稀疏权重系数需要针对特定场景进行选择，不能做到自动化成像。

9.4.2 抗压制干扰和抗欺骗干扰

下面给出噪声雷达抗压制干扰和抗欺骗干扰的仿真实验结果并与 Chirp 的结果进行对比，如图 9.4.7 所示。

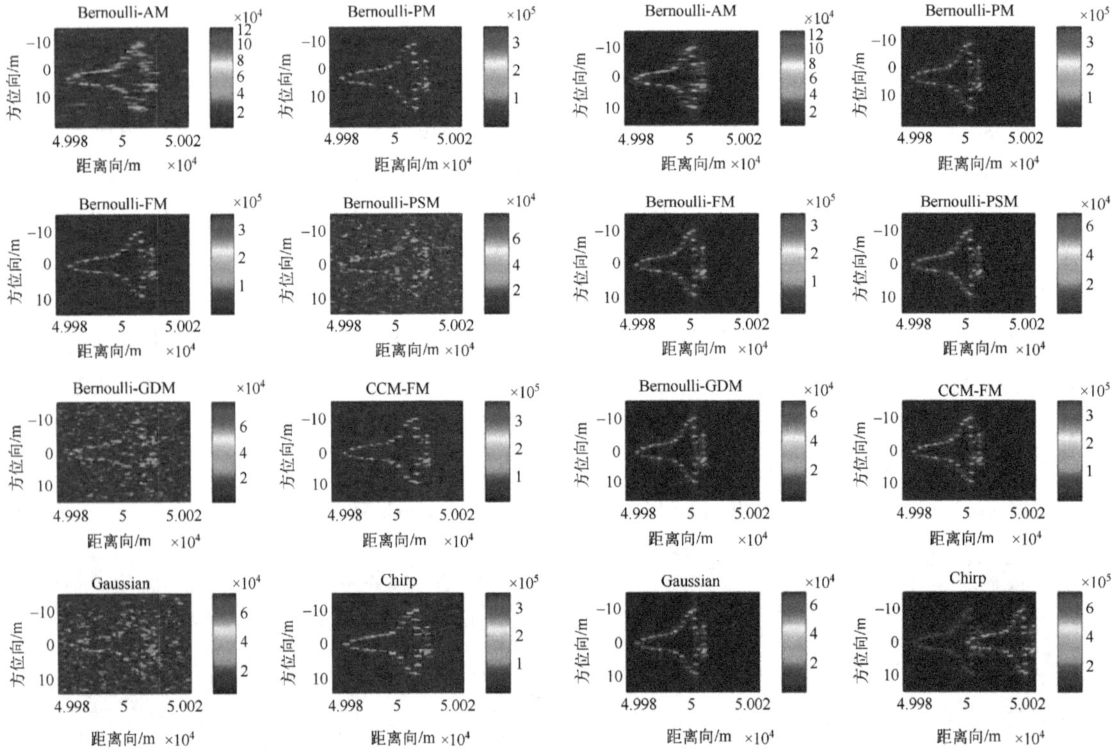

(a) 抗压制干扰　　　　(b) 抗欺骗干扰

图 9.4.7　噪声雷达抗压制干扰和抗欺骗干扰的仿真实验结果[18]

在抗压制干扰实验中，幅度恒定的信号的成像效果最好，压制干扰对它们的影响最小，依然能够清楚地识别出飞机模型。对于幅度服从均匀分布的信号，可以明显地看到噪底增加，但还是能够识别出飞机模型的轮廓。对于幅度服从瑞利分布的信号，目标几乎被淹没在噪声中，很难识别出该飞机模型。因此，幅度恒定的雷达信号的抗压制干扰的性能最好。而幅度服从瑞利分布的信号的抗压制干扰性能最差。

在抗欺骗干扰实验中，只有 Chirp 信号出现了虚假目标，并且虚假目标的强度比真实目标强，而其余的 7 种噪声信号并没有出现虚假目标。仿真结果表明，噪声信号雷达对欺骗干扰有较强的免疫能力，而 Chirp 信号却很容易受欺骗干扰的影响。这是由于噪声信号雷达的各个发射信号是非相干的，对先前脉冲信号的虚假信息调制并不能影响到后续的脉冲信号，干扰机所产生的欺骗干扰信号仅仅相当于降低了 SNR。而 Chirp 信号雷达的每个发射信号都相同，因此很容易受到欺骗干扰的影响。

习　题

1．产生长度为 1000 和 10000 的噪声波形，计算并画出噪声波形的自相关函数。

2．请设计出产生混沌雷达信号的方法。

3．为什么说噪声雷达与压缩感知相结合有天然的好处？

4．为何噪声雷达具有 LPI/LPD 特性和抗干扰性能？

5．请分析噪声雷达有哪些缺点。

6．请说明混沌噪声信号相比于其他的伪随机信号具有哪些优点。

7．请说明以混沌噪声信号为发射信号的雷达与将热噪声放大得到噪声信号的雷达的优缺点。

参考文献

[1] LUKIN K A, NARAYANAN R M. Fifty years of noise radar[C].The 11th international radar symposium, Vilnius, 2010: 1-2.

[2] KULPA K. Signal processing in noise waveform radar[M]. Boston: Artech House, 2013.

[3] HORTON B M. Noise-modulated distance measuring systems[J]. Proceedings of the IRE, 1959, 47(5): 821-828.

[4] COOPER G, MCGILLEM C , WALTMAN W. An experimental random signal radar[C].Proceedings of the national electronics conference, Chicago, 1967: 409-412.

[5] KAVEH M, COOPER G R. Properties of the random function for a randomly staggered pulse sequence[C]. Proceedings of the 1976 electronics and aerospace systems convention, Washington D.C., 1976: 65a - 65e.

[6] FORREST J R, MEESON J P. Solid- state microwave noise radar[J]. Electronics letters, 1976, 12(15): 365-366.

[7] NARAYANAN R M, DAWOOD M. Doppler estimation using a coherent ultrawide-band random noise radar[J]. IEEE transactions on antennas and propagation, 2000, 48(6): 868-878.

[8] LUKIN K A, MOGYLA A A, ALEXANDROV Y A, et al. W-band noise radar sensor for car collision warning systems[C].The 4th international kharkov symposium 'physics and engineering of millimeter and sub-millimeter waves', Symposium proceedings(Cat.No.01EX429), Kharkov, 2001: 870-872.

[9] LIU G S, SHI X Q, LU J. Random FM-CW radar and its ECCM[C]. Proceedings of the 1986 international conference on radar, Nanjing, 1986: 155-160.

[10] 顾红, 刘国岁, 朱晓华, 等. 随机二相编码连续波雷达的研究[J]. 电子学报, 1995, (12): 71-74.

[11] POINCARÉ H, MAITALAND F. Science and method[M].London: T.Nelson and Sons, 1914.

[12] LORENZ E N. Deterministic nonperiodic flow[J]. Journal of the atmospheric sciences, 1963, 20(2): 130-141.

[13] WALKER W T. Chaotic pseudorandom sequences and radar[D]. Tucson: The University of Arizona, 1993.

[14] YANG Q L, ZHANG Y H, GU X A. A signal model based on combination chaotic map for noise radar[J]. Progress in electromagnetics research M , 2013, 28: 57-71.

[15] GU X, ZHANG Y H, ZHANG X K. Stepped frequency random noise UWB radar signal[C].The 3rd international Asia-Pacific conference on synthetic aperture radar(APSAR), Seoul, 2011: 1-4.

[16] DONG X, ZHANG Y H. Noise radar imaging using phase-only data in frequency domain[C].The 22nd international microwave and radar conference (MIKON), Poznan, 2018: 468-470.

[17] DONG X, ZHANG Y H, ZHAI W S. A sparse optimization method for masking effect removal in noise synthetic aperture radar[C].Proceedings of the 2016 IEEE international geoscience and remote sensing symposium (IGARSS), Beijing, 2016: 6811-6814.

[18] 杨启伦.混沌噪声雷达信号模型及其应用研究[D]. 北京: 中国科学院研究生院(空间科学与应用研究中心), 2015.

第 10 章　阵列雷达

阵列雷达是指以天线阵元(或子阵)可独立进行幅相控制或发射和接收控制的阵列天线为基础构建的雷达。本章主要介绍相控阵雷达、多波束阵列雷达和 MIMO(multiple input multiple output)雷达这三种典型的阵列雷达。

对高速、高机动目标进行探测时，要求天线波束指向能够快速且灵活机动地改变以适应对这类目标的探测、跟踪、成像需求。如果采用机械扫描的方式，随着天线口径的增大，要做到快速机动扫描将越来越困难。本章介绍的相控阵雷达和数字阵列雷达由于采用电信号控制的方式改变天线波束或者通过数字合成波束，从而能够快速地改变雷达天线的波束指向乃至快速捷变而不会带来任何的机械稳定性问题。相控阵雷达和数字阵列雷达均以阵列天线为基础，其中数字阵列雷达同时还以多通道发射机和接收机技术为基础。本章将对这两种雷达体制的基本原理和主要关键技术以及各自的优缺点进行介绍。

现实中的人工目标往往具有角度闪烁特性，即其 RCS 随观测角度呈现较大范围的波动，这给雷达探测和跟踪带来了挑战。采用空间分布范围较大的 MIMO 雷达，可以获得对目标的宽角域观测，从而可以极大地克服 RCS 闪烁。

10.1　相控阵雷达

10.1.1　概述

相控阵雷达是指采用相位控制的方式来改变雷达阵列天线的波束指向的雷达，在应对高速、高机动目标的探测和跟踪方面，相控阵雷达表现出了突出的优势。由于仅需电信号来控制而无须机械转动，因此相控阵雷达的天线波束可以快速扫描乃至任意捷变。在第 3 章已经介绍了通过对阵列天线阵元的相位进行加权，即可改变阵列天线合成波束的指向，但是通过相位加权的方式，只能在 360° 的范围内改变相位。事实上，360° 的相位对应了一个中心频率波长 λ_0 的最大路径差，即时延 $\tau=\lambda_0/c$ (c 为光速)。在实际中，还可以通过改变阵列天线阵元的控制时延来实现波束的扫描。图 10.1.1 给出了两种波束扫描方式的示意图。

对于控制时延的波束扫描方式，其扫描指向不随频率而改变，性能最优，但成本代价较大，尤其是当需要对时延控制精度达到 ps(皮秒)级的时候，必须采用复杂的数字电路才能实现，而对于控制相位的波束扫描方式，其扫描指向随频率而发生变化，使雷达信号的带宽受限，但成本代价相对较小。

相控阵雷达的阵元收发的时延控制技术也称为真实时延(true time delay，TTD)技术，是大型宽带相控阵雷达通常采用的一项重要技术。

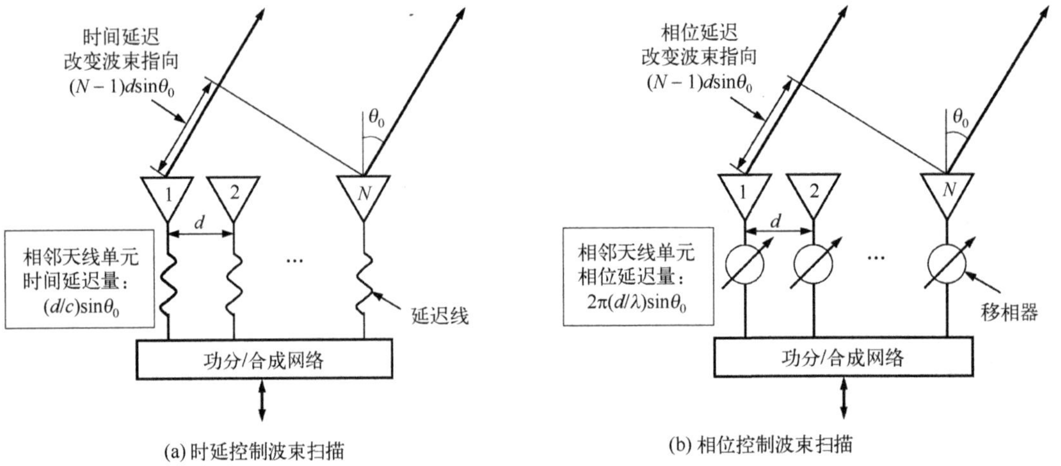

图 10.1.1 时延控制波束扫描和相位控制波束扫描的示意图

相控阵雷达分为有源相控阵雷达和无源相控阵雷达两大类[1]，图 10.1.2 给出了两者的技术方案对比。有源相控阵雷达是指每个天线单元都具备单独对发射信号和接收信号进行放大以及相位控制能力的相控阵雷达，即采用有源 T/R 组件技术的相控阵雷达(给出了一般设计框图)，而无源相控阵雷达是指每个天线单元不具备单独对发射信号进行放大能力，只具备对接收信号进行放大以及对所分配的发射信号和所接收的回波信号进行相位控制能力的相控阵雷达。无源相控阵雷达采用大功率放大器技术对发射信号进行集中放大，然后分配给每个天线单元。有源相控阵雷达和无源相控阵雷达虽然在发射信号上有所区别，但其波束扫描与控制的工作原理和所面临的问题都是相同的。

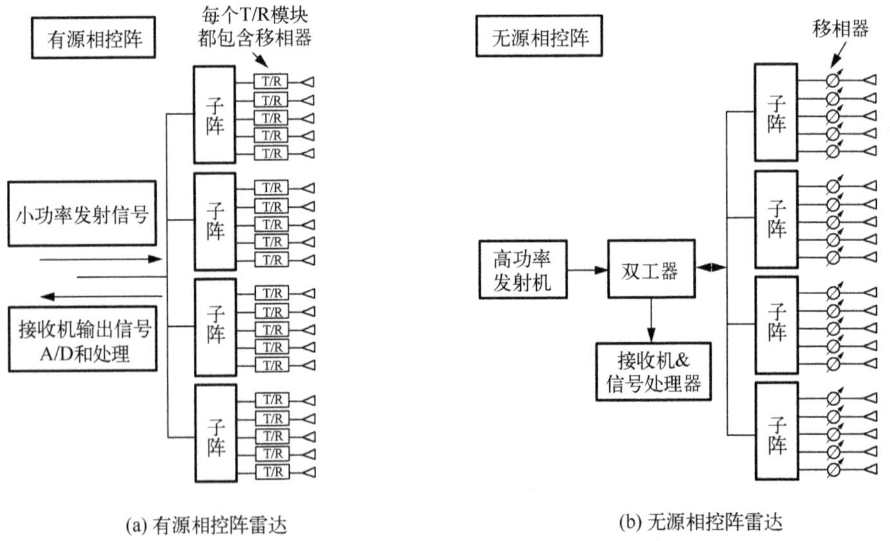

图 10.1.2 有源相控阵雷达与无源相控阵雷达的对比

为了降低路径损耗、提高发射效率，无源相控阵雷达也可以采用多个功率放大器并将其分配给每个子阵。这种方式同时在一定程度上也提高了系统的可用性，因为如果只采用一个功放，一旦损坏意味着整个雷达系统失效。

10.1.2 波束扫描性能

相控阵雷达天线波束的扫描能力(性能)，包括扫描角度范围、波束副瓣、波束跃度、波束色散，与相控阵天线单元的布阵方式以及天线单元的间距、天线阵元的相位控制精度、天线馈电方式等因素密切相关。阵元之间的互耦作用[1]会影响扫描方向图的性能，并且扫描角度越大，互耦越严重：天线阻抗发生变化，副瓣电平随之升高，增益随之降低。互耦是指相控阵天线中的任意阵元在受发射信号激励时，会对相邻阵元的激励产生影响。这就是说，每个阵元的真实电流幅度和相位既与自身驱动电流的幅度和相位有关，也与相邻阵元的激励电流幅度和相位有关。

阵元之间的互耦强弱一方面与阵元之间的距离有关，距离越近互耦越大，另一方面还与阵元之间的极化状态有关，若极化状态正交，则可大大降低互耦。在设计相控阵雷达的天线时需要补偿互耦的影响，为此需要对天线阵元的互耦进行分析和计算。当然，在特殊的场合，可以利用阵元之间的耦合效应来达到特殊的设计。

相控阵雷达天线由于发射和接收支路都采用了有源器件，其相位特性存在长期漂移问题，直接会对相控阵天线的波束指向精度产生影响，因此需要定期标校。

1. 天线阵元形式

相控阵雷达天线的阵元形式多样，如微带贴片、带状线结构、对称偶极子、波导缝隙、波导口面、喇叭天线(E 面、H 面、角锥、圆锥等类型)，一般根据雷达工作的频段、带宽、发射功率、极化特性、应用平台等要求来选择。若要求相控阵雷达的工作频率较低，如 P 波段，功率容量大，一般采用对偶极子线天线作为辐射单元，如美国的“铺路爪”相控阵雷达。而若雷达的工作频段较高，如 X 波段，且带宽较宽和发射功率较大，则采用波导口面作为辐射单元更具优势。

2. T/R 组件

图 10.1.3 给出了典型 T/R 组件的电路设计框图(图中的虚线框内的部分一般不属于 T/R，仅为说明如何利用 T/R 组件进行信号的发射和接收)。如图 10.1.3 所示，发射和接收的射频信号经过了同一个数字移相器，意味着相控阵天线的发射波束和接收波束均可独立控制。需要说明的是，在实际中由于发射射频信号属于大信号，而接收射频信号属于小信号，数字移相器在发射和接收时移向状态会有所变化，需要进行校准。

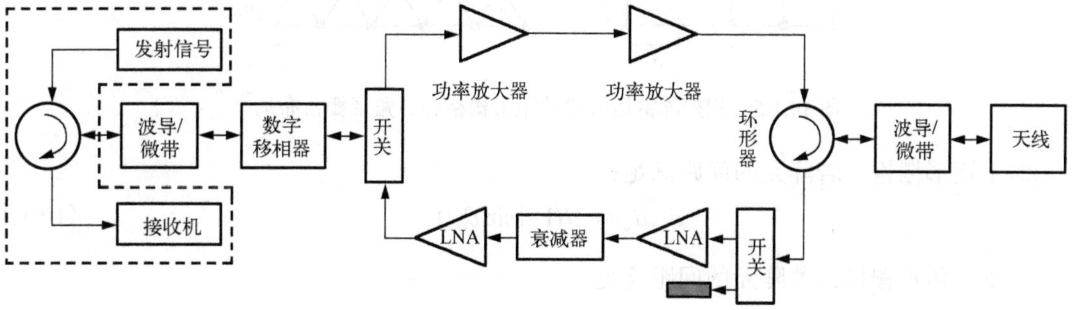

图 10.1.3 典型 T/R 组件电路设计框图

在相控阵雷达中，T/R 组件通常直接连接辐射阵元，因此随着雷达频率的升高，对 T/R 组件几何尺寸的小型化要求也逐渐提高，因此研制的难度相应增大。

移相器的精度和稳定性对保证相控阵雷达波束扫描的性能非常重要，宽带相控阵雷达对移相器的频率特性和宽带性能都提出了更高的要求。

早期的移相器一般是可用模拟信号进行控制的连续可调的移相器。现代雷达一般都采用数字移相器技术，移相器的精度取决于移相器的位数，位数越多则移相器的控制精度越高，当然，代价也越大。图 10.1.4 给出了 6 位数字移相器的组成原理图，其移相精度为 5.625°/bit。

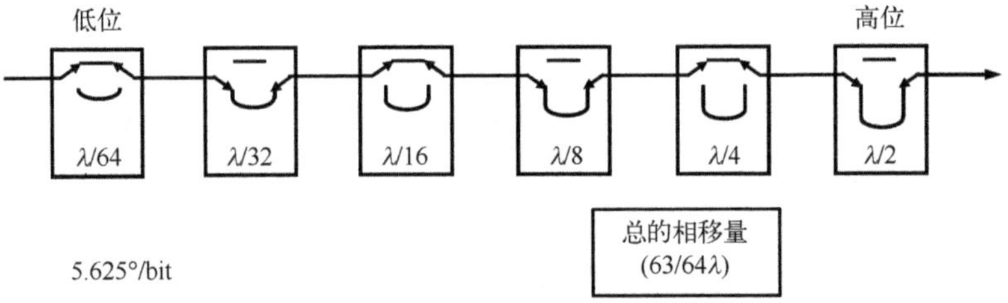

图 10.1.4　6 位数字移相器的组成原理图

在实际中，一般有两种移相器实现方案：①采用二极管移相器；②采用铁氧体移相器。前者非常适用于混合微波集成电路(MIC)或毫米波单片集成电路(MMIC)，功率容量小，而后者则适用于波导结构，功率容量大。

在此需要指出，同样的移相器在发射状态和接收状态的表现会有所不同，这是因为发射时工作在大信号状态，而接收时工作在小信号状态。因此对方向图要求较高的相控阵雷达，要分别对发射和接收的指向进行校准。

3．天线阵元布阵及阵元间距

若相控阵雷达的天线阵元呈一维线性排列，此时为保证其在阵列法线方向左右各 90°的扫描能力(不出现栅瓣)，则阵元的间距需小于二分之一波长(具有一定带宽的雷达信号的最高频率所对应的波长)。若相控阵雷达天线呈二维面阵，则其布局一般有两种，即矩形栅格和三角形栅格，如图 10.1.5 所示。

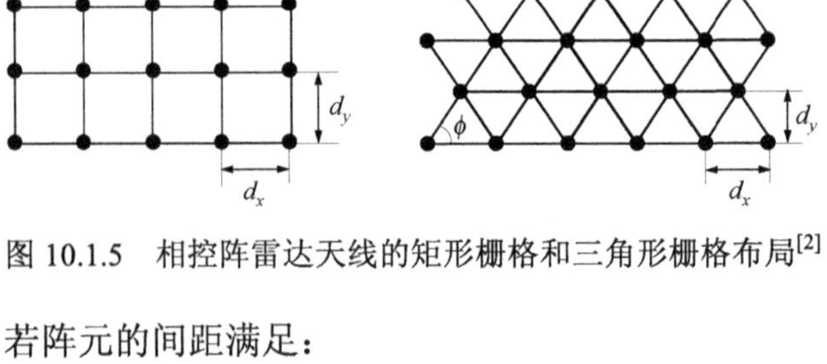

图 10.1.5　相控阵雷达天线的矩形栅格和三角形栅格布局[2]

对于矩形栅格，若阵元的间距满足：

$$d_x, d_y \leqslant \lambda/(1+|\sin\theta_0|) \tag{10.1.1}$$

对于三角形栅格，若阵元的间距满足：

$$\begin{cases} d_x \leqslant \lambda/[\sin\phi(1+|\sin\theta_0|)] \\ d_y \leqslant \lambda/[\cos\phi(1+|\sin\theta_0|)] \end{cases}, \quad \frac{\pi}{6} \leqslant \phi \leqslant \frac{\pi}{3} \tag{10.1.2}$$

则称为满阵，在 ±90° 的立体角空间内扫描波束不会出现栅瓣。比较式(10.1.1)和式(10.1.2)可看出，三角形栅格的最小阵元间距大于矩形栅格的最小阵元间距，有利于降低阵元之间相互耦合的影响。

一维线阵的相控阵雷达只具有一维扫描能力，而二维面阵的相控阵雷达则根据馈电方式的不同，既可具有二维波束扫描的能力，也可以只具有一维波束扫描的能力，此时，阵元间距 d_x 或 d_y 不一定需要满足式(10.1.1)或式(10.1.2)的约束条件。

4．相控阵阵元的配相计算

以矩形栅格的二维平面相控阵为例，根据扫描波束的方向来计算相控阵阵元的配相结果。为叙述方便，再次给出如图 10.1.6 所示的平面阵的示意图，其相控阵的方向图公式为

$$
\begin{aligned}
E(\theta,\phi) &= \sum_{n=1}^{N}\sum_{m=1}^{M} \mathrm{e}^{\mathrm{j}[(m-1)kd_x(\sin\theta\cos\phi-\sin\theta_0\cos\phi_0)+(n-1)kd_y(\sin\theta\sin\phi-\sin\theta_0\sin\phi_0)]} \\
&= \sum_{n=1}^{N}\sum_{m=1}^{M} \mathrm{e}^{\mathrm{j}[(m-1)(\Delta\phi_x-\Delta\phi_{x0})+(n-1)(\Delta\phi_y-\Delta\phi_{y0})]}
\end{aligned}
\tag{10.1.3}
$$

式中，$k = 2\pi/\lambda$；$\Delta\phi_x = kd_x\sin\theta\cos\phi$；$\Delta\phi_y = kd_y\sin\theta\sin\phi$；$\Delta\phi_{x0} = kd_x\sin\theta_0\cos\phi_0$；$\Delta\phi_{y0} = kd_y\sin\theta_0\sin\phi_0$。

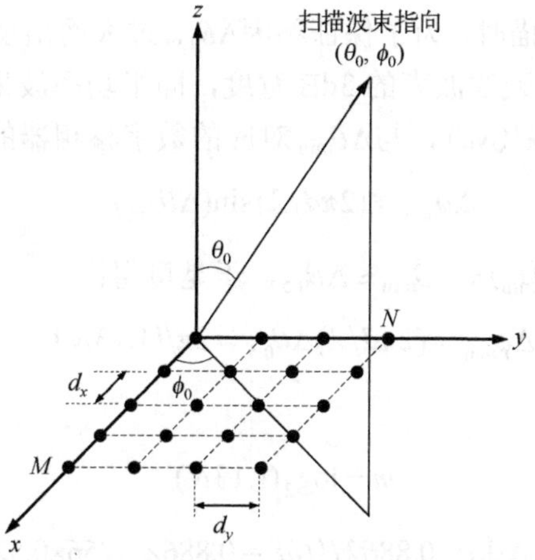

图 10.1.6 矩形栅格的平面相控阵天线示意图

式(10.1.3)表明，扫描波束指向了(θ_0，ϕ_0)方向，并且随着θ_0和ϕ_0的改变而改变。如果以第(1，1)号阵元(图 10.1.6 中位于坐标原点处的阵元)的相位作为参考相位基准，那么第(m, n)号阵元发射/接收信号的空间相位矩阵为

$$
[\Delta\phi_{xy}]_{m\times n} = \begin{bmatrix}
0+0 & 0+\Delta\phi_y & \cdots & 0+(m-1)\Delta\phi_y \\
\Delta\phi_x+0 & \Delta\phi_x+\Delta\phi_y & \cdots & \Delta\phi_x+(m-1)\Delta\phi_y \\
2\Delta\phi_x+0 & 2\Delta\phi_x+\Delta\phi_y & \cdots & 2\Delta\phi_x+(m-1)\Delta\phi_y \\
\vdots & \vdots & & \vdots \\
(n-1)\Delta\phi_x+0 & (n-1)\Delta\phi_x+\Delta\phi_y & \cdots & (n-1)\Delta\phi_x+(m-1)\Delta\phi_y
\end{bmatrix}
\tag{10.1.4}
$$

第(m, n)号阵元的阵内相位矩阵为

$$[\Delta\phi_{x0y0}]_{m\times n}=\begin{bmatrix} 0+0 & 0+\Delta\phi_{y0} & \cdots & 0+(m-1)\Delta\phi_{y0} \\ \Delta\phi_{x0}+0 & \Delta\phi_{x0}+\Delta\phi_{y0} & \cdots & \Delta\phi_{x0}+(m-1)\Delta\phi_{y0} \\ 2\Delta\phi_{x0}+0 & 2\Delta\phi_{x0}+\Delta\phi_{y0} & \cdots & 2\Delta\phi_{x0}+(m-1)\Delta\phi_{y0} \\ \vdots & \vdots & & \vdots \\ (n-1)\Delta\phi_{x0}+0 & (n-1)\Delta\phi_{x0}+\Delta\phi_{y0} & \cdots & (n-1)\Delta\phi_{x0}+(m-1)\Delta\phi_{y0} \end{bmatrix} \tag{10.1.5}$$

相控阵天线阵元配相是根据所设定的扫描方向(θ_0, ϕ_0)，通过式(10.1.5)来计算所有阵元的相位分布，并且需基于数字移相器的位数所确定的最小相位步长来得到最逼近所需相位的数字移相器的控制信号。例如，对于 6 位移相器，某阵元所需激励相位为 200°，则移相器的控制字为 100100(高位→低位)时所对应的相位为 202.5°，最接近 200°。

5. 波束扫描的跃度

现代相控阵雷达一般都采用带数字移相器的 T/R 组件，可实现灵活的波束扫描，满足对高速运动目标的跟踪要求。目前数字移相器的位数大多为 4～6 位，以图 10.1.4 所示的 6 位数字移相器为例，移相的精度为 $2\pi/2^m=2\pi/2^6=5.625°$/bit。正是由于数字移相器不能做到连续移相，因此相控阵雷达天线的扫描也不是连续的，而是有一个跃度[2]，设为$\Delta\theta_{\min}$。波束的跃度可根据需要来进行控制，但是最小跃度在数字移相器的位数以及阵列大小确定的情况下是固定的：阵列越大、移相器位数越高，则$\Delta\theta_{\min}$越小。

相控阵雷达进行波束扫描时，为了保证不因$\Delta\theta_{\min}$过大而出现漏警(扫描波束不连续)，通常将其设计为 $\Delta\theta_{\min}\approx\Delta\theta_{0.5}$(天线波束的 3dB 宽度，即半功率波束宽度)。对于 N 元等幅均匀线性阵列天线，$\Delta\theta_{0.5}=0.886\lambda/(Nd)$，与$\Delta\theta_{\min}$对应的数字移相器的最低位相移为

$$\Delta\phi_{\min}=(2\pi d/\lambda)\sin(\Delta\theta_{\min}) \tag{10.1.6}$$

当$\Delta\theta_{\min}$很小时，$\sin(\Delta\theta_{\min})\approx\Delta\theta_{\min}\approx\Delta\theta_{0.5}$，于是可得：

$$\Delta\phi_{\min}=(2\pi d/\lambda)\Delta\theta_{0.5}=2\pi/(1.13N) \tag{10.1.7}$$

由$\Delta\phi_{\min}=2\pi/2^m$，可得

$$m=\log_2(1.13N) \tag{10.1.8}$$

例：$N=256, d=0.5\lambda$，有 $\Delta\theta_{0.5}=0.886\lambda/(Nd)=0.886\lambda/(256\times0.5\lambda)=0.0069219(\text{rad})=0.3966°$，$m=\log_2(1.13\times N)=8.17$。

为了保证扫描波束覆盖连续，移相器的位数必须为 9 位，此时最小相移量$\Delta\phi_{\min}$为$2\pi/2^9=0.7031°$，由式(10.1.7)得到波束的最小跃度为$\Delta\theta_{\min}=\Delta\phi_{\min}\lambda/(2\pi\times0.5\lambda)=0.2238°$。

6. 数字移相器的虚位技术

在实际工程中，相控阵雷达 T/R 组件的数字移相器的位数越多，意味着生产、加工成本越高，并且主要集中在低位数的移相态，而对于大型相控阵雷达来说，T/R 的数量动辄数千甚至数万，因此无疑会极大增加相控阵雷达的成本。为了降低相控阵雷达的造价，应采用位数尽量低的数字移相器，使其与天线阵面的制造精度相匹配。

然而，正如前面所介绍的，数字移相器的位数越低，则意味着波束扫描的跃度越大，产生漏警的概率越大，同时还会导致目标测角精度的下降。为了既要保证尽量小的波束跃度同

时，又采用尽量少的数字移相器位数，数字移相器的虚位技术应运而生。数字移相器的虚位技术由于忽略了低位数的相移量，相当于所有阵元的低位数的移相量相同，可等同于子阵馈电(将在 10.1.3 节介绍)。

数字移相器的虚位技术[2]指的是数字移相器的控制信号的位数可以按相控阵雷达所需的最小波束跃度设计，例如，需要 p 位，而实际移相器在工作时，根据其实际的位数而自然略去了控制信号所对应的低位相移量。例如，最低的 q 位，采用只有 $p-q$ 位的数字移相器代替位数 p 位的数字移相器。采用数字移相器的虚位技术以后，虽然对波束指向的影响较小，但由于增大了相位量化误差，从而导致天线增益降低，同时产生附加的副瓣，其称为量化瓣。

图 10.1.7 给出了数字移相器的虚位技术的示意图，图中实际的数字移相器位数为 6 位，但相控阵雷达天线波束扫描需要 9 位数字移相器。相控阵雷达波控系统按 9 位数字移相器来进行波控计算，并将计算结果的后三位直接舍弃后对实际的 6 位数字移相器进行控制。

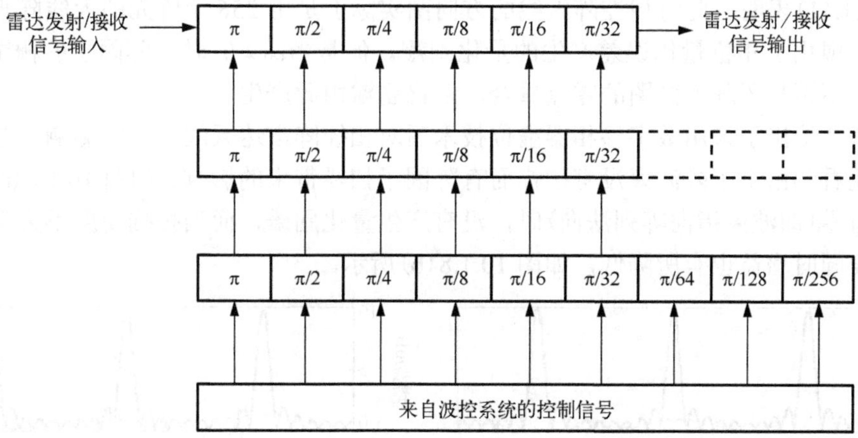

图 10.1.7　数字移相器虚位技术的示意图

继续采用 10.1.2 节中的计算实例，相控阵雷达天线共有 256 个阵元。假如需要使天线波束向左扫描一个最小的角度，此时需要对 256 个阵元的移相器计算出如下的移向量：$\pi/256\times[0,1,2,3,\cdots,254,255]$，但由于实际只有 6 位数字移相器，实际进行控制的移向量为：$\pi/256\times[0,0,0,0,0,0,0,0,8,8,8,8,8,8,8,8,16,16,16,16,16,16,16,16,\cdots,255,255,255,255,255,255,255,255]$。由此可见，采用虚位技术后等同于将每 8 个阵元构成一个子阵(子阵内的阵元相位相同)并按子阵进行相位控制，即每个子阵的波束不进行扫描，而阵因子方向图进行扫描。每个子阵内 8 个阵元的控制相位与所其需要的相位产生 $\pi/256\times[0,1,2,3,4,5,6,7]$的相位误差，称为相位量化误差。如果相控阵天线波束向左扫描 2 倍的最小角度，采用虚位技术后产生的相位量化误差相比于前面的情况有所减小。

采用数字移向器的虚位技术后，将带来相控阵天线波束副瓣的升高，称为量化副瓣。其原因是子阵波束并未扫描，而只是阵因子波束扫描，不仅如此，阵因子还将出现栅瓣，因而导致阵因子的栅瓣偏离了子阵波束的零点位置，最终引起副瓣升高。除了产生量化副瓣外，相控阵雷达天线的增益也会有所降低，只不过通常可忽略。下面通过公式进行说明。

第 3 章已介绍阵列天线的方向图由天线阵元的方向图和阵因子方向图的乘积而得到，在

本例中，有

$$|E(\theta)|=\left|\frac{\sin\left(2^3 kd\sin\theta/2\right)}{\sin\left(kd\sin\theta/2\right)}\right|\cdot\left|\frac{\sin\left[256\left(kd\sin\theta/2-kd\sin\theta_0/2\right)\right]}{\sin\left[2^3\left(kd\sin\theta/2-kd\sin\theta_0/2\right)\right]}\right| \tag{10.1.9}$$

式(10.1.9)等号右边第 1 项代表 8 个阵元的方向图，第 2 项代表阵因子的方向图；θ_0 为扫描角度。根据式(10.1.9)可得到栅瓣的位置，即其分母为零时的位置：

$$\theta_{栅瓣}=2\arcsin[n\pi/(8kd)+\sin(\theta_0/2)],\quad n=\pm1,\pm2,\cdots \tag{10.1.10}$$

显然栅瓣位置随扫描角度 θ_0 的变化而变化。

当 $\theta_0=0$ 时，即波束不进行扫描，式(10.1.9)变为

$$|E(\theta)|=\left|\frac{\sin\left(2^3 kd\sin\theta/2\right)}{\sin\left(kd\sin\theta/2\right)}\right|\cdot\left|\frac{\sin\left[256\left(kd\sin\theta/2\right)\right]}{\sin\left[2^3\left(kd\sin\theta/2\right)\right]}\right|=\left|\frac{\sin\left[256\left(kd\sin\theta/2\right)\right]}{\sin\left[\left(kd\sin\theta/2\right)\right]}\right| \tag{10.1.11}$$

式(10.1.11)表明，此时相控阵天线的方向图实际上是由 256 个阵元的天线阵来决定的，显然不会出现由于相位量化误差产生的量化副瓣。但是当 $\theta_0\neq0$ 时，阵因子的栅瓣位置随 θ_0 而变化后，不再与子阵方向图的零点重合，量化副瓣由此产生。

图 10.1.8 给出了采用数字移相器虚位技术后对相控阵雷达天线波束的影响示意图，从中可以清楚地看到由于子阵波束没有扫描而有阵因子扫描带来的影响。如图 10.1.8(a)所示，当扫描角度为零(即波束指向阵列法向)时，没有产生量化副瓣，而当扫描角度不为零时，产生了量化副瓣同时增益也有所降低，如图 10.1.8(b)所示。

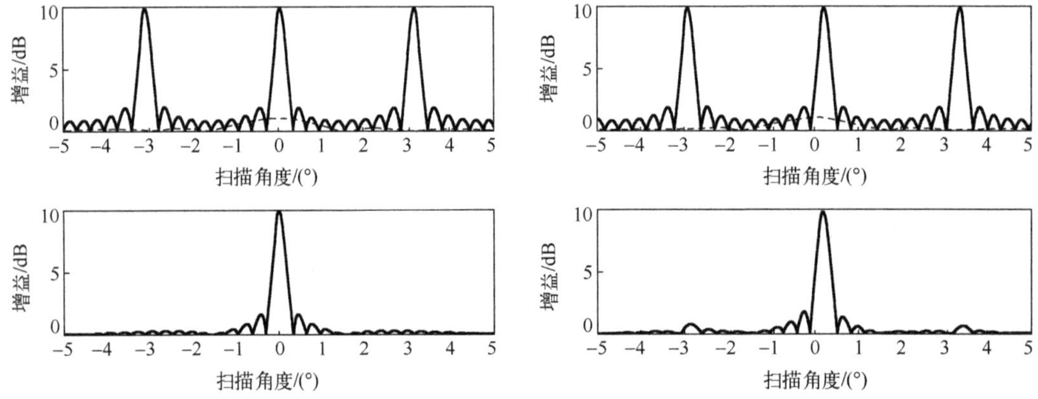

(a) 扫描角度为零　　(b) 扫描角度不为零

图 10.1.8　数字移相器虚位对相控阵雷达天线波束的影响示意图

7．相控阵雷达天线的瞬时信号带宽限制

相控阵雷达通常发射具有一定带宽的雷达信号，因此根据式(3.2.54)，不难得出描述相控阵雷达天线阵因子的如下公式：

$$F_{\mathrm{a}}(\theta)=\frac{1}{N}\sum_{n=1}^{N}\mathrm{e}^{\mathrm{j}\left[2\pi nd\left(\frac{\sin\theta}{\lambda}-\frac{\sin\theta_{\mathrm{s}}}{\lambda_0}\right)\right]} \tag{10.1.12}$$

式中，θ_{s} 为波束扫描所指向的角度；d 为阵元间距；λ 为工作波长；λ_0 为对应于中心频率的波

长。式(10.1.12)表明：①当$(\sin\theta/\lambda)=(\sin\theta_s/\lambda_0)$时，所有阵元的发射/接收信号相干叠加，能量达到最大，对应于天线阵的主瓣收发；②当 $\lambda=\lambda_0$ 时，$\theta=\theta_s$。若$\lambda\neq\lambda_0$，则θ将偏离θ_s方向；③当相控阵雷达发射具有一定带宽的信号时，其发射和接收天线的波束将会展宽，这就是说，如果对波束展宽的程度进行约束，那么相应地，相控阵雷达天线的带宽也受到了限制。

根据

$$\sin\theta/\lambda=\sin\theta_s/\lambda_0 \tag{10.1.13}$$

可得

$$\sin\theta_s/\sin\theta=f/f_0\rightarrow\sin\theta_s/\sin\theta-1=f/f_0-1\rightarrow(\sin\theta_s-\sin\theta)/\sin\theta=\Delta f/f_0 \tag{10.1.14}$$

若$\Delta f=f-f_0>0$，则$\theta_s=\theta+\Delta\theta\ (\Delta\theta>0)$是合理的，若$\Delta f$很小，则$\Delta\theta$也很小，也是合理的，于是有

$$\begin{aligned}(\sin\theta_s-\sin\theta)/\sin\theta&=[\sin\theta_s-(\sin\theta_s\cos\Delta\theta-\cos\theta_s\sin\Delta\theta)]/\sin\theta\\&\approx\cos\theta_s\sin\Delta\theta/\sin\theta\approx\cos\theta_s\sin\Delta\theta/\sin\theta_s\approx\Delta\theta/\tan\theta_s\end{aligned} \tag{10.1.15}$$

最终可得

$$\Delta\theta=(\Delta f/f_0)\tan\theta_s \tag{10.1.16}$$

式(10.1.16)反映了相控阵雷达天线的“孔径效应”，即雷达工作频率有一个Δf 的变化，将引起波束指向产生$\Delta\theta$的变化。

另外，还可以用另一种方法来对描述孔径效应的公式进行推导。令相控阵中的第 N 号阵元与第 1 号阵元的相位差为

$$\varphi_{\theta_s}=-2\pi(N-1)(d\sin\theta_s/\lambda_0)=-(2\pi/\lambda_0)L\sin\theta_s \tag{10.1.17}$$

式(10.1.17)还可以变换为

$$\varphi_{\theta_s}=-2\pi f_0T_A=-2\pi f_0L\sin\theta_s/c \tag{10.1.18}$$

因此，有

$$\sin\theta_s=-\varphi_{\theta_s}/(2\pi f_0L/c) \tag{10.1.19}$$

对式(10.1.19)的两边求微分(左边以θ_s为变量，右边以f_0为变量)，可得

$$\cos\theta_s\cdot\Delta\theta_s=\varphi_{\theta_s}\Delta f/(2\pi f_0^2L/c) \tag{10.1.20}$$

再将式(10.1.18)代入式(10.1.20)可得

$$\Delta\theta_s=-(\Delta f/f_0)\tan\theta_s \tag{10.1.21}$$

注意：式(10.1.16)和式(10.1.21)右边相差一个负号，原因是 $\Delta\theta=\theta_s-\theta$，$\Delta\theta_s=\theta-\theta_s$。

在实际中，可以容许波束偏离其 3dB 波束宽度$\theta_{0.5}$的一半，并且考虑到波束宽度随扫描角度有 $1/\cos\theta_s$ 的展宽因子，即$\Delta\theta_s=\theta_{0.5}/\cos\theta_s$，可得到相控阵雷达天线对雷达信号瞬时带宽的约束条件如下：

$$(\Delta f/f_0)_{\max}=\theta_{0.5}/(2\sin\theta_s) \tag{10.1.22}$$

式中，$\theta_{0.5}$为法线方向的 3dB 波束宽度。在实际应用中，通常将 60° 作为最大扫描角度来限定相控阵天线的带宽，并采用如下近似公式：

$$(\Delta f / f_0)_{\max}(\%) = 2\theta_{0.5}(^\circ) \tag{10.1.23}$$

这就是说，若阵列的法线波束宽度为 1°，则当扫描到 60° 的时候仅能支持 2%的瞬时信号带宽。

因此，对于采用移相器改变进行波束扫描的相控阵雷达，其宽带雷达信号经相控阵天线发射后，扫描波束的宽度将随着扫描角度的增大而增大。在实际中，为了保证扫描波束在大扫描角情况下的性能，要求展宽后的波束的 $\Delta\theta_{展宽}$ 不能超过 $2\Delta\theta_{0.5}$，因此需对允许的最大带宽进行约束。

10.1.3 相控阵雷达的馈电方式

相控阵雷达的馈电是指将需要通过相控阵天线发射出去的雷达信号传输给相控阵天线的每一个阵元，并对其相位进行控制。相控阵雷达天线的馈电方式主要有两大类，即强制馈电(简称强馈)和空间辐射馈电(简称空馈)。强馈按不同方式分为并联馈电和串联馈电，按时延/移相器规模又分为阵元馈电和子阵馈电；空馈又分为反射式空馈和透射式空馈两种。子阵馈电的目的是减少移相器的物理控制设备数量(如 I/O 控制口及其控制线的数量)，更容易产生移相器的控制信号，同时降低配相的计算时间，提高波束捷变的速度。当然每一个子阵需要增加一个数字移相器。

1. 强制馈电

1) 并联馈电和串联馈电[1,2]

图 10.1.9(a)和(b)给出了并联馈电和串联馈电的示意图。如图 10.1.9(a)所示的并联馈电方式通过功分器级联产生并行的树形馈电结构，每个移相器需要单独的控制信号。如图 10.1.9(b)所示的串联馈电方式中，雷达信号从天线阵的一端进行串联馈电，此时波束的指向将随频率而变化。由于在串联馈电中每个移相器的相移相同，因此只需要一个控制信号来控制波束扫描。串联馈电的插入损耗要小于并联馈电。

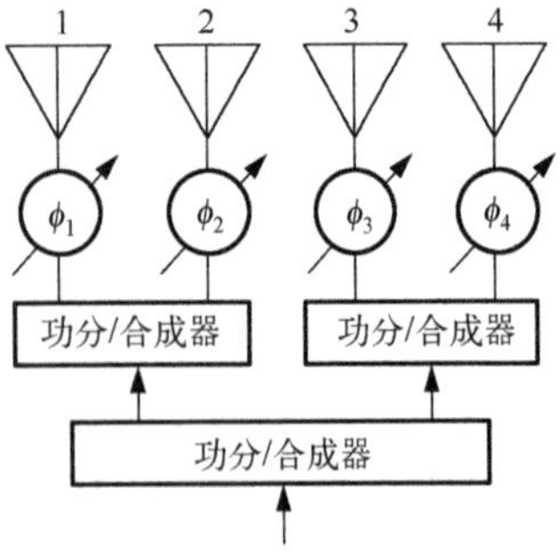

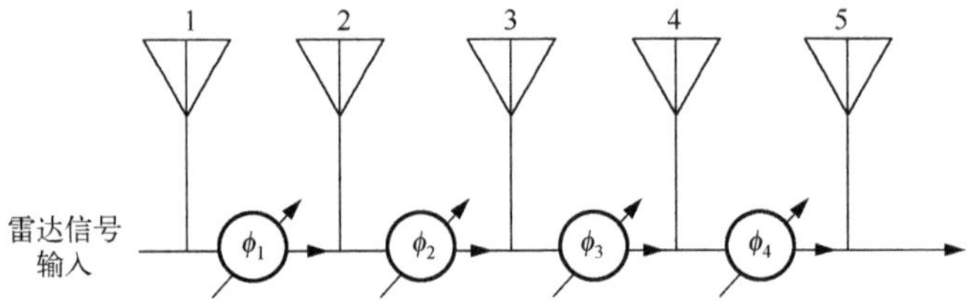

图 10.1.9 相控阵天线并馈和串馈示意图

2) 阵元馈电和子阵馈电[1,2]

图 10.1.9 属于阵元馈电，因为每个天线单元的移相器均为独立配相并进行控制。图 10.1.10 给出了子阵馈电的示意图(图 10.1.2 中给出的有源和无源相控阵雷达也采用了子阵馈电)，图 10.1.10 中将子阵 1 和子阵 2 的移相控制分别设为 $\varphi_1 = 0$ 和 $\varphi_2 = 4\phi$ 后，在天线 ϕ_1～ϕ_4 和天线 ϕ_5～ϕ_8 的移相器控制同为 $1\Delta\phi$～$4\Delta\phi$ 的情况下，即可实现天线 1～8 的移相控制 ϕ_1～ϕ_8 分别为 1ϕ～8ϕ

的控制效果。

在实际中还可使φ_1和φ_2采用精度较高的移相器，而$\phi_1\sim\phi_8$采用精度较低的移相器，组合后可以达到提高$\phi_1\sim\phi_8$实际移相精度的效果。

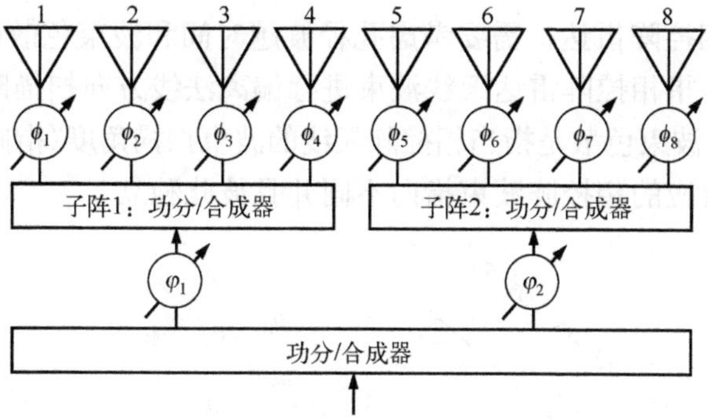

图 10.1.10 相控阵天线子阵馈电示意图

若子阵 1 和子阵 2 的天线分别排布为行和列的方式，则控制$\phi_1\sim\phi_8$可分别实现行方向的波束扫描，控制φ_1和φ_2可实现列方向的波束扫描。

下面简单分析采用子阵馈电前后对硬件 *I/O* 控制口和物理控制线的对比情况。假设如图 10.1.10 所示的相控阵每个移相器需要 6 个 *I/O* 控制口和 6 根控制线，则如果采用阵元级馈电，一共需要 $2\times4\times6=48$ 个 *I/O* 口和 48 根控制线，若采用子阵馈电，则一共需要 $2\times6+4\times6=36$ 个 *I/O* 口和 36 根控制线。

2．空间馈电

图 10.1.11 给出了反射阵列相控阵雷达和透镜(传输)阵列相控阵雷达的空馈示意图[1,2]，两者除了辐射方向不同之外(相对于馈源照射方向)，其中的移相器的作用也有差异，在相同数字移相器的情况下，前者实际的移相量是后者的两倍，因此其移相器的移相量最大为 π 而不是 2π。空间馈电的好处是避免了复杂的馈电网络，但缺点是增大了整个雷达天线的剖面。

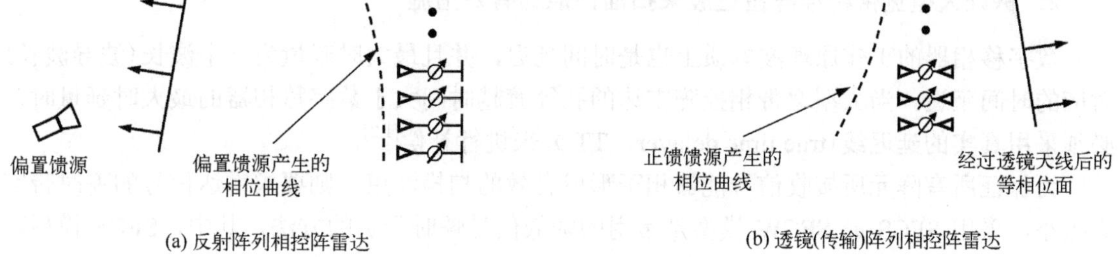

图 10.1.11 反射阵列相控阵雷达和透镜(传输)阵列相控阵雷达的空馈示意图

10.1.4 宽带相控阵雷达

1. 宽带相控阵雷达的孔径渡越时间和波束色散问题

对于大型的宽带相控阵雷达，需要考虑孔径渡越时间和波束色散问题[1,2]，如图 10.1.12 所示。孔径渡越时间是指相控阵雷达天线波束进行偏离法线方向扫描时，回波信号到达相控阵两端阵元的时间差。波束色散是指当相控阵天线的波束扫描角度(指向)设定为某一角度时，宽带信号中不同频率对应的相控阵波束指向不同并且彼此独立。

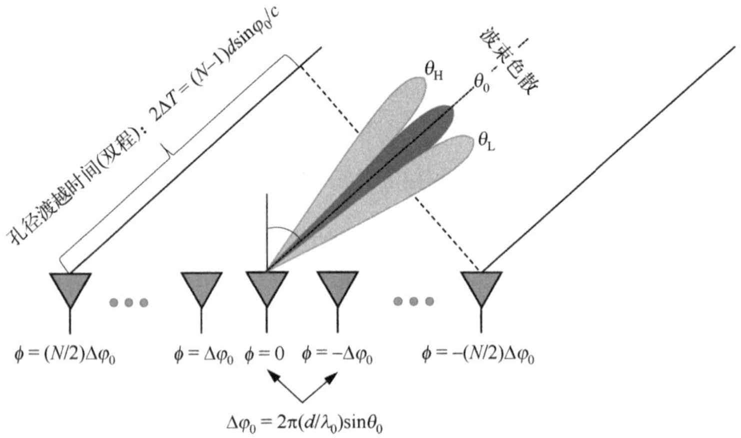

图 10.1.12 宽带相控阵雷达孔径渡越时间和波束色散示意图

相控阵雷达天线阵的阵面越大(d 一定，N 越大)，孔径渡越时间 $2\Delta T$ 越大，天线阵元接收回波的时间差异越大。当 $2\Delta T$ 大于宽带相控阵雷达信号的脉压后时间宽度时，意味着相控阵两端不同阵元接收的回波不能同时到达接收机，导致不同阵元接收信号的相干性降低，进而导致接收能量损失，最终导致雷达威力降低。

宽带相控阵雷达产生波束色散的根本原因在于天线阵元之间的距离 d 一般按照带宽内最高的频率来设计，而波束指向(扫描角度)控制一般按中心频率来进行相位控制：相邻天线单元的相位差为 $\Delta\varphi_0=2\pi(d/\lambda_0)\sin\theta_0$。显然不同的频率，相同的扫描角度所对应的相控控制 $\Delta\varphi$ 是不同的：$\Delta\varphi_{\rm L}=2\pi(d/\lambda_{\rm L})\sin\theta_0<\Delta\varphi_0<\Delta\varphi_{\rm L}=2\pi(d/\lambda_{\rm H})\sin\theta_0$（$\lambda_{\rm H}$ 和 $\lambda_{\rm L}$ 分别为带宽内的最高频率和最低频率对应的波长），因此导致高频和低频的实际扫描角度 $\theta_{\rm H}$ 和 $\theta_{\rm L}$ 分别小于和大于所要求的波束指向 θ_0，即在整个带宽内相控阵雷达的实际波束宽度将会展宽，从而导致整个带宽内的增益降低，雷达威力下降。

2. 保证大型宽带相控阵雷达波束扫描性能的有效措施

数字移相器的工作原理波本质上也是时间延迟，并且最大时延量为一个波长(波导波长)对应的时间延迟。当大型宽带相控阵雷达的孔径渡越时间大于数字移相器的最大时延量时，必须采用真实的延迟线(true time delayer，TTD)来进行补偿[1,2]。

为保证所有阵元所接收信号能够相干形成有效的扫描波束，则要求雷达信号的瞬时带宽必须小，采用 SFCS 或 SFCW 模型是常用的降低信号瞬时带宽的方法，其中，SFCS 模型可以更好地取得性能上的平衡。

3．宽带相控阵雷达天线的幅相加权

相控阵雷达天线的幅相加权主要有两个目的，即降低扫描波束的旁瓣和使波束宽度随扫描角度不变或变化很小。而对于宽带相控阵雷达而言，幅相加权还有一个目的是补偿波束的色散，使在整个带宽内波束宽度基本相同。

前面已介绍相控阵雷达天线的波束宽度随着扫描角度的增大而展宽，在实际应用中往往要求波束宽度不随扫描角度而变，此时可采用“失配”的幅相加权方法，人为使波束宽度在较小扫描角度时展宽较大，以达到在整个扫描角度范围内波束宽度基本不变的目的。“失配”的幅相加权方法还用于控制整个带宽内的波束展宽[2]。

4．宽带相控阵雷达天线的密度加权

在第 3 章的 3.2.8 节已经介绍了阵列天线降低旁瓣的幅度加权方式，该方式的缺点是降低了整个相控阵雷达的辐射效率，因为阵列边缘的天线单元的辐射功率远小于阵列中央天线单元的辐射功率。正如在第 4 章所介绍的采用非线性调频信号可以克服线性调频信号由于采用汉明窗等窗函数降低脉冲压缩的旁瓣所带来的主瓣展宽牺牲分辨率的问题，因此可以采用天线排布密度加权的方式，达到既降低阵列天线的波束旁瓣又不牺牲辐射效率的目的。通过在阵列中央进行阵元密集排布，而由阵列中央到阵列边缘逐渐稀疏排布的方式可实现密度加权[2]。

10.1.5　相控阵雷达的关键技术及其应用

1．相控阵雷达的关键技术

相控阵雷达的性能很大程度上取决于 T/R 组件的性能，如小型化、宽带、高电源效率、低噪声系数，以及低损耗数字移相器技术等。对于大型宽带相控阵雷达，低损耗、高时间精度的 TTD 技术同样非常关键。此外，相控阵雷达的关键技术还涉及天线扫描角度的精确标定技术和修正技术。

2．相控阵雷达的应用

1) 大型预警雷达

相控阵雷达具有波束快速捷变、功率管控以及资源调度能力强的突出优势，非常适合对高超目标的探测与预警。国内外许多著名的大型预警雷达均采用相控阵体制，包括陆基、海(舰载)基、空基(预警机)，如美国的“铺路爪”相控阵雷达、舰载“眼镜蛇”相控阵雷达以及海基“X 波段”雷达等。

2) 制导雷达

防空和反导武器系统中，地面制导雷达担负着引导己方导弹快速、远距离地发现来袭目标的任务，以便快速进行攻击或拦截。采用相控阵体制的制导雷达具有对目标的快速发现、跟踪能力。

3) 机载多功能相控阵雷达

机载多功能相控阵雷达往往是战斗机代际划分的主要依据，其需要担负多种使命，如需同时具备对空、对地和对海目标探测与识别并引导武器进行攻击的能力，只有采用相控阵体制才能满足这样的作战需求。

4) 合成孔径雷达

合成孔径雷达采用一维相控阵天线，无须平台机动便可满足对距离向多个波位的单独成像或同时成像(扫描 SAR)的需求，或者满足聚束 SAR 模式或前斜视或后斜视的观测需求。若采用二维相控阵天线，则既可同时实现方位向和距离向的扫描，又可极大地提高观测的灵活性。

10.2 多波束阵列雷达

10.2.1 概述

当雷达系统面临对多个目标同时进行搜索、跟踪、识别的情况时，常规的单波束雷达(无论是相控阵雷达还是机械扫描雷达)只能采用分时工作的方式，即将雷达的工作时间按一定时间顺序和一定的时间长度分配给对每个目标的观测。对多目标的同时观测需求催生了多波束阵列雷达技术。早期的多波束阵列雷达主要依靠模拟波束形成网络硬件来实现多波束，随着数字发射机技术和数字接收机技术的发展，多波束的形成可以通过数字域软件方式来完成，而不再需要硬件多波束形成网络。

波束形成也称为空域滤波，其基本思想是通过将传感器阵列各阵元输出进行延时加权求和，在同一时间内将阵列波束导向到一个方向上，对期望信号得到最大输出功率的导向位置。实现波束形成要进行一系列运算，包括对空间接收的信号进行加权、延时及求和。波束形成器的加权矢量的每个元素是复数，其模表示对阵元输出的幅度加权，其幅角表示对阵元输出信号的相位延迟。对于窄带信号，相位延迟等效为时间延迟。从式(10.2.3)可以看出，波束形成就是通过调整权向量 $\boldsymbol{W}$，将天线阵的主波束“导向”一个方向，使期望信号得到最佳的输出性能。

波束形成按照其实现方式的不同，可以分为模拟波束形成(analogous bema forming)[2]和数字波束形成(digital beam forming)两大类[1-6]。由于阵列天线的方向图=阵元方向图×阵因子，因此当阵元的单元方向图、阵元数、阵元间距一定后，改变权重系数的幅度和相位就可以改变方向图的指向及形状。

一般把在射频或中频(RF/IF)部分实现的波束形成称为模拟波束形成，“波束形成”这一术语本身指的是通过器件或设备使一个口径天线沿着空间指定的方向发射或辐射信号。利用模拟波束形成实现波束形成时，所需的硬件结构非常复杂，最常用的多波束形成矩阵 Butler 矩阵是一种较为简单有效的模拟波束形成网络，模拟波束形成的精度受到限制，通常不高并且所形成的多波束是固定的(波束数量和波束指向固定)。

而数字波束形成通过将接收信号在天线阵元上接收并进行数字化复加权处理，可以同时实现多个不同指向的波束，由于数字波束形成是通过信号处理软件来实现的，因此具有很高的灵活性、可扩展性和较高精度，并且可根据需要形成多波束(波束的数量和角度位置均可改变)。

与模拟波束形成相比，数字波束形成主要有下列优点。

(1) 在不降低信噪比的条件下，数字波束形成可以产生多个高增益波束，使系统可以同时跟踪多个目标。

(2)数字波束形成可以充分利用天线阵接收的所有信息优化系统性能。

(3)从理论上而言，数字波束形成可以实现任意算法。

(4)数字波束形成系统能够实时地实现对天线系统的校正。

由于数字波束形成技术的诸多优点，数字波束形成已逐渐代替模拟波束形成器，成为阵列信号处理研究的热点。

10.2.2　波束形成的基本原理

假设接收天线为 N 元均匀直线阵，相邻阵元之间的间隔为 d，且各阵元都是各向同性的，对各阵元的加权分别为 w_1、w_2、…、w_N，信号是窄带信号，波长为λ，信号的来波方向为θ，经加权控制的天线阵示意图如图 10.2.1 所示。

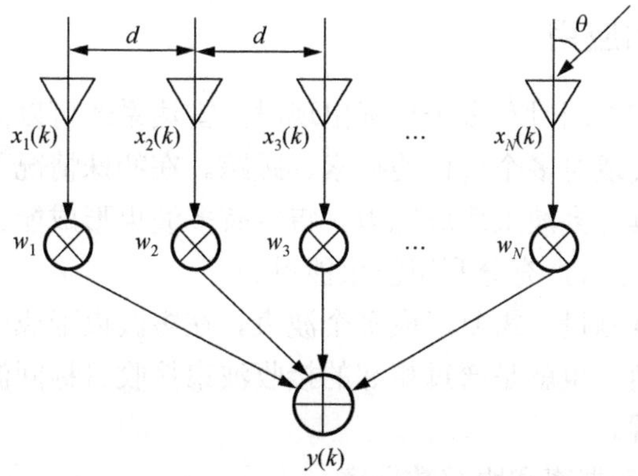

图 10.2.1　阵元级直线阵列接收波束形成示意图

对于均匀直线阵，其方向性矢量为

$$\boldsymbol{u}=\{1,\exp(\mathrm{j}2\pi d\sin\theta/\lambda),\cdots,\exp[\mathrm{j}2\pi(N-1)d\sin\theta/\lambda]\} \tag{10.2.1}$$

加权后天线阵的输出为

$$y(t)=\boldsymbol{W}^{\mathrm{T}}\boldsymbol{X}(t) \tag{10.2.2}$$

此时，均匀直线阵的方向函数可表述为

$$\begin{aligned}F(\theta)&=w_1+w_2\mathrm{e}^{\mathrm{j}2\pi d\sin\theta/\lambda}+\cdots+w_N\mathrm{e}^{\mathrm{j}[\mathrm{j}2\pi(N-1)d\sin\theta/\lambda]}\\&=w_1+w_2\mathrm{e}^{\mathrm{j}\beta(\theta)}+\cdots+w_N\mathrm{e}^{\mathrm{j}(N-1)\beta(\theta)}=\sum_{k=1}^{N}w_k\mathrm{e}^{\mathrm{j}(k-1)\beta(\theta)}=\boldsymbol{W}^{\mathrm{T}}\boldsymbol{u}\end{aligned} \tag{10.2.3}$$

式中，$\beta(\theta)=2\pi d\sin\theta/\lambda$。

10.2.3　阵元级和子阵级多波束形成

阵列雷达天线的多波束形成可以在阵元级进行，也可以在子阵级进行，图 10.2.1 给出的是阵元级接收多波束形成方法示意图。图 10.2.2 给出了子阵级接收多波束形成方法示意图。当所需要的波束数量较少时，采用子阵级多波束形成可以大大降低波束形成所需要的计算时间。

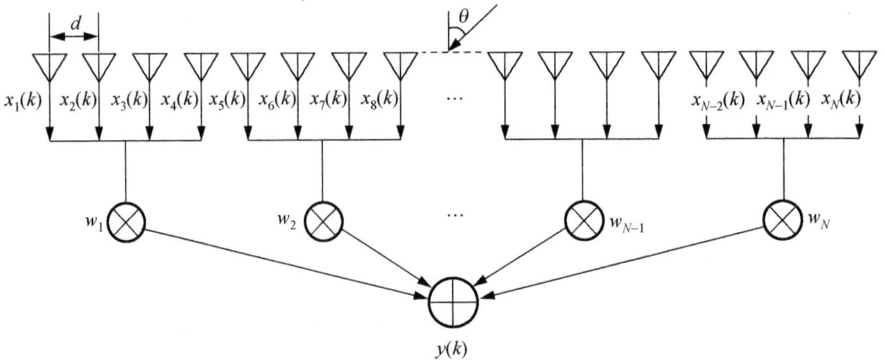

图 10.2.2 子阵级直线阵列接收波束形成示意图

10.2.4 多波束形成的应用

在雷达系统中，当空中同时有多个目标出现时，雷达系统可以同时形成多个波束，根据目标位置的不同，同时实现对多个目标的搜索、跟踪。在特殊情况下，甚至可以覆盖整个空域。这就要求雷达必须具有多波束形成能力。雷达有多波束形成能力，具有以下的意义。

(1) 采用有效的测角方法，充分利用波束能量。

为了进行目标的角度测量，需要形成多个波束。在多波束形成中，对于角度的测量，可以采用幅度比较方法测角，也就是通过相邻的接收波束接收目标回波信号的幅度差异，来精确测定目标所在的角位置。

(2) 提高雷达的搜索数据率和跟踪数据率。

为了提高雷达的测角分辨率、测角精度和抗干扰能力，就要求雷达天线的波束宽度尽可能窄。然而，波束越窄，对目标搜索和跟踪的稳健性和概率将越低。

①在搜索状态下。

若依然采用单波束去搜索整个空域，则搜索时间会增加，相邻两次搜索同一个空域的时间间隔也会增加，则意味着搜索数据率(即数据采样率，数据采样率的倒数即数据采样时间间隔)要下降。另外，对于需同时观察多个目标的情况，除了用于搜索的时间外，还要求在时间分割的基础上花大量的时间对多个目标进行同时跟踪，这将导致搜索率的进一步降低。

②在跟踪状态下。

为了获得高的跟踪成功率，以利于解决多目标之间混批现象和进行航迹关联处理，需要有高的跟踪采样率或高的跟踪数据率。采用多波束后，可以将不同的波束分配给不同的目标，于是可以大大提高对目标进行有效跟踪的数据率。

③高分宽幅 SAR[7]。

这里的“高分”主要指方位向的高分辨率，需要依靠更大的合成孔径长度来实现，而距离向的高分辨率只需要增大系统的带宽即可实现。在第 7 章介绍 SAR 时已经提到 SAR 通常面临着方位向高分辨率与观测幅宽的矛盾：方位向分辨率越高，所对应的多普勒带宽必然越宽，要求 PRF 越高。但是 PRF 越高，则不模糊的距离向观测幅宽越小。传统扫描 SAR 是以牺牲方位向分辨率为代价获得观测幅宽的增加的。

可以通过在方位向和距离向均采用宽波束发射、多波束接收的方式，达到以尽可能低的 PRF 对尽量宽的方位向多普勒带宽信号进行无模糊采样，从而解决观测幅宽与 PRF 设计的矛盾。

10.2.5　模拟阵列雷达

模拟多波束形成一般在射频或中频完成，在此主要介绍在射频实现多波束的方法。

正如前面所介绍，模拟阵列雷达采用波束形成网络硬件来实现固定数目的多波束，这就是说，波束形成网络硬件一旦确定，则波束的数目也就确定了。模拟阵列能够获得的最大波束数取决于阵列天线的阵元数：阵元数越多，则能够形成的独立波束越多，当然其波束形成网络的硬件也越复杂。

模拟阵列多波束雷达相比于数字阵列多波束雷达的优点在于，可以对每个不同的波束进行发射和接收不同的控制，即通过控制信号的脉冲宽度来调节不同波束所发射的平均功率。另外，还可通过改变不同波束发射信号的重复周期，来调节不同波束方向跟踪目标的跟踪数据。

1. Butler 多波束形成原理

Butler 多波束网络是同时形成多个波束的常用方法[1,2]，每个波束均利用了整个阵面的天线孔径，都能获得整个阵面提供的天线增益，因而是无损的多波束形成方法，它在发射和接收天线中均可采用。Butler 网络起到空间域的快速傅里叶变换的作用，2^n 个阵列单元可提供 2^n 个正交波束，相邻波束在–3.9dB 处交叠。

在每个单元通道靠近天线单元处设置低噪声放大器(LNA)，各通道内的接收信号经过放大后再分别送入多波束形成网络，在其输出端获得各接收波束的输出信号；由于信号预先经过了低噪声放大，只要其增益足够，在后面多波束形成网络的损耗对整个接收系统灵敏度的影响便可大为降低，甚至忽略不计。

图 10.2.3 给出了采用 Butler 网络实现多波束的雷达收发系统示意图。在该系统结构中，采用 N 个天线单元阵，一共可以形成 N 个发射波束和 N 个接收波束，每一路发射波束和接收波束均有自己的发射信号和接收机。

对 $N(N=2k)$ 元线性天线阵来说，均匀分布时，其幅度方向图公式如式(10.2.4)所示：

$$|F(\theta)| = \sin\left[\frac{N}{2}\left(\frac{2\pi}{\lambda}d\sin\theta \pm \delta\right)\right] \Big/ \sin\left[\frac{1}{2}\left(\frac{2\pi}{\lambda}d\sin\theta \pm \delta\right)\right] \tag{10.2.4}$$

式中，δ 为 Butler 网络提供的阵内相移，即相邻天线阵元间相位差：

$$\delta = (2k-1)\pi/N, \quad k = 1,2,\cdots,N/2 \tag{10.2.5}$$

将式(10.2.5)代入式(10.2.4)可得 Butler 网络多波束方向图计算公式：

$$|F(\theta)| = \sin\left[\frac{N}{2}\left(\frac{2\pi}{\lambda}d\sin\theta \pm \frac{2k-1}{N}\pi\right)\right] \Big/ \sin\left[\frac{1}{2}\left(\frac{2\pi}{\lambda}d\sin\theta \pm \frac{2k-1}{N}\pi\right)\right] \tag{10.2.6}$$

式(10.2.6)表明，N 元线性阵列的 Butler 网络多波束的 N 个波束指向为

$$\theta_k = \pm\arcsin[(2k-1)\lambda/(2Nd)], \quad k = 1,2,\cdots,N/2 \tag{10.2.7}$$

N 个波束覆盖的角度范围为

$$\theta_k = \pm\arcsin[(2N-1)\lambda/(2Nd)] \tag{10.2.8}$$

式(10.2.8)表明，d 越大则多波束覆盖的角度范围越小。当 $d = \lambda/2$，且 N 较大时，多波束覆盖的角度范围接近(−π/2，π/2)。如果 $d > \lambda/2$，不仅多波束的覆盖范围小于(−π/2，π/2)，

而且还会出现栅瓣。

Butler 多波束形成方法与数字多波束形成中的 FFT 数字多波束形成方法，实际上是等价的，只不过一个是在高频部分用硬件实现的模拟方法，一个是在零中频用软件实现的数字方法。

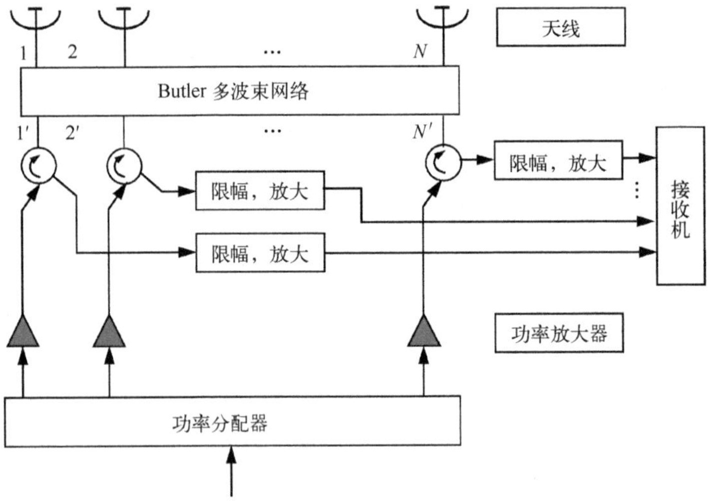

图 10.2.3　Butler 网络实现多波束的雷达收发系统示意图

2. Butler 多波束举例

图 10.2.4 给出了 8 元阵列的 Butler 多波束形成网络示意图，图 10.2.5 给出了其形成的 8 个独立波束的示意图。Bulter 多波束形成网络主要由 90° 正交功分/合成器和移相器组成，所形成的每一个发射/接收波束均利用了全部 8 个天线阵元的发射/接收信号。例如，第“1*L*”波束由“1”至“8”号天线分别进行−5π/8、−6π/8、−7π/8、π、−9π/8、−10π/8、−11π/8、−12π/8

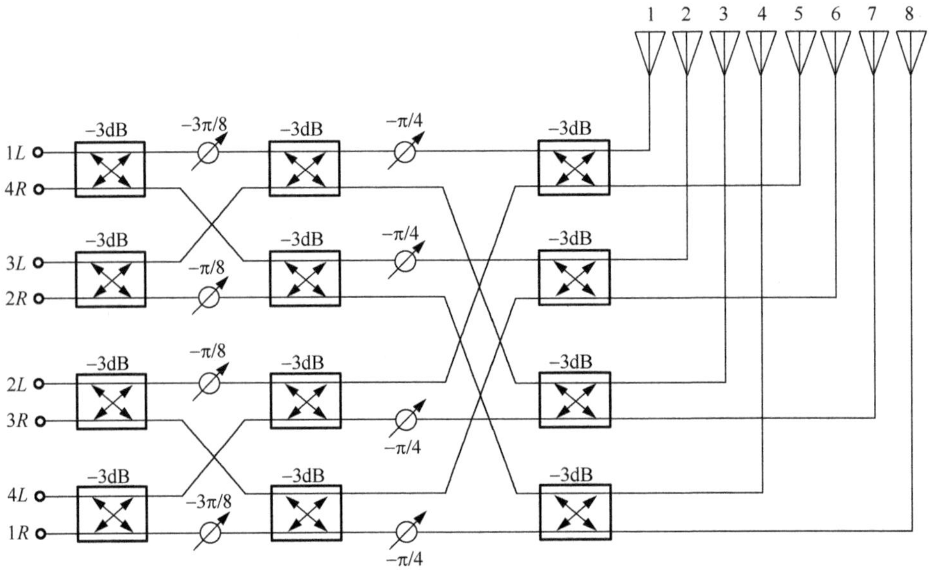

图 10.2.4　8 元阵列的 Bulter 多波束形成网络示意图

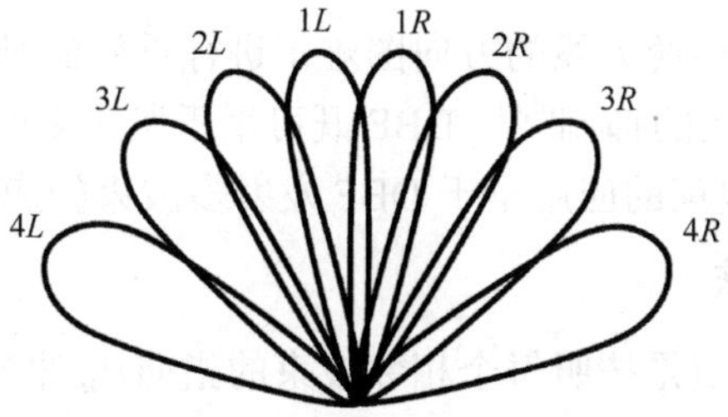

图 10.2.5　8 个独立波束示意图

相位加权后求和得到，这里的“–”相位代表相位超前。上述相位统一加 2π后分别为 11π/8、10π/8、9π/8、π、7π/8、6π/8、5π/8、4π/8，即表示“1”至“8”号天线的相位延迟。同理“1R”波束由“1”至“8”号天线分别进行 4π/8、5π/8、6π/8、7π/8、π、9π/8、10π/8、11π/8、12π/8 相位加权后求和得到。注意图中 3dB 正交耦合/功分器的相位关系。

需要指出的是，阵列天线产生多波束后发射增益必然降低，这是因为发射信号的能量分到了多个波束方向。而对于接收多波束，一般情况下接收增益同样会下降，因为每个天线所接收到的信号需要分配给多个端口。

3. 其他模拟多波束实现方法

从前面的 Bulter 多波束形成网络可看出，为了形成 8 个独立的发射和接收波束，每个天线所接的功分/合成网络的端口数为 8，若需要 4 个独立波束，则意味着每个天线所接的功分/合成网络的端口数为 4。这就是说，阵列多波束天线的单元所接的功分/合成网络的端口数取决于所需要的独立波束的个数。

10.2.6　数字阵列雷达

1. 概述

本节介绍数字阵列雷达的基本概念、系统组成、优点和特点(超低收发副瓣、波束扫描速度快、同时发射和接收多波束、抗干扰能力强、易于实现低截获)、关键技术(大规模发射和接收通道的幅相一致性和时间同步技术、宽带数字波束形成技术、数字波束形成校正技术、大容量高速数据传输技术、高性能和高速信号处理机)，在高速隐身目标对抗、多目标精密跟踪等领域的重要应用及技术发展趋势。

数字阵列雷达是在相控阵雷达技术的基础上，摒弃了数字移相器的思路，进一步将阵列天线的每个天线单元均配置数字发射机和接收机，每个天线单元的发射信号可独立控制或分区控制，每个天线单元所接收到的回波信号可进行独立数字采样。这样，一方面，避免了高精度波束扫描对高精度(高位数)数字移相器的依赖，降低系统的收发损耗。另一方面，能够更加灵活地通过数字信号处理方法实现单波束或者多波束的扫描，更加有利于对多个目标的同时探测和跟踪，以及对干扰信号的抑制(在干扰信号方向产生较深零陷)。与相控阵雷达相比，数字阵列雷达的功能更为强大(可重构)、性能更加优越，当然信号处理也更为复杂、代价也更高。

数字阵列雷达是以多通道发射和接收以及数字波束形成技术相结合的产物，而数字波束形成(digital beamforming，DBF)[3]是在阵列天线和信号处理基础上发展起来的一项新技术。

数字波束形成有效地解决了传统天线的方向图难于进行重构的难题，更好地对有用信号进行接收，同时对干扰进行更有效的抑制[4,6]。DBF 既可用于发射多波束形成，也可用于接收多波束形成，并且 DBF 接收多波束的应用早于 DBF 发射多波束的应用。

2．时域多波束形成方法

时域多波束形成方法实质是按照每个相邻波束的指向θ_{Bk}来确定要补偿的相位值$\Delta\phi_{Bk}$，并根据各单元通道信号的幅度差异（以a_{io}表示）和降低天线副瓣要求的幅度加权系数（以a_{il}表示）来进行幅度调整。

时域法 DBF 是建立在相移和复乘累加基础上的，与频域法相比，时域法形成波束灵活可变，算法可根据不同要求实时加载，能够较好地实现不同工作模式下不同波束形成要求和自适应干扰置零。在运算速度有保证、运算量适中的情况下，可采用时域法 DBF。其优点为数字配相算法可得到多个具有任意指向间隔的接收波束，接收波束间距可以调整，且各个接收波束可因幅度加权系数的不同，具有各自不同的波束形状。由于加权矢量是受计算机控制的，因此，可方便地实现自适应波束的控制。缺点为当波束数目较多时，运算量增加较大。

时域法数字波束形成器可以分为三个主要功能单元：复乘、累加和载入加权系数。此外，还包括部分用于处理内部数据传输和输入输出管理的控制逻辑，其中运算量要求最高的是复乘，在通道数目较多的情况下，应当对算法进行优化，以满足处理速度和数据吞吐以及硬件尺寸的要求。数字波束形成器在工程上采用超大规模可编程逻辑阵列 FPGA + 高速 DSP（digital signal processing）芯片器件结合设计的硬件电路实现。

3．频域多波束形成方法

下面分别以线阵和面阵来介绍频域多波束形成方法。

1）一维线阵多波束形成

根据前面的讨论，可设第 k 个波束的方向图为

$$F_k(\theta)=\sum_{i=0}^{N-1} w_i \exp\{-\mathrm{j}[i(\Delta\phi-\Delta\phi_{Bk})]\} \tag{10.2.9}$$

式中，w_i 为阵列幅度加权；$\Delta\phi=(2\pi/\lambda)d\sin\theta$ 为空间相位差；$\Delta\phi_{Bk}=(2\pi/\lambda)d\sin\theta_k$ 为阵内相位差，θ_k 为第 k 个波束的指向。

若令$\Delta\phi_{Bk}$按波束序号 k 取离散值，即

$$\Delta\phi_{Bk}=(k/N)2\pi \tag{10.2.10}$$

则与$\Delta\phi_{Bk}$对应的第 k 个波束的指向为

$$\theta_k=\arcsin[k\lambda/(Nd)] \tag{10.2.11}$$

若以 k 来替换式（10.2.9）中的θ，则第 k 个波束方向图函数可改写为

$$F(k)=\sum_{i=0}^{N-1} x_i \exp(\mathrm{j}2\pi k/N) \tag{10.2.12}$$

式中，$x_i=a_i\exp[-\mathrm{j}(i\Delta\phi)]$可看成阵列输入信号。式（10.2.12）实际上就是对 N 个阵元输入信号 x_i 进行离散傅里叶变换（DFT）来求波束方向图的计算公式，所以这种多波束形成方法又称为 DFT 法。

作为对比，可参照复时间函数的离散傅里叶变换。令复时间函数 $s(t)=s_R(i)+\mathrm{j}s_I(i)$，其

第 k 个频谱分量为

$$S(k)=\sum_{i=0}^{N-1}\left[s_R(i)+\mathrm{j}s_I(i)\right]\exp\left[-\mathrm{j}\left(2\pi ik/N\right)\right] \tag{10.2.13}$$

式(10.2.13)中，信号 $u(t)$ 在时间上分成 N 个间隔为 Δt 的量化单元，信号频谱 $U(f)$ 分成 N 个间距为 $\Delta f=1/(N\Delta t)$ 的分量，故式(10.2.13)括号内的 k、i 分别表示 $k\Delta f$ 和 $i\Delta t$。与此相对应，天线激励函数沿口径方向分为 N 个离散值，波束指向 θ_k 也是 N 个，但波束间隔 $\Delta\theta_k=\theta_k-\theta_{k-1}$ 却不是等间距的，要由式(10.2.11)决定。

由式(10.2.12)可知，对 N 元天线阵而言，为形成 N 个波束，需要进行计算的计算量为：N^2 次复数乘法运算和 $N(N-1)$ 次复数加法运算。为了提高运算速度，可以采用快速傅里叶变换(FFT)来计算。N 点 FFT 可以同时形成 N 个波束。若 N 为 2 的整数次幂，则形成 N 个波束需要 $(N/2)\log_2 N$ 次复数乘法运算和 $N\log_2 N$ 次复数加法运算。N 很大时，可较大地降低波束形成的运算量。

对 $k=N/2$ 的第 k 个波束，如果其波束最大值计算有 $\theta=90°$，此波束因指向线阵右边的端射方向，受天线单元方向图或子天线阵方向图波束宽度的限制，将无法使用，而且天线波束在天线阵两边分布也不对称。为解决这一问题，可以在相邻阵元之间预先引入一个相移量 π/N，对 $\Delta\phi_{\mathrm{B}k}$ 进行修正：

$$\Delta\phi_{\mathrm{B}k}=k(2\pi/N)-\pi/N=(2k-1)\pi/N \tag{10.2.14}$$

这样求出的多个接收波束将使原天线阵各个波束发生一个转动，从而消除了端射方向的波束，并使各波束在天线阵侧射方向的两边呈对称分布。

由此看出，采用固定相移后，用 FFT 方法产生的接收多波束与用 Butler 矩阵产生的多波束是完全一样，实际就是在视频实现了等效的 Butler 多波束形成。

2) 二维面阵多波束形成

将上述均匀线阵的多波束形成方法推广到面阵情况。对于如图 10.2.6 所示的 $M\times N$ 面阵，理论上可形成 $M\times N$ 个波束。

设第 (p,q) 个波束的方向图为

$$F_{p,q}(\theta,\phi)=\sum_{n=1}^{N}\sum_{m=1}^{M}w_{mn}\exp\{-\mathrm{j}[(m-1)(\Delta\phi_y-\Delta\phi_y(p,q))+(n-1)(\Delta\phi_x-\Delta\phi_x(p,q))]\},\quad p=1,2,\cdots,M,q=1,2,\cdots,N \tag{10.2.15}$$

式中，w_{mn} 为第 (m,n) 阵元的幅度加权系数；$\Delta\phi_x$、$\Delta\phi_y$ 分别为 x 方向和 y 方向的空间相位差；$\Delta\phi_x(p,q)$、$\Delta\phi_y(p,q)$ 分别为第 (p,q) 个波束所对应的 x 方向和 y 方向的阵内相位差，且有

$$\Delta\phi_x=2\pi d_x\sin\theta\cos\phi/\lambda \tag{10.2.16}$$

$$\Delta\phi_y=2\pi d_y\sin\theta\sin\phi/\lambda \tag{10.2.17}$$

$$\Delta\phi_x(p,q)=2\pi d_x\sin\theta(p,q)\cos\phi(p,q)/\lambda \tag{10.2.18}$$

$$\Delta\phi_y(p,q)=2\pi d_y\sin\theta(p,q)\sin\phi(p,q)/\lambda \tag{10.2.19}$$

式中，(θ,ϕ) 为来波方向；$(\theta(p,q),\phi(p,q))$ 为第 (p,q) 个波束的指向。

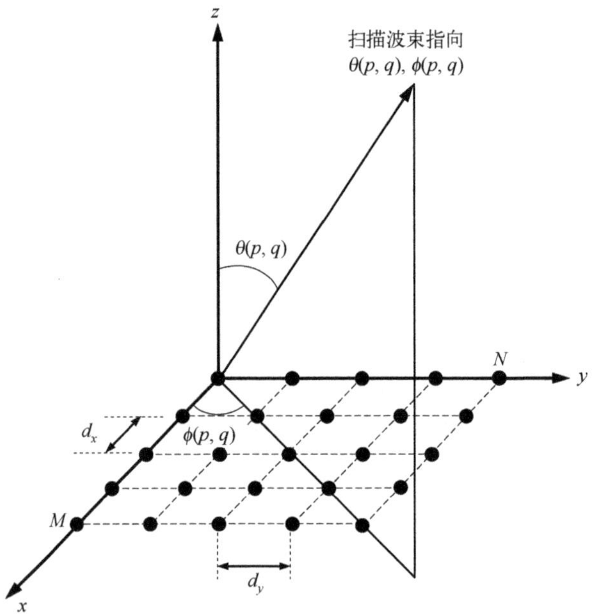

图 10.2.6 平面相控阵多波束示意图

若令$\Delta\varphi_x(p)$和$\Delta\varphi_y(q)$分别按波束序号 p、q 取离散值：

$$\Delta\varphi_x(p)=\Delta\phi_x(p,q)=2\pi p/M \tag{10.2.20}$$

$$\Delta\varphi_y(q)=\Delta\phi_y(p,q)=2\pi q/N \tag{10.2.21}$$

则与$\Delta\phi_{x,p}$和$\Delta\phi_{y,q}$对应的第(p,q)个波束的指向分别为

$$\phi(p,q)=\arctan[qMd_x/(pNd_y)] \tag{10.2.22}$$

$$\theta(p,q)=\arcsin\{p\lambda/[Md_x\cos\phi(p,q)]\} \tag{10.2.23}$$

若以(p,q)来表示(θ,ϕ)，则第(p,q)个波束方向图函数可改写为

$$\begin{aligned}F(p,q)&=\sum_{n=1}^{N}\sum_{m=1}^{M}w_{mn}\exp\left\{-\mathrm{j}[(m-1)\Delta\phi_x+(n-1)\Delta\phi_y)]\exp\left[\mathrm{j}\left((m-1)\frac{p}{M}2\pi+(n-1)\frac{q}{N}2\pi\right)\right]\right\}\\&=\sum_{n=1}^{N}\sum_{m=1}^{M}x(m,n)\exp\left[\mathrm{j}\left((m-1)\frac{p}{M}2\pi\right)\right]\exp\left[\mathrm{j}\left((n-1)\frac{q}{N}2\pi\right)\right]\end{aligned} \tag{10.2.24}$$

式中，$x(m, n)= w_{mn}\exp\{-\mathrm{j}[(m-1)\Delta\phi_x+(n-1)\Delta\phi_y]\}$可看成阵列的输入信号。式(10.2.24)实际上就是对 $M\times N$ 个阵元输入信号进行二维离散傅里叶变换来求波束方向图的计算公式。为了减少运算量，同样可以采用二维快速傅里叶变换来实现。

二维 FFT 可以通过做两次一维 FFT 实现，即先对 M 行的每一行 N 点进行 FFT 处理：

$$H(m,q)=\sum_{n=1}^{N}x(m,n)\exp[\mathrm{j}2\pi(n-1)q/N],\quad m=1,2,\cdots,M,q=1,2,\cdots,N \tag{10.2.25}$$

再对 N 列的每一列进行 M 点的 FFT：

$$F(p,q)=\sum_{p=1}^{M}H(m,q)\exp[\mathrm{j}(2\pi(m-1)p/M)],\quad p=1,2,\cdots,M,q=1,2,\cdots,N \tag{10.2.26}$$

若 M 和 N 均为 2 的整数幂，采用基 2 的 FFT 算法，那么总共需要：

$$MN\log_2 N/2+MN\log_2 M/2=MN\log_2(MN)/2 \tag{10.2.27}$$

若直接用二维 DFT 计算，则需要 M^2N^2 次复数乘法。显然，当 M、N 较大时，二维 FFT 算法可以显著减少运算量。

与时域法相比，FFT 算法的优缺点如下。

优点：采用 FFT 的频域法实现 DBF 计算速度快，运算量小；

缺点：算法固定，一旦采用的点数选定，则形成的波束数目、波束间间隔固定，不适合进行自适应波束形成和干扰对消。

从上述分析可知，对于一个 $M\times N$ 的矩形面阵，能够在两个方向通过对每个单元设定适当的加权值来产生二维波束。两维波束形成算法可通过二维 FFT 完成。通过先对 M 行中每一行取 N 点 FFT，形成扇形波束，再对 N 列输出取 M 点 FFT，即可获得笔形波束，采用 FFT 形成数字接收波束的原理如图 10.2.7 所示。

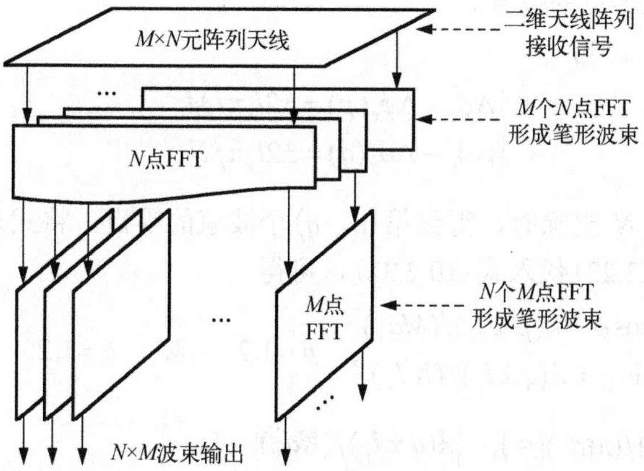

图 10.2.7 采用 FFT 的频域 DBF 示意图

为了简化分析，这里只考虑阵列采用均匀幅度加权的情况，即令 $w_{mn}=1$，则式(10.2.24)表示的方向图函数可写为

$$\begin{aligned}\left|F_{p,q}(\theta,\phi)\right|&=\left|\sum_{m=1}^{M}\sum_{n=1}^{N}\exp\{-\mathrm{j}[(m-1)(\Delta\phi_x-\Delta\phi_x(p,q))]+[(n-1)(\Delta\phi_y-\Delta\phi_y(p,q))]\}\right|\\&=\left|\sum_{m=1}^{M}\exp[-\mathrm{j}(m-1)(\Delta\phi_x-\Delta\phi_x(p,q))]\right|\cdot\left|\sum_{n=1}^{N}\exp[-\mathrm{j}(n-1)(\Delta\phi_y-\Delta\phi_y(p,q))]\right|\\&=\left|\frac{\sin\{M[\Delta\phi_x-\Delta\phi_x(p,q)]/2\}}{\sin\{[\Delta\phi_x-\Delta\phi_x(p,q)]/2\}}\right|\cdot\left|\frac{\sin\{N[\Delta\phi_y-\Delta\phi_y(p,q)]/2\}}{\sin\{[\Delta\phi_y-\Delta\phi_y(p,q)]/2\}}\right|\end{aligned} \tag{10.2.28}$$

(1) 第 $(p,\ q)$ 个波束最大值的位置。

由式(10.2.28)可知，当

$$\begin{cases}\Delta\phi_x-\Delta\phi_x(p)=\pm 2k_x\pi\\ \Delta\phi_y-\Delta\phi_y(q)=\pm 2k_y\pi\end{cases},\quad k_x,k_y=1,2,\cdots,\quad p=1,2,\cdots,M,\quad q=1,2,\cdots,N \tag{10.2.29}$$

时，$|F_{p,q}(\theta,\phi)|$达到最大值，将式(10.2.18)、式(10.2.19)和式(10.2.22)、式(10.2.23)代入式(10.2.29)，可得

$$\begin{cases}\sin\theta\cos\phi=(\lambda/d_x)(p/M\pm k_x)\\ \sin\theta\sin\phi=(\lambda/d_y)(q/N\pm k_y)\end{cases},\quad k_x,k_y=1,2,\cdots;p=1,2,\cdots,M,\quad q=1,2,\cdots,N \tag{10.2.30}$$

且$\left|(\lambda/d_x)(p/M\pm k_x)\right|\leqslant 1$，$\left|(\lambda/d_y)(q/N\pm k_y)\right|\leqslant 1$。

可以看出，θ和ϕ的取值与p和q都有关。

为了增加可用波束的个数，同前面介绍的线阵情况一样，可以在相邻阵元之间预先引入相移量π/M和π/N，对$\Delta\phi_x(p)$和$\Delta\phi_y(q)$进行修正：

$$\begin{cases}\Delta\phi_x(p)=2\pi p/M-\pi/M=(2p-1)\pi/M\\ \Delta\phi_y(q)=2\pi q/N-\pi/N=(2q-1)\pi/N\end{cases} \tag{10.2.31}$$

再进行二维 FFT，这样就可以修正在天线端射方向上的波束，改善多波束的性能。进行相位修正后可增加有用波束的个数。

(2) 第(p,q)个波束零点的位置。

由式(10.2.28)可知，当

$$\begin{cases}\Delta\phi_x-\Delta\phi_x(p)=\pm 2l_x\pi/M\\ \Delta\phi_y-\Delta\phi_y(q)=\pm 2l_y\pi/N\end{cases} \tag{10.2.32}$$

$l_x,l_y=1,2,\cdots$且不能被N整除时，得到第(p,q)个波束的零点，将式(10.2.16)～式(10.2.19)和式(10.2.22)、式(10.2.23)代入式(10.2.32)，可得

$$\begin{cases}\sin\theta\cos\phi=\lambda(p\pm l_x)/(Md_x)\\ \sin\theta\sin\phi=\lambda(q\pm l_y)/(Nd_y)\end{cases},\quad p=1,2,\cdots,M,\quad q=1,2,\cdots,N \tag{10.2.33}$$

同样地，$\left|\lambda(p\pm l_x)/(Md_x)\right|\leqslant 1$，$\left|\lambda(q\pm l_y)/(Nd_y)\right|\leqslant 1$。

(3) 多波束之间的正交性。

比较式(10.2.30)与式(10.2.33)，可以得出两个结论：

①所有波束的零点位置都在某些公共的角度上，只要在式(10.2.33)中令$p\pm l_x=$常数、$q\pm l_y=$常数即可；

②任意波束的最大值正好位于其他波束的零点位置。

4．多波束形成算法分类

多波束形成可以根据权值的不同选取，分为数据独立波束形成和统计最佳波束形成，而自适应波束形成可以归类于统计最佳波束形成。

在数据独立波束形成中，权值并不依赖于阵列输出数据，而是在所有信号和干扰情况下呈现特定的响应。在统计最佳波束形成中，根据阵列数据的统计特性形成最优阵列响应，通常在干扰源的方向置零形成零陷，达到使波束形成器输出信号的信噪比最大的目的。

在实际中，在这两种方法可以交替使用，并非完全独立。实际上，数据独立波束形成的

设计方法经常被用于统计最佳波束形成的设计中。阵列数据的统计性通常并不能预先已知，并且往往随着时间而变，因此需要通过自适应算法来决定权值。

1)数据独立波束形成

在数据独立波束形成方法中，权值的设计应该使波束形成器的响应近似等于期望响应，而与阵列数据或统计数据无关。设计目标：达到近似的期望响应，这与传统的 FIR 滤波器设计是相同的。

例如，我们可能希望接收某一方向一定区域的任何信号，在这种情况下，整个区域中的期望响应应该是一致的。又如，我们可能预先已经知道某一确定方向区域存在强干扰源，在这种情况下，可以形成在该区域的期望为零的响应。这两个例子实际上是同带通 FIR 滤波器和带阻 FIR 滤波器相类似的。

2)统计最佳波束形成

在统计最佳波束形成方法中，权值的选取是基于阵列接收数据的统计特性的。不严格地说，该方法的目的是优化波束形成器的输出响应，使得由非期望信号方向到达的噪声和信号，在阵列输出中最小化。

5. 自适应波束形成算法

图 10.2.8 给出了自适应波束形成的算法框图，图中波束形成网络权值的选择，对天线自适应干扰置零起着决定性的作用，波束形成算法是其中的关键。波束形成算法的选择决定了在环境变化时波束自适应控制能力和反应速度，以及实现算法所需硬件的复杂性。在自适应天线系统中，常用的最佳权值准则有以下三种。

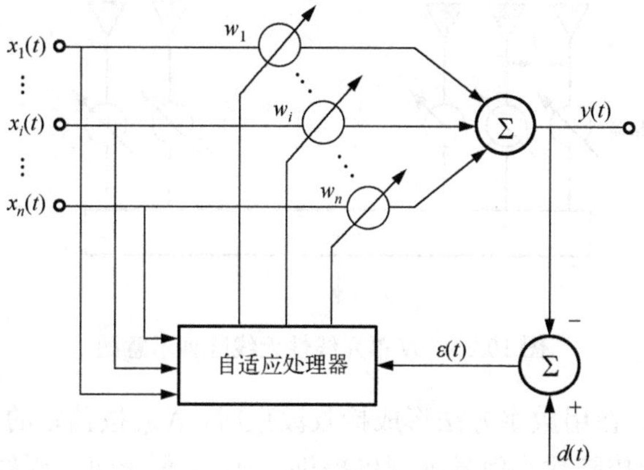

图 10.2.8 自适应波束形成的算法框图

(1)最小均方误差(MMSE)准则：最佳权值使得阵列输出和有用信号误差最小，该准则需要构建参考信号。

(2)最大信号与干扰噪声比(SINR)准则：最佳权值使得阵列输入端的需要信号功率与干扰和噪声功率之比最大，该准则需要信号波达方向的先验信息。

(3)最小二乘(LS)准则：最佳权值使得输出误差的累计平方和最小，该准则需要期望信号的先验信息。

虽然三种准则的原理完全不同，但它们之间却有着紧密的联系：这些准则下的最佳加权向量都是维纳解的特例。因此，选择不同的准则并不会影响阵列输出的性能。但是在实际应用中，随着环境的不断变化，要求实时更新加权向量。也就是说，我们需要利用自适应算法来实时获得加权向量。显然，自适应波束形成算法不仅直接影响加权向量更新的速度，而且决定了硬件实现的复杂度。由此可见，选择合适的自适应波束形成算法是极为重要的。

阵列天线自适应波束形成算法需要考虑多方面的因素，如算法收敛速度、跟踪性、运算量、稳健性等。常用的自适应波束形成算法有最小均方算法、样本相关矩阵直接求逆算法、递归最小二乘算法等。

6. 接收多波束形成

如图 10.2.9 所示的天线阵，其天线波束最大值指向为 θ_B，目标所在方向为 θ_T，则相邻单元的接收信号在空间传播的“空间相位差” $\Delta\phi_T$、相邻单元之间的“阵内相位差” $\Delta\phi_B$ 分别为

$$\begin{cases}\Delta\phi_T = 2\pi d\sin\theta_T/\lambda \\ \Delta\phi_B = 2\pi d\sin\theta_B/\lambda\end{cases} \tag{10.2.34}$$

接收数字波束形成的基本过程是：先将由阵列单元接收到的信号分别不失真地进行放大，再经下变频、I/Q 正交解调等处理变为零中频信号，然后经 A/D 变换器转换为数字信号，最后将数字信号送到波束形成器，在波束控制器的控制下(经适当加权)产生满足要求的接收波束。

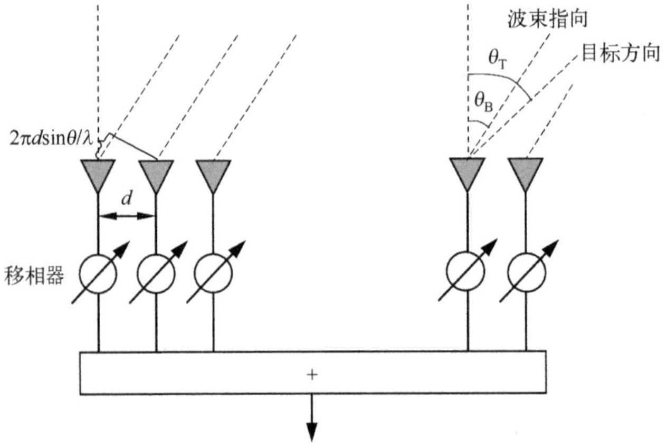

图 10.2.9 N 单元线性天线阵列示意图

如图 10.2.10 所示，在用数字方法形成接收波束时，$\Delta\phi_B$ 按预定的天线波束最大值指向 θ_B 由波束形成计算机或相控阵数字信号处理机提供。为此，要求每一天线单元通道(或每一个子天线阵通道)的接收机应有正交相位检波信号的输出，其中，I、Q 两个正交通道的信号经 A/D 转换后传送至多波束形成计算机。

假设天线 i 在某时刻的接收信号 x_i 为

$$x_i = I_i + \mathrm{j}Q_i \tag{10.2.35}$$

天线 i 接收信号的幅度和相位分别为

$$\begin{cases}|x_i| = (I_i^2 + Q_i^2)^{1/2} \\ \phi_i = \arctan(Q_i/I_i)\end{cases} \tag{10.2.36}$$

对于天线 i，在某一抽样时刻的接收信号的正交两个分量可表示为

$$\begin{cases} I_i = w_{i0}\cos[\Delta\phi_0 + i\Delta\phi] \\ Q_i = w_{i0}\sin[\Delta\phi_0 + i\Delta\phi] \end{cases}, \quad i=1,2,\cdots,N \tag{10.2.37}$$

式中，w_{i0} 为各个天线单元(或子天线阵)信号的幅值；$\Delta\phi_0$ 为接收回波信号与本振信号之间的相位差，若各单元通道内混频器的本振信号是经过并联功率分配网络传送的，具有相同的相位，则 $\Delta\phi_0$ 对各个单元通道都是一样的。

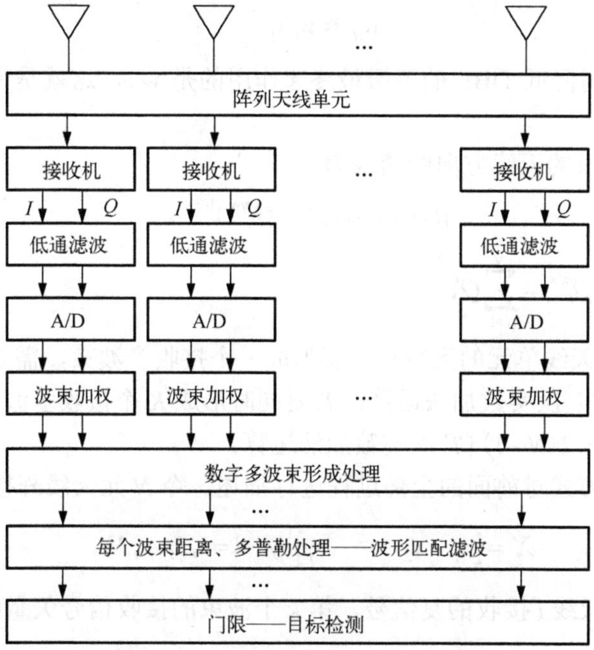

图 10.2.10 接收 DBF 系统的基本组成

下面以接收为例说明波束形成过程。假设要形成多个接收波束，且每个波束指向不同，其中，第 k 个波束指向为 θ_{Bk}，为此阵列单元之间的相位差应为

$$\Delta\phi_{Bk} = 2\pi d \sin\theta_{Bk} / \lambda \tag{10.2.38}$$

对天线 i 进行相位加权后接收信号的输出为

$$\begin{cases} I_{ik}^{w} = w_{i0}\cos(\Delta\phi_0 + i\Delta\phi - i\Delta\phi_{Bk}) \\ Q_{ik}^{w} = w_{i0}\sin(\Delta\phi_0 + i\Delta\phi - i\Delta\phi_{Bk}) \end{cases} \tag{10.2.39}$$

式(10.2.39)可变化为

$$\begin{cases} I_{ik}^{w} = I_i\cos(i\Delta\phi_{Bk}) + Q_i\sin(i\Delta\phi_{Bk}) \\ Q_{ik}^{w} = -I_i\sin(i\Delta\phi_{Bk}) + Q_i\cos(i\Delta\phi_{Bk}) \end{cases} \tag{10.2.40}$$

式(10.2.40)可进一步表示为矩阵：

$$\begin{bmatrix} I_{ik}^{w} \\ Q_{ik}^{w} \end{bmatrix} = \begin{bmatrix} \cos(i\Delta\phi_{Bk}) & \sin(i\Delta\phi_{Bk}) \\ -\sin(i\Delta\phi_{Bk}) & \cos(i\Delta\phi_{Bk}) \end{bmatrix} \begin{bmatrix} I_{ik} \\ Q_{ik} \end{bmatrix} \tag{10.2.41}$$

由此可见，对一个天线单元接收的信号进行相位加权可通过矩阵运算完成，共需进行 4 次实数乘法运算和 2 次实数加法运算。

如同经常采用对阵列进行幅度加权以降低阵列天线方向图的旁瓣，我们也可以通过幅度加权来降低 DBF 的旁瓣电平。为此式(10.2.41)变为

$$\begin{bmatrix} I_{ik}^{\mathrm{w}} \\ Q_{ik}^{\mathrm{w}} \end{bmatrix} = \begin{bmatrix} w_i\cos(i\Delta\phi_{\mathrm{B}k}) & w_i\sin(i\Delta\phi_{\mathrm{B}k}) \\ -w_i\sin(i\Delta\phi_{\mathrm{B}k}) & w_i\cos(i\Delta\phi_{\mathrm{B}k}) \end{bmatrix} \begin{bmatrix} I_{ik} \\ Q_{ik} \end{bmatrix} \tag{10.2.42}$$

式中，w_i 为 DBF 过程中对天线 i 的幅度加权系数。于是天线 i 接收信号总的幅度加权系数为

$$w_{iF} = w_i w_{io} \tag{10.2.43}$$

需要强调的是，对降低 DBF 的旁瓣最终起作用的是 w_{iF}，这就是说，w_i 需要根据 w_{io} 来进行确定。

DBF 的第 k 个波束的天线方向图函数为

$$\left|F_k(\theta)\right| = (I_k^{\mathrm{ww}} + Q_k^{\mathrm{ww}})^{1/2} \tag{10.2.44}$$

式中，$I_k^{\mathrm{ww}} = \sum_{i=1}^{N} I_{ik}^{\mathrm{w}}$；$Q_k^{\mathrm{ww}} = \sum_{i=1}^{N} Q_{ik}^{\mathrm{w}}$。

因此，对于 N 个天线单元的天线阵，要形成一个接收多波束，需要进行 $4N$ 次实数乘法运算和 $[2N + 2(N-1)]$ 次实数加法运算；若要同时形成 K 个接收多波束，需要进行 $4KN$ 次实数乘法运算和 $[2N+2(N-1)]K$ 次实数加法运算。

下面用矢量运算方式对前面的全部过程进行描述。令 N 元天线阵接收到的信号矢量为

$$\boldsymbol{X} = \begin{bmatrix} x_1 & x_2 & \cdots & x_i \end{bmatrix}^{\mathrm{T}}, \quad i = 1,2,\cdots,N \tag{10.2.45}$$

式中，$x_i = I_i + \mathrm{j}Q_i$ 为天线 i 接收的复信号。第 k 个波束的接收信号矢量的加权矢量为

$$\boldsymbol{W} = \begin{bmatrix} W_{1k} & W_{2k} & \cdots & W_{ik} & \cdots & W_{Nk} \end{bmatrix}^{\mathrm{T}} \tag{10.2.46}$$

其中

$$W_{ik} = w_{iF}\exp[-\mathrm{j}(i\Delta\phi_{\mathrm{B}k})] \tag{10.2.47}$$

加权后的复信号 $\boldsymbol{X}$，经相加、求和便得到数字波束形成网络的输出函数：

$$F_k(\theta) = \boldsymbol{W}^{\mathrm{T}}\boldsymbol{X} \tag{10.2.48}$$

7. 发射多波束形成

天线阵面上各天线单元要求的不同相位，由雷达波束控制计算机提供的二进制数字控制信号对每个单元通道上的任意波形发生器(AWG)进行控制，如图 10.2.11 所示，而不是对移相器进行控制。因此，常规相控阵雷达在高频实现的馈电系统中的功率分配与相加网络的功能完全由计算机提供的视频(即数字)信号控制所代替。

AWG 用于产生信号波形及提供相移的工作原理与前面讨论的数字信号产生器是一样的。用于改变 AWG 输出信号的频率、相位与幅度的控制信号均是二进制的。除控制信号外，AWG 的输入信号为时钟频率 f_{c}，输出信号则是经低通滤波器的基带信号，再经过上变频至雷达工作频率。当雷达处于发射状态时，AWG 产生的是发射激励信号；对收发共用的相控阵天线来说，在接收状态时，AWG 则用于产生本振信号。

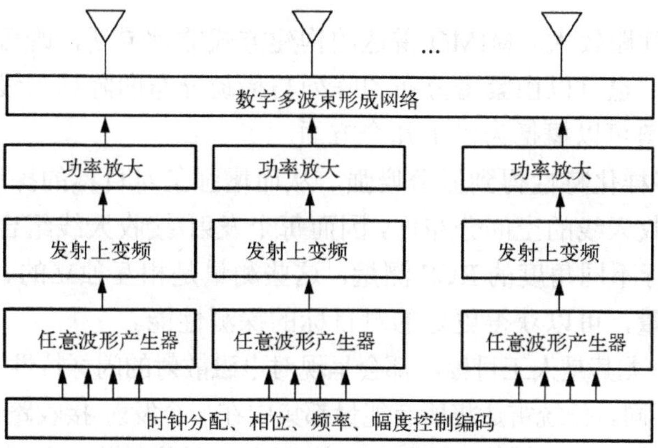

图 10.2.11　发射 DBF 系统的基本组成

8. 数字阵列雷达的关键技术

数字阵列雷达的关键技术包括硬件和软件两个方面。由于发射和接收通道数量急剧增加，一方面，如何保持多发射和接收通道之间的幅相一致性和时间同步极为关键。另一方面，大幅增大的原始数据率和数据量对高速数据传输和高速信号处理提出了更高的要求。

各种高性能(高精度和高效率)的自适应波束形成方法和算法以及高效的多波束校准方法和算法对于数字阵列雷达的性能有至关重要的影响。

10.2.7　数字阵列雷达的应用

高分辨率宽幅 SAR 需要解决幅宽要求 PRF 尽量低和方位向高分辨率要求 PRF 尽量大的矛盾。采用数字阵列雷达技术便可以通过方位向多通道发射和接收，以及距离向宽波束发射窄波束接收等技术有效克服幅宽与 PRF 的矛盾[7]。

对于多目标(尤其是高速运动的多目标)，若采用相控阵雷达，则需要给每个目标分配一定的时间资源，必然导致跟踪能力下降，而若采用具有多波束同时形成能力的数字阵列雷达，则可以对所有的目标均有相同且足够的时间资源，从而保证了对多目标的跟踪能力，进而还可对多目标同时进行成像。

10.3　MIMO 雷达

10.3.1　概述

MIMO 是指多输入多输出。MIMO 雷达利用多天线发射多个不相干或者正交的信号，同时利用多个天线接收来自目标反射/散射的不同的雷达信号，进而对这些信号进行集中处理，从而获得对目标探测、成像性能的提升[8–10]。接收到的不同的信号，代表了不同的传播路径。MIMO 雷达与传统的相控阵雷达主要的区别之一就在于发射信号的不同，对于传统相控阵雷达来说，不同天线单元发射的信号一般是相干的，而对于 MIMO 雷达，不同天线单元发射的信号一般是不相干的。对于传统雷达而言，目标的闪烁(scintillations)降低了对目标探测性能，而对于 MIMO 雷达来说，正是利用目标的闪烁来提升对目标的探测性能。一般来说，传统相控阵雷达的天线单元在空间上通常是紧密分布的，而 MIMO 雷达的天线既可以是紧密分布，也可以是稀疏分布且间距较大。MIMO 雷达的构建方式非常灵活，既可以由完全紧密或稀疏分布的天线阵列组成，也可以由紧密分布的阵列与稀疏分布的阵列天线共同组成。

MIMO 雷达的优势可以概括为以下几个方面。

(1) 信号的空间多样化特性得到显著增强，从而增强了对目标的探测性能。

由于发射或者接收天线的空间分布广，因而每个发射/接收天线组合对目标的观测角度不同，因此获得了对目标不同角度的 RCS 测量，这些测量是相互独立的、无关的。基于这种多样化的相互独立的测量，可以获得更好的对目标的探测性能。

几乎所有的目标，尤其是人工目标，都会呈现对电磁散射的闪烁特性，即不同的观测角度，雷达回波的幅度显著不同。传统雷达将所有能量都集中在一个发射-接收路径上，因而目标的闪烁特性极大地影响了对目标的探测性能，而 MIMO 雷达将信号能量分布在不同的发射-接收路径上，因而将这些独立的测量进行平均后，可以得到稳定的回波强度，从而实现对目标稳定的探测。

(2) 获得对目标探测的更大的空间自由度、更大的虚拟孔径、更高的空间分辨率、更低的运动目标探测速度和更好的方向分辨能力。

一方面，对目标的多个不同角度的观测信息有助于提高对目标探测的空间分辨率。另一方面，对发射天线位置和接收天线位置进行卷积可以得到更大的虚拟阵列。因此，可以通过稀布的天线阵列，例如，可以采用稀疏的发射阵列与紧密(满阵)的接收阵列(或者相反)构建满阵的天线阵列，从而获得更好的角度分辨能力和空间分辨能力，以及对地面慢速运动目标的监测能力。

(3) 发射信号的多样化，更容易获得针对不同探测目标的优化波形。

例如，可以同时采用固定波形的发射信号和随机波形的发射信号，更好地满足对运动目标高精度速度测量和高分辨率成像的需求。

MIMO 雷达面临的重大挑战是如何高效地共享多个分布很广的收发系统所获得的大量观测数据，在此基础上，根据不同的探测模式对这些观测数据进行处理。

尽管 MIMO 雷达从概念上提出的时间还较短，但是一经提出，之前的很多雷达都可以归属为 MIMO 雷达，例如，极化 SAR 和“乒乓”模式的干涉 SAR 都可以认为是特殊的 MIMO 雷达。

10.3.2 统计 MIMO 雷达和相干 MIMO 雷达

MIMO 雷达的空间构建方式主要有两种。一种是发射阵列天线和接收阵列天线在空间稀疏分布，所提供的发射-散射测量是相互独立的，此时的 MIMO 雷达称为统计 MIMO 雷达[9]。另一种是发射阵列天线和接收阵列天线在空间上是紧密分布的，所以目标处于发射-接收阵列天线的远场。此时来自目标的散射信号经过不同的发射-接收路径后是相干的，因为接收天线阵列全部处于虚拟的“散射波束宽度”，如图 10.3.1 所示，故此时的 MIMO 雷达称为相干 MIMO 雷达[10]。

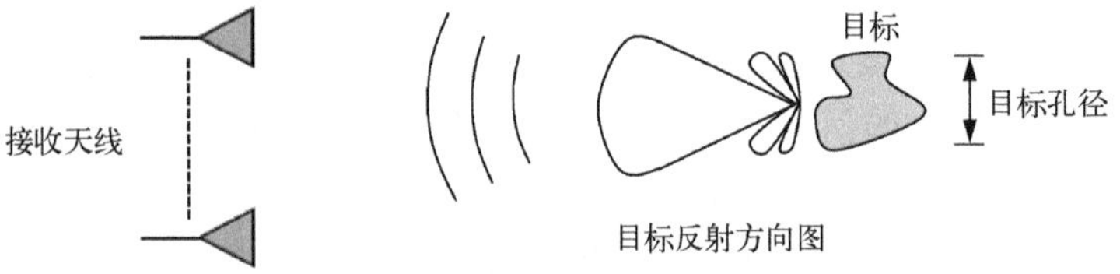

图 10.3.1 相干 MIMO 雷达示意图

10.3.3 虚拟天线阵列

MIMO 雷达虚拟阵列指的是根据 MIMO 雷达发射和接收天线阵列的构型，通过对不同的发射-接收路径的信号进行联合处理，虚拟出一个比真实的发射和接收天线阵列更大的天线阵列。可以证明，虚拟天线阵列可由发射天线阵列和接收天线阵列位置的卷积来获得。

虚拟阵列的构建是 MIMO 雷达的主要优势之一，可以通过阵列天线单元同时发射相互正交的信号，接收阵列同时接收所有的信号来构建，或者每个天线依次分时发射信号，接收阵列所有天线接收所有回波信号的方式来构建。

1. 一维线阵虚拟

为了比较 MIMO 雷达与相控阵雷达的区别，图 10.3.2 给出了相控阵雷达发射和接收波束的示意图。发射天线 1、2、3 发射的信号波形相同(来自同一个发射机)，所形成的等相位只有一个，即天线波束指向目标；接收天线 1、2、3 接收到的信号汇聚到同一个接收机。发射阵列天线只有一个相位中心，接收阵列天线同样只有一个相位中心，如果是单站，那么这两个相位中心重合。对于相控阵雷达来说，不同天线单元接收到的回波信号的相位关系只与目标的角度方向有关，因而是固定的。对于紧密天线阵列，图 10.3.2 中 $d=\lambda/2$。

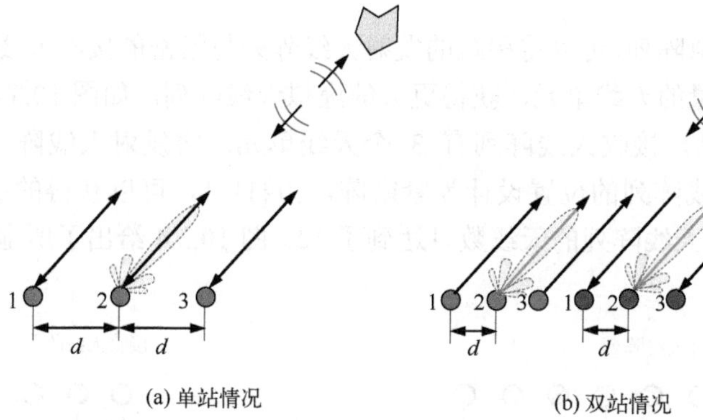

图 10.3.2 相控阵雷达发射和接收波束的示意图

对于 MIMO 雷达，以一个 3 元直线阵列天线为例，当天线 1、2 和 3 同时发射的信号各不相同且正交时，天线 1、2 和 3 同时接收来自自身发射信号的回波信号和来自其他两个天线发射信号的回波信号，如图 10.3.3 所示。假设发射阵列中的第 M 个发射天线和接收阵列中的第 N 个接收天线与目标的位置矢量分别为 $\boldsymbol{r}_{T,m}$ 和 $\boldsymbol{r}_{R,n}$，则经匹配滤波后的信号为

$$s_{n,m}(t)=A_{n,m}\exp[\mathrm{j}2\pi(\boldsymbol{r}_{T,m}+\boldsymbol{r}_{R,n})/\lambda] \tag{10.3.1}$$

式(10.3.1)表明，不同的天线发射信号时，意味着发射信号的相位中心发生了变化，因此不同天线接收到的回波信号之间的相位关系也随之改变，并且天线单元之间相位差的范围增大。正是由于这种相位关系的变化和相位差的增大，保证了虚拟增大天线阵列的合理性。

在实际中，为了提高雷达的工作效率，需要让 MIMO 雷达的所有发射天线同时发射信号，并且不同天线发射的信号相互独立(正交)。

对于图 10.3.3 的情况，发射和接收天线阵列的天线数目都是 3，发射阵列和接收阵列的位置都设计为{111}，可以获得的虚拟阵列为{12321}，虚拟天线阵列的天线数目为 5。

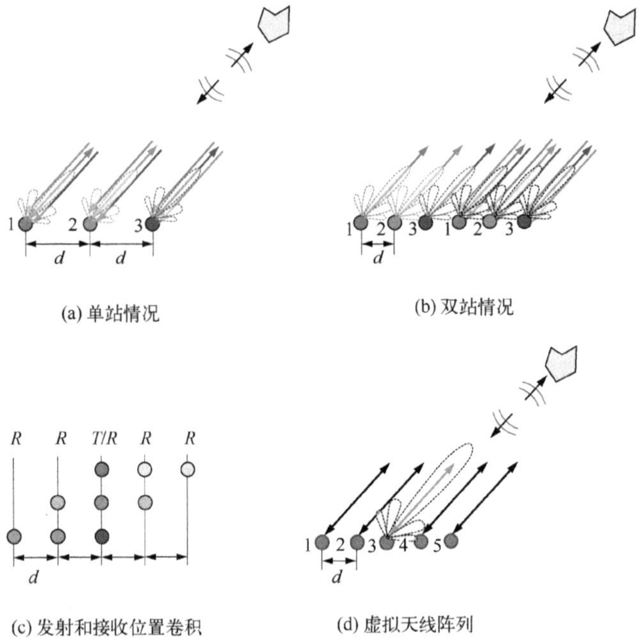

图 10.3.3 MIMO 雷达单站和双站虚拟阵列天线的示意图

为了获得更大的虚拟阵列，可以将稀疏的发射天线阵列与紧密的接收天线阵列结合起来，这样可以实现以较小数量的天线单元，获得更大的虚拟天线阵列。如图 10.3.4 所示，发射天线阵列有 4 个天线单元，接收天线阵列有 3 个天线单元。将发射天线阵列的位置设计为{1001001001}，接收天线阵列的位置设计为紧密阵，为{111}，可以获得的虚拟天线阵列为{111111111111}，即虚拟天线阵列的天线数目达到了 12。图 10.3.4 给出了所虚拟的 12 单元天线阵列的排布示意图。

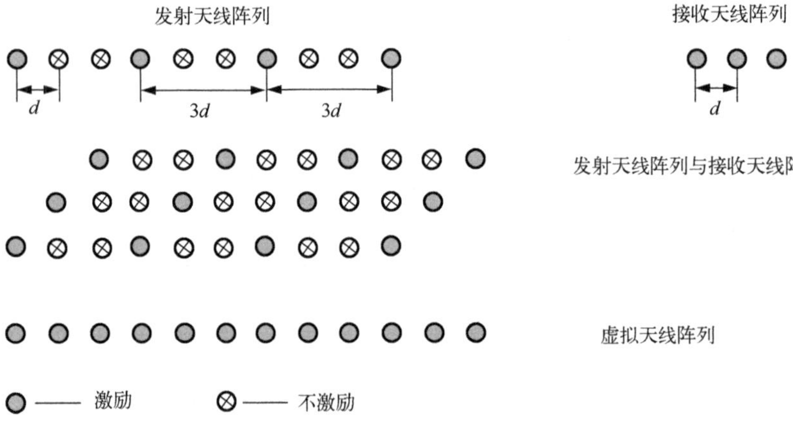

图 10.3.4 MIMO 一维虚拟线阵构建的示意图

2. 二维面阵虚拟

这里采用十字交叉的发射阵列和接收阵列，如图 10.3.5 所示，发射阵列 T_1～T_{15} 顺序发射雷达信号，接收阵列 R_1～R_{15} 同时接收每一个发射信号的回波信号，便可构建出 15×15 的二维均匀面阵，并且阵元之间的距离均为 $d=\lambda/2$。图 10.3.5 中处于交叉位置的天线既发射也接收。

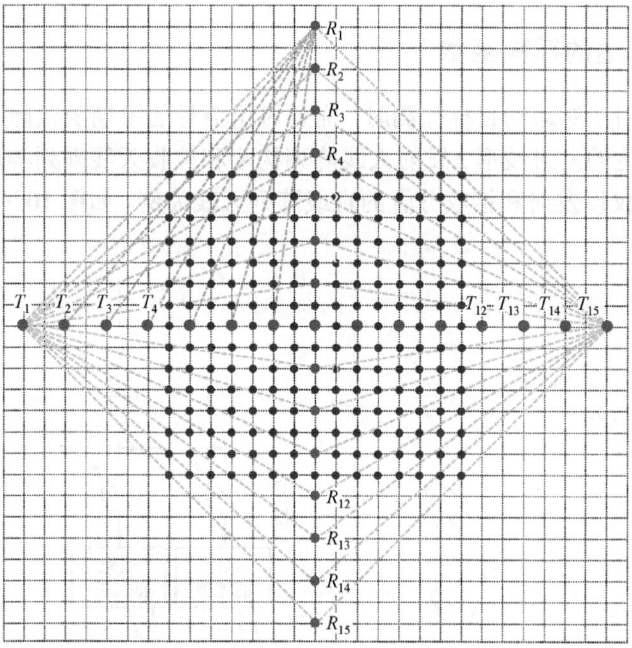

图 10.3.5　MIMO 二维虚拟面阵构建的示意图

通过采用分时 MIMO 技术，仅用 15 个发射天线和 15 个接收天线便可构建出等效同时发射和接收的 225 个天线阵列。这一技术在人体成像雷达(安检雷达)中已得到广泛应用。

除十字交叉方式外，还可采用“T”形或“L”形收发阵列来构建二维面阵。

10.3.4　MIMO 雷达与相控阵雷达的比较

MIMO 雷达与相控阵雷达的一个较为显著的差别是：瞬时观测区域的范围和凝视时间不同，如图 10.3.6 所示。

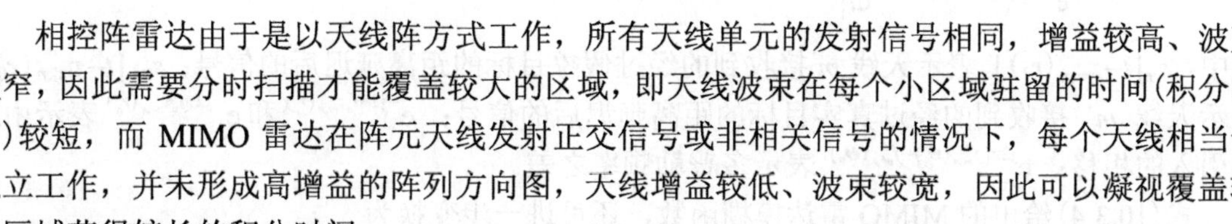

图 10.3.6　MIMO 雷达与相控阵雷达的观测对比

相控阵雷达由于是以天线阵方式工作，所有天线单元的发射信号相同，增益较高、波束较窄，因此需要分时扫描才能覆盖较大的区域，即天线波束在每个小区域驻留的时间(积分时间)较短，而 MIMO 雷达在阵元天线发射正交信号或非相关信号的情况下，每个天线相当于独立工作，并未形成高增益的阵列方向图，天线增益较低、波束较宽，因此可以凝视覆盖较大区域获得较长的积分时间。

由于雷达观测的信噪比取决于回波信号能量的积累，在发射功率相同的情况下，MIMO 雷达虽然天线增益较低(回波功率较低)，但积分时间较长，而相控阵雷达虽然天线增益较高(回波功率较高)，但积分时间较短，二者的能量积累却可以是相当的。

10.3.5 MIMO 雷达的模糊函数

当 MIMO 雷达用于对运动目标探测时，需要讨论信号的模糊函数问题。MIMO 雷达的模糊函数与 MIMO 雷达的发射波形、发射天线阵列构形和接收天线阵列构形有关，有多种不同的描述方式。在此，仅以发射和接收分置的直线阵列天线为例，如图 10.3.7 所示，推导 MIMO 雷达的模糊函数。

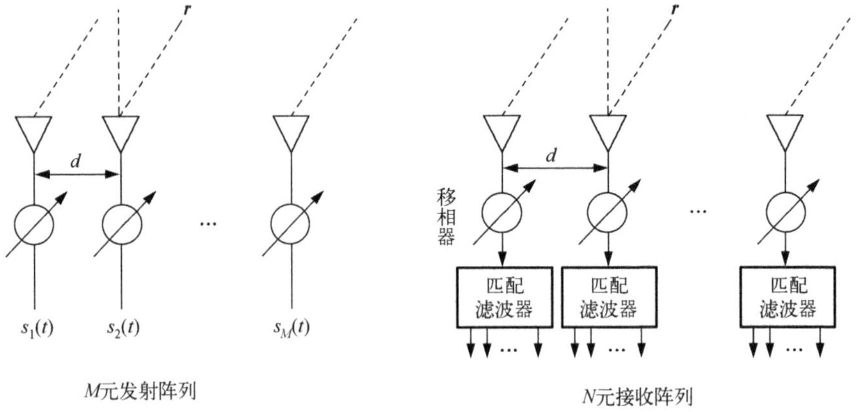

图 10.3.7 直线阵列天线 MIMO 雷达示意图

假设 MIMO 雷达的发射阵列有 M 个天线，接收阵列有 N 个天线，其位置分别为 $\boldsymbol{r}_{T,m}$ ($m=1,2,\cdots,M$) 和 $\boldsymbol{r}_{R,n}$ ($n=1,2,\cdots,N$)。用 $\Theta(\boldsymbol{r},\boldsymbol{v})$ 表示目标参数矢量（$\boldsymbol{r}$ 和 $\boldsymbol{v}$ 分别为目标的位置和速度矢量），其对应的相对时延 τ_{mn} 和相对多普勒频率 $f_{m,n}^{\mathrm{d}}$ 分别为

$$\tau_{mn}=\tau_m(\boldsymbol{r})+\tau_n(\boldsymbol{r}) \tag{10.3.2}$$

$$f_{m,n}^{\mathrm{d}}(\boldsymbol{\Theta})=f_m^{\mathrm{d}}(\boldsymbol{\Theta})+f_n^{\mathrm{d}}(\boldsymbol{\Theta}) \tag{10.3.3}$$

用 $\boldsymbol{\Theta}_0$ 表示真实的目标参数矢量，$\boldsymbol{\Theta}_1$ 表示假想的目标参数矢量，于是可以定义如下的 MIMO 模糊函数[11]：

$$\begin{aligned}\chi(\boldsymbol{\Theta}_1,\boldsymbol{\Theta}_0)&=\left|\int_{-\infty}^{\infty}x(t,\boldsymbol{\Theta}_1)x^*(t,\boldsymbol{\Theta}_0)\mathrm{d}t\right|^2\\&=\left|\sum_{n=1}^{N}\sum_{m=1}^{M}\sum_{m'=1}^{M}\int_{-\infty}^{\infty}s_m[t-\tau_{m,n}(\boldsymbol{r}_1)]s_{m'}^*[t-\tau_{m',n}(\boldsymbol{r}_0)]\mathrm{e}^{-\mathrm{j}2\pi\tau_{m,n}(\boldsymbol{r}_1)[f_\mathrm{c}+f_{m,n}^{\mathrm{d}}(\boldsymbol{\Theta}_1)]}\mathrm{e}^{\mathrm{j}2\pi\tau_{m',n}(\boldsymbol{r}_0)[f_\mathrm{c}+f_{m',n}^{\mathrm{d}}(\boldsymbol{\Theta}_0)]}\right.\\&\quad\left.\cdot\,\mathrm{e}^{\mathrm{j}2\pi[f_{m,n}^{\mathrm{d}}(\boldsymbol{\Theta}_1)-f_{m',n}^{\mathrm{d}}(\boldsymbol{\Theta}_0)]}\mathrm{d}t\right|^2\end{aligned} \tag{10.3.4}$$

式中，$s_m[t-\tau_{m,n}(\boldsymbol{r}_1)]$ 表示天线 m 接收到的经过假象目标的距离延迟后的信号；$s_{m'}^*[t-\tau_{m',n}(\boldsymbol{r}_0)]$ 表示天线 m' 接收到的经过真实目标的距离延迟后的信号；$\mathrm{e}^{-\mathrm{j}2\pi f_\mathrm{c}\tau_{m,n}(\boldsymbol{r}_1)}$ 和 $\mathrm{e}^{-\mathrm{j}2\pi f_\mathrm{c}\tau_{m',n}(\boldsymbol{r}_0)}$ 表示由距离引入的相移；$\mathrm{e}^{\mathrm{j}2\pi[f_{m,n}^{\mathrm{d}}(\boldsymbol{\Theta}_1)-f_{m',n}^{\mathrm{d}}(\boldsymbol{\Theta}_0)]}$ 表示多普勒频率之差。

式(10.3.4)给出的 MIMO 雷达模糊函数，还可进一步变换为

$$\chi(\boldsymbol{\Theta}_1,\boldsymbol{\Theta}_0)=\sum_{n=1}^{N}\boldsymbol{a}_t^{\mathrm{H}}(\boldsymbol{\Theta}_1,n)\boldsymbol{R}(\boldsymbol{\Theta}_1,\boldsymbol{\Theta}_0,n)\boldsymbol{a}_t(\boldsymbol{\Theta}_0,n) \tag{10.3.5}$$

式中

$$R_{m,m'}(\boldsymbol{\Theta}_1,\boldsymbol{\Theta}_0,n)=\int_{-\infty}^{\infty}s_m[t-\tau_{m,n}(\boldsymbol{r}_1)]s_{m'}^*[t-\tau_{m',n}(\boldsymbol{r}_0)]\mathrm{e}^{\mathrm{j}2\pi[f_{m,n}^{\mathrm{d}}(\boldsymbol{\Theta}_1)-f_{m',n}^{\mathrm{d}}(\boldsymbol{\Theta}_0)]}\mathrm{d}t \tag{10.3.6}$$

$$\boldsymbol{a}_t^{\mathrm{H}}(\boldsymbol{\Theta}_1,n)=[\mathrm{e}^{\mathrm{j}2\pi f_c\tau_{1,n}(\boldsymbol{r}_1)},\mathrm{e}^{\mathrm{j}2\pi f_c\tau_{2,n}(\boldsymbol{r}_1)},\cdots,\mathrm{e}^{\mathrm{j}2\pi f_c\tau_{m,n}(\boldsymbol{r}_1)}]^{\mathrm{T}} \tag{10.3.7}$$

$$\boldsymbol{a}_t(\boldsymbol{\Theta}_0,n)=[\mathrm{e}^{\mathrm{j}2\pi f_c\tau_{1,n}(\boldsymbol{r}_0)},\mathrm{e}^{\mathrm{j}2\pi f_c\tau_{2,n}(\boldsymbol{r}_0)},\cdots,\mathrm{e}^{\mathrm{j}2\pi f_c\tau_{m',n}(\boldsymbol{r}_0)}]^{\mathrm{T}} \tag{10.3.8}$$

从式(10.3.4)或式(10.3.5)所示的 MIMO 雷达的模糊函数可看出，其与普通单发射和单接天线雷达的模糊函数的区别在于多了与目标模型以及发射和接收阵列的几何关系的影响。

习　题

1．相控阵雷达数字移相器为什么要采用虚位技术？会带来哪些问题？

2．理解相控阵雷达波束扫描跃度产生的原因。

3．如何理解采用数字移相器的虚位技术后等同于子阵馈电？

4．举例说明为什么采用数字移相器的虚位技术后，所产生的相位量化误差随着扫描角度的增大而减小。

5．将二维平面相控阵雷达的配相计算公式分解为两个方向的配相计算公式。

6．相控阵雷达采用子阵馈电方式可带来哪些好处？

7．请通过示意图描述宽带相控阵雷达天线的波束色散和孔径渡越时间问题，可用什么技术方法来克服这两个问题？

8．通过示意图解释相控阵雷达天线的波束色散和孔径渡越时间问题，有何解决方法?

9．相控阵雷达与数字波束形成雷达有何相同点和不同点?

10．请比较模拟多波束阵列雷达与数字多波束阵列雷达的优缺点。

11．请对比传统相控阵雷达与数字阵列雷达的特点，解释为何数字阵列雷达能够较好克服大型宽带相控阵雷达的孔径渡越时间和波束色散问题。

12．影响数字阵列雷达的多波束形成性能的主要因素有哪些？

13．MIMO 构建虚拟天线阵的原理是什么？

14．请构建出发射阵列和接收阵列构成 T 形和 L 形的 MIMO 雷达虚拟阵列。

参 考 文 献

[1] MAILLOUX R J. Phased array antenna handbook[M]. 2nd ed. Boston: Artech House, 2005.

[2] 张光义. 相控阵雷达系统[M]. 北京：国防工业出版社, 1994.

[3] Radar antennas[M]// CHRISTOPHER D B. Principles of modern radar: Basic principles, North Carolina: SciTech Publishing, 2010.

[4] FU W, JIANG D F. Radar wideband digital beamforming based on time delay and phase compensation[J].International journal of electronics, 2018, 105(7): 1144-1158.

[5] FU W, JIANG D F, SU Y, et al. Implementation of wideband digital transmitting beamformer based on LFM waveforms[J]. IET signal processing, 2017, 11(2): 205-212.

[6] PATYUCHENKO A, ROMMEL T, LASKOWSKI P, et al. Digital beam-forming reconfigurable radar system

demonstrator[C].2012 IEEE international geoscience and remote sensing symposium, Munich, 2012.

[7] KRIEGER G, GEBERT N, MOREIRA A. Multidimensional waveform encoding: a new digital beamforming technique for synthetic aperture radar remote sensing[J]. IEEE transactions on geoscience and remote sensing, 2008, 46(1): 31-46.

[8] MELVIN W L, SCHEER J. Chapter 4: MIMO radar[M]// DAVIS M S. Principles of modern radar: advanced techniques.North Carolina: SciTech Publishing, 2010.

[9] LI J, STOICA P. MIMO radar with colocated antennas[J]. IEEE signal processing magazine, 2007, 24(5): 106-114.

[10] HAIMOVICH A M, BLUM R S, CIMINI L J.MIMO radar with widely separated antennas[J].IEEE signal processing magazine, 2008, 25(1): 116-129.

[11] SAN ANTONIO G, FUHRMANN D R, ROBEY F C. MIMO radar ambiguity functions[J]. IEEE journal of selected topics in signal processing, 2007, 1(1): 167-177.

第 11 章 超分辨雷达成像技术

11.1 概 述

图 11.1.1(a)、(b)和(c)分别给出了雷达理想带通系统、实际中一般带通系统和包含噪声的一般带通系统响应示意图[1]。由图 11.1.1(c)可见，由于存在系统噪声，因此实际系统的有效带宽降低。从理论上说，超分辨成像的目的就是将系统噪声抑制或将其与信号分离，从而获得更大的有效带宽，得到更高的分辨率。

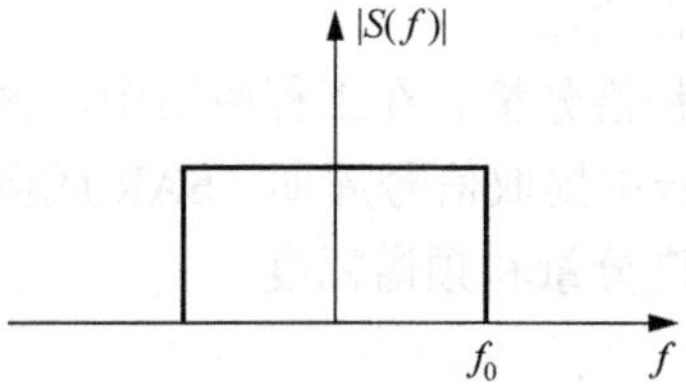

(a) 理想带通系统

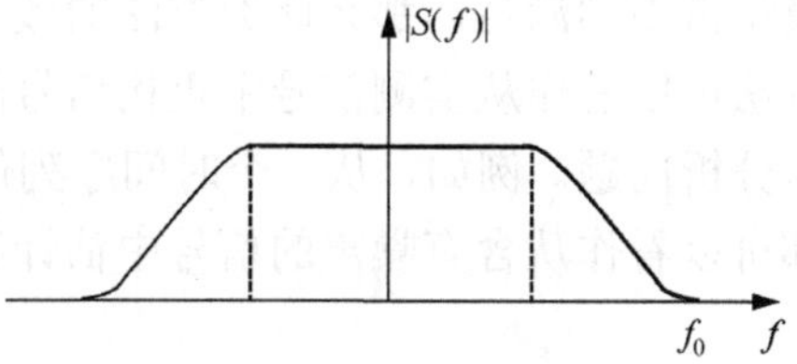

(b) 实际中一般带通系统

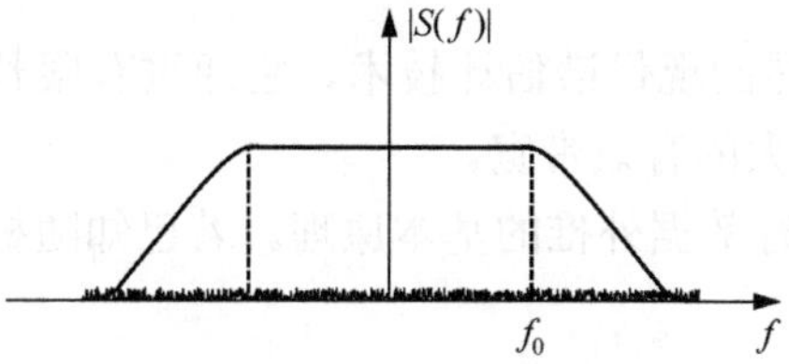

(c) 包含噪声的一般带通系统

图 11.1.1 雷达带通系统响应示意图

11.2 超分辨成像方法分类

11.2.1 频谱扩展理论

频谱扩展是指将对目标观测所获得的空间频谱按照特定的方法进行扩展，空间频谱可以只在距离向扩展，或者只在方位向扩展，或者同时在距离向和方位向扩展。这种扩展既包括内插，也包括外推。本节主要介绍两种方法，一种是自回归(auto regression，AR)方法[2,3]，另一种是 Super-SVA(spatial variant apodization)方法[4–7]。

11.2.2 谱分析理论

长期以来，研究人员开发了一系列的谱分析方法，迄今谱分析方法已经被广泛应用于雷达阵列信号处理、语音、声呐等领域，并且逐渐被应用于 ISAR/SAR 成像中。

谱分析方法主要有两类。①非参数化的经典谱分析方法，该方法的基本思想是：将信号通过一个窄带滤波器，该滤波器对感兴趣频带内的信号进行滤波，用滤波器的输出功率除以滤波器的带宽表示对输入信号频谱的量度。这类方法中，最经典的就是 DFT (discrete Fourier transform) 及其改进方法。基于 DFT 的方法，虽然不需要任何先验信息，也不需要对信号模型做任何假设，但是其频谱分辨率有限。基于自适应滤波的非参数谱估计方法，如经典 Capon 方法[8,9]和 APES (amplitude and phase estimation) 方法[8-10]，突破了 DFT 的分辨率限制，而且性能稳定、适应性较强。②参数化谱分析方法，该方法假定所给的信号符合某一数学模型，再用参数化方法分析信号的频谱，它将谱估计问题简化为数学模型中的参数估计问题。这类方法能提供很高的分辨率，如基于子空间的多重信号分类 (multiple signal classification, MUSIC)[11-16]和旋转不变性参数估计 (estimation of parameters via rotation invariance technique, ESPRIT) 方法[17-20]。这类方法严重依赖于对观测信号的模型假设，在实际应用中，如果假设的模型得不到满足，那么此类方法的效果将变差。

谱分析方法可以看作从实测信号中重构信号的频谱分量。在工程应用中，很多实际问题都可以看作谱分析问题。例如，从一个时间序列信号中提取信号周期，SAR 成像以及地震信号处理等，都可以看作从含有噪声的信号中估计频谱分量和频谱幅度。

11.3 AR 插值方法

AR 模型是一种较为成熟的现代谱估计技术，它通过有限长度的信号数据外推出观测区域之外的数据，从而获得更大的有效带宽。

先考虑一维 AR 模型进行数据外推的基本原理。若已知随机序列 $x(n)$，则定义：
p 阶前向线性预测为

$$\hat{x}_{\mathrm{f}}^{p}(n) = -\sum_{i=1}^{p} a_i x(n-i) \tag{11.3.1}$$

p 阶后向预测为

$$\hat{x}_{\mathrm{b}}^{p}(n-p) = -\sum_{i=1}^{p} b_i x(n-p+i) \tag{11.3.2}$$

前向预测误差为

$$e_{\mathrm{f}}^{p}(n) = x(n) - \hat{x}_{\mathrm{f}}^{p}(n) = x(n) + \sum_{i=1}^{p} a_i x(n-i) \tag{11.3.3}$$

后向预测误差为

$$e_{\mathrm{b}}^{p}(n) = x(n-p) - \hat{x}_{\mathrm{b}}^{p}(n-p) = x(n-p) + \sum_{i=1}^{p} a_i^{*} x(n-p+i) \tag{11.3.4}$$

式中，a_i 代表 p 阶预测器的第 i 个滤波器系数；$n=p+1,p+2,\cdots,N$；$b_i=a_i^*$，“*”表示复共轭。

选定阶数 p 后，通过前后向预测均方误差最小，即

$$\rho=\min\left\{\frac{1}{2}\sum_{n=p+1}^{N}\left(\left|e_{\mathrm{f}}^{p}(n)\right|^{2}+\left|e_{\mathrm{b}}^{p}(n)\right|^{2}\right)\right\} \tag{11.3.5}$$

来求解滤波器系数 a_i，其具体的求解方法有修正的协方差法、Burg 法等。将滤波器系数代回到式(11.3.1)和式(11.3.2)，就可以分别推出随机序列的前向、后向估计值。

接下来考虑两种基于 AR 模型数据外推的情况。

(1)若已知一组数据，外推其两边的数据，如图 11.3.1(a)所示，则在求到滤波器系数 a_i 后，利用式(11.3.1)外推已知数据右边的数据；利用式(11.3.2)外推已知数据左边的数据；

(2)若已知两组数据，外推中间数据，如图 11.3.1(b)所示，则先分别利用左边已知数据右推得到 $\hat{x}_{\mathrm{L}}(n)$，利用右边已知数据左推得到 $\hat{x}_{\mathrm{R}}(n)$，再对两组外推得到的数据 $\hat{x}_{\mathrm{L}}(n)$ 和 $\hat{x}_{\mathrm{R}}(n)$ 进行加权平均得到最后的外推数据。

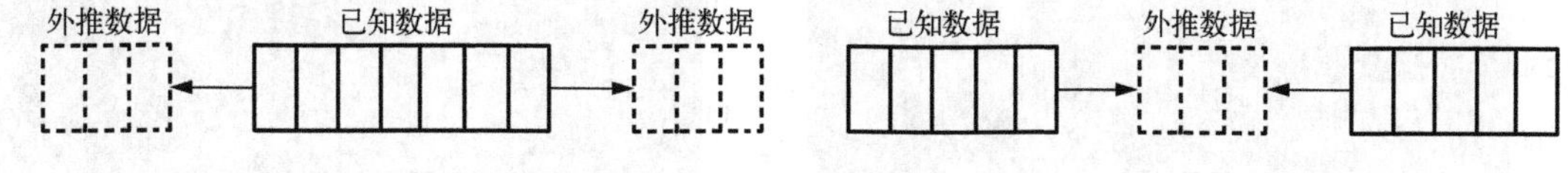

(a) 一组数据外推两边数据　　(b) 两边数据外推中间数据

图 11.3.1　两种 AR 数据外推模式

下面给出利用 AR 方法对 7.5.3 节中的 T72 坦克的原始测量数据进行方位向和距离向信号外推的结果，如图 11.3.2 所示。在原始数据中，360°被分割成 85 个子孔径，即每个子孔径对方位角范围为 360°/85≈4.235°，其中有 0.285°角度的数据为空缺。同时距离向的信号带宽为 660MHz。

图 11.3.2(a)～(d)分别给出了方位缺失角度数据补齐前的信号及其局部细节展示，图 11.3.2(e)和(f)分别给出了方位缺失角度数据补齐同时距离信号带宽外推一倍(1.32GHz)后的信号，图 11.3.2(g)和(h)分别给出了二维数据外推前后的成像结果。图 11.3.2 的结果表明，利用 AR 方法既可对方位向的信号也可对距离向的信号进行外推，外推后的成像分辨率有明显提高。

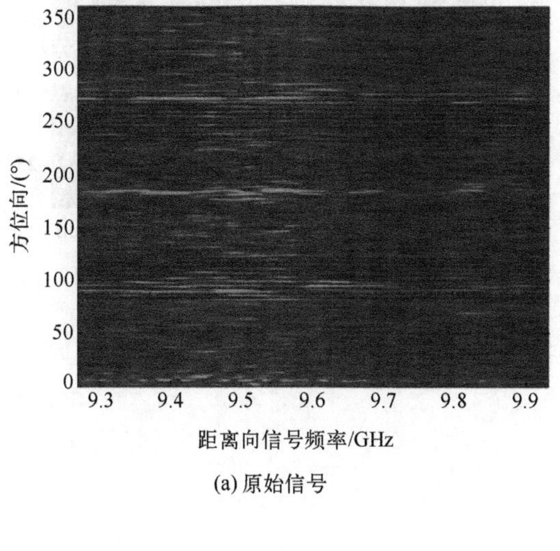

(a) 原始信号

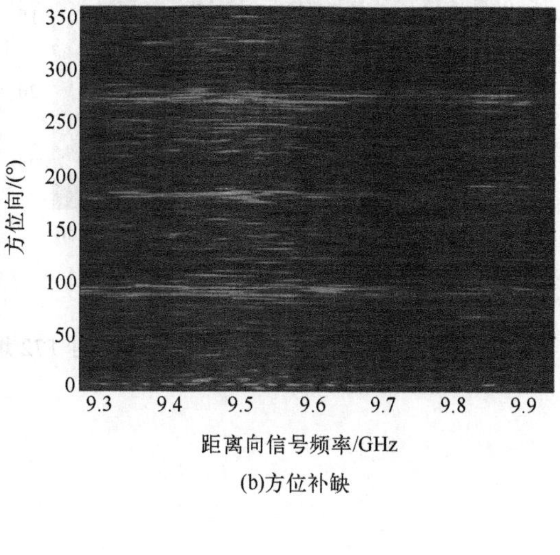

(b)方位补缺

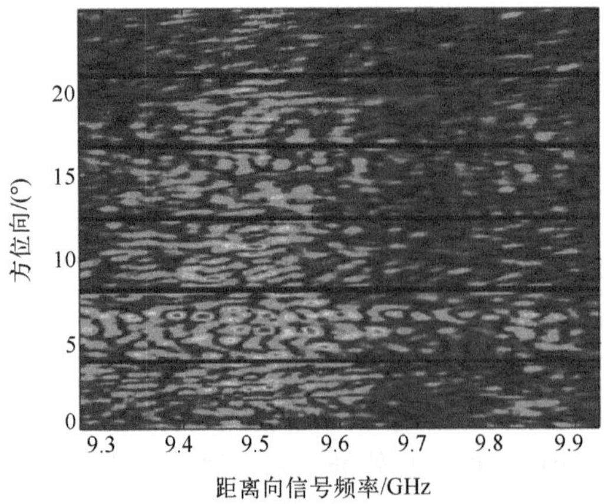

(c) 图(a)的局部

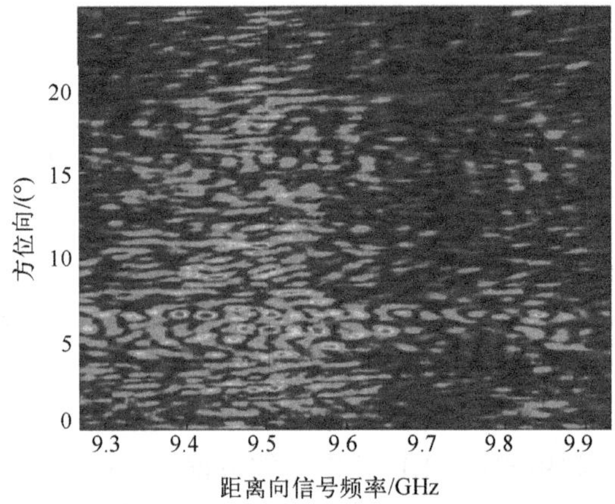

(d) 图(b)的局部

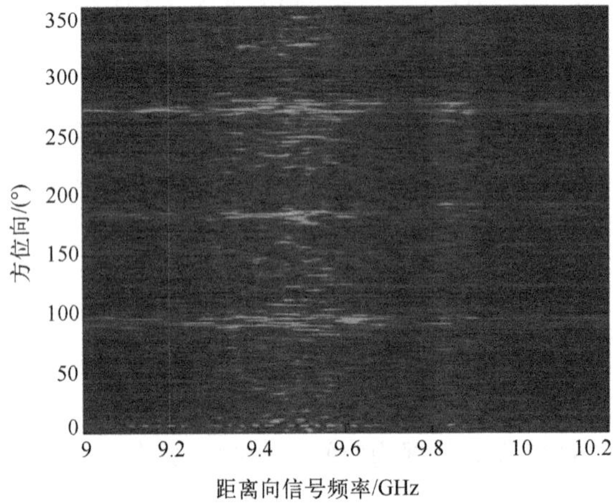

(e) 方位补缺及距离外推

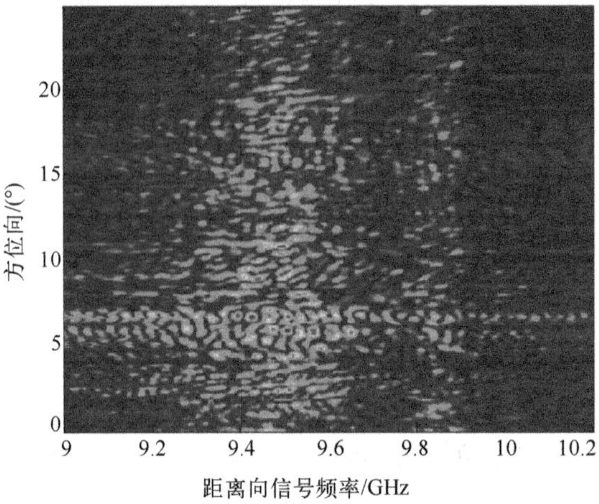

(f) 图(e)的局部

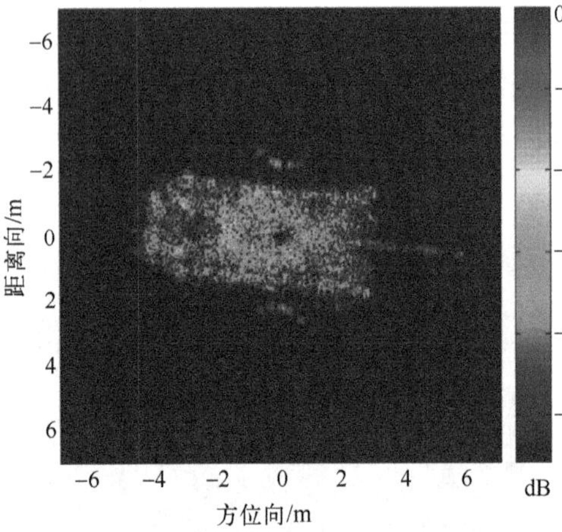

(g) 外推前的成像

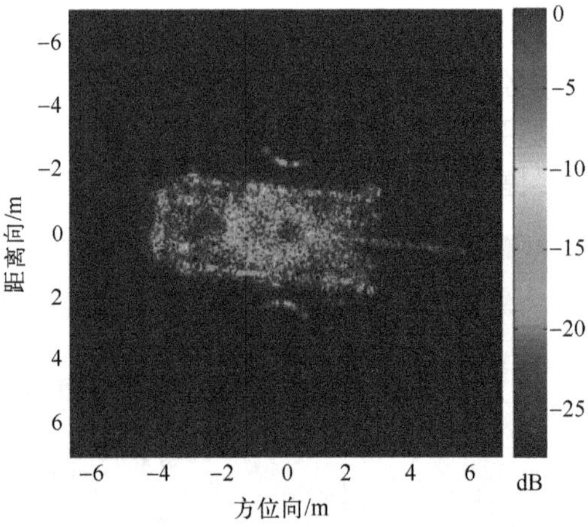

(h) 外推后的成像

图 11.3.2 利用 AR 方法对 T72 坦克数据进一维和二维外推的结果

11.4 Super-SVA 方法

Super-SVA 是 Stankwitz[4]提出的一种基于空间变迹切趾(spatially variant apodization，SVA)[5]的高效超分辨方法，通过 SVA 处理和频域的幅度反加权这两个步骤的循环，能够将原信号频谱外推 2 倍以上，以实现超分辨。Stankwitz 还提出将其应用于估计 SAR 数据中频谱缺失或者因受干扰而丢弃的部分，Xu Xiao jian[6]将其应用于机载 SAR 目标识别、三维干涉 ISAR 精度提高以及超宽带 SAR 叶簇穿透成像，在此将其应用于调频步进信号处理中，均得到了较好的效果。

11.4.1 Super-SVA 原理

超分辨算法(Super-SVA)是以 SVA 为基础的超分辨方法，它不需要成像场景的先验知识和参数模型，只要点目标响应是 sinc 函数形状，就可以通过 SVA 处理和频域幅度反加权的反复迭代实现频谱外推。SVA 是一种非线性加权方法，可用于 SAR、ISAR 或者光学图像处理中，它使得图像的每个像素点从一系列的窗函数中得到一个特定的频域加权窗函数，从而在不展宽主瓣的前提下降低甚至消除图像的旁瓣。它基于余弦底座的频域加权函数为

$$W(n)=1+2\alpha\cos(2\pi n/N),\quad 0\leqslant\alpha\leqslant 0.5 \tag{11.4.1}$$

对式(11.4.1)进行长度为 N 的离散傅里叶变换，可以得到 Nyquist 脉冲响应抽样方程为

$$w(m)=\alpha\delta_{m,-1}+\delta_{m,0}+\alpha\delta_{m,1} \tag{11.4.2}$$

其中

$$\delta_{m,n}=\begin{cases}1, & m=n\\ 0, & m\neq n\end{cases} \tag{11.4.3}$$

从式(11.4.2)可以看到，冲激脉冲响应(IPR)只包含 3 个非零点，也就是说，加权后的图像由相邻 3 点卷积生成：

$$g'(m)=\alpha(m)g(m-1)+g(m)+\alpha(m)g(m+1) \tag{11.4.4}$$

SVA 可以把 I 和 Q 分开处理，式(11.4.4)中 $g(m)$ 代表原图像第 m 个像素点的实部 I 或者虚部 Q，$g'(m)$ 表示此点加权后的值。SVA 的目标就是在 $0\leqslant\alpha\leqslant 0.5$ 的范围内，为每一个像素点 $g(m)$ 寻找合适的 $\alpha(m)$ 值使得 $|g'(m)|^2$ 最小，这相当于为每一个像素点选择一个最合适的窗函数来抑制旁瓣。

若 α 没有取值范围限制，则可以求出使 $|g'(m)|^2$ 最小的 α 值为

$$\alpha_{\rm u}(m)=-g(m)/[g(m-1)+g(m+1)] \tag{11.4.5}$$

此时 $g'(m)=0$。若限制 α 在[0，0.5]区间，则有

$$g'(m)=\begin{cases}g(m), & \alpha_{\rm u}(m)<0\\ 0, & 0\leqslant\alpha_{\rm u}(m)\leqslant 0.5\\ g(m)+0.5\times[g(m-1)+g(m+1)], & \alpha_{\rm u}(m)>0.5\end{cases} \tag{11.4.6}$$

图 11.4.1 为加窗与 SVA 对旁瓣抑制作用的比较。点线为原图像，虚线为加汉宁窗的效果，

实线为 SVA 后的效果。从图中可以看出，加窗后旁瓣减小，但同时主瓣被展宽，即分辨率降低。而 SVA 在抑制了旁瓣的基础上，完全保持了原图像的主瓣宽度，图像分辨率并没有降低，并且它对旁瓣的抑制效果更好。

以上是 SVA 的原理，Super-SVA 的实现过程如图 11.4.2 所示。首先对图像进行 SVA 处理，消除旁瓣，得到近乎只保留散射点主瓣的图像。然后进行 FFT，得到傅里叶频谱，因为 SVA 是非线性操作，此时的图像空间频谱宽度已经比原图像的空间频谱展宽了。接下来进行 SVA 反卷积操作，这通过在频谱上乘以一个幅度反加权函数来实现，此反加权函数为 sinc 函数主瓣的傅里叶变换。加权后的数据需要适当截断以避免出现奇异点，一般使外推的频谱不超过原信号的 60%，并且可以用原信号替换已拓宽的频谱的中间部分，以提高保真度。最后进行傅里叶逆变换回到图像域，就得到了分辨率更高的图像。此过程可以重复，以进一步提高分辨率。

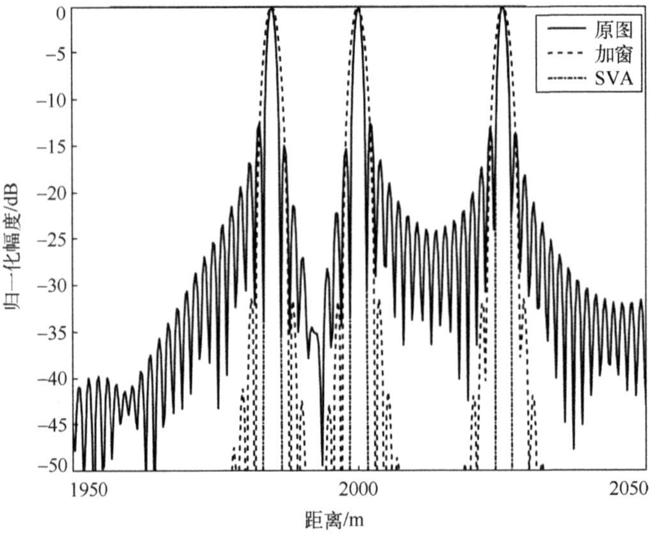

图 11.4.1　加窗与 SVA 对旁瓣抑制作用的比较

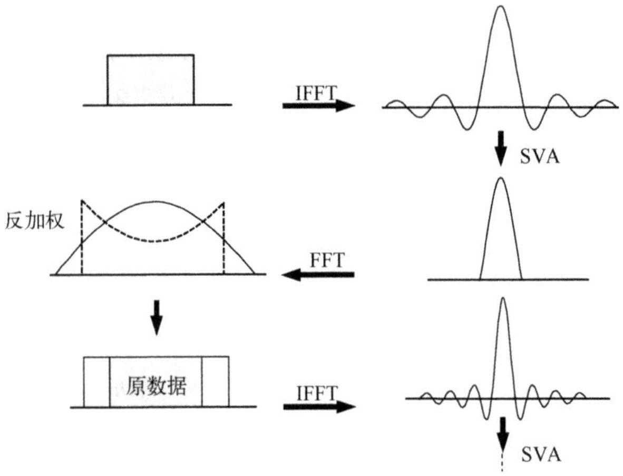

图 11.4.2　Super-SVA 的实现过程

下面通过仿真来说明 Super-SVA 的效果，结果如图 11.4.3 所示。发射信号为带宽 100MHz 的 Chirp 信号，4 个点目标分别位于 1985m、2000m、2026.4m 和 2028.2m 处。原始的回波频谱如图 11.4.3(a)所示，原始的图像如图 11.4.3(c)中的实线所示。第 3 个和第 4 个目标之间的距离非常接近，在原图像上无法区分。经过 Super-SVA 处理后，回波信号的频谱从 100MHz 外推至 200MHz，如图 11.4.3(b)所示，所得图像分辨率提高了 1 倍，第 3 个和第 4 个点目标可以清楚分辨，并且消除了旁瓣，如图 11.4.3(c)中的点线所示。

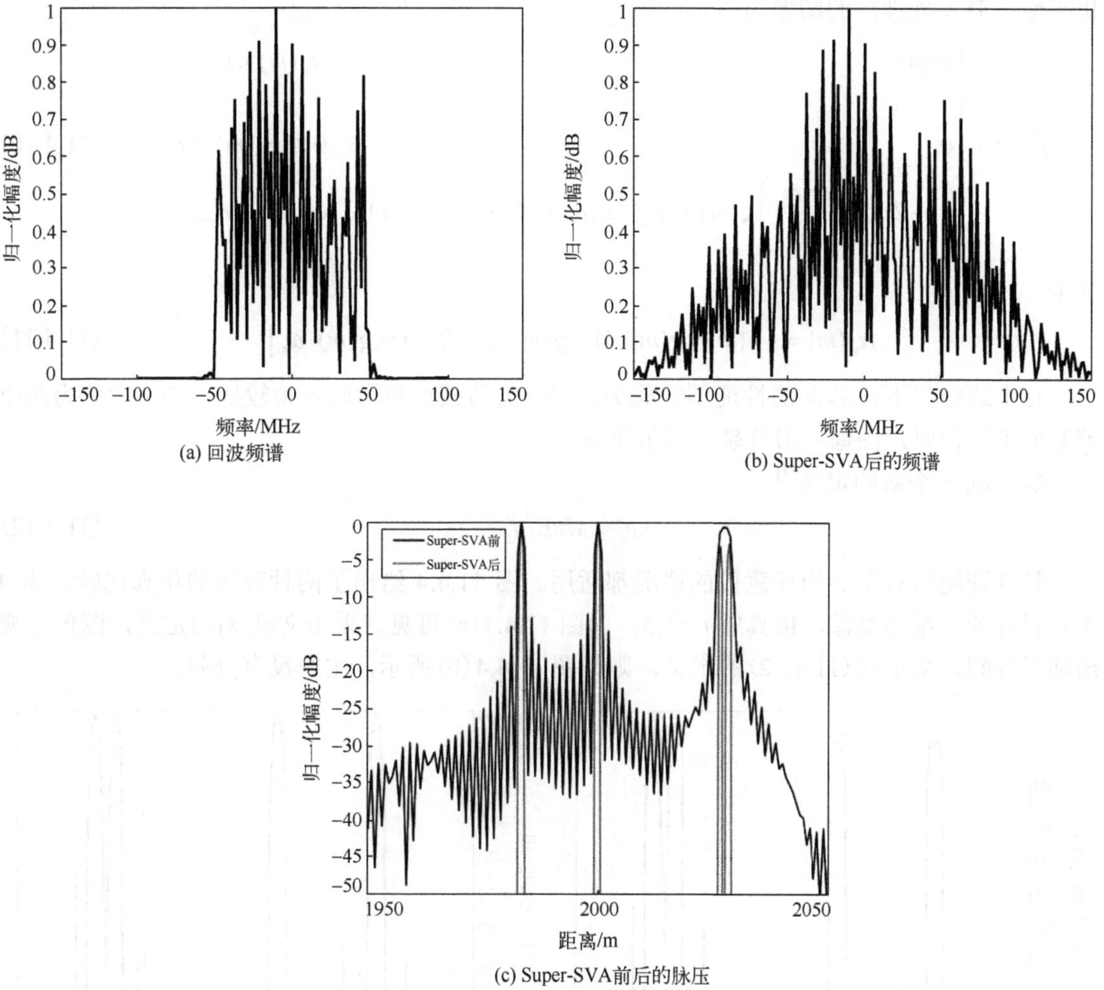

(a) 回波频谱　(b) Super-SVA后的频谱

(c) Super-SVA前后的脉压

图 11.4.3　Super-SVA 点目标仿真

11.4.2　Super-SVA 的改进

上述 SVA 方法的前提是 SAR 图像的采样率刚好为 Nyquist 最低采样要求的整数倍，即 $r = f_s/B$ 为整数（f_s 为采样频率，B 为信号带宽）。多数情况下，r 为小数，此条件件不满足。解决方法之一是进行插值或频域补零至采样率满足要求，但这样会使计算量大大增加。于是 Smith、许小剑等提出了 r 为非整数时的改进 SVA 方法[6]，其核心是调整 SVA 方法中的加权参数及其取值范围，即式(11.4.4)变为

$$g'(m)=[1-2\alpha(m)\sin\omega_s/\omega_s]g(m)+\alpha(m)[g(m-M)+g(m+M)] \tag{11.4.7}$$

式中，M 为最接近 r 的整数。$\alpha(m)$ 的取值范围为[0，$\alpha_{\max}$]，$\alpha_{\max}$ 的计算公式为

$$\alpha_{\max}=\omega_s\big/\left[2(\sin\omega_s-\omega_s\cos\omega_s)\right] \tag{11.4.8}$$

式(11.4.7)和式(11.4.8)中的ω_s定义为

$$\omega_s=\pi/(1+|r-M|) \tag{11.4.9}$$

相应地，SVA 处理后的图像为

$$g'(m)=\begin{cases} g(m), & \alpha_u(m)<0 \\ 0, & 0\leqslant\alpha_u(m)\leqslant\alpha_{\max} \\ \left(1-2\alpha_{\max}\dfrac{\sin\omega_s}{\omega_s}\right)g(m)+\alpha_{\max}[g(m-M)+g(m+M)], & \alpha_u(m)>\alpha_{\max} \end{cases} \tag{11.4.10}$$

其中

$$\alpha_u(m)=-g(m)\big/\left[g(m-1)+g(m+1)-2\sin\omega_s g(m)/\omega_s\right] \tag{11.4.11}$$

在上述定义下，SVA 的性能不够稳健，当 r 的值接近整数时效果较好，当 r 的值为两个整数的中间值时，图像主瓣分裂、峰值下降。

赋予ω_s一个新的定义[7]：

$$\omega_s=M\pi B/f_s \tag{11.4.12}$$

仿真证明它对于 r 为任意值的情况都适用。图 11.4.4 给出了两种改进的仿真比较，为 4 个点目标的一维距离像，仿真中 r=1.5。由图 11.4.4(a)可见，采用文献[8]的定义，图像主瓣出现了分裂，采用式(11.4.12)的定义，则如图 11.4.4(b)所示，主瓣没有分裂。

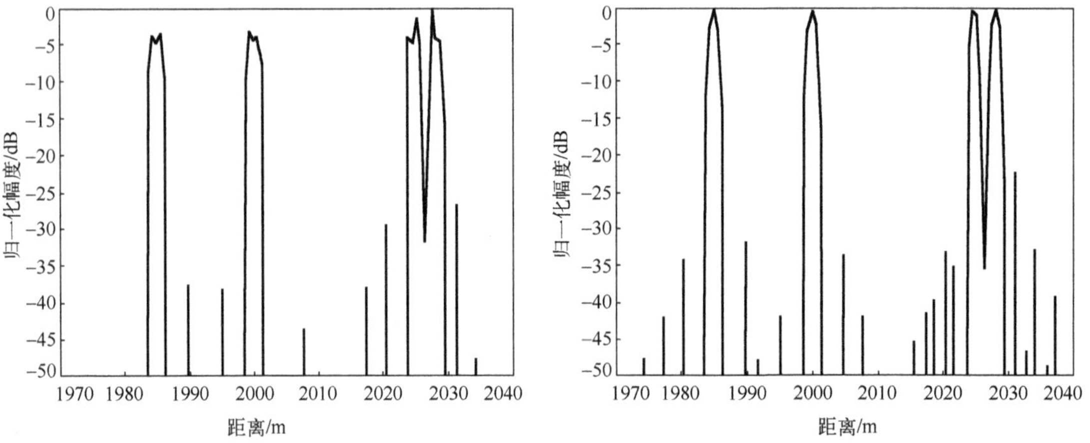

(a) 文献[8]的ω_s定义　　(b) 本节的ω_s定义

图 11.4.4　两种改进 Super-SVA 算法的性能比较

11.4.3　频谱不连续的调频步进信号频域合成算法

频谱不连续的调频步进雷达信号，即信号的$\Delta f>B$，意味着相邻子脉冲之间的频带有$(\Delta f-B)$

大小的缺口，这些部分的频率没有任何观察谱，成像之后得到的高合成分辨率伴随着高栅瓣。因为 Super-SVA 具有频谱外推的能力，使相邻子脉冲的频谱如传统调频步进信号那样有所重叠，因此可以应用于频谱不连续的调频步进信号频域合成算法中。图 11.4.5 给出了具体的信号处理流程图。

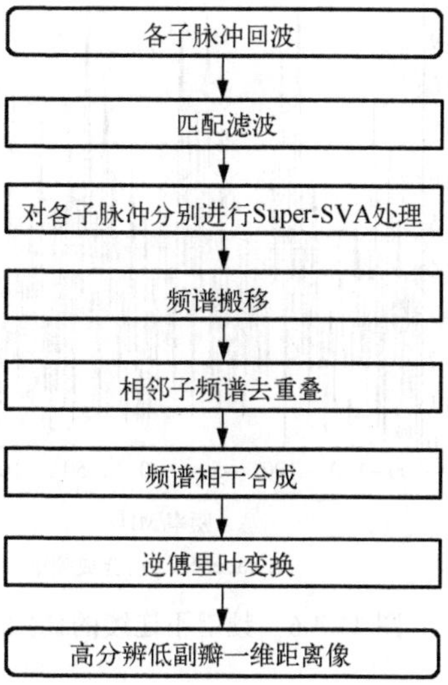

图 11.4.5　基于 Super-SVA 的频谱不连续调频步进信号频域合成算法

在进行完子脉冲匹配滤波后，对每个子脉冲的低分辨率图像独立进行 Super-SVA 操作，获得拓宽的频谱信息，使得子脉冲带宽增加，此步骤循环至外推后的子脉冲带宽 B' 大于 Δf。接下来进行频谱搬移、去重叠，再将 N 个子脉冲的频谱相干合成，此时合成频谱已无间隙，于是获得了连续的宽频谱。IFFT 后便可得到消除了栅瓣的高分辨率一维距离像。对所得图像继续进行 Super-SVA 操作，可以在保持分辨率的前提下进一步消除图像副瓣。

下面给出了一些模拟仿真的结果来验证算法的性能。雷达参数设置如表 11.4.1 所示。目标为 4 个点，与雷达的距离分别是 989m、991m、1000m、1014m。此时的合成频谱和一维距离像如图 11.4.6 所示，从图 11.4.6(a) 中可以看到，总的合成带宽为 $B_T=B+(N-1)\Delta f=352\text{MHz}$，但是频谱是不连续的，相邻的子脉冲频谱之间的缺口宽度达到 32MHz；从图 11.4.6(b) 中可以看到，一维距离像中栅瓣的幅度与主瓣幅度十分接近，达到–5dB。

表 11.4.1　频谱不连续的调频步进雷达仿真参数

参数	取值
子脉冲带宽 B	32MHz
脉宽 T_p	2μs
载频起始值 f_0	4GHz
频率步进量 Δf	64MHz
子脉冲数目 N	6
基带采样频率 f_s	64MHz

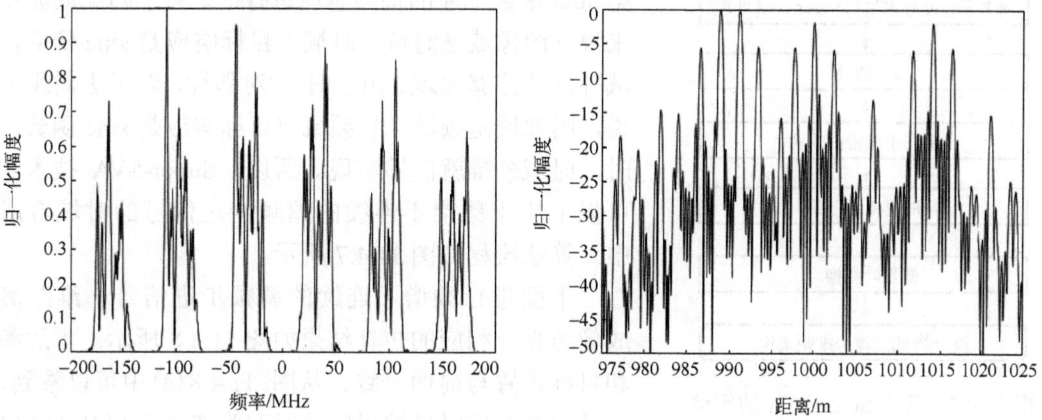

(a) Super-SVA前合成频谱　　(b) Super-SVA前一维距离像

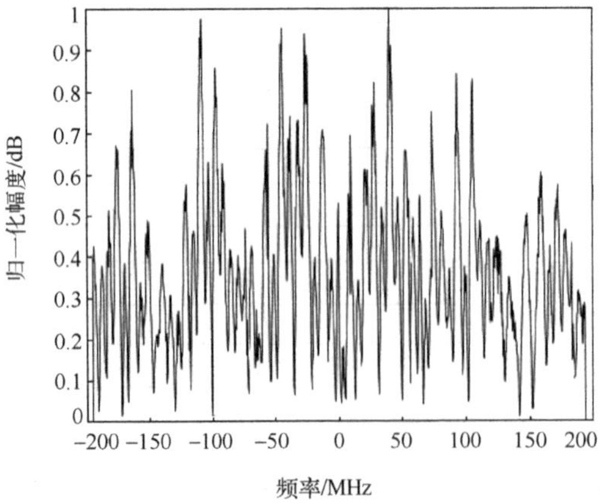

(c) Super-SVA后合成频谱

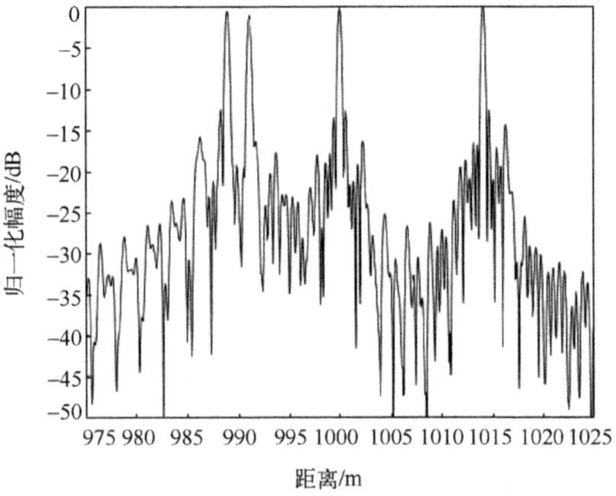

(d) Super-SVA后一维距离像

图 11.4.6 频谱不连续的调频步进信号 Super-SVA 频域合成算法使用前后的脉压比较

按照频域合成算法对每个子脉冲独立进行循环 Super-SVA 操作，每次循环将频谱外推扩展至原来的 145%，两次循环后子脉冲频谱宽度就可以大于Δf，缺失频谱已被填补，如图 11.4.6(c)所示，此时合成频谱不仅连续，而且比原来的合成谱更宽，对其进行 IFFT，得到如图 11.4.6(d)所示的一维距离像，可见栅瓣已经被很好地抑制。

11.4.4 频谱不连续的调频步进信号时域合成算法

对于$\Delta f > B$的调频步进信号，在进行基于去斜的时域合成时，时域合成波形也会出现不连续。对于调频步进信号基于去斜的时域合成，当$T_p = \Delta f / K$时，时移后的相邻子脉冲在时间上刚好相连；当$T_p > \Delta f / K$时，时移后的相邻子脉冲会有部分波形重叠；因为$B = T_p \cdot K$，那么$\Delta f > B$时，$T_p < \Delta f / K$，时移后的相邻子脉冲之间存在空隙，时域合成波形不连续导致了频域图像的高栅瓣。因此，需要时域外推技术来解决这个问题。

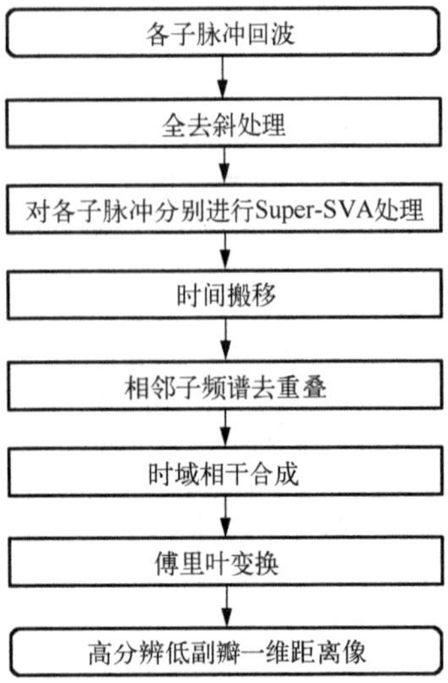

图 11.4.7 基于 Super-SVA 的频谱不连续调频步进信号时域合成算法

虽然 Super-SVA 是频谱外推技术，但是发现，对于基于去斜的 Chirp 脉冲压缩来说，它也能够实现时域外推。这是基于一个重要特性：SAR/ISAR 图像的点目标响应是 sinc 函数，而 Super-SVA 中的反加权操作正是依据 sinc 函数主瓣的幅频响应进行的。对于匹配滤波压缩来说，图像域是时域，时域点目标响应是 sinc 函数，频域外推就能够实现。由于时-频对偶性，对于去斜压缩来说，图像域是频域，且频域点目标响应是 sinc 函数，这时，时域外推就能够实现。所以，Super-SVA 技术同样可以应用于频谱不连续的调频步进信号的时域合成法中。算法流程如图 11.4.7 所示。

下面进行频谱不连续的调频步进信号一维距离像成像仿真，相应的仿真结果如图 11.4.8 所示。雷达参数和目标设置与前面一致。从图 11.4.8(a)中可以看到，6 个子脉冲合成时域波形的总时宽为$T = T_p + (N-1)\Delta f / K =$

22μs，但波形不连续，有 5 个空隙，每个空隙的时长为 2μs。这导致了图 11.4.8(b)所示的一维距离像中，最高栅瓣为−4.4dB。经计算，保证合成波形连续的条件是 $T_p \geq 4\mu s$。按照图 11.4.7 的算法对每个子脉冲独立进行循环 Super-SVA 操作，每次循环将波形时间宽度扩展至原来的 1.45 倍，两次循环后子脉冲宽度就可以大于 4μs，缺失的波形已被填补，连续的时域合成波形如图 11.4.8(c)所示。所得一维距离像的主瓣保持不变，栅瓣被压至−20dB 以下，如图 11.4.8(d)所示。

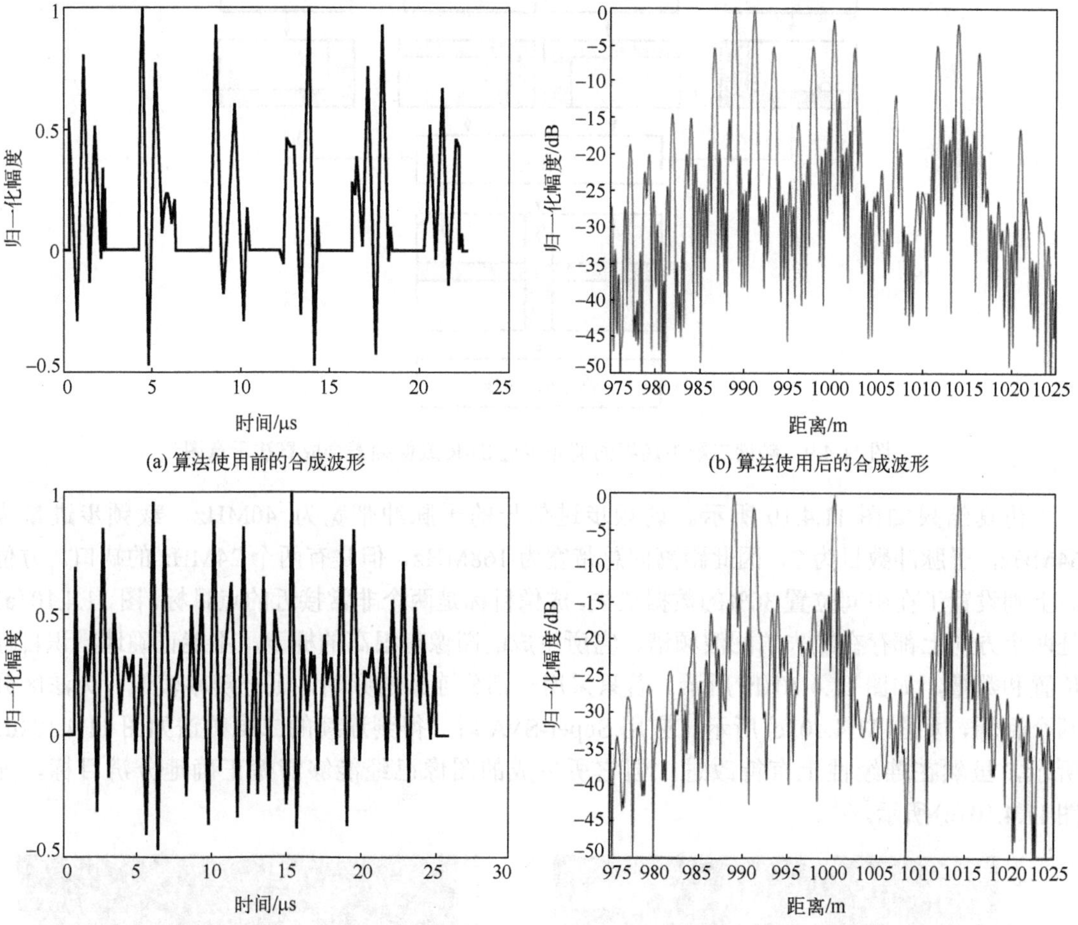

(a) 算法使用前的合成波形　(b) 算法使用后的合成波形

(c) 算法使用前的一维距离剖面　(d) 算法使用后的一维距离剖面

图 11.4.8　对频谱不连续的调频步进信号使用基于 Super-SVA 的时域合成算法前后的脉压比较

11.4.5　频谱二维不连续的调频步进 SAR 成像频谱合成算法

事实上，Super-SVA 不仅可以应用于距离向，也可以应用于方位向，甚至同时应用于二维处理。如果方位向是稀疏孔径数据，或者由于硬件错误而丢失了某些脉冲，或者某一部分数据由于被干扰而无法采用等，这些情况都意味着方位谱的部分缺失。将这些情况与 $\Delta f > B$ 的调频步进信号综合起来，即信号的二维谱在距离向和方位向都是不连续的，被缺口分成了几部分，每一部分都可以用来生成一个低分辨率的图像。本节应用 Super-SVA 来重建全谱，得到高分辨图像。算法流程示意图如图 11.4.9 所示。

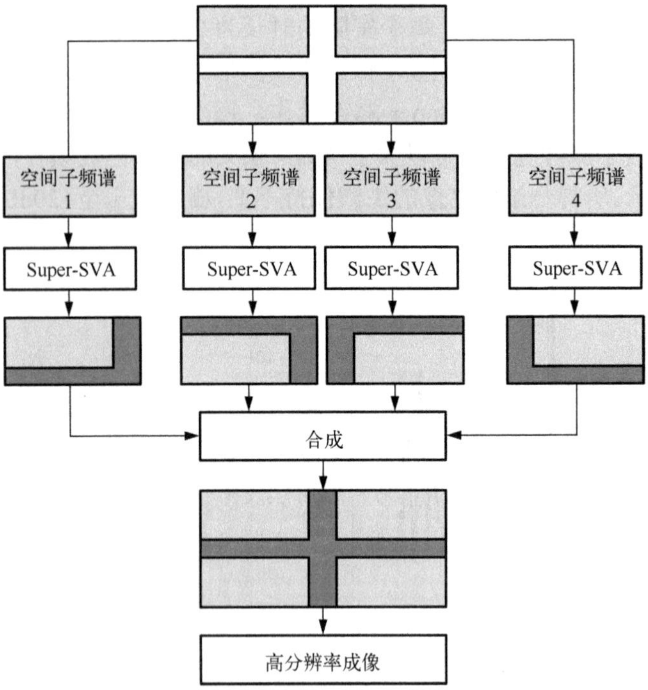

图 11.4.9 频谱二维不连续的调频步进 SAR 成像频谱合成算法示意图

仿真结果如图 11.4.10 所示。调频步进信号的子脉冲带宽为 40MHz，载频步进量为 64MHz，子脉冲数目为 3，因此距离向总带宽为 168MHz，但是有两个 24MHz 的缺口。方位向上则设置了在中间位置 30%的数据缺失。成像目标是两个非常接近的点目标。图 11.4.10(a)是两个方向上都存在缺失的回波频谱。它所生成的图像有很高的栅瓣，不能正确地辨识目标位置和数量，如图 11.4.10(b)所示。若只采用一部分连续的频谱，则分辨率较低，无法区分两个目标，如图 11.4.10(c)所示。应用 Super-SVA 后，得到连续的二维频谱如图 11.4.10(d)所示，虽然在连续性上有待改进，但它所生成的图像已经能够清楚正确地分辨目标，如图 11.4.10(e)所示。

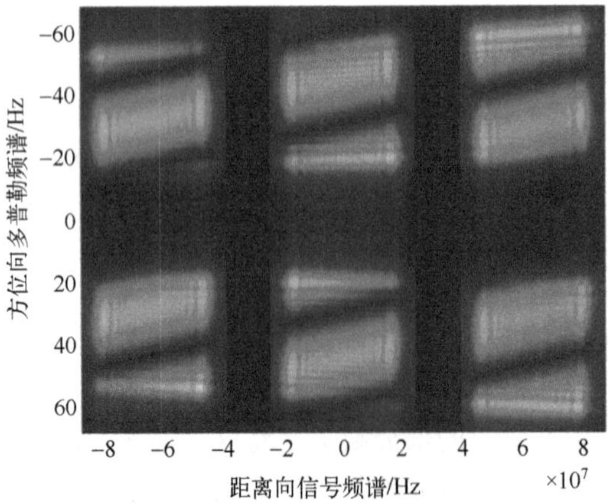

(a) 二维都有缺失的频谱

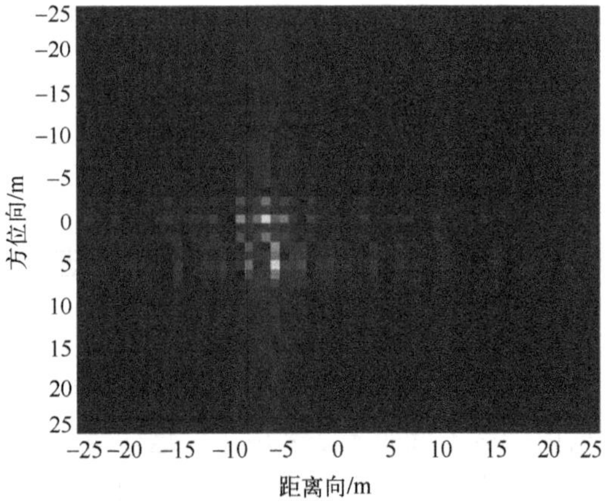

(b) 二维谱缺失对应的图像

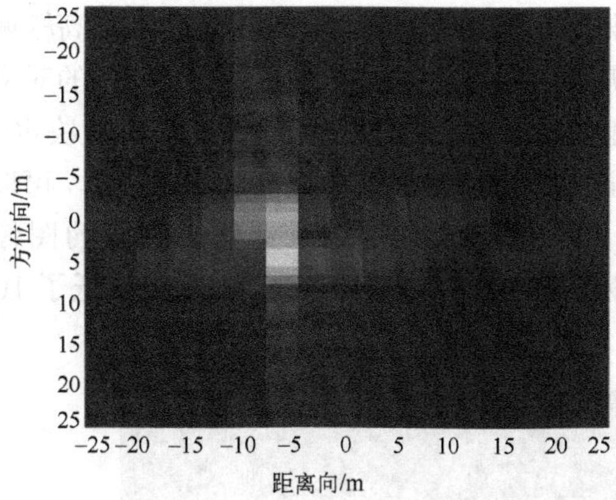

(c) 部分连续频谱对应的低分辨率图像

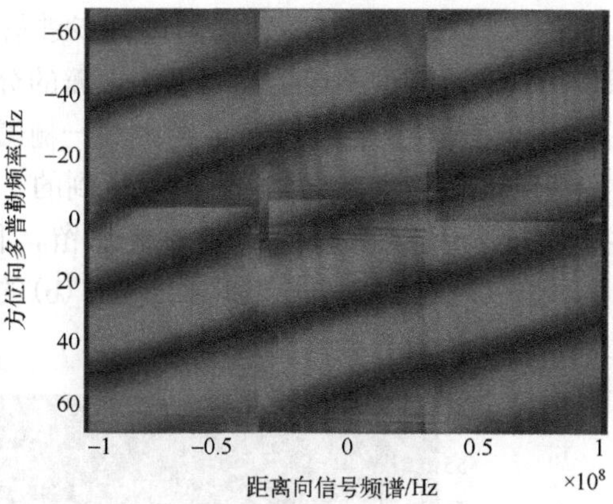

(d) 采用算法得到的二维频谱

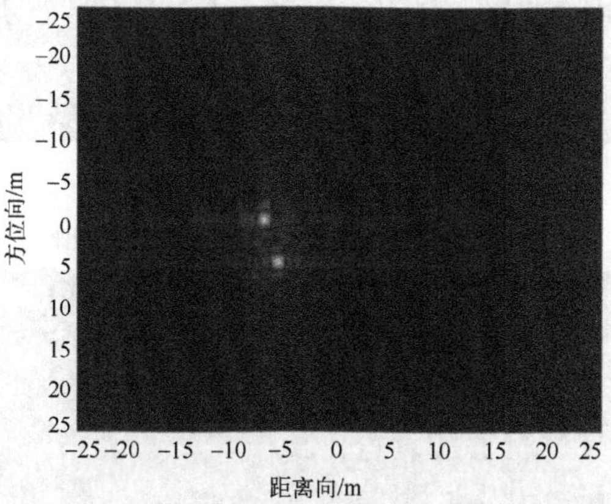

(e) 最终的高分辨率雷达图像

图 11.4.10 采用 Super-SVA 对二维频谱不连续的调频步进 SAR 成像仿真

11.4.6 实验验证

本节以北京 13 号线轻轨列车为观测目标的地面运动目标成像实验来验证本章的频谱不连续的调频步进雷达成像算法。采用 Ku 频段的实验系统和正侧视观测模式，实验参数如表 11.4.2 所示。调频步进总带宽虽然为 2GHz，但子脉冲带宽 60MHz 小于载频步进值 100MHz，这意味着每两个相邻的子脉冲之间有 40MHz 的频带没有信息。实验处理结果如图 11.4.11 所示。

表 11.4.2 频谱不连续的调频步进雷达实验系统参数

参数	取值
工作频段	Ku
载频步进值	100MHz
子脉冲带宽	60MHz
子脉冲时宽	6μs
簇内的子脉冲数目	20
子脉冲重复周期	8μs
PRF	200Hz
A/D 采样率	200Mbit/s

图 11.4.11(a)为频谱不连续的调频步进信号二维雷达图像，它在距离向产生了高栅瓣，图像表明子脉冲频谱不连续没有影响主瓣的分辨率，列车的结构很清晰，但其栅瓣的对应虚假图像的幅度与主瓣图像接近。图中第一栅瓣距主瓣 1.5m，其位置是由频率步进值决定的。图 11.4.11(b)是应用了 Super-SVA 后得到的二维雷达图像。比较图 11.4.11(a)和(b)，可以看到主瓣完全一致，所有的细节都被保留，同时栅瓣被大大抑制，重建了正确的图像。图 11.4.11(c)是图 11.4.11(a)和图 11.4.11(b)的距离剖面图对比，可以看到，栅瓣降低了 10dB 以上，同时主瓣没有分辨率的损失。

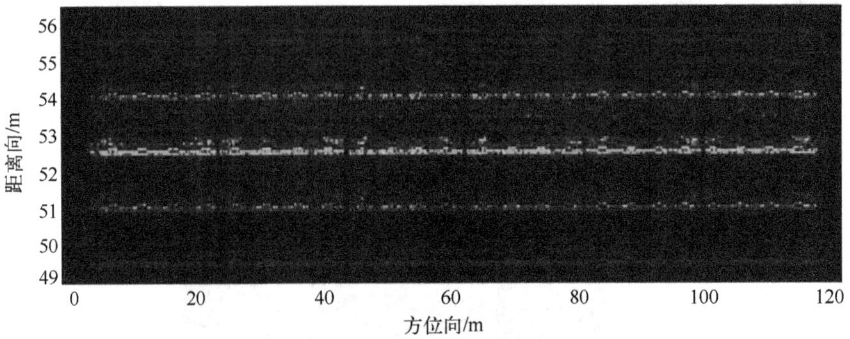

(a) 频谱不连续的调频步进信号二维雷达图像

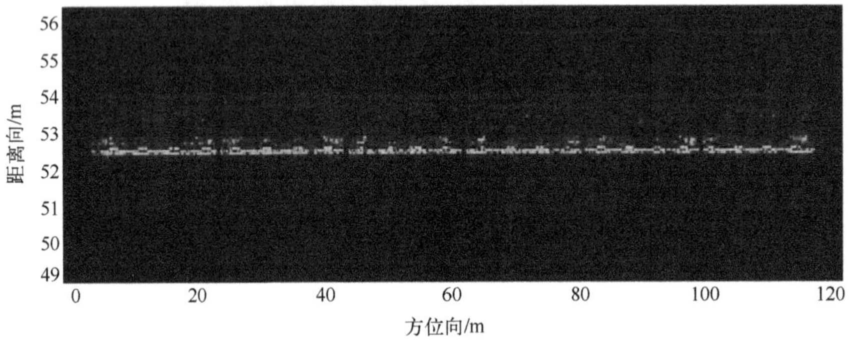

(b) 应用Super-SVA算法处理后的二维雷达图像

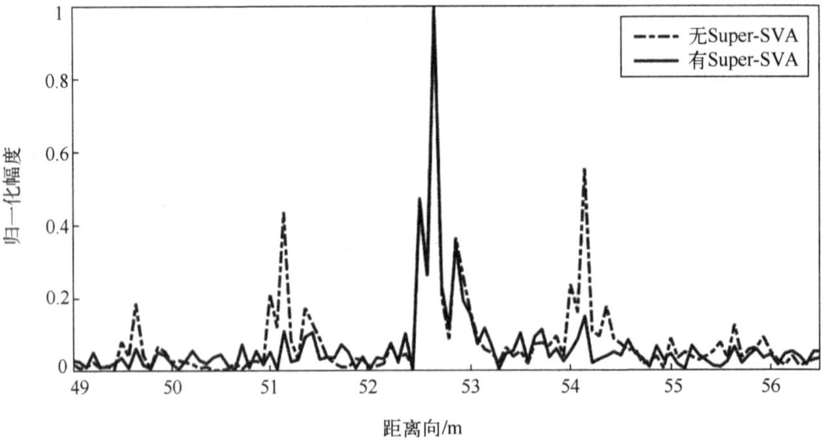

(c) 应用Super-SVA前后雷达图像的距离剖面对比

图 11.4.11　采用 Super-SVA 对频谱不连续调频步进信号的雷达成像处理结果

11.5　非参数谱估计

11.5.1　谱估计问题模型

谱估计问题的实质就是“估计一个有限长平稳序列在整个频率域内的功率分布”。首先，必须清楚“整个频率域内的功率分布”的含义。本节采用常用定义方法，对于一个平稳随机过程 $x(n)$，定义其功率谱如下[8]：

$$\alpha_P(\omega)\triangleq\sum_{k=-\infty}^{\infty}E\left[x(n)x^*(n-k)\right]\mathrm{e}^{-\mathrm{j}\omega k} \tag{11.5.1}$$

式中，$(\cdot)^*$ 表示复共轭。另外，如果 $x(n)$ 是一个由多个一定幅度正弦信号叠加之后的信号，并且信号含有平稳噪声 $w(n)$，那么信号可表示如下：

$$x(n)=\sum_{p=1}^{P}\alpha_p\mathrm{e}^{\mathrm{j}\omega_p k}+w(n) \tag{11.5.2}$$

其频谱的复幅度为

$$\alpha_A(\omega)\triangleq\begin{cases}\alpha_p, & \omega=\omega_p\\ 0, & \text{其他}\end{cases} \tag{11.5.3}$$

式(11.5.2)就是非参数谱估计方法所研究的信号模型。在实际应用中，信号模型可能和式(11.5.2)描述的不完全一致，此时，非参数谱估计方法将给出近似估计结果。

11.5.2　基于加权最小均方差框架的非参数谱估计方法

首先，基于加权最小均方差的框架，介绍非参数谱估计方法。假设 $x(n)$ 是一个任意的一维时间序列，对于给定的频率 ω，可以将 $x(n)$ 分解如下：

$$x(n)=\alpha(\omega)\mathrm{e}^{\mathrm{j}\omega n}+w_{\mathrm{w}}(n) \tag{11.5.4}$$

式中，$\alpha(\omega)$ 是给定频率的幅度；$w_{\mathrm{w}}(n)$ 是误差项。误差项包含两部分，一部分是除了给定频率 ω 之外的其他频率的贡献，另一部分是随机噪声分量。那么 $x(n)$ 的谱估计问题，即转变为由已知的 $x(n)$ 估计 $\alpha(\omega)$。

假设 $x(n)$ 的长度为 N，即 $n=0,1,\cdots,N-1$，设定参数 $M\leqslant N/2$，观测数据可组成如下的 $M\times L$ 汉克尔(Hankel)矩阵：

$$\boldsymbol{Y}\triangleq[\boldsymbol{y}_0\quad \boldsymbol{y}_1\quad \cdots\quad \boldsymbol{y}_{L-1}]\triangleq\begin{bmatrix}x(0) & x(1) & \cdots & x(L-2) & x(L-1)\\ x(1) & x(2) & \cdots & x(L-1) & x(L)\\ \vdots & \vdots & & \vdots & \vdots\\ x(M-2) & x(M-1) & \cdots & x(N-3) & x(N-2)\\ x(M-1) & x(M) & \cdots & x(N-2) & x(N-1)\end{bmatrix} \tag{11.5.5}$$

其中

$$L=N-M+1 \tag{11.5.6}$$

再设

$$W(\omega)=[w_0(\omega)\cdots w_{L-1}(\omega)] \tag{11.5.7}$$

$$A(\omega)=a_M(\omega)a_L^{\mathrm{T}}(\omega) \tag{11.5.8}$$

式中，$(\cdot)^{\mathrm{T}}$表示转置，对于任意整数 P：

$$a_P(\omega)\triangleq\begin{bmatrix}1\\ \mathrm{e}^{\mathrm{i}\omega}\\ \vdots\\ \mathrm{e}^{\mathrm{i}\omega(P-1)}\end{bmatrix} \tag{11.5.9}$$

于是，可以将式(11.5.4)写为

$$Y=\alpha(\omega)A(\omega)+W(\omega) \tag{11.5.10}$$

当 $M=1$ 时，式(11.5.10)简化为

$$[x(0)\ \ \cdots\ \ x(N-1)]=\alpha(\omega)[1\ \ \mathrm{e}^{\mathrm{j}\omega}\ \ \cdots\ \ \mathrm{e}^{\mathrm{j}\omega(N-1)}]+[w_\omega(0)\cdots w_\omega(N-1)] \tag{11.5.11}$$

与基于子空间分解的参数化方法不同，此处通过如下原则估计$\alpha(\omega)$：

$$\hat{\alpha}(\omega)=\underset{\alpha(\omega)}{\operatorname{argmin}}\left\|\boldsymbol{\Phi}^{-1/2}(\omega)\left[Y-\alpha(\omega)A(\omega)\right]\right\|^2 \tag{11.5.12}$$

式中，$\boldsymbol{\Phi}(\omega)$为加权矩阵；$(\cdot)^{-1/2}$表示埃尔米特矩阵(Hermitian matrix)的平方根。

式(11.5.12)等效于通过含有参数ω 的加权矩阵$\boldsymbol{\Phi}(\omega)$，对 Y 的列向量做白噪声化处理，消除 $w_{\mathrm{w}}(n)$中的有色噪声成分。式(11.5.12)是关于$\alpha(\omega)$的二次关系式，通过一系列代数方法，可以得到：

$$\hat{\alpha}(\omega)=a_M^{\mathrm{H}}(\omega)\boldsymbol{\Phi}^{-1}(\omega)g(\omega)\Big/\left[a_M^{\mathrm{H}}(\omega)\boldsymbol{\Phi}^{-1}(\omega)a_M(\omega)\right] \tag{11.5.13}$$

式中，$(\cdot)^{\mathrm{H}}$表示共轭转置。

$$g(\omega)\triangleq\sum_{l=0}^{L-1}y_l\mathrm{e}^{-\mathrm{j}\omega l}\Big/L=Ya_L^*(\omega)/L \tag{11.5.14}$$

DFT、Capon 和 APES 三种方法的区别在于对 M 和$\boldsymbol{\Phi}(\omega)$的选择不同。$\boldsymbol{\Phi}(\omega)$是一个和 $x(n)$协方差序列密切相关的函数。严格来说，如果 $x(n)$是一个平稳随机过程，其协方差序列是唯一的，可表示如下：

$$R\triangleq E[y_k y_k^{\mathrm{H}}] \tag{11.5.15}$$

由于$\{w_k(\omega)\}$具有相同的概率分布函数，因此其噪声协方差为

$$Q(\omega)\triangleq E[w_k(\omega)w_k(\omega)^{\mathrm{H}}] \tag{11.5.16}$$

也是唯一确定的。因此，在上面的假设前提下，可以得到：

$$Q(\omega)\triangleq R-E[|\alpha(\omega)|^2]a_M(\omega)a_M^{\mathrm{H}}(\omega) \tag{11.5.17}$$

(1) DFT 方法。

当 $M=1$ 时，$L=N$，$\boldsymbol{\Phi}(\omega)$变为常数 1，式(11.5.13)变为

$$\hat{\alpha}_{\mathrm{DFT}}(\omega)=\boldsymbol{a}_N^{\mathrm{H}}(\omega)\boldsymbol{y}/N=\sum_{n=0}^{N-1}x(n)\mathrm{e}^{-\mathrm{j}wn}\bigg/N \tag{11.5.18}$$

其中

$$\boldsymbol{y}=[x(0)\quad\cdots\quad x(N-1)]^{\mathrm{T}} \tag{11.5.19}$$

此即常规 DFT。

(2) 平均 DFT 方法。

如果 $M>1$，且 $\boldsymbol{\Phi}(\omega)$ 为单位矩阵（即和 ω 无关），可得到平均 DFT 方法的估计：

$$\hat{\alpha}_{\text{A-DFT}}(\omega)=\boldsymbol{a}_M^{\mathrm{H}}(\omega)\boldsymbol{g}(\omega)/M=\sum_{l=0}^{L-1}\sum_{m=0}^{M-1}x(l+m)\mathrm{e}^{-\mathrm{j}w(l+m)}\bigg/(LM) \tag{11.5.20}$$

平均 DFT 方法能降低谱估计的误差方差，但以牺牲分辨率为代价。

(3) Capon 方法。

Capon 方法是经典的谱估计方法，加权矩阵 $\boldsymbol{\Phi}(\omega)$ 与频率无关，并且是数据协方差矩阵估计，即

$$\boldsymbol{\Phi}_{\text{Capon}}(\omega)=\hat{\boldsymbol{R}}\overset{\Delta}{=}\boldsymbol{Y}\boldsymbol{Y}^{\mathrm{H}}/L=\sum_{l=0}^{L-1}\boldsymbol{y}_l\boldsymbol{y}_l^{\mathrm{H}}\bigg/L \tag{11.5.21}$$

那么，谱估计结果为

$$\hat{\alpha}_{\text{Capon}}(\omega)=\boldsymbol{a}_M^{\mathrm{H}}(\omega)\hat{\boldsymbol{R}}^{-1}\boldsymbol{g}(\omega)/[\boldsymbol{a}_M^{\mathrm{H}}(\omega)\hat{\boldsymbol{R}}^{-1}\boldsymbol{a}_M(\omega)] \tag{11.5.22}$$

(4) APES 方法。

APES 方法最早由 J. Li 和 P. Stoica 提出，此后得到了进一步的改进和发展，APES 方法选择 $\boldsymbol{\Phi}(\omega)$ 的原则如下：

$$\boldsymbol{\Phi}_{\text{APES}}(\omega)=\hat{\boldsymbol{R}}-\boldsymbol{g}(\omega)\boldsymbol{g}^{\mathrm{H}}(\omega)\overset{\Delta}{=}\hat{\boldsymbol{Q}}(\omega) \tag{11.5.23}$$

式中，$\boldsymbol{g}(\omega)$ 如式(11.5.14)所定义。注意：与 Capon 方法不同，APES 方法的加权矩阵和频率有关，其谱估计结果表示为

$$\hat{\alpha}_{\text{APES}}(\omega)=\boldsymbol{a}_M^{\mathrm{H}}(\omega)\hat{\boldsymbol{Q}}^{-1}(\omega)\boldsymbol{g}(\omega)/[\boldsymbol{a}_M^{\mathrm{H}}(\omega)\hat{\boldsymbol{Q}}^{-1}(\omega)\boldsymbol{a}_M(\omega)] \tag{11.5.24}$$

当 $N\to\infty$ 时，$\hat{\boldsymbol{Q}}(\omega)$ 可以看作 $\boldsymbol{Q}(\omega)$ 的无偏估计：

$$E[\hat{\boldsymbol{Q}}(\omega)]\overset{\Delta}{=}\boldsymbol{R}-E[\boldsymbol{g}(\omega)\boldsymbol{g}^{\mathrm{H}}(\omega)]\to\boldsymbol{R}-E[|\alpha(\omega)|^2]\boldsymbol{a}_M(\omega)\boldsymbol{a}_M^{\mathrm{H}}(\omega)=\boldsymbol{Q}(\omega) \tag{11.5.25}$$

11.5.3　基于匹配滤波器框架的非参数谱估计方法

前一部分基于加权最小均方差的框架，介绍 DFT、Capon 和 APES 非参数谱估计方法。这里，基于自适应滤波器框架，再次介绍这三种方法。设 $h(\omega)$ 为一个有限冲激响应(finite-impulse response，FIR)滤波器，长度为 M。在不同的谱估计方法中，$h(\omega)$ 的选取也不相同，但有一点是一致的，需要估计的频率点都会无失真地通过滤波器。显然，$h(\omega)$ 使得 $x(n)$ 的等效采样率由原来的 N 减少到 L，但是如果滤波器设计得好，那么滤波数据中增加的信噪比(SNR)会在一定程度上抵消这一影响，而且估计精度也会得到提高。设 $x(n)$ 和 y_n 的定义与

前面一样，$\boldsymbol{h}(\omega)$的定义如下：

$$\boldsymbol{h}(\omega)=[h_0(\omega) \quad \cdots \quad h_{M-1}(\omega)]^{\mathrm{T}} \tag{11.5.26}$$

滤波之后的数据为

$$z(l)=\sum_{m=0}^{M-1}x(l+m)h_m(\omega)=\boldsymbol{h}^{\mathrm{H}}(\omega)\boldsymbol{y}_l=\alpha(\omega)\boldsymbol{h}^{\mathrm{H}}(\omega)\boldsymbol{a}_{\mathrm{M}}(\omega)+\boldsymbol{h}^{\mathrm{H}}(\omega)w_l(\omega) \tag{11.5.27}$$

式中，$l=0,1,2,\cdots,L-1$。如果传递函数在估计频率ω 处等于 1，即

$$\boldsymbol{h}^{\mathrm{H}}(\omega)\boldsymbol{a}_{\mathrm{M}}(\omega)=1 \tag{11.5.28}$$

那么，$\alpha(\omega)$的估计为

$$\hat{\alpha}(\omega)=\frac{1}{L}\sum_{l=0}^{L-1}\boldsymbol{h}^{\mathrm{H}}(\omega)\boldsymbol{y}_l\mathrm{e}^{-\mathrm{j}\omega l}=\boldsymbol{h}^{\mathrm{H}}(\omega)\boldsymbol{g}(\omega) \tag{11.5.29}$$

(1) DFT 方法和平均 DFT 方法。

此时，$\boldsymbol{h}(\omega)$为窄带滤波器：

$$\boldsymbol{h}(\omega)=[1 \quad \mathrm{e}^{\mathrm{j}\omega} \quad \cdots \quad \mathrm{e}^{\mathrm{j}\omega(M-1)}]^{\mathrm{T}}/M \tag{11.5.30}$$

谱估计结果为

$$\hat{\alpha}_{\text{A-DFT}}(\omega)=\frac{1}{LM}\sum_{t=0}^{L-1}\sum_{k=0}^{M-1}x(t+k)\mathrm{e}^{-\mathrm{j}\omega(t+k)}=\frac{1}{L}\sum_{t=0}^{L-1}\mathrm{e}^{-\mathrm{j}\omega t}\left[\frac{1}{M}\sum_{k=0}^{M-1}x(t+k)\mathrm{e}^{-\mathrm{j}\omega k}\right] \tag{11.5.31}$$

(2) Capon 方法。

对于 Capon 方法，选择 $h(\omega)$的原则是在需要估计的频率ω 无失真滤波后，滤波之后的数据能量最小。滤波器的设计原则如下：

$$\min_{\boldsymbol{h}(\omega)}\sum_{l=0}^{L-1}\left|\boldsymbol{h}^{\mathrm{H}}(\omega)\boldsymbol{y}_l\right|^2 \tag{11.5.32}$$

这一原则需满足前提条件：

$$\boldsymbol{h}^{\mathrm{H}}(\omega)\boldsymbol{a}_{\mathrm{M}}(\omega)=1 \tag{11.5.33}$$

因此，滤波器设计如下：

$$\boldsymbol{h}_{\text{Capon}}(\omega)=\hat{\boldsymbol{R}}^{-1}\boldsymbol{a}_{\mathrm{M}}(\omega)/[\boldsymbol{a}_{\mathrm{M}}^{\mathrm{H}}(\omega)\hat{\boldsymbol{R}}^{-1}\boldsymbol{a}_{\mathrm{M}}(\omega)] \tag{11.5.34}$$

谱估计结果为

$$\hat{\alpha}_{\text{Capon}}(\omega)=\boldsymbol{a}_{\mathrm{M}}^{\mathrm{H}}(\omega)\hat{\boldsymbol{R}}^{-1}\boldsymbol{g}(\omega)/[\boldsymbol{a}_{\mathrm{M}}^{\mathrm{H}}(\omega)\hat{\boldsymbol{R}}^{-1}\boldsymbol{a}_{\mathrm{M}}(\omega)] \tag{11.5.35}$$

(3) APES 方法。

APES 方法选择 $h(\omega)$的原则，即滤波器的设计原则如下：

$$\min_{\boldsymbol{h}(\omega),\alpha(\omega)}\sum_{l=0}^{L-1}\left|\boldsymbol{h}^{\mathrm{H}}(\omega)\boldsymbol{y}_l-\alpha(\omega)\mathrm{e}^{\mathrm{j}\omega l}\right|^2 \tag{11.5.36}$$

APES 滤波器为

$$\boldsymbol{h}_{\text{APES}}(\omega)=\hat{\boldsymbol{Q}}^{-1}\boldsymbol{a}_{\mathrm{M}}(\omega)/[\boldsymbol{a}_{\mathrm{M}}^{\mathrm{H}}(\omega)\hat{\boldsymbol{Q}}^{-1}\boldsymbol{a}_{\mathrm{M}}(\omega)] \tag{11.5.37}$$

谱估计结果为

$$\hat{\alpha}_{\mathrm{APES}}(\omega)=\boldsymbol{a}_{\mathrm{M}}^{\mathrm{H}}(\omega)\hat{\boldsymbol{Q}}^{-1}(\omega)\boldsymbol{g}(\omega)\big/[\boldsymbol{a}_{\mathrm{M}}^{\mathrm{H}}(\omega)\hat{\boldsymbol{Q}}^{-1}(\omega)\boldsymbol{a}_{\mathrm{M}}(\omega)] \tag{11.5.38}$$

11.5.4　非参数谱估计方法的二维推广

非参数谱估计方法可以很容易推广到二维，并对二维数据进行谱估计。设 $X(n,\bar{n})$ 是一组 $N\times\bar{N}$ 二维数据阵列，可表示如下：

$$X(n,\bar{n})=\alpha(\omega,\bar{\omega})\mathrm{e}^{\mathrm{j}(\omega n+\bar{\omega}\bar{n})}+W_{\omega,\bar{\omega}}(n,\bar{n}) \tag{11.5.39}$$

二维数据采用矩阵表示如下：

$$\boldsymbol{y}_{l,\bar{l}}\overset{\Delta}{=}\mathrm{vec}\begin{bmatrix} X(l,\bar{l}) & \cdots & X(l,\bar{l}+\bar{M}-1) \\ \vdots & & \vdots \\ X(l+M-1,\bar{l}) & \cdots & X(l+M-1,\bar{l}+\bar{M}-1) \end{bmatrix} \tag{11.5.40}$$

式中，$l=0,1,2,\cdots,L-1$；$\bar{l}=0,1,2\cdots,\bar{L}-1$；$L=N-M+1$；$\bar{L}=\bar{N}-\bar{M}+1$。

对于任意整数 P 和 $\bar{P}$，有

$$\boldsymbol{a}_{P,\bar{P}}(\omega,\bar{\omega})\overset{\Delta}{=}[1\quad \mathrm{e}^{\mathrm{j}\bar{\omega}}\quad \cdots\quad \mathrm{e}^{\mathrm{j}(\bar{P}-1)\bar{\omega}}]^{\mathrm{T}}\otimes[1\quad \mathrm{e}^{\mathrm{j}\omega}\quad \cdots\quad \mathrm{e}^{\mathrm{j}(P-1)\omega}]^{\mathrm{T}} \tag{11.5.41}$$

式中，“$\otimes$”表示 Kronecker 积运算，再设

$$\boldsymbol{Y}\overset{\Delta}{=}[\boldsymbol{y}_{0,0}\quad \cdots\quad \boldsymbol{y}_{L-1,0}\quad \boldsymbol{y}_{0,1}\quad \cdots\quad \boldsymbol{y}_{L-1,\bar{L}-1}] \tag{11.5.42}$$

$$\boldsymbol{A}(\omega,\bar{\omega})=\boldsymbol{a}_{M,\bar{M}}(\omega,\bar{\omega})\boldsymbol{a}_{L,\bar{L}}^{\mathrm{T}}(\omega,\bar{\omega}) \tag{11.5.43}$$

那么，式(11.5.39)可用矩阵运算表示如下：

$$\boldsymbol{Y}=\alpha(\omega,\bar{\omega})\boldsymbol{A}(\omega,\bar{\omega})+\boldsymbol{W}(\omega,\bar{\omega}) \tag{11.5.44}$$

二维谱估计结果为

$$\hat{\alpha}(\omega,\bar{\omega})=\boldsymbol{a}_{M,\bar{M}}^{\mathrm{H}}(\omega,\bar{\omega})\boldsymbol{\Phi}^{-1}(\omega,\bar{\omega})\boldsymbol{g}(\omega,\bar{\omega})\big/[\boldsymbol{a}_{M,\bar{M}}^{\mathrm{H}}(\omega)\boldsymbol{\Phi}^{-1}(\omega,\bar{\omega})\boldsymbol{a}_{M,\bar{M}}(\omega,\bar{\omega})] \tag{11.5.45}$$

其中

$$\boldsymbol{g}(\omega,\bar{\omega})\overset{\Delta}{=}\boldsymbol{Y}\boldsymbol{a}_{L,\bar{L}}^{*}(\omega,\bar{\omega})\big/(L\bar{L}) \tag{11.5.46}$$

(1) Capon 方法：

$$\boldsymbol{\Phi}=\hat{\boldsymbol{R}}=\boldsymbol{Y}\boldsymbol{Y}^{\mathrm{H}}\big/(L\bar{L}) \tag{11.5.47}$$

(2) APES 方法：

$$\boldsymbol{\Phi}(\omega,\bar{\omega})=\hat{\boldsymbol{Q}}(\omega,\bar{\omega})=\hat{\boldsymbol{R}}-\boldsymbol{g}(\omega,\bar{\omega})\boldsymbol{g}^{\mathrm{H}}(\omega,\bar{\omega}) \tag{11.5.48}$$

11.5.5　一维仿真和二维仿真

(1) 一维仿真。仿真数据含有 4 个点频的复信号，77 个频点归一化频率分别是[0.04,0.05,−0.09,0.09,(0.15:0.003:0.38)]，幅度分别为[10,10,10,2,0.5*ones(1,77)]，噪声为加性高斯白噪声，信噪比为 20dB，采样点数为 512。图 11.5.1 为仿真结果，从图中可看出平均

DFT 的性能显著高于 DFT，而略逊于 Capon 方法和 APES 方法的计算结果，并且 APES 方法的计算结果优于 Capon 方法的计算结果。

(2) 二维仿真。仿真数据含有 5 个点频的复信号，5 个频点在行向、列向的归一化频率分别是(0.04,–0.04,0.14,0.15,0.28)和(0.14,0.15,0.25,–0.25,0.38)，幅度分别为(10,10,6,6,2)，噪声为加性高斯白噪声，信噪比为 20dB，二维方向的采样点数均为 32。图 11.5.2 为仿真结果，从图中可看出二维平均 DFT 方法的计算结果相较于一维情况，比 DFT 方法提高的幅度不显著，而 Capon 方法和 APES 方法的超分辨性能非常显著，但 Capon 方法的信号恢复的精度与 APES 方法的差距较大。

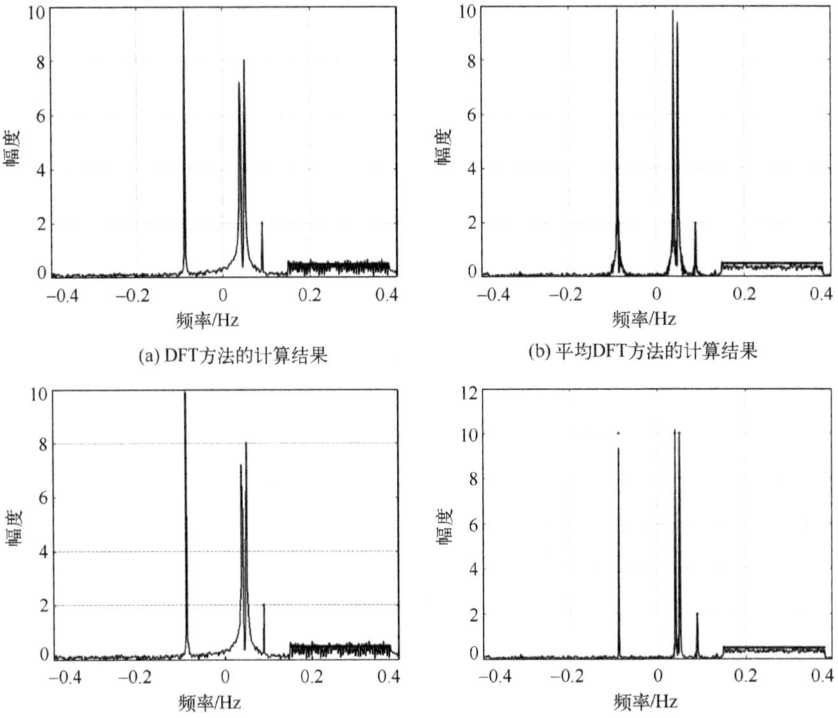

(a) DFT方法的计算结果 (b) 平均DFT方法的计算结果

(c) Capon方法的计算结果 (d) APES方法的计算结果

图 11.5.1 一维非参数谱估计方法数据仿真结果

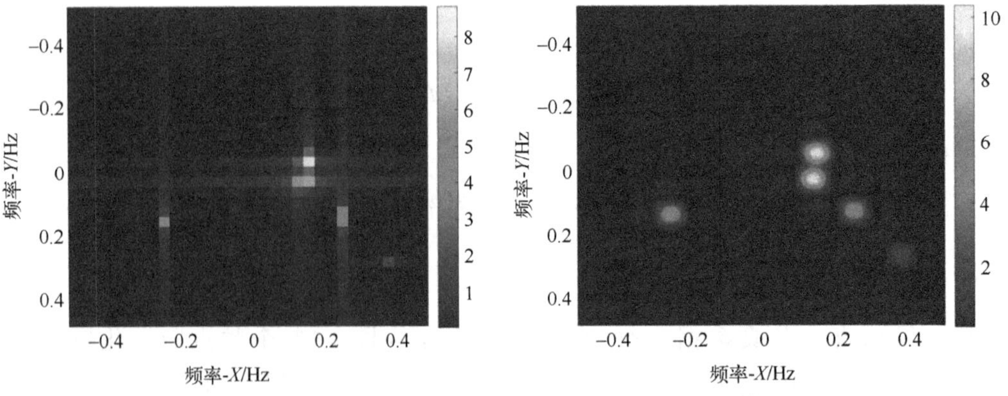

(a) DFT (b) 平均DFT

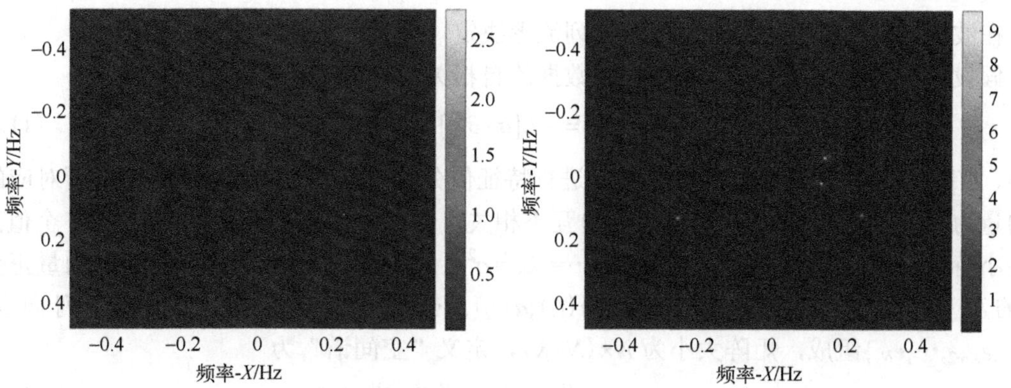

(c) Capon　　(d) APES

图 11.5.2　二维非参数谱估计方法仿真结果

11.6　MUSIC 算法

MUSIC(multiple signal classfication)算法是一种基于数据协方差矩阵特征分解的子空间方法，其关键是利用信号子空间和噪声子空间的正交性。这类子空间方法首先假定所给的信号符合某一数学模型，然后用参数化方法进行频谱分析，将谱估计问题简化为数学模型中的参数估计问题。MUSIC 算法最先在波达方向估计(DOA)和信号频谱分析等领域得到应用，随后逐渐在雷达超分辨成像中得到应用。

11.6.1　一维 MUSIC 算法的基本原理

在雷达一维距离像模型中，假设存在 K 个目标，忽略多次反射，对信号进行等间隔频率采样，设采样频点为 $f_i(i=1,2,\cdots,N)$，且 $N>K$，各个目标对应的回波时延为 $t_k(k=1,2,\cdots,K)$，那么回波信号可写为

$$s_i=\sum_{k=1}^{K}\sigma_{ik}^0\cdot\exp\left(-\mathrm{j}2\pi f_i t_k\right)+\bar{n}_i \tag{11.6.1}$$

式中，σ_{ik}^0 $(i=1,2,\cdots,N;\ k=1,2,\cdots,K)$为第 k 个目标在 f_i 频点的反射系数；$\bar{n}_i$ 可以看成是均值为零、方差为 σ^2 的复高斯白噪声。为便于分析，一般假设在整个频带内，每个目标的反射系数都为常数。用矩阵来表示式(11.6.1)：

$$\boldsymbol{s}=\boldsymbol{A}\bar{\boldsymbol{\sigma}}+\boldsymbol{n} \tag{11.6.2}$$

$$\boldsymbol{s}=[s_1,s_2,\cdots,s_N]^{\mathrm{T}} \tag{11.6.3}$$

$$\bar{\boldsymbol{\sigma}}=[\sigma_1^0,\sigma_2^0,\cdots,\sigma_K^0]^{\mathrm{T}} \tag{11.6.4}$$

$$\bar{\boldsymbol{n}}=[\bar{n}_1,\bar{n}_2,\cdots,\bar{n}_N]^{\mathrm{T}} \tag{11.6.5}$$

$$\boldsymbol{A}=[\boldsymbol{a}(t_1),\boldsymbol{a}(t_2),\cdots,\boldsymbol{a}(t_K)] \tag{11.6.6}$$

$$\boldsymbol{a}(t_k)=[\exp(-\mathrm{j}2\pi f_1 t_k),\exp(-\mathrm{j}2\pi f_2 t_k),\cdots,\exp(-\mathrm{j}2\pi f_N t_k)]^{\mathrm{T}} \tag{11.6.7}$$

在波达方向估计(DOA)中，$\boldsymbol{a}$ 由阵列流形决定，这里称为目标响应向量。

假设信号和噪声互不相关，则回波数据的自相关矩阵为

$$\boldsymbol{R}=E[\boldsymbol{s}\cdot\boldsymbol{s}^{\mathrm{H}}]=\boldsymbol{A}E[\overline{\boldsymbol{\sigma}}\cdot\overline{\boldsymbol{\sigma}}^{\mathrm{H}}]\boldsymbol{A}^{\mathrm{H}}+\sigma^2 I \tag{11.6.8}$$

式中，$E[]$表示求期望。对自相关矩阵 $\boldsymbol{R}$ 进行特征值分解，特征值$\{\lambda_1\geqslant\lambda_2\geqslant\cdots\geqslant\lambda_N\}$所对应的特征向量为$\{\boldsymbol{e}_1,\boldsymbol{e}_2,\cdots,\boldsymbol{e}_M\}$。如果$\{s_1,s_2,\cdots,s_N\}$互不相关，即 $E[\boldsymbol{s}\cdot\boldsymbol{s}^{\mathrm{H}}]$满秩，那么 $\boldsymbol{R}$ 有 $N-K$ 个值为σ^2的最小特征值，即$\lambda_1\geqslant\lambda_2\geqslant\cdots\geqslant\lambda_K>\lambda_{K+1}=\cdots=\lambda_N=\sigma^2$，这 $M-N$ 个特征值对应的特征向量正交于 $\boldsymbol{A}$ 的列向量，即$\{\boldsymbol{e}_{K+1},\boldsymbol{e}_{K+2},\cdots,\boldsymbol{e}_N\}\perp\{\boldsymbol{a}(t_1),\boldsymbol{a}(t_2),\cdots,\boldsymbol{a}(t_N)\}$。定义矩阵 $\boldsymbol{E}_N$ 的列向量由$\{\boldsymbol{e}_{K+1},\boldsymbol{e}_{K+2},\cdots,\boldsymbol{e}_N\}$组成，矩阵大小为 $N\times(N-K)$，定义“空间谱”为

$$P_{\mathrm{MUSIC}}(t)=\boldsymbol{a}(t)^{\mathrm{H}}\boldsymbol{a}(t)/[\boldsymbol{a}(t)^{\mathrm{H}}\boldsymbol{E}_n\boldsymbol{E}_n^{\mathrm{H}}\boldsymbol{a}(t)] \tag{11.6.9}$$

那么，使式(11.6.9)取“峰值”的 t 值对应的就是各目标回波的时延 $t_k(k=1,2,\cdots,K)$的估计。

在绝大多数情况下，$\{s_1,s_2,\cdots,s_K\}$是相关的，即 $E[\boldsymbol{s}\cdot\boldsymbol{s}^{\mathrm{H}}]$不满秩，这将影响自相关矩阵 $\boldsymbol{R}$ 的信号子空间和噪声子空间的分离。为此，可采用空间平滑技术(SSP)来降低$\{s_1,s_2,\cdots,s_K\}$之间的相关性[13]。假设一共有 N 个回波数据，将回波数据分成 M 个长度为 $L(M=N-L+1)$的子数据阵列，如图 11.6.1 所示，将各子阵列的自相关矩阵进行平均运算即可降低$\{s_1,s_2,\cdots,s_K\}$之间的相关性。

$$\boldsymbol{R}_{\mathrm{SSP}}=\frac{1}{M}\sum_{m=1}^{M}\boldsymbol{R}_m \tag{11.6.10}$$

改进的空间平滑技术(modified spatial smoothing processing，MSSP)[14]能更好地降低信号之间的相关性。

$$\boldsymbol{R}_{\mathrm{MSSP}}=\frac{1}{2M}\sum_{m=1}^{M}(\boldsymbol{R}_m+\boldsymbol{J}\boldsymbol{R}_m^*\boldsymbol{J}) \tag{11.6.11}$$

$$\boldsymbol{J}=\begin{bmatrix}0&\cdots&0&1\\0&\cdots&1&0\\\vdots&&\vdots&\vdots\\1&0&\cdots&0\end{bmatrix}_{N\times N} \tag{11.6.12}$$

式中，“*”表示取共轭；$\boldsymbol{J}$ 是一个 $N\times N$ 的交换矩阵。

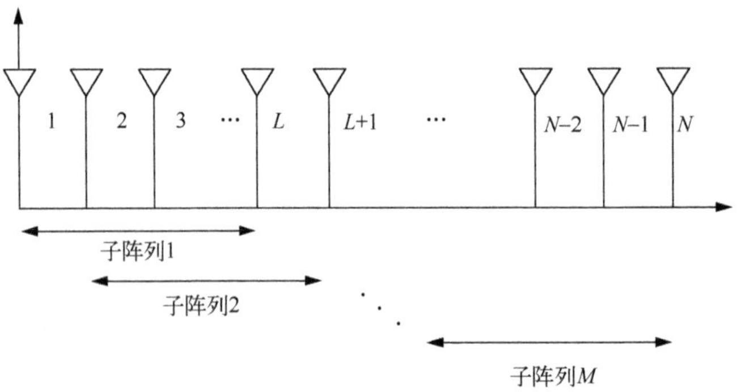

图 11.6.1　回波数据与子数据阵之间的关系

利用一维 MUSIC 算法估计出延时 $t_k(k=1,2,\cdots,N)$ 后，就可以获得矩阵 $\boldsymbol{A}$，最后利用最小二乘法(least square method，LSM)，就可以得到 $\bar{\boldsymbol{\sigma}}$ 的最小二乘估计：

$$\hat{\boldsymbol{\sigma}}=(\boldsymbol{A}^{\mathrm{H}}\boldsymbol{A})^{-1}\boldsymbol{A}^{\mathrm{H}}\boldsymbol{s} \tag{11.6.13}$$

11.6.2　二维 MUSIC 算法的基本原理

在 ISAR 转台成像模型中，一般把目标看成是由一组离散散射中心组成的，对于由 K 个离散散射中心组成的目标，忽略多次反射，采用步进频率信号对目标进行观测，步进采样频点为 $f_m(m=0,1,2,\cdots,M-1)$，观测角度采样为 $\theta_n(n=0,1,2,\cdots,N-1)$，那么回波信号可表示为[15]

$$s_{m,n}=\sum_{k=1}^{K}\sigma_{ik}^{0}\cdot\exp[\mathrm{j}(4\pi f_m/c)(x_k\cos\theta_n-y_k\sin\theta_n)]+\bar{n}_{m,n} \tag{11.6.14}$$

式中，σ_k^0 为第 k 个散射中心的反射系数(假设反射系数不受频率和观测角度变化的影响)；(x_k,y_k) 为第 k 个散射中心的位置；$\bar{n}_{m,n}$ 是均值为 0、方差为 σ^2 的复高斯白噪声。

当观测角度 θ 较小时，可采用如下近似：$\cos\theta\approx1$，$\sin\theta\approx\theta$；而当观测角度 θ 较大时，需要对回波数据进行插值处理，常用的插值方法有线性插值法和 sinc 插值法，插值前后的频率和角度的变化关系如图 11.6.2 所示。

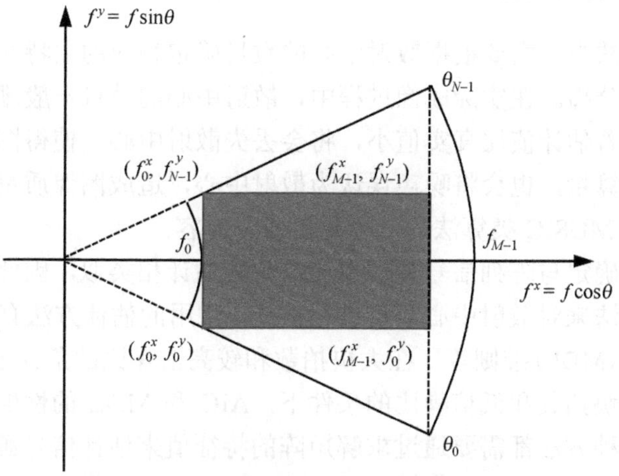

图 11.6.2　插值前后的频率和角度的变化关系

插值处理之后，式(11.6.14)可写成：

$$s_{m,n}=\sum_{k=1}^{K}\sigma_{ik}^{0}\cdot\exp[\mathrm{j}(4\pi/c)(f_m^x x_k-f_n^x y_k)]+\bar{n}_{m,n} \tag{11.6.15}$$

用矩阵来表示式(11.6.15)：

$$\boldsymbol{s}=\boldsymbol{A}\bar{\boldsymbol{\sigma}}+\bar{\boldsymbol{n}} \tag{11.6.16}$$

$$\boldsymbol{s}=[s_{0,0},s_{1,0},\cdots,s_{M-1,0},s_{0,1},\cdots,s_{M-1,N-1}]^{\mathrm{T}} \tag{11.6.17}$$

$$\bar{\boldsymbol{\sigma}}=[\sigma_1^0,\sigma_2^0,\cdots,\sigma_K^0]^{\mathrm{T}} \tag{11.6.18}$$

$$\bar{\boldsymbol{n}}=[\bar{n}_{0,0},\bar{n}_{1,0},\cdots,\bar{n}_{M-1,0},\bar{n}_{0,1},\cdots,\bar{n}_{M-1,N-1}]^{\mathrm{T}} \tag{11.6.19}$$

$$\boldsymbol{A}=[\boldsymbol{a}(x_1,y_1),\boldsymbol{a}(x_2,y_2),\cdots,\boldsymbol{a}(x_K,y_K)] \tag{11.6.20}$$

$$\boldsymbol{a}(x_k,y_k)=\left[\mathrm{e}^{\mathrm{j}\frac{4\pi}{c}(f_0^x x_k-f_0^y y_k)},\mathrm{e}^{\mathrm{j}\frac{4\pi}{c}(f_1^x x_k+f_0^y y_k)},\cdots,\mathrm{e}^{\mathrm{j}\frac{4\pi}{c}(f_{M-1}^x x_k-f_0^y y_k)},\mathrm{e}^{\mathrm{j}\frac{4\pi}{c}(f_1^x x_k-f_1^y y_k)},\cdots,\mathrm{e}^{\mathrm{j}\frac{4\pi}{c}(f_{M-1}^x x_k-f_{N-1}^y y_k)}\right]^{\mathrm{T}} \tag{11.6.21}$$

假设信号和噪声互不相关，则回波信号的自相关矩阵为

$$\boldsymbol{R}_{\mathrm{ss}}=E[\boldsymbol{s}\cdot\boldsymbol{s}^{\mathrm{H}}]=\boldsymbol{A}E[\boldsymbol{\sigma}\cdot\boldsymbol{\sigma}^{\mathrm{H}}]\boldsymbol{A}^{\mathrm{H}}+\sigma^2 I \tag{11.6.22}$$

定义“空间谱”为[12]

$$P_{\mathrm{MUSIC}}(x,y)=\boldsymbol{a}(x,y)^{\mathrm{H}}\boldsymbol{a}(x,y)/[\boldsymbol{a}(x,y)^{\mathrm{H}}\boldsymbol{E}_n\boldsymbol{E}_n^{\mathrm{H}}\boldsymbol{a}(x,y)] \tag{11.6.23}$$

式中，$\boldsymbol{E}_n$ 为自相关矩阵 $\boldsymbol{R}_{\mathrm{ss}}$ 的最小特征值σ^2对应的特征向量所构成的噪声子空间矩阵，其大小为 $MN\times(MN-K)$，其列向量由 $\boldsymbol{R}_{\mathrm{ss}}$ 的$(MN-K)$个噪声特征向量组成。那么，使式(11.6.23)取“峰值”的(x,y)值对应的就是各散射中心的位置。

利用二维 MUSIC 算法估计出散射中心的位置后，就可以获得矩阵 $\boldsymbol{A}$，最后利用最小二乘法(LSM)得到$\bar{\boldsymbol{\sigma}}$的最小二乘估计：

$$\hat{\boldsymbol{\sigma}}=(\boldsymbol{A}^{\mathrm{H}}\boldsymbol{A})^{-1}\boldsymbol{A}^{\mathrm{H}}\boldsymbol{s} \tag{11.6.24}$$

需要强调的是，二维 MUSIC 算法同样需要进行空间平滑处理，此操作需要沿二维方向进行。

11.6.3 盖氏圆盘估计方法

在 MUSIC 类算法中，需要根据散射中心的数目确定相应的主特征值数目，实现信号子空间和噪声子空间的分离。在实际成像过程中，散射中心的数目一般难以事先预知，通常只能通过估计获得，但若估计值比真实值小，将会丢失散射中心，使得图像失真；若估计值过大，不但大大增加计算量，也会将噪声误认为散射中心，造成图像质量的下降；因此准确估计散射中心的数目是 MUSIC 类算法的一个重要研究内容。

散射中心数目的确定与阵列信号处理中的信源数估计相类似，因此可以采用阵列信号处理中的信源数估计方法来对散射中心数目进行估计。常用的估计方法有 Akaike 信息论(AIC)准则、最小描述长度(MDL)准则等，在大快拍数和较高信噪比的条件下，AIC 和 MDL 都有较好的性能；但在小快拍数和低信噪比的条件下，AIC 和 MDL 的性能都较差，常会出现较大的误差，而且这两种方法都需要通过求解矩阵的特征值来估计信号源数。盖氏圆盘估计法(Gerschgorin Disk Estimator，GDE)[16]适用于小快拍数的情况，且对信噪比不太敏感，而且不需要求解特征值的具体数值，比较适合于 ISAR 成像问题。

下面介绍盖氏圆盘法的具体操作步骤。首先对数据自相关矩阵 $\boldsymbol{R}_{\mathrm{ss}}$ 进行酉变换(这里假设散射中心数目为 N，数据长度为 M，那么数据自相关矩阵 $\boldsymbol{R}_{\mathrm{ss}}$ 的大小为 $M\times M$)，得到变换后的矩阵 $\boldsymbol{R}'_{\mathrm{ss}}$ 为

$$\boldsymbol{R}'_{\mathrm{ss}}=\begin{bmatrix} \lambda'_1 & 0 & 0 & \cdots & \cdots & \rho_1 \\ 0 & \lambda'_2 & 0 & \cdots & \cdots & \rho_2 \\ 0 & 0 & & \cdots & \cdots & \vdots \\ \vdots & \vdots & \vdots & \lambda'_N & \cdots & \rho_N \\ \vdots & \vdots & \vdots & \vdots & \sigma^2 & \vdots \\ & & & & & 0 \\ & & & & & \vdots \\ \rho_1^* & \rho_2^* & \cdots & \rho_N^* & \cdots 0 \cdots & c_{MM} \end{bmatrix}_{M\times M} \tag{11.6.25}$$

式中，$\lambda_1',\cdots,\lambda_N'$ 为自主相关子矩阵的主特征值[16]。

根据盖氏圆盘的定义，信号对应的盖氏圆盘半径为 $r_i=|\rho_i|$ ($i=1,2,\cdots,N$)，而噪声对应的盖氏圆盘半径为 $r_i=0$ ($i=N+1$，$N+2$，…，M)。实际估计得到的噪声盖氏圆盘半径一般不为 0，因此直接根据式(11.6.25)还无法估计散射源数目，这时，可采用盖氏圆盘估计法作为判决准则：

$$\text{GDE}(k)=r_k-D(N)/(M-1)\sum_{i=1}^{M-1}r_i \tag{11.6.26}$$

式中，k 在 1～M−1 内变化；$D(N)$ 为与样本数有关的调整因子，在 0～1 之间取值。若 $k=k_c$ 时，GDE(k)第一次出现非正值，则散射源数目估计为 $N=k_c-1$。为达到更好的估计效果，还可采用改进的盖氏圆盘估计法(MGDE)[16]，即将自相关矩阵 $\boldsymbol{R}_{ss}$ 做以下变换：

$$\boldsymbol{R}_{ss}^{m+1}=\boldsymbol{E}\boldsymbol{R}_{ss}^{m}\boldsymbol{E}^{\text{H}},\quad m=0,1,2,\cdots,M-1 \tag{11.6.27}$$

式中，$\boldsymbol{R}_{ss}^0=\boldsymbol{R}_{ss}$；$\boldsymbol{E}$ 是交换矩阵：

$$\boldsymbol{E}=\begin{bmatrix}0&1&0&\cdots&0\\0&0&1&\cdots&0\\\vdots&\vdots&\vdots&&1\\1&0&0&\cdots&0\end{bmatrix}_{M\times M} \tag{11.6.28}$$

式中，$\boldsymbol{E}$ 是一个酉矩阵。此时式(11.6.26)变为

$$\text{GDE}(k)^m=r_k^m-D(N)/(M-1)\sum_{i=1}^{M-1}r_i^m \tag{11.6.29}$$

而后取均值，即为改进的盖氏圆盘法：

$$\text{MGDE}(k)=\frac{1}{M}\sum_{m=0}^{M-1}\text{GDE}(k)^m \tag{11.6.30}$$

11.6.4　二维 MUSIC 成像仿真和性能分析

1. 二维成像仿真

仿真数据为 8 个理想点目标的回波，目标分布如图 11.6.3(a)所示。为便于分析，8 个点目标的反射系数均设为 1.0；仿真参数：中心载频为 900MHz，带宽为 100MHz(36 个频点，频率间隔 2.78MHz)，观测角度为−4.5°～4.5°(36 个角度，角度间隔 0.25°)。噪声为加性高斯白噪声，信噪比设为 20dB，蒙特卡罗(Monte Carlo)实验次数为 100。图 11.6.3(b)、(c)和(d)分别给出了 RD 成像、MUSIC 成像(位置)和 MUSIC 成像(幅度)的仿真结果，图 11.6.3(e)和(f)分别给出了 MUSIC 成像散射中心幅度和相位与真值的对比，表明了较高的精度。需要特别说明的是，图 11.6.3(c)和(d)正好反映了 MUSIC 超分辨率成像的两个过程，即谱峰搜索结果和由谱峰位置作为条件通过最小二乘方法得到每个峰值位置的散射强度准确值。

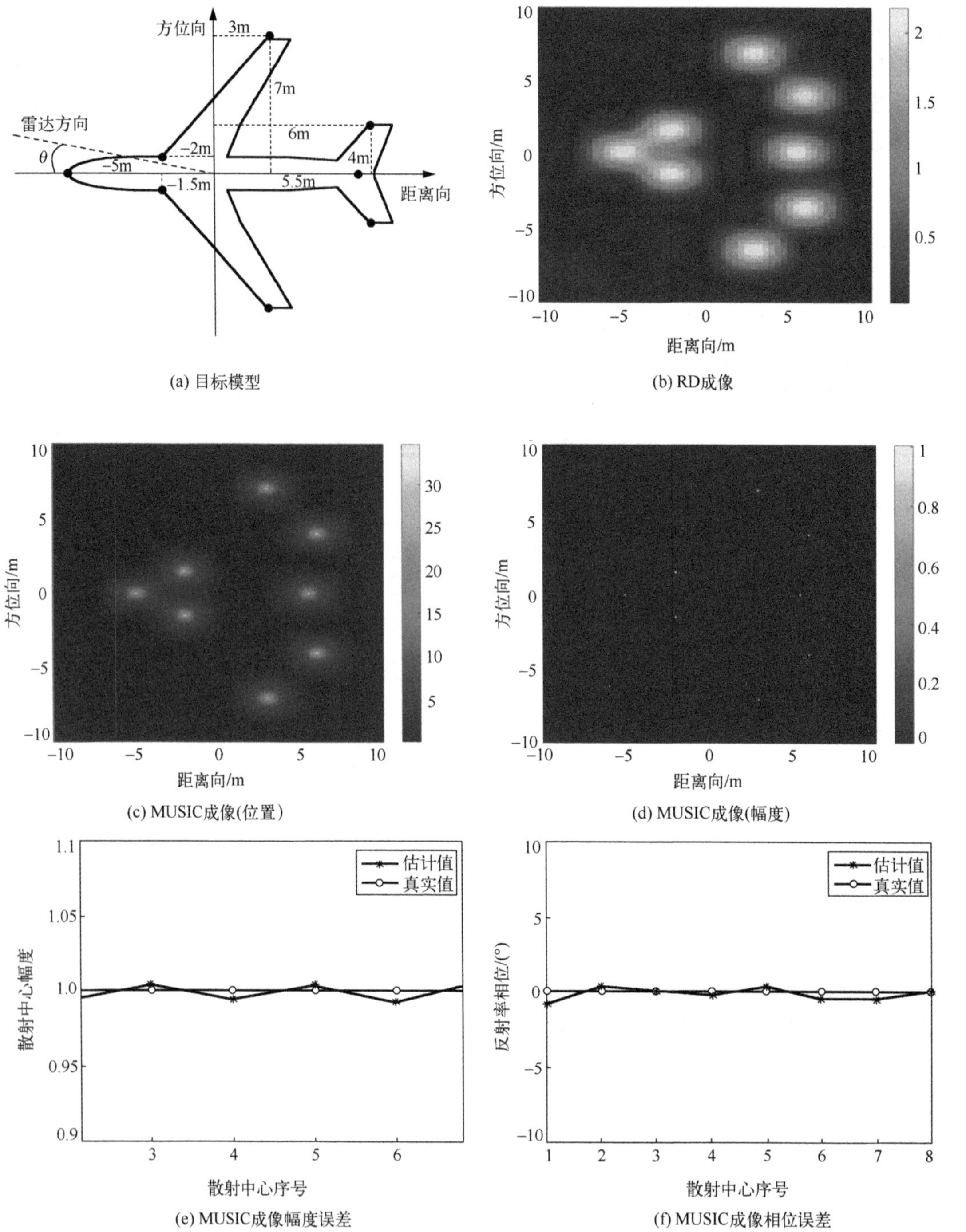

(a) 目标模型 (b) RD成像

(c) MUSIC成像(位置) (d) MUSIC成像(幅度)

(e) MUSIC成像幅度误差 (f) MUSIC成像相位误差

图 11.6.3 MUSIC 成像仿真[11]

2. 空间平滑子矩阵大小和信噪比对 MUSIC 算法的影响

首先定义全局误差，目标反射系数的估计值和真实值之差的平方和称为全局误差。

$$e_{\text{globle}} = \sum_{n=1}^{N} \left| \sigma_{\text{est}}^{n} - \sigma_{\text{real}}^{n} \right|^2 \tag{11.6.31}$$

图 11.6.4 给出了不同空间平滑子矩阵大小和不同信噪比对 MUSIC 的估计结果的影响。由图 11.6.4(a)可以看出，全局误差随信噪比(SNR)的增加而减小，这是和实际情况相符的，因为信噪比越高，误差越小；由图 11.6.4(b)可看出，空间平滑子矩阵大小的变化对全局误差的影响并不显著，这是因为当子矩阵大小大于 6 时，“空间平滑”操作已经完成了对信号的去相干，此时，子矩阵大小的增加对去相干没有更多的贡献，因此不会对估计精度有实质影响。

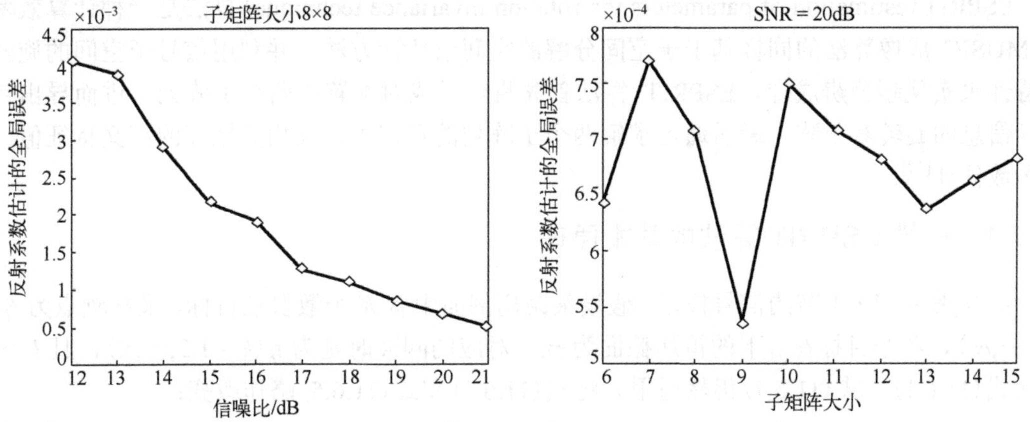

(a) 全局误差随信噪比变化　　(b) 全局误差随子矩阵大小变化

图 11.6.4　空间平滑子矩阵大小及信噪比对全局误差的影响

3. 幅相误差对 MUSIC 算法的影响

仿真模型以及仿真参数和(1、二维成像仿真)一样，Monte Carlo 实验次数为 100，考虑幅相误差影响，即每次观测回波的幅相特性不一致，以第 1 次观测为参考，第 n 次观测的幅度增益记为 $|g(n)|=|g(1)|(1+\sigma_\alpha \cdot n_\alpha)$，相位变化记为 $\arg[g(n)]=\arg[g(1)](1+\sigma_\alpha \cdot n_\alpha)$。其中，$n_\alpha$ 和 n_β 是幅度误差和相位误差，都是均值为 0、方差为 1 的高斯噪声；σ_α 和 σ_β 用来调整误差方差。

由图 11.6.5(a)可知，全局误差随幅度误差和相位误差的增大而增大，即 MUSIC 的估计

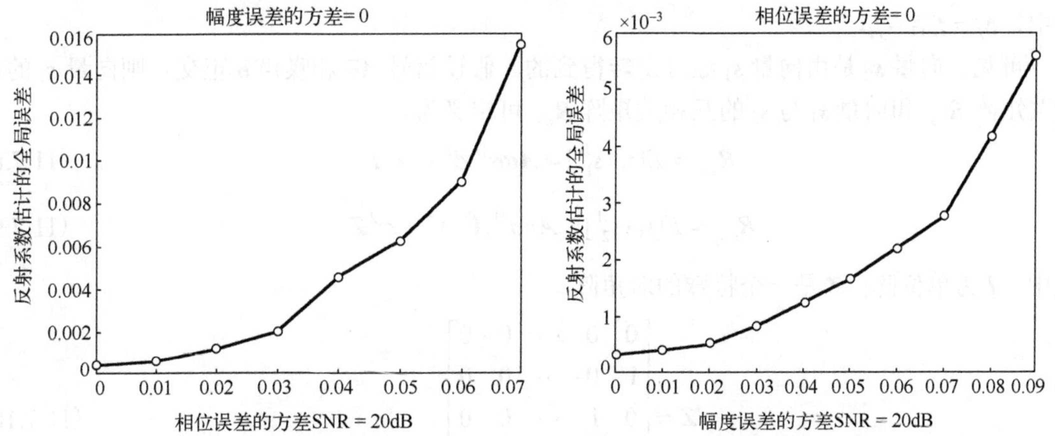

(a) 全局误差随相位误差变化　　(b) 全局误差随幅度误差变化

图 11.6.5　幅相误差对 MUSIC 成像全局误差的影响

精度随幅相误差的增大而降低，如果过大将导致 MUSIC 算法失效。对比图 11.6.5(a)和(b)可看出，在相同的误差方差条件下，相位误差对全局误差的影响比幅度误差对全局误差的影响大，即回波的相位误差比幅度误差对成像结果的影响更大。

11.7 ESPRIT 算法

ESPRIT(estimation of parameters via rotation invariance technique)算法是一种计算效率高于 MUSIC 成像算法的同样基于子空间分解的空间谱估计方法，并利用信号子空间的旋转不变特性来实现超分辨成像。ESPRIT 算法首先将信号成对配置成两个子阵列，进而导出包含目标信息的旋转对角阵，最后通过求解两个子阵列的自相关、互相关矩阵的广义特征值，实现参数估计[17]。

11.7.1 一维 ESPRIT 算法的基本原理

继续采用 11.6.1 节的信号模型：假设某距离剖面中有 K 个散射点目标，采样频点为 $f_i(i=1,2,\cdots,N)$，各个目标在 f_i 下的雷达截面为 σ_{ik}，对应的回波时延为 $t_k(k=1,2,\cdots,K)$，且 $N>K$，因此式(11.6.1)～式(11.6.7)仍然适用。将式(11.6.3)和式(11.6.5)略作改变：

$$\boldsymbol{s}_1=[s_1,s_2,\cdots,s_N]^{\mathrm{T}} \tag{11.7.1}$$

$$\boldsymbol{s}_2=[s_2,s_3,\cdots,s_{N+1}]^{\mathrm{T}} \tag{11.7.2}$$

$$\bar{\boldsymbol{n}}_1=[\bar{n}_1,\bar{n}_2,\cdots,\bar{n}_N]^{\mathrm{T}} \tag{11.7.3}$$

$$\bar{\boldsymbol{n}}_2=[\bar{n}_2,\bar{n}_3,\cdots,\bar{n}_{N+1}]^{\mathrm{T}} \tag{11.7.4}$$

此时可表示成：

$$\boldsymbol{s}_1=\boldsymbol{A}\bar{\boldsymbol{\sigma}}+\bar{\boldsymbol{n}}_1 \tag{11.7.5}$$

$$\boldsymbol{s}_2=\boldsymbol{A}\boldsymbol{\varLambda}\bar{\boldsymbol{\sigma}}+\bar{\boldsymbol{n}}_2 \tag{11.7.6}$$

式中，$\boldsymbol{\varLambda}$ 是一个 $K\times K$ 的矩阵，被定义为旋转算符：

$$\boldsymbol{\varLambda}=\mathrm{diag}[\mathrm{e}^{-\mathrm{j}2\pi\Delta f t_1},\mathrm{e}^{-\mathrm{j}2\pi\Delta f t_2},\cdots,\mathrm{e}^{-\mathrm{j}2\pi\Delta f t_K}] \tag{11.7.7}$$

式中，$\Delta f=f_{i+1}-f_i$。

可见，向量 $\boldsymbol{s}_2$ 是由向量 $\boldsymbol{s}_1$ 经过旋转得到的。假设信号 $\boldsymbol{A}\bar{\boldsymbol{\sigma}}$ 和噪声 $\bar{\boldsymbol{n}}$ 正交，则向量 $\boldsymbol{s}_1$ 的自相关矩阵 $\boldsymbol{R}_{s_1s_1}$ 和向量 $\boldsymbol{s}_1$ 与 $\boldsymbol{s}_2$ 的互相关矩阵 $\boldsymbol{R}_{s_1s_2}$ 可定义为

$$\boldsymbol{R}_{s_1s_1}=E[\boldsymbol{s}_1\cdot\boldsymbol{s}_1^{\mathrm{H}}]=\boldsymbol{A\sigma\sigma}^{\mathrm{H}}\boldsymbol{A}^{\mathrm{H}}+\sigma^2\boldsymbol{I} \tag{11.7.8}$$

$$\boldsymbol{R}_{s_1s_2}=E[\boldsymbol{s}_1\cdot\boldsymbol{s}_2^{\mathrm{H}}]=\boldsymbol{A\sigma\sigma}^{\mathrm{H}}\boldsymbol{\varLambda}^{\mathrm{H}}\boldsymbol{A}^{\mathrm{H}}+\sigma^2\boldsymbol{Z} \tag{11.7.9}$$

式中，$\boldsymbol{I}$ 为单位阵；$\boldsymbol{Z}$ 是一个特殊的对角阵：

$$\boldsymbol{Z}=\begin{bmatrix}0 & 0 & \cdots & 0 & 0\\ 1 & 0 & \cdots & 0 & 0\\ 0 & 1 & \cdots & 0 & 0\\ \vdots & \vdots & & \vdots & \vdots\\ 0 & 0 & \cdots & 1 & 0\end{bmatrix}_{N\times N} \tag{11.7.10}$$

相关矩阵元素为$[\boldsymbol{R}_{s_1s_1}]_{ij}=r_{i-j}=r_{j-i}^*$，互相关矩阵元素为$[\boldsymbol{R}_{s_1s_2}]_{ij}=r_{i-j-1}=r_{j-i+1}^*$，一般情况下采样点数有限，因此难以获得自相关矩阵和互相关矩阵的精确值，而只能得到近似的估计值，估计公式如下：

$$r_{i-j}=r_m=1/(P-m)\sum_{p=0}^{P-m-1}s(p)s^*(p+m) \tag{11.7.11}$$

式中，P 为空间平滑窗口，与 MUSIC 算法的处理一样，通过空间平滑降低了信号的相关性，提高了自相关矩阵元素的估计精度。

通过式(11.7.11)获得自相关矩阵 $\boldsymbol{R}_{s_1s_1}$ 和互相关矩阵 $\boldsymbol{R}_{s_1s_2}$ 的无偏估计后，就可以应用 ESPRIT 算法进行散射点空间位置和散射点散射强度的估计。

令$\boldsymbol{C}_{s_1s_1}=\boldsymbol{R}_{s_1s_1}-\lambda_{\min}\boldsymbol{I}$，$\boldsymbol{C}_{s_1s_2}=\boldsymbol{R}_{s_1s_2}-\lambda_{\min}\boldsymbol{Z}$，其中，$\lambda_{\min}$ 是 $\boldsymbol{R}_{s_1s_1}$ 的最小特征值，构造广义特征值矩阵：$\{\boldsymbol{C}_{s_1s_1},\boldsymbol{C}_{s_1s_2}\}$，其特征值矩阵为$\boldsymbol{\Gamma}$。若$\boldsymbol{\Lambda}$非奇异，则矩阵$\boldsymbol{\Gamma}$与$\boldsymbol{\Lambda}$有下列关系：

$$\boldsymbol{\Gamma}=\begin{bmatrix}\boldsymbol{\Lambda} & 0\\ 0 & 0\end{bmatrix} \tag{11.7.12}$$

ESPRIT 算法的基本思路可总结为：根据输入信号 $\boldsymbol{s}_1$ 和 $\boldsymbol{s}_2$ 计算得到 $\boldsymbol{R}_{s_1s_1}$ 和 $\boldsymbol{R}_{s_1s_2}$，以此构造 $\boldsymbol{C}_{s_1s_1}$ 和 $\boldsymbol{C}_{s_1s_2}$，据此得到$\boldsymbol{\Gamma}$和$\boldsymbol{\Lambda}$，再由$\boldsymbol{\Lambda}$得到同一距离门内散射点的位置，即 $t_1,t_2,\cdots,t_K$，从而获得矩阵 $\boldsymbol{A}$ 的精确值，如式(11.6.13)所示，最后利用最小二乘法得到 $\bar{\boldsymbol{\sigma}}$ 的最小二乘估计 $\hat{\boldsymbol{\sigma}}$，即得到每一个散射点的散射强度。

$$\hat{\boldsymbol{\sigma}}=(\boldsymbol{A}^{\mathrm{H}}\boldsymbol{A})^{-1}\boldsymbol{A}^{\mathrm{H}}\boldsymbol{s} \tag{11.7.13}$$

上面介绍的基本 ESPRIT 算法需要求解广义特征值，当矩阵较大时，求解广义特征值有时会出现病态解。通过应用奇异值分解(SVD)和总体最小二乘(TLS)方法可将病态广义特征问题转化成无病态的广义特征问题，不仅很好地解决了病态广义特征问题，而且只需进行一次奇异值分解，不需要计算高斯白噪声的方差 σ^2，该方法称为 TLS-ESPRIT 算法[18]。

然而，无论是基本的 ESPRIT 算法和 TLS-ESPRIT 算法都只利用了 P+1 次的观测数据，并没有利用其共轭数据。如果共轭数据得以利用，可使总的观测数据增加一倍，从而获得更好的估计性能。利用观测数据及其共轭的 ESPRIT 方法称为酉 ESPRIT 算法[19]。在基本 ESPRIT 算法的基础上，利用观测数据及其共轭数据，其利用的数据增加了一倍，因此估计性能更好。

11.7.2 二维 ESPRIT 算法的基本原理

二维 ESPRIT 算法的基本原理是将二维估计问题分解为两个一维估计问题，再将估计结果通过“配对”，得到最后的频率对(f_{1k}, f_{2k}) (k = 1,2,⋯, K，为目标散射中心的序号)，以实现超分辨成像[20]。下面同样采用如式(11.6.14)所示的二维 MUSIC 算法的信号模型，对二维 ESPRIT 算法进行简要介绍。

1．构建观测矩阵

对式(11.6.14)所示的每个频点、每个角度的回波进行矩阵化处理，得到每个频率的观测矩阵如下：

$$
\boldsymbol{Y}^{(m)}=\begin{bmatrix} s(m,0) & s(m,1) & \cdots & s(m,N-Q) \\ s(m,1) & s(m,2) & \cdots & s(m,N-Q+1) \\ \vdots & \vdots & & \vdots \\ s(m,Q-1) & s(m,Q) & \cdots & s(m,N-1) \end{bmatrix}_{Q\times(N-Q+1)} \tag{11.7.14}
$$

2．计算 Hankel 块矩阵

对式(11.7.15)观测矩阵的行(或列)按 $P\times Q$ 窗口进行空间平滑，得到如下的 Hankel 块矩阵 $\boldsymbol{Y}_1$：

$$
\boldsymbol{Y}_1=\begin{bmatrix} \boldsymbol{Y}^{(0)} & \boldsymbol{Y}^{(1)} & \cdots & \boldsymbol{Y}^{(M-P)} \\ \boldsymbol{Y}^{(1)} & \boldsymbol{Y}^{(2)} & \cdots & \boldsymbol{Y}^{(M-P+1)} \\ \vdots & \vdots & & \vdots \\ \boldsymbol{Y}^{(P-1)} & \boldsymbol{Y}^{(P)} & \cdots & \boldsymbol{Y}^{(M-1)} \end{bmatrix}_{(P\times Q)\times[(M-P+1)(N-Q+1)]} \tag{11.7.15}
$$

3．对 Hankel 块矩阵进行奇异值分解(SVD)

对式(11.7.15)的 $\boldsymbol{Y}_1$ 进行 SVD，得到

$$
\boldsymbol{Y}_1=\boldsymbol{U}_1\boldsymbol{D}_1\boldsymbol{V}_1^{\mathrm{H}}=\boldsymbol{U}_{\mathrm{s}_1}\boldsymbol{D}_{\mathrm{s}_1}\boldsymbol{V}_{\mathrm{s}_1}^{\mathrm{H}}+\boldsymbol{U}_{\mathrm{N}_1}\boldsymbol{D}_{\mathrm{N}_1}\boldsymbol{V}_{\mathrm{N}_1}^{\mathrm{H}} \tag{11.7.16}
$$

式中，$\boldsymbol{U}_{\mathrm{s}_1}$、$\boldsymbol{D}_{\mathrm{s}_1}$、$\boldsymbol{V}_{\mathrm{s}_1}$ 是 K 个主奇异值对应的分量，$\boldsymbol{U}_{\mathrm{N}_1}$、$\boldsymbol{D}_{\mathrm{N}_1}$、$\boldsymbol{V}_{\mathrm{N}_1}$ 为其余分量(主要是噪声)。

$$
\boldsymbol{F}_1=(\underline{\boldsymbol{U}}_{\mathrm{s}_1})^{\mathrm{pinv}}(\bar{\boldsymbol{U}}_{\mathrm{s}_1}) \tag{11.7.17}
$$

式中，$(\cdot)^{\mathrm{pinv}}$ 代表伪逆操作；$\underline{\boldsymbol{U}}_{\mathrm{s}_1}$ 由 $\boldsymbol{U}_{\mathrm{s}_1}$ 的前 $(P-1)\times Q$ 行构成；$\bar{\boldsymbol{U}}_{\mathrm{s}_1}$ 由 $\boldsymbol{U}_{\mathrm{s}_1}$ 的后 $(P-1)\times Q$ 行构成。

4．计算置换矩阵 E_1

为将 f_{1k} 和 f_{2k} 进行配对，引入下列置换矩阵：

$$
\boldsymbol{E}_1=\sum_{m=1}^{Q}\sum_{n=1}^{P}\boldsymbol{E}_{m,n}^{Q\times P}\otimes\boldsymbol{E}_{n,m}^{P\times P} \tag{11.7.18}
$$

式中，$\boldsymbol{E}_{m,n}^{Q\times P}$ 是大小为 $Q\times P$ 的基本矩阵；(m,n) 位置值为 1，其余位置值为 0；“$\otimes$”表示 Kronecker 积。由 $\boldsymbol{E}_1$、$\underline{\boldsymbol{U}}_{\mathrm{s}_1}$ 和 $\bar{\boldsymbol{U}}_{\mathrm{s}_1}$ 计算 $\boldsymbol{F}_2$：

$$
\boldsymbol{F}_2=(\underline{\boldsymbol{E}_1\boldsymbol{U}_{\mathrm{s}_1}})^{\mathrm{pinv}}(\overline{\boldsymbol{E}_1\boldsymbol{U}_{\mathrm{s}_1}}) \tag{11.7.19}
$$

式中，$\underline{\boldsymbol{E}_1\boldsymbol{U}_{\mathrm{s}_1}}$ 和 $\overline{\boldsymbol{E}_1\boldsymbol{U}_{\mathrm{s}_1}}$ 分别为不包含 $\boldsymbol{E}_1\boldsymbol{U}_{\mathrm{s}_1}$ 中的后 Q 行和前 Q 行的矩阵。

5．计算变换矩阵 $\boldsymbol{T}$

对 $\boldsymbol{F}_1$ 和 $\boldsymbol{F}_2$ 的组合矩阵进行特征值分解得到对角矩阵 $\boldsymbol{D}$：

$$
\lambda\boldsymbol{F}_1+(1-\lambda)\boldsymbol{F}_2=\boldsymbol{T}^{-1}\boldsymbol{D}\boldsymbol{T} \tag{11.7.20}
$$

式中，λ 是一个标量，其作用是保证上述组合矩阵不会出现特征值的重数大于 1 的情况。

6．配对频率

利用变换矩阵 $\boldsymbol{T}$ 得到包含配对频率 (f_{1k}, f_{2k}) 的矩阵 $\boldsymbol{\Phi}_1$ 和 $\boldsymbol{\Phi}_2$：

$$
\begin{cases}
\boldsymbol{\Phi}_1 = \boldsymbol{T}\boldsymbol{F}_1\boldsymbol{T}^{-1} = \mathbf{diag}_{1\leqslant k\leqslant K}(\mathrm{e}^{\mathrm{j}2\pi f_{1k}}) \\
\boldsymbol{\Phi}_2 = \boldsymbol{T}\boldsymbol{F}_2\boldsymbol{T}^{-1} = \mathbf{diag}_{1\leqslant k\leqslant K}(\mathrm{e}^{\mathrm{j}2\pi f_{2k}})
\end{cases}
\tag{11.7.21}
$$

至此，ESPRIT 成像算法完成了超分辨成像处理。

11.7.3　ESPRIT 成像仿真

二维成像仿真的点目标模型和参数与图 11.6.3 一致，ESPRIT 成像仿真结果如图 11.7.1 所示。其中，图 11.7.1(a)为幅度图像；图 11.7.1(b)为成像的幅度误差；图 11.7.1(c)为成像的相位误差。显然，在此成像参数条件下，ESPRIT 成像的相位误差比幅度误差大。将图 11.7.1 与图 11.6.3 进行比较，可见 ESPRIT 成像的幅度误差和相位误差都比 MUSIC 成像大，但是前者因为无须进行谱峰搜索，速度显著快于后者。

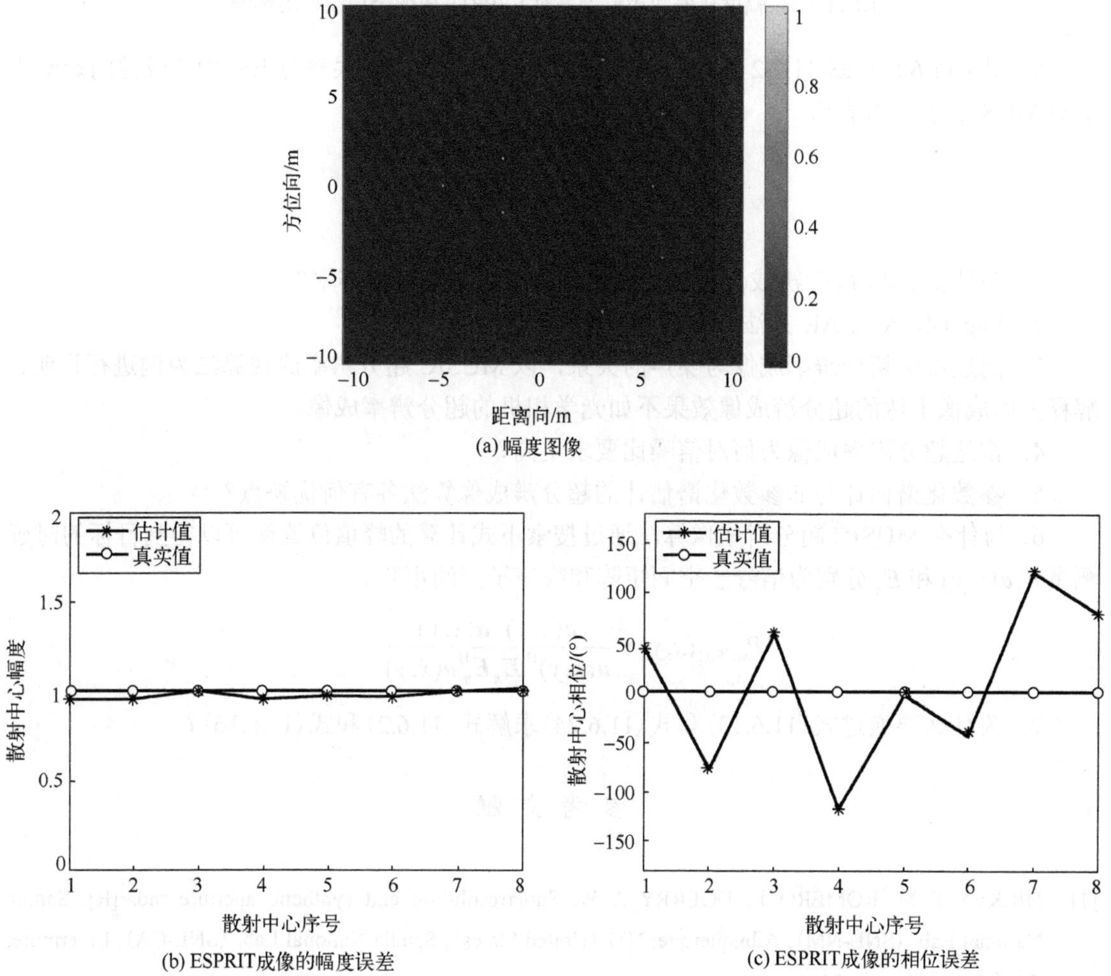

图 11.7.1　ESPRIT 成像仿真结果

此外，ESPRIT 算法的性能与信噪比以及幅度误差和相位误差的关系类似于 MUSIC 算法，成像性能均随信噪比的降低、幅度误差和相位误差的增大而下降，如图 11.7.2 所示。

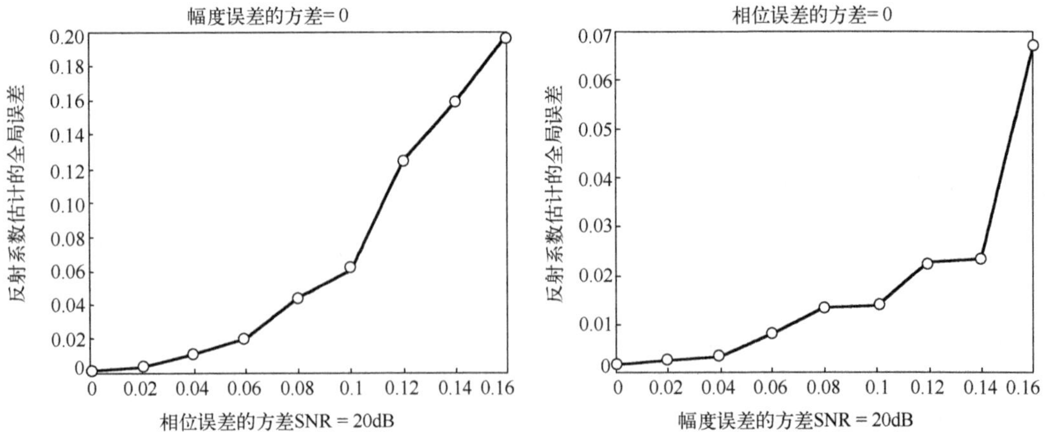

图 11.7.2 幅度误差和相位误差对 ESPRIT 成像全局误差的影响

对比图 11.6.5 和图 11.7.2 可以看出，在同等情况下，幅相误差对 ESPRIT 成像的影响大于对 MUSIC 成像的影响。

习　题

1．为什么 SVA 超分辨成像算法能够抑制旁瓣而不牺牲分辨率？

2．Super-SVA 与 AR 方法有何共性的缺点？

3．阐述雷达超分辨率成像与噪声的关系，以 MUSIC 超分辨率成像算法为例进行说明；解释为何成像雷达的超分辨成像效果不如光学相机的超分辨率成像。

4．雷达超分辨率成像为何对信噪比要求更高？

5．参数化谱估计与非参数化谱估计的超分辨成像算法各有何优缺点？

6．为什么 MUSIC 超分辨成像算法通过搜索下式计算的峰值位置便可以得到目标的时延测量？ $\boldsymbol{a}(x,y)$ 和 $\boldsymbol{E}_n$ 分别为信号子空间矩阵和噪声子空间矩阵。

$$P_{\text{MUSIC}}(x,y)=\frac{\boldsymbol{a}(x,y)^{\text{H}}\boldsymbol{a}(x,y)}{\boldsymbol{a}(x,y)^{\text{H}}\boldsymbol{E}_n\boldsymbol{E}_n^{\text{H}}\boldsymbol{a}(x,y)}$$

7．为什么要通过式(11.6.13)和式(11.6.24)求解式(11.6.2)和式(11.6.16)？

参 考 文 献

[1] DICKEY F M, ROMERO L, DOERRY A W. Superresolution and synthetic aperture radar[R]. Sandia National Lab. (SNL-NM), Albuquerque, NM (United States); Sandia National Lab. (SNL-CA), Livermore, CA (United States), 2001.

[2] AKSASSE B, RADOUANE L. Two-dimensional autoregressive (2-D AR) model order estimation[J]. IEEE transactions on signal processing, 1999, 47(7): 2072-2077.

[3] 喻玲娟. 圆迹合成孔径雷达的信号仿真与处理算法研究[D]. 北京: 中国科学院大学, 2012.

[4] STANKWITZ H C, KOSEK M R. Sparse aperture fill for SAR using super-SVA[C].Proceedings of the 1996

IEEE national radar conference, Ann Arbor, 1996: 70-75.

[5] STANKWITZ H C, DALLAIRE R J, FIENUP J R. Nonlinear apodization for sidelobe control in SAR imagery[J]. IEEE transactions on aerospace and electronic systems, 1995, 31 (1) : 267-279.

[6] XU X J, NARAYANAN R M. Enhanced resolution in SAR/ISAR imaging using iterative sidelobe apodization[J]. IEEE transactions on image processing, 2005, 14 (4) : 537-547.

[7] 翟文帅. 宽带多载频雷达信号模型及处理方法研究[D]. 北京：中国科学院大学, 2013.

[8] LARSSO N E G, LI J, STOICA P. High-resolution nonparametric spectral analysis: theory and applications[M] //HUA Y, CHENG Q, GERSHMAN A. High-Resolution and Robust Signal Processing. Boca Raton: CRC Press, 2004.

[9] LARSSON E G, STOICA P. Fast implementation of two-dimensional APES and CAPON spectral estimators[J]. Multidimensional systems and signal processing, 2002, 13 (1) : 35-53.

[10] STOICA P, LI H B, JIAN L. A new derivation of the APES filter[J]. IEEE signal processing letters, 1999, 6 (8) : 205-206.

[11] 顾翔. 雷达成像的电磁场仿真与超分辨成像算法研究[D].北京：中国科学院大学(中国科学院国家空间科学中心), 2009.

[12] SCHMIDT R. Multiple emitter location and signal parameter estimation[J]. IEEE transactions on antennas and propagation, 1986, 34 (3) : 276-280.

[13] SHAN T J, WAX M, KAILATH T. On spatial smoothing for direction-of-arrival estimation of coherent signals[J]. IEEE transactions on acoustics, speech, and signal processing, 1985, 33 (4) : 806-811.

[14] WILLIAMS R T, PRASAD S, MAHALANABIS A K, et al. An improved spatial smoothing technique for bearing estimation in a multipath environment[J]. IEEE transactions on acoustics, speech, and signal processing, 1988, 36 (4) : 425-432.

[15] ODENDAAL J W, BARNARD E, PISTORIUS C W I. Two-dimensional superresolution radar imaging using the MUSIC algorithm[J]. IEEE transactions on antennas and propagation, 1994, 42 (10) : 1386-1391.

[16] WU H T, YANG J F, CHEN F K. Source number estimators using transformed gerschgorin radii[J]. IEEE transactions on signal processing, 1995, 43 (6) : 1325-1333.

[17] ROY R, KAILATH T. ESPRIT-estimation of signal parameters via rotational invariance techniques[J]. IEEE transactions on acoustics, speech, and signal processing, 1989, 37 (7) : 984-995.

[18] OTTERSTEN B, VIBERG M, KAILATH T. Performance analysis of the total least squares ESPRIT algorithm[J]. IEEE transactions on signal processing, 1991, 39 (5) : 1122-1135.

[19] HAARDT M, NOSSEK J A. Unitary ESPRIT: how to obtain increased estimation accuracy with a reduced computational burden[J]. IEEE transactions on signal processing, 1995, 43 (5) : 1232-1242.

[20] ROUQUETTE S, NAJIM M. Estimation of frequencies and damping factors by two-dimensional ESPRIT type methods[J]. IEEE transactions on signal processing, 2001, 49 (1) : 237-245.

第 12 章 压缩感知雷达技术

12.1 概　　述

如果说，在过去人们所处的世界更多的是一种模拟信息占主导的世界，那么现在人们更多的是生活在数字信息占主导的世界中。数字信息是通过对模拟信息的数字化采样后得到的。以人们生活中离不开的摄影为例，大概在 2000 年之前，采样胶片的模拟摄影占据着绝对的主导地位，但是经过短短 10 余年的发展，到了 2010 年左右，在人们的生活中已难以看到胶片相机了，采用 CCD 成像的数字相机已经占据了绝对的主导地位。

无论是光学还是雷达遥感领域，尤其是成像遥感领域，随着可见光/雷达图像的分辨率的不断提高，在数据获取过程中的原始数据量越来越大，尤其是对于高分辨率的成像雷达来说，还面临着对宽带雷达信号采样所需要的高速 ADC 技术发展的瓶颈问题，这给数据的采集、存储和传输带来了极大的挑战。光学图像压缩和雷达图像压缩技术始终是遥感技术研究领域中的重要研究方向。就光学图像的压缩而言，由于光学图像纹理信息丰富并且图像噪声通常只有加性噪声，因此压缩算法的效率通常很高。而对于雷达图像的压缩，正是由于纹理结构信息较弱，不仅存在加性噪声，还存在乘性(斑点)噪声。更为困难的是，雷达成像面临的是复数图像，因此很难达到光学图像压缩的水平。

在实际中，对雷达数据的压缩有时比对雷达图像的压缩更为重要。为了缓解数据采集、存储和传输的压力，在国内外现有的星载 SAR 中，基本上都采用低比特量化来达到高比特量化的效果，如采用 5bit 量化来达到 8bit 量化的效果。BAQ(block adaptive quatization)[1] 技术就是其中广泛采用的数据压缩技术。但是 BAQ 技术仍然不能降低对高速 ADC 的需求。

在应用数学研究中，数学家长期关注稀疏信号的采样与重建问题。直到 2006 年前后，Donoho、Candes 和 Tao 等正式提出了压缩感知(compressive sensing 或者 compressed sensing，CS)理论[2-4]，为如何对某些稀疏信号进行高效率地采集，以极小的采样数据恢复出信号提供了理论指导。压缩感知理论首先在光学单像素成像中得到验证[5]。

压缩感知理论的信号获取框架与传统的信号获取框架不同，从思路上由“对信号采样”转化为“对信息采样”。传统的信号获取是首先按照 Nyquist 采样定理所需要的采样率对信号进行采样，然后以对采样信号进行编码和解码的方式实现对信号的压缩处理。而根据压缩感知理论，在对稀疏信号的采样过程中，不再以 Nyquist 采样率进行采样，而是充分利用信号的稀疏性，直接降低采集率(远低于 Nyquist 采样率)，最终以极少的数据恢复出信号。压缩感知理论一经提出，其在雷达领域的应用前景立即引起了雷达界的关注，大量的研究工作随之开展，并在不断发展中，已经取得了一系列重要进展，有望解决宽带、高分辨率雷达系统中的高速采集、超大数据的存储与传输难题。

稀疏信号的采样和恢复与测量过程密切相关，可以分为四种基本情况：①信号在时域稀疏且测量在时域进行；②信号在时域稀疏，测量在变换域(傅里叶变换、小波变换等)进行；③信号在变换域稀疏，测量在时域进行；④信号在变换域稀疏，测量也在变换域进行。

压缩感知基本理论表明，当信号具有稀疏性或可压缩性时，可以以远低于 Nyquist 采样定理(香农采样定理)所规定的采样率来对信号进行采集，通过将信号的恢复问题归结为一个非线性最优化问题，采用凸优化算法进行求解，完成对信号的近似准确的重构。压缩感知在实际中的应用主要关注三个基本问题：①如何保证信号的稀疏性；②针对稀疏的信号设计稀疏采样的框架，保证在稀疏采样的前提下获得关于稀疏信号的全面/完整信息；③采用合适的方法恢复/重建信号/信息。

12.2　压缩感知基本理论

对于信号 $\boldsymbol{x}\in\mathbb{C}^N$，如果用测量矩阵 $\boldsymbol{A}$ 表示对该信号的测量过程，则测量得到的数据可以表示为

$$\boldsymbol{y}=\boldsymbol{A}\boldsymbol{x} \tag{12.2.1}$$

式中，$\boldsymbol{y}\in\mathbb{C}^N$ 表示测量数据。我们希望从测量数据 $\boldsymbol{y}$ 中尽可能精确地重建目标信号 $\boldsymbol{x}$。一般来说，求解式(12.2.1)可分为以下三种情况。

(1)当 $M>N$ 时，测量数目多于信号长度，多数情况下式(12.2.1)无解，常用的方法是最小二乘法，即求解如下问题：

$$\min\|\boldsymbol{y}-\boldsymbol{A}\boldsymbol{x}\|_2^2 \tag{12.2.2}$$

(2)当 $M=N$ 时，如果 $\boldsymbol{A}$ 可逆，则式(12.2.1)存在唯一解。

(3)当 $M<N$ 时，此时测量数目少于信号长度，式(12.2.1)为欠定线性方程，通常有无穷多个解。

图 12.2.1 给出了对稀疏信号 $\boldsymbol{x}$ 欠采样的矩阵表示示意图，采样(测量)矩阵是一个“扁矩阵”而非“方矩阵”。

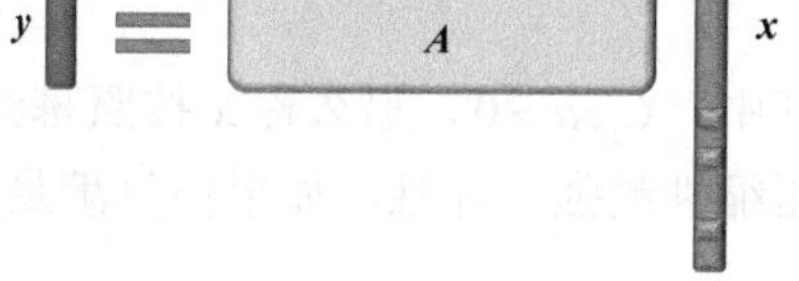

图 12.2.1　信号欠采样的矩阵示意图

在传统的数据获取框架下，通常要求测量数目不少于信号长度，即 $M\geqslant N$。这是为了保证有足够的信息来恢复信号。传统的香农采样定理指出，为了保证精确地重建一个带宽有限的信号，采样率不得低于信号带宽的两倍。随着对分辨率的要求越来越高，根据香农采样定理，所需要的测量数据也将随之增大，这给数据采集、存储设备带来了很大的负担。那么，在测量数据不充分的情况下，是不是还能够精确地重建目标信号？对这个问题的研究引出了压缩感知基本理论[1,2]。压缩感知又称压缩采样(compressive sampling)，是近年来信号处理和图像处理领域研究的热门课题。压缩感知指出，在 $M<N$ 的情况下，重建信号依然是可能的。然而，当 $M<N$ 时，式(12.2.1)为欠定线性方程，一般存在无穷多个解。为了得到唯一解，必须对式(12.2.1)的解施加额外的约束，而在压缩感知理论中，这个约束就是信号的稀疏性。下面从信号的稀疏性出发介绍压缩感知基本理论。

12.2.1 信号的稀疏性和可压缩性

信号的稀疏性可以表述如下：如果信号 $\boldsymbol{x}$ 中存在最多 K 个非零元素，即 $\|x\|_0 \leqslant K$（“$\|\cdot\|_0$”表示“零”范数，表示某个序列(信号)中非零的个数），则称信号 $\boldsymbol{x}$ 是 K–稀疏的，且其稀疏度为 K，如图 12.2.2(a)所示。

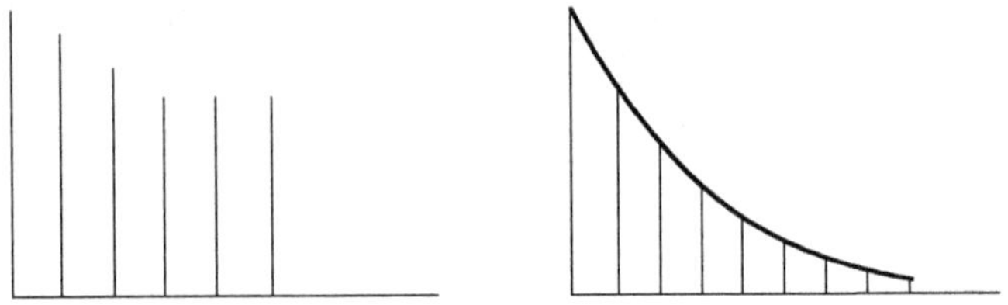

(a) 严格稀疏　　(b) 非严格稀疏

图 12.2.2　严格稀疏和非严格稀疏的信号

实际中的大多数信号并不是严格稀疏的，如图 12.2.2(b)所示。但有些信号可以用稀疏信号来近似，这类信号称为可压缩信号或近似稀疏信号。用集合 Σ_K 表示所有 K-稀疏的信号构成的集合，即$\Sigma_K=(x\colon \| x \|_0 \leqslant K)$。对于一个信号 $\boldsymbol{x}\in\mathbb{C}^N$，我们希望用一个 K-稀疏的信号来逼近它，逼近程度用 K 项逼近误差来衡量，K 项逼近误差的定义为

$$\sigma_K(\boldsymbol{x})_p=\min_{\hat{\boldsymbol{x}}\in\Sigma_K}\left\|\boldsymbol{x}-\hat{\boldsymbol{x}}\right\|_p \tag{12.2.3}$$

K 项逼近误差越小，说明 $\boldsymbol{x}$ 越接近 K-稀疏信号。特殊情况下，如果 $\boldsymbol{x}\in\Sigma_K$，则$\sigma_K(\boldsymbol{x})_p=0$。对于 $\boldsymbol{x}\in\mathbb{C}^N$，如果只保留 $\boldsymbol{x}$ 中最大的 K 个元素，其余元素置零，这样得到一个 K-稀疏的信号 $\boldsymbol{x}_K$，其是 Σ_K 中最接近 $\boldsymbol{x}$ 的信号，即$\sigma_K(\boldsymbol{x})_p=\|\boldsymbol{x}-\boldsymbol{x}_K\|_p$。

一个信号的可压缩性除了用 K 项逼近误差$\sigma_K(\boldsymbol{x})_p$来衡量外，还可以用信号幅度的衰减率来衡量。对于 $\boldsymbol{x}\in\mathbb{C}^N$，将 $\boldsymbol{x}$ 按幅度从大到小排列成 $\boldsymbol{x}^*$，其满足

$$\left|\boldsymbol{x}_1^*\right|\geqslant\left|\boldsymbol{x}_2^*\right|\geqslant\cdots\geqslant\left|\boldsymbol{x}_N^*\right|\geqslant 0 \tag{12.2.4}$$

如果

$$\left|\boldsymbol{x}_i^*\right|\leqslant C_1 i^{-q} \tag{12.2.5}$$

其中，$C_1, q>0$，那么称 $\boldsymbol{x}$ 按照幂级数衰减。q 越大，则 $\boldsymbol{x}$ 的幅度衰减得越快，于是信号的可压缩性越强。并且，如果$|\boldsymbol{x}_i^*|$满足式(12.2.5)，那么可以证明存在 C_2 和 r 使得

$$\sigma_K(\boldsymbol{x})_2\leqslant C_2 K^{-r} \tag{12.2.6}$$

即$\sigma_K(\boldsymbol{x})_2$按照 K^{-r} 的速率衰减。更进一步可以证明，$\sigma_K(\boldsymbol{x})_2$按照 K^{-r} 的速率衰减，当且仅当$\left|\boldsymbol{x}_i^*\right|$按照 $i^{-r+1/2}$ 的速率衰减。

对于一个信号 $\boldsymbol{x}\in\mathbb{C}^N$，存在一个基 $\boldsymbol{\Phi}\in\mathbb{C}^{N\times N}$ 使得 $\boldsymbol{x}=\boldsymbol{\Phi}c$，其中，$c$ 是 $\boldsymbol{x}$ 在基 $\boldsymbol{\Phi}$ 下的表示系数。尽管 $\boldsymbol{x}$ 并不稀疏(可压缩)，但其在 $\boldsymbol{\Phi}$ 下的表示系数 c 是稀疏的(可压缩的)，对于这样的信号我们依然认为它是稀疏(可压缩)信号。这种信号在实际应用中很常见。举例来说，大多数光学图像在离散余弦变换(discrete cosine transform，DCT)或是小波变换下具有稀疏的表示系数。在这些表示系数中，起决定性作用的是那些幅度较大的系数，而其余幅度较小的系

数对图像的贡献不大，因此可以舍弃幅度接近于 0 的系数，这样可以用很少的数据来保留整幅图像的信息。这是图像压缩中 JPEG、JPEG2000 方法的主要思想。对于视频、音频信号，许多压缩方法(如 MPEG、MP3)也是利用这种策略来实现压缩的。传统的压缩方法需要将信号每个位置的值都采集下来，但到最后又扔掉了大部分的系数，这在一定程度上是对采样资源的浪费。

对于稀疏(可压缩)信号，其主要信息可以用远少于信号本身长度的系数来表示。如果可以直接采集信号的有用信息，就可以获得小于信号长度的测量数据。换句话说，我们希望采用“压缩”的方式来“感知”那些稀疏的或可压缩的信号，这是压缩感知的出发点。然而，要实现这一目标并非易事。第一个原因在于我们并不知道目标信号非零元素的位置。如果已知非零元素的位置，就可以直接采集信号在这些位置上的值。在不知道非零元素位置的情况下，我们还希望用尽可能少的测量次数来获取目标信息，这给测量过程带来了巨大的挑战。如果用数学语言描述，对于式(12.2.1)中的数据测量模型，首当其冲的困难是如何设计测量矩阵 $\boldsymbol{A}$ 来充分地获取信号的有效信息。

需要指出的是，信号的稀疏性与信号的表征域(表征信号的基函数空间)有关，例如，某信号在时域表征非稀疏，但在频域表征则是稀疏的。

12.2.2 测量矩阵

测量矩阵和重建算法二者并不是相互独立的，而是相互影响的。为了评价一个测量矩阵的性能，首先需要固定重建算法。如果重建算法不同，同一个测量矩阵下恢复出的信号也会不同。反过来，一个算法所重建出的信号的质量如何，除了算法本身的模型和步骤外，还取决于测量矩阵的性能。如果测量矩阵可以获得目标信号更多的信息，那么重建出的信号的误差也会更小。因此，在讨论测量矩阵的性质之前，需要首先确定重建算法的模型。

对于式(12.2.1)的无噪测量模型，当信号 $\boldsymbol{x}$ 的稀疏度为 K 时，我们希望找到一种恢复算法，从 $\boldsymbol{y}$ 中精确地恢复 $\boldsymbol{x}$。测量矩阵 $\boldsymbol{A}$ 的作用是将 N 维空间的目标信号映射到 M 维空间的测量信号中，而重建算法的作用是将 M 维空间的测量信号映射到 N 维空间的重建信号中。定义重建算法对应的映射为Δ，用$\Delta(\boldsymbol{y})$表示重建的信号。那么对于某组$(\boldsymbol{A},\Delta)$，用$\|\Delta(\boldsymbol{Ax})-\boldsymbol{x}\|$来评价其性能。

当已知 $\boldsymbol{x}$ 是稀疏时，很自然求解思路是在所有满足 $\boldsymbol{Ax}=\boldsymbol{y}$ 的解中选择最稀疏的解，即求解下面的 l_0 最小化问题：

$$\begin{aligned}&\min\|\boldsymbol{x}\|_0,\\&\text{s.t. } \boldsymbol{Ax}=\boldsymbol{y}\end{aligned} \tag{12.2.7}$$

记式(12.2.7)中的 l_0 最小化问题为(P_0)，用$\Delta_0(\boldsymbol{y})$表示(P_0)的解。当测量矩阵满足下面的条件时，可以精确地恢复稀疏信号。

定理 12.1[6] 假定矩阵 $\boldsymbol{A}\in\mathbb{C}^{M\times N}$ 中的任意 $2K$ 列均线性无关，选择重建方法为 l_0 最小化(P_0)，那么，对任意的 $\boldsymbol{x}\in\Sigma_K$，有

$$\Delta_0(\boldsymbol{A}x)=x \tag{12.2.8}$$

定理 12.1 给出了精确恢复严格稀疏信号的方法——l_0 最小化(P_0)，然而，(P_0)问题是一个 NP-难(NP-hard)问题[6,7]，目前尚未发现快速的、有效的求解算法。常用的方法是用$\|\boldsymbol{x}\|_1$代替$\|\boldsymbol{x}\|_0$，即 l_1 最小化方法：

$$\min \|x\|_1,\quad \text{s.t.}\ \ \boldsymbol{A}\boldsymbol{x}=y \tag{12.2.9}$$

记式(12.2.9)中的 l_1 最小化问题为 (P_1)，并记 $\Delta_1(y)$ 为 (P_1) 的解。因为 l_1 范数为凸函数，约束条件 $\boldsymbol{Ax}=\boldsymbol{y}$ 为线性方程，因此 l_1 最小化问题 (P_1) 为凸优化问题。凸优化问题的优势在于它的解不依赖于初始值，只依赖于优化问题的模型，并且存在快速的、精确的算法来求解。压缩感知中的许多定理和性质是基于 (P_1) 来推导和讨论的。除了 l_1 最小化方法，压缩感知领域还出现了许多其他类型的重建算法，如贪婪算法[6-8]、迭代硬阈值法[9]、消息传递算法(message-passing algorithm)[10]等。

1．零空间性质

首先介绍矩阵的零空间性质[6,11]。零空间性质给出了采用 l_1 最小化方法能够精确地从 $\boldsymbol{Ax}=y$ 中重建信号的充要条件。矩阵 $\boldsymbol{A}$ 的零空间定义为

$$\mathcal{N}(\boldsymbol{A})=\{x:\boldsymbol{A}x=0\} \tag{12.2.10}$$

定理 12.2 称矩阵 $\boldsymbol{A}\in\mathbb{C}^{M\times N}$ 满足 K 阶零空间性质(null space property，NSP)，如果对所有的 $S\subset[N]$，$|S|\leqslant K$，均有

$$\|\boldsymbol{h}_S\|_1\leqslant\|\boldsymbol{h}_{S^c}\|_1，\text{对任意的 }\boldsymbol{h}\in\mathcal{N}(\boldsymbol{A})\setminus\{0\} \tag{12.2.11}$$

零空间性质的本质含义是：每一个 $\mathcal{N}(\boldsymbol{A})$ 中元素(零向量除外)的稀疏性较差。下面的定理指出，对于式(12.2.1)模型，零空间性质是 l_1 最小化 (P_1) 能够精确恢复稀疏信号的充要条件[9]。

定理 12.3[6,11] 对任意的 $\boldsymbol{x}\in\Sigma_K$，有

$$\Delta_1(\boldsymbol{Ax})=\boldsymbol{x} \tag{12.2.12}$$

当且仅当 $\boldsymbol{A}$ 满足 K 阶的零空间性质。

下面对零空间性质进行简单的解释。假设 $\boldsymbol{x}^0$ 是真实的目标信号，并且 $\boldsymbol{x}^0\in\Sigma_K$，很显然，$\boldsymbol{x}^0$ 满足 $\boldsymbol{A}\boldsymbol{x}^0=\boldsymbol{y}$。对于 $\forall\boldsymbol{z}\in\mathcal{N}(\boldsymbol{A})\setminus\{0\}$，必有 $\boldsymbol{A}(\boldsymbol{x}^0+\boldsymbol{z})=\boldsymbol{y}$，即 $\boldsymbol{x}^0+\boldsymbol{z}$ 也是 $\boldsymbol{Ax}=\boldsymbol{y}$ 的解。如果矩阵 $\boldsymbol{A}$ 满足零空间性质，那么根据式(12.2.11)，可知 $\boldsymbol{z}$ 以及 $\boldsymbol{x}^0+\boldsymbol{z}$ 的稀疏性会很差。因为我们的目标是从 $\boldsymbol{Ax}=\boldsymbol{y}$ 的解中找到一个稀疏的信号，而 $\boldsymbol{x}^0+\boldsymbol{z}$ 不如 $\boldsymbol{x}^0$ 稀疏，因此很自然地就将 $\boldsymbol{x}^0+\boldsymbol{z}$ 排除掉，只剩下真实的目标信号 $\boldsymbol{x}^0$。定理 12.3 要求 $\boldsymbol{x}$ 是严格稀疏的，然而，实际情况中多数信号并非严格稀疏，而是可压缩的。一个信号的可压缩性可以用式(12.2.3)中定义的 K 项逼近误差 $\sigma_K(x)_p$ 来衡量。当信号不是严格稀疏的时候，需要对定理 12.2 定义的零空间性质进行修正来保证稳定地恢复信号。为此，引入下面的稳定零空间性质(stable null space property)[11]。

定理 12.4[11] 称矩阵 $\boldsymbol{A}\in\mathbb{C}^{M\times N}$ 满足常数为 ρ 的 K 阶稳定零空间性质，如果对所有的 $S\subset[N]$，$|S|\leqslant K$，均有

$$\|\boldsymbol{h}_S\|_1\leqslant\rho\|\boldsymbol{h}_{S^c}\|_1，\text{对任意的 }\boldsymbol{h}\in\mathcal{N}(\boldsymbol{A}) \tag{12.2.13}$$

式中，$0<\rho<1$。

定理 12.5[11] 如果 $\boldsymbol{A}$ 满足常数为 ρ 的 K 阶稳定零空间性质，那么对任意的 $\boldsymbol{x}\in\Sigma_K$，有

$$\|\Delta_1(\boldsymbol{Ax})-\boldsymbol{x}\|_1\leqslant 2(1+\rho)/(1-\rho)\sigma_K(\boldsymbol{x})_1 \tag{12.2.14}$$

根据定理 12.5，对于非严格稀疏的信号，当矩阵 $\boldsymbol{A}$ 满足 K 阶稳定零空间性质时，(P_1)

恢复信号的误差取决于信号的 K 项逼近误差，信号的可压缩性越强，则恢复误差越小。

实际中，除了考虑非稀疏的信号，测量过程中还会遇到各种噪声，如热噪声、量化噪声等。求解模型 (P_1) 是基于 $\boldsymbol{y}=\boldsymbol{A}\boldsymbol{x}$ 的无噪测量模型，因此不适用于有噪情况。为此考虑下面包含测量噪声的模型：

$$\boldsymbol{y}=\boldsymbol{A}\boldsymbol{x}+\boldsymbol{n} \tag{12.2.15}$$

式中，$\boldsymbol{n}$ 表示测量过程中的各类噪声。

如果 $\boldsymbol{n}$ 满足 $\|\boldsymbol{n}\|\leqslant\varepsilon$，对 (P_1) 的约束条件进行放松得到下面的模型：

$$\begin{aligned}&\min\|\boldsymbol{x}\|_1\\ &\text{s.t.}\ \ \|\boldsymbol{A}\boldsymbol{x}-\boldsymbol{y}\|\leqslant\varepsilon\end{aligned} \tag{12.2.16}$$

类似于式(12.2.7)和式(12.2.9)，记式(12.2.16)中的 l_1 最小化问题为 $(P_{1,\varepsilon})$，并记 $\Delta_{1,}\varepsilon(\boldsymbol{y})$ 为 $(P_{1,\varepsilon})$ 的解。

模型 $(P_{1,\varepsilon})$ 对 $\boldsymbol{A}\boldsymbol{x}-\boldsymbol{y}$ 施加了 l_2 范数的约束。实际中，对于不同的噪声形式可以选择不同的范数，例如，当噪声是冲击脉冲时，可以对 $\boldsymbol{A}\boldsymbol{x}-\boldsymbol{y}$ 施加 l_1 范数的约束，目的是保证噪声也是稀疏的；当测量数据采用均匀量化时，文献[12]对 $\boldsymbol{A}\boldsymbol{x}-\boldsymbol{y}$ 施加 l_p 范数 $(2\leqslant p\leqslant\infty)$ 约束来处理均匀量化噪声。本节只考虑 l_2 范数约束的情况。当测量模型为式(12.2.15)中的含噪测量模型时，为了保证恢复信号对噪声的鲁棒性，需要对稳定零空间性质进一步加强，为此，引入下面的鲁棒零空间性质(robust null space property)[11]。

定理 12.6[11] 称矩阵 $\boldsymbol{A}\in\mathbb{C}^{M\times N}$ 满足常数为 ρ 和 τ 的 K 阶鲁棒零空间性质，如果对所有的 $S\subset[N]$，$|S|\leqslant K$，均有

$$\|\boldsymbol{h}_S\|_1\leqslant\rho\|\boldsymbol{h}_{S^c}\|_1+\tau\|\boldsymbol{A}\boldsymbol{h}\|\text{，对任意的 }\boldsymbol{h}\in\mathbb{C}^N \tag{12.2.17}$$

式中，$0<\rho<1$；$\tau>0$。

同定理 12.2 和定理 12.4 中定义的零空间性质不同，定理 12.6 中的鲁棒零空间性质并不要求 $\boldsymbol{h}$ 在 $\boldsymbol{A}$ 的零空间中。事实上，如果 $\boldsymbol{h}\in\mathcal{N}(\boldsymbol{A})$，则 $\boldsymbol{A}\boldsymbol{h}=0$，式(12.2.17)退化成式(12.2.13)，因此鲁棒零空间性质是对稳定零空间性质的加强，如果矩阵 $\boldsymbol{A}$ 满足鲁棒零空间性质，则它也满足稳定零空间性质。

定理 12.7[11] 对于任意 $\boldsymbol{x}\in\mathbb{C}^N$，观测值 $\boldsymbol{y}=\boldsymbol{A}\boldsymbol{x}+\boldsymbol{n}$，噪声 $\|\boldsymbol{n}\|\leqslant\varepsilon$，如果 $\boldsymbol{A}$ 满足常数为 ρ 和 τ 的 K 阶鲁棒零空间性质，那么有

$$\|\Delta_{1,\varepsilon}(\boldsymbol{A}\boldsymbol{x}+\boldsymbol{n})-\boldsymbol{x}\|_1\leqslant 2(1+\rho)\sigma_K(\boldsymbol{x})_1/(1-\rho)+4\tau\varepsilon/(1-\rho) \tag{12.2.18}$$

从定理 12.7 中可以看出，当测量矩阵满足鲁棒零空间性质时，$(P_{1,\varepsilon})$ 的重建误差包括两部分，一部分是信号的 K 项逼近误差，这取决于信号的可压缩性，另一部分是噪声引入的误差。如果 $\varepsilon=0$，即在无噪测量环境下，鲁棒零空间性质退化成稳定零空间性质，而定理 12.7 退化为定理 12.5。

对于严格稀疏信号，测量矩阵满足零空间性质是 (P_1) 能够精确恢复信号的充要条件，当测量矩阵满足稳定零空间性质时，(P_1) 可以稳定地恢复近似稀疏信号，当测量矩阵满足鲁棒零空间性质时，$(P_{1,\varepsilon})$ 可以用来恢复噪声观测情况下的近似稀疏信号。然而，在实际中，无论是理论推导还是数值计算都不容易验证一个矩阵的零空间性质。换句话说，对于某一个或某一类矩阵，我们很难从理论上来证明它是否满足零空间性质，也难以通过计算机数值计算或

仿真来考察它是否满足零空间性质。为此，相关研究者提出了另外两种方式来刻画矩阵的性能——矩阵的 RIP 性质和矩阵的列相干性。矩阵的 RIP 性质在压缩感知领域的研究受到了广泛的关注，涌现出大量文献来讨论 RIP 性质，它已经成为衡量一个矩阵能否应用于压缩感知的重要工具。对于某些通过随机方式产生的矩阵，可以从理论上证明这些矩阵满足 RIP 性质。下面将简单介绍矩阵的 RIP 性质。

2. RIP 性质

Candes 和 Tao 最早在文献[3]中介绍了 UUP (uniform uncertainty principle)，在 UUP 基础上，他们在文献[4]中给出了 RIC (restricted isometry constant) 的定义。此后，Candes 等在文献[2]中推导出矩阵的 RIP 性质。文献[11]和[13]推导了复数矩阵的 RIP 性质。在介绍矩阵的 RIP 性质之前，首先介绍 RIC 的定义。

定义 12.1[2,5] 对于矩阵 $\boldsymbol{A}\in\mathbb{C}^{M\times N}$，如果存在 $\delta\geqslant 0$ 使得对于所有的 $\boldsymbol{x}\in\Sigma_K$，都有

$$(1-\delta)\|\boldsymbol{x}\|_2^2\leqslant\|\boldsymbol{Ax}\|_2^2\leqslant(1+\delta)\|\boldsymbol{x}\|_2^2 \tag{12.2.19}$$

矩阵 $\boldsymbol{A}$ 的 K 阶 RIC δ_K 定义为使式(12.2.19)成立的 δ 的最小值。δ_K 的等价定义为

$$\delta_K=\max_{S\subset[N],\,\mathrm{card}(S)\leqslant K}\left\|\boldsymbol{A}_S^*\boldsymbol{A}_S-\boldsymbol{I}\right\|_{2\to 2} \tag{12.2.20}$$

如果矩阵 $\boldsymbol{A}$ 的 RIC 常数 $\delta_K\in[0,1)$，则称矩阵 $\boldsymbol{A}$ 满足 K 阶的 RIP 性质。如果一个矩阵的 RIC 常数 δ_K 在 K 较大时依然很小，那么我们认为这个矩阵的性能较好。具体来说，如果 δ_K 较小，根据式(12.2.20)，矩阵 $\boldsymbol{A}$ 中所有的列数不大于 K 的子矩阵都应该是良态的。实际上，$\boldsymbol{A}_S^*\boldsymbol{A}_S$ 的所有特征值都位于区间 $[1-\delta_K,1+\delta_K]$，因此 $\boldsymbol{A}_S$ 条件数的上界是 $\sqrt{(1+\delta_K)/(1-\delta_K)}$。$\delta_K$ 越接近于 0，$\sqrt{(1+\delta_K)/(1-\delta_K)}$ 越接近于 1，则 $\boldsymbol{A}_S$ 的条件数越小。从这个角度来说，矩阵的 K 阶 RIC 常数是用来刻画该矩阵中任意 K 列组成的子矩阵的良态程度，而一个矩阵满足 K 阶 RIP 性质则意味着这个矩阵中的任意 K 列子矩阵都是良态的。

下面的定理给出了矩阵零空间性质和 RIP 性质的关系。

定理 12.8[11] 如果矩阵 $\boldsymbol{A}\in\mathbb{C}^{M\times N}$ 的 $2K$ 阶的 RIC 常数满足

$$\delta_{2K}<1/3$$

则矩阵 $\boldsymbol{A}$ 满足 K 阶的零空间性质。

从定理 12.8 和定理 12.3 可以导出如下推论：

如果矩阵 $\boldsymbol{A}\in\mathbb{C}^{M\times N}$ 的 $2K$ 阶 RIC 常数满足 $\delta_{2K}<1/3$，则对任意的 $\boldsymbol{x}\in\Sigma_K$，都有 $\Delta(\boldsymbol{Ax})=\boldsymbol{x}$。

这个推论利用 RIP 性质，给出了无噪测量下精确恢复严格稀疏信号的充分条件。事实上，当矩阵满足 RIP 性质时，即使信号不是严格稀疏的，而是可压缩的(近似稀疏)，并且测量过程中存在噪声，我们依然可以较为精确地重建出信号，下面的定理说明了这个事实。

定理 12.9[11,13] 如果矩阵 $\boldsymbol{A}\in\mathbb{C}^{M\times N}$ 的 $2K$ 阶 RIC 常数满足

$$\delta_{2K}<4/\sqrt{41}\approx 0.6246$$

那么，对于任意 $\boldsymbol{x}\in\Sigma_K$，观测值 $\boldsymbol{y}=\boldsymbol{Ax}+\boldsymbol{n}$ 且噪声 $\|\boldsymbol{n}\|\leqslant\varepsilon$，则

$$\left\|\Delta_{1,\varepsilon}(\boldsymbol{Ax}+\boldsymbol{n})-\boldsymbol{x}\right\|_1\leqslant C\sigma_K(\boldsymbol{x})_1+D\sqrt{K}\varepsilon$$

$$\left\|\Delta_{1,\varepsilon}(\boldsymbol{Ax}+\boldsymbol{n})-\boldsymbol{x}\right\|_2\leqslant C\sigma_K(\boldsymbol{x})_1/\sqrt{K}+D\varepsilon$$

式中，常数 C 和 D 仅依赖于 δ_{2K}。

矩阵的 RIP 性质给出了有噪测量下稳定恢复信号的充分条件。这一点首先由 Candes 在文献[2]中给予了证明，Candes 在文献[2]中推导出的定理要求 RIC 常数 $\delta_{2K} < \sqrt{2}-1$，并且文献[2]中针对的是实数矩阵。定理 12.9 中给出了复矩阵的 RIC 常数的上界，其证明过程在文献[14]中给出。从定理 12.9 可以看出，采用 $P(\Delta_{1,\varepsilon})$ 重建的误差取决于两项，第一项是信号本身的 K 阶逼近误差 $\sigma_K(\boldsymbol{x})_1$，取决于信号的可压缩程度，信号越接近稀疏信号，该误差越小；第二项取决于噪声水平。因此，为准确地恢复信号，需要信号满足稀疏性，同时测量噪声不能太大。

为满足矩阵的 RIP 性质，矩阵的行数不能太小(特别是行数必须满足 $M \geqslant 2K$，否则从中任取 $2K$ 列的子矩阵列将不满秩，δ_{2K})，这意味着测量值的数目不能太少。下面的定理给出了满足 RIP 性质矩阵的行数的下界。

定理 12.10[11]　如果矩阵 $\boldsymbol{A} \in \mathbb{C}^{M\times N}$ 的 $2K$ 阶 RIC 常数 $\delta_{2K} < 0.6246$，则

$$M \geqslant CK\ln(eN/K) \tag{12.2.21}$$

式中，常数 C 仅依赖于 δ_{2K}。

定理 12.10 说明为了准确地恢复信号，需要 $M = \mathcal{O}(K\ln(eN/K))$ 次观测。如果一个矩阵满足 RIP 性质，并且行数 $M = \mathcal{O}(K\ln(eN/K))$，根据定理 12.10，这个数目是最少的，因此认为该矩阵是最优的。

对于随机矩阵，可以从理论上证明其 RIP 性质。特别是，对于某些特殊类型的随机矩阵，可以证明其满足 RIP 性质所需要的测量数目 $M = \mathcal{O}(K\ln(eN/K))$。根据定理 12.10，这类随机矩阵是最优的。然而，对于确定性的矩阵，到目前为止，尚未有效的方法来验证其 RIP 性质。与零空间性质和 RIP 性质相比，矩阵的列相干性更容易通过计算机数值计算来验证，这给我们提供了一个衡量测量矩阵性能的简便方法。下面将介绍矩阵的列相干性。

3．列相干性

给定一个矩阵 $\boldsymbol{A} \in \mathbb{C}^{M\times N}$，为了表述方便，本节都将假设 $\boldsymbol{A}$ 的每一列的 l_2 范数都是 1，这个条件很容易通过对 $\boldsymbol{A}$ 的每一列进行归一化来满足。对于归一化后的矩阵 $\boldsymbol{A}$，其列相干性定义如下。

定义 12.2　对于矩阵 $\boldsymbol{A} = [\boldsymbol{a}_1, \boldsymbol{a}_2, \cdots, \boldsymbol{a}_N] \in \mathbb{C}^{M\times N}$，其中，$\boldsymbol{a}_i \in \mathbb{C}^{M\times 1}$ 为 $\boldsymbol{A}$ 的第 i 列向量，对所有的 $i \in [N]$，满足 $\|\boldsymbol{a}_i\| = 1$。矩阵 $\boldsymbol{A}$ 的列相干性(coherence) $\mu = \mu(\boldsymbol{A})$ 定义为

$$\mu = \max_{1\leqslant i\neq j\leqslant N} \left|\left\langle \boldsymbol{a}_i, \boldsymbol{a}_j \right\rangle\right| \tag{12.2.22}$$

一个 $M\times N$ 矩阵的列相干性的取值范围为 $\mu \in \left[\sqrt{(N-M)/[M(N-1)]}, 1\right]$，$\sqrt{(N-M)/[M(N-1)]}$ 为 μ 的下界，又称为 Welch 界。当 $N \gg M$ 时，μ 的下界近似为 $1/\sqrt{M}$。下面的定理从列相干性的角度，给出了精确恢复稀疏信号的充分条件。

定理 12.11[5,11]　矩阵 $\boldsymbol{A} = [\boldsymbol{a}_1, \boldsymbol{a}_2, \cdots, \boldsymbol{a}_N] \in \mathbb{C}^{M\times N}$，对所有的 $i \in [N]$，满足 $\|\boldsymbol{a}_i\| = 1$。如果

$$\mu < 1/(2K-1) \tag{12.2.23}$$

那么，对任意的 $\boldsymbol{x} \in \Sigma_K$，都有 $\Delta_1(\boldsymbol{A}\boldsymbol{x}) = \boldsymbol{x}$。

结合定理 12.11 和 Welch 界，如果满足式(12.2.23)，则

$$\sqrt{(N-M)/[M(N-1)]} < 1/(2K-1) \Rightarrow M > N(2K-1)^2/[N-1+(2K-1)^2] \tag{12.2.24}$$

所以，为了满足定理 12.11 中的充分条件，矩阵的行数(测量数目)必须为 $M=\mathcal{O}(K^2)$。

根据定理 12.10，矩阵满足 RIP 性质所需要的测量数目 $M=\mathcal{O}(K\ln(eN/K))$，RIP 性质要求测量数目同稀疏度呈线性关系(除了一个对数项 $\ln(eN/K)$)，而列相干性要求的测量数目同稀疏度呈二次关系。因此，为了精确地重建信号，列相干性要求的测量数目要大于 RIP 性质，这是列相干性的缺点。究其原因，列相干性仅考虑了矩阵任意两列向量的关系，而 RIP 性质考虑了任意 K 列向量的关系。通俗地讲，矩阵的 RIP 性质考虑的列数更多，对这个矩阵的分析更为充分，因此可以更好地刻画矩阵的性能。利用盖氏圆盘定理[15]，可以推出矩阵列相干性和 RIC 常数的关系。

定理 12.12[11] 矩阵 $\boldsymbol{A}=[\boldsymbol{a}_1,\boldsymbol{a}_2,\cdots,\boldsymbol{a}_N]\in\mathbb{C}^{M\times N}$，对所有的 $i\in[N]$，满足 $\|\boldsymbol{a}_i\|=1$。矩阵 $\boldsymbol{A}$ 的列相干性为 μ，K 阶 RIC 常数为 δ_{2K}，则

$$\delta_1=0,\quad \delta_2=\mu,\quad \delta_K\leqslant(K-1)\mu \tag{12.2.25}$$

给定一个矩阵 $\boldsymbol{A}=[\boldsymbol{a}_1,\boldsymbol{a}_2,\cdots,\boldsymbol{a}_N]\in\mathbb{C}^{M\times N}$，为了求 $\boldsymbol{A}$ 的列相干性，首先挑出两列向量 $\boldsymbol{a}_i$ 和 $\boldsymbol{a}_j$，然后计算它们的内积 $\langle\boldsymbol{a}_i,\boldsymbol{a}_j\rangle$，一共需要计算 C_N^2 次。为了求 $\boldsymbol{A}$ 的 K 阶 RIC 常数，首先挑出 $\boldsymbol{A}$ 中 K 列向量，并组成子矩阵 $\boldsymbol{B}$，然后计算 $\boldsymbol{B}^*\boldsymbol{B}$ 的特征值，一共需要计算 C_N^K 次。当矩阵的列数 N 很大时，C_N^K 也会很大，并且计算特征值比计算内积更浪费时间，因此通过数值计算来求大规模矩阵的 RIC 常数是不切实际的。矩阵的 RIP 性质一般是通过理论推导来证明的，而任给一个矩阵，计算它的列相干性并不复杂，这是列相干性的优势。

4．测量矩阵构造

前面给出了准确恢复稀疏信号的三个充分条件：零空间性质、RIP 性质和列相干性。我们希望构造满足这些性质的矩阵作为压缩感知中的测量矩阵，当前的主要构造方法有随机矩阵、确定性矩阵和结构随机矩阵。

最典型的随机矩阵包括 Gaussian 随机矩阵和 Bernoulli 随机矩阵[3]。Gaussian 随机矩阵是指矩阵 $\boldsymbol{A}$ 中的元素 a_{ij} 是独立的随机变量且服从标准高斯分布：

$$a_{ij}\sim\mathcal{N}(0,1) \tag{12.2.26}$$

Bernoulli 随机矩阵是指矩阵 $\boldsymbol{A}$ 中的元素 a_{ij} 相互独立，并以相同的概率取 1 或–1，即

$$p(a_{ij}=1)=p(a_{ij}=-1)=1/2 \tag{12.2.27}$$

更一般的随机矩阵是指 $\boldsymbol{A}$ 中的元素 a_{ij} 是相互独立的次高斯随机变量。次高斯随机变量的定义如下。

定义 12.3 称一个变量 X 是次高斯随机变量，如果存在β，$\kappa>0$ 使得对所有的 $t>0$，都有

$$P(|X|\geqslant t)\geqslant\beta\mathrm{e}^{-\kappa t^2} \tag{12.2.28}$$

并称β和κ为次高斯参数。

容易证明，标准高斯随机变量和 Bernoulli 随机变量都属于次高斯随机变量，并且标准高斯随机变量对应的$\beta=1$，$\kappa=1/2$。

下面给出了次高斯随机矩阵的定义。

定义 12.4 如果矩阵 $\boldsymbol{A}\in\mathbb{C}^{M\times N}$ 中的元素为独立的、零均值、方差为 1 的次高斯随机变量，并且次高斯参数为β和κ，即

$$P(|a_{ij}| \geqslant t) \leqslant \beta e^{-\kappa t^2}，对所有的 t>0，i \in P[M]，j \in [N] \tag{12.2.29}$$

那么称 $\boldsymbol{A}$ 为次高斯随机矩阵。

注意到和 Gaussian 随机矩阵和 Bernoulli 随机矩阵不同，定义 12.4中的次高斯随机矩阵并不要求元素是同分布的，只需要它们的分布满足参数为 β 和 κ 的次高斯分布即可。

下面的定理给出了次高斯矩阵的 RIC 常数。

定理 12.13[11]　假定 $M \times N$ 的矩阵 $\boldsymbol{A}$ 是一个次高斯随机矩阵，如果有

$$M \geqslant C\delta^{-2}[K\ln(eN/K) + \ln(2\varepsilon^{-1})] \tag{12.2.30}$$

则矩阵 $\boldsymbol{A}/\sqrt{\boldsymbol{M}}$ 的 K 阶 RIC 常数 $\delta_{2K} < \delta$ 的概率不小于 $1-\varepsilon$，此处常数 C 仅依赖于次高斯参数 β 和 κ。

在定理 12.13 中取 $\varepsilon = 2\exp[-\delta^2 M/(2C)]$，那么，只要 $M > 2C\delta^2 K\ln(eN/K)$，则矩阵 $\boldsymbol{A}/\sqrt{\boldsymbol{M}}$ 的 K 阶 RIC 常数 $\delta_K \leqslant \delta$ 的概率不小于 $1-2\exp[-\delta^2 M/(2C)]$。因此，次高斯随机矩阵满足 RIP 性质所需要的测量数目 $M = \mathcal{O}(K\ln(eN/K))$，根据定理 12.10 可知，这个数目是最少的。

尽管次高斯随机矩阵需要的测量数目最少，但这类随机矩阵的缺点在于每个元素都是随机产生的，每次测量都需要产生和存储整个随机矩阵，也不存在快速的算法来计算随机矩阵和向量的乘积，因此实现起来需要很大的计算量和存储量，不利于实际应用。确定性矩阵一旦设定就不会发生变化，更有利于工程实现，有助于降低内存、设计快速的恢复算法等。但目前确定性矩阵的构造方法主要是基于矩阵的列相干性，根据前面的分析，列相干性要求测量次数 $M = \mathcal{O}(K^2)$，所以确定性矩阵的缺点在于要求较多的测量数目。结构随机矩阵介于确定性矩阵与随机矩阵之间，与确定性矩阵相比，结构随机矩阵多了些随机性，因而可以借助随机矩阵的方法来证明 RIP 性质。同时，结构随机矩阵还具有一定的结构特征，便于存储和计算。

典型的结构随机矩阵包括部分随机酉矩阵、部分随机傅里叶矩阵、部分随机循环矩阵等。

(1) **部分随机酉矩阵**。对于酉矩阵 $\boldsymbol{U} \in \mathbb{C}^{N\times N}$，其列 $\{\boldsymbol{u}_1, \boldsymbol{u}_2, \cdots, \boldsymbol{u}_N\}$ 构成 $\mathbb{C}^N$ 中的标准正交基，如果 $\boldsymbol{U}$ 中的所有元素存在统一的上界：

$$\sqrt{N}\max_{i,j\in[N]}|\boldsymbol{U}_{ij}| \leqslant P \tag{12.2.31}$$

从 $\boldsymbol{U}$ 中独立、均匀、随机地抽取 M 行组成的矩阵称为部分随机酉矩阵。下面的定理给出了部分随机酉矩阵满足 RIP 性质的充分条件。

定理 12.14[11,13]　对于酉矩阵 $\boldsymbol{U} \in \mathbb{C}^{N\times N}$，满足式(12.2.31)中定义的上界 P，$P > 1$。从 $\boldsymbol{U}$ 的行中独立、均匀、随机地抽取 M 行组成矩阵 $\boldsymbol{A} \in \mathbb{C}^{m\times n}$，如果有

$$M \geqslant C\delta^{-2}P^2K\ln^4(N) \tag{12.2.32}$$

则矩阵 $\sqrt{N/M}\boldsymbol{A}$ 的 K 阶 RIC 常数 $\delta_K \leqslant \delta$ 的概率不小于 $1-N^{-\ln^3(N)}$。此处 C 为常数。

根据定理 12.14，对于 $M \times N$ 的部分随机酉矩阵，为保证精确重构信号，需要的测量数目为 $M \geqslant CP^2K\ln^4(N)$。因此，为了使 RIC 常数尽可能小，需要酉矩阵元素值的上界比较小，这意味着我们希望酉矩阵的元素近似“均匀”地分布。下面介绍的部分傅里叶矩阵就是典型的酉矩阵，并且所有元素的幅度都相等。

(2) **部分随机傅里叶矩阵**。对于 $N \times N$ 的傅里叶矩阵 $\boldsymbol{F}$，其元素为

$$\boldsymbol{F}_{i,k} = \frac{1}{\sqrt{N}}\exp[-j2\pi(i-1)(k-1)/N]，\quad i,k \in [N] \tag{12.2.33}$$

从 $\boldsymbol{F}$ 中独立、均匀、随机地抽取 M 行得到的矩阵成为部分随机傅里叶矩阵。显然，部分随机傅里叶矩阵是部分随机酉矩阵的特例。根据定理 12.14，对于 $M\times N$ 的部分随机傅里叶矩阵，为保证精确重构信号，需要的测量数目为 $M\geqslant CK\ln^4(N)$。

(3) **部分随机循环矩阵**。给定随机序列 $\boldsymbol{\phi}=(\phi_0,\cdots,\phi_{N-1})$，由 ϕ 构成的循环矩阵为

$$\boldsymbol{\Phi}=\begin{bmatrix}\phi_0 & \phi_{N-1} & \cdots & \phi_1\\ \phi_1 & \phi_0 & \cdots & \phi_2\\ \vdots & \vdots & \ddots & \vdots\\ \phi_{N-1} & \phi_{N-2} & \cdots & \phi_0\end{bmatrix}\in\mathbb{R}^{N\times N} \tag{12.2.34}$$

从 $\boldsymbol{\Phi}$ 中任意抽取 M 行构成的矩阵称为部分随机循环矩阵，注意：这里行的选取是任意的，可以连续抽取，也可以均匀抽取。文献[16]指出，对于 $M\times N$ 的部分随机循环矩阵，当

$$M\geqslant C\delta^{-2}K\ln^2(K)\ln^2(N) \tag{12.2.35}$$

时，部分随机循环矩阵的 K 阶 RIC 常数以很大的概率满足 $\delta_k\leqslant\delta$。因此，对于 $M\times N$ 的部分随机循环矩阵，为保证精确重构信号，需要的测量数目为 $M\geqslant CK\ln^2(K)\ln^2(N)$。

以上介绍了三种典型的结构随机矩阵。相比于完全随机矩阵和确定性矩阵，结构随机矩阵具有以下几个优势。

(1) 许多结构随机矩阵的矩阵-向量相乘运算可以用快速算法来实现。举例来说，对于部分随机傅里叶矩阵，可以利用快速傅里叶变换来实现矩阵-相乘运算，这可以大大提高优化算法的计算效率。

(2) 对于完全随机矩阵和确定性矩阵，需要存储矩阵的每个元素，当矩阵规模较大时需要很大的存储量。而许多结构随机矩阵的生成只取决于少量的参数，因此更利于存储。

(3) 许多实际应用中的测量矩阵本身就具有一定的结构。例如，对于 SAR 成像，所接收的信号本质上是目标散射系数的傅里叶变换。

12.2.3 信号的降维投影与重建

本节讨论压缩感知中的稀疏优化算法，主要可分为两类，即凸松弛算法和贪婪迭代算法。凸松弛算法的主要思想是利用 l_1 范数替代 l_0 范数，从而将组合优化问题转化为凸优化问题。凸优化问题的特点是可以高效、快速地求得全局最优解，而且有大量成熟的理论和算法作为支撑。贪婪迭代算法是伴随着压缩感知理论快速发展的一类算法，其特点是步骤简单，当信号比较稀疏时计算效率高。

1. 凸松弛算法

考虑下面的优化问题：

$$\min\|\boldsymbol{y}-\boldsymbol{A}\boldsymbol{x}\|_2^2/2+\lambda\|\boldsymbol{x}\|_1 \tag{12.2.36}$$

该问题具有 l_1 规整化的形式，并且常被称为基追踪去噪(basis pursuit denoising，BPDN)问题[17]。式(12.2.36)与下面两个问题是等价的，其一通常被称为 LASSO(least absolute shrinkage and selection operator)问题[18]：

$$\begin{aligned}&\min\|\boldsymbol{y}-\boldsymbol{A}\boldsymbol{x}\|_2^2\\ &\text{s.t}\quad \|\boldsymbol{x}\|_1\leqslant T\end{aligned} \tag{12.2.37}$$

式中，T 为非负实数；其二为

$$\begin{aligned} &\min \|\boldsymbol{x}\|_1 \\ &\text{s.t.}\ \ \|\boldsymbol{Ax}-\boldsymbol{y}\|_2 \leqslant \eta \end{aligned} \tag{12.2.38}$$

式中，η 也为非负实数。对于特定的 T 和 η，式(12.2.37)和式(12.2.38)可以得到和式(12.2.36)相同的解。关于式(12.2.36)～式(12.2.38)的理论联系可以参考文献[11]。式(12.2.36)的优化算法包括内点法和一阶优化算法。内点法是求解凸优化问题的经典算法，特点是适用范围广，但不适合大规模优化问题。在一阶优化算法中，包括邻近梯度法、一阶原始-对偶算法和交替方向乘子法，这类算法对于处理大规模优化问题特别具有优势。理论上，无论是内点法，还是一阶优化算法，都可以得到凸优化问题的最优解，不同之处在于算法的步骤和收敛速度。近年来，稀疏优化的算法层出不穷，对于雷达成像而言，由于 SAR 图像尺寸大，需要处理大规模的凸优化问题，因此后面在压缩感知雷达成像中主要使用一阶优化算法。

2．贪婪算法

前面介绍的凸松弛算法在压缩感知中得到了广泛的应用。另一类压缩感知中常用的算法是贪婪算法[7-10]。在目标信号非常稀疏的时候，贪婪算法可以很快速地得到解。同凸优化算法不同，贪婪算法处理的问题是式(12.2.7)中的 l_0 最小化问题：

$$\begin{aligned} &\min \|\boldsymbol{x}\|_0 \\ &\text{s.t.}\ \ \boldsymbol{Ax}=\boldsymbol{y} \end{aligned} \tag{12.2.39}$$

贪婪算法的基本思想是从矩阵 $\boldsymbol{A}$ 中选择尽可能少的列，使得 $\boldsymbol{y}$ 可以用这些列的线性组合来逼近。贪婪算法早期常用 OMP(orthogonal matching pursuit)算法。OMP 算法的思想是从 $\boldsymbol{A}$ 中的某一列向量开始，每一步迭代增加一列向量，直到找到可以较好地逼近 $\boldsymbol{y}$ 的那些列向量。

OMP 算法的缺点在于，一旦一个列被选进了集合 S^n 中，那么这个列就将永远存在于所有的集合 $S^{n'}$ ($n'>n$)中。因此，假设原始信号是 K-稀疏的，如果在 OMP 算法的某一步迭代中选错了某一列，那么 OMP 算法需要超过 K 次的迭代来恢复这个信号。为解决这个问题，相关学者提出了 CoSaMP(compressive sampling matching pursuit)算法[10]，CoSaMP 算法在每步迭代时，选择多个列向量来更新集合 S^n，并且每次迭代时重新设定 S^n，因此之前选入 S^n 中的列向量也有可能在之后的迭代中被替换。此外，压缩感知中还有一类常用的贪婪算法是基于硬阈值算子的 IHT (iterative hard thresholding)算法，IHT 算法过程简单，而且不需要正交投影的运算。但 IHT 算法在有噪声情况下的表现不理想，这也限制了它在实际中的应用。

12.3　压缩感知雷达成像

压缩感知理论指出，当信号稀疏时，可以用远低于奈奎斯特采样率的采样数据恢复信号。压缩感知在信号稀疏性和采样率之间建立了一条桥梁，为解决 SAR 的大数据问题提供了一条新的途径。如果雷达观测目标满足稀疏性，则有望利用压缩感知理论来降低所需的数据量，同时保证图像的高分辨率。压缩感知被提出之后，在雷达中得到了广泛的应用，涉及 SAR、ISAR、层析 SAR、MIMO 雷达、穿墙雷达、探地雷达等。

压缩感知雷达成像的实现可以在距离向和方位向单独进行稀疏采样，然后采用优化方法重建出距离剖面和方位剖面，该方法本质上属于一维重建算法。如果在距离向和方位向同时进行稀疏采样，然后采用优化方法同时在距离向和方位向重建图像，这类方法属于二维重建算法。

本节首先从距离向高分辨成像开始，介绍压缩感知在一维距离向雷达成像上的应用，然后将压缩感知推广到二维 SAR 图像重建中。

12.3.1 压缩感知脉冲压缩

压缩感知应用于雷达成像涉及三个环节：如何设计回波矩阵、如何设计测量矩阵和如何重构图像。对于一维距离向成像，雷达回波基带信号为

$$s(t)=\int \gamma(r)\exp(-\mathrm{j}4\pi f_{\mathrm{c}}r/c)p(t-2r/c)\mathrm{d}r \tag{12.3.1}$$

如果用 $g(t)=\gamma\left(\dfrac{ct}{2}\right)\exp(-\mathrm{j}2\pi f_c t)$ 代替式(12.3.1)中的 $\gamma(r)\exp(-\mathrm{j}4\pi f_c r/c)$，则式(12.3.1)可以表示为

$$s(t)=p(t)\otimes g(t)=\mathcal{U}[g](t) \tag{12.3.2}$$

式中，$\otimes$ 表示卷积；$\mathcal{U}$ 为回波算子，表示卷积运算。对式(12.3.2)作傅里叶变换，得

$$\mathcal{F}[s](f)=P(f)G(f) \tag{12.3.3}$$

式中，$P(f)=\mathcal{F}[p](f)$；$G(f)=\mathcal{F}[g](f)$。

结合式(12.3.2)和式(12.3.3)，可以将回波算子 $\mathcal{U}$ 表示为

$$\mathcal{U}=\mathcal{F}^{-1}\circ\mathcal{P}\circ\mathcal{F} \tag{12.3.4}$$

式中，$\mathcal{P}$ 表示在 $[-B/2,B/2]$ 范围内乘以 $P(f)$ 的运算。由于 $P(f)$ 的支撑域也为 $[-B/2,B/2]$，因此对任意的信号 u，$\mathcal{P}[u](f)=\varPi_{[-B/2,B/2]}(f)P(f)G(f)$（$\varPi$ 为门函数）。

实际中的信号经 A/D 采样后均呈离散形式，用 $\boldsymbol{s}$ 和 $\boldsymbol{g}$ 来表示接收信号 $s(t)$ 和目标信号 $g(t)$ 的离散形式，其中，$\boldsymbol{s}\in\mathbb{C}^L$，$\boldsymbol{g}\in\mathbb{C}^N$。以 $\boldsymbol{s}$ 为例，$\boldsymbol{s}_i=s(t_i)$，t_i 为第 i 个采样点的时间。

首先考虑 $L=N$ 的情况，此时(12.3.4)化为

$$\boldsymbol{s}=\boldsymbol{U}\boldsymbol{g}=\boldsymbol{F}_{N\times N}^{-1}\boldsymbol{\varLambda}\boldsymbol{F}_{N\times N}\boldsymbol{g} \tag{12.3.5}$$

式中，$\boldsymbol{U}=\boldsymbol{F}_{N\times N}^{-1}\boldsymbol{\varLambda}\boldsymbol{F}_{N\times N}$、$\boldsymbol{F}_{N\times N}$ 和 $\boldsymbol{F}_{N\times N}^{-1}$ 分别为 $N\times N$ 的傅里叶变换矩阵和逆傅里叶变换矩阵；$\boldsymbol{\varLambda}$ 为对角矩阵，且对角线上的元素为发射信号的傅里叶变换，即 $\boldsymbol{\varLambda}=\mathrm{diag}\{P(f_i),i=0,1,2,\cdots,N\}$。

为了得到对目标信号更细致的刻画，可以将 $\boldsymbol{g}$ 中相邻两个元素的时间间隔划分得更细，这样 $\boldsymbol{g}$ 的长度会更长。如果 $N=mL$，m 为正整数，则

$$\boldsymbol{s}=\boldsymbol{U}\boldsymbol{g}=\boldsymbol{R}_{L\times N}\boldsymbol{F}_{N\times N}^{-1}\boldsymbol{\varLambda}\boldsymbol{F}_{N\times N}\boldsymbol{g} \tag{12.3.6}$$

式中，$\boldsymbol{U}=\boldsymbol{R}_{L\times N}\boldsymbol{F}_{N\times N}^{-1}\boldsymbol{\varLambda}\boldsymbol{F}_{N\times N}$，$\boldsymbol{R}_{L\times N}$ 为均匀抽取矩阵，作用是从一个 N 维向量中每 m 元素抽取一个元素。举例来说，如果 $L=3$，$m=4$，$N=12$，则 $\boldsymbol{R}_{3\times 12}$ 为

$$\boldsymbol{R}_{3\times 12}=\begin{bmatrix}1&0&0&0&&&&&&&&\\&&&&1&0&0&0&&&&\\&&&&&&&&1&0&0&0\end{bmatrix} \tag{12.3.7}$$

由于发射信号的带宽有限，因此 $\boldsymbol{\Lambda}$ 的对角元素 $\{P(f_i), i=0,1,2,\cdots,N\}$ 存在零元素(或接近零的元素)，所以矩阵 $\boldsymbol{U}$ 不满秩，不存在逆矩阵。

匹配滤波方法实际上是用 $\boldsymbol{U}$ 的共轭转置矩阵乘以回波信号，即 $\boldsymbol{g}_{\mathrm{MF}} = \boldsymbol{U}^* \boldsymbol{s} = \boldsymbol{F}_{N\times N}^{-1} \boldsymbol{\Lambda}^* \boldsymbol{F}_{N\times N} \boldsymbol{s}$。匹配滤波可以在目标处得到最大的信噪比，虽是常用的成像方法，但这并不意味着匹配滤波是一种最优的成像方法。传统脉冲压缩方法实际上是用 $\boldsymbol{U}$ 的伪逆作用在回波信号上，即 $\boldsymbol{g}_{\mathrm{pinv}} = \boldsymbol{U}^\dagger \boldsymbol{s} = \boldsymbol{F}_{N\times N}^{-1} \boldsymbol{\Lambda}^\dagger \boldsymbol{F}_{N\times N} \boldsymbol{s}$，其中，$\boldsymbol{\Lambda}^\dagger$ 是对角矩阵，并且

$$\mathrm{diag}(\boldsymbol{\Lambda}^\dagger)_i = \begin{cases} P^{-1}(f_i), & P(f_i) \neq 0 \\ 0, & P(f_i) = 0 \end{cases} \tag{12.3.8}$$

伪逆 $\boldsymbol{U}^\dagger \boldsymbol{s}$ 是最小二乘意义下的最小 l_2 范数解。如果发射信号为理想线性调频信号，则 $\boldsymbol{\Lambda}$ 的对角元素为

$$P(f_i) = \begin{cases} \exp\left(-\mathrm{j}\pi \dfrac{f_i^2}{K_r}\right), & |f_i| \leqslant B \\ 0, & \text{其他} \end{cases} \tag{12.3.9}$$

此时 $\boldsymbol{U}^\dagger = \boldsymbol{F}^{-1} \boldsymbol{\Lambda}^* \boldsymbol{F}$，即 $\boldsymbol{U}^* = \boldsymbol{U}^\dagger$。但实际中的雷达发射信号并不一定是线性调频信号，即使是线性调频信号，由于发射系统的不理想，也会有额外的幅度和相位的失真。

当目标是稀疏的时候，可以利用稀疏性来提高图像质量，这包括两个方面：一方面，可以利用稀疏性降低数据量，同时还能保证图像的质量，这是压缩感知的思想；另一方面，可以在数据无缺失的情况下，利用稀疏性提高图像质量(提高实际分辨率、对比度等指标)，这属于雷达图像增强的一种手段，已有相关文献[19]、[20]对此进行了具体的研究。

压缩感知理论指出，为保证恢复的质量，需要测量矩阵满足 RIP 性质。12.2.2 节指出，可以通过随机测量的方式构造满足 RIP 性质的矩阵。这里用测量矩阵 $\boldsymbol{\Phi}$ 表示对回波信号的测量过程。假设已知测量矩阵 $\boldsymbol{\Phi} \in C^{M\times L}$，对于雷达回波信号 $\boldsymbol{s} \in C^L$，测量数据 $\boldsymbol{r} \in C^M$ 可以表示为

$$\boldsymbol{r} = \boldsymbol{\Phi} \boldsymbol{s} + \boldsymbol{n} \tag{12.3.10}$$

式中，$\boldsymbol{n}$ 表示测量噪声。将式(12.3.5)代入式(12.3.10)，得

$$\boldsymbol{r} = \boldsymbol{\Phi} \boldsymbol{U} \boldsymbol{g} + \boldsymbol{n} = \boldsymbol{A} \boldsymbol{g} + \boldsymbol{n} \tag{12.3.11}$$

式中，$\boldsymbol{A} = \boldsymbol{\Phi} \boldsymbol{U} \in C^{M\times N}$ 表示感知矩阵；$\boldsymbol{g} \in C^N$ 为待恢复的图像。当测量数据不足时，$M < N$，式(12.3.11)是一个欠定方程，一般有无穷多个解。常规的方法是对缺失的数据补零，然后用传统脉冲压缩方法成像。然而，这种方法并没有用到目标本身的先验知识。注意到式(12.3.11)和压缩感知有噪测量模型式(12.2.15)具有相同的形式，因此当目标稀疏时，可以用 l_1 规整化方法来求解：

$$\min_{\boldsymbol{g}} \|\boldsymbol{r} - \boldsymbol{A}\boldsymbol{g}\|_2^2 / 2 + \lambda \|\boldsymbol{g}\|_1 \tag{12.3.12}$$

可以利用凸优化算法来求解式(12.3.12)。此处，λ 的取值取决于噪声水平，λ 的值越大，越多的弱散射目标和噪声将被抑制掉。

到此为止，我们已经确定了回波矩阵和优化算法，现在的问题是如何设计测量矩阵。

如果发射信号是 Chirp 信号，可以采用随机时间采样的方式获得低相关性的感知矩阵[20]。事实上，对于一维距离向成像，目前有许多方式来降低快时间的采样数目[20-22]。文献[20]通

过随机抽取的方式降低数据量，然而这种方式需要先以高的采样率获得采样数据，然后随机抽取部分数据，抛弃剩余数据，因此对系统资源造成了浪费。更好的方法是通过非均匀采样器直接对雷达回波数据进行采样。文献[22]介绍了一种非均匀采样的硬件原型，其平均采样率远低于奈奎斯特采样率。我们将非均匀采样的过程视为从高速率采样数据中随机抽取的过程，对应的测量矩阵 $\boldsymbol{\Phi}$ 为从 $N\times N$ 的单位矩阵中随机抽取 M 行构成的子矩阵。接下来，将利用随机抽取矩阵作为测量矩阵，用仿真和实际数据来验证以上介绍的方法。

首先对压缩感知一维距离向成像算法进行仿真，仿真参数如下：基带 Chirp 信号带宽为 100MHz，脉冲宽度为 10μs，载频为 9.4GHz，采样率为 120MHz，回波信号信噪比为 10dB。我们从采样数据中随机抽取 10%的数据作为测量数据。注意：尽管此处先以高采样率获得完整采样数据，然后随机抽取部分数据，但实际中这个过程可以利用非均匀采样器[22]直接实现。图 12.3.1 为距离向成像结果，包括完整数据脉冲压缩图像、10%数据补零后脉冲压缩图像和 10%数据用 l_1 规整化得到的图像。

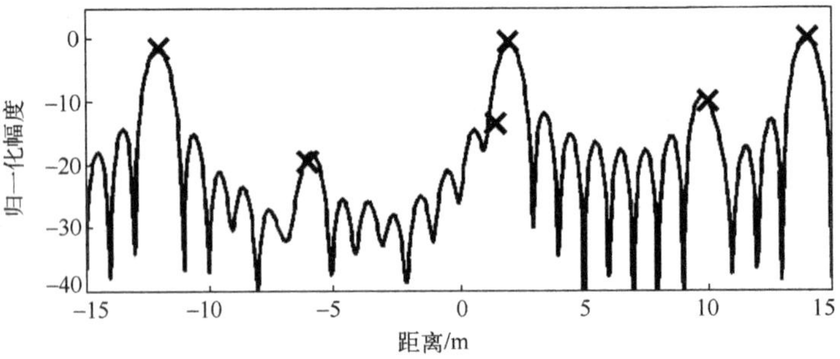

(a) 完整数据脉冲压缩图像

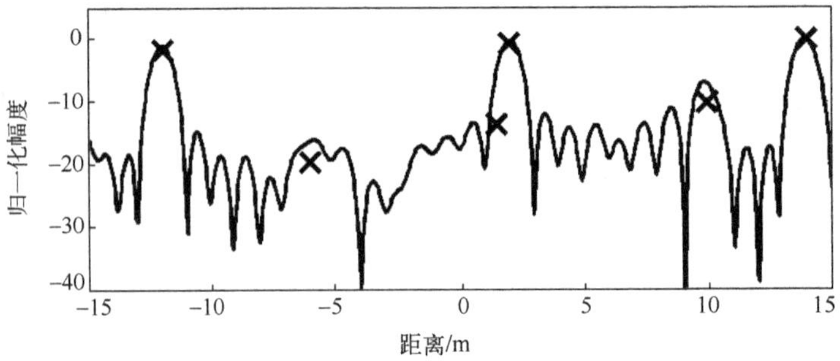

(b) 10%数据补零后脉冲压缩图像

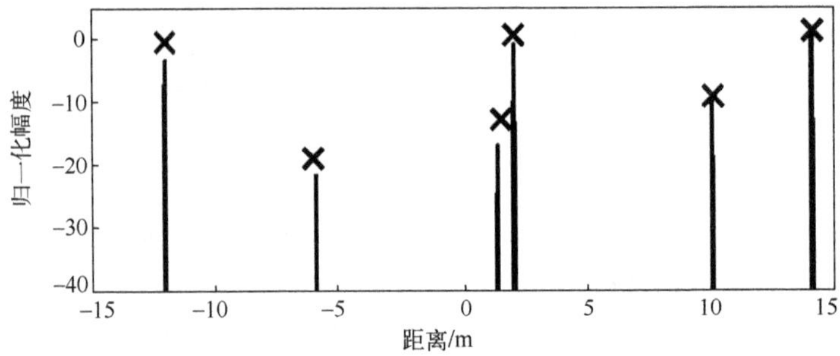

(c) 10%数据用 l_1 规整化得到的图像

图 12.3.1　一维压缩感知雷达成像仿真结果

由图 12.3.1 可以看出，当数据量降低到原始数据 10%的时候，传统脉冲压缩方法会产生较高的旁瓣，这些旁瓣会掩盖弱小的目标，如图 12.3.1(b)中的第二个目标。仿真中的第三、第四个目标的距离是 0.5m，小于理论上传统脉冲压缩的分辨率：$c/(2B)=1\text{m}$，因此即使对于完整数据，传统的脉冲压缩方法依然无法区分开这两个目标。从图 12.3.1(c)可以看出，尽管只用了 10%的数据量，但用 l_1 规整化依然可以恢复出这 6 个目标，特别是可以区分开第三、四个目标，并且抑制了旁瓣。主要原因在于：①压缩感知采用随机测量方式，有效地保留了目标信息；②压缩感知利用了目标稀疏这一先验信息，弥补了数据量的不足，并提升了分辨率。

下面给出对实际地面运动目标成像实验数据的压缩感知成像结果。雷达目标为北京 13 号线城铁列车，采用斜侧视方式获取数据，雷达工作在 Ku 波段(载频为 13.58GHz)，发射 Chirp 信号，带宽为 100MHz，斜视角为 60°，脉冲时间宽度为 10μs，采样频率为 200MHz。城铁目标和观测几何关系已在图 4.4.38 中给出。

在这个实验中，由于雷达静止，而目标匀速直线运动，因此可以等效地用 SAR 成像算法来成像。这里采用 RDA 算法，分为距离压缩、距离徙动校正和方位压缩三个基本步骤，完整数据的成像结果如图 12.3.2(a)所示。对于每一个距离向回波脉冲，随机抽取 10%的数据作为测量数据。下面利用这 10%的测量数据开展两个实验。在第一个实验中，首先对测量数据补零，然后用传统脉冲压缩方法得到距离像，最后进行距离徙动校正和方位压缩得到最终图像，结果如图 12.3.2(b)所示。在第二个实验中，用 l_1 规整化方法得到距离像，然后进行距离徙动校正和方位压缩得到最终图像，结果如图 12.3.2(c)所示。从图 12.3.2 可以看出，当数据量减少到 10%的时候，传统脉冲压缩方法得到的图像在距离向产生了较高的旁瓣，而 l_1 规整化方法可以有效地恢复目标信息，并且很好地抑制了旁瓣。

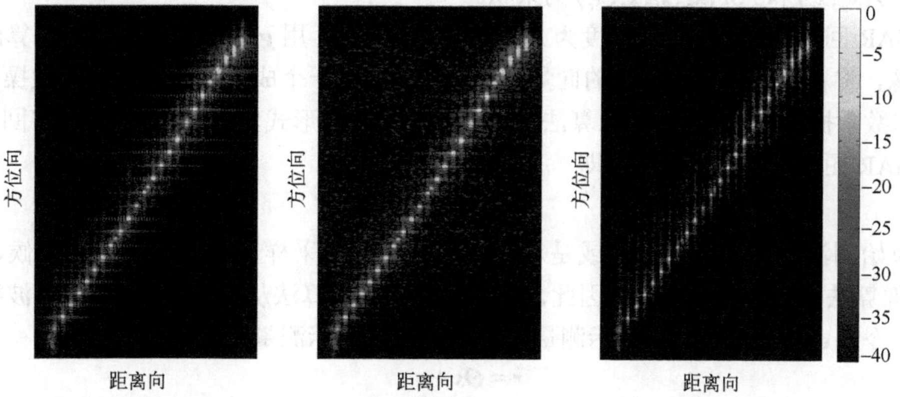

(a) 完整数据图像　(b) 10%数据伪逆成像　(c) 10%数据用 l_1 规整化成像

图 12.3.2　地面运动目标成像结果[24]

图 12.3.2 只在距离向应用了压缩感知成像，因此属于一维处理的范畴。其实也可在获得距离向图像后，在方位向利用压缩感知重建 SAR 图像。相比于在距离向和方位向分别重建 SAR 图像，二维同时重建 SAR 图像在理论上可以获得更好的效果。这是因为强散射目标在整个 SAR 图像中更为稀疏，而在某条距离线或方位线上的稀疏程度降低。根据压缩感知理论，如果采样数目确定，信号越稀疏，重建的精度越高。另外一个原因是：当合成孔径较大或斜

视角较大时，距离单元徙动不可忽略，此时距离向和方位向分开处理还是需要通过插值来校正距离单元徙动，这会带来额外的计算误差和负担。

12.3.2 压缩感知 SAR 成像实验

与一维距离向成像不同，SAR 成像是一个二维处理的过程，需要兼顾距离向和方位向，这给应用压缩感知带来很多困难。这里介绍压缩感知 SAR 成像的一般思路。如果目标散射系数为γ，SAR 回波信号为$\boldsymbol{s}$，将目标散射系数映射到回波信号的矩阵为$\boldsymbol{U}$，则$\boldsymbol{s}=\boldsymbol{U}\gamma$。假设测量矩阵为$\boldsymbol{\Theta}$，则测量数据$\boldsymbol{r}=\boldsymbol{\Theta U}\gamma+\boldsymbol{z}$，其中，$\boldsymbol{z}$表示噪声。那么，当目标散射系数$\gamma$稀疏的时候，可以用$l_1$规整化方法求解$\gamma$：

$$\min_{\gamma}\|\boldsymbol{\Theta U}\gamma-\boldsymbol{r}\|_2^2+\lambda\|\gamma\|_1 \tag{12.3.13}$$

在一维距离向的压缩感知成像中也是采用了以上思路。然而，对于 SAR 而言，最大的困难在于回波矩阵$\boldsymbol{U}$的构建。一般 SAR 的数据量很大，对应的回波矩阵需要大量的存储空间，而且在压缩感知的求解过程中还需要对回波矩阵进行迭代计算。因此，具体构建出回波矩阵$\boldsymbol{U}$并不现实。雷达图像可以表示为

$$g(x_{\mathrm{a}},x_{\mathrm{r}})=\int \mathrm{PSF}(x_{\mathrm{a}},x_{\mathrm{r}},x_{\mathrm{a}}',x_{\mathrm{r}}')\gamma(x_{\mathrm{a}}',x_{\mathrm{r}}')\mathrm{d}x_{\mathrm{a}}'\mathrm{d}x_{\mathrm{r}}' \tag{12.3.14}$$

式中，PSF 为 SAR 成像系统的点扩散函数。当没有任何加窗操作时，SAR 图像的点扩散函数近似为二维 sinc 函数，而且它的主瓣宽度与距离向信号带宽和方位向多普勒带宽成反比。然而，精确地描述点扩散函数需要知道 SAR 系统和成像几何的详细参数，这在实际中很难实现。当目标散射系数γ满足稀疏性(可压缩)时，SAR 图像$\boldsymbol{g}$也可近似视为稀疏信号，其稀疏度取决于$\gamma(x_{\mathrm{a}}',x_{\mathrm{r}}')$和$\mathrm{PSF}(x_{\mathrm{a}},x_{\mathrm{r}},x_{\mathrm{a}}',x_{\mathrm{r}}')$的乘积。

将 SAR 回波信号$\boldsymbol{s}$排列成长度为L的向量：$\boldsymbol{s}\in\mathbb{C}^L$；用$\boldsymbol{g}$表示利用某种成像算法得到的 SAR 图像，将$\boldsymbol{g}$排列成长度为$N$的向量：$\boldsymbol{g}\in\mathbb{C}^N$。如果一个成像算法仅包含线性操作，即只有加法和数乘操作，那么这个成像算法可以表示成矩阵的形式，令$\boldsymbol{T}\in\mathbb{C}^{N\times L}$表示将回波数据$\boldsymbol{s}$映射到 SAR 图像$\boldsymbol{g}$的成像过程，即

$$\boldsymbol{g}=\boldsymbol{T}\boldsymbol{s} \tag{12.3.15}$$

当原始回波数据受到干扰，或是对回波数据进行降采样以降低数据量的时候，传统的 SAR 成像算法的效果往往较差。因此，需要开发更好的算法从不完整的 SAR 回波数据中重建图像。令$\boldsymbol{\Theta}\in\mathbb{C}^{M\times L}$($M<L$)表示测量矩阵，$\boldsymbol{r}\in\mathbb{C}^M$表示测量数据，则

$$\boldsymbol{r}=\boldsymbol{\Theta s}+\boldsymbol{z} \tag{12.3.16}$$

式中，$\boldsymbol{z}$表示测量过程中的加性噪声。因为考虑的是数据不完整的情况，所以$M<N$，此时式(12.3.16)为欠定方程，无法直接通过矩阵求逆得到解，可以采用规整化方法求解：

$$\min_{\boldsymbol{s}}\|\boldsymbol{\Theta s}-\boldsymbol{r}\|_2^2+\lambda\mathcal{L}(\boldsymbol{s}) \tag{12.3.17}$$

式中，$\mathcal{L}$包含了$\boldsymbol{s}$的先验信息；λ为规整化参数。在(12.3.17)中，第一项的作用是保证待求信号$\boldsymbol{s}$与测量信号$\boldsymbol{r}$相符合，第二项的作用是利用先验信息来规整化待求信号。假设$\mathcal{L}(\boldsymbol{s})$是 SAR 图像的$l_p$范数：

$$\mathcal{L}(\boldsymbol{s})=\|\boldsymbol{Ts}\|_p^p=\|\boldsymbol{g}\|_p^p \tag{12.3.18}$$

那么式(12.3.17)可以表示为

$$\begin{aligned}&\min_{s,g}\ \|\boldsymbol{\Theta s}-\boldsymbol{r}\|_2^2+\lambda\|\boldsymbol{g}\|_p^p\\&\text{s.t.}\quad \boldsymbol{Ts}=\boldsymbol{g}\end{aligned}\tag{12.3.19}$$

式(12.3.19)等价于:

$$\min_{s}\|\boldsymbol{\Theta s}-\boldsymbol{r}\|_2^2+\lambda\|\boldsymbol{Ts}\|_p^p\tag{12.3.20}$$

接下来,从统计估计的角度来分析式(12.3.17)。首先假设噪声 $\boldsymbol{z}$ 为高斯分布,则式(12.3.17)中的第一项和负对数似然函数的形式一样,而第二项和负对数先验函数的形式一样。因此,规整化问题(式(12.3.17))可以视为最大后验概率(maximum a posteriori probability,MAP)估计问题。具体而言,如果未知信号 $\boldsymbol{s}$ 的先验概率密度函数具有 Gibbs 概率密度的形式,即

$$p(\boldsymbol{s})=\text{Const}\cdot\exp\left\{-\alpha\|\boldsymbol{Ts}\|_p^p\right\}\tag{12.3.21}$$

式中,α 为常数,则 MAP 估计问题和式(12.3.17)的规整化问题具有相同的形式。在文献[23]中,具有式(12.3.20)这种形式的问题称为 MAP-分析(MAP-analysis)问题。并且,文献[23]指出,当 $\boldsymbol{T}$ 为方阵(即 $N=P$)并且非奇异时,MAP-分析问题(12.3.20)与下面的问题等价:

$$\min_{g}\|\boldsymbol{Rg}-\boldsymbol{r}\|_2^2+\lambda\|\boldsymbol{g}\|_p^p\tag{12.3.22}$$

式中,$\boldsymbol{R}=\boldsymbol{\Theta T}^{-1}$,并且 $\boldsymbol{R}\in\mathbb{C}^{M\times N}$。式(12.3.22)在文献[23]中称为 MAP-综合(MAP-synthesis)问题。

以上推导了针对稀疏场景的 SAR 图像重建模型。注意:这里并不是对目标散射系数施加稀疏约束,而是对某种成像算法得到的 SAR 图像施加稀疏约束。假设图像 $\boldsymbol{g}$ 服从拉普拉斯分布,这是压缩感知中常用到的一种稀疏概率分布,对应于最小化 l_1 范数,此时式(12.3.19)中的先验信息项为 $\boldsymbol{g}$ 的 l_1 范数,即

$$\begin{aligned}&\min_{s,g}\ \|\boldsymbol{\Theta s}-\boldsymbol{r}\|_2^2+\lambda\|\boldsymbol{g}\|_1,\\&\text{s.t.}\,\boldsymbol{Ts}=\boldsymbol{g}\end{aligned}\tag{12.3.23}$$

当 $\boldsymbol{T}$ 可逆时,式(12.3.23)化为

$$\min_{g}\|\boldsymbol{Rg}-\boldsymbol{r}\|_2^2+\lambda\|\boldsymbol{g}\|_1\tag{12.3.24}$$

式(12.3.24)与压缩感知中常用的 l_1 规整化具有相同的形式。

在求解式(12.3.23)和式(12.3.24)之前,需要构造 SAR 成像矩阵 $\boldsymbol{T}$ 和压缩感知测量矩阵 $\boldsymbol{\Theta}$。接下来将详细介绍 $\boldsymbol{T}$ 和 $\boldsymbol{\Theta}$ 的构造方法。

SAR 成像算法包含两类:时域成像算法和频域成像算法。时域成像算法,主要指逆向投影(BP)算法,是精度最高但也是计算量最大的算法。频域成像算法,如已在第 7 章介绍过的 RD 算法、CS 算法和 $\omega-K$ 算法,因计算效率高而在实际 SAR 成像中得到广泛应用。理论上,如果某种成像算法只包含线性操作,那么该成像算法就可以表示成线性算子的形式,离散化后就得到成像矩阵。这里以 CS 算法为例,CS 成像算子 $\mathcal{T}_{\text{CSA}}$ 的作用是将 SAR 回波数据为 $\boldsymbol{s}$ 聚焦成图像 $\boldsymbol{g}$。这里 $\boldsymbol{s}$ 和 $\boldsymbol{g}$ 分别为 SAR 回波信号和图像的连续形式,二者的关系为

$$g=\mathcal{T}_{\text{CSA}}s\tag{12.3.25}$$

其中

$$\mathcal{T}_{\mathrm{CSA}}=\mathcal{F}_{\mathrm{a}}^{-1}\circ\mathcal{P}_3\circ\mathcal{F}_{\mathrm{r}}^{-1}\circ\mathcal{P}_2\circ\mathcal{F}_{\mathrm{r}}\circ\mathcal{P}_1\circ\mathcal{F}_{\mathrm{a}} \tag{12.3.26}$$

式中，$\mathcal{F}_{\mathrm{a}}$ 和 $\mathcal{F}_{\mathrm{r}}$ 分别表示方位向傅里叶变换和距离向傅里叶变换；$\mathcal{P}_1$、$\mathcal{P}_2$ 和 $\mathcal{P}_3$ 分别表示 CSA 中的三个相位相乘项。很明显 $\mathcal{T}_{\mathrm{CSA}}$ 是线性算子，并且只包含傅里叶变换和复数相乘。

令 F_{rs} 和 F_{as} 分别表示快时间的采样率和脉冲重复频率(pulse repetition frequency，PRF)，则快时间间隔为 $\Delta t_{\mathrm{r}}=1/F_{\mathrm{rs}}$，脉冲重复间隔(PRI)为 $\Delta t_{\mathrm{a}}=1/F_{\mathrm{as}}$。快时间 t_{r} 可以离散成 $N_{\mathrm{r}}\times1$ 的向量：$\boldsymbol{t}_r=[1:N_r]^{\mathrm{T}}\Delta t_r$，同样地，慢时间也可离散化得到 $N_{\mathrm{a}}\times1$ 的向量：$\boldsymbol{t}_{\mathrm{a}}=[1:N_{\mathrm{a}}]^{\mathrm{T}}\Delta t_{\mathrm{a}}$。与时间离散化类似，距离频率和方位频率也可离散化：$\boldsymbol{f}_{\mathrm{r}}=[1:N_{\mathrm{r}}]^{\mathrm{T}}\Delta f_{\mathrm{r}}-F_{\mathrm{rs}}/2$，$\boldsymbol{f}_{\mathrm{a}}=[1:N_{\mathrm{a}}]^{\mathrm{T}}\Delta f_{\mathrm{a}}-F_{\mathrm{as}}/2$，此处 $\Delta f_{\mathrm{r}}=1/(N_{\mathrm{r}}\Delta t_{\mathrm{r}})$ 和 $\Delta f_{\mathrm{a}}=1/(N_{\mathrm{a}}\Delta t_{\mathrm{a}})$ 分别代表距离频率间隔和方位频率间隔。这样将 SAR 接收信号 $s(t_{\mathrm{a}},t_{\mathrm{r}})$ 离散化为 $N_{\mathrm{a}}\times N_{\mathrm{r}}$ 的矩阵，为了方便后续处理，将该矩阵进行字典式排列从而得到一维向量 $\boldsymbol{s}\in\mathbb{C}^N$，$N=N_{\mathrm{a}}\times N_{\mathrm{r}}$。这里假设 CSA 所得的 SAR 图像的尺寸也为 $N_{\mathrm{a}}\times N_{\mathrm{r}}$，则它也可排列成向量 $\boldsymbol{g}\in\mathbb{C}^N$。于是，CSA 成像算子 $\mathcal{T}_{\mathrm{CSA}}$ 的离散化形式为矩阵 $\boldsymbol{T}\in\mathbb{C}^{N\times N}$。利用式(12.3.25)可知，$\boldsymbol{s}$ 和 $\boldsymbol{g}$ 的关系为

$$\boldsymbol{g}=\boldsymbol{T}\boldsymbol{s} \tag{12.3.27}$$

其中，$\boldsymbol{T}$ 可以表示为

$$\boldsymbol{T}=\boldsymbol{F}_{\mathrm{a}}^{-1}\boldsymbol{P}_3\boldsymbol{F}_{\mathrm{r}}^{-1}\boldsymbol{P}_2\boldsymbol{F}_{\mathrm{r}}\boldsymbol{P}_1\boldsymbol{F}_{\mathrm{a}} \tag{12.3.28}$$

式中，$\boldsymbol{F}_{\mathrm{a}}$ 和 $\boldsymbol{F}_{\mathrm{r}}$ 分别表示方位向傅里叶变换矩阵和距离向傅里叶变换矩阵；$\boldsymbol{F}_{\mathrm{a}}^{-1}$ 和 $\boldsymbol{F}_{\mathrm{r}}^{-1}$ 分别为方位向傅里叶逆变换矩阵和距离向傅里叶逆变换矩阵；$\boldsymbol{P}_1$、$\boldsymbol{P}_2$ 和 $\boldsymbol{P}_3$ 为对角矩阵，代表了 CSA 中的三个相位相乘项，以 $\boldsymbol{P}_1$ 为例：

$$\boldsymbol{P}_1=\begin{bmatrix}\mathrm{e}^{\{\mathrm{j}\varPhi_{\mathrm{CS1}}[\boldsymbol{f}_{\mathrm{a}}(0),\boldsymbol{t}_{\mathrm{r}}(0)]\}} & & & \\ & \mathrm{e}^{\{\mathrm{j}\varPhi_{\mathrm{CS1}}[\boldsymbol{f}_{\mathrm{a}}(0),\boldsymbol{t}_{\mathrm{r}}(1)]\}} & & \\ & & \ddots & \\ & & & \mathrm{e}^{\{\mathrm{j}\varPhi_{\mathrm{CS1}}[\boldsymbol{f}_{\mathrm{a}}(N_{\mathrm{a}}),\boldsymbol{t}_{\mathrm{r}}(N_{\mathrm{r}})]\}}\end{bmatrix} \tag{12.3.29}$$

式中，$\varPhi_{\mathrm{CS1}}$ 表示 CSA 中的第一个相位相乘项。

由于

$$\boldsymbol{F}_{\mathrm{a}}\boldsymbol{F}_{\mathrm{a}}^{*}=N_{\mathrm{a}}\boldsymbol{I},\ \boldsymbol{F}_{\mathrm{r}}\boldsymbol{F}_{\mathrm{r}}^{*}=N_{\mathrm{r}}\boldsymbol{I} \tag{12.3.30}$$

并且

$$\boldsymbol{P}_1\boldsymbol{P}_1^{*}=\boldsymbol{P}_2\boldsymbol{P}_2^{*}=\boldsymbol{P}_3\boldsymbol{P}_3^{*}=\boldsymbol{I} \tag{12.3.31}$$

所以 $N\times N$ 的矩阵 $\boldsymbol{T}$ 为酉矩阵，即 $\boldsymbol{T}^{*}=\boldsymbol{T}^{-1}$，这意味着 $\boldsymbol{T}$ 的列向量或行向量构成了 $\mathbb{C}^N$ 空间的一组正交基。用 $\boldsymbol{U}$ 来表示 $\boldsymbol{T}^{-1}$，根据式(12.3.27)和式(12.3.28)可以得到：

$$\boldsymbol{s}=\boldsymbol{U}\boldsymbol{g}=\boldsymbol{F}_{\mathrm{a}}^{-1}\boldsymbol{P}_1^{*}\boldsymbol{F}_{\mathrm{r}}^{-1}\boldsymbol{P}_2^{*}\boldsymbol{F}_{\mathrm{r}}\boldsymbol{P}_3^{*}\boldsymbol{F}_{\mathrm{a}}\boldsymbol{g} \tag{12.3.32}$$

如果 $\boldsymbol{g}$ 是稀疏的，根据压缩感知理论可知，矩阵 $\boldsymbol{U}$ 的列向量是 SAR 回波信号 $\boldsymbol{s}$ 的稀疏基，对应的稀疏表示系数为 $\boldsymbol{g}$。12.2.2 节指出，如果一个酉矩阵的所有元素的幅度均匀分布，那么从这个酉矩阵中随机抽取若干行组成的子矩阵以很大的概率满足 RIP 性质。如果估计出 $\boldsymbol{U}$ 中元素的幅度，那么可以估计出 $\boldsymbol{U}$ 中随机抽取若干行组成的子矩阵的 RIC 常数的上界。

实际中 $\boldsymbol{U}$ 的尺寸很大，如何存储大尺寸的 $\boldsymbol{U}$ 和计算 $\boldsymbol{U}$ 与向量的乘积成为重建图像的难

点。然而，通过以上的分析，CSA 提供了一种有效的计算$\boldsymbol{U}$的方法。如式(12.3.28)所示，$\boldsymbol{U}$和$\boldsymbol{U}^*$的矩阵-向量相乘可以通过一系列傅里叶变换和复数相乘实现，当给定向量$\boldsymbol{v}\in C^N$时，可以通过 FFT 来计算$\boldsymbol{Uv}$和$\boldsymbol{U}^*\boldsymbol{v}$，而不需要存储$\boldsymbol{U}$中所有元素。

我们之前讨论了压缩感知 SAR 成像的基本模型和成像矩阵，现在讨论测量矩阵的构造方法。同 12.3.1 节类似，这里采用随机测量的方式来降低 SAR 的数据量。首先在方位向慢时间发射M_{a}个脉冲，脉冲间隔随机分布，如果$M_{\mathrm{a}}<N_{\mathrm{a}}$，则意味着降低了方位向的采样数目。该方法等效于以较高的 PRF 发射N_{a}个脉冲，然后随机抽取其中M_{a}个脉冲记录其回波。我们将该过程表示为方位向随机抽取矩阵$\boldsymbol{D}_{\mathrm{a}}\in\mathbb{C}^{M_{\mathrm{a}}N_{\mathrm{r}}\times N}$。对于每个脉冲回波，可以用随机时间采样方法获得距离向的测量数据，这可以通过非均匀采样器来实现[22]。我们将距离向的测量视为从高速率采样数据的随机抽取的过程。假设单个脉冲的采样数据长度为M_{r}，并且$M_{\mathrm{r}}<N_{\mathrm{r}}$，则采样数据的总长度为$M=M_{\mathrm{a}}\times M_{\mathrm{r}}$。距离向的随机抽取过程可以表示为对角块矩阵$\boldsymbol{W}\in\mathbb{C}^{M\times M_{\mathrm{a}}N_{\mathrm{r}}}$，有

$$\boldsymbol{W}=\begin{bmatrix}\boldsymbol{W}_1 & & & \\ & \boldsymbol{W}_2 & & \\ & & \ddots & \\ & & & \boldsymbol{W}_{M_{\mathrm{a}}}\end{bmatrix} \tag{12.3.33}$$

式中，$\boldsymbol{W}_i\in\mathbb{C}^{M_{\mathrm{r}}\times N_{\mathrm{r}}}$表示第$i$个脉冲的随机抽取过程。结合方位向随机抽取矩阵$\boldsymbol{D}_{\mathrm{a}}$和距离向随机抽取矩阵$\boldsymbol{W}$，可得到测量矩阵$\boldsymbol{\Theta}=\boldsymbol{W}\boldsymbol{D}_{\mathrm{a}}$，其作用是将高维的回波信号$\boldsymbol{s}\in\mathbb{C}^N$映射到低维的测量数据$\boldsymbol{r}\in\mathbb{C}^M$，即

$$\boldsymbol{r}=\boldsymbol{\Theta}\boldsymbol{s}+\boldsymbol{z} \tag{12.3.34}$$

将式(12.3.32)代入式(12.3.34)，得

$$\boldsymbol{r}=\boldsymbol{\Theta}\boldsymbol{U}\boldsymbol{g}+\boldsymbol{z}=\boldsymbol{R}\boldsymbol{g}+\boldsymbol{z} \tag{12.3.35}$$

式中，$\boldsymbol{R}=\boldsymbol{\Theta}\boldsymbol{U}$；$\boldsymbol{z}$表示加性噪声。注意：虽然$\boldsymbol{g}$、$\boldsymbol{r}$和$\boldsymbol{z}$代表了图像，但这里均排列成向量形式。对于稀疏场景，可以用式(12.3.24)中的l_1规整化方法来求解。

以上的讨论都是在 SAR 成像矩阵$\boldsymbol{T}$可逆这个前提下进行的。事实上，对于 SAR 成像而言，很多时候图像尺寸和回波数据尺寸并不相等，这意味着$\boldsymbol{T}$不可逆，此时需要利用模型(式(12.3.23))来重建 SAR 图像。模型(式(12.3.23))不需要$\boldsymbol{T}^{-1}$，更不需要$\boldsymbol{T}$是酉矩阵。在式(12.3.23)中，可以用任意的成像算法来实现$\boldsymbol{T}$(只要该成像算法是线性的)，将这个成像算法的步骤反过来可以实现$\boldsymbol{T}^*$，并且$\boldsymbol{T}$和$\boldsymbol{T}^*$不需要预先存储。需要指出，在实际操作中，可以用$\boldsymbol{T}^*$近似$\boldsymbol{T}^{-1}$直接求解式(12.3.24)，这样可以直接应用大量压缩感知现有的算法。

下面通过实际星载 SAR 数据对压缩感知 SAR 成像算法进行分析。首先对 Envisat-ASAR 的数据进行处理，选取场景为旧金山地区的列治文-圣拉斐大桥(Richmond–San Rafael Bridge)，极化方式为 HH 极化。图 12.3.3(a)为完整数据下采用 CSA 得到的图像。很明显，该场景的 SAR 图像非常稀疏，这是因为来自海面的散射远远弱于桥梁。

首先在方位向随机抽取大约$1/\sqrt{2}$的数据，然后对每条距离线随机抽取大约$1/\sqrt{2}$的采样数，总的测量数据约为原来的 50%。进一步，用 25% 的原始数据(一半方位数据和一半距离数据)来成像。图 12.3.3(b)和(c)分别为 50%数据下伪逆和压缩感知处理的结果，图 12.3.3(d)和(e)分别为 25%数据下伪逆和压缩感知处理的结果。

由图 12.3.3(b)可以看出，当数据量不足的时候，伪逆得到的图像效果很差，主要是由于旁瓣较高、背景噪声较强。从图 12.3.3(c)可以看出，尽管只用了 50%的数据，压缩感知依然可以有效地恢复出目标，而且背景杂波、旁瓣得到有效抑制。当数据量降到 25%的时候，伪逆和压缩感知的效果都有所下降。特别是伪逆的图像，有一大部分桥梁和背景混在一起，无法明显地区分开来。对比图 12.3.3(c)和(e)，可以发现，当数据量从 50%降到 25%的时候，压缩感知所得图像中部分弱散射点丢失，并出现许多伪迹，但压缩感知的方法依然可以恢复出主要目标。

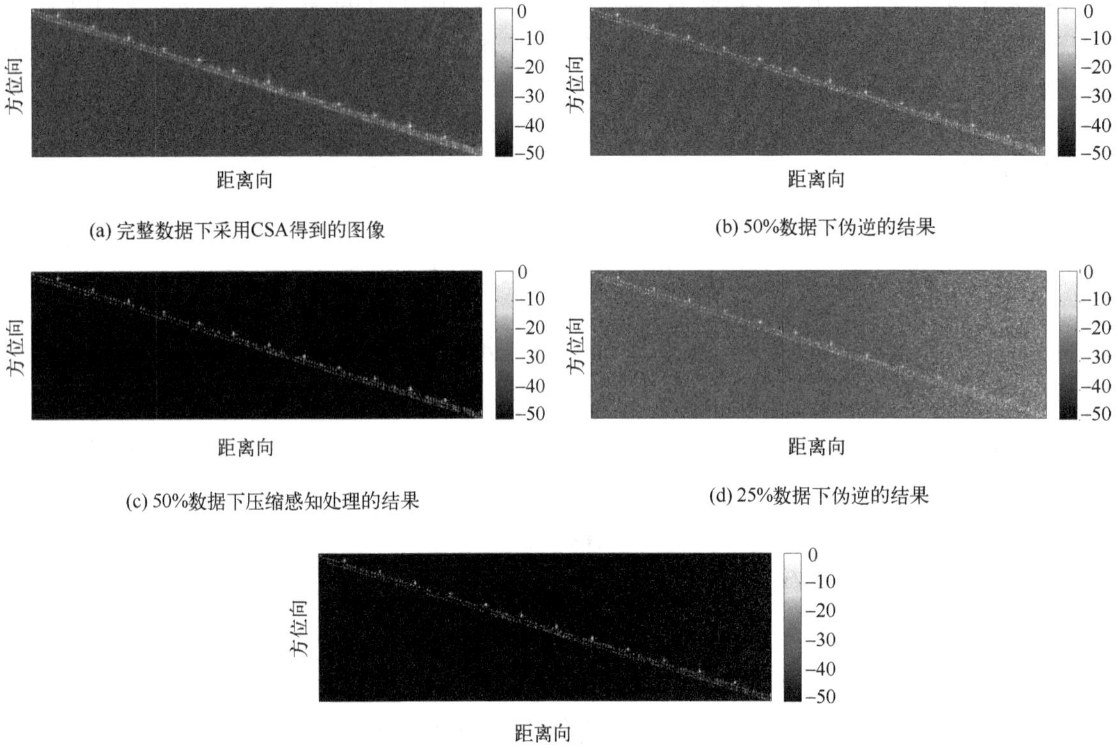

(a) 完整数据下采用CSA得到的图像

(b) 50%数据下伪逆的结果

(c) 50%数据下压缩感知处理的结果

(d) 25%数据下伪逆的结果

(e) 25%数据下压缩感知处理的结果

图 12.3.3 列治文-圣拉斐大桥 SAR 图像及压缩感知成像[24,25]

下面对 RADARSAT-1 的原始数据进行处理。图 12.3.4(a)给出了完整数据情况下 CSA 得到的图像。首先在方位向随机抽取 50%的数据，然后对每条距离线随机抽取 50%的采样数，总的测量数据为原来的 25%。图 12.3.4(b)为压缩感知重建的图像。进一步，用 10%的原始数据(50%的方位数据和 20%的距离数据)来成像，结果如图 12.3.4(c)所示。

对比图 12.3.4(a)和图 12.3.4(b)可以看出，尽管只用了 25%的原始数据，压缩感知方法依然可以清楚地分辨出轮船目标，另外，相比于完整数据的 CSA 图像，压缩感知有效地抑制了目标旁瓣。从压缩感知处理的单个轮船的放大图像可以看出，存在部分较暗的点，这些点与完整数据处理得到的弱散射目标位于同样的位置。该现象是由对图像施加的稀疏约束造成的。由于存在大量的弱散射目标、斑点噪声和虚假目标(由旁瓣和多次散射引起)，SAR 图像并非严格的稀疏信号，压缩感知利用稀疏优化方法重建图像，所以不可能重建观测区域的所有细节。因此，图像中占主导地位的强散射目标可以较好地恢复出来，而弱散射目标则在重建过程中被视作噪声而抑制掉。这个现象可以视为降低数据量的代价，而且当数据量进一步降低(图 12.3.4(c))时会更加严重。

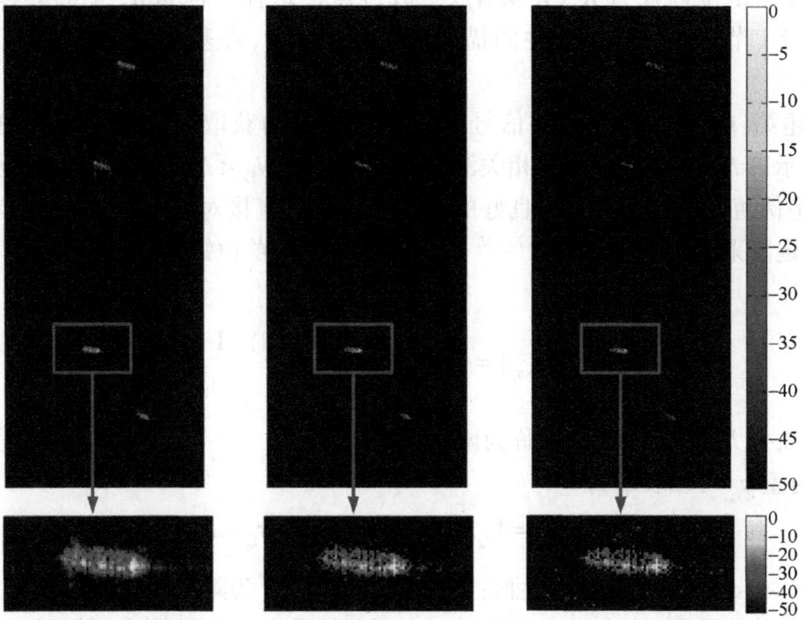

(a) 完整数据下采用CSA得到的图像　(b) 25%数据压缩感知处理的结果　(c) 10%数据压缩感知处理的结果

图 12.3.4　Radarsat-1 海面轮船图像[24]

12.4　噪声雷达压缩感知成像

噪声雷达的信号具有随机性，可以天然地满足压缩感知测量矩阵的随机性要求，因此仅需直接对噪声雷达的回波信号进行均匀降采样即可满足要求。本节利用第 4 章介绍的调频步进噪声信号(SFNS)模型开展雷达成像实验。下面首先介绍压缩感知子孔径方法，以对距离向降采样后的回波信号进行处理，然后进行方位向处理，以得到压缩感知雷达成像结果。

12.4.1　调频步进噪声信号的脉压方法

在实际中，处理的回波数据均为离散形式。假定对第 i_m 个子脉冲的基带回波信号以满足 Nyquist 采样定理的采样率 F_s 进行采样，采样点数为 N_s。这样，离散域的基带回波可以表示为

$$s_{i_m R}[n]=\sum_{l=1}^{N_S} g_{i_m}[n-l]\cdot\sigma_{i_m}[l]+\eta_{i_m}[n] \tag{12.4.1}$$

式中，$\eta_{i_m}[n]$ 为采样过程中引入的加性噪声。

用向量 $\boldsymbol{s}_{i_m R}\in\mathbb{C}^{N_s\times 1}$ 表示离散后的回波数据，式(12.4.1)写为矩阵-向量相乘形式如下：

$$\boldsymbol{s}_{i_m R}=\boldsymbol{A}_{i_m}\boldsymbol{\sigma}_{i_m}+\boldsymbol{\eta}_{i_m} \tag{12.4.2}$$

式中，$\boldsymbol{A}_{i_m} \in \mathbb{C}^{N_s \times N_s}$ 为 $g_{i_m}(t)$ 构成的离散卷积矩阵；$\boldsymbol{\sigma}_{i_m} \in \mathbb{C}^{N_s \times 1}$ 为待重建的目标距离像；$\boldsymbol{\eta}_{i_m} \in \mathbb{C}^{N_s \times 1}$ 为回波数据中的加性噪声。

假定在观测范围内仅有 K（$K \ll N_s$）个散射点，这样在向量 $\boldsymbol{\sigma}_{i_m}$ 中的非零元素个数为 K。依据 12.2.1 节中对信号稀疏性的描述，可以认为 $\boldsymbol{s}_{i_m R}$ 在基 $\boldsymbol{A}_{i_m}$ 下为稀疏信号，$\boldsymbol{A}_{i_m}$ 称为稀疏矩阵。

下面描述第 i_m 个子脉冲回波信号非相关测量值的获取。假定非相关测量值用向量 $\boldsymbol{y}_{i_m} \in \mathbb{C}^{N_D \times 1}$ 表示，N_D 为降采样后非相关测量值的点数，$N_D < N_S$。由于子脉冲发射的混沌脉冲信号波形是伪随机的，本身具有良好的非相关特性，直接对向量 $\boldsymbol{s}_{i_m R}$ 进行均匀降采样即可得到 $\boldsymbol{y}_{i_m}$。假定降采样矩阵为 $\boldsymbol{V}_{i_m} \in \mathbb{R}^{N_D \times N_S}$，其由均匀抽取单位矩阵 $\boldsymbol{I}_{N_S}$ 中的 N_D 行构成，如下所示：

$$\boldsymbol{V}_{i_m} = \{v_{n_d \times n_s}\} = \begin{cases} 1, & n_s = D \cdot (n_d - 1) + 1 \\ 0, & \text{其他} \end{cases} \tag{12.4.3}$$

式中，$n_d = 1,2,\cdots,N_D$；$D = N_S / N_D$ 称为降采样率。

这样，向量 $\boldsymbol{y}_{i_m}$ 可以表示为

$$\boldsymbol{y}_{i_m} = \boldsymbol{V}_{i_m} \boldsymbol{s}_{i_m R} = \boldsymbol{V}_{i_m} (\boldsymbol{A}_{i_m} \boldsymbol{\sigma}_{i_m} + \boldsymbol{\eta}_{i_m}) = \boldsymbol{U}_{i_m} \boldsymbol{\sigma}_{i_m} + \boldsymbol{n}_{i_m} \tag{12.4.4}$$

式中，$\boldsymbol{U}_{i_m} = \boldsymbol{V}_{i_m} \boldsymbol{A}_{i_m} \in \mathbb{C}^{N_D \times N_S}$ 称为感知矩阵；$\boldsymbol{n}_{i_m} = \boldsymbol{V}_{i_m} \boldsymbol{\eta}_{i_m} \in \mathbb{C}^{N_D \times 1}$ 为降采样回波中的加性噪声序列。在实际应用中，直接使用采样率为 FS/D 的低速 A/D 对基带回波信号进行均匀采样即可得到向量 $\boldsymbol{y}_{i_m}$。

下面通过求解下式来重建第 i_m 个子脉冲对应的距离像 $\hat{\boldsymbol{\sigma}}_{i_m}$：

$$\begin{gathered} \hat{\boldsymbol{\sigma}}_{i_m} = \arg\min \left\| \boldsymbol{\sigma}_{i_m} \right\|_1 \\ \text{s.t.} \quad \left\| \boldsymbol{y}_{i_m} - \boldsymbol{U}_{i_m} \boldsymbol{\sigma}_{i_m} \right\|_2^2 \leqslant \varepsilon \end{gathered} \tag{12.4.5}$$

式中，ε 为噪声的上限值；$\left\| \boldsymbol{n}_{i_m} \right\|_2 \leqslant \varepsilon$ $\hat{\boldsymbol{\sigma}}_{i_m}$ 为重建得到的第 i_m 个子脉冲对应的粗分辨率距离像。

假定 $\hat{\boldsymbol{\sigma}}_{i_m}$ 对应的频谱为 $\boldsymbol{\Sigma}_{i_m}$，它的频移量如下：

$$f_{\text{shift}}(i_m) = \text{integer}[(i_m - 1)\Delta f \cdot N_S / F_S], \quad m = 1, 2, \cdots, M \tag{12.4.6}$$

由于子脉冲的带宽 B 大于频率步进值 Δf，任意两个相邻的子脉冲之间的频谱相互重叠，对于重叠部分左右各取一半进行拼接，图 12.4.1 给出了示意图。

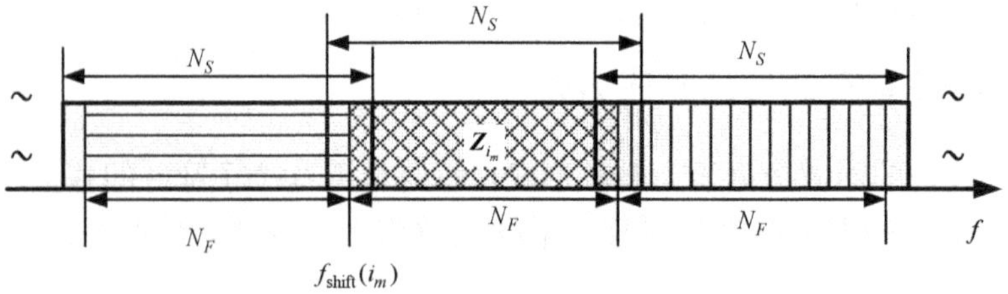

图 12.4.1 调频步进信号子脉冲频谱拼接示意图

在此，定义第 i_m 个子脉冲在频谱拼接时的有效部分为 $\boldsymbol{Z}_{i_m} \in \mathbb{C}^{N_F \times 1}$，如图 12.4.1 中深色阴影部分所示，$N_F = \text{integer}(\Delta f \cdot N_S / F_S)$。$\boldsymbol{Z}_{i_m}$ 在合成频谱中的位置为 $f_{\text{shift}}(i_m) \sim f_{\text{shift}}(i_m) + N_F - 1$。

下面利用压缩感知对高分辨率距离像进行重建。保留第一个子脉冲和最后一个子脉冲，SFNS 能够合成的频谱长度仍然近似为 $P \cdot N_F$。用向量 $\boldsymbol{b} \in \mathbb{C}^{P \cdot N_F \times 1}$ 表示高分辨率距离像，则第 i_m 个子脉冲对应的频谱可以表示为

$$\boldsymbol{Z}_{i_m}=\boldsymbol{H}_{i_m}\boldsymbol{b} \tag{12.4.7}$$

其中，$\boldsymbol{H}_{i_m}$ 为部分傅里叶矩阵，构造如下：

$$\boldsymbol{H}_{i_m}=\begin{bmatrix} 1 & W^{f_{\text{shift}}(i_m)} & \cdots & W^{f_{\text{shift}}(i_m)\cdot(P\cdot N_{\text{F}}-1)} \\ 1 & W^{f_{\text{shift}}(i_m)+1} & \cdots & W^{[f_{\text{shift}}(j_m)+1]\cdot(P\cdot N_{\text{F}}-1)} \\ \vdots & \vdots & & \vdots \\ 1 & W^{f_{\text{shift}}(i_m)+N_{\text{F}}-1} & \cdots & W^{[f_{\text{shift}}(i_m)+N_{\text{F}}-1]\cdot(P\cdot N_{\text{F}}-1)} \end{bmatrix}_{N_{\text{F}}\times P\cdot N_{\text{F}}} \tag{12.4.8}$$

式中，$W=\mathrm{e}^{-\mathrm{j}2\pi/(PN_{\text{F}})}$。

将 M 个子脉冲频谱按列堆砌，得到一个新的列向量，如下所示：

$$\boldsymbol{Z}_M=\begin{bmatrix} \boldsymbol{Z}_{i_1} \\ \boldsymbol{Z}_{i_2} \\ \vdots \\ \boldsymbol{Z}_{i_M} \end{bmatrix}_{M\cdot N_{\text{F}}\times 1} \tag{12.4.9}$$

结合式(12.4.7)和式(12.4.9)，可以得到：

$$\boldsymbol{Z}_M=\boldsymbol{H}_M\boldsymbol{b} \tag{12.4.10}$$

式中，$\boldsymbol{H}_M$ 为一个部分随机傅里叶矩阵，表达式如下：

$$\boldsymbol{H}_M=\begin{bmatrix} \boldsymbol{H}_{i_1} \\ \boldsymbol{H}_{i_2} \\ \vdots \\ \boldsymbol{H}_{i_M} \end{bmatrix}_{M\cdot N_{\text{F}}\times P\cdot N_{\text{F}}} \tag{12.4.11}$$

通过求解下式来重建高分辨率距离像 $\boldsymbol{b}$：

$$\begin{aligned} &\hat{\boldsymbol{b}}=\arg\min\|\boldsymbol{b}\|_1 \\ &\text{s.t.}\quad \boldsymbol{Z}_M=\boldsymbol{H}_M\boldsymbol{b} \end{aligned} \tag{12.4.12}$$

式中，$\hat{\boldsymbol{b}}$ 为最终重建的高分辨率距离像。

CS-Subaperture 算法的处理流程如图 12.4.2 所示。

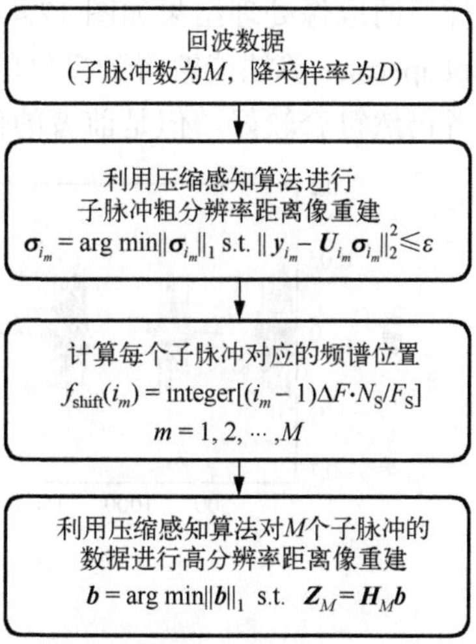

图 12.4.2 CS-Subaperture 算法的处理流程图

12.4.2 调频步进噪声压缩感知成像实验

这里首先给出采用全部噪声子脉冲的成像结果，如图 12.4.3 所示，从中可以看出，在整幅图像中城铁列车仅占据了很少的距离单元，它在距离向是稀疏的，适合于压缩感知处理。然后从原始回波数据中随机抽取部分子脉冲的回波数据，并对抽取的每个子脉冲回波数据进行均匀降采样，以此来构造 SFNS 对应的回波数据。

SFNS 参数：起始载频为 12.68GHz，ΔF = 200MHz，子脉冲带宽为 220MHz，子脉冲时宽为 6μs，子脉冲个数为 20，簇内子脉冲重复周期为 8μs，脉冲簇频率为 250Hz，原始 A/D 采样率为 250Mbit/s。

原始数据中一个脉冲簇中有 60000 个采样点，降采样抽取后一个脉冲簇中仅有 3000 个非零采样点，如图 12.4.4(a)所示。下面给出采用 CS-Subaperture 算法对 SFNS 的回波数据进行

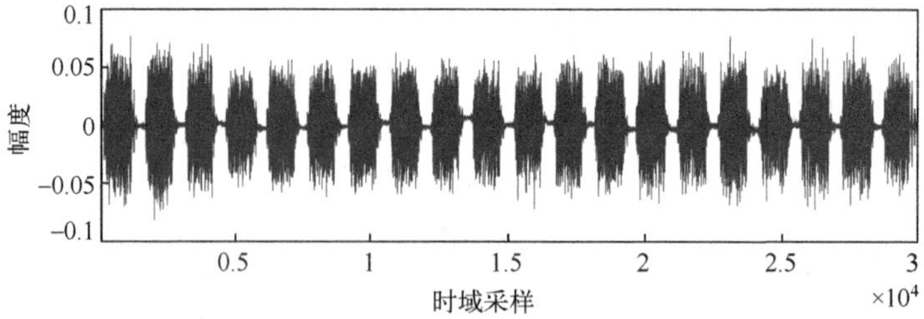

(a) 20子脉冲噪声信号

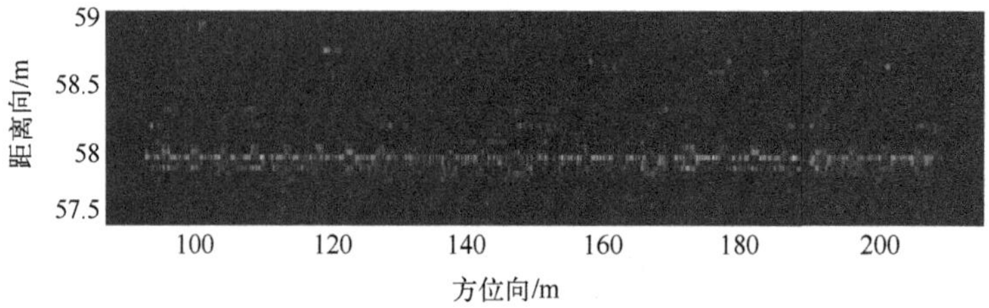

(b) 城铁列车的成像结果

图 12.4.3　4GHz 带宽调频步进噪声信号及无降采成像结果(M=20，$D=5$[26,27])

降采样后的成像处理结果如图 12.4.4(b)所示，降采样率 $D=5$，子脉冲数 M 为 10，可见采用 CS-Subaperture 算法能够得到良好的二维成像结果。对比图 12.4.4(b)和图 12.4.3(a)，可以看到二者仍然符合较好，但是前者的信噪比有所下降。

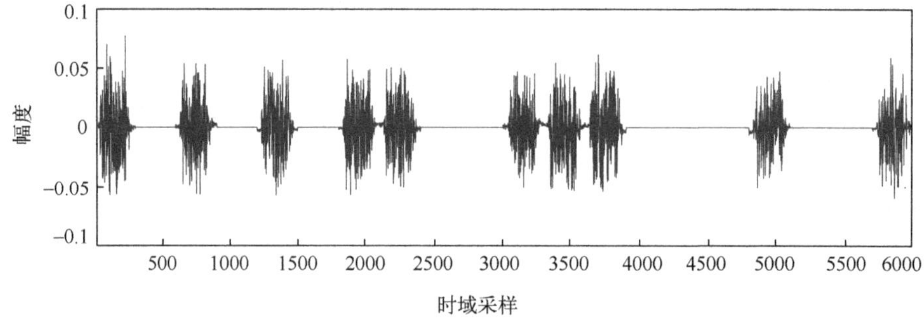

(a) 随机抽取10个子脉冲

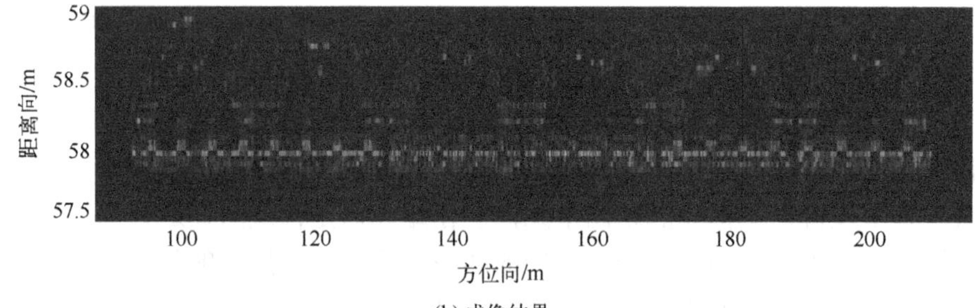

(b) 成像结果

图 12.4.4　采用 CS-Subaperture 算法的二维成像结果[26,27]

12.4.3　噪声信号回波直接降采样成像

本节给出对频率步进噪声雷达实验的回波信号以 10MHz 采样率采样后运用压缩感

知算法进行成像的结果，如图 12.4.5 所示。噪声雷达的信号参数与 12.4.2 节的实验相同。由图可见，虽然相比于满足奈奎斯特采样所需的至少 250MHz 采样率，降低到原来的 1/25，但压缩感知算法的成像质量与图 12.4.3(b) 相比除了列车的车门信息略有损失外并未有明显降低。

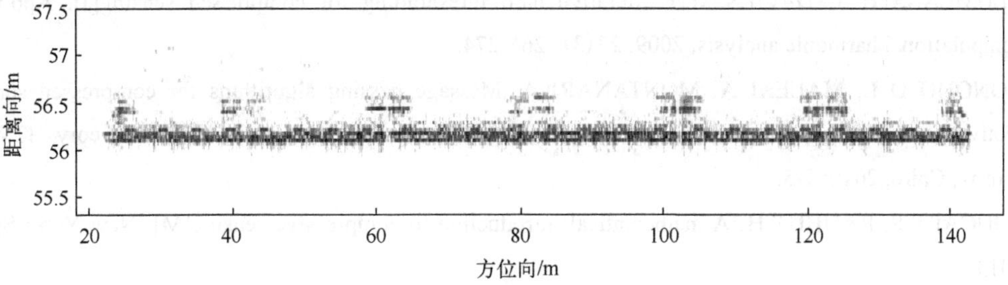

图 12.4.5　对噪声雷达回波信号以 1/25 奈奎斯特采样率直接降采样后的压缩感知成像结果[28]

习　题

1．为什么说噪声雷达与压缩感知相结合有天然的好处？

2．为什么说压缩感知雷达成像与雷达超分辨成像有相似之处？

3．请说明压缩感知雷达的三个基本(或主要)问题。

4．请解释稀疏阵列天线与压缩感知的回波采样的相似性。

5．如何理解 RIP 性质？

6．压缩感知雷达成像有何局限性？

参 考 文 献

[1] CANDES E J, WAKIN M B. An introduction to compressive sampling[J]. IEEE signal processing magazine, 2008, 25(2): 21-30.

[2] CANDES E J. The restricted isometry property and its implications for compressed sensing[J]. Comptes rendus mathematique, 2008, 346(9/10): 589-592.

[3] CANDES E J, TAO T. Near-optimal signal recovery from random projections: universal encoding strategies?[J]. IEEE transactions on information theory, 2006, 52(12): 5406-5425.

[4] CANDES E J, TAO T. Decoding by linear programming[J]. IEEE transactions on information theory, 2005, 51(12): 4203-4215.

[5] DONOHO D L, ELAD M. Optimally sparse representation in general (nonorthogonal) dictionaries via ℓ1 minimization[J]. Proceedings of the national academy of sciences of the united states of america, 2003, 100(5): 2197-2202.

[6] NEEDELL D, TROPP J A. CoSaMP: iterative signal recovery from incomplete and inaccurate samples[J]. Applied and computational harmonic analysis, 2009, 26(3): 301-321.

[7] TROPP J A. Greed is good: algorithmic results for sparse approximation[J]. IEEE transactions on information theory, 2004, 50(10): 2231-2242.

[8] MALLAT S G, ZHANG Z F. Matching pursuits with time-frequency dictionaries[J]. IEEE transactions on signal processing, 1993, 41(12): 3397-3415.

[9] BLUMENSATH T, DAVIES M E. Iterative hard thresholding for compressed sensing[J]. Applied and computational harmonic analysis, 2009, 27(3): 265-274.

[10] DONOHO D L, MALEKI A, MONTANARI A. Message passing algorithms for compressed sensing: I motivation and construction[C].2010 IEEE information theory workshop on information theory (ITW 2010, Cairo), Cairo, 2010: 1-5.

[11] FOUCART S, RAUHUT H. A mathematical introduction to compressive sensing[M]. New York: Springer, 2013.

[12] JACQUES L, HAMMOND D K, FADILI J M. Dequantizing compressed sensing: when oversampling and non-gaussian constraints combine[J]. IEEE transactions on information theory, 2011, 57(1): 559-571.

[13] FORNASIER M. Theoretical foundations and numerical methods for sparse recovery[M]. Berlin: De Gruyter, 2010.

[14] FOUCART S. Sparse recovery algorithms: sufficient conditions in terms of restricted isometry constants[C]. Proceedings of Approximation theory XIII, Piscataway, 2010, 65-77.

[15] VARGA R S. Geršgorin and his circles[M]. New York: Springer, 2010.

[16] KRAHMER F, MENDELSON S, RAUHUT H. Suprema of chaos processes and the restricted isometry property[J]. Communications on pure and applied mathematics, 2014, 67(11): 1877-1904.

[17] CHEN S S, DONOHO D L, SAUNDERS M A. Atomic decomposition by basis pursuit[J]. SIAM journal on scientific computing, 1998, 20(1): 33-61.

[18] TIBSHIRANI R. Regression shrinkage and selection via the lasso[J]. Journal of the royal statistical society: series B: statistical methodology, 1996, 58(1): 267-288.

[19] CETIN M, KARL W C. Feature-enhanced synthetic aperture radar image formation based on nonquadratic regularization[J]. IEEE transactions on image processing, 2001, 10(4): 623-631.

[20] TELLO ALONSO M , LOPEZ-DEKKER P, MALLORQUI J J. A novel strategy for radar imaging based on compressive sensing[J]. IEEE transactions on geoscience and remote sensing, 2010, 48(12): 4285-4295.

[21] YOO J, TURNES C, NAKAMURA E B, et al. A compressed sensing parameter extraction platform for radar pulse signal acquisition[J]. IEEE journal on emerging and selected topics in circuits and systems, 2012, 2(3): 626-638.

[22] WAKIN M, BECKER S, NAKAMURA E, et al. A nonuniform sampler for wideband spectrally-sparse environments[J]. IEEE journal on emerging and selected topics in circuits and systems, 2012, 2(3): 516-529.

[23] ELAD M, MILANFAR P, RUBINSTEIN R. Analysis versus synthesis in signal priors[J]. Inverse problems, 2007, 23(3): 947-968.

[24] 董晓. 基于压缩感知理论的 SAR 图像重建方法研究[D]. 北京：中国科学院空间科学与应用研究中心, 2014.

[25] DONG X, ZHANG Y H. A novel compressive sensing algorithm for SAR imaging[J]. IEEE journal of

selected topics in applied earth observations and remote sensing, 2014, 7(2): 708-720.

[26] 杨杰芳. 地面运动目标雷达成像方法研究[D]. 北京: 中国科学院大学, 2015.

[27] YANG J F, ZHANG Y H. A novel sparse stepped chaotic signal and its compression based on compressive sensing[J]. Progress in electromagnetics research, 2013, 137: 335-357.

[28] ZHANG Y H, DONG X, ZHAI W S, et al. Interferometric radar compressive sensing imaging with direct downsampling[C]. Proceedings of the 22nd international microwave and radar conference (MIKON), Poznan, 2018: 267-270.